电子信息优秀译著系列

开关电源设计与优化

（第二版）

Switching Power Supply Design and Optimization

（Second Edition）

[美] Sanjaya Maniktala 著

肖文勋 张薇琳 杨 汝 译

電子工業出版社

Publishing House of Electronics Industry

北京·BEIJING

内 容 简 介

本书经过全面修订，讲解了如何为当今尖端电子产品设计可靠、高性能的开关电源，涵盖现代拓扑结构和变换器，内容包括设计或选择带隙基准、使用详细的新型邻近效应设计方法进行变压器设计、Buck 变换器效率损耗分解方法、有源复位技术、拓扑形态学和详细的 AC-DC 前级电路设计方法。

本版更新包含全面反馈环路的设计方法和实例、世界上第一个宽输入电压范围谐振（LLC）变换器的简化通用设计方法，以及正激和反激变换器的分步比较设计步骤。

本书可作为高校师生深入学习开关电源设计的参考教材，也可作为工程师进行开关电源设计和开发的参考资料。

Sanjaya Maniktala
Switching Power Supply Design and Optimization,Second Edition
ISBN:978-0-07-179814-3

版权贸易合同登记号 图字：01-2014-6333

图书在版编目（CIP）数据

开关电源设计与优化：第二版 /（美）桑加亚 • 马尼克塔拉（Sanjaya Maniktala）著；肖文勋，张薇琳，杨汝译. —北京：电子工业出版社，2024.5
（电子信息优秀译著系列）
书名原文：Switching Power Supply Design and Optimization（Second Edition）
ISBN 978-7-121-47821-5

Ⅰ. ①开… Ⅱ. ①桑… ②肖… ③张… ④杨… Ⅲ.①开关电源－设计 Ⅳ. ①TN86

中国国家版本馆 CIP 数据核字（2024）第 089715 号

责任编辑：刘海艳
印　　刷：三河市君旺印务有限公司
装　　订：三河市君旺印务有限公司
出版发行：电子工业出版社
　　　　　北京市海淀区万寿路 173 信箱　邮编　100036
开　　本：787×1092　1/16　印张：35.25　字数：924.96 千字
版　　次：2024 年 5 月第 1 版（原书第 2 版）
印　　次：2024 年 5 月第 1 次印刷
定　　价：199.00 元

凡所购买电子工业出版社图书有缺损问题，请向购买书店调换。若书店售缺，请与本社发行部联系，联系及邮购电话：（010）88254888，88258888。

质量投诉请发邮件至 zlts@phei.com.cn，盗版侵权举报请发邮件至 dbqq@phei.com.cn。

本书咨询联系方式：lhy@phei.com.cn。

作 者 简 介

Sanjaya Maniktala 是 *Power over Ethernet Interoperability*（McGraw-Hill，2013）和电力电子方面其他一些书籍的作者。他曾在印度、新加坡、德国和美国担任首席工程师和管理职务。Maniktala 先生在功率变换和以太网供电方面拥有多项专利，包括浮地式 Buck 调整器拓扑和使用恒定占空比差值技术的 Buck-Boost 变换器中的模式转换。

致　谢

首先，我要感谢我的技术评论员和主要支持者（没有特定的排序）：Daniel Feldman、Thomas Chiang、Stephen K. Lee、Anton Bakker、Edward Lam、Craig Lambert、Philip Dunning、Jose Rangel、Behzad Shahi、Jeff Rupp、Ajithkumar Jain、Arman Naghavi、Inder Dhingra 和 Anand Kudari。

本书第一版和这次最新的第二版，都是因为 McGraw-Hill 的 Steve Chapman 才有可能出版。第二版被 Joy Bramble（遗憾的是，Joy Bramble 不再在 McGraw Hill 工作了）非常专业地编辑了。在最后一刻，出色的 Michael McCabe 使第二版成功出版，当时发现手稿比预期的要厚得多。

再一次，紧跟着我的 PoE 书，我得到了来自同一个制作团队的大力支持：印度诺伊达 Cenveo 出版社的 Yashmita Hota 和她所有称职的同事。再次感谢你们，让我的工作容易很多，你们太棒了！

我曾经答应我的妻子，这将是我写的最后一本书。我真要感谢我的妻子 Disha 一直陪伴在我身边，同时也感谢我的女儿 Aartika，再一次感谢她们在我写作时对我的支持和包容，并且谢谢她们多年前没有抛弃我。现在，我保证我写完了，我可以花时间陪伴他们了。

最后，永远感谢印度的大师，Doctor GT Murthy（已退休）先生，如果不是多年前在孟买那个改变人生的日子遇到您，我不会做这些的。因为您的信任，再次感谢您！祝您健康长寿。毫无疑问，这本书也是您的生命延续和难忘的教诲！

序　　言

本书的第一版出版至今已差不多十年了。那是我第一次出书，难以忘记当时的心情，那种兴奋感挥之不去，可能注定要持续一生。但是，就像我们生命中所有特殊的时刻和关系一样，它也需要滋养。因此，第二版出版了，虽然它似乎来得有点晚。对我个人来说，第二版出版时仍然如 2004 年第一版出版时一样激动。我对于这项工作的热爱，这么多年没有丝毫改变。因为如果我不是百分之百地享受这项工作，我甚至不会写这本冗长的书。因此我真希望你也能爱它。

你会注意到，这些年我的写作风格没有改变。你或许已经知道这本书不是你认为的典型的、一般的、枯燥的科技书籍。我承认我有时很啰嗦，但是我不会按“常规”来写。这也许因为是我如此地热爱电力电子，以致表现得几乎失控了。

回顾这些年，从第一版出版至今，我们的时代已经发生了令人难以置信的改变。科技取得了巨大的进步。就在几年前，本书还可以作为桌面另一份可靠的证明，与 UL 认证一样，可以保证让你的银行或抵押声明牢牢地牵制在一起，甚至可以抵御多次风暴。但现在，它可能只是电子阅读器或平板电脑里面的一堆失重像素。就像头顶某处有片云，虽然没有下雨，但天气的改变已经无可避免：我们需要用更快的速度接受这一改变。本书也是一样，你会发现它的改变也超乎想象。

对于第二版的最初想法，我坚持认为我需要完全公平地对待它，就像我写第一版那样。很多同事和朋友曾对我说，在我所有的写作中，他们最喜欢我做的那部分特别的工作（指写作第一版）。他们毫无保留地给出了反馈，表示它是一本“直接到点子上、不拐弯抹角、专业人员的‘手册’”。我虽不完全赞同，但我肯定不会只是增加一章或两章、插入注脚来把它作为最新版，假装第二版是所谓的“新”版。那不是我的风格。看看我所有的书的最新版，你就会发现我总把第二版看作一本全新的书。我也不赞同用任何已有的方法，而是用自己的方法，比如用仿真和小信号模型才能理解功率，并且搭建出合适的电源。然而，实际上恰恰相反，这也可以是很有趣的，我想用一些方法来强调和传递这一点，这就是我经常使用的方法。我的第一本书和这个第二版都反映了这一信念。我想，对一些读者来说，这就是本书“实用”的原因。我只是开门见山，尊重他们的宝贵时间。我觉得你也想要快速真实的效果，而不是书架上发黄的废纸。

大多数人都不知道，在 2004 年年底，有人让我接手已故 Abraham Pressman 所著图书的第三版。当然我深感荣幸，但我也强烈地感到“混搭”不太好，特别是我，因为我的写作风格与 Abraham Pressman 的大不相同。因此我遗憾地拒绝了这项续写工作。这也是我说第二版是“新”书的原因，它确实是的。原因之一是它几乎是完全重写的。我甚至可以说，与之前版本的任何相似之处纯属巧合！

在最初的策划阶段，我答应过自己一件事情：这本书是对我的其他书籍的补充，而不是取代或竞争。你会发现在我的 *Switching Power Supplies A-Z* 一书中有大量的新材料，但本书没有包含这些材料，如耦合电感。如果那些内容是你想要学习研究的，那就买那本书，而不是这本书。然而，本书提供了很多你可能在 *Switching Power Supplies A-Z* 和其他任何一本书中都找不到的东西，例如：世界上第一个简化的 LLC 设计方法（第 19 章），有源复位技术的设计公式和图表（第 16 章），带抽头电感的设计图表（第 8 章），逐层分解 Buck 变换器效率以最大化提高电池供电装置中 DC-DC 变换器的性能（第 18 章），简化却完整的不连续导电模式分析（第 4 章），带有（或不带）功率因数校正的 AC-DC 变换器最完整的前级设计过程（第 5 章），运用详尽的接近分析图和综合的 E 型磁芯选择表格的通信电源正激和反激变换器完整的逐步设计例子（第 12 章），包括基于 TL431 的反馈设计程序在内的详细工作实例和环路补偿（第 14 章），带隙基准（第 1 章），以及 Sepic-Cuk-Zeta 复合电路拓扑（第 3 章）。另外，第 7 章中有用于简化磁学的 *z* 因子，附录中提供更新的元件常见问题解答，以及所有的设计公式都编译汇总在一张表里以便查找，还有纯电路的混合尝试（第 20 章）。这些内容大部分都是原始材料。但是，如果你仍然想找推导过程，那你可能还需要参考我的另一本新书 *Switching Power Supplies A-Z*。你所期望的推导过程都可能在那里！顺便说一句，你可能已经注意到，这些方程不是“凭空而来”的，这本特别的设计和优化书，和以前一样，仍然意味着更多的是专业人士的快速参考，而不是学究的课堂支持工具，也可能不是一本好的入门级图书。

有时，你可能会在本书中发现隐藏的复杂层次，这是你几乎没有预料到的，或是第一眼就注意到的。例如，在第 12 章中，你将看到如何并联陶瓷和铝电解电容器的简单程序。在第 18 章中，你会发现一个我多年前在故障解决书中介绍过的独特技术：如何从公布的效率曲线中提取隐藏的设备信息，以及在任何输入/输出状态下通过三点来预测效率。这也是众所周知的费米问题的一个例子吗？也许不是。你会惊讶地发现我是通过巧妙地演绎，来实现所能做的设计，而不是通过大量的公式。我最初提出我的预测程序只针对带有 BJT 和续流二极管的开关管。但这一次，它更详细，甚至包括同步 Buck 开关 IC。你在其他任何出版物中绝对找不到这些内容。我觉得这对于揭示竞争对手可能在做什么非常有用，例如：他们是否在“捏造”或“模拟”曲线。我记得在一次分析中，一个非常受人认可的大型供应商的开关 IC 数据表上的效率曲线给我的感觉是，很显然的，该供应商为了在实验室中生成曲线，故意选择一个器件，其内部 FET 的数值远高于器件数据表中声明的典型值。因为，即使交叉损耗降为零，以及直流电阻损耗和控制部分损耗等都为零，我仍然无法得到该供应商公布的效率，除非我真“改进”漏-源电阻（即使假设温度为 25℃）。我的计算没有错误，我对其他器件也进行了三倍验证，即使它们来自同一家供应商。因此，很大的可能性是没人能在任何实际应用场合得到数据表上的结果，甚至结果都与它不接近。但是对于你，作为那个供应商可能的竞争对手，发现数据表错误时可能已经太迟了：你可能刚刚失去了投标。谁说过“诚实”是上策？然而时代可能开始变了。因为，由第 18 章中的简单方程可知，有方法可以使效率曲线“诚实地”上升，一直超过神奇的 90%这一门槛，如果所有的可行性都成立的话，也是一种揭穿别人谎言（如果有的话）的方法。这表明，在商用电力变换中，首先及最重要的是观察力，这是一种思维能力。顺便说一句，这是我所谓的蓝皮书中一章的标题。

你会发现我的每本书都是独一无二的，内容范围和覆盖面各不相同。例如，当你开始搭建电源，并遇到看似棘手的实际问题时，或是遭遇晶体管离奇地被炸掉，而实际仿真时却没有问题或是警告出现。抛开解释不谈，我有一本关于故障排除的书可供参考。最近，一位“亚马逊验证购买”评论员将其誉为“救命稻草”，是一本“在与一个行为不端的设计进行斗争中，获胜的坚韧不拔的战斗手册”。这本书非常有用！为之付出的努力都是值得的。我早就知道这本书（中文译本）在中国非常受欢迎，但得知这消息还是很振奋人心的。

在这一点上，我不得不停下来——对素不相识的评论者，如上述这位在亚马逊评论的先生致以诚挚的谢意。他们正是大多数技术作家能够鼓起勇气带着另一个庞大的作品返回的真正原因。这最终对设计界是有帮助的。我们都受益。作家和读者都必须学会认清甚至忽视评论中的地毯式轰炸（大量无理的评论）。在过去，我自己也不得不绕开这些评论。我知道有一些评论是假的，但我必须内心平和。当然，如果我把这些放在心上，我早就停止写作了。

现在反过来看：请朋友们给出积极的、正面的评论，或是给出假的、负面的评论，都是同一回事。我的观点：这是不道德、不诚实的，当然不是一个（好的）工程师的做法。这不禁让我思考：如果不信任一位工程师，那么他的数据有什么价值呢？事实上，维基百科认为“托”是违法的。但我们面临的更实际问题是：如何才能发现虚假的正面或虚假的负面评论？就我个人而言，只有真正的评论（正面的，或有建设性的负面的）才有影响力，才是让我开心的评论。

对于真正的评论，我有无穷无尽的耐心等待它们的到来。但最近我也意识到不是每个人都理解我的方式。有些人付出现代的所有代价急切地想要获得“成功”和荣耀。所以几个月前，我问了某位作者，他曾在一年内获得十几次评论，但却已经是行业内优秀技术书籍的 6 倍。我很奇怪这怎么可能。或许他确实非常优秀。事实上，如果真是这样的话，我想我很乐意成为他的书迷。因为我一开始就是这样学电力电子的——不是在任何教室里，而是在实验室里，谦卑地向大师们求教。但我也看到了一些令人费解的，或仅仅是让人好奇的迹象。例如，评论者们用相当华丽的语言描述了这位作者：“……他一生努力工作，写出了目前最好的开关模式电源书籍，……如此辛苦与智慧地写出了最好的开关模式电源一书。”诸如此类，有太多奇怪的重复内容。为什么？因为这对我来说很奇怪。我甚至想说：“嘿！只有我是这样写的！”然而，说真的，很少有人把这些设备称为“开关模式电源”。因为 Switchmode 这个词在历史上是摩托罗拉（Motorala，现在的 on-Semi）的注册商标。在我去过的世界各地的大多数公司里，这是一个还没有完全消失，但逐渐被淘汰的术语。但我也奇怪：如果我只是一名读者或是无名的评论者，我怎会知道（或关心）某位作者在写书过程中是否花了几年、几个月或是几个小时？对于我的写书过程，即使我妻子也不能确切地知道我花费了多长时间，当然不能将其作为一个事实发布在亚马逊之类的网站。此外，买家/评论者如果说出这样的话都会影响到我：我花钱买了这本书，它最终能为我做什么。毕竟这是生意。对任何人作任何假设都是不合乎逻辑的，因为不是所有的作者都花好几年来写一本书。由于个人经历，我正好非常清楚这一点。通常情况下，我只花几个月的时间

（非常紧急的话）来写我的任何一本书。你们手上的这本书我花了大约 6 个月的时间。其第一版实际花了不到 3 个月的时间。是的，3 个月，而不是 3 年！原因是我们中的大多数人在各自的机构工作，不断尝试一些新事物，所以我们从来不是真正从零开始。这是事实。有些作者可能需要几年的时间。但是评论者是怎么知道的呢？我也非常好奇，以至于直接询问作者。这对我来说也是一个打击。但是 2013 年 4 月 21 日，作者通过 E-mail 承认：“为了给亚马逊的评论加油，我请他们中的一些人告诉其他人他们对这本书的看法。我没有推动任何事情……关于最后一本书，我没有特别要求我的朋友发表评论。其中一个人在评审组中。他事先透露了这一点，他的评论在技术上是合理的。其他的，我不能因为有朋友或者我认识的人为我的作品写评论而受到责备吧？”这是逐字引用的。但我仍然可以发现，作者没有完全说真话，因为没有一位亚马逊评论者像他所说的那样提前披露与作者的任何联系。我查过了，根据定义，这些亚马逊评论者是“托”。更糟的是，那时我知道那页评论上至少有 10 个托。毕竟这个世界很小。我也觉得有点好笑，某个 5 星级的评论被该作者宣称“技术上是合理的”（因此是当之无愧的）。这也是他自己的评审小组的人写的！这是我们现在的世界。时代明显变了。我想我有点跟不上了。

因此，让我们暂时回到相对原始但安全的 2003 年。我记得当时我紧张地向 McGraw-Hill 的著名编辑 Steve Chapman 提出了我的第一份写作计划。顺便说一句，他也是这个新版本的编辑。但回到 2003 年，我仅有的是在国家半导体（National Semiconductor，现在的德州仪器 Texas Instruments）的一些应用说明。在 2001 年，我在 *Electronic Engineering* 杂志（这是一本早已停刊的英国杂志）发表了我的第一篇文章。很快，2002 年 *Power Electronics*（原 *PCIM*）杂志上也出现了一个著名的封面故事，标题是 *Reducing Converter Stresses*。2001 年，*PCIM* 发表了根据我的英国论文稍微修改的版本，标题是 *Current Ripple Ratio Simplifies Selection of Off-the-Shelf Inductors for Buck Converters*。随后一篇关于热量管理的文章也发表了。在 2003 年，我也在 *EMI* 和 *Planet Analog*（*EE Times*）发表了一系列受欢迎的文章。另外一篇关于从属变换器的文章发表在 *EDN* 杂志上。可能还有更多，我真的记不得了。我指出这一切仅仅因为我想弄清楚现在众所周知的术语“电流纹波率”是从哪里来的。准确地说，它是在国家半导体的应用说明 AN-1197 中首次提到的。我记得我思考了好些天，不仅仅是考虑该如何称呼它，还有该用什么符号来表示它。我用 r（代表 ripple）来表示它。起初仅将这个概念用于 Buck 拓扑，但很快延伸至所有拓扑——见应用说明 AN-1246。是的，我注意到一些公司仍然把所有作者的名字都去掉，不给他们任何荣誉。他们坚持这是公司的“财产”。当然是的。但这些规则似乎并不适用于他们自己的一些人。有时他们会说，只有他们“有远见的”CEO 的名字才应该出现。这意味着其他人做的工作都不重要，只是 CEO 的伟大思想的延伸。最终，这影响的是设计界。幸运的是，国家半导体公司与那些公司大不相同。回想起来，我欠国家半导体公司很多。想到如果我留在某个自私自利的三端集成离线开关 IC 制造商会发生什么，我不寒而栗。今天我将在哪里？完全未知。我是他们 CEO 的影子。我肯定不会发现 r 或 LLC 拓扑。

通过引入这个独特的参数 r，我相信在一次扫描中，可以将所有的开关电源变换器统一起来，而不考虑它们的频率、输出电压、负载、输入电压，甚至拓扑。我给它们一个相同的设计切入点：只要设 $r=0.4$。就是这样！有人能让它更简单吗？然而，不是每个人一开始就明白这一点。一位稍感失望的亚马逊评论者甚至在谈到我的 *Switching Power Supplies A-Z*（第一版）时这样说："不幸的是，我也觉得作者谈论纹波等的内容太多了，使得一些简单的概念更神秘（例如，关于电感和电容以及能量来回振荡的引言章节中）。"这让我思考：我必须去做我坚信对读者利益最大的事，即使在那一刻并没有完全地意识到。我知道读者都是（诚实的）同行——推动了我们深爱的同一门艺术的发展。作为回报，我必须尽可能地让读者最终受益。所以我坚持这一理念。如今，越来越多的学校在讲授纹波的内容。顾问们也使用纹波（用我的符号 r）。甚至作为竞争对手的芯片供应商都提到了我的第一个应用程序说明。磁性元件厂商 Wurth Elektronik 在其手册 *Trilogy of Magnetics* 中，引用了我最初在 AN-1246 中根据电流纹波率提出的所有设计表格（没有致谢，但他们允诺在下一版中修正）。

最近，著名的 IEEE 中有篇论文写道：

输出电感的一般设计方法是，以临界导电模式为基础，然后根据经验方程选择电感电流纹波，再计算电感值。这一方法忽略了电感电流纹波对变换器整体应力的影响，并不能提供理想的输出电感值，因此影响了变换器的实际性能。为了解决这个问题，本文深入分析了 Buck 变换器电流纹波率选择的理论依据，提出了输出电感的优化设计方法。该方法综合考虑了变换器的整体应力、滤波电感的尺寸和变换器的动态性能。最后将电流纹波率的最佳值设定在 0.4 左右。根据确定的电流纹波率计算滤波器电感值，不影响变换器的动态性能，并对变换器的设计进行了优化。仿真和实验结果验证了理论分析的正确性和提出方法的可行性。

换句话说，我的设计建议是基于电流纹波率的，即使是 Buck 变换器也用仿真和实验证明其正确性。我们也可以在其他拓扑上尝试。

如今，我们中间有一位专家，之所以著名是因为其解开了电流模式控制的复杂性。从这一点上我要恭敬地称他为"博士"。他也是一个基于 Excel 的软件设计工具的设计者，我相信他会在 4 天、5 天或 6 天的研讨会结束后将该软件设计工具分发给大家。我没想到这个软件设计工具能卖到 4000 美元、5000 美元或 6000 美元！2013 年初，他送给我一份免费的软件许可证，问我是否可以对用户界面进行评估，等等。我相信他并不期望我找到软件或是环路补偿方程的错误。简单来说，他是想利用我，我也从别人那里知道他喜欢这样做。当你需要帮助的时候，他总是提供报价或账单。没问题！我认为我也正好要用他的工具来证明我书中的方程。但是最终经过一些令人惊讶的转折之后，2 月 2 日他回复道："……25 年了，从来没有人注意到这一点。我想我的周末泡汤了。你有 II 型计算的图表吗？"此后，我不得不将我书中的整个环路补偿设计程序（免费）发给他，同时安慰他人类都会犯错。他已经意识到我的方程是正确的，所以最后，这位著名的环路补偿专家不得不悄悄地发布了设计工具的修正版。那个 25 年后帮助"博士"修正设计工具的真正的环路设计程序，现在在本书的第 14 章，有了更简捷的形式，以及更多新的设计图表。顺便说一下，这次的第二版比我的另一本（红色）书要全面得多。在第 14 章中，我还提供了针对 TL431 光耦隔离变换器（如 AC-DC）更有效与简洁的程序，以及简单的数值设计实例以供参考，让读者能够快速上手，而不是让读者在漫无边际的仿真、建模和抽象的 s 平面的内容中漫游。另外，第 14 章还给出了关于滞环控制的许多信息，一种如今在我们周围悄然出现的东西。这很可能是未来几年的重点。注意这一点。哦，顺便说一句，那时我已经放弃了请“博士”为我写这篇序言的想法。

第二版中最引人注目的部分可能是关于谐振变换器那长长的一章，主要是讲 LLC 拓扑。在我工作过的前一个公司，我那相当有远见的老板一直在敦促我尝试对这个新的拓扑进行解释，他给出了一些看似合乎逻辑的理由：（a）它提供非常高的效率，因此它看起来很适合促进我们的绿色星球的实现；（b）它提供非常低的 EMI，这使得它成为确保信号完整性的理想选择——特别是在数据与电源彼此相邻的应用中（现在几乎无处不在，无一例外）。因此我们怎么能忽视 LLC 拓扑？观点很不错。然而，几十年来，我的大脑被训练成只考虑传统的方形/梯形功率变换。这是“现代的”，不是吗？不完全是。我突然记起前一份在互联网公司的工作，无论有没有 PoE（以太网供电），我们在试图获得更高的数据速率时总是遇到一些似乎无法克服的困难，仅仅是因为板载 Buck 变换器在所有方面都会发出太多噪声，误码率会迅速上升，而我们却无法让数据移动得更快。LLC 拓扑使得事情容易得多，因为它处理的是正弦波，而不是载有大量谐波的方波。这可能就是为什么这么多公司开始制造 LLC 控制芯片的原因。但我注意到，所有人要么无法给出一个简单的设计程序，要么只能给出一个范围非常有限的输入设计程序。在我常浏览的博客上，一个普遍的观点好像是“LLC 拓扑的主要缺点是其输入范围有限”。这就是它在平板 LCD 电视的 LED 背光电路中得到推广应用的原因，因为它连接在前级功率因数校正级之后，有一个相对稳定的直流 400V 作为 LLC 级的输入。实际上，另一位有名的专家竟然向一位博友宣称：“太棒了！你在一个帖子里回答了这方面的所有问题！首先，无需 LLC，移相全桥变换器赢了。”别这么快下结论——我已经警告过了等一下这本关于优化的书籍，或许他应该坚持环路补偿。

这就是当时的背景，2012 年 12 月，我的家人去印度旅行，只留下我一人在家。我有很多空余时间（还有两条狗陪伴），我挑战了一下自己。我告诉自己：我有物理学双硕士学位，如果我不能理解谐振，谁能理解呢？我开始用 MathCAD 和 Simplis（PSpice）进行了关于 LLC 的痛苦工作。二十天之内，我就找到了这个拓扑的核心。我承认，这真是令人惊叹。我觉得我仿佛登上了月球。但我也设法想出了一个惊人的简单的设计程序，将传统功率变换中使用的功率和频率缩放原理应用到谐振功率变换中。简单地说，我从一个低频 LLC 基本电路开始，对其进行彻底研究，确定其最佳工作区域，然后通过缩放技术将其缩放到任何所需的频率和功率。在传统功率变换中，人们似乎总是本能地知道这些技术，但似乎永远无法完全理解或有效地使用这些技术。将这些技术应用于 LLC 拓扑，通过缩放使后者变得极其简单。这是我第一次在这里发表的技术。请注意，我不仅仅是抛出谐振功率变换的知识。再一次的，我从一些不必要的“神秘”东西开始，就像电感和电容内来回振荡的能量，因为我觉得读者不可能在不理解的情况下，能将传统功率变换转换为谐振功率变换。我使用了几个连续的复杂性日益增加的仿真，仔细地构建了一个“桥梁”，进入另一个功率变换的世界。我想如果我把无数的方程式扔给读者，还说一些矫揉造作和虚张声势——所有礼物都包裹在手里的感觉——的好语句，比如：“3 年来，我每天晚上都在工作，单枪匹马地从零开始推导出所有这些方程”或是“看，一点空闲的时间都没有”，或者其他的，等等，留下读者自己在设备旁边，沉浸在对我的敬仰中！我觉得我不该这样对待读者。我们每天奉献的领域也不能这样。正如我所说的，这不应该是关于作者的，这是关于读者的。

如果理解了 LLC 拓扑并很好地使用的话，LCC 拓扑将成为主流。我感觉第 19 章就给人这种感觉。到目前为止，LCC 拓扑也经过了反复试验。在过去的一年里，我用了相同的方法（迄今为止还是秘密的）来搭建了一些低压和高压变换器。其中包括我认为的世界第一个 25W PD（功率设备），输入电压为直流 32～57V，输出电压为 12V。我还建了一个 25W 通用输入基于 LLC 的 AC-DC 电源，工作范围为交流 100～270V，整个输入范围内的效率几乎为 90%。在空余时间我还设计了一个 25W 无线垫式充电器，等等。LCC 拓扑已经被实际测试很多次了。我现在可以处理 100%～400%的输入范围变化，而通常接受的是 100%～114%。

最后，我必须指出，我真诚地相信，尽管我们周围的事物会改变，但有些事情永远不会变。这就带我们回到最基本的问题：作为作者，为什么要这样做？作为科技书籍作者，这里面没有巨大的利益，也不期望因此有一个巨大的自我提升。我们需要站在一个学习者的位置，去学习任何东西。在我们敢于说教之前，我们需要吸收知识。

我不知道世人会怎么看我，但对于我自己，我似乎只是一个在海边玩耍的孩子，为时不时发现一块光滑的鹅卵石或一个漂亮的贝壳而沾沾自喜，而对我面前浩瀚的真理海洋，我还是一无所知。

实际上，我们理解的显然比我们努力去破解的要少得多。但另一方面，我们可以有意识地选用 Susan Powter 的冒失做法（风险自负）。

带着这些最后的想法，我会让你去探索这本书，并发现它的真实面目。我们的工作应该比我们能说的任何事情都重要。因此，我真诚地希望你再次喜欢本书！愿本书能帮助你在个人生活和科技领域开辟新天地。让我们保持激情。

Sanjaya Maniktala

目　　录

第 1 章　稳压器的基准

第 1 部分　概述

平衡性设计

任何稳压器（开关型或非开关型、基于电感型或基于电容型、普通型或特殊类型）的基本要求都是，其产生的输出电压是精确的，即达到标称（设定）值；而且具有良好的调整率，即输入（线）电压和负载大范围变化时，输出电压在标称值的一定范围内波动。

这个看似简单的要求却引出一些问题。例如，我们所认为的精确值是多少？良好的调整率是多少？这两个问题其实都没有标准答案——输出电压的中心值（标称值）及其允许的波动值取决于实际应用情况。

稳压器的输出作为某个目标设备或电路（稳压器的负载）的输入，基本的要求是，后者的性能和可靠性在稳态或允许的变化范围内几乎不受影响。例如，随着电池逐渐耗尽，移动电话在一天中连接到蜂窝网络的难度不会增加。直到电池实际用完时，其性能几乎不受影响。这归功于大量植入手机中的微型稳压器。

在许多现代应用中，由于芯片尺寸的不断缩小、几何结构越来越紧凑，对稳压器输出电平的强制性要求也越来越多，这些要求存在着许多几乎相互冲突的问题，需要平衡性设计。这一点在白皮书 *Power Delivery for Platforms with Embedded Intel® Atom™ Processor* 中得到了清楚的阐述。该白皮书支持 Intel 移动电压配置（Intel Mobile Voltage Positioning，IMVP）规范，适用于电压调整模块（Voltage Regulator Module，VRM）。这些模块是放在现代中央处理单元（CPU）旁边的 DC-DC 变换器。该书阐述了它们所处的非常极端的情况，其方式不止一种，如下所述：

> 一般来说，较高的内核（CPU 核心或图形处理器核心）电压可实现更高的性能和更快的逻辑电路，但如果电压太高，则可能会损坏或降低硅片的性能，并缩短 CPU 的使用寿命。一般来说，较低的内核电压会降低能量需求，并降低必须作为热量散发的功率，但如果电压太低，则可能会导致逻辑故障，从而导致系统挂起、重新启动或蓝屏。如果内核电压是固定的，则必须将其固定在足够高的电压水平以实现所需的性能，但又足够低以至于不会损坏该部分，并且足够低以使 CPU 的工作温度不会超过最高工作温度。

我们开始意识到，当我们抱怨计算机反复"蓝屏死机"，并把问题归咎于"多功能"操作系统或恶意软件时，罪魁祸首实际上完全有可能是一些微小的、隐藏在计算机深处的错误的稳压器。这就突出了，试图理解当今电子世界中被低估的稳压器的复杂性有多么重要。

注：Bob Widlar（1937—1991）是我们这个时代最重要的模拟设计师之一，在本章后面介绍了其突出的成就。模拟技术大师 Bob Pease（1940—2011）这样评价 Bob Widlar："很显

然，不会再有其他像 Widlar 那样的工程师，引领线性 IC 工业向许多令人惊叹的新的方向发展。”顺便说一下，这两位前辈都避开了仿真。当我们深入学习本章时将开始认识其中的原因。

创造性经验

基于开关电源变换原理的稳压器在很多方面被称为开关模式电源（Switch-Mode Power Supply，SMPS）、开关电源、电源单元（Power Supply Unit，PSU）、切换器和变换器等。这些专业术语的定义和应用，在某种程度上是很随意的，主要看应用场合。然而，标准 IPC-9592 正在尝试进行 PCD（Power Conversion Device，电源变换装置）的专业术语的统一。我们现在要做的就是记住这些专业术语。

尽管称谓太多，以及同样“令人印象深刻”的大量返修的历史——早期的铝电解电容器问题，首先是金属粉铁芯的碎裂（报道来自 Artesyn Technologies，现在的艾默生电气），其次是锡丝生长导致的奇怪短路现象（报道来自 Power Integrations），等等——对于切换器来说，这些问题仍然有时会被认为是理所当然的，尤其是被那些本能地倾向于将设计复杂度等同于印制电路板的尺寸、解决方案的成本或元器件数量的工程师。现实中，平衡性设计涉及开关稳压器设计的几乎每一方面。例如，在升压变换器（即输出电压高于输入电压）中，我们很快就发现，可以通过提高开关速度（通常用 FET）来降低其过渡（切换）时的损耗，但由于环流（续流）二极管的直通（跨导），导致整体效率变差。或者我们可以通过提高开关稳压器中 FET 和续流二极管的电压额定值来提高稳定性，但最终会出现更高的故障——这是由于新选用的 FET 和二极管的高通态损耗产生较高的温度导致的直接结果。由此可知，如果没有经过精心权衡和折中的设计，或者简单地说，就是优化设计，那么开关电源的性能很难令人满意。最后要提醒的是，成本是关键因素，终极目标是要以最低的成本达到最高的可靠性和性能。

短时期内，许多工程师对不断遇到的需求感到有点不知所措。他们的专业知识涉及不同的领域——电学、磁、电磁学、热、控制理论、傅里叶/拉普拉斯变换等；外加仿真工具和不同的 CAD 工具，如 MathCAD 和 MATLAB；更不用说物理学了！物理学对理解电感这一现代切换器的关键部件是非常重要的。如果我们不好好培养对电感概念的理解（通过物理学的帮助），很快我们就会像磁芯一样感到饱和了。但如果建立一个更广阔的视角，我们会突然开始注意和欣赏到良好的商业电源设计中各种不同的工程学科的令人兴奋的相互作用。

当我们深入研究时很快就知道，任何事情都不能想当然，开关电源变换器也是一样。原本想通过增加变压器绕组来增加电感量，由此可以帮助改善耐受高输入电压的能力，但令人沮丧的是，这样做变压器容易达到饱和而产生过电流，导致电路中其余部件在过电流作用下损坏。不可避免，在这个新世界（开关电源品种繁多），我们很快学到以下教训：不要假设任何事情，应该多做测试。例如，可能我们“认为”步骤 A 能降低 FET 的温升，但真的能实现吗？试一下。请不要做仿真，就“在板上真正试验”。这可能是唯一的方法，让我们发现几乎不可能通过改进开关变换器上的某个给定点来影响其他方面，这通常会导致我们永远失望。所以，也许 FET 的工作真的降温了，但钳位二极管怎样了？我们需要步骤 B 来使它降温吗？反激稳压钳位电路是如何稳压的？我们需要步骤 C

在焊料融化前稳定它吗？等等。

总之，除非我们非常确信（当然是通过实际测试，而不是通过简化模型的仿真分析）我们没有把问题转移到其他地方，或更糟地产生新的问题（直到我们向客户发货时，才发现隐藏的问题），我们几乎不能认为所有切换器的问题已被解决。我们必须学会避免陷入一系列不可预见的、反复修补产品缺陷的工程中。那真的不是好的工程。了解或预测一个深思熟虑的改变有可能会在其他地方产生影响，要主动寻找它，并在它发生前将其最小化或限制住——所有的这些是区分有经验的设计师还是“菜鸟”的标准。

但有时候我们也需要接受或摆脱对未知的恐惧，我们可能会发现这种恐惧存在于现代开关电源发展的广阔舞台上。作者记得，他的经理把一个客户的故障电源交给了一位经验丰富的同事，说：“修复它，但不要改变任何东西。”随后几天，我们看到这位工程师走来走去“不断摇头”不敢置信，疑惑他怎么能遵守这个命令。做或者不做，他会被开除吗？顺便问一句，做什么？不做什么？我们这些旁观者推测，也许经理陷入了循环的噩梦：挑选一个过于有创造性的工程师，创建一个变化的网页，让每个人从设计到制作都陷入绝望的纠结，这种情况下的客户就像蜘蛛在适当时机俯冲下来。然而，抛开不安全感，创造力绝对是必需的，在电源变换器中也非常受欢迎。我们不应把婴儿连同洗澡水一起倒掉，但这需要经验。

静态和动态调节

经过前文简短的介绍，我们回到所有稳压器最基本的目标——调压。对于许多广阔的市场应用，典型稳压器的数据表介绍它的精度可以达到±2%以内，或简单地达到 2%（实际上可以扩展到 4%）。这意味着，如果稳压器的输出电压设为 3.3V，其值可以在$[1-(2/100)]\times3.3=0.98\times3.3=3.234V$ 和$[1+(2/100)]=1.02\times3.3=3.366V$ 之间变化。

注意，定义的±mV或±%输出变化实际类似于“洋葱”。当我们“剥皮”时，将挖掘出创建它的几个层次。第一个明显的贡献是初始精度的术语。换句话说，我们可能认为我们已经精确地将输出电压设置为 3.3V，但由于元件公差等原因，我们将有一个特定的输出误差——在室温和标称输入、空载时规定的误差值。初始精度非常重要，我们将会简短地讨论影响它的一些因素（以及在必要时处理的一些方法）。

最重要的是，温度会有一定的漂移，表示这个温度漂移的参数就是温度系数（有时称为 TC）。输出电压会随着电源温度的上升或下降而变化，但仍需要保持在一个可接受的范围内。因此，我们需要知道稳压器的温度系数。

另外，最明显的（但不一定是最大的）贡献来自稳压器的（静态）电网电压和负载调节特性，它表示稳压器的输出电压随输入（电网）电压和负载的缓慢变化而产生的变化。例如，我们将负载从最大逐步减小为 0（或是规定的最小值），记录初始和最终的输出电压稳定读数，这就表明了稳压器的静态调节能力（用规定的最小/最大负载变化来衡量）。

换句话说，在整个应用范围内进行测量，除了初始精度项，还有其他几项对最终总观测输出精度的贡献。这包括电网电压和负载调节。

电网电压（线性）调整率是对输入电压缓慢变化引起的输出误差进行量化。它被认为是一种直流（稳态）特性，不包括任何输入电压纹波的影响，或是输入电压瞬时突变的影响。

负载调整率是对负载电流缓慢变化引起的输出误差进行量化。它通常也被认为是一种直流（稳态）特性，不包括任何负载瞬时突变的影响。

我们还要观察电网电压和负载发生突变或动态变化时的稳压器。这些突然的瞬变可以导致输出电压快速但通常是瞬时的变化，并且在调节器的动态电网电压和负载调节的范畴下可以对这些变化进行量化。这可以成为我们所说的“调压洋葱”中最重要或占主导地位的一层。因此，一个典型的电源产品规格书（或稳压器芯片数据表）可能特别地允许一个更宽的动态变化范围，如±5%，与如±2%的静态调整率范围（包括初始精度和温度漂移）相比更宽。对于这种动态过程也可能有规定的最大调节时间。对于用于微处理器（VRM）的变换器，这个时间通常为 1～2ms；对于用于典型的现成 DC-DC 变换器，这个时间通常为 100～200ms；对于用于通用 AC-DC 电源，这个时间通常为 1～2ms。

注：现代微处理器芯片的负载瞬变要求可以达到几百安培/微秒。然而，稳压器本身可能不会“看到”或需要支持如此高的 d*i*/d*t*，因为该瞬态要求的很大一部分通常由一堆并联的高频去耦电容（通常称为去耦）来满足，这些去耦电容非常靠近微处理器芯片。但这也提出了一个哲学问题：这部分去耦电容是计入稳压器总输出电容，还是算作负载输入电容的一部分？或者说，哪里是稳压器的终端，哪里是负载的起点？在 VRM 或负载点（Point of Load，POL）变换器中这真的很难判断。但是现在，越来越多的观点认为“以芯片为中心”。这意味着，我们从微处理器（或其他类似的芯片）向外看，连接到其电源引脚之外的所有东西，包括稳压器、去耦电容器组等，都被看成芯片的供电网络（Power Delivery Network，PDN）。PDN 需要提供芯片所要求的 d*i*/d*t*，该芯片并不在乎 PDN 的各组成部分怎么称呼，以及它们的任务怎么分配。同样，对我们而言，只要把它作为一个完整的系统进行全面测试即可，而稳压器只是其中的一部分。

图 1.1 的左侧为典型的动态响应波形图（示波器屏幕截图）。请注意，调节时间通常是指从扰动开始到输出电压返回到静态调节范围内的时间段（也要注意，过一小段时间后才能完全稳定下来）。此外，“调节电压”（姑且这么命名）是针对稳压器的静态调节特性而言的，是指当负载缓慢变化（或准静态）时恰好达到的电平，如图 1.1 右侧所示。我们看到唯一的区别是不再获得左侧曲线的动态偏移部分。这实际上是缓慢扰动和瞬态扰动的区别。

因此，从图 1.1 中左侧的动态响应波形图，我们看到很多关于稳压器的功能和基本设计的隐性信息，包括它的静态调节特性。事实上，它能进一步回答任何稳压器可能要求的其中一个最基本的问题：稳压器反馈（输出校正）环稳定吗？例如，如果由于输出电压（在合理的时间内）回不到调节值而显示成输出振铃，我们很可能会认为出现了不稳定问题。即使它足够快地稳定下来，在此之前发生的振铃量也会反映很多有关反馈环路的相位裕度（实际上是完全不稳定阈值之前的安全裕度）。我们将在后面详细地讨论这方面的内容。这里我们仅需认识到，图 1.1 的左侧图是其中一个最重要的测量波形，对于任何稳压器，在验证其效率、热性能、电磁干扰（ElectroMagnetic Interference，EMI）等之前，我们必须先检测这个波形。如果输出电压出现振铃，上述性能就无须考虑了。输出不稳定，就不能说是“稳压器”了。然而我们可能会发现有的工程师是这样做的，不过还好他们只是早年是这样工作的。

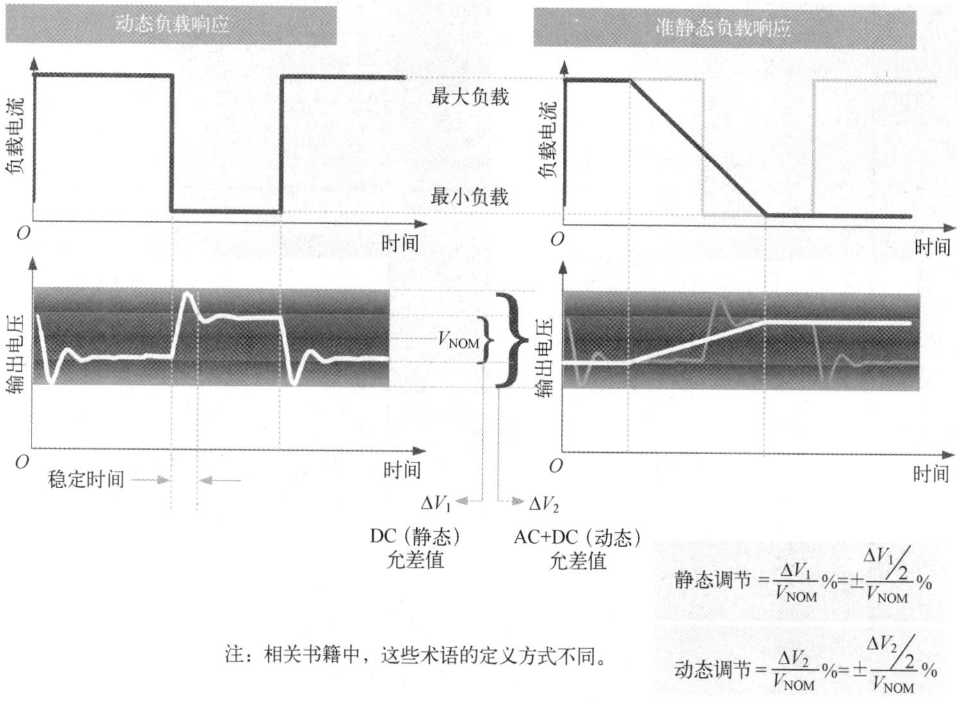

图 1.1　典型稳压器的静态和动态负载响应

第 2 部分　认知电压基准

一般电压基准

如果我们想要设计一个电路，以某种方式自动将输出电压设置为所需电平，例如 5V，我们应该问：电路如何“知道”什么是 5V 吗？它不需要将输出电压与某值进行比较（并相应地进行修正）吗？换句话说，我们需要一个*电压基准*。任何电源/稳压器设计中的这个重要组成部分通常都被认为是理所当然的，但特别是在关键应用中，例如前面“平衡性设计”中提到的那样，*要很好地理解电压基准变得非常重要*。毕竟，如果电压基准本身仅精确到±2%以内，那么我们如何才能创造一个具有±1%输出精度的稳压器？请注意，就像稳压器一样，基准值本身也具有输入电压和负载调节特性、初始精度、温度系数等。它是被称为稳压器的这棵植物生长的种子。这在图 1.2 中以图形方式显示了几个调节层次。该图适用于稳压器，但是具有左侧所示基准值的关键部件。

多年来，离散齐纳二极管已被用作双端电压基准。例如，一个小型齐纳二极管可以连接到一个大型双极晶体管（BJT）的基极端，或连接到金属氧化物半导体场效应晶体管（MOSFET）的栅极端。整个电路构成一个*线性稳压器*（也称为*串联旁路稳压器*，或简单地称为*旁路稳压器*或*串联稳压器*）。在齐纳二极管的控制下，晶体管起到可变电阻器的作用，并调整其阻值以阻断任何“过电压”。串联稳压器通常是三端稳压器，具有输入、输出和共地端。顺便提一下，晶体管（Transistor）这部分的这种特性是它的名称为“传输电阻（Transfer Resistor）”这一合成词的原因。参见图 1.3，了解稳压器的概况。

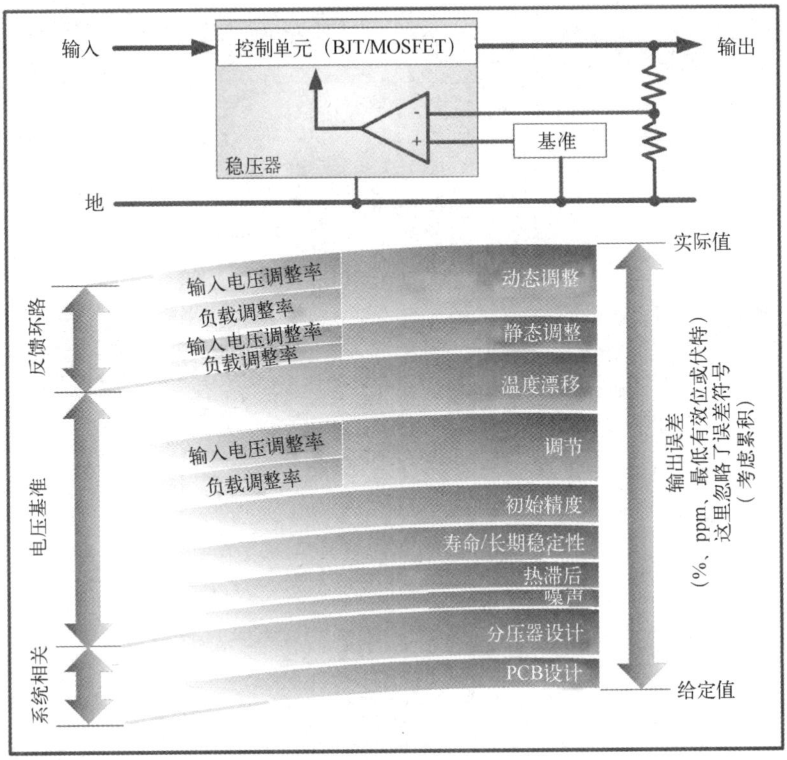

图 1.2　典型稳压器的调节层次和影响输出的关键误差

有时，大容量的齐纳二极管可作为分流稳压器独立使用。双端稳压器直接放置在负载两端，强制钳住负载电压（它们需要一个限制串联电阻来控制电流）。不幸的是，使用离散齐纳二极管的稳压器（不管是串联还是并联型）的共同特点是输出调节性能相当差[通常是±(10%～20%)]。除噪声外，它们还可能在温度上产生明显的漂移。

我们可以采取一些步骤来改善问题。例如，众所周知，低压齐纳二极管具有负温度系数。因此，3.3V 的齐纳二极管的典型温度系数约为-3.5mV/℃。另一方面，高压齐纳二极管具有正温度系数。典型的 15V 齐纳二极管的温度系数为+10mV/℃左右。位于 5.1～5.6V 中间值的二极管，其温度系数呈正弦变化，并且通过零点。这就是为什么经常说，5.1V 或 5.6V 的分立齐纳二极管是基于齐纳二极管稳压器的理想选择。但齐纳二极管也可以用芯片制造，对于这种情况，6.3V 的齐纳二极管被认为是最有价值的。注意，齐纳二极管可以通过两种方式在芯片上制造：在芯片表面上的（较便宜的工艺）齐纳二极管或隐埋式（表面下）齐纳二极管。芯片表面上比在芯片内部明显存在更多的杂质、机械应力和缺陷（晶格错位）。所有这些都会造成噪声和长期不稳定。相比之下，隐埋式齐纳管基准更具有稳定性和准确性。因此，现今一些最精确的单片式芯片基准均基于隐埋式齐纳二极管。例如，Apex（Cirrus Logic）的 VRE3050A，其输出（初始）精度在 25℃时为 5V±0.5mV（±0.01%）。但是，这里也有一个潜在的优势：任何使用齐纳基准的单片式芯片基准都需要至少 7V 的最低电源电压。如何用 6.3V 齐纳二极管来展现齐纳击穿？而且，通常齐纳二极管需要自身吸收几百微安以实现最佳工作（达到其电流-电压曲线的“拐点”）。因此，VRE3050A 采用 6.3V 隐埋式齐纳二极管，但其最低工作电压为 10V。显然，随着今天电源电压的降低，可能无法提供如此高的电源电压；此外，如此高的空闲电流消耗（“静态电流”）以及所导致的空载损耗通常是让人不可接受的，特别是对于电池供电（便携式）的设备而言。因此，现在越来越多的人选择带隙基准作为大多数稳压器的电压基准。

带隙基准

目前最常用的带隙基准电压值为 1.2V（实际应用中，其值上下浮动，但为了讲解方便，还是选用该值）。由这个“基本”基准值，通过比例电阻和其他电路，如运算放大器，也可以产生其他常见的“固定”基准值。例如，Linear Technology 的 LT1790A 是一个单片（独立）带隙基准，它是基于 1.25V 带隙基准的，其输出（初始）精度在 25℃时为 5V±2.5mV（±0.05%）。它最大的优点之一是需要的最低电源电压为 5.5V，而 VRE3050A 需要 10V；其静态电流仅为 35μA，而 VRE3050A 需要 3.5mA。

因为大多数现代稳压器 IC 都具有 1.2V 带隙基准，所以接下来的几节重点介绍 1.2V 带隙基准。我们首先尝试更好地理解 BJT，因为这是带隙基准的基本组成部分。

更好地理解 BJT（PTAT 和 CTAT）

第一颗硅 BJT 是由德州仪器在 1954 年制造的。之后，人们发现了该器件一些有趣的特性，最终产生了带隙基准。第一个由经验推出的相当稳定的电压基准始于 1964 年，由 Fairchild 公司的 David Hilbiber 研制出来。但 6 年以后 Bob Widlar（1937—1991）才很好地理解了该基准源的特性。他成功地将一个基本电流源转换成了稳定的带隙基准电压 1.2V，这被称为“Widlar 飞跃”。该电源于 1971 年由美国的国家半导体公司（即现在的德州仪器）制成二端“基准二极管”IC——LM113（最近已被淘汰）并开始商业发售。三年以后，美国 Analog Devices 公司的 Paul Brokaw 推出了可调带隙基准。1974 年，基于 Brokaw 研究的带隙基准单元，生产了 AD580，它是一个 2.5V 三端（输入、输出和地）器件，初始精度为±0.4%，现今仍在生产。所有这些事件不仅仅是硅谷诞生的部分原因，也是硅谷得以发展的重要潜在因素。

让我们由一些大家似乎已经了解的事情开始：要使一个 NPN 双极晶体管（BJT）导通，其基极和发射极之间的电压必须上升至 0.6V 左右（室温下）。因此，基本上我们要努力克服这个 0.6V 的偏移（这看起来像是一个二极管压降）从而给基极注入小电流。在这种情况下，我们看到了类似“杠杆效应”：微小的基极电流导致了从集电极到发射极产生了大得多的电流。我们发现这样的集电极电流是正比于基极电流的，比例因子（$=I_C/I_B$）被称为晶体管的 β（有些文献中称为 hfe）。

BJT 的电流-电压（I-V）曲线如图 1.3 所示。注意，到目前为止，我们假设温度为恒定值。这一“理想”曲线假设当 BJT 导通时，集电极电流是恒定的（是基极电流的固定倍数）。换句话说，我们是假设集电极电流与集-射电压无关（只与基极电流有关）。对于大多数的一阶计算，这是一个合理的假设，我们也会在随后的讨论中这样做。但需注意，实际曲线与理想曲线有细微的分歧，如果倒推可以发现，似乎是从一个固定电压 V_A 开始的（其值通常为-75～-100V）。这被称为 Early 效应，根据发现者 James Early（1922—2004）的名字命名。在同一张图中，我们也给出了金属氧化物半导体场效应晶体管（MOSFET）的 I–V 曲线。该曲线十分相似，但需注意，BJT 曲线上的饱和区，在 MOSFET 曲线上称为可变电阻区；而 BJT 的正向放大区（线性区）在 MOSFET 曲线上称为饱和区。

由同一张图可以看到，集电极电流随着基-射电压 V_{BE} 呈指数变化。如图 1.4 中所示，同时也能看到集电极电流是基极电流的 β 倍。由图中可以清楚看到，BJT 有四象限工作区。其中一个象限几乎没有用（所谓的二极管反向偏置）。另一方面，开关稳压器（用 BJT 开关）在饱和区和截止区之间不断切换工作（当它改变状态时，非常短暂地通过线性区）。然而，电流镜、放大器、振荡器和电压基准在正向放大（也称为放大或线性）区域内连续工作。注意，当选用 BJT（或 MOSFET）作为导通器件时，线性稳压器也工作在放大区（或可变电阻区）。

下面我们来看 BJT 的正向放大区。在这一区的导引方程是指数方程：

$$I_C \approx I_S \times e^{qV_{BE}/(kT)}$$

这一方程指出，基-射电压 V_{BE} 很小的变化会使集电极电流 I_C 产生指数级变化（仍然假设是常温）。

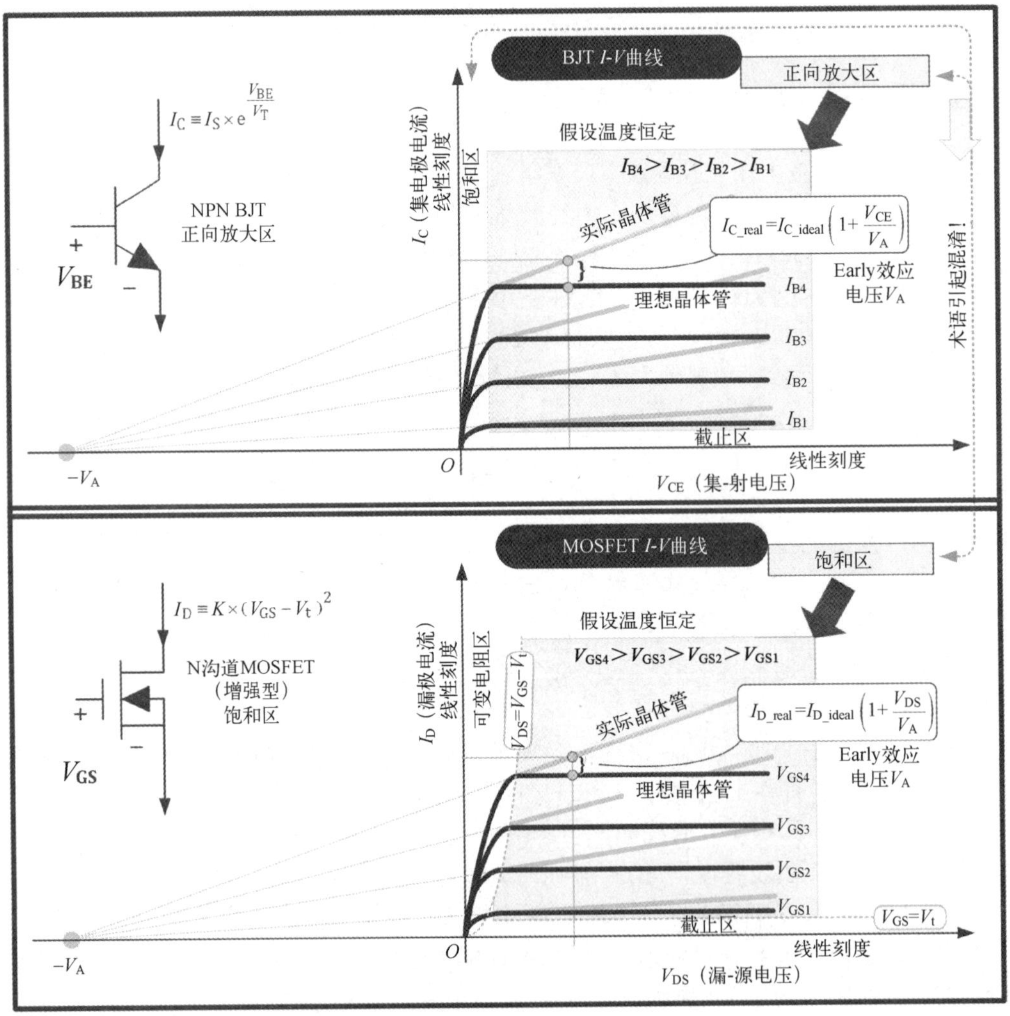

V_A为Early电压，最开始是用来解释BJT的I-V曲线的非理想特性，现在也用于MOSFET，因为MOSFET也有相似的非理想特性。
V_t是MOSFET的开启电压。
V_T是热电压=kT/q。

不要搞混淆！

图 1.3　BJT/MOSFET 的 I-V 曲线及 Early 效应

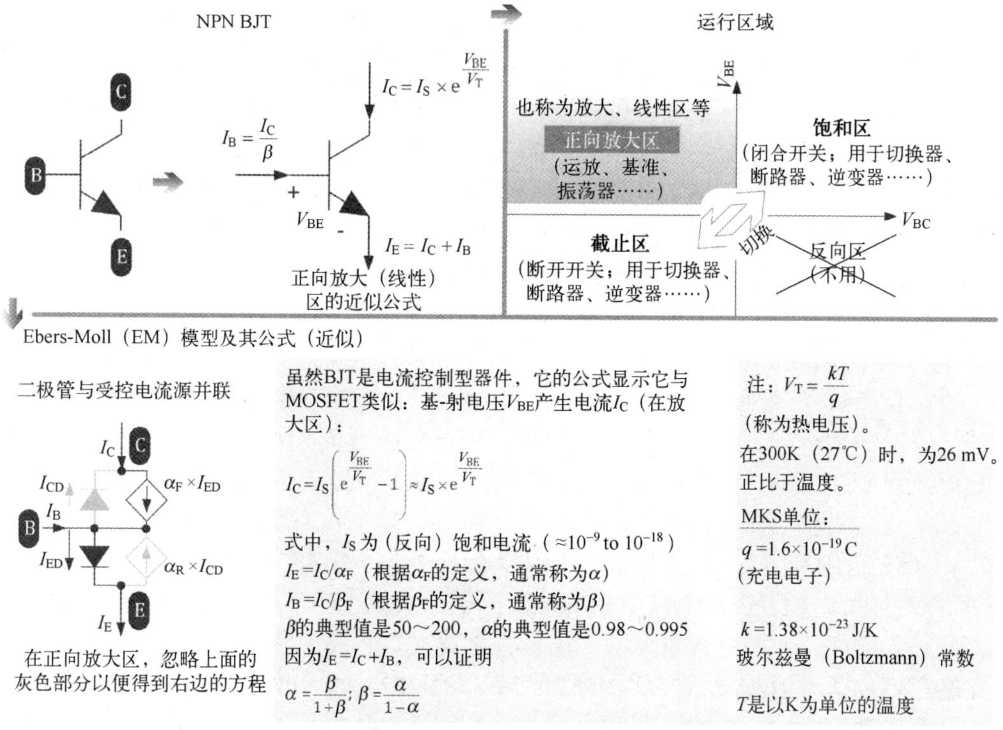

图 1.4　NPN 晶体管的 Ebers-Moll 模型及其工作区域

注：虽然人们普遍认为 BJT 是电流控制型器件，MOSFET 是电压控制型器件，BJT 的方程式表明它最好也被视为电压控制型器件，因为由上面的公式我们可以看到电压 V_{BE} 决定电流 I_C，与 MOSFET 十分相似。难怪图 1.2 中的 I-V 方程也如此相似。但是，一个主要区别是 V_{BE} 导致 BJT 中的基极电流很小但恒定，而 MOSFET 的 V_{GS}（栅极和源极间电压）达到一个稳定值时，栅极电流截止。因此，BJT 的输入特性类似二极管，而 MOSFET 的输入特性类似一个小电容——但为了通过漏极电流，必须先克服开启电压（如图 1.3 中的 V_t）的偏移。

对 BJT 方程两边取自然对数，得到直线方程：

$$\ln(I_C) \approx \ln(I_S) + \frac{q}{kT} V_{BE}$$

也可以对两边取常用对数（以 10 为底）后得

$$\lg(I_C) \approx \lg(I_S) + \frac{q}{kT} V_{BE} \times \lg(e) = \lg(I_S) + \frac{q}{2.303\,kT} V_{BE}$$

可以看到，这也是直线方程。

注：“ln” 与 “lg” 之间的关系，lg(e)=0.434，ln(10)=2.303，lg(e)×ln(10)=1。

顺便提一下，I_C 对 V_{BE} 的指数方程与著名的二极管肖克利（Shockley）方程十分相似。因此，我们发现将 BJT 的基-射结建成二极管的模型就不足为奇了。然而，覆盖所有工作区域的正式的 BJT 模型是 Ebers-Moll 模型。图 1.4 给出了简化模型。但是没有必要深入到这个细节层面，除非需要考虑完整度。

在各大网络论坛，关于上述 I_C 与 V_{BE} 方程的困惑有很多。它看起来是一个简单的指数方程，但本书会认真地讲解阐明，同时还将努力讲解带隙基准这一主要思想。

（1）什么是I_S？它经常被称为饱和电流，这是从相似的二极管方程来自 Shockley 借用的说法。但在晶体管中用这个词会引起混淆。它使得有些人错误地认为I_S是 BJT 在饱和区的集电极电流。并非如此：它通常是 10^{-14} 左右的非常小的电流，所以不可能是集电极电流。因此，有些人更愿意把I_S称为“反向饱和电流”，从而隐含地认为它是基-射结的反向漏电流。然后在此假设之上，人们会错误地认为既然 I_S 是反向电流，它对 BJT 的正向特性无影响。事实上这些陈述都是不正确的。反向偏置时，寄生漏电流会减小I_S。因此，最好在放大区测量 I_S，而不是在反向区（二极管同理）。我们可以从数学上来清楚地理解什么是 I_S。由上述简化的 Ebers-Moll 方程可得，如果设 V_{BE} 为 0，就可以得到 $I_C=I_S$。从图形上看，如果从 0 增加基极电压（相对于发射极），I_C 取对数刻度，V_{BE} 取线性刻度，画出的 I_C-V_{BE} 曲线为一直线，其与 y 轴相交，所得值即为 I_S。因此，为避免混淆，I_S 被称为定标电流可能会更好，因为 I_C-V_{BE} 曲线与 I_S 成比例。因此，I_S 仅仅是正向偏置时 I_C-V_{BE} 曲线的起始点，对整个曲线具有深远的影响。例如，改变 I_S 为原来的 10 倍，即从 10^{-14} 改为 10^{-13}，会导致所有的 I_C（给定 V_{BE}）增大为完全相同的倍数（本例为 10）。所以认识 I_S 的真正本质是非常重要的：不要误以为既然 I_S 是一个很小的值（通常为皮安），它就微不足道，或是二阶的。它是至关重要的，因此有必要在这里介绍一下。

在某厂商的著名的离散小信号 NPN 晶体管 2N2222 的 SPICE（集成电路仿真程序）模型中，我们看到：“IS = 14.340000E-15。”这表示 $I_S=14.34\times10^{-15}$A。另一厂商给出的晶体管 2N3055 的 SPICE 模型中，称“IS=2.37426e−14”，这表示 $I_S=2.37462\times10^{-14}$A。还有很多类似例子。然而，这也指出了一个主要的限制因素，如果没有误差，在常用的 BJT SPICE 模型中，我们很快就会看到这个局限因素。

（2）$\lg(I_C)$比 V_{BE} 的斜率是什么？工程师可能已经听说，这个特定的斜率表示 40mV 每十倍电流、60mV 每十倍电流或 80mV 每十倍电流。它究竟是什么？为什么会这样？[注意，实际上我们讨论的是 V_{BE} 比 $\lg(I_C)$的斜率。]从前面的式子可以看到，$\Delta V_{BE}/\Delta[\lg(I_C)]=2.303kT/q$，图 1.5 也有所示。因此可以看到，斜率$\Delta V_{BE}/\Delta[\lg(I_C)]$与温度成正比。或者，对于固定的$\Delta[\lg(I_C)]$或$\Delta I_C$（固定的电流变化量），$\Delta V_{BE}$（对应基-射电压的变化）正比于温度。因此，在 300K（27℃）时，$\Delta V_{BE}/\lg(I_C)$斜率为 60mV 每十倍电流；400K（127℃）时为 80mV 每十倍电流；200K（−73℃）时为 40mV 每十倍电流。温度 200～400K 时，其值从 40mV 每十倍电流上升至 80mV 每十倍电流。我们可以看到关于 T 的明显的比例性。

注：十倍电流变化（即 0.1～1A，或 1～10A）对应$\Delta[\lg(I_C)]=1$。

注：开氏温度（热力学温度）与摄氏温度的转换是 273。因此 0K（0 热力学温度）等于−273℃。

我们可以看到，温度变化为 400K−200K=200℃，ΔV_{BE} 从 40mV 变化至 80mV。换句话说，ΔV_{BE} 的温度系数为 40mV/200℃=0.2mV/℃（电流变化为原来的 10 倍）。这被称为与热力学温度成正比（PTAT）的电压。我们接下来将会看到，ΔV_{BE} 是伴随具有互补（成反比）特性的 V_{BE} 产生的，这种特性恰好创造了著名的 1.2V 带隙基准。

（3）V_{BE} 如何随温度变化？这是最大困惑的来源。如前所述，正向导通时基-射电压在室温时为 0.6V。我们不禁会问：什么是室温，是精准的−273℃（0K）吗？事实上，对于任何集电极电流，电压值为 1.2V（虽然作为一个推测值，它并不真实存在，因为在 0K 时所有的原子运动都是静止的，不可能有“电流”）。

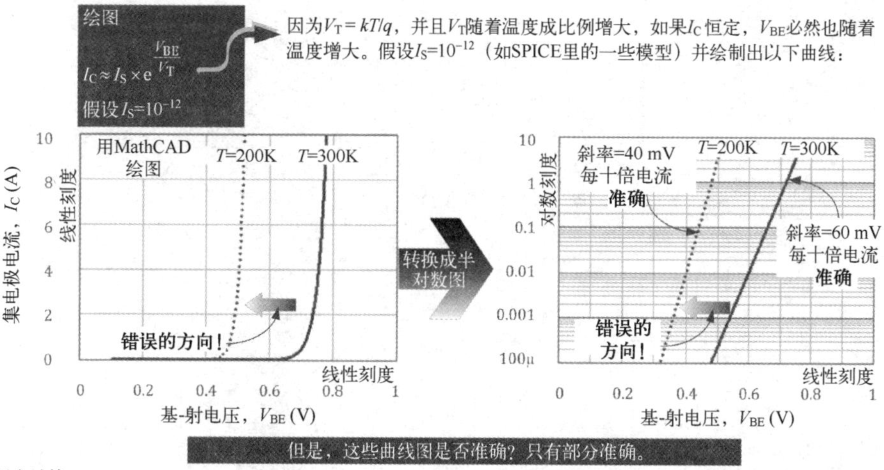

斜率计算　　见图1.2

因为$I_C \approx I_S \times e^{\frac{V_{BE}}{V_T}} \Rightarrow \ln(I_C) \equiv 2.303 \times \lg I_C = \frac{V_{BE}}{V_T}$

所以，如果绘制$\lg I_C$-V_{BE}曲线，斜率是

斜率$(T)= 2.303V_T = \frac{2.303 \times kT}{q}$

可以得到如下斜率：

斜率(200)=0.04, 斜率(300)=0.06, 斜率(400)=0.08

或者，200K时40mV，300K时为60mV，400K时为80mV。

以上曲线只有（任何给出的曲线）斜率是准确的。它们在所指示的绝对值方面是不准确的，特别是温度变化的响应曲线。它们错误的指示当T增加时，基-射电压（对于给定的集电极电流）也增加。实际上，对于给定的集电极电流，基-射电压（V_{BE}）必须降低——大约2 mV/K（与PN节，如二极管相同）。原因是反向饱和电流I_S对I_C-V_{BE}曲线有很大影响，一般的，温度每上升5K，I_S就增加一倍。因此，当I_C一定时，V_{BE}随着T增大而降低。

图 1.5　不同温度下 I_C-V_{BE} 曲线

但这就是 I-V 指数方程预测值？在 I-V 方程中，当改变温度时，为了保持 I_C 不变，我们需要保持下式不变：

$$\frac{qV_{BE}}{kT}=常数$$

我们因此很容易（但错误地）得出，如果 T（即温度，单位为 K）上升（或下降），那么 V_{BE} 肯定也增大（或减小）。温度系数可表示为

$$\frac{V_{BE}}{T}=\frac{k}{q}=86.25\,\mu V/°C$$

注： kT/q 通常被称为热电压，因其既有电压的部分，也正比于温度。在温度为 300K（27℃）时，其典型值为 86.25μV×300 = 26mV。

换句话说，由上式看，V_{BE} 会随着温度以 86.26μV/℃的比例增加。但这并不准确：大多数工程师认为温度上升时 V_{BE} 会降低，约为−2mV/℃。误差来自哪里？

问题的原因是，没有人清楚地告诉你：温度对 I_S 影响很大。很多工程师奇怪地忽略了这一因素，特别是那些盲目依靠 SPICE 及其通用的 BJT/二极管模型的，SPICE 及这些模型中的 I_S 通常设为固定（默认）值。而事实上，温度每上升 5℃，I_S 就会增加一倍左右。如果在 I-V 方程中考虑这一变化因素，为了保持 I_C 不变，随着温度上升 V_{BE} 必须降低，而不是升高。

如图 1.6 所示，一个相当好的经验拟合数据是通过设置下式得到的。

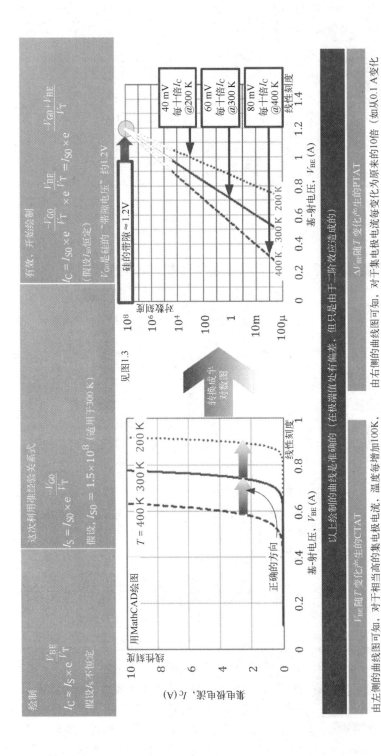

绘制	这次利用准经验关系式	有效，开始绘制
$I_C \approx I_S \times e^{\frac{V_{BE}}{V_T}}$	$I_S = I_{S0} \times e^{\frac{-V_{G0}}{V_T}}$	$I_C = I_{S0} \times e^{\frac{-V_{G0}}{V_T}} \times e^{\frac{V_{BE}}{V_T}} = I_{S0} \times e^{\frac{-V_{G0}+V_{BE}}{V_T}}$
假设I_S不恒定	假设，$I_{S0} = 1.5\times10^8$（适用于300 K）	（假设I_{S0}恒定） V_{G0}是硅的“带隙电压”约1.2V

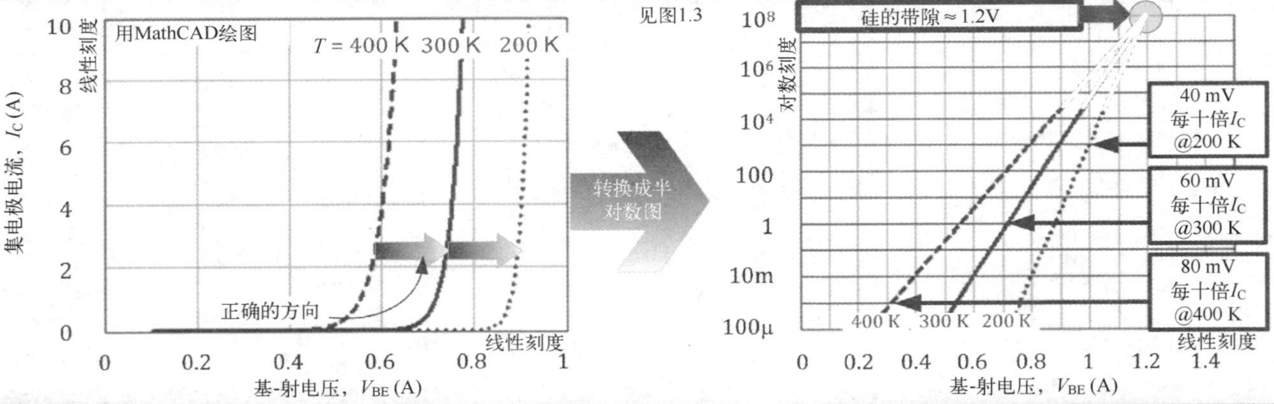

以上绘制的曲线是准确的（在极端值处有偏差，但只是由于二阶效应造成的）

V_{BE}随T变化产生的CTAT

由左侧的曲线图可知，对于相当高的集电极电流，温度每增加100K，V_{BE}大约降低150～200 mV。这是一个大约为-1.5～-2mV/℃的负温度系数。它因此被称为“CTAT”[Complementary（反比例）To Absolute Temperature，与热力学温度成反比]。

ΔV_{BE}随T变化产生的PTAT

由右侧的曲线图可知，对于集电极电流每变化为原来的10倍（如从0.1 A变化到1 A），在200 K时ΔV_{BE}=40 mV，在400 K时ΔV_{BE}=80 mV。所以称ΔV_{BE}为“PTAT”（Proportional To Absolute Temperature，与热力学温度成正比）——大约40 mV每200 K或+0.2 mV/℃。带隙基准的原理是，如果我们能够放大上面的PTAT（从ΔV_{BE}增大）为原来的10倍，将得到+2mV/℃，并且这能够用来抵消CTAT（从V_{BE}增大，左图）产生的-2 mV/℃，由此得到稳定的基准。

图1.6　I_C-V_{BE}修正曲线及CTAT与PTAT的产生

$$I_S = I_{S0} \times e^{\frac{-V_{GO}}{V_T}}$$

式中，$V_T=kT/q$；$V_{G0} \gg 1.2V$；I_{S0} 为常数。对于 $I_S(T)$ 这一模型，图 1.6 给出其修正曲线。我们最终可以看到，由于 I_S 与温度有关，之前讨论的所有 $\lg(I_C)$-V_{BE} 曲线（不同温度下）向上延伸最终会在有些非常高的集电极电流假设（并且是荒谬的）值处指向电压 1.2V（与 V_{G0} 相同）。更为重要的是，我们看到随着温度上升，曲线往左侧移，而非图 1.5 中的往右侧移（图 1.5 中我们错误地假设 I_S 为常数）。因此，为了在不同温度下保持 I_C 不变，我们需要保持

$$\frac{q(-V_{G0}+V_{BE})}{kT} = 常数 \quad 或 \quad \frac{(-V_{G0}+V_{BE})}{T} = 常数$$

下面讨论一下数值。例如，当 T=300K，并且偏置电压 V_{BE}=0.6V，上式分子部分 $-V_{G0}+V_{BE}=-1.2+0.6=-0.6$。如果温度降至 200K，分子必须同比例降低，即为 $(2/3)\times(-0.6)=-0.4$。可能发生的唯一方式是如果 V_{BE} 变为 $-0.4+V_{G0}=-0.4+1.2=0.8$V。换句话说，温度升高 100℃（200～300K），V_{BE} 从 0.8V 降至 0.6V，即降低 0.2V。温度系数为−0.2V/100℃=−2.0mV/℃，这一数值在文献中经常提到。

如果基-射电压在 300K 时为 0.6V，其温度系数为−2.0mV/℃，我们可以想象，在理想 0K（−273℃）时，基-射电压为 0.6V+(300K×2mV)=1.2V，即为 1.2V 的带隙电压 V_{G0}。可以清楚看到 1.2V 就是我们在对 I_S 建模时设的 V_{G0} 值。

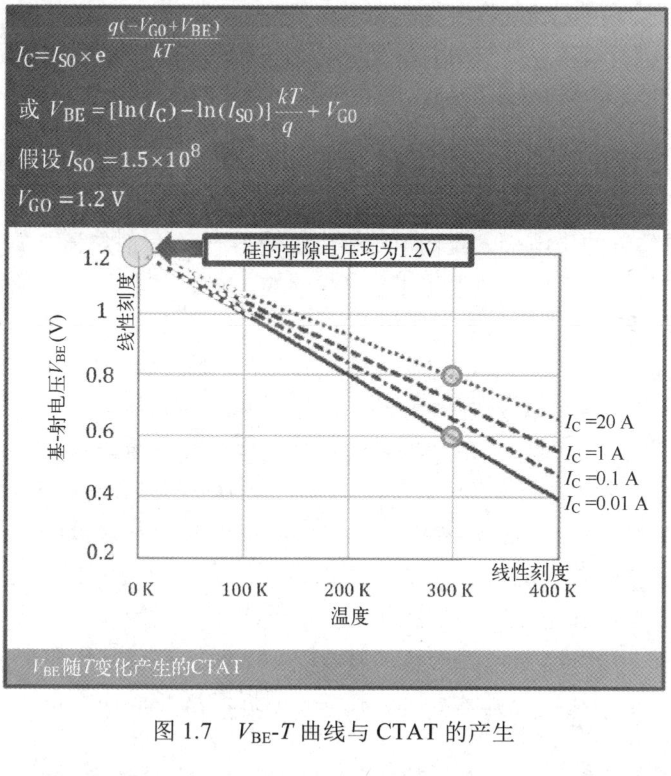

图 1.7　V_{BE}-T 曲线与 CTAT 的产生

V_{BE} 相对 T 的变化曲线如图 1.7 所示，从中可知所有 V_{BE} 曲线（对于不同的电流和偏置电压）在 0K 下在 V_{BE}=1.2V 处相交。这种类型的曲线对于模拟 IC 设计者来说是非常有用的曲线。这张曲线图还告诉我们，与普遍的经验认知相反，V_{BE} 的温度系数是 −2mV/℃，但仅适用于 300K 时 V_{BE}=0.6V 的情况。例如，如果在图 1.7 中查看 20A 的曲线，会看到它在 300K 时 V_{BE} = 0.8V。这一定有不同的温度系数，因为我们现在知道这条曲线在

0K 时也必须收敛到 1.2V。所以很明显，它的温度系数必然是(0.8V−1.2V)/300K= −1.33mV/℃，而不是−2mV/℃。

我们可以清楚地观察到这个反比例关系（相对于温度）。由此我们说，V_{BE} 是与热力学温度成反比（CTAT）的电压。

注：也许，一个更现代或更好记的名称是 iPTAT（inversely Proportional to Absolute Temperature）。

带隙基准原理

举个例子，两个匹配的晶体管，一个电流为 I，另一个电流为 $10I$，室温下（300K）其基-射电压 V_{BE} 相差 60mV，温度系数为+0.2mV/℃。如果我们将这种 PTAT 差异电压放大为原来的 10 倍，得到的电压值为 0.6V，温度系数为+2mV/℃。这是 PTAT 电压。另一方面，300K 时的实际 V_{BE} 约为 0.6V（非上述晶体管），温度系数为−2mV/℃。这是 CTAT 电压。如果将此 V_{BE} CTAT 电压与放大为原来的 10 倍的ΔV_{BE} PTAT 电压相加，我们可以得到净电压 0.6+0.6=1.2V，净温度系数+2mV/℃−2mV/℃=0（理想值）。这就是众所周知的带隙基准电压，以及数值 1.2V 如何得来的。

要了解 Widlar 与 Brokaw 是如何实际实现带隙基准的，我们必须先了解最基本的电流镜。

基本 BJT 电流镜与 Widlar 带隙基准单元

在图 1.8 中，我们通过说明二极管接法 BJT（diode-connected BJT，由 BJT 的基极与集电极短接形成的二极管）的优点开始讲解。它构成了基本的双晶体管电流镜的第一要素。输入电流流经第一个晶体管的集电极，我们得到相应的输出——基-射电压。如果此电压应用于第二个匹配晶体管作为输入，由于两个晶体管有相同的 I-V 曲线和相同的 V_{BE} 值，那么我们必定从第二个晶体管得到相同的输出 I_C（集电极电流）。换句话说，只要两个晶体管控制电压（基-射电压）相同，第一个晶体管的电流经过缓冲与“镜像”（1∶1）到了另一个晶体管。

如果“第二个晶体管”实际是并联的四个相同/匹配的晶体管，那会怎样呢？既然其中每一个晶体管的基-射电压相同，那么每个晶体管的集电极电流与第一个晶体管的集电极电流相等。因此，四个并联的晶体管一起产生的电流为 $4I_C$。实际上就形成了 1∶4 电流镜。

实际上，并不需要将四个晶体管独立的基极、集电极和发射极连接在一起。通过使用第二晶体管，其发射极面积是第一晶体管的 4 倍，我们可以得到相同的 1∶4 电流镜。同理我们也可以得到 1∶10 电流镜，如图 1.8 所示。注意，我们可以在第二个晶体管旁边简单地标上“10”或“10E”（有时也写成“10A”），以表示其发射极面积是第一个晶体管的 10 倍，而不用在一个 BJT 上画那么多发射极。前提是这些晶体管是匹配的，因此可以集成（在同一芯片上）。

同样，我们可以生成 1∶10 的电流镜，如图 1.8 所示。请注意，我们可以在第二个晶体管旁边写上“10”或“10E”（有时也写为“10A”），以表示其发射极面积是第一个晶体管的 10 倍。底层的假设是，这些是匹配的晶体管，因此是单片的（在同一个集成芯片上）。

图 1.8 中还未画出，除了 1∶10 镜像，也可以有 10∶1 镜像，只要第一个晶体管的发射极面积为 10E，第二个晶体管的为 1E 即可实现。同样的，我们也可以实现 3∶2 电流

镜，两个晶体管发射极面积分别为 3E 和 2E 即可，等等。

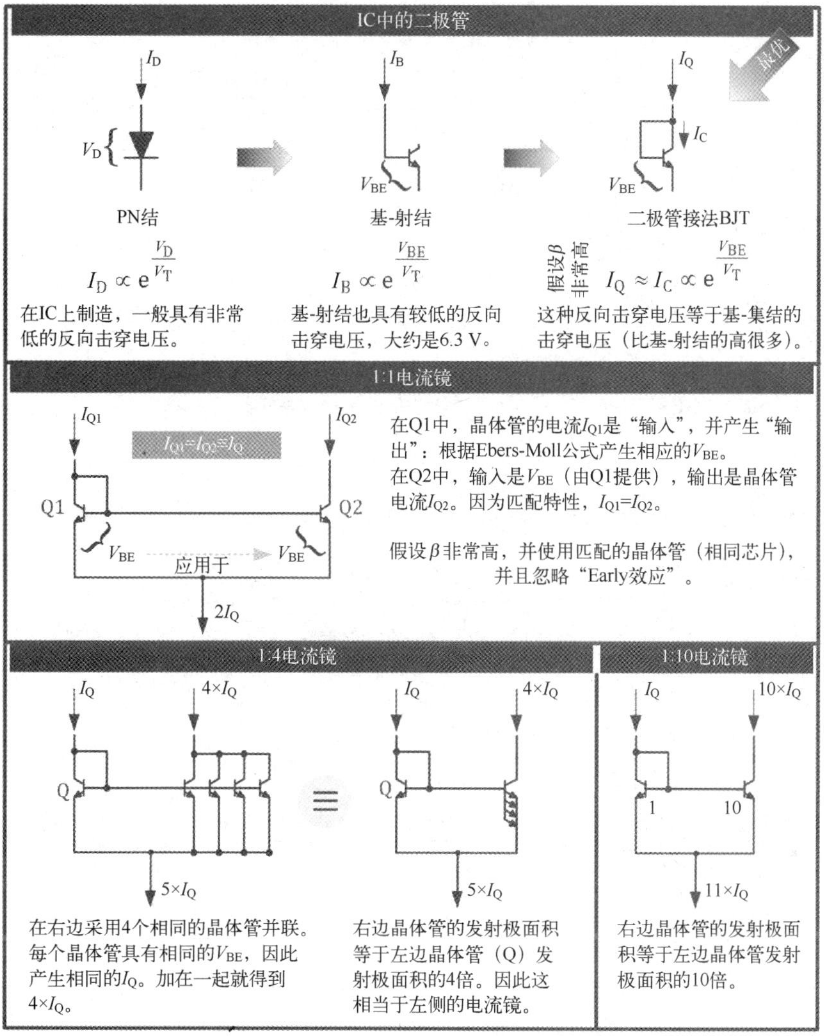

图 1.8 BJT 电流镜

Widlar 将电流镜电路做了一个有趣的变化，并发明了带隙基准。我们将通过图 1.9 和图 1.10 进行解释，这和电流镜有点类似，但实际并不是：因为多了一个新的电阻 R_{DIFF}，它改变了两个晶体管的 V_{BE}（或者就是要让两者不同）。同时，我们会通过外部电路迫使两个晶体管电流相等。然而，如前所述，与 1∶10 电流镜类似，右侧晶体管的发射极面积是左侧晶体管的 10 倍。我们可以把较大发射区想象成 10 个并联的晶体管，每一个晶体管的集电极电流是左侧晶体管的十分之一。因此，根据 Ebers-Moll 方程（应用于每个并联晶体管），相应的 V_{BE} 也较小。实际上，在左侧晶体管上有一个与集电极电流 I_Q 相对应的 V_{BE}。在右侧有一个不同的（较小的）V_{BE}，对应于较小的 $I_Q/10$ 电流。请注意，这与电流的 10 倍不同，因此从图 1.4 中可以看出，在 300K 时，差分电压ΔV_{BE}（PTAT 电压）必须为 60mV，温度系数为 0.2mV/℃。

下一步：不论我们是从左边晶体管还是右边晶体管开始，由于连接在一起的基极与地之间的电压降一定相等，那么电压差ΔV_{BE} 必定加到 R_{DIFF} 两端。而且，如果ΔV_{BE} 被放大为原来的 10 倍，并且加上−2mV/℃的 CTAT 电压，那么如图 1.10 所示，我们会得到需要的 1.2V 基准电压，净温度系数为理想的 0。

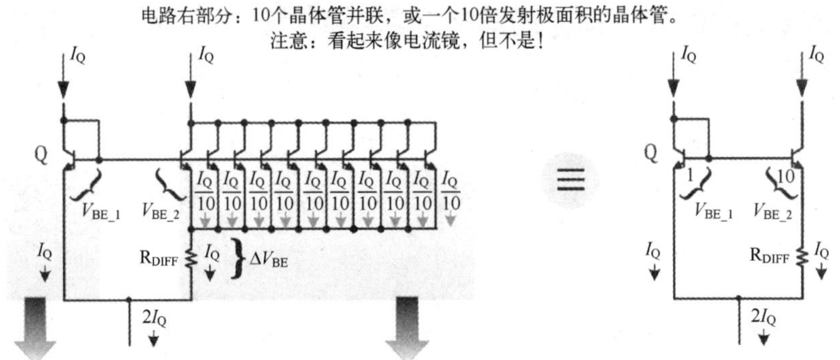

应用Ebers-Moll公式（近似），假设晶体管匹配并且β非常高

对于左部分的晶体管

$$I_Q = I_S \times e^{\frac{V_{BE\_1}}{V_T}}$$

$$V_{BE\_1} = V_T[\ln(I_Q) - \ln(I_S)]$$

对于右部分的每个晶体管

$$\frac{I_Q}{10} = I_S \times e^{\frac{V_{BE\_2}}{V_T}}$$

$$V_{BE\_2} = V_T\left[\ln\left(\frac{I_Q}{10}\right) - \ln(I_S)\right]$$

因此，V_{BE}的增量是

$$\Delta V_{BE} = V_{BE\_1} - V_{BE\_2} = V_T\left[\ln(I_Q) - \ln\left(\frac{I_Q}{10}\right)\right] = V_T[\ln(I_Q) - \ln(I_Q) + \ln(10)]$$

$$\Delta V_{BE} = V_T \times 2.303 = \frac{k}{q} \times 2.303 \times T$$ ← 产生PTAT电压

$$\Delta V_{BE} = 198.6 \times T \ \mu V$$

举例：在27℃（300K），我们得到ΔV_{BE} = 198.6×300 μV= 60 mV.

又因，$\Delta V_{BE}/T$是大约200 μV或 0.2 mV/℃. ←温度系数

因此得到一个温度系数是0.2 mV/℃的60 mV PTAT电压（300 K室温）。如果将这个电压放大为原来的10倍，并与另一个晶体管的0.6 V V_{BE}（温度系数是−0.2 mV/℃的CTAT电压）相加，将会得到0.6+0.6=1.2 V的绝对电压值，以及+2mV/℃−2 mV/℃=0的净温度系数。在图1.10中将进行这个操作，那么就得到1.2 V稳定的带隙基准。

注：需要2个晶体管，一个晶体管的发射极面积是另一个的10倍，只有这样才能获得温度系数是+2 mV/℃的60 mV PTAT电压。

图 1.9　理解基本 Widlar 带隙基准单元的第一步

Widlar的第一个带隙基准（简化模型）

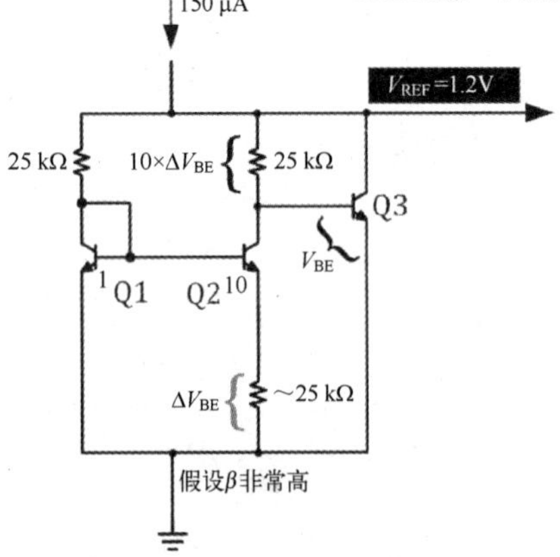

Q2的发射极面积是Q1的10倍，因此对于同样的电流，只需要较小的V_{BE}。Q1和Q2的V_{BE}之间的差值加到2.5 kΩ电阻上，它具有0.2 mV/℃的温度系数。也就是通过25 kΩ/2.5 kΩ=10的比例放大电压为原来的10倍来获得具有+2 mV/℃温度系数的600 mV。这个PTAT电压加到Q3的具有−2mV/℃温度系数的0.6 V的V_{BE}（是一个CTAT）上。由此得到具有理论温度系数0的1.2 V净电压：基本带隙基准为

$$V_{REF} = 10 \times \Delta V_{BE} + V_{BE}$$

与其采用Q1和Q2比例为1:10的晶体管（具有相同的集电极电流），不如采用同样/匹配，但是Q1电流是Q2电流10倍的晶体管，也可以得到相同的ΔV_{BE}。

来源：Hans Camenzind著的*Designing Analog Chips*

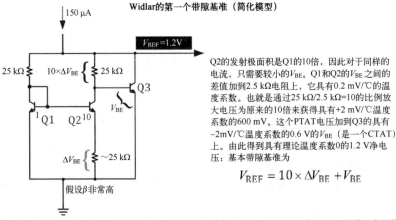

图 1.10　基本的 Widlar 带隙基准单元

注意，除了把相等电流加到不等（1∶10）晶体管上来产生相应的ΔV_{BE}，也可以把不等的电流（10∶1）加到相同的晶体管上，可以得到同样的ΔV_{BE}。最终都与发射极电流密度有关。

图 1.11 展示了 Brokaw 的观点。用他自己的话来说，“介绍了一种实现稳定带隙电压的新结构。这种新型双晶体管电路用集电极电流检测来消除基极电流引起的误差。由于这一稳定电压出现在一个高阻抗点，简化了对具有较高输出电压的电路的应用。”因此，现在我们可以用具有缩放电阻的 1.2V 带隙基准，很简单地就可以产生 3.3V 和 5V 等参考电压。

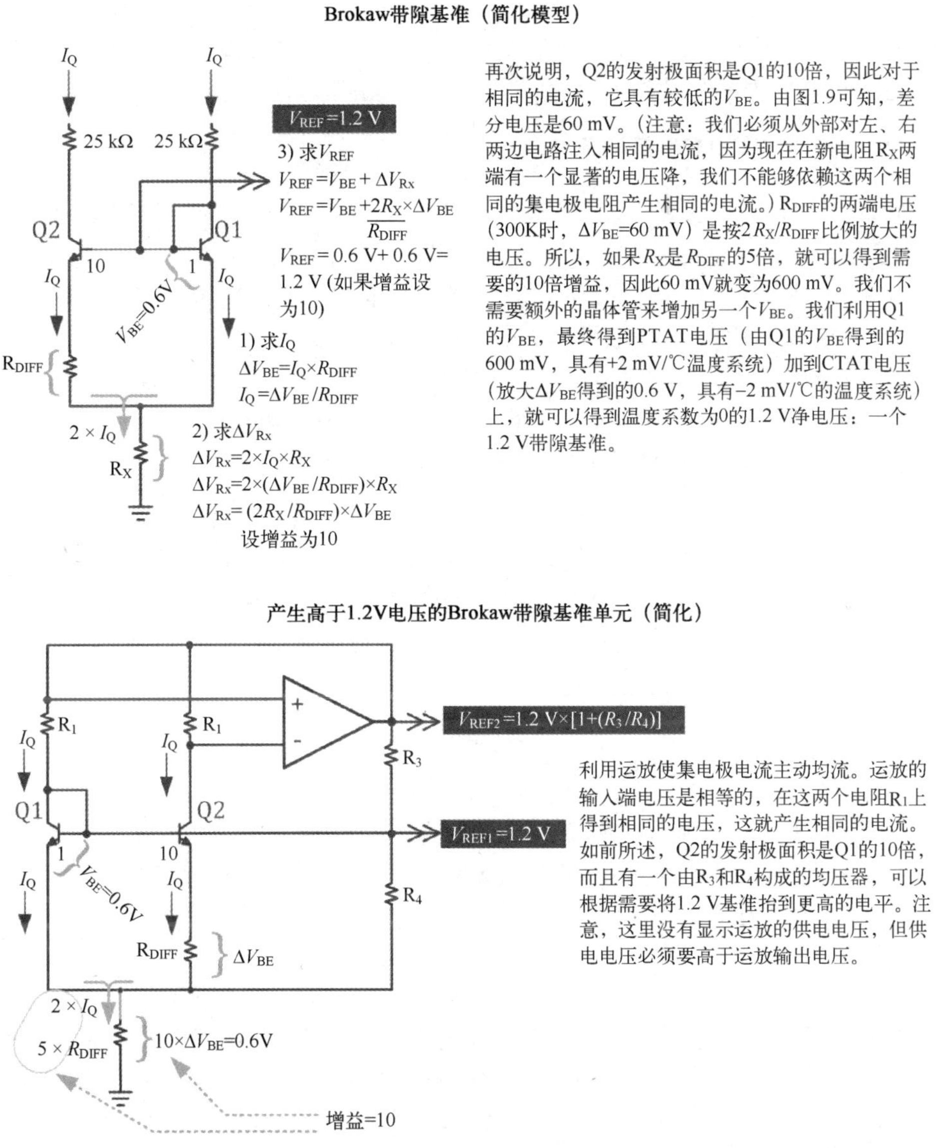
Brokaw带隙基准（简化模型）
IQ
IQ
25 kΩ
25 kΩ
VREF=1.2 V
3) 求VREF
VREF=VBE+ΔVRx
VREF=VBE+2RX×ΔVBE/RDIFF
VREF=0.6 V+0.6 V=1.2 V (如果增益设为10)
Q2
Q1
10
1
VBE=0.6V
1) 求IQ
ΔVBE=IQ×RDIFF
IQ=ΔVBE/RDIFF
RDIFF
2×IQ
RX
2) 求ΔVRx
ΔVRx=2×IQ×RX
ΔVRx=2×(ΔVBE/RDIFF)×RX
ΔVRx=(2RX/RDIFF)×ΔVBE
设增益为10
再次说明，Q2的发射极面积是Q1的10倍，因此对于相同的电流，它具有较低的VBE。由图1.9可知，差分电压是60 mV。（注意：我们必须从外部对左、右两边电路注入相同的电流，因为现在在新电阻RX两端有一个显著的电压降，我们不能够依赖这两个相同的集电极电阻产生相同的电流。）RDIFF的两端电压（300K时，ΔVBE=60 mV）是按2RX/RDIFF比例放大的电压。所以，如果RX是RDIFF的5倍，就可以得到需要的10倍增益，因此60 mV就变为600 mV。我们不需要额外的晶体管来增加另一个VBE。我们利用Q1的VBE，最终得到PTAT电压（由Q1的VBE得到的600 mV，具有+2 mV/℃温度系统）加到CTAT电压（放大ΔVBE得到的0.6 V，具有−2 mV/℃的温度系统）上，就可以得到温度系数为0的1.2 V净电压：一个1.2 V带隙基准。
产生高于1.2V电压的Brokaw带隙基准单元（简化）
R1
R1
IQ
IQ
+
-
VREF2=1.2 V×[1+(R3/R4)]
R3
Q1
Q2
VREF1=1.2 V
1
10
VBE=0.6V
R4
RDIFF
ΔVBE
2×IQ
5×RDIFF
10×ΔVBE=0.6V
增益=10
利用运放使集电极电流主动均流。运放的输入端电压是相等的，在这两个电阻R1上得到相同的电压，这就产生相同的电流。如前所述，Q2的发射极面积是Q1的10倍，而且有一个由R3和R4构成的均压器，可以根据需要将1.2 V基准抬到更高的电平。注意，这里没有显示运放的供电电压，但供电电压必须要高于运放输出电压。

图 1.11　基本的 Brokaw 带隙基准单元

理论上，我们可以用 1.2V 带隙基准与增益不小于 1 的运算放大器来产生不低于 1.2V 的稳定基准。这不是问题，问题是任何基于 1.2V 基准的电路必定需要远高于 1.2V 的电源（通常最低为 1.9～2.3V）。该电压可通过三端器件中的单独引脚施加，或者连接至双端

（分流）器件（例如 LT1389）中的偏置电阻器。在任何情况下，由于这个原因，这样产生的电压基准将不适用于，例如，单个 1.5V 碱性电池的应用，因为碱性电池在被认为完全放电之前可以降低到 1V 以下。为了解决这一问题，我们做了大量的工作来产生“子带隙基准”（低于 1.2V）和/或“亚伏特带隙基准”（低于 1V）。

Widlar 领先于其他人。1978 年，国家半导体公司（National Semiconductor）推出了 LM10，现在仍在生产使用。它可以在低于 1V 供电电压下工作，其基准输出可以低至 200mV。因为它是基于 Widlar 发明的 200mV 子带隙基准，在之后的 10 年仍然没有任何竞争者能超越。基本上，通过使用发射极面积比为 50∶1 的 BJT 晶体管，Widlar 研制出 100mV 的 PTAT。然后，他不是放大这个电压以使温度系数达到 CTAT 的水平（符号相反），而是通过降低 V_{BE} 得到 100mV 的 CTAT。两者相加，得到 200mV 的稳定基准。

改进型电流镜与 CMOS 带隙基准单元

在图 1.12 中，我们通过引入一个运算放大器并将差分电阻（具有 PTAT 电压）移动到晶体管的集电极侧来修改基本 Brokaw 带隙基准单元，以获得更高的增益和更好的电源（噪声）抑制比（PSRR）。然后变形成使用 P-MOS 晶体管（PNP BJT 的 MOSFET 等效晶体管）和共集电极 PNP BJT 的电路。在不涉及 IC 制造工艺细节的情况下，只要说在典型的 CMOS（互补金属氧化物半导体）制造工艺中产生了寄生双极型晶体管就足够了，而用于该目的的最有用的通常是那些恰好集电极与衬底（地）连接的 PNP 晶体管。这就是我们如何生成基本 CMOS 带隙基准单元的，如图 1.12 所示。这至少说明了常用于 CMOS 的原理。

注： Brokaw 单元通常需要一个启动电路（在图 1.12 中未显示），因为它有两个稳定的晶体管电流值：一个导致带隙电压，另一个对应零电流和电压。在没有“帮助”的情况下，它可能卡在后者中。另外，CMOS 运算放大器的偏移量较大，因此只有在所应用的偏移量正确的情况下才能自启动。

仿真还是实验？

通常，几乎所有的带隙基准都基于同样的基本原理：PTAT 与 CTAT 相互抵消了温度系数，得到一个稳定的基准。但正如我们发现的那样，带隙基准存在的唯一原因是 I_S 是温度的函数。现在考虑大多数 SPICE 模型为 I_S 设置默认的固定值的事实，这引出了我们对一般仿真的一些评论。

Bob Pease（1940—2011）写道：“……有许多方法可以在 SPICE 和其他仿真方案中得到错误的结果。大多数晶体管模型不能精确地模拟 V_{BE} 曲线的形状与温度的关系。有时可以调整晶体管模型的特性，直到面包板或模拟模型的温度系数与计算机模型的温度系数相匹配。然而，在你做完这些之后，假设在操作点的合理改变会导致温度系数的合理变化是不可靠的。实际的变化可能与计算出来的变化有所不同，即使是一个小小的调整。”

> Insoft，著名的 SPICE 型流行软件供应商，警告说：使用计算机仿真设计电路时，要求模型准确地反映特定电路环境下的器件行为。具有过多细节的模型会蒙蔽电路设计者的洞察力，并会很快达到仿真程序的运行时间和复杂度的限制。过于简单的模型将无法预测关键电

路的性能参数，并可能导致成本高昂的设计错误。器件建模是电路仿真过程中最困难的步骤之一。它不仅需要了解器件的物理和电气特性，还需要深入了解对特定电路的应用。

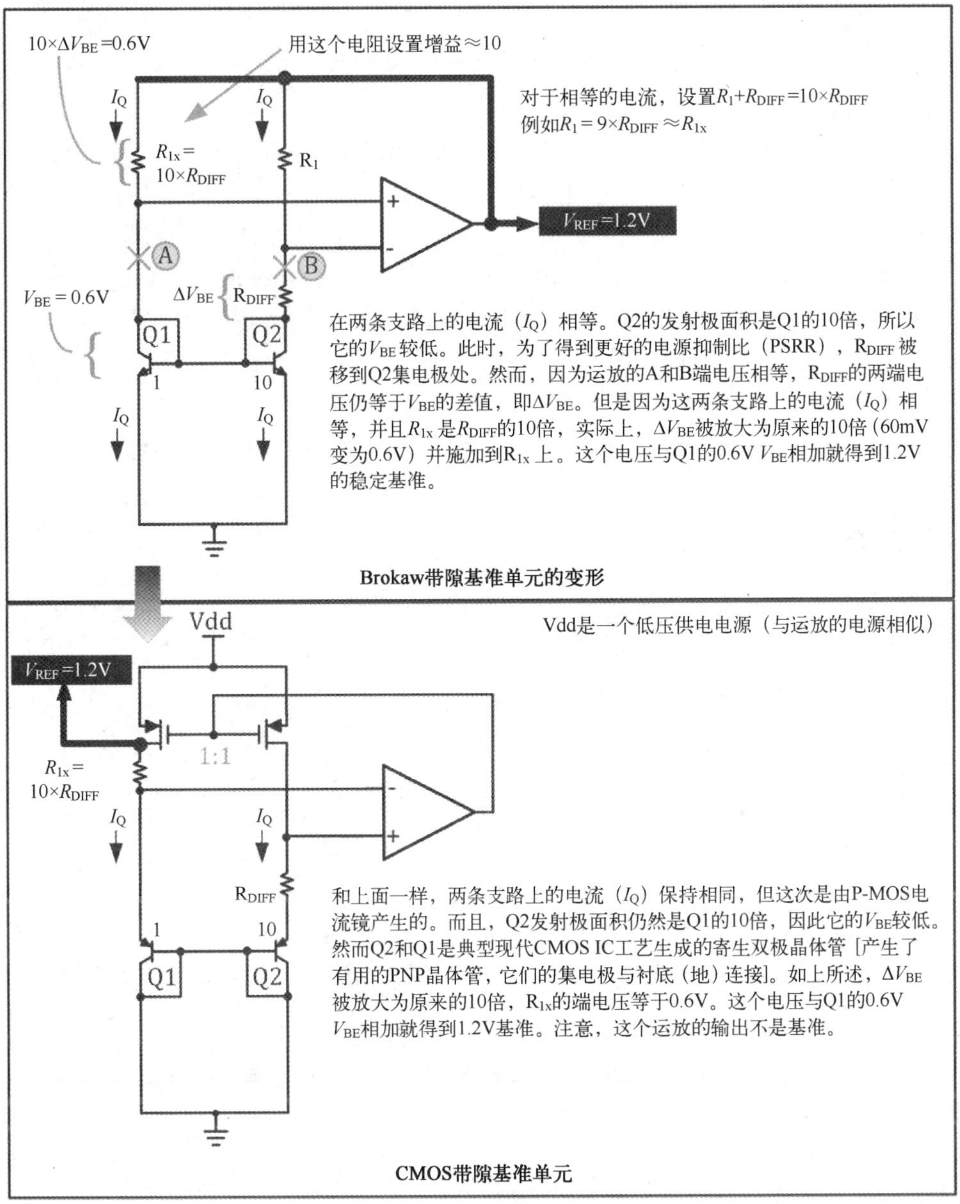

图 1.12 带有运放的 Brokaw 带隙基准及其 CMOS 变形拓扑

因此，我们必须要问：如果传统的仿真器件模型甚至不能预测简单的带隙基准电压，那么对于完整的开关稳压器的仿真的可信度，你还能期望有多少？我们还要问：Widlar、Brokaw 或 Pease，他们的传奇般的商用运算放大器或电压基准，有哪一款是基于仿真软件包设计的？我们十分确信，他们又没这么做。他们快速而疯狂地收集数据，并首先真正理解他们正在处理的内容。例如，维基百科上说，Widlar 把自己关在 Fairchild，连续进行了 170h，带有一定鲁棒性设计的实验（与 BJT 相关）。

注：有趣的是，Ebers-Moll 模型（由于 EB 和 EC 二极管而被称为耦合二极管模型）于 1954 年发布，远早于 Widlar 的发现。显然，Ebers-Moll 模型中不存在 V_{BE} 随温度的正确变化。由于传统的 BJT SPICE 模型大都基于 Ebers-Moll 模型，因此也有温度方面的局限。

2004 年 11 月，Paul Tuinenga 对网上一篇关于 SPICE 主题的文章回复道："Sanjaya……我从 Adam Smith 的一本绝版书（我是这么认为的）*Paper Money* 中回忆起了一段话，作者讲述了在陪同一位南方股票经纪人及其狗进行早晨猎鸟活动时，他与这位经纪人的对话。这个话题是计算机及其在股票交易中的使用。经纪人提出的话题（类似此类的话）：计算机就像一只猎鸟的狗，非常有用，打猎时不可或缺。他们定位鸟并取回来，但你不会把枪交给它们。"但顺便说一下，Tuinenga 是 PSPICE 的联合创始人，也是 MicroSim Corp.的共同创始人（由 OrCAD 接管，后来 Cadence 接手）。他还是 SPICE 畅销书的作者。

所以，也许我们真的不应该犯这种使用一种工具来学习一门学科的错误——这听起来很像把枪交给狗。

因此，是时候回到将电压基准视为"黑盒子"，并理解适用于稳压器的电压基准的规格和性能。

电压基准的比较

我们能够进行的最基本的比较之一是基于前面讨论的初始精度。最简单的表达方式是标称值的百分比（通常在 25℃时规定，并且没有负载应用于基准）。例如，精确到 0.5%初始精度的 2.5V 基准具有以下绝对电压分布。

$$\frac{\pm(2.5\ \text{V}\times 0.5)}{100}=\pm\frac{1.25\ \text{V}}{100}=\pm 0.0125\ \text{V}\Rightarrow 12.5\ \text{mV}\ (\text{或}\,25\ \text{mV})$$

换句话说，最大值为 2.5V+12.5mV=2.513V，最小值为 2.487V。

除了百分比，百万分率（ppm）也经常使用：1ppm 即 10^{-6}。100ppm 的初始精度是 $\pm 100\times 10^{-4}=\pm 10^{-2}$%或 0.01%。

注：对于初始精度，±通常不明确地写出来，但总是会暗示（不论是用百分比还是百万分率来表示）。因此，初始精度为 100ppm 或 0.01%，通常分别指±100ppm 或±0.01%。

注：如果参考电压说明了有一定的初始精度，为 *X*ppm 或 *Y*%，只有当提到初始精度时才指±*X*ppm 或±*Y*%，因为标称值通常取为初始精度范围的中间值。这种±前缀并不自动地适用于任何其他输出误差源，如由于温度。

精度也可以用位精度来规定。我们在下面的比较分析中会遇到这个术语，因为这个词是某些混淆的来源，它将在下面被讨论。同时，下面是单片电压基准的两个主要类别的利弊总结。

带隙基准相对便宜，并且一般用于需要 8～10 位精度的数据采集系统。通常其初始误差为±0.2%～±1%，温度系数为 20ppm/℃～40ppm/℃，输出噪声峰-峰值为 15～30μV（测量超过 0.1～10Hz），长期稳定性为 20ppm/kh～30ppm/kh（kh 为千小时）。静态电流一般为 40～200μA，电源电压可以低至 1V，但一般为 2.4V。

隐埋式齐纳基准相对较贵，一般用于需要 12 位及以上精度的数据采集系统。通常其初始误差为±0.04%～±0.06%，温度系数为 5ppm/℃～20ppm/℃，输出噪声峰-峰值一般小于 10μV（测量超过 0.1～10Hz），长期稳定性为 10ppm/kh～15ppm/kh。静态电流一般为 2～3.5mA，电源电压需大于 8～10V。

注： 对于初始温度系数，大多数基准用“方框法”表征（如后所示）。因此用 ppm/℃表示的温度系数是总的ΔV（在规定温度范围内产生）除以 25℃时的电压（其标称值）和ΔT（基准的规定温度范围），最后乘以 10^6（为了得到 ppm）。注意，初始温度系数没有±，不像初始精度规格。

注： 长期漂移通常用 ppm/kh 表示，但这也会造成误导。例如，一年大约有 8760h，所以一些工程师悲观式地将元器件的 1000h 规格（每 1000h 产生的漂移）乘以 8760/1000=8.76 因子来得到一年的漂移。在这样做的时候，他们隐含地假定随着时间推移，漂移是线性变化的。而实际上，随着时间推移，漂移以对数方式减少，因为随着部件老化，情况趋于稳定。为了更好地估计，我们应该采用消逝时间的平方根。这就是为什么，在有些数据表中，长期漂移用 ppm/$\sqrt{\text{kh}}$ 表示，而不是 ppm/kh。例如，为了正确预测全年漂移，我们应将每 1000h 规定漂移乘以$\sqrt{8.87} \approx 3$，而不是 8.76。这比（错误的）悲观预测大约好 3 倍。

注： 电压基准数据表通常同时规定了低频与高频噪声。后者（宽带噪声）通常为一个微伏级别的 RMS（平方根）值，范围为 10Hz～10kHz。低频噪声分量通常表示为微伏（或 ppm）级别的峰-峰值，范围为 0.1Hz～10Hz。用更好的去耦电容等方式可以很容易滤除宽带噪声分量。但是低频分量特别麻烦，因为滤除低于 10Hz 的噪声是不切实际的。因此，低频噪声规格更为关键和重要，因为它直接影响总的基准误差。

注： 现代专用电压基准技术，有显著的改进。我们这里不做讨论，如果读者需要可以进一步深入研究。一种是美国模拟器件公司（Analog Devices）的 XFET 电压基准，另一种是 Xicor 公司（现部分属于 Intersil 公司）的 FGA 技术。

现在，看看图 1.13 中有趣的比较图。特别是，注意点 D，其中最先进的具有隐埋式齐纳器件的带隙在精度和漂移方面是不相上下的。

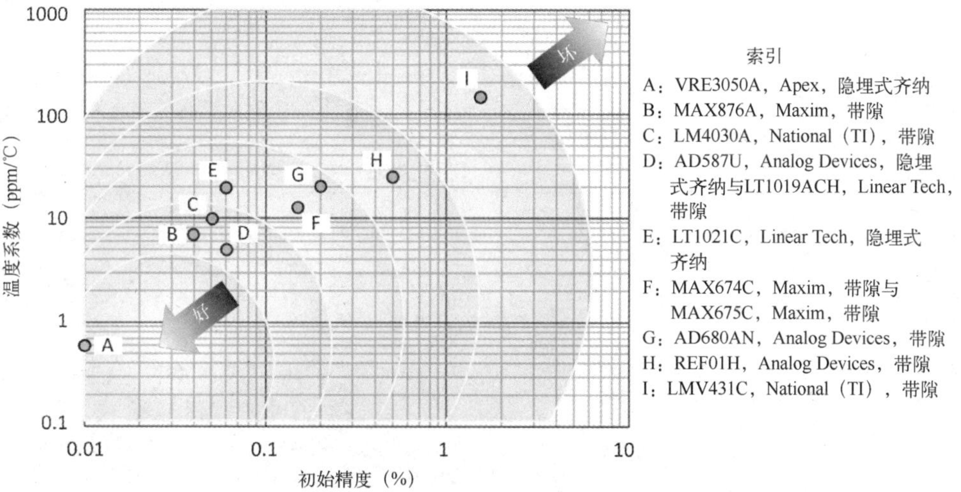

注： 令温度系数得到保证的温度范围，对于认识在任何应用场合下的实际输出误差是非常重要的。

图 1.13　一些著名的电压基准的比较

电压基准的温度系数的确定与解释

究竟什么是温度系数？我们以 15V 分立齐纳管为例，其温度系数约为+10mV/℃。因此 125℃（标称值上改变 100℃）时，我们认为齐纳电压为 15+100×(10mV)=16V。这与图 1.14（基于 Vishay 公司的分立二极管）中的典型齐纳参数吻合。用百分数表示，15V 标称值的电压变化（称为温度漂移）为 1V，其误差为 1/15=6.7%。用百万分率表示，即 67000ppm（25～125℃）。事实上这个数值非常高，但它毕竟是一个分立齐纳管。

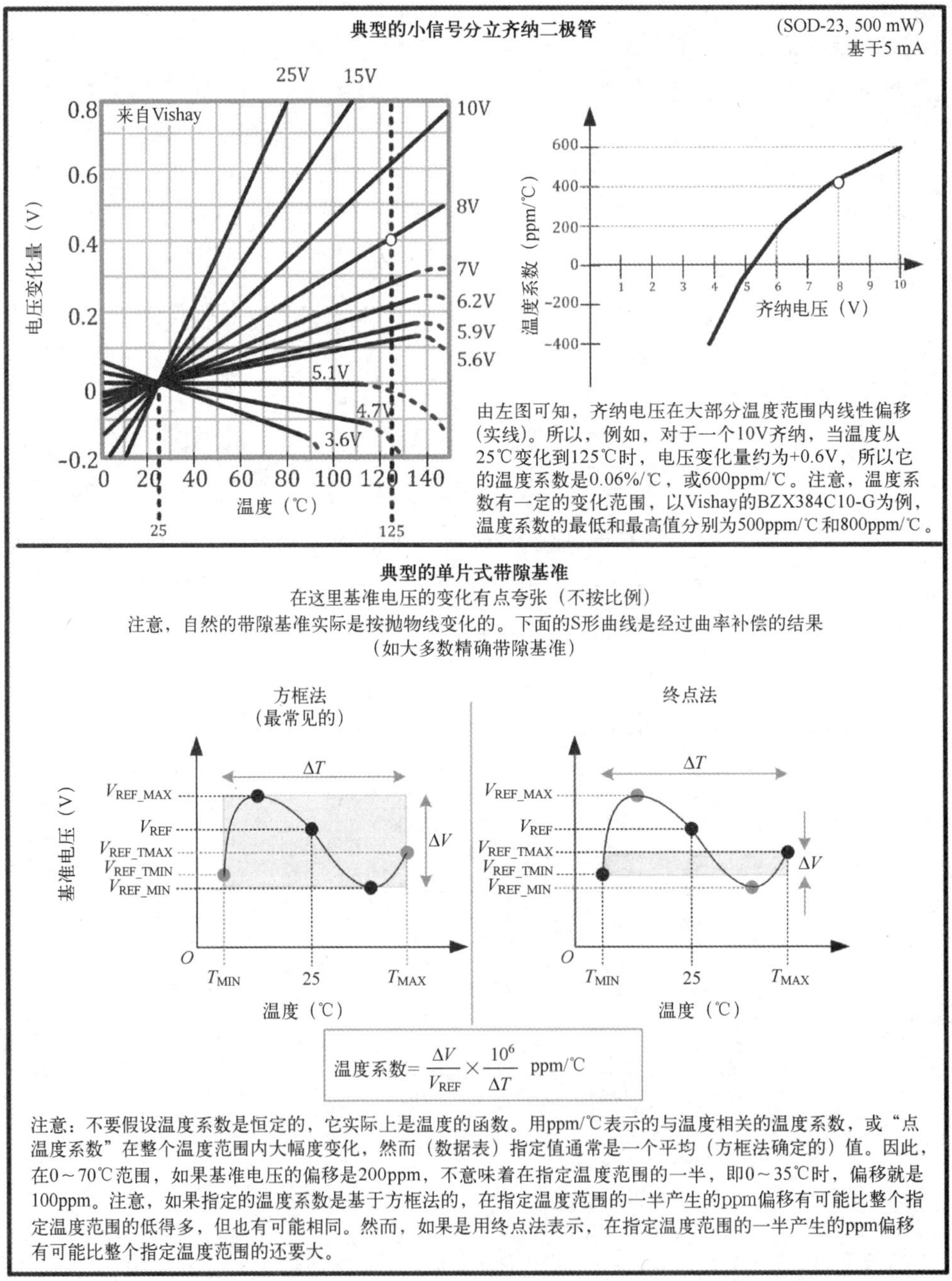
典型的小信号分立齐纳二极管
(SOD-23, 500 mW)
基于5 mA
来自Vishay
电压变化量（V）
温度（℃）
25V
15V
10V
8V
7V
6.2V
5.9V
5.6V
5.1V
4.7V
3.6V
25
125
温度系数（ppm/℃）
齐纳电压（V）
由左图可知，齐纳电压在大部分温度范围内线性偏移（实线）。所以，例如，对于一个10V齐纳，当温度从25℃变化到125℃时，电压变化量约为+0.6V，所以它的温度系数是0.06%/℃，或600ppm/℃。注意，温度系数有一定的变化范围，以Vishay的BZX384C10-G为例，温度系数的最低和最高值分别为500ppm/℃和800ppm/℃。
典型的单片式带隙基准
在这里基准电压的变化有点夸张（不按比例）
注意，自然的带隙基准实际是按抛物线变化的。下面的S形曲线是经过曲率补偿的结果
（如大多数精确带隙基准）
方框法
（最常见的）
终点法
基准电压（V）
V_{REF_MAX}
V_{REF}
V_{REF_TMAX}
V_{REF_TMIN}
V_{REF_MIN}
ΔT
ΔV
T_{MIN}
25
T_{MAX}
温度（℃）
温度系数= $\frac{\Delta V}{V_{REF}} \times \frac{10^6}{\Delta T}$ ppm/℃
注意：不要假设温度系数是恒定的，它实际上是温度的函数。用ppm/℃表示的与温度相关的温度系数，或“点温度系数”在整个温度范围内大幅度变化，然而（数据表）指定值通常是一个平均（方框法确定的）值。因此，在0～70℃范围，如果基准电压的偏移是200ppm，不意味着在指定温度范围的一半，即0～35℃时，偏移就是100ppm。注意，如果指定的温度系数是基于方框法的，在指定温度范围的一半产生的ppm偏移有可能比整个指定温度范围的低得多，但也有可能相同。然而，如果是用终点法表示，在指定温度范围的一半产生的ppm偏移有可能比整个指定温度范围的还要大。

图 1.14

通过上述分析可知齐纳电压漂移与温度成正比（对于分立齐纳管）。这就是说分立齐纳二极管的温度系数几乎不变（如图 1.14 中直的实线所示）。因此我们认为下面的说法是正确的：75℃（标称值上改变 50℃）时，误差大约为 0.5V，即 15.5V，如图 1.14 中曲线所示。换句话说，如果温度范围降低，只要电压基准具有恒定的温度系数，我们就可以得到比例较小的误差。

恒定的温度系数是一个被极大简化的属性，工程师即使在不应该的时候也会无意中假设和应用这个简化的属性！例如，从系统的整体要求考虑，假设有一个最大允许误差（用 ppm、%或 LSB 表示，后面会解释）。然后，如果我们将工作温度范围减半，就可以使基准所需的温度系数放宽（2 倍）——但这仅适用于电压基准的温度系数不变的情况。否则，如果我们不重视这个小事实，可能会严重低估了所需的温度系数（在降低的工作温度范围内），从而导致系统误差远远大于可接受的值。

我们之前说过，在带隙基准中，PTAT 与 CTAT 相互抵消，导致温度系数为 0。但那是理想情况。事实上，由于一些二阶效应和用以纠正温度系数的相关电路的特性，所有单片式电压基准（包括带隙和隐埋齐纳两种类型）的输出曲线很少是直线，并且（在有源曲率校正电路作用下）实际上通常接近图 1.14 下半部分中的水平 S 形曲线。这显然不是像上半部分那样的恒定温度曲线。因此，无论用于评估基准温度系数的方法如何，我们不能再假设降低工作温度范围，将允许我们选择较差的电压基准（具有较高的温度系数）。但令人惊讶的是，这是一些相关文献中的常见错误和假设。

解决方法是什么？我们必须认识到，大多数单片式基准的温度系数（通常用 ppm/℃表示）是整个温度范围内的某种平均值，实际上它是一个相当复杂的形状。也许是因为过去的无源基准（如分立齐纳等）的可预测特性，使得旧的、传统的方法直观地基于假设温度系数恒定。一旦我们清楚了这种差异，我们就会意识到，也许最好和最安全的选择就是完全停用 ppm/℃为单位，并坚持用 ppm——在电压基准的整个规定温度范围内的总漂移（不要使用特定应用的温度范围，因为这会导致低估了温度系数的要求，如上所述）。注意，ppm 也可用百分比表示，或是用 LSB 表示，或者以如毫伏或微伏的绝对值表示，例如——只是不要使用任何与温度的比值，因为这意味着一定的恒定性（线性漂移），而这会产生误导。

我们最终明白，温度系数这个词应用于单片式基准时有点用词不当。图 1.14 中，我们发明了一个新术语：点温度系数。这听起来很奇怪，但在选择单片式基准时，解释和理解上述问题有很长的路要走。

最后还要注意，电压基准的温度特性是在以下温度范围定义的：商业用温度范围（0～70℃，有时为-10～70℃或 0～85℃），或工业用温度范围（-40～85℃，但有时为-25～85℃或-40～100℃），或扩展温度范围（-40～125℃，但有时为-55～125℃，甚至-55～150℃），或军用温度范围（-55～125℃，但有时为-65～175℃）。很明显，人们对于温度范围的描述并不完全一致。

位精度

通过以上关于温度系数的解释，我们可以更好地理解什么是位精度。但需注意，在相关句子中，该词指的是系统精度，并没有声明是电压基准本身的精度。我们将会解释其中细微的差别。

首先，电压基准的用途很多，举例如下。

（1）数据转换器（例如数据记录器）中，基准是为模/数转换器（ADC）提供一个电压电平，与输入电压进行比较，来确定合适的数字编码。

（2）稳压器中，基准提供了一个电压电平与输出进行比较，由此产生反馈信号，最终调整（校正）输出电压。

（3）电压检测电路中，采用一个相对粗略的基准用来设置某种内部的工作阈值。例如，它可以用来设置安全的启动电压电平（欠电压锁定，也称为 UVLO），或设置安全跳动点（过压保护，也称为 OVP）。但是因为我们通常可以接受更大的误差，从现在开始忽略这最后一项。

第（1）项中，位精度常常指整个系统。第（2）项中，位精度指单独装置的基准。注意，现代单片式精密基准通常在生产时设定（修整）。使用各种方法如激光修整等来实现一定的修整目标。要做到这一点，首先要用数字测试系统来读取基准电压。因此即使讨论的是稳压器中单独设备的基准，理解系统精度成为很重要的方面。

我们首先来看 3 位精度。3 位数的二进制数字有 000、001、010、011、100、101、110 和 111，总共包含 $2^3=8$ 个。对于 n 位，就会有 2^n 个。每一个最小的进位就是最低有效位（LSB），它既可以用绝对值（即毫伏或微伏）表示，也可以用满量程的几分之几来表示，即 ADC 的标称基准电压。如果用基本分数来表示，LSB 即为 $1/(2^n)$。由于这个数字通常太小而不能直接写出，所以用 ppm 表示更方便。我们必须牢记：

3 位系统：　125000ppm/LSB

8 位系统：　3906ppm/LSB

10 位系统：　977ppm/LSB

12 位系统：　244ppm/LSB

16 位系统：　15ppm/LSB

所有的情况下，1/2LSB 是上述 ppm 的一半。当论及独立设备的电压基准时，默认精度为 1LSB。然而对于数据记录器和 ADC，由于漂移可以是正值或负值，为了在（数字）输出（归因于装置的温度系数）上得到不可察觉的误差，需要 1/2LSB 精度。如果不是这样，那么输出误差就很明显。

例如，图 1.13 中的 VRE3050A 为 5V 输出，初始精度为 0.01%（$0.01\times10^4=100$ppm），商业用温度范围 0～70℃内的温度系数为 0.06ppm/℃，所以温度漂移为 $70\times0.06=4.2$ppm。假设这两项是主要的误差源，最恶劣情况时是 100+4.2=104.2ppm。由于 12 位、1/2 LSB 的 ADC 能接受 244/2=122ppm，因此 VRE3050A 适用于 12 位系统。如果系统能够校准初始误差，净误差（漂移）仅为 4.2ppm，这使得它也适用于 16 位系统的 ADC。

注： 在全范围（基准电压）的 ADC 输入电压中，2.048V 与 4.096V 是最常用的，因为对于任何位数的微伏值，它们是一个整数或整数的一半（它们是 2 的倍数）。例如，12 位 ADC，4.096V 全范围输入（基于 4.096V 基准），得 $4.096/2^{12}=1$mV/LSB。用 ppm 表示即为(1mV/4.096V) $\pm10^6$=244ppm，与上面给出的数值相同。

第 3 部分　分压器的设计

输出误差来源：分压器输入偏置电流

在图 1.11 下半部分，电阻 R_3 与 R_4 构成“分压”电阻（在单片电压基准中）。我们也可以用外部分压器来设置稳压器的输出电压，如图 1.2 和图 1.15 所示。

稳压器的分压电阻内置在芯片中，系统设计师可以忽略它们对输出误差的确切影响，因为稳压器/控制器是一个具有已知总输出公差的“黑匣子”。例如，现在有带有固定输出的单片（芯片）稳压器，比如德州仪器的 LM2676T-3.3 和 LM2676-5.0，分别提供 3.3V 和 5V 输出。然而，LM2676T-ADJ 需要外加电压分压器。有了外加分压器后我们必须非常小心，因为它们会增加稳压器的误差，如图 1.2 所示（见分压器设计层）。

再进一步，我们采用惯例做法，即分压器的“下位电阻”为 R_1 和“上位电阻”为 R_2，如图 1.15 所示。首先，我们忽略流出节点 A 的小电流 I_{IN}，那么就得到完美的分压器。我们可以推导出，为得到所需的输出而需要设置的 R_2/R_1 比例。一旦这个比例确定，绝对值可以通过选择 R_1 或 R_2 来确定，至于其他的问题接下来会讨论。从现在开始，假设我们只关心分压器的比例。

注意，由定义可知，只有当流入或流出公共点（图 1.15 中两个电阻之间的 A 点）的电流为绝对零值时，才能得到精确的分压器。A 点连接控制器的反馈引脚，与基准电压 V_{REF} 进行比较。注意，运算放大器（误差放大器）总是沿着使它的两个输入电压相等的方向改变输出电压。因此，在稳定状态，我们可以假设 A 点电压（V_A）等于 V_{REF}。考虑反馈引脚的输入阻抗为一般的 R_{IN}，是一个有限的数值，因此从 A 点流入的电流 I_{IN} 不为 0。那么，这一电流对输出电压有什么影响？我们如何减小这种影响？

如果反馈引脚从分压器“偷得”很小的电流 I_{IN}，通常称为反馈引脚的输入偏置电流，流经 R_1 的电流为 $I_1=I_2-I_{IN}$。这使得输出电压有所偏移，这里称为 V_O'。我们可以得到

$$\frac{V_O'-V_{REF}}{V_{REF}-0}=\frac{I_2\times R_2}{I_1\times R_1}$$

将其与图 1.15 中的“完美分压”方程比较，计算误差ΔV，我们得到计算ΔV 的替代形式：

$$\Delta V=(V_O-V_{REF})\times\frac{I_{IN}}{I_1}\approx(V_O-V_{REF})\times\frac{I_{IN}}{I}\approx I_{IN}\times R_2$$

式中，I 为流经分压器的电流（$\approx I_1\approx I_2$）；I_{IN} 为反馈引脚电流。注意，如果该电流没有流入而是流出了反馈引脚（如流入了 A 点），那么ΔV 的符号会变为负的，表示输出电压减小，而不是增大。

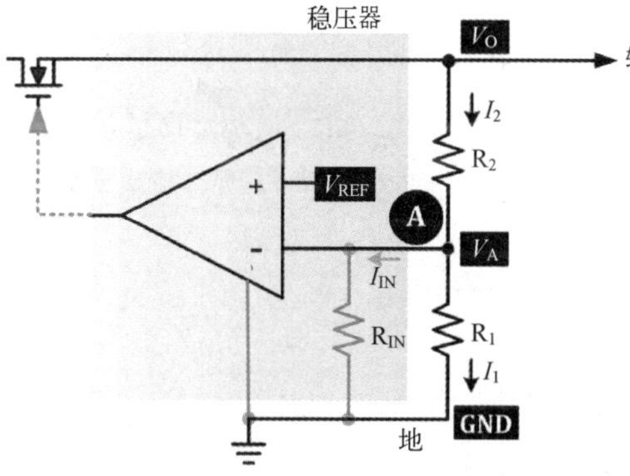

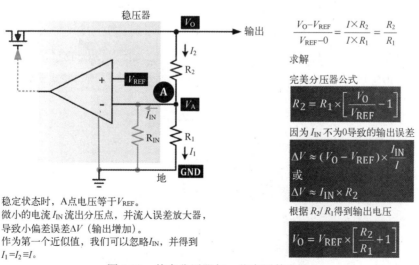

稳定状态时，A点电压等于V_{REF}。
微小的电流 I_{IN} 流出分压点，并流入误差放大器，
导致小偏差误差ΔV（输出增加）。
作为第一个近似值，我们可以忽略I_{IN}，并得到
$I_1=I_2\equiv I$。

$$\frac{V_O-V_{REF}}{V_{REF}-0}=\frac{I\times R_2}{I\times R_1}=\frac{R_2}{R_1}$$

求解

完美分压器公式

$$R_2=R_1\times\left[\frac{V_O}{V_{REF}}-1\right]$$

因为 I_{IN} 不为0导致的输出误差

$$\Delta V\approx(V_O-V_{REF})\times\frac{I_{IN}}{I}$$

或

$$\Delta V\approx I_{IN}\times R_2$$

根据 R_2/R_1得到输出电压

$$V_O=V_{REF}\times\left[\frac{R_2}{R_1}+1\right]$$

图 1.15　基本分压器与一些有用的方程

对于给定的输出电压和反馈电压，减小由于流入/流出反馈引脚的电流带来的误差的方法是增大分压器电流 I（相对于电流 I_{IN}）。由于这一特殊原因（但这不是每次都实用，因为与反馈电路有关，接下来会解释），R_2（和 R_1）的取值较小。

图 1.16 给出了一些速查表，最常用的是 V_{REF}=2.5V（当使用 LM431 或 TL431 的电压基准时）和 V_{REF}=1.23V（典型的带隙基准）。由图 1.16 可知，对于同样的偏置电流-分压器电流的比例，输出电压越高，则输出误差越高（用百分比，或其他方式表示）。反馈引脚的小偏置电流显然对输出电压精度有调节作用。重要的是，该偏置电流与主分压器的比例决定了输出误差率。因此我们可以减小偏置电流或增大分压器电流（通过降低 R_1 和 R_2 的阻值来实现）。

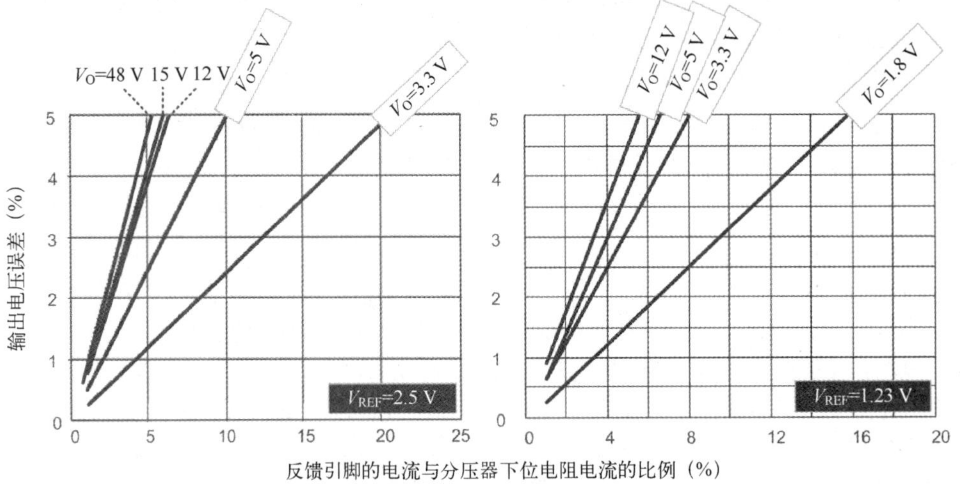

低反馈引脚偏置电流对于确保设定的准确性是非常重要的，特别是对于高输出电压的情况。如果电流流入反馈引脚（流出分压器），图上显示的误差是正值（比预设值高）。如果电流流出反馈引脚（流入分压器），图上显示的误差是负值（比预设值低）。

图 1.16　最小化反馈引脚偏置电流引起的输出误差

注： 如果 I_{IN} 固定，我们可以通过适当调整分压电阻来补偿它。而生产中我们不能用这一方法的原因是，输入偏置电流的不同。它可以在最小和最大值之间变化。为了知道最差情况下的误差，我们必须取输入偏置电流的最大值，而不是典型值。

例 1.1　基准电压为 2.5V，分压器下位电阻 R_1 为 62.5kΩ。我们用理想分压方程来得到 12V 输出。上位电阻阻值为多少？如果流入反馈引脚的电流为 2μA，那么输出电压为多少？

由于下位电阻为 62.5kΩ，分压器电流为

$$I_1 = \frac{2.5\ \text{V}}{62.5\ \text{k}\Omega} = 0.04\ \text{mA}$$

因此，偏置电流与分压器电流的比值为

$$\frac{I_{IN}}{I_1} = \frac{2\times10^{-6}}{4\times10^{-5}} = 0.05$$

电流比例即为 5%，相应的输出误差为

$$\Delta V = (12\ \text{V} - 2.5\ \text{V})\times 0.05 = 0.475\ \text{V}$$

上位电阻值为

$$R_2 = R_1 \times \left[\frac{V_O}{V_{REF}} - 1\right] = 62.5\ \text{k}\Omega \times \left[\frac{12}{2.5} - 1\right] = 237.5\ \text{k}\Omega$$

基于 R_2，我们可以得到计算误差的另一种方式（见图 1.15）：$I_{IN} \times R_2 = 2\mu A \times 237.5k\Omega = 0.475V$，与之前的计算方法一致。

我们已确定输出电压为 12.475V，误差为+0.475/12=+4%，也即 40000ppm。这个值偏高，我们需要减小输入偏置电流 I_{IN}（也是芯片设计的目标）和/或大幅增加分压器的电流（这肯定会增加损耗，在电池供电的应用中要注意）。

由图 1.16 可以清楚地看出，同时也需注意，同样条件下（同样的下位电阻和基准），对于 3.3V 输出，当基准为 2.5V 时，输出误差只有 + 1.2%。因此，输出电压越低，输入偏置电流的影响越小。

对于较高的输出电压，我们必须让分压器流过更多的电流（减小 R_1 和 R_2）。不幸的是，这与最小化分压器上的能量消耗相违背。特别是上位电阻 R_2 上的损耗会显著增加。

输出误差来源：分压电阻公差

如果我们想要精确的输出电压，很明显的，我们需要公差更小的电阻。不明显的是，我们到底需要公差多小的电阻，以及 R_1 和 R_2 对误差的影响是相同的，还是不同的，为什么？

我们从以下方程开始

$$V_O = V_{REF} \times \left[\frac{R_2}{R_1} + 1\right]$$

如果 R_1 增大，V_O 降低。如果 R_2 增大，V_O 上升。

让我们看一下例 1.2 来理解发生了什么。

例 1.2　基准电压为 2.5V，分压器下位电阻 R_1 为 62.5kΩ，上位电阻 R_2 为 237.5kΩ，输出标称值为 12V。此处忽略反馈引脚的偏置电流。由电阻公差引起的最大输出电压会是多少？假设电阻的公差是±5%。

要得到最高输出电压，R_1 要取最小值，而 R_2 取最大值，因此得

$$V_O = V_{REF} \times \left[\frac{R_2}{R_1} + 1\right] = 2.5 \times \left[\frac{237.5 \times 1.05}{62.5 \times 0.95} + 1\right] = 13.0\ V$$

误差即为 1V/12V=8.3%。注意，它不是两个电阻公差的和。那么，闭式方程是什么？图 1.17 给出了敏感性分析，给出了公式并绘出了简单的参考图形。公式是在假设小的增量（部分分化）基础上，它的结果会有点不同，但还是在范围内。例如，对于上面的例子可得（假设基准电压公差为 0）

$$|\text{Tol}(V_O)| = \frac{R_2}{R} \times \left[|\text{Tol}(R_1)| + |\text{Tol}(R_2)|\right] + |\text{Tol}(V_{REF})|$$

$$|\text{Tol}(V_O)| = \frac{237.5}{237.5 + 62.5} \times [5\% + 5\%] + 0 = 7.9\%$$

注意适用于分压器的以下陈述：

（1）公差为 x%的两个电阻，不能想当然地认为产生±2x%的误差。

（2）上位电阻的公差与下位电阻的公差同样重要（有人认为上位电阻的公差更差，因为其阻值较大）。两个电阻的公差之和才是最重要的。

（3）如果基准电压的精度为±x%，它会产生±x%（额外的）输出误差。

（4）两个电阻，一个误差为+x%，另一个为−x%，从而产生最坏情况下的输出误差，这种情况是很少见的。Monte Carlo 分析通常是为了得到更真实的（而不是最坏情况下

的）输出误差估值。

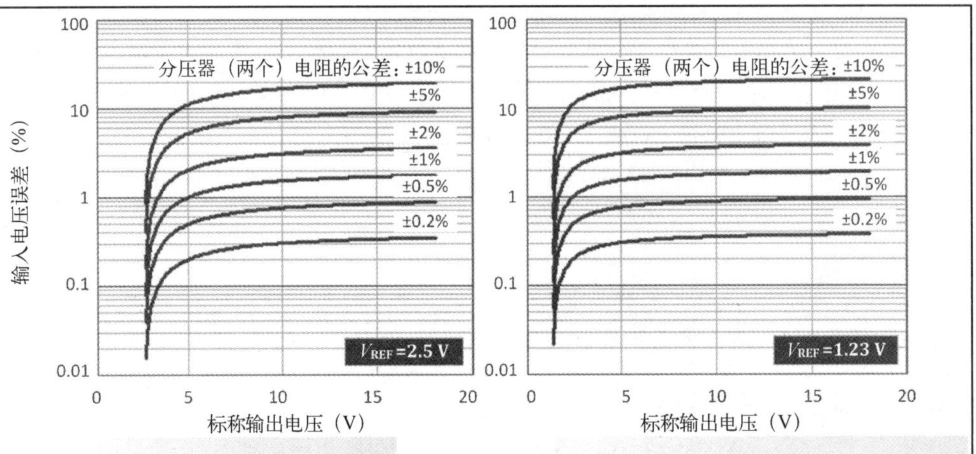

$$V_O = V_{REF}\times\left[\frac{R_2}{R_1}+1\right] \Rightarrow f(x,y,z)=z\left(\frac{y}{x}+1\right)=\frac{zy}{x}+z$$

式中，V_O是 f；R_1是x，R_2是y，V_{REF}是z。

$$\Delta f=\Delta x\frac{\partial f}{\partial x}+\Delta y\frac{\partial f}{\partial y}+\Delta z\frac{\partial f}{\partial z}$$

$$\Delta f=\Delta x\left[-\frac{zy}{x^2}\right]+\Delta y\left[\frac{z}{x}\right]+\Delta z\left[\frac{y}{x}+1\right]$$

$$\Delta f=\frac{\Delta x}{x}\left[-\frac{zy}{x}\right]+\frac{\Delta y}{y}\left[\frac{zy}{x}\right]+\frac{\Delta z}{z}\left[\frac{zy}{x}+z\right]$$

$$\Delta f=\frac{\Delta x}{x}[z-f]+\frac{\Delta y}{y}[f-z]+\frac{\Delta z}{z}[f]$$

$$\frac{\Delta f}{f}=-\frac{\Delta x}{x}\left[1-\frac{z}{f}\right]+\frac{\Delta y}{y}\left[1-\frac{z}{f}\right]+\frac{\Delta z}{z}$$

因为公差值可正可负，我们可以在这里考虑幅值：

$$\mathrm{Tol}(V_O)=\mathrm{Tol}(R_1)\times\left[1-\frac{V_{REF}}{V_O}\right]+\mathrm{Tol}(R_2)\times\left[1-\frac{V_{REF}}{V_O}\right]+\mathrm{Tol}(V_{REF})$$

因为

$$V_O=V_{REF}\times\left[\frac{R_2}{R_1}+1\right]，得\ \frac{V_{REF}}{V_O}=\frac{R_1}{R_1+R_2},\ 1-\frac{V_{REF}}{V_O}=\frac{R_2}{R_1+R_2}$$

所以，如果“R”是R_1和R_2的和（分压器的总电阻），可得

$$|\mathrm{Tol}(V_O)|=\frac{R_2}{R}\times[|\mathrm{Tol}(R_1)|+|\mathrm{Tol}(R_2)|]\ +\ |\mathrm{Tol}(V_{REF})|$$

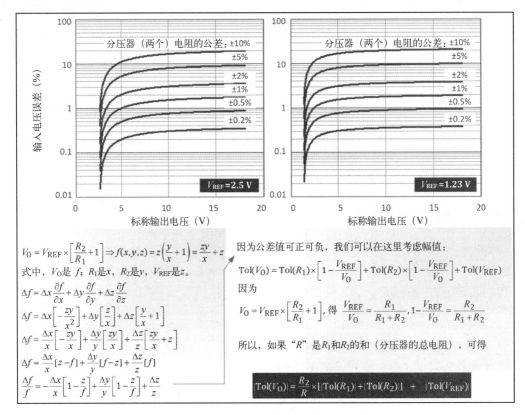

图 1.17　电阻公差对输出误差的影响（敏感性分析）

输出误差来源：商用电阻值

过去，电路设计人员能够通过计算精确地指定特定位置所需的电阻值。但这对电阻制造商来说有些困难，因为很少或没有进行标准化，所以所有电阻都是定制的。即使在今天，以作者的经验，甚至一些大的制造商还是如此。也许电阻器制造商认为“教育”客户使用首选值会失去大订单，从而不值得冒这样的风险。但世界各国的工程师不都是如此幸运的。特别是在欧洲，“E 系列”很有名，并且广泛采用。分压器选用的电阻值必须符合此标准值，由此大大影响了稳压器的输出误差。

请注意，由于多种原因，总成本可能会增加，例如，如果我们使用自定义元件值或非首选值，并且我们有许多可能不是必需的元件值。例如，如果我们仔细地看一些电源电路，我们可以看到某些位置有 10kΩ 电阻，出于一些奇怪的原因（可能与盲目切割和粘贴以前产品的“漂亮”电路块有关），在另一处发现 10.5kΩ 电阻。进一步分析，我们经常会发现没有理由不把 10.5kΩ 电阻选为 10kΩ。因此我们忘了我们希望减少的不仅是部件的数量，同时还有不同部件的类型。这将为我们提供后勤保障，特别是因为每个新元件的类型和卷轴都需要分别装载到拾放机器上。

我们的设计目标之一不是迎合电路对公差的敏感度，而是为了减小灵敏度。通过某些设计，我们通常可以使电路的性能足够强以至于能接受更宽范围的值，从而也提高了制

造良率。有时候我们可能会为了降低不同类型元器件的数量而牺牲元器件总数量。因此，要得到 10.5kΩ，我们可以考虑使用 10kΩ 与 470Ω 电阻串联，如果电路中其他地方已经使用了这两种类型的电阻。这样做不仅降低了订购成本，由于每一类型的元器件的使用量较大，我们还可以得到更便宜的价格。最坏的情况是，我们可能在原材料清单（BOM）上增加了几美分，但长期下来可以节省大量的其他费用，并且比较省事。就像元器件制造商 Vishay 建议的“我们鼓励使用标准值，因为供应商的库存计划是围绕它们设计的。”

但是，什么是首选（标准）值？过去我们都选用 220、470 等值。现在这些熟悉的数字已经被 221、464 等代替。这是有原因的。首先查看图 1.18，其中给出了标准 E 系列的公差（基于 IEC 60063）。我们习惯的数值是 5%的公差值，或 E24 系列，它的值全部列在图 1.19 中。

系列	公差（±%）	值/十倍
E3 (obs.)	50	3
E6	20	6
E12	10	12
E24	5, (2), (1)	24
E48	2, (1), (0.5), (0.25), (0.1)	48
E96	1, (0.5), (0.25), (0.1)	96
E192	(1), 0.5, (0.25), (0.1)	192

常用

典型	厚膜（例如SMD）	薄膜（例如SMD）	金属薄膜（例如MELF）	金属箔
电阻（Ω）	1～100M	10～100k	0.22～22M	2m～1M
公差 +和−（%）	0.5～5	0.1～5	0.1～2	0.005～5
温度系数（TCR）+和−（ppm/K）	50～400	10～50	5～50	2～50
稳定性 +和−（%/kh）	1～3	0.05～0.1	0.15～0.5	0.05
额定P_{DISS}（W，70℃时）	1/16～1/2	1/16～1/4	1/16～1	1/4～10
工作电压（V）	50～200	50～100	50～500	200～500

常用

厚薄膜是最常用的表面贴装器件（SMD）（矩形轮廓），但是薄薄膜是分压器的首选（较好的稳定性和温度系数）

图 1.18　标准电阻（E 系列）及电阻技术的比较

一般来说，首选（标准）值（E 系列）是一种现代系统，用于根据制造的精度，在给定的十倍电阻值范围内选择标称值。例如，如果我们有能力仅生产 10%的公差电阻，并且我们任意选择第一个优选值为 100Ω，那么生产 105Ω 电阻的意义就不大，因为这个值正好落在 100Ω 电阻 10%公差范围内（90～110Ω）。下一个比较合理的值为 120Ω（高出 20%），因其低一点（−10%公差）的值为 120×0.9=108（与之前的上限值范围有一点点重合）。由此得到著名的 E12 系列，如图 1.19 所示。随着制造能力的提高，引入更多的电阻值意义重大。现在公差可以提升至 0.1%，而且增加了几个新的系列。所有的首选系列都以字母 E 开头，后面的数字表示十倍范围内的标称值电阻有多少。十倍范围指的是 10～100Ω 或 100～1kΩ，以此类推。因此，E48（2%公差）系列表示在 100～1kΩ 之间有 48 个电阻值。显而易见的是，给定了 E 系列和十倍范围，其电阻值可以由前一范围内的值乘以 10 得到。

E6	E12	E24	E48	E96	E192	E6	E12	E24	E48	E96	E192	E6	E12	E24	E48	E96	E192
100Ω	100Ω	100Ω	100Ω	100Ω	100Ω	220Ω	220Ω	220Ω	215Ω	215Ω	215Ω	470Ω	470Ω	470Ω	464Ω	464Ω	464Ω
					101Ω						218Ω						470Ω
				102Ω	102Ω					221Ω	221Ω					475Ω	475Ω
					104Ω						223Ω						481Ω
			105Ω	105Ω	105Ω				226Ω	226Ω	226Ω				487Ω	487Ω	487Ω
					106Ω						229Ω						493Ω
				107Ω	107Ω					232Ω	232Ω					499Ω	499Ω
					109Ω						234Ω						505Ω
		110Ω	110Ω	110Ω	110Ω			240Ω	237Ω	237Ω	237Ω			510Ω	511Ω	511Ω	511Ω
					111Ω						240Ω						517Ω
				113Ω	113Ω					243Ω	243Ω					523Ω	523Ω
					114Ω						246Ω						530Ω
			115Ω	115Ω	115Ω				249Ω	249Ω	249Ω				536Ω	536Ω	536Ω
					117Ω						252Ω						542Ω
				118Ω	118Ω					255Ω	255Ω					549Ω	549Ω
					120Ω						258Ω						556Ω
	120Ω	120Ω	121Ω	121Ω	121Ω		270Ω	270Ω	261Ω	261Ω	261Ω		560Ω	560Ω	562Ω	562Ω	562Ω
					123Ω						264Ω						569Ω
				124Ω	124Ω					267Ω	267Ω					576Ω	576Ω
					126Ω						271Ω						583Ω
			127Ω	127Ω	127Ω				274Ω	274Ω	274Ω				590Ω	590Ω	590Ω
					129Ω						277Ω						597Ω
				130Ω	130Ω					280Ω	280Ω					604Ω	604Ω
					132Ω						284Ω						612Ω
		130Ω	133Ω	133Ω	133Ω			300Ω	287Ω	287Ω	287Ω			620Ω	619Ω	619Ω	619Ω
					135Ω						291Ω						626Ω
				137Ω	137Ω					294Ω	294Ω					634Ω	634Ω
					138Ω						298Ω						642Ω
			140Ω	140Ω	140Ω				301Ω	301Ω	301Ω				649Ω	649Ω	649Ω
					142Ω						305Ω						657Ω
				143Ω	143Ω					309Ω	309Ω					665Ω	665Ω
					145Ω						312Ω						673Ω
150Ω	150Ω	150Ω	147Ω	147Ω	147Ω	330Ω	330Ω	330Ω	316Ω	316Ω	316Ω	680Ω	680Ω	680Ω	681Ω	681Ω	681Ω
					149Ω						320Ω						690Ω
				150Ω	150Ω					324Ω	324Ω					698Ω	698Ω
					152Ω						328Ω						706Ω
			154Ω	154Ω	154Ω				332Ω	332Ω	332Ω				715Ω	715Ω	715Ω
					156Ω						336Ω						723Ω
				158Ω	158Ω					340Ω	340Ω					732Ω	732Ω
					160Ω						344Ω						741Ω
		160Ω	162Ω	162Ω	162Ω			360Ω	348Ω	348Ω	348Ω			750Ω	750Ω	750Ω	750Ω
					164Ω						352Ω						759Ω
				165Ω	165Ω					357Ω	357Ω					768Ω	768Ω
					167Ω						361Ω						777Ω
			169Ω	169Ω	169Ω				365Ω	365Ω	365Ω				787Ω	787Ω	787Ω
					172Ω						370Ω						796Ω
				174Ω	174Ω					374Ω	374Ω					806Ω	806Ω
					176Ω						379Ω						816Ω
	180Ω	180Ω	178Ω	178Ω	178Ω		390Ω	390Ω	383Ω	383Ω	383Ω		820Ω	820Ω	825Ω	825Ω	825Ω
					180Ω						388Ω						835Ω
				182Ω	182Ω					392Ω	392Ω					845Ω	845Ω
					184Ω						397Ω						856Ω
			187Ω	187Ω	187Ω				402Ω	402Ω	402Ω				866Ω	866Ω	866Ω
					189Ω						407Ω						876Ω
				191Ω	191Ω					412Ω	412Ω					887Ω	887Ω
					193Ω						417Ω						898Ω
		200Ω	196Ω	196Ω	196Ω			430Ω	422Ω	422Ω	422Ω			910Ω	909Ω	909Ω	909Ω
					198Ω						427Ω						920Ω
				200Ω	200Ω					432Ω	432Ω					931Ω	931Ω
					203Ω						437Ω						942Ω
			205Ω	205Ω	205Ω				442Ω	442Ω	442Ω				953Ω	953Ω	953Ω
					208Ω						448Ω						965Ω
				210Ω	210Ω					453Ω	453Ω					976Ω	976Ω
					213Ω						459Ω						988Ω

图 1.19　标准（首选）电阻值

注： 按照惯例，当我们讨论 1%电阻时，实际指的是±1%的电阻。我们省略了符号，但这是可以理解的，因为标称值一般为变化范围内的中心值。

对于任何 E 系列的电阻值，我们可以用闭式方程来描述吗？电阻必须以几何级数来进行选择，这样的话，从一个值到下一个值就保持同一比率，就像公差一样。因此，如

果我们将十倍的范围划分为 96 个值来生成 E96 系列，其几何级数的比率为

$$比率 = 10^{\frac{1}{96}} = 1.024$$

这意味着下一个值为 2.4%。很明显，根据之前 10%公差的分析，E96 系列适用于 1%的公差。同样的，E192 系列最适合 0.5%的公差。然而，没有什么能够阻止供应商生产 0.1%或 1%甚至 5%的 E192 电阻，如果它们能被卖出去的话！如果我们仔细寻找可能可以找到这些电阻，但这不是首选的。

回到 E96 系列，假设第一个电阻 R_1 为 100Ω，下一个值 R_2 必定为 100×1.024=102.4Ω，再下一个值 R_3 为 102.4×1.024=104.86Ω。一般来说，“Ex”系列的第 m 个电阻值为

$$R_m = 100 \times [10^{1/x}]^{m-1}$$

例如，100Ω 开始的 E48 系列，其第 5 个电阻值为

$$R_5 = 100 \times [10^{1/48}]^{5-1} = 121.15\Omega$$

在所有情况下，该值实际上四舍五入到最近的整数。因此 121.15Ω 成为 121Ω。我们可以从图 1.19 中确认这个值。同样，对于 E96 系列，我们可以得到以下四舍五入的值 100、102、105、107、110 等，我们也可以从图 1.19 中确认这些值。

由于不是每个计算出的电阻值都可以得到，我们最终会用某些“就近”的值。那么输出的初始精度产生的误差是多少？什么样的标准 1%（E96 系列）电阻的“黄金”组合可能产生最低的输出误差？假设在选择上位和下位电阻上我们有足够的灵活性，并且忽略了所有其他输出误差源，如输入偏置电流等。此外，我们希望避免电阻的并联或串联组合，以达到所需的精度。

我们需要做大量的数字处理，如果可能的话，使用 MathCAD 文件来回答上述问题。在图 1.20 中，我们基于这样的练习提出了一些有用的结果。注意，如果需要，这里推荐的电阻解决方案可以乘以 10 或 100 等，来达到下一个十倍范围内的值。该图中提到的误差与所用电阻的公差无关；它仅基于标称值，并且仅表示由于使用离散（优选）值而导致的误差。在该图下半部分，我们允许将 E96 系列和 E24 系列的值组合在一起，因为我们认识到，E24 系列现在在类似于 E96 系列的公差中也是可用的（1%，或者更好）。

注：芯片设计人员试图开发出与单片基准中最低温度系数对应的 S 形曲线。根据其半导体工艺等，它们最终的值通常在 1.2～1.25V。因此，我们在基于 MathCAD 的数字运算练习中使用了 1.23V 的中心值，试图找出在初始精度使用首选电阻值时的最低误差。事实上，如果我们将芯片和系统的两类设计人员的努力结合起来，在初始精度结合温度效应的情况下，计算哪个确切值的带隙基准可能产生最低的输出误差，将会产生最佳结果。

注：每个分压器总要两个电阻吗？商用 AC-DC 电源系统设计师在使用任何大于 0.5MΩ 的单个电阻前都会再三考虑。一些极其注重质量的电源公司内部规定，禁止任何大于 100kΩ 的电阻。因为 PCB 上的污染物、水分或湿度都会引起电阻的巨大变化，所以要求工程师们将几个 100kΩ 的电阻串联起来，而不是使用单个电阻。

分压器：由误差放大器的类型带来的限制

由图 1.20 可知，对于基准为 1.23V 的 3.3V 输出，仅仅使用 E96 系列，可得到 1.07kΩ 和 634Ω 的电阻值来使误差最小（分压器中使用两个电阻）。问题是：我们可以使用 10.7kΩ 和

6.34kΩ 来代替吗？当然可以，分压器的损耗会减小为原来的 1/10，但由于反馈引脚的偏置电流，误差也会增大。还有其他的限制吗？除非我们使用跨导型误差（运算）放大器。正如我们将在第 14 章环路稳定性中看到的那样，只有分压器的电阻比例在反馈回路方程中。因此，如果其比例不变，回路也不会变化。然而，如果我们使用的是常规的电压运算放大器，那么只有上位电阻会在反馈回路方程中。下位电阻仅仅是直流偏置电阻，在 AC 环路响应中消失了。因此，如果我们改变了上位电阻，例如当我们改变了电阻比例时，我们可以显著改变环路响应。我们至少需要选择正确的十倍范围，从而保证图 1.20 给出的比例。

只使用E96系列（误差没有包含公差）

V_{REF}=2.5V					
输出电压（V）	**3.3**	**12**	**15**	**18**	**24**
R_2（上位）（Ω）	115Ω	523Ω	590Ω	806Ω	1.18kΩ
R_1（下位）（Ω）	357Ω	137Ω	118Ω	130Ω	137Ω
误差（%）	0.161	+0.364	0	0	+0.137

V_{REF}=1.23V					
输出电压（V）	**1.5**	**1.8**	**2.5**	**3.3**	**5**
R_2（上位）（Ω）	301Ω	133Ω	137Ω	1.07kΩ	1.02kΩ
R_1（下位）（Ω）	1.37kΩ	287Ω	133Ω	634Ω	332Ω
误差（%）	+0.016	0	−0.12	+0.177	+0.178

V_{REF}=1.23V（续）					
输出电压（V）	**12**	**15**	**18**	**24**	**48**
R_2（上位）（Ω）	931Ω	10.2kΩ	1.5kΩ	10.7kΩ	5.23kΩ
R_1（下位）（Ω）	107Ω	909Ω	110Ω	576Ω	137Ω
误差（%）	−0.569	+0.213	+0.015	+0.328	+0.385

使用E96+E24系列（误差没有包含公差）

V_{REF}=1.23V					
输出电压（V）	**1.5**	**1.8**	**2.5**	**3.3**	**5**
R_2（上位）（Ω）	180Ω	133Ω	124Ω	180Ω	1.2kΩ
R_1（下位）（Ω）	820Ω	287Ω	120Ω	107Ω	392Ω
误差（%）	0	0	+0.04	−0.025	−0.094

V_{REF}=1.23V（续）				V_{REF}=0.6V	V_{REF}=0.3V
输出电压（V）	**12**	**15**	**18**	**1.05（IMVP电压）**	
R_2（上位）（Ω）	1.2kΩ	1.6kΩ	1.5kΩ	105Ω	255Ω
R_1（下位）（Ω）	137Ω	143Ω	110Ω	140Ω	102Ω
误差（%）	+0.031	−0.052	+0.015	0	0

图 1.20　E96 系列和 E96+E24 系列电阻的最佳组合得到最低误差

提示：对于一个常规的基于电压的运算放大器，如果我们有一个令人满意的环路响应的变换器，当我们调整输出以获得稍微不同的输出电压，比如说，3.3～5V，我们应该尽量保持上位电阻（和所有其他补偿元件）不变。换句话说，我们应该总是改变下位电阻，而不是上位电阻，尽管使用首选值可能导致初始精度的误差。

分压器：正确的 PCB 布局

图 1.2 所示的调节层次中有一层为 PCB 设计。这是什么意思？图 1.21 展示了一种典型的稳压器（可能是串联或开关）。我们夸大了 PCB 走线电阻，以说明分压器电阻的正确

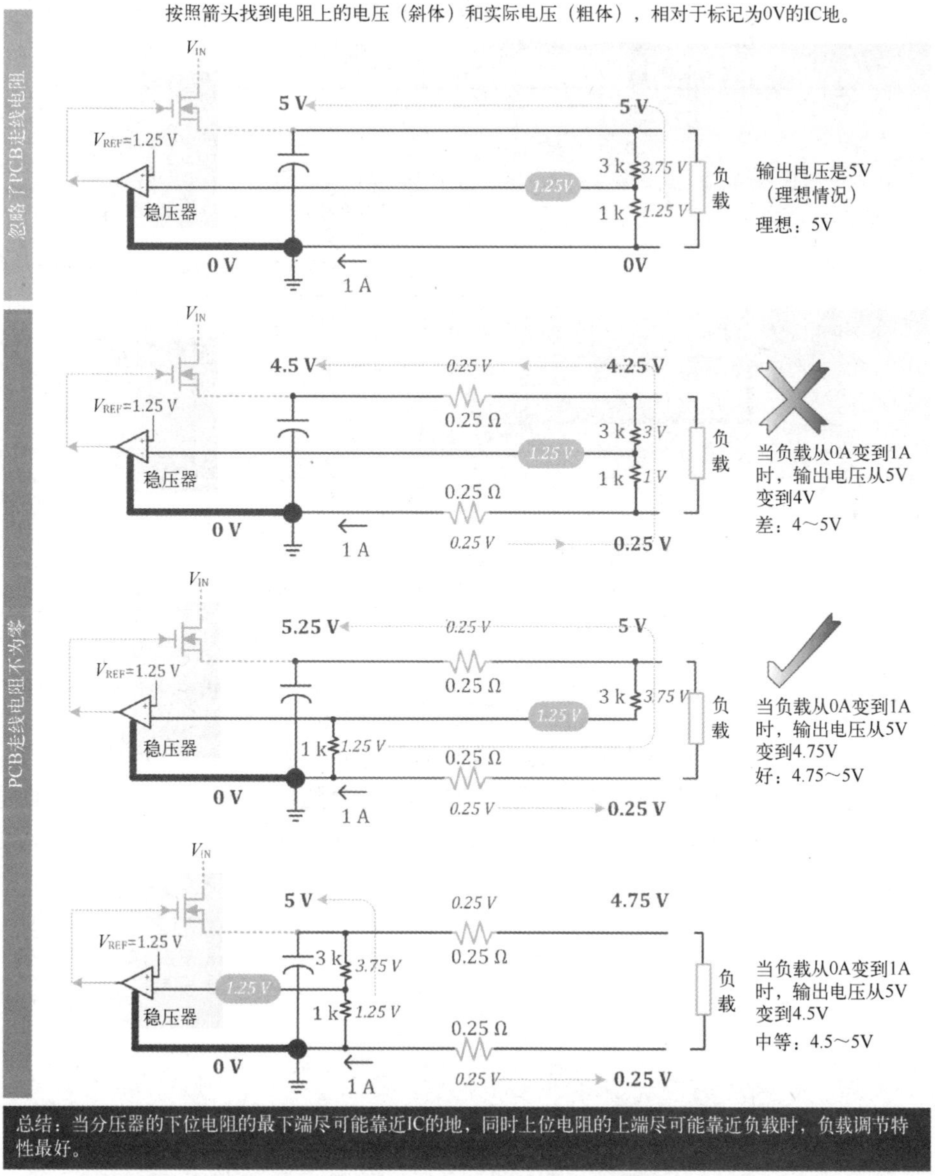

图 1.21　如何正确放置电压分压器，使得 PCB 走线和输出对负载调节的影响最小

位置。可以看到，电阻的最下端应尽可能靠近 IC 的地连接，同时上位电阻的上端应尽可能靠近负载连接。这有助于改善静态负载调节特性。注意，一些经验缺乏的工程师认为这两个电阻都应尽量连接负载。他们考虑的是某种“开尔文检测”，但忘了做数学运算，如图 1.22 所示。图 1.22 中，我们将同样的原理应用于具有内置分压器的单片稳压器。

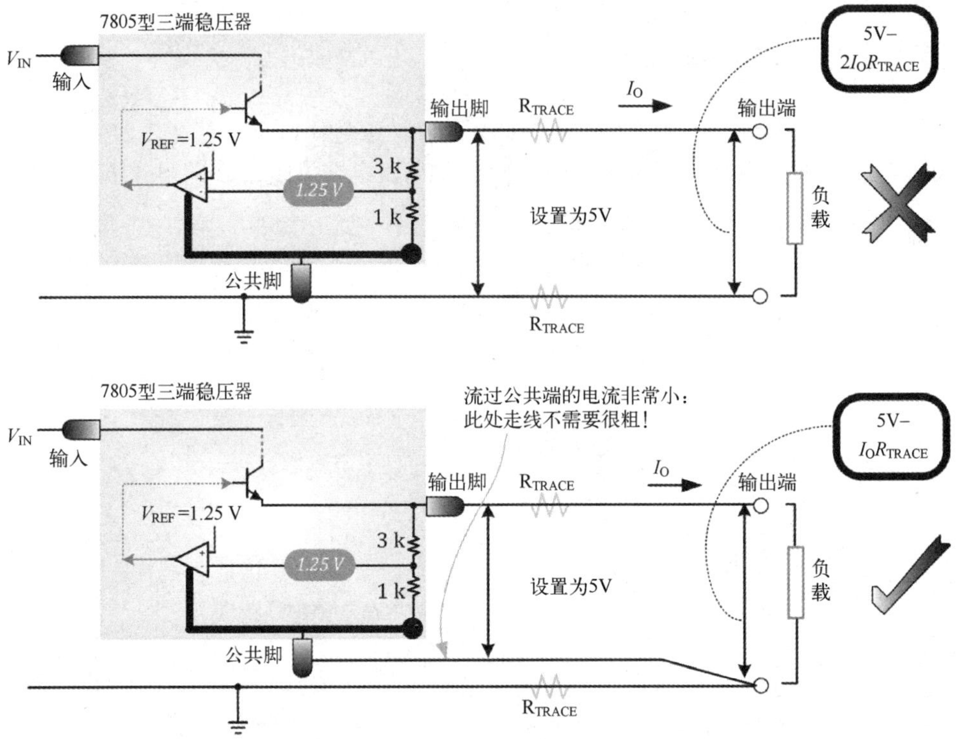

在原理图的下图，我们规划了IC地使得它靠近负载。这样做使得负载调节特性得到改善。如LM317的可调输出的线性稳压器，有一个连接到公共（或“ADJ”）脚的外部分压器，同理，分压器的上位电阻要靠近输出脚（不是输出端）连接，而分压器的下位电阻的下端要尽可能靠近负载（输出端的底端）连接。这与图1.21用于开关所示的不同。也可参考Chester Simpson的。

图 1.22　如何正确放置单片稳压器的 IC 地（具有外部分压器），以最小化 PCB 布线对负载调节的影响

然而有种称为下垂定位的方法，其明显降低静态调节特性的负载电阻可以显著改善动态调节。事实上，总的负载调节范围（静态+动态）是可以通过下垂定位来改善的。本书作者的 *Switching Power Supplies A to Z*（第二版）中的第 9 章对这方面内容进行了详细阐述。

第 2 章　DC-DC 变换器：拓扑及组态

第 1 部分　开关电源变换器原理介绍

注意隐藏的细节

当我们进入开关电源变换领域时，我们必须时刻注意一些意想不到的事。至少在开始阶段，我们需要对一些不明显之处保持关注，直到我们获得经验。我们其实应该积极地关注它们，欢迎它们，因为它们可以帮助我们更快地学习。开关电源变换器最大的“陷阱”在于开关方面！但有很多陷阱是与开关不相关的，不管计算机怎么智能都不会将我们推到这个陷阱中，使我们能够更早地认识它。2013 年 1 月，一位研究电流模式控制的先驱在一封私人邮件中写道：“我看到这么多工程师花费数月在仿真和 MathCAD 上，却没意识到在现实世界中发现的失效模式与他们通过计算机发现的完全不同。”

例如，在第 1 章中，我们研究了分压器的细节，我们可能会认为已经对它完全了解了。但是真的吗？在本章更详细地讨论功率转换之前，我们指出一些看似无害的细节：像所有引脚一样，任何稳压器的反馈引脚具有不能超越的最大额定电压。特别是在允许范围内的低值端，我们了解到，大多数控制器 IC 的数据表都表明反馈引脚的电压不能低于 IC“地”0.3～0.4V（对于大多数其他引脚也是如此）。反馈引脚也似乎具有自镇定的能力，并且稳定在内部基准电压之下。但是，我们需要注意在暂态过程中，如在快速启动或关机过程中，它的电压应力是什么样的。当 IC 被“非常规地”使用时，即在除了它的基本预期应用之外的组态中使用时（例如，一个 Buck IC 用在 Buck-Boost 电路中，本章后面会讨论），这更需要我们关注。但我们几乎没有预料到的是，对带有前馈电容的简单 Buck 电路，即使是在正常工作时简单地将输出短路，也会使反馈引脚的电压大幅超过规定的最大额定值，如图 2.1 所示。这种效应通常不会造成瞬间的或直接的损坏，但会降低“衬底电流”——电流反向流过 IC 的地。我们已知道这种电流会引起控制 IC（或切换器）发生不可预测的行为。在一个案例中，这种变化甚至包括限制电流很明显地突然完全消失的情况，最终导致 FET 和/或开关 IC 损坏。作者实际上在两个不同时间尺度（一个放大，另一个缩小）的示波器上捕捉到了事件发生并直到随后的破坏的整个过程。因此作者在同一个公司的几个数据表上补充了一些警告。要强调的是，任何一本电源仿真的书都不可能提醒你要注意这个陷阱。

什么是“地”？

我们将从一些基础知识开始介绍。在稳压器中，有两个输入端（接直流电源）、两个输出端（接负载）。这实际上是两个电压端，输入端与输出端，以及它们各自的返回线路。其中，只有输入端和输出端之间共享一端线路的情况在系统设计中被认为是实用的。按照惯例，这个共用端被指定为（系统）地，如图 2.2 所示。从历史来看，这一端经常是高电位端，但现在通常将低电位（负极）端设为地。前者类似于晾衣绳，后者就像城市的地平线，从地面上升起。

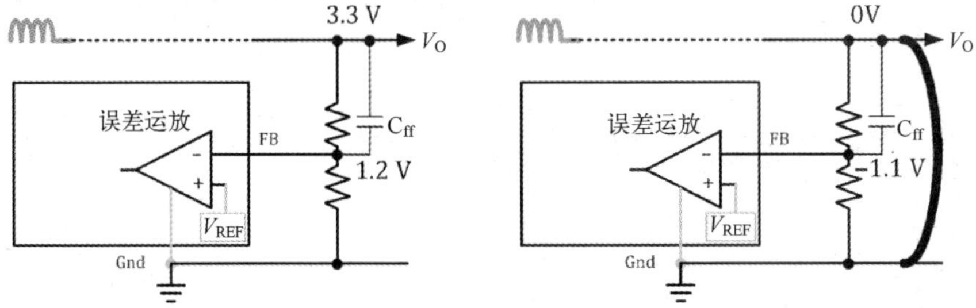

C_{ff}在稳态时被充电到3.3−1.2=1.1V

在瞬间短路时，因为C_{ff}通过分压器的电阻不能够瞬间放完电，它的底端被拉低到−1.1V。在这个过程中，C_{ff}实际上通过IC的地脚以反方向电流放电，产生衬底电流，这会以不可预测的方式削弱IC的功能，甚至损坏它（例如，瞬间影响到它的电流限制模块）。

图 2.1　简单地将输出短路就能损坏开关 IC

三种基本拓扑

下面的方框图，表示要介绍的整个拓扑

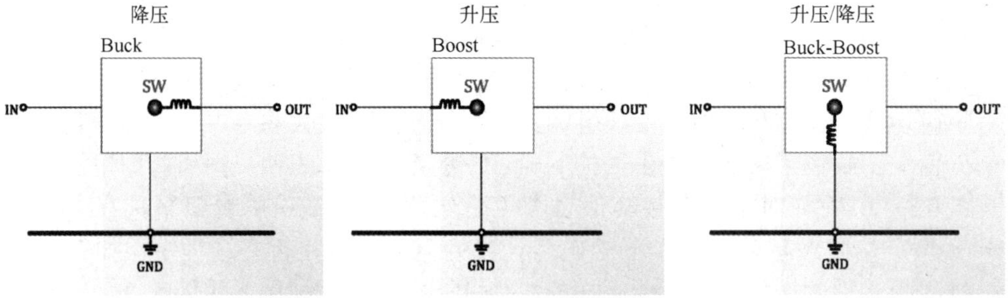

SW通常用来表示开关（FET或BJT），但在这里它表示切换节点。

有两个输入端和两个输出端，其中有一个输入端和输出端是共用的，被称为系统地（GND）。实际上只有三端。

在这三种拓扑中，电感器的一端与三个直流端（IN、OUT或GND）中的一端连接，这一端是它的稳定或直流端。它的位置决定了这三种基本拓扑的类型。电感器的另一端与交流端连接，通过开关管或续流二极管，在导通期间将输入电压源的能量储存到电感器上，或者在关断期间释放能量到输出端。因此，这个电感器交流端上的电压在两个电平之间切换，被称为切换节点（上面的SW）。相对于电感器稳定（直流）端，电感器电压翻转现象（SW节点在关断期间翻转），使稳态时电感上的伏秒数相同。并且这个电压翻转，基于它参考的端点（直流端），是导致输入电压降压（Buck）、升压（Boost）或升压/降压（Buck-Boost）行为的原因。

图 2.2　产生三种基本拓扑的原因

这一共享的地，穿过整个 PCB，实际上是整个功率级的地。当然也有其他的地：IC/控制器的地。它可能会，也可能不会总是与系统的地相连，特别是当 IC 被以不同于其主要预期应用的方式使用时。这些问题以后再讲，但要在这里指出，如果系统地与 IC 地连接的方式不同，可能会出现问题。例如，分压器与反馈引脚就不能简单地直接连接。分压器的节点电压可能需要转换或电平平移，因为反馈电压几乎总是要参考 IC 的地，除非 IC 本身自带一个差分电压放大器，在反馈环之前完成转换。

三种基本开关拓扑

为什么仅仅只有三种基本拓扑？其根本原因是它们都只使用一个电感。有一个以上电感的拓扑是复合型的，不是最基本的拓扑。在基本拓扑中，单个电感器执行基本的能量存储和传递功能。它的一端总是保持固定，另一端在两条路径之间切换，一条路径实现从输入端获取能量，另一条路径将能量传送至输出端。如果只有三个端口，如上所述，基于电感器的固定电压端所在的端口，而在其他两个端口之间交替切换，可以只得到三种拓扑。因此只有三种拓扑：对应三个可用的电源端口，有三种基本拓扑。

为使直流输入端的电能可以流入系统，需要一个控制开关或控制 FET。另一个开关与之相连，将电能送至输出端。这通常用的是二极管（最常用的是肖特基二极管），但现在在同步拓扑中，这也可能是另一个 FET。

图 2.2 中，在两个剩下的端口之间不断切换的节点被称为切换节点或摆动节点，记作 SW；但我们应该清楚，V_{SW} 有时指开关两端的正向电压降（例如在完全导通的情况下）。注意在本书或其他相关书籍中这可能引起混淆，但一般情况下这是很容易区分的。

为什么可以升压/降压？

先介绍开关电源变换器的最基本思想。

对于正常的“方波”（非谐振）功率变换中，我们通常在导通期间（T_{ON}）施加一定的恒定电压（在这里表示为 V_{ON}），然后在关断期间（T_{OFF}）施加一个恒定电压（符号相反，其幅值在这里表示为 V_{OFF}）。这会导致出现分段线性电流，所以可以表示为（用幅值）

$$V_{ON} = L\frac{\Delta I_{ON}}{T_{ON}} \qquad V_{OFF} = L\frac{\Delta I_{OFF}}{T_{OFF}}$$

电能变换稳定状态时，得

$$\Delta I_{ON} = \Delta I_{OFF}$$

这一等式表明给定周期结束时的电流值与这一周期开始时的电流瞬时值相等，每一周期皆是同一情况。因此整个电流（电压）模式是重复的，在此期间工作处于稳定状态。如果不是这样，电能与电流将保持“阶梯”状。如果正负ΔI 的幅值不相等，这一拓扑迟早会被认为不可行。从功率流动的角度来看，拓扑即使没有控制回路也要能够自我保持稳定。控制回路只是用于保证在输入和负载发生变化时调节至期望的设定值（假如存在一个设定值）——它不能确定可能存在的设定值，因为它不能违背物理规律。物理规律是决定功率和能量流动与平衡条件的因素——我们不能期望用任何智能的驱动微小运放的算法来抑制或改变它。

这意味着在稳定状态时

$$V_{ON} \times T_{ON} = V_{OFF} \times T_{OFF}$$

施加的电压与施加电压的时间段的乘积称为伏秒数，因此上式称为伏秒定律。

上文提到的关断时间 T_{OFF} 不一定等于 $T-T_{ON}$[即$(1-D)/f$]的全部截止时间，其中 $T=1/f$ 为开关周期。如在断续导电模型（DCM）中，电感两端的反向电压持续的时间小于 $T-T_{ON}$。在一个周期剩下的时间内，电感两端电压保持为 0，电流也为 0。

注：对于电感来说，伏秒定律是很容易理解和确认的，但如果是多绕组磁性元件，例如变压器或耦合电感，又如何呢？事实上，这个定律适用于磁性结构上任何选定的绕组。我们可以检验这一定律，但在这样做时，应该单独考虑每一绕组，而不需要考虑任何其他绕组是否存在，或是否有电流流过。例如，我们不能用一个绕组上导通时的电压与另一绕组上关断时的电压来得出简单直接的伏秒关系。如果转换成伏特每匝，这是可以的。这就成为伏/匝定律，这是有效的。一般对于变压器（或多绕组结构）来说，这两个参数非常重要：（1）电压与绕组匝数之比；（2）电流与绕组匝数的乘积。因此我们关注的是伏/匝和安匝。

回到变换器的基本伏秒定律，任何存在的拓扑（现有的或将来发现的）都能够自动趋向于稳定状态。当处于稳定状态时，每个周期内，电感上的净伏秒数为 0。由于伏秒数隐含了能量，每个周期结束时必须维持伏秒数没有增大或减小，以确保周期可以不断重复。因此，与能量流动直接相关的伏秒定律是基本的理论。尽管它看似简单，但它是证实任何拓扑可行性和存在性的基本方法。

任何拓扑的输入-输出传递函数 V_O/V_{IN} 都必须遵循伏秒定律。或者，我们可以用输入和输出电压（幅值）来表示占空比 T_{ON}/T（其中 $T=1/f$）。表 2.1 列出了 Buck、Boost 与 Buck-Boost 拓扑的输入-输出传递函数推导过程（设所有拓扑均工作于 CCM，且忽略寄生参数降压）。

表 2.1　基于伏秒定律的输入-输出传递函数推导过程

	Buck	Boost	Buck-Boost
V_{ON}	$V_{IN}-V_O$	V_{IN}	V_{IN}
V_{OFF}	V_O	V_O-V_{IN}	V_O
T_{ON}	D/f	D/f	D/f
T_{OFF}	$(1-D)/f$	$(1-D)/f$	$(1-D)/f$
伏秒数方法 1	$V_{ON}\times T_{ON}=V_{OFF}\times T_{OFF}$ $\frac{T_{ON}}{T_{OFF}}=\frac{V_{OFF}}{V_{ON}}$ $\frac{T_{ON}}{T_{OFF}+T_{OFF}}=\frac{V_{OFF}}{V_{ON}+V_{OFF}}$		
	$D=\frac{V_{OFF}}{V_{ON}+V_{OFF}}$		
伏秒数方法 2 $AB=CD$	$(V_{IN}-V_O)D=V_O(1-D)$	$V_{IN}D=(V_O-V_{IN})(1-D)$	$V_{IN}D=V_O(1-D)$
$\frac{A}{C}=\frac{D}{B}$	$\frac{V_{IN}-V_O}{V_O}=\frac{1-D}{D}$ $\frac{V_{IN}-V_O+V_O}{V_O}=\frac{1-D+D}{D}$ $\frac{V_{IN}}{V_O}=\frac{1}{D}$	$\frac{V_{IN}}{V_O-V_{IN}}=\frac{1-D}{D}$ $\frac{V_{IN}+V_O-V_{IN}}{V_O-V_{IN}}=\frac{1-D+D}{D}$ $\frac{V_O}{V_O-V_{IN}}=\frac{1}{D}$	$\frac{V_{IN}}{V_O}=\frac{1-D}{D}$ $\frac{V_{IN}+V_O}{V_O}=\frac{1-D+D}{D}$ $\frac{V_{IN}+V_O}{V_O}=\frac{1}{D}$
$\frac{A+C}{C}=\frac{D+B}{B}$	$D=\frac{V_O}{V_{IN}}$	$D=\frac{V_O-V_{IN}}{V_O}$	$D=\frac{V_O}{V_{IN}+V_O}$

了解这一点之后我们意识到，为了达到稳定状态，既然在导通时间内电流按一定斜率上升，那么在关断时间内电流就要按一定斜率下降，**电感上的电压必须改变符号**。这就类似于在导通期间踩下油门踏板，在关断期间踩下制动踏板，当我们在这两个踏板之间交替时汽车还是可以匀速前行的。在实际变换器中，输出电容将这种“摆动”变得平滑，由此输出稳定的直流电流。

现在我们将上述情况与电感器围绕一个固定端不断翻转的事实相结合。我们可以看到，例如，在电感器围绕输出端翻转的情况下，确保**电压反转**（符号变化）的唯一方法是将输出（固定）端设在另外两端之间。本例中设在输入端和地之间。这在图 2.3 中用电路和非常直观（重力类比）的方式进行了说明，该图说明了 Buck 的形成。随后用图 2.4 和图 2.5 分别说明了 Boost 和 Buck-Boost 的形成。在最后一个电路中我们看到输出端自动改变符号，因此它的大小就变得无关紧要了：可以大于或小于输入端，并且仅仅根据输出端自身的翻转符号仍能产生电压反转。因此这是一个 Buck-Boost 电路（反极性拓扑）。

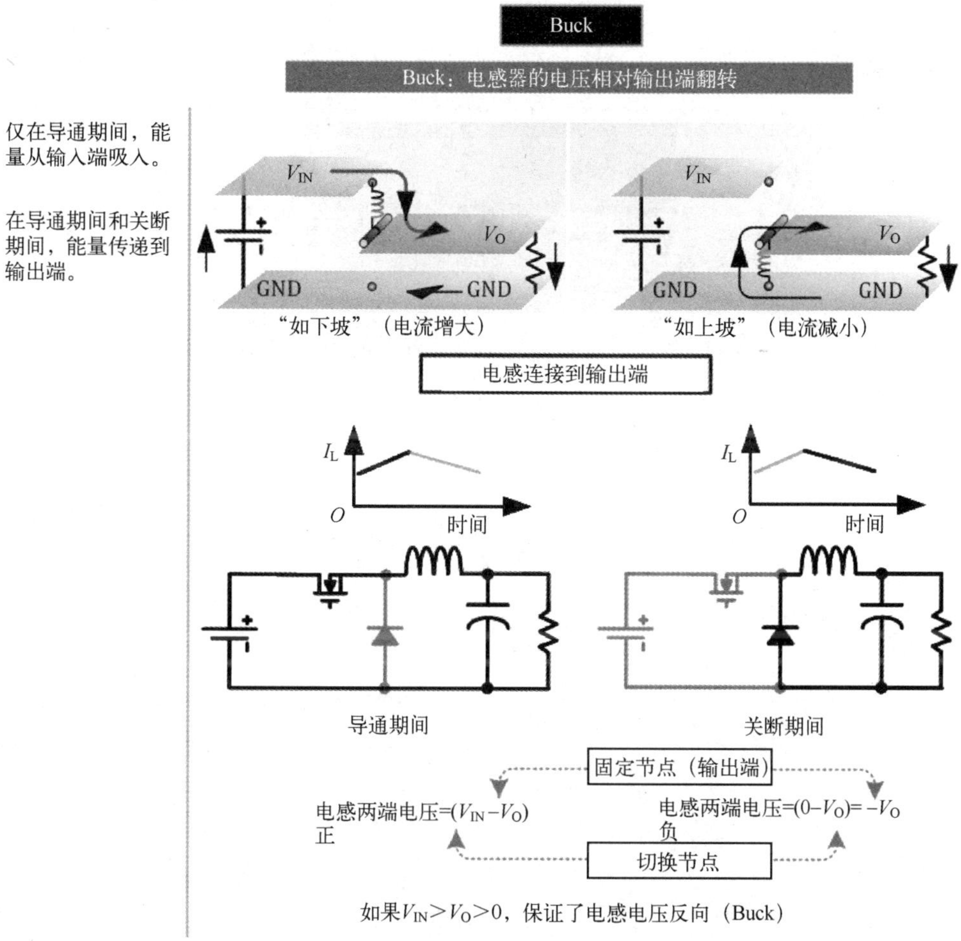

图 2.3　类比和解释降压拓扑

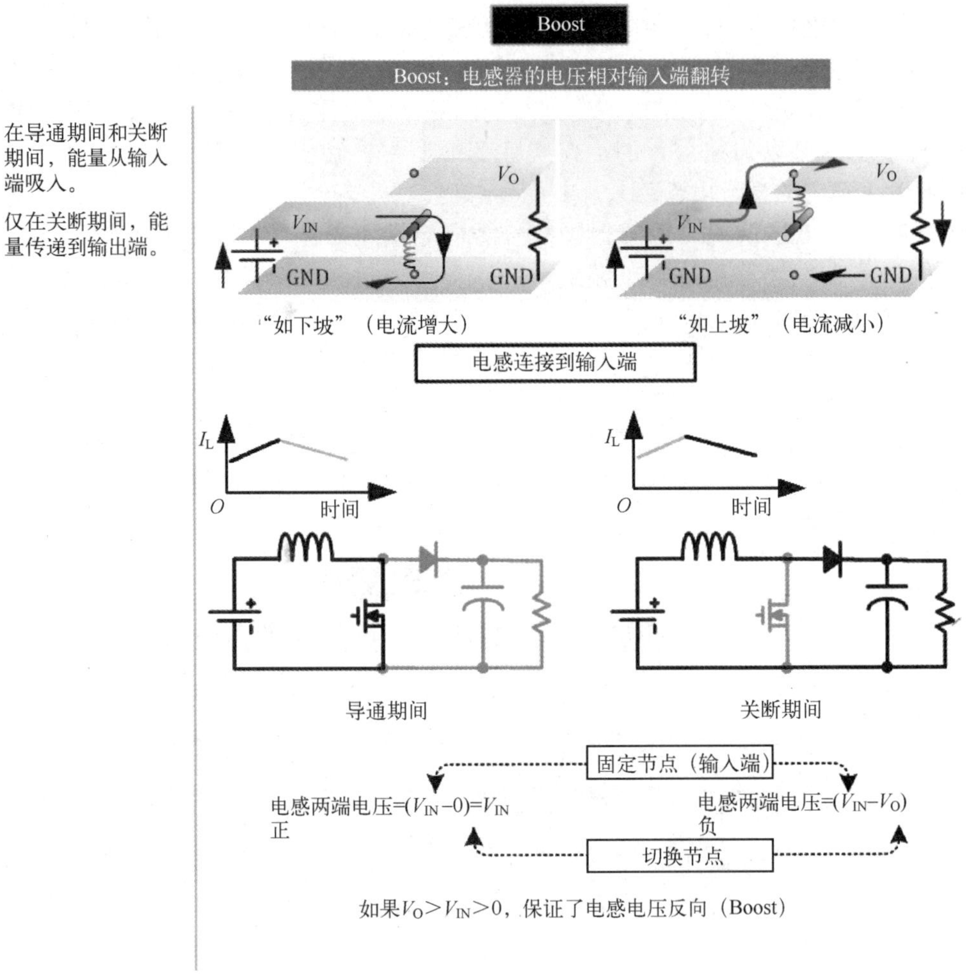

图 2.4　类比和解释为什么这是升压拓扑

电流纹波率

2001 年，作者介绍了开关电源变换器中他认为最简单但最基本的概念：电流纹波率。经过深思熟虑，作者将其命名为 r，表明其固有的简单性。

这一概念首先由作者在国家半导体公司（National Semiconductor，现在的德州仪器 Texas Instruments）的应用指南 AN-1197 中提出，很快又出现在编辑 Sam Davis 的 *Power Electronic* 杂志中。从此以后，这一概念被广泛接受，甚至是一些著名学者，例如 Ray Ridley 博士和 Dennis Feucht，许多教授将其写入 IEEE 出版物，教授课程时也会被提及。甚至作者在 AN-1197 中原创的基于参数 r 的整个设计表格，最近被一些著名的电磁供应商采用，如 Wurth Electronics。这一概念已经证明了自身的正确性，因为模仿（甚至盗版）是奉承的最佳形式。

最主要的优点是，r 通过指定一种最佳的分类来为任意开关电源变换器（任意拓扑，任意功率等级，任意频率）的关键设计提供了切入点：在最大负载时设 r = 0.4

（对于 Buck 变换器，取输入电压最大时；对于 Boost 与 Buck-Boost 变换器，取输入电压最小时）。该值是变换器受到的应力与磁性元件大小及相关功率器件之间的最佳折中值（参见 AN-1197）。但它也使得功率可缩放。它将大多数设计方程分解成两部分，一部分只涉及流经变换器的平均功率[基于斜坡中心值，或 COR（Center-of-Ramp）值，其不随电感值或频率的变化而改变]，另一部分仅对应于与波形的增量有关的几何形状因子（向上、向下电流斜坡，其与负载无关，但与频率有关）。由此，功率缩放比例的概念就比较容易理解。注意，功率缩放比例的概念最近已被作者成功应用于 LLC 谐振变换，本书第 19 章将讨论这一点。

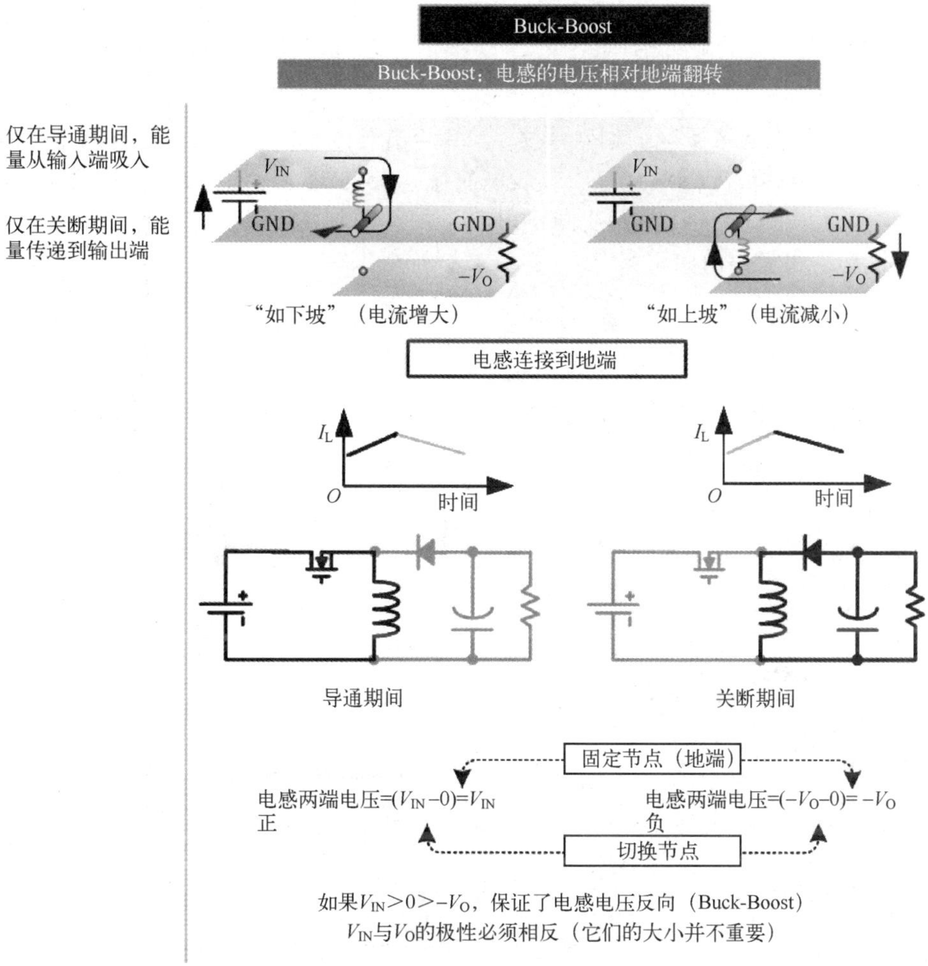

图 2.5　类比和解释升压/降压拓扑

例如，本书附录中的每个设计表格都是基于 r，对于 Boost 变换器 L 可由下式得到

$$L \approx \frac{V_O}{I_O \times r \times f} \times D(1-D)^2$$

式中，I_O 为最大负载电流。与某些文献中的一般方程：

$$L \approx \frac{V_{IN} \times (V_O - V_{IN})}{\Delta I_L \times f \times V_O}$$

对比，第二个方程看起来简单，但它没有突出电感量的简单缩放比例定律：如果负载电流在固定电压（如3.3～5V）下翻倍，只需要将电感量减小一半。

接着我们来看，上面引用的文献几乎都声明了我们需要设置

$$\Delta I_L = (0.2 \sim 0.4) \times I_{O_{MAX}} \times \frac{V_O}{V_{IN}}$$

为什么这是最优值？ΔI_L 最优值真的与输入和输出电压的比值有关吗？为什么？这些都不直观。现在，如果我们将ΔI_L 代入之前的方程，可以得到与我们提出的方程近似的方程

$$L \approx \frac{V_{IN}^2 \times (V_O - V_{IN})}{I_{O_{MAX}} \times (0.2 \sim 0.4) \times f \times V_O^2}$$

事实证明，本书附录中的方程，与基于上述参考文献的应用指南导出的方程，得出的 L 值大致相同。

图 2.6 中清楚地展示了我们如何定义 r，并给出具体的例子。需要注意的是，Buck 变换器中，斜坡的中心值（COR）等于负载电流值。Boost 与 Boost-Buck 变换器中，由于能量仅在关断期间[如 $T_{OFF}=(1-D)/f$]流向输出端，并且因为二极管平均电流 $I_{COR}(1-D)$必须与所需负载电流 I_O 相等，由此可得

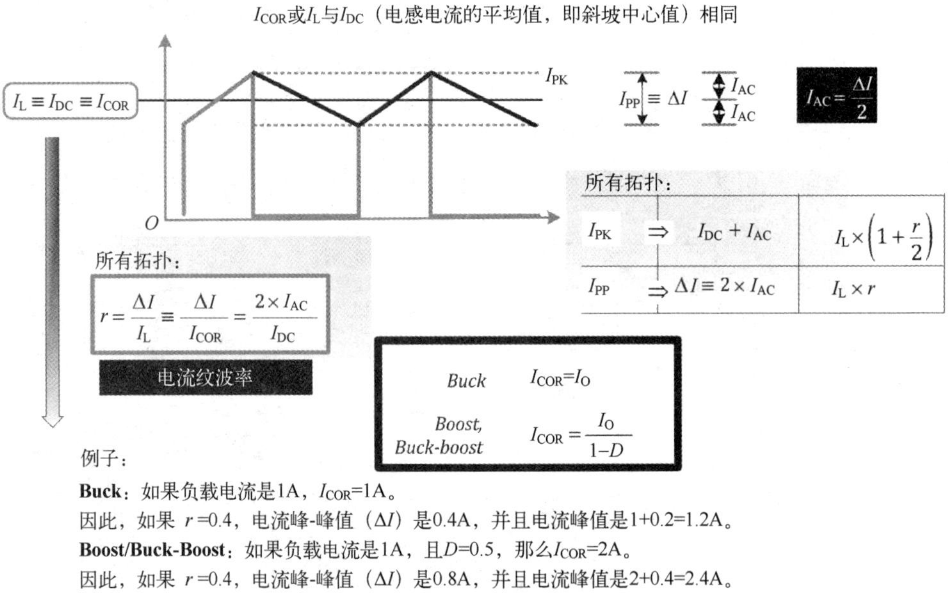

图 2.6　本书中用到的电流纹波率及基本术语

$$I_{COR} = \frac{I_O}{1-D} \quad \text{(Boost 与 Buck-Boost变换器)}; \qquad I_{COR} = I_O \quad \text{(Buck变换器)}$$

在图 2.7 中，将与 r 相似的其他几何因子，特别是 r_{alt} 与 K_{RP}（后者是电源集成中广为介绍和使用的例子）进行比较。我们也介绍了它们的变换。注意，所有使用 r 的方程看起来更简洁、更直观，比起用功率积分（用到 K_{RP}）等其他方法更简单。例如，附录中对于 Buck-Boost 变换器求：

本书或相关文献上的替代/常用术语

假设运行于电流连续导电模式（CCM）

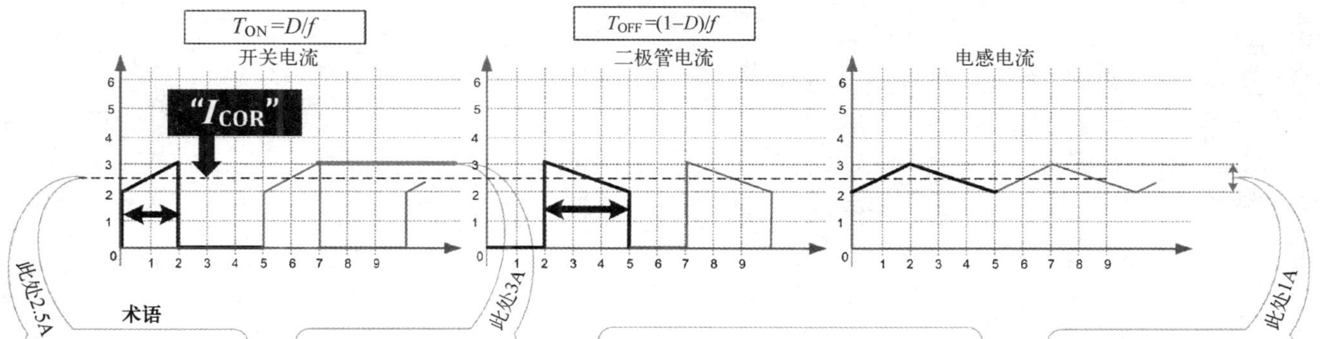

术语

I_{DC}（电感的直流电流）
或
I_L或I_{L_AVG}（电感的直流或平均电流）
或
I_C（电流斜坡中间值）开关管/二极管电流基值
或
I_{BIAS}（电感的直流偏置值）
或
I_O（Buck变换器的负载电流）

I_a（电感/开关管/二极管电流幅值）
或
I_{PEAK}或I_{PK}（电感/开关管/二极管电流峰值）

与拓扑相关：

对于Buck，$I_L=I_O$

对于Boost或Buck-Boost，$I_L=I_O/(1-D)$

式中，I_O是负载（输出）电流

I_r（电感电流纹波值）
或
ΔI（电流波动值）
或
I_{AC}（电感电流交流分量）

本书中用的电流纹波率r

$$r=\frac{\Delta I}{I_L}\equiv\frac{\Delta I}{I_{COR}}$$

在相关文献上偶尔看到的电流纹波率的替代形式r_{alt}

$$r_{alt}=\frac{I_{AC}}{I_{DC}}$$

几何形状因子参数的替代形式

$$K_P\equiv K_{RP}\equiv\frac{\Delta I}{I_{PK}}$$

有用关系：

$$\Delta I=r\times I_L$$

$$I_a\equiv I_{PK}=I_L\left(1+\frac{r}{2}\right)$$

转换：

$$r_{alt}\equiv\frac{\Delta I/2}{I_L}=\frac{r}{2}$$

$$r=2\times r_{alt}$$

$$r=\frac{2K_{RP}}{2-K_{RP}}\qquad K_{RP}=\frac{2r}{2+r}$$

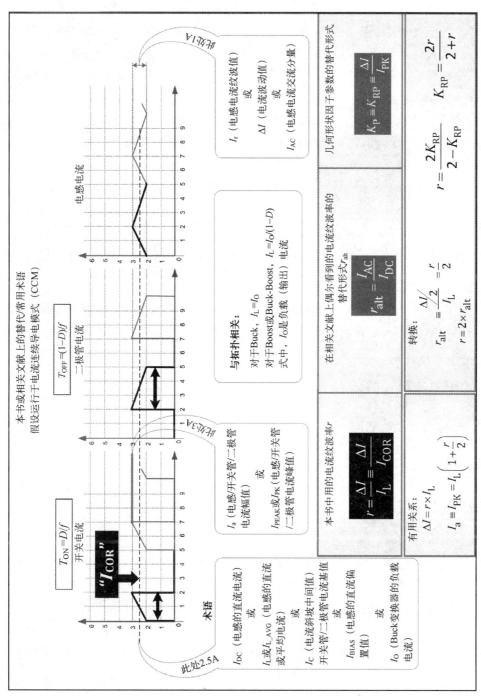

图2.7　与行业相比，本书中用到的电流纹波率及基本术语

$$L \approx \frac{V_O}{I_O \times r \times f} \times (1-D)^2$$

与 AN-17 中的功率积分方程比较。

$$L \approx \frac{P_O}{I_P^2 \times f \times K_{RP}(1-K_{RP}/2)}$$

上述方程是 100%的理想效率情况下的简化方程。但看起来还是不够直观，因为这方程第一眼看起来如果要功率翻倍，电感就要翻倍。事实上，对于给定的输入-输出电压，如果要功率翻倍，一般是将电感减半。在此方程中，实际是分母上的 I_P^2 占主导地位，但第一眼看上去并不明显。

同样的，所有用到 K_{RP} 的有效值方程一般都比较复杂和不够直观。例如，反激（Flyback）变换器一次绕组的电流有效值方程，用功率积分方程来表示为

$$I_{RMS} = I_{PK} \cdot \sqrt{D \times (K_{RP}^2/3 - K_{RP} + 1)}$$

附录中，我们定义该值为

$$= \frac{I_{OR}}{1-D} \times \sqrt{D \times \left[1 + \frac{r^2}{12}\right]}$$

不同的是，通过 r 和匝数比 n，我们可以清楚地将有效值分为（相互联系的）三部分：

$$= \left[\frac{I_O}{n}\right] \times \left[\frac{\sqrt{D}}{1-D}\right] \times \left[1 + \frac{r^2}{12}\right] \Rightarrow [\text{与负载有关}][\text{与电压有关}][\text{与电感有关}]$$

相比较而言，用到 K_{RP} 的方程就没法写成这一形式。这就是为什么反激变换器设计中几乎所有的功率积分方程都可能是数值精确的，但第一眼看上去容易形成误解。因此作者并不推荐。

输入、输出电流平均值

图 2.8、图 2.9 和图 2.10 分别给出了 Buck、Boost 与 Buck-Boost 变换器的基本关系。注意占空比、直流传递函数（V_O/V_{IN}）、输入和输出电流平均值的内在联系。这些数据可以作为快速挑选功率器件额定值的参考（首次通过或勉强接受的极限值）。

三种拓扑的能量关系

变换器每个周期输出的能量是多少？假设效率是 100%，其值即为$\varepsilon=P_{IN}/f=P_O/f$。每周期储存在电感中的能量（对应电流增大量$\Delta I$）与释放到输出端的能量是多少？如果设该值为$\Delta\varepsilon$，它必须等于 $V \times I$，以得到流过电感的平均电流 I_{COR}。

Buck 变换器（假设效率为 100%）

关断期间（Vsec 为伏秒数），可得

$$\Delta\varepsilon = \text{Vsec} \times I_{COR} = V_O \times I_O \times \left(\frac{1-D}{f}\right)$$

根据

$$I_O \times D = I_{IN} \qquad P_{IN} = P_O$$

可得

$$\Delta\varepsilon = \frac{P_{IN}}{f} \times (1-D) = \frac{P_O}{f} \times (1-D) = \varepsilon \times (1-D)$$

换言之，只有 1−D 倍总能量，而非所有输出的能量是储存在电感中。图 2.11 右侧的表格清楚地表明了这一点。

注意，以上我们使用了一个事实，即平均开关电流等于直流（输入）电流。开关电流是一个高为 I_O，占空比为 D 的基值（忽略斜坡部分）。因此，平均开关电流，也即输入电流，等于 $I_O \times D$，如图 2.8 所示。

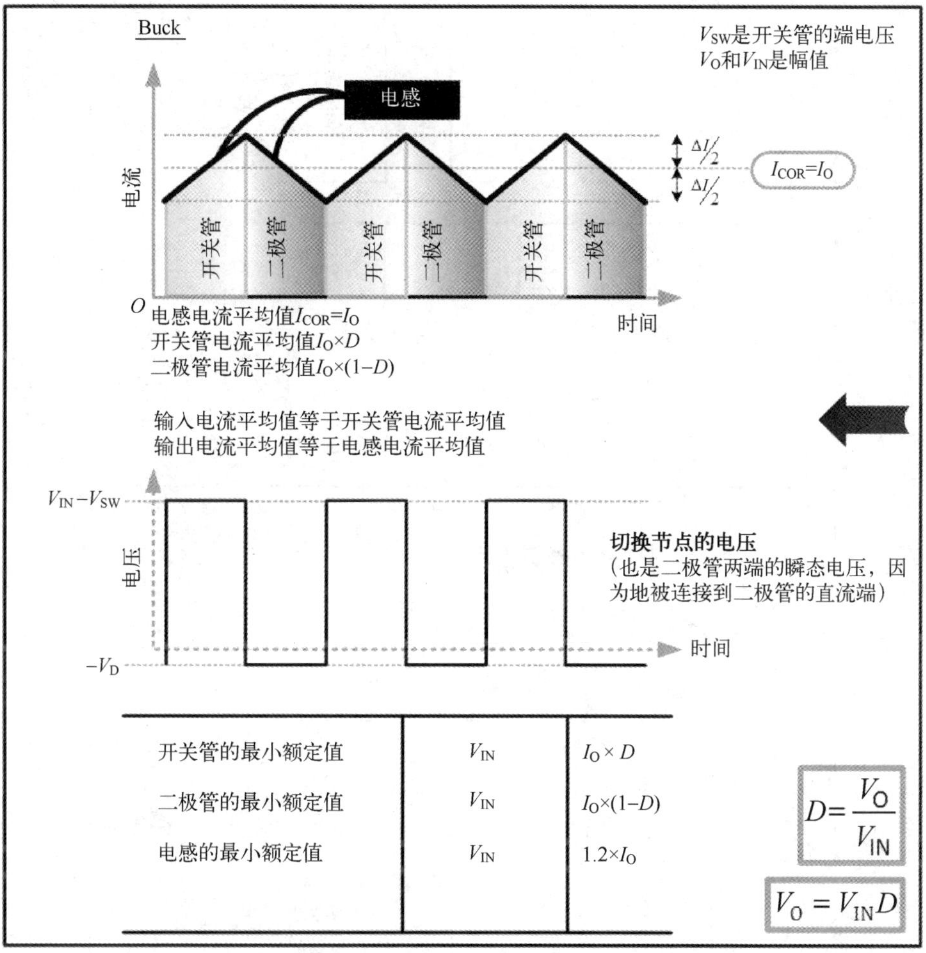

图 2.8　Buck 变换器中的波形、额定值和基本关系

对于其他的拓扑，我们也同样进行分析。

Boost 变换器（假设效率为 100%）

导通期间，根据伏秒数可得

$$\Delta\varepsilon = \text{Vsec} \times I_{COR} = V_{IN} \times \frac{I_O}{1-D} \times \frac{D}{f}$$

根据

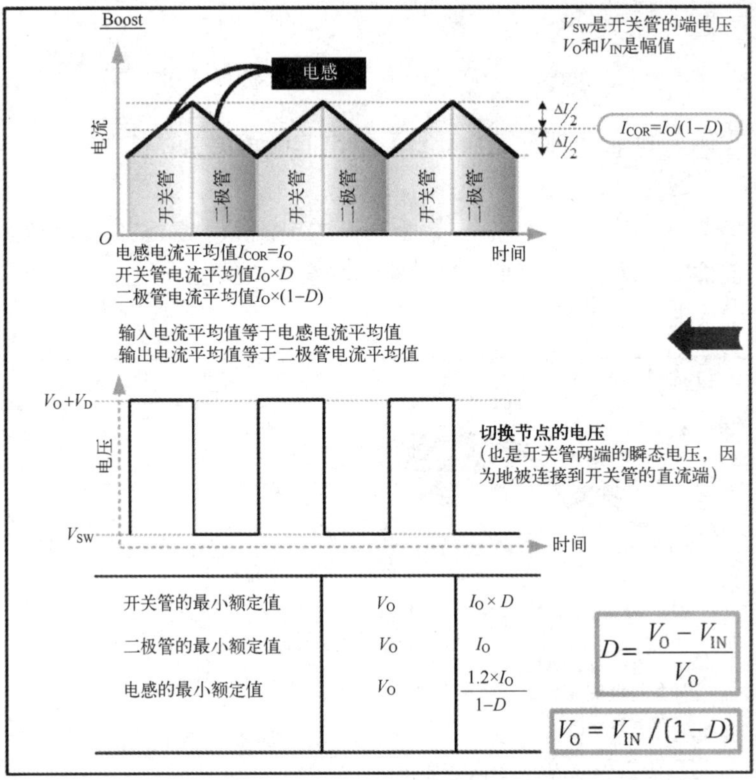

图 2.9　Boost 变换器中的波形、额定值和基本关系

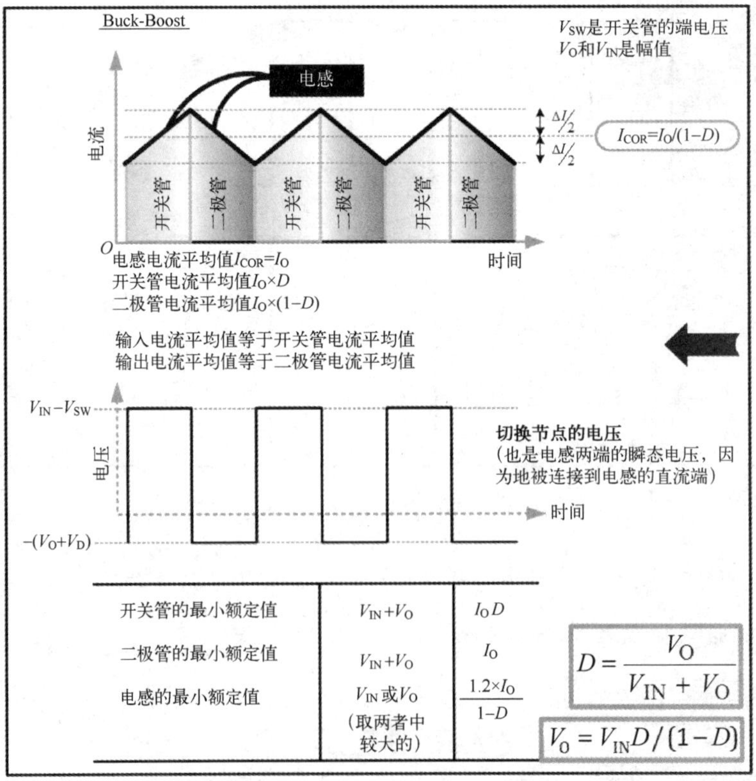

图 2.10　Buck-Boost 变换器中的波形、额定值和基本关系

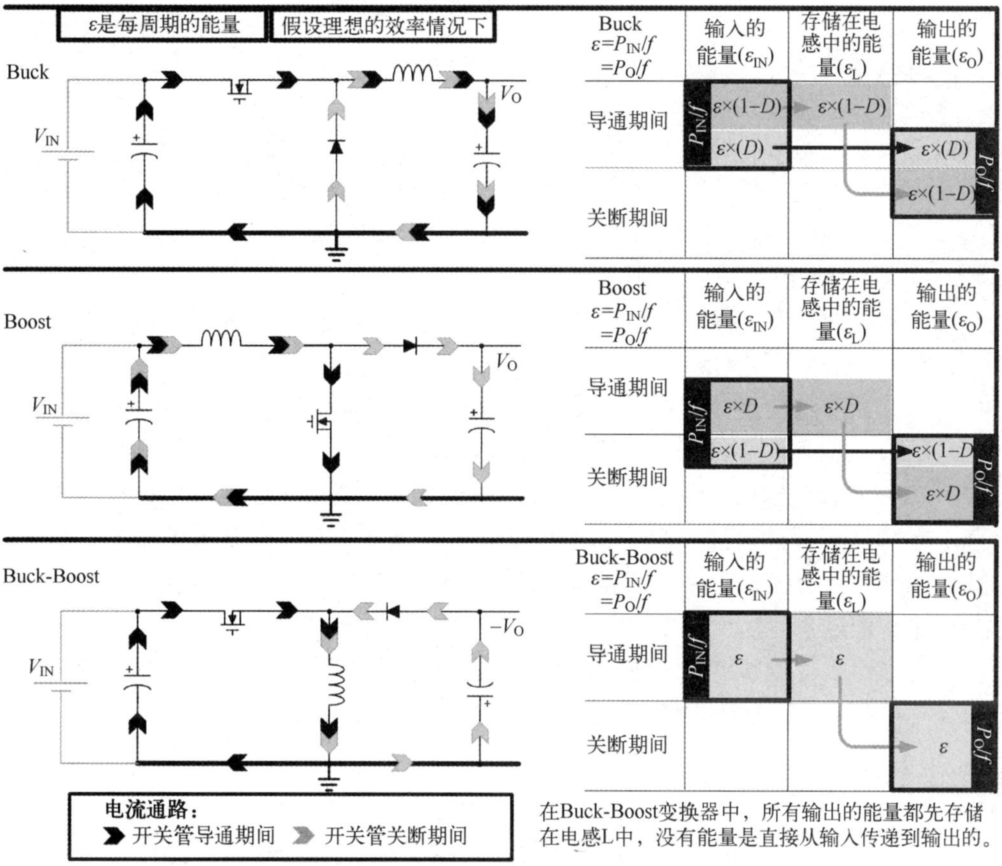

图 2.11　电流流动和能量转换时序

$$\frac{I_O}{1-D}=I_{IN} \qquad P_{IN}=P_O$$

可得

$$\Delta\varepsilon=\frac{P_{IN}}{f}\times D=\frac{P_O}{f}\times D=\varepsilon\times D$$

换而言之，只有 D 倍总能量，而非所有输出的能量都储存在电感中。图 2.11 右侧的表格清楚地表明了这一点。

请注意，以上我们使用了一个事实，即平均电感电流等于直流（输入）电流。电感电流是一个高为 $I_O/(1-D)$的常值（忽略斜坡部分），即图 2.29 中的 I_{COR}。因此输入电流等于 $I_O/(1-D)$。

Buck-Boost 变换器（假设效率为 100%）

导通期间，根据伏秒数可得

$$\Delta\varepsilon=\text{Vsec}\times I_{COR}=V_{IN}\times\frac{I_O}{1-D}\times\frac{D}{f}$$

根据

$$\frac{I_O}{1-D}\times D=I_{IN} \qquad P_{IN}=P_O$$

可得

$$\Delta\varepsilon = \frac{P_{IN}}{f} = \frac{P_O}{f} = \varepsilon$$

换而言之，输出的能量完全储存在电感中。图 2.11 右侧的表格清楚地表明了这一点。

请注意，以上我们使用了一个事实，即平均开关电流等于直流（输入）电流。开关电流是一个高为 $I_O/(1-D)$，占空比为 D 的基值（忽略斜坡部分）。因此输入电流等于 $D\times I_O/(1-D)$，如图 2.10 所示。

这些关系表明三点，特别是对于 Buck-Boost 变换器（及其带变压器时的拓扑，即反激变换器）：

（1）因为所有的输出功率在每个周期必须通过电感，对于相同的功率吞吐量，Buck-Boost 变换器电感的尺寸往往要大于其余两种拓扑。

（2）输入或输出电压与电感确实无关：Buck-Boost 变换器的电感（或反激变换器的变压器）的大小无需随电压变化，而是根据功率变化。例如，用于通用输入电压等级的反激变换器变压器并不比单为欧洲电压等级而设计的变压器尺寸大。第 7 章中还会给出一些例子来说明这个问题。

（3）可以这么说，如果输出功率翻倍，那么电感要储存两倍的能量，因此磁芯尺寸也要翻倍（尽管如此，根据我们所学到的知识，其电感量必须减半）。

变换器中的损耗关系

图 2.12 总结了非理想变换器中的关系，即效率（η）不等于 1。我们可以根据已知条件，用很多种方法由效率计算出损耗，反之亦然。根据附录中的方程，下面举例来说明。

例 2.1 非同步 Buck 变换器工作于电流连续导电模式（CCM），输入为 12V，输出为 5V，用 BJT（双极晶体管）做变换器开关，正向导通压降 $V_{CE(Sat)}=V_{SW}=0.2V$。续流二极管为肖特基二极管，正向导通压降 $V_D=0.4V$。负载电流为 1.5A。那么占空比为多大？BJT 与二极管消耗的功率是多少？效率为多少？

设 $V_O=5V$，$V_{IN}=12V$，$V_D=0.4V$，$V_{SW}=0.2V$，$I_O=1.5A$，代入占空比 D 方程可得

$$D = \frac{V_O + V_D}{V_{IN} + V_D - V_{SW}} = \frac{5+0.4}{12+0.4-0.2} = 0.4426$$

BJT 与二极管消耗的功率及总损耗为

$$P_{BJT} = I_O \times D \times V_{SW} = 0.1328\ W \qquad P_D = I_O \times (1-D) \times V_D = 0.3344\ W$$

$$P_{LOSS} = P_{BJT} + P_D = 0.4672\ W$$

注意，我们将开关损耗乘以 D 得到一个周期内的平均值，同样的，将二极管损耗乘以 $1-D$ 也得到一个周期内的平均值。

输出功率、输入功率和效率分别为

$$P_O = V_O \times I_O = 7.5\ W \qquad P_{IN} = P_O + P_{LOSS} = 7.9672\ W$$

$$\eta = \frac{P_O}{P_{IN}} = 0.9414 \qquad (94.14\%)$$

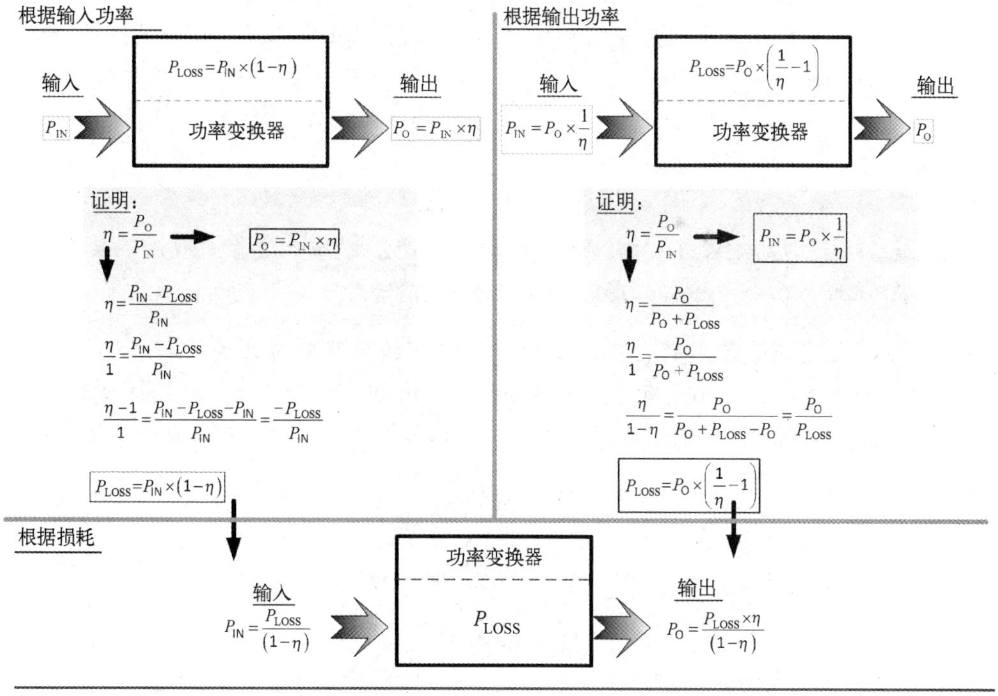

图 2.12　损耗和效率关系

例 2.2　非同步 Buck 变换器工作于电流连续导电模式，输入为 12V，输出为 5V。用 FET 做变换器开关，其 R_{DS}=0.1Ω。续流二极管为肖特基二极管，正向导通压降 V_D=0.4V。负载电流为 1.5A。占空比为多少？

设 V_O=5V，V_{IN}=12V，V_D=0.4V，I_O=1.5A，R_{DS}=0.1Ω。

对于 BJT，先进行近似假设，我们通常设其正向导通压降不随着电流变化而变化，这就是为什么 BJT（以及由 FET 驱动的 IGBT）仍常用于大功率场合的原因。对于 FET，其正向导通压降变化很大，几乎与通过它的电流成正比。然而，在简单的占空比方程中，我们需要插入一个固定值 V_{SW}。因此对于 FET，我们需将正向开关压降在导通期间求平均值（注意：这里不是在整个开关周期内求平均值）。这相当于是将电压降与导通期间流过开关管的平均电流联系起来，简单来说即是（电感电流）斜坡的中心值。而且，Buck 电路中，斜坡的中心值等于负载电流 I_O。因此，设 I_{SW} 为导通期间开关管的平均电流（对应平均电压降 V_{SW}），可得

$$I_{SW}=I_O \qquad V_{SW}=I_O\times R_{DS}=1.5\times0.1=0.15\text{ V}$$

$$D=\frac{V_O+V_D}{V_{IN}+V_D-V_{SW}}=\frac{5+0.4}{12+0.4-0.15}=0.4408$$

例 2.3　如果不考虑开关管和二极管的压降，例 2.2 中的 Buck 变换器的效率是多少？

先设 V_O=5V，V_{IN}=12V，V_D=0V，V_{SW}=0V，I_O=1.5A，由此得到 Buck 变换器的“理想”占空比方程，即假设效率为 100%。

$$D_{IDEAL}=\frac{V_O+\cancel{V_D}}{V_{IN}+\cancel{V_D}-\cancel{V_{SW}}}=\frac{V_O}{V_{IN}}=\frac{5}{12}=0.4167$$

Buck 变换器的输入电流即为导通期间的开关电流平均值，因此输入电流与占空比的关系为

$$I_{IN\_IDEAL} = I_{SW} \times D_{IDEAL} = I_O \times D_{IDEAL} = 0.625\ \text{A}$$

因此相对应的输入功率为

$$P_{IN\_IDEAL} = V_{IN} \times I_{IN\_IDEAL} = 12 \times 0.625 = 7.5\ \text{W}$$

输出功率为

$$P_O = I_O \times V_O = 7.5\ \text{W}$$

因此，效率即为 7.5W/7.5W=1（即预计的 100%），这就验证了我们之前所说的，如果开关管和二极管的压降为 0，我们就得到了损耗为 0 的“理想”情况。

注： 当然，上述例子使用的占空比方程中，仅有的损耗来自开关管和二极管的正向压降，即半导体的导通损耗，而没有考虑其他损耗。这表明，由于不是所有的切换器的损耗都已被考虑，所以到目前为止使用的占空比方程是有局限性的，并且显然只是一个近似值。

例 2.4 如果仅仅忽略开关管压降（即假设仅有一个二极管的压降存在），那么例 2.2 中的 Buck 变换器效率为多少？这只二极管中的损耗为多少？

设 V_O=5V，V_{IN}=12V，V_D=0.4V，V_{SW}=0V，I_O=1.5A，则

$$D_{IDEAL} = \frac{V_O + V_D}{V_{IN} + V_D} = \frac{5+0.4}{12+0.4} = 0.4355$$

Buck 变换器的输入电流为导通期间开关电流平均值。因此，与该占空比对应的输入电流为

$$I_{IN} = I_{SW} \times D = I_O \times D = 1.5 \times 0.4355 = 0.6532\ \text{A}$$

对应的输入功率为

$$P_{IN} = V_{IN} \times I_{IN} = 12 \times 0.6532 = 7.8387\ \text{W}$$

输出功率为

$$P_O = I_O \times V_O = 7.5\ \text{W}$$

因此，效率为 7.5W/7.8387W=0.9568。

Buck 变换器的二极管平均电流为 $I_O \times (1-D)$，由此可得 I_{D_AVG}=1.5×(1−0.4355) =0.8468A。二极管损耗即为

$$P_D = I_{D\_AVG} \times V_D = 0.8468 \times 0.4 = 0.3387\ \text{W}$$

由此可以看到，它等于输入功率与输出功率之差：$P_{IN}-P_O$=7.8387−7.5=0.3387W。

例 2.5 假设 Buck 变换器的开关管是“理想的”（R_{DS} 非常小），续流二极管压降为 0.4V。如果变换器效率为 95.678%，二极管损耗为 0.3387W，那么输入功率为多少？输出功率为多少？

本题我们只需反向推导。并且，我们没有假设任何的输入和输出电压，甚至是负载电流，只是在功率这一层面上进行讨论。由图 2.12 可得输入和输出功率与损耗及效率的所有可能关系。这些方程对一般的电源变换器都适用，不单单是对开关电源变换器。我们主要看其中最下方的图（在“根据损耗”下方）。要用到这些方程，必须先知道损耗是多少，本例中该损耗指二极管损耗。

设 P_{LOSS}=0.3387W，η=0.95679，因此

$$P_{IN} = \frac{P_{LOSS}}{1-\eta} = \frac{0.3387}{1-0.95679} = 7.8387\ \text{W}$$

$$P_O = \frac{P_{LOSS} \times \eta}{1-\eta} = 7.5\ \text{W}$$

这与例 2.4 的结果吻合。由此证明了图 2.12 中相关方程和之前计算结果的正确性。

例 2.6 在例 2.4 中，与理想情况相比较，二极管消耗功率会引起输入电流增大。

二极管消耗的功率为 P_D=0.3387W。这必须与每周期增加的输入功率相同。回顾例 2.3，其中理想占空比为 D_{IDEAL}=0.4167。考虑到二极管损耗，占空比为 D=0.4355。一般 Buck 变换器的（平均）输入电流方程为 $I_O \times D$。注意，对于 Buck 变换器，输入电流是开关电流先在导通时间内求平均值，即 $I_{SW}=I_O$，然后在整个周期内求平均值（乘以占空比 D）。因此对于理想情况，

$$I_{IN\_IDEAL} = I_O \times D_{IDEAL} = 1.5 \times 0.4167 = 0.625\ \text{A}$$

而非理想情况（用例 2.4 中计算得到的占空比 D）下，

$$I_{IN} = I_O \times D = 1.5 \times 0.4355 = 0.6532\ \text{A}$$

当占空比比理想情况大时（导致输入电流明显增加），单位时间内多输入的能量为

$$V_{IN} \times (I_{IN} - I_{IN\_IDEAL}) = 12 \times (0.6532 - 0.625) = 0.3387\ \text{W}$$

这与例 2.4 中的二极管损耗相等。由此证明：对于给定的 P_O 和输入/输出，I_{IN_IDEAL} 是电流基准线，与所有输入能量完全转换为有用能量相对应（即没有损耗）。任何超过这个基准线的增加值都与变换器中的损耗完全一致。

例 2.7　假设一个 12V 转 5V 的同步 Buck 变换器，主开关管 FET 的 R_{DS} 为 1Ω，同步 FET 的 R_{DS} 为 0.8Ω，输出电流为 1.5A。电感的串联直流电阻（DCR）为 0.1Ω。那么占空比、损耗的分布和效率分别为多少？同样忽略开关损耗。

设 V_O=5V，V_{IN}=12V，R_{DS_1}=1Ω，R_{DS_2}=0.8Ω，DCR=0.1Ω

设导通期间两个 FET 的平均电流（不是整个周期的平均值）分别为 I_{SW_1} 和 I_{SW_2}，在 Buck 变换器中等于 I_O 斜坡的中心值，可得

$$I_{SW\_1} = I_{SW\_2} = I_O = 1.5\ \text{A}$$

相应的开关压降（导通时间内的平均值）分别为

$$V_{SW\_1} = I_O \times R_{DS\_1} = 1.5 \times 1 = 1.5\ \text{V} \qquad V_{SW\_2} = I_O \times R_{DS\_2} = 1.5 \times 0.8 = 1.2\ \text{V}$$

因此，由一般的占空比方程，且 $V_D=V_{SW\_2}$，

$$D = \frac{V_O + V_{SW\_2} + I_O \times \text{DCR}}{V_{IN} + V_{SW\_2} - V_{SW\_1}} = 0.5427$$

接下来计算

$$I_{IN} = I_O \times D = 0.8141\ \text{A} \qquad P_{IN} = I_{IN} \times V_{IN} = 9.7692\ \text{W}$$

$$P_O = I_O \times V_O = 7.5\ \text{W}$$

由此效率为 $\eta=P_O/P_{IN}$=7.5/9.7692=0.7677（或 76.8%），损耗为 $P_{IN}-P_O$=2.2692W。

下面我们确认一下这些损耗去了哪里。FET 与电感损耗分别为

$$P_{FET\_1} = (I_O^2 \times R_{DS}) \times D = 1.2212\ \text{W}$$

$$P_{FET\_2} = (I_O^2 \times R_{DS}) \times (1-D) = 0.8231\ \text{W}$$

$$P_{DCR} = I_O^2 \times \text{DCR} = 0.225\text{W}$$

所有损耗相加可得 P_{LOSS}=1.2212+0.8231+0.225=2.2692W。这与用输入和输出功率 $P_{IN}-P_O$ 计算得到的值相同，证明了以上式子的正确性。

非理想情况的占空比方程

图 2.8、图 2.9 和图 2.10 中给出的理想情况下的占空比方程非常不精确，对于给定的输入和输出条件可能会得到最小的占空比。这里我们要讨论的实际方程是最精确的，能够得到最大的占空比（最低效率下估计）。在这两组方程之间存在许多其他形式的占空比方程，都具有不同程度的准确度。例如，在稳定状态下使用伏秒平衡的基本原理，但不

忽略开关和二极管压降，可以推导得到下列占空比方程：

$$D_{\text{Buck}} \approx \frac{V_O + V_D}{V_{IN} - V_{SW} + V_D} \qquad D_{\text{Boost}} \approx \frac{V_O - V_{IN} + V_D}{V_O - V_{SW} + V_D}$$

$$D_{\text{Buck-Boost}} \approx \frac{V_O + V_D}{V_O + V_{IN} - V_{SW} + V_D}$$

我们可以看到，虽然这些方程中明确地包含了二极管和开关管的压降，以及因此在这两个器件中产生的导通损耗，但是这些方程还是忽略了其他几个较小的损耗项，例如电感的串联直流电阻（DCR）的导通损耗I^2R、各种开关损耗、电感的交流电阻损耗、电容的 ESR 损耗等。所有的这些因素，在某种程度上都会使占空比进一步增大。

那么该如何推导精确的方程？以 Buck-Boost 变换器为例，有

$$I_{COR} = \frac{I_O}{1-D}$$

在输入端，

$$I_{COR} \times D = I_{IN} \qquad I_{COR} = \frac{I_{IN}}{D}$$

将上式合并，消去 I_{COR} 可得

$$\frac{I_O}{1-D} = \frac{I_{IN}}{D}$$

即

$$\frac{I_O}{I_{IN}} = \frac{1-D}{D}$$

效率的定义为

$$\eta = \frac{P_O}{P_{IN}} = \frac{V_O \times I_O}{V_{IN} \times I_{IN}}$$

即

$$\frac{I_O}{I_{IN}} = \frac{\eta V_{IN}}{V_O}$$

将以上两式子合并，消去 I_O/I_{IN}，可得

$$\frac{\eta V_{IN}}{V_O} = \frac{1-D}{D}$$

化解为

$$D = \frac{V_O}{\eta V_{IN} + V_O}$$

如果η为实际（实测）的效率，这个方程就是预测占空比最精确的方程，因其不仅仅包含 R_{DS} 等导通损耗。总效率η实际包含了所有的损耗。

注意，数学上我们可以认为输入从 V_{IN} 变为ηV_{IN}。如果从“理想”（最不精确）的占空比方程开始将 V_{IN} 替换为ηV_{IN}，我们可以得到所有拓扑最精确的占空比方程，即

$$\text{Buck:}\quad D = \frac{V_O}{V_{IN}} \rightarrow \frac{V_O}{\eta V_{IN}}$$

$$\text{Boost:}\quad D = \frac{V_O - V_{IN}}{V_O} \rightarrow \frac{V_O - \eta V_{IN}}{V_O}$$

$$\text{Buck-Boost:}\quad D = \frac{V_O}{V_{IN} + V_O} \rightarrow \frac{V_O}{\eta V_{IN} + V_O}$$

然而，在图 2.13 中，我们从数学上揭示了对于 Buck-Boost 变换器，可以运用伏秒定律从降低的输入$\eta \times V_{IN}$ 或增加的输出 V_O/η的角度，推导出同样的占空比。对于其他的拓

扑，同理可以推导出

$$D_{\text{Buck}}=\frac{V_O/\eta}{V_{IN}}\qquad D_{\text{Boost}}=\frac{V_O/\eta-V_{IN}}{V_O/\eta}\qquad D_{\text{Buck-Boost}}=\frac{V_O/\eta}{V_O/\eta+V_{IN}}$$

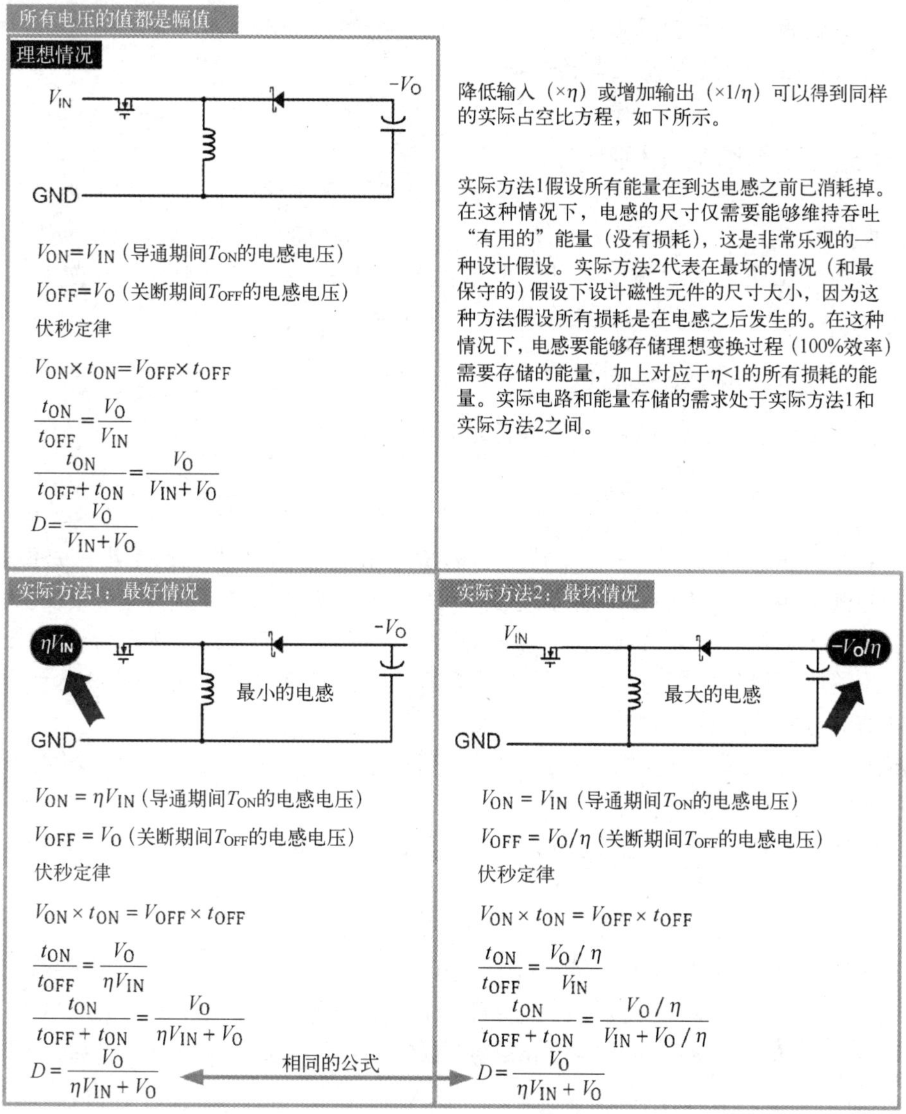
所有电压的值都是幅值
理想情况
V_{IN}
$-V_O$
GND
$V_{ON}=V_{IN}$（导通期间T_{ON}的电感电压）
$V_{OFF}=V_O$（关断期间T_{OFF}的电感电压）
伏秒定律
$V_{ON}\times t_{ON}=V_{OFF}\times t_{OFF}$
$\frac{t_{ON}}{t_{OFF}}=\frac{V_O}{V_{IN}}$
$\frac{t_{ON}}{t_{OFF}+t_{ON}}=\frac{V_O}{V_{IN}+V_O}$
$D=\frac{V_O}{V_{IN}+V_O}$
降低输入（$\times\eta$）或增加输出（$\times 1/\eta$）可以得到同样的实际占空比方程，如下所示。
实际方法1假设所有能量在到达电感之前已消耗掉。在这种情况下，电感的尺寸仅需要能够维持吞吐“有用的”能量（没有损耗），这是非常乐观的一种设计假设。实际方法2代表在最坏的情况（和最保守的）假设下设计磁性元件的尺寸大小，因为这种方法假设所有损耗是在电感之后发生的。在这种情况下，电感要能够存储理想变换过程（100%效率）需要存储的能量，加上对应于η<1的所有损耗的能量。实际电路和能量存储的需求处于实际方法1和实际方法2之间。
实际方法1：最好情况
ηV_{IN}
$-V_O$
最小的电感
GND
$V_{ON}=\eta V_{IN}$（导通期间T_{ON}的电感电压）
$V_{OFF}=V_O$（关断期间T_{OFF}的电感电压）
伏秒定律
$V_{ON}\times t_{ON}=V_{OFF}\times t_{OFF}$
$\frac{t_{ON}}{t_{OFF}}=\frac{V_O}{\eta V_{IN}}$
$\frac{t_{ON}}{t_{OFF}+t_{ON}}=\frac{V_O}{\eta V_{IN}+V_O}$
$D=\frac{V_O}{\eta V_{IN}+V_O}$
相同的公式
实际方法2：最坏情况
V_{IN}
$-V_O/\eta$
最大的电感
GND
$V_{ON}=V_{IN}$（导通期间T_{ON}的电感电压）
$V_{OFF}=V_O/\eta$（关断期间T_{OFF}的电感电压）
伏秒定律
$V_{ON}\times t_{ON}=V_{OFF}\times t_{OFF}$
$\frac{t_{ON}}{t_{OFF}}=\frac{V_O/\eta}{V_{IN}}$
$\frac{t_{ON}}{t_{OFF}+t_{ON}}=\frac{V_O/\eta}{V_{IN}+V_O/\eta}$
$D=\frac{V_O}{\eta V_{IN}+V_O}$

图 2.13　相同的占空比，需要不同的电感尺寸

虽然得到相同的占空比，但这两种推导方法（从减小输入或增加输出的角度）会得到不同的导通时间/关断时间的伏秒数，由此得到不同尺寸的磁性元件。前者（即有效地减小 V_{IN}）可以得到比较乐观的（可能尺寸不足）磁芯，而后者（即有效的增大 V_O）会得到相对较大的磁芯。一般来说，第二种方法在设计上相对安全，特别是当效率的估计值小于测量值，而我们又不知道变换器内部的损耗具体在哪里。实际变换器中发生的事情位于图 2.13 所示的两种实际方法之间。

注：变压器设计的功率积分方法最接近于识别和建模这一微妙之处，是因为建立了一

个分配系数，称为 Z：二次侧损耗（可能是二极管和输出电容的损耗）与总损耗的比值，总损耗包含一次侧（开关管、输入电容、EMI 滤波器等）损耗。然而，一般建议设 Z 为 50%左右。这意味着在上面提到的两个实际方法之间确实存在某种东西。但这一比值不一定是真的，它更像一个经验系数。从工程师角度来看，最好的方法是在假想的“增大输出” V_O/η 的基础上假设最坏情况下的变压器尺寸。

电源变换器的功率缩放比例指南

前文我们讨论了，如何定义 r 有助于实现对功率调节的直观理解。现在来更深一步理解电源是如何根据负载来“调节”的。我们用附录中的一个方程来说明一些非常有趣和有用的事情。以 Buck 变换器开关电流的有效值为例。

$$I_{SW\_RMS}=I_{COR}\sqrt{D\left(1+\frac{r^2}{12}\right)} \quad \text{或} \quad I_{SW\_RMS}=I_{COR}\times\sqrt{D}\times\sqrt{1+\frac{r^2}{12}}$$

r 的定义为 $r=\Delta I/I_{COR}$，在 Buck 变换器中，$I_{COR}=I_O$，因此上式也可写为

$$I_{SW\_RMS}=I_O\sqrt{D\left(1+\frac{\Delta I^2}{12\times I_O^2}\right)} \quad \text{或} \quad I_{SW\_RMS}=\sqrt{D\left(I_O^2+\frac{\Delta I^2}{12}\right)}$$

后一个方程在文献中较为常见。注意，它看起来比用 r 来表示的方程更“混乱”。相比较而言，开关电流有效值用 r 来表示更为直观——作为三个相对正交项的乘积：交流项，只包含 r；乘以只包含负载电流 I_O 的直流项，以及占空比 D（输入/输出电压）有关的项。由此我们可以将它们分开，揭示了 DC-DC 变换器功率调节的基本概念，而用一般方法写出来的有效值方程则很难揭示这一点。

根据使用该方法写出的电流应力有效值方程，我们认识到电流应力（平均值和有效值）都与负载电流（给定 r 和 D）成比例。由此我们开始了解调节是怎么回事，例如：

（1）在处理应力的能力方面，100W 电源需要的输出电容器的容值和尺寸大约为 50W 电源（对于相同的输入和输出电压）的两倍。在这里，我们假设，如果只使用一个输出电容器，其纹波（RMS）额定电流几乎成正比于它的电容值。然而，事实并非如此。更正确地说，如果一个 50W 电源具有一个电容值为 C、具有一定纹波额定值 I_{RIPP} 的单个输出电容器，那么 100W 电源将需要两个相同的电容器并联在一起，每个电容器的值为 C 和纹波额定值为 I_{RIPP}。这使得电容值和纹波额定值翻倍（确保 PCB 布局也有利于良好的均流）。这样我们才可以断言输出电容值（和尺寸）与 I_O 大致成正比。注意，我们隐含地假设 50W 和 100W 变换器的开关频率是相同的。改变频率也会影响电容器的选择。

（2）同样的，一般来说，一个 100W 的电源需要的输入电容器是 50W 电源的两倍。因此，输入电容量（及其尺寸）也与输出电流 I_O 大致成正比。

（3）因为 FET 的发热为 $I_{RMS}^2\times R_{DS}$，而 I_{RMS} 正比于 I_O，那么对于相等的耗散功率，我们会认为 100W 电源使用的 FET 的 R_{DS} 是 50W 电源使用的 FET 的四分之一。然而我们实际感兴趣的不是绝对耗散值（除非热限制），而是其百分比。换句话说，如果电源的输出功率从 50W 到 100W，即翻倍，我们一般希望/允许耗散的功率也是翻倍（即效率相等）。因此，如果 100W 电源 FET 的 R_{DS} 是 50W 电源使用的 FET 的二分之一（而非四分之一），这是相当好的。所以实际上，FET 的 R_{DS} 是反比于 I_O 的。

（4）我们也知道，对于任何电源，对于任何输出功率，我们通常设 $r\approx0.4$。因此从 L

方程中可以看到，对于给定的 r，L 反比于输出电流 I_O。这意味着 100W 电源扼流圈的电感值是 50W 电源的一半，即 L 反比于输出电流 I_O。注意，这里假设开关频率没有变化。

（5）电感的储能为 $\frac{1}{2}\times L\times I^2$。如果 L 减小为一半（为了使功率翻倍），I 翻倍，那么 100W 电源扼流圈的功率必定为 50W 的两倍。实际上，电感的尺寸正比于输出电流 I_O。注意，由于 L 与频率有关，这里还是假设开关频率没有变化。

例如，如果我们知道 50W 电源的元器件组成，这些缩放比例关系可以帮助我们轻松地得到一个 200W 电源的元器件的物料清单。使用 r 是建立这种可视化变换器的强大直观方法的关键。

第 2 部分　基本波形分析与应力计算

在这一部分，我们要掌握如何计算 DC-DC 变换器波形（可以是电流和/或电压，但通常用于计算电流应力）的有效值（RMS）和平均值（AVG）。

分段线性波形的一般分析方法

图 2.14 中提出了一种快捷方法，可以得到适用于任何波形的有效值和平均值方程。我们所需做的如下：

（1）选择周期性波形的任何部分。起始点选择在开关导通时刻或者其他时刻都无所谓，只要在一个周期结束时能返回到完全相同的点。

（2）将一个周期波形分解为数段，每一段波形的斜率恒定。因此，每一分段的两端通常是斜率的断点，确保没有指定的分段包含斜率断点是非常重要的。

（3）计算每个分段的有效值（分段考虑），然后将所有的平均值相加，得到整个波形的平均值，即

$$I_{AVG}=I_{AVG\_1}+I_{AVG\_2}+I_{AVG\_3}+\cdots$$

其中每段的 I_{AVG} 为

$$I_{AVG\_n}=\frac{I_n+I_{n+1}}{2}\times\delta_n$$

（4）同样地，计算每个分段的有效值，然后将每个分段的有效值平方后相加，得到整个波形的有效值，即

$$I_{RMS}^2=I_{RMS\_1}^2+I_{RMS\_2}^2+I_{RMS\_3}^2+\cdots$$

其中每个分段的 I_{RMS} 为

$$I_{RMS\_n}^2=\frac{I_n^2+I_{n+1}^2+I_nI_{n+1}}{3}\delta_n$$

这里的 δ 为该分段的几何占空比，即该分段经历的时间与整个波形周期时间的比值。

（5）波形的有效值与其是否在零值（地）以下无关。由此我们可以把小于地的波形“翻折”到地上。这相当于是纠正它。图 2.15 的#3 为一个实际应用的例子。然而，平均值在这种处理过程中会发生变化。

（6）虽然看起来很明显，但我们应该注意到水平移动波形并不会改变其有效值或平均值。因此开关管波形可以改变其熟悉的形状变成二极管波形，求有效值和平均值的方程

仍然适用。然而上式中的每分段占空比δ，对于开关管应为 D，对于二极管应为 $1-D$（变换器工作于连续导电模式）。对于变压器隔离的反激变换器，这也同样适用，但需将电流“折算”到变压器的同一端才能比较。

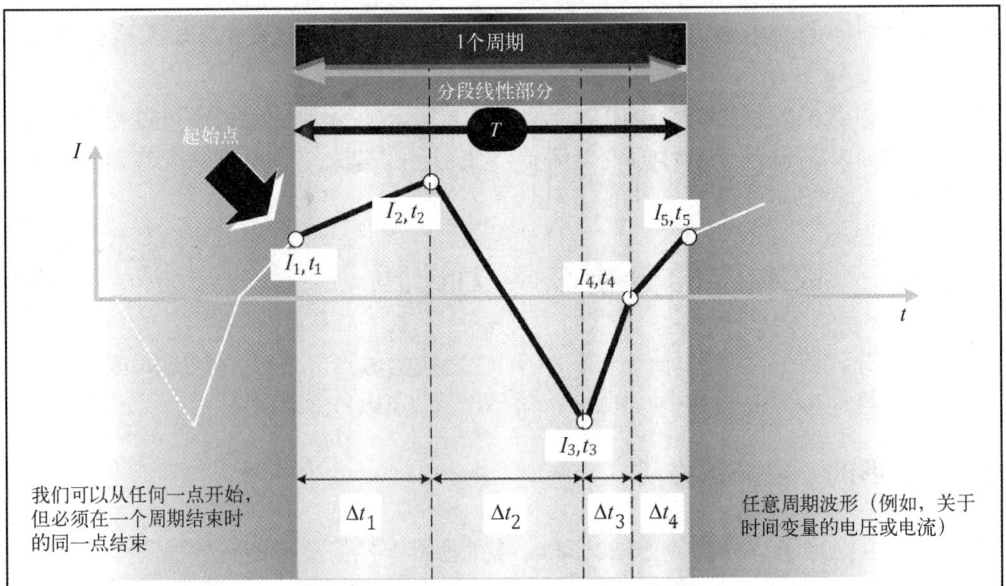

（分段部分的有效值和平均值相加的一般方法）

有效值的平方

$$I_{\mathrm{RMS}}^2=\sum_m I_{\mathrm{RMS}_m}^2$$

$$=\sum_m\left(\frac{I_{m+1}^2+I_m^2+I_{m+1}I_m}{3}\right)\times(\delta_m)$$

总有效值的平方是分段部分的有效值平方的和

平均值

$$I_{\mathrm{AVG}}=\sum_m I_{\mathrm{AVG}_m}$$

$$=\sum_m\left(\frac{I_{m+1}+I_m}{2}\right)\times(\delta_m)$$

总平均值是分段部分的平均值的和

例子（基于上面的图）：

$$I_{\mathrm{RMS}}^2=\frac{I_2^2+I_1^2+I_2I_1}{3}(\delta_1)+\frac{I_3^2+I_2^2+I_3I_2}{3}(\delta_2)+\frac{I_4^2+I_3^2+I_4I_3}{3}(\delta_3)+\frac{I_5^2+I_4^2+I_5I_4}{3}(\delta_4)$$

$$I_{\mathrm{AVG}}=\frac{I_2+I_1}{2}(\delta_1)+\frac{I_3+I_2}{2}(\delta_2)+\frac{I_4+I_3}{2}(\delta_3)+\frac{I_5+I_4}{2}(\delta_4)$$

式中

$$\delta_1=\frac{\Delta t_1}{T},\ \delta_2=\frac{\Delta t_2}{T},\ \delta_3=\frac{\Delta t_3}{T},\ \delta_4=\frac{\Delta t_4}{T}$$

$$T=\frac{1}{f}\equiv(t_2-t_1)+(t_3-t_2)+(t_4-t_3)+(t_5-t_4)$$

$$\equiv\Delta t_1+\Delta t_2+\Delta t_3+\Delta t_1$$

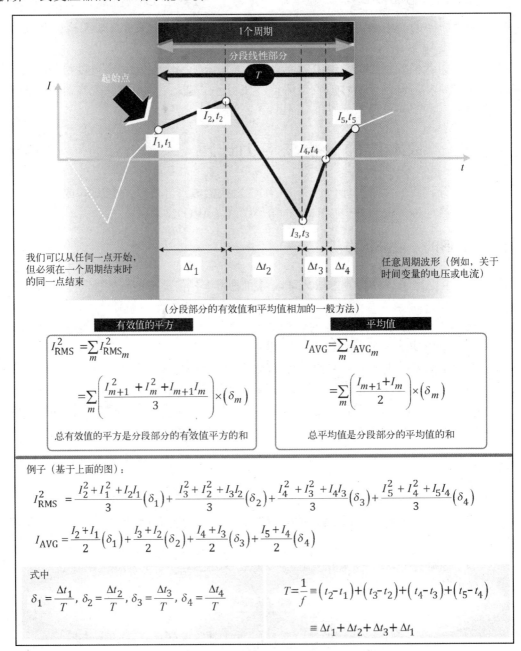

图 2.14　大多数 DC-DC 变换器波形有效值和平均值的计算方法

图 2.15 给出了一些使用上述公式的例子，并揭示了一些有趣的事实。

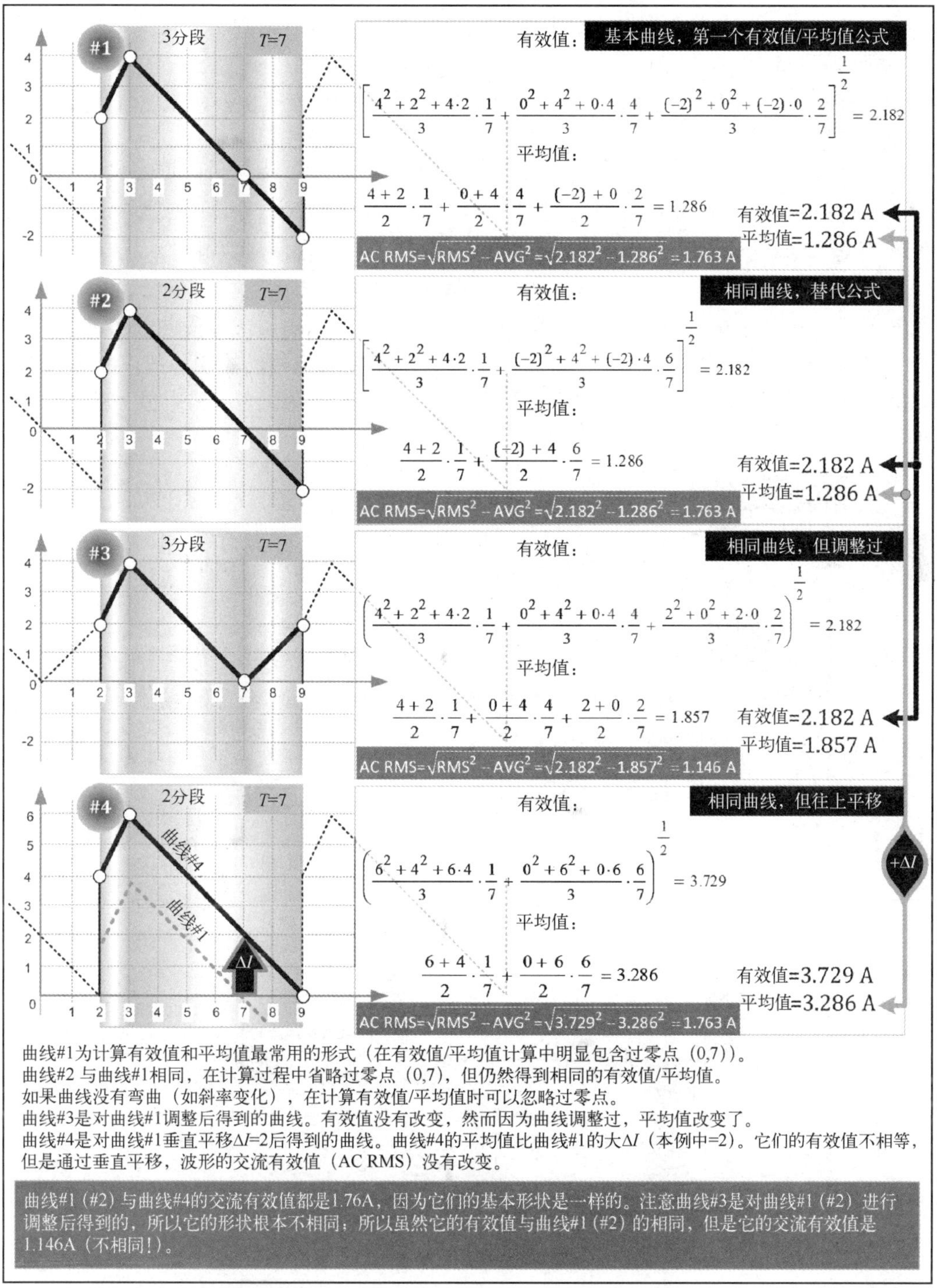

图 2.15　用分段线性方法计算有效值和平均值的实例

（1）曲线 1：用到了图 2.14 中的公式，但有一点小小的不同：过零点也用来划分线段。这是 E.J. Bloom 的课程中用到的方法。然而，如果过零点的斜率没有变化，那么就不需要用这一点来分段，如下一条曲线所示。

（2）曲线 2：严格遵循了图 2.14 中的方程，给出了与上述方法一致的结果。明显工作量较少，所以这是首选方案。

（3）曲线 3：“调整的”波形。由于有效值与波形的平方有关，因此并不受影响，但平均值会受影响。

（4）曲线 4：整个波形垂直移动。有效值与平均值都受影响，但出乎意料的是，有一个称为交流有效值（AC RMS）的量在所有情况中保持不变（当然，除了波形调整过的情况，因为基本形状已改变）。交流有效值为纯有效值，不包含任何直流量，定义为

$$(\mathrm{AC\ RMS})^2 = \mathrm{RMS}^2 - \mathrm{AVG}^2$$

开关电源在稳定状态下，正如电感电压有大小相等方向相反（分段曲线下方区域，如图 2.15 所示）的伏秒数，同样的，电容电流有大小相等方向相反的安秒数，如图 2.16 所示。如上所述，这可以防止电感的电流（和磁能）与电容的电压（和电能）失控。这两种情况是相似的。

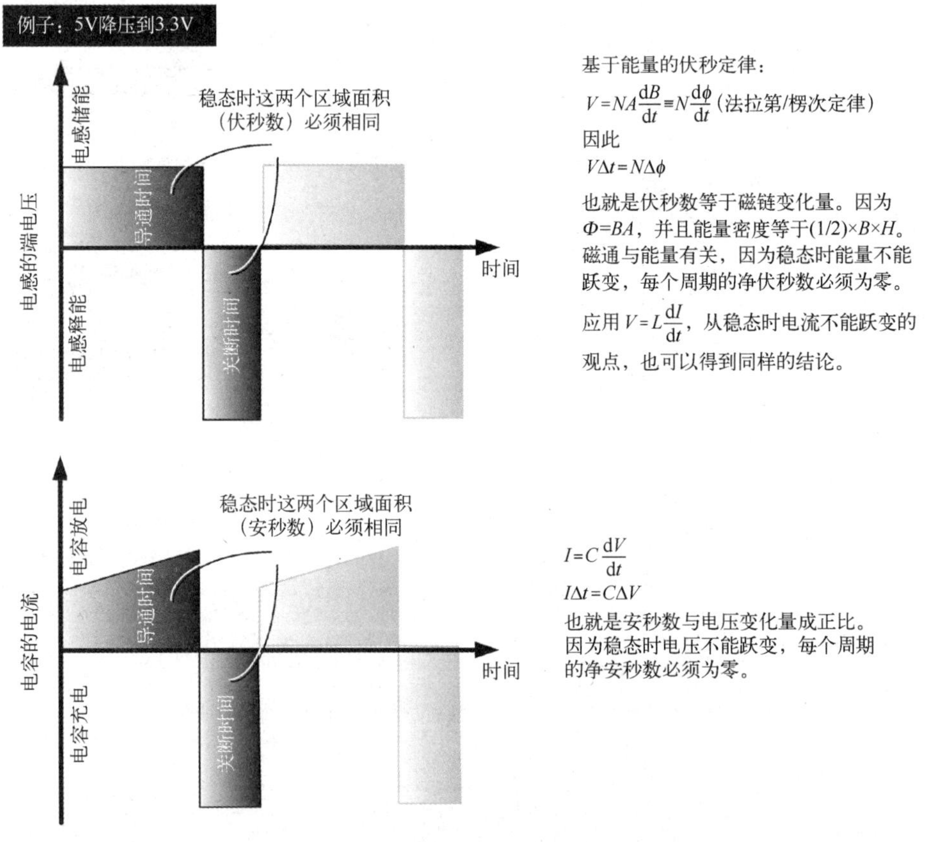

图 2.16　电感的伏秒定律与电容的安秒定律相似

记住，电流等于单位时间内的电荷量，因此安秒乘积即为电荷量，并且我们知道，稳态时电容没法积聚电荷。

事实上这表示稳态时电容的平均电流为 0。因此，稳态时任一变换器的输入/输出电容的电流波形的计算有效值必定是有效的交流有效值。因此，我们可以从导出电容波形的（原）波形开始，并将该波形“重置”为具有零平均值，实际上计算的就是相应原波

形的交流有效值。该过程如图 2.17 所示。由此得到了电容电流的有效值，为方便起见，我们还列出了其他元器件的电流应力（由图 2.14 中的方程推导得出）。

Buck

输入电容波形（平移开关管波形）　　输出电容波形（平移电感波形）

（忽略电容电流的符号）

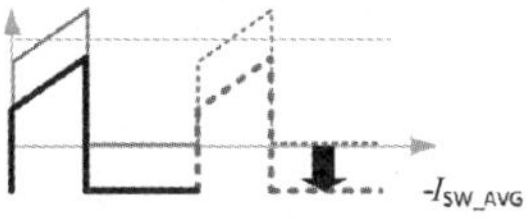

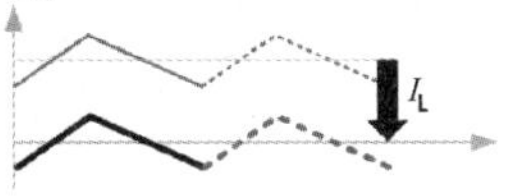

$$I_{CAP\_IN\_RMS}=\sqrt{I_{SW\_RMS}^2-I_{SW\_AVG}^2}$$
$$=\sqrt{I_O^2D\left(1+\frac{r^2}{12}\right)-I_O^2D^2}$$
$$=I_O\sqrt{D-D^2+D\frac{r^2}{12}}$$
$$I_{CAP\_IN\_RMS}=I_O\sqrt{D\left(1-D+\frac{r^2}{12}\right)}$$

$$I_{CAP\_OUT\_RMS}=\sqrt{I_{L\_RMS}^2-I_L^2}$$
$$=\sqrt{I_O^2\left(1+\frac{r^2}{12}\right)-I_O^2}$$
$$=I_O\sqrt{\frac{r^2}{12}}$$
$$I_{CAP\_OUT\_RMS}=I_O\times\frac{r}{\sqrt{12}}$$

输入电流（开关管电流的平均值）	$I_O\times D$
开关管电流的有效值	$I_O\times\sqrt{D\times\left[1+\frac{r^2}{12}\right]}$
二极管电流的平均值	$I_O\times(1-D)$
二极管电流的有效值	$I_O\sqrt{(1-D)\times\left(1+\frac{r^2}{12}\right)}$
开关管/二极管/电感电流的峰值	$I_O\times\left(1+\frac{r}{2}\right)$
电感电流的有效值	$I_O\times\sqrt{1+\frac{r^2}{12}}$
输出电流（电感电流的平均值）	I_O

Boost

输入电容波形（平移电感波形）　　输出电容波形（平移二极管波形）

（忽略电容电流的符号）

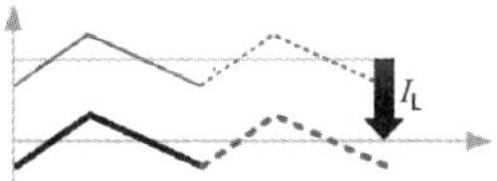

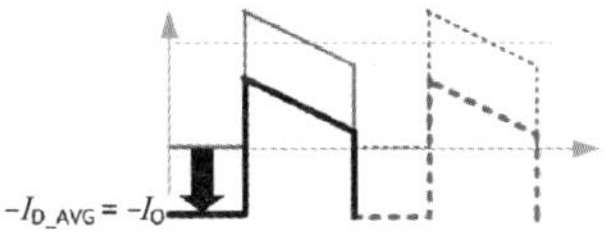

$$I_{CAP\_IN\_RMS}=\sqrt{I_{L\_RMS}^2-I_L^2}$$
$$=\sqrt{\frac{I_O^2}{(1-D)^2}\times\left(1+\frac{r^2}{12}\right)-\frac{I_O^2}{(1-D)^2}}$$
$$=\frac{I_O}{(1-D)}\times\sqrt{\frac{r^2}{12}}$$
$$I_{CAP\_IN\_RMS}=\frac{I_O}{(1-D)}\times\frac{r}{\sqrt{12}}$$

$$I_{CAP\_OUT\_RMS}=\sqrt{I_{D\_RMS}^2-I_{D\_AVG}^2}$$
$$=\sqrt{I_O^2\left(1+\frac{r^2}{12}\right)/(1-D)-I_O^2}$$
$$=I_O\sqrt{\left(1+\frac{r^2}{12}-1+D\right)/(1-D)}$$
$$I_{CAP\_OUT\_RMS}=I_O\sqrt{\left(D+\frac{r^2}{12}\right)/(1-D)}$$

输入电流（电感电流的平均值）	$\frac{I_O}{1-D}$
开关管电流的有效值	$\frac{I_O}{1-D}\times\sqrt{D\times\left[1+\frac{r^2}{12}\right]}$
二极管电流的平均值	I_O
二极管电流的有效值	$I_O\sqrt{\left(1+\frac{r^2}{12}\right)/(1-D)}$
开关管/二极管/电感电流的峰值	$\frac{I_O}{1-D}\times\left(1+\frac{r}{2}\right)$
电感电流的有效值	$\frac{I_O}{1-D}\times\sqrt{1+\frac{r^2}{12}}$
输出电流（二极管电流的平均值）	I_O

Buck-Boost

输入电容波形（平移开关管波形）　　输出电容波形（平移二极管波形）

（忽略电容电流的符号）

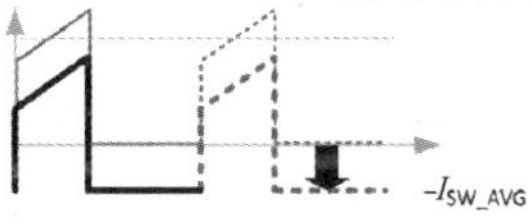

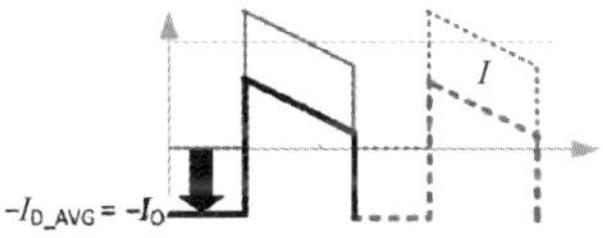

$$I_{CAP\_IN\_RMS}=\sqrt{I_{SW\_RMS}^2-I_{SW\_AVG}^2}$$
$$=\sqrt{\frac{I_O^2}{(1-D)^2}D\left(1+\frac{r^2}{12}\right)-I_O^2D^2}$$
$$=\frac{I_O}{1-D}\sqrt{D-D^2+D\frac{r^2}{12}}$$
$$I_{CAP\_IN\_RMS}=\frac{I_O}{1-D}\sqrt{D\left(1-D+\frac{r^2}{12}\right)}$$

$$I_{CAP\_OUT\_RMS}=\sqrt{I_{D\_RMS}^2-I_{D\_AVG}^2}$$
$$=\sqrt{I_O^2\left(1+\frac{r^2}{12}\right)/(1-D)-I_O^2}$$
$$=I_O\sqrt{\left(1+\frac{r^2}{12}-1+D\right)/(1-D)}$$
$$I_{CAP\_OUT\_RMS}=I_O\sqrt{\left(D+\frac{r^2}{12}\right)/(1-D)}$$

输入电流（开关管电流的平均值）	$\frac{I_O\times D}{1-D}$
开关管电流的有效值	$\frac{I_O}{1-D}\times\sqrt{D\times\left[1+\frac{r^2}{12}\right]}$
二极管电流的平均值	I_O
二极管电流的有效值	$I_O\sqrt{\left(1+\frac{r^2}{12}\right)/(1-D)}$
开关管/二极管/电感电流的峰值	$\frac{I_O}{1-D}\times\left(1+\frac{r}{2}\right)$
电感电流的有效值	$\frac{I_O}{1-D}\times\sqrt{1+\frac{r^2}{12}}$
输出电流（二极管电流的平均值）	I_O

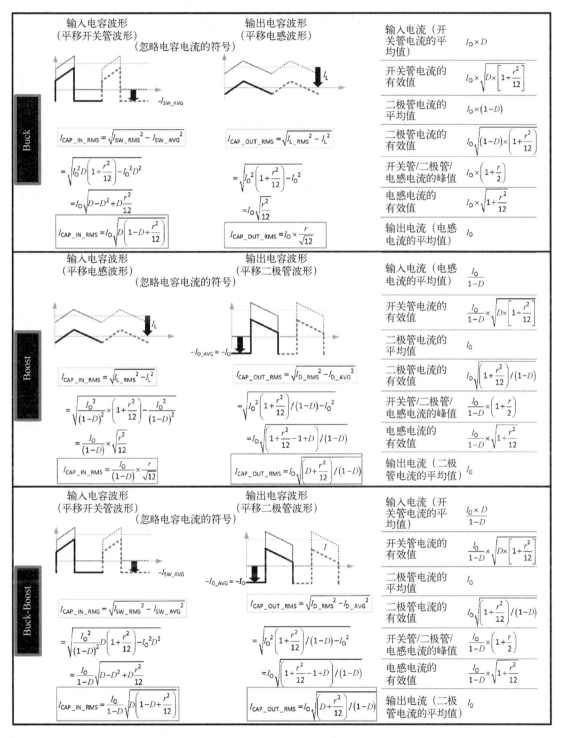

图 2.17 电容电流有效值的计算（和其他的电流应力表）

其他类型波形的有效值与平均值

电源变换时我们可能会遇到其他类型的波形。为方便起见，在图 2.18 中列出了一些最常见的波形。

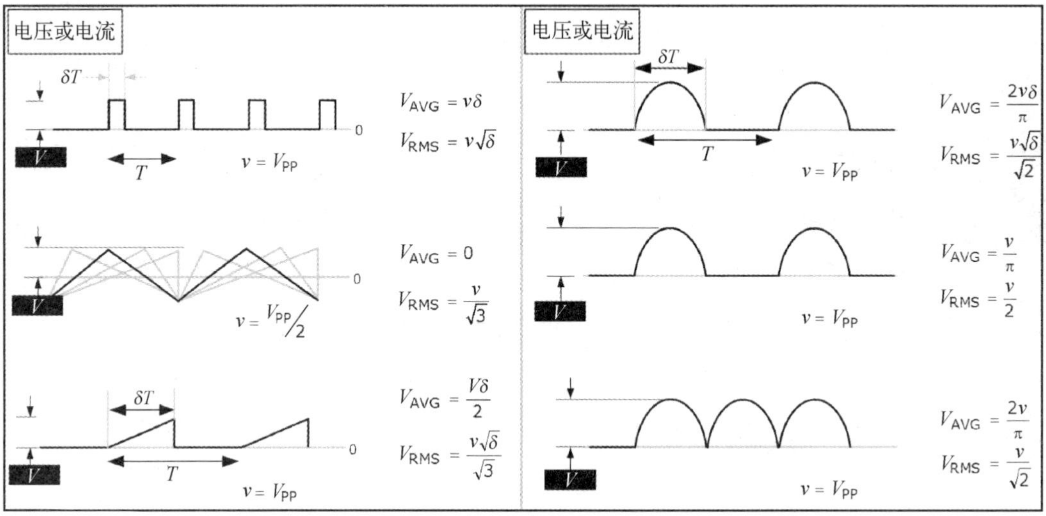

图 2.18 一些常见波形的有效值和平均值

注：图 2.18 中给出的任意波形的方程，其中δ指的是波形中特定分段的占空比。这种占空比只是几何意义上的，而不一定是变换器的占空比。由此，对开关管和二极管波形运用这些方程时，δ与开关管的 D 相等，而对二极管，δ等于 $1-D$。这是根据开关管有效值方程来猜测二极管有效值方程的简单方法。我们也可以估算电容应力。记住水平移动波形对其有效值或平均值无影响，垂直移动对其交流有效值无影响。

在图 2.19 中，我们为正弦波相关的波形提供了更详细的查找表。这些对我们处理功率因数校正或谐振拓扑时非常有用。注意平均值、绝对值均值与中间值的区别。同时也指出了它们之间如何进行快速的转换（对于最后两个完整周期的情况）。

图 2.20 和图 2.21 中给出了帮助评估方波和三角波应力的详细查表，并且在图 2.21 中给出了这些波形的出现场合。

最后，在图 2.22 中给出了开关管有效值的计算，展示了文献中其他更复杂的波形如何得到同样的结果，并将其与附录中基于 r 的简单方程做比较。

电容的电流波形

拓扑之间的根本区别会影响输入和输出波形的基本形状。例如，Buck 或正激（Forward）变换器，流入电容的输出电流相对平滑，因为它流经电感，然而输入电流是“突变的”（脉动的）。对于 Boost 变换器而言，情况相反，输出电流是脉动的。对于 Buck-Boost 或反激变换器，输入和输出电流都为脉动型，这使得反激变换器无法用于更高的功率（另一个因素为漏感）。对于第 3 章中要讨论的 Cuk 变换器，它实际是 Boost 输入端与 Buck 输出端的组合，综合了两个最好的部分，因此输入和输出电流都很平滑，该拓扑有时被称为理想的 DC-DC 变换器。

• V_a（或V）在这里可以表示电压或电流（一般的，指的是任意周期性波形）。 • 水平轴是时间t，T是周期（$=1/f$）。 • PP表示峰-峰值。 • PK表示峰值（幅值，也就是从零开始测量的值）。 • 在电源中，平均值（Avergae）通常指的是在计算过程中包含了运算符号。因此为了与没有包含运算符号的情况（也就是，只考虑大小）区分，我们将没有包含运算符号的平均值称为绝对值均值（Mean）。 所有这些结果由正弦波导出	平均值 $=\frac{\int_0^T V(t)\,dt}{T}$	有效值 $=\sqrt{\frac{\int_0^T V(t)^2 dt}{T}}$	绝对值均值 $=\frac{\int_0^T \lvert V(t)\rvert\,dt}{T}$	中间值 $=\frac{V_{MAX}+V_{MIN}}{2}$
曲线1 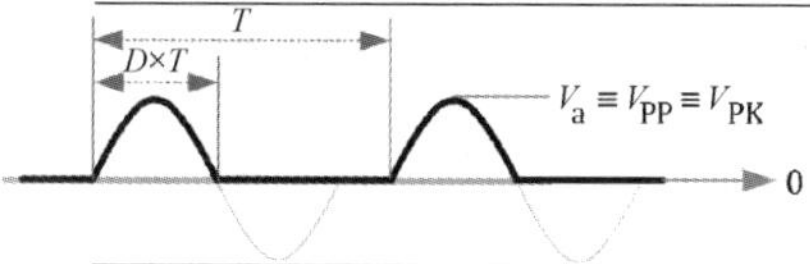	$\frac{2D}{\pi}V_a$ $=0.637\,D\,V_a$	$\sqrt{\frac{D}{2}}V_a$ $=0.707\sqrt{D}\,V_a$	$\frac{2D}{\pi}V_a$ $=0.637\,D\,V_a$	$\frac{1}{2}V_a$ $=0.5\,V_a$
曲线2 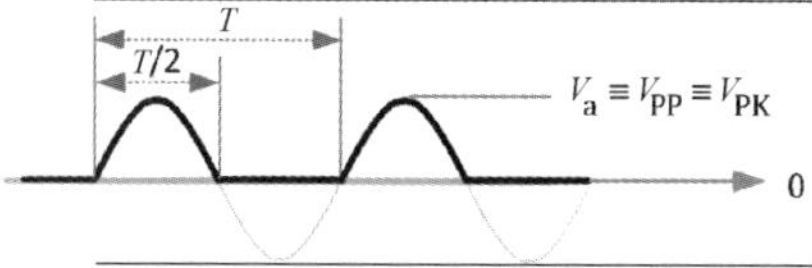	$\frac{1}{\pi}V_a$ $=0.318\,V_a$	$\frac{1}{2}V_a$ $=0.5\,V_a$	$\frac{1}{\pi}V_a$ $=0.318\,V_a$	$\frac{1}{2}V_a$ $=0.5\,V_a$
曲线3 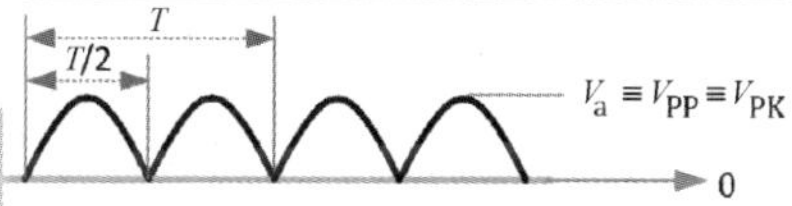	$\frac{2}{\pi}V_a$ $=0.637\,V_a$	$\frac{1}{\sqrt{2}}V_a$ $=0.707\,V_a$	$\frac{2}{\pi}V_a$ $=0.637\,V_a$	$\frac{1}{2}V_a$ $=0.5\,V_a$
曲线4 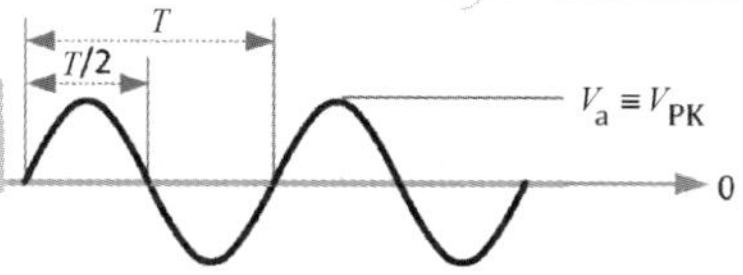	0	$\frac{1}{\sqrt{2}}V_a$ $=0.707\,V_a$	$\frac{2}{\pi}V_a$ $=0.637\,V_a$	0

以上情况的V_a是峰值，所以

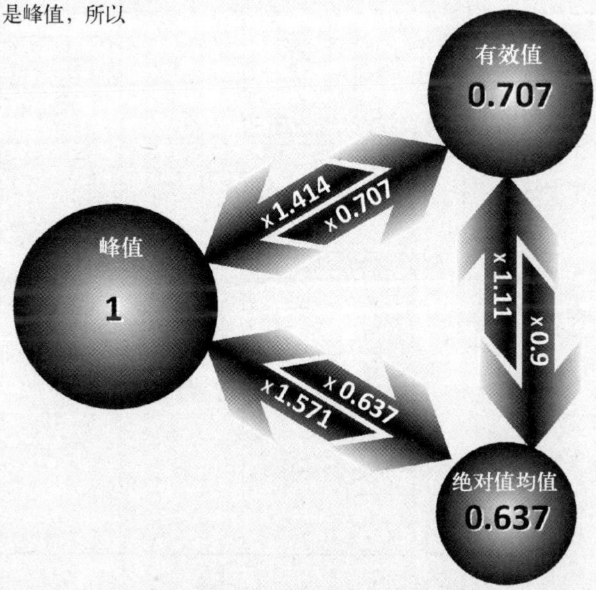

正弦波特性（无整流或全波整流）

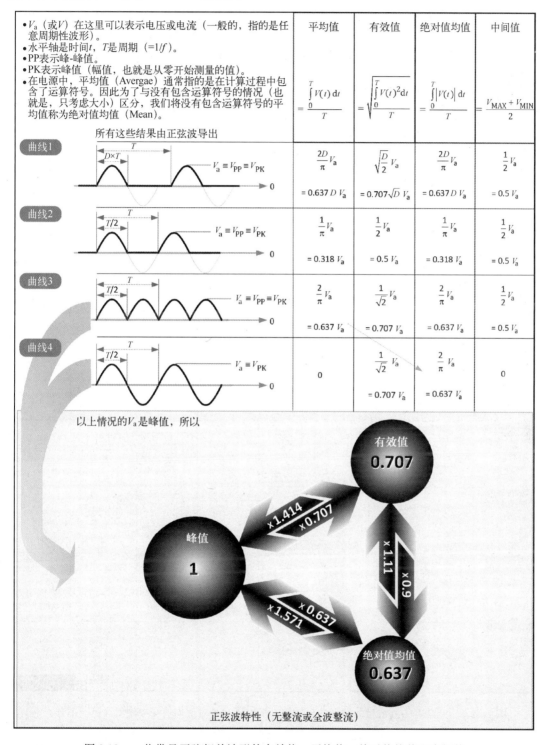

图 2.19　一些常见正弦相关波形的有效值、平均值、绝对值均值和中间值

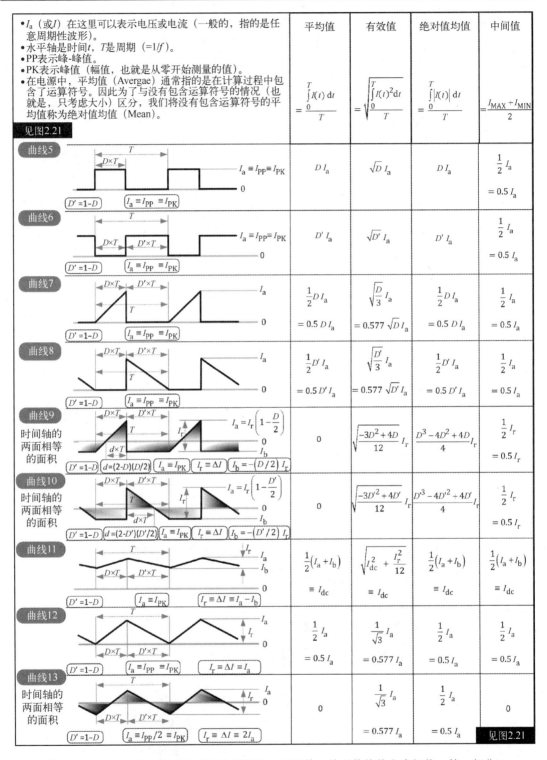

	平均值	有效值	绝对值均值	中间值
• I_a（或I）在这里可以表示电压或电流（一般的，指的是任意周期性波形）。 • 水平轴是时间t，T是周期（$=1/f$）。 • PP表示峰-峰值。 • PK表示峰值（幅值，也就是从零开始测量的值）。 • 在电源中，平均值（Avergae）通常指的是在计算过程中包含了运算符号。因此为了与没有包含运算符号的情况（也就是，只考虑大小）区分，我们将没有包含运算符号的平均值称为绝对值均值（Mean）。 见图2.21	$=\frac{\int_0^T I(t)\,dt}{T}$	$=\sqrt{\frac{\int_0^T I(t)^2 dt}{T}}$	$=\frac{\int_0^T \lvert I(t)\rvert\,dt}{T}$	$=\frac{I_{MAX}+I_{MIN}}{2}$
曲线5 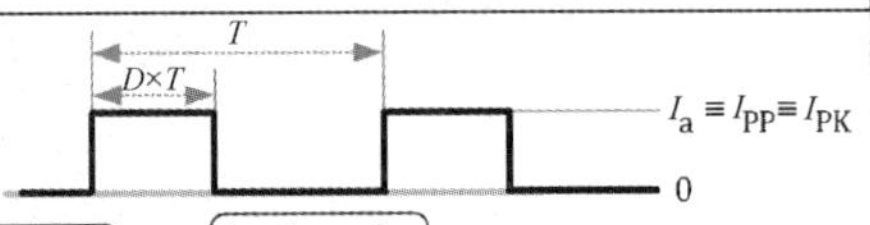 $D'=1-D$　$I_a \equiv I_{PP} \equiv I_{PK}$	$D\,I_a$	$\sqrt{D}\,I_a$	$D\,I_a$	$\frac{1}{2}I_a$ $=0.5\,I_a$
曲线6 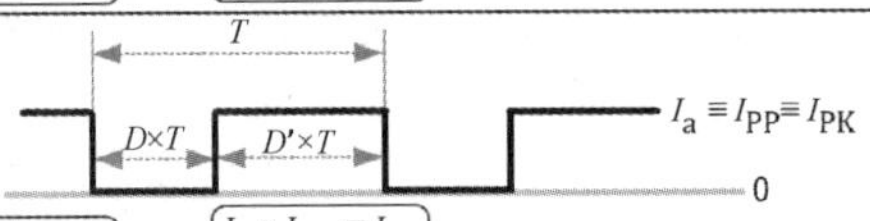 $D'=1-D$　$I_a \equiv I_{PP} \equiv I_{PK}$	$D'\,I_a$	$\sqrt{D'}\,I_a$	$D'\,I_a$	$\frac{1}{2}I_a$ $=0.5\,I_a$
曲线7 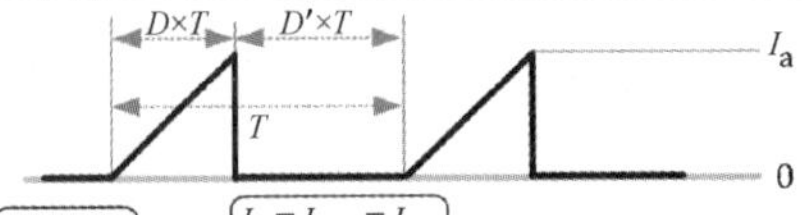 $D'=1-D$　$I_a \equiv I_{PP} \equiv I_{PK}$	$\frac{1}{2}D\,I_a$ $=0.5\,D\,I_a$	$\sqrt{\frac{D}{3}}\,I_a$ $=0.577\sqrt{D}\,I_a$	$\frac{1}{2}D\,I_a$ $=0.5\,D\,I_a$	$\frac{1}{2}I_a$ $=0.5\,I_a$
曲线8 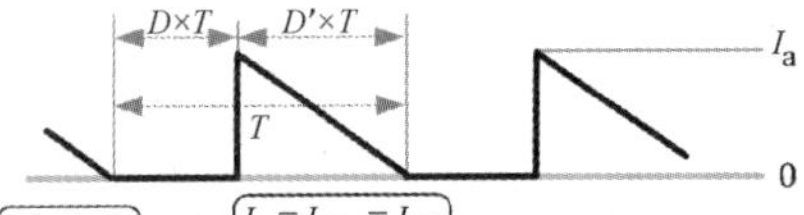 $D'=1-D$　$I_a \equiv I_{PP} \equiv I_{PK}$	$\frac{1}{2}D'\,I_a$ $=0.5\,D'\,I_a$	$\sqrt{\frac{D'}{3}}\,I_a$ $=0.577\sqrt{D'}\,I_a$	$\frac{1}{2}D'\,I_a$ $=0.5\,D'\,I_a$	$\frac{1}{2}I_a$ $=0.5\,I_a$
曲线9 时间轴的两面相等的面积 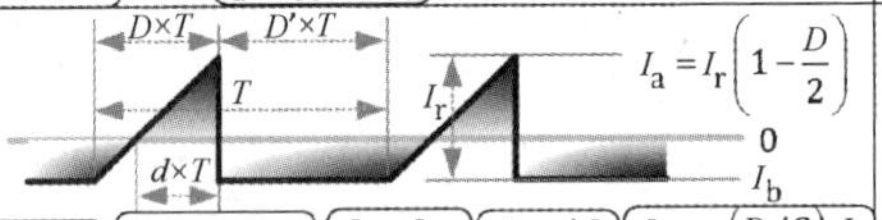 $D'=1-D$　$d=(2-D)(D/2)$　$I_a \equiv I_{PK}$　$I_r \equiv \Delta I$　$I_b=-(D/2)\,I_r$	0	$\sqrt{\frac{-3D^2+4D}{12}}\,I_r$	$\frac{D^3-4D^2+4D}{4}I_r$	$\frac{1}{2}I_r$ $=0.5\,I_r$
曲线10 时间轴的两面相等的面积 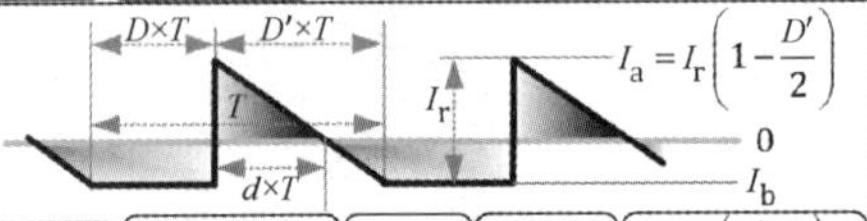 $D'=1-D$　$d=(2-D')(D'/2)$　$I_a \equiv I_{PK}$　$I_r \equiv \Delta I$　$I_b=-(D'/2)\,I_r$	0	$\sqrt{\frac{-3D'^2+4D'}{12}}\,I_r$	$\frac{D'^3-4D'^2+4D'}{4}I_r$	$\frac{1}{2}I_r$ $=0.5\,I_r$
曲线11 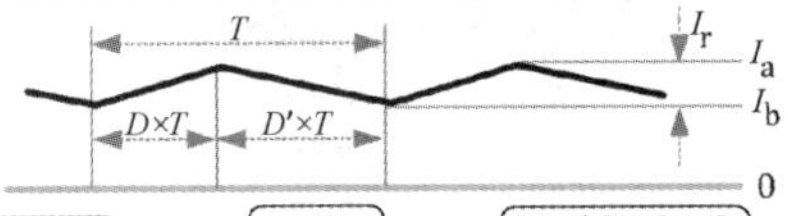 $D'=1-D$　$I_a \equiv I_{PK}$　$I_r \equiv \Delta I \equiv I_a - I_b$	$\frac{1}{2}(I_a+I_b)$ $\equiv I_{dc}$	$\sqrt{I_{dc}^2+\frac{I_r^2}{12}}$ $\equiv I_{dc}$	$\frac{1}{2}(I_a+I_b)$ $\equiv I_{dc}$	$\frac{1}{2}(I_a+I_b)$ $\equiv I_{dc}$
曲线12 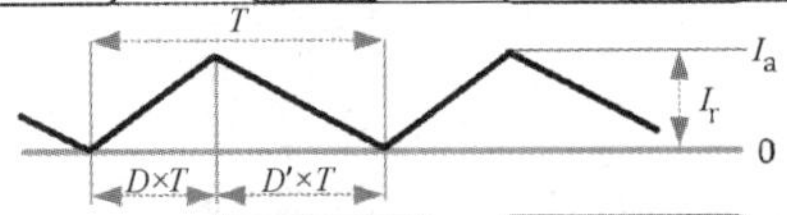 $D'=1-D$　$I_a \equiv I_{PP} \equiv I_{PK}$　$I_r \equiv \Delta I \equiv I_a$	$\frac{1}{2}I_a$ $=0.5\,I_a$	$\frac{1}{\sqrt{3}}I_a$ $=0.577\,I_a$	$\frac{1}{2}I_a$ $=0.5\,I_a$	$\frac{1}{2}I_a$ $=0.5\,I_a$
曲线13 时间轴的两面相等的面积 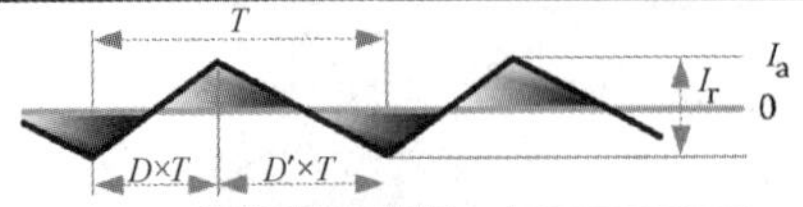 $D'=1-D$　$I_a \equiv I_{PP}/2 \equiv I_{PK}$　$I_r \equiv \Delta I \equiv 2I_a$	0	$\frac{1}{\sqrt{3}}I_a$ $=0.577\,I_a$	$\frac{1}{2}I_a$ $=0.5\,I_a$	0 见图2.21

图 2.20　一些常见的方波相关波形的有效值、平均值、绝对值均值和中间值（第一部分）

• I_a（或I）在这里可以表示电压或电流（一般的，指的是任意周期性波形）。 • 水平轴是时间t，T是周期（$=1/f$）。 • PP表示峰-峰值。 • PK表示峰值（幅值，也就是从零开始测量的值）。 • 在电源中，平均值（Avergae）通常指的是在计算过程中包含了运算符号。因此为了与没有包含运算符号的情况（也就是，只考虑大小）区分，我们将没有包含运算符号的平均值称为绝对值均值（Mean）。 见图2.20	平均值 $=\frac{\int_0^T I(t)\,dt}{T}$	有效值 $=\sqrt{\frac{\int_0^T I(t)^2 dt}{T}}$	绝对值均值 $=\frac{\int_0^T \lvert I(t)\rvert\,dt}{T}$
曲线14 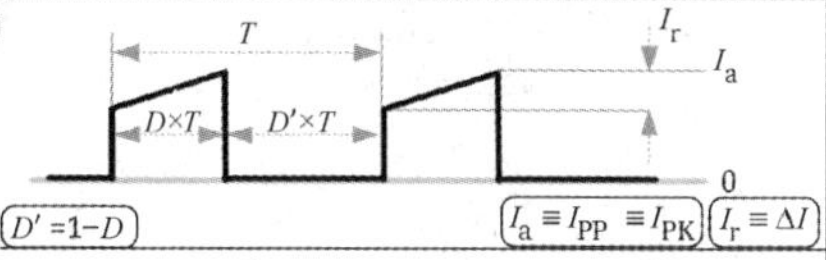	$D\left(I_a-\frac{I_r}{2}\right)$	$\sqrt{D\left[I_a^2-I_aI_r+\frac{1}{3}I_r^2\right]}$	$(D/2)(2I_a-I_r)$
曲线15 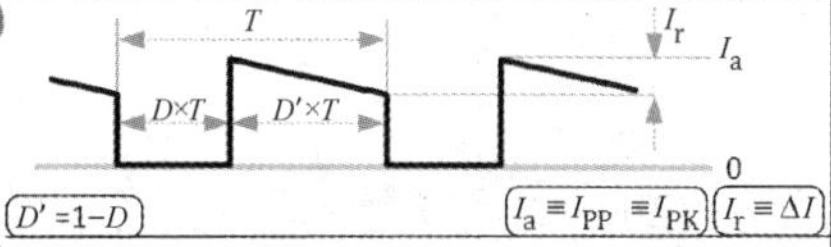	$D'\left(I_a-\frac{I_r}{2}\right)$	$\sqrt{D'\left[I_a^2-I_aI_r+\frac{1}{3}I_r^2\right]}$	$(D'/2)(2I_a-I_r)$
曲线16 时间轴的两面相等的面积 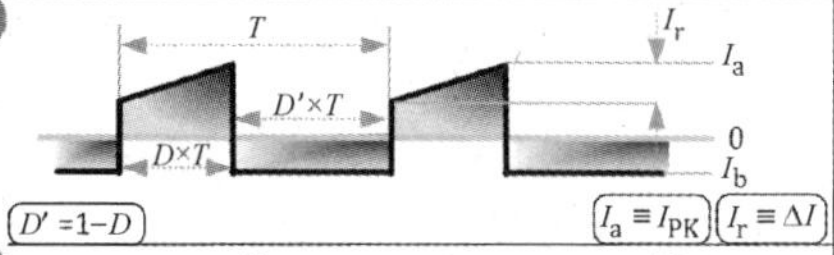	0	$\sqrt{\frac{D}{D'}\left[I_a^2-I_aI_r+\frac{4-D}{12}I_r^2\right]}$	$D(2I_a-I_r)$
曲线17 时间轴的两面相等的面积 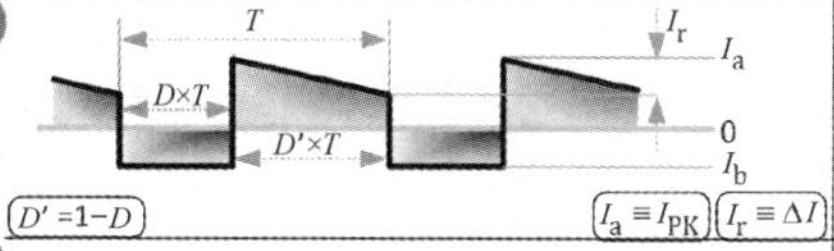	0	$\sqrt{\frac{D'}{D}\left[I_a^2-I_aI_r+\frac{4-D'}{12}I_r^2\right]}$	$D'(2I_a-I_r)$
曲线18 时间轴的两面相等的面积 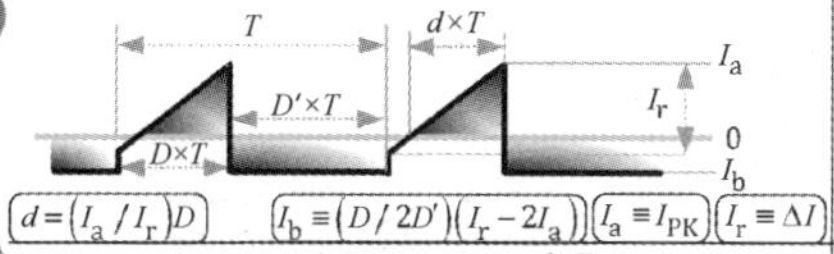	0	$\sqrt{\frac{D}{D'}\left[I_a^2-I_aI_r+\frac{4-D}{12}I_r^2\right]}$	$\frac{I_a^2}{I_r}D$
曲线19 时间轴的两面相等的面积 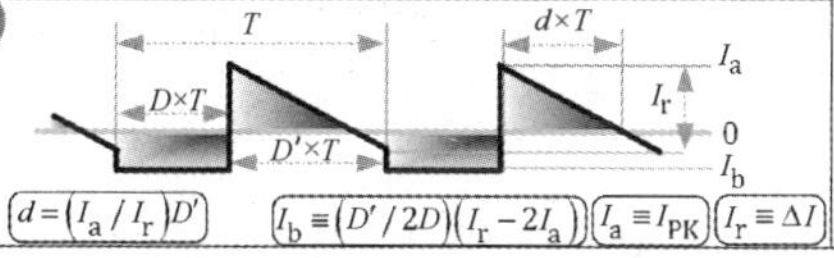	0	$\sqrt{\frac{D'}{D}\left[I_a^2-I_aI_r+\frac{4-D'}{12}I_r^2\right]}$	$\frac{I_a^2}{I_r}D'$

曲线#	意义/出现场合/注释
1	曲线2的一般形式或奇异调整器
2	交流电压的半波整流
3	交流电压的全波整流；功率因数校正（PFC）前端电路的全桥整流电流
4	输入交流电压（无整流）
5	开关电压波形；曲线14（见右边）的近似平顶波
6	开关电压波形；曲线15（见右边）的近似平顶波
7	临界导电模式（BCM）的开关管电流
8	临界导电模式（BCM）的二极管电流
9	Buck和Buck-Boost拓扑的临界导电模式（BCM）的输入电容电流
10	Boost和Buck-Boost拓扑的临界导电模式（BCM）的输出电容电流
11	所有DC-DC变换器的连续导电模式（CCM）的电感电流
12	所有DC-DC变换器的临界导电模式（BCM）的电感电流
13	Boost（或Buck）的输入（或输出）电容电流（CCM）；强迫连续导电模式（FCCM）零负载时的电感电流（同步DC-DC）
14	连续导电模式（CCM）的开关管电流（大电感/大电流）
15	连续导电模式（CCM）的二极管电流
16	Buck和Buck-Boost拓扑连续导电模式（CCM）的输入电容电流（大电感/大电流）
17	Boost和Buck-Boost拓扑连续导电模式（CCM）的输出电容电流（大电感/大电流）
18	Buck和Buck-Boost拓扑强迫连续导电模式（FCCM）的输入电容电流（小电感/轻负载）
19	Boost和Buck-Boost拓扑强迫连续导电模式（FCCM）的输出电容电流（小电感/轻负载）

见图2.20

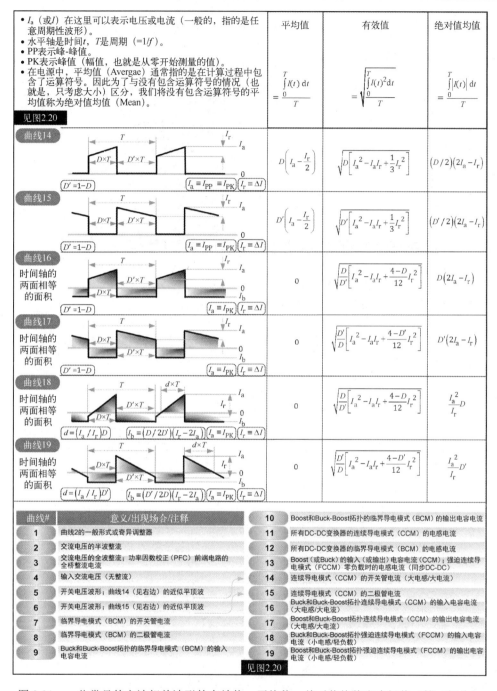

图 2.21　一些常见的方波相关波形的有效值、平均值、绝对值均值和中间值（第二部分）

宽输入电压与设计切入点

前面章节介绍 r 时，没有指出当输入范围很宽时会发生什么情况。要在 V_{INMIN} 还是 V_{INMA} 时将 r 设置为建议值 0.4 吗？为此，必须了解对于整个电源，尤其是电感器设计，一般什么会导致最坏情况。变换器设计的关键之一是确保磁性元件不饱和。因此最坏情况是我们必须“确保”磁的设计。这构成了我们的设计切入点。正如我们所知，这与拓扑结构有关。

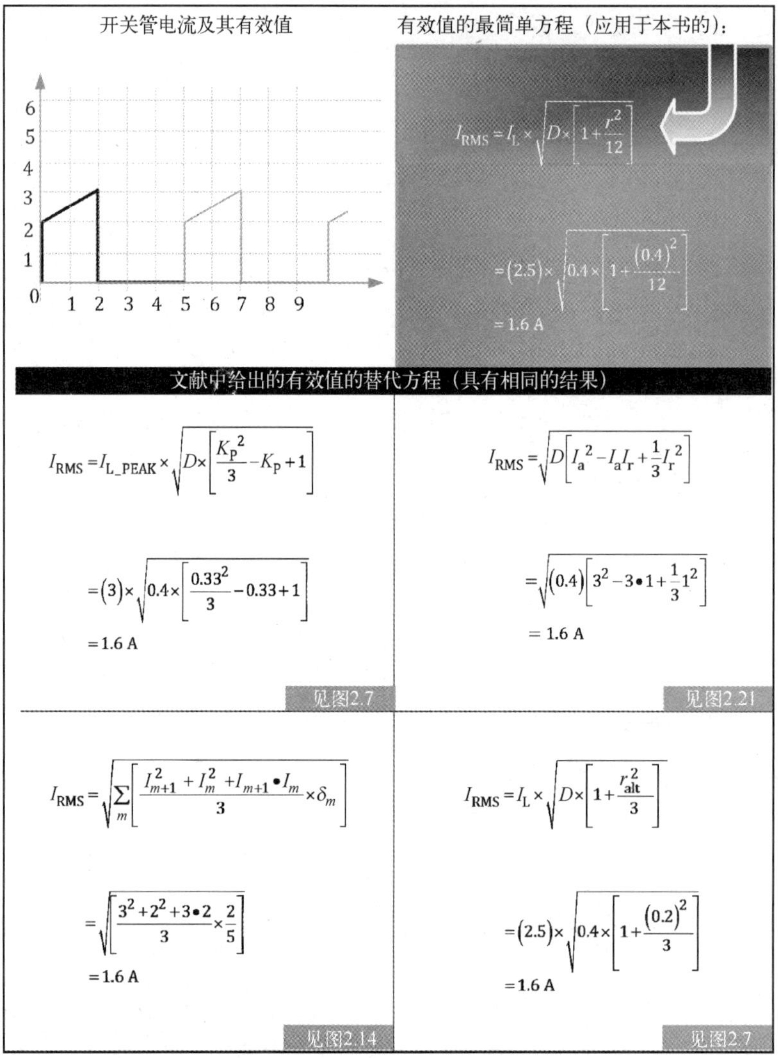

图 2.22　文献中开关管有效值方程和计算及比较

通常，当我们将 r 设置为 0.4 时，电感波形的斜坡部分将向 COR（斜坡中心）值增加 20%。因此，了解给定拓扑的最坏情况（设计切入）点的主要标准是，知道哪个输入电压情况下，I_{COR}（平均电感电流）最高。

由图 2.6 可知，Boost 与 Buck-Boost（还有反激）变换器的 COR 为

$$I_{L\_AVG}\equiv I_{COR}\propto\frac{1}{1-D}$$

对于 Buck 则为

$$I_{L\_AVG}\equiv I_{COR}=\text{常数}$$

因此，对于所有的拓扑，大占空比 D 对应低输入 V_{IN}。对于 Boost 与 Buck-Boost 拓扑，最坏情况对应大占空比 D，即低输入 V_{IN}。对于 Buck 拓扑，平均电感电流等于负载电流 I_O，因此其最坏情况不单单由平均电感电流决定；再看其电流峰值，在高输入电压

时电流峰值最高。因此 Buck（及正激变换器）的设计必须从高输入电压开始，而 Boost 和 Buck-Boost（及反激变换器）的设计必须从低输入电压开始。同时还要注意，既然占空比随着输入电压减小而增加，且单端正激变换器占空比最大为 50%，为了确保占空比不用达到最大值而仍然能传送满功率，正激变换器的变压器应按照最小输入电压来设计，这是完全不同于电流峰值和储能能力等的原因。

r 如何随输入电压和负载变化

首先我们注意到，对于所有的拓扑结构，小的占空比 D 意味着高输入 V_{IN}，大的占空比 D 意味着低输入 V_{IN}。当然我们讨论的只是电压大小。

表 2.2 给出了 r 的表达式方程。由此我们知道它如何根据设定点而变化。为了方便和以后的讨论，在图 2.17 中给出了电容的有效值方程。

假设我们已经在指定设计切入点将 r 设置为 r_{SET}（典型值为 0.4）。随着电压的变化，实际的电流纹波率 r 也会变化，其变化方式由表 2.2 的方程确定，其文字描述为

- 对于 Buck 电路，当 D_{MIN} 时设 r=0.4，随着 D 增大，电流纹波率减小，因其与 1−D 有关。
- 对于 Buck-Boost 电路，当 D_{MAX} 时设 r=0.4，随着 D 减小，电流纹波率增大，因其与$(1-D)^2$有关。这是由于 $r=\Delta I/I_{COR}$，I_{COR} 减小，则 r 增大。
- 对于 Boost 电路，当 D_{MAX} 时设 r=0.4，随着 D 减小，电流纹波率先增大；但随着 D 进一步减小，电流纹波率最终也减小。这是由于 r 与 $D(1-D)^2$ 有关，其最大值位于 D=0.33。

表 2.2 中，D=0.5 时的输入电压一般设为 $V_{IN\_D=0.5}$。对于 Boost 电路来说，这对应于输入电压等于设定输出电压的一半。

注：为了确保完整性，表内的公式包含了开关管与二极管的正向压降 V_{SW} 与 V_D，但此时这两项可以忽略。

表 2.2　三种主要拓扑的电容电流有效值

	Buck	Boost	Buck-Boost
输入电容的电流有效值（A）	$I_O\sqrt{D\left[1-D+\dfrac{r^2}{12}\right]}$ $\approx\dfrac{I_O}{2}$（小 r, $D=0.5$）	$\dfrac{I_O}{1-D}\times\dfrac{r}{\sqrt{12}}$ ≈ 0（小 r）	$\dfrac{I_O}{1-D}\sqrt{D[1-D+r^2/12]}$ $\approx I_O$（小 r, $D=0.5$）
输出电容的电流有效值（A）	$I_O\times\dfrac{r}{\sqrt{12}}$ ≈ 0（小 r）	$I_O\times\sqrt{\dfrac{D+r^2/12}{1-D}}$ $\approx I_O$（小 r, $D=0.5$）	$I_O\times\sqrt{\dfrac{D+r^2/12}{1-D}}$ $\approx I_O$（小 r, $D=0.5$）
r （L 的单位为 H f 的单位为 Hz）	$\dfrac{V_O+V_D}{I_O\times L\times f}\times(1-D)$	$\dfrac{V_O-V_{SW}+V_D}{I_O\times L\times f}\times D\times(1-D)^2$	$\dfrac{V_O+V_D}{I_O\times L\times f}\times(1-D)^2$
$V_{IN\_D=0.5}$ (V)	$2V_O+V_{SW}+V_D$ $\approx 2\bullet V_O$	$\dfrac{V_O+V_{SW}+V_D}{2}$ $\approx V_O/2$	$V_O+V_{SW}+V_D$ $\approx V_O$

电容有效值如何随输入电压和负载变化

由表 2.2 可知，电容有效值方程包含参数 r 和 D。由于 r 是与 D 有关的方程，因此如果改变输入电压，r 与 D 也会改变。一般来说，电容有效值随输入电压变化而产生的实际变化（净值）应包含 r 与 D 两者的变化，如下例说明。

将 r 的变化与 Boost 变换器的输入电容电流相关联（见表 2.2），我们可知

$$I_{\text{CIN\_RMS\_BOOST}} \propto \frac{r}{1-D} \propto \frac{D(1-D)^2}{1-D} = D(1-D)$$

但我们已知 $D(1-D)^2$ 最大值位于 D=0.5。因此可以得出结论，对于 Boost 变换器，输入电容的设计及测试必须在 D=0.5 时（或是最接近该点的有效输入电压范围内）。

这实际上几乎是唯一的例外，因为在这种特殊情况下，r 正好是电容有效值方程中的（突出的）乘法因子。只有另外的一种情况也是如此：Buck 变换的输出电容有效值，如表 2.2 所示。对于其他所有的情况，r 仅是一个很小的加法值（$r^2/12$ 的典型值为 $0.4^2/12=0.013$），因此可以忽略它，方程可以简化为仅仅与 D 有关。对于小的 r，Buck 变换器的输入电容与 D 的关系如下式：

$$I_{\text{CIN\_RMS\_BUCK}} \propto \sqrt{D(1-D)}$$

由于 D=0.5 时 D=1−D，Buck 变换器输入电容电流的最坏情况发生在 D=0.5。进行电容设计与测试时需注意这一点。如果 D=0.5 对应的电压没有在实际应用的输入电压范围内，我们必须选择最接近这一点的输入电压。

例 2.8 12V 输出的 Buck 变换器，输入电压范围为 15～20V。输入电容电流最坏情况时的输入电压为多少？

由于 $D=V_O/V_{IN}$，输出 12V、D=0.5 时的输入为 24V，在给定的输入范围内最接近 24V 的是 V_{INMA}，即 20V。我们必须在该值进行输入电容的设计与测试。

例 2.9 12V 输出的 Buck 变换器，输入电压范围为 28～50V。输入电容电流最坏情况时的输入电压为多少？

由于 $D=V_O/V_{IN}$，输出 12V、D=0.5 时的输入为 24V，在给定的输入电压范围内最接近 24V 的是 V_{INMIN}，即 28V。我们必须在该值进行输入电容的设计与测试。

应力曲线图

就像上文应用于 Boost 变换器输入电容有效值的方法一样，基于相关性的分析，一般可以得到应力曲线图。在图 2.23、图 2.24 和图 2.25 中分别给出了 Buck、Boost 与 Buck-Boost 变换器的应力曲线图。记住，对于所有的拓扑结构，小的占空比 D 意味着高输入 V_{IN}，大的占空比 D 意味着低输入 V_{IN}。

因此，在指定的最坏情况设计切入点设定了磁性元件的电感量和尺寸后，我们可以后退一步，从这些应力曲线中，找出其他应力最大时对应的最坏情况输入电压。这对于正确的商业设计和测试方法至关重要。大多数情况下，这几乎不明显。然而，如果我们在选择元件时没有预先获得这些信息，我们最终会得到一个过度设计或设计不足的变换器。应力曲线可实现可靠的宽输入设计。文献中没有替代方法，甚至这种必要性也未在相关文献中得到认可。该方法于 2002 年首次由作者公开发表于国家半导体公司（现在的

德州仪器）的应用指南 AN-1246，之后以题为《降低变换器应力》的文章作为封面故事发表于 *Power Electronics* 杂志。

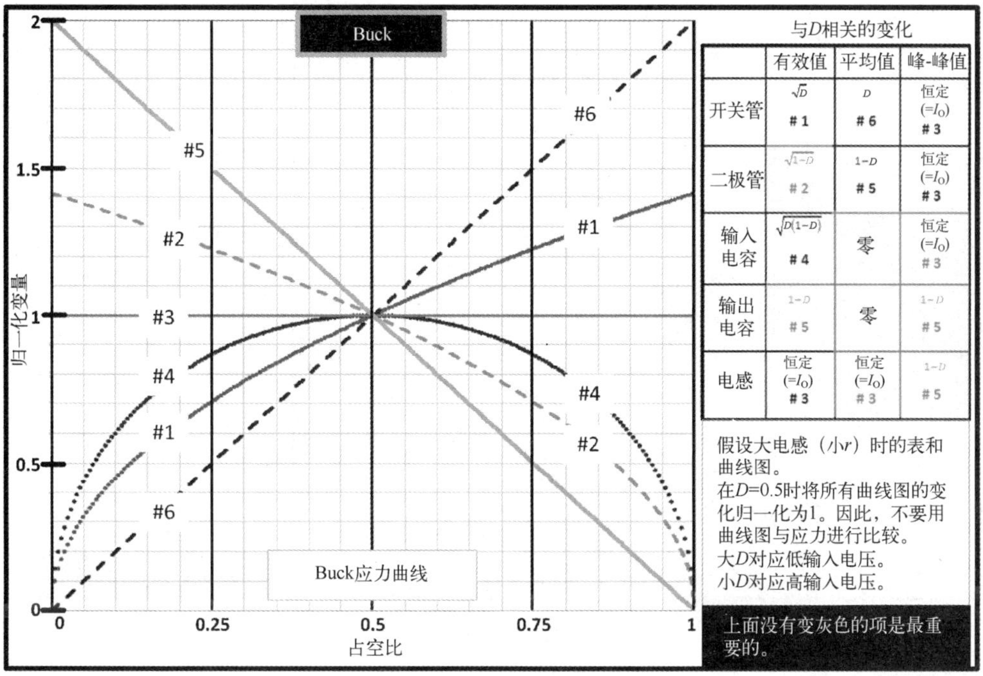

图 2.23　Buck 应力曲线

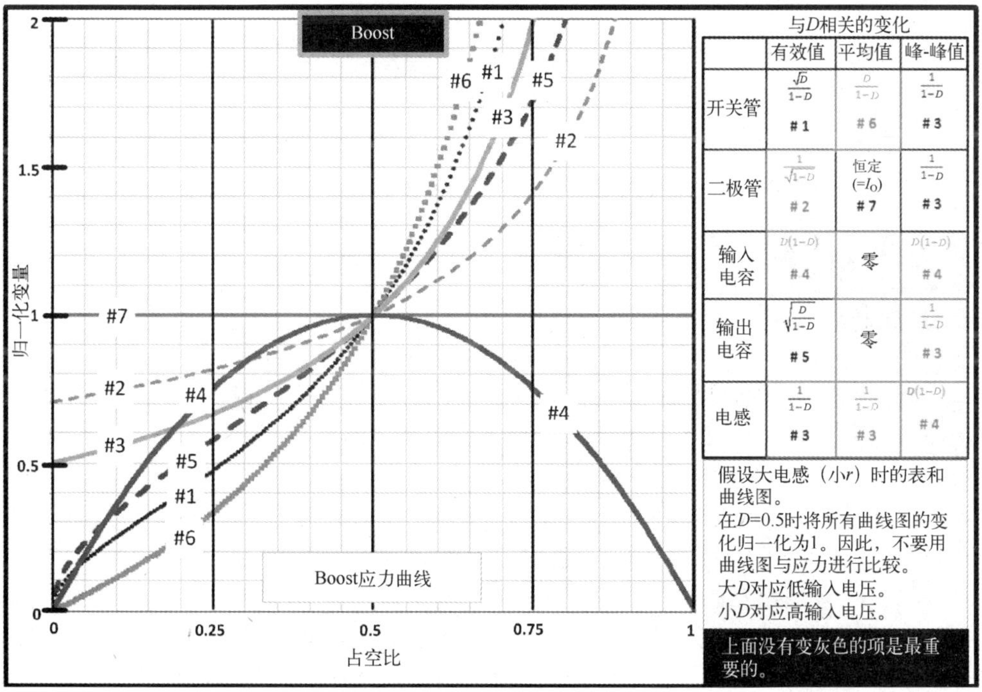

图 2.24　Boost 应力曲线

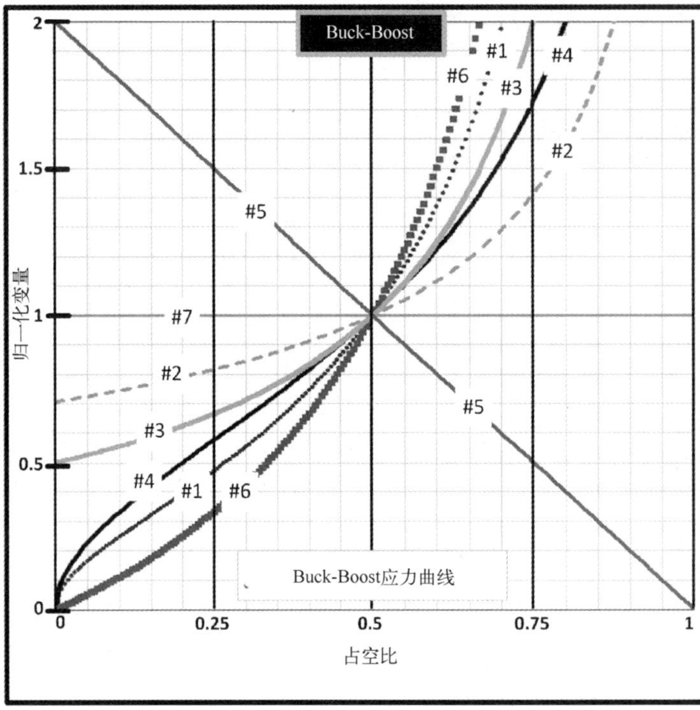

与D相关的变化

	有效值	平均值	峰-峰值
开关管	$\frac{\sqrt{D}}{1-D}$ #1	$\frac{D}{1-D}$ #6	$\frac{1}{1-D}$ #3
二极管	$\frac{1}{\sqrt{1-D}}$ #2	恒定 (=I_O) #7	$\frac{1}{1-D}$ #3
输入电容	$\sqrt{\frac{D}{1-D}}$ #4	零	$\frac{1}{1-D}$ #3
输出电容	$\sqrt{\frac{D}{1-D}}$ #4	零	$\frac{1}{1-D}$ #3
电感	$\frac{1}{1-D}$ #3	$\frac{1}{1-D}$ #3	$1-D$ #5

假设大电感（小r）时的表和曲线图。
在D=0.5时将所有曲线图的变化归一化为1。因此，不要用曲线图与应力进行比较。
大D对应低输入电压。
小D对应高输入电压。
上面没有变灰色的项是最重要的。

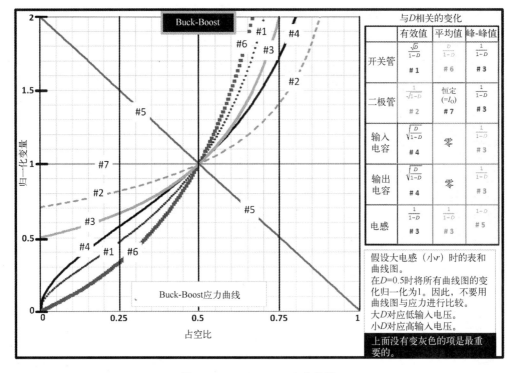

图 2.25　Buck-Boost 应力曲线

边界（临界）导电

当负载减小时，任何变换器都可以达到临界（边界）导电模式（电流恰好返回 0）。这种情况发生在负载电流等于 $r_{SET}/2\times$最大负载时，如图 2.26 所示。

例 2.10　Buck 变换器，最大负载电流为 5A 时 r_{SET} 为 0.4。如果保持输入和输出电压不变，负载为多少时变换器会进入不连续导电模式（DCM）？

这发生于$(r_{SET}/2)\times I_{O_MAX}=(0.4/2)\times 5=1A$。

用文字表述为，变换器进入不连续导电模式的临界点为最大负载的 $r_{SET}/2\times 100\%$（在设计切入点 r_{SET} 处保持同样的输入和输出电压）。

因此 r_{SET} 为 0.4 的变换器正好是在最大负载的 20%时进入不连续导电模式。

当我们用减小负载的方式来度过临界导电模式，这种情况是否会发生，取决于是同步进行（强制进入连续导电模式）还是直接进入不连续导电模式。这就是第 3 章和第 4 章的主要内容。

请记住，直觉上总是觉得在不连续导电模式下的效率会更低，所以会尝试用各种方法使得负载很轻时电路仍能保持工作于连续导电模式（CCM）。实际上，过去一般建议设 r 为 0.1（尽管 r 在变换器设计中的重要性从未明确意识到或指出）；但如果将 r 设为 0.1，那么在最大负载的 5%时进入不连续导电模式，然而这会导致磁性元件尺寸过大。此外，如第 18 章所述的效率分析，证实了我们不能简单地直观得出不连续导电模式就是最坏的选择的结论。事实上，如果继续强制处于连续导电模式（我们经常在同步拓扑结构中这样使用），比起不连续导电模式，效率降低得更快。所有这些都在第 18 章中描述。

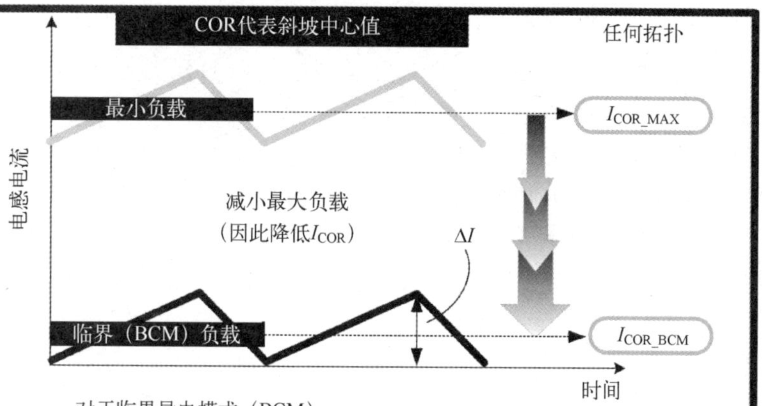

对于临界导电模式（BCM），

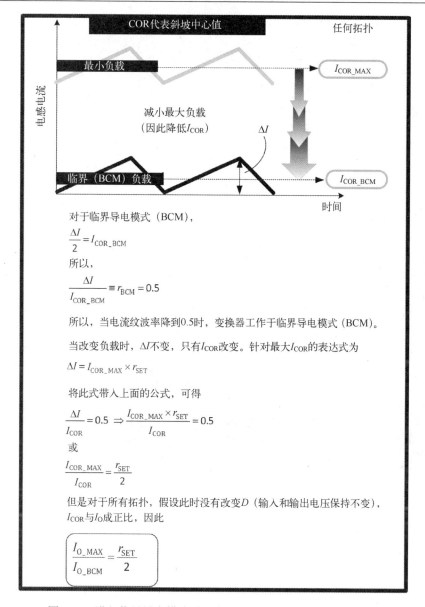

$$\frac{\Delta I}{2}=I_{COR\_BCM}$$

所以，

$$\frac{\Delta I}{I_{COR\_BCM}}\equiv r_{BCM}=0.5$$

所以，当电流纹波率降到0.5时，变换器工作于临界导电模式（BCM）。

当改变负载时，ΔI不变，只有I_{COR}改变。针对最大I_{COR}的表达式为

$$\Delta I=I_{COR\_MAX}\times r_{SET}$$

将此式带入上面的公式，可得

$$\frac{\Delta I}{I_{COR}}=0.5\Rightarrow\frac{I_{COR\_MAX}\times r_{SET}}{I_{COR}}=0.5$$

或

$$\frac{I_{COR\_MAX}}{I_{COR}}=\frac{r_{SET}}{2}$$

但是对于所有拓扑，假设此时没有改变D（输入和输出电压保持不变），I_{COR}与I_O成正比，因此

$$\frac{I_{O\_MAX}}{I_{O\_BCM}}=\frac{r_{SET}}{2}$$

图 2.26　进入临界导电模式时，负载电流与设定值 r 之间的关系

Ray Ridley 博士在 2009 年就关于影响电流形状的因素作了一个行业分析，他认为，本书作者提出的 r_{SET}=0.4 实际上是变换器最佳的设计切入点。IEEE 文献也证明了这一点。著名的模拟作者 Dennis Feucht 也同意本书作者的形状因素分析（他称为形成因素）。

使用太大的电感（小 r）

我们了解到，为了在轻负载情况下避免进入不连续导电模式，工程师有时会将磁元件设计得过大。我们现在知道，非常大的电感（r 很小）不是一个具有成本效益或最佳的选择。但与此相关的其他问题是什么呢？

最主要的问题之一是前沿尖峰，如图 2.27 所示。这会导致抖动的产生，在严重的情

况下会导致无法传递全部的功率。如果增加电感，由于电感的增加（I_{COR} 不变）可能无意中抬高了尖峰所在的基值，可能会导致电流模式控制器的开关脉冲提前终止。但是由于这个（过早终止的）周期内传递少于所需要的能量，在下一个周期中，变换器将试图用一个更大的占空比来补偿。这个过程会有一些意想不到的帮助，因为前一个脉冲提前终止后，电感电流得到较长的时间被减小，由此前沿尖峰所在的基值就降下来，可能足以帮助其规避前一个脉冲对下一周期的限制。最后，我们在示波器上看到的可能是交替的宽脉冲和窄脉冲，就像是次谐波不稳定情况下得到的波形（详见第 14 章）。

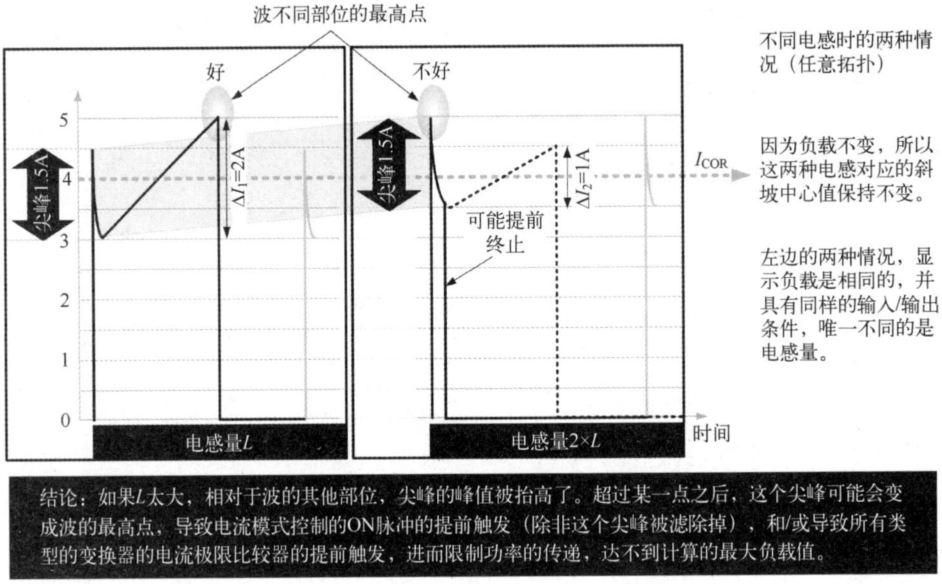

图 2.27　电感太大（小 r）导致不正常的脉冲

由于电感中的电流改变需要时间，因此它对于负载的突变不能及时反应。对于较大的电感，其回路响应可能会差一点。

此外，大电感使得右半平面零点更接近工作频率（见第 14 章）。

另外一个问题是，在稳定状态下工作的感应器永远不会被完全被充满能量。每个周期（连续导电模式时）中存储一定的最小剩余能量。但是，在故障情况下，即使控制器停止所有开关动作，电感中储存的能量还是会释放至输出电容中。如果输出电容较小、电感较大，尽管开关停止，也会产生相当高的输出电压尖峰。因此对于大电感和/或小输出电容，使用时要注意。

有些人错误地认为用一个大电感能在某种程度上降低 FET 的温升。实际上这也没有得到证实。下面我们采用平顶近似的方法来证明。

然而，用（峰值）电流模式控制（D>50，仅指连续导电模式时）的变换器，电感太小会导致次谐波不稳定，见第 14 章。

平顶近似

对于职业工程师来说，总是希望用到的方程更少更简单，而在精度上做一些妥协。其中一种方法为平顶近似。实际上，这种近似方法被工程师们广泛使用，因为它更容易处理，并且完全可用。我们将讨论这种近似法使用时遇到的问题和困难，并提供一些校正曲线以获得更精确的结果。但我们也会展示，为什么在某个阶段我们确实需要更精确的方程。

平顶近似是假设用到一个无限大的电感（实际上没有无限大）。让我们看看这可能带来的问题。

（1）如果要设定一个电流阈值，那么其峰值至少要高于假设的平顶值 20%（对应 r_{SET}=0.4）。如果电流阈值是基于平顶近似来设定，那么电源将不能提供预期的电能。

（2）假设电流摆动是 0，实际上我们是假设电感无纹波，因此它是纯粹的直流电。由此我们也无法用该近似法来估算磁芯损耗。

（3）在峰值电流模式控制时，除非设置了斜坡补偿，在 D>0.5 时会遇到次谐波振荡。一般设斜率比电感电流下降斜坡斜率大 1～2 倍。通过假设没有下降斜坡（斜率为 0），即不需要任何的斜坡补偿，就可以解决次谐波不稳定的问题。显然，平顶近似法与实际斜坡补偿设计方案不相容。

（4）平顶近似法使得开关管电流有效值有点被低估了，但由图 2.28 的误差曲线可以看出，在选定的 r 的正常范围内，精度损失相当小。然而我们必须注意，发热与有效值的平方成正比，其中的误差可能会比较大。

（5）用平顶近似的方法，电容电流的有效值也被低估了，且低估了很多。图 2.28 给出了 Buck-Boost 和反激变换器的误差曲线，可以看到，用平顶近似法，大的占空比 D 时，输入电容电流估算误差较大；小的占空比 D 时，输出电容电流估算误差较大。

作为一种快捷方法，在大多数情况下，我们建议设计师用平顶近似方程，但同时对图 2.30 中显示的误差进行修正。但请记住，一连串的计算会累积误差。因此，从一开始使用平顶近似法时，最好注意这些问题。

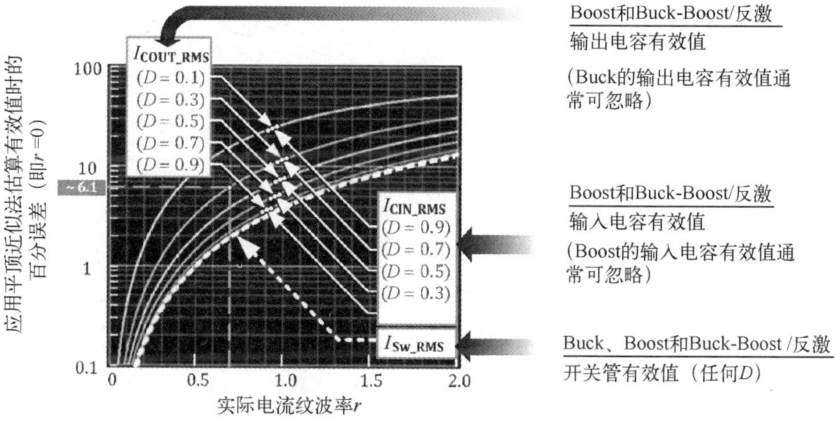

与上图相关的实例

假设Buck-Boost，I_O=1A，D=0.7，r=0.7，输入电容的有效值是

$$I_{CIN\_RMS}=\frac{I_O}{1-D}\sqrt{D\left[1-D+\frac{r^2}{12}\right]}$$

$$I_{CIN\_RMS}=\frac{1}{1-0.7}\sqrt{0.7\left[1-0.7+\frac{0.7^2}{12}\right]}=1.628\text{ A}$$

应用平顶近似法（等效于r=0）：

$$I_{CIN\_RMS\_flat}=\frac{1}{1-0.7}\sqrt{0.7[1-0.7]}=1.528\text{ A}$$

因此，应用平顶近似法导致的误差为

$$误差=\frac{1.628-1.528}{1.628}=0.061$$

（也就是6.1%）与以上曲线一致

图 2.28　用平顶近似法估算有效值时的误差

第 3 部分　拓扑形态学

简介

我们必须认识到的第一件事是，用于 DC-DC 变换器的开关 IC 可以很自由地用于其他拓扑。例如，Buck 的 IC 可以用于 Buck-Boost 变换器，反之亦然。一旦我们了解了开关 IC 的原理：它基本上就是使晶体管在 ON 和 OFF 这两种状态之间切换，那就不会感到费解了。我们如何使用晶体管并构造电路以转换相关电感上的电压，以及如何最终将能量传递到输出端，并不一定是预定的。事实上，我们所能使用的功能是有限制的，但这更多地与晶体管实际驱动方式、IC 的内部控制如何参考等有关。理解 IC 本身的内部结构当然很重要，但为了最终发现其他“隐含”的应用需要对切换器拓扑本身有更好的（更抽象的）理解。

相关文献有时会提到这些隐含的应用，但是以比较分散和难以理解的方式来介绍。我们注意到的一个主要问题是经常用原理示意图来说明。原理示意图可能需要一些直角转弯和/或水平和垂直的镜像映射才能让人理解。很少有人试图明确说明底层拓扑发生了变化这一事实，使得混淆加剧了。在相关的文献中，可能只是提到 Buck IC 用于“反相”组态（或是正-负变换器）。想想看吧！这种新型组态中，最大负载电流是多少，安全的输入电压范围是多少？这两种为什么不同？那是反馈吗？它究竟是如何工作的？输出调节能力与原始的 Buck 变换器的一样好吗？这样的问题只会增加开关 IC 和相关应用的神秘性。

N 型与 P 型开关管

为了在更小的范围内带来多种可能性，我们需要在本章中做出一些非常规的定义。读者应该容忍我们，因为她或他将看到，这确实有助于在各种隐含的应用中分离出通用的线索来。

在图 2.29 中，我们已经指出需要相对于 N 沟道 FET（N-FET）和 P 沟道 FET（P-FET）的源极施加幅度为 v 的电压以使 FET（仅假设增强型 FET）导通。虚线三角形（内里标注了 v）表明了提高电压的方向（用幅度表示）。同时还表明了，需要对 NPN 和 PNP BJT 的发射极施加幅度为 v 的电压以使 BJT 导通。

本章中，我们通常会将低压输入端放在图的底部，而高压输入端放在图的顶部，并且输入端位于左侧，输出端位于右侧。这些步骤有助于所有的原理图易于看懂，并且一致性较好。

图 2.29 也显示了关断 FET 或 BJT 的最简单方法是将栅极/基极与源极/发射极相接。

由于驱动的相似性，本章只讨论 N 型开关管（N-FET 或 NPN BJT）或 P 型开关管（P-FET 或 PNP BJT）。BJT 和 FET 之间也有区别，但这些我们以后再讨论。

LSD 单元

这里介绍的 LSD 单元，在理解对于给定的 IC 哪些隐含的应用可用，哪些不可用是很有帮助的。如果我们识别出在开关 IC 的最初预期功能中可以适用的 LSD 单元类型，我们就可以容易地将这种 IC 应用于具有相同 LSD 单元类型的任何其他拓扑，而不管拓扑的类型。我们还将看到，在某些情况下，通过特殊技术，我们甚至可以使 IC 在不是最初预期的（系列）LSD 单元的其他 LSD 单元类型中执行。

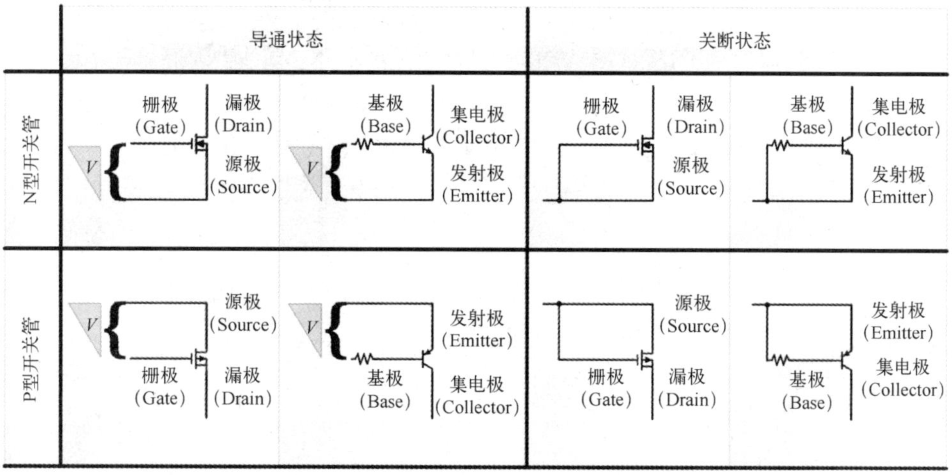

图 2.29　N 型开关管和 P 型开关管

最初设计师考虑的是 HI 和 LO 端，而不是正端或负端甚至地。原因是当拓扑和组态改变时，指定端可以变化，但 HI 和 LO 将保持不变。对于功率变换电路的基本结构，在所有情况下都会有电感 L、开关 S 和二极管 D 这三者相互连接。这就是以下统称的 LSD 单元。从中可以生成所谓的“−单元”，是因为开关管位于开关节点的下方，如图 2.30 所示。而“+单元”的开关管位于开关节点的上方。这是可以理解的，因为通过将 HI 置于顶部而 LO 位于下方，电流始终从顶部向下流动。在“+单元”中，阴极连接到开关节点；而在“−单元”中，阳极连接到开关节点。可以看到当 FET 导通或关断时电流在开关节点处如何分岔，以及为什么二极管要以实际符号表示。

每个“+”或“−”型衍生出两种类型，一个是 P-FET，另一个是 N-FET，因此可以得到 N+、P+、N−和 P−四种单元。需注意图 2.30 中灰色部分所示的每个 FET 的体二极管，它不能反过来，否则电源将短路。

我们还可以看到，四种方式中，有两种需要在输入端外加栅极电压，另外两种不需要。这对装置的实用性和适用性有很大的影响。如果驱动信号在输入端以外，那就需要一个自举电路。在这种情况下，自举电容器需要每个周期“刷新”一次。但这种情况只有在开关关断期间才会发生，因为那时内部电路释放一个电流源，用于将电容器充电到接近输入端的 HI。因此，任何需要自举电路的 IC 不允许工作于 100%占空比的情况下。

我们注意到，100%占空比通常对 Buck 很有用，因为当输入低于设定的输出时，输出非常紧密地跟随输入（低于一个开关管正向压降值）。由此该设备只是作为线性稳压器（LDO）的一种。在电池供电的便携式设备中，当电池缓慢放电时，这大大延长了每一单元的工作时间。因此对于 Buck 来说，P+单元在 MP3 播放器等便携式设备中得到广泛应用。然而，我们也注意到，不论是 Boost 还是 Buck-Boost 电路，100%占空比都不适用；这些拓扑是不同的，只有当开关管关断时，能量才被传递到输出端；因此，在电路启动时，控制器因为输出电压较低而使占空比最大化，反而可能会使电路启动不了；当占空比为 100%时，输出电压无论如何不能上升。

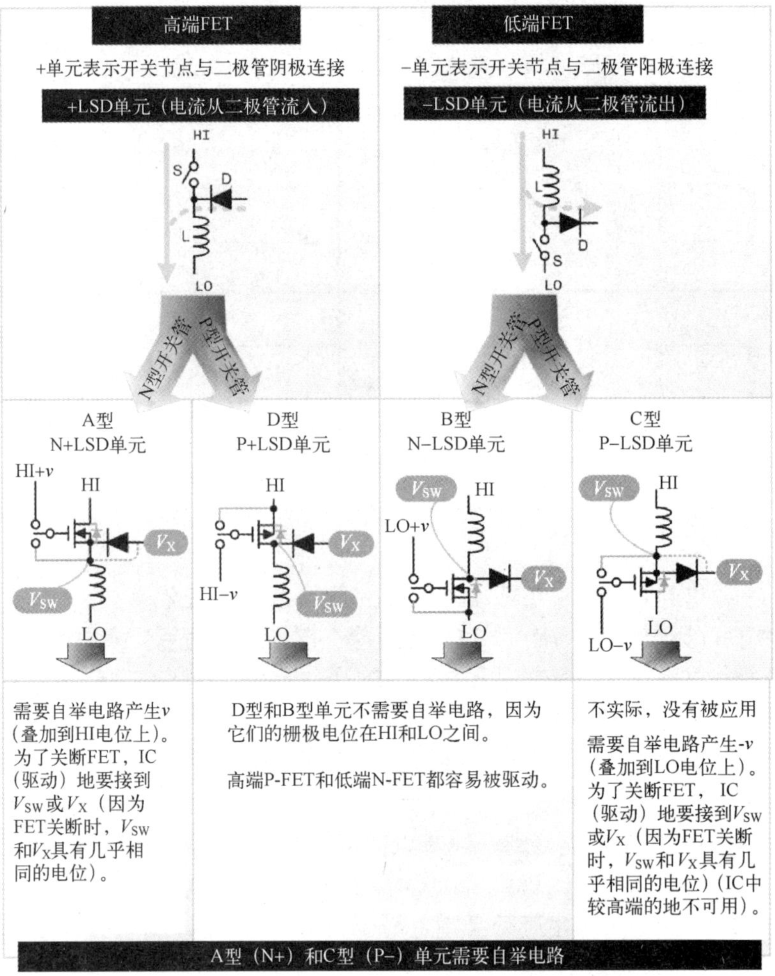

图 2.30　LSD 单元的类型及其驱动信号电平要求

同时还需注意，二极管导通，即开关管关断时，图 2.30 中的 V_X 和 V_{SW} 变成几乎相同的节点（在正向二极管压降下）。为了避免混淆，注意这里的 V_{SW} 指的是开关节点的电压（而不是开关管两端的正向压降，在本书的其他地方也被称为 V_{SW}）。同样的，V_X 是二极管另一边的电压（任何拓扑中的二极管电压固定端）。因此在这两种情况下，我们可以通过连接 V_X 来关断开关管，而不是连接更明显的 V_{SW} 节点。在一些应用中，我们真的需要这样做。

总结，我们发现有四种 LSD 单元类型。两种为 N 型开关管，两种为 P 型开关管。在图中我们顺序称之为 A、B、C 和 D 型单元。

开关稳压器拓扑的组态

我们注意到，术语中的 Boost、Buck 或 Buck-Boost 一般只是针对输入和输出电压的大小，因此需要诸如负-负、负-正等限定词以全面描述实际的组态。一般的正-正 Boost 变换器的反相形式就是负-负 Boost 变换器，相对于（公共）地端，它会将−12V

转换为−48V。

对于每种标准拓扑，对应于 A 型、B 型、C 型和 D 型单元，我们可以得到四种可能的组态。在图 2.31、图 2.32 和图 2.33 中分别展示了 Buck、Boost 和 Buck-Boost 变换器的可能形式，也同时给出了栅极驱动电压等级。

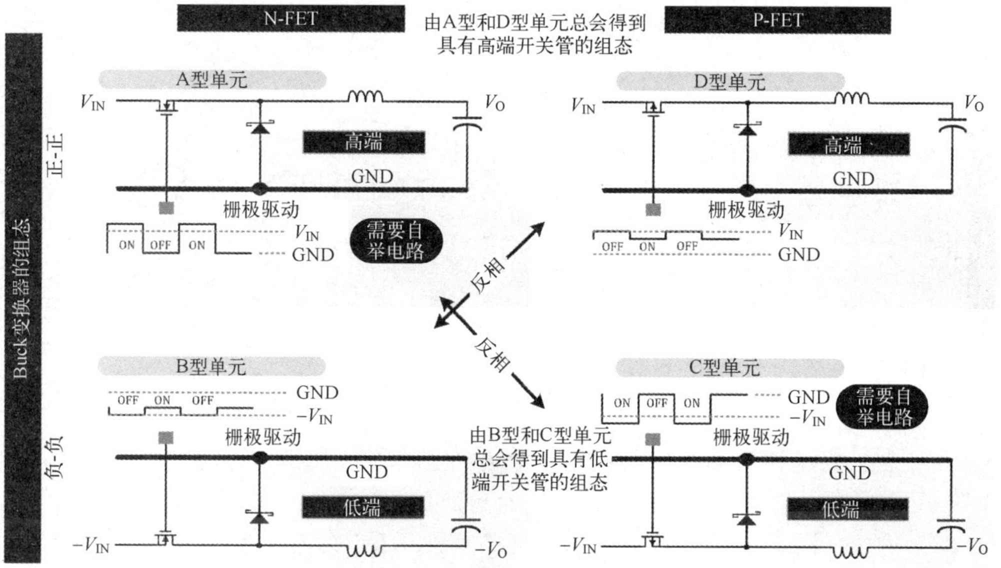

图 2.31　Buck 变换器的组态

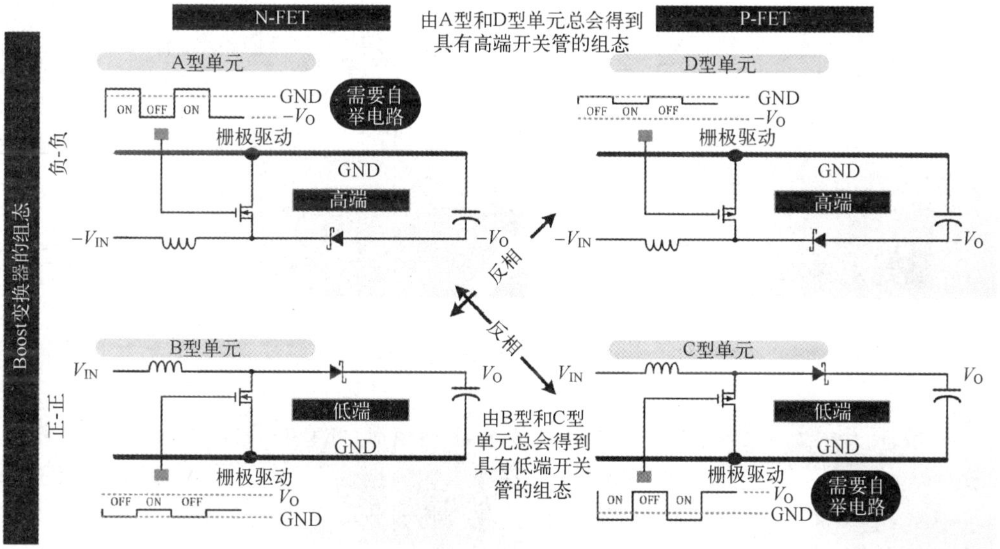

图 2.32　Boost 变换器的组态

需注意以下几点：

（1）通过反相变化，我们可以变换整个原理图（包括开关管驱动信号）从 N+到 P−单元，反之亦然（如 A 型⇔C 型）。参见图 2.31、图 2.32 和图 2.33（N+变到 P−）。

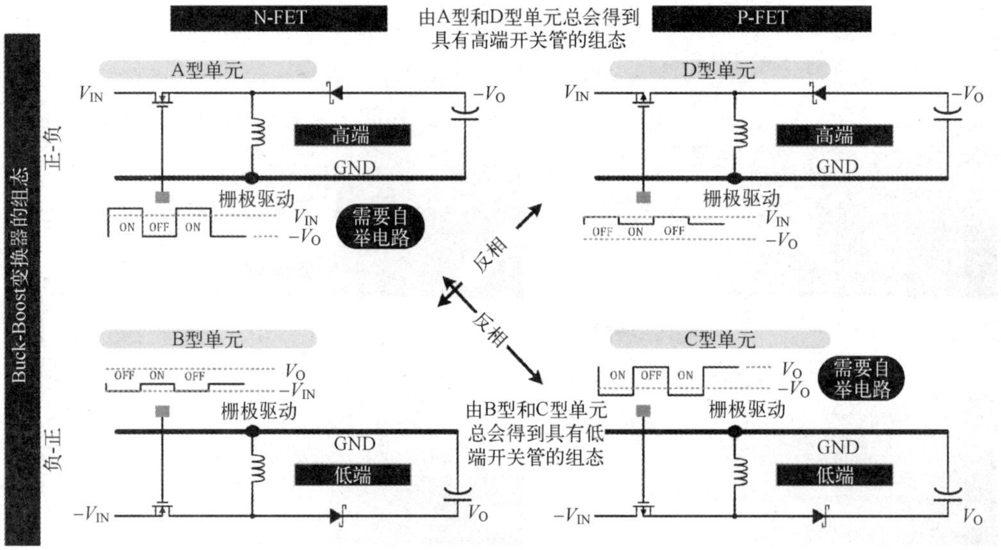

图 2.33　Buck-Boost 变换器的组态

（2）同样地，我们可以变换原理图为 N−单元至 P+单元，即 B 型⇔D 型（N−变到 P+）。

（3）反相变换遵循如下步骤：①改变所有电压的极性（例如，V 变为−V）。②改变电容极性。③所有二极管反向。④将 N-FET 变为 P-FET（反之亦然），或 NPN BJT 变为 PNP BJT，等等。⑤然而需谨记，晶体管的管脚不变，如源极仍为源极，漏极也仍然是漏极。⑥在此过程中，HI 变为 LO，因此需将示意图垂直翻转以遵循之前的约定，保持 HI 在顶部，LO 在底部。

读者可以试一试，看看它是如何工作的。A 型单元的组态可以变为 C 型，B 型单元的组态可以变为 D 型。

例 2.11　如果要用 P-FET 来构造一个负−负的 Buck-Boost 变换器（图 2.33 中的 C 型），可以先用 N-FET 构造一个正−负的 Buck-Boost（图 2.33 中的 A 型），然后反向。

讨论组态时注意，正−正的 Buck 就简称为正的 Buck（或就是 Buck）。

开关 IC 的基本类型

之前的图中，IC 的内部细节和控制都没有给出。现在研究一下典型的 IC，看看其内部结构。

针对 FET 开关管，我们知道有两种（或三种）最常见的 IC 结构类型，如图 2.34 所示。它们可分为两种基本类型，即类型 1 和类型 2（根据控制 IC）。类型 1 IC 一般是反激/Buck-Boost/Boost IC，类型 2 IC 为 Buck IC。我们将看到类型 1 IC 通常是最通用的。

以下是一些相关的评论：

（1）类型 1 IC 通常被认为是 Buck-Boost/Boost IC，而类型 2 IC 通常被认为是 Buck IC。我们根据 IC 的内部结构对此进行了概括，因为我们现在了解 Buck 或 Buck-Boost 只是它们的主要预期应用对象。实际上还有更多的其他应用。

（2）类型 1 将源极（低压开关引脚）与控制模块的低压端（IC 的地）直接连接。通常称之为具有低压侧 FET/驱动的 IC。

（3）类型 2 将漏极（或高电压开关引脚）与控制模块的高压端连接。通常称之为具有浮动驱动或高压侧 FET/驱动的 IC。

（4）类型 2 IC 在其正常的预期应用中如果用 N-FET 就需要一个自举电路。

（5）类型 1 的主要预期应用是正的 Boost 电路，由图 2.30 可以看到采用的是 B 型单元。

（6）类型 2 IC 用于正的 Buck，由图 2.30 可以看到其对应于 A 型单元（对于 N-FET）。

（7）图 2.31、图 2.32 和图 2.33 的所有组态中，我们可以看到，对于 A 型（N+）单元，驱动信号超出了可用的电压，因此需要自举电路（因为 A 型是 N-FET 高压侧情况）。这是我们总是希望在正 Buck 电路中使用 N-FET 所必须采取的措施。

（8）注意，一般 NPN BJT 比 FET 容易驱动，因为 BJT 的基极只需比发射极稍高一点就可以使开关管导通（即便是小的集电极-基极压降都可以实现这一目的，就像达林顿/β 多倍放大驱动装置）。这是因为可以“追使”基极驱动信号在可用的电压范围内，不需要自举电路（或浮动驱动）。另一方面，我们知道 BJT 具有较高的通态损耗的局限性，以及较高的开关损耗使得开关速度较低的局限性。

（9）请注意，如图 2.34 所示，实际的 SW 引脚标记取决于部件的感知应用，而不一定取决于实际使用的方式。不能总是假设 SW 引脚为稳压器功率级的开关节点。可以把它简单地看作晶体管的非约束端。我们会看到，该引脚可以连接到一个固定的端子。在这种情况下，所谓 IC 的 V_{DD} 引脚或是 IC 的地可能成为实际的开关节点。因此，在所有情况下，探索拓扑形态学的系统设计师需要对 IC 引脚进行标记，并记住它们真的是位于 IC 内部结构中。忘了它们的名称。

（10）在所有情况下，反馈信号节点是以 IC 低压端（IC 的地）作为参考点。因此，在非常规的电路组态中，我们可能需要将输出采样信号进行平移，以使其能够正确地以 IC 控制（及其内部基准）作为参考点。这将在以后讨论。

（11）类型 1 IC 更通用，主要因为其通常具有两个电压等级的引脚：一个用于控制端（图 2.34 中的 V_{DD} 引脚），另一个用于开关管引脚（漏极）的更高等级的电压，两个引脚的参考为 IC 的地（图 2.34 中的 IC 地）。

（12）类型 2 IC 虽然有一个不受约束的 SW 引脚，但因为驱动器的内部设计等原因，并没有太多的自由，几乎无一例外的 SW 引脚的电位不能低于较低端子（IC 地）大约 1V。原因之一是在 SW 引脚和 IC 地之间有 ESD 结构，实际表现为二极管特性。此外，一般来说，如果我们让 IC 的任何引脚的电位低于其 GND 的电位，就可能产生导致非常奇怪特性的衬底电流。因此，这限制了类型 2 中的 IC 的某些应用，特别是与带抽头电感有关的电路。事实上，作者知道仅有一种商用 Buck IC 允许 SW 引脚电位远远低于其 GND 的电位。这是类型 2 IC，但是是基于 BJT 的：Linear Technology 的 LT1074。在其发布的典型应用中，可以看到基于那些原因而应用于带抽头电感的 Buck 降压的例子。这也是为什么一些理论拓扑组态中会用这种不受约束的 SW 引脚——只能采用这种 IC。

现在，我们将更详细地讨论类型 1 IC 和类型 2 IC。

反激、Buck-Boost 和 Boost 变换器 IC 的比较

我们前面提到，类型 1 IC 适用于所有这些变换器。主要用于 Boost 的 IC 与用于反激

/Buck-Boost 的 IC 并没有本质上的区别。我们首先要知道 Boost 与 Buck-Boost 功率级之间的基本拓扑差异。

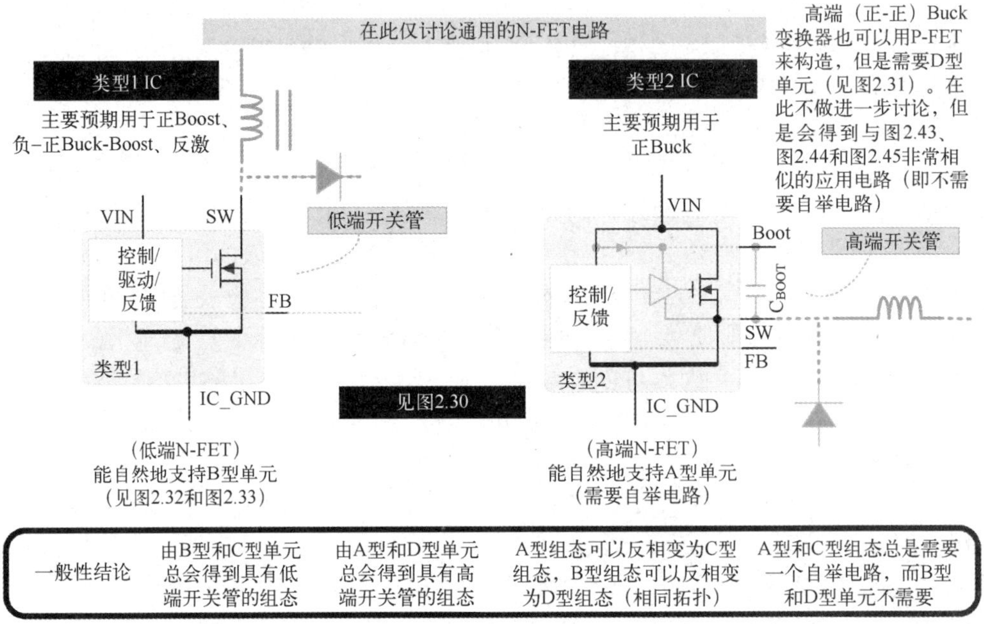

图 2.34　两种常见的 IC 类型

在图 2.35 中我们可以看到，正-正的 Boost 变为负-正的 Buck-Boost 其实很简单：它只需将输出电容的负极端从低压端重新连接至高压端。因此，这两种拓扑就不是完全不同的了。事实上，就开关管的驱动而言，这两种拓扑是无区别的，因为基本上只有输出电压端的名称（或标签）已经改变。两种情况下（对于相同的占空比），输出电压端正好比 IC 地（不是系统地）高出 30V。因此 IC“不知道哪种更好”。

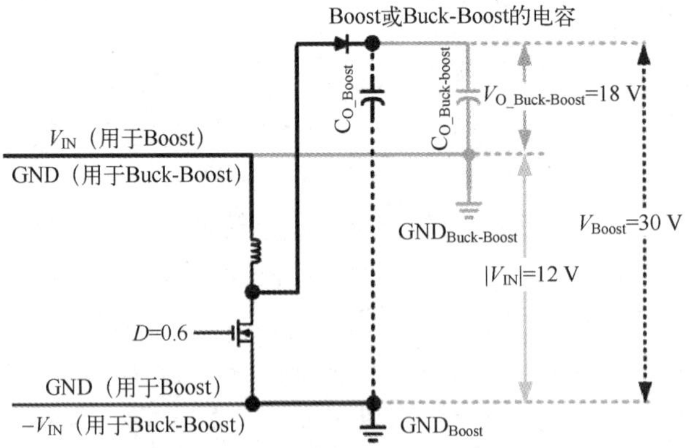

$$V_{O\_Boost}=\frac{V_{IN}}{1-D}=\frac{12}{1-0.6}=30\ \text{V}$$

$$V_{O\_Buck-Boost}=\frac{D}{1-D}\times V_{IN}=\frac{0.6}{1-0.6}\times 12=12\ \text{V}$$

图 2.35　Boost 与 Buck-Boost 的比较

但有一点是不同的：反馈。因为对于 Boost，其 IC 控制端一般总是连接低压端，输出电容跨接的简单电阻分压器可直接连接到 IC 控制器的反馈引脚。但是对于 Buck-Boost，输出电压是相对于系统地（输出高压端）的，而 IC 控制器仍以低压端为参考。因此需要一个更复杂的解决方案。这通常需要用一个差分放大器的电路来采样 Buck-Boost 的输出电压，或是将其“转化”至低压端（再次定义参考点）。但是这种差分电路的要求、规格和电压等级会根据输入-输出电平而变化，以至于这种额外的电路很少（如果有的话）集成到开关 IC 中。这意味着真正的负-负-正 Buck-Boost 集成变换器（集成了反馈）几乎不可能找到。因此，既然反馈电路通常是放在 IC 的外部，那么 Boost IC 与 Buck-Boost IC 之间就没有结构差异了。它们是一种结构，是相同的。记住了这一点，适用于反激/Buck-Boost 的任何开关 IC 毫不奇怪地可以成功用于 Boost，反之亦然。

注意，如果处理的是正-负 Buck-Boost，那么通过简单地将 IC 浮动在开关节点（对于类型 1 IC）或浮动在负的输出端（对于类型 2 IC）上，就可以用简单的分压器进行直接反馈。这是用于形态学中的一个功能强大的技术，我们将进一步讨论。

一般来说，反激这个词专指一种具有固有一次侧与二次侧隔离（基于变压器）的 Buck-Boost。但也有一种基于变压器但非隔离的 Buck-Boost：一次绕组与二次绕组相连接来纠正极性反转（将输出地重新作为参考），这得到了一种更容易实现的反馈。在有隔离和没有隔离这两种情况下，反馈的方法包括在输出端的分压网络中使用两个电阻，并且不需要差分采样电路。在有隔离的情况下，仅需要光耦来传递反馈信号。

回到本节的主要问题，现在看看反激/Boost IC 的其他可能应用。

电感选择的标准

我们知道，对于 Buck-Boost 和 Boost 拓扑，电感的平均电流为 $I_O/(1-D)$。因此电流纹波率约为 0.4 时，我们可以在平均值的基础上增加 20%以得到峰值电流。因此电流极限值 I_{CLIM} 至少要这么高。很明显这与占空比，即输入和输出电压有关。因此，对于在 Buck-Boost/Boost 组态中使用的类型 1（Buck-Boost）IC，当我们说它是 3A 器件时，我们谈论的是它的电流极限，而不是它的最大负载电流，这是 D 的函数，因此取决于输入-输出电压。

对于类型 2（Buck）IC，电感的平均电流为 I_O。我们可以在平均值的基础上增加 20%来得到峰值电流，但会发现峰值电流几乎与输入电压无关。因此，当我们谈到作为 3A 器件的类型 2 IC 时，假设将其用于 Buck 电路，我们谈到的负载电流可能与应用无关。然后，它的电流极限通常会被设置得比它所宣称的负载电流能力高 20%～40%。因此，如果将该 IC 用于 Boost 拓扑，它不能传递 3A 的负载电流——正如 3A 的类型 1 IC 不一定能传递 3A 的负载电流一样，但是在 Buck 拓扑中是可以的。一般来说，我们必须根据电流极限和拓扑来计算每一种情况下我们能得到多少负载电流。

需注意，与根据电流极限公差的上限（最大）值来设计电感/变压器得到的离线电源不同，对于低压应用场合（高达约 40V），我们通常不需要根据电流极限值，而是根据负载电流来调整电感的尺寸。在这种情况下，在启动或负载瞬变的条件下，预计电感器会瞬间饱和，但是由于特别集成的开关 IC（具有内置 FET）具有如此快的电流限制和保护，所以开关管（尤其是 FET）不容易被烧毁。但是，当电压较“高”（凭经验，大于 40V）时，我们也不得不改变 DC-DC 变换器的电感选择标准，从基于负载电流的标准改变为按（最大）电流极限值来调整电感大小的标准。

Buck 和 Buck-Boost（类型 1 和类型 2）IC 的其他可能的应用

在表 2.3 中，我们根据应用场合提供了合格设备中使用的所有方程。读者应了解这些适用于类型 1 和类型 2 IC 的可能应用电路的方程。

有些组态的条件和方程可能分别与最小和/或最大输入电压（V_{INMIN} 和 V_{INMA}）有关。并且，每个控制器设计成带有一定的最大占空比极限 D_{MAX}。很明显，如果输入和输出电压要求超出 D_{MAX}，电路不能工作。因此，还提供了检查这种可能的限制的方程。另外，还给出了反馈方案，并给出了设置电阻值的方程。控制 IC 的反馈引脚电压为 V'_{FB}（例如，它是用于可调输出部分的内部误差放大器的基准电压，或者只是连接到用于固定电压选择部分的输出）。记住，很多集成开关 IC 为“可调的”，需要一个外部电阻分压器来设定输出电压或是“固定”电压，其分压器位于 IC 内部。

在所有方程中开关管和二极管的正向压降通常被忽略了。因此，考虑到这些因素可能需要增加一些额外的保护带。

现在看一下 IC 的“隐含”应用背后的逻辑链：

（1）类型 1 IC 的主要预期应用为正-正 Boost。我们发现这还包括 N-单元（B 型单元，见图 2.30）。由此我们得出结论，该 IC“适用”于任何包含（类似的）B 型单元的拓扑或组态。这种单元成为该 IC 自然适用的对象。我们称其为自然形态。

请注意，我们终于开始发现在 LSD 单元方面的优势，而不是直接在拓扑和组态方面。否则，这一通用的线索会被忽略。

（2）类型 2 IC 的主要预期应用为正-正 Buck。我们发现这与 A 型单元有关。因此，我们得出结论，该 IC 最“适用于”任何含有（类似的）A 型单元的拓扑或组态。这种单元成为该 IC 自然适用的对象。我们也称其为自然形态。注意，类型 2 IC 也支持带有 P-FET 的 C 型情况，参加图 2.34。

（3）然而，由于类型 1 IC 有额外的自由度，开关管的端子也没接到控制器的电源端（见图 2.34），因此有一种技术（我们称之为非自然形态，区别于自然形态），通过这种技术我们可以将类型 1 IC 应用于具有“反相”单元（也就是 A 型单元）的应用中。

是的，当实施这种非自然的组态和拓扑时会有限制。首先，调压可能会受到这种技术的影响。其次，有些 IC“不喜欢”用这种方式来工作，该方式使得 IC 的 GND 成为实际的开关节点（因为这是非自然应用的产生方法）。因此，这些“可能性”需要在电路板上多次尝试来确定，没有捷径可走。拓扑（除了布局之外）之间有细微的差别，例如回路稳定性，这可能会妨碍应用。但是，从原理上来说，通过使用类型 1 IC，其 IC GND 连接到拓扑的开关节点，所有这些非自然的应用都是可能的。

（4）如果我们使用基于变压器的 Buck-Boost 变换器，我们可以以任何方式连接一次绕组和二次绕组，以获得正或负输入和输出的任何组合。也可以将两个绕组隔离，在这种情况下，需要一个二次侧的误差放大器和一个光电耦合器。在这种情况下，V_{FB} 将参考二次侧误差放大器的基准电压。所需方程见表 2.4。

表 2.3　各种拓扑的 IC 选用表（第 1 部分）

所有电压和电流仅为幅值				
拓扑	组态	IC 类型	图	方程
Buck	正-正	1	2.42	$V_{SWMAX} \geqslant V_{INMAX}$ $V_{ICMAX} \geqslant V_{INMAX}$ $V_{ICMIN} \leqslant V_{INMIN}$ $I_{O\_MAX} \leqslant 0.8 \times I_{CLIM}$ $R_2 \approx R_1 \times \left[\frac{V_O}{V_{FB}} - 1\right]$ $D_{MAX} \geqslant \frac{V_O}{V_{INMIN}}$
		2	2.43	$V_{ICMAX} \geqslant V_{INMAX}$ $V_{ICMIN} \leqslant V_{INMIN}$ $I_{O\_MAX} \leqslant 0.8 \times I_{CLIM}$ $R_2 = R_1 \times \left[\frac{V_O}{V_{FB}} - 1\right]$ $D_{MAX} \geqslant \frac{V_O}{V_{INMIN}}$
	负-负	1	2.39	$V_{SWMAX} \geqslant V_{INMAX}$ $V_{ICMAX} \geqslant V_{INMAX}$ $V_{ICMIN} \leqslant V_{INMIN}$ $I_{O\_MAX} \leqslant 0.8 \times I_{CLIM}$ $R_2 \approx R_1 \times \left[\frac{V_O - 0.6}{V_{FB}}\right]$ $D_{MAX} \geqslant \frac{V_O}{V_{INMIN}}$
		2	不存在（相对的单元）	
Boost	正-正	1	2.37	$V_{SWMAX} \geqslant V_O$ $V_{ICMAX} \geqslant V_{INMAX}$ $V_{ICMIN} \leqslant V_{INMIN}$ $I_{O\_MAX} \leqslant 0.8 \times I_{CLIM} \times \frac{V_{INMIN}}{V_O}$ $R_2 = R_1 \times \left[\frac{V_O}{V_{FB}} - 1\right]$ $D_{MAX} \geqslant \frac{V_O - V_{INMIN}}{V_O}$
		2	不存在（相对的单元）	
	负-负	1	2.40	$V_{SWMAX} \geqslant V_O$ $V_{ICMAX} \geqslant V_O$ $V_{ICMIN} \leqslant V_{INMIN}$ $I_{O\_MAX} \leqslant 0.8 \times I_{CLIM} \times \frac{V_{INMIN}}{V_O}$ $R_2 \approx R_1 \times \left[\frac{V_O}{V_{FB}} - 1\right]$ $D_{MAX} \geqslant \frac{V_O - V_{INMIN}}{V_O}$
		2	2.45	$V_{ICMAX} \geqslant V_O$ $V_{ICMIN} \leqslant V_{INMIN}$ $I_{O\_MAX} \leqslant 0.8 \times I_{CLIM} \times \frac{V_{INMIN}}{V_O}$ $R_2 = R_1 \times \left[\frac{V_O}{V_{FB}} - 1\right]$ $D_{MAX} \geqslant \frac{V_O - V_{INMIN}}{V_O}$

注：按照惯例，R_2 总是连接到输出的高电压端，R_1 连接到低电压端。

表 2.4　各种拓扑的 IC 选用表（第 2 部分）

所有电压和电流仅为幅值				
拓扑	组态	IC 类型	图	方程
Buck-Boost	正-负	1	2.41	$V_{SWMAX} \geqslant V_{INMAX} + V_O$ $V_{ICMAX} \geqslant V_{INMAX} + V_O$ $V_{ICMIN} \leqslant V_{INMIN}$ $I_{O\_MAX} \leqslant 0.8 \times I_{CLIM} \times \frac{V_{INMIN}}{V_{INMIN} + V_O}$ $R_2 = R_1 \times \left[\frac{V_O}{V_{FB}} - 1\right]$ $D_{MAX} \geqslant \frac{V_O}{V_{INMIN} + V_O}$
		2	2.44	$V_{ICMAX} \geqslant V_{INMAX} + V_O$ $V_{ICMIN} \leqslant V_{INMIN}$ $I_{O\_MAX} \leqslant 0.8 \times I_{CLIM} \times \frac{V_{INMIN}}{V_{INMIN} + V_O}$ $R_2 = R_1 \times \left[\frac{V_O}{V_{FB}} - 1\right]$ $D_{MAX} \geqslant \frac{V_O}{V_{INMIN} + V_O}$
	负-正	1	2.38	$V_{SWMAX} \geqslant V_{INMAX} + V_O$ $V_{ICMAX} \geqslant V_{INMAX}$ $V_{ICMIN} \leqslant V_{INMIN}$ $I_{O\_MAX} \leqslant 0.8 \times I_{CLIM} \times \frac{V_{INMIN}}{V_{INMIN} + V_O}$ $R_2 \approx R_1 \bullet \left[\frac{V_O - 0.6}{V_{FB}}\right]$ $D_{MAX} \geqslant \frac{V_O}{V_{INMIN} + V_O}$
		2	不存在（相对的单元）	

注：按照惯例，R_2 总是连接到输出的高电压端，R_1 连接到低电压端。

在图 2.36 中，我们给出了一个快速查找图表，展示了使用通常可用的类型 1（反激）IC 和类型 2（Buck）IC 究竟可能实现什么电路（在反馈或 IC 电源端做了一些附加要求）。

在表 2.3 和表 2.4 中，提供了用于验证所选 IC 是否适合当前应用的方程，主要是针对电压和电流应力。下面给出了一些例子。在图 2.37～图 2.39 中，给出了 B 型单元的组态（商用 Buck IC 中常见），在图 2.40～图 2.45 中，给出了 A 型单元可能的组态（商用 Boost IC 中常见）。

实际例子

下面给出一些典型的例子以进一步阐明选择过程。

例 2.12　LM2585 是 3A 反激稳压器，其内部电流极限的最小值（参见电气性能参数表）为 3A，输入电压范围为 4～40V，其开关管可以承受 65V。它可以用于 Boost 拓扑吗？有哪些应用？

分析时需要以下步骤。

（1）我们确定，LM2585 是我们认为的类型 1 IC。

（2）根据图 2.36、表 2.3 和表 2.4 可知，它可用于正-正 Boost。

（3）由方程可知，输入电压必须低于 40V，输出电压必须低于 65V（因为 $V_{SWMAX}> V_O$ 和 $V_{ICMAX}>V_{INMA}$）。这些定义了任何合适应用中的输入-输出电压条件。

（4）最大负载电流为（具有 20% COR 值的裕量）

$$I_{O\_MAX} = 0.8 \times I_{CLIM} \times \left[\frac{V_{INMIN}}{V_O} \right]$$

因此，如果输出设为 60V，输入范围为 20 ~ 40V，最大负载（带有适当设计的电感）为

$$I_{O\_MAX} = 0.8 \times 3 \times \frac{20}{60} = 0.8\ \text{A}$$

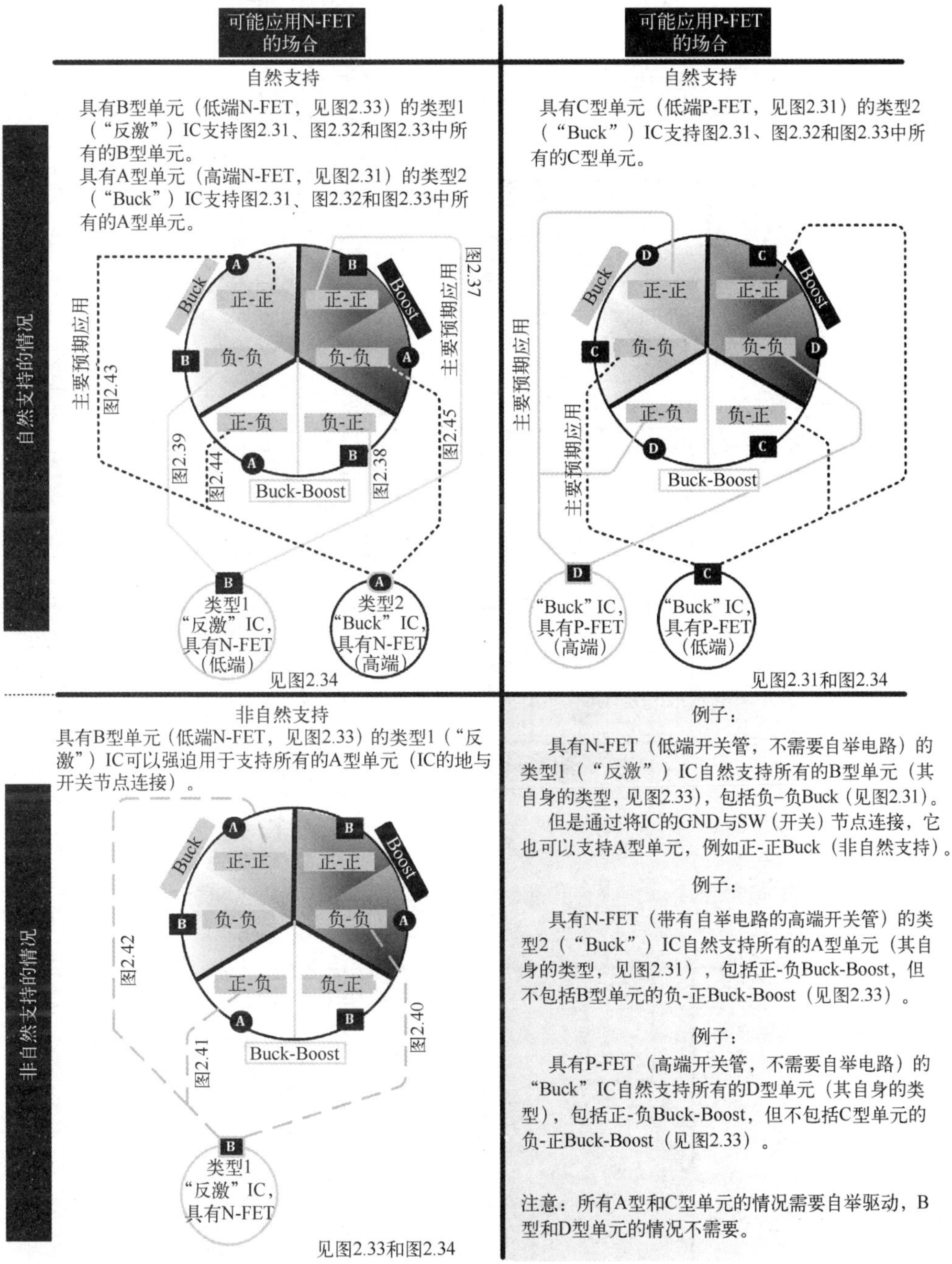

图 2.36　常见的现有控制 IC 组成的各种可能的应用、组态和拓扑的查表

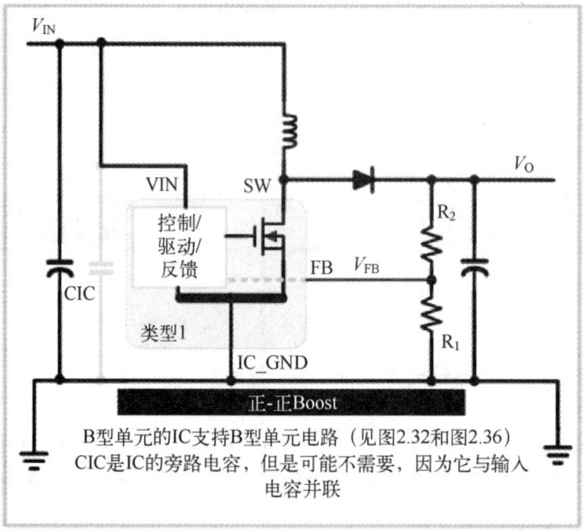

图 2.37　应用 Boost/反激 IC（B 型单元：自然并预期的选择）构成的正-正 Boost

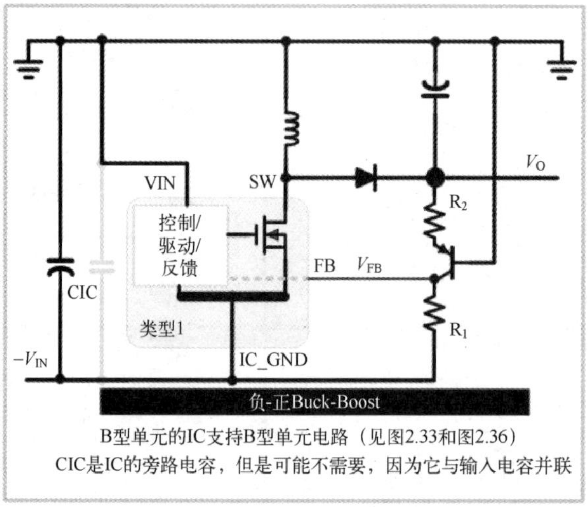

图 2.38　用 Boost/反激 IC（B 型单元：自然并预期的选择）构成的负-正 Buck-Boost

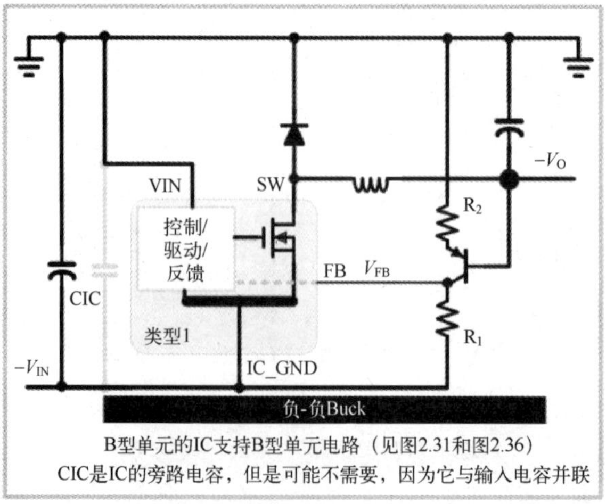

图 2.39　用 Boost/反激 IC（B 型单元：自然选择）构成的负-负 Buck

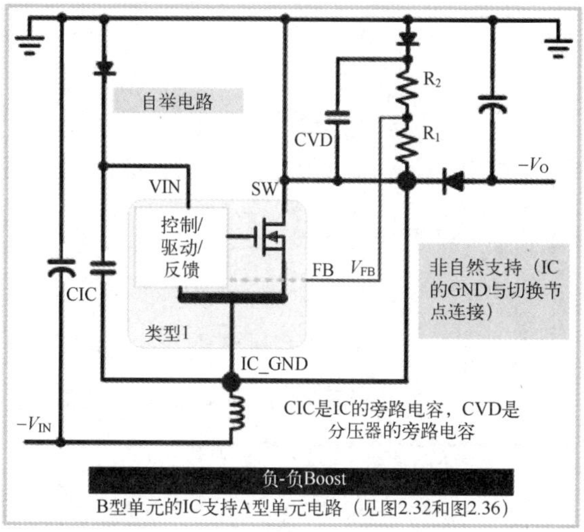

图 2.40　用 Boost/反激 IC（A 型单元：非自然选择）构成的负-负 Boost

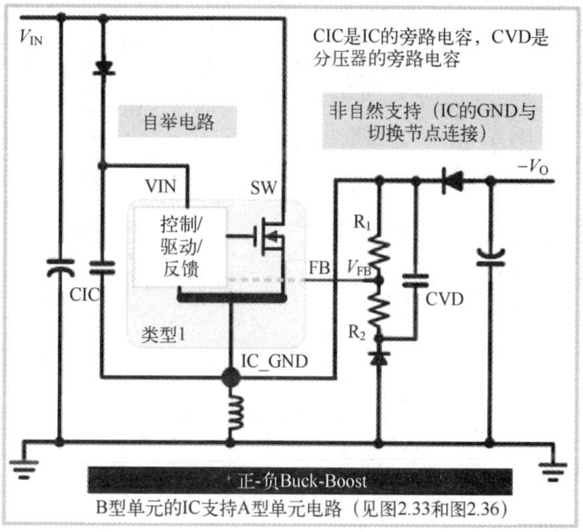

图 2.41　用 Boost/反激 IC（A 型单元：非自然选择）构成的正-负 Buck-Boost

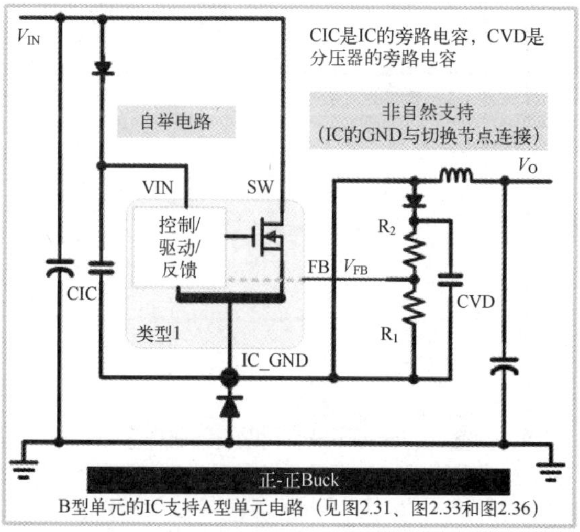

图 2.42　用 Boost/反激 IC（A 型单元：非自然选择）构成的正-正 Buck

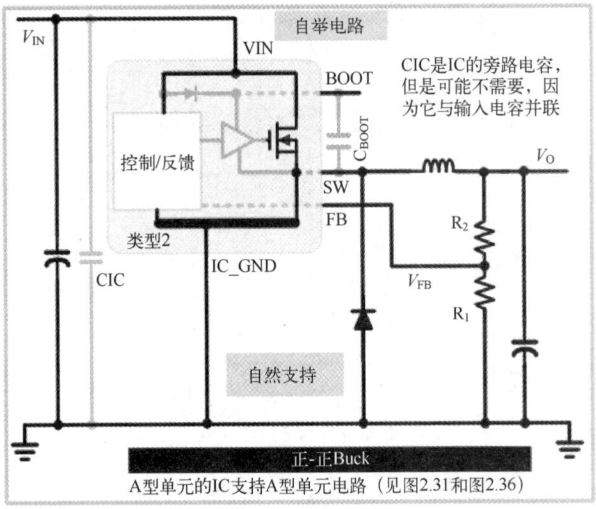

图 2.43　用 Buck IC（A 型单元：自然并预期的选择）构成的正-正 Buck

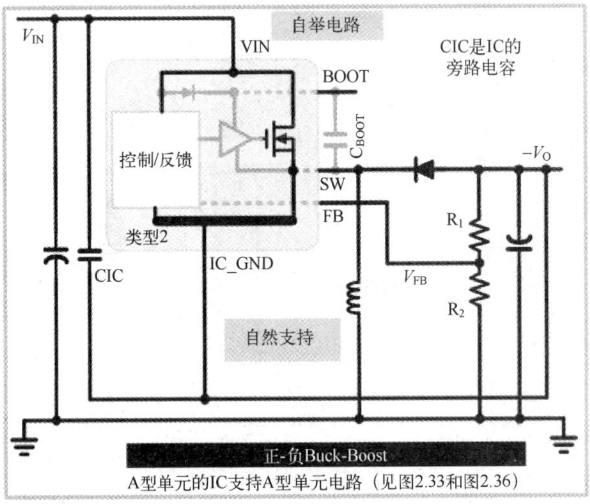

图 2.44　用 Buck IC（A 型单元：自然选择）构成的正-负 Buck-Boost

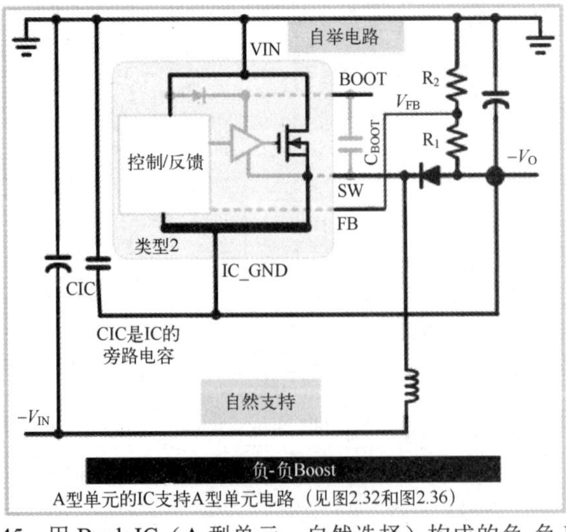

图 2.45　用 Buck IC（A 型单元：自然选择）构成的负-负 Boost

例 2.13 已知的应用条件为 V_{IN} 范围为 4.5～5.5V，输出要求为−5V/0.5A，可以用 LM2651 吗？

LM2651 是 1.5A 的 Buck 稳压器。首先注意，该 IC 可以在 Buck 组态中传递 1.5A，但在任何其他的组态或拓扑中不行。必须重新计算负载等级。步骤如下。

（1）我们确定，LM2651 是我们认为的类型 2 IC。

（2）根据图 2.36、表 2.3 和表 2.4 可知，正−负的 Buck-Boost 可以用该 IC。

（3）根据器件的数据表可得

$V_{ICMIN} = 4\text{ V}$ $V_{ICMAX} = 14\text{ V}$

$I_{CLIM} = 1.55\text{ A}$ （最小公差带）

$D_{max} = 92\%$ （最小公差带）

（4）由此我们现在逐步检查这些条件：

$V_{ICMAX} > V_{INMAX} + V_O$

$14\text{ V} > 5.5\text{ V} + 5\text{ V} = 10.5\text{ V}$ （可以）

$V_{ICMIN} < V_{INMIN}$

$4\text{ V} < 4.5\text{ V}$ （可以）

$I_{O\_MAX} < 0.8 \times I_{CLIM} \times (V_{INMIN}/V_{INMIN} + V_O)$

$0.5 < 0.8 \times 1.55 \times \{4.5/(4.5+5)\} = 0.587$ （可以）

$D_{MAX} > V_O/(V_O + V_{INMIN})$

$0.92 > 5/(5+4.5) = 0.53$ （可以）

因此，LM2651 适用于预期的应用中。

差分电压采样

在图 2.38 和图 2.39 中，我们用粗糙的差分采样电路将反馈参考到 IC 的地。另外，也可以用运放（例如 LM324）来实现更精确的采样方案，如图 2.46 所示。建立这样的差分运放有两种方式。图 2.46 下面的电路具有较高的增益。注意，运放的输入记为 V_{O_hi} 和 V_{O_lo}。这表示不管原理图上如何标记电路的输出端，运放的输入端分别连接 HI 端和 LO 端。运放的相关知识必须牢记。例如，需注意，运放有规定的输入电压共模范围。对于 LM324 系列，该范围规定低于正电源电压 1.5V，并且该参数称为 v'。我们要求运放输入引脚的电压保持在这个允许范围内，否则运放不能实现全部功能。由于这些引脚的电压是由电阻确定的，如果电阻也被认为是固定不变，唯一的方法设定运放的电源端电压$+V_{aux}$ 足够高以确保共模条件被满足。这一限制方程见表 2.5。注意，如果所需的$+V_{aux}$ 最小值仍然很低，可能需要将其接至可用的直流端。如果不这样做，就需要用一个额外的外部电源来给运放供电。

表 2.5 差分采样电路的设计查表

运放	方程组
标准差分运放	$R_2 = R_1 \times V_O / V_{FB}$ $V_{aux} \geqslant v' + \left[\dfrac{R_1}{R_1+R_2} \times (V_{INMAX} + V_O)\right]$
高增益差分运放	$R_2 = R_X \times V_O / V_{FB}$ $R_X \equiv R_3 + R_4 + \dfrac{R_3 \times R_4}{R_5}$ $R_2 = R_3 + \dfrac{R_4 \times R_5}{R_4 + R_5}$ $V_{aux} \geqslant v' + \left[\dfrac{R_1}{R_1+R_2} \times (V_{INMAX} + V_O)\right]$

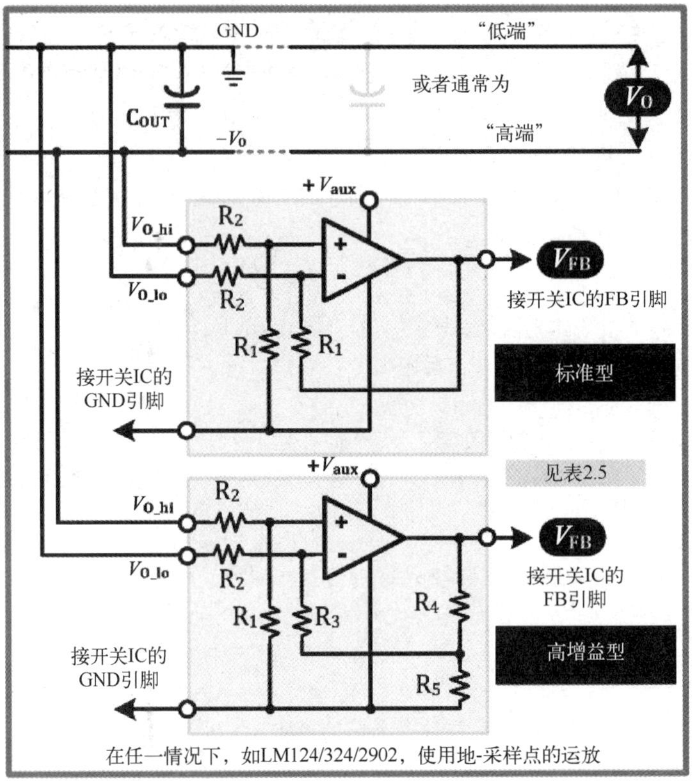

图 2.46　改进输出调整率的两种差分采样技术

一些拓扑的细微差别

当我们用到拓扑时，一些关注的问题都与拓扑本身的细微差别有关。特别是，当 Buck 拓扑没有右半平面（RHP）零点，但 Boost 和反激/Buck-Boost 有时。因此，当我们尝试应用 Buck IC（带有内部固定补偿）时，我们可能没办法将穿越频率调整到小于 RHP 零点频率的四分之一，一般建议避免采用这种不稳定模式。那么如何能将类型 2 IC 成功用于其他拓扑呢？

要回答这个问题，我们首先要记住 RHP 零点的直观含义。它是这样产生的，如果我们突然增大 Boost 或 Buck-Boost 稳压器的输出端负载，那么输出电压会瞬间下降。因此，反馈引脚的电压略有下降，这使得占空比增大以进行补偿。但在导通期间 Boost 和 Buck-Boost 与 Buck 不同，输出端没有能量流过——在此期间基本上只是在电感中储存能量。因此，如果占空比随着负载增大而增加，事实上关断时间会减小，由此更少的而不是更多的电流会流到输出端。这会导致输出电压进一步降低。最终，经过几个周期后，电感平均电流逐渐增大，输出倾角将得到纠正。但在这发生之前，我们看到负载扰动会自动增强。在严重的情况下，这可能会导致持续振荡。在波特图中，RHP 零点在增益图中显示为正常的（LHP）零点，造成斜率以 20dB/dec 增大（向上），但在相位图上表现为一个极点，造成−90°相移（向下）。RHP 零点的位置为

$$f_{\text{RHPZ\_Boost}}=\frac{R_L\times(1-D)^2}{2\pi L}$$

$$f_{\text{RHPZ\_Buck-Boost}}=\frac{R_L\times(1-D)^2}{2\pi L\times D}$$

式中，R_L 为负载电阻。正如前文提到的，我们通常应该确保获得足够高的增益并恰好消除这个频率。这意味着，我们只是不让控制对负载需求的变化反应太快。

当用 Buck IC 来构造其他拓扑时，会用到两个著名的消除 RHP 零点的实用技术。在正-负（Buck-Boost）组态中可以看到这种应用。这两种技术都在图 2.47 中展示了，但是可以使用一种或两种。使用右边的技术时，占空比突然增大，并略微推高反馈引脚的电平以使其不会因为响应突变负载的需求而下陷得太低。在左边的技术中，可以看到在电路中插入了一个二极管，IC 旁路电容 C_{IC} 需要更大的尺寸。毫无疑问，示意图看起来更像是 Buck 型而不是 Buck-Boost 型。事实上，在负载瞬态变化期间，其行为表现类似 Buck 型，因为即使在开关管导通期间，一些能量也可以传输到输出端。注意，输入二极管是用作反向保护的，如果输入没有突然的阶跃，它可以被省略。此外，如果在开始接入输入电源时跟踪电流流向，可以看到有反向电流流经输出电容。因此，当用到第二种方法时，可能需要在这一点放置一个反向二极管。

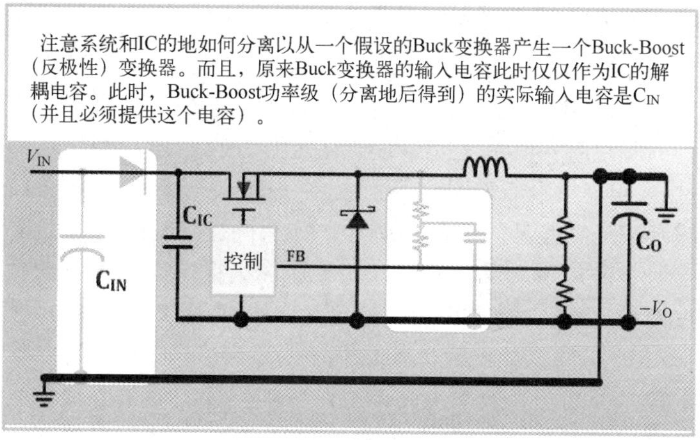

图 2.47　消除 RHP 零点的实用技术

第 3 章　现代变换器、复合拓扑和相关技术

第 1 部分　基本拓扑

同步 DC-DC 变换器

由第 2 章可知，当负载电流减小时，I_{COR}减小，其中 COR 代表斜坡中心值[连续导电模式（CCM）的平均电感电流]。对于三种拓扑来说这都是正确的，因为对于 Buck 拓扑，$I_{COR}=I_O$，对于其他两种拓扑，$I_{COR}=I_O/(1-D)$。每个周期某个时间点电流减小到 0，这就是临界导电模式（BCM）。正如之前讨论的，这一模式下 r=2。如果进一步减小负载电流，那么对于所有带有二极管的拓扑，因其没有其他通路，电流在零点停止，电感保持断电直至下一个周期开始。这是不连续导电模式（DCM）。

在现代拓扑中，二极管的正向压降一般被认为是过大的，为了减少损耗，在其两端放置一个场效应管来减少损耗，因为场效应管的压降小很多。设主 FET，即控制 FET 为 Q，同步 FET 为 Q_S。比起称其为上位 FET 或下位 FET，这种叫法更为一致，因为位置（高或低）会随拓扑和组态变化而变化，因而控制 FET 不一定就是上位 FET。

最简单的实现方法是“互补”驱动。例如，如果两个 FET 都是 N-FET，那么无论哪一个导通，另外一个一定关断，反之亦然。如果这样执行，当我们降低负载电流，在 r=2 时，电流反向通过同步 FET。通常称为强迫连续导电模式（FCCM）。这种模式有好处也有坏处，最大的好处是不管负载电流大小如何变化，占空比（几乎）不变。然而这种模式是基于电流循环的，因此，其效率不高。所以，现代 IC 通常会提供二极管模拟模式的选项，一旦电感电流试图变负，Q_S 马上关断。因此，Q_S 实际上表现得像一个二极管，但具有非常低的正向下降。变换器进入 DCM，这些选项如图 3.1 所示。

我们提示 FCCM 中的占空比是恒定的，与 CCM 中的占空比相同，那么我们可以说 FCCM 在所有方面都是 CCM 吗？几乎所有的方面都是肯定的。特别是附录中所有的 CCM 方程适用于 FCCM，也就是说，适用于 r>2。但是在运用含 r 的简化方程时有一个潜在的问题，当负载非常小时，r 几乎是无穷大（因为 r 为$\Delta I/I_{COR}$，ΔI 保持不变，但 I_{COR} 趋向于 0）。如何解决这一问题？一种方法是加一个小的假负载，使负载电流不会降到 0。另一种方法是回归到方程的完整形式。例如，在 Buck 变换器中，输入电容的有效值，方程可以变为如下形式。

对于 I_O=0，可得

$$I_{CIN\_RMS\_NO\_LOAD}=I_O\sqrt{D\times\left[1-D+\frac{r^2}{12}\right]}=\sqrt{D\times\left[I_O{}^2(I-D)+\frac{\Delta I^2}{12}\right]}=\sqrt{D\times\left[\frac{\Delta I^2}{12}\right]}=\frac{\Delta I}{2}\sqrt{\frac{D}{3}}$$

这就没有任何奇怪之处了。

底线是在 FCCM 中，我们可以用附录中给出的 CCM 方程。对于 DCM，将在第 4 章

讨论。

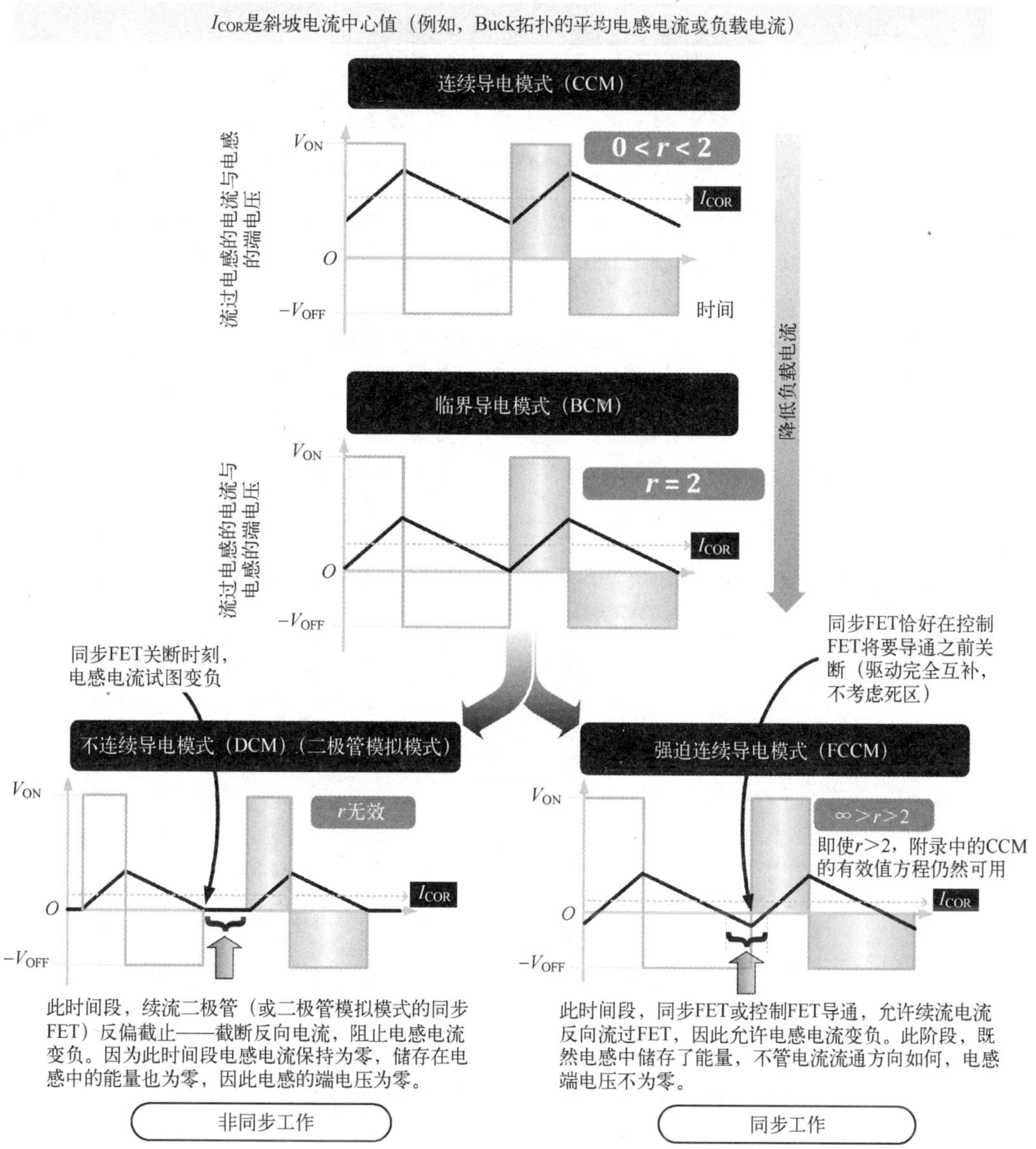

图 3.1　全同步工作或二极管模拟模式

同步 Buck 工作模式

图 3.2 展示了同步 Buck 变换器中电流是如何流动的。我们假设“近似互补”驱动，即两个驱动是互补的，但都有小的死区时间，下面我们会讨论这个问题。但还要注意，在电流为负的区域，特别是 D 段，电流流向“错误”——从输出流向输入。我们称之为降压工作下的升压段。我们很快会更细致地讨论这一点。

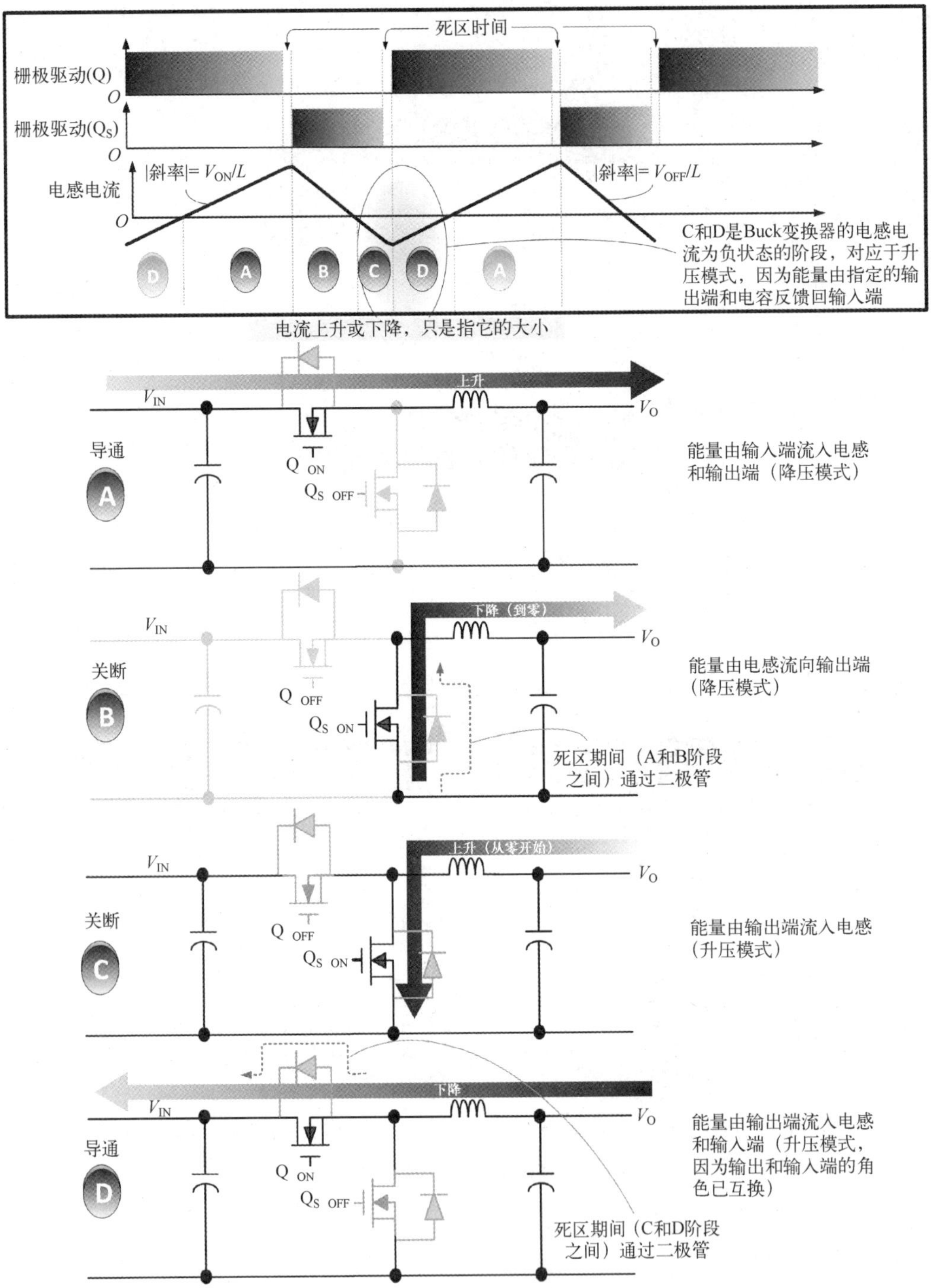

图 3.2　同步 Buck 工作模式解析

死区时间

图 3.2 中的电感电流波形在死区阶段没有很清楚地被表示出来，但在该图顶部的栅极驱动波形上可以看到一定的死区时间——导通之前的间隙。引入这个很小的间隔（通常大

约为 100ns）的主要原因是担心 Q_S 在 Q 完全截止之前会打开。虽然我们可以命令 FET 在某一个时间导通或截止，但由于其内部寄生栅极电阻和电容的存在，导通或截止会产生小小的延迟。这是潜在的灾难性问题，因为两个 FET 会同时导通（导通时间重叠），电源会通过它们直通短路，虽然因有微量的寄生电感存在而不会是完全的短路，但肯定会有“莫名其妙的”效率降低，特别是在轻载情况下，以及产生高于预期的静态（开关）电流。这种潜在的十分危险的交叉导通尖峰电流也被称为直通电流，会从输入电容流经两个 FET 返回地。这在实验上是很难看到的。如果我们插入一根导线以方便用电流探头进行测量，导线回路的电感足以平息交叉导通尖峰，我们可能看不到任何不寻常的东西。

对于在制造工艺、温度变化、不同的 PCB 布局（使用外部 FET 的开关器的情况下）等情况下产生的任何意外或无意的重叠，设计恰当的死区时间都能起到安全缓冲的作用。但这是一把双刃剑：其自身会产生严重的效率损失，因为在死区期间，（坏）体二极管会暂时导通，如图 2.3 所示。这会产生两个方面的坏处。第一，体二极管的正向压降为 1～2.5V，这会引起明显的导通损耗型消耗。工程师们通过缩短死区时间和保留肖特基二极管，特别是同步 FET 两端的肖特基二极管，来尽可能地减少损耗。保留肖特基二极管实际上可能会引起效率大增，如下 FAN5340 部分所述。第二，事实上体二极管是“坏”二极管，因为其正向压降大，反向恢复特性差。现在解释一下这种现象。

FAN5340

为什么肖特基二极管这么有用？2007 年年初，一家大型半导体生产商进行了实际的测试，根据作者的建议，在一个 2.7～16V 的同步 LED Boost IC 的内部同步 FET 两端加了一个肖特基二极管，满载情况下效率几乎提高了 10%。经过多年内部讨论，看起来找到了效率提高的根本原因，IC 返回到制图板阶段进行重新设计，内部同步 FET 带有集成肖特基二极管（在同一芯片上，该制造商是应用该技术的少数人之一），最终发布为 FAN5340。一个不好之处可能是上市时间很不合适，但这是在克服同步 Boost 稳压器的体二极管特性上学到的宝贵一课。

通过放置并联肖特基二极管获得效率提高的根本原因是 FET 的体二极管除了有较高的正向压降，还有另外一个不良的特性，这也是我们希望能够避免的。在开始正向导通时，其 PN 结吸收大量的少数载流子，在这个意义上，它是“坏”二极管。此后为了实现关断，所有的少数载流子需要被提走。在这过程结束之前，体二极管持续导通，也不会像好二极管（只有多数载流子，例如肖特基二极管）一样反向偏置并阻断电压。

如果没有肖特基二极管，这一切就会发生。在 Q 关断和 Q_S 导通的死区时间间隔内（即 $Q \to Q_S$ 交换），为了使 Q_S 的体二极管导通，需要给它注入大量的少数载流子（通过二极管正向电流）。存储的电荷产生的有害影响实际表现在下个死区时间内——当 Q 开始导通之前，Q_S 需要关断（即 $Q_S \to Q$ 交换）。现在我们发现 Q_S 关断不够快，因此会有直通电流尖峰流经 Q 和 Q_S。这个不需要的反向电流最终提取了所有少数载流子，二极管最终反向偏置。但在直通的这段相当长的时间内，FET 内产生很大的 $V \times I$，因此产生很大的瞬时功耗。这种情况下电流来自输入电容。由于二极管恢复不够快，（整个周期的）平均功耗几乎与死区时间成正比。

避免上述反向恢复及其产生的直通现象的唯一方法是防止体二极管同时正向偏置，即将它完全旁路。这一方法可以通过在同步 FET 两端连接一个肖特基二极管来实现，在看似无关紧要的死区时间内为电流提供了另一条优选的通路。

注：然而，为了确保在动态（开关）情况下，肖特基二极管是“优先的”，我们要确保外部的肖特基二极管是通过最厚、最短的走线连接到 FET 漏极和源极之间的，否则走线电感会大到阻止电流从体二极管转移进入肖特基二极管。最好的解决方法是将肖特基二极管集成到 FET，尽量在同一个芯片上，以尽可能将电感降到最低。

一些现代 IC 使用的是自适应死区时间。控制器不断检测状况，并将死区时间缩短到交叉导电几乎被排除的程度。（但同步 Boost 的反向恢复效应是怎样的？）需记住，短暂死区时间有很大的好处：如果我们留有足够的死区时间来让 FET 的端电压降到 0，那么可以实现零电压开关。这一方面将在第 19 章详细讨论。

另一种可能直通的情况：*C*d*V*/d*t* 引起的导通

注意，有种称为 *C*d*V*/d*t* 的现象引起的导通也会产生交叉导通，特别是在低压 VRM 型的应用中——尽管有足够的死区时间存在。例如，同步 Buck 电路中，如果控制 N-FET 突然导通，它会在同步 FET 的漏极产生高 d*V*/d*t*。这会产生足够大的电流流经同步 FET 的漏-栅极电容（C_{GD}），然后产生相当大的电压冲击栅极，可能会大到使它瞬间导通（但可能只是部分导通）。由此产生预料之外的 FET 重叠导通。这种情况可能只有在轻载并且效率出奇低时，才能明显看出来。为了避免这种情况，我们需要做到以下一点或几点：（1）降低上位（主）FET 的开关速度；（2）具有良好的 PCB 布局（在控制器驱动外部 FET 的情况下）以确保下位（同步）FET 的栅极驱动始终是低电压；（3）下位（同步）FET 的栅极驱动设计成“硬的”；（4）如果可能，选择具有稍高栅极阈值的下位（同步）FET；（5）选择带有低 C_{GD} 的下位（同步）FET；（6）选用内部栅极电阻很小的下位（同步）FET；（7）选用高栅-源极电容（C_{GS}）的下位（同步）FET；（8）或许可以尝试将输入端的去耦电容放置于远离 FET 处（即使走线只有几毫米长，产生的电感也可能会有帮助），那么即使有小小的重叠，至少那段重叠时间内的交叉导通电流会因为 PCB 走线电感而受到抑制。

Buck 中的升压和 Boost 中的降压

在强迫连续导电模式（FCCM）中，由于平均电感电流低于临界导电极限 $I_{COR}=\Delta I/2$，形成两个阶段，标记为 C 和 D，见图 3.2。在 C 阶段中，电感电流沿负方向流过 Q_S。但是在 D 阶段中，Q_S 已经关断，电流进入输入电容。后者代表能量从输出端返回输入端。记住，与输入端相比，输出端是低压端，这表示实际上是一个升压过程。然而它仍然被认为是降压，因为从平均能量来说还是从左流向右，即从输入端到输出端，依据是平均电感电流 I_{COR} 仍为正。注意，同步变换器中的正或负是随意的——它只反映了我们对于电流“正确”流向的预期。

因此，在 Buck 中，如果减小 I_{COR}（负载）为 0，那么所有进入电感的能量将反馈回电源端，由此得到 100%的循环电流。事实上，这和 Boost 拓扑没有任何区别。这就像+0与-0 有什么区别？当电流 I_{COR}（稍微）低于 0 以下时，开始进入 Boost 拓扑模式。这意味着平均电流（和能量）从右边流向左边。而事实上电流是“负的”，但只要将整个原理图旋转 180° 就可以纠正。现在电流又是从左边流向右边，并且非常清楚这是一个同步 Boost 变换器，如图 3.3 所示。

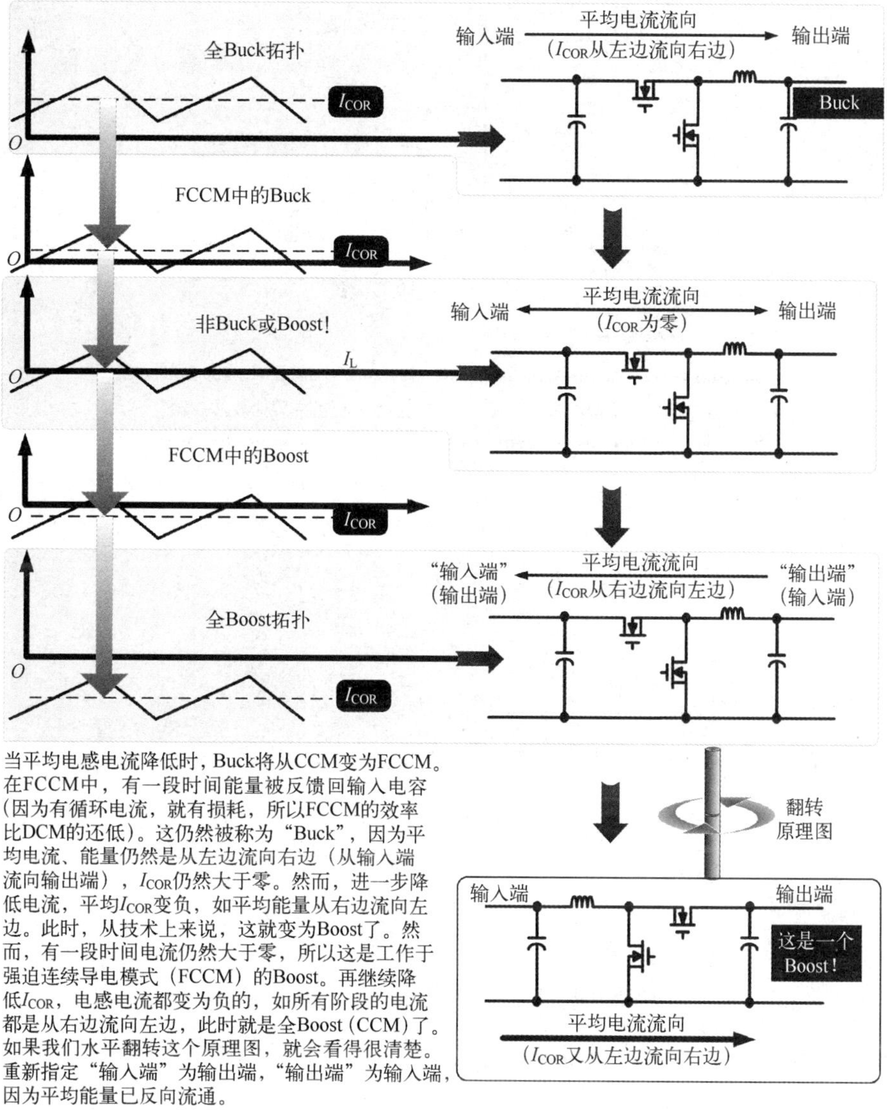
全Buck拓扑
输入端
平均电流流向
（I_{COR}从左边流向右边）
输出端
I_{COR}
Buck
FCCM中的Buck
I_{COR}
非Buck或Boost!
输入端
平均电流流向
（I_{COR}为零）
输出端
I_L
FCCM中的Boost
I_{COR}
“输入端”
（输出端）
平均电流流向
（I_{COR}从右边流向左边）
“输出端”
（输入端）
全Boost拓扑
I_{COR}
当平均电感电流降低时，Buck将从CCM变为FCCM。在FCCM中，有一段时间能量被反馈回输入电容（因为有循环电流，就有损耗，所以FCCM的效率比DCM的还低）。这仍然被称为“Buck”，因为平均电流、能量仍然是从左边流向右边（从输入端流向输出端），I_{COR}仍然大于零。然而，进一步降低电流，平均I_{COR}变负，如平均能量从右边流向左边。此时，从技术上来说，这就变为Boost了。然而，有一段时间电流仍然大于零，所以这是工作于强迫连续导电模式（FCCM）的Boost。再继续降低I_{COR}，电感电流都变为负的，如所有阶段的电流都是从右边流向左边，此时就是全Boost（CCM）了。如果我们水平翻转这个原理图，就会看得很清楚。重新指定“输入端”为输出端，“输出端”为输入端，因为平均能量已反向流通。
翻转
原理图
输入端
输出端
这是一个
Boost!
平均电流流向
（I_{COR}又从左边流向右边）

图 3.3　Buck 到 Boost

如果输出有短路或过载的情况，那么电感中的能量会自动进入输入或输出电容，我们可能需要超大的输入/输出电容来避免过载情况下的同步 Buck 或 Boost IC 损坏。

电压模式控制同步 Buck 变换器的通用电流采样技术

在电压模式控制中，固定斜坡被注入 PWM 比较器上。因此，检测电流的唯一原因是在过载期间进行保护。现今检测同步 Buck IC 电流的常用方法如图 3.4 所示。从 Q_S 源极的接地电压（0）开始，向后退到标记为 CLIM_SENSE 的引脚，可以发现有两个符号相反的电压降，一个是由电流通过 Q_S 产生的（见图 3.2 中 B 阶段），另一个是由 CLIM_SENSE 引脚上的微小（例子）50μA 电流源经过电流限制编程引脚 RLIM 产生的。用这种方法，通过设置 R_{LIM}，我们可以设定 I_{LIM}。

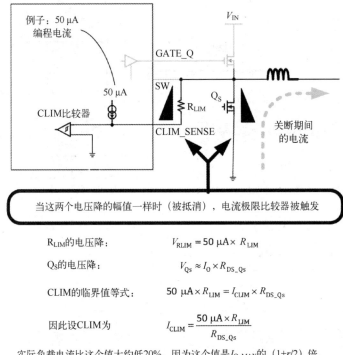

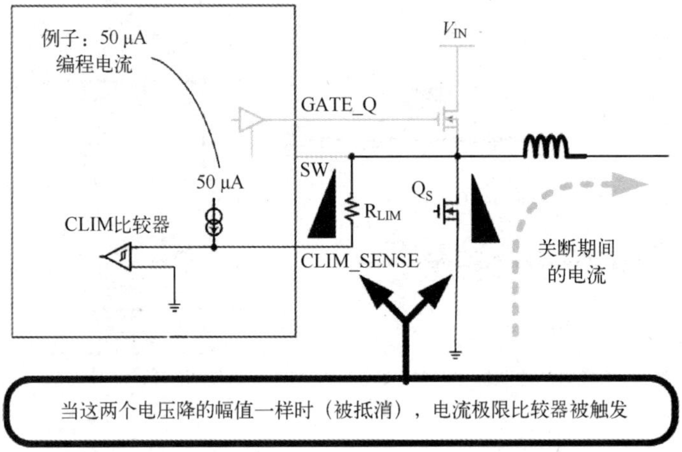

R_{LIM}的电压降：　$V_{RLIM} = 50\ \mu A \times R_{LIM}$

Q_S的电压降：　$V_{Qs} \approx I_O \times R_{DS\_Qs}$

CLIM的临界值等式：　$50\ \mu A \times R_{LIM} = I_{CLIM} \times R_{DS\_Qs}$

因此设CLIM为　$I_{CLIM} = \dfrac{50\ \mu A \times R_{LIM}}{R_{DS\_Qs}}$

实际负载电流比这个值大约低20%，因为这个值是I_{O_MAX}的（$1+r/2$）倍。

图 3.4　典型的电压模式控制 IC 的低端电流采样

如果用示波器来监测 CLIM_SENSE 电压，我们发现它一般高于地几伏。但是在电流限制下，它跌至 0，见图 3.5 中的过载波形。在这一点上，一个典型的控制 IC 会省略接下来的几个驱动 Q 的 ON 脉冲，等待 CLIM_SENSE 的电压上升略高于 0，或在重新开始驱动之前对一定数量的跳过脉冲进行计数。

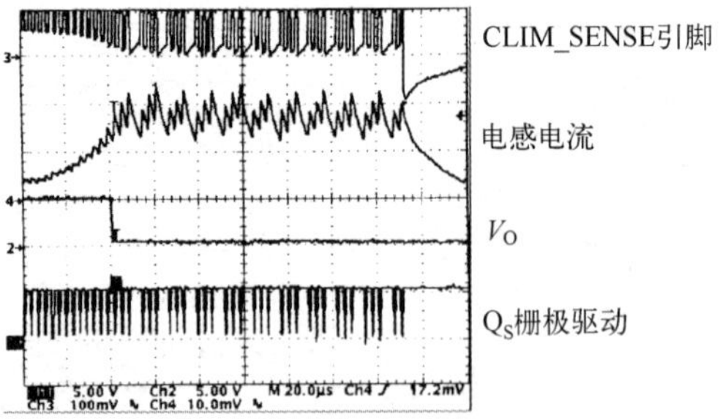

图 3.5　基于低端采样的过载时的波形

注意，如果上部位置用的是 N-FET，跳过几个 ON 脉冲，自举电容可能会被耗尽，Q 的栅极驱动会崩溃。为了避免这一情况，有一些 IC 设计人员更愿意用 P-FET 作为 Q；有些人会迫使上部 FET 在很窄的最小脉冲宽度内导通，就为了驱使电流进入特定的自举电容；或者在每 X 个丢失的脉冲内强行导通一次，等等。

此外，这种方法是非常依赖于温度的，因为温度没有得到补偿，而 FET 的 R_{DS} 具有高度的温度依赖性。这会导致极大的误差。最好是假设通过“热 FET”来启动，并在此基础上计算 R_{LIM}，以避免在正常的操作下由于温度上升而过早产生功率限制。

电流模式控制同步 Buck 变换器的通用电流采样技术

本例中，我们需要将整个电感电流波形的信息应用于 PWM 比较器引脚。最通用的方法（“无损”）是 DCR 采样。DCR 为电感线圈的直流电阻。

这种方法可能来自于简单的想法：为什么不将采样电阻与电感串联，以代替采样电阻与 FET 串联的方法？那样我们就能获得电感电流的所有信息，而不仅仅是开通或关断时刻的信息。这可以帮助我们实现各种新的控制和保护技术。然而这种想法又产生新的问题，因为每个电感都有内置电阻，称为 DCR，所以我们可以用这个电阻代替独立的采样电阻吗？由于电路中没有引入任何附加的损耗项，因此我们能获得“无损的电流采样”。这里会有一个明显的问题，DCR 本身是无法实现的：我们不能简单地将误差放大器或万用表“直接接在 DCR”上，因为 DCR 处于电感的内部，但我们还是要坚持这样做。问题是：有没有办法能从整个电感电压波形中提取出 DCR 的电压呢？答案是肯定的，这种技术称为 DCR 采样。

在图 3.6 中，我们展示了这是如何实现的，而且现在是相当通用的。本例中，*RC* 时间常数不大（电流模式控制中小小的延迟峰值电流限制是可以接受的），但实际却与 L-DCR 结合的时间常数精确吻合，即 *RC*=*L*/DCR。事实上有趣的是，瞬态时 DCR 电压与电容电压都增加或减少相同的值。这表明这两个电压变化相同（即相互追踪），在同样的初始电压条件下，最后稳定于同样的稳定状态。注意，稳定/初始值为 I_O×DCR。

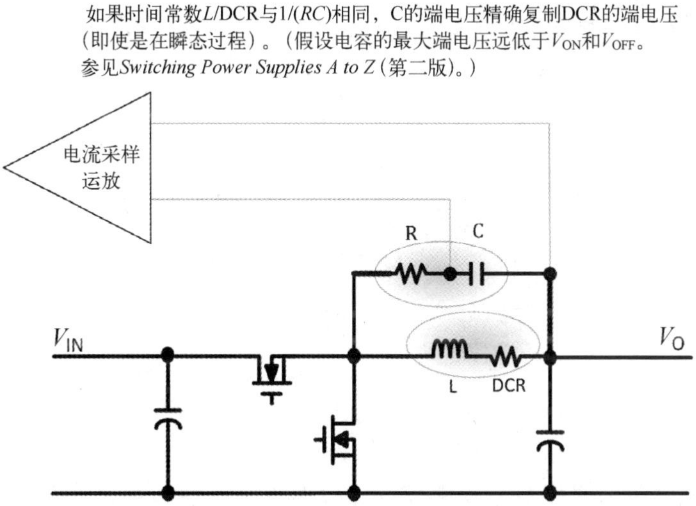

图 3.6　电流模式控制变换器的 DCR 采样

DCR 采样技术的优点是在采样电容电压中可以获得电感电流波形的 AC 分量与 DC 分量（然而需假设此过程中电感不饱和）。

有没有简单直观的数学公式来解释时间常数匹配及由此产生的追踪结果？有，但我们会看到，这不是一个严格的证明。让我们运用对偶原理开始证明。我们知道，当电流对电容充电时，电容上的电压就类似于电压对电感“充电时”流过电感的电流。假设稳态条件有效，电容的最大电压低于导通和关断时的电压（V_{ON} 和 V_{OFF}，分别约等于 $V_{IN}-V_O$ 和 V_O），在导通时间和关断时间内分别进行充电和放电的电流源几乎为恒流源。问题是：导通和关断期间，电容电压摆幅为多少？此外，摆动幅度相同吗？或者在周期结束时是否有剩余的增量（这表示状态不稳定）？

应用 $I=C\Delta V/\Delta t$，可得

$$\Delta V_{ON}=\frac{V_{ON}}{RC}\times\frac{D}{f}\qquad \Delta V_{OFF}=\frac{V_{OFF}}{RC}\times\frac{1-D}{f}$$

由伏秒定律可得

$$V_{ON}D=V_{OFF}(1-D)$$

因此

$$\Delta V_{ON}=\Delta V_{OFF}$$

同样，我们可以计算出电感电流的增量，如下所示。

设 $V=L\Delta I/\Delta t$，可得

$$\Delta I_{ON}=\frac{V_{ON}}{L}\times\frac{D}{f}\qquad \Delta I_{OFF}=\frac{V_{OFF}}{L}\times\frac{1-D}{f}$$

由伏秒定律可知

$$V_{ON}D=V_{OFF}(1-D)$$

因此

$$\Delta I_{ON}=\Delta I_{OFF}$$

我们得出结论，不管是电感电流还是电容电压，在周期结束的时候都没有剩余的增量。因此电感电流与电容电压都处于稳定状态。这就是对偶在起作用。

现在我们比较一下电容电压摆幅和 DCR 电压摆幅，试着使这两者相等，那样我们就可以精确复制，而不仅仅是复制彼此的大小。设

$$\Delta V_{ON}=\frac{V_{ON}}{RC}\times\frac{D}{f}$$

等于

$$(\Delta I_{ON}\times \mathrm{DCR})=\frac{V_{ON}}{L}\times\frac{D}{f}\times \mathrm{DCR}$$

因此

$$\frac{1}{RC}=\frac{\mathrm{DCR}}{L}$$

或

$$RC=\frac{L}{\mathrm{DCR}}$$

这是 DCR 采样时基本的时间常数匹配条件，我们可以看到，它遵循上述简化讨论。

这一简单的分析表明，电容电压与电感电流相似。这很清楚地告诉我们，电感电流的交流部分与电容电压一模一样。但是 DC 部分呢？电容电压与电感电流的 DC 部分也相同吗？确实是的，但并不遵从上述直观分析（或其他文献中复杂的 s 平面交流分析）。为此目的而写的 MathCAD 文件证明了这一点（此处未赘述）。但可以参见 *Switching Power Supplies A to Z*（第二版）的图 9.6。

有了良好的时间常数匹配，DCR 电压就是电容电压的复制，反之亦然，即 AC 和 DC

值都一样。此外，这种复制不仅是在稳态条件下成立，在瞬态条件下也成立。

DCR 采样并不是非常精确的，在关键场合中不应使用。例如，众所周知，标称 DCR 值在生产中广泛应用，DCR 值随温度变化很大。因为这个原因，许多商用 IC 厂家允许用户根据成本和效率原因来选择 DCR 采样，或是出于更高精度的原因在电感上串联一个外接采样电阻。

Buck 变换器的并联和交错

我们试着将 Buck 电源分成两个“不同相”（栅极驱动反相 180°）并联的电源。我们需要一些负载均流电路来实现这种并联，但这不在本书讨论范围内，因为我们假设这一特性已经内置于芯片中。相比较于系统设计者，我们更感兴趣的是，这是如何产生帮助的，以及帮助到底有多大。

在抽象的层面上，假设我们以某种方式实现了准确的均流（不管到底是怎么实现的），即假设我们实现了两个并联的、相同的变换器，每个提供负载电流 $I_O/2$，即图 3.7 中的方案 C。两个电源（独立的变换器）都接到同一个输入 V_{IN} 和同一个输出 V_O。驱动频率相同（尽管在这两个“相位”之间的同步，如果有的话，只对输入/输出电容器有影响，如后所述）。首先声明，并联可能会使电感体积变得更大。

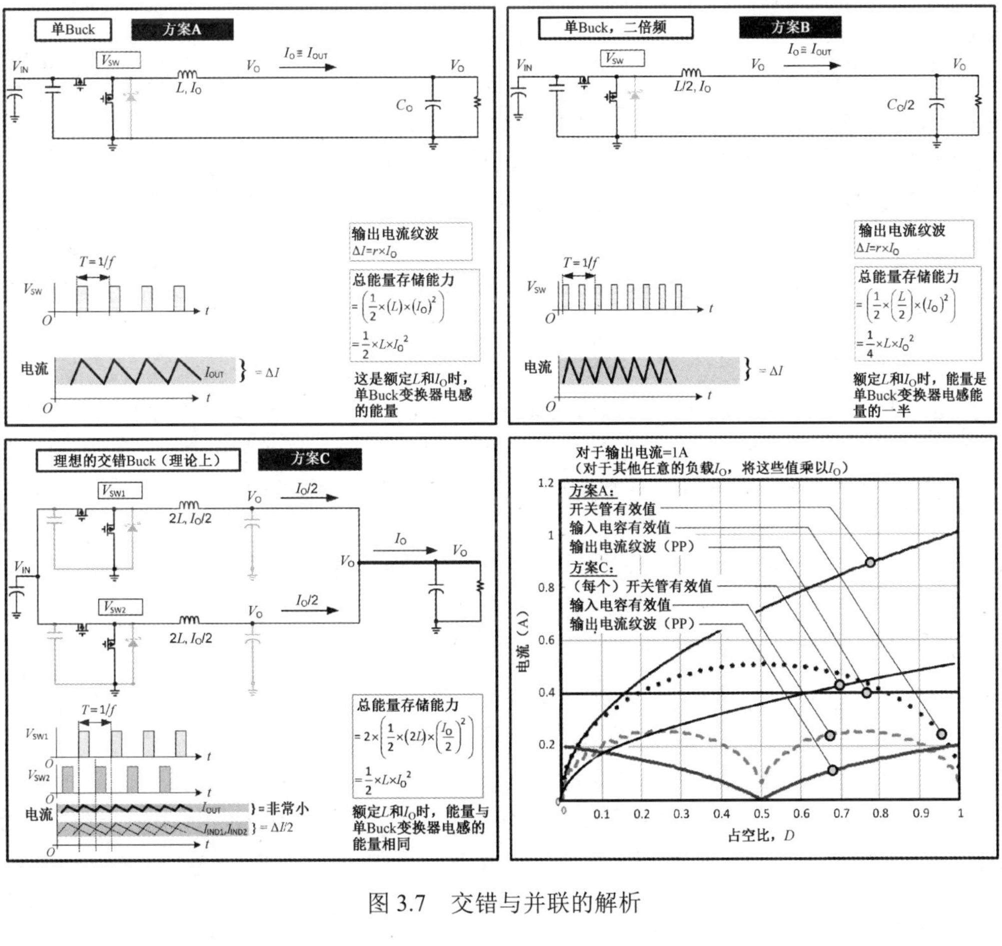

图 3.7　交错与并联的解析

由优化原理可知，对于电感，最好设置 r 为 0.4。由于每个并联的变换器仅带 $I_O/2$，我们需要将电感量翻倍来使每个电感的电流纹波率相同，这与本书第 2 章的“电源变换器的功率缩放比例指南”讲到的电感缩放规则是一致的。

现在看一下上述每个电感的能量处理能力。该值与 LI^2 成正比，由于 I 减半而 L 翻倍，该值也为总值的一半。因为有两个这样的电感，磁芯的总体积（两个电感合并）与原先单个电源单个电感（图 3.7 中的方案 A）的体积相比不变。

值得注意的是，在文献中，经常简单地说“交错会有助于减小电感的总体积”。“逻辑”如下：

单个变换器电感电流 I：

$$\varepsilon=\frac{1}{2}LI^2$$

两相，每个电感流过一半电流：

$$\varepsilon=\frac{1}{2}L\left(\frac{I}{2}\right)^2+\frac{1}{2}L\left(\frac{I}{2}\right)^2=\frac{1}{4}LI^2$$

所以由于交错，总的电感量减半。是的，确实如此，但仅当两个电感与单相变换器的电感相同时。然而每相带一半的电流，如果 L 不变，ΔL 也不变，但 I_L（斜坡的中心值）为一半，因此电流纹波率$\Delta I_L/I_L$ 翻倍！如果我们愿意接受与单电感变换器相同的电流纹波率，我们也会获得同样的体积减小。这里实际上与交错的概念无关，它是能量存储概念的误解。

如果用方案 C（变换器并联）代替方案 A（单个变换器）到底可以获得什么？储存一定的能量需要一定的电感。在第 2 章讲过，给定输出功率和周期 T（$=1/f$），在一定的时间 t 内传递的能量为$\varepsilon=P_Ot$。我们可以将此总能量分成两个（或更多的）能量包，每个能量包由独立的电感处理。但时间段 t 内传递的总能量必须最终保持不变，因为$\varepsilon/t=P_O$，在电流分析时保持输出功率不变。因此，方案 C 中总的电感量（两个电感）仍为ε（因为 $2\times\varepsilon/2=\varepsilon$）。注意，为了简化起见，我们假设反激变换器的逻辑原理，其电感要储存流经它的所有能量（或者在上述估计中也要包括 D，但结论仍然是不变），正如第 2 章学到的，参见图 2.11。

当然，我们也可以将频率翻倍来传递能量包。由此可得方案 B，它仍是单相变换器。只有在这个时候，每周期不再是两个$\varepsilon/2$ 的能量包，每 $T/2$ 周期必须储存和传递$\varepsilon/2$ 能量。实际上直观来说，我们用同一个电感，在 $T/2$ 周期内传递$\varepsilon/2$ 能量，再用这个电感，在 $T/2$ 周期内传递剩余的$\varepsilon/2$ 能量。在计算机术语中这是时分多路复用（TDM）。因此最终在时间 T 秒（s）内还是得到ε焦耳（J）能量（等价于 P_OJ/s，以弥补所需的输出功率）。然而每个时刻只有一个电感来处理$\varepsilon/2$ 能量。因此方案 B 中的电感总体积减半，如图 3.7 所示。

然而在同一开关频率追溯和比较这些情况（即方案 A 和 C），我们指出，在实践中而非理论中，并联两个变换器结果可能需要更高的能量存储能力（和更高的电感总体积）——仅仅是因为没有完美的均流技术，但是我们这样处理可能是聪明的。例如，要传递 50W 输出，两个并联的 25W 变换器无法完成。由于固有差异的存在，在这种情况下，尽管我们尽了最大的努力，一个电源（称为一相）可能可以传递稍多的功率，大约为 30W，另一相相应的仅为 50W−30W=20W。但我们也不知道这两个电源哪个最终承载更大的电流。所以我们需要提前预备两个 30W 的变换器，只为确保实现 50W 输出。实际上，相比于单相变换器电感仅需存储 50W，我们需要足以存储 60W 的总电感量。因此，并联（对于相同的电流纹波率 r）实际上增加了电感的体积。

那么，为什么我们不坚持将单相变换器的频率翻倍？为什么还要考虑并联变换器？到目前为止，并联似乎没有什么真正动人之处。我们当然希望将电流应力和由此产生的损耗分布在整个 PCB 上，以避免“热点”，特别是在大电流负载点（POL）的应用中。但也有另外一个较好的理由。仔细看图 3.7 中的方案 C，我们注意到输出电流波形有“非常小”的交流摆幅。这里无任何公式或者数字，也无很好的理由。我们还记得输出电流是两个电感电流的总和。假设我们想象这样一种情况，一个波形降至 XA/μs，另一个同时升至 XA/μs。如果这种情况发生，很显然，两者之和保持不变——得到纯的直流值，没有任何交流摆幅。这种情况如何会发生？考虑稳态下，对于 Buck 变换器，电感电流的下降斜率（$-V_O/L$）等于上升斜率[$(V_{IN}-V_O)/L$]的唯一方法是 $V_{IN}-V_O=V_O$ 或 $V_{IN}=2V_O$，即 D=50%。换句话说，在 D=50%时，输出电流纹波预计为 0！由于电容 C 相当大，电压纹波等于电感电流纹波乘以输出电容的 ESR，我们也期望输出电压纹波较低。这是一个好的消息。图 3.7 右下侧（MathCAD 生成的波形图）给出了输出电流纹波（峰-峰值）。正如上述解释，在 D=50%时最小值为 0。

我们可以看到，输出电流纹波及输出电压纹波明显减少的原因是交错——即两个变换器相差 180° 相位工作（对应一个完整的时钟周期为 360°）。但这导致在 D=50%时输入电流有效值几乎为 0（参见图 3.7）。原因是，一旦一个变换器停止输出电流，另一个开始输出电流，当占空比接近 50%时净输入电流非常接近直流值（除了与 r 相关的小分量）。换句话说，取代影响输入电容电流波形的具有锋利边缘的开关电流波形，我们开始得到更类似于通常在输出电容器上出现的平滑无起伏的波形。所有这些改进都以方案 A 至 C 的对比在图 3.7 中展示（例如，频率为 f 的单相变换器与两个并联的变换器对比，并联变换器中每个变换器的频率为 f 但相位相反，如栅极驱动波形显示的那样）。

注意，上面我们已经做了假设，两个变换器开关正好反相（相隔 180° 或 $T/2$）。如上所述，这被称为交错，在这种情况下，在文献中通常称每个电源为（组合或混合）变换器的一相。因此方案 C 中变换器有两相。当然也可以有更多相，这就是通常的多相（N 相）变换器。将周期 T 根据所需相数等分（T/N），每个变换器的导通时间正好在时间区间之后。如果我们将所有的电源（即多相）都在一相工作（所有的导通时间开始于同一时刻），这种情况产生的唯一好处是热量能分散到四周。但是交错能降低总应力，改进性能。从输出电容来看，频率有效地翻倍了，因此输出纹波不仅小得多，甚至在合适的占空比条件下能够减小为 0。

在输入侧，重要的不是纹波峰-峰值，而是电流有效值。通常，波形的有效值与频率无关。然而，交错能够降低输入有效值应力。它产生的原因不是由于任何的频率翻倍效应，而是改变了输入电流波形的形状——使其与稳态电流的形状十分接近（根据占空比逐渐消除 AC 分量）。

讨论到目前为止，交错的一个缺点为每个电感“看到的”开关频率仍为 $1/f$，正如由其电流纹波可以明显看到（其上坡和下坡的时间）。但是使用耦合电感[见 *Switching Power Supplies A to Z*（第二版）]，我们可以“欺骗”电感“认为”其开关频率更高。

现在用一些简单的数学来验证图 3.7 中的主要曲线，并推导出闭式方程。如果需要的话，可以用相当大的篇幅严格推导出来下面的方程。这些推导过程在相关文献中是现成的。这里我们做同样的事情，如果不需要非常严格，那么直观地希望更简洁。

首先，看输出电容纹波。我们知道单相变换器中，由于 $T_{OFF}=(1-D)/f$，电流纹波为 $\Delta I=(V_O/L)\times[(1-D)/f]$。因此纹波峰-峰值与 $1-D$ 有关。如果仔细观察图 3.7 的合并输出电流，我们发现，正如我们期望的，它出现 $2f$ 的重复率，但其占空比不是 D，而是 $2D$。这是因为每个变换器的导通时间相同，但有效时间减为一半。因此合并输出电流的有效占空比为 $T_{ON}/(0.5T)=2T_{ON}/T=2D$。由于纹波（$\Delta I$）峰-峰值正比于 $1-D$，对于合并输出，该值变为

$$I_{O\_RIPPLE\_TOTAL}=\frac{1-2D}{1-D}\times I_{O\_RIPPLE\_PHASE}\quad 假如D\leqslant 50\%$$

或者说

$$\frac{I_{O\_RIPPLE\_TOTAL}}{I_{O\_RIPPLE\_PHASE}}=\frac{1-2D}{1-D}\quad 假如D\leqslant 50\%\quad \Leftarrow$$

如果两相的开关波形不重叠，即 $D<50\%$，这是正确的。这意味着两相的导通持续时间是分开的。当然在这种情况下，关断时间是重叠的。意识到这一对称性，我们可以很快找出相反的情况；当开关波形重叠，即 $D>50\%$，那么关断时间不会重叠。我们要记住这些只是几何波形。如果没有波形，我们所说的开通时间和关断时间就没有任何意义。由此可以简单地调换 D 与 D'。我们可以很简单地估计到对于 $D>50\%$的纹波，峰-峰关系是什么，那就是 $D'<50\%$！由此可得

$$\frac{I_{O\_RIPPLE\_TOTAL}}{I_{O\_RIPPLE\_PHASE}}=\frac{1-2D'}{1-D'}=\frac{2D-1}{D}\quad 假如D\geqslant 50\%\quad \Leftarrow$$

注意，与交错 Buck 变换器的每一相电流纹波相比较，合并输出电流纹波降低（我们不再比较单相变换器情况）。

其次，看一下输入电容电流有效值。从输入电容的角度来看，开关频率又为 $2f$，占空比为 $2D$。电流尖峰达到 I_O，即输出电流每 1A（总和值）中的 0.5A。这里我们使用平顶近似法（不考虑 r）。对于 Buck 变换器，输入电容电流有效值可以近似为

$$I_{CAP\_IN\_RMS}=I_O\sqrt{D(1-D)}\qquad (单相变换器)$$

因此对于交错变换器，即使改变有效频率对于输入电容电流应力有效值并无影响，双倍占空比会深刻地影响到波形与计算有效值。可以得到以下表达式：

$$I_{CAP\_IN\_RMS}=I_O\sqrt{2D(1-2D)}\qquad (双相变换器)\ 假如 D\leqslant 50\%\quad \Leftarrow$$

式中，I_O 为每相（输出电流总和的一半）输出电流。当波形重叠时，用上述同样的逻辑，我们可以很容易估算出输入电容电流有效值为

$$\begin{aligned}I_{CAP\_IN\_RMS}&=I_O\sqrt{2D'(1-2D')}\\&=I_O\sqrt{2(1-D)(2D-1)}\qquad (双相变换器)\ 假如 D\geqslant 50\%\quad \Leftarrow\end{aligned}$$

为了巩固这些知识，下面给出一个快速计算例子。

例 3.1 交错 Buck 变换器，D=60%，额定值为 5V、4A。将输出纹波与输入电容有效值与额定值为 5V、4A 的单相变换器的进行比较。

单相方案：一般设 r =0.4。对于 4A 的负载，选择电感摆幅为 0.4×4A=1.6A，这即为输出电流纹波峰–峰值。这与图 3.7 中 1A 负载情况吻合。因此，对于 4A 负载，乘以 4 得 0. 4A×4=1.6A。

用平顶近似法计算的输入电容有效值为

$$I_{CAP\_IN\_RMS\_SINGLE}=I_O\sqrt{D(1-D)}=4\sqrt{0.6(0.4)}=1.96\text{ A}$$

这与图 3.7 中用 MathCAD 得到的图形一致，图中，对于 1A 负载，D=0.6 时，大约得到

0.5A。换算到 4A 负载电流，可得有效值为 0.5×4=2A，比闭式方程计算出的 1.96A 稍高一点。

交错方案：将 4A 负载分成每相 2A。这种减少在 D>50%的纹波方程中给我们带来“纹波优势”

$$\frac{I_{O\_RIPPLE\_TOTAL}}{I_{O\_RIPPLE\_PHASE}}=\frac{2D-1}{D}=\frac{2(0.6)-1}{0.6}=0.333$$

每相的纹波峰–峰值为 0.4×2A=0.8A。由此输出电流总和的纹波为 0.333×0.8A=0.27A。与图 3.7 中 D=0.6 的图进行比较可得纹波峰–峰值为 0.067A。但这是 1A 负载的情况。对于 4A 负载，可得 4×0.067A=0.268A，与闭式方程计算得到的 0.27A 非常接近。由方程计算输入电容有效值可得

$$I_{CAP\_IN\_RMS}=I_O\sqrt{2(1-D)(2D-1)}=2\sqrt{2(1-0.6)[2(0.6)-1]}=0.8\text{ A}$$

与图 3.7 中的图进行比较，当 D=0.6 时可得输入电容有效值为 0.2A。但这是对于 1A 负载情况。对于 4A 负载，可得 4×0.2A=0.8A，与闭式方程计算得到的 0.8A 完全吻合。

总结：对于单相变换器，输出电流纹波（峰–峰值）为 1.6A，输入电容有效值为 2A；对于交错方案，输出纹波降至 0.27A，输入电容有效值降至 0.8A。这表示性能得到显著的改进，显示了交错（非同相并联）的好处。

我们记得，在 Buck 变换器中，输入电容的主要关注点是其有效值应力，而在输出端，却是决定电容量的电压纹波。因此交错这种方案可以大幅减小输入和输出电容容量。后者的减小有助于改善环路响应——更小的 L 和 C 使得充、放电更快，因此对于负载突变响应更快。另外，我们现在可以重新审视我们试图保持电感处于“最优”r=0.4 的全部理由。这被认为是整个（单相）变换器的最优选择（见图 3.7）。但是现在我们讨论的不再是单相变换器了。并且，如果交错能够减小有效值应力和输出纹波，为什么不有意识地增大 r（尽管是明智的）？这可以大幅减小电感的尺寸。换句话说，对于给定的输出电压纹波（而非电感电流纹波），我们确实可以继续增大每相的 r（减小电感）。对于给定的应用场合，通常降低电感量就是减小电感的尺寸。当然，通过总电感的能量是固定不变的，如第 2 章中所解释的。然而一旦减小电感（增大 r），峰值能量存储需求也显著下降。

增加 r 的一个限制是，当我们减少负载时，对于越来越低的最小负载电流，将进入不连续导电模式（DCM）。这就是为什么我们用图 3.7 中的同步 Buck 变换器来证明交错的原理。智能多相工作的另一个优点是，轻载时可以“去掉”一些相。例如，在中等负载时，我们可以将六相多相变换器改为四相变换器，轻载时改为双相变换器，等等。这样可以降低开关损耗，因为，实际上降低的是总的开关频率，从而大大提高了轻载效率。

第 2 部分　复合拓扑

在这里我们关注三个现有的主要拓扑。它们不是基本结构：由两个电感（有时绕在一个磁芯上），也可以由 Boost/Buck-Boost 单元加 Buck 单元组成。

从第 2 章可以看到，除了获得输出的方式不同，Boost 与 Buck-Boost 的拓扑几乎相同。当加入 Buck 单元组成复合拓扑时，它们包含“隐藏的”输出。这些隐藏端见图 3.8 中灰色部分，如果有需要它们是可以恢复的，变成低功耗、可调节的辅助电源端。

图 3.8 给出了第 2 章的拓扑形态学一节中提到的 A、B、C 和 D 型单元。继续用这种方式来区分是比较好的，因为它告诉我们两件重要的事情：

（1）这一拓扑是基于 N-FET 还是 P-FET？（当然可能需要自举电路，但重要的区别

是，这是高端组态，还是低端组态？）

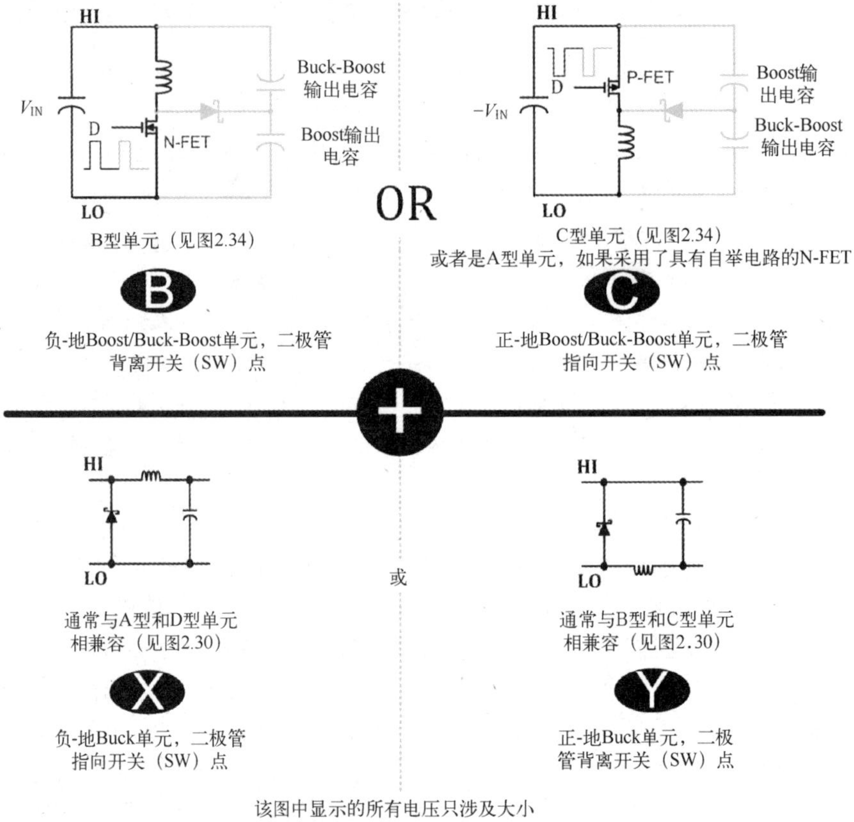

图 3.8　复合拓扑的基础构件

（2）有二极管“指向”或背离开关节点吗？

然而，我们还有一个额外的自由度，因为我们可以采用 Buck 单元，并将其下端连接到 Boost/Buck-Boost 单元的上端或下端。

事实上，历史上似乎已经发生了类似的事情。在 Cuk 发现了具有非脉动电流波形进入输入和输出电容的“理想的 DC-DC 变换器”（见图 3.9）后，剩下的问题是，这是一个反相拓扑。我们当然不能在电路板上变换器级的任何一边重新定义系统的地。是的，如果是完全位于前端或是最后一级时，可以重新定义地。但在电路板的中间，极性反转是不可接受的。这也是它比较少被采用的原因之一。SEPIC（Single-Ended Primary Inductor Converter）通过翻转接地简单地重新定义了输出，而接地则变成了先前翻转的输出端（高电平端），如图 3.10 所示。极性反转确实得到了“纠正”，但引出了新的问题：所有的输出电流流经续流二极管，这更像是 Boost 或 Buck-Boost 拓扑。因此，我们再次恢复了具有高 RMS 含量的尖脉冲输出电容器电流波形，从而导致总体效率较低。Zeta 实际上是在输入处发生翻转。另一种观察方法是将正-正 SEPIC 与正-正 Zeta 进行比较。我们发现，Zeta 是采用 SEPIC 的低端 FET 组态转换为高端 FET 组态。这确实纠正了 SEPIC 输出电流脉动问题，但又产生了新的问题：脉冲输入电容电流的问题，与 Cuk 二极管相比，又出现相当高的输入有效值及由此带来的低效率。没有理想的，非反相的 DC-DC 变换器！

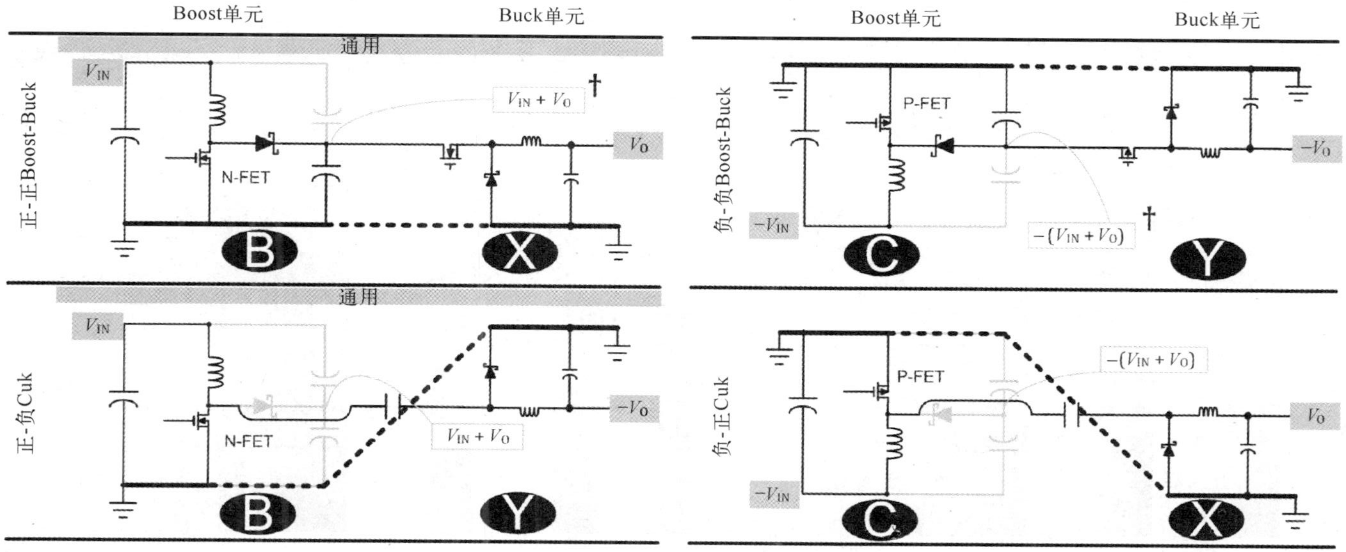

在所有方案中，B-X的组合可以翻转成为C-Y组合，B-Y的组合可以翻转成为C-X组合（即一般的，B可以翻转成为C，反之亦然；X可以翻转成为Y，反之亦然）。但是Boost和Buck单元的“地”可以翻转和重新连接，这给了我们额外的自由度。

标记$\pm(V_{IN}+V_O)$、$\pm V_O$的隐藏（灰色部分）端，如果有需要它们是可以恢复的，用以提供额外的低功耗辅助电源。

图3.9　Boost-Buck与Cuk的拓扑与组态

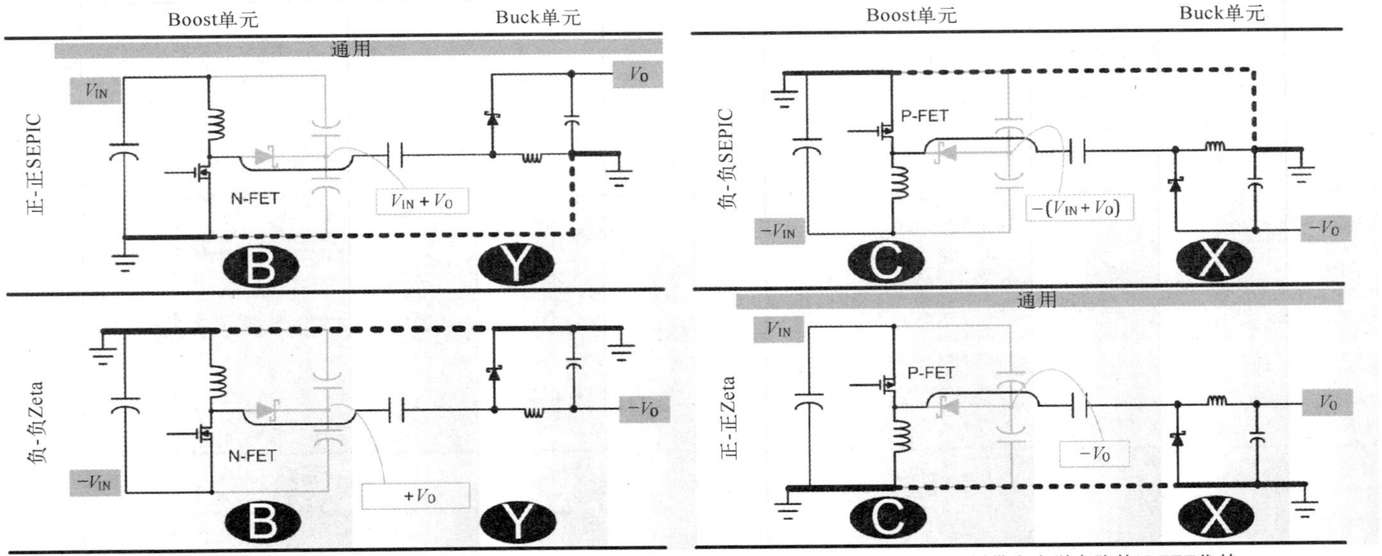

高端P-FET也可以用带有自举电路的N-FET代替

在所有方案中，B-X的组合可以翻转成为C-Y组合，B-Y的组合可以翻转成为C-X组合（即一般的，B可以翻转成为C，反之亦然；X可以翻转成为Y，反之亦然）。但是Boost和Buck单元的“地”可以翻转和重新连接，这给了我们额外的自由度。

标记$\pm(V_{IN}+V_O)$、$\pm V_O$的隐藏（灰色部分）端，如果有需要它们是可以恢复的，用以提供额外的低功耗辅助电源。

图3.10　SEPIC与Zeta拓扑与组态

那么我们该如何计算这三种复合拓扑的应力？

（1）在所有的方案中，占空比与电压、伏秒数有关，而与电流无关。所有拓扑都表现为具有相同占空比的 Boost 与 Buck 的级联。由此对于这三种拓扑都可使用常见的 Buck-Boost 直流传递函数：$V_O=V_{IN}\times D/(1-D)$。

（2）在所有的方案中，开关与二极管的电流有效值（与平均值）与任何 Boost/Buck-Boost 拓扑的相同，因此可以使用附录中相同的方程。

（3）在所有的方案中，开关与二极管的电压应力为 $V_{IN}+V_O$。这是所选器件的最小电压额定值。

（4）对于 Cuk 变换器，输入与输出电容有效值应力可以忽略不计。

（5）对于 SEPIC，输入电容有效值可以忽略，但输出电容有效值与 Buck-Boost 拓扑使用同样的方程计算（附录中相同的方程）。

（6）对于 Zeta 拓扑，输出电容有效值可以忽略，但输入电容有效值与 Buck-Boost 拓扑的方程相同（使用附录中相同的方程）。

（7）最后剩下的为耦合电容。这一电容的电压在 Cuk、SEPIC 与 Zeta 拓扑中分别为 V_O+V_{IN}、V_{IN} 与 V_O。

（8）耦合电容的额定有效值（对于这三种拓扑）为

$$I_{Cc\_RMS}=I_O\sqrt{\frac{V_O}{V_{IN}}}$$

所有的电流波形如图 3.11 所示。在 *Switching Power Supplies A to Z*（第二版）中对这些电流进行了推导。

最后，请注意，对于实现升压与降压功能，最简单的方法是将一个完整的 Boost 级和 Buck 级级联起来，如图 3.9 中用于比较的电路。由于使用了两个 FET 与一个中间滤波电容，它不符合成本效益，但其输入与输出电容有效值较低，因此效率较高。我们也可以错开这两级电路的开关频率以使 EMI 较低。

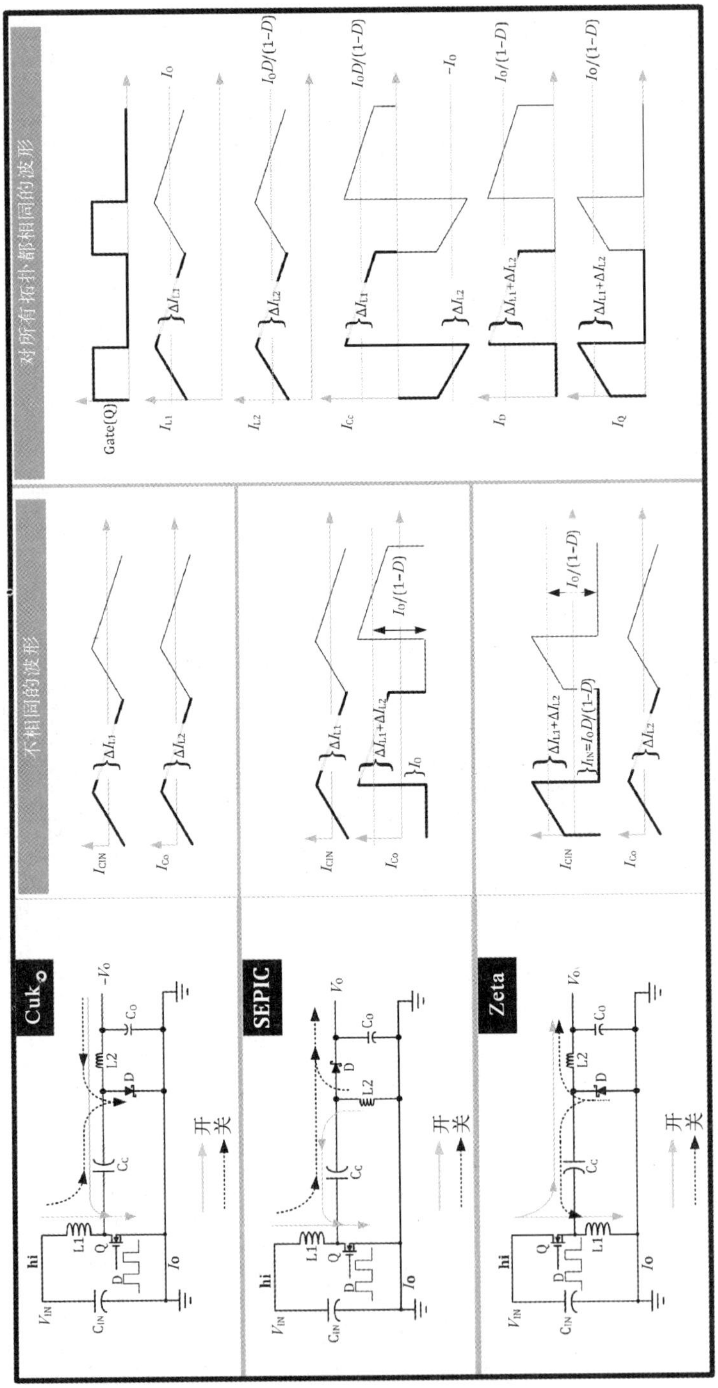

图3.11　Cuk、SEPIC和Zeta电流波形

第 4 章　不连续导电模式的理解与应用

引言

首先重温一些知识。在前面的章节中，我们将连续导电模式（CCM）下的电感电流斜坡的几何中心作为平均电感电流。在相关的文献（包括本书）中，I_{DC}、I_L 与 I_{AVG} 等都是相同的。这实际上指的是电感电流波形的直流值。在直流值上进行叠加，得到一定的电流摆幅。此处测得的摆幅（从谷底到峰值）称为ΔI，通过定义 I_{AC}，ΔI 也等于 $2\times I_{AC}$。由此，可得一个对称的摆幅，等于$\Delta I/2=I_{AC}$，直流值（I_L）上方的摆幅 I_{AC} 与直流值下方的完全相同。显然，I_{AC} 通常小于 I_{DC}（$I_{DC}>I_{AC}$），这是连续导电模式，因为整个电感电流波形“足够高”，没有“碰到”零电流坐标轴。

还要记住以下几点：电感电流的直流值，对于 Buck，等于 I_O（负载电流）；对于 Boost 与 Buck-Boost，等于 $I_O/(1-D)$。因此，在所有情况下，对于给定的输入和输出组合，I_{DC} 与 I_O 成正比。在 Buck 中，两者实际上是相等的，但是在其他两种基本拓扑中不相等。

当减小 I_O（和/或增加输入电压，稍后讨论）时，I_{DC} 按比例减小，整个电感电流波形下移，参见图 4.1 中（Buck）这一例子。在这个过程中，I_{AC} 不变，因其与电感量、开关频率、电感两端压降（这反过来又与输入/输出电压有关）、相关时间段（T_{ON} 与 T_{OFF}）有关，如果仅仅减小 I_O，那么所有的这些都不变。这种情况下，即使 I_{AC} 不变，I_{DC} 在减小，迟早会由 $I_{DC}>I_{AC}$（CCM）变为 $I_{DC}>I_{AC}$，后者即为不连续导电模式（DCM）。在此期间将会穿过临界值 $I_{DC}>I_{AC}$，这被称为 BCM（边界导电模式），但也会被称为临界导电模式（Critical Conduction Mode）（这一缩写显然很容易混淆，因为与 CCM 相同）。

电流纹波率的定义为 $r=\Delta I/I_{DC}=2\times I_{AC}/I_{DC}$。因此，如果 $I_{DC}=I_{AC}$，可得 $r=2$。这是 CCM 中 r 的最大上限值。换句话说，在 CCM 中，一般 $r\leqslant 2$。稍后我们将在强迫 CCM（FCCM 或 FPWM，用互补栅极驱动实现的同步 CCM 变换器）中看到，事实上 r 可以超过 2，系统仍然处于 CCM 中，所有的常规 CCM 方程仍然有效。但现在忽略这种特殊的 $r>2$CCM，专注于传统的续流二极管（非同步）DC-DC 变换器。如果在到达 BCM 后稍微减小负载电流，这种传统的变换器马上会进入 DCM，因为电感电流在开关关断期间降为 0，但不能变为负值。降为 0 之后，电流被迫等于 0，直到开通时间又一次到来。这被称为 DCM 的中断时间间隔。

注意，我们定义的 r 仅为 CCM 中的有效参数，它在 DCM 中确实毫无意义。但是在非同步变换器中，我们可以认为 DCM 对应的是 $r>2$。因此，这可以成为判断是否将 CCM 或 DCM 方程应用于非同步变换器的简单数学准则。我们在后面的一些分析中使用了这一点。

上述段落中，我们已经提到了一些值得现在清楚说明的内容：每当下降斜坡的电流在导通时间开始之前，即在关断时间完全结束之前，达到 0 时，就进入 DCM。作为一个推论，如果电感电流在关断时间内无法降至 0，那么任何变换器总是处于 CCM。因此，这基本上是一个时间性问题：类似于条件竞争。试问：是电感电流先降为 0，还是关断时间先结束？答案取决于处在 DCM 中还是 CCM 中。显然，很多因素影响这一答案。频率与电感值的关系就是其中之一，因为时间很关键。例如，下降斜坡的斜率为 V_{OFF}/L（绝对值），其中 V_{OFF} 为关断期间电感的两端电压。因此本例中，如果 L 非常小，那么斜率会非常陡（或者 V_{OFF} 非常大）。但是为什么要改变 L 呢？许多参考书都试图定义出一个“临界电导”。大多数情况下，任何变换器的最优特征值位于 r=0.4，再根据开关频率就可以确定 L。换句话说，在几乎所有的情况下 L 作为设计切入点是确定的。

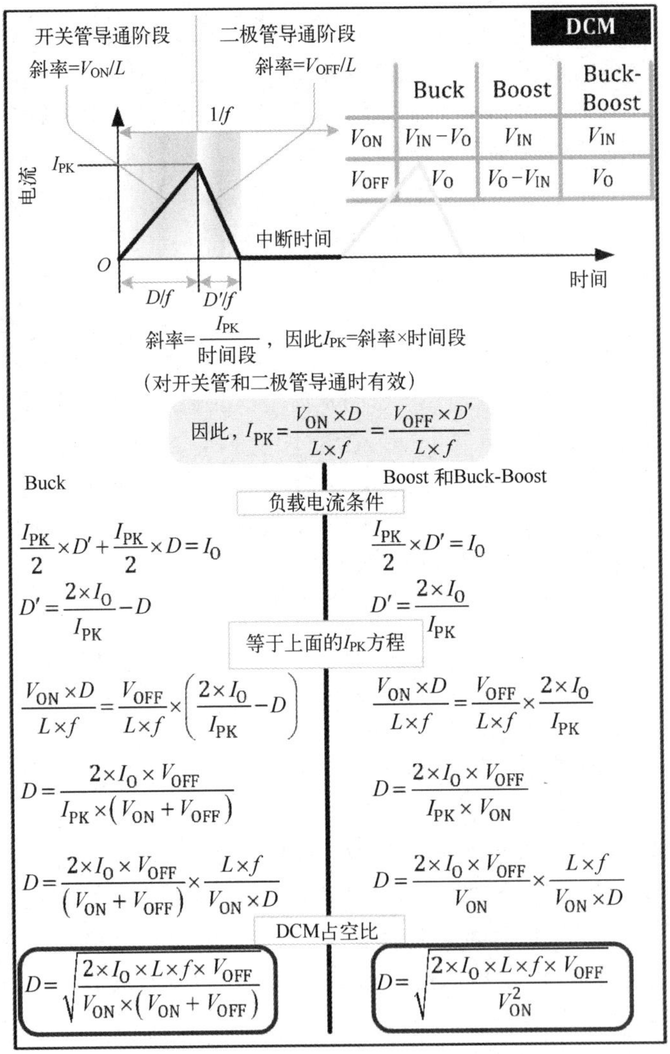

图 4.1　三种基本拓扑的占空比计算

一旦进入 DCM，变换器的特性变化很大，并且我们可能需要对它进行非常不同的处理。最明显的变化是，在 DCM 中，减小负载时占空比开始减小。相对比的是，在 CCM 中，占空比几乎与负载无关。还有其他什么变化？例如，本章中我们会碰到用于 DCM 的一组全新的有效值、平均值和峰值电流应力的方程。由于篇幅所限，这里不会推导所有的方程，但大多数很明显是几何方程，只要得到 DCM 下关于 D（占空比）的基本方程就可以推导出。并且沿着 CCM 方程将其绘制出来，就很容易分辨 DCM 方程是否有效。基本想法为：对于给定的非同步拓扑，可得一组 DCM 方程，在 DCM 区域内有效；一组完全不同的 CCM 方程，在 CCM 区域内有效。但是逻辑上来说，在临界导电时两组方程必须给出完全相同的数字结果，因为 BCM 不仅是 DCM 的极端情况，也是 CCM 的极端情况。BCM 是 CCM 与 DCM 的临界情况。因此在两者交汇处不能出现任何的不连续性——它们必须平滑连接。本书给出的测试 CCM 与 DCM 方程有效性的方法是两者在 BCM 必须收敛于相同的数值。如果不同，那么一组或者两组方程是绝对错误的。然而，如果两者确实收敛，就像本章稍后给出的图中发现的事实，我们还是要问：什么样的机会使得 CCM 和/或 DCM 方程以相同的误差在 BCM 最终得到完全相同的结果（尽管一个或两个都错了）？确实有渺茫的机会产生这种巧合。换句话说，如果此处的 CCM 方程被认为是有效的（这是很容易验证的，因为 CCM 方程更容易推导，相关文献中已提到），那么 DCM 也有效的概率就非常高，因为两组方程在 BCM 显然平滑连接。

我们为什么要费力去钻研 DCM 呢？从第 7 章我们意识到，通过减少电感量来增大电流纹波率（对于给定负载，纹波更大）会得到较小的磁芯体积（而非更大，相关文献中陈述错误）。然而，BCM/DCM 仍被大量工程师认为是怪事，有些甚至假装 DCM 不存在！但是请注意，每个非同步变换器在负载足够小时都会进入 DCM，因此我们至少应该将其在这一并不罕见的区域内的工作特性列出来。工程师们为什么竭力避免研究 DCM，一个可能的原因是对比 CCM 更复杂的表达式的恐惧，包括占空比的表达式。但是，除此之外我们必须认识到，就像 CCM，DCM 有优点也有缺点。DCM（与 BCM）的许多优点与反馈环路稳定性有关，如电流模式控制中没有次谐波不稳定性。但还有其他原因，下面将讨论为什么 DCM 未必是坏事。

首先，我们要明确的是，我们不建议在所有的工作条件下将变换器都设计成工作于 DCM。事实上，我们几乎总是尝试以最大负载为起点设计 CCM。否则产生的电流会太“陡”，其有效值也非常高，导致效率的急剧降低，而效率在产品中是最重要的。是的，我们可以选择折中的方法，迫使变换器总是处于 BCM。这将简化环路的稳定性响应，并可能得到可接受的效率。然而，为了在所有条件下实施 BCM，我们需要实时地检测电感器电流何时达到 0，并且在那个时刻，使开关管导通。这样将避免在电流为 0 时进入相当低效的“中断时间”，这是 DCM 的典型特性。但也要付出代价，可能会产生可变频率及带来不可预知的 EMI。值得注意的是，因为在进入中断时间（当电感突然断电）时电压波形的自然的、几乎不受限制/无阻尼的振铃，DCM 还显示出高 EMI。因此，与 DCM 相比，BCM 实际上具有更低的 EMI，但是由于开关频率的变化，BCM 在 EMI 方面可能更不可预测。虽然 BCM 在中低功率场合应用较多，但通常很多工程师避免使用。但是如前所述，由于设计成 CCM 的变换器迟早会经由 BCM 进入 DCM，我们还是需要更多地了解 DCM。怀着这样的目的，我们会问：负载电流为多大时 CCM-DCM 的转变会发生？变换器中这种转变对各种电流/电压应力有什么影响？这就是以下我们试图来回答的关键问题。

最终回答之前，记住以下几个关于 CCM 与 DCM 的争论点。

（1）在“尖峰”电流的基础上，DCM 的效率可能不像直觉预期的那么差。这主要是由于 DCM 中开关管导通时续流二极管已经恢复。因此二极管中没有反向恢复电流尖峰通过。这一尖峰对效率会产生相当严重的影响，特别是在基于 CCM 的 Boost 变换器中。这就是为什么，如在高压 Boost 级，例如在 PFC（功率因数校正）AC-DC 的前端预稳压器中，使用极快恢复二极管（或复杂的低损耗电感缓冲器）。

（2）上述直通电流尖峰不仅效率差，还会影响整体性能，特别是在电流模式控制的变换器中。在典型的电流模式控制下，持续监测开关电流，为脉冲宽度调制（PWM）比较器提供一个斜坡来进行比较（而非传统的时钟）。反向恢复尖峰通过开关，无意中会触发 PWM 比较器。因此电流模式控制通常包括前沿消隐，即实际上 PWM 比较器在导通之前“不看”一段预定时间（一般为 50～200ns），以避免这种杂散电流尖峰带来的反应（脉冲过早终止）。不幸的是，这也意味着在消隐时间内没有电流限制保护。这会降低系统在各种故障条件下的稳定性。DCM/BCM 对这方面会有所帮助，因其没有直通尖峰，所以能够大幅减小消隐时间。

（3）CCM 变换器中存在的有效消隐时间一般也意味着存在一个 50～200ns 的相当大的最小脉冲宽度 T_{ON}（通常与强迫消隐时间相同）。在高开关频率的极端向下变换中，由于占空比非常小，从而要求导通脉冲 T_{ON} 小于控制器允许的最小脉冲宽度，即使工作于 CCM 也会产生问题。即使没有在极端向下变换中，一旦变换器进入 DCM，负载非常轻时，可能实际上得不到再次要求的占空比。我们可以通过实时监测 CCM 至 DCM 的变换，变换器进入 DCM 时去除或大幅减小最小脉宽的方法来避免上述情况。

一般来说，无论是处于 CCM 还是 DCM，只要系统的自然要求占空比小于变换器控制在结构上能够提供的占空比，就会产生混沌脉冲。这是因为，每个导通 T_{ON} 脉冲期间，输入系统的能量比系统自然要求的要稍高一些，所以经过几个周期之后，反馈回路突然检测到输出上升，并试图连续省略几个导通 T_{ON} 脉冲来纠正它（当然，如果“省略脉冲”在结构上是可能的）。相对于 CCM，DCM 的优点是可以去除或至少大幅减小最小导通脉冲 T_{ON}，由此在这种“困境局面”中产生更平滑的脉动。

注意，在 DCM 中，接受更大的最小脉冲宽度而不产生混沌脉冲的另一种方法是在变换器上施加“假负载”（通常在其输出端放置一些高值的电阻）来简单地将最小自然占空比固定得更高。但这一技术明显不利于轻负载时获得高效率。

（4）正如前面所提到的，在 DCM 中的磁性元件更小，这与相关文献中经常提到的相反。较大的 r 值（接近 2，而不是通常推荐的 0.3 或 0.4）实际上导致小得多的磁体（虽然代价是需要较大的相邻功率组件）——因为处理较低存储的磁能所需的磁芯体积较小。为什么减小 L（增大 r）时能量需求降低？磁芯尺寸与储存能量有关，为 $\varepsilon = \frac{1}{2} \times L \times I_{PEAK}^2$。如果在给定的条件下减小电感的线圈数，电感量降低，由此 I_{PEAK} 增大；但至少在 CCM 中，$I_{PEAK}=I_{DC}+I_{AC}$，交流部分（随着电感量降低而变化）对于峰值的贡献比直流部分（它不会随 L 变化而变化）更小。相比之下，L 直接取决于线圈匝数的平方，在ε方程中下降得更快，使得ε降低。因此在 DCM 中磁性元件一般较小，除非为了处理更高的有效值电流而使用的铜线相当厚，需要更大的磁芯来容纳额外的铜线，但这种情况很罕见。

（5）尽管对负载和输入瞬变的反应较慢，DCM 变换器更易于稳定。例如，如果我们使用 DCM（参见第 14 章，其中涉及环路稳定性），那么次谐波不稳定性（电流模式控制的产物）就不存在。对于 DCM 下右半平面（RHP）零点的意义存在一些争论。然而，大多数人同意，虽然 RHP 零点仍然存在于 DCM 中，如在 CCM 中（对于 Boost 与 Buck-Boost 拓扑）一样，但由于 DCM 或 BCM 变换器中电感相对较小，RHP 零点频率延伸到超过开关频率，回路交叉频率的影响可以忽略不计。对于所有实际应用，DCM 中不存在 RHP 零点。

（6）在集成开关中，电流极限通常是内部的，不幸的是通常也是固定的。如果我们不能根据手头的具体应用来调整电流极限，并且如果我们的最大负载电流远低于开关的最大负载电流额定值，那么可能最终导致过大的过载裕量。这意味着峰值工作电流 I_{PEAK} 与开关的设定电流极限 I_{LIM} 有太多的“空间”。在故障条件下（如输出短路），太多的能量从变换器输出，导致可能的安全危害并损坏开关。特别是在通用输入反激变换器中，这是一个严重的问题。在这种情况下，DCM 有效帮助降低这种过载裕量。下面将更详细讨论这一点。

如何计算 DCM 占空比方程

我们知道在 CCM 中，占空比与负载电流或电感量无关。在 DCM 中，乍一看图片非常复杂，但从基本条件可以简单地计算出占空比，见图 4.1。表 4.1 给出了主要应力部件的表达式。只要我们从上到下进行计算，这个表格就足够了。

表 4.1　从上到下计算顺序总结的 DCM 应力方程

DCM 的有效值/平均值/占空比方程，仅对 r>2 时有效（从上到下进行计算）	Buck	Boost	Buck-Boost
V_{ON}（开关管导通时，电感的端电压）	$V_{IN}-V_O-V_{SW}$	$V_{IN}-V_{SW}$	$V_{IN}-V_{SW}$
	V_{SW} 是开关管的正向压降，V_D 是二极管的正向压降		
	与 CMM 的相同		
V_{OFF}（二极管导通时，电感的端电压）	V_O+V_D	$V_O-V_{IN}+V_D$	V_O+V_D
	与 CMM 的相同		
I_{O_CRIT}（临界导电模式的负载电流）	$r_{SET}\times I_{O\_MAX}/2$		
	r_{SET} 是 I_{O_MAX} 时的 r 的设定值（参见附录的 CCM）		
D（DCM 的占空比）	$\sqrt{\dfrac{2\times I_O\times L\times f\times V_{OFF}}{V_{ON}\times(V_{ON}+V_{OFF})}}$	$\sqrt{\dfrac{2\times I_O\times L\times f\times V_{OFF}}{V_{ON}^2}}$	
D'（DCM 的二极管占空比）	$\dfrac{2\times I_O}{I_{PK}}-D$	$\dfrac{2\times I_O}{I_{PK}}$	
M（直流传递函数 V_O/V_{IN}）	D	$\dfrac{1}{1-D}$	$\dfrac{D}{1-D}$
	其中，上述 D 值为 CCM 时的占空比		
	$\dfrac{2}{1+\sqrt{1+(4K/D^2)}}$	$\dfrac{1+\sqrt{1+(4D^2/K)}}{2}$	$\dfrac{D}{\sqrt{K}}$
	其中，K=$2Lf/R$ 和 R 是负载电阻（=V_O/I_O），并且上述 D 的值是根据负载电流 I_O（其中 I_O 小于 I_{O_CRIT}）计算得到的 DCM 占空比		
I_{PEAK}（电流峰值）	$\dfrac{V_{ON}\times D}{L\times f}$		
I_{SW_AVG}（开关管电流平均值）	$\dfrac{I_{PEAK}}{2}D$		
I_{SW_RMS}（开关管电流有效值）	$I_{PEAK}\sqrt{\dfrac{D}{3}}$		
I_{L_AVG}（开关管电流有效值）	$\dfrac{I_{PEAK}}{2}D'+\dfrac{I_{PEAK}}{2}D$		
	也称为 I_{DC}、I_L、I_{AVG} 等		
I_{L_RMS}（电感电流有效值）	$I_{PEAK}\sqrt{\dfrac{D'}{3}+\dfrac{D}{3}}$		
I_{D_AVG}（二极管电流平均值）	$\dfrac{I_{PEAK}}{2}D'$		

续表

DCM 的有效值/平均值/占空比方程，仅对 r>2 时有效（从上到下进行计算）	Buck	Boost	Buck-boost
I_{D_RMS}（二极管电流有效值）	$I_{PEAK}\sqrt{\dfrac{D'}{3}}$		
I_{Cin_RMS}（输入电容电流有效值）	$\sqrt{I_{SW\_RMS}^2 - I_{SW\_AVG}^2}$	$\sqrt{I_{L\_RMS}^2 - I_{L\_AVG}^2}$	$\sqrt{I_{SW\_RMS}^2 - I_{SW\_AVG}^2}$
	与 CMM 的相同		
I_{Co_RMS}（输出电容电流有效值）	$\sqrt{I_{L\_RMS}^2 - I_{L\_AVG}^2}$	$\sqrt{I_{D\_RMS}^2 - I_{D\_AVG}^2}$	
	与 CMM 的相同		
I_{IN}（输入直流电流）	I_{SW_AVG}	I_{L_AVG}	I_{SW_AVG}
	与 CMM 的相同		

为了从第一原理计算占空比，必须考虑以下几点：DCM 中，二极管导通时间记作 D'/f。因此，就像在 CCM 中，在 DCM 中把二极管占空比也记作 D'。 D'在 DCM 与 CCM 中都是二极管占空比。不同之处在于，在 DCM 中，由于开关和二极管都不导通时的中断时间，$D'\neq1-D$。我们必须从伏秒定律与输出端一定的负载电流 I_O 来计算占空比。推导过程见图 4.1。这里我们需要记住，Buck 拓扑的不同之处在于，为了获得所需的负载电流，我们必须对开关管和二极管导通期间流过的电流取平均（因为在这两个时间内能量都流向输出）。但是对于 Boost 和 Buck-Boost 变换器，只要对二极管导通时的电流取平均就可以。

如第 2 章中关于 DC-DC 变换器及组态中提到的，Boost 与 Buck-Boost 变换器非常相似。由此可以看到，这两个 DCM 占空比方程也相同。唯一的区别是，导通时间与关断时间的电感两端压降（V_{ON} 与 V_{OFF}）不同。

相关文献中 DCM 的处理

相关文献中[如 Erickson 的 *Fundamentals of Power Electronics*（第二版）]的术语与我们的不同（和相似）。

（1）我们称作全摆幅的ΔI 或 $I_{AC}/2$，他们记作Δi_L。

（2）我们称作 I_{DC} 或 I_L，他们仅记作 I。

（3）我们称作 V_{IN}（输入电压），他们记作 V_g。

（4）我们称作 V_O，他们仅记作 V。

（5）我们称作 f（开关频率），他们也记作 f。

（6）我们称作 T（周期=$1/f$），他们记作 T_s。

（7）CCM 中，我们称作 D 或 D_{CCM}（占空比），他们仅记作 D。

（8）CCM 中，我们称作 D'（二极管占空比），他们也记作 D'。

（9）DCM 中，我们称作开关管占空比 D 或 D_{DCM}，他们记作 D。

（10）DCM 中，我们称二极管占空比为 D'，他们记作 D_2。

（11）DCM 中，我们称中断占空比为 D''，他们记作 D_3。

他们的临界（边界）模式条件为$\Delta i_L=I$，我们的为$\Delta I/2(=I_{AC})=I_{DC}$（稍后有更多关于我

们的处理方法）。他们进一步“简化”（对 Buck）如下

$$I=\frac{V}{R}=\frac{D\times V_{\rm g}}{R}\qquad (由定义\ D=\frac{V}{V_{\rm g}}\ 和\ R\ 为负载电阻)$$

$$\Delta I=\frac{\rm Vsec}{2\times L}=\frac{V_{\rm O}\times D'}{2\times L\times f}=\frac{V_{\rm g}\times D\times D'}{2\times L\times f}\qquad\left(由于\ T_{\rm OFF}=\frac{D'}{f}\ 和\ D=\frac{V}{V_{\rm g}}\right)$$

因此，它们的临界导电模式的数学条件是通过设置这两者相等来获得的：

$$\frac{\not{D}\times \not{V}_{\rm g}}{R}=\frac{\not{V}_{\rm g}\times \not{D}\times D'}{2\times L\times f}\ \Rightarrow\ D'=\frac{2\times L}{R\times T_{\rm s}}$$

然后他们也定义 $2L/(RT_{\rm s})$为通用参数，称为 K。

$$K=\frac{2\times L}{R\times T_{\rm s}}\qquad\left(=\frac{2\times L}{V_{\rm O}/I_{\rm O}\times 1/f}=\frac{2\times I_{\rm O}\times L\times f}{V_{\rm O}}\right)$$

这种表示方法暗示负载电阻 R 是变化的，临界导电时的确定值为 $R_{\rm CRIT}$，由此临界导电时的 K 值为 $K_{\rm CRIT}$。由于占空比 D 作为负载的方程（在 DCM 中），是变化的，他们也假设 $K_{\rm CRIT}$ 为 D 的方程。所以，最终他们写出

$$K\leqslant K_{\rm CRIT}(D)\quad 对于\ {\rm DCM}$$

$$K\geqslant K_{\rm CRIT}(D)\quad 对于\ {\rm CCM}$$

$$K_{\rm CRIT}(D)=D'$$

在此之后，他们也定义 $M(D,K)$作为变比（就是输出电压除以输入电压）。他们用下式计算（针对 Buck）。

$$M=\begin{cases} D & 对于\ K>K_{\rm CRIT}(D)\quad {\rm Buck}的{\rm CCM}\\ \dfrac{2}{1+\sqrt{1+4K/D^2}} & 对于\ K<K_{\rm CRIT}(D)\quad {\rm Buck}的{\rm DCM}\end{cases}$$

同样的，对于 Boost 变换器可得

$$M=\begin{cases} \dfrac{1}{1-D} & 对于K>K_{\rm CRIT}(D)\quad {\rm Boost}的{\rm CCM}\\ \dfrac{1+\sqrt{1+4D^2/K}}{2} & 对于K<K_{\rm CRIT}(D)\quad {\rm Boost}的{\rm DCM}\end{cases}$$

同样的，对于 Buck-Boost 变换器可得（忽略符号变化）

$$M=\begin{cases} \dfrac{D}{1-D} & 对于K>K_{\rm CRIT}(D)\quad {\rm Buck\text{-}Boost}的{\rm CCM}\\ \dfrac{D}{\sqrt{K}} & 对于K<K_{\rm CRIT}(D)\quad {\rm Buck\text{-}Boost}的{\rm DCM}\end{cases}$$

他们也随之给出了看起来相当复杂的 $M(K,D)$基于 D 的图。但是这些图形直观吗？

这里还有更好的答案。注意，我们知道任何电感的时间常数为 L/R，其中 R 为串联电阻。其单位是秒（s）。所以从直观上来说，其他人（如 Microchip 的 Scott Dearborn）定义了一个无量纲参数，称为归一化电感时间常数，记作 $\tau_{\rm L}$

$$\tau_{\rm L}=\frac{L}{R\times T}$$

式中，与往常一样，T=1/f，f 为开关频率。这与 K 有点不同，这一新参数为 K 的一半（因为 K=2×$\tau_{\rm L}$）。结果证明，$\tau_{\rm L}$ 实际上是用于开关电源中一个相当好的、物理上有效的参数，因为它以与电流纹波率 r 非常类似的方式指示事物如何按开关频率缩放。例如，如果都用 $\tau_{\rm L}$ 来表达，频率翻倍就是将周期 T 减半，我们直观地意识到应将电感减半以保持时间常数不变。

注：读者应记得我们只在 CCM 中定义了 r。它也只在 CCM 内有物理意义。与使用Δ's 相反，使用 r 确实得到看起来非常漂亮的 CCM 方程。但是我们意识到 DCM 没有相应的基于 r 的方程。另外，τ_L 在 CCM 与 DCM 都有一定的物理含义。正如我们将在本章后面所做的，我们可得关于 τ_L 的 CCM 与 DCM 方程。这一方法的缺点是，即使是 CCM 方程，看起来也比基于 r 的 CCM 方程复杂得多。然而优点是在 CCM 与 DCM 中都可写出基于 τ_L 的方程（而只有 CCM 能写出基于 r 的方程）。

作者认为，k 还是非常不直观。这可能是人们如此害怕 DCM，没有认识到其潜在的好处与简单，并且宁愿完全回避的原因之一。接下来我们尝试一种简单的“自上而下”的计算方法。

基于 r 最优设置的 DCM 简化方法

与上面的“K 处理”所建议的不同，实际变换器在临界导电时的负载电流（I_{O_CRIT}）与 D 无关（由此与输入和输出电压都无关），与拓扑也无关。我们不喜欢将任何变量作为 D 的函数来绘图，或将任意创建的 K 混合到问题中。

有什么替代方案呢？到目前为止，我们已经认识到，在所有应用中，以及在任何开关频率下的所有拓扑的变换器通常设计成最大负载时 r=0.4，即电流摆幅为±20%。这也意味着，最大负载时 r 设为 0.4 的实际变换器会正好在 20%最大负载时进入临界。类似的情况，如果设 r=0.6，变换器正好在 30%最大负载时进入临界。这仅仅是普通的几何波形。我们看到，对于实际变换器，临界导电边界不依赖于 CCM 占空比或拓扑。

总结，任何变换器中我们会设一个目标电流纹波率作为起始设计点。因此，最好首先解决这个问题，求解出这一点，然后由这一参考点开始进一步分析 CCM-DCM。如果做不到这一点，理论上的可能性几乎是得不到的，而且大多是不重要的。它们不符合任何我们以前或将进行研究的实际变换器的设计。那么为什么还要研究它们呢？

我们给出的临界导电的简单条件是

$$I_{O\_CRIT} = \frac{I_{O\_MAX} \times r_{SET}}{2} \qquad \text{（任何拓扑，任何应用）}$$

式中，r_{SET} 为最大负载 I_{O_MAX} 时设定的电流纹波率。附录中给出了连接 r 与 L 的方程（在 CCM）。我们可以将其带入上述条件来得到电感量，见图 4.2～图 4.4 所总结的占空比与三种拓扑的临界导电方程。

列表 DCM 的应力方程

我们真正感兴趣的是什么？正如前面提到的，我们并不打算设计一个能够在所有的输入与负载条件下工作于 DCM 的变换器，没有人这样做，因为这意味着 r>2，并且由于过高的“峰值”电流和相应高的电流有效值，将无法得到较好的效率。因此，我们将变换器设计成最大负载与标称输入电压（设计切入点）时工作于 CCM。但这样做后，有两个主要原因需要更多地了解 DCM，我们接下来讨论这些问题：

（1）对于 DCM，我们想知道轻载时功率器件的电流应力（峰值、平均值和有效值），以能更好地理解轻载时的效率。然后或许我们可以做出一个有意识的决定，如果用适当的控制电路，什么时候引入脉冲跳跃，等等。

（2）在通用输入 AC-DC 反激变换器中，通常让变换器在较低线电压（AC 90V）时工作于 CCM。我们会问：高压时会发生什么？我们想知道是否进入 DCM，如果已经进入，是在什么输入电压（和负载电流）时进入的。换句话说，我们知道达到 DCM 是通过减小负载电流得到的，但我们也想知道提高输入电压如何影响临界导电边界。这也会影响可靠性。我们将看到，在这种宽输入变换器中确实存在 D 的间接依赖性。

同时，在表 4.1 中，我们给出了所有关键的 DCM 应力方程（所有拓扑）作为参考。这些都是简单的从上至下的计算顺序，适用于 MathCAD 与绘图。

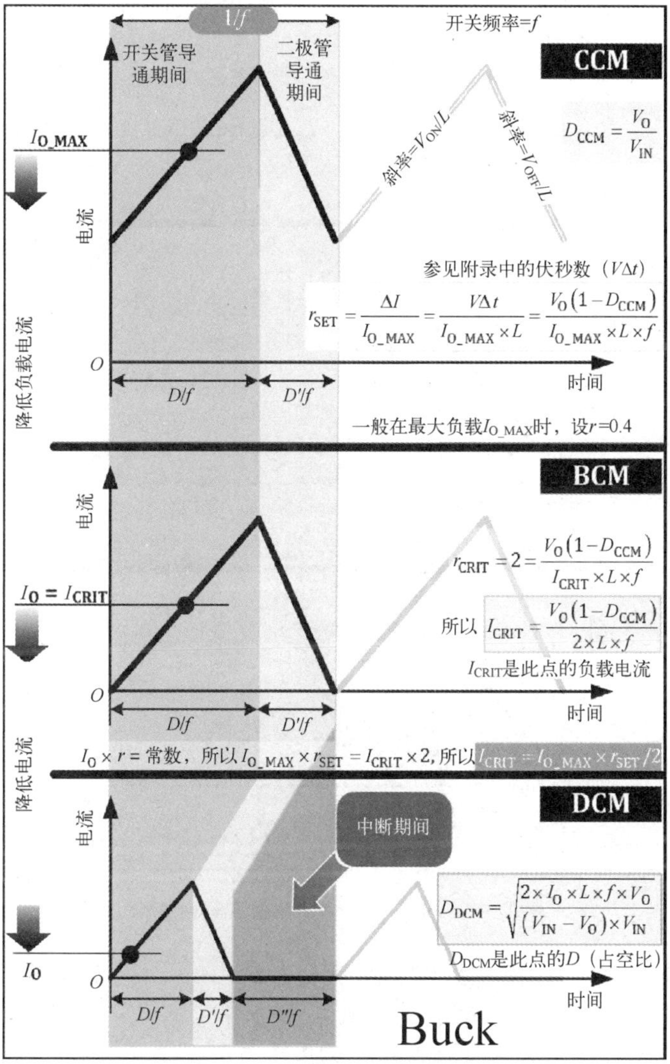

$$D_{CCM}=\frac{V_O}{V_{IN}}$$

$$r_{SET}=\frac{\Delta I}{I_{O\_MAX}}=\frac{V\Delta t}{I_{O\_MAX}\times L}=\frac{V_O(1-D_{CCM})}{I_{O\_MAX}\times L\times f}$$

$$r_{CRIT}=2=\frac{V_O(1-D_{CCM})}{I_{CRIT}\times L\times f}$$

所以 $I_{CRIT}=\dfrac{V_O(1-D_{CCM})}{2\times L\times f}$

$I_O\times r=$ 常数，所以 $I_{O\_MAX}\times r_{SET}=I_{CRIT}\times 2$，所以 $I_{CRIT}=I_{O\_MAX}\times r_{SET}/2$

$$D_{DCM}=\sqrt{\frac{2\times I_O\times L\times f\times V_O}{(V_{IN}-V_O)\times V_{IN}}}$$

图 4.2　Buck 的占空比和临界导电方程

绘制从 CCM 至 DCM 的关键应力

在图 4.5、图 4.6 和图 4.7 中，我们绘出了 Buck 变换器（数值例子）的关键应力。图 4.8 为 Boost 的关键应力；在图 4.9 中，我们类似地绘出了 Buck-Boost 的关键应力。所有这些例子对应的最大负载为 10A。所有这些情况中，在最大负载下设置 r=0.4，并用 MathCAD 文件来绘图。所用方程为表 4.1 中的 DCM 方程和附录中的 CCM 标准方程。

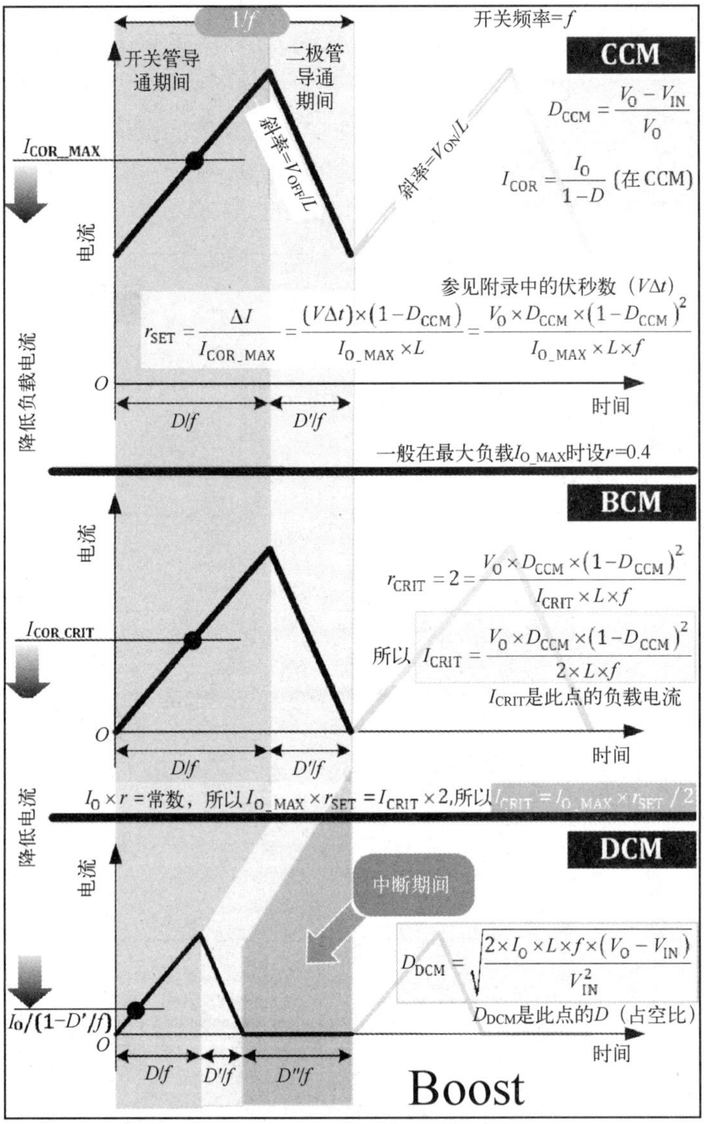

图 4.3　Boost 的占空比和临界导电方程

正如所预期的，由于在所有情况下最大负载为 10A，变换器进入临界状态正好是 10×0.4/2=2A。请注意，任何这些图形中都没有提及开关频率 f，因为我们知道 f 影响 L（反之亦然），但是对任何其他事情都没有影响，这突出了用 r 而不是持续分别用 f 与 L 来讨论的好处。以下是基于图形的一些注意之处。

（1）在图 4.5 中，我们不仅在 CCM 区域绘制 CCM 方程的图，以及在 DCM 区域绘制 DCM 方程的图，而且可以看到如果在 DCM 区域中 CCM 方程有效（“CCM 方程投影”）会产生什么。同样，如果 DCM 方程在 CCM 区域有效会产生什么。我们还绘制了最终的有效应力曲线（粗实线），包括 CCM 区域中的相关 CCM 方程和 DCM 区域中的 DCM 方程。我们注意到，穿过临界边界时没有不连续性，这给了我们对于表 4.1 中给出的 DCM 方程的信心。

（2）如果 CCM 方程在 DCM 区域有效，以及 DCM 方程在 CCM 区域有效，我们发现，CCM 方程会产生更高的有效值和峰值电流。对于许多工程师来说，这是一个令人惊讶的结果，他们本能地说："DCM 使得波形更尖锐，导致更高的有效值应力。"是的，对于给定负载这是正确的，如果改变负载这是完全不正确的。在 DCM 区域，由于占空比中断，使得电流进一步上升和提高峰值的时间更少，所以峰值电流实际是降低的。因此，在所有情况下，开关管的有效值电流（基于 DCM 方程）在 DCM 区域中同样较少。

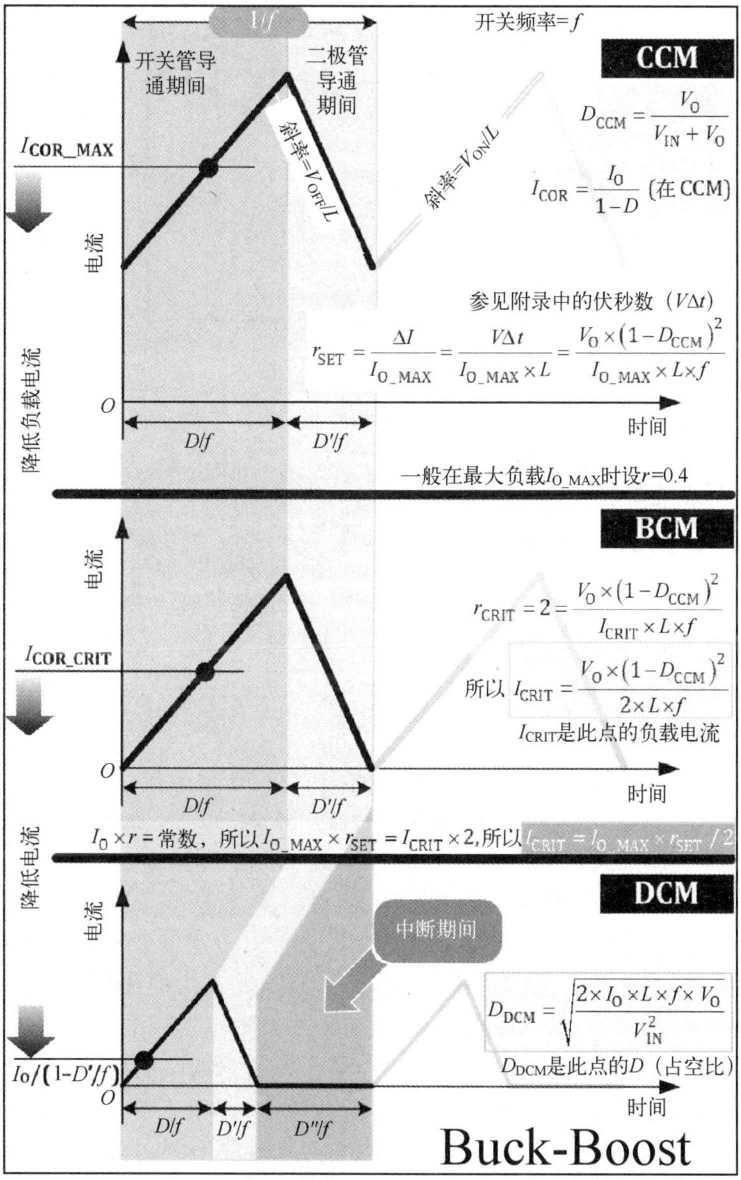

图 4.4　Buck-Boost 的占空比和临界导电方程

（3）在图 4.6 中，我们比较了开关管和二极管如何在 DCM 中中断。注意，在对数尺度上变化是线性的。负载每变化为 100 倍，DCM 占空比变化为 10 倍（对于所有拓扑）。这可以追溯到 DCM 占空比与 $\sqrt{I_O}$ 成正比的事实。基于这些规则，图中插入了一些计算例子，以找出任何电流下的占空比。

（4）在图 4.7 中，我们可以看到输入电容有效值如何变化（Buck 的输出电容有效值并不重要，已省略）。我们再次看到，DCM 方程产生的应力（在 DCM 区域）比投射到 DCM 区域的 CCM 方程的低。

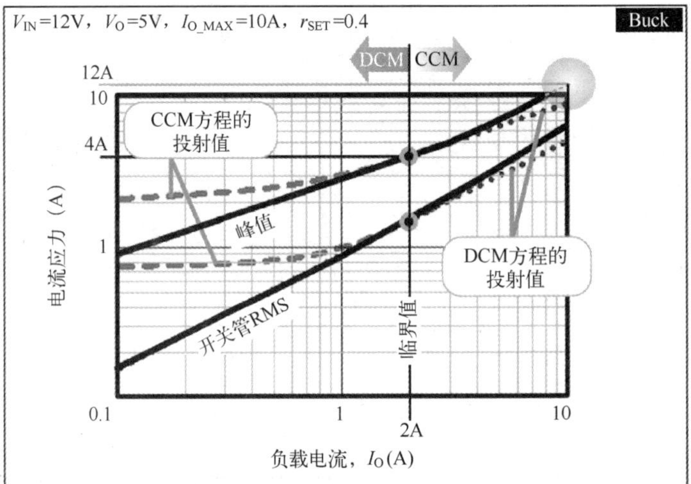

以上绘图用到的方程在表4.1和附录中给出。
CCM和DCM的图在临界负载电流处相交。
以粗实线绘制的曲线是CCM领域的“CCM图”，以及DCM领域的“DCM图”。然而，CCM图也可以投射到DCM领域，如上所示。同样的，DCM图也可以投射到CCM领域。
检测峰值电流应力曲线：
a）在CCM中，峰值电流是$I_O\times(1+r/2)=10\times(1+0.4/2)=12$A。
b）如果I_{O_MAX}=10A，并且r_{SET}=0.4，临界导电在$I_{O_CRIT}=I_{O_MAX}\times r_{SET}/2=10\times 0.4/2=2$A时发生。
c）临界导电对应的峰值电流为$2\times I_{O_CRIT}=2\times 2=4$A。

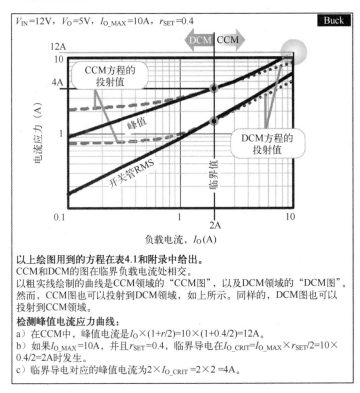

图 4.5　Buck 的峰值电流和开关管电流有效值的曲线图

（5）我们还看到，当负载变化时二极管平均电流看起来像什么。对于 Buck 和其他拓扑（我们马上会看到），二极管平均电流的 CCM 与 DCM 方程在临界边界的两侧产生相同的结果，因此使得二极管平均电流一致。稍微思考一下，我们意识到对于 Boost 与 Buck-Boost 变换器，这一事实是相对容易观察的，因为无论是 CCM 还是 DCM，二极管平均电流必定等于负载电流，所以对于给定的负载电流，CCM 与 DCM 方程都必须“指向”同一值。对于 Buck 这有点难以观察，但不管怎样，我们总能看到这是正确的。

（6）在图 4.8 中，我们绘制了 Boost 的关键应力图。输出电容电流有效值，而非输入电容有效值，是此处的关注点，所以后者在此处省略。

（7）在图 4.9 中，我们绘制了 Buck-Boost 的关键应力图。对于该拓扑，输入和输出电容有效值都很重要，因此两者都被绘出。

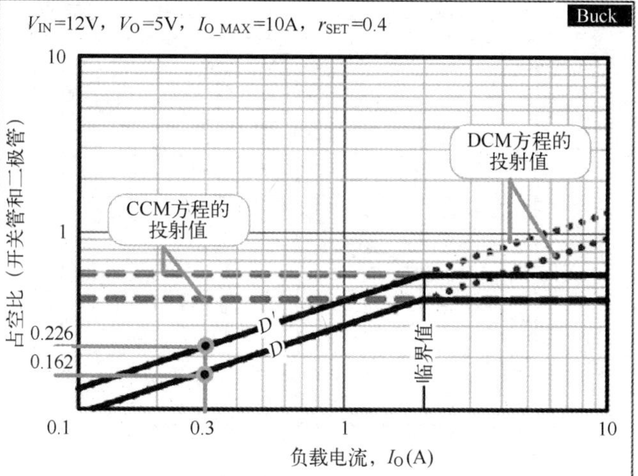

在DCM中，开关管和二极管的占空比线性变化，其中负载每变化为100倍，占空比变化为10倍。这是因为占空比与$\sqrt{I_O}$成正比。

例子： 对于将12V降压为5V，10A的Buck变换器（最大负载时设r为0.4），当负载电流为0.3A时，开关管和二极管的占空比为多少？

我们知道，在CCM中占空比为V_O/V_{IN}=5/12=0.417。我们也知道，因为r=0.4，临界导电在$I_{O_CRIT}=I_{O_MAX}\times r_{SET}/2=10\times0.4/2=2$A时发生。在临界点，DCM的开关管和二极管的起始占空分别为0.417和1−0.417=0.583。因此，负载电流为0.3A时，可得

开关管占空比

$$D(I_O)=D_{CCM}\times\sqrt{\frac{I_O}{I_{O\_CRIT}}}$$

$$D(0.3\text{A})=0.417\times\sqrt{\frac{0.3}{2}}=0.162$$

二极管占空比

$$D'(I_O)=D'_{CCM}\times\sqrt{\frac{I_O}{I_{O\_CRIT}}}$$

$$D(0.3\text{A})=0.583\times\sqrt{\frac{0.3}{2}}=0.226$$

我们也可以在图中确认这两个值（加点处）。

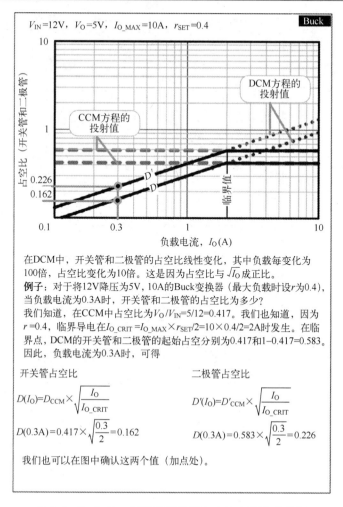

图 4.6　Buck 的二极管和开关管占空比方程的曲线图

Buck-Boost 的临界输入电压

我们知道，降低 I_O 会使系统进入 DCM。提高电压会怎样？此处我们最感兴趣的是 Buck-Boost，因为它与接下来讨论的通用输入反激变换器的特性有关。

在图 4.10 中，我们用到了在图 4.9 中用来绘制 r（瞬时电流纹波率）随输入电压变化的 Buck-Boost MathCAD 文件。注意，我们在最大负载和最低电压时将 r 设为 r_{SET}=0.4 作为起点，就像我们对这种拓扑所做的那样。然后，根据不同的恒定负载电流提高输入电压。这些曲线与 r=2 的边界相交点即为特定的恒定负载电流对应的 V_{IN_CRIT}。

在图 4.10 中，我们还将基于 MathCAD 工作表的图形结果与经过一些严格的数学操作后导出的闭式方程进行了比较。这个等式是

$$V_{IN\_CRIT}=V_O\times\left[\sqrt{\frac{1}{\gamma^2}+\frac{1}{\gamma}}+\frac{1}{\gamma}\right]\qquad \text{其中}\qquad \gamma=\left(\frac{V_O}{2\times I_O\times L\times f}\right)-1$$

另外，用前文（出自相关文献）定义的 K 来表示

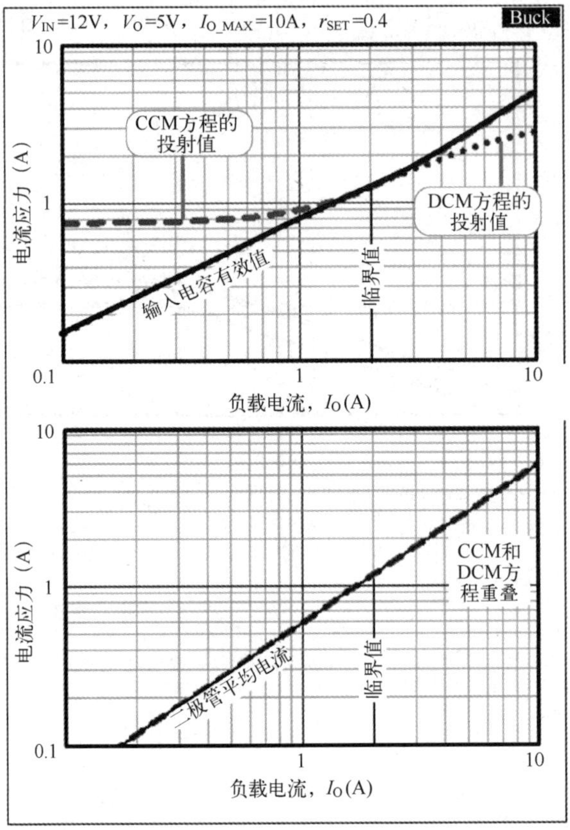

图 4.7　Buck 的输入电容电流有效值与二极管平均电流的曲线图

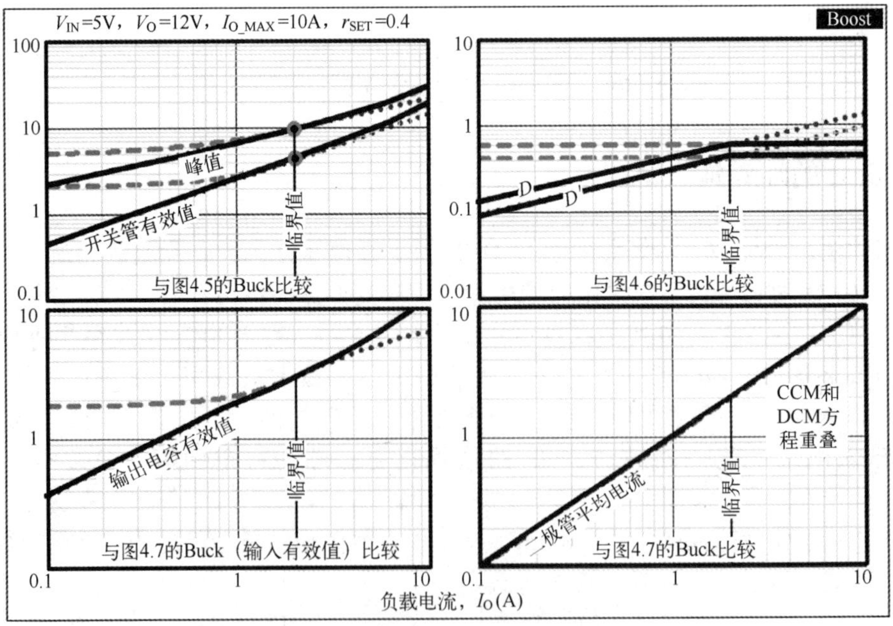

图 4.8　Boost 的关键应力的曲线图

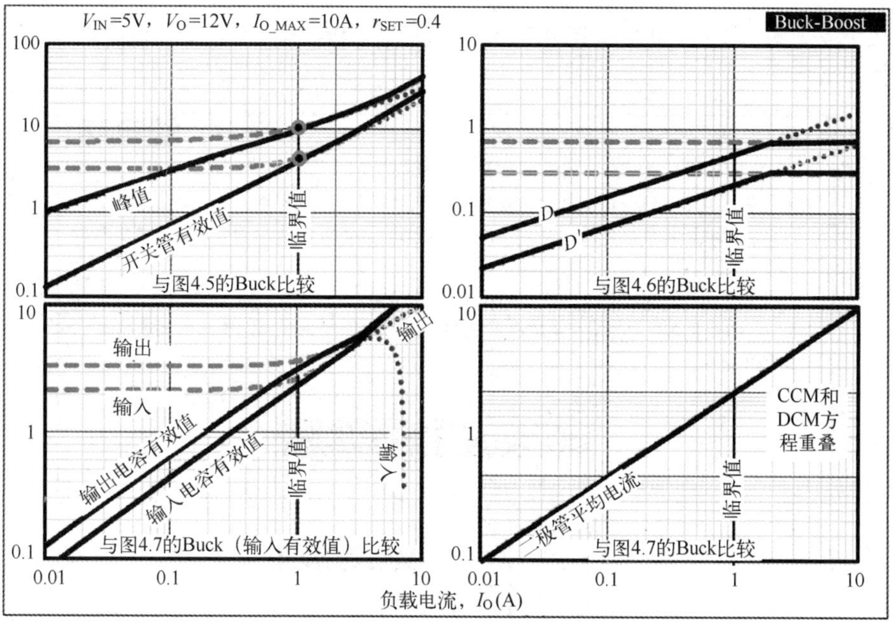

图 4.9　Buck-Boost 的关键应力的曲线图

$$K=\frac{2\times L}{R\times T_s}=\frac{2\times I_O\times L\times f}{V_O}$$

可得

$$V_{IN\_CRIT}=V_O\times\left(\frac{K+\sqrt{K}}{1-K}\right)$$

通用输入反激变换器的研究

反激变换器本质上是采用变压器的 Buck-Boost。然而，它们也存在一些细微的差别。一个关键的区别是，典型的通用输入反激变换器的输入电压不是稳定的直流电压，而是有相当大的输入电压纹波，特别是在低压情况下，这是因为输入大电容峰值充电和放电的原因。在 AC 85V 下用 5μF/W 的输入电容，该电压纹波的最低点接近 DC 105V。因此，这就是图 4.11 所示曲线中设 r（r_{SET}）为起始点对应的 V_{INMIN}。

我们绘制了不同 r 值（r 是图 4.11 中的横轴）的结果。

我们还绘制了两种变换器的结果： 70W 最大额定功率电源与 35W 最大额定功率电源。

我们还需要固定变换器的输出电压。我们还记得出于实用的目的，用一次侧等效 Buck-Boost 模型，反激变换器的输出电压为 V_{OR}，即感应的输出电压。由此作两种情况的分析：V_{OR}=105V（一般用于带 600V FET 的反激变换器）和 V_{OR}=130V（一般用于带 700V FET 的反激变换器）。

一旦设定 V_{INMIN} 时的 r，我们还需要知道设置 r 时对应的最大负载电流。一次侧等效 Buck-Boost 的有效输出负载电流为 P_O/V_{OR}。例如，如果 V_{OR}=105V，那么 70W 反激变换器电源 I_{O_MAX} 为 70/105=0.67A。同样的 70W 反激变换器的 V_{OR}=130V，I_{O_MAX} 为 70/130=0.54A。这些是用于绘制图 4.11 的数值。换句话说，这些曲线对应的电源单元

（PSU）的功率是固定的，而不是像我们处理简单的 Buck-Boost 变换器那样最大负载电流是固定的。

Buck-Boost

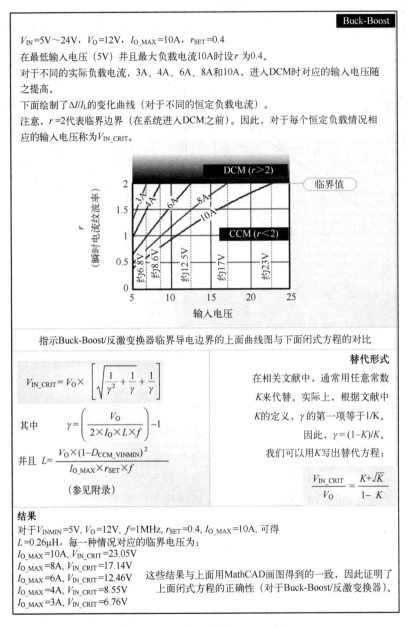

V_{IN}=5V～24V，V_O=12V，I_{O_MAX}=10A，r_{SET}=0.4

在最低输入电压（5V）并且最大负载电流10A时设 r 为0.4。

对于不同的实际负载电流，3A、4A、6A、8A和10A，进入DCM时对应的输入电压随之提高。

下面绘制了 $\Delta I/I_L$ 的变化曲线（对于不同的恒定负载电流）。

注意，r=2代表临界边界（在系统进入DCM之前）。因此，对于每个恒定负载情况相应的输入电压称为 V_{IN_CRIT}。

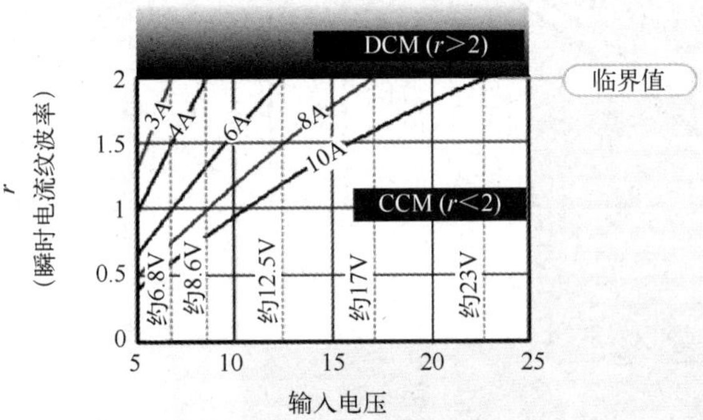

指示Buck-Boost/反激变换器临界导电边界的上面曲线图与下面闭式方程的对比

$$V_{IN\_CRIT}=V_O\times\left[\sqrt{\frac{1}{\gamma^2}+\frac{1}{\gamma}}+\frac{1}{\gamma}\right]$$

其中 $\gamma=\left(\dfrac{V_O}{2\times I_O\times L\times f}\right)-1$

并且 $L=\dfrac{V_O\times(1-D_{CCM\_VINMIN})^2}{I_{O\_MAX}\times r_{SET}\times f}$

（参见附录）

替代形式

在相关文献中，通常用任意常数 K 来代替。实际上，根据文献中 K 的定义，γ 的第一项等于1/K。

因此，$\gamma=(1-K)/K$。

我们可以用 K 写出替代方程：

$$\frac{V_{IN\_CRIT}}{V_O}=\frac{K+\sqrt{K}}{1-K}$$

结果

对于 V_{INMIN}=5V, V_O=12V, f=1MHz, r_{SET}=0.4, I_{O_MAX}=10A, 可得 L=0.26μH。每一种情况对应的临界电压为：

I_{O_MAX}=10A, V_{IN_CRIT}=23.05V

I_{O_MAX}=8A, V_{IN_CRIT}=17.14V

I_{O_MAX}=6A, V_{IN_CRIT}=12.46V

I_{O_MAX}=4A, V_{IN_CRIT}=8.55V

I_{O_MAX}=3A, V_{IN_CRIT}=6.76V

这些结果与上面用MathCAD画图得到的一致，因此证明了上面闭式方程的正确性（对于Buck-Boost/反激变换器）。

图 4.10　临界导电边界与输入电压

设定 r 之后，提高输入电压，用前文给出的闭式方程绘出临界电压曲线。根据不同的 r 值（横轴上）绘出了不同的曲线。还改变电源单元的实际输出功率，以此作为绘制图形的参数。例如，最大额定值为 70W 的电源单元，我们绘制了几种可能的输出功率的结果：70W、60W、50W、…、10W。同样的，对于 35W 的电源单元，我们绘制了 35W、30W、25W、…、5W 的结果。通过改变功率，来看到要降低多少负载电流/功率才能使变换器进入 DCM。

例如，70W 电源单元，V_{OR}=105V，工作于 70W 时设定 r=0.4，其临界导电电压非常高：两条虚线箭头曲线的交点。换句话说，出于所有的实用目的，70W 负载时如果设 r=0.4，永远不会遇到 DCM。然而，如果将负载从 70W 降低至 35W，我们开始看到 DCM 出现在图 4.11 的阴影区域中（经过整流后的欧洲的电压范围）。

注意，如果一开始就设 r=0.6（如前 V_{INMIN}=105V，I_{O_MAX}=0.67A），并降负载为 52W，然后可以开始看到 DCM 出现在正常的欧洲工作电压范围内。如果设 r≈0.82，我们会看到 DCM 出现在高压处，甚至在最大额定满载处（70W）。

我们意识到图中给出的曲线实际上是强大的和有意义的。还注意到，图形几乎与 V_{OR} 或最大额定功率有关。因此，根据实际负载与最大额定负载的比例来观察曲线，我们可以将这些应用到几乎任何最大额定通用输入反激变换器电源单元。

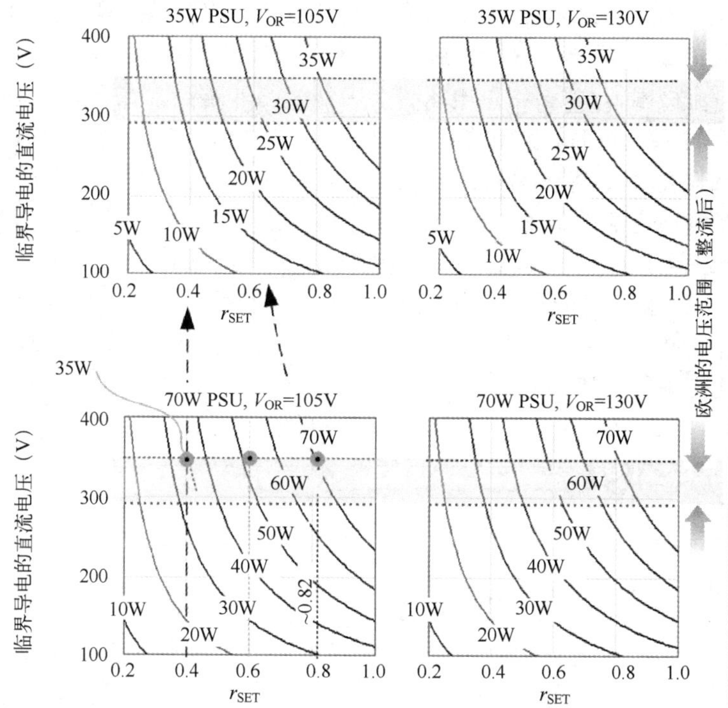

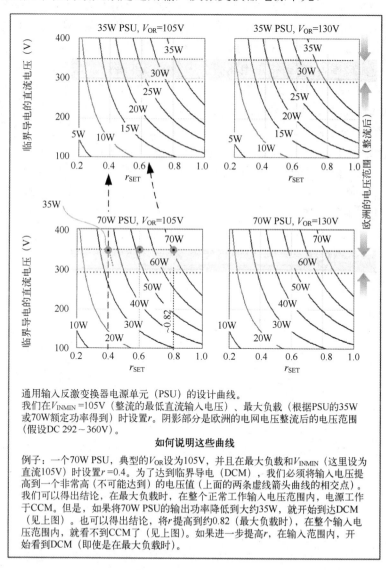

通用输入反激变换器电源单元（PSU）的设计曲线。
我们在V_{INMIN} =105V（整流的最低直流输入电压）、最大负载（根据PSU的35W或70W额定功率得到）时设置r。阴影部分是欧洲的电网电压整流后的电压范围（假设DC 292～360V）。

如何说明这些曲线

例子：一个70W PSU，典型的V_{OR}设为105V，并且在最大负载和V_{INMIN}（这里设为直流105V）时设置r =0.4。为了达到临界导电（DCM），我们必须将输入电压提高到一个非常高（不可能达到）的电压值（上面的两条虚线箭头曲线的相交点）。我们可以得出结论，在最大负载时，在整个正常工作输入电压范围内，电源工作于CCM。但是，如果将70W PSU的输出功率降低到大约35W，就开始到达DCM（见上图）。也可以得出结论，将r提高到约0.82（最大负载时），在整个输入电压范围内，就看不到CCM了（见上图）。如果进一步提高r，在输入范围内，开始看到DCM（即使是在最大负载时）。

图 4.11　通用输入反激变换器电源的有效设计曲线

通用输入反激变换器的过载裕量

破坏设计糟糕的通用输入反激变换器的最有效方法之一是在高输入电压下执行突然和严重的过载（可能只是将输出短路）。

以一个实际的通用输入 AC-DC 反激变换器为例。其磁芯尺寸取决于低输入电压（D 最大）时的条件，这一点是每个正常设计策略设定的电流极限。但是在高输入电压时会出现问题。正常工作时，当输入增加，D 减小，由此电感电流波形的中心值也下降，因其在 CCM 下工作时按照 $I_O/(1-D)$工作。基本上，在高输入电压时有过大的过载裕量（见图 4.12）。负载异常情况下，可能意外地从电源流入（并被输送到负载）的能量（$V_{IN}\times I_{IN}$）是巨大的。这可能会造成安全隐患。此外，使用具有 RCD 钳位的反激变换器时，我们实际上指望较低的一次电流来降低钳位电压，从而在最高输入电压时将钳位电压保持在开关管的最高额定电压内。所以，如果故障条件下电流达到最大值（在低输入电压时设置的电流极限），那么钳位电压将会突然变得非常高，在开关 FET 的漏极施加更高的电压。在高输入电压时，这可能是灾难性的。因此，许多工程师想出了独特形状的电流极限，该极限基本上随着输入电压的提高而逐渐减小开关管的电流极限，从而实质上"跟踪"反激峰值电流的自然减小，仅略高于峰值电流。然而，如图 4.12 所示，我们可以通过在低输入电压时将 r 设置为比最优值 0.4 大得多的值（例如，0.8～1.2）来大幅降低过载裕量。然而，这对开关管损耗的影响很小（开关管有效值也在图中绘出）。因此，DCM 在这个应用中并不是那么差。如上所述，这也有助于减小磁芯尺寸。但是，要注意高输入和输出电容电流有效值。

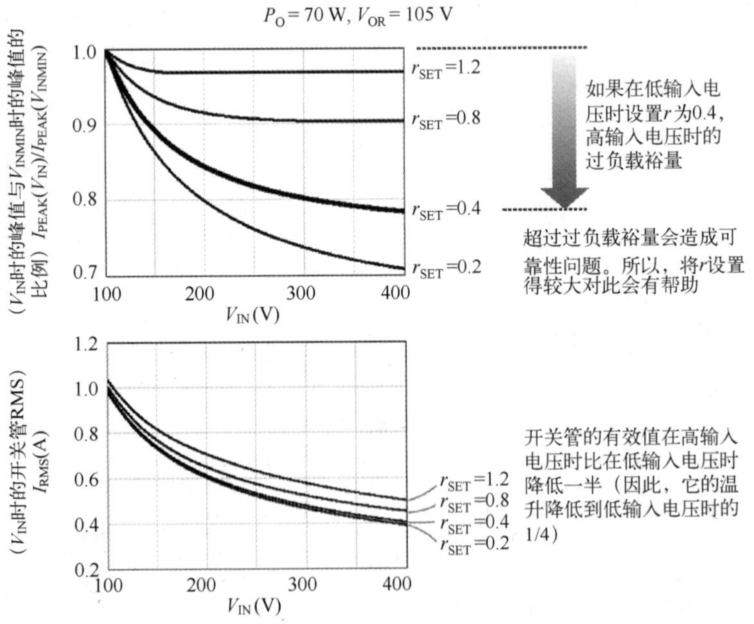

图 4.12　高输入电压时通用输入反激变换器的过载裕量和有效值的变化

Buck 的 CCM 与 DCM 闭式方程的比较

如前所述，有些工程师使用称为 τ_L 的参数，其优点是，牺牲一定的简洁性，将所有 CCM 与 DCM 的应力方程建立成闭式方程，而非表 4.1 中所示的从上至下的格式。这一方法产生了表 4.2，给出了 Buck（相当可怕的）方程。

表 4.2　Buck 的 CCM 和 DCM 闭式应力方程

<table>
<tr><th>DCM 的有效值/平均值/占空比方程仅在 r>2 时有效，或 $\tau_L<(1-M)/2$ 时等价</th><th>Buck(CCM)</th><th>Buck(DCM)</th></tr>
<tr><td rowspan="2">I_{O_CRIT}（临界导电的负载电流）</td><td colspan="2">$r_{SET}\times I_{O\_MAX}/2$</td></tr>
<tr><td colspan="2">r_{SET} 是 r 在 I_{O_MAX} 时的设定值（在 CCM 中，参见附录）</td></tr>
<tr><td rowspan="2">r（电流纹波率）</td><td colspan="2">$\frac{\Delta I_L}{I_O}$</td></tr>
<tr><td colspan="2">r 仅在 CCM 时有物理意义，但我们也可以在 DCM 中计算它</td></tr>
<tr><td rowspan="2">τ_L（归一化电感时间常数）</td><td colspan="2">$\frac{L}{R\times T}$</td></tr>
<tr><td colspan="2">其中，$T=1/f$（注意：$\tau_L=K/2$，是归一化电感时间常数）</td></tr>
<tr><td rowspan="4">$\frac{V_O}{R}I_{PEAK}$</td><td>$I_O+\frac{\Delta I_L}{2}$</td><td>ΔI_L</td></tr>
<tr><td>$I_O\left(1+\frac{r}{2}\right)$</td><td>N.A.</td></tr>
<tr><td>$\frac{V_O}{R}\times\left[1+\frac{1-M}{2\times\tau_L}\right]$</td><td>$\frac{V_O}{R}\times\sqrt{\frac{2\times(1-M)}{\tau_L}}$</td></tr>
<tr><td colspan="2">其中，M=输入/输入=V_O/V_{IN}，并且 $\tau_L=L/(RT)$；R 是负载电阻=V_O/I_O</td></tr>
<tr><td rowspan="4">ΔI_L（电感电流摆幅）</td><td colspan="2">$\frac{V_O\times D'}{L\times f}$</td></tr>
<tr><td colspan="2">D'是 CCM 和 DCM 中的二极管导通占空比</td></tr>
<tr><td>$r\times I_O$</td><td>N.A.</td></tr>
<tr><td>$\frac{V_O}{R}\times\left[\frac{1-M}{\tau_L}\right]$</td><td>$\frac{V_O}{R}\times\sqrt{\left[\frac{2\times(1-M)}{\tau_L}\right]}$</td></tr>
<tr><td>D（开关管占空比）</td><td>M</td><td>$M\times\sqrt{\frac{2\times\tau_L}{1-M}}$</td></tr>
<tr><td>D'（二极管占空比）</td><td>$1-M$</td><td>$\sqrt{2\times\tau_L\times(1-M)}$</td></tr>
<tr><td rowspan="2">M（直流传递函数 V_O/V_{IN}）</td><td>D</td><td>$\frac{2}{1+\sqrt{1+(8\times\tau_L/D^2)}}$</td></tr>
<tr><td colspan="2">其中，$\tau_L=Lf/R$，并且 $R=V_O/I_O$（负载电阻）</td></tr>
<tr><td rowspan="2">I_{SW_AVG}（开关管电流平均值）</td><td>$I_O\times D$</td><td>$\frac{I_{PEAK}}{2}D$</td></tr>
<tr><td colspan="2">$\frac{M\times V_O}{R}$</td></tr>
<tr><td rowspan="2">I_{SW_RMS}（开关管电流有效值）</td><td>$I_O\times\sqrt{D\times\left(1+\frac{r^2}{12}\right)}$</td><td>$I_{PEAK}\sqrt{\frac{D}{3}}$</td></tr>
<tr><td>$\frac{V_O}{R}\times\sqrt{M\times\left[1+\frac{1}{12}\times\left(\frac{1-M}{\tau_L}\right)^2\right]}$</td><td>$\frac{V_O}{R}\times\sqrt{\sqrt{\frac{8\times M^2\times(1-M)}{9\times\tau_L}}}$</td></tr>
</table>

续表

<table>
<tr><td>DCM 的有效值/平均值/占空比方程仅在 $r>2$ 时有效，或 $\tau_L<(1-M)/2$ 时等价</td><td>Buck(CCM)</td><td>Buck(DCM)</td></tr>
<tr><td rowspan="2">I_{L_AVG}（电感电流平均值）</td><td>I_O</td><td>$\frac{I_{PEAK}}{2}D'+\frac{I_{PEAK}}{2}D$</td></tr>
<tr><td colspan="2">$\frac{V_O}{R}$</td></tr>
<tr><td rowspan="2">I_{L_RMS}（电感电流有效值）</td><td>$I_O\times\sqrt{1+\frac{r^2}{12}}$</td><td>$I_{PEAK}\sqrt{\frac{D'}{3}+\frac{D}{3}}$</td></tr>
<tr><td>$\frac{V_O}{R}\sqrt{1+\frac{1}{12}\times\left(\frac{1-M}{\tau_L}\right)^2}$</td><td>$\frac{V_O}{R}\times\sqrt{\sqrt{\frac{8\times(1-M)}{9\times\tau_L}}}$</td></tr>
<tr><td rowspan="2">I_{D_AVG}（二极管电流平均值）</td><td>$I_O\times(1-D)$</td><td>$\frac{I_{PEAK}}{2}D'$</td></tr>
<tr><td colspan="2">$\frac{V_O}{R}\times(1-M)$</td></tr>
<tr><td rowspan="2">I_{D_RMS}（二极管电流有效值）</td><td>$I_O\times\sqrt{(1-D)\times\left(1+\frac{r^2}{12}\right)}$</td><td>$I_{PEAK}\sqrt{\frac{D'}{3}}$</td></tr>
<tr><td>$\frac{V_O}{R}\times\sqrt{(1-M)\times\left[1+\frac{1}{12}\times\left(\frac{1-M}{\tau_L}\right)^2\right]}$</td><td>$\frac{V_O}{R}\times\sqrt{\sqrt{\frac{8\times(1-M)^3}{9\times\tau_L}}}$</td></tr>
<tr><td rowspan="3">I_{Cin_RMS}（输入电容电流有效值）</td><td colspan="2">$\sqrt{I_{SW\_RMS}^2-I_{SW\_AVG}^2}$</td></tr>
<tr><td>$I_O\times\sqrt{D\times\left(1-D+\frac{r^2}{12}\right)}$</td><td>N.A.</td></tr>
<tr><td>$\frac{V_O}{R}\times\sqrt{M\times\left[(1-M)+\frac{1}{12}\times\left(\frac{1-M}{\tau_L}\right)^2\right]}$</td><td>$\frac{V_O}{R}\times\sqrt{M\times\left(\frac{8\times(1-M)}{9\times\tau_L}\right)^{1/2}-M^2}$</td></tr>
<tr><td rowspan="3">I_{Co_RMS}（输出电容电流有效值）</td><td colspan="2">$\sqrt{I_{L\_RMS}^2-I_{L\_AVG}^2}$</td></tr>
<tr><td>$I_O\times\frac{r}{\sqrt{12}}$</td><td>N.A.</td></tr>
<tr><td>$\frac{V_O}{R}\times\left[\frac{1-M}{\sqrt{12}\times\tau_L}\right]$</td><td>$\frac{V_O}{R}\times\sqrt{\sqrt{\frac{8\times(1-M)}{9\times\tau_L}}-1}$</td></tr>
<tr><td rowspan="2">I_{IN}（输入直流电流）</td><td colspan="2">I_{SW_AVG}</td></tr>
<tr><td colspan="2">$\frac{M\times V_O}{R}$</td></tr>
</table>

Buck、Boost 与 Buck-Boost 的 DCM 闭式方程

总结，本书中定义了 α，我们认为这是作为这三种拓扑中负载电流与峰值电流的比值的一个更好的参数。我们用此参数建立了 DCM 闭式方程，见表 4.3。这是用来评价损耗和计算效率的快速便捷的查表。

总结，在本章我们给出了三张设计表格供参考。已用详细的 MathCAD 文件对它们进行全面的两两交叉检测，它们都是首尾一致和精确的。

表 4.3　以闭式总结的 DCM 应力方程

DCM 的有效值/平均值/占空比方程仅在 $r>2$ 时有效（自上而下的计算）	Buck	Boost	Buck-Boost
V_{ON}（开关管导通期间电感的端电压）	$V_{IN}-V_O-V_{SW}$	$V_{IN}-V_{SW}$	$V_{IN}-V_{SW}$
	V_{SW} 是开关管的正向电压降，V_D 是二极管的正向电压降，与 CCM 的相同		
	与 CCM 的相同		
V_{OFF}（二极管导通期间电感的端电压）	V_O+V_D	$V_O-V_{IN}+V_D$	V_O+V_D
	与 CCM 的相同		
I_{O_CRIT}（临界导电的负载电流）	$r_{SET}\times I_{O\_MAX}/2$		
	r_{SET} 是 r 在 I_{O_MAX} 时的设定值（在 CCM 中，参见附录）		
D（DCM 中的占空比）	$\sqrt{\dfrac{2\times I_O\times L\times f\times V_{OFF}}{V_{ON}\times(V_{ON}+V_{OFF})}}$	$\sqrt{\dfrac{2\times I_O\times L\times f\times V_{OFF}}{V_{ON}^2}}$	
α（负载电流与峰值电流的比值）	$\dfrac{I_O}{I_{PK}}$		
D'（DCM 中二极管的占空比）	$2\alpha-D$	2α	
M（直流传递函数 V_O/V_{IN}）	D	$\dfrac{1}{1-D}$	$\dfrac{D}{1-D}$
	其中，上述 D 值为 CCM 时的占空比		
	$\dfrac{2}{1+\sqrt{1+(4K/D^2)}}$	$\dfrac{1+\sqrt{1+(4D^2/K)}}{2}$	$\dfrac{D}{\sqrt{K}}$
	其中，$K=2Lf/R$ 和 R 是负载电阻（$=V_O/I_O$），并且上述 D 的值是根据负载电流 I_O（其中 I_O 小于 I_{O_CRIT}）计算得到的 DCM 占空比		
I_{PEAK}（电流峰值）	$\dfrac{I_O}{\alpha}$		
I_{SW_AVG}（开关管电流平均值）	$\dfrac{I_O D}{2\alpha}$		
	其中，上述 D 值为 CCM 时的占空比		
I_{SW_RMS}（开关管电流有效值）	$\dfrac{I_O}{\alpha}\sqrt{\dfrac{D}{3}}$		
I_{L_AVG}（电感电流平均值）	I_O	$\dfrac{I_O(2\alpha+D)}{2\alpha}$	
	也称为 I_{DC}、I_L、I_{AVG} 等		
I_{L_RMS}（电感电流有效值）	$\dfrac{I_O}{\sqrt{1.5\times\alpha}}$	$\dfrac{I_O\sqrt{2\alpha+D}}{\alpha\sqrt{3}}$	
I_{D_AVG}（二极管电流平均值）	$I_O\left(1-\dfrac{D}{2\alpha}\right)$	I_O	
I_{D_RMS}（二极管电流有效值）	$\dfrac{I_O\sqrt{2\alpha-D}}{\alpha\sqrt{3}}$	$\dfrac{I_O\sqrt{2}}{\sqrt{3\alpha}}$	
I_{Cin_RMS}（输入电容电流有效值）	$\dfrac{I_O\sqrt{D(4-3D)}}{2\alpha\sqrt{3}}$	$\dfrac{I_O\sqrt{4\alpha(2-3\alpha-3D)+D(4-3D)}}{2\alpha\sqrt{3}}$	$\dfrac{I_O\sqrt{D(4-3D)}}{2\alpha\sqrt{3}}$
I_{Co_RMS}（输出电容电流有效值）	$\dfrac{I_O\sqrt{1-1.5\alpha}}{\sqrt{1.5\times\alpha}}$		
I_{IN}（输入直流电流）	$\dfrac{I_O D}{2\alpha}$	$\dfrac{I_O(2\alpha+D)}{2\alpha}$	$\dfrac{I_O D}{2\alpha}$

第 5 章　AC-DC 功率变换的综合前级设计

第 1 部分　无功率因数校正的前级电路

反激变换器及闭式方程

在图 5.1 中，我们从 AC 85V 反激（Flyback）变换器开始介绍。正常工作时，峰值整流电压 $85\times\sqrt{2}$ =120V。此处忽略了整流桥二极管的压降。在两个连续的整流交流峰值之间，在大多数时间内，没有电流通过整流桥，也没有充电电流为输入电容器充电。因为，虽然输入电容器要单独为变换器提供能量而使其端电压不断下降，但是交流电压（如图 5.1 中的整流正弦波形）下降得更快（通常，输入电容相当大）。因此整流桥反向偏置。然而，交流电压再次上升，并在某一点等于输入电容器两端电压，此后，整流桥再次正向偏置。交流电压试图“超越”输入电容器电压，但是事实上随着自身的上升也提升了输入电容器电压。通过非常高的输入浪涌电流对输入电容器充电实现了这一情况。我们必须了解和仔细地建模这种现象，因为这是限制输入电流谐波、保证 EMI（电磁干扰）滤波器的效率、保证输入电容器预期寿命的关键。

为了知道确切的电流波形，我们首先必须知道精确的电压。正常工作时，电容器电压随着交流电压的上升而达到峰值交流电压，在这个过程中电容器充电。在接下来的时间段内电容器再次放电，其电压遵循功率恒定的路径，其特征是随着时间的流逝，下降斜率越来越陡。这一暴跌的特征与变换器需要几乎恒定的输入功率（因其输出功率也假设为恒定不变）有关。因此随着电容器电压下降，需要增大电流来保持瞬时功率 $V\times I$ 不变。但是，电流需求越大，电容器电压下降得越快，然后抽取更多的电流，……。事实上这相当接近失控的情况。如果电容太小，最极端的可能是电容器电压下降太快以至于比交流电压波形下降还快：这时我们应该准备把反激变换器扔进垃圾箱了吧？更好的情况是，电容器电压可能在交流电压可以超过它之前刚刚达到设定的（欠压锁定）UVLO 阈值（一般设计为 DC 60V，但有时设为 DC 80V），并保持变换器持续工作。因为，如果先达到 UVLO，变换器将暂时停止工作，之后可能需要新的启动顺序。电源可能会发出噪声，这不是正常工作。

通过保持最小电容量，可以保证在正常工作时不会发生噪声。图 5.1 中分别给出了 3μF/W 与 5μF/W 的 MathCAD 生成的曲线。我们将看到这些值足以保持电容器电压高于 UVLO。对于典型的交流半周期缺失的情况，稍后将讨论。请注意，通过将这样的方式（每瓦特）写入电容量，我们可以缩放任何功率等级的结果和结论。例如，100W 电源，3μF/W 意味着输入电容量为 300μF。但是请记住，输入电容器关心的仅仅是输入功率，需要储存这一能量。事实上，3μF/W 更精确的表述是 3μF 每输入功率，而非输出功率，因为有时假设是错误的。

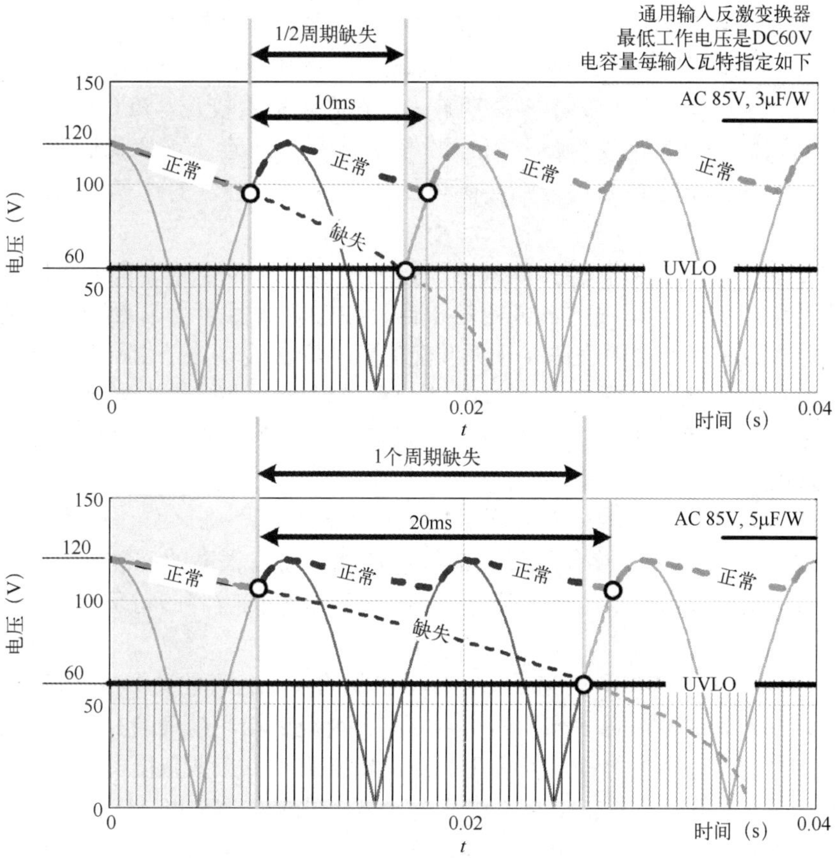

图 5.1　AC 85V 时具有不同输入“电容量/瓦”的通用输入反激变换器

我们需要计算所需的输入电容，因其涉及正常工作时的输入浪涌电流，但在交流应用时也要处理好电能质量问题。例如，特别是在工业区，有些重型电气设备可能会突然启动，造成大电流的抽取，进而导致当地交流电压严重下跌。事实上，这就是我们说的 1 个或 2 个交流半周期会完全“消失”（或太低而无法计算）。但是，我们不希望附近的办公设备，如打印机或台式计算机（笔记本电脑由电池来续航）被神秘的重启。因此，我们需要保证最低的保持时间。

大多数电源规格要求具备固定的 10ms 或 20ms 的保持时间。它们需要的是真正支持半周期或 2 个半周期的交流输入电压的缺失。在 50Hz 交流电网频率下，2 个半周期看起来确实意味着 20ms，但是正如我们在图 5.1 中看到的，为一个缺失的半周期设计可能比为一个固定的 10ms 的缺失设计更便宜（需要更低的电容）。这些不是相同的时间间隔，因为正如我们从图中注意到的，交流电压在 10ms（对应于半周期缺失的情况）和 20ms（对应于 2 个半周期缺失）前就超过了下降的电容器电压。高压输入电容器（用于交流）是昂贵的，因此设计具有较低输入电容量的前级电路具有经济意义。请不要在这里进行昂贵的超额设计。

请注意，我们对 10ms 或 20ms 的计数是以正常工作纹波的最坏情况点为起始点，即在每半周期交流电压上升并开始对电容器再次充电之前。然而，有些人是从正常工作电压纹波的最高（峰值）位置开始对缺失（保持）时间进行计时。因此，实际上他们说的

“20ms 保持时间”仅仅意味着半周期缺失。这使得用缺失半周期数，而不是用某个任意的时间间隔（从哪里到哪里？）来表明需求更加重要。在本章的大部分讨论中，“约 10ms”指半周期缺失，“约 20ms”指 2 个半周期缺失。在功率因数校正（PFC）中我们的说明和定义会有所不同，但这种情况的结果几乎没什么区别。而且，正如我们所看到的，PFC 前级的保持时间的需求最终并不影响实际电源中大容量电容器的选择，因此这一点无关紧要。

没有 PFC 的情况下，我们需要精确地计算电容值，因为这可以节省成本（几美元）。然而，越来越明显的是，解决方案可能是相当近似的，并且可能需要迭代计算。是的，我们可以写个 MathCAD 文件来仔细计算准确的恒功率曲线轨迹，由此准确得到正常工作时输入电流波形的形状，并希望得到对于某一保持时间所需的最小电容。但是，如果不是对于缺失和保持时间的考虑，至少用于计算正常工作期间的电流应力，是否存在足够精确的闭式方程？

不幸的是，大量相关文献中的方程给出的结果甚至都不在（公认精确的）MathCAD 文件得到的结果的±20%内。换句话说，前级设计通常没有很高的准确性。这需要纠正。对于保持时间，我们可以简单地提出基于 MathCAD 文件的电容的精确算法。接下来将介绍该算法。

作者在 Christopher Basso 于 McGraw-Hill 出版的关于仿真的新书 *Switch-Mode Power Supplies Spice Simulations and Practical Designs* 中发现了相当精确的方程。但是作者还发现，通过某种方式重写这些方程，那些典型的（适应整个）工业范围的结果可以得到显著改善，后面将进一步解释。对于正常工作情况，最后结果与 MathCAD 文件非常一致——除了保持时间计算，此处没有探求其闭式方程。

为了帮助我们接下来的讨论，在图 5.2 中介绍了一些相关术语。我们还给出了 Christopher Basso 在 *Switching Power Supplies A to Z*（第二版）中导出的输入电流波形。到目前为止，只是给出了通过整流桥的电流波形。这实际上非常类似于流过输入电容器的电流，但不完全相同，因为流过电容器的电流的直流分量为 0，因此实际上它稍微直流偏移了整流桥的电流。此处 V_{SAG0}（或仅为 V_{SAG}）为正常工作（没有半周期缺失）时电容器端电压的最低电压。V_{SAG1} 为半周期缺失时的最低电压，V_{SAG2} 为 2 个半周期缺失时的最低电压，以此类推。

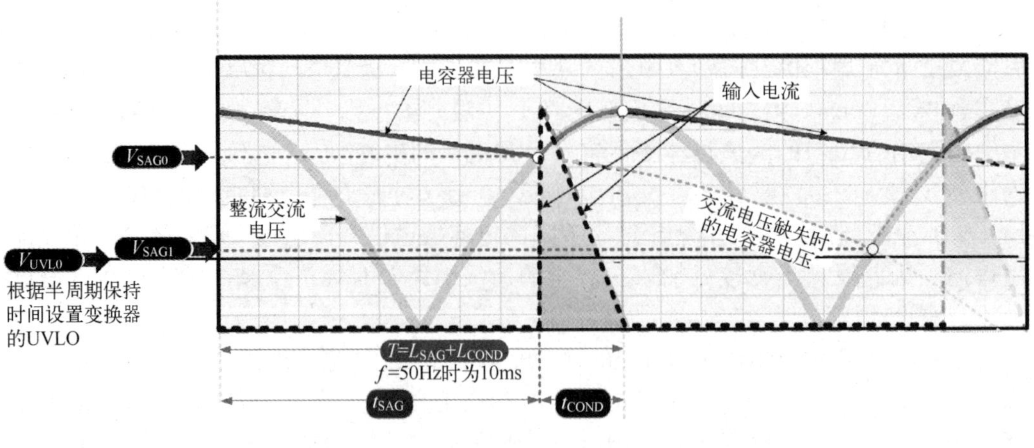

图 5.2　输入电流的形状和用到的术语

不同“电容量/瓦”的下垂曲线

在图 5.3 中，我们给出了 AC 85V 反激变换器基于 MathCAD 计算出的曲线图，假设反激变换器的 UVLO 为 DC 60V。我们的结论是，如果我们希望变换器支持一个交流半周期的缺失（约 10ms 的缺失），我们需要至少 3μF/W；对于两个交流半周期的缺失（约 20ms 的缺失），我们需要有 5μF/W。

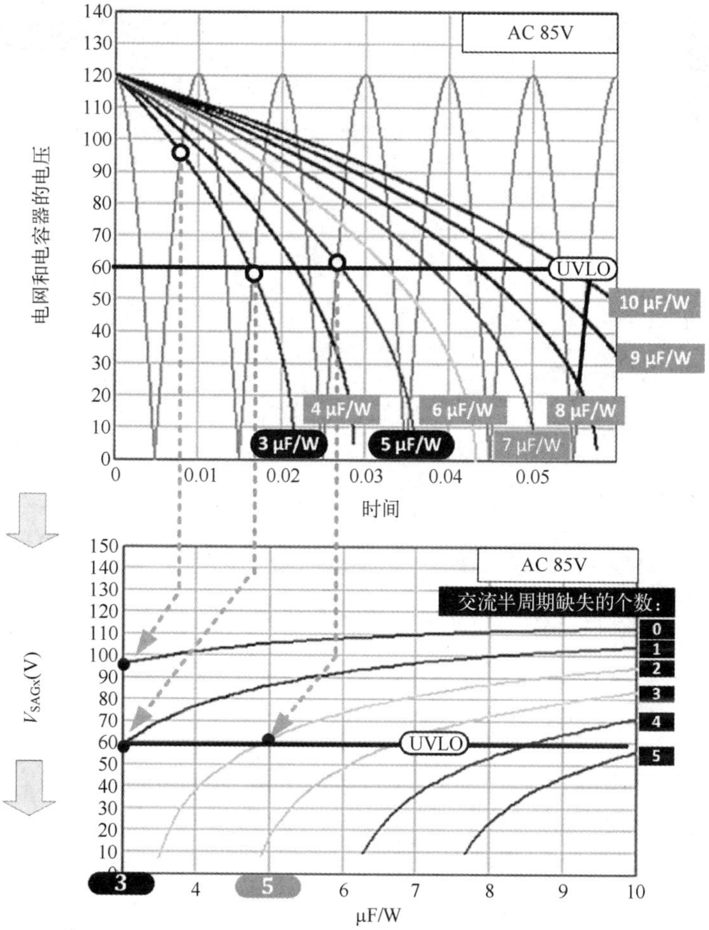

图 5.3 不同“电容量/瓦”时的下垂曲线

图 5.4 给出了这些曲线与计算背后的数字。不但给出了最小电容器电压 V_{SAGx}，我们也知道了正常工作时到底发生了什么。结论是，既然输入电压通常都有纹波，那么出于计算效率的目的，我们取输入纹波的平均值。因此，对于 3μF/W 的情况应该取 DC-DC 变换器级的输入为 DC 108V，5μF/W 的为 DC 113V。

不同的 UVLO?

很明显此处我们做的是折中设计。为了减小输入电容，需将 UVLO 设得更低，这可能意味着需要更大的磁芯尺寸（除非我们有意识地将变压器设计为 DC 60V 时 r=0.4，正常工作时这个过程中面临更多“尖锐的”、更大的电流有效值）。如果将 UVLO 设为 DC 80V 而非 DC 60V，那将会发生什么？通过精确的 MathCAD 预测可知：

@85 Vac	V_{SAGx}与交流半周期缺失（约等于保持时间）的个数					
电容量/瓦	0周期（正常工作）V_{SAG0}	1/2周期（≈10ms）V_{SAG1}	1周期（≈20ms）V_{SAG2}	1.5周期（≈30ms）V_{SAG3}	2周期（≈40ms）V_{SAG4}	2.5周期（≈50ms）V_{SAG1}
3 μF/W	95.66 V	57.88 V	无解			
4 μF/W	101.61 V	76.49 V	37.75 V			
5 μF/W	105.31 V	86.20 V	61.24 V	16.43 V		
6 μF/W	107.70 V	92.29 V	73.60 V	48.31 V		
7 μF/W	109.45 V	96.47 V	81.37 V	62.74 V	36.15 V	
8 μF/W	110.74 V	99.56 V	86.89 V	72.02 V	53.15 V	23.18 V
9 μF/W	111.73 V	101.95 V	91.01 V	78.49 V	63.64 V	44.16 V
10 μF/W	112.56 V	103.83 V	94.18 V	83.43 V	70.99 V	56.04 V

结论：需要的最小电容量。
（a）约10ms（半周期）保持时间需要3μF/W；
（b）约20ms（1周期）保持时间需要5μF/W；
为保证所需的保持时间，除了上面的“电容量/瓦”目标，还需要：
（1）确保反激变换器级在DC 60V以上时能够工作；
（2）包括初始公差和寿命退化。

注意：$V_{IPK}=85V\times\sqrt{2}=120V$（峰值）
所以
使用3μF/W时，以（95.66+120）/2=108V作为平均直流输入电压来计算反激变换器级的工作效率。
使用5μF/W时，以（105.31+120）/2=113V作为平均直流输入电压来计算反激变换器级的工作效率。

图 5.4　用 MathCAD 生成的正常工作与半周期缺失的个数

（1）对于半周期缺失的情况，我们需要最小电容为 4.3μF/W（大约为 4.5μF/W），而非 DC 60V 情况下的 3μF/W。

（2）对于 2 个半周期（即 1 周期）缺失的情况，我们需要最小电容为 6.9μF/W（约为 7μF/W），而非 DC 60V 情况下的 5μF/W。

UVLO 增加 33%时电容量约增加 40%。

正常工作时闭式方程迭代的切入点

这只适用于正常工作情况（无半周期缺失）。关键参数为整流桥导通时间 t_{COND}。一旦清楚了这一点，我们可以计算所有其他的参数。此处为基本参数的快速推导。其他的推导见 *Switching Power Supplies A to Z*（第二版）。

恰好在交流峰值过后的一段时间内，电容器是开关变换器输入功率的唯一来源。因此放电过程是

$$\frac{1}{2}C\times\left(V_{AC\_PEAK}^{2}-V_{CAP}(t)^{2}\right)=P_{IN}\times t \qquad \text{(因为功率为能量/时间)}$$

解得

$$V_{\text{CAP}}(t)=\sqrt{2}\times\sqrt{V_{\text{AC}}^2-\frac{P_{\text{IN}}}{C}t}$$

式中，C/P_{IN} 单位为 F/W。这是放电进入恒功率负载的轨迹。

在电容器电压与上升的交流电压相交点，两方程（波形）结合后得

$$V_{\text{AC}}\times\sqrt{2}\times\cos(2\pi ft)=\sqrt{2}\times\sqrt{V_{\text{AC}}^2-\frac{10^6}{\mu\text{F/W}}t}$$

解得

$$\cos(2\pi ft)=\sqrt{1-\frac{10^6}{\mu\text{F/W}\times V_{\text{AC}}^2}t}$$

这发生在非常接近于 t=1/(2f)处（下一个交流半周期峰值）。因此近似为

$$\cos(2\pi ft)\approx\sqrt{1-\frac{10^6}{2\times f\times(\mu\text{F/W})\times V_{\text{AC}}^2}}\equiv\pm A$$

$$A=\sqrt{1-\frac{10^6}{2\times f\times(\mu\text{F/W})\times V_{\text{AC}}^2}}\qquad(\text{两个解})$$

最终得到导通时间（文献中）的第一个估计值：

$$t_{\text{COND\_EST}}=\frac{\arccos A}{2\times\pi\times f}\qquad(\text{整流桥导通时间})$$

它发生的时间为

$$t_{\text{SAG\_EST}}=\frac{\arccos(-A)}{2\times\pi\times f}\qquad(\text{电压最低点})$$

也可得

$$t_{\text{SAG\_EST}}=\frac{1}{2f}-t_{\text{COND\_EST}}\qquad(\text{两者之间的关系})$$

将这个值插入以下方程以得到 V_{SAG} 的第一个估计值。

$$V_{\text{SAG\_EST}}(t)=\sqrt{2}\times\sqrt{V_{\text{AC}}^2-\frac{10^6}{\mu\text{F/W}}t_{\text{SAG\_EST}}}$$

但是现在，为了更高的精度要求，我们进行迭代：我们知道如果在余弦曲线中，将时间轴原点移动四分之一个周期，将得到一个正弦波。所以也有

$$V_{\text{SAG\_EST}}=(\sqrt{2}\times V_{\text{AC}})\times\sin\left[(2\times\pi\times f)\left(\frac{1}{4f}-t_{\text{COND}}\right)\right]$$

解得

$$t_{\text{COND}}=\frac{1}{4f}-\frac{\arcsin[V_{\text{SAG\_EST}}/(\sqrt{2}\times V_{\text{AC}})]}{2\times\pi\times f}$$

这种估算实际是非常精确的。在图 5.5 中，我们也展示了如何计算 V_{SAG}，以及与 MathCAD 文件相比结果有多好。

只有当我们精确地估计 t_{COND} 时，我们才能得到电流有效值的准确预测，这是因为 t_{COND} 是输入源提供所有能量的时间段，该能量将在整个交流半周期内被变换器全部汲取。因此，如果 t_{COND} 非常小或者估算不准确，它会对 t_{COND} 期间抽取的电流高度有相当大的影响。是的，如果 t_{COND} 减半将不会影响电流的平均值。[检查：$I_{\text{AVG}}=I\times D=2I\times(D/2)$，其中 D 为输入交流脉冲的占空比。]但是电流有效值会增大为约 1.4 倍。[检查：$I\times\sqrt{D}\rightarrow 2I\times\sqrt{D/2}=\sqrt{2}\times I\times\sqrt{D}=1.4\times I\times\sqrt{D}$。]总的来说，如果 t_{COND} 减小为原来的

$1/x$，则输入电流有效值大约增加为原来的 $\sqrt{x}$ 倍。或者说，输入电流有效值必定随着 $1/\sqrt{t_{COND}}$ 变化。这种关系为：如果 t_{COND} 减半，输入电流有效值会如预期的一样增加为原来的 $\sqrt{2}$ 倍。并且我们可以认为峰值电流大约与 $1/t_{COND}$ 成正比。这种关系也即为：如果输入功率与输入电压不变，当 t_{COND} 减半时，输入电流峰值如预期的增加为 2 倍。

3μF/W @ AC85V

例子：

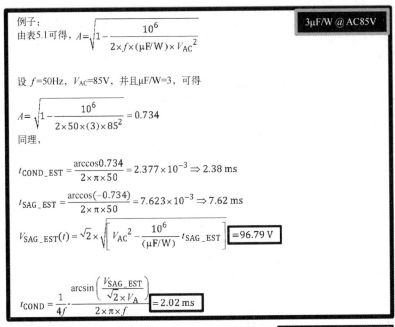

由表5.1可得，$A=\sqrt{1-\dfrac{10^6}{2\times f\times(\mu F/W)\times V_{AC}{}^2}}$

设 f=50Hz，V_{AC}=85V，并且μF/W=3，可得

$$A=\sqrt{1-\frac{10^6}{2\times50\times(3)\times85^2}}=0.734$$

同理，

$$t_{COND\_EST}=\frac{\arccos 0.734}{2\times\pi\times50}=2.377\times10^{-3}\Rightarrow2.38\ \text{ms}$$

$$t_{SAG\_EST}=\frac{\arccos(-0.734)}{2\times\pi\times50}=7.623\times10^{-3}\Rightarrow7.62\ \text{ms}$$

$$V_{SAG\_EST}(t)=\sqrt{2}\times\sqrt{\left[V_{AC}{}^2-\frac{10^6}{(\mu F/W)}t_{SAG\_EST}\right]}\ \boxed{=96.79\ \text{V}}$$

$$t_{COND}=\frac{1}{4f}-\frac{\arcsin\left(\dfrac{V_{SAG\_EST}}{\sqrt{2}\times V_A}\right)}{2\times\pi\times f}\ \boxed{=2.02\ \text{ms}}$$

μF/W@AC 85V（峰值=120.2V）	整流桥导通时间 t_{COND}（ms）		最低工作电压 V_{SAG}（V）	
	MathCAD（精确值）	闭式方程（估计值）	MathCAD（精确值）	闭式方程（估计值）
3.0	2.05	2.021	95.66	96.79
3.5	1.9	1.879	99.1	99.86
4.0	1.75	1.763	101.61	102.23
4.5	1.65	1.667	103.63	104.10
5.0	1.6	1.585	105.31	105.62
6.0	1.45	1.451	107.7	107.93
7.0	1.35	1.347	109.45	109.60
8.0	1.25	1.263	110.74	110.87
9.0	1.15	1.193	111.73	111.86
10.0	1.1	1.134	112.56	112.66

t_{COND}的一致性约为3%
V_{SAG}的一致性约为1.5%

结论：表5.1和5.2的闭式方程基本精确，因为它们很接近精确的MathCAD文件产生的结果。因此，我们可以完全省去MathCAD文件，并只使用闭式方程。

图 5.5　AC 85V 正常工作：MathCAD 与迭代闭式方程得到的结果对比

因此，如果想要将输入级设计得较好，当务之急需准确估算 t_{COND}。我们也看到“纹波恐惧症”是没有任何帮助的。如果输入电容增大太多，整个输入级的电流有效值会非常高。

通用输入单端正激变换器（无功率因数校正）

这种变换器是很少见的，因为对于正激（Forward）变换器的功率等级，根据标准通常需要功率因数校正（PFC）。然而，我们也可以设计一个低功率正激变换器。因此，为了全面起见，我们也将在这里讨论这个问题。

这将包括输入级的倍压电路，如图 5.6 所示。考虑到输入电容，那么 AC 110V 将（几乎）达到 AC 220V。需要倍压器的原因是，反激变换器在占空比[连续导电模式（CCM）]在 0.25～0.68 摆动时具有非常宽的输入电压范围，可以从 DC 385V（AC 270V 时的整流交流输入电压）下降至 DC 60V 的 UVLO。这是因为它是基于 Buck-Boost 的直流传递函数的。但是正激变换器是基于 Buck 传递函数的，它不能适应如此宽输入摆幅来启动，并且如果将最大占空比限制为 50%（典型正激变换器要求），那么就不能做成实用的通用输入变换器。我们肯定需要倍压器。

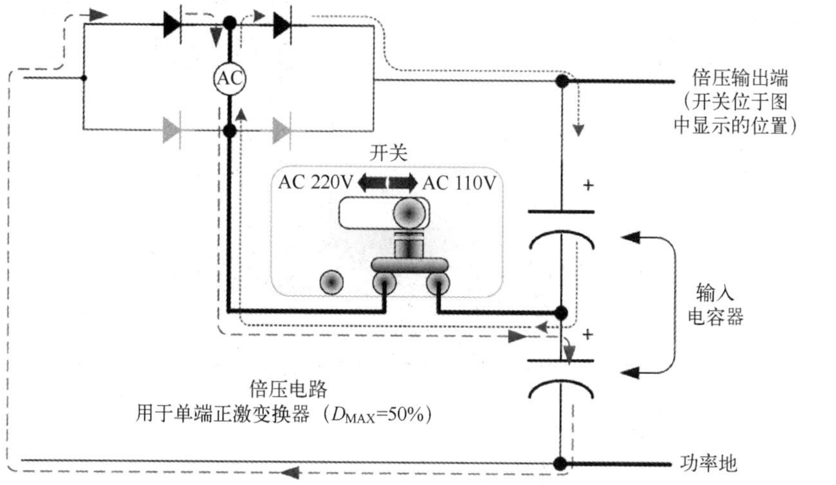

图 5.6　单端正激变换器的输入倍压电路

注： 对于倍压器，实际上我们用了两个电容器串联，每个在交流半周期交替充电。因此，例如，如果计算后需要 1372μF（下述 530W、DC 180V 的情况），我们要用到两个 200V（最好 250V）电容器，每个 1372×2=2744μF。但是，所有的电容器有效值计算必须要考虑这样的情况，即计算的输入有效值电流在每个交流周期通过每个电容器。由于有效值与 $\sqrt{D}$ 有关，如果将占空比（交流半周期）减半，基于每半周期电流浪涌重复通过这样的假设，实际的有效值降至 0.707 倍计算值。况且现在有两个电容器，并考虑两份电流有效值。我们就是这样计算倍压电路（低电网压时）电容器的额定电压、电容值、电流有效值的。

我们通常希望正激变换器的额定占空比被设置为 AC 110V/AC 220V（整流电压约为 DC 311V）时介于 0.26～0.29 间的某个值。最大占空比固定为 0.45（允许公差）。因此，我们估算输入电压可以降至 311×(0.26/0.45)=180V，或至 311× (0.29/0.45)=200V。这两个占空比的选择某种程度上影响变压器的设计，但是让我们假设这是用于调整输入电容器大小的两种不同的设计可能性。我们得出结论：

（1）最低工作电压为 DC 180V，对应于 D_{NOM}=0.26。

（2）最低工作电压为 DC 200V，对应于 D_{NOM}=0.29。

然而，为了保证得到正确的电网缺失特性，我们希望基于最小工作电压 AC 85V 来设置额定占空比，对于倍压器为（大约）AC 170V：对应的整流电压峰值为 $170 \times \sqrt{2} = 240\text{V}$。在 MathCAD 表格中使用刚才得到的新的可能 UVLO 值，总结和得出结论（见图 5.1 和图 5.7）：

（1）对于反激变换器，约 10ms 保持时间：使用 3μF/W。

（2）对于反激变换器，约 20ms 保持时间：使用 5μF/W。

（3）对于正激变换器（带有倍压器，UVLO 为 DC 180V，D_{NOM}=0.26），约 10ms 保持时间：使用 1.4μF/W。

（4）对于正激变换器（带有倍压器，UVLO 为 DC 180V，D_{NOM}=0.26），约 20ms 保持时间：使用 2.2μF/W。

（5）对于正激变换器（带有倍压器，UVLO 为 DC 200V，D_{NOM}=0.29），约 10ms 保持时间：使用 2μF/W。

（6）对于正激变换器（带有倍压器，UVLO 为 DC 200V，D_{NOM}=0.29），约 20ms 保持时间：使用 3.1μF/W。

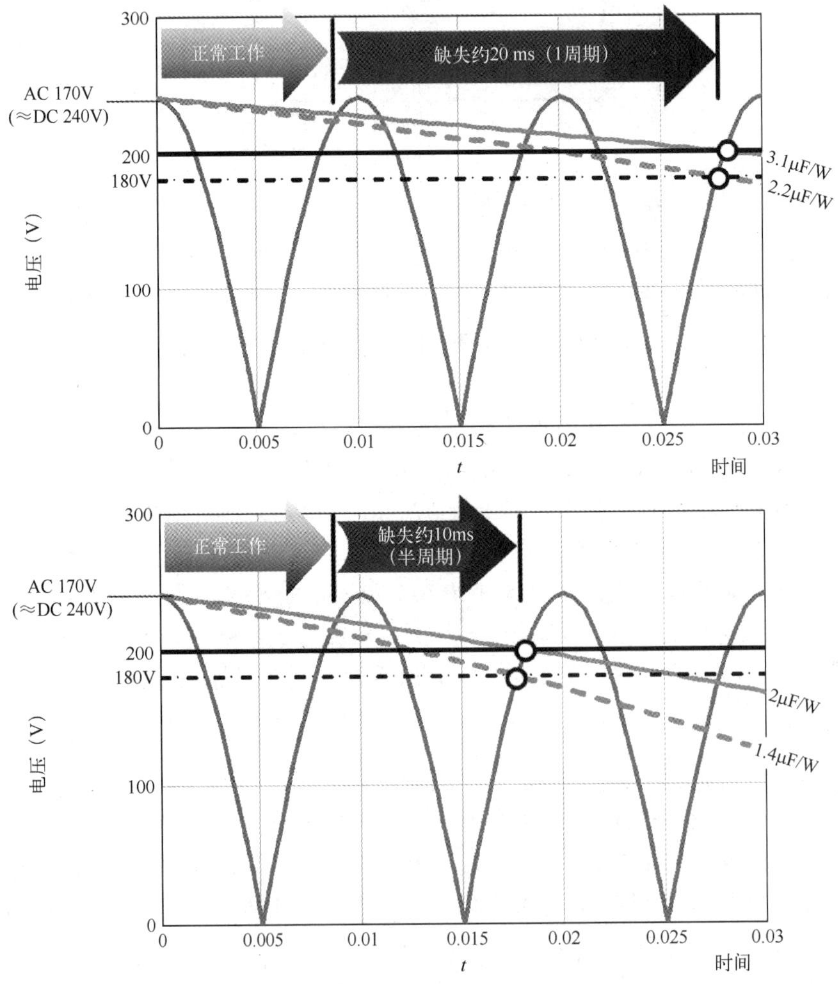

图 5.7　正激变换器及计算得到的每瓦电容值的下垂曲线

记住，正激变换器通常不需要正式的 UVLO 电路，因为这个输入电压对应于达到的 D_{MAX} 极限，因此随着输入进一步下降，输出只是缓慢下降。在正激变换器中没有像在反激变换器中产生的一次侧大电流，如我们所知，这个电流是由自相当麻烦的方程 $I_{COR}=I_{CR}/(1-D)$引起的，其中 I_{COR} 为（一次侧）电流斜坡中心值，I_{OR} 为输出电流反射值，即 I_O/n，　$n=N_P/N_s$ 为匝数比。

编制的设计表

由此我们得到两个表格，表 5.1 与表 5.2，一个表适用于 AC 85V 输入级电路（打算用于通用输入反激变换器），另一个表适用于 AC 170V（实际上是 AC 85V 正激变换器，带有输入倍压器）。这些表格给出了正常工作时的闭式方程。我们需要从上往下，在每个方程中代入数值，从而迭代计算。我们用 MathCAD 表格对所有推荐的电容每瓦数值进行了计算。引用的数值也是每瓦，由此我们可以非常方便地用来计算任何电源（无 PFC）的输入级电流应力。注意，这些都是基于相同方程计算的有效值数值。因此，在倍压器情况下（见表 5.2），我们还需考虑通过输入有效值电流是交替通过两个电容的，正如前文所讨论的。这两个表格没有说明这一分歧。

注意，在表 5.1 中还提供了 7μF/W 的数值，如果回顾图 5.5，我们将看到对应的 3 个缺失的交流半周期（对于 DC 60V 的 UVLO）。

表 5.1　AC 85V 及三种需要保持时间情况的设计表（所有情况下 UVLO 设为 DC 60V）

变量	参数	方程	3μF/W	5μF/W	7μF/W
1.下面计算需要的参数	A	$=\sqrt{1-\dfrac{10^6}{2\times f\times(\mu F/W)\times V_{AC}^2}}$	0.734	0.85	0.896
2a.整流桥导通时间（第一个估计值）	t_{COND} (s)	$\approx\dfrac{\arccos A}{2\times\pi\times f}$ （基于这个近似值的所有计算也将是近似的）	2.38 (ms)	1.76 (ms)	1.47 (ms)
3.电容器电压最低值对应的时间（第一个估计值）	t_{SAG} (s)	$=\dfrac{1}{2f}-t_{COND}$	7.62 (ms)	8.24 (ms)	8.53 (ms)
4.变换器的最低输入工作电压	$V_{SAG}(t)$ (V)	$=\sqrt{2}\times\sqrt{V_{AC}^2-\dfrac{10^6}{\mu F/W}t_{SAG}}$	96.79 (V)	105.62 (V)	109.60 (V)
2b.整流桥导通时间（第二个估计值）	t_{COND} (s)	$=\dfrac{1}{4f}-\dfrac{\arcsin\left[V_{SAG}/(\sqrt{2}\times V_{AC})\right]}{2\times\pi\times f}$ （这是一个迭代值，更精确）	2.02 (ms)	1.59 (ms)	1.35 (ms)
5.电容器电压和变换器输入电压的平均值	V_{IN_AVG} (V)	$=\dfrac{(\sqrt{2}\times V_{AC})+V_{SAG}}{2}$	108.50 (V)	112.91 (V)	114.90 (V)
6.平均输入电流（整流桥和滤波器）	I_{IN}(A) (对于P_{IN} = 1 W)	$=\dfrac{1}{V_{IN\_AVG}}$ （这是一个精确的方程）	9.22 (mA/W)	8.86 (mA/W)	8.70 (mA/W)
7.电容器充电电流峰值	I_{PEAK} (A) (对于P_{IN} = 1 W)	$=\dfrac{8\pi^2\times(\mu F/W)}{10^6\times\sqrt{2}}\times(V_{AC}f^2)\times t_{COND}$	0.072 (A/W)	0.094 (A/W)	0.112 (A/W)
8.电容器的纹波（RMS）电流额定值	I_{CAP_RMS} (A)	$=\left[I_{IN}^2+2ft_{COND}\left(\dfrac{I_{PEAK}^2}{3}-I_{IN}^2\right)\right]^{1/2}$	0.02 (A/W)	0.023 (A/W)	0.025 (A/W)

续表

变量	参数	方程	3μF/W	5μF/W	7μF/W
9.平均输入电流（×2V_D，用于整流桥损耗）	I_{BRIDGE_AVG} (A)	$=f\times t_{COND}\times(I_{PEAK}+2I_{IN})$（如果这里使用的 t_{COND} 为 100% 准确，与上面的 I_{IN} 相同）	9.13 (mA/W)	8.85 (mA/W)	8.711 (mA/W)
10.电网电流有效值（整流桥和滤波器）	I_{FILTER_RMS} (A)	$=\left[2ft_{COND}\left(\frac{I_{PEAK}^2}{3}+I_{IN}(I_{PEAK}+I_{IN})\right)\right]^{1/2}$	0.022 (A/W)	0.025 (A/W)	0.027 (A/W)
11.电网电流峰值（整流桥和滤波器）	I_{FILTER_PEAK} (A)	$=I_{PEAK}+I_{IN}$	0.081 (A/W)	0.103 (A/W)	0.121 (A/W)

注：从上到下按顺序执行计算。

所有 A/W 和 μF/W 数值归一化为 $P_{IN}=1W$。

所有数值都是用于 AC 85V 和电网频率 $f=50Hz$。

表 5.2 AC 170V 及四种需要保持时间情况的设计表（所有情况下 UVLO 设为 DC 180V 或 DC 200V）

变量	参数	方程	1.4μF/W	2μF/W	2.2μF/W	3.1μF/W
1.下面计算需要的参数	A	$=\sqrt{1-\frac{10^6}{2\times f\times(\mu F/W)\times V_{AC}^2}}$	0.868	0.909	0.918	0.943
2a.整流桥导通时间（第一个估计值）	t_{COND} (s)	$\approx\frac{\arccos A}{2\times\pi\times f}$	1.66 (ms)	1.36 (ms)	1.30 (ms)	1.08 (ms)
3.电容器电压最低值对应的时间（第一个估计值）	t_{SAG} (s)	$=\frac{1}{2f}-t_{COND}$	8.34 (ms)	8.64 (ms)	8.70 (ms)	8.92 (ms)
4.变换器的最低输入工作电压	$V_{SAG}(t)$ (V)	$=\sqrt{2}\times\sqrt{V_{AC}^2-\frac{10^6}{\mu F/W}t_{SAG}}$	214.2 (V)	221.7 (V)	231.9 (V)	234.3 (V)
2b.整流桥导通时间（第二个估计值）	t_{COND} (s)	$=\frac{1}{4f}-\frac{\arcsin[V_{SAG}/(\sqrt{2}\times V_{AC})]}{2\times\pi\times f}$	1.5 (ms)	1.26 (ms)	1.21 (ms)	1.02 (ms)
5.电容器电压和变换器输入电压的平均值	V_{IN_AVG} (V)	$=\frac{(\sqrt{2}\times V_{AC})+V_{SAG}}{2}$	227.3 (V)	231.1 (V)	231.9 (V)	234.3 (V)
6.平均输入电流（整流桥和滤波器）	I_{IN}(A)（对于 $P_{IN}=1$ W）	$=\frac{1}{V_{IN\_AVG}}$	4.4 (mA/W)	4.33 (mA/W)	4.31 (mA/W)	4.27 (mA/W)
7.电容器充电电流峰值	I_{PEAK} (A)（对于 $P_{IN}=1$ W）	$=\frac{8\pi^2\times(\mu F/W)}{10^6\times\sqrt{2}}\times(V_{AC}f^2)\times t_{COND}$	0.05 (A/W)	0.06 (A/W)	0.063 (A/W)	0.075 (A/W)
8.电容器的纹波（RMS）电流额定值	I_{CAP_RMS} (A)	$=\left[I_{IN}^2+2ft_{COND}\left(\frac{I_{PEAK}^2}{3}-I_{IN}^2\right)\right]^{1/2}$	0.012 (A/W)	0.013 (A/W)	0.013 (A/W)	0.014 (A/W)
9.平均输入电流（×2V_D，用于整流桥损耗）	I_{BRIDGE_AVG} (A)	$=f\times t_{COND}\times(I_{PEAK}+2I_{IN})$	4.4 (mA/W)	4.33 (mA/W)	4.32 (mA/W)	4.27 (mA/W)

续表

变量	参数	方程	1.4μF/W	2μF/W	2.2μF/W	3.1μF/W
10.电网电流有效值（整流桥和滤波器）	I_{FILTER_RMS} (A)	$=\left[2ft_{COND}\left(\frac{I_{PEAK}^2}{3}+I_{IN}(I_{PEAK}+I_{IN})\right)\right]^{1/2}$	0.013 (A/W)	0.014 (A/W)	0.014 (A/W)	0.015 (A/W)
11.电网电流峰值（整流桥和滤波器）	I_{FILTER_PEAK} (A)	$=I_{PEAK}+I_{IN}$	0.054 (A/W)	0.064 (A/W)	0.067 (A/W)	0.079 (A/W)

注：从上到下按顺序执行计算。

所有 A/W 和 μF/W 数值归一化为 $P_{IN}=1W$。

所有数值都是用于 AC 170V 和电网频率 $f=50Hz$。

保持时间与电容器电流有效值要求的典型最小电容值（数值例子）

在表 5.3 中，用到了几个不同输出功率的电源，假设效率都为 85%。我们展示了如何计算两个保持时间（半周期缺失与 2 个半周缺失）情况下的最小电容。这些都是基于推荐的最小 μF/W。为了便于参考，我们在表 5.4 中总结了电容器的有效值要求（电网频率分量，即低频分量）。

表 5.3　计算满足所需保持时间的最小电容值（无功率因数校正的前级电路）

无 PFC；AC 85V 时的保持时间，约 10ms（半周期）				
例子：η=85%		反激，3μF/W (DC 60V 阈值)	正激，1.4μF/W (DC 180V 阈值)	正激，2μF/W (DC 200V 阈值)
P_o(W)	P_{IN}(W)	电容（μF）	电容（μF）	电容（μF）
6	6/0.85=7.06	7.06×3=21.18	7.06×1.4=9.88	7.06×2.0=14.12
20	20/0.85=23.53	23.53×3=70.59	23.53×1.4=32.94	23.53×2.0=47.1
50	58.82	176.46	82.35	117.64
75	88.23	264.69	123.52	176.46
100	117.65	352.95	164.71	235.3
150	176.47	529.41	247.06	352.94
200	235.29	705.87	329.41	470.58
530	623.53	1870.59	872.94	1247.06
无 PFC；AC 85V 时的保持时间，约 20ms（1 周期）				
例子：η=85%		反激，5μF/W (DC 60V 阈值)	正激，2.2μF/W (DC 180V 阈值)	正激，3.1μF/W (DC 200V 阈值)
P_o(W)	P_{IN}(W)	电容（μF）	电容（μF）	电容（μF）
6	6/0.85=7.06	7.06×5=35.3	7.06×2.2=15.53	7.06×3.1=21.89
20	20/0.85=23.53	23.53×5=117.64	23.53×2.2=51.77	23.53×3.1=72.94
50	58.82	294.12	129.40	182.34
75	88.23	441.18	194.10	273.51
100	117.65	588.23	258.90	364.72
150	176.47	882.35	388.234	547.06
200	235.29	1176.47	517.64	729.40
530	623.53	3117.65	1371.77	1932.94

表 5.4　最小电容值及相应的电容器电流有效值（低频分量）

最小 μF/W 与电容器电流的低频有效值分量（无 PFC）				
	AC 85V（反激）		AC 170V（正激）	
	电容量/（输入）瓦	电容器低频输入 RMS	电容量/（输入）瓦	电容器低频输入 RMS
			1.4μF/W	0.012A/W
			DC 180V UVLO，缺失约 10ms	
			2μF/W	0.013A/W
			DC 200V UVLO，缺失约 10ms	
			2.2μF/W	0.013A/W
电容量增加			DC 180V UVLO，缺失约 20ms	
	3μF/W	0.020A/W		
	DC 60V UVLO，缺失约 10ms			
			3.1μF/W	0.014A/W
			DC 200V UVLO，缺失约 20ms	
	5μF/W	0.023A/W		
	DC 60V UVLO，缺失约 20ms			

电容器电流有效值估算（高频分量）

低频浪涌电流不是引起输入电容器温度上升的唯一原因。变换器还会从电容器汲取高频脉冲。让我们估算一下。

我们得到以下方程（见附录）：

$$I_{\mathrm{RMS\_CAP\_HF}} = I_{\mathrm{OR}} \times \sqrt{D\left(1-D+\frac{r^2}{12}\right)} \quad \text{（对于正激变换器，与Buck类似）}$$

$$I_{\mathrm{RMS\_CAP\_HF}} = \frac{I_{\mathrm{OR}}}{1-D} \times \sqrt{D\left(1-D+\frac{r^2}{12}\right)} \quad \text{（对于反激变换器，与Buck-Boost类似）}$$

式中，I_{OR} 为输出电流反射值，$I_{\mathrm{OR}}=I_{\mathrm{O}}/n$（其中 I_{O} 为负载电流，$n=N_{\mathrm{P}}/N_{\mathrm{S}}$ 为匝数比）；r 为电流纹波率 $\Delta I/I_{\mathrm{COR}}$（$\Delta I$ 为每周期电感电流总摆幅，I_{COR} 为电感平均电流斜坡中心值）。

（1）正激变换器。设额定 D=0.25。注意 AC 230V 会产生 DC 325V。由于 $D=V_{\mathrm{O}}/V_{\mathrm{INR}}$，那么 $V_{\mathrm{INR}}=4\times V_{\mathrm{O}}$。设 V_{O}=3.3V，那么 V_{INR}=13.2V。因此匝数比 n=325V/13.2V=24.6。考虑二极管压降，设匝数比稍小，为 24。因此 $I_{\mathrm{OR}}=P_{\mathrm{O}}/(nV_{\mathrm{O}})=P_{\mathrm{O}}/79.2\approx P_{\mathrm{O}}/80$。

$$I_{\mathrm{RMS\_CAP\_HF}} \approx I_{\mathrm{OR}}\sqrt{D\times\left(1-D+\frac{r^2}{12}\right)} = \frac{P_{\mathrm{O}}}{80}\sqrt{0.25\times\left(1-0.25+\frac{0.4^2}{12}\right)} \approx 0.005\times P_{\mathrm{O}}$$

$$=0.005\times P_{\mathrm{IN}}$$

另一种估算。设输入功率为 1W，那么平均输入电流为 1W/V_{IN}。设占空比 D=0.25，那么输入电流峰值必定为 1W/($D\times V_{\mathrm{IN}}$)=4W/V_{IN}。在 DC 325V 时，该值为 4/325=1/83。因此总的来说，$I_{\mathrm{OR}}=P_{\mathrm{IN}}/83$。这与我们最初发现的很接近。

（2）反激变换器。设额定占空比为 0.5。一般 V_{OR}=100V。匝数比为 100V/3.3V=30，因此 $P_{\mathrm{O}}=V_{\mathrm{OR}}\times I_{\mathrm{OR}}$。这样，$I_{\mathrm{OR}}=P_{\mathrm{O}}/100$。因此输入电容器有效值为

$$I_{RMS\_CAP\_HF} \approx \frac{I_{OR}}{1-D}\sqrt{D\times\left(1-D+\frac{r^2}{12}\right)} = \frac{P_O}{100\times 0.5}\sqrt{0.5\times\left(1-0.5+\frac{0.4^2}{12}\right)} \approx 0.01\times P_O$$
$$= 0.01\times P_{IN}$$

在表 5.5 中，我们总结了我们任意选择的电源范围的这些值。我们使用了相同的缩放因子。

表 5.5　两种变换器输入电容器的高频电流有效值

假设效率为 85%		反激	正激
输出功率（W）	输入功率（W）	高频 RMS 电流（A）	高频 RMS 电流（A）
6	6/0.85=7.06	7.06×0.01=0.07	7.06×0.005=0.035
20	20/0.85=23.53	23.53×0.01=0.24	23.53×0.005=0.12
50	58.82	0.59	0.29
75	88.23	0.88	0.44
100	117.65	1.18	0.59
150	176.47	1.76	0.88
200	235.29	2.35	1.18
530	623.53	6.23	3.12

带有无频率相关 ESR 的输入电容器的总电流有效值

在这一点上，我们达到了一个关键时刻。我们计算了高频与低频分量的电流有效值。如果输入电容器的等效串联电阻（ESR）是与频率无关的，我们可以简单地按如下方式正交组合这些分量，以获得电容器总电流有效值（与热量）。

$$I_{CIN\_RMS\_TOTAL} = \sqrt{I_{CIN\_RMS\_LF}^2 + I_{CIN\_RMS\_HF}^2}$$

式中，LF 代表低频，HF 代表高频。用这种方法得到了表 5.6 中的数。我们后面将需要以不同的方式使用它们。

这个总有效值可直接用于陶瓷电容器（很少用到）。对于铝电解电容器，我们需要遵循不同的方式。

表 5.6　无功率因数校正时电容器电流的低频与高频分量的总结

			约 10ms（1/2 周期）缺失			约 20ms（1 周期）缺失		
			3μF/W	1.4μF/W	2μF/W	5μF/W	2.2μF/W	3.1μF/W
假设效率为 85%			反激 (DC 60V UVLO)	正激 (DC 180V UVLO)	正激 (DC 200V UVLO)	反激 (DC 60V UVLO)	正激 (DC 180V UVLO)	正激 (DC 200V UVLO)
输出功率（W）	输入功率（W）	电容器 RMS 电流（A）	电容器 RMS 电流（A）	电容器 RMS 电流（A）	电容器 RMS 电流（A）	电容器 RMS 电流（A）	电容器 RMS 电流（A）	电容器 RMS 电流（A）
6	7.06	LF	7.06×0.02=0.14	7.06×0.012=0.085	7.06×0.013=0.092	7.06×0.023=0.16	7.06×0.013=0.092	7.06×0.014=0.099
		HF	7.06×0.01=0.07	7.06×0.005=0.035	7.06×0.005=0.035	7.06×0.01=0.07	7.06×0.005=0.035	7.06×0.005=0.035
		总合	0.16	0.092	0.098	0.177	0.098	0.105
20	23.53	LF	0.47	0.282	0.306	0.54	0.306	0.329
		HF	0.24	0.12	0.12	0.24	0.12	0.12
		总合	0.53	0.31	0.33	0.59	0.33	0.35
50	58.82	LF	1.176	0.71	0.765	1.353	0.765	0.824
		HF	0.59	0.29	0.29	0.59	0.29	0.29
		总合	1.315	0.765	0.82	1.475	0.82	0.874

续表

假设效率为85%			约 10ms（1/2 周期）缺失			约 20ms（1 周期）缺失		
			3μF/W	1.4μF/W	2μF/W	5μF/W	2.2μF/W	3.1μF/W
			反激（DC 60V UVLO）	正激（DC 180V UVLO）	正激（DC 200V UVLO）	反激（DC 60V UVLO）	正激（DC 180V UVLO）	正激（DC 200V UVLO）
输出功率（W）	输入功率（W）	电容器RMS电流（A）	电容器RMS电流（A）	电容器RMS电流（A）	电容器RMS电流（A）	电容器RMS电流（A）	电容器RMS电流（A）	电容器RMS电流（A）
75	88.23	LF	1.765	1.06	1.15	2.03	1.147	1.235
		HF	0.88	0.44	0.44	0.88	0.44	0.44
		总合	1.97	1.15	1.23	2.21	1.23	1.31
100	117.65	LF	2.35	1.41	1.53	2.71	1.529	1.647
		HF	1.18	0.59	0.59	1.18	0.59	0.59
		总合	2.63	1.53	1.64	2.95	1.64	1.75
150	176.47	LF	3.53	2.12	2.294	4.06	2.29	2.47
		HF	1.77	0.88	0.88	1.77	0.88	0.88
		总合	3.95	2.294	2.46	4.43	2.46	2.62
200	235.29	LF	4.71	2.824	3.06	5.41	3.06	3.29
		HF	2.35	1.18	1.18	2.35	1.18	1.18
		总合	5.26	3.06	3.277	5.90	3.277	3.50
530	235.29	LF	12.47	7.48	8.11	14.34	8.11	8.73
		HF	6.24	3.12	3.12	6.24	3.12	3.12
		总合	13.94	8.106	8.69	15.64	8.69	9.27

带有频率相关 ESR 的输入电容器的总电流有效值

铝电解电容器的 ESR 在高（开关）频率（100kHz 范围内）时的值通常会降低到低（交流电网）频率时的 1/2。因此，对于同样的温升，我们可以在高频时使电流有效值增加为 $\sqrt{2}=1.4$ 倍。例如，低频（典型的是 120Hz）时可以通过 1A 电流有效值，或者 100kHz 时 1.4A。每个部分“看到”不同的 ESR，就像两个电容器一样。

出于同样的原因，电容器的额定值分成两方面来发布：低频与高频纹波（有效值）额定值。当我们有时查看数据表时，其含义并不是很明显，当我们访问相关等网站并尝试使用将所有供应商集中到一起的主分区表时，其含义当然也不明显。当然，我们需要，而且应该回到具体供应商的数据表，并检查发布的有效额定值是否以 100kHz 或 120Hz 表示。差别达到 40%！这就是预期的 1W 热量与实际的 2W 的差别。这会将电容器的预期寿命降低至少一半。另外，之前实际上我们假设了倍频器 f_{MULT}=1.4，但准确说，我们应该看看供应商是否给出了一个适用于电容器的更精确的值。

接下来我们用数值例子来展示处理铝电解电容器有效值的正确方法。

例 5.1 对于 75W 反激变换器（UVLO 设为 DC 60V）该选什么样的电容器？

由表 5.6 中半周缺失（约 10ms）的情况，可得到低频与高频分量分别为 1.765A 和 0.88A。电容器所需的等效总低频（120Hz）有效额定值为

$$I_{CIN\_RMS\_TOTAL\_LF}=\sqrt{I_{CIN\_RMS\_LF}^2+\left(\frac{I_{CIN\_RMS\_HF}}{f_{MULT}}\right)^2}=\sqrt{1.765^2+\left(\frac{0.88}{1.4}\right)^2}=1.87\text{A RMS}$$

或我们可得等效总高频（100kHz）有效额定值为

$$I_{CIN\_RMS\_TOTAL\_HF} = \sqrt{(I_{CIN\_RMS\_LF} \times f_{MULT})^2 + I^2_{CIN\_RMS\_HF}} = \sqrt{(1.765 \times 1.4)^2 + 0.88^2} = 2.62\ \text{A RMS}$$

正如预料，2.62/1.4=1.87A。

现在可得实际的选择方法如下。

（1）对于 10ms，P_O=75W，我们需要 265μF/400V/1.87A（低频）电容器（见表 5.3 的 μF/W）。选用 270μF/400V 电容（EETED2G271CA Panasonic，3000h/105℃），可得低频 RMS 额定值为 1.56A，每片的费用约为$4.60。但是为了得到所需的额定有效值需要 390μF/400V 电容器（EETED2G391DA），每片费用约为$6.70。

（2）对于 20ms，P_O=75W，我们需要 441μF/400V/2.125A（低频）电容器。选用 470μF/400V 电容器（EETED2G471EA Panasonic，3000h/105℃），可得低频 RMS 额定值为 2.01A，每片的费用约为$7.50。但是为了得到所需的额定有效值需要 560μF/400V 电容器（EETED2G561EA），每片费用约为$8.64。

结论：除了更长的保持时间，电容器是由有效额定值限定的，而非保持时间或电容值。因此，某种程度上降低额定值要求，就可以使用更小的电容，节约成本与能量，同时仍能满足所需的保持时间。

对于更小的功率，事情就更好办了。实际上，直到 20～30W，电流有效值不受反激变换器的限制，对于半周期的保持时间还是可以用 3μF/W 的规则。但是正如我们所看到的，即使达到 75W，实际上我们选用的不是 3μF/W 而是 4.5μF/W，仅仅是为了达到有效额定值。

如果我们使用带有倍压器的单端正激变换器怎么办？

EMI 滤波器的效率

在表 5.1 和表 5.2 中第 11 行，我们也给出了峰值电流。例如，75W 反激电源在效率为 90%时，输入功率为 75W/0.9=83.3W。假设电源设计为约 10ms 缺失的情况，用 3μF/W（即 250μF），表 5.1 的 11 行告诉我们峰值电流为 81mA/W，即为 0.081×83.3=6.75A。必须确保任何差模电感能处理这一峰值电流，而不会饱和，否则这一计算是无效的。至于共模扼流圈，正向电流与反向电流的磁通相互抵消，所以磁芯饱和在这里并不重要。但重要的是它的有效值处理能力（热和温度）。从同一表格的第 10 行可以看到有效值为 22mA/W。我们可得 0.022×83.3=1.83A（有效值）。因此，我们必须确保共模扼流圈的线规足够粗，以能够处理这种电流有效值。

小功率正激变换器?

假设在输入电路有倍压器。更高的电压启动更好。保持时间也更容易通过较小的电容达到要求，输入电流浪涌的有效值较低，因为输入电压越高抽取的平均电流越低。与反激变换器相比，使用正激变换器（前级电路带有倍压器）的优点仅为正激变换器抽取的高频电流较低（是相同占空比的反激变换器的一半）。此处假设正激变换器是实用的选择。

对于 10ms，P_O=75W：输入功率为 75/0.85=88.2W。使用推荐的 1.4μF/W（对于 DC 180V UVLO，见表 5.4），约需 88.2×1.4=123.5μF。倍压器中为两个电容器串联，每个电容器至少为 2×123.5=247μF。低频与高频分量有效值分别为 1.06A 和 0.44A（见表 5.6）。正如前面讨论的，低频分量在交流半周期内通过倍压器的两个电容器，有效值减少为原来的 0.707 倍。因此通过每个电容器的低频分量仅为 1.06×0.707=0.75A，得到的总值为 $[0.75^2+(0.44/1.4)^2]^{1/2}$=0.81（低频等效值）。选用两个 270μF/250V 的电容器（LGJ2E271MELB Nichicon，3000h/105℃），可得低频有效额定值为 1A。每片价格约为$2.50。两片这样的电容为$5.00。电容足够了。与之前的通用输入反激变换器相比，那时选用的是单独的 270μF/400V 电容器（EETED2G391DA），每片售价约为$6.70。通过使用带有倍压器的正激变换器，费用有一定的增加，但不是很多，因为我们用两个电容器代替了一个电容器。大体上可以说费用与体积是可比较的。尽管是通过了两个串联电阻（具有较小的 ESR），但是有效值从 1.87A 下降至 0.81A。考虑到这一点，效率会提高。

对于更大功率，根据标准我们知道需要 PFC。但暂时忽略这一点，即使是 530W 的正激变换器，我们会发现严重受限于有效值电流，而非保持时间。这迫使我们使用越来越高的 μF/W。PFC 显著改善（降低）输入有效值，正如我们接下来讨论的。

在图 5.8 中，基于前面的数值计算，我们最后给出了非常简单的查找曲线，用于估算各种不带 PFC 的变换器的电容值与有效额定值。其中也给出了例子。注意，我们只是给出了总有效值，但是由于这些情况中主要都是低频分量，实际上我们可以安全地使用曲线中的数字来选取具有所述 120Hz 纹波（RMS）额定值的电容器。

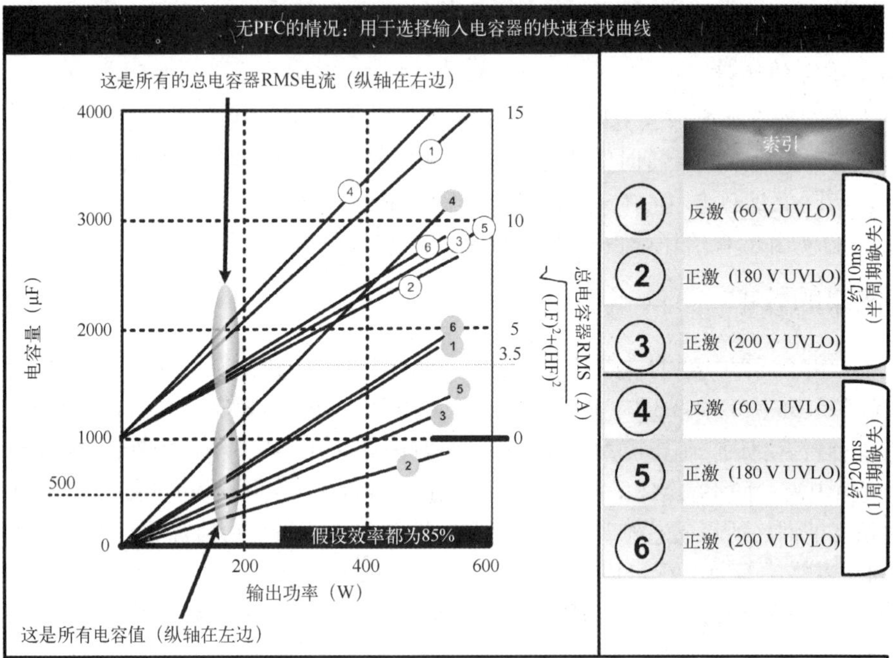

假设所有正激变换器在它们的输入级电路都有倍压器，以满足通用输入的要求。由这些曲线指示的电流有效值和电容值是净值，并不代表倍压器中每个电容器的要求。对于正激变换器有以下两种情况。

（1）对于使用倍压器的情况（低电网电压的情况），我们需要将由上面曲线指示的总有效值降低 $\sqrt{0.5}$=0.707 倍，作为每个电容器的有效额定值。这是因为，通过整流桥的电流每半周期交替流过每个电容器。我们需要将由上面曲线指示的电容值翻倍，来得到倍压器中的每个电容器的容值，因为这两个电容器是串联的。

（2）对于有倍压器，但是没有使用的情况（高电网电压的情况），我们仍然需要将由上面曲线指示的电容值翻倍，来得到倍压器中的每个电容器的容值。但是，由这些曲线指示的电流有效值恰好等于每个电容器实际需要的有效额定值，因为在所有时刻同样的电流波形流过这两个电容器。

例子：一个使用输入倍压器和正激变换器（UVLO设为180V）的400W变换器，工作效率为85%，支持10ms电网缺失（见上面标志为②的两条曲线），大约500μF，并且净有效额定值约为3.5A。我们由此选择两个电容器，每个电容器额定值为250V，每个电容器容值为1000μF，并且每个电容器的（低频）有效额定值为3.5×0.707=2.5A。

图 5.8　无功率因数校正时的快速选择曲线

第 2 部分　带有功率因数校正的前级电路

视在功率定义为

$$视在功率 = V_{RMS} \times I_{RMS}$$

当处理交流功率分配时，我们使用正弦波交流电压，通常等价地写成

$$视在功率 = V_{AC} \times I_{AC}$$

例如，我们提到的美国家庭用电输入电压 AC 120V，这就是正弦电压，其有效值为 120V。峰值为 120V×$\sqrt{2}$=170V。

*有功功率*与视在功率的比值称为*功率因数*。最理想的情况是功率因数（PF）为 1，视在功率等于有功功率。为了实现功率因数为 1，要努力达到类似*电阻*的特性。这一过程称为功率因数校正（PFC）。如果真做到了这一点，输入交流电网所对应的等效负载是纯电阻，如果输入电压为正弦波形（或整流正弦），就像这种情况一样，所抽取的电流也是正弦波形——因为这就是任何电阻的特性：如果两端电压翻倍，电流也翻倍，等等。因此，通过电阻的电流将精确地跟踪所施加电压的确切形状。我们知道两者瞬时值的比例V/I 是电阻的定义。

如果功率因数近乎完美，那么有功功率 V_{AC}×I_{AC}×PF 变得几乎等于视在功率 V_{AC}×I_{AC}。这意味着功率因数 PF=cosϕ×cosΘ≈1，其中ϕ为相位角，Θ为畸变角。对于无 PFC 的电源，$\phi \approx 0$，而 cosΘ一般为 0.6～0.7。太大的大电容器（无 PFC）会导致功率因数降低，甚至低于 0.6，也会大幅增加 EMI 及相关的滤波费用，因此需要 PFC。

目前，设备（一般输入功率超过 75W 的电源）需要符合强制的电网谐波标准，特别是国际标准 IEC 61000-3-2。符合标准要求的最常用的方法是在前级使用标准的 Boost PFC。特别地，这减小了电源 PWM 级的大容量电容器，因此每半周期不再出现巨大的输入浪涌电流（就像无 PFC 前级电路产生的电流）。这个电容器是电网谐波的主要来源，从效率上来说也不愿意传递这种奇怪波形的电流，因其对实际的有功功率没有任何帮助。

因此，一般的 Boost 拓扑的功率因数级电路也会用各种控制技术来监测实际的瞬时电流，并将其修正为正弦波形，由此实现功率因数校正。这是因为简单的 Boost 变换器在正弦波输入的情况下，其抽取的电流并不是正弦波。实际上正好相反：我们知道如果输入降低，为了维持变换器的输出功率不变，任何的 DC-DC 变换器都会试图抽取非常高的输入电流，尽力保持 V×I 不变。但是对于 PFC 级电路，我们真正想要的是，如果输入电压较低，抽取的电流也较小。这显然不是典型的 DC-DC 变换器。

我们如何做到这一点呢？我们*不要求* Boost 的 PFC 级输出恒定功率（或电流）就能实现。

注意，紧跟其后的 PWM 级电路都会要求 PFC 级电路输出几乎恒定的直流电流。我们稍后会讨论这是如何发生的。现在需记住，中间端（Boost PFC 的输出端和 PWM 级电路的输入端）通常称为 HVDC，或对于高压直流就称为 V_{BUS}。从 PFC 级电路流出，并流入 PWM 级电路的平均直流电流为 I_{BUS}。

首先问一个相反的问题：为了得到正弦输入电流，PFC 级电路的输出端负载应是什么样的？下面是简单的计算。

首先设所需方程

$$I_{IN}(t) = K|\sin(2\pi ft)|$$

式中，f 为交流（电网）频率；K 为任意常数。输入电压是整流正弦波形，峰值为 V_{IN_PK}，相位相同。因此

$$V_{IN}(t) = V_{IN\_PK}|\sin(2\pi ft)|$$

由此输入电流与输入电压的比值与时间无关，称为*模拟电阻* R_E。

$$R_E=\frac{V_{IN\_PK}\left|\sin(2\pi ft)\right|}{K\left|\sin(2\pi ft)\right|}=\frac{V_{IN\_PK}}{K} \quad \Rightarrow \quad K=\frac{V_{IN\_PK}}{R_E}$$

也可得功率方程

$$\frac{V_{AC}^2}{R_E}=\frac{V_{BUS}\times I_{BUS}}{\eta_{PFC}}\equiv\frac{P_O}{\eta_{PFC}\eta_{PWM}}$$

式中，V_{AC}为输入电压有效值；V_{BUS}为 HVDC 端电压；I_{BUS}为从 V_{BUS}进入 PWM 级电路的平均直流电流；P_O为 PWM 级电路的输出功率。

由于 $V_{AC}=V_{IN\_PK}/\sqrt{2}$，可得

$$R_E=\frac{\eta_{PFC}\eta_{PWM}V_{IN\_PK^2}^2}{2P_O}\equiv\frac{\eta V_{AC}^2}{P_O} \quad \Leftarrow \text{记住!} \ (\eta=\eta_{PFC}\eta_{PWM})$$

由此可得比例因子 K 为

$$K=\frac{V_{IN\_PK}}{R_E}=\frac{V_{IN\_PK}}{\eta V_{IN\_PK}^2/2P_O}=\frac{2P_O}{\eta V_{IN\_PK}}$$

强调一下，P_O为 Boost + PWM 级电路的输出功率。

将其带入前面的需求方程：

$$I_{IN}(t)=K\left|\sin(2\pi ft)\right|=\frac{2P_O}{\eta V_{IN\_PK}}\left|\sin(2\pi ft)\right|$$

式中，f 为交流（电网）频率。现在，对于任何的 Boost 级电路，电流与电压之间有一定的关系。需要对常规变换器做一些改变。首先，此处有一个随时间变化的占空比，因为输入电压不同。此外，如前所述，负载电流不能假设为常数，因此称其为 $I_{OE}(t)$（有效输出电流），而不仅仅是 I_O。根据稍加修改的标准 Boost 方程可得

$$D(t)=\frac{V_O-\eta_{PFC}V_{IN}(t)}{V_O} \qquad I_{IN}(t)=\frac{I_{OE}(t)}{1-D(t)}$$

解得

$$I_{IN}(t)=\frac{I_{OE}(t)\times V_{BUS}}{\eta_{PFC}V_{IN}(t)}$$

将其代入之前的方程，并化简，可得

$$I_{OE}(t)=2\times I_{BUS}\times\left|\sin(2\pi ft)\right|^2$$

这就简单地表明了 PFC 二极管的高频平均电流必定是低频正弦平方（$\sin^2$）的波形，并且幅值与由 PWM 级电路抽取的直流电流平均值（中心值）有关（为了确保能量守恒）。这就是 PFC 如何确保输入电流为正弦波形的——这对于任何 Boost PFC 级电路都是正确的，而不论其控制策略或实施方法是否已明确。这必定是基于 Boost 拓扑的所有方法的最终结果（就像条条大路通罗马一样）。

PFC 级与 PWM 级之间的大容量电容器（通常记作 C_{BULK}）进一步平均了低频分量，将恒定的直流电流 I_{BUS}送进 PWM 级电路。但是 Boost PFC 级的有效输出负载电流是正弦平方的波形——记作 $I_{OE}(t)$，见图 5.9 和图 5.10。图 5.9 中给出了应力的所有方程作参考。注意，在文献中，通常找到的方程对于大容量电容器中的电流有效值是不准确的，因为它们假设的是电阻性负载。我们的方程由 MathCAD 仿真验证了，包括 D_{PWM}，并且可以看到如果使 $D_{PWM}=1$，意味着这是电阻性负载，可得文献中熟悉的方程。

注： 图 5.10 中，为了看得更清楚，PWM 在 PFC 级的一半频率下工作。然而，为了在电容器有效值中获得最大益处，正常的实施方法是在这两级电路都使用相同的开关频率，稍后讨论。

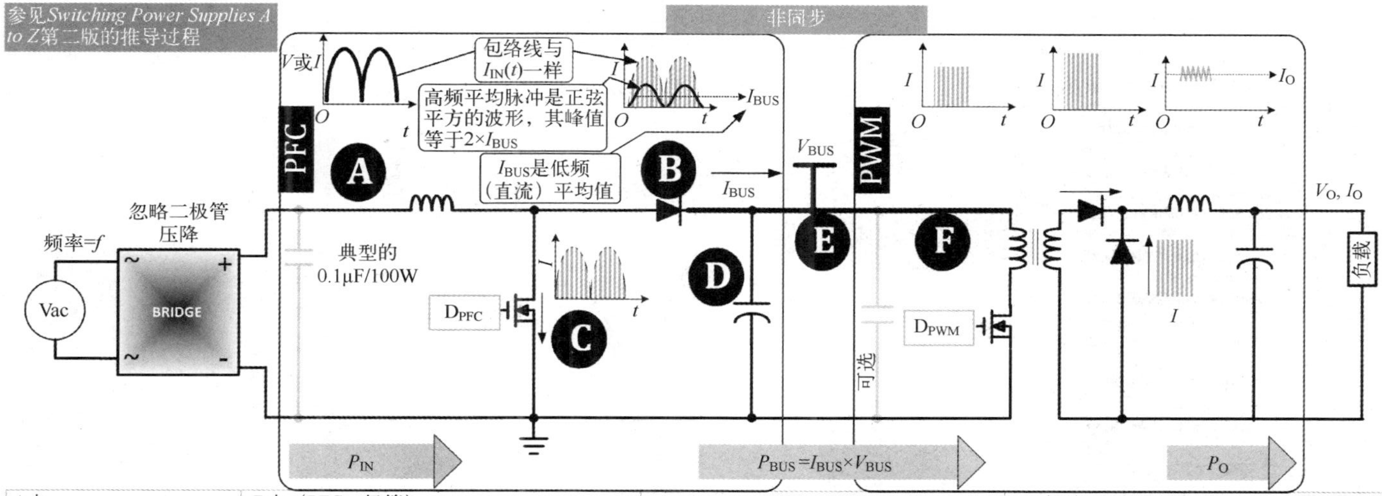

A点

电压

形状：$V_{IN}(t)=\left|V_{IN\_PK}\times\sin(2\pi ft)\right|$

峰值：$V_{IN\_PK}=\sqrt{2}\times V_{AC}$

有效值：$V_{IN\_RMS}=V_{AC}=\dfrac{P_{IN}}{I_{AC}}$

平均值：$V_{IN\_AVG}=\dfrac{2}{\pi}\times V_{IN\_PK}$

电流

形状：$I_{IN}(t)=\left|I_{IN\_PK}\times\sin(2\pi ft)\right|$

峰值：$I_{IN\_PK}=\sqrt{2}\times I_{AC}$

有效值：$I_{IN\_RMS}\equiv I_{AC}=\dfrac{P_{IN}}{V_{AC}}$

平均值：$I_{IN\_AVG}=\dfrac{2}{\pi}\times I_{IN\_PK}$

功率

$$P_{IN}=V_{AC}\times I_{AC}=\frac{V_{IN\_PK}\times I_{IN\_PK}}{2}=\frac{P_O}{\eta_{PFC}\eta_{PWM}}=\frac{I_O\times V_O}{\eta_{PFC}\eta_{PWM}}$$

B点（PFC二极管）

形状：二极管电流是高频脉冲波形，它的峰值跟随$I_{IN}(t)$，脉冲的占空比是

$$D'_{PFC}(t)=\frac{V_{AC}\sqrt{2}}{V_{BUS}}\left|\sin(2\pi ft)\right|$$

有效值：$I_{D\_RMS}=\dfrac{P_{IN}}{V_{IN\_PK}}\sqrt{\dfrac{16\times V_{IN\_PK}}{3\times\pi\times V_{BUS}}}$

平均值：$I_{D\_AVG}=I_{BUS}$

二极管电流的高频平均值（上面的粗线波形）是$I_{D_HF_AVG}(t)=2I_{BUS}\left|\sin^2(2\pi ft)\right|$（中心值是直流$I_{BUS}$）

$$=\frac{\eta_{PFC}V_{IN}(t)^2}{V_{BUS}R_E}$$

式中，R_E是PFC级的模拟负载电阻。

$$R_E=\frac{V_{IN\_PK}^{\ 2}}{2\times P_{IN}}=\frac{\eta_{PFC}V_{AC}^{\ 2}}{P_{BUS}}=\frac{\eta_{PFC}\eta_{PWM}V_{AC}^{\ 2}}{P_O}$$

C点（PFC开关管）

形状：开关管电流是高频脉冲波形，它的峰值跟随$I_{IN}(t)$，脉冲的占空比是

$$D_{PFC}(t)=1-\frac{V_{AC}\sqrt{2}}{V_{BUS}}\left|\sin(2\pi ft)\right|$$

有效值：$I_{SW\_RMS}=\dfrac{P_{IN}}{V_{IN\_PK}}\sqrt{2-\dfrac{16\times V_{IN\_PK}}{3\times\pi\times V_{BUS}}}$

E点（中转点）

平均值：$I_{BUS}=\dfrac{\eta_{PFC}P_{IN}}{V_{BUS}}$

$$=\frac{P_O}{\eta_{PWM}V_{BUS}}$$

D点（PFC电容器）

有效值（低频）：$I_{BUS\_CAP\_RMS\_LF}=\dfrac{P_O}{\sqrt{2}\times V_{BUS}\times\eta_{PWM}}$

$$=\frac{I_{BUS}}{\sqrt{2}}$$

式中，I_{BUS}是V_{BUS}端的（平均）电流。

有效值（高频）：$I_{BUS\_CAP\_RMS\_HF}=I_{BUS}\sqrt{\dfrac{16\times V_{BUS}}{3\times\pi\times V_{IN\_PK}}+\dfrac{1}{D_{PWM}}-2.5}$

$$I_{BUS\_CAP\_RMS\_TOTAL}=\sqrt{I_{BUS\_CAP\_RMS\_HF}^{\ 2}+I_{BUS\_CAP\_RMS\_LF}^{\ 2}}$$

$$=I_{BUS}\sqrt{\frac{16\times V_{BUS}}{3\times\pi\times V_{IN\_PK}}+\frac{1}{D_{PWM}}-2}$$

F点（PWM的输入）

峰值：$I_{IN\_PWM\_PK}=\dfrac{P_O}{\eta_{PWM}\times V_{BUS}\times D_{PWM}}$

有效值：$I_{IN\_PWM\_RMS}=I_{IN\_PWM\_PK}\times\sqrt{D_{PWM}}=\dfrac{P_O}{\eta_{PWM}\times V_{BUS}\times\sqrt{D_{PWM}}}$

（使用平顶近似法）

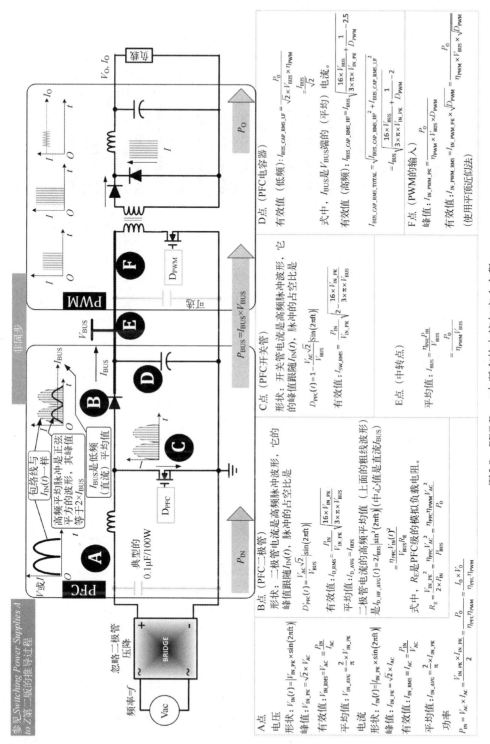

图5.9　PFC Boost中所有的电流与应力方程

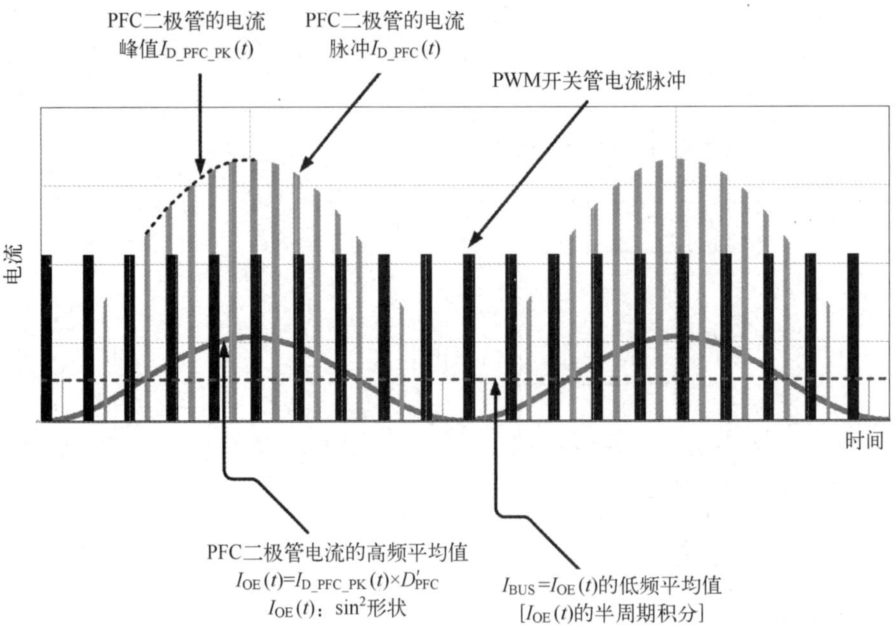

图 5.10　Boost PFC 与 PWM 级电路分析中的电流

PFC Boost 的瞬时占空比

由于输入不断变化，占空比究竟是什么样的？记住，假如在 CCM 时，占空比不依赖于负载电流。因此，即使不断地修正负载电流为正弦平方（$\sin^2$）的形状，如前面章节所解释的，这与占空比没什么关系。因此负载形状与占空比是两个独立的问题。问题又回来了：什么是占空比方程？

注： 是的，如果 $I_{OE}(t)$非常小（在低输入电压时），电感会进入 DCM，占空比方程当然会从 CCM 值发生改变，变得与负载相关。结果，低输入电压下的输入电流当然会偏离预期的正弦波形。但是，通常情况下，由于电压很低，这对功率因数或电网谐波的影响不大，因此我们可以忽略这一点。

开关频率通常相当高，缓慢变化的交流输入电流在任何时刻都可以看作是直流电流。因此实际上，电路总是处于准稳态，所以可以使用正常的 Boost 拓扑 CCM 方程，可得

$$\frac{V_O}{\eta V_{IN}}=\frac{1}{1-D}$$

$$D=\frac{V_O-\eta V_{IN}}{V_O}$$

对于 PFC Boost，

$$D_{PFC}(t)=\frac{V_{BUS}-\eta_{PFC}\times\left|V_{IN\_PK}\times\sin(2\pi ft)\right|}{V_{BUS}}=1-\eta_{PFC}\times\frac{\left|V_{IN\_PK}\times\sin(2\pi ft)\right|}{V_{BUS}}$$

这是图 5.9 中 C 点的方程（设效率为 100%）。

PFC Boost 级电路保持时间的考虑

如果我们用熟悉的 MathCAD 来绘制电容器电压下降图，从 DC 385V 的母线电压开始，我们看到可以设计一个典型的单端正激变换器，从额定 D=0.3 开始，在大约 DC 250V 时达到 D_{MAX}。实际上，UVLO 为 DC 250V。但是，我们也可以在 PFC 级电路后面接一个反激变换器。对于中低功率等级，这并不是一个坏主意，因为反激变换器可以设计成达到 UVLO 为 DC 60V，从而允许大幅减小所需的每瓦电容量以满足要求的保持时间。相关总结见图 5.11，对应的快速查表见表 5.7（对比表 5.3）。

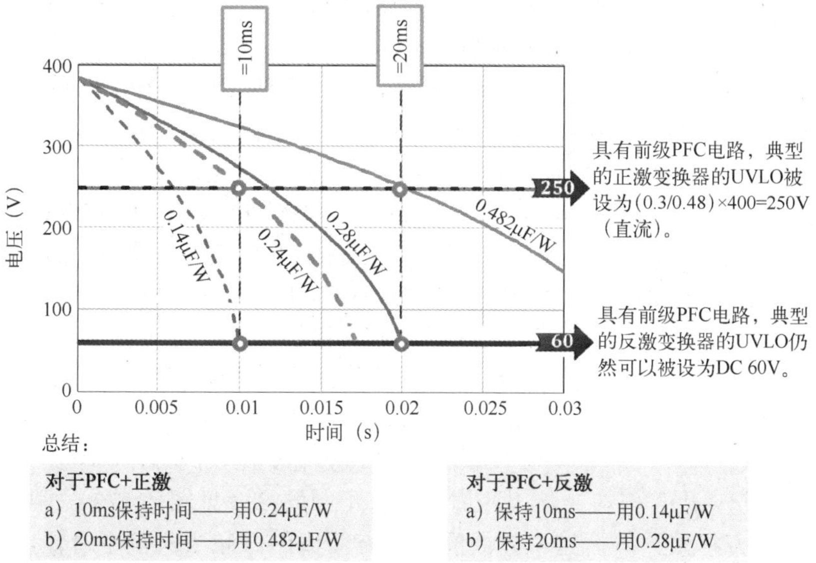

图 5.11　带 PFC 前级的保持时间所需的每瓦电容量

表 5.7　达到保持时间要求的最小电容值计算（带 PFC 前级）

Forward 式 Flyback 变换器+PFC					
保持 10ms				保持 20ms	
η=0.85		电容(μF) (0.14μF/W)	电容(μF) (0.24μF/W)	电容(μF) (0.28μF/W)	电容(μF) (0.482μF/W)
输出功率（W）	输入功率（W）	反激(DC 60V UVLO)	正激(DC 250V UVLO)	反激(DC 60V UVLO)	正激(DC 250V UVLO)
6	6/0.85=7.06	7.06×0.14=0.99	7.06×0.24=1.69	7.06×0.28=1.98	7.06×0.482=3.40
20	20/0.85=23.53	23.53×0.14=3.29	23.53×0.24=5.65	23.53×0.28=6.59	23.53×0.482=11.34
50	58.82	8.234	14.11	16.47	28.35
75	88.23	12.35	21.175	24.7	42.53
100	117.65	16.47	28.24	32.94	56.71
150	176.47	24.706	42.35	49.41	86.06
200	235.29	32.94	56.47	65.88	113.41
530	623.53	87.29	149.65	174.59	300.54

但是，无论哪种情况，我们看到 PFC 都需要非常小的电容，主要是因为不管工作于

AC 110V 还是 AC 220V，母线电压都非常高（DC 385V）。而且，由于电容器中的能量取决于 V^2，在这种电压下，即使小电容器也具有足够的能量保持 PWM 工作所需的 10ms 或 20ms。

我们也怀疑流过电容器的有效值，而非保持时间成为了 Boost PFC 前级变换器的主要选择标准。任何减小电流有效值的方法都会导致大电容（以及电源的整体尺寸和成本）的大幅减小。

同步与反相同步技术

一些功率因数控制芯片提供同步的功能，但这个词通常又意味着 PFC 与 PWM 同相。因此只要 PFC 开关管导通，PWM 开关管也导通。但总的来说，这一同步方案并不一定有利于降低 EMI，当然还有成本原因。诚然，这可能使 EMI 频谱更加容易预测，但事实上它会严重增加 EMI 滤波成本。因此很多工程师觉得实际上最好分开运行 PFC 与 PWM（无同步），只要注意它们各自的开关频率间隔点，避免拍频。

早在 1995 年左右，Microlinear 就把反相同步方案引入混合 IC ML4826，并被誉为“工业界第一个前沿/后沿调制方案”PFC/PWM 控制器 IC。基本上要完成的是基于以下直觉思考过程：我们知道 PWM 从大容量电容器中抽取电流，而 PFC 将电流注入大容量电容器中。如果能抵消这些相反电流会怎么样？或许我们真正想做的是在 PFC 开始关断的同时使 PWM 开关管导通。这就是反相，或者简单说，反同步。因此，我们希望续流电流（来自 PFC 二极管）直接进入 PWM 级（大多数时间内），而不需要经过大容量电容器来循环。当然，PFC 占空比从非常低到非常高的值发生变化，PWM 占空比固定不变。因此，这种抵消将起作用，但在交流电网周期上有不同的量（见图 5.12）。因此，很难提供任何简单的闭式方程来计算流过电容器的电流有效值的净减少。毫不奇怪，事实上即使是上面提到的混合 IC 也没有提供这么详细的使用信息。闭式方程的缺乏似乎阻碍了这种技术的广泛采用。作者编制了 MathCAD 表格，可以非常精确地估算电容器电流有效值的减少。结果在这里提供。

注：图 5.12 中，为了更容易观察，PWM 的工作频率为 PFC 频率的一半。然而正常工作时，为了得到电容器电流有效值的最大益处，这两级电路使用的都是同样的开关频率。

混合 IC ML4826 有固定频率的单个时钟，而 PWM 开关管在时钟边沿导通，PFC 在同一个时钟边沿关断。如今，一般来说，大多数 DC-DC 变换器的调节是通过改变开关管关断的时刻来实现的。这被称为后沿调制。这一 IC 中，PWM 工作于同样的方式，但是对于 PFC 部分，为了实现反相同步，Microlinear 在 ML4826 中采用了前沿调制。问题是，我们需预先知道开关管在时钟边沿会关断，然后确定需要打开开关管以调节输出的时刻，从而进行调节。补偿并不简单。但事实证明，实际上实现反相同步的话，这一方法无需这么详细。这是一个用到更多标准件的更简单的方法，如常见的 PFC IC UC3854、常见的 PWM IC UC3844。就像我们使用对于此类 IC 常用的方法来同步这两个 IC（串联一个小电阻与定时电容），除此以外，现在我们用 UC3844 输出（栅极）信号的下降边沿来复位 UC3854 的时钟。从原理上来说，我们可以调转顺序，以 UC3854 为主。然后我们可以直观地期望，在此过程中有轻微的固有电网频率调制，但是实际上在 PWM 输出中并没有。因此，对于 PFC 与 PWM 都可以用更为熟悉的后沿调制，有效值下降也相同（作者的 MathCAD 表格可以证明）。这种实现方式（对于反同步，PFC 与 PWM 都用后沿调制）是作者的专利。

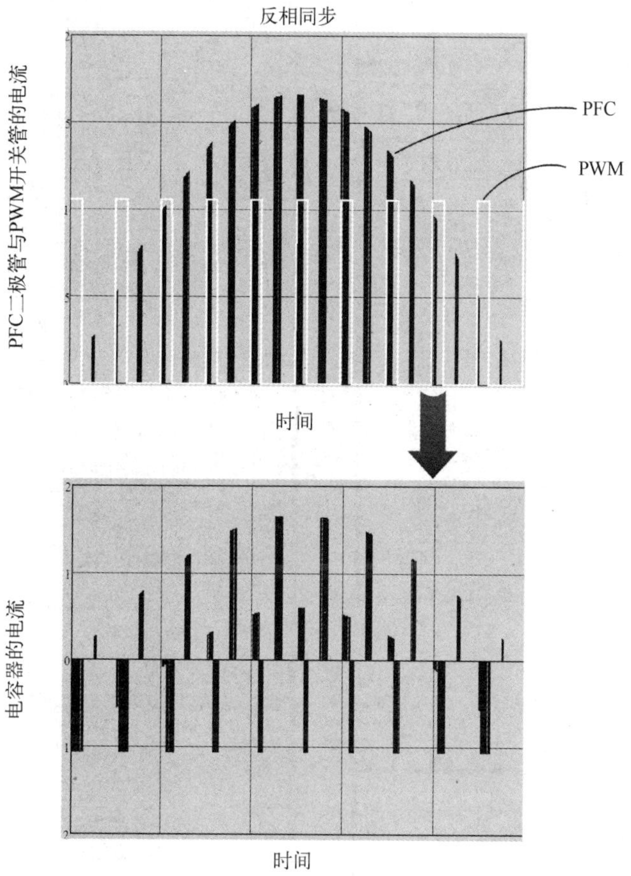

图 5.12　反相同步如何减小电容器电流

在图 5.13 中，我们绘制了 AC 90V 与 AC 270V 的纹波电流，并提供了来自 MathCAD 表格的确切数值。我们可以看到，使用反同步，在低电网电压时得到最高的改进百分比。还可以看到在高电网电压时，电容器有效值电流再次急剧上升，因为更窄的 PWM 脉宽能够从二极管电流脉冲中减去得更少。注意，电容器总的有效值电流定义为

$$I_{\mathrm{RMS}} = \sqrt{I_{\mathrm{RMS\_LF}}^2 + I_{\mathrm{RMS\_HF}}^2}$$

如果我们想使用倍频器对铝电容器进行计算，也提供了低频和高频分量，就像本章前面对无 PFC 级所做的那样。

宽输入范围的反相同步

我们不能忘记，电容器的选择不是基于纹波电流改进量（因素之一），而是基于实际纹波电流。与没有同步的特定输入电压的情况相比，我们看到有了很大的改进，但其绝对值是多少？实际上还要看输入电压的两个极端值，选用电流有效值较高的那一个。这可能是检查电容额定值的最坏情况数值。我们可以从图 5.13 中一行一行来收集信息，但

低电网电压

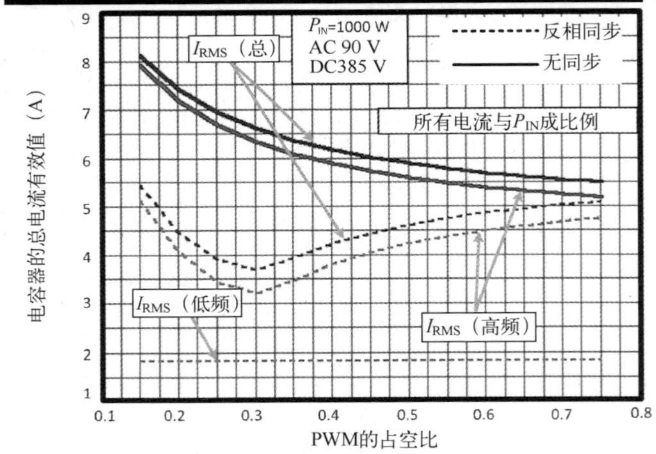

占空比	无同步			反相同步			改进 (%)
	I_{RMS}(A)（低频）	I_{RMS}(A)（高频）	I_{RMS}(A)	I_{RMS}(A)（低频）	I_{RMS}(A)（高频）	I_{RMS}(A)	
输出功率1000W，输入AC 90V，母线电压DC 385V							
0.15	1.837	7.922	**8.132**	1.837	5.112	**5.432**	33.2
0.2	1.837	7.177	**7.408**	1.837	4.052	**4.449**	39.9
0.25	1.837	6.691	**6.938**	1.837	3.439	**3.898**	43.8
0.3	1.837	6.346	**6.606**	1.837	3.204	**3.693**	44.1
0.35	1.837	6.087	**6.358**	1.837	3.465	**3.921**	38.3
0.4	1.837	5.886	**6.166**	1.837	3.796	**4.217**	31.6
0.45	1.837	5.725	**6.012**	1.837	4.035	**4.433**	26.3
0.5	1.837	5.592	**5.886**	1.837	4.217	**4.6**	21.9
0.55	1.837	5.481	**5.781**	1.837	4.363	**4.734**	18.1
0.6	1.837	5.387	**5.692**	1.837	4.478	**4.84**	15
0.65	1.837	5.306	**5.615**	1.837	4.574	**4.929**	12.2
0.7	1.837	5.236	**5.549**	1.837	4.654	**5.003**	9.8
0.75	1.837	5.174	**5.491**	1.837	4.723	**5.067**	7.7

高电网电压

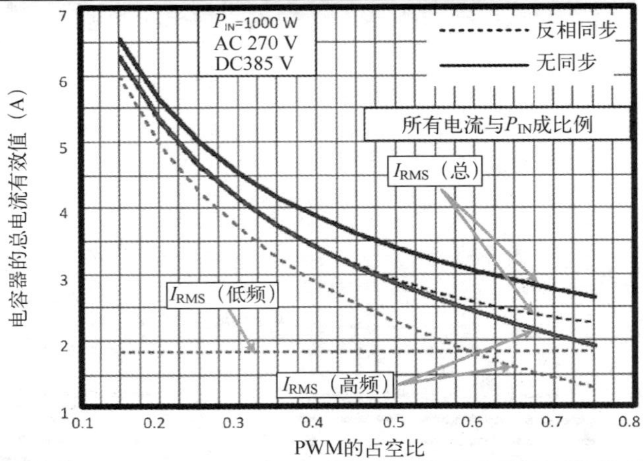

占空比	无同步			反相同步			改进 (%)
	I_{RMS}(A)（低频）	I_{RMS}(A)（高频）	I_{RMS}(A)	I_{RMS}(A)（低频）	I_{RMS}(A)（高频）	I_{RMS}(A)	
输出功率1000W，输入AC 270V，母线电压DC 385V							
0.15	1.837	6.297	**6.56**	1.837	5.997	**6.272**	4.4
0.2	1.837	5.331	**5.638**	1.837	4.973	**5.301**	6
0.25	1.837	4.655	**5.004**	1.837	4.247	**4.627**	7.5
0.3	1.837	4.144	**4.532**	1.837	3.693	**4.125**	9
0.35	1.837	3.736	**4.163**	1.837	3.24	**3.724**	10.5
0.4	1.837	3.398	**3.863**	1.837	2.863	**3.402**	11.9
0.45	1.837	3.11	**3.612**	1.837	2.545	**3.139**	13.1
0.5	1.837	2.859	**3.398**	1.837	2.259	**2.911**	14.3
0.55	1.837	2.636	**3.213**	1.837	2.015	**2.726**	15.1
0.6	1.837	2.434	**3.049**	1.837	1.797	**2.57**	15.7
0.65	1.837	2.25	**2.904**	1.837	1.601	**2.436**	16.1
0.7	1.837	2.078	**2.774**	1.837	1.438	**2.333**	15.9
0.75	1.837	1.918	**2.655**	1.837	1.299	**2.249**	15.3

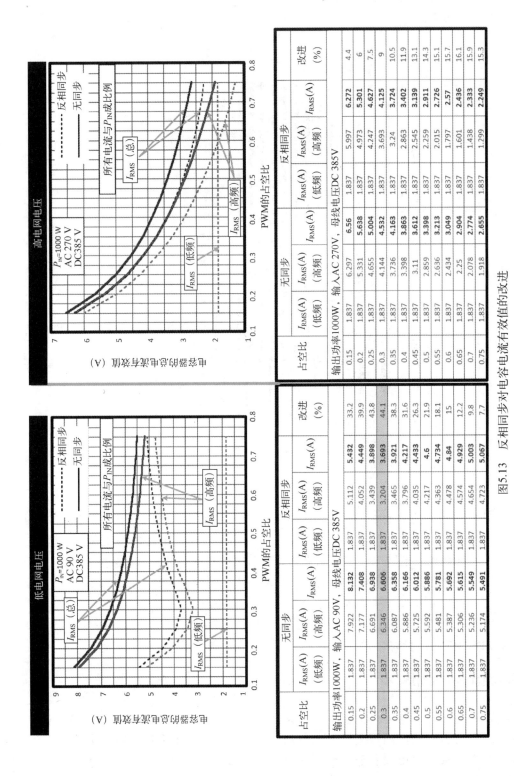

图5.13　反相同步对电容电流有效值的改进

这很麻烦。我们要做的是，查看两个输入电压极值（带有同步），并从两个净有效值读数中选择较高的那一个（注意，一般带有同步，可能会在高压或低压情况下发生），然后将更高的读数与不带同步的电流有效值最大值（由图 5.13 可知一般在低压时）进行比较。由此我们可以计算整个输入范围内的改进，这是以$\Delta I/I_{NO_SYNC}$的形式来计算。为了便于参考，我们也给出了这些数值。

由图 5.13 可以得出结论：

（1）电流有效值的最大改进量（和最小绝对值）在 D_{PWM}=0.325 左右。对于占空比设置为约 0.3～0.35 的常规正激变换器，由于反相同步得到的改进大约为 40%。

（2）事实上，在占空比为 0.23～0.4 的情况下，我们可以期望得到超过 32%的改进。

高频与低频有效值的计算

为了估算铝电解电容器的寿命，我们需要知道前面解释过的相关量。这是一个计算实例。

例 5.2　我们有一个世界通用的 70W 反激变换器，前级有 PFC，效率为 70%，AC 90V，占空比为 50%时，电容器电流有效值的分量是多少？

让我们先计算假设输入功率为 1000W 的结果。HVDC 为 385V 时，PFC 负载电流为

$$I_{BUS}=\frac{1000}{385}=2.597\text{ A}$$

由图 5.9（D 点）可知 AC 90V 时电容器的总无同步电流有效值为

$$I_{BUS}\sqrt{\frac{16\times V_{BUS}}{3\times\pi\times V_{IN\_PK}}+\frac{1}{D_{PWM}}-2}\quad\text{A}$$

因此

$$2.597\times\sqrt{\frac{16\times385}{3\times\pi\times127}+\frac{1}{0.50}-2}=5.891\text{ A}$$

注意，该值与图 5.13 表格给出的数值结果非常接近（对于 D=0.5，此处已经直接使用）。这一值将是选择无同步时的电容器的基础。

图 5.13 中表格显示的改进值为 21.9%。使用无同步，需要的电容器电流有效值额定值为

$$I_{RMS\_ASYNC}=5.891\times\left(1-\frac{21.9}{100}\right)=4.60\text{ A}$$

我们也知道，低频分量（对任何占空比）为

$$I_{RMS\_ASYNC\_LF}=\frac{I_{BUS}}{\sqrt{2}}=\frac{2.597}{\sqrt{2}}=1.836\text{ A}$$

由此，高频分量必定为

$$I_{RMS\_SYNC\_HI}=\sqrt{I_{RMS\_SYNC}^2-I_{RMS\_SYNC\_LO}^2}$$

$$I_{RMS\_ASYNC\_HF}=\sqrt{4.60^2-1.836^2}=4.22\text{ A}$$

但这些数值是基于假设的 1000W（输入）变换器。本例中为 70W/0.7=100W，所以将上述计算数值减少为原来的 1/10。电流有效值的高频和低频分量分别为 0.42A 和 0.18A。根据所选择的电容器系列的倍频器，我们现在可以将这些值归一化为等效低频电流，如前面所解释的，从而选择我们的电容器。

注： 我们应该记住，在前面基于宽输入比较的计算之后，我们不知道（并且实际上不需

要知道）我们所计算的（最坏情况）同步有效值是发生在高电网电压处还是低电网电压处。对于电容器的选择，这些信息足够了。但事实上，如果我们想知道，这种最坏情况是发生于低电网电压处。通过查看图 5.13 中的 $D_{PWM}=0.5$ 的表，可以很容易地看出这一点。

大电容的低频分量有效值的快速估算

之前我们用过这种快速估算。低频分量（同步与反相同步情况都适用）为

$$I_{RMS\_CAP\_LF}=\frac{I_{BUS}}{\sqrt{2}}$$

式中，I_{BUS} 为 PFC 级的负载全电流平均值。

$$I_{RMS\_CAP\_LF}\approx\frac{P_{IN}}{V_{BUS}\times\sqrt{2}}=1.77\ \text{mA}\times P_{IN}\approx I_{CAP\_RMS\_LF}\approx 1.77\ \text{mA}/\text{W}$$

简单的规则就是 1.77mA/W。这对应的母线电压为 400V。如果母线电压降至 DC 385V，这个值将会更高。

大电容的高频分量有效值的快速估算

对于工作于 D=0.2 的反激变换器，电容器有效值高频分量（针对无同步的情况来计算）为

$$I_{RMS\_CAP\_HF}\approx\frac{I_{OR}}{1-D}\sqrt{D\times\left(1-D+\frac{r^2}{12}\right)}=\frac{P_O}{100\times0.8}\sqrt{0.2\times\left(1-0.2+\frac{0.4^2}{12}\right)}\approx0.005\times P_O$$
$$=0.005\times P_{IN}$$

类似的，对于 D=0.25 的反激变换器：

$$I_{RMS\_CAP\_HF}\approx I_{OR}\sqrt{D\times\left(1-D+\frac{r^2}{12}\right)}$$

由于

$$I_{OR}\times D=\frac{P_{IN}}{V_{BUS}}$$

$$I_{RMS\_CAP\_HF}\approx\frac{P_{IN}}{V_{BUS}\times D}\sqrt{D\times\left(1-D+\frac{r^2}{12}\right)}$$

由此可得

$$I_{RMS\_CAP\_HF}=\frac{P_{IN}}{400\times0.25}\sqrt{0.25\times\left(1-0.25+\frac{0.4^2}{12}\right)}=0.00437\times P_{IN}\approx4.4\ \text{mA}/\text{W}$$

电容器选型与比较的数值表

表 5.8 为三个典型的使用 PFC 和单端正激的功率变换器数值表。我们给出了低电网电压与高电网电压的结果，以及以下情况的结果：无同步、反相同步（反相）PFC+PWM、错误的（同相）PFC+PWM 同步。特别要注意的是，对于 530W 变换器，我们通常要寻找一个 400V/450V 的大容量铝电解电容器，其低频等效 RMS 额定值至少为 3.18A（对于流行的无同步情况）。但是用到反相同步（ASYNCH）的话，这一额

定值降至 2.12A，即降低 33%。在保持时间的基础上，由图 5.7 可以看出我们需要 10ms 下 0.24μF/W，20ms 下 0.482μF/W。输入功率为 623.53W 时分别可得 150μF 和 300μF。查阅 DigiKey 的网站发现最低 105℃的电容器选择很少。最终我们选用两个 250V 电容器串联，每个为 680μF（Cornel Dubilier 的 LP681M250H5P3），每个电容器售价为$5.5。另外，每个电容器额定有效值为 2.07A，因此两个电容器串联后额定值相同，达到反相同步情况下的额定值要求，但是净电容值为 340μF（两个串联），因此可以达到 10ms 与 20ms 保持时间的目标。（然而请注意，我们通常应该为额定值容差留出至少 10%的裕量，为直到实际公布的寿命结束之前的电容的稳定损耗留出另外 20%的裕量。）

表 5.8　三种功率变换器（所有类型的同步或不同步）的电容器选择数值

PFC(V_{BUS}=400V)+PWM(D_{NOM}=0.25)（正激变换器，UVLO=DC 250V）									
假设效率 85%		大容量电容器 RMS							
输出/输入功率（W）		低频 RMS		高频 RMS		总 RMS		实际的低频 RMS（电容器额定值@120Hz）	
		85Vac	270Vac	85Vac	270Vac	85Vac	270Vac	85Vac	270Vac
6/7.06	无同步	0.012	0.012	0.047	0.032	0.049	0.034	0.036	0.026
	反相同步	0.012	0.012	0.024	0.029	0.027	0.031	0.021	0.024
	同步	0.012	0.012	0.053	0.037	0.055	0.039	0.04	0.029
75/88.23	无同步	0.156	0.156	0.59	0.399	0.61	0.429	0.449	0.325
	反相同步	0.156	0.156	0.297	0.359	0.335	0.391	0.263	0.3
	同步	0.156	0.156	0.667	0.46	0.685	0.486	0.501	0.364
530/623.53	无同步	1.102	1.102	4.168	2.822	4.311	3.03	**3.175**	2.298
	反相同步	1.102	1.102	2.098	2.534	2.37	2.764	1.86	**2.119**
	同步	1.102	1.102	4.713	3.253	4.84	3.434	3.542	2.572

然而，如果我们不使用反相同步，我们将选用 LP122M250H9P3，因为它的额定值为 3.1A。但这是 1200μF 电容器，单价为$8.4（与之前的选择相比增加了 50%）。两个电容器串联的净电容值为 600μF，两倍于我们基于 20ms 保持时间的要求。

我们发现，除了小得多的保持时间、非常低的功率，我们严重受限于额定有效值，而非电容值或保持时间。因此，降低有效值要求可让我们使用更小的电容器，节省成本与能量。反相同步技术是非常有前途的。它有助于大幅降低额定有效值，以及减小成本与空间。

PFC 扼流圈的设计与 PFC 设计的表格

图 5.14 与图 5.15 中，我们给出了 PFC 扼流圈的完整设计，分为两个快速查找图。在表 5.9 中，我们合并了所有的 PFC 设计方程，以便于参考。

例子：500W，AC 85～265V，通用PFC，η=90%，100kHz（第1部分）

引言（在最小V_{AC}的峰值电压处设$r=0.2$）：

在低电网电压（AC 85V），输入交流电压达到峰值的时刻，瞬时电感电流最大。这是设计切入点，此时设$r=0.2$。并且，反过来可以确定电感值。整流交流输入电压峰值为85V×$\sqrt{2}$=120 V。此时的占空比为

$$D_{INSTANT}=\frac{V_{BUS}-\eta V_{IN\_PK}}{V_{BUS}}=\frac{385-(0.9\times120)}{385}=0.72$$

注：此时瞬时负载电流是2×I_{BUS}（正弦平方波形的峰值）（参见图5.10）。我们可以根据第一个原理计算出电感值。在峰值电压处，伏秒数为

$$V_{ON}=L\frac{\Delta I}{\Delta t_{ON}}, \text{所以} L=\frac{V_{ON}\times D}{\Delta I\times f_{SW}}$$

式中，峰值输入电压时的D=0.72（称为$D_{AT_VIN_PK}$），f_{SW}是PFC的开关频率，单位是Hz。

峰值电流（峰值V_{AC}时，电感电流的中心值）与峰值电压有关，即 $P_{IN}=\frac{P_{O\_PFC}}{\eta_{PFC}}=V_{AC}\times I_{AC}$

所以，$P_{IN}=\frac{V_{IN\_PK}\times I_{IN\_PK}}{2}$，和 $I_{IN\_PK}=\frac{2\times P_{O\_PFC}}{\eta_{PFC}V_{IN\_PK}}$

但是，因为I_{IN_PK}是峰值输入交流电压时的斜坡（I_{COR}）中心值，$r=\frac{\Delta I}{I_{IN\_PK}}$．写成$\Delta I=r\times I_{IN_PK}$，并且因为在峰值处

$$V_{ON}=V_{IN\_PK},\quad L=\frac{V_{ON}\times D}{r\times I_{IN\_PK}\times f}$$

$$L=\frac{V_{IN\_PK}\times D_{AT\_VIN\_PK}}{r\times f_{SW}\times\frac{2\times P_{O\_PFC}}{\eta_{PFC}V_{IN\_PK}}}$$

$$L_{\mu H}=\frac{\eta_{PFC}\times V_{IN\_PK}^{2}\times D_{AT\_VIN\_PK}\times10^6}{2\times r\times P_{O\_PFC}\times f_{SW}}$$

式中，$D_{AT\_VIN\_PK}=\frac{V_{BUS}-\eta_{PFC}V_{IN\_PK}}{V_{O\_PFC}}$

（最小电网输入电压的峰值处的占空比）

代入数值可得

$$L_{\mu H}=\frac{0.9\times120.2^2\times0.72\times10^6}{2\times0.2\times500\times100\times10^3}\Rightarrow0.47\text{ mH}$$ ←

图 5.14　PFC 扼流圈设计步骤（第 1 部分）

例子：500W，AC 85～265V，通用PFC，η=90%，100kHz（第2部分）

磁芯，气隙，N：

对于DC-DC变换器，我们可以算出每周期流入和流出电感的能量：

$$\Delta\varepsilon=\frac{P_{IN}}{f}\times D=\frac{P_O}{\eta\times f}\times D\approx\frac{P_O}{f}\times D$$ （见第3章） **规则**

电感用于500W、90%效率Boost变换器，占空比为0.72时，技术上将只需要中转500×0.72/0.9=400W。但用于PFC Boost级电路时是不同的，因为它的有效负载电流是I_{OE}，该电流的峰值是平均值I_{BUS}的2倍。实际上，500W PFC Boost变换器在交流电压峰值时刻传递的瞬时功率不是500W，而是1000W。所以，PFC Boost电感需要中转2倍的常规DC-DC Boost变换器的能量。方程和数值结果如下。

$$\Delta\varepsilon_{PEAK}=\frac{V_{BUS}\times(2\times I_{BUS})}{\eta_{PFC}f_{SW}}\times D_{AT\_VIN\_PK}=\frac{2P_{O\_PFC}}{\eta_{PFC}f_{SW}}$$

$$\Delta\varepsilon_{PEAK}=\frac{385\times(2\times1.3)}{0.9\times100\times10^3}\times0.72\Rightarrow11\text{ mJ}$$

从*Switching Power Supplies A to Z*（第二版）的图5.6，可得$r=0.2$时的峰值能量关系式：

$$\varepsilon_{PEAK}=\frac{\Delta\varepsilon}{8}\times\left[r\times\left(\frac{2}{r}+1\right)^2\right]=\frac{\Delta\varepsilon}{8}\times24.2=3.025\times\Delta\varepsilon$$

所以，PFC扼流圈的峰值能量处理能力必须是3.025×11=34mJ。

对于铁氧体扼流圈，z（气隙因子）可设为40（对于变压器，我们通常设z=10），并且对于PFC扼流圈我们应该设$r=0.2$。因此，从我们的磁芯体积基本方程 [*Switching Power Supplies A to Z*（第二版）]开始计算，可得

$$V_{e\_cm3}=\frac{31.4\times P_{IN}\times\mu}{z\times f_{MHz}\times B_{SAT\_Gauss}^{2}}\times\left[r\times\left(\frac{2}{r}+1\right)^2\right]$$

$$V_{e\_cm3}=\frac{0.00422\times500}{0.1\times0.9}=23.44\text{ cm}^3$$

由此可以选择ETD-49磁芯（V_e=24.0 cm^3） ←

应用气隙vs z的方程，可得总中心气隙：

$$l_{g\_mm}=(z-1)\times\frac{l_{e\_mm}}{\mu}=(40-1)\times\frac{114}{2000}=2.22\text{ mm}$$ ←

$$(N\times A_{e\_cm2})=\left(1+\frac{2}{r}\right)\times\frac{V_{IN}\times D}{200\times B_{PEAK}\times f_{MHz}}$$

$$N=\left(1+\frac{2}{r}\right)\times\frac{V_{IN}\times D}{200\times B_{PEAK}\times f_{MHz}\times A_{e\_cm2}}$$

$$=\left(1+\frac{2}{0.2}\right)\times\frac{120.2\times0.72}{200\times0.3\times0.1\times2.11}=75\text{ 匝}$$ ←

图 5.15　PFC 扼流圈设计步骤（第 2 部分）

表 5.9　PFC 设计表

整流前的输入电压	$\sqrt{2}\times V_{AC}\times\sin(2\pi f_{AC}t)$	
整流后的输入电压	$\left\|\sqrt{2}\times V_{AC}\times\sin(2\pi f_{AC}t)\right\|$	
整流前的输入电流	$\sqrt{2}\times\frac{P_{IN}}{V_{AC}}\times\sin(2\pi f_{AC}t)$	
整流后的输入电流	$\left\|\sqrt{2}\times\frac{P_{IN}}{V_{AC}}\times\sin(2\pi f_{AC}t)\right\|$	
输入功率	$V_{AC}\times I_{AC}=\frac{V_{IN\_PK}\times I_{IN\_PK}}{2}$	
平均输入电流	$\frac{2}{\pi}\times I_{IN\_PK}\equiv 0.637\times I_{IN\_PK}$	
平均输入电压	$\frac{2}{\pi}\times V_{IN\_PK}\equiv 0.637\times V_{IN\_PK}$	
PFC 占空比	$1-\left\|\sqrt{2}\times\frac{V_{AC}}{V_{BUS}}\times\sin(2\pi f_{AC}t)\right\|$	
	这（几乎）等于常规 Boost 拓扑的大信号占空比公式，即 $D=(V_O-V_{IN})/V_O$ 需要轻微的变化以使电流随着 AC 循环逐渐上升或下降	
二极管的导通占空比	$\left\|\sqrt{2}\times\frac{V_{AC}}{V_{BUS}}\times\sin(2\pi f_{AC}t)\right\|$	
开关管的 RMS 电流	$\frac{P_{IN}}{V_{IN\_PK}}\sqrt{2-\frac{16\times V_{IN\_PK}}{3\times\pi\times V_{BUS}}}$	
	与 P_{IN} 成正比	
电感的 RMS 电流	$\sqrt{2}\times\frac{P_{IN}}{V_{IN\_PK}}$	
	与 P_{IN} 成正比，与输入电压成反比	
二极管的 RMS 电流	$\frac{P_{IN}}{V_{IN\_PK}}\sqrt{\frac{16\times V_{IN\_PK}}{3\times\pi\times V_{BUS}}}$	
	与 P_{IN} 成正比	
峰值电流（二极管、开关管和电感）	$2\times\frac{P_{IN}}{V_{IN\_PK}}$	
	与 P_{IN} 成正比，与输入电压成反比	
二极管的平均电流	I_{BUS}	
	与 P_{IN} 成正比，与输入电压或占空比无关	
大容量电容器的电流		
低频分量	高频分量	总有效值[$\sqrt{\mathrm{HF}^2+\mathrm{LF}^2}$]
$\frac{I_{O\_PFC}}{\sqrt{2}}$	$I_{O\_PFC}\sqrt{\frac{16\times V_{BUS}}{3\times\pi\times V_{IPK}}-1.5}$ 假设 PFC 的负载为电阻	$I_{O\_PFC}\sqrt{\frac{16\times V_{BUS}}{3\times\pi\times V_{IPK}}-1}$ 假设 PFC 的负载为电阻
$\frac{I_{O\_PFC}}{\sqrt{2}}$	$I_{O\_PFC}\sqrt{\frac{16\times V_{BUS}}{3\times\pi\times V_{IPK}}+\frac{1}{D_{PWM}}-2.5}$ 假设 PFC 的负载为开关变换器	$I_{O\_PFC}\sqrt{\frac{16\times V_{BUS}}{3\times\pi\times V_{IPK}}+\frac{1}{D_{PWM}}-2}$ 假设 PFC 的负载为开关变换器

式中，

$P_{IN}=V_{AC}\times I_{AC}=\frac{V_{IPK}\times I_{IPK}}{2}$　　$V_{IPK}=\sqrt{2}\times V_{AC}$　　$I_o=P_{IN}/V_o$

使用平顶近似法（大电感）

PFC 实际设计的一些细节

（1）在故障条件下，必须有一系列外部逻辑来保持定序的完整性。这不应该被低估。推荐顺序如下：

① 应该配备一个小功率反激变换器的辅助电源，从非常低的电网电压（约 AC 30V）到最高电网电压都能正常工作。

② 这一辅助电源具有多路输出，它的主输出给 PFC 与 PWM 的 IC 供电，并且给（主电路）一次侧定序与保护电路供电。它的从输出给过电流保护（Over Current Protection，OCP）电路与输出过电压保护（Over Voltage Protection，OVP）电路供电。

③ 从桥式整流器之前的 L 和 N 线接两个二极管，用来检测未整流 AC 线的存在。整流桥之后的大容量电容器维持电压在高位，因此我们无法立即从该点（整流桥之后的电压）知道电网缺失有没有发生。如果发生了电网电压突然缺失（如 10～20ms），那么立即能检测到，PFC IC 应该在电网缺失期间闭锁（无驱动信号输出，没有开关动作，但 IC 仍然激活）来避免 PFC 扼流圈过度工作。一旦电网缺失结束后，IC 也应及时恢复，以恢复输出电压。注意，这段时间内 PWM 必须持续正常工作。

④ 简化定序逻辑并节省 Boost 扼流圈尺寸的另一个技术是，简单地将 HVDC 端的基准值在电网电压严重下跌时改变为 250V（而非 385V）。这样，PFC 不需要改变太多来保持调节。实际上在短脉宽内（假设没有达到 D_{LIMIT}），将负担从 PFC 级转移到 PWM 级，同时保持 PFC 级工作。

（2）UC3854A/B 的功能比上一代 UC3854 在限制乘法器最大输出电流方面有所改进，它提供欠压和极端电网电压条件的折返式保护。这可能有助于降低外部逻辑的复杂性。

（3）UC3854B 的启动电压阈值为 10.5V，比 UC3854A 的 16V 更低，出于这个原因这是更好的选择。并且要注意，PFC 控制器对 FET 的驱动信号的幅值几乎等于 IC 的供电正电源，出于可靠性的原因我们希望保持栅极驱动稍高一点以保证 FET 完全导通。

（4）比较器的基准电压（一般为 2.5V）被要求放在一次侧，例如，这可能来自于辅助电源供电的 TL431。

（5）我们也应该用这个 2.5V 来对 HVDC 端设置一个精确的 OVP。通常这只表现为拉低 PFC 控制器的软启动引脚来压缩占空比，而不是完全重置 PFC IC。这有助于避免在功率上升或电网/负载瞬变时误跳闸。但是在更严重的情况下，我们应该能够完全关闭整个电源和 PFC。

注： 如果 400V 或 500V 电解电容器过充电，就会有灾难性和危险性故障的风险。但我们应记住，这种情况下的故障完全是热效应集中。因此如果持续时间少于 1s（咨询供应商），我们实际上可以允许超过电解电容器额定电压的 1.2～1.4 倍。然而，持续的过电压是无法容忍的，还包括安全性问题。一些控制 IC 可以简单地检测反馈引脚的电压来启动过电压保护。虽然这在低电压应用中是可行的，IEC 不允许任何单点故障造成灾难性的条件。因此，实际上这意味着，无论是离线式电源中的 PFC IC 或 PWM IC，用于正常调节的引脚不能用于故障保护（无论是 IC 内部还是外部逻辑）。因为如果这样做的话，我们实际上是试图用一个物体来感知自身故障！例如，如果该引脚的焊点不好怎么办？这

一单引脚问题实际上被安全测试机构本身不经意地忽略了。

（6）我们应该包括辅助电源的故障检测，例如，如果辅助电源输出没有接近其调节点，则禁用 PFC。

（7）我们还可以在正常的功率上升或者如果用户使用开/关逻辑开关来打开单元的情况下进行适当的排序。浪涌电流保护电路必须在辅助电源开启的同时开始工作。然后，当大容量电容器的电压上升到一定程度时，PFC IC 就会启动。当 PFC IC 的基准电压到达时，PWM IC 被使能。

（8）许多公司不希望使用单一来源产品。然而不同供应商的 PFC IC 引脚肯定不兼容，UC3854 是由 Toko 授权允许生产的，称作 TK83854D。

（9）对于浪涌保护电路，开通缓冲器，以及一项使两个 UC3844 相互同步的有趣技术的实例，参见第 20 章。

（10）有时用到一项“自动”PFC 控制方案，它需要工作于临界导电模式的反激 PFC 级（连续导电模式与不连续导电模式之间的边界）。由于 $V=LdI/dt$，临界导电时可得 $V=LI_P/t_{ON}$。所以，如果保持导通时间恒定，I_P 正比于 V。但是导通脉冲的平均值为 $I_P/2$，所以平均值也正比于 V。如果输入为正弦，那么平均输入电流也为正弦。然而，因为控制 IC 的地不再与功率地相同，所以该方案需要对输出电压进行差分采样以进行调节。我们可以用第 2 章关于 DC-DC 变换器拓扑与组态的差分采样技术。

（11）在 Boost 级电路对效率的最大打击可能来自于严重的大容量电容器的直通电流，这是开关管开通时尚未恢复的 600V PFC 二极管上通过的电流。由于这一电流通过 FET 时两端仍有高电压存在，会产生很大的 $V\times I$ 交叉损耗。除了效率降低问题，FET 所需的散热也受到显著影响。在这个位置，关键是使用超快二极管。除非是在低功率和非关键应用场合，任何恢复时间超过 20～30ns 的二极管都是无法接受的。

提示：在供应商的参数表上，不仅要看恢复时间的典型值，还要看其最大值。

（12）因此，对于低功率应用场合，工程师倾向于使用临界导电模式下的 Boost PFC IC。在这种情况下，由于开关开通时二极管通过的电流已经降为 0，二极管完全恢复，没有反向恢复问题或直通问题。但是这类 IC 必须工作于可变频率，其 EMI 滤波往往会带来更大问题。

（13）在中低功率等级的 PFC，在大功率阶段必不可少的无损开通缓冲电路看起来像奢侈品（对于实际的开通缓冲电路，见第 20 章）。这种情况下，一些工程师喜欢用两个 300V 二极管串联代替单个 600V PFC 二极管来减少反向恢复电流尖峰。这靠的是低压二极管比高压二极管恢复得快得多。因此，尽管它们的正向压降和随之增加的导通损耗更大，实际上可以通过降低 $V\times I$ 交叉损耗来提高效率。但请注意，我们不能允许在任何时刻电压全部被施加到任何一个二极管上，无论多么短暂。因此它们必须很好地匹配，特别是其动态特性。这并不容易。有些工程师试图在每个二极管上放置镇流电阻，就像我们为串联电容器所做的那样。但是在动态条件下（转变期间），原理上都不能实现，因为电阻引线上的电感会阻止它们立即对任何突然的变化作出响应。另一种选择是将两个串联二极管封装起来，假设它们通过同样的制造步骤，自动完美匹配，但并不总是这么完美。一些制造商用单独的芯片，并将它们组合在一起。部分原因是，这种二极管组合需要奇特的内部连接：一个的阳极连接到另一个的阴极。

（14）最近一些供应商（如 ST Microelectronics）已经提出了基于这一原理的串联二极管。它们看起来像是一个单个的 600V 二极管加上两根引线，但提供了典型的 12ns 左右的恢复时间。这标记为“hyperfast”。

（15）一种现代的替代方案是使用碳化硅 PFC 二极管，来自 Cree 公司。

（16）商用 PFC 实现的一个关键部件是从桥式整流器的正极到 PFC 二极管的阴极放置一个浪涌二极管。这使得大容量电容器充电的同时使巨大的浪涌电流远离 PFC 扼流圈和二极管。但这一部件也是整个电源的关键可靠性问题，它在交流输入的反复应用中最有可能失败。这就不需要快速二极管了，因为一旦 PFC 开关导通，它就不起作用了。它不会发热，可以是管脚式封装的元器件（不需要散热片），但其非重复的浪涌额定值必须非常高。考虑到 EMI，有些设计师仍然倾向于这种快速（昂贵的）二极管。例如，他们用独立的 16A/600V 二极管（带浪涌电流保护电路）。但是也应尝试像 1N5408 慢恢复二极管，由于其浪涌额定值至少在数据表上看起来更高。注意，在这个位置上，如果想要将一些浪涌电流转移到 PFC 扼流圈和二极管，也可尝试用两个二极管串联。然后，电流的相对分流就取决于类似扼流圈直流电阻的各种寄生参数。因此，我们应该非常小心地处理这一点。

注：使用廉价的多源部件的普遍问题是，即使是对于“相同部件”，并不是所有的供应商都有完全一样的制造工艺或质量。因此，如果我们指定 1N5408 为浪涌二极管，并且一开始就足够仔细地挑选质量源，也不能保证明天，“聪明的”、追求降低成本的采购人员不会开始从其他来源购买“同一部件”，随之而来的是可靠性问题。

（17）对于 DC-DC 变换器的升压电感，我们通常设置电感，以使得电感的电流纹波率$\Delta I/I_{AVG}\approx 0.4$，因其代表的是电感和电容大小之间的很好的折中。但是在 Boost PFC 这基本无意义，因为电容的大小是由其他标准决定的，比如保持时间。另外，通过电容器的电流有效值也是由许多因素决定的，不仅仅是电感的电流纹波率。因此，对于 Boost PFC，扼流圈的电感通常是这样选择的，在较低的瞬时电网电压时电感工作于不连续导电模式，在接近 AC 90V 峰值时开始工作于连续导电模式。这能最大限度地减小电感的尺寸。在实际应用中，我们应在低电网交流电的峰值处设 r=0.2，正如图 5.14 和图 5.15 给出的求解实例所示。

第 6 章　AC-DC 应用的拓扑：简介

引言

本章将简要地介绍正激和反激变换器。在第 10 章和 11 章中，会更多地讨论磁性设计程序。在第 12 章中，通过详细的一步一步设计并进行拓扑比较来巩固这些知识。在第 16 章中，将描述与拓扑相关的现代技术，如有源钳位和复位技术。

第 1 部分　（简单的）正激变换器

该变换器有两个磁性元件：变压器和输出扼流圈（电感器）。设计一个好的正激变换器涉及的许多技巧在于理解如何优化设计变压器。除其他技术外，这包括了解相当难以理解的邻近效应的概念，在第 11 章与 12 章中会更详细地解释。

图 6.1 给出了简单的单端（一个开关）正激变换器。除了一次绕组与二次绕组，还有能量回馈线圈（或三次绕组，下标为 T）。实际上这个三次绕组是磁化电流 I_M 的续流路径，如图 6.1 中电流波形灰色区域。

记住一些基本的磁学知识：当 FET 导通时，由于极性（绕组旁边的点）和输出二极管的方向，二次绕组也会导通。这样做时，通过它的（变化）电流抵消了一次绕组（变化）电流产生的磁通——除了一次绕组电流的磁化电流分量。因此，如果二次绕组没有负载，变压器中的磁通仅仅来自磁化电流。如果接有负载，附加电流流入一次绕组以抵消二次侧电流产生的磁通。这就是磁芯感应电压的基本规律。换句话说，对于任何负载条件，只剩下磁化电流的磁通——与空载情况一样。

这也意味着正激变换器的变压器只需储存非常少的能量：与磁化（空载一次侧）电流有关。变压器磁芯不储存任何与变换器输出功率有关的能量。这就是为什么谈及正激变换器变压器时不是关于其能量处理或能量储存能力，而是其能量（或功率）吞吐能力，或是其功率处理能力。

由于正激变换器变压器的磁通对于所有的负载保持不变，问题是正激变换器变压器的功率处理（或通过）能力与什么有关？我们直觉地意识到对于输出功率，不能使用任何尺寸的变压器！必定有一定的限制。但是为什么呢？我们知道它是由磁芯有效窗口面积内铜的多少来决定的（更重要的是，我们如何能很好地利用这一有效面积），而不会引起变压器过热。我们将在第 12 章进一步讨论这一点。

注：这一过程对正激变换器的变压器是正确的，但不能用于反激变换器的变压器，正如本章稍后将讨论的。试图运用正激变换器的变压器选择标准，如面积乘积（第 12 章中讨论），到反激变换器变压器的设计中（常见错误），或者试图运用能量储存概念到正激变换器变压器的设计中（罕见错误）的工程师都走错了路。

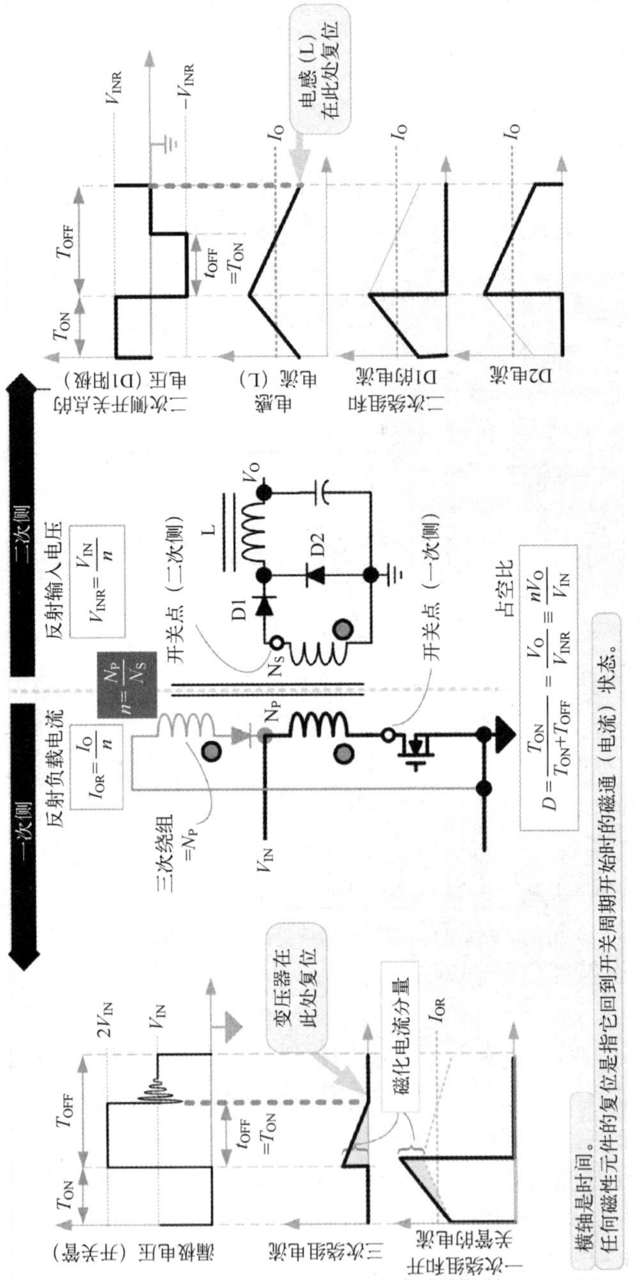

一次侧
二次侧
反射负载电流
$I_{OR}=\frac{I_O}{n}$
反射输入电压
$V_{INR}=\frac{V_{IN}}{n}$
$n=\frac{N_P}{N_S}$
三次绕组 $=N_P$
V_{IN}
N_P
N_S
开关点（二次侧）
开关点（一次侧）
D1
D2
L
V_O
占空比
$D=\frac{T_{ON}}{T_{ON}+T_{OFF}}=\frac{V_O}{V_{INR}}=\frac{nV_O}{V_{IN}}$
漏极电压（开关管）
三次绕组电流
一次绕组和开关管的电流
T_{ON}
T_{OFF}
$t_{OFF}=T_{ON}$
$2V_{IN}$
V_{IN}
变压器在此处复位
磁化电流分量
I_{OR}
二次侧开关点的电压（D1阳极）
电感（L）电流
二次绕组和D1的电流
D2电流
V_{INR}
$-V_{INR}$
电感（L）在此处复位
I_O
横轴是时间。
任何磁性元件的复位是指它回到开关周期开始时的磁通（电流）状态。

图6.1　单端正激变换器

我们很早就知道对于 DC-DC 变换器，电感电流不能断续。因此在主 FET 关断后需要续流二极管让续流电流继续流入电感。以类似的方式，变压器不能容忍数量 $\Sigma N_a I_a$（所有绕组的安匝数代数和）的任何不连续性。这也意味着，如果一个绕组停止工作，只要另一个绕组继续工作（用合适的电流比例），在开关交叉时安匝数保持不变，变压器也不会“抱怨”。这与电感电流连续性的概念类似，只是现在是通过变压器所有绕组的净安匝数来表示。换句话说，变压器在开关管导通期间储存的磁化能量，通过三次绕组（和三次绕组二极管）在开关管关断时续流进入输入大电容器。这就能让变压器复位。

就其本质而言（即感应电压定律），每一个电感自然地试图通过自身复位达到稳定状态（前提是我们用合适的电路组态来允许它这样做）。它试图通过反转其本身的电压极性来实现这一点（实际上就是伏秒定律）。类似的，稳定状态下的变压器，导通时间内的伏秒数必定反向等于关断时间内的伏秒数（符号上）。如果观察任何选定绕组两端的电压（及其相关的时间间隔），不论绕组实际上是否导通电流，可得该绕组的伏秒平衡，同一磁芯上的任何其他绕组也是如此。

正激变换器中，一次绕组上开通期间的电压幅值与关断期间的电压幅值相同，因为三次绕组与一次绕组匝数比为 1∶1（按设计）。在第 16 章中，我们将讨论一次绕组与三次绕组任意匝数比的情况。但这是简单情况下发生的：开关管导通时一次绕组电压为 V_{IN}。能量回馈（三次）绕组一端接于一次侧的地，而另一端接于输入大电容器，因此三次绕组电压在开关 FET 关断时就变成 V_{IN}。由于一次绕组与三次绕组的匝数比为 1∶1，三次绕组完全反映了一次绕组的电压，但是考虑到保持伏秒平衡的需要，其符号是相反的。需记住，任一给定时刻变压器的每一个绕组的每一匝电压相同（漏电感除外，漏电感实际上构成非链接电感）。因此，当开关管关断时，一次绕组两端的电压又变为 V_{IN}，虽然现在方向是相反的。

到目前为止，我们一直讨论的是一次绕组两端的电压。但现在从 FET 两端电压来看，当 FET 导通时其两端几乎没有电压，关断时两端电压为 $2\times V_{IN}$。这决定了这种拓扑的 FET 最小额定电压（我们需要在最高输入，即 V_{INMAX} 时设定其值）

考虑到这一切，对于全世界通用输入的电源通常可以用 800V 开关管，尽管额定电压裕量有所减少。然而，如果存在前级 Boost PFC 预调节（HVDC 端为 DC 385V 或 DC 400V，见第 5 章），对于正激变换器当然需要至少 850V 或 900V 的 FET。同样应用中不带 PFC 和带 PFC 的反激变换器，FET 需要的最小额定电压分别为 600V 和 700V。

确保变压器“复位”会产生另一个限制：这种正激变换器的占空比在任何情况下都不允许超过 50%。这样做的原因是必须无条件地保证变压器能够复位，即恢复到在开关周期开始时相同的净磁通/电流值（这种情况下为 0）。否则，每个周期都产生一个净增量，使得磁通/电流阶梯增长，导致变压器磁芯饱和并最终损坏开关管。正激变换器中，除了一次侧的峰值电流限制（如果变压器已经饱和，这一限制就太慢甚至无效了），我们确实没有对于变压器电流的直接控制，以确保一个一个的周期循环后没有阶梯增量。因此，实际的选择是，每个周期都留下足够的时间，让三次绕组中的电流斜坡下降至 0。通过简单地留下足够时间来确保伏秒平衡。注意，导通期间的上升（磁化）电流斜率为 V_{IN}/L_{PRI}，其中 L_{PRI} 为一次电感（其余绕组开路时测量），并且在关断期间，这一电流因为三次绕组电流而继续流通，以 $-V_{IN}/L_{PRI}$ 的斜率下降，因为三次绕组与一次绕组的匝数和电感量相同。因此，很明显，通过简单地留出更多时间让电流下降为 0，变压器中的伏秒平衡自然而然地发生了。一旦 t_{OFF}（三次绕组电流下降至 0 的时间）等于 t_{ON}（磁化电流上升时间），复位就会发生。参见图 6.1。然而，如果占空比超过 50%，t_{ON}（与本书中的 T_{ON} 相同）当然就大于 t_{OFF}，由此也可以从几何上说，变压器绝对无法复位。相反，通过确保占空比绝对不超过 50%（实际中考虑到延迟和容差，最大设为 45%），可以保证变压器每个周期都能复位。

注：我们不能通过监测流过 FET 的电流来控制磁通阶梯增长的实际原因是，一次电流是磁化电流（可导致磁通阶梯增长）和负载电流相关分量（虽然与磁通无关，但是可能大得多）的组合。因此没办法监测一个而不监测另一个。实际上，我们对磁化分量也没有任何控制。

我们发现，正激变换器的变压器总是处于 DCM：其电流每个周期回到零点。这是特殊情况下的复位。相反，其扼流圈（电感）也复位，但通常是在 CCM 以及 r 被设为 0.4（就像在任何 Buck 变换器中那样设置）时。以上见图 6.1。

我们可以将正激变换器看作 Buck 级电路（或单元），外加正激变换器的扼流圈（电感）。当然 Buck 单元的输出为 V_O。然而，实际上输入为反射输入电压 $V_{INR}=V_{IN}/n$。这一电压我们可以想象为 Buck 变换器（或单元）的 DC 输入端。其占空比（作为 Buck）为

$$D=\frac{V_O}{V_{INR}}=\frac{V_O}{V_{IN}/n}=n\frac{V_O}{V_{IN}}$$

或

$$V_O=D\times V_{IN}/n$$

两种稍微不同的方法来直观地看待这些方程。

（1）输入端电压降低为原来的 1/n，并应用于二次侧 Buck 单元的输入端。

（2）如果想用一个简单的 Buck 单元将整流交流输入，如 AC 230V×$\sqrt{2}$=DC 325V，直接降为 5V，所需占空比为 5/325=1.5%。这是完全不现实的。这样窄的脉冲基本不可能。因此，借助于匝数比的直接降压功能，例如设 n=20，设法将其乘以占空比：20×1.5%=30%。这确实是我们在典型的单端正激变换器中所做的，因为其最大占空比 D_{MAX} 也限制为 50%以避免阶梯增量。实际上匝数比也是用这种方式选定的。

我们可以看到，匝数比是高压应用中使用变压器的一个优势。无独有偶，为了安全起见，我们还需将高交流输入电压与输出直流端隔离。变压器同时提供这两个功能：降压与隔离。

为了设计一次侧（例如选择 FET 电流额定值），我们可以想象，（扼流圈）电感电流 I_L 被反射到一次侧，其平均（直流）为 $I_{LR}=I_L/n$，其中 $n=N_P/N_S$。对于任何 Buck 衍生的拓扑，如正激变换器，平均（反射）电感电流等于（反射）负载电流。由此可得

$$I_L=I_O \qquad 和 \qquad I_{LR}=I_{OR}$$

式中，反射输出电流定义为 $I_{OR}=I_O/n$。就开关管而言，这个 I_{OR} 实际上就是负载。它是一次电流斜坡的中心值，正如 I_O（负载电流）是二次侧二极管/电感电流波形斜坡的中心值，参见图 6.1。当然，还需在一次侧增加一个小的磁化分量，如图 6.1 所示。

注：之前我们提出，变压器的磁通与负载电流无关。但事实是，正激变换器占空比完

全是由二次侧的 Buck 单元决定的，负载非常轻时中断。这是因为输出扼流圈在轻载时进入 DCM，然后其占空比突然缩小（见第 4 章）。这一减小的导通时间改变了磁化电流波形的形状。因此现在 I_M 确实与负载电流有关，不管最初的暗示是什么！在功率变换中没有什么是完全清楚的。

正如前面提到的最简单的情况，三次绕组匝数与一次绕组相同。通常是与一次绕组双线绕制：两者绞绕在一起，或者至少是平行绕制。通常认为这是很必要的，因为如果三次绕组与磁化（一次）绕组耦合良好——两者之间没有漏磁，这是很有帮助的；否则剩下的一次绕组漏磁会产生高压尖峰，可能损坏 FET。注意，有一件事情是无法避免的：在这种结构中，相邻双线绕组之间总是存在很高的电压差，因为一次绕组与三次绕组极性相反。由于制造时的变化或生产过程中意外划伤，绕组绝缘上也可能会有针孔。因此，为了避免火花的产生和损坏变换器，特别是在离线或类似的应用中，有时并不喜欢将一次绕组与三次绕组绞绕在一起——而是用薄薄的聚酯胶带将其铜层隔离。但由于随之而来的较差的耦合以及产生的漏感尖峰，我们必将需要一个小的（耗散）缓冲电路或钳位电路来保护开关管。注意，这里提到的漏感是一次绕组与三次绕组之间的。记住，由于正激变换器的一次绕组不导通时二次绕组也不导通，实际上磁化电感表现为非耦合漏感。并且我们试图用（耦合良好的）三次绕组来使其能量回馈。

在什么位置放置能量回馈绕组的二极管也有细微的差别，如图 6.2 所示。这在相关文献中几乎总是被忽略。

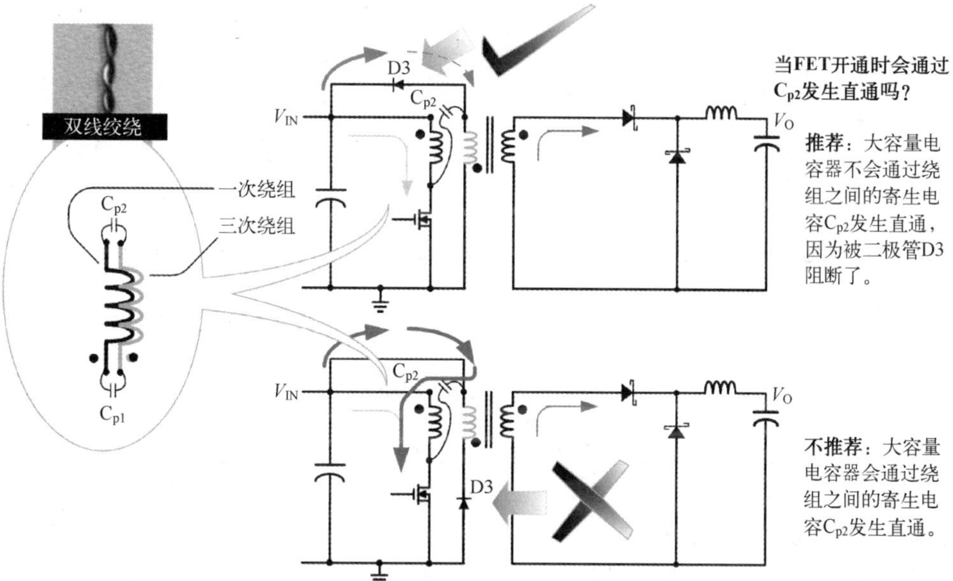

为了最大限度地减小漏感，能量回馈（三次）绕组通常与一次绕组双线绞绕。因此，两个绕组的点状极性端部彼此相邻——它们之间存在一定量的绕组间电容C_{p1}。同样的，无点状端部彼此相邻，它们之间也存在绕组间电容C_{p2}。相邻端存在非常高的电压差施加到绕组间电容，如果条件允许，会产生很大的直通电流流过开关管，从而显著增大开关损耗。

注：双绕线上任何点之间的最恶劣情况的电压差是V_{INMAX}，漆包（电磁）线的绝缘层必须足够承受这个电压。因此，从可靠性的角度来看，电磁线绝缘层的电压额定值是非常重要的。但是AC-DC变换器的安全要求禁止任何一次绕组与二次绕组相邻放置（或双线绞绕），除非为了达此目的采用被核准的三重绝缘的电磁线。因此，一般的，从安全角度来看，（非三重）绝缘电磁线的电压额定值不是考虑的重点。

图 6.2　三次绕组二极管的正确位置

有一种变型的双晶体管（或不对称）正激变换器已成为中高功率等级的主力，如图 6.3 所示。虽然仍受限于 D_{MAX} 为 50%，但是它没有三次绕组。它依赖于两个 400～500V 的开关管以及两个一次侧超快二极管将磁化电流反馈流回大容量电容器（见图 6.3）。然而对于上端开关管，这种组态需要浮地（高压侧）的驱动器。这也可以由栅极驱动变压器或类似 International Rectifier 的 IRF2110/IRF2112 的固态驱动器来产生。由于没有三次绕组，并且一次绕组本身会将磁化电流反馈流回大容量电容器，因此不存在如前面针对单端正激变换器所讨论的漏感问题。正因为如此，这里不需要缓冲电路或钳位电路。进一步可以看到，即使一个 FET 相比于另一个在开通或关断时有点滞后，这种时间失配也不会产生主要问题：当然不会有直通或交叉导通相关的影响。所有这些特点都使得不对称正激成为一种非常强大的拓扑。可以把它想象成开关器之间带有缓冲电感的半桥（对于其他 Buck 派生拓扑，见图 6.3）。

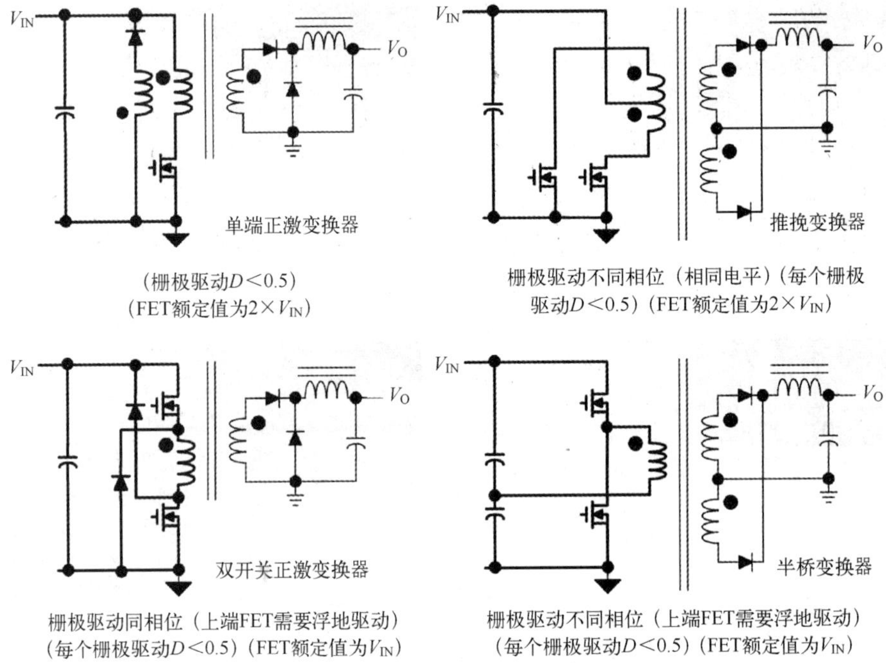

图 6.3　其他基于变压器的 Buck 派生拓扑

在任何 Buck 派生的正激变换器类型的设计中，其他可能的设计复杂性包括用于多个调节输出的耦合电感。在这里我们用一个耦合元件来代替多个二次绕组变压器的独立输出扼流圈，这改善了交叉调节性能，也有助于保持扼流圈在转折条件下以电流连续导电模式工作：例如，如果主输出仅轻轻卸载，但是一个或多个其他输出仍然加载。在这里我们需要记住，相关的主要设计是扼流圈绕组的匝数比必须尽可能地接近其变压器的（共同）变比，这反过来也是基于电压需求（电压比）。例如，忽略二极管压降，如果主（调节）输出为 5V，变压器匝数为 5，即扼流圈匝数为 10，那么所需的 12V 输出就需要变压器匝数为 12，扼流圈匝数为 24。因此，匝数总是与输出电压比有关的，包括变压器与扼流圈。

耦合电感技术也为我们提供了实现纹波控制的机会，正如 Unitrode（现在的 Texas

Instruments）早期的应用说明中提到的一样。但是我们不应指望在商用设计中成功实施这种精妙的设计，因为纹波控制（虽然基于此产生许多优秀的论文）依赖于产品中不能容易地保证或测试的参数。因此，特别是计算输出纹波时，应该假设最坏的情况。

注意，在正激变换器的耦合电感中，所有耦合绕组的极性是相同的，不像现代使用耦合电感的交错式 Buck 变换器，其极性由于各种原因故意反向放置。参见 *Switching Power Supplies A to Z*（第二版）这本书，对于后者这种耦合有详细研究。

注意，有时单独的辅助绕组放在输出扼流圈的两端，但不是来自变压器。然而其极性（和二极管）是这样的，扼流圈中的电流下降时它才导通，即这个低能量绕组基本上以反激模式工作，而不是正激变换器扼流圈。通过将辅助绕组与扼流圈主绕组紧密耦合，并根据所需的辅助输出电压来选择匝数比，可在该端得到相当好的调节（约为±5%～±10%）。这一技术可以很好地用于将辅助功率输出提升至主绕组功率的 5%～10%。如果我们的生产部门能够接受，我们可以试试将辅助绕组与主绕组紧紧绞合。在这种情况下能够不牺牲调节性能而将辅助输出功率翻倍（提高 20%）。

正激变换器本身根据扼流圈的放置位置，以及两个二次侧二极管是用共阴极还是共阳极接法，可以有多种配置方式，见图 17.5。

推挽（Push-Pull）的磁通平衡

在推挽中，两半电路的电阻等微小的差异，导致每周期在一次侧形成小的净直流电压。或者说，即使施加相同的电压，绕组不对称的小小差异会引起磁化电流与磁芯磁通在一个方向上慢慢移动，直到最后变压器饱和。这就是磁通阶梯效应。如前所述，开关管电流是反射输出电流与磁化电流的总和。因此，在电压模式控制下，对于任何负载，依赖固定的限流装置不足以挽救这个磁通阶梯效应。然而，如果用两个采样电阻（分别插在推挽电路的两个 FET 的源极）两端的电压降，在电流模式控制下，经过周期循环，控制电路能够检测到每周期内两部分电路的电流差异，并自动校正它。早期的推挽变换器使用的是电压模式控制和大型变压器来避免磁通阶梯效应，因为如果其中一半电路的电流急剧上升，它也会用产生更大的开关和绕组电阻压降来试图纠正自己，这最终降低了失控绕组的电压，当然这时变压器还没饱和。然而，推挽电路的最好解决办法是用电流模式控制。当磁化电流在同一个方向漂移时，它增加到一个 FET 的电感电流上，并在另一个 FET 的电感电流上减去。在电压模式控制下，电流脉冲不均等只能不断恶化，直到变压器磁芯饱和。在电流模式控制下，在相同的电流峰值到达时，控制器会终止这一脉冲。因此，电流脉冲总是具有相同的振幅，尽管由于原始的不对称性，脉冲宽度会略有不同。但是由于磁通与电流有关，而不是直接与脉冲宽度有关，磁通阶梯效应在每周期都会得到校正。因此最终，我们可以把推挽变压器做得很小，正如最初所说。但是有多小？这一话题请见第 12 章。

在第 14 章中，我们还将更详细地讨论上述控制方案，包括使电流模式控制工作良好（稳定工作）所需的其他内容：斜坡补偿，这实际上是将一个小电压模式控制（一个小固定电压斜坡）混合到电流模式控制的较大的采样电流斜坡上。

半桥的磁通阶梯效应

在半桥变换器中，变压器一次侧连接到电容分压器的中点，虽然这可能只是一个电容连接到地，但这个电容阻断了所有的直流电流。在后者情况下，我们会发现单个电容最终充电至非常接近电源电压的一半。原因是两个开关管的驱动相位相反，因此当上端 FET 导通，下端 FET 就关断，反之亦然。此外，至少在理论上来说，在完全相同的时间内（相同的脉冲宽度）每个晶体管导通。所以开关周期内的两个开关阶段（或半周），电流方向相反，确保变压器复位与电容器电荷平衡（电容器通过其充电和放电周期的平衡性稳定在供电电压的一半）。至少在原理上听起来足够可行。

还有一个问题。在实践中，因为只有一个 FET 接参考地，我们只能使用一个采样电阻。因此，在任何情况下，我们在通过电流模式控制来纠正一个方向上的任何潜在积累方面遇到了麻烦，因为唯一可以纠正的方法是比较 2 个半周期中的电流并将它们固定在相同的峰值电流值。所以，用这种简单的实现方法，电流模式控制是无效的（事实上不可能的），因为我们只有大约半周期的信息。但是，假如我们绕过这个实际问题，并引入电流采样变压器，以检测 2 个半周期内的两个 FET 或通过电感的电流。现在电流模式控制似乎是磁通阶梯效应问题的可行解决方案。但是电压模式控制真的是如此坏的方法吗？

让我们重新看看，纯电压模式控制与仅有一个采样电阻时会发生什么？假设，由于开关周期的 2 个半周期内，加在绕组的实际电压幅值略有不同，那么两个开关半周期就有差异。假设上端晶体管导通时间稍长，与下端 FET 导通的相反时间段比较，一开始会导致一次绕组中更多的电流从上流到下。这样并不会那么糟糕，因为这一特定方向的电流将使下端电容器更多地被充电，然后在上端晶体管导通的更长脉宽内降低一次绕组的两端电压。为了创造这种自我平衡，电容器需要非常迅速地充电，因为这就是上端 FET 两端电压如何最终减小的原因，这反过来，尽管施加时间较长，将减小施加的伏秒数，从而恢复伏秒平衡。在半桥中放置非常大的隔直电容器很明显是为了解决电压模式控制时的阶梯效应和磁芯饱和的问题。

假设我们改用电流模式控制。当然，我们需要用一种方法来检测两个方向的电流（一整个开关周期的 2 个半周期）。然而这样做的话，一旦电路发现上端晶体管驱动更多电流，就会用减小脉冲宽度的方式来限制电流。这会防止下端电容充电，甚至可能使其进一步放电，从而增加上端晶体管的电压。所以电流模式控制真的不适合半桥。在图 2.16（第 2 章）中我们讨论过的电源中的对偶原理：电容器的安秒数平衡与电感的伏秒平衡。从这一角度我们可以看到采用电流模式控制的半桥的基本问题：推挽中为了纠正 2 个半周期不对称引起的电流阶梯增长问题，需要稍微调整脉冲宽度。这可能可以纠正电流差异，从而再次确保伏秒平衡（对于电感）。不幸的是，半桥中，通过主动改变脉冲宽度，改变了电容两端电压斜坡的高度，并打乱了其安秒（电荷）平衡。换句话说，为了纠正伏秒（磁通）平衡，电容器可能以一种方式充电——不幸的是错误的方式，加重了我们开始时遇到的问题。因此，一般认为半桥只与电压模式控制兼容。然而 Runo Nielsen 试图用一定的斜坡补偿来证明，半桥也可以用电流模式控制。这是可以理解的，因为斜坡补偿也是电压模式。

相比之下，单端和双开关正激变换器原理上可以使用任何形式的控制。这也解释了它们广泛普及的原因。

第 2 部分 （复杂的）反激变换器

没有什么能够说明，功率变换器设计的曲折和细微差别比支持或反对某一设计的选择讨论更美好。本着这种精神，我们将深入这一相当复杂，也被称为反激的拓扑。反激变换器构成了大多数低功率离线式变换器的基础，但其复杂性往往被低估了。我们都认为自己对它了如指掌，但充分理解它是一个电源设计者将要面临的最具挑战性的任务之一。因此，我们还会讨论关于做出一个好的商用反激变换器设计的细节问题，如最小脉冲宽度、前馈和保护。

为了使其更加有趣，我们将从与理想产品的规范和建议进行持续比较的角度来介绍这个拓扑。我们将一个离线集成开关装置命名为 IP 开关（即集成功率开关）。我们将试着看看这一产品中什么是对的，以及下一阶段还能够做出哪些改进。

集成功率（IP）开关

深入这种虚拟基准产品的历史，我们做一个有趣的观察。该系列老一代产品的最大占空比为 67%。在新的一代中，这个数字已经神秘地变为 78%。改进的占空比特征已经成为一种持久的营销工具，在发布的参数表的首页写着“更宽的占空比使功率更高，以及输入电容器更小”。

与所有工程师一样，当我们不厌其烦地阅读产品说明及测试评估板后，有点惊讶地发现评估板测试结果往往与推荐值不一致。我们尝试了随附的专家系统软件，让其自动设计所需应用，首先利用老一代，然后使用新一代系列产品。但是我们惊奇地发现它总是推荐几乎相同的输入电容器，承诺的输入电容器尺寸减小或任何相关的成本降低似乎都没有实现。我们的好奇心被激发了，决定进一步查看这个潜在的营销宣传。

反激变换器的等效 Buck-Boost 模型

首先需要提高我们的基本认识。让我们检查图 6.4 中的反激变换器，相关的要点是：

（1）电压波形的灰色阴影区域对应开关管导通。

（2）一次绕组两端电压乘以变比 N_S/N_P 等于二次绕组两端电压。

（3）记住，文献中的变比概念，此处称作 n，有时记作 N_P/N_S，有时又记作 N_S/N_P。我们使用前者。

（4）二次电压乘以 n 得到一次电压。

（5）因此，根据开关管关断时的二次电压为 V_O 可得反射输出电压，在一次侧记作 V_{OR}。我们可得 $V_{OR}=V_O \times n$，这就是变压器电压变比规则，如图 6.4 所示。

（6）我们知道在开关管导通期间，一次电压为 V_{IN}，因此这段时间内二次绕组对应的电压必定为 V_{IN}/n。这就是反射输入电压，即输入电压反射到输出侧，虽然它没有一个广为接受的专用术语，不妨称为 V_{INR}。

$$V_{INR} = \frac{V_{IN}}{n}$$

（7）当开关管导通时二次电压是反射输入电压 V_{INR}，因为当开关管导通时，一次电压为 V_{IN}。当开关管关断时，二次电压翻转，输出二极管正向偏置，因此绕组被钳位至输出电压。二次绕组的峰-峰值电压（整个周期内）等于 $V_{INR}+V_O$。

（8）这也恰好是输出二极管反向偏置时承受的反向电压。因此，二极管的最小额定值必须高于这一电压。注意，这个二极管电压额定值必须根据最高输入电压，也就是 V_{INR} 的最高值来选定。

注：文献中 V_O 经常被忽视。通常声明二极管仅需承受 V_{IN}/n，但这是不正确的。这可能造成组件选择过程中的重大错误，特别是在高输出电压应用时。

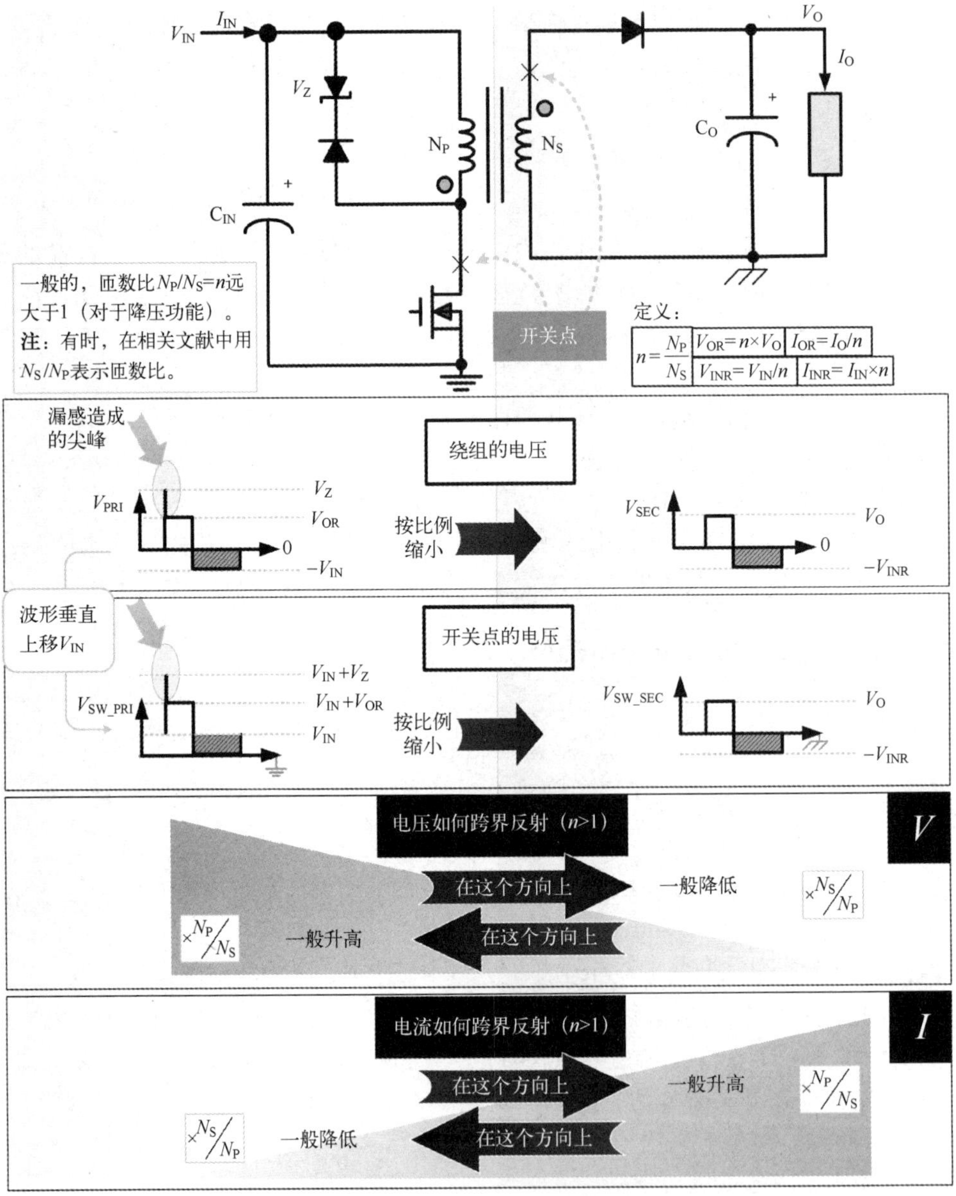

图 6.4　反激变换器中电压和电流如何感应

（9）运用绕组之间电压的变比关系，就可以推导出任意点的对地电压值。为此，我们对一次电压波形或二次电压波形进行电平移动，从而可以用新的期望参考电平来表示。但是这样做时，我们必须在上、下垂直移动波形时保持整个形状与峰-峰值不变。我们必须谨慎的原因是，变压器的电压变比，只适用于绕组上的电压，而不一定适用于一次侧和二次侧各点的绝对电压。是的，如果变比适用于其他地方，这只是巧合。一般情况下，变压器电流与电压的反射，以及相关的电压电流变比规则只与变压器绕组本身直接相关。

（10）如图 6.4 所示，电流与绕组匝数比的关系与电压的相反，即从一次侧到二次侧，通过绕组的电流乘 n。相反的方向需乘 $1/n$。因此，实际上对于反激变换器变压器的电压（和电流），我们也可以用一种变压器比例形式，即使从技术上来讲确实没有变压器的作用——至少不是传统意义上的正激变换器变压器。反激变换器变压器实际上就是带有多个绕组的电感。不像正激变换器的变压器，反激变换器中，当电流进入一次绕组，它是不会流入二次侧和二次绕组，反之亦然。然而这两个电流波形在每个转换时刻（开通和关断）是有联系的。

（11）在图 6.5 中，马上我们就会讨论更多的细节。但就是在这个时刻要实现一个基本要求，即最终也要为反激变换器产生“变压器行为”。原因就是之前讨论过的：由于变压器的总安匝ΣNI 直接与磁芯储存能量有关，因此净安匝不能突变。这一论点以前用于讨论正激变换器的变压器能量回馈（三次）绕组。无独有偶，正激变换器的能量回馈绕组由于其极性的特点，也工作于反激模式（只有在主绕组关断时才导通）。

本例中，这意味着一次电流 I_{PK} 峰值必定与二次电流峰值 I_{PKS} 有如下关系：

$$I_{PK}=\frac{I_{PKS}}{n}$$

这两个波形的凹点（谷底）也同样相关。

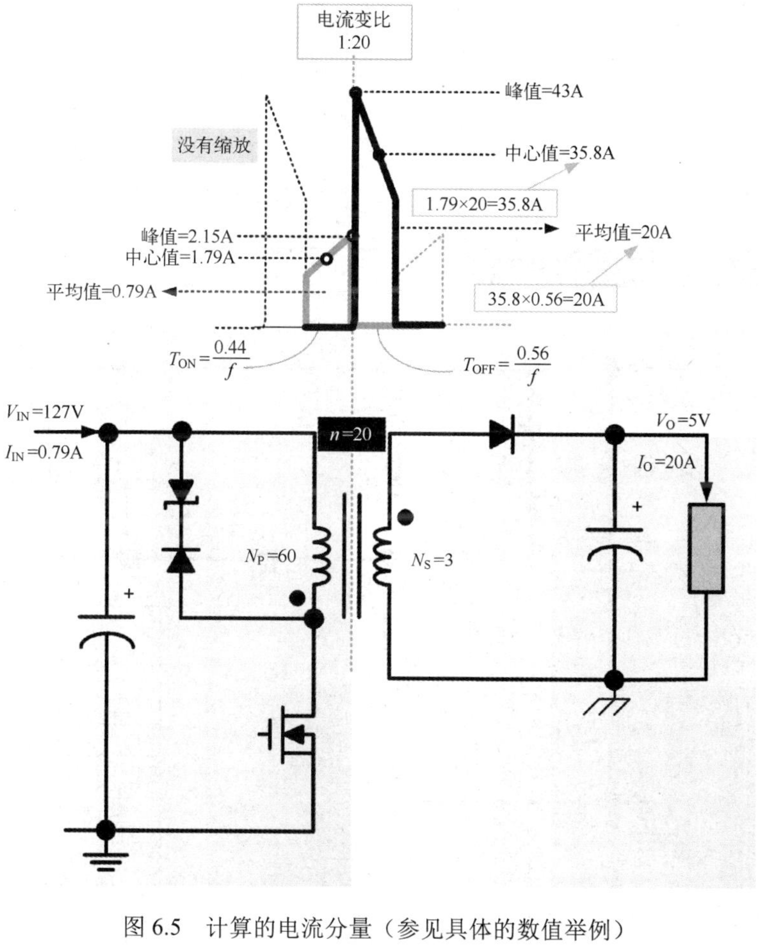

图 6.5　计算的电流分量（参见具体的数值举例）

（12）在图 6.6 中，我们揭示了分析隔离反激变换器一次侧与二次侧的有用技巧。通过画出等效一次侧与二次侧 Buck-Boost 变换器可以实现很大的简化。因为标准的 DC-DC Buck-Boost 拓扑方程更简单和众所周知（见附录），这些等效模型使用和理解起来更容易。基本理念是，如果想要算出一次侧的应力，可以将反激变换器转变成等效的一次侧 Buck-Boost。如果想要计算出二次侧部件的应力，可以将反激变换器转换成等效的二次侧 Buck-Boost。

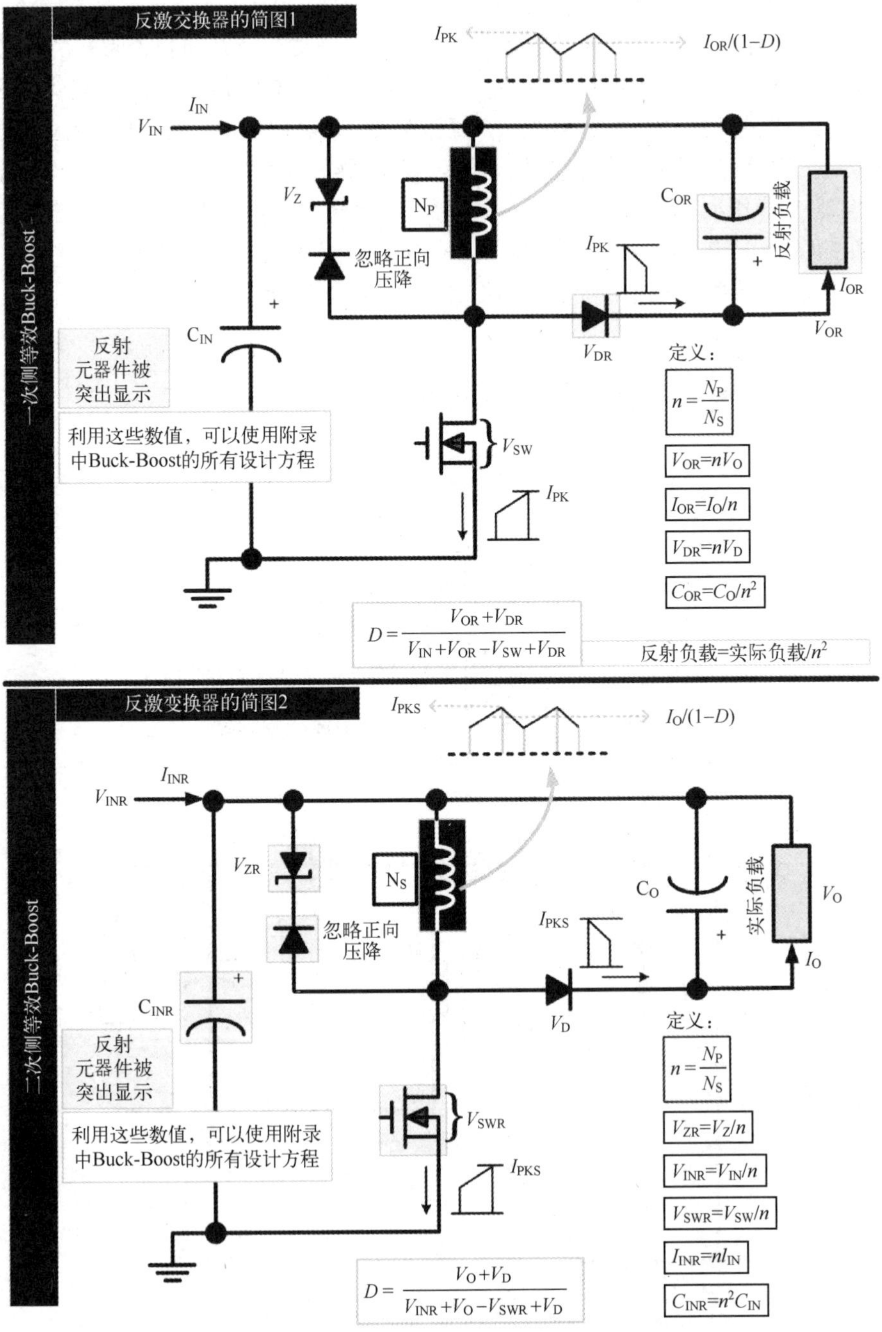

图 6.6 反激变换器的等效 Buck-Boost 模型

（13）注意，下标 R 代表反射。例如，如果从一次侧反射到二次侧的电压，将其除以 n，其中 n 为匝数比 N_P/N_S。如果电流从一次侧反射至二次侧，将其乘以 n。

（14）开关管正向压降 V_{SW} 减去开关管导通时的输入电压，从而得到的是一次电压的有效分量。因此，我们也可以用变比规则，它反射至二次侧为 V_{SW}/n，如图 6.6 所示。基于类似的原因，输出二极管电压降在一次侧为 nV_D。也需注意齐纳钳位电压是如何反射的。

（15）我们发现电压与电流的变比是简单的线性关系。但是能量是守恒的，它不会因为等效电路变化而变化。因此，与电压和电流相比，所有本质储能元件的电抗会有不同的反射方式。例如，反激变换器的输出电容 C_O 的能量为$(1/2)(C_O V_O^2)$，V_O^2 反射到一次侧为 $n^2 V_O^2$，因此 C_O 必定反射为 C_O/n^2。在图 6.6 中为 C_{OR}。在图 6.7 中，我们列出了元件的反射值。

（16）同样的，二次侧漏感反射到一次侧要乘以 n^2 [这是由于$(1/2)\times LI^2$ 必须保持不变]。下面将会看到，这一反射漏感对于反激变换器的整体性能与功率传递能力具有重要的影响。

（17）等效一次侧 Buck-Boost 的输出端电压为

$$V_{OR} = nV_O$$

因此，V_{OR} 事实上是反激变换器设计器最基本的设计选择。

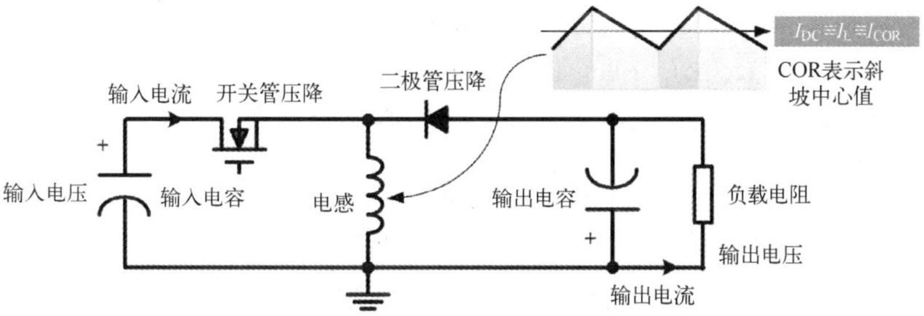

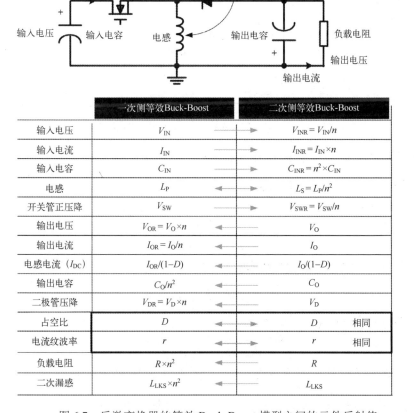

	一次侧等效Buck-Boost		二次侧等效Buck-Boost	
输入电压	V_{IN}	→	$V_{INR}=V_{IN}/n$	
输入电流	I_{IN}	→	$I_{INR}=I_{IN}\times n$	
输入电容	C_{IN}	→	$C_{INR}=n^2\times C_{IN}$	
电感	L_P	↔	$L_S=L_P/n^2$	
开关管正压降	V_{SW}	→	$V_{SWR}=V_{SW}/n$	
输出电压	$V_{OR}=V_O\times n$	←	V_O	
输出电流	$I_{OR}=I_O/n$	←	I_O	
电感电流（I_{DC}）	$I_{OR}/(1-D)$	←	$I_O/(1-D)$	
输出电容	C_O/n^2	←	C_O	
二极管压降	$V_{DR}=V_D\times n$	←	V_D	
占空比	D	↔	D	相同
电流纹波率	r	↔	r	相同
负载电阻	$R\times n^2$	←	R	
二次漏感	$L_{LKS}\times n^2$	←	L_{LKS}	

图 6.7　反激变换器的等效 Buck-Boost 模型之间的元件反射值

注意，简单而言，较高的 V_{OR} 产生较大的占空比，而较低的 V_{OR} 产生较小的占空比。这就类似于简单的 Buck-Boost，为了提高输出必须增大占空比。但实际上，改变 V_{OR} 还会带来其他的影响，需要仔细研究。

我们注意到，从一次侧来看，忽略寄生参数影响，匝数比为 20 的 5V 输出（即 V_{OR}=5×20=100V）与匝数比为 10 的 10V 输出（即 V_{OR}=10×10=100V）没什么差别。因此，对于不同的应用，从开关（一次）侧来看，只要 V_{OR} 相同（根据输出电压调整匝数比），实际上是相同的变换器。所有的一次电流与电压是相同的。唯一的区别来自漏感，这个问题稍后讨论。

（18）流过等效一次侧 Buck-Boost 输出端 V_{OR} 的等效负载电流为反射输出电流为

$$I_{OR} = \frac{I_O}{n}$$

显然，如果忽略损耗，可得

$$P_{IN} = V_{IN}I_{IN} = P_O = V_O I_O = V_{OR}I_{OR}$$

（19）因此，从一次侧来看，它在电压 nV_O 上提供负载电流 I_O/n。

（20）负载功率为多少？当然等于 $V_O \times I_O$。负载电阻为多少？二次侧的负载电阻为 $R=V_O/I_O$。然而一次侧的反射负载电阻为 $nV_O/(I_O/n)=n^2V_O/I_O=n^2R$。可以看到，和电抗一样，电阻也是以匝数比的平方从二次侧反射到一次侧，见图 6.7。

（21）从二次侧反射到一次侧，L 与 R 都乘以 n^2，但 C 乘以 $1/n^2$。而从一次侧反射到二次侧，所有阻抗都乘以 n^{-2}。这与 L、C 和 R 的情况是一致的。

（22）对于标准的 DC-DC Buck-Boost 变换器，电感平均电流（连续导电模式）为 $I_O/(1-D)$，实际的反激变换器中二次侧电流斜坡中心值必定为

$$I_{CORS} = \frac{I_O}{1-D}$$

（23）根据变比规则，一次电流斜坡中心值必定为

$$I_{CORP} = \frac{I_O}{1-D} \times 1/n \equiv \frac{I_{OR}}{1-D}$$

（24）DC-DC Buck-Boost 变换器的占空比为（忽略开关管与二极管的正向压降）

$$D = \frac{V_O}{V_{IN} + V_O}$$

于是反激变换器（或其等效 Buck-Boost 模型）的占空比为

$$D = \frac{V_{OR}}{V_{IN} + V_{OR}} \equiv \frac{V_O}{V_{INR} + V_O}$$

如果包括开关管与二极管压降，可得标准的 DC-DC Buck-Boost 变换器的 D 为

$$D = \frac{V_O + V_D}{V_{IN} + V_O - V_{SW} + V_D}$$

因此对于等效一次侧 Buck-Boost 可得

$$D = \frac{V_{OR} + V_{DR}}{V_{IN} + V_{OR} - V_{SW} + V_{DR}}$$

以及等效二次侧 Buck-Boost 可得

$$D = \frac{V_O + V_D}{V_{INR} + V_O - V_{SWR} + V_D}$$

如果模型是真正等价的，上述两式一致，与我们所设想的完全吻合。

例 6.1 一个反激变换器，一次绕组为 60 匝，二次绕组为 3 匝。输出电压设为 5V。

负载为 20A。当交流输入电压为 AC 90V（即 V_{IN} 为 $90\times\sqrt{2}=127V$）时，电感、开关管、二极管和绕组的电流是多少？

V_{OR} 是输出的 $n=60/3=20$ 倍，因此 $V_{OR}=5\times20=100V$。我们知道负载平均电流为 20A。反射到一次侧的负载电流为 $I_{OR}=20A/20=1A$。占空比为 $100/(100+127)=0.44$。因此等效一次 Buck-Boost 模型的平均电感电流为 $1A/(1-0.44)=1.79A$。由此等效二次 Buck-Boost 模型中反射到二次侧的平均电流为 $1.79A\times20=35.8A$。

通常为了获得最优结果，一般设定变压器电感值，以使（等效）电感的电流纹波率 $r=\Delta I/I_{COR}=0.4$（±20%）。本例中 $I_P=1.79A\times1.2=2.15A$。根据变比规则，对应的二次电流峰值为 $2.15A\times20=43A$。可以检验，二次电流峰值 43A 比反射的平均值 35.8A 高出 20%，与预期的一致。

开关管的平均电流为 $1.79A\times0.44=0.79A$（乘以 D）。复核通过二极管的平均电流，即 $35.8A\times(1-0.44)=20A$（乘以 $1-D$）。因为对于反激变换器（或 Buck-Boost 或 Boost），二极管平均电流应等于负载电流。计算结果见图 6.5。

对于这一拓扑，平均输入电流等于开关管平均电流。因此输入功率为 $0.79A\times127V=100W$。可以看到这就意味着效率为 100%。但这就是忽略了二极管寄生参数和开关管正向压降后我们所期望的结果。因此我们的计算是相当正确的，因为这是基于理想 D 的方程（一开始就假设无损耗）。

多路输出反激变换器的处理

这里最好的处理方法是像之前一样，作出等效一次 Buck-Boost。但是首先必须将所有输出功率混在一起等效为单个输出（进行全功率变换）。因此，如果输出有 $V_1@I_{O1}$、$V_2@I_{O2}$、$V_3@I_{O3}$、$V_4@I_{O4}$ 等，可以用下式将其组合成单输出：

$$V_O = V_1 \qquad I_O = I_{O1} + \frac{V_2 I_{O2}}{V_O} + \frac{V_3 I_{O3}}{V_O} + \frac{V_4 I_{O4}}{V_O} + \cdots$$

对于等效一次侧模型中的负载电流，如前可得

$$I_{OR} = \frac{I_O}{n}$$

以及

$$V_{OR} = nV_O$$

这就告诉了我们一次电流、齐纳损耗、所需输入电容等参数。为了计算二次侧参数，我们需要考虑每个独立的输出。

多路输出变换器的设计过程有几个薄弱环节应加以注意，如输出端的交叉调整性能。这些问题很难从理论上和/或准确性上进行预测，边设计边实验边改进不失为一条捷径。

对于多路输出变换器，总功率分布在数个绕组中。从一次侧来看，它们看起来是一个集中负载。因此，降低变换器一次侧的功率输出虽然是有必要的，但不足以处理特定输出上的过载。例如，整个输出功率被转移至多路输出中的一路从而使其过载，而一次侧并不知道。为了符合 SELV-EL（Safety Extra-Low-Voltage Energy Limited，安全超低电压能量限制）输出，输出端允许通过多少能量也是有安全方面的考虑的。因此，对于多路输出变换器，实际上通常需要在每路输出中加上离散的电流限制。而输出端采用类似于 uA780x 系列的集成稳压器芯片时是个例外。在这种情况下，本质上认为输出是安全的

（即电流和能量有限制），无须在输出增加额外的电流限制。

一次侧漏电感问题

在图 6.8 的上半部分，在原有的反激变换器的一次侧加入了漏电感。在开关管关断的瞬间，开关管两端出现电压尖峰，而这一尖峰被齐纳二极管钳位于电压 $V_{IN}+V_Z$（以一次侧的地为参考点）。V_Z 为一次绕组两端的电压。在齐纳二极管导通的短暂时间（记作 t_Z）内，漏电感电流从 I_{PK} 降到 0，下降斜率由漏电感两端电压决定。下面计算齐纳击穿过程中消耗的能量。由于齐纳导通时漏电感电压为 V_Z-V_{OR}，对漏电感应用 $V=L\mathrm{d}I/\mathrm{d}t$，可得

$$t_Z = \frac{L_{LK} \times I_{PK}}{V_Z - V_{OR}} \quad \text{s}$$

这段时间内齐纳上消耗的能量为

$$E_Z = V \times I \times t = V_Z \times \frac{I_{PK}}{2} \times t_Z \quad \text{J}$$

式中，这段时间内通过齐纳的平均电流为 $I_{PK}/2$。简化可得

$$E_Z = \frac{1}{2} L_{LK} I_{PK}^2 \frac{V_Z}{V_Z - V_{OR}} \quad \text{J}$$

因此齐纳上消耗的功率为

$$P_Z = \frac{1}{2} L_{LK} I_{PK}^2 \frac{V_Z}{V_Z - V_{OR}} \times f \quad \text{W}$$

式中，f 为开关频率（Hz）。

齐纳消耗能量方程可以扩展为

$$E_Z = \frac{1}{2} L_{LK} I_{PK}^2 \frac{V_Z}{V_Z - V_{OR}} = \frac{1}{2} L_{LK} I_{PK}^2 \times \left[1 + \frac{V_{OR}}{V_Z - V_{OR}}\right] \quad \text{J}$$

因此假设 $(1/2) \times L_{LK} I_{PK}^2$ 为漏电感的储存能量，到目前为止还没有得到说明的一部分是

$$E = \frac{1}{2} L_{LK} I_{PK}^2 \frac{V_{OR}}{V_Z - V_{OR}} \quad \text{J}$$

其物理解释应该是，在这段时间 t_Z 内，除了漏电感 L_{LK} 中的能量，一次（磁化）电感中的一些能量也进入齐纳二极管。这是因为流入漏电感的电流也要流过磁化电感。磁化电感的端电压是$(V_{OR}+V_{IN})-V_{IN}=V_{OR}$（见图 6.8），与此相关的能量为

$$V \times I \times t = V_{OR} \times \frac{I_{PK}}{2} \times t_Z \quad \text{J}$$

代入 t_Z 简化可得

$$\frac{1}{2} L_{LK} I_{PK}^2 \frac{V_{OR}}{V_Z - V_{OR}} \quad \text{J}$$

上式便是刚才未被说明的部分，现在得到了充分解释。

我们也可以得出以下相关结论：

（1）一般必须设 $V_Z>V_{OR}$，否则齐纳二极管会变成磁化电流的首选续流路径（优先于输出路径）。如果设 $V_Z>V_{OR}$，则只有在时间 t_Z 内，齐纳二极管才是优先路径（或唯一）路径。

（2）为了使损耗最小化，我们也需设 $V_Z>>V_{OR}$，否则齐纳损耗将会以指数攀升，因为 V_Z-V_{OR} 为分母项。

（3）然而，由于开关管所需最低额定电压为 $V_{IN}+V_Z$，齐纳击穿电压太高会对整体成

本与性能造成影响，因为此时必须采用较高额定电压的 FET。较高额定电压的 FET 的开关和通态损耗通常也较高。

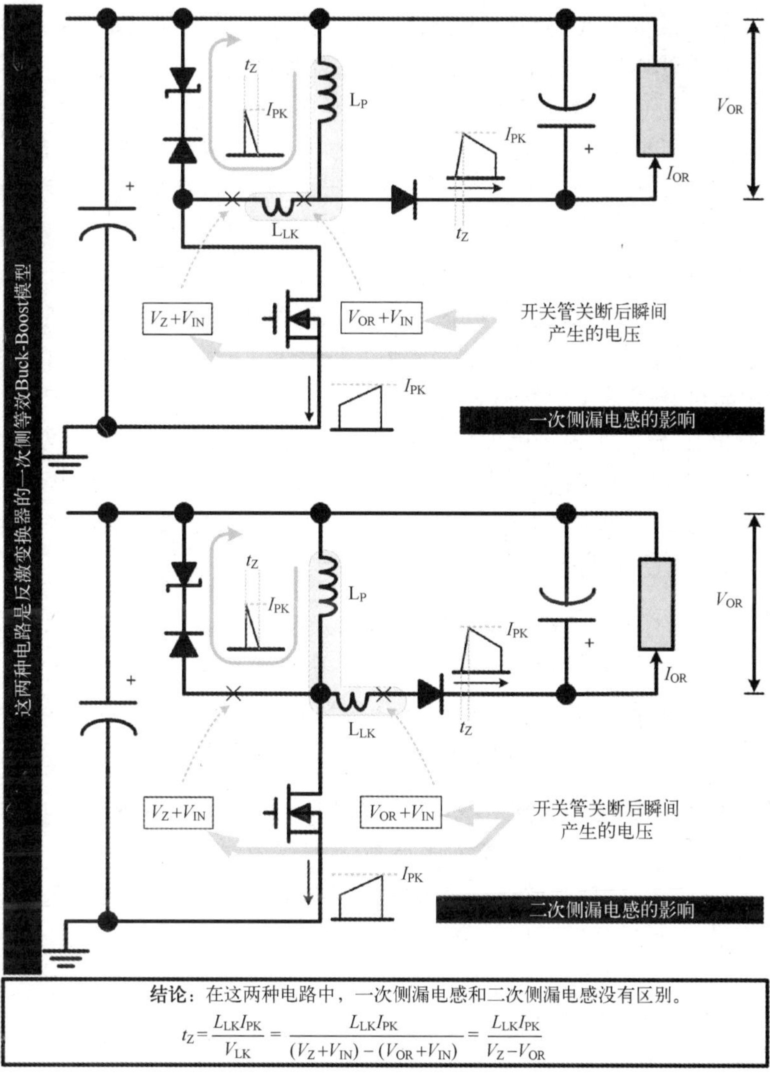

结论：在这两种电路中，一次侧漏电感和二次侧漏电感没有区别。

$$t_Z=\frac{L_{LK}I_{PK}}{V_{LK}}=\frac{L_{LK}I_{PK}}{(V_Z+V_{IN})-(V_{OR}+V_{IN})}=\frac{L_{LK}I_{PK}}{V_Z-V_{OR}}$$

图 6.8　（相同的）一次侧或二次侧漏感是等效的

（4）我们同时应注意到，齐纳二极管上的电压是通过其电流的函数。齐纳二极管并不是完美的器件（就像我们使用的其他器件），因此，齐纳二极管的钳位电平会比理论值稍高。选择 FET 电压额定值时必须留有安全裕量。

（5）V_Z 通常比 V_{OR} 高 40%～100%。对于大多数全球通用交流输入电压的离线式开关电源应用，齐纳二极管的额定电压一般为 150～200V。按照 V_{OR} 大约为 70～140V 选择匝数比，通常需要 600～700V 额定值的开关管。

（6）注意，最佳设计的商用离线式反激变换器（基于控制器 IC，适用于全球交流输入电压）使用标准的低成本 600V 外部 FET。使用更高电压等级的 FET 可以说是设计过头了。

二次侧漏电感问题

在图 6.8 的下半部分，我们在二次侧而不是一次侧放置了漏电感。这可能简单表示二次绕组导线长度和走线电感。我们注意到，漏电感两端电压及 FET 漏极电压与图 6.8 的上半部分所示一样。因此，对于等效一次侧 Buck-Boost 模型，一定的漏电感在一次侧还是二次侧其实是没有明显的区别的。齐纳二极管中的损耗仍然是用之前相同的方程表示。实际上，出于实用的目的，二次漏电感反射后表现为一次漏电感（反射值）。

但是凭直觉，二次漏电感如何与一次侧漏电感起到同样的作用呢？事实上引入二次漏电感或一次漏电感都可以得到同样的结果。例如，一次漏电感电流/能量无处可去，因其与二次绕组无磁性连接，所以它会持续流动直到下降为 0，并且迫使漏电感复位（在时间 t_Z 内）。在这段时间内，只有一次侧剩余电流能够感应至二次侧。同样的，在同样的时间 t_Z 内，如果漏电感纯粹是基于二次侧，它就立即反向，全部电流集结至二次侧。在这两种情况下，这一时间过去之前磁化电流没有可用的续流路径。所以在此期间，磁化电流再一次只流经齐纳二极管，在这过程中积聚能量。在这两种情况下，漏电感电流下降和上升的控制方程是相同的：$V=LdI/dt$。注意，一旦齐纳二极管停止导通，一次电压从钳位值 V_Z 跳回正常工作值 V_{OR}，见图 6.1。

注：时间 t_Z 期间（齐纳二极管导通时间），实际上是一次电流下降时，二次电流同时上升，因此在开关交换期间保持净安匝数不变。换句话说，二次电流不会完全被阻断直到漏电感复位，但能提供等于一半正常工作二次电流[我们知道的 $I_O/(1-D)$]的平均输出电流。这种平滑变化见图 6.8（见二次电流波形的缓慢上升沿）。

总之，可以看到，反激变换器二次电流是反射一次电流的 n 倍。因为$(1/2)\times LI^2$ 是能量，不论用什么方式来表示，它都保持不变，任何反激变换器的二次漏电感（记作 L_{LKS}）必须反射至一次侧作为等效一次漏电感，其值为 $L_{LKS}\times(n)^2$。这就保持了能量不变。正是反射二次电感表现得就像是一次漏电感。因此，之前的齐纳二极管损耗方程也能用于反射漏电感。

例 6.2 一个反激变换器，一次绕组匝数为 60，二次绕组匝数为 3。输出电压为 5V。由于绕组端子与 PCB 走线（经验值为 20nH/in），二次电感可以估算为 40nH。从一次侧开关看过去，有效漏电感是多少？如果输出改为 12V 会发生什么（V_{OR} 保持不变）？

注意

$$V_{OR}=V_O\frac{N_P}{N_S}=5\times\frac{60}{3}=100\text{ V}$$

匝数比为 60/3=20。因此反射漏电感为

$$L_{LK}=20^2\times 40=16\ 000\ \text{nH}$$

这 16μH 漏电感当然是微不足道的。注意，若 V_{OR} 保持为 100V 不变，不受输出电压影响（这是通用输入反激变换器的正常设计目标），那么 12V 输出电压所需匝数比为

$$n=\frac{N_P}{N_S}=\frac{V_{OR}}{V_O}=\frac{100}{12}=8.33$$

本例中，如果二测绕组匝数增至 5 匝，那么计算得出一次绕组匝数为 8.33×5=41.67 匝。很明显这个数值不行，因为匝数是整数（有时是一半整数）数值。因此一次侧选 42 匝。

现在得

$$V_{OR} = V_O \frac{N_P}{N_S} = 12 \times \frac{42}{5} = 100.8\ \text{V}$$

匝数比为 42/5=8.4。因此对于 12V 输出，反射漏电感为

$$L_{LK} = 8.4^2 \times 40 = 2822\ \text{nH}$$

可以看到此时反射漏电感仅为 2.8μH，即约为 5V 输出时的六分之一（忽略任何一次侧漏电感）。齐纳二极管的损耗正比于漏电感，输出从 5V 变为 12V 时也下降为六分之一。

注：之前我们说过，匝数一般为整数。这里要说明一下。电源设计者经常用半匝数来获得多路输出变换器中所需的电压，以获得良好的多路输出中心值。方法很简单，也就是使某一匝不完整，而从变压器绕组的另一方向引出。首先，这里涉及的安全问题是离线式电源一次侧和二次侧之间的间隙距离。其次，电流必须流过一个完整的回路。因此，构造半匝绕组实际上是在该绕组上引入额外的漏电感。如果能为磁化电流提供一条良好的续流路径，这是可以采用的技术。因此，半匝绕组一般不放在主要的二次绕组上。有关半匝绕组绕制方法的书很多，都很有创意，它们是从磁芯内部磁通的角度出发，采用特殊的方法在标准的 E 型磁芯柱外分支上绕制而成。然而，笔者从未在大批量商业产品中见到这种实现方式。

（1）一般来说，从开关管（一次侧）角度来看，假设 V_{OR} 恒定，不受输出电压影响（匝数比可以做出相应调整），二次漏电感值实际上反比于 V_O^2 。

（2）一个好的离线式反激变换器变压器，其一次侧测得的有效漏电感要小于一次电感的 1%～2%。否则必须对绕组布置重新进行设计（如将一次绕组分裂并插入二次绕组，构成三明治结构等）。

（3）较短的二次侧引线长度和 PCB 走线，对于实际电路制造时保证有效漏电感较低是至关重要的，特别是对于低输出电压情况下。

注：漏电感大小已经成为反激变换器有效传输电力的瓶颈。理论上，如果输出电压设得很高，反激变换器同样可以输出 600W 的功率。多年前，作者在一次侧用了多个并联 BJT，确实做了一个 60V@10A 的通用输入 AC-DC 反激变换器，效率约为 70%。诚然，在大功率应用中，反激变换器可能不是体积最小或最具成本效益的方法，但在这种情况下确实可行。

（4）注意，变压器漏电感是在将变压器所有二次绕组引脚都短时测量出来的，我们实际上没有考虑 PCB 走线的电感值，而实际工作时这个电感是出现在二次回路中的。因此，用这一方法对变压器做质量检查是可行的，但不能用于估算钳位损耗或效率。

（5）仅考虑 1～2 英寸二次线路长度的影响，反激变换器的整体效率就会比计算值减少 5%～10%，特别是在低压输出时（大 n）。

（6）无可用变压器引脚时，偶尔会采用飞线。但在主输出端一般避免使用，尤其是在低输出电压时。因为这会大幅增加漏电感（和影响交叉调节）。

（7）然而，在飞线的情况下，通过将绕组的正向和反向引线紧密地并排（或尽可能绞绕）可以显著降低引线电感。

（8）第一个输出电容（或并联电容）后面的二次侧走线长度不包括在漏电感反射分析中。这些滤波后的走线中流过的电流基本上已经接近直流，因此其电感至少从高频角度来看不会造成任何问题。

提示： 正确的漏电感测量，应该摆好变压器和变压器的位置，然后用粗导线短接二极管及输出电容，切断一次绕组的所有连接，并用 LCR 仪表测量一次绕组的电感。这可以得到一次侧有效电感 L_{LK}，并包括所有的 PCB 走线电感。走线对漏电感具有惊人的影响，大大增加了漏电感有效值，特别是对于较大的匝数比（正如低输出电压的应用）。

反激变换器优化及深入分析

我们将给出一些曲线图来帮助快速估算。但若一味纠缠于细节计算，看不到整体的话，就会舍本逐末，达不到最后优化的目的。在下面的曲线图上方都有相应的比例说明，使用缩放技术，可以得到实际应用的相当准确的估计值。

理解最优化的步骤如下。

步骤 1：V_Z/V_{OR}

如果 FET 额定值为 700V（正如 IP 开关），那么对于输入电压为 AC 270V 的情况，变换器直流输入的峰值整流值为 $270\times\sqrt{2}=382\text{V}$。FET 两端电压为 $V_{IN}+V_Z$。安全裕量设为 50V，开关管电压不能超过 650V。因此 V_Z 必须小于 650−382=268V。一般齐纳二极管有一定的基本容差，并且其钳位电压是通过电流的函数。因此，假设选用 200V 齐纳二极管。如果 V_{OR}=100V，V_Z/V_{OR}=2。如果 V_{OR}=140V，V_Z/V_{OR}=1.4。因为 V_Z/V_{OR} 决定了齐纳二极管钳位损耗，因此它非常重要。

步骤 2：齐纳二极管损耗

在图 6.9 中可以看到，如果开关频率为 100kHz，关断之前的开关管峰值电流为 1A，那么 V_Z/V_{OR}=1.4 时的损耗比 V_Z/V_{OR}=2 时的几乎提高了 80%。低电网电压情况下，齐纳损耗占整个开关内部能量损耗的 20%～50%，可以想象，若增加 V_{OR} 而没有保持 V_Z/V_{OR} 足够大，那么变换器整体效率就会大幅降低。

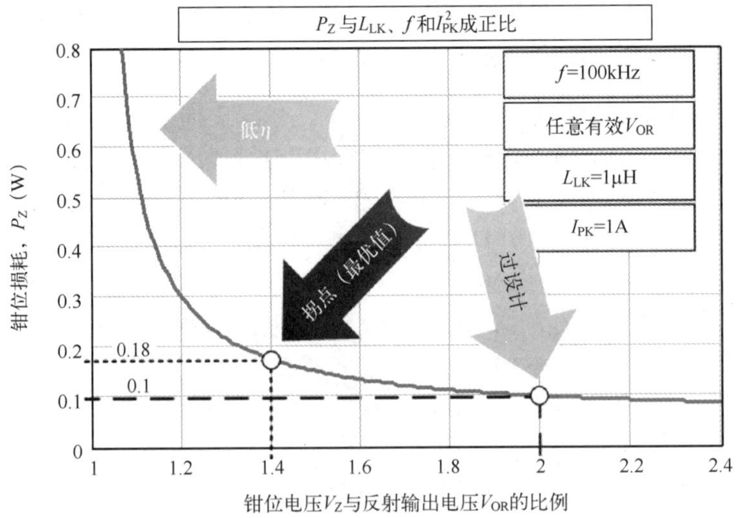

图 6.9　齐纳损耗与 V_Z/V_{OR} 的关系

注意，齐纳损耗方程可以写成

$$P_Z = \frac{1}{2} L_{LK} I_{PK}^2 \frac{\text{Vratio}_{\text{CLAMP}}}{\text{Vratio}_{\text{CLAMP}} - 1} \times f \quad \text{W}$$

其中

$$\text{Vratio}_{\text{CLAMP}} = \frac{\text{V}_{\text{CLAMP}}}{\text{V}_{\text{OR}}} \equiv \frac{V_Z}{V_{OR}}$$

上式写成一种更通用的表达式，以表明钳位电路可以用齐纳二极管或 RCD（电阻电容二极管）型电路，损耗方程相同。显然，为了确保基本工作，$V\text{ratio}_{\text{CLAMP}}$ 必须至少要大于 1（否则钳位电路成为首选输出了！）。

新一代 IP 开关产品频率高达 130kHz，早期产品只有 100kHz。而且新一代产品的 V_Z/V_{OR} 官方推荐值约为 180V/135V=1.33V。V_Z/V_{OR} 降低会大幅增加损耗。另外，开关频率升高还会使齐纳损耗增加 30%，因为与 100kHz 频率相比，每秒钟发生的齐纳击穿次数增加了。

步骤 3：占空比

如图 6.10 所示，根据不同的输入交流电压曲线可以读出相应的占空比。如输入电压为 AC 90V，V_{OR} 为 100V 时占空比为 0.44，但 V_{OR} 为 140V 时增至 0.525。

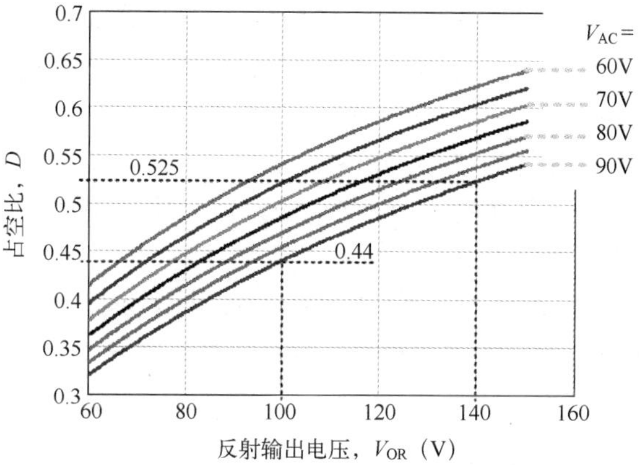

图 6.10　占空比与 V_{OR} 的关系

步骤 4：峰值电流

一次电流斜坡中心值 I_{COR}（一次侧等效 Buck-Boost 的平均电感电流）为（忽略损耗）

$$I_{COR} = \frac{I_{OR}}{1-D}$$

变压器为“最佳”设计（r=0.4）时，一般在 I_{COR} 基础上增加 20%得到（开关管、电感和二极管的）峰值电流。因此

$$I_{PK} = \frac{1.2 \times I_{OR}}{1-D}$$

为了计算变换器内部损耗，一般在此理想峰值估算结果上再增加 20%。最好的选择是使用非理想占空比方程：

$$D = \frac{V_{OR}}{V_{OR} + \eta V_{IN}}$$

式中，η为实际效率。这一方程在第 2 章的非理想情况的占空比方程（见图 2.13）中已经讨论过了。

在图 6.11 中，我们可以读取 AC 90V 处，100W 负载的峰值电流（假设效率为 100%）。当 V_{OR}=100V 时峰值为 2.15A，但 V_{OR}=140V 时降为 1.8A。图 6.11 中其他曲线显示了，如果输入崩塌，电流能够达到的瞬时峰值（假设控制器的 D_{MAX} 限制到达之前没有电流限制）。

峰值电流的这一降低是真实的，也是为什么新一代 IP 开关的正常工作占空比（在 AC 90V）和 D_{MAX} 的推荐值都设得更高的直接原因。

稳态峰值电流较低的物理原因是，设定较高的 V_{OR} 之后可得较高的稳态 D。另外，输入功率基本是恒定的，即

$$P_{IN} = I_{IN} \times V_{IN} = (I_{COR} \times D) \times V_{IN}$$

式中，I_{COR} 为一次电流斜坡中心。可以看到对于给定输入 V_{IN}，括号内的项必须保持不变。因此如果 D 增大，一次侧（反射）电流斜坡中心值 I_{COR} 必须随着峰值减小。

然而由方程

$$I_{PK} = \frac{1.2 \times I_{OR}}{1-D}$$

可知，增大 D 似乎会引起 I_{PK} 增大，而非减小。因此从数学上来讲，为什么 V_{OR} 更大而峰值电流却更小呢（对应于更高的 D）？首先要理解，如果增大 V_{OR}，这是一次侧输出的中间值，要想使最终输出不变，需要增大匝数比 $n=N_P/N_S$（降低 N_S）。这与 I_{OR} 有什么关系？$I_{OR}=I_O/n$。如果 n 增大，对于相同的 I_O，可以看到 I_{OR} 减小。因此，即使改变 V_{OR} 时 D 增大，I_{OR} 的减小超过了分母的减小量。V_{OR} 设得较大时，I_{PK} 减小而非增大。

然而，即使设定了 V_{OR} 与确定的 n 值，如果由于输入突然减小而引起占空比瞬时变大，那么 I_{PK} 也会增大，可参见图 6.11。

这些都是反激变换器与简单的正激 Buck-Boost 在视觉与直观上的不同之处。因为匝数比是反激变换器的附加自由度，而 Buck-Boost 没有。它会显著改变我们的分析方法。

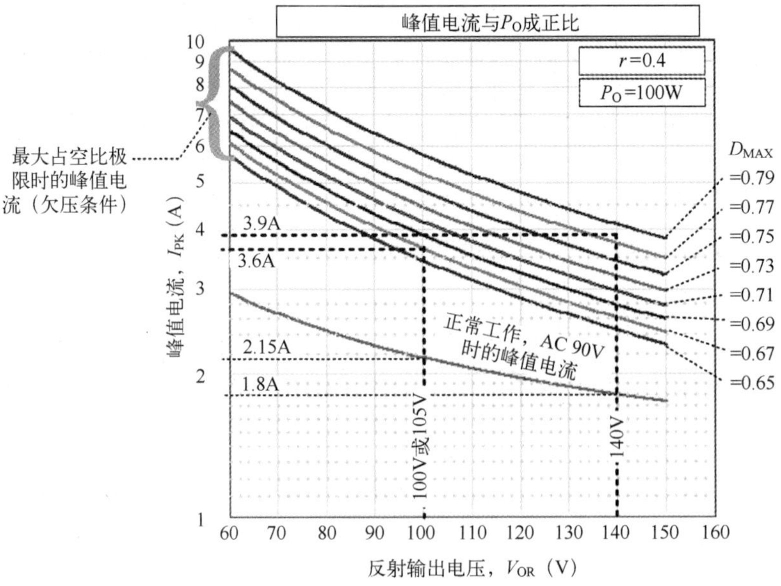

图 6.11　峰值电流与 V_{OR} 的关系

因此，增大 V_{OR} 当然有助于降低 I_{PK}，可能允许更高的工作占空比与最大占空比，也用于推荐更高的 V_{OR}（如果没有在评估板实施过，至少在论文里实现过）。不幸的是，尽管峰值电流下降了，但齐纳损耗上升得更快。这归因于高 V_{OR} 时的高 D（反激占空比方程可以明显看到）。结果是，依赖于 V_Z-V_{OR} 的齐纳损耗大幅上升，完全抵消了高 V_{OR} 时峰值电流降低带来的效率改进。是的，如果增大 V_{OR} 的同时也能增大 V_Z，那么可以防止 V_Z-V_{OR} 变小。但是对于相同的最大开关管额定值，不可以盲目地增大 V_{OR}。这是“改进型”IP 开关的最后一课。

现在举例说明如何使用目前给出的曲线，对于更一般的情况来找出齐纳损耗。

例 6.3　通用输入反激变换器，一次绕组为 60 匝，二次绕组为 3 匝，输出为 5V、2A，效率为 69%，开关频率为 130kHz。从开关管（一次）侧看，等效（集中）漏感为 40μH 时，齐纳损耗是多少？

最高的损耗发生在 AC 90V（峰值电流最大）时，即输入交流电压最低时。设 V_{OR}=100V（即输出为 5V 时匝数比 N_P/N_S 设为 20）。之前的讨论中假设效率为 100%。现在用以下方法来设定。此处输出功率为 10W，现提高为 P_O/η=10/0.69=14.5W，变成了效率为 100%时的等效负载功率。图 6.9 中涉及 I_{PK}，因此应首先根据图 6.11 计算出峰值电流。已知 100W 时，峰值电流为 2.15A。将电流乘以功率缩放比例，可得

$$I_{PK} = 2.15 \times \frac{14.5}{100} = 0.31\text{ A}$$

设齐纳为 200V，由图 6.9 可得齐纳损耗为 0.1W 时的条件为：V_{OR}=100V，漏感为 1μH，频率为 100kHz。因此本例中的齐纳损耗为（运用缩放技术）

$$P_Z = 0.1\text{ W} \times \frac{130\text{ kHz}}{100\text{ kHz}} \times \left(\frac{0.31\text{ A}}{1\text{ A}}\right)^2 \times \frac{40\ \mu\text{H}}{1\ \mu\text{H}} = 0.5\text{ W}$$

可以看到，齐纳损耗占到总的 4.5W 损耗的 0.5/4.5=11%。设定较高的 V_{OR}（较低的齐纳钳位电压）会使齐纳损耗增大超过 1W（>22%）。

注： 在实际的基准测量时我们通常会看到，流入齐纳的峰值电流只有 I_{PK} 的 70%～80%，I_{PK} 是流经一次绕组的峰值电流计算值。原因是变压器模型不会考虑细微的影响因素。有部分电感电流会在关断续流之前流入变压器和开关管的寄生电容。这通常会导致齐纳损耗比上述计算值减少一半左右。但对于这方面的影响，并没有闭式方程可以套用。因此，实际上会建议工程师在齐纳通道上放置电流探头来观察流入齐纳的峰值电流。否则可能会显著高估齐纳二极管的尺寸（和成本）（除了低估效率之外）。这是过于保守导致的罕见错误之一，也可参见图 16.2。

RCD 钳位

对于较高的输出电流，齐纳损耗将变得几乎无法忍受。可以用电阻——电容——二极管（RCD）钳位电路来提高效率。RCD 钳位的优点是低输入电压时（以效率为目的），钳位电压会自动升高，但高输入电压时，由于漏电感（较低的 I_{PK}）中储存的能量较小，钳位电压下降，由此所需 FET 额定电压不受影响。见第 16 章“RCD 钳位设计”的图 16.2。

过载或其他瞬态情况下，RCD 中的电容（C）会突然过充。因此要么增大 C（减小尖峰），或者将齐纳钳位与 RCD 钳位并联。整个输入范围内齐纳钳位电压必须高于稳态时

的 RCD 钳位电压，并且要确保 RCD 是正常工作条件下唯一有效的钳位方式。齐纳钳位只是提供可靠性保障。

任何的 RCD 钳位设计在稳定状态下最终都与 C 无关。平均钳位电压仅由 R 决定，C 仅影响平均值附近的电压纹波。因此 R 是关键，C 的影响小得多。设置 R 值大小的最好方法是通过实验，在最高输入电压（即 AC 270V）且负载最大时，设定足够大的 R 值以确保 FET 的漏-源电压比额定值稍低。这便能使 RCD 钳位达到最优化，效率最高。

对于一般的 75W 通用输入电源，C 通常为 22nF，这是因为我们不希望过载时它的充电速度快过保护电路的反应。注意，一些工程师在这一关键的可靠性元件上用小尺寸来“省”钱。这并不推荐。还要仔细检查在高输入电压和低输入电压发生短路和过载时的 FET 降额裕量。这是 R 确定后选择 C 的方法。

步骤 5：保持时间

AC 90V 时，若 V_{OR}=100V 时，占空比为 0.44；若 V_{OR}=140V，占空比为 0.525。那么为什么要设定控制 IC 的最大占空比远高于正常工作值呢？主要原因是我们希望得到一定的保持时间，具体解释见第 5 章。由于输入大电容两端的电压降低时，占空比增大。而变换器必须在指定的保持时间内持续工作，输出不能改变。显然，保持时间的长短与输入电容的大小有关。如果 C_{IN} 很大，就能将电压保持得更长，占空比也不会很大（或者达到占空比极限）。它还与输出功率有关，因为较高的输出功率会更快地抽空输入电容。这种通用交流输入电源，比较经济的常见电容选择是 3μF/W。

详细的分析和计算见第 5 章。此处只需记住：

（1）保持时间的测量应从最坏情况的瞬时电压开始，即正常工作时交流电压波形与电容下降曲线的交点。

（2）对于所谓的“10ms 保持时间的要求”，整流桥导通时间约为 2ms，因此实际的保持时间不是 10ms，而是 10−2=8ms。

（3）我们需要考虑电容器的容差，以及使用寿命期内的电容平稳降低，因此需要选用的电容额定值应比基于保持时间计算出来的高 20%～40%。

（4）同时，为了确保占空比不是永远处于最大，见图 2.13，记住，占空比最精确的估算为

$$D = \frac{V_{OR}}{V_{OR} + \eta V_{IN}}$$

其他相关的思考：

（1）新一代 IP 开关的最高占空比不仅能达到最大占空比，也能实现更高的标称（稳态）占空比（由此 V_{OR} 更高）。这可能是降低输入峰值电流的关键（但花费巨大，正如之前所学到的）。

（2）实际上在实践中与之前所讲的正好相反，较低的 V_{OR}，而非较高的 V_{OR}，也能有助于减小输入电容器的尺寸。这是因为，例如，AC 90V 时，V_{OR}=100V 的稳态占空比为 0.44，V_{OR}=140V 的稳态占空比为 0.525。因此，更低的 V_{OR} 允许占空比变化幅度（调整空间）更大，由此允许在丢失的半周期内出现更高的输入电压摆幅。换句话说，这个调整空间比起 D 与 D_{MAX} 的绝对值更重要。它允许在满足保持时间要求的基础上减小输入电容。

（3）对这个问题，我们可以反过来问：如果我们不想承担增大输入电容带来的额外费

用（超过了由 V_{OR}=100V 和 D_{MAX}=0.67 确定的值），也不想牺牲保持时间，但仍然想提高 V_{OR} 至 130V（出于任何原因），如果可以实现，最好的方法是什么？由图 6.12 可知这是可以实现的，但需要 D_{MAX}≈72.5%。不幸的是，我们注意到 IP 开关的 D_{MAX} 不在这一看起来更优化的 0.725 左右，而是 0.78。我们会问：至少这能有助于进一步减小输入电容吧？实际上确实可以，因为有更多的调整空间来减小输入电容，但并没有我们希望的那么多。由图 6.12 可以看到，在 D_{MAX} 较高区域，所有 V_{OR} 曲线都相当接近。

（4）由图 6.12 可以看到，保持时间约为 10ms（从正常工作时的大电容纹波电压的最低点开始测量，如第 5 章）。

（5）图 6.12 中，V_{OR}=140V，D_{MAX}=0.78 时，可得所需的 2.75μF/W，正好与用上一代 IP 开关时 V_{OR}=100V 的 μF/W 相同。那么我们在新一代 IP 开关上究竟获得（或是损失）了什么？什么都没有！实际发生的情况是：对于给定的 D_{MAX}，降低 AC 90V 时的稳态（标称）D 有助于减小输入电容。另外，对于给定的稳态 D，即 V_{OR} 不变，增大 D_{MAX}，也有助于减小输入电容。这两种情况的调整空间都增大了，允许输入变化更大。但如果同时增大 V_{OR}（即增大 D）与 V_{OR}，输入电容没有任何减小，因为调整空间几乎保持不变。这就是即使采用 IP 开关的专家系统软件，新一代与上一代 IP 开关比较之下，输入电容的尺寸也没有明显改进的原因之一。

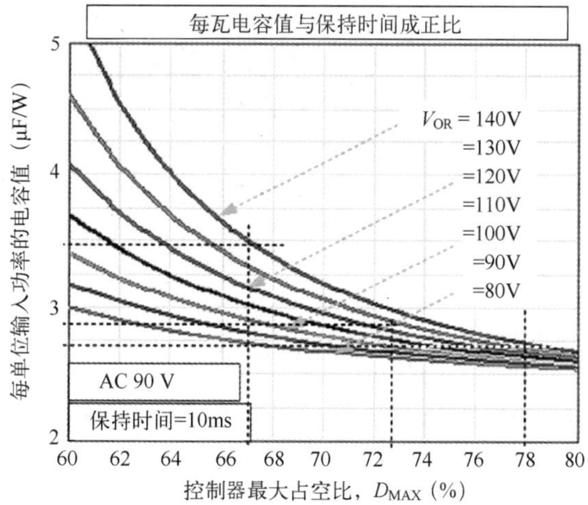

图 6.12　保持时间设计的快速估算

步骤 6：电感/变压器能量

由图 6.12 可见，例如当 D_{MAX}=0.67、V_{OR}=80V 时与 D_{MAX}=0.78、V_{OR}=140V 时的输入电容相同（考虑保持时间）。那么这两个选择，哪个更好？设计时最需考虑的到底是什么？

回到图 6.11 的 D_{MAX} 曲线。图中给出了 100W 负载时变换器峰值电流瞬时值。让我们用厂家推荐的 IP 开关具体数值来进行比较，即第一代（D_{MAX}=0.67）的 V_{OR}=100V，第二代（D_{MAX}=0.78）的 V_{OR}=140V。AC 90V 时占空比从正常工作值逐渐加大至 D_{MAX}，结论如下：

- 对于上一代 IP 开关，其电流峰值变化范围为 2.15～3.6A。

- 对于新一代元件，变化范围从 1.8A（看起来很好）到 3.9A（怎么回事？）。

我们知道，变压器的物理尺寸与其最大储存能量$(1/2)\times L\times I_{PK}^2$相关，所以峰值电流翻倍时，磁芯要增大为原来的 4 倍。因此，只在 AC 90V 稳定工作的基础上计算（忽略保持时间），V_{OR}=140V 时的电感尺寸比 V_{OR}=100V 时的确实缩小了$(2.15^2-1.8^2)/2.15^2$=30%。然而同时还注意到，由于

$$L=\frac{V_{OR}}{I_{OR}\times r\times f}(1-D)^2\times 10^6\quad \mu H$$

并且 $P_O=V_{OR}\times I_{OR}$，$D=V_{OR}/(V_{IN}+V_{OR})$，绘出如图 6.13 所示的曲线。可以看到，对于较高的 V_{OR}，即使电感的尺寸已经减小，但所需的电感量增大。通常这会需要更多的匝数，因此铜损更高，而非降低。

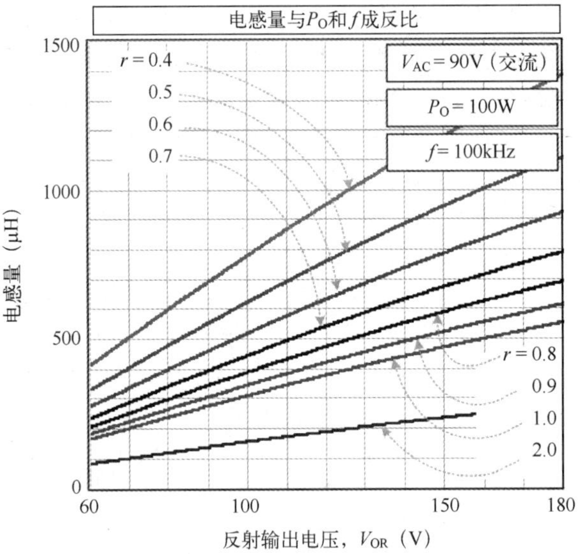

图 6.13　电感量选择

但是当输入电压降低（如在保持时间内降低）而使占空比较高时会发生什么？对于较低的 V_{OR}，峰值电流仅上升至 3.6A（达到保持时间要求时）；而对于较高的 V_{OR}，峰值电流可达 3.9A（虽然电容值 2.75μF/W 略小于 2.9μF/W）。因此，实际上对于更高的 V_{OR}，需要增大$(3.9^2-3.6^2)/3.6^2$=17%的磁芯尺寸。在增大 V_{OR} 的过程中电容量从 2.9μF/W 到 2.75μF/W 减小了 5%（假设效率不变），但现在磁芯需要增大 17%。虽然 D_{MAX} 还是保持在 72.5%，且 V_{OR}=130V，对比于 V_{OR}=100V、D_{MAX}=67%的情况，峰值电流实际上是减小的。（这就是反激变换器设计优化时的复杂性。）

总结，新一代 IP 开关的最大占空比增大了。最大占空比设定为 72.5%时效率更高。

我们将上述关系绘制成图 6.14。可以看到，针对输出功率为 100W 及一次电感为 1μH，磁芯储能的变化（占空比从 D 到 D_{MAX}），当 V_{OR}=100V（D_{MAX}=0.67）时为 4.3μJ，但 V_{OR}=140V（D_{MAX}=0.78）时为 6μJ。因此，尽管正常稳态工作的磁芯储能在 V_{OR} 较高（D 较大）时可能更少（考虑到峰值电流较低），但是当工作于 D_{MAX} 时，瞬变过程需要的峰值能量可能足够大到使任何所谓的“优点”失色。

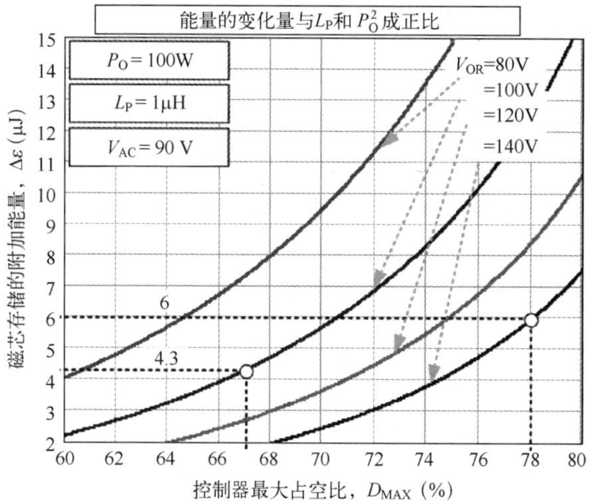

图 6.14　磁芯能量

我们现在清楚在试图优化反激变换器时推理该如何进行。最终的选择还是取决于标准元件可用值中的突破点。例如，如果输入电容用 2.75μF/W 代替 2.9μF/W，在实际应用层面上这可能毫无意义，除非我们最终选用同样最近的标准值。在这种情况下，我们不妨尝试优化其他参数和元件值。

损耗估算（图形法）

这里给出了一阶迭代计算过程，否则会需要更复杂的数学仿真文件。

例 6.4　一个反激变换器，一次绕组为 60 匝，二次绕组为 3 匝，输出电压为 5V，负载为 20A（P_O=100W，V_{OR} =100V），AC 90V 时的损耗为多少（V_{IN}=90×$\sqrt{2}$ =127V）？

设效率为 100%。由图 6.11 可知，这样的条件下，峰值电流为 2.15A。这里设 r = 0.4。开关管斜坡的中心值为 2.15/1.2=1.79A。由图 6.10 可知 D=0.44，平均输入电流为 1.79×0.44=0.79A。由于匝数比为 20，1.79A 的中心值反射到二次侧为 1.79A×20=35.8A。因此，流过二极管的平均电流为 35.8×(1−0.44)=20A。假设开关管为 FET，1A 时正向压降为 10V，其 R_{DS} 为

$$R_{DS} = \frac{10\ \text{V}}{1\ \text{A}} = 10\ \Omega$$

导通时开关压降为

$$V_{SW} = 10\ \Omega \times 1.79\ \text{A} = 17.9\ \text{V}$$

FET 损耗为

$$P_{SW} = 1.79\ \text{A}^2 \times 10\ \Omega \times 0.44 = 14.1\ \text{W}$$

二极管损耗为

$$P_D = V_D \times I_{D\_AVG} = V_D \times I_O = 0.6 \times 20 = 12\ \text{W}$$

因此，由于开关管和二极管压降带来的总的损耗为 26W。输入功率不是 100W，而是 126W，增加了 26%。这里忽略了齐纳损耗和其他寄生损耗。但是基于新的假设，我们可以很快重新计算出主要参数。例如，开关管电流峰值实际为

$$I_{PK} = 126\% \times 1.79 = 2.25\ \text{A}$$

将简单的数学计算应用于开关管导通时的等效一次侧 Buck-Boost 模型，以及开关管关断

时的等效二次侧 Buck-Boost 模型，就可以将一次侧和二次侧的电阻包含到算式里，从而得到更精确的反激变换器的损耗估算值，由此可得表 6.1。

注意，占空比较高（即 V_{IN} 较低和或 V_{OR} 较高）时，输出电容器的损耗将急剧上升。事实上，V_{OR} 从 100V 上升至 130V 时，输出电容器的发热（和温度）会升高 25%以上。

还需注意，输入电容器的损耗与 $D/(1-D)$有关，因此与输出电容器有关的结论一般也适用于输入电容器。但是，V_{OR} 增大时它降低输入电流有效值的能力大于 $D/(1-D)$试图增大该值的能力。因此在这种情况中，高 V_{OR} 是有帮助的。

表 6.1 中的方程是以很小的电流纹波率 r 为前提的。更多的关于平顶近似法，以及这种近似法在什么情况下会产生更大的误差，什么情况下不会，详见第 2 章。我们需要更精确的方程，特别是对电容器，详见第 2 章。

输入电容器的电流有效值为

$$I_{CIN\_RMS} = \frac{P_O}{V_{OR}} \times \sqrt{\frac{D}{1-D}}$$

输出电容器的电流有效值为

$$I_{COUT\_RMS} = \frac{P_O}{V_O} \times \sqrt{\frac{D}{1-D}}$$

显然，如果匝数比为 1，或者这是 DC-DC Buck-Boost 变换器（带有简单的电感），那么输入和输出电流有效值是相同的。这是很有趣的巧合。

在图 6.15 中，我们给出了基于 IP 开关的计算范例，并给出了变换器选择参数。假设电感很大（可以用平顶近似法）。可以看到，齐纳损耗是损耗（包括开关管和二极管）的主要部分。另外，正如我们所预料的，它随着 V_{OR} 的增大而急剧上升。图 6.16 中给出了不同负载条件下的效率曲线。由于齐纳损耗项，出于效率的考虑，理想的 V_{OR} 应为 110～115V。图 6.15 中齐纳损耗曲线上的“钟形”凹面明显对应于图 6.16 中效率曲线上的“钟形”凸面。原因是，在 V_{OR} 增大的过程中峰值电流下降，所以 V_{OR} 增大至某一点时可以获得很大好处。但过了这一点之后，由于齐纳损耗方程中的 $V_Z/(V_Z-V_{OR})$项，齐纳损耗再次上升。

表 6.1　反激变换器内部损耗估算

反激变换器损耗项	
$D = \dfrac{V_{OR} + \left(\frac{V_{OR}}{V_O}\right)V_D + \left(\frac{V_{OR}}{V_O}\right)\left(1+\frac{V_{OR}}{V_{IN}}\right)\frac{P_O}{V_O}R_{SEC}}{V_{IN} + V_{OR} + \left(\frac{V_{OR}}{V_O}\right)V_D - R_{DS}\left(1+\frac{V_{OR}}{V_{IN}}\right)\left(\frac{P_O}{V_{OR}}\right) + \left(\frac{V_{OR}}{V_O}\right)\left(1+\frac{V_{OR}}{V_{IN}}\right)\frac{P_O}{V_O}R_{SEC} - \left(\frac{V_O}{V_{OR}}\right)\left(1+\frac{V_{OR}}{V_{IN}}\right)\frac{P_O}{V_O}R_{PRI}}$	
一次侧/开关管的电流峰值	$I_{PK} = \dfrac{1.2\times(P_O/V_{OR})}{1-D}$
一次绕组的损耗	$P_{PRI} = \left(\dfrac{P_O/V_{OR}}{1-D}\right)^2 \times R_{PRI} \times D$
二次绕组的损耗	$P_{SEC} = \dfrac{(P_O/V_O)^2 \times R_{SEC}}{1-D}$
齐纳钳位的损耗	$P_Z = \dfrac{1}{2}\times I_{PK}^2 \times \dfrac{V_Z}{V_Z - V_{OR}} \times f \times L_{LK} \times 10^{-6}$
开关管的损耗（开关损耗）	$P_{CROSS} = \left(\dfrac{P_O}{V_{OR}}\right) \times V_{IN} \times t_{CROSS} \times f$

续表

反激变换器损耗项	
开关管的损耗（通态损耗）	$P_{SW\_COND}=\left[\dfrac{P_O}{V_{OR}(1-D)}\right]^2\times R_{DS}\times D$
二极管的损耗	$P_D=\left(\dfrac{P_O}{V_O}\right)\times V_D$
输出电容器的损耗	$P_{COUT}=\left(\dfrac{P_O}{V_O}\right)^2\times\dfrac{D}{1-D}\times ESR_{COUT}$
输入电容器的损耗	$P_{CIN}=\left(\dfrac{P_O}{V_{OR}}\right)^2\times\dfrac{D}{1-D}\times ESR_{CIN}$
R_{PRI} 是一次绕组的电阻； R_{SRC} 是二次绕组的电阻； ESR_{CIN} 是输入电容器的等效串联电阻； ESR_{COUT} 是输出电容器的等效串联电阻； L_{LK} 是从开关管侧来看的总等效漏感，单位为 μH	

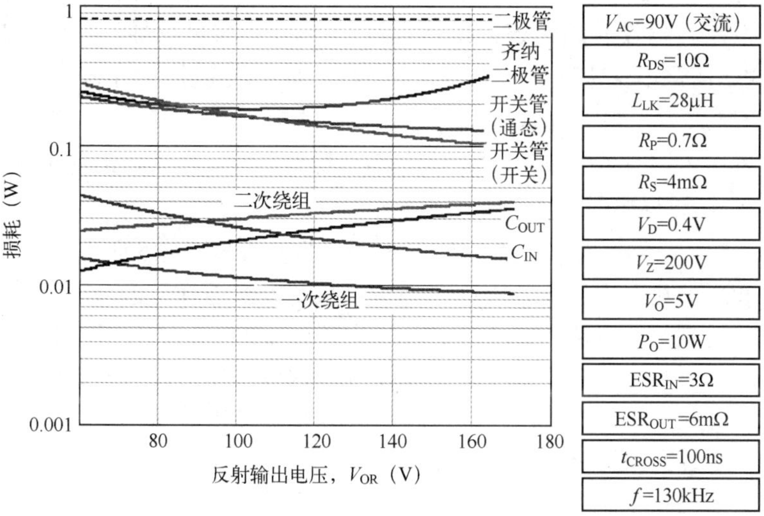

图 6.15　不同 V_{OR} 的损耗计算范例

注意正确计算开关管和采样电阻的损耗

例 6.4 中我们用了简化方程（平顶近似法）来计算开关管损耗。但除此之外，还有一个微妙的假设。回想一下，计算步骤为

$$R_{DS}=\frac{10\ \text{V}}{1\ \text{A}}=10\ \Omega$$

$$V_{SW}=10\ \Omega\times1.79\ \text{A}=17.9\ \text{V}$$

$$P_{SW}=1.79\ \text{A}^2\times10\ \Omega\times0.44=14.1\ \text{W}$$

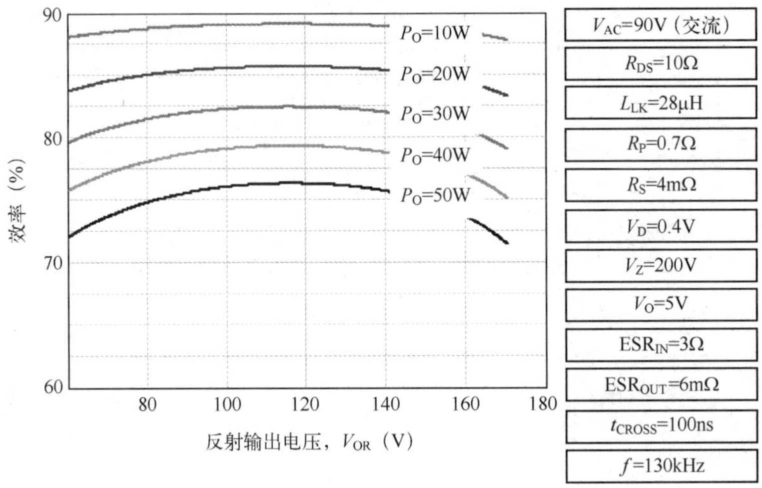

图 6.16　不同 V_{OR} 的效率计算范例

因此，可得一次电流 I_{COR}（斜坡中心）值（1.79A），然后得到导通期间 FET 的（平均）压降（17.9V），但没有用到该值。将 I_{COR}^2 与 R_{DS} 相乘可得导通期间的损耗（通态损耗）。接着将这个值乘以占空比（0.44）得到平均损耗。实际上我们用的是

$$P_{SW} = \overline{I_{COR}^2 \times R_{DS}} = I_{COR}^2 \times R_{DS} \times D \equiv P_{SW\_ON} \times D$$

我们也可以用电流有效值乘以 R_{DS} 的方式。在平顶近似法中，I_{COR} 平顶近似的有效值为 $I_{COR}\times\sqrt{D}$。因此可以用

$$P_{SW} = I_{RMS}^2 \times R_{DS} = \left(I_{COR} \times \sqrt{D}\right)^2 \times R_{DS} = I_{COR}^2 \times R_{DS} \times D$$

这给出了和之前相同的结果。因此我们可以从两方面进行考虑：

（1）计算导通期间的电流有效值（这与平顶近似中的 I_{COR} 相等），然后用 R_{DS} 可得导通期间的损耗，最后将导通期间的损耗在整个周期内取平均值，得到最终的损耗。

（2）首先计算整个周期内的电流有效值（平顶近似法中的 $I_{COR}\times\sqrt{D}$），然后将全周期电流有效值乘以 R_{DS} 得到整个周期的损耗。

类似的，对于采样电阻可得

$$P_{RSENSE} = I_{COR}^2 \times R_{SENSE} \times D$$

例 6.4 中没有包含这一项，是因为 IP 开关含有 R_{DS} 采样（没有外接采样电阻）。

另一种实现前面计算的“方法”（实际上是一个陷阱）如下所述。

（3）计算导通期间 FET（或采样电阻）两端压降：

$$V_{SW\_ON} = I_{COR} \times R_{DS}$$

然后找出整个周期内 FET 上的平均压降：

$$V_{SW\_AVG} = I_{COR} \times R_{DS} \times D$$

再计算导通期间开关上的平均电流：

$$I_{SW\_AVG} = I_{COR} \times D$$

最后将两个平均值相乘得到平均损耗

$$P_{SW} = V_{SW\_AVG} \times I_{SW\_AVG} = (I_{COR} \times R_{DS} \times D)\times(I_{COR} \times D)$$
$$= I_{COR}^2 \times R_{DS} \times D^2 \qquad （错误）$$

这一方法低估了开关管损耗和采样损耗（几乎一半）。特别是不要对 FET 开关管使用

这种平均压降的方法！

使用 600V 开关管的实际反激变换器的设计

截止到目前，一切指标均表明，如果简单地升高 V_{OR} 会导致某些性能降低，成本也没有显著下降。正如之前所提到的，大多数设计良好的商用反激变换器只用 600V FET。要实现这一设计，V_{OR} 设得更低（约为 70V），并且 FET 和每个单独的输出都设有有效的电流限制，以避免故障时的过电压。正确实施输入前馈也是有必要的（后面会讨论）。用 RCD 钳位代替齐纳二极管有助于优化效率。输入为 AC 270V 时漏-源电压一般为 450V，漏电感产生的电压尖峰达到 50V。这代表 85%的降额。在过载和启动时输出短路的情况下，漏-源电压不超过 585V。

这种 5V 输出的电源一般设定匝数比约为 12～14。这时的 V_{OR}≈70V。实际的匝数一般为 85T：6T 或 60T：5T（此处 T 代表匝数）。二次绕组到底选用 5T 还是 6T，很大程度上与“另一个”二次侧输出有关。例如，如果这个二次侧输出是 12V，并有串联稳压器（后级线性稳压器），则 5V 输出的（主）二次侧将用 6T。假设 5V 输出的二次侧电路中肖特基二极管和绕组电阻的压降为 1V，可得变压器每匝的实际电压是 1V。对于 12V 绕组，可以用 15.5 匝绕组来获得 15.5V。如果输出端采用超快速低压降二极管（例如，FEP6DT 系列中的 FEP6AT），这里也可以假设 1V 的压降，那么在 12V 串联稳压器的输入端可得 14.5V。然后用成本效益更高、更通用的类似 MTP3055 的 FET 来做成串联稳压器，可将电压降至 12V（12V 输出时电流可达 2～3A）。因为交叉调整的限制，串联稳压器具有 2.5V 的调整空间是有必要的。例如，如果 5V 输出的负载是最轻时，变换器的占空比会非常低，因为一般只有 5V 输出是由 PWM 调节的。这就是所谓的饥饿状态，因为这正是它所做的：由于伏秒数不足并趋于下降，同一个变压器的其他绕组会处于饥饿状态。因此，必须在 12V 串联稳压器上预留一定的调整空间。有时对于 12V 绕组必须增至 16T。另外，如果 5V 输出的最小负载为 0，还需要在 5V 输出端增加假负载（在电源内部），以保证绕组伏秒数不低于最小值。

注：有时为了取消串联调节 FET，我们可以使用两点采样技术，即通过上拉电阻将这两路输出同时采样到 LM431，但是其中一路的权重比另一路的高许多。该技术稍微牺牲了主输出，以补偿其他输出端。

较高的 V_{OR} 如何影响输出二极管额定值

输出二极管的最小电压等级为（替代形式）

$$V_{D\_rating}=V_O+V_{INR}=V_O+\frac{V_{IN}}{n}=V_O+\frac{V_{IN}}{V_{OR}/V_O}=V_O\times\left(1+\frac{V_{IN}}{V_{OR}}\right)$$

我们要在 V_{INMAX} 时检验这一方程。可以看到，如果 V_{OR}=100V，对于 12V 输出，可以用 60V 的肖特基二极管。但是使用了 60V 二极管后为了使输出达到 15V，需将 V_{OR} 提升至 140V。

一个必然的结果是，使用 600V 开关管，因其要求 V_{OR} 必须被设置得较低，常见的 60V 肖特基二极管将无法应用于 12V 或-12V 输出。

脉冲跳跃和假负载

负载较轻时可能会达到控制器的最小占空比。然后，控制器的典型反应是随机地跳过周期（除非专门设计一种预定义的方式，例如脉冲跳跃模式，来处理这种情况）。这种情况发生的原因是，即使是在一个（最小）脉冲宽度内，被注入变换器的能量超过了输出功率的需求。随后误差放大器基本上以几乎随机的滞环（bang-bang）模式工作，导致输出电压纹波增加，瞬态响应也变差。假设我们想避免这种行为。不幸的是，特别是在电流模式控制时，一般需要大约为 50～150ns 的一定消隐时间来避免噪声引起的抖动。实际上这对于最小占空比来说，时间太长了，特别是在更高的开关频率下。一种确实有效的避免这种随机跳跃/伪滞环模式的方法是，在变换器输出端保持一定的最小外接负载，即假负载。

首先要问的问题是：当输入电压提高时，变换器在哪一点进入不连续导电模式？不连续导电模式的占空比为（见第 4 章）

$$D = \frac{\sqrt{2 \times P_O \times L \times f}}{V_{IN} \times 10^3}$$

式中，L 的单位为 μH，f 的单位为 Hz，P_O 的单位为 W。还可以通过占空比方程来表示连续和不连续导电模式，这一转变发生在以下输入电压时：

$$V_{IN\_CRIT} = V_{OR} \times \left[\sqrt{\frac{1}{\gamma^2} + \frac{1}{\gamma}} + \frac{1}{\gamma} \right]$$

其中

$$\gamma = \frac{V_{OR}^2 \times 10^6}{2 \times P_O \times f \times L} - 1$$

注意，此处 L 的单位为μH。在图 6.17 中，我们给出了快速设计曲线。

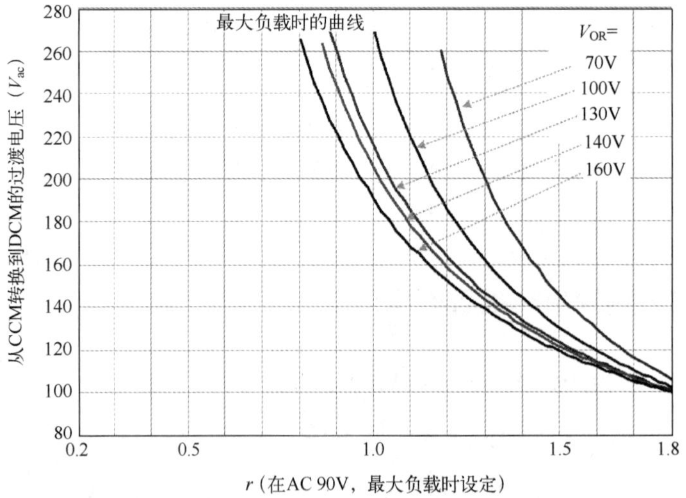

图 6.17　通用输入反激变换器进入 DCM 的电压

例 6.5　一个反激变换器，输入电压范围为 AC 90～275V，开关频率为 100kHz，最大负载 10W。如果 V_{OR}=140V，最小输入时设 r = 0.9，输入电压为多少时进入不连续导电模式？负载降为 1W 时最小占空比应为多少？另一个设计选择是 V_{OR}=100V，带有合适的变压器，其余都相同。那么最小占空比是多少？

由于 V_{OR}=140V，$V_{OR}\times I_{OR}$=10W，可得 I_{OR}=10/140=0.071A。AC 90V 时（忽略二极管和开关管压降）

$$D=\frac{V_{OR}}{V_{OR}+V_{IN}}=\frac{140}{140+127}=0.524$$

Buck-Boost 的 L（见附录）为

$$L=\frac{V_O+V_D}{I_O\times r\times f}\times(1-D)^2\times10^6\ \mu H$$

将 V_{OR} 代入 V_O，I_{OR} 代入 I_O 可得

$$L=\frac{140}{0.071\times0.9\times10^5}(1-0.524)^2\times10^6=4964\ \mu H$$

计算γ为

$$\gamma=\frac{V_{OR}^2\times10^6}{2P_O fL}-1=\frac{140^2\times10^6}{2\times10\times10^5\times4964}-1=0.974$$

注意，如果γ为负值，答案就不存在（即，简单地增大输入电压，系统不会进入不连续导电模式。同时还需减小负载电流，后面的例子中会见到。）因此

$$V_{IN\_CRIT}=V_{OR}\times\left[\sqrt{\frac{1}{\gamma^2}+\frac{1}{\gamma}}+\frac{1}{\gamma}\right]=140\times\left[\sqrt{\frac{1}{0.974^2}+\frac{1}{0.974}}+\frac{1}{0.974}\right]=346\ V$$

相当于 $346/(2)^{1/2}$=245V。

下面，首先保持最大负载不变，输入电压由 V_{IN_MIN} 提高到 V_{IN_CRIT}。然后减小负载，并进一步提高输入电压。临界时（最大负载情况下）的占空比为

$$D_{CRIT}=\frac{V_{OR}}{V_{OR}+V_{IN\_CRIT}}=\frac{140}{140+346}=0.29$$

如果现在减小负载，提高输入电压，可得

$$D=\frac{\sqrt{2\times P_O\times L\times f}}{V_{IN}\times10^3}$$

D 的变化为

$$\frac{D_{MIN}}{D_{CRIT}}=\frac{\sqrt{P_{O\_MIN}}}{\sqrt{P_{O\_CRIT}}}\times\frac{V_{IN\_CRIT}}{V_{IN\_MAX}}$$

因此

$$D_{MIN}=\frac{\sqrt{1}}{\sqrt{10}}\times\frac{346}{389}\times0.29=0.082$$

由此可知，所需的 D_{MIN}=8.2%。

现在将 V_{OR} 改为 100V，此时，I_{OR}=10/100=0.1。我们还知道输入电压为 AC 90V，V_{OR}=100V 时，D=0.44。重新计算 L 可得 L=3484μH，然后可得

$$\gamma=\frac{V_{OR}^2\times10^6}{2P_O fL}-1=\frac{100^2\times10^6}{2\times10\times10^5\times3484}-1=0.435$$

因此

$$V_{IN\_CRIT}=V_{OR}\times\left[\sqrt{\frac{1}{\gamma^2}+\frac{1}{\gamma}}+\frac{1}{\gamma}\right]=100\times\left[\sqrt{\frac{1}{0.435^2}+\frac{1}{0.435}}+\frac{1}{0.435}\right]=505\ V$$

这相当于输入电压为 AC 357V，远超出了正常工作电压范围。因此，在 AC 275V 且负载最大时，变换器仍工作在连续导电模式，此时占空比为

$$D_{VIN\_MAX}=\frac{100}{100+389}=0.2$$

此时的电流纹波率为

$$r_{\text{VIN\_MAX}} = \frac{V_{\text{OR}}}{I_{\text{OR}}Lf} \times (1 - D_{\text{VIN\_MAX}})^2 \times 10^6 = \frac{100}{0.1 \times 3484 \times 10^5} \times (1 - 0.2)^2 \times 10^6 = 1.84$$

显然，如果不减小负载，临界电流为

$$I_{\text{CRIT}} = \frac{r}{2} \times I_{\text{OR}} = \frac{1.84}{2} \times 0.1 = 0.092\ \text{A}$$

这时输出功率相当于 $V_{\text{OR}} \times I_{\text{OR}}$=100×0.092=9.2W。随后进入不连续导电模式。由于输入电压不变，占空比将随着负载从 9.2W 降低到 1W 而按以下比例减小：

$$\frac{D_{\text{MIN}}}{D_{\text{CRIT}}} = \frac{\sqrt{P_{\text{O\_MIN}}}}{\sqrt{P_{\text{O\_CRIT}}}} = \frac{\sqrt{1}}{\sqrt{9.2}}$$

因此最终得

$$D_{\text{MIN}} = 0.2 \times \frac{1}{3.03} = 0.066$$

所需的 D_{MIN} 即为 6.6%。在 100kHz 开关频率下，这相当于最小脉冲宽度为 660ns。如果最小负载为 0.2W，所需脉宽小于 300ns。可以看到，较高的 V_{OR} 在一定程度上有助于轻载时避免出现脉冲跳跃。

最后，我们也可以反过来计算，已知控制 IC 的最小脉冲宽度时，为避免产生随机脉冲跳跃模式，所需的最小负载是多少。

高输入电压时的过载保护（前馈）

在 3842/3844 系列应用中，我们常用的一个技巧是在 V_{IN} 和 I_{SENSE} 管脚之间放置一个电阻，目的是减小一次电流限制，从而有效地降低高输入电压时可能出现的最大占空比。否则，即使在高输入电压下，稳定工作时的占空比自然是较低的，峰值电流也是如此，但当过载时，变换器有可能达到控制 IC 的最大占空比极限，直到响应速度较慢的二次侧电流限制开始起效，并限制输出功率。但是，即使在这段很短的暂态时间内，变换器也有可能会被损坏。

这种情况在任何稳态情况下是无法理解的。例如，如果输出电压为零（完全短路），一次电感电流下降曲线 $V_{\text{OR}}/L_{\text{P}}$（或是等效的二次侧下降电流 $V_{\text{O}}/L_{\text{S}}$）也几乎为零（实际上为 V_{D}/L）。因此，电流永远无法达到周期开始时的状态，以及达不到定义的稳定状态了。所以最终进入电流阶梯上升状态直至到达电流限制值。但是现在，虽然一次侧的峰值电流被采样电阻精确限制，并由此保护开关管和防止变压器饱和，但实际上并不能实现。可以看到，所有的电流模式控制 IC 所需的消隐时间转换成了一个最小脉宽，它可以有效地覆盖特定条件下的任何假定的电流限制。这是因为，一旦达到电流限制，只能命令控制器进一步限制占空比来进行响应。但是即使在这个 150ns 左右的最小脉冲宽度内，上升斜坡 V_{IN}/L 的斜率很高，而且实质上没有下降斜坡（因为输出电压为零）。因此，电流会不断地阶梯上升，最终超过设定的电流限制值。许多现代电流模式 DC-DC 控制器/开关，一旦反馈引脚的电压降至一定的门槛值时，通过启动频率折返（频率降低）来响应。通过这样做，能有效地减小电流限制下的占空比，并且一般将关断时间延长为原来的 4 倍，为电流提供足够的时间下降至周期循环开始时的数值，从而降低阶梯值。但是注意，这一技术的有效性很大程度上与二极管压降有关！因此，“好的”二极管（正向压降较低）实际上会使故障电流更大，因为在短路情况下没有足够的下降斜率。

对于 3842/3844，我们需要通过降低高输入电压下的一次电流限制值来进行保护，从而在变压器饱和之前有一些强制的余地。现在我们给出方程来说明这一点。

基本上，通过引入前馈电阻 R_{FF}，将电流采样信号 DC 以 $R_{FF}\times I_{FF}$ 的幅度向上偏移一点，因此电流采样信号会更早地达到电流限制值。注意，因为还要遵守保持时间，我们并不想影响低输入电压时的电流限制。如果 R_{BL} 为连接采样电阻与 IC 采样引脚的（消隐）电阻（一般为 1kΩ 左右），高输入电压 V_{IN_MAX} 与低输入电压 V_{IN_LO}（如 AC 60V，即 DC 85V）时的电流限制值比值为

$$\frac{\text{CLIM}_{\text{VIN\_MAX}}}{\text{CLIM}_{\text{VIN\_LO}}}=\frac{V_{\text{CLIM}}-[(V_{\text{IN\_MAX}}/R_{\text{FF}})\times R_{\text{BL}}]}{V_{\text{CLIM}}-[(V_{\text{IN\_LO}}/R_{\text{FF}})\times R_{\text{BL}}]}$$

式中，V_{CLIM} 为相应的电流限制值下电流采样引脚的电压。因此，如果 V_{IN_MAX}=389V，V_{IN_LO}=85V（直流），R_{BL}=1kΩ，V_{CLIM}=1V，为了将电流限制阈值从 1V 降至 0.75V，可得所需的前馈电阻值为

$$0.75=\frac{1-[(389/R_{\text{FF}})\times 1000]}{1-[(85/R_{\text{FF}})\times 1000]}$$

解得

$$R_{\text{FF}}=1.3\ \text{M}\Omega$$

AC 60V 时，这也将降低电流限制阈值略低于 1V。电流 I_{FF}=85/1.3M=65μA。在消隐电阻（1kΩ）上产生 0.065V 的压降。因此电流限制阈值为 1−0.065=0.935V。注意，实际的电流限制阈值一般有±10%的误差。因此必须确保最恶劣情况下的实际值为 0.9−0.065=0.835V。知道了这一点也可以正确地调整 R_{SENSE}。

第 7 章　功率变换中的磁学综述

毫不客气地说：能做的人，做；不能做的人，教。在功率变换中可以翻译为：了解磁学的，做开关电源；不了解的，用 PSpice 模拟。

功率变换中的磁学，这里讨论的不仅仅是普通的 Buck 电感，然而很多工程师似乎都在否定这一事实。因此也就不奇怪，有很多误解和谜团盛行，有些甚至是很基本的。例如，甚至高级工程师都抱怨过，BCM/DCM 设计（例如振铃扼流圈反激变换器）中的电感/变压器比 CCM 的大得多。其设计初衷可能是“BCM 中的峰值电流高得多”。但事实上，BCM 中的电感一般可以为 CCM 中的一半。工程师们在解释“简单”变压器特性（即电压和电流的缩放）时也遇到了困难。方程当然很容易被写出来，但要解释就很难了。无法理解就不利于设计制造强大的优化的电源。是的，我们可以逃到控制环路理论的世界里去。但在最基本的层面上，功率变换都是用电抗元件来储存能量，并且电感（或变压器）是其中的王者。我们对磁学恐惧的一个可能的原因是变压器/电感是恒流元件，然而实际上恒压元件更好用，例如直流源、实验室电源、交流电源插座、电池和电容等。恒流是对直观的思维方式和认知过程的诅咒。因此，我们将在接下来的 6 章里全面讨论这个难题。

在本章中，我们将只介绍最基本的磁学概念，但以一种非常规、希望是直截了当的方式来介绍。这可以去掉磁学背后的一些不必要的恐惧和神秘感。除非另有说明，读者也可以安全地假设我们使用的是 MKS（即 SI）单位。

基本的磁学概念和定义（MKS 单位）

作为复习，首先对以下部分进行快速总结。之后将进入更多的细节内容。

（1）*H* 场。也称为*磁场强度*、*场强*、*磁化力*、*施加场*等。其单位是安培/米（A/m）。

（2）如果将磁场强度在一个封闭的回路内积分，可得回路电流

$$\int_{\mathrm{CL}} H\,\mathrm{d}l = I\mathrm{A}$$

式中，CL 表示封闭回路。这就是安培环路定律。

（3）*B* 场。也称为*磁感应强度*或*磁通密度*。单位为特斯拉（T）或韦伯/平方米（$\mathrm{Wb/m^2}$）。

（4）磁通量是磁感应强度 *B* 在一定的表面区域内的积分：$\Phi = \int_S B\mathrm{d}S$。单位为韦伯（Wb）。如果表面区域内的 *B* 是常数，可得常见形式 $\Phi = BA$。因为磁力线（用来表示可视化的磁通）在任一点都没开始或结束，而是连续的，所以在封闭曲面上，磁感应强度 *B* 的积分（即垂直分量）为零。

（5）*B* 和 *H* 在任一点的关系为 $B=\mu H$，其中 μ 为材料的磁导率。

（6）空气的磁导率定为 μ_0，代表真空磁导率。数值上，$\mu_0 = 4\pi\times10^{-7}$ 亨利/米（H/m）（MKS 单位）。（在 CGS 单位中其值等于 1。）

（7）根据法拉第电磁感应定律（也称为楞次定律），感应电动势 V 的大小取决于线圈匝数 N 和线圈中通过的（时变）磁感应强度 B，因此

$$V = NA\frac{\mathrm{d}B}{\mathrm{d}t} = N\frac{\mathrm{d}\Phi}{\mathrm{d}t}$$

变化的磁场来自于另一个（感应）线圈或同一个（自感）线圈中变化的电流。

（8）磁链 λ，为 $N\times\Phi$，单位为韦伯·匝。这里的 Φ 为通过 N 匝线圈的磁通量。磁通量可以来自于同一个线圈，这时实际上产生了“感应”的概念（实际上是自感）。但是如果磁通来自于另一个线圈，产生的影响就是两个线圈之间的“互感”。

（9）我们有

$$V = N\frac{\mathrm{d}\Phi}{\mathrm{d}t} = \frac{\mathrm{d}\lambda}{\mathrm{d}t}$$

因此 1 韦伯·匝/s 的磁链变化率，会引起感应电动势变化 1V（与电感无关）。更一般的就是，如果磁链变化率为 x 韦伯·匝/s，则线圈感应电动势变化 xV。

（10）另一种说法，一个统一的磁通变化速率为 1Wb/s，对应的是单匝线圈（N=1）的磁链，或是磁链/s（1 韦伯·匝/s）变化将在线圈上产生 1V 电压（感应电动势）。这也遵循

$$V = N\frac{\mathrm{d}\Phi}{\mathrm{d}t} = \frac{\mathrm{d}\lambda}{\mathrm{d}t}$$

（11）注意，为了便利，我们经常忽略感应电动势的符号。但我们应该记住，感应电动势的方向总是与源的方向相反（从而试图减小其影响）。解释得更详细一点：楞次定律指出，感应电动势的极性是这样的，这一电动势试图产生电流（通过外接电阻）从而阻碍磁通的变化。

（12）（自）感 L，单位为亨利（H），提供以下公式的最后一项：

$$V = NA\frac{\mathrm{d}B}{\mathrm{d}t} = N\frac{\mathrm{d}\Phi}{\mathrm{d}t} = L\frac{\mathrm{d}I}{\mathrm{d}t}$$

（13）由以上公式可知，如果通过的电流变化率为 1A/s，1H 的电感产生 1V 的电动势。

（14）计算上述方程的后两项可得

$$\frac{\mathrm{d}\lambda}{\mathrm{d}\not{t}} = L\frac{\mathrm{d}I}{\mathrm{d}\not{t}} \Rightarrow \Delta\lambda = L\,\Delta I$$

因此

$$L = \frac{\Delta\lambda}{\Delta I} \quad \text{(每安培磁链)}$$

也可以说是，xH 电感意味着线圈中每安培电流产生 x 磁链。

（15）记住：恒定的电流产生恒定的磁通。但只有磁通变化时才会感应电动势。

（16）另外，线圈的（电磁）感应，即变化的磁通来自自身的时变电流，这是它的自感，或仅仅是电感，定为 L，定义是

$$L = \frac{N\Phi}{I} \quad \mathrm{H}$$

L（即电感）也定义为磁链 $N\Phi$ 除以产生这个磁通 Φ 的电流的数值。注意，这种表达式具有迷惑性。L 实际上是正比于 N^2，而非 N，原因就是产生的磁通正比于 N，且同时也与自身有关（N 匝），所以最后的结果是正比于 N^2。

单位亨利经常写作 H。严格来说，这个词的复数形式是 Henrys，而非 Henries。

（17）连接 L 和 N^2 的比例常数称为电感系数，或简单地记作 A_L。该值通常用 nH/匝^2 来表示（虽然有时也写作 mH/1000 匝^2，但两者数值上是相同的）。因此

$$L = A_L \times N^2 \times 10^{-9} \quad \mathrm{H}$$

电-磁类比

工程师们经常会混淆 B 和 H 之间的区别。试问：如果 $B=\mu H$，它们是线性的，为什么还要自寻烦恼地将其分为两个领域？事实上，在铁氧体中确实如此：所有的方程都可以用 B 或 H 来写，没有什么关系。但不都是这样，这就是为什么需要两个磁场和两个电场。

我们用图 7.1 来解释这一困惑。类比总是有所帮助的。事实上这里暗示了 E 和 H 是“自然”存在的，而其衍生出来的 D 和 B 是与材料有关的场。因此可以看到，D 中有部分称为极化，正如 B 中有部分称为磁化。实际上我们是在寻找相关的场（起因，即 E 或 H）与其结果（D 或 B，都与材料有关）总和的影响效果。

一般来说，我们可以创建一个 H 场记作每安培环路定律（H 与电流成比例），并将其运用于材料，在其中产生磁化，然后减小 H 至零，最后仍然会留下一些磁化效应。这被称为剩磁。这就是磁盘驱动器的原理。在这种情况下，B 就不是正比于 H 了。

图 7.1 给出了替代方程 $M=\chi_m H$。假设 χ_m 为常数。这通常都不正确。材料的磁化强度与磁场强度（H）成正比的称为线性材料。这种材料没有剩磁，因为其结果（磁化）正比于产生原因（I）。如果去掉电流，就去掉了磁化场强。

铁氧体是近似线性的（开始饱和之前），因此在这种情况下可以说 B 和 H 是相互成比例的，在所有的方程中可以用一个替代另一个。

电场	MKS/SI单位 磁场
E是电场强度（V/m）	H是磁场强度（A/m）
D是电通量密度（C/m^2） （C是电荷的单位库伦）	B是磁感应强度（Wb/m^{2}或T） † （T是磁感应强度的单位特斯拉）（Wb是磁通量的单位韦伯）
$D=\varepsilon E$ 式中，ε是材料的介电常数。	$B=\mu H$ 式中，μ是材料的磁导率。
$\varepsilon=\varepsilon_0(1+\chi)$ 式中，χ是材料的电极化率。	$\mu=\mu_0(1+\chi_m)$ 式中，χ_m是材料的磁化率。
$\varepsilon_0=8.854\times10^{-12}$F/m （真空介电常数，又称真空电容率） （F是电容的单位法拉）	$\mu_0=4\pi\times10^{-7}$Henry/m （真空磁导率）
$D=\varepsilon_0 E+\varepsilon_0\chi E$ $=\varepsilon_0 E+P$ 式中，$P=\varepsilon_0\chi E$是材料的电极化强度。 ←†† →	$B=\mu_0 H+\mu_0\chi_m H$ $=\mu_0(H+M)$ 式中，$M=\chi_m H$是材料的磁化强度。

† 磁通量，Φ，单位为韦伯（Wb）。1Wb=1V · s=1T · m^2=1J/A=10^8 Mx（麦克斯韦）

†† 定义有点不同（注意括号里的内容不同）

图 7.1 电-磁类比（MKS 单位）

然而即使是铁氧体，B 和 H 在特性上也有重要的区别，稍后将会看到。事实上，在典型的产生电能的磁场配置中，从铁氧体到空气再回到铁氧体，B 不变。因此它是连续的，在材料交界处没有突然的跳跃。但是相反的，H 不连续！它在每个交界处都跳跃变化，因为 μ 变化。因此，如果仅专注于 B，计算就变得容易得多——这适用于任何地方，让我们的生活（数学上）变得容易多了。除此之外，在线性材料中是否要处理 B 或 H，或是两者同时处理，这是一个见仁见智的问题。

电感方程

现在我们深入细节。结合法拉第定律和 L 的定义，可得功率变换最常见的方程（简单地称其为电感方程）：

$$V = L\frac{\mathrm{d}I}{\mathrm{d}t}$$

与之前的电磁感应定律比较，并结合所有的方程，可得以下基本的设计参考方程（都用感应电动势 V 来表示）：

$$V = N\frac{\mathrm{d}\Phi}{\mathrm{d}t}$$

$$V = NA\frac{\mathrm{d}B}{\mathrm{d}t}$$

$$V = L\frac{\mathrm{d}I}{\mathrm{d}t}$$

功率变换中，可得大部分的分段线性波形。这就变为（用 $V\Delta t$ 等于伏秒）

$$\text{伏秒数} = N \times \Delta\Phi$$

$$\text{伏秒数} = NA \times \Delta B$$

$$\text{伏秒数} = L \times \Delta I$$

第 2 章中，我们提到过伏秒平衡，以及稳态时的开通和关断时间内，如何用大小相等、方向相反的伏秒数来实现平衡，每周期内电感电流的净变化为零，这一过程称为复位。如果不能保证复位，就会有失控的情况，称之为磁通量阶梯效应。现在我们知道为什么会这样了。从上述三个方程可以看到 I、Φ 和 B 是相互关联的。

相反，如果电感电流回到与周期开始时相同的值，那么磁通量和 B（磁感应强度）也会回到开始的值。如前所述，它们都是相关的，但实际上根据通用的左手法则（伏秒定律），它们彼此之间是互为比例的。

电压无关方程

从法拉第定律方程中消除 V（从三个方程中解出两个），可得变压器/电感设计中的重要方程：

$$NA\frac{\mathrm{d}B}{\mathrm{d}t} = L\frac{\mathrm{d}I}{\mathrm{d}t}$$

或是

$$\Delta B = \frac{L\Delta I}{NA}$$

或是再简化为

$$\Delta B \propto \Delta I \qquad \left(\text{比例常数为}\frac{L}{NA}\right)$$

无独有偶，对于功率变换中的软磁铁氧体和大多数其他磁性材料，如果绕组中的电流为零，磁芯中几乎没有任何的磁场（剩磁几乎为零）。由此，I 为零时，B 也为零，上述方程也可写成绝对值形式：

$$B_{PK}=\frac{LI_{PK}}{NA}$$

由图 7.2 可知，实际上这对于 B 和 I 的任何瞬时值都是适用的。因此

$$B=\frac{LI}{NA}$$

记住，如果电感没有接近饱和，电感量可以认为是常数。因为只有 L 不变，$\frac{L}{NA}$ 才是比例常数！但当 L 变化时，B 不再正比于 I。

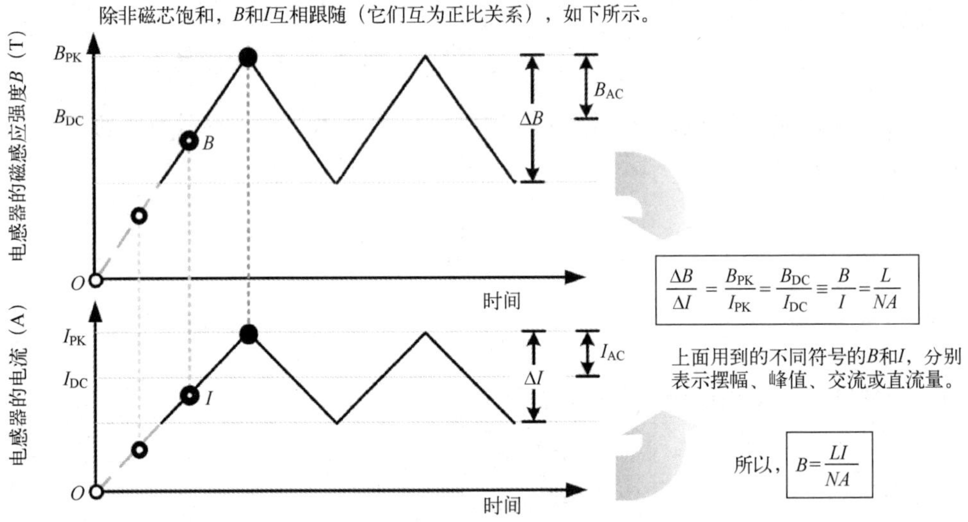

图 7.2　B 与 I 的关系图（设剩磁为零）

由此，在线性区，电流纹波率 r 同样适用于电流和场强。例如，r=0.4 时，$B_{AC}\cong 0.2\times B_{DC}$。因此可得

$$B_{DC}=\frac{2}{r+2}\times B_{PK} \quad 或 \quad I_{DC}=\frac{2}{r+2}\times I_{PK}$$

$$B_{AC}=\frac{r}{r+2}\times B_{PK} \quad 或 \quad I_{AC}=\frac{r}{r+2}\times I_{PK}$$

$$\Delta B=\frac{2r}{r+2}\times B_{PK} \quad 或 \quad \Delta I=\frac{2r}{r+2}\times I_{PK}$$

例 7.1　如果电流摆幅翻倍（通过电感减半来实现，因为 $V\Delta t=L\Delta I=$常数），峰值电流变化多少？

$$\Delta I=\frac{2r}{r+2}\times I_{PK} \quad 或 \quad I_{PK}=\Delta I\times\frac{r+2}{2r}$$

假设初始最优值为 r=0.4，如果电流摆幅翻倍，r 达到 0.8。因此，在第一种情况下

$$I_{PK1}=\Delta I_1\times\frac{0.4+2}{2\times 0.4}=3\times\Delta I_1$$

第二种情况下

$$I_{PK2}=\Delta I_2\times\frac{0.8+2}{2\times 0.8}=\Delta I_1\times\frac{0.8+2}{0.8}=3.5\times\Delta I_1$$

由此，峰值电流变化率为 3.5/3=1.17。换句话说，电感量变化 50%，最大电流和最大场强的变

化仅为 17%。

例 7.2　如果要对磁芯是否饱和做一个快速的检查，电压无关方程就很有用。如果磁芯上绕有 40 匝线圈，参数表上给出的值为 $A=2\text{cm}^2$（有效面积，也记作 A_e），测得电感为 200μH，最大电流（计算或估算）得 10A，那么峰值磁感应强度为

$$B_{PK}=\frac{LI_{PK}}{NA}=\frac{200\times10^{-6}\times10}{40\times2\times10^{-4}}=0.25\text{ T}$$

对于一般的铁氧体，该值非常接近其饱和磁感应强度 0.3T。因此，此电感中不能通过峰值超过 10A 的电流，线圈匝数也不应该再增加。现在的观察结果似乎与 $B=LI/(NA)$的观察结果相矛盾，N 为分母，似乎增大 N 有助于减小最大场强。然而并非如此。原因是分子上的 L 以 N^2 增加。因此实际上场强正比（而非反比）于匝数（明显也正比于通过的电流）。必须记住，对于给定的磁芯，在其饱和之前有一个最大安匝数。

注：在例 7.2 中我们可能会想，既然 N 增大引起 I_{PK} 减小，那也会降低 B_{PK}。但这种效应完全被 L 的增加所淹没，反而导致 B_{PK} 增加。其中的原因是 L 仅仅改变了电感电流（摆动）斜率。当然如果 L 翻倍，ΔI 减半，但是ΔI 本身只是平均电流和峰值电流中很小的部分。因此 N 增大对ΔI 没有很大影响。例 7.1 表明，电感量变化 50%，I_{PK} 仅变化 17%。

结论：永远不要用增加线圈匝数来增大磁势：这可能有助于稍微降低峰值电流，但最大场强会急剧变大，促使磁芯达到饱和。事实上如果怕磁芯饱和而引起故障，优选的方法是减小匝数。

电压相关方程

电压相关方程有很多表达形式，这是普通设计者对磁学失去兴趣的地方。因此，让我们从这里开始，揭秘这个话题，并为我们指出正确的方向（这实际上比我们想象的要简单得多）。

基本的设计方程为

$$V=N\frac{\text{d}\Phi}{\text{d}t}=NA\frac{\text{d}B}{\text{d}t}=L\frac{\text{d}I}{\text{d}t}$$

或

$$\Delta B=\frac{V_{AVG}\Delta t}{NA}$$

在后一种形式中，一般来说，如果外加电压在评价区间内是变化的情况下，取其平均值（V_{AVG}）。通常情况下，非谐振开关变换器的外加电压是恒定的。其值不是 V_{ON}，就是 V_{OFF}。V_{ON} 为开关管导通期间电感两端电压，V_{OFF} 为开关管关断期间电感两端电压。由于 $B_{AC}=\Delta B/2$，可得

$$B_{AC}=\frac{V_{AVG}\Delta t}{2\times NA}$$

注意，AC 这词意味着波形是对称的，所以 DCM 就暗示波形非对称。另外，运用前面提到的开关管导通时的方程

$$B_{AC}=\frac{V_{ON}D}{2\times NAf}$$

并且假设工作于 CCM，那么 $T_{OFF}=(1-D)/f$，因此

$$B_{AC} = \frac{V_{OFF}(1-D)}{2 \times NAf}$$

式中，f 为开关频率（Hz）。

在该点上，只有当加在磁芯上的电压波形为完美的方波电压时（定义为 $T_{ON} = T_{OFF} = T/2$，即 D=0.5），由

$$B_{AC} = \frac{V_{AVG} \Delta t}{2 \times NA}$$

和

$$\Delta t = \frac{1}{2f}$$

可得

$$B_{AC} = \frac{B_{PP}}{2} = \frac{V_{AVG}}{4 \times NAf}$$

磁性元件制造商往往更喜欢用外加电压有效值来表示电压相关方程。根据伏秒定律，CCM 时的拓扑中，以下方程总是成立的。

$$V_{OFF} = V_{ON} \frac{D}{1-D}$$

根据波形有效值的定义，这一电压波形的有效值为（计算整个周期）

$$V_{RMS} = V_{ON} \sqrt{\frac{D}{1-D}}$$

或等于

$$V_{RMS} = V_{OFF} \sqrt{\frac{1-D}{D}}$$

注意，如果（当且仅当）D=0.5（方波），可得 $V_{RMS} = V_{ON} = V_{OFF}$。这就是电压相关方程的多种形式如何得到的——设计功率变换器的工程师经常盲目地使用，而没有真正意识到该方程仅适用于 D=0.5 和 CCM。

$$B_{AC} = \frac{V_{RMS}}{4 \times NAf}$$

这适用于以下条件：方波（D=0.5），CCM。

但是，我们也要弄清楚在这里讨论的方波电压情况下，对应的电流波形的形状是什么样的。实际使用中，电压相关方程与电流（或磁场）绝对值无关。它仅定义了一定时间内一定电压下电流或磁场的变化。电感中电流和磁场的实际值（斜坡中心值）与外部应用条件（以及电路或拓扑）有关。对于相同的 ΔI，电流波形的直流值（斜坡中心值）可以是任意的。

直流值为零是许多理论上的可能性之一。实现直流值为零，需要在电路和电气性能上创造合适的外部条件（如电容耦合）。现在我们也必须认识到，传统的表征磁性材料的方法在不断发展，甚至会领先于开关电源变换器。即使有新方法出现，大多数的方法至今仍在使用。例如，磁性材料供应商以前用正弦波测试磁芯。现在会使用方波（D=0.5），以便更好地支持现代功率变换器。但有一样没有改变：他们仍然更倾向于使用对称的激励，就像之前使用的正弦波形。这种做法是很隐蔽的，甚至没有在数据表中明确说明。换句话说，供应商故意创建外部电路条件来保持电流在零值附近对称，即，电流是双向的，并且 $B_{DC} = I_{DC} = 0$。但大多数开关拓扑并非一定如此。大多数的拓扑是单极或单向的。流过线圈的电流只有一个方向（尤其是最大负载时）。事实上这就形成了非对称激励的特殊情况，其中的电流波形不仅仅是偏移（即 $I_{DC} \neq 0$），而且整个都限制在图的上半部分（或下半部分）。这对方程表示方法的影响是巨大的，往往不经意间就被工程师误用

了。我们应该清楚计划要使用的给定方程是如何推导出来的。

非对称激励可以显著改变峰值电流（或磁场）与峰-峰值之间的关系，在图 7.3 中给出例子，说明了什么会改变，什么不会改变。

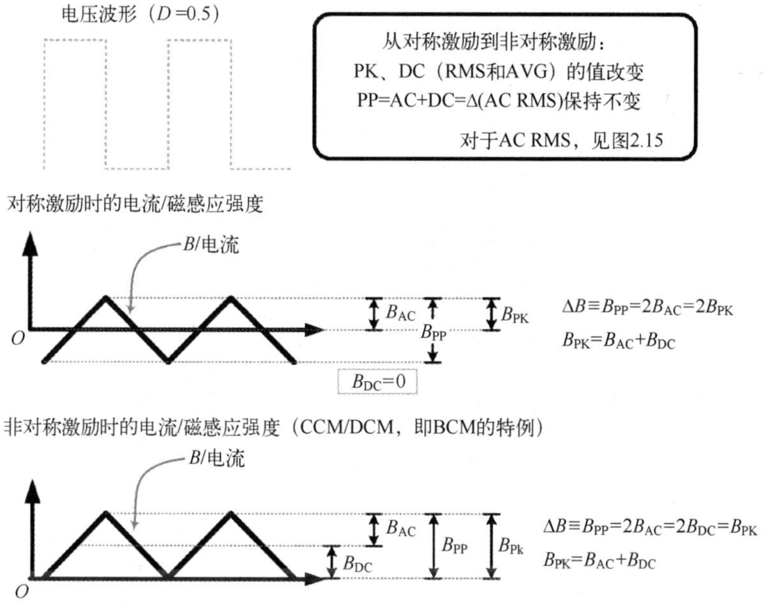

图 7.3　对称与非对称激励

只有对称的激励，我们才能假设

$$B_{\mathrm{AC}} = B_{\mathrm{PK}}$$

这就是文献中经常见到的另一种形式：

$$B_{\mathrm{PK}} = \frac{V_{\mathrm{RMS}}}{4 \times NAf}$$

它适用于以下情况：方波电压（D=0.5），对称激励，CCM。但一些工程师任意使用：甚至会用来找出单端正激变换器变压器的匝数，不管电流波形是非对称的，没有 D=0.5，甚至没有工作于 CCM。

注意，在所有的情况下（对称或非对称），以下等式总是成立的：$B_{\mathrm{PP}} = 2 \times B_{\mathrm{AC}}$。因此，电压相关方程可以写作另一种形式：

$$B_{\mathrm{PP}} = \frac{V_{\mathrm{RMS}}}{2 \times NAf}$$

它的使用条件如下：方波电压（D=0.5），CCM。它可适用于对称和非对称激励情况。

如果我们没有认清供应商只提供正弦激励下的磁芯参数这一事实，以后会有更大的困惑。此处的测试电流为正弦波形，因此磁场也是正弦。我们可以假设，导通时间为第 1 个半周期（0～π 弧度），紧接着是关断时间（π～2π 弧度）。这种情况下，电压不是平的，必须计算第 1 个半周期内的平均电压值。电压相关方程的基本形式为

$$\Delta B = \frac{V_{\mathrm{AVG}} \Delta t}{NA}$$

平均电压可以写为

$$V_{\mathrm{AVG}} = \frac{V_{\mathrm{AVG}}}{V_{\mathrm{PK}}} \times \frac{V_{\mathrm{PK}}}{V_{\mathrm{RMS}}} \times V_{\mathrm{RMS}}$$

可以看到每半周期计算出的 V_{AVG} 与标准对称的交流正弦波形下的波形完全相同（可以参见第 2 章图 2.19），可得

$$\frac{V_{\text{AVG}}}{V_{\text{PK}}}=\frac{2}{\pi}$$

并且

$$\frac{V_{\text{RMS}}}{V_{\text{PK}}}=\frac{1}{\sqrt{2}}$$

因此

$$V_{\text{AVG}}=\frac{2}{\pi}\times\frac{\sqrt{2}}{1}\times V_{\text{RMS}}=0.9\times V_{\text{RMS}}$$

对称正弦激励下的电压相关方程变为

$$\Delta B=\frac{V_{\text{AVG}}\Delta t}{NA}=\frac{0.9\times V_{\text{RMS}}}{2\times NAf}$$

还可以得到其他形式的电压相关方程为

$$B_{\text{AC}}=B_{\text{PK}}=\frac{V_{\text{RMS}}}{\pi\sqrt{2}\times NAf}=\frac{0.9\times V_{\text{RMS}}}{4\times NAf}=\frac{V_{\text{RMS}}}{4.4428\times NAf}$$

都适用于以下条件：正弦电压，对称激励。

另外，用 $V_{\text{PK}}=V_{\text{RMS}}\times(2)^{1/2}$

$$B_{\text{AC}}=B_{\text{PK}}=\frac{V_{\text{PK}}}{2\pi\times NAf}$$

或由于 $B_{\text{PP}}=2\times B_{\text{AC}}$，等同于

$$B_{\text{PP}}=\frac{V_{\text{RMS}}}{2.222\times NAf}$$

对于正弦激励，在上述方程中，有时供应商会使用磁场有效值。由于磁场是正弦（与电流类似），我们可以用

$$B_{\text{PK}}=\frac{B_{\text{PK}}}{B_{\text{RMS}}}\times B_{\text{RMS}}=\sqrt{2}\times B_{\text{RMS}}$$

总之，在开关变换器中，我们必须非常谨慎地使用在磁性数据表中看到的各式各样常见形式的法拉第定律。如果有必要，就必须使用基本方程，以免混淆。

表 7.1　磁的基本设计表（MKS 单位）

一般设计方程	
$V=N\dfrac{\mathrm{d}\Phi}{\mathrm{d}t}=NA\dfrac{\mathrm{d}B}{\mathrm{d}t}=L\dfrac{\mathrm{d}I}{\mathrm{d}t}$	
电压无关方程	
$B=\dfrac{LI}{NA}$（假设剩磁为零，式中为瞬时值）	
电压相关方程	
最一般形式	$\Delta B=2B_{\text{AC}}=\dfrac{V_{\text{ON}}T_{\text{ON}}}{NA}=\dfrac{V_{\text{OFF}}T_{\text{OFF}}}{NA}$（总是有效）
方波(CCM，D=0.5) 对称或非对称激励	$B_{\text{AC}}=\dfrac{V_{\text{ON}}D}{2\times NAf}$ (CCM)
	$B_{\text{AC}}=\dfrac{V_{\text{OFF}}(1-D)}{2\times NAf}$ (CCM)

续表

方波(CCM，D=0.5) 对称或非对称激励	$B_{AC}=\dfrac{\Delta B}{2}=\dfrac{B_{PP}}{2}=\dfrac{V}{4\times NAf}$ 式中，$V\equiv V_{ON}=V_{OFF}$ (CCM, $D=0.5$)
	$B_{AC}=\dfrac{B_{PP}}{2}=\dfrac{V_{RMS}}{4\times NAf}$ (CCM, $D=0.5$)
正弦波，对称激励	$B_{PK}=B_{AC}=\dfrac{B_{PP}}{2}=\dfrac{V_{RMS}}{4.4428\times NAf}$

在表 7.1 中，我们总结了之前讨论的方程。如果有疑问，使用标有“最一般形式”的那一行。

磁学单位

在磁学计算中用到的几种单位制常让我们眼花缭乱。目前（很大程度上）使用的是基于米、千克、秒和安培的现代国际单位制系统（称为 MKS 或 MKSA 系统，或 SI 系统，或 Georgi 系统）。早期的，但现在仍然常用的是 CGS 系统（厘米、克、秒）。还有许多其他的工程师（主要是美国）仍在使用的 FPS 单位（英尺、磅、秒），以及补充单位：英寸（或毫米）来代替米或厘米。还有一些人甚至乐于将不同的单位制系统混合在一个方程中使用。例如，推导出来的电压相关方程实际上是

$$B_{AC\_Tesla}=\frac{V_{AVG}}{4\times N\times A_{m^2}\times f_{Hz}}$$

式中，V 的单位为 V，A 的单位为 m^2，f 的单位为 Hz，B 的单位为 T。但如果 B 单位为 T（MKS 单位），而我们想用 cm^2（CGS）来代替 m^2，可得

$$B_{AC\_Tesla}=\frac{V_{AVG}\times 10^4}{4\times N\times A_{cm^2}\times f_{Hz}}$$

单位确实搞混了！表 7.2 中的变换将磁场转换为 CGS 单位。

表 7.2　磁场的单位转换

变量	CGS 单位	MKS 单位	相互转换
磁通（Φ）	line(li) （或 Maxwell）	韦伯(Wb) （或 V・s）	1Wb=10^{8}line
磁感应强度（B）	Gauss(G)	Tesla(T) （或 Wb/m^2）	1tesla=10^{4}gauss
磁动势	Gilbert	安匝	1gilbert=10/4π=0.796 安匝
磁场强度（H）	Oersted(Oe)	安匝/长	1oersted=1000/4π=79.577A/m
磁导率	Gauss/Oersted*	Weber/(ampere · turn · m) （或 henry/m）	$\mu_{MKS}=\mu_{CGS}\times(4\pi\times10^{-7})$

*G 和 Oe 都是 $cm^{-1/2}\cdot g^{1/2}\cdot s^{-1}$，因此在 CGS 单元中磁导率是无量纲的。

这样的话，最后可得电压相关方程的另一种常见形式：

$$B_{AC\_Gauss}=\frac{V_{AVG}\times 10^8}{4\times N\times A_{cm^2}\times f_{Hz}}$$

对于对称激励，由图 7.3 可知 $B_{AC}=B_{PK}$。因此也可以写成

$$B_{PK\_Gauss}=\frac{V_{AVG}\times 10^8}{4\times N\times A_{cm^2}\times f_{Hz}}$$

一般来说，当对单位产生怀疑时（这经常会发生），我们应该坚持用一种选定的单位制系统（最好是 MKS），并且只有在最后需要的时候才使用转换，见表 7.2。然后我们可以转换最后结果，例如将特斯拉变换为高斯。这是功率变换的最后一步。

磁动势（mmf）方程

在图 7.4 中，我们给出了带气隙的环型磁芯的分解图，同时显示了磁力线。形成这一磁通量的线圈有 N 匝，电流为 I。根据安培环路定律，对整个内部路径求和可知

$$H_c l_c + H_g l_g = NI$$

式中，下标 c 表示磁芯（材料），g 代表（气）隙，有时也用下标 0 表示。注意，由全路径的安培定律可得封闭电流（通过路径的总和），等于 NI（安匝）。

由 $H=B/\mu$、$B=\Phi/A$，可得 $H=\dfrac{\Phi}{A\mu}$，因此

$$\frac{\Phi_c l_m}{A_c\mu_c}+\frac{\Phi_g l_g}{A_g\mu_g}=NI$$

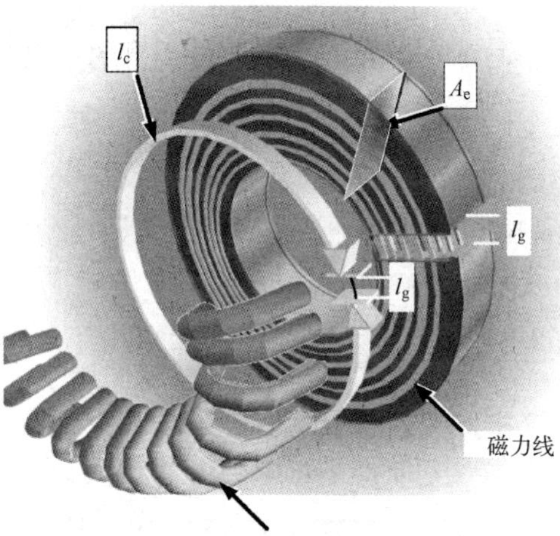

图 7.4　带气隙的环型磁芯分解图

注意，通常（对于小气隙）A_c 与 A_g 几乎相等，但有时可能会有很大差别。关于这点会在本章的边缘磁通部分给出详解。然而磁力线始终是连续的，若有必要，调整有效面积以使磁力线穿过气隙后全部回到磁芯，那么就有 $\Phi_c=\Phi_g$，且

$$NI=\Phi\times\left(\frac{l_c}{\mu_c A_c}+\frac{l_g}{\mu_g A_g}\right)$$

一般可将其写成磁动势（mmf）方程

$$\Phi=\frac{\text{mmf}}{\mathfrak{R}}$$

式中，磁动势为 mmf，等于 NI；$\mathfrak{R}$ 为（整个磁回路）的磁阻。$\mathfrak{R}$ 表示为

$$\mathfrak{R} = \frac{l_c}{\mu_c A_c} + \frac{l_g}{\mu_g A_g} = \mathfrak{R}_c + \mathfrak{R}_g$$

可以看到，类比于$V = IR$（欧姆定律），其中电压 V 也称作电动势（emf），与磁动势 NI 类似。

$$V = IR \quad \Leftrightarrow \quad \text{mmf} = \phi\mathfrak{R}$$

因此在磁路中，磁力线扮演了电路中电流的角色。$\mathfrak{R}$ 类似于电路中的电阻。我们可以认为磁电压（磁动势 NI）负责产生磁电流（磁通 Φ），其大小取决于磁阻（$\mathfrak{R}$）。注意，流入电极的电流必须从这个电极流出。磁通也遵循这样的方式。

在这个例子中，用了两种材料串联（磁芯材料和空气），所以总的磁阻是两种不同材料磁阻的总和。如前所述，磁阻的特点与电阻完全类似，即

$$\text{电阻} = \frac{1}{\text{电导}} = \frac{1}{\sigma A}$$

式中，σ 为电导率（电阻率的倒数），是材料本身的特性。所以在磁学中，磁阻的倒数为 P（磁导）。

环型磁芯的有效面积和有效长度

有效面积是磁力线穿过的平均面积，它非常接近磁芯的几何截面积，用 A_e 表示。现在，这不仅仅是近似，对于环型磁芯来说是完全有效的，因为这就是 A_e 开始的定义，并由磁性元件供应商测试验证。但这里也要说明：这对于典型的 E 型磁芯也是有效的，比如 EE 型、ETD 型和 EFD 型。

环型磁芯（没有任何气隙）的有效长度（l_e）几乎与其平均几何周长完全相等。由于磁芯包括外径（OD）和内径（ID），我们取两者的算术平均。因此利用圆周方程

$$l_e = \pi \times \text{直径} = \pi \times \left(\frac{\text{OD} + \text{ID}}{2}\right)$$

注意，l_e 几乎等于，而非完全等于上式的数值的原因（即使是环型磁芯），就是三个参数中的两个已经确定：磁芯有效面积和有效体积 V_e（后者正好是磁芯所用材料的实际体积）。因此 l_e 也已经确定，可由关系式推导得出$l_e = V_e / A_e$。事实证明，该式得出的结果几乎等于之前给出的平均周长，但不完全相等。供应商试图创造出更精确的方程从磁芯尺寸来计算 l_e，即使是环型磁芯。

如果从之前的简单方程中能同时获得真实的数据和更复杂的 l_e方程，更好的折中方法是将分母中 2 换成 2.1。由这一点小小的变化，近似方程变得更精确，事实上看起来非常容易接受，外径正好是内径的 2 倍（将会是相当不寻常的磁芯）。见图 7.5。

如果上式的分母中的 2 换成 2.1，则与 l_e 的实际数据与更复杂的方程的一致性会更好。随着这个细微的变化，近似方程变得稍微精确一些，直到外径开始变得超过内径的 2 倍为止（这将是一个相当不寻常的磁芯），事实上似乎非常可接受，参见图 7.5。

E 型磁芯的有效面积和有效长度

以前，供应商测试磁性材料时一般只研究其环型磁芯的特性，然后公布于众。如果要使用熟悉的磁学方程，一般默认是环型磁芯。但如果用到 E 型磁芯，我们希望能使用相同的（环型）磁学方程，以及（环型）材料参数。我们希望仍然能准确地预测 E 型磁芯

中的磁场峰值，或是 N 匝绕组时的电感，等等。换句话说，我们真的很想知道 E 型磁芯等同于环型磁芯时的精确的 A_e、l_e 和 V_e。

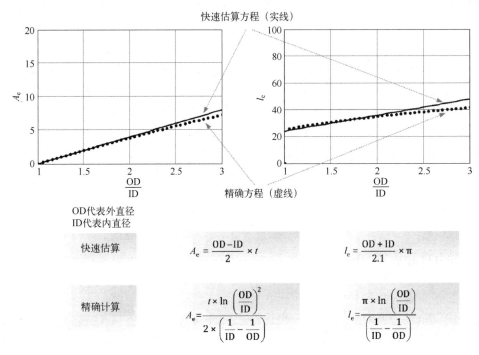

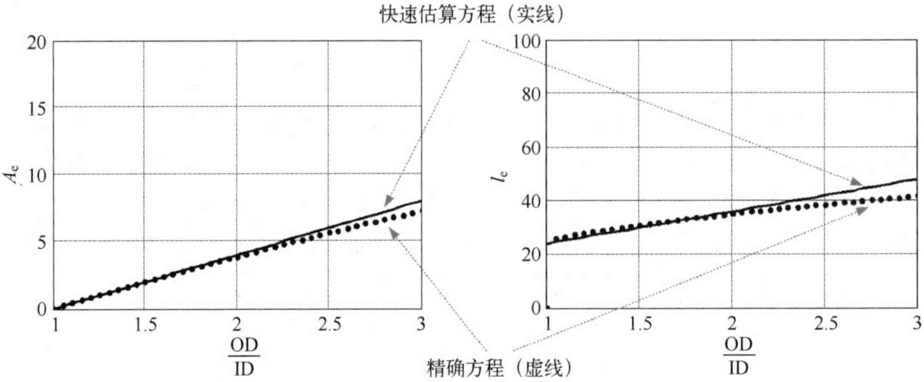

OD代表外直径
ID代表内直径

快速估算	$A_e = \frac{OD-ID}{2} \times t$	$l_e = \frac{OD+ID}{2.1} \times \pi$
精确计算	$A_e = \frac{t \times \ln\left(\frac{OD}{ID}\right)^2}{2 \times \left(\frac{1}{ID} - \frac{1}{OD}\right)}$	$l_e = \frac{\pi \times \ln\left(\frac{OD}{ID}\right)}{\left(\frac{1}{ID} - \frac{1}{OD}\right)}$

图 7.5　磁芯的有效面积与有效长度方程

为了使用者的便利，现在供应商测试并公布 E 型磁芯的 A_e、l_e 和 V_e 数据。这很好。这些数据与等效的环型磁芯的相对应，所有的方程都是基于此，所以可以直接使用。

但是也需要知道，如何能较为准确地用几何方法估算 A_e、l_e 和 V_e，只需查看 E 型磁芯的物理尺寸。图 7.6 中，首先查看一个常规的 E 型磁芯如何被想象成等效的环型磁芯，以及如何近似得到 A_e、l_e 和 V_e。例如，如果是 E 型磁芯，我们必须首先认识到，中间支柱的磁通平分到外部两个支柱上——由于对称性。A_e 就与通过中心支柱的截面积非常接近。

事实证明，大多数 E 型磁芯就是按照两个外侧支柱的横截面积总和等于中间支柱的面积来设计的。非常少有的情况是（特别是亚洲的一些非标准的磁芯，作者多年前确实亲眼所见），由于某些原因，外侧支柱的横截面积总和小于中间支柱的面积。这种情况下，以及一般的，我们可以取 A_e 为中间支柱或外侧支柱的截面积，以较小者为准。

注：我们可以通过采用非均匀磁芯得到摆动电感。当我们增大电流时，高磁感应强度部分（上述案例中的外侧支柱）首先饱和，电感下降（但不会太低）。中间支柱的磁感应强度较低，将继续维持电感量不变直至达到较高的电流。

注意，在所有的情况下，无论是环型磁芯还是 E 型磁芯，磁芯的有效体积 V_e 总是等于所用磁芯材料的实际大小，并且下式总是成立。

$$V_e = A_e \times l_e$$

注：如果对磁芯的几何特性有怀疑，可以参看给出的 A_e 和 l_e。但是必须要注意单位。

有些厂商给出的参考值的单位分别为 mm^2 和 mm（有时几乎就是默认，而不会将单位写明），而有些又会使用 m^2 和 m。记住，如果一直使用的都是 MKS 单位，需要将前者变换为 m^2 和 m。

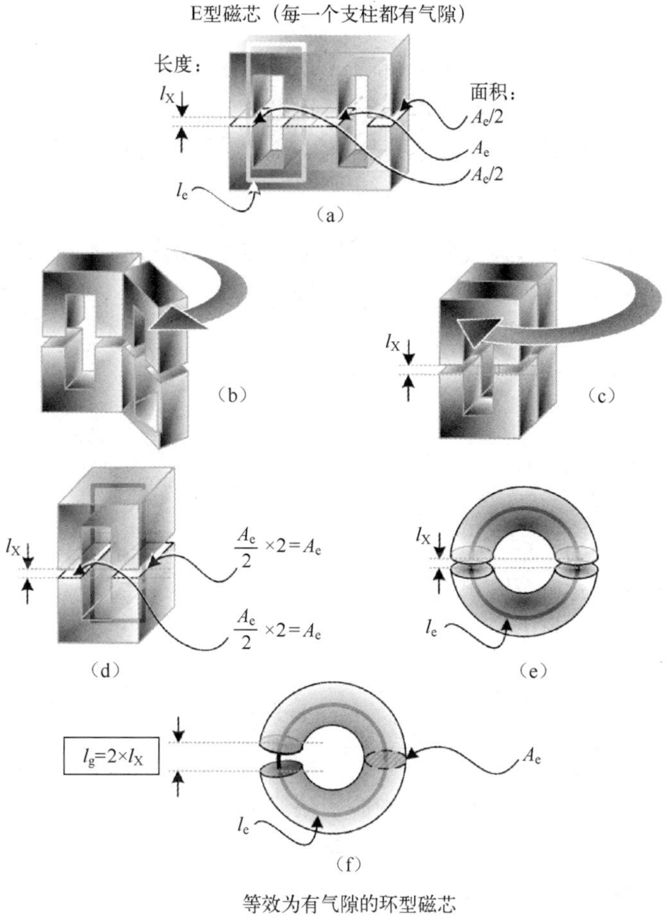

图 7.6　E 型磁芯等效为环型磁芯

气隙的影响

回到 mmf 方程

$$NI = \Phi \times \left(\frac{l_c}{\mu_c A_c} + \frac{l_g}{\mu_g A_g} \right)$$

我们发现可以得到 $l_c = l_e$（无气隙的磁芯的有效长度）。并且 μ_g 基本上就是空气磁导率，即 μ_0。MKS 单位中该值为（也可参见图 7.1）

$$\mu_0 = 4\pi \times 10^{-7} \quad \mathrm{W/A \cdot m 或 H/m\, J/A^2 \cdot m}$$

材料的相对磁导率定义为

$$\mu = \frac{\mu_c}{\mu_g} \equiv \frac{\mu_c}{\mu_0}$$

气隙的磁导率与空气的相同，可得 $\mu_g = \mu_0$。

注：不要将此处的 μ 与方程 $B=\mu H$ 中的 μ 混淆。在 $B=\mu H$ 方程中，μ 只是象征写法。在实际中，它代表材料的绝对磁导率（而非其相对磁导率，它也记作 μ，稍后会解释）。例如，磁芯的正确写法为 $B_c=\mu_c H_c$，气隙中为 $B_g=\mu_g H_g$。B_c 也可记作 $B_c=\mu\mu_0 H$，其中 μ 为磁芯材料的相对磁导率。

注：象征性的方程 $B=\mu H$ 将空间任意一点的 B 与该点的 H 联系在一起。如前所述，（任意一点的）B 与 H 是成比例的（在线性材料中），并且比例常数为（该点的）（绝对）磁导率。由于 H 与电流成正比（自由空间内总是呈线性），可得 B 也与电流成正比（线性材料）。

如果假设整个结构（无边缘效应）的面积是均匀的，即 $A_e=A_c$，由 mmf 方程可得

$$\Phi=\frac{NIA_e\mu_c}{l_e+\mu l_g}$$

即

$$B=\frac{\mu_c NI}{l_e+\mu l_g}$$

也可记作

$$\Phi=\frac{NIA_e\mu_e}{l_e} \qquad 其中\mu_e=\frac{\mu_c}{(1+\mu l_g/l_e)}$$

这表示，有了气隙的存在，磁芯和气隙中

$$B=\frac{\mu_e NI}{l_e}$$

如果没有气隙，可得（磁芯）

$$\Phi=\frac{NIA_e\mu_c}{l_e} \qquad B=\frac{\mu_c NI}{l_e}$$

这意味着此处的 B 是连续的，没有任何中断，磁芯材料和气隙中的值总是相同的。

如果增大气隙，磁芯和气隙中的场强都减小，但两者仍然相等。这是很自然的，因为我们假设（磁芯和气隙的）横截面积恒定，B 与磁通有关，即 $B=\Phi/A$（这就是称其为磁感应强度的原因！）。知道了磁力线是连续的（没有任何的断开），磁感应强度 B 也是如此。场强 H 遵循公式 $H=B/\mu$。如果从一种材料进入另一种材料（即磁芯到气隙，或气隙到磁芯），场强 H 会有断裂或跳跃。场强 H 不再连续，但磁感应强度 B 仍是连续的。这就是为什么建议先计算 B，而非 H。事实上，我们甚至无需理会 H。

基于前面的叙述，我们认识到对于气隙，有两种方法：

（1）可以认为由于气隙的存在，使得磁回路长度增加——从 l_e 增至 $l_e+\mu l_g$，从而使得磁感应强度 B 减小。因此

$$\Phi=\frac{NIA_e\mu_c}{l_e} \Rightarrow \frac{NIA_e\mu_c}{l_e+\mu l_g}$$

这表示，即使气隙仅长 l_g，但它为有效磁路长度贡献了 μ 倍几何气隙长度。注意，因子 μ 是气隙材料的相对磁导率，因此它有助于使气隙成为整体推算中非常重要的部分。

（2）或者我们可以从另一个角度，即通过将磁芯的磁导率 μ_c 改为 μ_e，来考虑气隙导致磁感应强度 B 减小的影响。μ_e 为有效磁导率，适用于整个磁芯，均匀分布（不再是独立的气隙和磁芯，很像是带有分布式气隙的铁粉芯）。因此

$$\Phi = \frac{NIA_e\mu_c}{l_e} \Rightarrow \frac{NIA_e\mu_e}{l_e}$$

注意，这两种方法在气隙的影响方面是等价的、可替代的。因此，用一种方法即可，不要同时两种都使用。此外，这种数学小把戏只可用于 B，因为只有 B 在磁芯和气隙中是不变的，然后可以用 H=B/绝对磁导率来推导出 H。

我们在后面将会列出这些变化，使所有这些分析更加清晰。

气隙因子 *z*

我们已经定义了一个有效的（集总）磁导率为

$$\mu_e = \frac{\mu_c}{(1+\mu l_g/l_e)}$$

可以重写为

$$\mu_e = \frac{\mu_c}{(l_e+\mu l_g)/l_e}$$

因此

$$\mu_e = \frac{\mu_c}{z}$$

磁芯材料的磁导率下降 $1/z$，其中 z 为

$$z = \frac{l_e+\mu l_g}{l_e}$$

气隙因子 z 为新路径长度 $l_e+\mu l_g$ 与原来的（无气隙）路径长度 l_e 的比值。该值一般等于或大于 1。如果 z =1，表示无气隙磁芯。

一般 $\mu l_g \gg l_e$，可以写成

$$z = \frac{l_e+\mu l_g}{l_e} \approx \mu\frac{l_g}{l_e}$$

这表示，如果气隙翻倍，z 大约翻倍。

注意，正如之前所讲的，我们可以使用 z 调整磁导率或长度，但不能同时调整两个。

将这一规律运用到无气隙的磁感应强度 B 方程，可以很容易地得到带气隙的方程：

$$B = \frac{\mu_c NI}{l_e} \Rightarrow \frac{\mu_c NI}{z\times l_e} \equiv \frac{(\mu_c/z)NI}{l_e} = \frac{\mu_e NI}{l_e}$$

注：对于 E 型磁芯，如果仅仅研磨中间支柱以产生气隙，并且外侧支柱上没有气隙，那么总气隙长度等于中间支柱上的气隙的物理尺寸。或者，如果外侧支柱上加垫片，那么总气隙长度就等于每个支柱上气隙长度的 2 倍，见图 7.9。

z 的成因和意义

磁力线是连续的，因此磁芯和气隙中的磁感应强度 B 是相同的。但是 B=μH，并且由于从磁芯到气隙的 μ 发生变化，因此场强 H 不再相同。对于那些认为 H 为驱动、B 为响应的人来说，这很不习惯。但实际上气隙存在时，考虑 B 而非 H 会更有帮助（更容易）。

下面计算磁芯和气隙中的 B 和 H。

磁芯和气隙中的 B 为

$$B_c = B_g = \frac{\mu_c NI}{zl_e} \equiv \frac{\mu_e NI}{l_e}$$

磁芯中的 H 为

$$H_c = \frac{B}{\mu_c} = \frac{NI}{zl_e}$$

气隙中的 H 为

$$H_g = \frac{B}{\mu_g} = \left(\frac{\mu_c}{\mu_g}\right) \times \frac{NI}{zl_e} = \frac{\mu NI}{zl_e}$$

这时可以看到

$$H_g = \mu \times H_c$$

由于铁氧体的相对磁导率为 1000～5000，磁芯中的场强 H 为气隙中的 1000～5000 倍！记住，磁感应强度 B 在磁芯和气隙中都是连续的。

问题：如果没有磁芯，场强 H 会如何（即用空气代替磁芯）？假设线圈和电流不变。

对空芯线圈应用安培定律可得

$$H = \frac{NI}{l_e}$$

由此可以得出以下结论：

- 带气隙磁芯中磁芯的场强 H 显著小于空芯的情况，为原来的 $1/z$。
- 带气隙磁芯中气隙的场强 H 比空芯的情况要大得多，为原来的 μ/z，其中 μ 为磁芯周围材料的相对磁导率。

空芯情况下的磁感应强度 B 为

$$B = \mu_0 H = \frac{\mu_0 NI}{l_e}$$

与带气隙磁芯相比

$$B_c = B_g = \frac{\mu_e NI}{l_e}$$

可以看到，与空芯线圈相比，在气隙和磁芯中的 B 大幅增加。

表 7.3 为刚才讨论情况的比较和总结。在图 7.7 中，我们列出了 z 如何影响相对磁导率。在图 7.8 中，我们具体清楚地列出了带气隙和无气隙磁芯中的场强。

表 7.3　磁芯（与气隙）中的 B 场与 H 场

<table>
<tr><th colspan="2">MKS 单位</th><th colspan="2">B</th><th>H</th></tr>
<tr><td colspan="2">不带气隙磁芯
$\mu_e = \mu_c$, $z = 1$</td><td>$\frac{\mu_c NI}{l_e}$</td><td rowspan="4">$\equiv \frac{\mu_e NI}{l_e}$</td><td>$\frac{NI}{l_e}$</td></tr>
<tr><td rowspan="2">带气隙磁芯
μ_e, $z > 1$</td><td>磁芯</td><td rowspan="2">$\frac{\mu_c NI}{zl_e} \equiv \frac{\mu\mu_0 NI}{zl_e} \equiv \frac{\mu_e NI}{l_e}$</td><td>$\frac{NI}{zl_e}$</td></tr>
<tr><td>间隙</td><td>$\frac{\mu NI}{zl_e}$</td></tr>
<tr><td colspan="2">空芯线圈
$\mu_e = \mu_0$, $z = 1$</td><td>$\frac{\mu_0 NI}{l_e}$</td><td>$\frac{NI}{l_e}$</td></tr>
<tr><td colspan="5">z 是 $(l_e + \mu l_g)/l_e$
μ 为相对磁导率=μ_c/μ_0，
μ_e 为有效磁导率=μ_c/z。</td></tr>
</table>

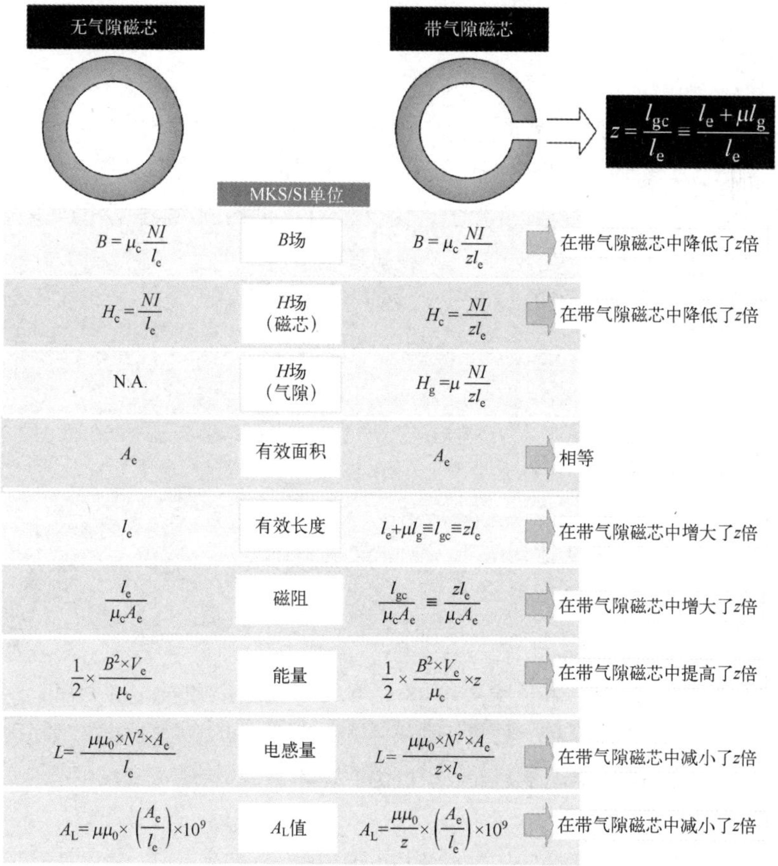

图 7.7　带气隙磁芯与无气隙磁芯的比较

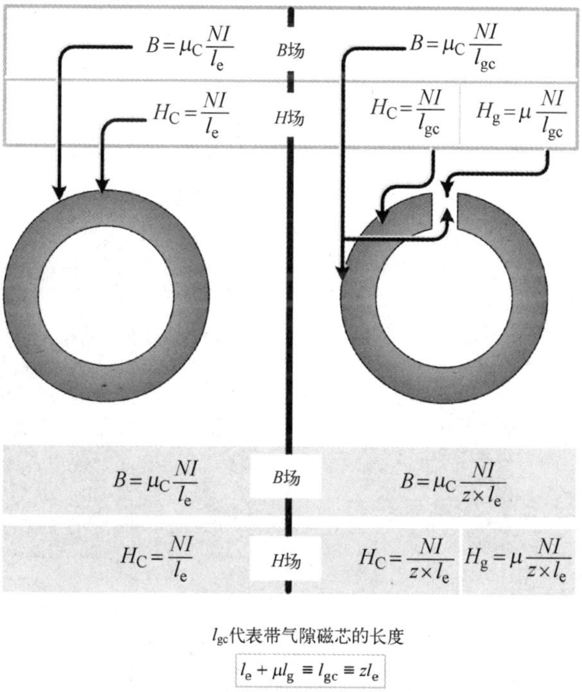

图 7.8　磁芯（与气隙）中的 B 场与 H 场

B与H的关系

方程$B=$磁导率$\times H$适用于空间内的某一点，而不是工程师有时误解的整个结构。事实上，不能用$B=\mu H$方程来表示整个带气隙磁芯的平均有效值关系。这是因为，即使磁芯和气隙中的B为常数，但H是非连续变化的，因此没有“平均H”。虽然可以象征性地写出

$$B=\mu_e H$$

但由表7.3可知，非常偶然的情况下，这表明如下关系：

$$B_{带气隙磁芯}=\mu_e\times H_{空芯}$$

或是

$$B_{带气隙磁芯}=\mu_e\times H_{无气隙磁芯}$$

但不能写成

$$B_{带气隙磁芯}=\mu_e\times H_{带气隙磁芯}$$

这是毫无意义的，此处的H是什么呢？

带气隙E型磁芯

E型磁芯与环型磁芯在拓扑上是等同的，见图7.6。E型磁芯的中间支柱的横截面积等同于环型磁芯的有效横截面积。E型磁芯的中间支柱到两边支柱的有效长度等同于环型磁芯的有效长度。E型磁芯中间支柱的总气隙即为环型磁芯的气隙长度。

但是必须注意以下几点：

（1）若分别研磨EE型磁芯（由两个相同E型部分组成）每一半的中间支柱以取得一定长度的气隙l_g，那么每一半中间支柱的气隙长度等于$l_g/2$。

（2）若只研磨EE型磁芯其中一半的中间支柱以取得一定长度的气隙l_g，那么该部分中间支柱的气隙长度等于l_g。

（3）如果不研磨EE型磁芯的中间支柱，并且要实现一定气隙长度l_g的方法是在外侧支柱上插入相同的垫片，那么垫片厚度必须设置为$l_g/2$。参见图7.9。

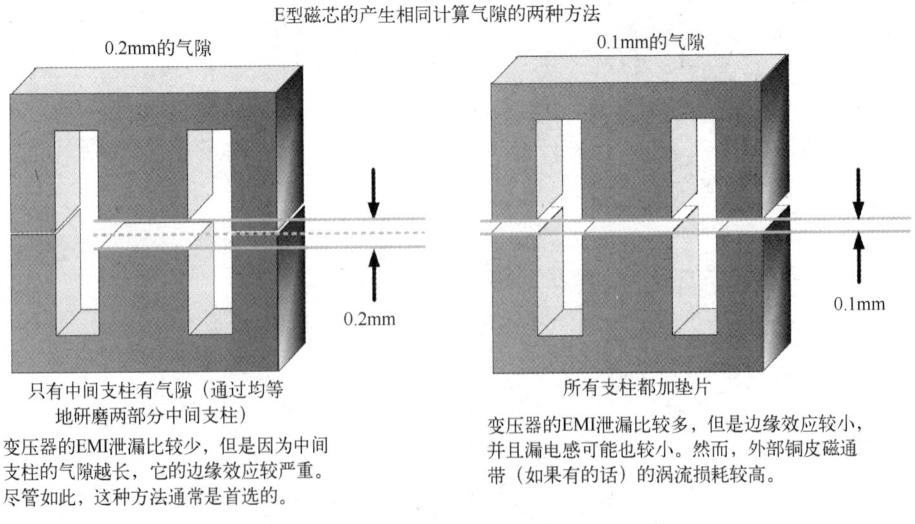
E型磁芯的产生相同计算气隙的两种方法
0.2mm的气隙
0.2mm
只有中间支柱有气隙（通过均等地研磨两部分中间支柱）
变压器的EMI泄漏比较少，但是因为中间支柱的气隙越长，它的边缘效应较严重。尽管如此，这种方法通常是首选的。
0.1mm的气隙
0.1mm
所有支柱都加垫片
变压器的EMI泄漏比较多，但是边缘效应较小，并且漏电感可能也较小。然而，外部铜皮磁通带（如果有的话）的涡流损耗较高。

图7.9　如何在E型磁芯中正确布置气隙

储能考虑：如何改变实际的气隙，达到最优

电感中储存的能量与其场强的能量相同，即

$$\text{Energy} = \frac{1}{2}BH \times 体积$$

一般 $B=\mu H$（其中 μ 在此处为材料的绝对磁导率），对于带气隙的环型磁芯，可得以下能量表达式。对于磁芯部分，

$$\text{Energy}_\text{c} = \frac{1}{2}\frac{B^2}{\mu_\text{c}} \times A_\text{e} l_\text{e} \quad \text{J}$$

对于气隙，

$$\text{Energy}_\text{g} = \frac{1}{2}\frac{B^2}{\mu_0} \times A_\text{e} l_\text{g} \quad \text{J}$$

因此总储能为

$$\text{Energy} = \frac{1}{2}B^2 A_\text{e}\left(\frac{l_\text{e}}{\mu_\text{c}} + \frac{l_\text{g}}{\mu_0}\right) \quad \text{J}$$

因此

$$\text{Energy} = \frac{1}{2}B^2 A_\text{e} l_\text{e} \frac{z}{\mu_\text{c}} \quad \text{J}$$

或由定义 $V_\text{e} = A_\text{e} \times l_\text{e}$ 可得

$$\text{Energy} = \frac{1}{2}B^2 V_\text{e} \frac{z}{\mu_\text{c}}$$

整理一下使其更直观：

$$\text{Energy} = z \times \frac{1}{2}\frac{B^2}{\mu_\text{c}} \times V_\text{e}$$

简单地令 $z=1$ 可以估算无气隙的能量。换句话说，气隙的存在使总储能增大为原来的 z 倍，见图 7.7。

磁芯的储能极限为

$$\text{Energy}_\text{SAT} = z \times \frac{1}{2}\frac{B_\text{SAT}^2}{\mu_\text{c}} \times V_\text{e}$$

利用这一信息，让我们看看如何在实验室尝试不同的气隙优化。

尝试一（*N* 不变）

这是最常用和最明显的方法。虽然这方法能用，但一点也不优化。以下是尝试的方式。

我们发现磁芯逐渐饱和，因此调整气隙（插入垫片），其他保持不变。注意，我们也可以用磁学专业软件来实现。这时我们发现磁芯不再饱和，但是产生的影响有点过于极端。因为不但将 Energy_SAT 增大为原来的 z 倍，而且将磁芯中的储能减小为原来的 $1/z$。直观来说，可以把这当作要在一个容器中储存一定量的食物，增加容器的大小，但也没必要扔掉一部分食物。

上述说法的原因是：增大 z 时，磁芯内的 B 降低了。怎么会这样呢？电流（斜坡中心值）与应用（负载和输入电压，这些没变化）有关。因此，围着这一中心值会有比较小的斜坡上升值，虽然会有改变，但不会改变很多，所以安匝数可以认为是几乎恒定不变的（在本章前面部分也可以看到，见例 7.1）。因此这种情况下，增大气隙时，z 增大，由

表 7.3 中 B 相关方程可以看到，B 成反比下降。

$$B=\frac{\mu\mu_0 NI}{zl_e}$$

现在来看我们的能量方程，

$$\text{Energy}=z\times\frac{1}{2}\frac{B^2}{\mu_c}\times V_e$$

如果 B 跟随 $1/z$ 变化，储存的能量也会跟随 $1/z$ 变化并降低。容器的大小，由极限方程来反映

$$\text{Energy}_{\text{SAT}}=z\times\frac{1}{2}\frac{B_{\text{SAT}}^2}{\mu_c}\times V_e$$

增大为原来的 z 倍，因为 B_{SAT} 是恒定的，如图 7.10 所示，但这肯定不是最优化的方案。这是在扩大空间，因此为什么还要扔掉食物呢？

尝试二（*N*正比于 *z*：*B*保持不变）

查看 B 方程：

$$B=\frac{\mu\mu_0 NI}{zl_e}$$

为了防止 B 不必要地减小，可以使 N 正比于 z。那么 B 保持相同值（不变）。然而，如果看能量方程，有

$$\text{Energy}=z\times\frac{1}{2}\frac{B^2}{\mu_c}\times V_e$$

因此，即使保持 B 不变，储存在磁芯中的能量增大为原来的 z 倍。但这又是另一个极端，因为即使增加了储能的能力（容器的大小），我们还是在试图放入太多的能量（食物）。这种明显的过设计会导致（能量）裕量没有增加。如果磁芯几乎饱和，它仍然是原来的大小。

我们必须意识到，毫无节制地增加变压器匝数会使变压器趋于饱和。这肯定会加速饱和，因为正如我们上面看到的，即使增加匝数的同时也增大气隙，但仍然无法改善。因此，如果增加匝数时不改变气隙，根本没希望引入任何的裕量。事实上却恰恰相反。

尝试三（*N*正比于 $\sqrt{z}$：能量保持不变）

由

$$\text{Energy}=z\times\frac{1}{2}\frac{B^2}{\mu_c}\times V_e$$

可知，如果使 B 正比于$1/\sqrt{z}$，可以使储能保持不变。这就是此处要实现的目标（不改变储存的食物数量）。

通过增大 z，可以增大 $\text{Energy}_{\text{SAT}}$（即增大了容器的大小），因此在饱和之前裕量也会优化增大。

如何能使 B 正比于$1/\sqrt{z}$？从方程来看，由于 B 正比于 $N/\sqrt{z}$，如果使 N 增大为原来的$\sqrt{z}$ 倍，那么正如我们所需要的，B 正比于$1/\sqrt{z}$。这就是我们如何实现的。例如，如果 z 翻倍（气隙也几乎翻倍），需要将匝数增加为原来的 1.414 倍（因为$\sqrt{z}=1.414$）。

为什么我们考虑这一优化方式，而非之前的尝试方法呢？

（1）尝试一的方法中，减小了储存能量，但代价是使所有电流都非常“陡”，因此增加了整个变换器的损耗。

（2）尝试二的方法中，虽然增大了磁芯的能量存储能力，但也增大了所需存储的能量（相同数量）。可以把这当作是不加选择地提高电感，也即增大了实际的能量 $[(1/2)\times L\times I^2]$，从而削弱了预期的裕量。如果磁芯接近饱和，结果依然如此。

（3）尝试三的方法中，改变 N 正比于 $\sqrt{z}$。例如，如果 z 从 2 变 8（因子为 4，几乎为气隙的 4 倍），绕组匝数翻倍。

在最后的例子中，按图 7.7，带气隙磁芯的电感为

$$L=\frac{\mu\mu_0\times N^2\times A_\mathrm{e}}{z\times l_\mathrm{e}}$$

可见，如果设 N 正比于 $\sqrt{z}$，那么 L 保持不变。这就是关键之处！由于电流纹波率 r 反比于 L，对于常量 L，r 也保持不变。这就是为什么磁芯储能保持不变的根本原因。这也意味着现在增大气隙，在变换器中也不会产生多米诺效应。电流不会变得很陡，各种电流有效值保持不变。我们将保留使用最佳 r 值（约 0.4）。

最后经过第三次尝试，调整气隙达到了最佳解决方案。增大了磁芯的储能能力，但并没有改变磁芯要储存的能量，也没有降低这一过程的转换效率。并且，通过保持 r 不变，下面我们会看到，我们可以选择要么增加裕量，要么简单地减小磁芯尺寸。

在第 10 章中会看到，对于给定的拓扑和应用，磁芯中储存的能量几乎是确定的。其余的与形状有关。对于 Buck-Boost 所需的磁芯大小为

$$V_{\mathrm{e\_cm3}}=\left[\frac{31.4\times P_{\mathrm{IN}}\times\mu}{z\times f_{\mathrm{MHz}}\times B_{\mathrm{SAT\_Gauss}}^2}\right]\times\left[r\times\left(\frac{2}{r}+1\right)^2\right]\equiv X\times Y$$

对于给定的材料、频率和气隙因子，其中的 X 项仅与功率（此处假设不变）有关，乘以仅与 r 有关的外形因子 Y。因此对于给定了功率等级，其他都不变，那么所需的尺寸仅与 r 有关。如果保持 L 及 r 不变，那么能量也保持不变。

顺带提一下，从之前的能量方程来看，降低磁芯材料的磁导率，而非增大，那么 $\mathrm{Energy_{SAT}}$ 也会增大（对于给定的 B_{SAT}）。这可能与直觉认识相反，但正是由于增加了磁芯气隙实现了这一点：减小了总的有效磁导率。

那么为什么不直接用空芯线圈？它的磁导率确实很小！事实上，空芯线圈的储能能力很强（因为它不会饱和），但这一能力很难成功应用。因为从能量方程看，必须要在其中创建一个庞大的磁感应密度 B 来实现大能量储存。如果是带气隙的铁氧体磁芯，这就容易实现：铁氧体就像“管道”引导磁力线进入气隙。这就是为什么方程中的小 l_g 能表现出大的 $\mu_\mathrm{c}\times l_\mathrm{g}$。磁芯就是一个乘法器。因此如果没有那样的帮助，空气自身不能作为完全的磁芯材料。另外，为了创建一个大型的场强，必须要用到多到不切实际的线圈匝数，相应的铜损非常高。这也是为什么我们经常通过检测一个给定磁芯的可用窗口面积（这将告诉我们实际上有多少铜可以放入线圈中）来评估其功率能力的原因。

气隙与磁芯中的能量

现在从能量方程中去掉 B。前面的方程可以简化为（此处“E”表示能量，而非电场）：

$$\frac{E_g}{E_c}=z-1=\frac{\mu l_g}{l_e}$$

可以看到，气隙的能量可以与磁芯的能量相比，原因很简单，尽管其尺寸很小，但从磁学角度来看，它还要乘以周围材料的相对磁导率。这就使得它实际上很大，可以写为

$$\frac{E_g}{E_c+E_g}\equiv\frac{E_g}{E}=\frac{\mu l_g}{l_e+\mu l_g}$$

式中，E 为整个结构中储存的总能量（即 E_c+E_g）。然后应用 $z=(l_e+\mu l_g)/l_e$ 可得

$$\frac{E_g}{E}=\frac{\mu l_g}{l_e+\mu l_g}=1-\frac{1}{z}$$

这是储存在气隙中的能量与总能量的比值。但是总能量为多少？简化之前的方程可得

$$E=\frac{\mu\mu_0 N^2 I^2 A_e}{2l_e}\times\frac{1}{z}$$

注意，这表示想要储存的"食物"，而非容器的大小。容器的尺寸对应于 $\text{Energy}_{\text{SAT}}$，它随 z 增大，并不像上面方程所提示的。当然，就像之前提到的按 $\sqrt{z}$ 改变 N（尝试三的方法），食物的量保持不变。

类似的，单单储存在磁芯中的能量（不包括气隙）为

$$E_c=\frac{\mu\mu_0 N^2 I^2 A_e}{2l_e}\times\frac{1}{z^2}$$

利用

$$E_g=\frac{\mu l_g}{l_e}E_c$$

或

$$E_g=\left(1-\frac{1}{z}\right)\times E$$

可得

$$E_g=\frac{\mu\mu_0 N^2 I^2 A_e}{2l_e}\times\frac{1}{z}\left(1-\frac{1}{z}\right)$$

如果绘出该曲线，可以看到，对于不变的安匝（但并不一定非要如此），整个结构中的能量在增大 z 时开始下降（之前的尝试一）。实际上磁芯中的能量以相当快的比例下降，但气隙中快速增加的能量补偿了这一部分。然而，当 z 增大到等于 2 时，气隙中的能量与总能量的比值达到 50%，再继续增大 z 时，气隙中的能量也开始下降了。注意，z=2 对应于 $l_g=l_e/\mu$。这仅适用于安培不变和匝数不变的情况——仅仅通过增加垫片来增大气隙的方式。换句话说，对于之前的尝试一，得到的好处直至 z 增大到 z=2 这一门槛为止。随后开始下降。

z 的最优设计目标值

对于相同的场强（或能量），气隙越大需要的匝数越多，这导致铜损逐渐增加，漏感也越来越大。因此使用 E 型磁芯的变压器，反激变换器中最优化值约为 z=10。这至少是我们最初的设计目标。

对于像 PFC 变换器的扼流线圈，一般目标值为 z=40，因为只有一个主要的大电流绕组，所有的窗口区域都可用。

正激变换器中，理论上不需要气隙，因为磁芯不需要储存任何的输出能量。第 11 和 12 章中会详细地介绍。然而正激变换器变压器的磁芯仍然会储存与磁化电流有关的能量[本章稍后的“（真正的）变压器”一节中会讨论]。因此，为了避免与磁化电流有关的大范围变化（因为这也会影响设置的开关电流极限的公差，等等），必须要加一个小的气隙，设计目标 z 最多为 1.5～2。

记住，气隙的一个重要特性是，磁芯的有效磁导率越来越依赖于气隙本身（空气磁导率精确），而磁芯材料特性的影响越来越小。所以气隙开始主导整体性能和表现，使得磁结构的最终特性更容易预测。事实是，铁氧体具有比较大的机械和电气公差，这与其非常棘手的制造过程有关。并且正因为如此，供应商和供应商之间没有确切的“等价物”存在。因此，在正激变换器中引入小气隙（不超过 z=2）来减小铁氧体种类和来源上的差异，使其更易于商用。其他情况下，出于大能量储存目的，确实需要气隙（z=10～40）。但现在我们也认识到气隙的有利方面（z=2～40），即我们可以在不同供应商之间轻松转换。

B-H 曲线

增加气隙最直接的理由是因为空气不会饱和。因此在整个结构中混入一些气隙，那么整个结构开始展现一些空气的有用特性。*B-H* 曲线如图 7.10 所示。虽然这并没有改变整个结构的饱和磁感应强度 B_{SAT}，但它“软化”突然饱和的趋势——意义在于，为了产生同样变化的 B，现在需要在更高的电流上有更大的电流（安匝）变化量。这一特性很有用，因为它给大多数控制器和开关管足够的反应时间（例如，通过电流传感器），能够足够快速地关断，以防止开关管损坏。它也降低了有效磁导率，如图 7.10 所示。

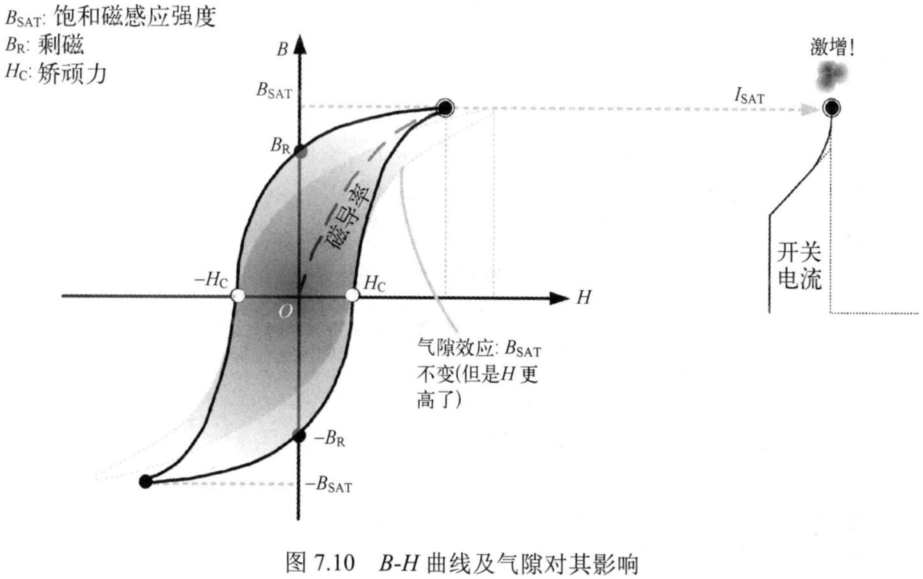

图 7.10　*B-H* 曲线及气隙对其影响

对于带气隙的磁芯，最终的 A_L（电感系数，单位为 nH/匝^2）也开始变得与材料的磁导率无关，而完全与气隙大小有关。因此，设计开始变得对材料相对不敏感。只要能很好地控制气隙，那么就可以控制最终电感的公差。

精心设计原则有助于减小磁芯尺寸

我们看到，气隙会影响储能的能力。首先回顾一下分析要用到的前面的方程，仔细查看接下来会发生什么。这也有助于学习如何使用磁学的关键方程。

五个基本方程（此处 E 代表能量，而非电场）如下：

（1） $E=\frac{\mu\mu_0 N^2 I^2 A_e}{2l_e}\times\frac{1}{z}$

（2） $B=\frac{\mu\mu_0 NI}{zl_e}$

（3） $E=\frac{1}{2}B^2 V_e\frac{z}{\mu\mu_0}$

（4） $L=\frac{1}{z}\left(\frac{\mu\mu_0 A_e}{l_e}\right)N^2$

（5） $\mu_e=\frac{\mu_c}{z}$

例如，如果设气隙的（相对）磁导率从 2000 降至 200，即降低为 1/10，那么从第（5）个方程可知，z 必须从 1（无气隙）上升至 10。由第（2）个方程可知，为了保持磁感应强度 B 不变（比如，当运行接近于 B_{SAT}），那么可以安全地增大安匝数 NI 为原来的 10 倍（即为匝数，因为电流为预定值）。由第（1）个方程可知，磁芯中的能量增大为原来的 $10^2/10=10$ 倍。由第（4）个方程可知，电感也增大为原来的 $10^2/10=10$ 倍。因此本例中，$N\propto z$，能量$\propto z$，B=常数，$L\propto z$（尝试二）。

然而，对于一个最优的变换器设计，我们要固定某一个特定 r 值（通常为 0.4）。在给定的频率和应用条件下，这表示需要达到一个确定的 L。不多，也不少。因此电源设计真正要做的是下面的工作（对应于尝试三）。

由第（4）个方程可知，z 从 1 升至 10 时，为了使电感保持不变，N 仅需增大为原来的 $10^{1/2}=3.2$ 倍。因此，由第（2）个方程可知，如果 z 从 1 升至 10，但 NI 仅增大为原来的 3.2 倍（即可实现 L 保持不变），那么运行 B 场将降至原来的 1/3。由第（1）个方程可知，这一过程中磁芯的储能不变，即使由第（3）个方程可以看到其过载能力（即测量时达到一定的 B_{SAT}）已经增大为原来的 10 倍。因此，从运行 B 场值到饱和值（B_{SAT}），或是从运行时的能量存储值到峰值储能能力所测量得到的任何裕量都必须显著增加——即使电感保持常数不变。所有这些都可能转化为更高的场可靠性问题，其中变换器可能会遇到严重的异常情况或瞬态的电网输入/负载条件问题。

下面是对三种气隙尝试方法的回顾，以及它们如何影响关键参数：

（1）如果 N=常数，那么能量$\propto 1/z$，$B\propto 1/z$，$L\propto 1/z$。

（2）如果 $N\propto z$，那么能量$\propto z$，B=常数，$L\propto z$。

（3）如果 $N\propto z^{1/2}$，那么能量=常数，$B\propto z^{1/2}$，L 不变。

然而，如果控制电路的设计中已包含了所有的保护措施（如电压前馈、一次/二次电流限制和占空比钳制），并且它们用于充分保护变换器免受任何异常情况的影响，这就使得我们面对同样的功率等级时可以选择小一点的磁芯。这样做时，就可以得到最优磁芯尺寸，此时磁感应强度 B_{PK} 运行峰值设在接近 B_{SAT} 处（此时裕量最小）。这可能是优化设置气隙的最大优点了——减小了磁芯尺寸，假设已经精心设置了电流限制、占空比限制、电压前馈和欠压锁定（UVLO）。一个好的系统设计者可以在温度允许的情况下把磁芯的尺寸减小。

更好地理解 L

我们已经区分了最大储能能力（“容器”）和要储存的能量（“食物”）。这里将描述影响将所需储能需求（基于应用）传至磁芯的能力，以及电感的概念是如何形成的。

磁芯和气隙中，

$$B = \frac{\mu\mu_0 NI}{zl_e}$$

这表示，B 跟随 $1/z$ 下降，就像 E（能量）一样。因此，即使 E 写成与 B^2 成正比，而整个结构的能量实际与 B 成正比。合并以下两个方程：

$$E = \frac{\mu\mu_0 N^2 I^2 A_e}{2l_e} \times \frac{1}{z}$$

和

$$B = \frac{\mu\mu_0 NI}{zl_e}$$

可得

$$E = \frac{1}{2} \times BA_e IN$$

因此，对于给定的线圈（确定的 N、I、A_e），能量正比于 B。它甚至不直接依赖于磁导率。磁导率只起到间接重要性，因为它会影响足够大的 B 场的形成能力。然而需注意，即使不能形成足够大的 B 场，仅仅增大 N 也能产生足够的能量。因此，我们能往磁结构体中储存更多的能量是基于以下条件：

（1）磁导率影响我们将 B 提高到期望水平的能力。

（2）如果材料饱和，我们不能从表 7.3 中获得理论计算的 B 场。

（3）我们可以尝试通过增加更多的匝数来补偿磁导率，但可能受到可用窗口面积的限制。另外，由于绕组铜损增加，最终会使结构的损耗也增加。

注意，大多数设计者都知道 $E = (1/2)(LI^2)$，由于 I 基本上由应用条件而非设计决定，因此我们希望前三个条件必须仅仅等于获得足够大的电感的能力。

确实如此。这是定义称为 L 的这一物理量的重要之处。它几乎概括了所有关于磁芯和气隙的影响因素。将用 A_e、l_e 等来表示的能量方程等价于标准方程 $E = (1/2)(LI^2)$，由此可以推断出 L：

$$E = \frac{\mu\mu_0 N^2 I^2 A_e}{2l_e} \times \frac{1}{z} = \frac{1}{2} LI^2$$

$$L = \frac{1}{z}\left(\frac{\mu\mu_0 A_e}{l_e}\right) \times N^2 \quad \text{H}$$

可以看到，因为设 A_e=A_g，磁阻

$$\Re = \frac{l_c}{\mu_c A_c} + \frac{l_g}{\mu_g A_g}$$

变为

$$\Re = \frac{l_e}{\mu\mu_0 A_e} + \frac{l_g}{\mu_0 A_e} = \left(\frac{l_e}{\mu\mu_0 A_e}\right)\left[1 + \frac{\mu l_g}{l_e}\right]$$

但方括号的项为 z。因此

$$L = \left(\frac{1}{\Re}\right) \times N^2 \equiv P \times N^2$$

式中，P 为磁导，前面曾提到。

因此，电感是几个因子的乘积。第一个因子与磁芯的几何形状和材料有关。这个因子乘以 z 因子（包括了气隙的影响）的倒数。最后乘以 N^2，这来自于自感的影响。正如前面提到的，磁力线的数量正比于线圈的匝数 N。这些磁力线产生了磁链，也正比于 N，因为磁通本来是与同一个线圈（自身）有关，也是有 N 匝。这使得（自）电感总体与 N^2 有关。

由于以前我们用电感系数（A_L）定义电感 L 为

$$L = A_L \times N^2 \times 10^{-9} \quad \text{H}$$

可得

$$A_L = \frac{1}{z}\left(\frac{\mu\mu_0 A_e}{l_e}\right) \times 10^9 \quad \text{nH/匝}^2$$

也可得

$$A_L = P \times 10^9$$

因此，从物理上来说，A_L 仅仅为磁导。如果 A_L 的单位是 nH/匝^2，磁导的单位就是 H/匝^2。

比例：电感和反激变换器变压器之间的差异

记住，反激变换器变压器实际上是多绕组电感，因为它的目的也是用来进行能量存储。对这两者进行比较是有益的。

图 7.11 中给出了一般的电压和电流波形，用来更清晰地说明，电感与不同匝数比的变压器比较时，它们的波形是怎样的。水平坐标轴为时间。我们必须记住，就磁芯而言，它是完全“不知道”有一个或是几个绕组。如果一个绕组中电流切断，其他的绕组接通，保持安匝数的连续性，才是所有的磁芯关心的事情。那么电感和反激变换器变压器的实际区别是什么？区别在于通过每个绕组电流的形状。如果只有一个绕组，通过的电流是光滑和起伏的，电流可以被看作几乎为纯直流。但如果有多个绕组（缠绕在一个磁芯上），每个绕组中的电流必定是“斩波式”的梯形波——包含很高频率的谐波。所以，考虑到集肤深度，就会有很高的交流电阻损耗。因此，一般情况下，不会影响变压器和电感的磁芯损耗[仅与磁芯激励（ΔB 或ΔI）有关]，但是变压器的铜损会比电感的大很多。

要想更好地理解“比例”，请见第 8 章和第 10 章。

“真正的”变压器

反激变换器变压器是多绕组电感。一次绕组导通时，二次绕组不导通，反之亦然。因此，反激变换器变压器的基本效果与电感器的一样：开关管导通期间储存能量，开关管关断期间将能量传递给输出端。设置匝数比增加了升压或降压功能，同时也可以实现一次侧和二次侧的隔离。然而，在正激变换器和其他类似的拓扑中，我们使用的是“真正的”变压器，即真正的作为变压器来使用，通过升压比或降压比来转换电压和电流。这种情况下，变压器的主要目的不是储能。在现代 AC-DC 功率变换器中，如果不通过变压器来降压，那就需要一个非常小且不合实际的占空比，来实现高整流电压到实际直流输出电压的变换。

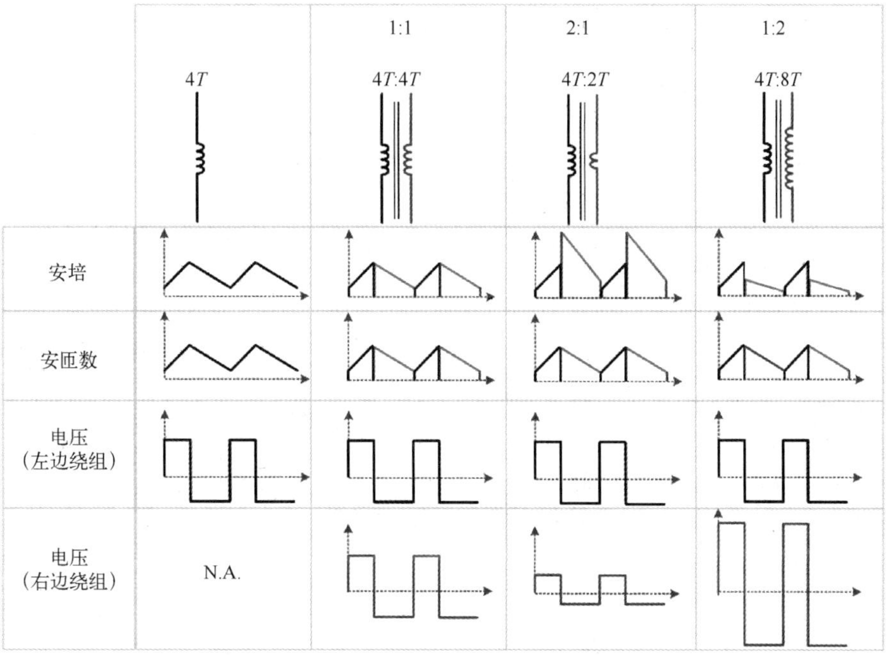

图 7.11　多绕组结构中电压和电流的形状

这里我们既用占空比，也用匝数比。例如 CCM 中，正激变换器的输入到输出的传递函数为

$$V_O = V_{IN} \times \frac{D}{n}$$

式中，n 为匝数比 N_P / N_S，N_P 为一次（输入侧）绕组匝数，N_S 为二次（输出侧）绕组匝数。从拓扑上可以识别出这种真正的变压器，即当一次绕组导通时，二次绕组也导通。首先变压器进行“n 步变换”，利用匝数比实现输入电压的转换，在输出电感器的前端得到有效输入电压 $V_{INR} = V_{IN} / n$。这一电感形成了一个 Buck 单元，进行最终的“D 步变换”，即 $V_O = V_{INR} \times D$。

虽然储能能力是电感的主要选择标准，但是变压器中基于磁化电流的储能仅是单纯的励磁能量，它和负载电流毫无关系，仅随输入电压变化而变化（随后讨论）。由于每个工作周期励磁能量都被回馈到大容量电容器中，因此变压器的这部分能量可以很小。变压器总是工作在不连续导电模式，不像扼流圈。如果要恢复和回收能量，为什么还要输入更多的能量呢？还有一个问题是要确保变压器的复位，这就是为什么它保持占空比小于 50%。这将在第 11 章中进一步解释。另外，正如之前表明的，原理上来说，正激变换器变压器没有气隙，因为不需要储能。但是一个小的气隙可以使设计更加稳定，并且更能容忍材料的磁导率和其他公差的变化。

这些因素使得正激变换器变压器的选择标准和设计与反激变换器变压器的有很大区别。

让我们更清楚地理解变压器模型。在真正的变压器中，由于二次绕组正好在一次绕组导通的同时导通，如图 7.12 所示，所以在 t=0 时刻，在一次侧突然加一个阶跃电压，可得V_{PRI}及其影响结果V_{SEC}，它们遵循

$$V_{PRI}=-N_P\frac{d\Phi}{dt}$$

$$V_{SEC}=-N_S\frac{d\Phi}{dt}$$

上述 Φ 是什么？目前还不清楚，但它是磁芯中的（净）磁通。

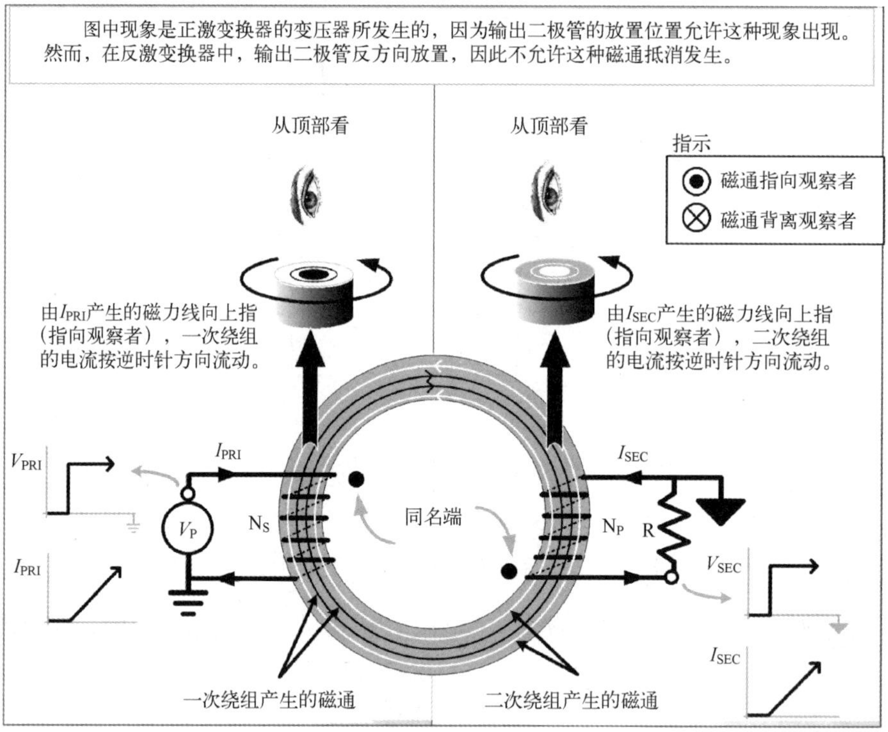

图 7.12　理解变压器的工作原理

无论它是什么，它（通过它的变化）连接一次绕组和二次绕组之间的电压。所有这些都是由 Φ 确定的，尽管（到目前为止）我们缺乏对这个 Φ 绝对值的认识！

将之前的方程消去 $d\Phi/dt$ 可得

$$\frac{N_P}{N_S}\equiv n=\frac{V_{PRI}}{V_{SEC}}$$

由此可得熟悉的变压器电压变比法则。

可以看到，二次电压与 R 无关。换句话说，即使二次绕组开路（R 无穷大，电流为零），二次绕组两端也有电压。即使不知道（净）磁通是什么，也能了解这一点！但是一旦知道了，变压器的谜团会变得更清晰。

注： 要强调的是，如果 R 无穷大，即使二次电流为零，二次侧也存在一个感应电压。这一感应电压具有极性，为电流的流动提供有效通路（R 不是无穷大时），它会产生感应电流，感应电流具有这样的方向：它产生的磁通阻碍通过该绕组的磁通变化。因此从这个意义上来说，感应电压是“有预见性的”。

注：感应磁通分量的方向是这样的，它会阻碍产生源：即变化。感应磁通分量会试图保持现状：通过保持之前存在于磁芯中的磁通不变。这一感应磁通分量不一定与一次磁通方向相反。它只需阻碍变化。因此如果初始磁通试图增大，感应磁通相应地反向增大，或同向减小！在变压器中预先存在直流偏置的情况下，这种区别是很重要的。

我们分别从每个绕组的磁通开始考虑。因为这构成了净磁通。（从磁路）我们可以得到

$$\Phi_{PRI} = \frac{N_P \times I_{PRI}}{\Re}$$

和

$$\Phi_{SEC} = -\frac{N_S \times I_{SEC}}{\Re}$$

我们知道，二次绕组在 t=0 开始导通（流过电流），如图 7.12 所示，试图阻止由一次绕组引起的磁通变化。但是有些奇怪的东西，我们需要进一步分析：如果流过一次绕组的电流为零，那么二次绕组如何阻碍一次绕组产生的变化磁通，正如对于 R（即负载电阻）无穷大的极端情况那样，前面所有的方程都必须仍然适用于这种情况吗？答案是：不会（阻碍）。在一次绕组接通电压源的那一刻，一次侧磁通总是存在一定的分量。这个磁通会变化（因为这就是一旦跨过边界就能获得反射电压的原因），但是二次绕组并不会（在 R 为无穷大的情况下，不会）阻碍这一磁通分量的变化，因为事实上，二次侧“看”不到这部分磁通，尽管这部分磁通变化是二次感应电压的根本来源。在现实中这是很难理解的，但令人惊讶的是即便是经验丰富的电源工程师也会不假思索地接受。

我们也可以想象，这一磁通与二次侧“不连接”，相当于漏磁，除了这一特定的磁通是完全包含在磁芯材料中的，而没有在周围的空气中（就像漏电感一样）。从这个意义上来说，这是*励磁*磁通，由我们所说的一次电流*磁化*分量产生。这用来为进一步磁通变化——并且为二次侧对超过基线水平的磁通变化进行响应而“建立”磁芯。需要强调：这个磁通基线是在二次侧开路（R 无穷大）时由一次侧创建的。它是磁化分量——主要用来磁化磁芯，跨过边界建立反射电压，从而允许二次电流导通，并阻碍任何超越这一基线水平的多余的（额外的）磁通变化。

这一“基线”不是平的？那是因为还必须满足另外的方程：

$$V_{PRI} = L_{PRI}\frac{dI_{PRI}}{dt} \qquad V_{SEC} = L_{SEC}\frac{dI_{SEC}}{dt}$$

因此，一次侧两端电压为常数 V_{PRI} 时，磁化电流上升。可以看到基线水平随着时间而变化。它必须如此。因为只有这样的变化才能在二次侧得到反射电压，否则是不能的。

但还有两个遗留（相关）问题还没回答：

（1）二次电流 I_{SEC} 如何与一次电流 I_{PRI} 相关？

（2）一般情况下（不仅仅是 R 无穷大的情况），磁芯中的磁通量绝对值是多少？

问题来了：一般来说，对于给定 R，二次绕组中的电流是确定的——因为根据电压变比法则，二次电压确定不变，与 R 的大小无关。它仅与磁化电流有关。二次电流可以简单地由方程 V_{SEC}/R 确定。这里要问：*确定的电流产生的磁通如何能阻碍所谓的任意变化的一次侧磁通*？数学上似乎没法解决。事实上，这个问题的能满足所有方程的最终答案是，测得的基线*以上*的一次磁通与二次磁通正好相等（方向相反），如图 7.12 所示。这些分量在磁芯中完全抵消，由此，不论二次电流为多少（R 为任意值），磁芯中的净磁通（测得的基线以上部分）为零。换句话说，磁芯中的净磁通总是与磁化电流分量有关，而

与 R（或 I_{SEC}）无关。

为了检验一致性，首先考虑没接 R 的情况（即 R 为无穷大）。对于这一极端情况，在下面的参数上加"上撇号"来做标识。

对于开路的二次侧，由于 I'_{SEC} 总是为零（未导电），从实际目的来看二次绕组并不存在。它不会产生磁通，由此也不会产生任何影响。本质上，我们只是围绕一次绕组绕制了一个简单的电感器，所以前面介绍的所有基本磁定律在这里也直接适用。特别的，磁芯中任何时刻的磁通都与瞬时电流有关。

$$\Phi'_{PRI} = \frac{N_P \times I'_{PRI}}{\Re}$$

$$\Phi'_{SEC} = \frac{N_S \times I'_{SEC}}{\Re} = 0$$

净磁通为

$$\Phi' = \Phi'_{PRI} + \Phi'_{SEC} = \Phi'_{PRI}$$

电压为

$$V_{PRI} = -N_P \frac{d\Phi}{dt} = -N_P \frac{d}{dt}\left(\frac{N_P \times I'_{PRI}}{\Re}\right)$$

$$V_{SEC} = -N_S \frac{d\Phi}{dt} = -N_S \frac{d}{dt}\left(\frac{N_P \times I'_{PRI}}{\Re}\right)$$

式中，$\Re$ 为磁芯的磁阻。如前所述，我们考虑基线为

$$\Phi' = \Phi'_{PRI} = \frac{N_P \times I'_{PRI}}{\Re}$$

现在假设 R 减小为有限值；电流流入二次侧，并产生磁通。假设一次侧也产生基线以上的磁通，那么可得

$$\Phi_{PRI} = \Delta\Phi_{PRI} + \frac{N_P \times I'_{PRI}}{\Re}$$

$$\Phi_{SEC} = \Delta\Phi_{SEC} = \frac{N_S \times I'_{SEC}}{\Re}$$

净磁通为

$$\Phi = \Phi_{PRI} + \Phi_{SEC} = \Delta\Phi_{PRI} + \frac{N_P \times I'_{PRI}}{\Re} + \Delta\Phi_{SEC}$$

注意，其中包含一定的与电压相关的 $d\Phi / dt$。

与 R 为无穷大的极端情况比较，

$$\Phi' = \Phi'_{PRI} = \frac{N_P \times I'_{PRI}}{\Re}$$

注意，这里也有一定的与电压相关的 $d\Phi / dt$。并且两种情况中，R 为无穷大或 R 为有限值，电压是相同的，因此这两个 $d\Phi / dt$ 也必定相同。如果 $\Delta\Phi_{PRI} + \Delta\Phi_{SEC} = 0$，这是很令人满意的。而事实正是如此。

换句话说，如果将 R 从无穷大减小为有限值，由一次绕组产生的高于基线的磁通增量与二次绕组产生的磁通增量相等且相反。净磁通及其相关变化与二次绕组无负载的情况完全相同。实际上，二次绕组已经成功地抵消了一次绕组中高于基线值的磁通的变化。

利用这些相关信息，从磁路方程中，可以很容易地看到电流必须遵循变比

$$\left|\frac{I_{PRI} - I'_{PRI}}{I_{SEC}}\right| = \frac{N_S}{N_P} = \frac{1}{n}$$

I'_{PRI} 为二次侧空载时的一次电流。对于这一磁化电流，给它一个新的标记 I_{MAG}，则

$$I_{PRI} = I_{MAG} + I_{SEC}/n$$

变压器的等效图（模型）如图 7.13 所示。它将电流分解成一个“无链接”分量 I_{MAG}，以及其余的进入“理想变压器”的分量（根据“理想变压器”的匝数比，它被升高或降低）。图中也给出了一次侧和二次侧的漏感 L_{LKP} 和 L_{LKS}。

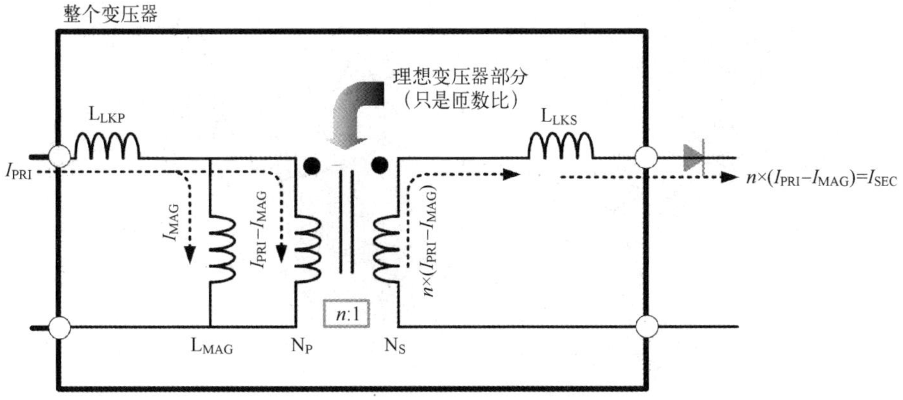

图 7.13　变压器模型

边缘磁通校正

到目前为止，我们一直假设磁力线穿过的磁性材料的横截面积与气隙中的相同。但是在气隙中，磁力线向外扩张“像气球”。气隙越大，气球也越大。是的，它会引起绕组、磁通带、法拉第屏蔽等（事实上，任何导电性表面）的涡流损耗增加（见图 7.14）。这是反对将气隙集中到中间支柱的正常做法的一个论点（见图 7.9），因为气隙更大一点。然而，人们争辩说，外侧支柱的气隙会更差，因为它们会沿着磁通带跑。

这种磁力线的膨胀会怎样影响结果？第一，它肯定会降低磁阻。从电气分析上很明显地看出：如果增大导体的横截面积，其电阻会降低，对于给定的电压能允许更多的电流通过。从磁路可以看到，对于给定的安匝数（磁动势 mmf）可得更多的磁力线（类似于电流）。

为了对此进行建模，我们引入了边缘磁通（FF）校正。该校正实际上平均了这种效应的影响，并将其应用于整个气隙结构。结果表明，这种边缘磁通相当于用一个无量纲因子 FF（一般都大于 1）增大了有效面积，所以有效面积修改为一个新的有效面积 A_{eff}：

$$A_{eff} = A_e \times \mathrm{FF}$$

$$\mathrm{FF} = 1 + \frac{l_g}{\sqrt{100 \times A_e}} \times \ln\left(4 \times \frac{D+0.5}{l_g}\right)$$

式中，l_g 为气隙（mm）；A_e 的单位为 cm^2；D 为长度（mm），如图 7.15 所示。

如前所述，通过引入边缘磁通校正，磁阻下降为原来的 1/FF：

$$\Re = \frac{l_c}{\mu_c A_c} + \frac{l_g}{\mu_g A_g} \Rightarrow \frac{l_c}{\mu_c A_{eff}} + \frac{l_g}{\mu_g A_{eff}} \quad （设\ A_c = A_g）$$

注意，如果我们将边缘磁通校正解释为减小了所涉及的长度，而不是增加了面积，那么磁阻也会减小。但是气隙长度是几何固定的。而磁力线的有效面积可以，也确实会因为

边缘效应而改变。有了这一新的有效面积，我们可以回到所有之前的（电感等）方程，用 A_{eff} 简单地替换 A_e。

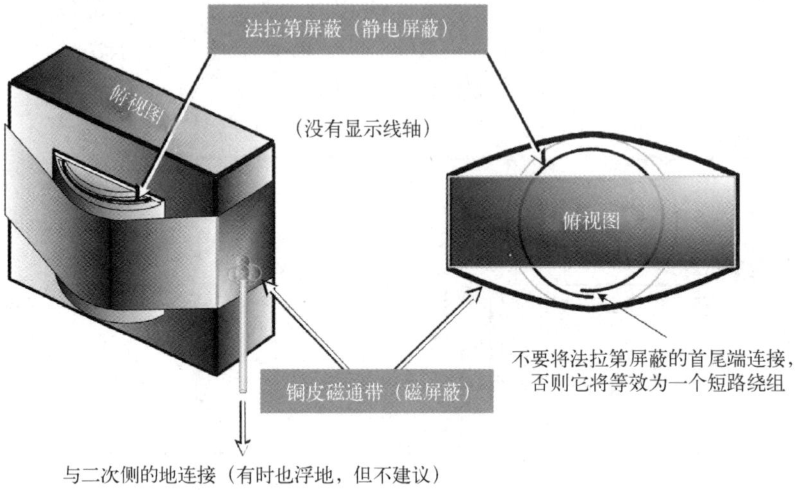

图 7.14　法拉第屏蔽和磁通带（涡流损耗）

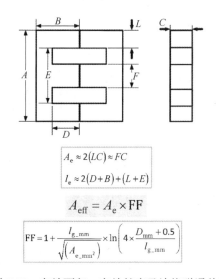

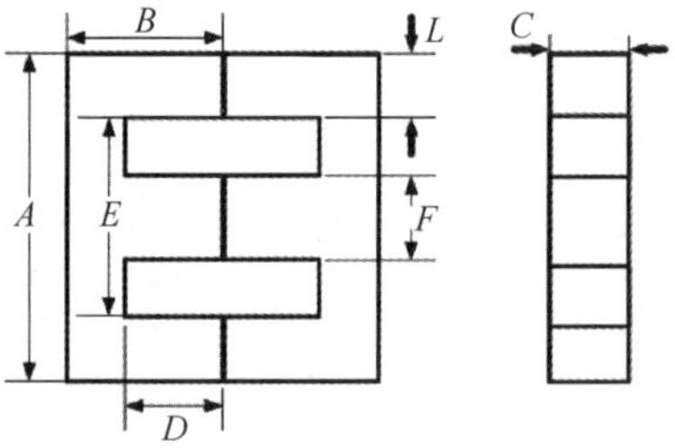

$$A_e \approx 2(LC) \approx FC$$

$$l_e \approx 2(D+B)+(L+E)$$

$$A_{eff} = A_e \times \text{FF}$$

$$\text{FF} = 1 + \frac{l_{g\_mm}}{\sqrt{(A_{e\_mm^2})}} \times \ln\left(4 \times \frac{D_{mm}+0.5}{l_{g\_mm}}\right)$$

图 7.15　有效面积、有效长度及边缘磁通估算

通过引入边缘磁通校正（ A_e 到 A_{eff} ），可以看到

- 场强 H 和磁感应强度 B 不会改变（由表 7.3 可知，它们与 l_e 有关，而非 A_e）。直观地说，我们有更多的磁力线和更多的面积，所以磁感应强度几乎不变。
- z 不变。
- μ_e 不会改变。
- 电感为 $1/\mathcal{R}$ ，因此增大为原来的 FF 倍。
- 能量∝面积×长度，因此增大为原来的 FF 倍（“容器的体积”更大）。

如果 L 增加，这意味着我们在忽略边缘磁通时计算的 L 值将是一个低估值，因为实际上，如果在给定的带气隙磁芯上绕上计算的匝数，得到的电感会比预期更高。这实际上会导致一个有趣的错误，如果我们能够“检查磁芯饱和度”，这一情况我们很快会解释。

首先考虑基本的电压无关方程：

$$B = \frac{LI}{NA}$$

因此，如果不考虑边缘磁通：

$$B = \frac{L_{\text{calculated}} \times I}{N \times A_{\text{e}}}$$

考虑边缘磁通：

$$B_f = \frac{L_{\text{measured}} \times I}{N \times A_{\text{ef}}} = \frac{(\text{FF} \times L_{\text{calculated}}) \times I}{N \times (\text{FF} \times A_{\text{e}})} = B$$

因此，磁感应强度 B 不变，正如表 7.3 看到的。然而在实践中，我们通常计算匝数，然后绕制电感，测量电感值，再用它来设置生产限制。但如果用测得的电感值，以及根据公布的磁芯有效面积来查看磁芯是否饱和，则产生了一个不匹配的误差：

$$B_{\text{check1}} = \frac{L_{\text{measured}} \times I}{N \times A_{\text{e}}} = \text{FF} \times B \qquad \text{(错误：看起来太高了)}$$

因为对于大气隙的磁芯，FF 甚至可以达到 1.4，所以我们最终会认为我们的 B 场不是像我们计算的 3000G，而是 4200G，这会使每个人都陷入不必要的恐慌状态。我们需要保持一致：我们使用 FF 还是不使用？我们不能混为一谈。因此，如果我们使用 L 的计算值（不考虑 FF）以及 A_{e} 的公布值来检查 B，那么我们就可以在磁芯中得到正确的 B 值：

$$B_{\text{check2}} = \frac{L_{\text{calculated}} \times I}{N \times A_{\text{e}}} = B$$

其中用到的是计算得到的 L（忽略 FF）。

但是这也是正确的：

$$B_{\text{check3}} = \frac{L_{\text{measured}} \times I}{N \times A_{\text{eff}}} = B$$

实际上是这样逐渐形成的。1998 年左右，作者已经创建了非常详细的设计 PFC 扼流圈的 MathCAD 表格。其中用到了校正因子 FF。该表格对于所需的电感值给出了磁芯上所需的匝数值。使用推荐的匝数和气隙，作者证实了预测的电感值就是测量得到的结果。所有的这些表明了表格（包括 FF）的有效性和精度。作者做了测试，非常仔细地监测 PFC 扼流圈电流，并没有看到一丝饱和的迹象（即，除了斜坡的稳定线性斜率之外）。但是作者被召集起来向高层解释一个“问题”。一位高级工程师向他们低声说，这位作者的 PFC 扼流圈设计不正确，按照他的计算，“超过了 4200G”。这位工程师就是用了 B_{check1} 公式，因此将 B 场高估为正确值的 1.4 倍（检查：3000G×1.4=4200G）。根据作者的表格，FF=1.4。这位工程师的错误就是用作者给出的 L 值和匝数，以及参数表上磁芯的 A_{e}（实际上忽略了 FF）。它们是不一致的。如果这个工程师用书上的标准方程来计算电感（不考虑边缘效应），而不是使用测量值，那就不会自相矛盾了。他应该用给出的磁芯 A_{e} 和匝数来计算 L，就可以得到理论电感值。如果在方程 $B = LI / NA$ 中使用计算出的电感值，可计算出正确的 B=3000G，而非 4200G。因为他也会用到 A（即 A_{e}）的理论值。当然随后他可能会奇怪，为什么计算出的 L 值是测得的 1.4 倍。区别在于边缘磁通。换句话说，为了得到正确的 B 值，必须保持一致性：都用测量值（一致的都用边缘效应），或是都用理论计算值；不能混合使用，否则会由于高估了 B 值而过度设计磁芯，就像那位工程师一样。

边缘磁通校正应用举例

我们有一个 EE 42/42/15 磁芯，材料为 3C85，绕组为 40 匝。我们在两个外侧柱子上各插入厚度为 1mm 的垫片。电感 L 为多少？验证能量方程。假设此时通过的瞬时电流为 1.2A。

注意，磁芯是由两半组合在一起的，所以有时只用一半的大小来指代磁芯，因此通常称为 42/21/15。然而，需要注意，所有供应商提供的都是完整磁芯（两个半部分连接在一起）的相关参数（如V_e和l_e）。第 11 章和第 12 章给出了一些常用磁芯的尺寸表。对于该种材料，$\mu = 2000$，这一套磁芯$V_e = 17.6\text{cm}^3$，$A_e = 1.82\text{cm}^2$，$l_e = 97\text{mm}$，$2 \times D = 29.6\text{mm}$。

注意，几何上，如果面积为1.82cm^2，从磁芯数值（EE xx/xx/15）上明显看出深度为 15mm，中间支柱宽为 1.82/1.5=1.21cm。EE 型磁芯通常会做成中间支柱宽度等于相等的两个外侧支柱之和，因此每个宽为 1.21/2=0.61cm，如果我们从每边的长度（即 21mm）中减去这个值，可得 D。快速估算 D 为 21−6.1=14.9mm，而 2×D=29.6mm，这与供应商提供的数据几乎一致。通常不需要供应商告诉我们 2×D 的大小。

由此计算过程如下：

$$\text{FF} = 1 + \frac{l_g}{\sqrt{100 \times A_e}} \times \ln\left(4 \times \frac{D + 0.5}{l_g}\right)$$

$$= 1 + \frac{1}{\sqrt{100 \times 1.82}} \times \ln\left(4 \times \frac{14.8 + 0.5}{1}\right) = 1.305$$

气隙因子为

$$z = \frac{l_e + \mu l_g}{l_e} = \frac{97 + 2000 \times 1}{97} = 21.62$$

带有 FF 校正的 A_L 为（电感更大）

$$A_L = \frac{1}{z}\left(\frac{\mu\mu_0 A_e}{l_e}\right) \times 10^9 \times \text{FF} \quad \text{nH/匝}^2$$

$$= \frac{1}{21.62}\left(\frac{2000 \times 4\pi \times 10^{-7} \times (1.82/10^4)}{97/10^3}\right) \times 10^9 \times 1.305 = 284.6 \quad \text{nH/匝}^2$$

电感量为

$$L = A_L \times N^2 \times 10^{-9} \quad \text{H}$$

$$= 284.6 \times 40^2 \times 10^{-9} \times 10^6 = 455.4\ \mu\text{H}$$

储存的能量为（对于给定的峰值电流 I）

$$\frac{\mu\mu_0 N^2 I^2 A_e}{2 l_e} \times \frac{1}{z} \times \text{FF} \quad \text{J}$$

$$= \frac{2000 \times 4\pi \times 10^{-7} \times 40^2 \times 1.2^2 \times (1.82/10^4)}{2 \times (97/10^3)} \times \frac{1}{21.62} \times 1.305 \times 10^6 = 327.9\ \mu\text{J}$$

与储能的替代形式相比较

$$E = \frac{1}{2} \times L \times I^2 = \frac{1}{2} \times 455.4 \times 1.2^2 = 327.9\ \mu\text{J}$$

完全一致，从而验证了能量方程。这一切与用 $A_e \times \text{FF}$ 替换 A_e 是一致的。

注意，在典型的功率变换应用中，我们一般会固定 L 不变。因此，考虑到 FF，需要从理论值（不考虑 FF 时的值）中减小 N。

第 8 章　带抽头电感（基于自耦变压器）的变换器

引言

如果我们遇到一个非常不合理的占空比，带抽头电感的拓扑可以解决。它用变压器，或更精确地说是自耦变压器，来提供一个更自由的取值——匝数比。例如，如果想用 DC-DC Boost 将 10V 升压到 100V，那么占空比需要高达 0.9。需要注意的是，不论它理论上是否可以在如此高的占空比运行，实际上是不可能做到的，因为大多数 Boost 控制 IC 没有被设计成能在如此极端的占空比下运行。大多数芯片设计师知道，在 Boost 和 Buck-Boost 中，需要留下足够的时间让能量进入输出端，因为能量只有在关断时间内才会进入输出电容，不像 Buck 电路。如果“机会的瞬间”被锁住了，那么就会进入这样一种状态：输出不再上升，占空比增大到 100%，想提升输出，但输出仍然不会上升，以此类推。这样错误设计的 IC，有一种是 LM3478 Boost 控制器，它的“骄傲”之处就是最大占空比为 100%。是的，100%占空比当然是可以接受的，对于 Buck 拓扑来说事实上也是可取的（当然除非有自举驱动电路，能够解除最大占空比限制）。但 100%占空比是 Boost 或 Buck-Boost 拓扑的诅咒，因为如前所述，这两种拓扑中的能量只有在关断时刻才能传递到输出端，必须要留下一定的关断时间来完成能量传递过程。因此，也难怪在 LM3478 的在线支持论坛上有那么多不满的抱怨。一般来说，解决极端升压或降压变比更好的办法是使用带抽头电感拓扑，而不是极端的占空比。例如，抽头电感拓扑在光伏（太阳能）应用中非常有效，在现代太阳能微型逆变器中经常能实现几毫伏到几百伏的变换。

抽头电感实际上就是自耦变压器。自耦变压器简单来说就是无隔离的变压器。正激变换器中的变压器不仅用来隔离，还用作与推荐的抽头电感拓扑相同的目的：在升压或降压过程中避免出现极端占空比。例如，用常规的 Buck 拓扑将 500V 降压到 5V，理论占空比为 5/500，即 1%。这几乎是不可能实现的，当然也不实用。但如果用到变压器或自耦变压器（抽头电感），一次侧到二次侧匝数比为 25，那么首先可以用匝数比实现 500V 到 500/25=20V 的转换。随后用占空比控制 Buck，实现 20V 到 5V 的转换，使用更实际的占空比为 5/20=0.25，即 25%。这恰好是我们计算的正激变换器的占空比。注意，此处隔离是额外的好处，匝数比是实际运行的关键。用同样的逻辑，我们也可以选择用自耦变压器代替传统变压器来创建非隔离反激变换器。我们也可得到因为使用了变压器或自耦变压器而带来的极性校正这一额外优点，因为反激变换器所基于的 Buck-Boost 拓扑不幸地受困于固有的输入和输出极性的不一致。

一般有两种方式来实现抽头电感拓扑：一种是利用自耦变压器来产生升压的作用，另一种是产生降压的作用。两者都可以叠加到主要的升压或降压功能上。分别将这两种记作“$n<1$”和“$n>1$”的情况，其中 $n = N_P / N_S$。因此 Buck 就有两种情况，Boost 就有另外两种：一共四种方案。这本书中，也许是第一次在文献中，通过独特的指定一次侧和二次侧的方式，将这些扩展拓扑的方式引入相同的占空比方程，类似于在基于变压器的拓扑中我们所做的。n=1 的临界情况（每个拓扑的两种抽头电感方案之间）与标准的 DC-DC 拓扑是一致的（不带抽头电感）。因此无论是 Buck 还是 Boost，n 从比如说 10 滑到 0.1 时，实际会产生三种可能性。

n<1：升压匝数比（n=0.1 会从自耦变压器产生 1∶10 的升压变比）。

n=1：标准 DC-DC 变换器（实际为单绕组电感）。

n>1：降压匝数比（正如 AC-DC 正激变换器或反激变换器中：n=10 会从自耦变压器产生 1∶10 的降压变比）。

注意，在 Buck 中一般用自耦变压器来实现变换器整体的降压功能，因此更倾向于使用 n>1（降压匝数比）。这也正是在经典的正激变换器中用到的。对于 Boost，我们感兴趣的是实现整体升压，因此有时会用升压匝数比的情况，即 n<1。

带抽头电感的 Buck 拓扑

理解这一工作原理最好的方式是通过计算实例，如图 8.1 所示。其中给出了带抽头电感的 Buck 拓扑。设其输入为 34V，输出为 10V。

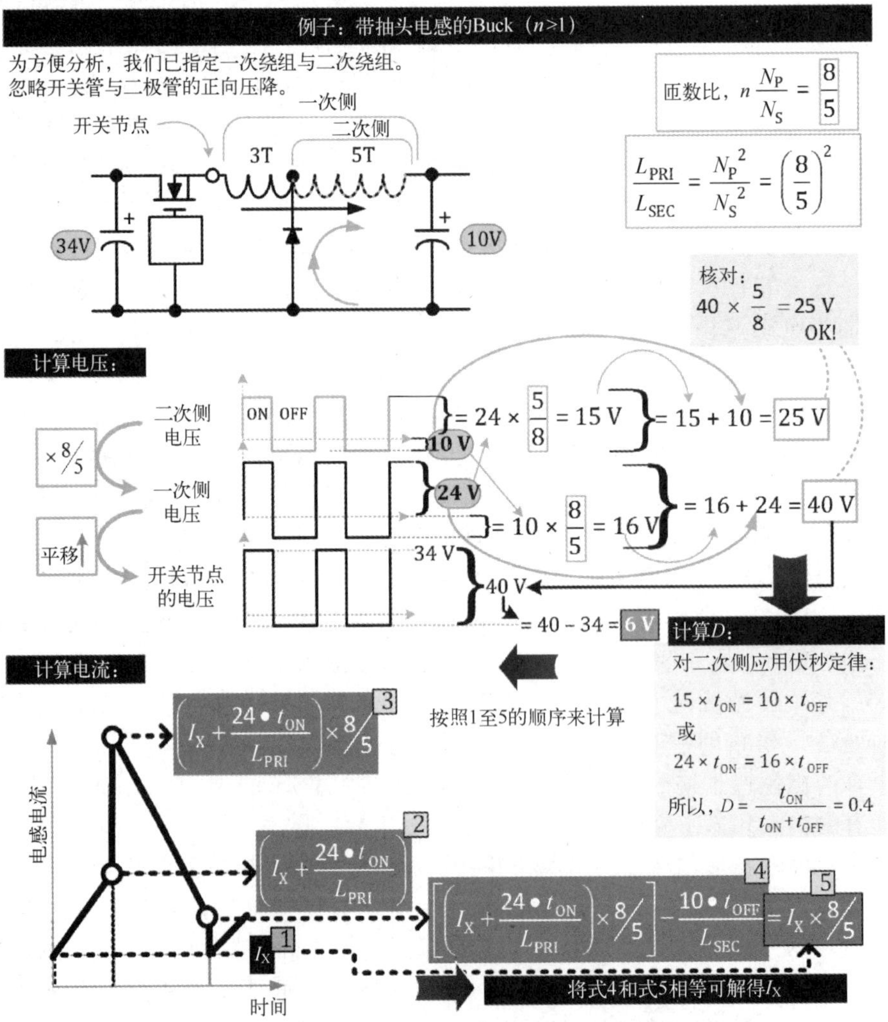

图 8.1　带抽头电感的 Buck

（1）开关管导通时，电流流入所有的 8 匝线圈。此处称为一次绕组。

（2）开关管关断时，电流流入 5 匝绕组。这些线圈构成二次绕组。

（3）安匝数（同一个磁芯上所有绕组之和）的（代数）和在任意时刻都必须保持不变，即任何时刻总安匝数不能突变。可以由以下多绕组电感的电压无关方程更好地理解这一点。

$$B = \frac{LI}{NA} = \frac{A_L NI}{A} \times 10^{-9} \Rightarrow \left(\frac{A_L}{A} \times 10^{-9}\right) \times \sum N_i I_i$$

括号内的项仅由磁芯的几何尺寸和材料决定，与绕组无关。总和是所有下标为 i 的安匝数项的和，其中每个绕组用编号 i=1，2，3，…，等表示。因此净安匝数如果出现突然的跳变，意味着场强也会有突然的变化。然而场强对应于磁芯的储能，而能量不能突然消失或出现。由此可得

$$I_{SEC} = I_{PRI} \times \frac{N_P}{N_S}$$

（4）根据这一法则得出结论，在交叉过渡（开关管开通或关断）的瞬间，电感的安匝数必须随着电流从一次侧到二次侧（或者反过来）的路径改变而保持不变。例如，一次电流为 1A，关断前的安匝数为 8。关断后二次电流的安匝数必须相同，由此二次电流为 8/5=1.6A。

（5）绕组两端电压根据匝数比变化，但与电流变化成反比，因此

$$V_S = V_P \times \frac{N_S}{N_P}$$

由法拉第定律可得

$$V = N\frac{\mathrm{d}\Phi}{\mathrm{d}t} = NA\frac{\mathrm{d}B}{\mathrm{d}t}$$

对于多绕组扼流圈来说，方程为

$$\frac{V_i}{N_i} = \frac{\mathrm{d}\Phi}{\mathrm{d}t}$$

其中，右边的特征参数同样是由绕组所在的磁芯决定的，与绕组无关。因此，方程左边必定适用于每个绕组（每个单独考虑）。可以得出一般法则：在任何给定时刻，同一磁芯上的每匝绕组的电压必须相等（不包括由于未耦合/漏电感等因素而引起的任何尖峰，此处忽略）。

（6）变压器的电压变比与伏/匝定律相同。（反比的）变压器电流变比与安匝定律相同。

（7）然而，我们必须记住，变比定律适用于绕组两端电压，而不能用于一次侧或二次侧子电路中任一单独的节点。同样的，（反）比定律适用于流过绕组的电流，而不能用于其他地方。

（8）在图中，我们会问：我们知道绕组两端电压是多少？我们是知道的，开关管导通时，一次绕组（8 匝）两端电压为 34−10=24V。开关管断开时二次绕组（5 匝）两端电压为 10V。见图 8.1 中的“计算电压”部分。

（9）对上述各绕组应用电压变比定律，可得开关管导通时二次电压，以及开关管断开时一次电压。因此可得每个绕组上的电压峰-峰值，分别为 40V 和 25V，如图 8.1 中所示。

（10）一次绕组两端的电压基本上为开关节点上的电压，但测量时是相对于输出电压端。因此，如果想要知道开关节点上的电压（对地），只需垂直移动一次电压波形 10V。注意，这与开关管导通时的观察结果一致，开关节点的电压必须等于输入电压（34V）。

（11）我们发现，如果认为每个绕组都是独立的，伏秒定律适用于任意绕组。从图 8.1 中的“计算 D”部分可以看到。无论考虑哪个绕组，都可得占空比 D=0.4。

（12）为了分析电流波形，首先假设一次电感电流斜坡从波形上指定的参考值 I_X 开始变化。从 I_X 开始，以 $V = LdI/dt$ 的斜率上升，其中 V 为选定的绕组两端电压，L 为该绕组电感（假设其他绕组开路）。

（13）一次电流由此上升至

$$I_X + \frac{24t_{ON}}{L_{PRI}}$$

（14）一旦电流上升，根据变比定律，电流在开关转换期间发生跳跃。因此，二次电流下降开始于

$$\left(I_X + \frac{24t_{ON}}{L_{PRI}}\right) \times \frac{8}{5}$$

（15）它按 $V = LdI/dt$ 下降，其中 V 为关断期间二次绕组两端电压，L 为其电感值。可以看到，电感变比为匝数比平方。最终，二次电流下降至

$$= \left[\left(I_X + \frac{24t_{ON}}{L_{PRI}}\right) \times \frac{8}{5}\right] - \frac{10t_{OFF}}{L_{SEC}}$$

（16）然后交叉过渡再次发生，一次电流（根据变比定律）必定为

$$\left[\left[\left(I_X + \frac{24t_{ON}}{L_{PRI}}\right) \times \frac{8}{5}\right] - \frac{10t_{OFF}}{L_{SEC}}\right] \times \frac{5}{8}$$

由稳定状态的定义，电流必须返回到它的初始值。因此通过

$$\frac{L_{PRI}}{L_{SEC}} = \frac{N_P^2}{N_S^2} = \left(\frac{8}{5}\right)^2$$

简化可得

$$t_{ON} = t_{OFF} \times \frac{2}{3}$$

这与 D=0.4 相同，在图 8.1 中简单地运用伏秒定律就可得到。

（17）对带抽头电感的 Buck 拓扑，更一般的推导可得以下占空比方程：

$$D = \frac{(V_O + V_D) \times N_P}{[(V_{IN} - V_{SW}) \times N_S] + [V_O \times (N_P - N_S)] + (V_D \times N_P)}$$

式中，V_D 和 V_{SW} 分别为二极管和开关管上的正向压降。忽略二极管和开关管的压降，并设

$$n = \frac{N_P}{N_S}$$

得到更容易记忆的形式：

$$D = \frac{nV_O}{V_{IN} + V_O(n-1)}$$

（18）平均电感电流（一次侧和二次侧）为负载电流（对于任何 Buck 类型的变换器来说）。实际上，斜坡中心值（COR 值）的表达式更简单。对于标准的 Buck 变换器，中心点就是负载电流。对于抽头电感，一次电流斜坡中心值为

$$I_{COR\_PRI} = \left[\frac{N_S}{D \times (N_S - N_P) + N_P}\right] \times I_O$$

根据电流变比规则可得二次电流斜坡中心值为

$$I_{COR\_SEC} = I_{COR\_PRI} \frac{N_P}{N_S}$$

一次电流变化摆幅 ΔI 为

$$\Delta I_{PRI} = \left(\frac{V_{IN} - V_{SW} - V_O}{L}\right) \times \frac{D}{f}$$

式中，L 为整个线圈（8 匝）的电感，f 为频率（Hz）。二次电流变化摆幅为

$$\Delta I_{SEC} = \Delta I_{PRI} \frac{N_P}{N_S}$$

对抽头电感适用的法则，也同样适用于变压器。

注：到目前为止，漏电感都是被忽略的。实际中，为了避免漏电感尖峰对开关管的损坏，通常为抽头电感配置 RC 或齐纳缓冲/钳位电路。在任何情况下，我们都应该保证一次绕组和二次绕组之间的紧密耦合。

注：由于设计的原因，大多数开关 IC 不能用于带抽头电感的拓扑，因为它们的开关节点电压不能低于 −1V。对于带抽头电感的 Buck 拓扑，负电压为幅值 $V_O \times [(N_P / N_S) - 1]$。能应用于该情况的 IC 为 LT1074，来自于凌特公司（Linear Tech）。但是通常情况下，控制器 IC，而不是开关 IC，在其驱动上作一些修改，能够容易地用于带抽头电感的拓扑。

其他带抽头电感的电路和占空比

如前所述，有不同的方法来构造带抽头电感的拓扑结构，如图 8.2 所示。图中给出了每一种方法对应的输入到输出的传递函数。在图 8.3 中，我们看到，当我们试图从改变匝数比中获得额外的优势时，占空比是如何从标准的 DC-DC 转换器中改变的。

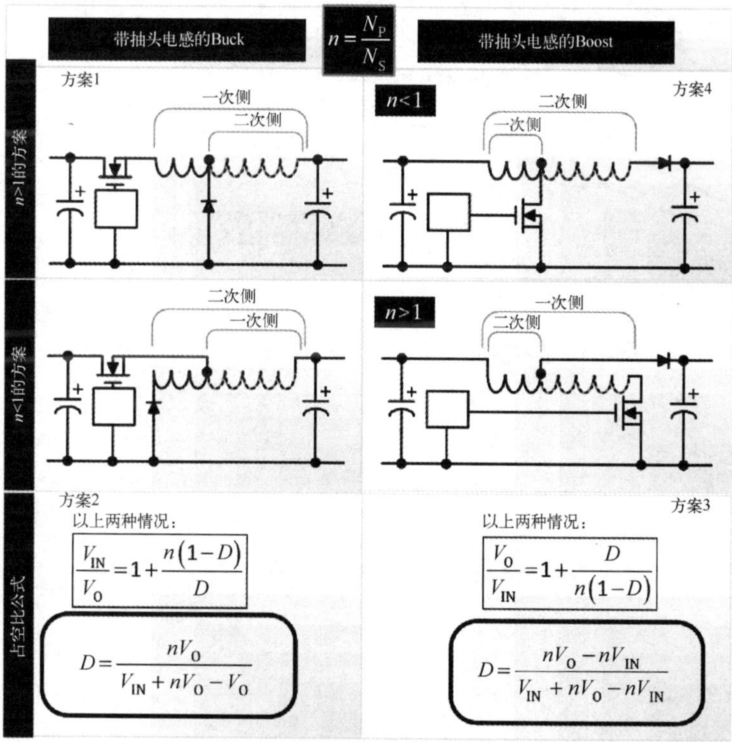

图 8.2　带抽头电感的拓扑

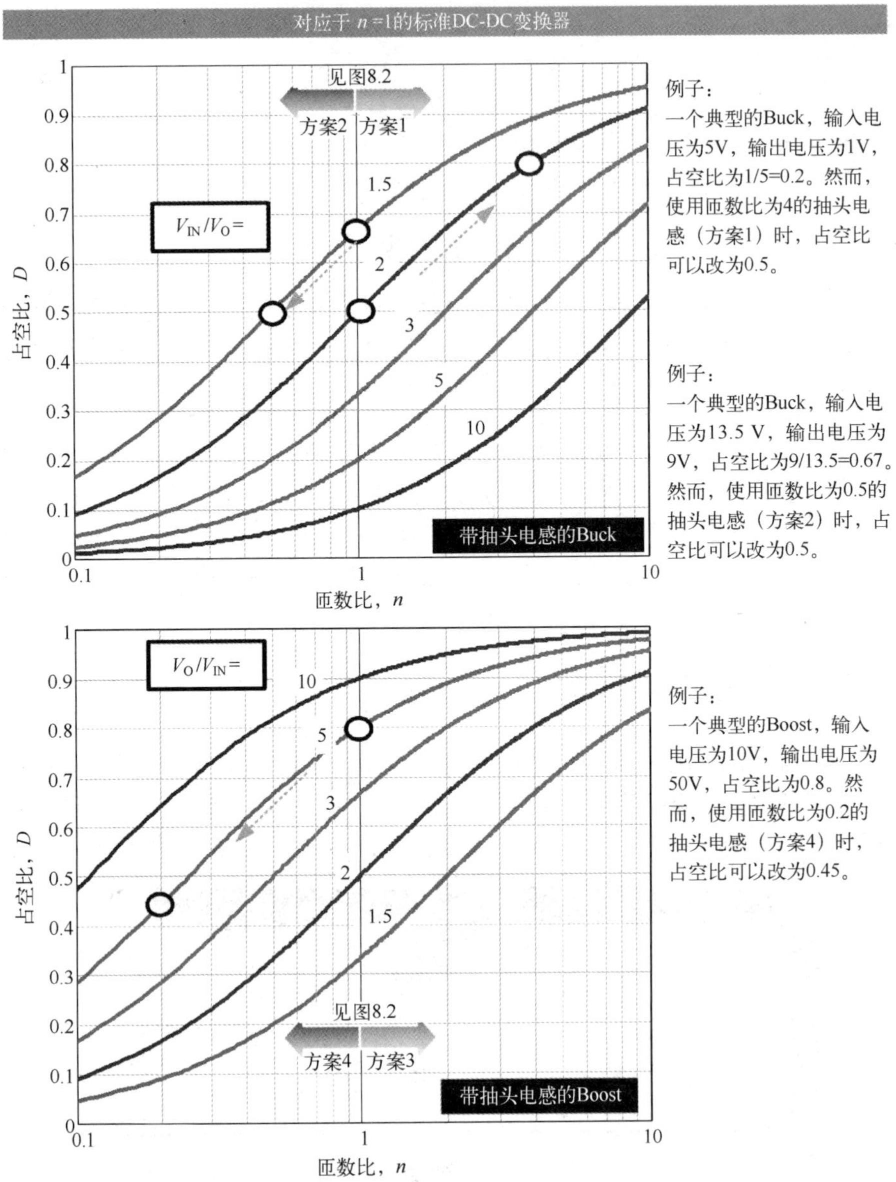
对应于 n =1的标准DC-DC变换器
见图8.2
方案2
方案1
1.5
V_{IN}/V_O=
2
3
5
10
带抽头电感的Buck
占空比，D
匝数比，n
0.1
1
10
例子：
一个典型的Buck，输入电压为5V，输出电压为1V，占空比为1/5=0.2。然而，使用匝数比为4的抽头电感（方案1）时，占空比可以改为0.5。
例子：
一个典型的Buck，输入电压为13.5 V，输出电压为9V，占空比为9/13.5=0.67。然而，使用匝数比为0.5的抽头电感（方案2）时，占空比可以改为0.5。
V_O/V_{IN}=
10
5
3
2
1.5
见图8.2
方案4
方案3
带抽头电感的Boost
占空比，D
匝数比，n
例子：
一个典型的Boost，输入电压为10V，输出电压为50V，占空比为0.8。然而，使用匝数比为0.2的抽头电感（方案4）时，占空比可以改为0.45。

图 8.3　带抽头电感 Buck 和 Boost 拓扑占空比比较

第 9 章　DC-DC 变换器电感的选择

引言

电源工程师很少“设计”DC-DC 变换器的电感。首选的方法似乎只是从最近的元件柜上选用容易获得的现成的电感。第一步是基于电流纹波率 r 的目标值来选择电感量；然后工程师计算最坏情况下的电感电流，希望能够搞清楚哪部分的变化导致最大电感电流；最后根据所需电感量和额定电流选择电感。就是这样。

但是我们要问：在这样的应用中，电感的预期峰值温度是多少？损耗是多少？效率是多少？这个电感真对应于开关频率吗？等等。不幸的是，电感厂商在数据表上没有给出所有这些问题的答案，因为对于每个这样的电感，都会有很多潜在的应用可能性。因此，如果我们几乎随意选择的电感是适用的，那可能只是巧合，或仅仅是因为不经意间过度设计，选择了比我们的应用所需更昂贵或更大的元件。也许我们只需要感谢供应商制造了一个具有非常宽广的工作范围的元件——相当于适合所有应用的元件。在本章中，我们将尝试最小化这一机会因素，因为我们试图更优化地选择和描述电感。实际上，我们将从通常被认为是平凡且无利可图的任务中寻求更多的工程控制：DC-DC 变换器电感的选择。

基础知识

根据定义，任意拓扑中，电流纹波率为

$$r = \frac{\Delta I}{I_{COR}}$$

式中，I_{COR} 为最大负载时斜坡中心值（电感电流波形平均值）；ΔI 为变化摆幅（波峰到波谷）。r 定义成仅适用于连续导电模式（CCM），这也是本章中的假设。它的变化范围在 0（此时电感量无穷大）和 2（此时工作于临界导电模式，即连续导电和不连续导电模式之间的边界）之间。计算得到的 $r>2$ 就意味着不连续导电模式（DCM）。

最坏情况时的电感电流与拓扑有关。因此 Buck 电感电流波形的平均值（几何中心）等于负载电流，而与输入电压无关。但 Boost 或 Buck-Boost 的占空比（减小 V_{IN}）增大时，该值会上移。因此

$$I_{COR} = I_O \quad \text{(Buck)} \qquad I_{COR} = \frac{I_O}{1-D} \quad \text{(Boost/Buck-Boost)}$$

这些方程都与事实相符，即 Buck 的能量在每个周期都被传递至负载，因此平均电感电流必定等于负载电流。而 Boost 或 Buck-Boost 的能量只有在二极管导通时才传递至输出端，因此二极管平均电流 $I_{COR} \times (1-D)$ 必定等于负载电流。

对于所有的拓扑，高占空比意味着低输入电压。因此对于 Boost 或 Buck-Boost，在低输入条件 V_{INMIN} 时可得最大（平均）电感电流。

读者可以从第 2 章和第 3 章温习关于波形分析的基本知识。峰值电流为

$$I_{\mathrm{PK}} = I_{\mathrm{COR}} \times \left(1 + \frac{r}{2}\right)$$

读者也可以证明，对于任意波形（见图 2.14），电感电流波形的有效值（对于所有的拓扑）为

$$I_{\mathrm{L\_RMS}} = I_{\mathrm{COR}}\sqrt{1 + \frac{r^2}{12}}$$

注意，电感电流有效值与直流（平均）值 I_{COR} 非常接近。即使 r 为最大值 2 时，有效值也仅比平均值高 15%。对于一般设计目标 $r = 0.4$，差值小于 1%。因此，在查看供应商的数据表时，我们无需特别关注是否指定了 I_{RMS} 或 I_{DC} 的额定值。在所有情况下，这都是指可以通过电感的连续发热电流。这明显与安装在 PCB 上的预期温升有关。因此，制造商会在超过环境温度 ΔT 的指定温升下给出 DC/RMS 电流额定值，一般温升范围为 30～50℃。

温升一般对应于铜损。对于铁氧体来说，磁芯损耗可能仅为整个电感损耗的 5%～10%，但对于铁粉芯来说，可能会高达 20%～30%。磁芯损耗与磁通变化有关（见第 11 章）。因此如果要精确预测变换器中的实际温升，还需估算磁通变化。但是谈及磁通变化和磁感应强度 B，我们也不希望电感饱和。毕竟我们可以简单地用直流电通过线圈，然后测量其电流发热能力，但这一过程中磁芯的磁性状态如何？它会提供电感量吗？想要知道这些，那就不能仅仅通过直流电。发热测试时忽略这一点，但是在实际变换器中我们非常关心饱和情况。因此 I_{DC} 不能给出全部的情况。

除了磁通变化，我们也要知道磁感应强度最大值（即峰值 B）。供应商有时会提供这些曲线，但以“安全”电流或 I_{SAT}（通过磁芯不会引起饱和）的名义给出。一些更精明的标准磁性元件的设计师和供应商可能意识到，如果磁芯饱和了，那么使用更厚的铜是没有意义的，或者使用更少的铜就仅仅相当于未能充分开发磁芯的储能能力。因此，一般设 $I_{\mathrm{DC}} = I_{\mathrm{SAT}}$，这表示在进行加热测试的电流下，磁芯正好处于饱和点。任何情况下，如果这两个值是由供应商提供的，并且它们是不同的，那么电源设计者应该忽略这两个值中的较高值，使用较低值作为元件的实际限制。这就是基于 L 和 I 的优先选择过程中的有效电流额定值。

注： 在饱和发生之前有一定的裕量是有道理的。这相当于具有比连续额定值高的 I_{SAT}。但以作者的经验来看，输入电压低于 40V 时无需担心饱和，尤其是使用快速响应 FET（基于具有精确内部电流限制的集成开关）。在 40～63V，使用集成双极开关，如果电感仅仅是根据最大连续负载电流，而非最大可能电流（即电流极限）来设计，则在输出短路测试时就会发现一些错误。因此，在高压场合，例如离线电源，变压器一般根据最坏情况（公差上限）的电流限制来设计。但是在低于 40V 的 DC-DC 变换器中，电感大小仅需根据连续负载电流来设计。

确定电流纹波率 *r*

电流纹波率 r 是任何变换器设计的切入点。根据定义，对于给定的变换器或应用情况，r 为常数（即使实际输出负载是变化的）。这是因为，根据定义它是在最大负载时设

定的。设定 r 时的输入电压与拓扑有关。因此对于 Buck 变换器，在 V_{INMAX} 时设定该值，因为即使输入电压变化时平均电感电流保持不变，但是在更高输入电压时峰值电流会变大。对于 Boost 变换器或 Buck-Boost 变换器，可知最坏情况下的电感电流发生在输入电压最低时，因为平均电流根据 $1/(1-D)$ 变化，可在 V_{INMIN} 时设置 r。

大电感会减小 ΔI，从而导致 r 更小（输入/输出电容器的电流有效值更低），但是也可能会导致非常大及不实际的电感。因此，对于大多数 Buck 变换器，r 的范围一般为 0.3～0.5（最大额定负载，并且 V_{INMAX} 时）。一旦电感选定，当减小变换器负载时（保持输入电压不变），ΔI 保持不变但直流电流会下降，因此 r 增大。最终进入 DCM 时，电感电流直流分量为 $\Delta I/2$。结论：

（1）进入断续模式时的电流纹波率为 2。由此对于连续导电模式，r 的范围为 0（无穷大电感量）～2（临界电感量）。

（2）模式转变发生时的负载可以通过简单的几何图形得到，并表示为最大额定负载的 $r/2$ 倍。因此，例如，如果在最大负载 2A 时令 r 为 0.4 来选择电感量，则过渡到不连续导电模式将在 0.2 倍的 2A（即 400mA）时发生。这可能是选择电感时的另一个考虑因素。

电感的映射

评估成品元件的实际问题是，供应商会使用某些测试条件（如施加一定的电压并使用特定频率的波形）来评估元件，而这些测试条件与用户的实际条件相同的可能性非常小。因此，在本章中，我们的主要目的是获取供应商的测试条件，并将它们“映射”到我们的应用中。通过这样做，我们可以更精确地了解特定场合下电感的工作状况。我们甚至可能会发现，我们可以改变电感最初设计的频率或其他条件，而并不会给电感的工作特性带来很大变化。这将有助于从更广的范围内选择最具成本效益的电感。唯一的障碍可能是供应商提供的测试数据不足，但通常可以通过联系供应商获得比元件数据表更多的信息。

伏秒定律

由基本的电感方程 $V = L\mathrm{d}I/\mathrm{d}t$ 可得

$$\mathrm{Vsec}_{\mathrm{ON}} = L\Delta I_{\mathrm{ON}} = \mathrm{Vsec}_{\mathrm{OFF}} = L\Delta I_{\mathrm{OFF}}$$

式中，Vsec 为伏秒数；ON 和 OFF 分别代表导通时间和关断时间。因此一般来说

$$\mathrm{Vsec} = L\Delta I$$

工程师们有时更愿意用伏微秒数，而不是伏秒数，因为它是更容易处理的数字。这就是电感绕组两端电压乘以应用的微秒时间间隔。正如预期设想的，将导通时间改为关断时间，这一计算也会给出相同结果。如果结果不同，工程师需要检查占空比方程。

伏秒数能够完全决定电流摆幅，与 I_{COR} 一起就从磁学角度完全定义了应用。伏秒数决定了电流波形的交流部分（摆幅）；而 I_{DC} 为电感电流的直流部分（平均值），与负载电流（或可能是 D）有关，而非伏秒数。

作为一个推论，从电感设计和选择的角度来看，所有伏秒数和 I_{DC} 相同的应用都可以看作是“相同的”应用。对于给定的伏秒数和电流而设计的电感可以毫无疑问地在所有相同伏秒数和 I_{COR} 应用中交叉使用。即使频率不同也不重要，除了二阶之外，因为它仅间接

地用于磁芯损耗计算中。但是可以肯定的是，遵循上述 I_{COR} 和伏秒法则，磁芯当然不会饱和。

例如，施加 5V 电压 2μs 与施加 10V 电压 1μs 将产生同样的效果。对于给定的电感量，从上述方程可知，两者具有相同的 ΔI，因此磁芯损耗也是相同的（至少取决于磁通/电流摆幅的部分相同）。如果 I_{COR} 相同，损耗 I^2R 也不会变；峰值电流也不会变，因其为 $I_{COR}+\Delta I/2$。只有当我们试图使用不同于最初设计的 Vsec 或 I_{COR} 的电感时，“适用性问题”才产生。因此需要在本章中提出正式的映射过程。

注意，对于给定的拓扑，伏秒数仅与输入和输出电压有关。只要是在连续导电模式，改变负载电流、L 甚至 r 都不会影响 Vsec。

r 和 *L* 的选择

附录中给出了三种拓扑的相关参数。首先从所需的最大储能能力 E 方程开始：

$$E=\frac{1}{2}LI_{PK}^2 \quad \text{J}$$

然后用附录中的基本方程，可得如下推导：

$$\begin{aligned}E&=\frac{1}{2}LI_{COR}^2\left(1+\frac{r}{2}\right)^2\\&=\frac{1}{2}\frac{\text{Vsec}}{\Delta I}I_{COR}^2\left(1+\frac{r}{2}\right)^2\\&=\frac{1}{2}\frac{I_{COR}\text{Vsec}}{r}\left(1+\frac{r}{2}\right)^2\\&=\frac{1}{2}I_{COR}\times\text{Vsec}\times\frac{1}{r}\times\left(1+\frac{r^2}{4}+r\right)\\&=\frac{1}{8}I_{COE}\times\text{Vsec}\times\frac{r^2}{r}\times\left(\frac{4}{r^2}+1+\frac{4}{r}\right)\end{aligned}$$

最终结果为

$$E=\frac{I_{COR}\text{Vsec}}{8}\left[r\left(\frac{2}{r}+1\right)^2\right] \quad \text{J}$$

即使 I_{COR} 与负载电流的关系可能不同，这一表达式对所有拓扑都适用。括号平方内的项与 r 的形式较为特别，这为优化设置 r 提供了线索。为了评估电源中能量与其他参数的重要性，给出了 Buck 的结果曲线，见能量曲线在 r=0.4 附近有一个“转折点”。

（1）r 过低会大幅增加磁芯的尺寸，因为磁芯尺寸正比于其储能能力。

（2）r 过高不会显著减小磁芯的尺寸，因为会达到递减点（能量曲线变平）。

（3）随着 r 的提高，电容器和开关管的相关电流增加，由此需要更大的电容器。

（4）然而，图 9.1 中显示的是归一化值。因此，如果我们意识到相关参数的绝对值可能非常小，那么大的变化可能不会很明显。例如，对于 Buck 变换器，输出电容器通过的电流有效值其实非常小，即使其相对于 r 的变化非常明显。此外，其选择的基本准则通常不是电流有效值，而是输出电压纹波和/或开环增益（稳定性）特性（见图 12.18）。因此，例如，电压模式控制下，输出电容器的 ESR（等效串联电阻）在回路响应中提供所需的零点，并且我们知道如果所选电容器的 ESR 非常小，可能会导致不稳定。

（5）Buck 变换器中输入电容器非常重要，其物理尺寸完全由通过的纹波电流决定。

因此电流有效值如果增加为原来的 2 倍，那么电容器的体积将增加为原来的 4 倍。

（6）但是一般来说，所有拓扑的最佳的设置是 $r \approx 0.4$，因其恰好与能量曲线的转折点吻合。

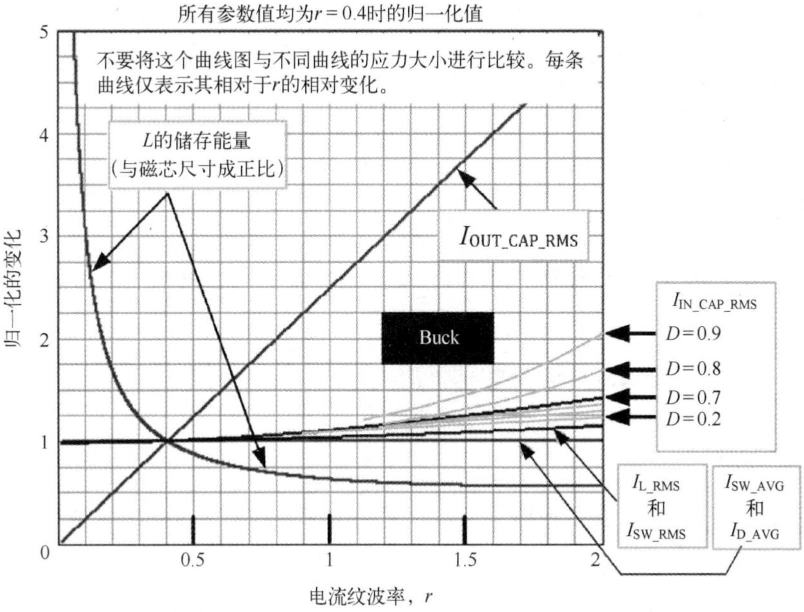

图 9.1 Buck 变换器的参数随 r 变化的情况

以电流来表示 *B*

详情参见第 7 章。这里仅使用伏秒数表示的法拉第定律（MKS 单位）：

$$\Delta B = \frac{L \times \Delta I}{N \times A} = \frac{\text{Vsec}}{N \times A} \quad \text{T}$$

A 的单位为 m^2。用 cm^2、G 和 Vμs 为单位，可得

$$\Delta B = \frac{100 \times \text{V}\mu\text{s}}{N \times A_{cm^2}} \quad \text{G}$$

该方程也适用于瞬时值。由此峰值电流可以写成（MKS 单位）

$$B_{PK} = \frac{L \times I_{PK}}{N \times A} \quad \text{T}$$

注意，上面的关系式似乎表明除了改变磁芯面积、绕组匝数或伏秒数，其他因素都不能改变磁感应强度摆幅 ΔB。但如果输入和输出电压固定不变（频率也固定不变），那么伏秒数将不能改变。因此，对于给定的应用条件，即使改变电感量（因此 ΔI 改变），由于 $L\Delta I = \text{Vsec}$，这个乘积也不会改变。如果减小 L，同时 ΔI 上升相同的数量，伏秒数正如预期地保持不变。因此，改变磁感应强度摆幅 ΔB 的唯一方法是改变绕组匝数和/或磁芯面积。对于固定频率

$$\Delta B \propto \frac{1}{NA}$$

由于伏秒数与频率成反比，一般情况下对于变化的开关频率，可得

$$\Delta B \propto \frac{1}{NAf}$$

第 7 章中已经推导出以下关系

$$L = \frac{1}{z}\left(\frac{\mu\mu_o A_e}{l_e}\right) \times N^2 \quad \text{H}$$

为了方便，省略下标 e，可得

$$L \propto \frac{N^2 A}{l}$$

因此，根据

$$\Delta B = \frac{L \times \Delta I}{N \times A}$$

我们可以插入 L 进行简化得到替代式，但是为正比的 B——这有助于选择最佳元件。

$$\Delta B \propto \frac{N\Delta I}{l}$$

在整个讨论中，A 与有效磁芯面积 A_e 相同，l 与有效长度 l_e 相同。

磁学中的错误直觉

我们必须警惕在磁学应用中的错误直觉。这里有个例子，电感的储能能力主要与其尺寸有关。电感的最高储能为 $(1/2) \times L \times I_{PK}^2$。对于具体应用，如果减小电感量，我们认为可以增大 ΔI 和 I_{PK}，并且由于 E 与 I_{PK} 平方有关，它会起主要作用，并引起 E 增加。然而实际的计算表明，反过来才是正确的。$I_{PK} = I_{COR} + \Delta I / 2$，而 ΔI 对 I_{PK} 的影响小得多。因此在能量方程中，L 的变化起主导作用，如果减小 L，储能能力实际是降低的。图 9.1 中这点也很清楚。这里的现实似乎与直觉相反。毕竟这是磁学！

固定频率时调整几何尺寸来优化磁芯损耗

在此，我们将测试一些与磁性元件相关的谜团，也会开展一些想法尝试，使我们对磁芯损耗有更好的认识，从而帮助我们在高效、高频应用中选择更优化的磁芯。第一部分中我们保持频率不变，尝试着降低磁芯损耗。

情况 1：改变磁芯体积（*N* 不变）

磁芯损耗有时表示为功率损耗密度，单位为 W/cm^3。在此基础上，一些工程师感觉体积越大自然会越增加磁芯损耗。让我们来核对一下。此处我们增加磁芯尺寸，保持 N 不变。假设磁芯的每个维度都增加为原来的 2 倍，那么有效长度 l_e 增加为原来的 2 倍，但有效面积 A_e 增大为原来的 4 倍。如果保持匝数不变，由于 L 正比于 A_e / l_e，那么电感量也翻倍。由于 r 反比于 L，ΔI 会减半。

铁氧体磁芯损耗一般以 $B^{2.5}$ 变化。正如之前讨论过的，ΔB 正比于 $1/(NA_e)$，如果 A_e 增加为原来的 4 倍，ΔB 减小为原来的 1/4（如果 N 保持不变）。整个磁芯损耗产生的净效果为

$$P_{CORE} \propto \Delta B^{2.5} \times 体积 \Rightarrow \left(\frac{1}{4}\right)^{2.5} \times 8 = 0.25$$

整体磁芯损耗实际是减小为原来的 1/4，而非增加。因此，更大的磁芯可能不具有成本效益，但至少不会以这种变化方式来恶化效率。

注：如果所有的尺寸都改变为原来的 x 倍，那么电感量也会改变相同的倍数，因为 $A_e / l_e = x^2 / x = x$。

情况 2：改变磁芯体积（L 不变）

我们再次将体积增加为原来的 8 倍（每个维度都翻倍，A_e 变为原来的 4 倍，l_e 变为原来的 2 倍）。由于 L 正比于 A_e / l_e，电感量也会翻倍（情况 1）。但是现在我们要保持 L 不变（为了与 r 的设计目标保持一致）。既然实际上 L 与匝数 $^2 \times A_e / l_e$ 有关，如果减小匝数为原来的 $1/2^{0.5}$=1/1.414，电感量会保持不变（如果 A_e 增大为原来的 4 倍，l_e 增大为原来的 2 倍）。如果保持 L 不变，ΔI 也会保持不变。另外，ΔB 正比于 $1/(NA_e)$。所以可得

$$P_{\text{CORE}} \propto \Delta B^{2.5} \times \text{体积} \Rightarrow \left(\frac{\sqrt{2}}{4}\right)^{2.5} \times 8 = 0.595$$

所以磁芯损耗减小了。注意，磁芯损耗方程中 B 的指数为 2.5。如果为 2（正如 Kool Mu®），可得结果为 1，表示磁芯损耗没有改变。如果指数值小于 2（表示“更好的”材料），实际上对于更大的磁芯体积会有更高的磁芯损耗（对于相同的电感量）。参考磁芯损耗系数（指数）表 11.5（第 11 章）。材料决定了这种变化是否有益。

如果不知情的工程师尝试以下方式也会出现同样的情况：为了增加电感器（设为 10μH）的电流额定值，用两个 4.7μH、具有更高电流额定值的电感串联起来得到几乎相同的总电感值，并具有更高的电流额定值。实际上，对于几乎相同的净电感量，磁芯的体积更大了，并且仅仅由于这个原因，实际上可能导致效率的意外下降，特别是当磁性材料具有较小的与 B 相关的磁芯损耗指数时，原因如上所述。

情况 3：通过改变面积来改变磁芯体积（长度与 N 不变）

还有其他方法可以增加磁芯体积。假设仅仅增加有效面积，而不增加有效长度，使得体积增大为原来的 4 倍，绕组匝数也没有改变。此时，电感量增大为原来的 4 倍，ΔI 减小为原来的 1/4。然后，运用 $B \propto 1/(NA_e)$

$$P_{\text{CORE}} \propto \Delta B^{2.5} \times \text{体积} \Rightarrow \left(\frac{1}{4}\right)^{2.5} \times 4 = 0.125$$

因此磁芯损耗减小了。

分析：注意此处体积增大为原来的 4 倍，但磁芯损耗减小为原来的 1/8。与情况 1 中体积增大为原来的 8 倍，磁芯损耗减小为原来的 1/4 相比，有了小小的改进。因此可以得出结论，通过增大面积来增大“体积”比通过增大所有维度来增大“体积”，在实际应用中会更好。这有助于实现更高的效率，而效率中磁芯损耗是很重要的一部分，特别是在高频开关中。换句话说，所有商用的电感量、材料和额定电流相同的电感在磁芯损耗上未必相等。电感器物理轮廓的更好选择可以大大提高效率。这方面几乎在相关文献中被完全忽略。因此，我们接下来继续进行磁芯的损失分析。

情况 4：通过改变面积来改变磁芯体积（长度和 L 不变）

这与情况 2 类似。我们想要保持电感量不变（r 不变），但还想仅仅通过改变面积

（原来的 4 倍）来增大体积。需要再次减少匝数，这次仅仅减少为原来的 1/2（L 与 $N^2 \times A_e / l_e$有关，仅将 A_e 增大为原来的 4 倍）。由于 B 与 $1/(NA_e)$有关，可得

$$P_{\mathrm{CORE}} \propto \Delta B^{2.5} \times 体积 \Rightarrow \left(\frac{2}{4}\right)^{2.5} \times 4 = 0.707$$

所以，磁芯损耗减小了。

分析：注意此处体积增大为原来的 4 倍，但磁芯损耗减小为原来的 0.707。与情况 2 中体积增大为原来的 8 倍，磁芯损耗减小为原来的 0.595 相比，大得多的磁芯换来了较大的改进。

分析：注意磁芯损耗方程中 B 的指数为 2.5。如情况 2 中提到的，假如这一指数值为 2，损耗值为 1，表示磁芯损耗没有改变。如果指数小于 2，实际上磁芯体积更大，损耗更多（对于相同的电感量）。

情况 5：通过改变长度来改变磁芯体积（面积和 L 不变）

这里仅通过增加长度为原来的 4 倍来增大体积为原来的 4 倍。L 与 $N^2 \times A_e / l_e$有关，因此为了保持它不变，需要增加 N^2 为原来的 4 倍，即增加 N 为原来的 2 倍。由于 B 与 $1/(NA_e)$有关，B 减小为原来的 1/2。因此可得

$$P_{\mathrm{CORE}} \propto \Delta B^{2.5} \times 体积 \Rightarrow \left(\frac{1}{2.83}\right)^{2.5} \times 4 = 0.3$$

与情况 4 中的磁芯损耗一样。

频率改变时通过调整几何形状优化磁芯损耗

下面看看改变频率（对磁芯损耗）的影响。

情况 6：改变频率（磁芯体积和 L 不变）

如果实际不能降低磁芯损耗，我们试着改变频率来使磁芯损耗的增加幅度最小化。由于磁芯损耗方程是两项因子的乘积，一项因子与磁感应强度摆幅有关，另一项因子与频率有关，频率指数约为 1.5，有时大家相信增大频率（对于给定的磁芯和电感量）自然就增加磁芯损耗。这里我们使用 B 比例方程的完整形式，即 $\Delta B \propto 1/(NAf)$。我们也需注意伏秒数反比于频率。因此如果频率翻倍，磁芯损耗变化为

$$P_{\mathrm{CORE}} \propto \Delta B^{2.5} \times f^{1.5} \times 体积 \Rightarrow \left(\frac{1}{1 \times 1 \times 2}\right)^{2.5} \times 2^{1.5} \times 1 = 0.5$$

因此，磁芯损耗实际降低了。但注意此处电感量保持不变。

情况 7：改变频率（磁芯体积和 r 不变）

从设计优化的观点来看，建议保持 r 为 0.4，不考虑拓扑、频率或应用条件。因此保持磁芯尺寸的同时减小匝数。如果频率增加为原来的 4 倍，电感量要减小为原来的 1/4，这就意味着匝数减半。因此，对于磁芯损耗变化可得（运用 $\Delta B \propto 1/(NAF)$）

$$P_{\mathrm{CORE}} \propto \Delta B^{2.5} \times f^{1.5} \times 体积 \Rightarrow \left(\frac{1}{(1/2) \times 1 \times 4}\right)^{2.5} \times 4^{1.5} \times 1 = 1.414$$

磁芯损耗增加了。

情况 8：改变频率（*r*、*N* 不变，改变磁芯的每个维度）

采用高开关频率的目的是使电感器更小。如果频率提高为原来的 4 倍，但 L 的减小不是通过改变匝数，而是通过使磁芯物理尺寸上变小来达到呢？功率变换中的磁芯体积要求与开关频率成反比。所以，通过改变磁芯三个方向的维度来实现体积的减小。我们知道为了实现电感量减小为原来的 1/4（频率提高为原来的 4 倍），每个维度的大小都需改变相同的系数（与 A_e / l_e 有关），因此 A_e 减小为原来的 $1/(4\times4)=1/16$（l_e 也减小为原来的 1/4）。将其用于磁芯损耗方程可得

$$P_{\text{CORE}} \propto \Delta B^{2.5} \times f^{1.5} \times 体积 \Rightarrow \left(\frac{1}{1\times(1/16)\times4}\right)^{2.5} \times 4^{1.5} \times \frac{1}{4\times4\times4} = 4$$

所以，磁芯损耗大大增加了。

情况 9：改变频率（*r*、*N* 不变，仅面积改变）

现在，保持匝数和 l_e 不变，仅通过 A_e 减小为原来的 1/4（体积以同样的系数减小）来使电感量减小为原来的 1/4，然后得

$$P_{\text{CORE}} \propto \Delta B^{2.5} \times f^{1.5} \times 体积 \Rightarrow \left(\frac{1}{1\times(1/4)\times4}\right)^{2.5} \times 4^{1.5} \times \frac{1}{4\times1} = 2$$

相对情况 8，磁芯损耗减小了。

分析和结论：当我们增加频率，它还不足以减小电感量。实际上我们需要减小磁芯的物理尺寸（体积反比于频率）。要实现体积的改变应该改变磁芯面积而不是长度。

我们必须强调的是，如果改变与频率成反比的电感量，这是用来保持 r，那么磁芯能量需求也会以大致相同的比例降低。这是偶然的，因为在任何时候我们都需要基于磁芯损耗优化而选择磁芯尺寸，因为这会影响所需的储能能力。必须仔细选择 A_e 与 l_e 的组合，使得磁芯体积 $V_e = A_e \times l_e$ 能够完成全部的工作。

磁性元件厂商也在不断推出新的元件。系统设计师知道，正如他们经常设置不同的、有时毫无意义的额定电流（为了温升和饱和）一样，并不需要总是选择磁芯特性和绕组的最优组合来达到最优结果，并不是所有的电感都相等。特别是高频、高效的设计中，任何现成元件都值得仔细评估。

实例分析

Buck 变换器，输入直流电压为 24V。最大负载时输出 12V/1A。我们希望得到一个稍微保守的电流纹波率为 30%（最大负载时）。假设 V_{SW}=1.5V，V_{D}=0.5V，f=150kHz。

对于 Buck 变换器，占空比 D 为

$$D = \frac{V_{\text{O}} + V_{\text{D}}}{V_{\text{IN}} - V_{\text{SW}} + V_D}$$

因此，开关管导通时间为

$$t_{\text{ON}} = \frac{D}{f} = \frac{(12+0.5)\times10^6}{(24-1.5+0.5)\times150000}\ \mu\text{s}$$
$$= 3.62\,\mu\text{s}$$

所以伏微秒为

$$\text{V}\mu\text{s} = (V_{\text{IN}} - V_{\text{SW}} - V_{\text{O}}) \times t_{\text{ON}} = (24 - 1.5 - 12) \times 3.62$$
$$\text{V}\mu\text{s} = 38.0$$

$$L = \frac{\text{V}\mu\text{s}}{r \times I_{\text{O}}} \quad \mu\text{H}$$
$$= \frac{38.0}{0.3 \times 1.0} \quad \mu\text{H}$$
$$= 127 \quad \mu\text{H}$$

下面估算所需的储能能力。每个周期，峰值电流为

$$I_{\text{PEAK}} = I_{\text{O}} + \frac{\text{V}\mu\text{s}}{2L} = 1.0 + \frac{38}{2 \times 127} \quad \text{A}$$
$$= 1.15 \text{ A}$$

所需的储能能力 E 为

$$E = \frac{1}{2} \times L \times I_{\text{PEAK}}^2 \quad \mu\text{J}$$
$$= \frac{1}{2} \times 127 \times 1.15^2 = 84 \quad \mu\text{J}$$

电感的选择

注意：对于 Vμs，厂商使用符号 ET。为了避免混淆，以下均采用同样的符号。

我们的第一次选择是基于之前计算的电感量和直流额定电流（最大负载时）。我们试着从 Pulse Electronics 选择一个元件，只是因为其 L 和 I_{DC} 接近于我们的要求，即使其他参数看起来和我们的应用不是很匹配，至少第一眼看起来如此（见表 9.1）。特别是频率为 250kHz，但我们的应用为 150kHz。注意，我们将消除另一个直观的误解：既然电感工作频率降低，那么磁感应强度摆幅将增加，由此磁芯损耗将随着峰值磁感应强度和能量而上升。事实上，在我们的例子中，情况正好相反，这也是为什么遵循下面介绍的完整的数学过程很重要的一个例子。

（1）磁芯损耗方程使用的是传统的半峰-峰值磁感应强度摆幅。因此就像大多数厂商一样，Pulse Electronics 在数据表上用到的 B，实际为 $\Delta B/2$。在以后的计算中必须记住。

（2）精明的设计者能够识别表 9.1 中磁芯损耗方程的指数 B 和 f 对应的是铁氧体。铁粉芯材料 52（来自于 Micrometals 公司）的方程式为 $\propto B^{2.11} \times f^{1.26}$。

（3）大多数成品电感的设计温升为 30～50℃。

表 9.1　扼流圈的应用说明

元件序号 P0150	参考值			控制值	计算数据
	I_{DC}(A)	L_{DC}(μH)	ET(Vμs)	DCR(nom) (mΩ)	ET_{100}(Vμs)
	0.99	137	59.4	387	10.12

- 电感在 50℃温升下的损耗为 380mW；
- 铁芯损耗方程为 $6.11\times10^{-18}\times B^{2.7}\times f^{2.04}$ mW，其中 f 的单位为 Hz，B 的单位为 G；
- 电感设计频率为 250kHz；
- ET_{100} 是 B 为 100G 时的伏微秒值。

实际应用的电感评估

我们已经得到电感在测试条件下的工作情况。我们现在将它的工作特性映射到特定的

应用条件下。按照表 9.2 的总结，无上标的参数为设计值，相应的有上标的参数为应用值。整个映射过程如下。

电感的设计条件是

- I_{DC}
- ET
- f
- $T_{AMBIENT}$

实际应用条件（我们将在这些条件下使用所选择的电感）是

- I'_{DC}
- ET′
- f'
- $T'_{AMBIENT}$

表 9.2 电感的映射步骤（从左至右：设计条件至应用条件）

设计参数	设计条件 $I_{DC}, ET, f, T_{AMBIENT}$	应用条件 $I'_{DC} \equiv I_C, ET', f', T'_{AMBIENT}$
电流摆幅（A）	$\Delta I = \frac{ET}{L}$	$\Delta I' = \Delta I \bullet \left[\frac{ET'}{ET}\right]$
电流纹波率	$r = \frac{ET}{L \bullet I_{DC}}$	$r' = r \bullet \left[\frac{ET' \bullet I_{DC}}{ET \bullet I'_{DC}}\right]$
峰值电流（A）	$I_{PEAK} = I_{DC} + \frac{ET}{2 \bullet L}$	$I'_{PEAK} = I_{PEAK} \bullet \left[\frac{(2 \bullet L \bullet I'_{DC}) + ET'}{(2 \bullet L \bullet I_{DC}) + ET}\right]$
电感电流有效值（A）	$I_{RMS} = \left[I_{DC}^2 + \frac{ET^2}{12 \bullet L^2}\right]^{1/2}$	$I'_{RMS} = I_{RMS} \bullet \left[\frac{(12 \bullet I'^2_{DC} \bullet L^2) + ET'^2}{(12 \bullet I_{DC}^2 \bullet L^2) + ET^2}\right]^{1/2}$
磁感应强度摆幅（G）	$\Delta B = \frac{ET}{ET_{100}} \bullet 200 = \frac{100 \bullet ET}{N \bullet A_e}$	$\Delta B' = \Delta B \bullet \left[\frac{ET'}{ET}\right]$
峰值磁感应强度（G）	$B_{PEAK} = \frac{200}{ET_{100}} \bullet \left[(I_{DC} \bullet L) + \frac{ET}{2}\right]$	$B'_{PEAK} = B_{PEAK} \bullet \left[\frac{2 \bullet L \bullet I'_{DC} + ET'}{2 \bullet L \bullet I_{DC} + ET}\right]$
铜损（mW）	$P_{CU} = DCR \bullet \left[I_{DC}^2 + \frac{ET^2}{12 \bullet L^2}\right]$	$P'_{CU} = P_{CU} \bullet \frac{(12 \bullet I'^2_{DC} \bullet L^2) + ET'^2}{(12 \bullet I_{DC}^2 \bullet L^2) + ET^2}$
磁芯损耗（mW）	$P_{CORE} = a \bullet \left[\frac{ET}{ET_{100}} \bullet 100\right]^b \bullet f^c$	$P'_{CORE} = P_{CORE} \bullet \left[\left(\frac{ET'}{ET}\right)^b \bullet \left(\frac{f'}{f}\right)^c\right]$
磁芯能量（μJ）	$E = \frac{1}{2} \bullet L \bullet \left[I_{DC} + \frac{ET}{2 \bullet L}\right]^2$	$E' = E \bullet \left[\frac{(2 \bullet L \bullet I'_{DC}) + ET'}{(2 \bullet L \bullet I_{DC}) + ET}\right]^2$
温升（℃）	$\Delta T = R_{TH} \bullet \frac{P_{CU} + P_{CORE}}{1000}$	$\Delta T' = \Delta T \bullet \left[\frac{P'_{CU} + P'_{CORE}}{P_{CU} + P_{CORE}}\right]$

ET 的单位是 Vμs，DCR 的单位是 mΩ，L 的单位是 μH，f 的单位是 Hz，A_e 的单位是 cm^2，N 是匝数。

从设计条件转变到实际应用条件的过程中，以下参数认为保持不变：

- L
- DCR
- R_{TH}
- 损耗方程

最后，将电感应用于实际应用条件时必须证明：

（1）r 值能接受（即 L 选择正确）。
（2）B_{PK} 正好（在磁芯饱和受限的电感中非常重要）。
（3）$I_{PK} < I_{CLIM}$（否则控制器无法提供所需功率）。
（4）ΔT 正好（评价 $P_{CU} + P_{CORE}$）。

假设厂商已提供以下所有的参数：

- ET（单位为 Vμs）
- ET_{100}（单位为 Vμs 每 100G）
- L（单位为 μH）
- I_{DC}（单位为 A）（最大额定值）
- DCR（单位为 mΩ）
- f（单位为 Hz）
- 磁芯损耗（单位为 mW）的形式为 $a \times B^b \times f^c$。其中，f 的单位为 Hz；B 为半峰-峰值磁感应强度摆幅，单位为 G。
- 自由空气中的电感热阻（单位为℃/W）。

如果以上任何一个参数未知，需联系厂商。

下面我们用一个具体的例子来说明（见表 9.2）。电感的设计条件为

- ET=59.4Vμs
- f= 250kHz
- I_{DC}=0.99A

实际应用条件为

- ET′=38Vμs
- f'=150kHz
- I'_{DC}=1A

（设 $T_{AMBIENT}$ 不变，因此其被忽略。）

a）电流纹波率

设计值为

$$r = \frac{ET}{L \times I_{DC}} = \frac{59.4}{137 \times 0.99} = 0.438$$

实际应用值为

$$r' = r \times \left(\frac{ET' \times I_{DC}}{ET \times I'_{DC}} \right)$$

$$r' = 0.438 \times \left(\frac{38 \times 0.99}{59.4 \times 1} \right) = 0.277$$

我们预计 r 略低于 0.3，因为所选电感器的电感值比所需值稍高（是 137μH，而不是 127μH）。

b）磁感应强度峰值

设计值为

$$\begin{aligned}B_{\text{PK}} &= \frac{200}{ET_{100}} \times \left[(I_{\text{DC}} \times L) + \frac{\text{ET}}{2} \right] \ \text{G} \\ &= \frac{200}{10.12} \times \left[(0.99 \times 137) + \frac{59.4}{2} \right] \ \text{G} \\ &= 3267 \ \text{G}\end{aligned}$$

实际应用值为

$$\begin{aligned}B'_{\text{PK}} &= B_{\text{PK}} \times \left[\frac{(2L \times I'_{\text{DC}}) + \text{ET}'}{(2L \times I_{\text{DC}}) + \text{ET}} \right] \ \text{G} \\ &= 3267 \times \left[\frac{(2 \times 137 \times 1) + 38}{(2 \times 137 \times 0.99) + 59.4} \right] \ \text{G} \\ &= 3084 \ \text{G}\end{aligned}$$

小于 B_{PK}，因此可以接受。

c）电流峰值

为了确保变换器能够传输额定负载，需要确保电流峰值小于开关 IC 内部的电流极限值。

设计值为

$$\begin{aligned}I_{\text{PK}} &= I_{\text{DC}} + \frac{\text{ET}}{2 \times L} \\ &= 0.99 + \frac{59.4}{2 \times 137} \ \text{A} \\ &= 1.21 \ \text{A}\end{aligned}$$

这对应于之前计算的磁感应强度 3267G。

注意，其储能能力为

$$\begin{aligned}E &= \frac{1}{2} \times L \times I_{\text{PK}}^2 \\ &= \frac{1}{2} \times 137 \times 1.21^2 \ \mu\text{J} \\ &= 100 \ \mu\text{J}\end{aligned}$$

而我们所需的最小值为 $84\mu\text{J}$。因此电感看起来大小正确，可以继续分析。

实际应用值为

$$\begin{aligned}I'_{\text{PK}} &= I_{\text{PK}} \times \left[\frac{(2L \times I'_{\text{DC}}) + \text{ET}'}{(2L \times I_{\text{DC}}) + \text{ET}} \right] \\ &= 1.21 \times \left[\frac{(2 \times 137 \times 1.0) + 38}{(2 \times 137 \times 0.99) + 59.4} \right] \ \text{A} \\ &= 1.14 \ \text{A}\end{aligned}$$

这对应于之前计算的磁感应强度 3084G。温度和公差范围内的电流极限最小值为 2.3A。由于峰值 $I'_{\text{PK}} \leqslant 2.3\text{A}$，因此控制器能够提供所需的输出功率（而不会达到电流极限）。

d）温升

设计值为

$$P_{CU}=\mathrm{DCR}\times\left(I_{DC}^2+\frac{\mathrm{ET}^2}{12\times L^2}\right)$$
$$=387\times\left(0.99^2+\frac{59.4^2}{12\times137^2}\right)\ \mathrm{mW}$$
$$=385\ \mathrm{mW}$$

$$P_{CORE}=a\bullet\left(\frac{\mathrm{ET}}{\mathrm{ET}_{100}}\bullet100\right)^b\bullet f^c\quad \mathrm{mW}$$

厂商提供 $a=6.11\times10^{-8}$，$b=2.7$，$c=2.04$，因此

$$P_{CORE}=6.11\times10^{-18}\times\left(\frac{59.4}{10.12}\times100\right)^{2.7}\times f^{2.04}\quad \mathrm{mW}$$
$$=18.7\ \ \mathrm{mW}$$

所以

$$\Delta T=R_{TH}\times\frac{P_{CU}+P_{CORE}}{1000}\quad ℃$$

厂商表明，380mW 损耗对应于 50℃温升，所以电感的热阻为

$$R_{TH}=\frac{50}{380/1000}=131.6\ \ ℃/\mathrm{W}$$
$$\Delta T=131.6\times\left(\frac{385+18.7}{1000}\right)=53℃$$

实际应用值为

$$P'_{CU}=P_{CU}\times\frac{(12\times I'^2_{DC}\times L^2)+\mathrm{ET}'^2}{(12\times I^2_{DC}\times L^2)+\mathrm{ET}^2}$$
$$=385\bullet\frac{(12\times1^2\times137^2)+38^2}{(12\times0.99^2\times137^2)+59.4^2}\quad \mathrm{mW}$$
$$=389\ \ \mathrm{mW}$$

$$P'_{CORE}=P_{CORE}\bullet\left[\left(\frac{\mathrm{ET}'}{\mathrm{ET}}\right)^b\bullet\left(\frac{f'}{f}\right)^c\right]$$
$$=18.7\times\left[\left(\frac{38}{59.4}\right)^{2.7}\times\left(\frac{150,000}{250,000}\right)^{2.04}\right]\quad \mathrm{mW}$$
$$=2\ \ \mathrm{mW}$$

所以

$$\Delta T'=\Delta T\times\left[\frac{P'_{CU}+P'_{CORE}}{P_{CU}+P_{CORE}}\right]$$
$$=53\times\left[\frac{389+2}{385+18.7}\right]=51℃$$

在实际应用中，这视作可以接受的。

这就完成了所选电感的资格分析，总结如下。

- 负载为 1A 时，设计电感在环境温度下的温升为 50℃。我们的应用中为 51℃。
- 铜损（385mW）占主要部分，磁芯损耗相对较小。我们的应用中为 389mW。
- 瞬时电流峰值为 1.2A 时，磁感应强度峰值约为 3200G。我们的应用中，1.15A 时磁感应强度为 3080G。
- 磁芯额定储能能力为 100μJ，我们的应用中仅需要 84μJ。

第 10 章　反激变换器变压器设计基础

阅读本章之前请参考第 7 章中的磁学概念；并且阅读第 6 章，关于反激变换器的完整介绍。在第 12 章中会给出一个更详细的例子。这里使用 MKS（SI）单位，除非另有说明。

电压相关方程：一种实用形式

第 7 章中我们讨论了电压相关方程的一些形式，也称为法拉第定律。下面是用于开关变换器的更实用的形式。

方程的基本形式为

$$B_{\mathrm{AC}} = \frac{V_{\mathrm{AVG}} \times \Delta t}{2 \times N \times A_{\mathrm{e}}}$$

或用易于记忆的形式表示为

$$\text{伏秒} = NAB$$

请记住，按照惯例，B_{AC} 为磁感应强度摆幅 B（或 ΔB）的 2 倍。如前所述，电压相关方程是根据磁感应强度的变化得到的，然而很容易将其与磁感应强度峰值联系起来（对于大多数常用磁性材料来说）。首先假设带气隙电感最终设计得最优，那么其场强最大值十分接近饱和值 B_{SAT}。然后意识到电流和 B 是成比例的（假设“线性”磁性材料，虽然比例不完全正确，特别是铁粉），电流纹波率 r 的关系也可用于 B。并且由于 $\Delta B = 2 \times B_{\mathrm{AC}}$，可得用 r 表示的场强关系：

$$\frac{2 \times B_{\mathrm{AC}}}{B_{\mathrm{DC}}} = r$$

但是由定义 $B_{\mathrm{PK}} = B_{\mathrm{DC}} + B_{\mathrm{AC}}$，即 $B_{\mathrm{DC}} = B_{\mathrm{PK}} - B_{\mathrm{AC}}$，可得

$$\frac{2 \times B_{\mathrm{AC}}}{B_{\mathrm{PK}} - B_{\mathrm{AC}}} = r$$

简化，并与电压相关方程合并可得

$$N = \left(\frac{2}{r} + 1\right) \times \frac{V_{\mathrm{ON}} D}{2 \times B_{\mathrm{PK}} A_{\mathrm{e}} f}$$

如果是反激变换器变压器，这就给出了一次绕组的匝数，但也可以用于任何电感。

注意，这是非常有趣的关系。它不直接依赖于气隙、有效长度或磁芯的有效体积，甚至磁导率！它也不直接与负载电流有关，这是因为，正如我们使用 r（仅在 CCM 下定义）所暗示的，我们只讨论连续导电模式。它确实与磁芯的有效面积和场强有关。

另外，请记住，B 的摆幅与其峰值是相关的，就像电流一样，方程几乎相同（见图 7.2）：

$$\Delta B = \frac{2r}{2 + r} B_{\mathrm{PK}}$$

无气隙磁芯中与磁芯体积相关的储能

第 7 章中给出了磁芯中的能量 E_{c} 为

$$E_c = \frac{1}{2}\frac{B^2}{\mu_c} \times A_e l_e \quad \text{J}$$

即为

$$E_c = \frac{1}{2}\frac{B^2}{\mu\mu_0} \times V_e \quad \text{J}$$

式中，μ_c 为磁芯的绝对磁导率；μ_0 为空气的（绝对）磁导率；μ 为磁芯材料的相对磁导率。

注意，有时考虑单位体积的能量会更有用，即

$$\frac{E_c}{V_e} = \frac{1}{2}\frac{B^2}{\mu\mu_0} \quad \text{J/m}^3$$

对于典型材料铁氧体，设其相对磁导率约为 μ=2000，饱和磁感应强度 $B_{SAT} = 0.3\text{T}$（3000G），可得无气隙铁氧体磁芯的典型功率密度为

$$\frac{E_c}{V_e} = \frac{1}{2} \times \frac{0.3^2}{2000 \times 4\pi \times 10^{-7}} = 17.91 \text{ J/m}^3$$

$$\text{或简化为} 18\,\mu\text{J/cm}^3 \quad \text{或} \quad 18\,\text{J/m}^3$$

这是铁氧体，假设最大磁感应强度为 0.3T（3000G），相对磁导率为 2000。

对于带气隙或无气隙磁芯，这是存储在磁芯（磁性材料）内的能量，也是无气隙磁芯的整体所有的储能。但是在带气隙磁芯内，以上数值（磁芯内部）的 9 倍能量储存在气隙中——整体储能约为上述数值的 10 倍。我们现在来调查这个问题。

带气隙磁芯的一般能量关系

由第 7 章可得以下用 z（气隙因子）表示的能量关系：

$$\frac{E}{E_c} = z \qquad \frac{E_g}{E_c} = z - 1 \qquad \frac{E_g}{E} = 1 - \frac{1}{z}$$

式中，E 为总能量；E_c 为磁芯能量；E_g 为气隙能量；z 定义为

$$z = \frac{l_e + \mu l_g}{l_e}$$

典型反激变换器变压器中，z 设为 10，因此可得

$$E = zE_c \approx 10E_c$$

即，对于铁氧体反激变换器变压器，$E \approx 180\text{J/m}^3$。

A_L 与 μ 的一般关系

电感系数 A_L 按 $1/z$ 变化：

$$A_L = \frac{1}{z}\left(\frac{\mu\mu_0 A_e}{l_e}\right) \times 10^9 \quad \text{nH/匝}^2$$

可解出材料的相对磁导率 μ：

$$\mu = \frac{A_{L\_nogap} \times l_{e\_mm} \times 10}{4\pi \times A_{e\_sqmm}}$$

V_{OR}=100V 的通用输入反激变换器的占空比

现在，我们将介绍一个典型的离线反激变换器的设计案例，并提出方程式以帮助加快

设计过程。

必须在拓扑的最低输入电压时设计电感（Buck-Boost 和 Boost 同样如此），因为 D 接近 1 时电流最高。设效率为 100%，平均电感电流（在等效一次侧 Buck-Boost 模型中，见图 6.6）为

$$I_{COR}=\frac{I_O/n}{1-D}$$

式中，n 为匝数比 N_P/N_S。占空比为

$$D=\frac{nV_O}{nV_O+V_{IN}}$$

AC 90V 整流得到峰值电压为 $90\times1.414=127V$。把它当作 V_{IN}（忽略正常的输入纹波）。因此

$$D=\frac{nV_O}{nV_O+V_{IN}}=\frac{20\times5}{20\times5+127}=0.44$$

换句话说，AC 90V 和 V_{OR}=100V 的情况下占空比 D=0.44。

面积×匝数规则

由于反激变换器变压器设计总是在 V_{IN} 最小时进行，对于任意通用输入（AC 90～270V）电源，反射输出电压 V_{OR}（即 nV_O）为 100V，工作频率为 100kHz，r 为 0.4，由之前的方程（和解决方案）可得

$$NA_e=\left(\frac{2}{r}+1\right)\times\frac{V_{IN}D}{2\times B_{PK}\times f}=\left(\frac{2}{0.4}+1\right)\times\frac{127\times0.44}{2\times0.3\times10^5}$$
$$\cong5.588\times10^{-3}\,m^2$$

因此，不论磁芯形状、大小、气隙或甚至功率，对于任意通用输入反激变换器，必须要设置以下设计目标，即“优化设计”（r=0.4），且使用铁氧体变压器：

$$(\text{面积}_{mm^2}\times\text{匝数})\approx5600\ mm^2$$

记住，这时的条件为 $r=0.4$，V_{OR}=100V，$B_{SAT}=0.3T$，f= 100kHz 和 AC 90V。或是等效的，对于任意频率 f（单位为 Hz），以 m^2 为单位：

$$(\text{面积}_{m^2}\times\text{匝数}\times f_{Hz})\approx560\ m^2$$

实例（第 1 部分）

一个 AC 90～270V（通用输入）反激变换器，输出为 5V@5A，匝数比为 20。进行适当的设计，效率达到 70%，开关频率为 100kHz。

所需 *L*

由第 9 章可知，假设效率最优，那么电流斜坡的中心值为

$$I_{COR}=\frac{I_{OR}}{1-D}$$

现在电流增大时会导致效率低于最优值（70%）。注意，开关电流斜坡的中心值与等效一次侧 Buck-Boost 模型的平均电感电流是相同的。因此

$$I_L\equiv I_{COR}=\frac{5/20}{1-0.44}\times\frac{1}{70\%}=0.64\ A$$

设电流纹波为±20%（即 r=0.4），因此所需的交流斜坡为

$$\Delta I = r \times I_L = 0.4 \times 0.64 = 0.26 \text{ A}$$

由 $V = L\mathrm{d}I/\mathrm{d}t$ 可推导出所需电感量为（仅适用于导通期间）

$$L = \frac{V_{IN} \times D/f}{\Delta I} = \frac{127 \times (0.44/100000)}{0.26}$$

$$L = 2.15 \text{ mH}$$

这是由所需 r 计算得到的电感值。

所需能量

电流峰值为

$$I_{PK} = I_{COR} + \frac{\Delta I}{2} = 0.64 + 0.13 = 0.77 \quad \text{A}$$

因此，磁芯储能能力为

$$E_{PK} = \frac{1}{2} L I_{PK}^2 = \frac{1}{2} \times 2.15 \times 10^{-3} \times 0.77^2 = 6.37 \times 10^{-4} \quad \text{J}$$

稍后我们将对此进行限定，并试图说明为什么在选择磁芯时我们应该非常了解设置的电流极限。

磁芯选择（从储能方面考虑）

首先看一下这一功率等级的热门备选元件——E25/13/7（EF25）磁芯。稍后再讨论什么使得这一磁芯成为合适的选择。数据表上给出的主要参数为 $A_e = 52.5\text{mm}^2$，$l_e = 57.5\text{mm}$，$A_L = 2000\text{nH/匝数}^2$。

对于这一磁芯，$V_e = A_e \times l_e = 3.0\text{cm}^3$，所以其储能能力（如果无气隙）为

$$E_c = 18 \times \frac{3}{100^3} = 5.37 \times 10^{-5} \quad \text{J}$$

我们计算出本例应用中需要储能 6.37×10^{-4} J（为了避免 AC 90V 时饱和），所以为了能量平衡，即 $6.37 - 0.537 \Rightarrow 5.833 \times 10^{-4}$ J 必须储存在气隙中。如果由于任何原因没能实现这一情况，例如有效窗口内需要放置过多的铜线，或是大得出奇（不切实际）的气隙，那么肯定要选择另一个磁芯。此时，可得

$$z = \frac{E}{E_c} = \frac{6.37}{0.537} = 11.86$$

但这仍是合理的实际可用的数值，因为 z 一般的变化范围为 1～10，有些情况下甚至高达 25。

电压相关方程中的 N

我们的频率为 100kHz，$V_{OR} = V_O \times n = 5 \times 20 = 100\text{V}$，优化设计时可以用一般方程：

$$(\text{面积} \times \text{匝数}) \approx 5600 \text{ mm}^2$$

$$N = \frac{5600}{52.5} = 107 \text{ 匝 （一次侧）}$$

所需 A_L

之前计算了所需的电感 L 为 2.15mH。由于 N 已知，计算 A_L 得

$$A_L = \frac{2.15\times10^6}{107^2} = 188\ \text{nH/匝}^2$$

注：为了达到所需的保持时间，最大储能能力（也可能为磁芯尺寸）必须增加，以防止电网掉电（或甚至正常的关机程序时）引起的饱和。另一个选择是在最低工作电压（第 5 章中讨论了，为 60V）时设 r=0.4。因为反激变换器变压器中储存的能量全部经由负载消耗，没有多也没有少。但是，在影响峰值储能需求的平均能量吞吐量需求上叠加了形状因子考虑（基于 r）。但是，还有一个形状的考虑因素（根据 r 变化）叠加在平均能量需求上，会影响峰值储能要求。因此，如果最低电压时 r 保持不变，那么磁芯尺寸就无需增加，除非输出功率增大。

从电感量方面考虑所需 *z*

我们知道，A_L 根据 $1/z$ 变化，因此 z 也可以由此计算而得

$$z = \frac{A_{L\_nogap}}{A_{L\_gapped}} = \frac{2000}{188} = 10.64$$

我们注意到，有两种计算方式可以得到不同的 z 值。哪一种是正确的？能量方程 $E_c/V_e = 17.9\text{J/m}^3$ 明显比较接近，它也是用来加快初始磁芯选择的。而且特别的是，它是基于假设 $\mu = 2000$。实际上，可以从刚才计算得出的更精确的 z 反过来计算出磁导率，可以看到计算出来的磁导率接近但不完全等于 2000。这解释了不同 z 值之间的细微差异。计算时我们最终使用的 A_L 为厂商的实际（测得）值。

气隙的尺寸

$$l_g = \frac{l_e(z-1)}{\mu} = \frac{57.5\times(10.64-1)}{1743} = 0.32\ \text{mm}$$

注意，气隙长度为有效长度的 $0.32/57.5 \approx 60\%$。这是合理的取值，因为大于 2/3 是实际可行的。

磁芯的磁导率

$$\mu = \frac{A_{L\_nogap}\times l_{e\_mm}\times 10}{4\pi\times A_{e\_sqmm}} = \frac{2000\times57.5\times10}{4\pi\times52.5} = 1743$$

如果设计师对我们先计算气隙再求磁导率感到奇怪，那么请记住，实际上磁导率隐含在磁芯的 A_L 中，所以这只是检查我们的计算。

现在可以看到 μ=1743，与能量估算方程中假设的 2000 有点差别。但我们发现 E_c/V_e 反比于 μ。既然 μ=1743 而非 2000，那么能量估算方程为

$$\frac{E_c}{V_e} = 17.91\times\frac{2000}{1743} = 20.55\ \text{J/m}^3$$

这是用于实际的 μ=1743 和 $B_{SAT} = 0.3\text{T}$。对于本例，对应的 z 比之前计算的值小一点，即

$$z = 11.86\times\frac{1743}{2000} = 10.34$$

此处从能量方面考虑计算的 z 与之前用电感量计算的 z 之间的小小差别，可以解释为方程中的 N 太接近了，以及匝数值也向上四舍五入到最接近的整数值。但是无论哪种方式，计算出的值都是在气隙和 A_L 的正常误差范围内。这里没有真正的矛盾。

优化的一些细节

这里给出需要考虑的一些有用细节。

（1）可以观察到（一次侧）所需匝数根据 A^{-1} 变化，即反比于磁芯有效面积。

（2）也可以看到一次绕组总有效长度根据 $A^{-1/2}$ 变化（铜损变化也类似）。

（3）我们一直假设可以同时设 $r=0.4$，B_{PK} 接近 0.3T（3000G）。然而，这在实际中是不可能的。

（4）反激变换器中，匝数比为 20 时，5V 输出电压的反射输出电压 $V_{OR}=100V$。由第 6 章可知，对于该拓扑，V_{OR} 为重要的设计目标，对于通用输入离线电源一般设为 70～130V。但是由于二次绕组必须为整数，每增加额外的二次绕组，相对应的一次绕组匝数将以 20 的整数倍增加，从而否决了取值的平滑“连续性”。电感量也会根据 A_L 以类似的阶跃而变化。因此从电压相关方程的实用形式可以得出以下结论：

① 对于给定的磁芯，如果设 B_{PK} 接近 B_{SAT}，那么可以预见 r 会有相应的阶跃增加，由此 r 可以或不可以设置得接近“优化值”0.4。

② 如果要设 $r=0.4$，B_{PK} 必定会产生阶跃，那么也不能设其为优化值（接近 B_{SAT}）。

③ 或者对于所需的 V_{OR} 留有一定的裕量，这使得匝数比可以使用不同的值。这是最实用的选择。

（5）电压相关方程（其实用形式）仅仅根据磁芯 A_e 就给出了所需的一次绕组，甚至都没用到 A_L、l_e 或气隙。

（6）由于最终都会运行到接近于 B_{SAT}，作为推论，对于特定场合的给定磁芯，一次绕组匝数是确定的（实现目标 r）。这就要求匝数不能大也不能小，只能是计算值。

（7）注意，虽然匝数与电感量没有直接关系，但还是要根据气隙来得到合适的电感量，以使得 r 接近设计目标 0.4。

（8）如果要使用其他的 r，可以改变一次绕组匝数。实际上有时不得不这样做，例如选定的磁芯有效窗口面积内不可能绕 107 匝（出于某些原因，磁芯的窗口也不希望很大）。然而必须记住，如果这样做了，较高的 r 会在变换器其余部分产生副作用（稍微偏离最优值）。

（9）一旦 r 确定，一定频率（和给定的应用条件）下的电感量也确定了。因此由之前给出的 L 的基本定义可知，由 N、μ、l_e 和 A_e 可以计算得到所需的 z（和气隙）。

（10）必须仔细检查所需的匝数能否容纳在有效磁芯窗口面积内。

（11）值得注意的是，如果 r 是设计固定的，那么 A_e 也是固定的（即，我们坚持用一个给定的磁芯）。那么如果我们也试图固定 N，我们将看到 B_{PK} 的值不再直接由我们掌控了。在这种情况下，可能不会接近 B_{SAT} 运行。

（12）因此最重要的是：我们没有那么多可用的设计自由度。在某些地方要妥协，要么是设计目标 V_{OR}，要么是 r，或是 B_{PK}。我们只是不能满足所有的要求。这就是为什么变压器设计如此复杂（同时也是值得的）。这也是一个折中。

用于反激变换器变压器磁芯快速选择的经验法则

对于铁氧体，磁芯中的能量密度（在某些假设下）为

$$\frac{E_c}{V_e} \approx 18\ \text{J/m}^3$$

加入气隙后，能量增至

$$\frac{E}{E_c} = z$$

z 的实际值为 10，因此

$$\frac{E}{V_e} \approx 180\ \text{J/m}^3$$

也即为$1.8\times10^{-4}\text{J/cm}^3$，或是$180\mu\text{J/cm}^3$。然而必须记住，这与大多数磁元件厂商给出的 Hanna 曲线中的参数不是同一个。他们实际使用的是LI^2/V_e，而这里用到的能量密度实际上是$(1/2)LI^2/V_e$。然而，这种变换是很明确的。因此，我们的经验法则也可写成比厂商数据表更好的形式。

$$\frac{LI^2}{V_e} \approx 3.6\ \text{J/cm}^3$$

由此可以看到，我们的经验公式实际非常接近官方数据。对于 Fair-Rite 的铁氧体材料 77，根据 Hanna 曲线得出的值为3.5J/cm^3。

现在将能量峰值$(1/2)\times LI^2$代入反激变换器输入电压$(V_{IN}\times I_{SW_AVG}\times D)$，可以得到相当复杂的表达形式：

$$P_o = \frac{8r\times(E/V_e)\times f\times V_e}{(2+r)^2}\ \ \text{W}$$

式中，E 为整个带气隙结构中的总储能（单位为焦耳）；V_e 为体积（m^3），f 为频率（Hz）。但是要注意，D 和 V_{IN} 在这一关系式中被取消了。

对于铁氧体，可知最大能量密度E/V_e约为$180\text{J}/\text{cm}^3$，因此设 r =0.4，我们得到一个非常简单的关系式，用于预测典型铁氧体反激变换器变压器功率能力的大致数值。

$$P_o \approx 100\times f\times V_e$$

非理想效率的情况下，修正为

$$P_{IN} = 100\times f\times V_e$$

这里用 MKS 单位。另外用稍微不同的方式表示为

$$V_{e\_cm^3} = \frac{0.01\times P_{IN}}{f_{MHz}}$$

这是由 *Switching Power Supplies A to Z*（第二版）中第 5 章推导而得的。它也指出了方程的本质，实际上它是一个精确方程。唯一的假设是磁导率为 2000，峰值饱和磁感应强度（B）为 3000G，电流纹波率为 0.4，气隙因子为 10。这些都是非常合理的切入点。通常在最坏情况 AC 90V 时这样设计。

实例（第 2 部分）

现在用刚推导的快速选择方程。EF25 的尺寸为 52.5×57.5=3019mm³。因此，频率为 100kHz 时，由前面的方程可得

$$P_o \approx 100\times10^5\times3019\times10^{-9} = 30.2\ \text{W}$$

这意味着选用的磁芯（EF25）在 30W 输入或输出时是没有问题的。由此如果选择铜线的厚度足够承受电流密度$400\text{cmil}/\text{A}$，那么绝对不会出现有效窗口面积内（对于大多数商用

变压器磁芯）无法容纳所需铜线的情况，或是变压器过热的情况。下面会讨论电流密度问题。关于这个话题的更多内容参见第 12 章。

常见的错误是假设 DCM 或 BCM 的磁芯大于 CCM 的时。如果增加 r 至 2（临界导通），那么实际是使得磁芯的功率能力翻倍了。这种情况的发生是因为$8r/(2+r)^2$这一项，在 r=0.4 时为 0.56，r=1 时为 2，几乎增加了 100%。这是如何与我们对磁芯尺寸与I_{PK}^2相关的理解联系起来的？如果减小 L，那么增加 r 和I_{PK}。然而，能量与LI_{PK}^2成正比，由于 L 正比于N^2，尽管峰值电流上升，但能量仍然减小。也可以从安匝来考虑。这是与磁芯能量相关的。虽然（峰值）电流增加，但匝数以更快的速度减少，所以净安匝实际是减小了。但是记住，其他元件可能会过度设计。这也是为什么通常建议优化设计 r=0.4。

电流极限对磁芯大小的影响

典型的 DC-DC 变换器应用中，一般计算最大工作电流，然后选择电感。例如，12V 降压为 5V 的 Buck 变换器，最大负载电流为 5A，可以选择额定值超过 5A 的电感。这很简单。但是在高压应用中，任意时刻磁芯饱和都会导致电流急剧上升，这样即使快速响应的电流限制可能都无法有效抑制电流急升并拯救 FET，见图 10.1 上半部分。因此，虽然磁芯是根据峰值工作电流选择的最大值 3000G，就如同之前的例子，但这完全正确吗？最主要的问题是：过载甚至简单地启动时，到底会发生什么？或是更糟的，电网掉电期间，通常设欠压锁定（UVLO）为 DC 60V 以达到所需的保持时间，因此需要变换器不仅保持开关，还要调压（输出功率没有下降）。必须认识到，电流极限会有规律地被触及，也许是暂时的，但这里的持续时间完全无关紧要。我们要问：磁芯是否设计得能够接受周期内的大电流（和场强）？如前所述，DC-DC 变换器中，由于涉及低压，每次磁芯饱和时都要“逃离”几个周期。但是在 AC-DC 应用中，我们必须非常清楚在任何条件下，即使是在一个周期内，磁芯中的最坏情况 B 场是什么，因为这可能具有破坏性。

最安全的方法是不使用峰值工作磁感应强度（B 场），而是使用与电流极限范围的最大值相关的最大磁感应强度。除了设置线规和电流密度，工作电流不再重要。因此，之前的计算中应该设I_{PK}为电流极限范围的最大值，称作$CLIM_{MAX}$。必须要保证$CLIM_{MAX}$时 B 不超过 3000G。见图 10.1 下半部分。

$CLIM_{MAX}$的重要性在于，必须确保，在期望的 DC 60V 的 UVLO 时，计算的峰值工作电流必须小于$CLIM_{MAX}$，否则无法保证全功率传递。

换句话说，

（1）应该精确地设定电流极限，以使峰值工作电流在整个期望的输入工作范围（在最大负载时，下降到设置的 UVLO，通常为 DC 60V）内小于设置的$CLIM_{MIN}$。

（2）应该根据$CLIM_{MIN}$来选择磁芯。使用合适的最坏情况峰值 B 场。这是 3000G 吗？接下来会讨论。

（3）我们当然可以根据响应较慢的热效应，即最大负载、标称电压（AC 90V）来选择线规。

前面两点表明，设置严格的电流极限（范围最小）是非常重要的。因为，如果试想一下就会发现，$CLIM_{MIN}$和$CLIM_{MAX}$之间的区域实际代表的是多余的、不必要的磁芯。因此对于相同的功率，如果电流极限的范围太大，还是要确保$CLIM_{MIN}$处于图 10.1 中的位置。但不幸的是，$CLIM_{MAX}$ 会上升很多，从而需要更大的磁芯。

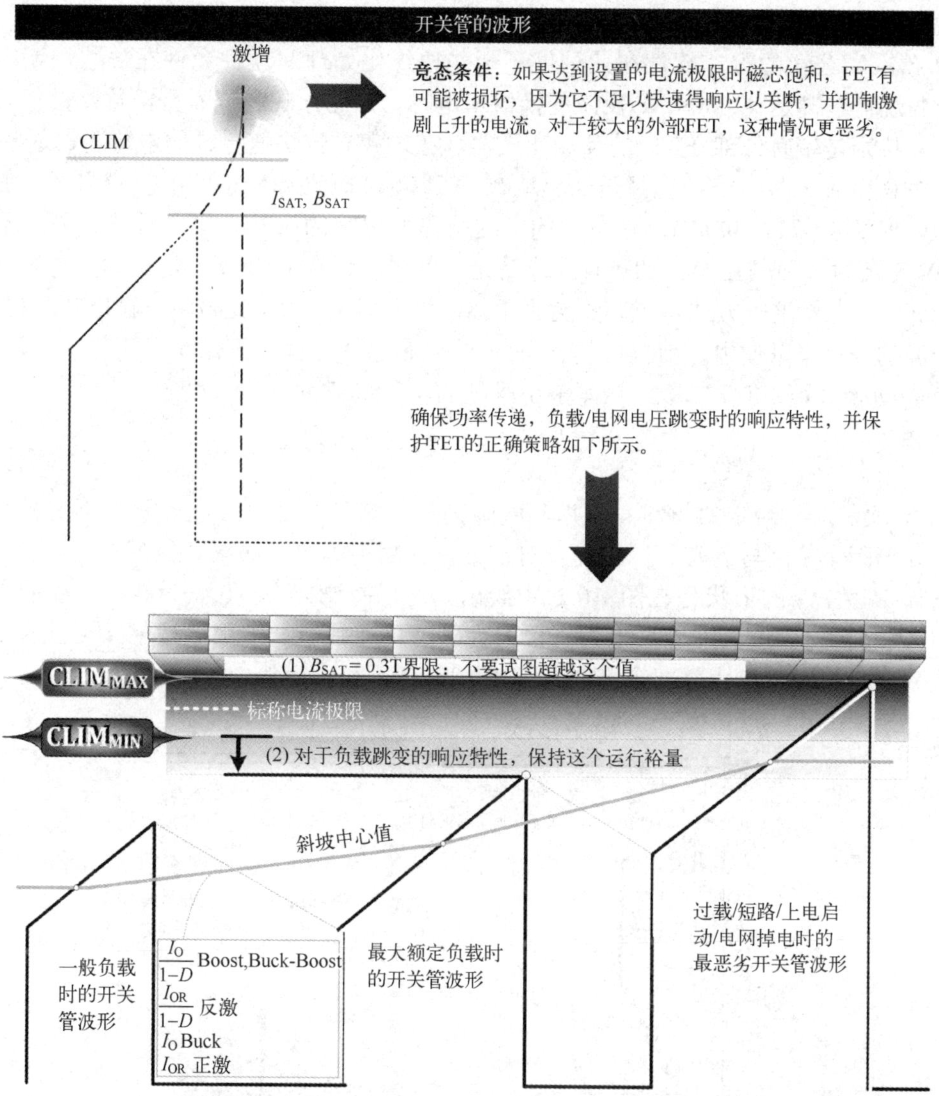

图 10.1　饱和时 FET 为何会损坏，及选择磁芯与设置电流极限的最佳方法

一些主要的离线集成开关 IC 厂商经常使用之前的逻辑来掩盖其产品的主要局限，可能自己也没发觉。他们宣传其产品有严格的电流极限，原因之前已经说过。但问题是，他们只能提供一些有限数量的、离散的电流极限系列产品（内部设定），而我们喜欢用控制器设定任意电流极限。这就意味着，比如，厂商提供 2A（电流极限）的器件，下一个更高的器件为 3A 的，如果我们的应用中最大电流为 2.2A，就被迫要使用后者。这样严格的电流极限有什么帮助？事实上对于 2.2A 的应用，这一电流极限的范围非常宽。

一般我们期望磁芯尺寸多大？我们知道磁芯尺寸正比于能量及功率。因此，对于给定的输出电压，我们希望磁芯尺寸正比于峰值电流。因此，既然 2.2A/3A=0.73，那么 2.2A 的磁芯应该比 3A 的小 27%（假设其他所有的诸如 r 和 V_{OR} 不变）。但是不能将电流极限精确地设定在 2.2A，这也意味着磁芯尺寸不能从 3A 减小。然而有一种实现方法是改变假设的 r 和 V_{OR}。这样可以迫使 2.2A 的应用中变压器较小，但是这在某种意义上来说是欺骗。因为能够实现这一目的的做法是增加 r 和 V_{OR}，从而简单地将问题转移到电容（更大的电流有效值）等。我们应该认识到变压器设计与元器件选择中这些微妙之处。

IP-switch 公司的设计软件在此处做了一些边缘化处理。软件允许在一些周期内峰值磁感应强度可以高达 4200G，如反激变换器断电时。然而，在我们看来，这不是很好的实用设计，特别是带有外部 FET 的反激变换器，在过载导致快速上升的电流下，这些 FET 在断开时稍微慢一些。一种选择是简单地在 AC 90V 时设计较小的磁感应强度，那么在 DC 60V 时不会超过 3000G。很自然的，这将需要更大的磁芯。另一种选择是，不是在 AC 90V 整流时，而是在 DC 60V 时（或是无论怎样，设定 UVLO 都能达到保持时间的要求）设 r =0.4。用这一方法，磁芯不会大于 AC 90V 时 r = 0.4 的磁芯（输出功率相同）。对于一般的 r，可以使用之前提出的含有 r 的磁芯选择方程。理由是，正如在 *Switching Power Supplies A to Z*（第二版）这本书中推导的，Buck-Boost 的一般方程为

$$V_{\mathrm{e\_cm3}} = \left(\frac{31.4\times P_{\mathrm{IN}}\times\mu}{z\times f_{\mathrm{MHz}}\times B_{\mathrm{SAT\_Gauss}}^{2}}\right)\times\left[r\times\left(\frac{2}{r}+1\right)^{2}\right]\equiv(X)\times(Y)$$

其中的 X 项，对于给定的材料、频率和气隙因子，它只与功率（此处假设不变）有关，另一个外形因子 γ 仅与 r 有关。因此，对于给定的功率等级，如果其他都不变，所需的体积仅与 r 有关。γ 的形状是在图 10.2 中绘出。可以看到，r = 0.4 为能量曲线的“转折点”，代表最优化。进入临界导电的潜台词为磁芯尺寸减半，但稍微减小 r（通过增加 L 的方式）会引起磁芯尺寸急剧变化。当然如果磁芯尺寸不正确，磁芯将饱和。

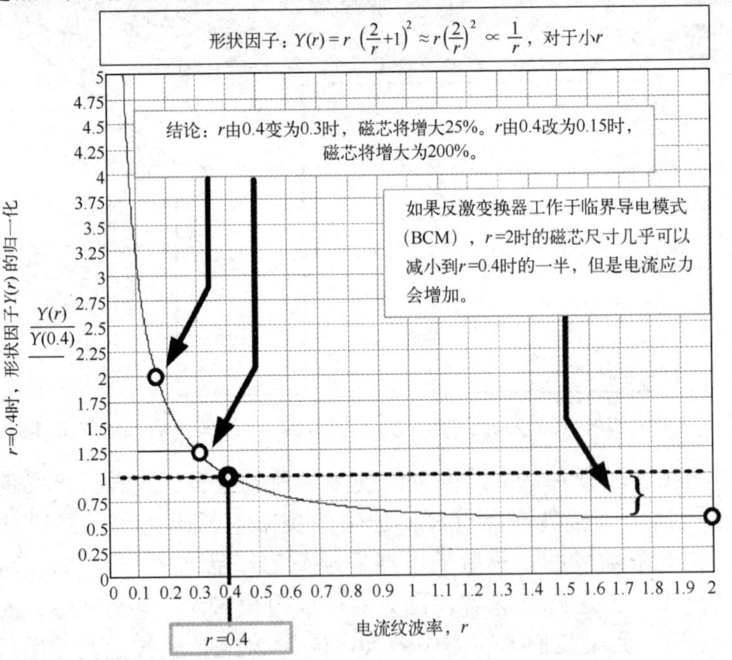

图 10.2　反激变换器（或其他任何拓扑）中电流纹波率如何影响磁芯大小

圆密耳（cmil）

为了确定线规，我们必须熟悉圆密耳。1000mil=1in=25.4mm，因此 1mil=25.4μm。

圆密耳（cmil）是用来定义导体横截面积的计算简便方式，其中圆导线的面积记作

d^2，单位为 cmil，而不是“正确的” $\pi d^2/4$，单位为密耳（mil）的平方（mil^2）（d 为直径）。因此 1cmil 等于 $\pi/4mil^2$，如图 10.3 所示。采用这一简便方式的原理是，当我们考虑将导线相互叠加以形成绕组布置的情况时，导线所占的净面积实际上是包围该线股的整个正方形截面面积，其余的都是无用的空间。分配给每一匝的面积为 d^2。因此，这时用 cmil 表示的横截面积在数值上与用 mil^2 表示的相同。对于几乎所有的其他的情况，这一简便方式会变得相当混乱，因此谨慎使用。图 10.3 和表 10.1 中给出了相对应的变换。

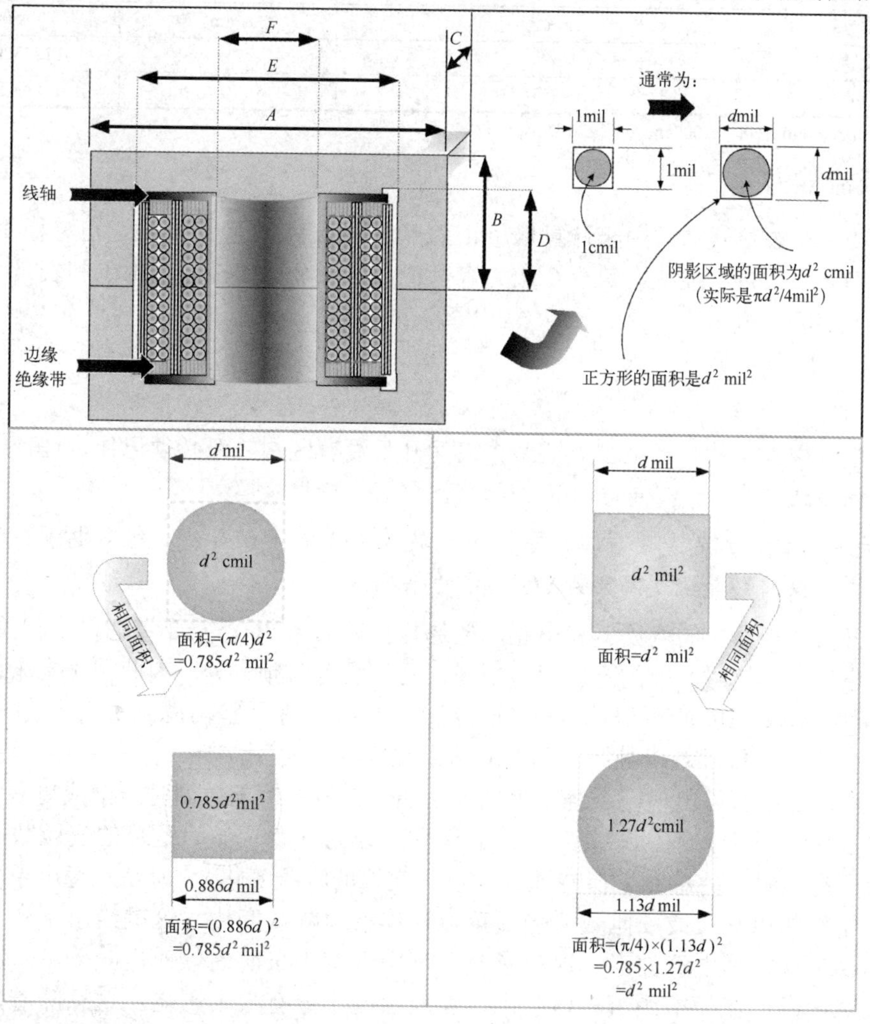

图 10.3　cmil

注：有些绕组会嵌入绕组之间的空间，但这是不可预知的，所以此处忽略。另外，一般层间有绝缘，防止这种情况发生。

表 10.1　直径/长度、面积和电流密度之间的变换

长度	mil	in	ft	mm
mil	1	0.001	0.000083	0.0254
in	1000	1	0.083	25.4
ft	12000	12	1	304.8

续表

长度	mil	in	ft	mm
mm	39.37	0.03937	0.0033	1
面积	cmil	mil^2	in^2	cm^2
cmil	1	π/4=0.7854	7.854×10^{-7}	5.067×10^{-6}
mil^2	4/π=1.274	1	10^{-6}	6.452×10^{-6}
mm^2	1 973	1 550	0.00155	0.01
电流密度*	cmil/A		A/cm^2	A/in^2
x cmil/A	x		197353/x	1273000/x
y A/cm^2	197353/y		y	6.45y

*440cmil/A ≈ 440A/cm^2，1000cm/A ≈ 1270A/in^2。

导线的载流能力

下面的两个表达式通常用来计算以 mil 为单位的 AWG（美国线规，也称作 Brown & Sharpe 或 B & S 线规）线径。第一个较为容易记，第二个更精确并常用于制表。

$$d_{\text{mils}} = \frac{1000}{\pi} \times 10^{-\text{AWG}/20}$$

或

$$d_{\text{mils}} = 5 \times 92^{(36-\text{AWG})/39}$$

对于电源中常用的线径范围，这两个表达几乎没有区别。但必须记住，任何一种方法得到的是裸铜线的直径，不包括任何绝缘或涂层。

注：*也有可能买到的是特殊应用下的半整数 AWG 尺寸的导线。很多电源厂商为了降低库存成本，仅储存奇数或偶数 AWG 尺寸的导线。*

对于开关变换器中的变压器和电感，要选择合适的 AWG，需要考虑以下相关问题：

（1）电感（单绕组）中的电流相对平滑，几乎没有高频成分。因此技术上来讲，大电流时可以用 AWG 10 的单股线（很粗的线）。然而，有一些问题（如可制造性设计，DFM）需要考虑。粗线难以缠绕，因此通常用几股绞线代替。

（2）变压器中可以出现一个绕组突然停止通过电流的情况，同时一个或更多的绕组续流。从磁芯考虑，它并不"知道"其中的区别，因为它所需要的是总的安匝数（在给定的磁芯上所有绕组上的总和）保持连续（没有突然的阶跃变化）。但是从每个单独的绕组考虑，该绕组的电流（或安匝数）当然可以不连续地跳跃变化。这就给出了变压器绕组中常见的梯形或矩形电流波形。这也意味着其中含有大量的高频傅里叶分量，因此必须考虑集肤深度，但在（单绕组）电感中，集肤深度不会有太大影响。这意味着，当我们将导线的直径增加到超过某一个值（集肤深度的 2 倍），高频电流会限制在导线的环形表面区域。虽然"可用"导电的横截面积确实增加了，但不再以 d^2 的倍数增加，而是按 d 变化。对于更大的电流需要使用几股绝缘导线，每条的直径等于集肤深度的 2 倍。射频应用中的标准 Litz 线不适用于商用开关电源，因为覆盖绝缘层的丝线或纺织物等浪费了空间。相反我们可以自己做，或直接从供应商订购多股绞合或辫状束的标准 AWG 电磁线（现在也越来越多地称为 Litz 线）。

集肤深度

集肤深度定义为电流密度减小到表面电流密度的 1/e 处的深度（更深处将按指数规律

下降）。但是，高频电阻（和损耗）与整个电流均匀地分布到等于集肤深度的深度处，此后突然下降到零是一样的。我们可以整合指数曲线来证明这是真的。将趋肤深度描述为均匀电流密度的环形区域，等效于我们在电感器表面上的实际密度，这导致更容易计算。

以 mil 为单位的铜导体的集肤深度表示为 $2837/f^{1/2}$，这也是我们用来生成以下设计辅助数据的方程。注意，方程中的 f（单位为 Hz）可以取为开关频率，然后导线直径设为该方程计算值的 2 倍。然而，实际中我们应该考虑矩形/梯形电流波形的所有谐波。不同文献的推荐线径稍有不同。

以 mm 为单位的铜导体的集肤深度的更完整的表达式为

$$\text{集肤深度} = \frac{66.1\times[1+0.0042(T-20)]}{\sqrt{f}} \quad \text{mm}$$

式中，T 为绕组温度（℃）；f 的单位为 Hz。注意，0.0042 来自温度每上升 10℃，铜线或绕组的电阻增加 4.2%。

例如，70kHz 时集肤深度为 0.27mm。由表 10.1 可知 1mm 为 39.37mil，所以 0.27mm 为 39.37×0.27=10.6mil。我们不应该选择直径或厚度超过集肤深度 2 倍（本例中为 20mil）的导线或铜箔，因为这是铜的低效使用。由表 10.2 可知 AWG 24 的直径为 20mil，是 70kHz 时的正确选择。由表 10.3 可知对于 400cmil/A 的推荐电流密度，1A 以下是可以接受的。

表 10.2　SWG 与 AWG 的裸铜线直径

规格号	AWG (in)	AWG (mm)	SWG (in)	SWG (mm)	规格号	AWG (in)	AWG (mm)	SWG (in)	SWG (mm)
0	0.3249	8.25	0.324	8.23	23	0.0226	0.574	0.024	0.61
1	0.2893	7.35	0.3	7.62	24	0.0201	0.511	0.022	0.559
2	0.2576	6.54	0.276	7.01	25	0.0179	0.455	0.02	0.508
3	0.2294	5.83	0.252	6.4	26	0.0159	0.404	0.018	0.457
4	0.2043	5.19	0.232	5.89	27	0.0142	0.361	0.0164	0.417
5	0.1819	4.62	0.212	5.38	28	0.0126	0.32	0.0148	0.376
6	0.162	4.11	0.192	4.88	29	0.0113	0.287	0.0136	0.345
7	0.1443	3.67	0.176	4.47	30	0.01	0.254	0.0124	0.315
8	0.1285	3.26	0.16	4.06	31	0.0089	0.226	0.0116	0.295
9	0.1144	2.91	0.144	3.66	32	0.008	0.203	0.0108	0.274
10	0.1019	2.59	0.128	3.25	33	0.0071	0.18	0.01	0.254
11	0.0907	2.3	0.116	2.95	34	0.0063	0.16	0.0092	0.234
12	0.0808	2.05	0.104	2.64	35	0.0056	0.142	0.0084	0.213
13	0.072	1.83	0.092	2.34	36	0.005	0.127	0.0076	0.193
14	0.0641	1.63	0.08	2.03	37	0.0045	0.114	0.0068	0.173
15	0.0571	1.45	0.072	1.83	38	0.004	0.102	0.006	0.152
16	0.0508	1.29	0.064	1.63	39	0.0035	0.089	0.0052	0.132
17	0.0453	1.15	0.056	1.42	40	0.0031	0.079	0.0048	0.122
18	0.0403	1.02	0.048	1.22	41	0.0028	0.071	0.0044	0.112
19	0.0359	0.912	0.04	1.02	42	0.0025	0.064	0.004	0.102
20	0.032	0.813	0.036	0.914	43	0.0022	0.056	0.0036	0.091
21	0.0285	0.724	0.032	0.813	44	0.002	0.051	0.0032	0.081
22	0.0253	0.643	0.028	0.711	45	0.0018	0.046	0.0028	0.071

表 10.3 不同 cmil/A 时 AWG 对应的载流能力

AWG	电流 @1000cmil/A 或 197A/cm²	电流 @900cmil/A 或 219A/cm²	电流 @800cmil/A 或 247A/cm²	电流 @700cmil/A 或 282A/cm²	电流 @600cmil/A 或 329A/cm²	电流 @500cmil/A 或 395A/cm²	电流 @400cmil/A 或 493A/cm²	电流 @250cmil/A 或 789A/cm²	电流 @200cmil/A 或 987A/cm²
10	10.383	11.537	12.979	14.833	17.305	20.766	25.958	41.532	51.915
11	8.2341	9.149	10.293	11.763	13.724	16.468	20.585	32.936	41.171
12	6.5299	7.2555	8.1624	9.3285	10.883	13.06	16.325	26.12	32.65
13	5.1785	5.7539	6.4731	7.3978	8.6308	10.357	12.946	20.714	25.892
14	4.1067	4.563	5.1334	5.8667	6.8445	8.2134	10.267	16.427	20.534
15	3.2568	3.6186	4.071	4.6525	5.428	6.5136	8.142	13.027	16.284
16	2.5827	2.8697	3.2284	3.6896	4.3046	5.1655	6.4569	10.331	12.914
17	2.0482	2.2758	2.5603	2.926	3.4137	4.0964	5.1205	8.1928	10.241
18	1.6243	1.8048	2.0304	2.3204	2.7072	3.2486	4.0608	6.4972	8.1215
19	1.2881	1.4313	1.6102	1.8402	2.1469	2.5763	3.2203	5.1525	6.4407
20	1.0215	1.135	1.2769	1.4593	1.7026	2.0431	2.5538	4.0861	5.1077
21	0.8101	0.9001	1.0126	1.1573	1.3502	1.6202	2.0253	3.2405	4.0506
22	0.6424	0.7138	0.8031	0.9178	1.0707	1.2849	1.6061	2.5698	3.2122
23	0.5095	0.5661	0.6369	0.7278	0.8491	1.019	1.2737	2.0379	2.5474
24	0.404	0.4489	0.5051	0.5772	0.6734	0.8081	1.0101	1.6162	2.0202
25	0.3204	0.356	0.4005	0.4577	0.534	0.6408	0.801	1.2817	1.6021
26	0.2541	0.2823	0.3176	0.363	0.4235	0.5082	0.6353	1.0164	1.2705
27	0.2015	0.2239	0.2519	0.2879	0.3359	0.403	0.5038	0.8061	1.0076
28	0.1598	0.1776	0.1998	0.2283	0.2663	0.3196	0.3995	0.6392	0.799
29	0.1267	0.1408	0.1584	0.181	0.2112	0.2535	0.3168	0.5069	0.6337
30	0.1005	0.1117	0.1256	0.1436	0.1675	0.201	0.2513	0.402	0.5025
31	0.0797	0.0886	0.0996	0.1139	0.1328	0.1594	0.1993	0.3188	0.3985
32	0.0632	0.0702	0.079	0.0903	0.1053	0.1264	0.158	0.2528	0.316
33	0.0501	0.0557	0.0627	0.0716	0.0835	0.1003	0.1253	0.2005	0.2506
34	0.0398	0.0442	0.0497	0.0568	0.0663	0.0795	0.0994	0.159	0.1988
35	0.0315	0.035	0.0394	0.045	0.0525	0.063	0.0788	0.1261	0.1576
36	0.025	0.0278	0.0313	0.0357	0.0417	0.05	0.0625	0.1	0.125
37	0.0198	0.022	0.0248	0.0283	0.033	0.0397	0.0496	0.0793	0.0991
38	0.0157	0.0175	0.0197	0.0225	0.0262	0.0314	0.0393	0.0629	0.0786
39	0.0125	0.0139	0.0156	0.0178	0.0208	0.0249	0.0312	0.0499	0.0623
40	0.0099	0.011	0.0124	0.0141	0.0165	0.0198	0.0247	0.0396	0.0494
41	0.0078	0.0087	0.0098	0.0112	0.0131	0.0157	0.0196	0.0314	0.0392
42	0.0062	0.0069	0.0078	0.0089	0.0104	0.0124	0.0155	0.0249	0.0311
43	0.0049	0.0055	0.0062	0.007	0.0082	0.0099	0.0123	0.0197	0.0247
44	0.0039	0.0043	0.0049	0.0056	0.0065	0.0078	0.0098	0.0156	0.0196
45	0.0031	0.0034	0.0039	0.0044	0.0052	0.0062	0.0078	0.0124	0.0155

例 10.1　AC 90～270V（通用输入）反激变换器，变压器匝数比为 20。推荐的一次侧和二次侧线规有如下几种情况：

情况 1：单输出 5V@5A（25W）

情况 2：单输出 5V@8A（40W）

情况 3：单输出 5V@16A（80W）

情况 4：双输出 5V@10A 和 12V@2.5A（50+30=80W）

所有的情况中都假设效率为 70%，开关频率为 70kHz。

正如之前计算的，对于情况 1 的 5V@5A，开关电流斜坡（COR 值）在 AC 90V 时为 0.64A（用平顶近似法计算）。对于情况 2 的 5V@8A，可以简单地用缩放比例估计 COR 为 8 × 0.64/5=1.02A。类似地，对于情况 3 的 5V@16A，16 × 0.64/5=2.05A。情况 4 与情况 3 相同，只是考虑了一次侧。如前所述，由表 10.2 和表 10.3 可知，AWG 24 是 70kHz 时的正确选择。

注意，在前面的所有情况中，AC 90V 时的占空比为 0.44，由于保持匝数比不变，V_{OR} 显然为 100。

每种情况下的输入电流有效值为

（1）$0.64\text{A}\times\sqrt{0.44}=0.425\text{A}$。由表 10.3 可知，单股 AWG 27 或 AWG 28 满足一次侧要求。

（2）$1.02\text{A}\times\sqrt{0.44}=0.68\text{A}$。由表 10.3 可知，单股 AWG 26 满足一次侧要求。

（3）$2.05\text{A}\times\sqrt{0.44}=1.36\text{A}$。由表 10.3 可知，两股 AWG 26 满足一次侧要求。

（4）一次侧与情况 3 相同。二次绕组需要用到（实际）电流值。

对于二次绕组，（二次侧）COR 值必须为 $I_{COR}\times(1-D)=I_O$。并且，本例中的有效值为 $I_{COR}\times\sqrt{1-D}$。因此二次侧有效值为 $[I_O/(1-D)]\times\sqrt{1-D}=I_O/\sqrt{1-D}$。因此

（1）对于 5A 负载电流，有效值为 6.682A，可用 7 股 AWG 24 绞绕在一起。

如果设标准铜箔厚为 $t$mil，宽为 $w$mil，可用的面积为 $t\times w\text{mil}^2$。如果目标是接近或稍大于 400cmil/A，

$$\frac{w\times t}{I_{RMS\_SEC}}\geqslant 0.785\times 400\text{ cmil/A}$$

因此铜箔厚度需大于

$$w\geqslant\frac{0.785\times\text{cmil/A}\times I_{RMS\_SEC}}{t}=\frac{0.785\times 400\times 6.682}{20}=105\text{ mil}$$

其中按集肤深度的推荐采用了标准厚度 20mil 的铜箔。0.785 来自图 10.3，因为 d^2 cmil 等于 0.785 × $d^2\text{mil}^2$——允许的电流密度单位为 cmil，但这是箔，不是圆的导线，需将其转换为用 mil^2/A 表示的电流密度。

所需的铜箔宽度为

$$w\geqslant 0.105\text{ in}$$

由表 10.1 可知，1in=25.4mm，因此 0.105×25.4=2.7mm

$$w\geqslant 2.7\text{ mm}$$

但是对于该宽度值，需要增加 4+4=8mm 的边缘绝缘带（每边 4mm）。另外，若骨架厚度为 1.5mm，需要再加 3mm。因此，需要磁芯提供的总窗口宽度为 $2D$（见图 10.3），等于

$$2D\geqslant w+11=13.7\text{ mm}\quad D>6.85\text{ mm}$$

选择磁芯（EF 25）的 D 为 8.7mm。因此，这是可行的。虽然寻找 3mm 宽的铜箔有点可笑，所以这里宁愿选用 4 × AWG 24 导线。

然而，我们在这里要指出的问题是，大的边缘绝缘带会导致铜箔绕组更高的输出电流，对于较为细长的型材：即 D 较大的磁芯系列（例如 EEL/EER 磁芯）。不同的磁芯系列可以参见第 12

章中的表 12.1。

（2）其余的步骤可同样操作。

图形法和有用的诺谟图

在图 10.4 中，给出了选择导线，特别是圆形导线的有用的诺谟图（虽然箔层厚度信息也可以从中得到），还给出了一个计算实例。注意，该图是基于 400cmil/A，但为了简便采用的是电流斜坡中心值（COR），但是有效值实际接近 565cmil/A（D=0.5）。有人认为有效值 565cmil/A 太保守，推荐线规下降 1～2 级。这整个问题都将在第 12 章中讨论。但记住，在这一点上，保守是明智的。热问题是导致生产延期的主要原因（电磁干扰是另外一个），这是不希望发生的。用于通信技术设备的电源中常用的变压器分为 A 级（温升小于 65℃，这需要在额定最大负载时将热电偶插入绕组中确定）或 B 级（同样的测试方法，温升小于 85℃）。注意，在美国，A 级变压器仅需单独批准的材料，B 级变压器的所有材料必须经安全机构评估和批准，从而形成指定的绝缘系统。后者增加成本，而且许多磁性产品供应商都试图让客户使用更大的电流密度（节省成本，但会产生更高的温度）。如果真想坚持使用最低成本的 A 级变压器，最好坚持 COR 电流值为 400cmil/A（有效值为 565cmil/A，而非 400cmil/A），虽然有点保守，但是设计安全得多。它也为具有较高磁芯损耗的便宜的铁氧体材料留了一些裕量。

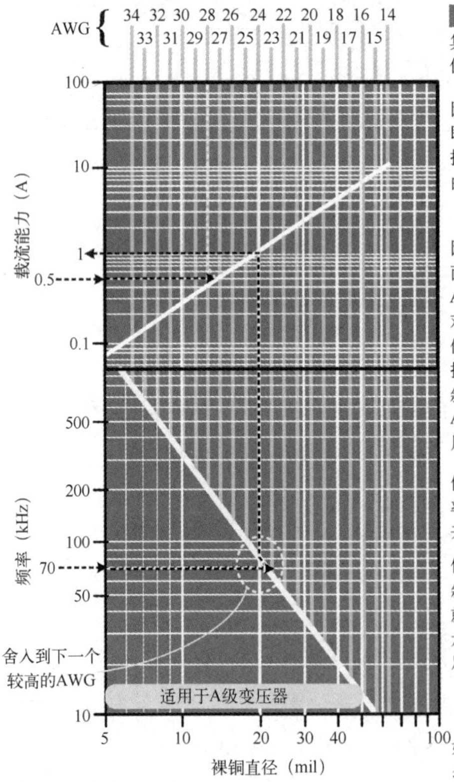
AWG
34 32 30 28 26 24 22 20 18 16 14
33 31 29 27 25 23 21 19 17 15
载流能力（A）
100
10
1
0.5
0.1
频率（kHz）
500
200
100
70
50
舍入到下一个较高的AWG
适用于A级变压器
10
5 10 20 30 40 100
裸铜直径（mil）
以上诺谟图是基于400cmil/A的电流密度，其中电流为反激变换器工作于D=0.5时原边一次侧的斜坡中心（COR）值。然而，如果这个电流用有效值代替COR值来表示，400cmil/A等于有效值565cmil/A。
利用诺谟图的例子：
集肤深度用mm为单位时：$\delta_{mm} \approx \frac{66.1}{\sqrt{f_{Hz}}}$
因此，例如在上式中代入70kHz，可得0.25mm，即10mil，所以我们需要在70kHz开关频率下选择直径小于2×10mil=20mil的导线。这个数值也由下曲线与70kHz水平虚线的相交点来表示。
因此，诺谟图告诉了我们一切，不需要用到上面的公式。它也告诉我们，20mil导线近似等于AWG 24导线（见图的顶部标注的AWG）。而且，对应于AWG 24的竖线与上曲线的相交点告诉我们，基于电流密度（400cmil/A），AWG 24可以提供1A以下的载流能力。这意味着，一次侧的斜坡中心值达到1A（多数70W反激变换器在AC 90V时的实际电流值）时，一次绕组可以使用单股AWG 24导线（@70kHz）。
例如，一次电流斜坡的中心值是2A（如大功率反激变换器），我们可以用2股AWG 24导线并绕。
但如果是低功率反激变换器并且原边一次电流斜坡的中心值只有0.5A呢？那么使用AWG 24就表示过设计了。从上曲线，以及0.5A对应的水平虚线，我们看到单股AWG 28导线可以满足要求。
如果原边一次电流斜坡的中心值是1.5A呢？那么使用2股AWG 24导线意味着过设计了。此时，我们可以选择3股导线，每股导线的额定电流为0.5A，也就是说3股AWG 28导线满足要求。70kHz时，AWG 28的集肤深度比AWG 24的要薄，是可以接受的。

图 10.4　不同频率下面积与直径的快速估算

线规简介

ASTM B-258 规定 AWG 是线径 0000（精确值为 0.46in）和 36（精确值为 0.005in）之间的几何插值。我们必须认识到 ASTM B-258 还指定了舍入规则，这好像被大多数表格忽略了（出于方便本书也会这么做！）。实际上，从线规 0 直到线规 44，线径都指定有 4 位有效数字，但 44～56 的线规不超过 0.0001in 要舍入到最近的 0.00001in。

注意 $92^{1/39}=1.123$，非常接近 $2^{1/16}=1.122$，因此线规号每变化 6 个直径就近似减半。用同样的方式可得以下裸铜线直径的快速计算规则：

- 线规 36 的直径为 5mil。
- 线规号每改变 6，线径约改变为原来的 2 倍。
- 线规号每改变 10，线径约改变为原来的 3 倍。
- 线规号每改变 12，线径约改变为原来的 4 倍。
- 线规号每改变 14，线径约改变为原来的 5 倍。
- 线规号每改变 20，线径约改变为原来的 10 倍。
- 线规号每改变 40，线径约改变为原来的 100 倍。

根据 AWG 定义，也可知线规 10 的直径为 10380cmil。将其记作约为 10000cmil。可得以下截面积的规则（单位长度电阻以相同的方式反向变化）：

- 线规 10 的截面积为 10000cmil。
- 线规号每改变 3，截面积约改变为原来的 2 倍。
- 线规号每改变 10，截面积约改变为原来的 10 倍。

还可以记住：

- 线规号每减 1，线径增加 12%。
- 线规号每减 1，截面积增加 26%。
- 线规号每减 1，单位长度电阻增加 26%。

下面给出一些例子，精度在可接受范围内。

例 10.2　27 号导线的截面积是多少？

No.10→10000cmil ⇒ no.20→1000cmil ⇒ no.30→100cmil ⇒ no.27→200cmil

例 10.3　28 号导线的截面积是多少？

No.10→10000cmil ⇒ no. 13→5000cmil ⇒ no.16→2500cmil ⇒ no.19→1250cmil

No.22→625cmil ⇒ no. 25→312cmil ⇒ no.28→156cmil

例 10.4　26 号导线的截面积是多少？

No.10→10000cmil ⇒ no. 20→1000cmil ⇒ no.23→500cmil ⇒ no.26→250cmil

包覆线的直径

一般用于变换器磁性元件的电磁线都包覆有聚氨酯加聚酰胺的绝缘层。根据裸铜线的保护涂层的数量而定，一般使用的绝缘是单层或双层的。绝缘层定义为包覆厚度的 2 倍。在高压（一次）侧，一般使用双层绝缘导线，而在二次侧经常用单层绝缘导线。注意，从安全规定的角度来看，该涂层无任何其他功能，只是绝缘；但更多的是潜在的可靠性问题，绕线过程中可能的划痕，并由此产生的运行问题。

PD 电线电缆（Phelps Dodge Corporation，菲尔普斯道奇公司的子公司）是著名的制造商，它创造了流行的 Nyleze 和 Thermaleze 品牌。这些是可软焊/可镀锡的品种，可使生产流程变得相对容易。

我们必须知道涂层厚度，因为只有这样才能准确地预测在一定的宽度内到底可以放多少匝线圈。AWG 14～29 整体导线厚度的近似表达式为

$$d = d_{\text{Cu}} + 10^{\alpha - \text{AWG}/44.8}\ \text{mil} \qquad (\text{AWG } 14 \sim 29)$$

式中，d_{Cu} 为裸铜线的直径（mil）；单层，$\alpha = 0.518$；双层，$\alpha = 0.818$。AWG 30～60 应该用

$$d = d_{\text{ref}} \times \beta \times \left(\frac{d_{\text{Cu}}}{d_{\text{ref}}}\right)^{\gamma}\ \text{mil} \quad (\text{AWG } 30 \sim 60)$$

式中，d_{ref} 为任意指定的直径，用来获得正确的尺寸。此处设为 AWG 40 导线的直径。单层导线，$\beta = 1.12$；双层导线，$\beta = 1.24$。单层导线，$\gamma = 0.96$；双层导线，$\gamma = 0.926$。在此基础上生成图 10.5。

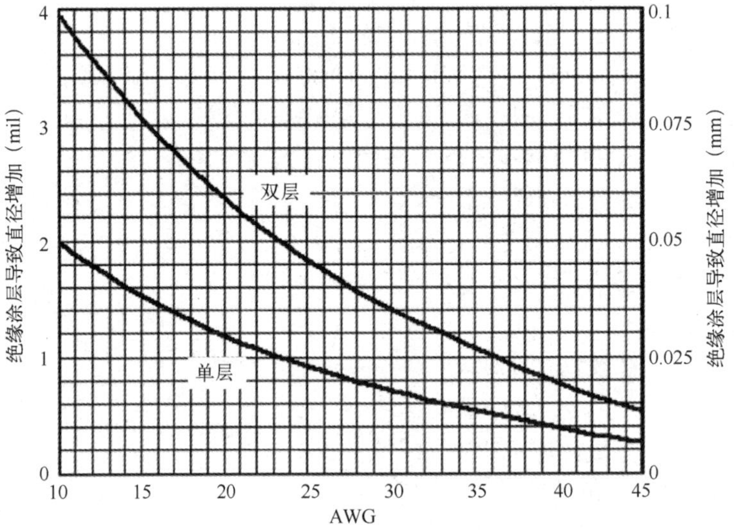

图 10.5　绝缘涂层如何改变裸铜线的直径

SWG 的比较

在世界的其他地方，用得更多的是标准线规（SWG，也称作英制/英国线规）。表 10.2 中也给出了 SWG 的（裸）铜线直径。图 10.6 中给出了快速选择与 AWG 相等或最接近的 SWG 的简便图形方法。例如，由 AWG 32 如何得到最接近的替代：SWG 36（反之亦然）。

对于 SWG 直径，在一定范围内可用以下快速规则：

- 19 号导线的直径为 40mil（1mm）。
- 19～23 号导线，线规号每增加 1，直径减少 4mil。
- 23～26 号导线，线规号每增加 1，直径减少 2mil。
- 与 AWG 24（或 AWG 25）最匹配，几乎完全相同的是 SWG 25（或 AWG 26）。这给了我们从一个系统到另一个系统方便的连接点。

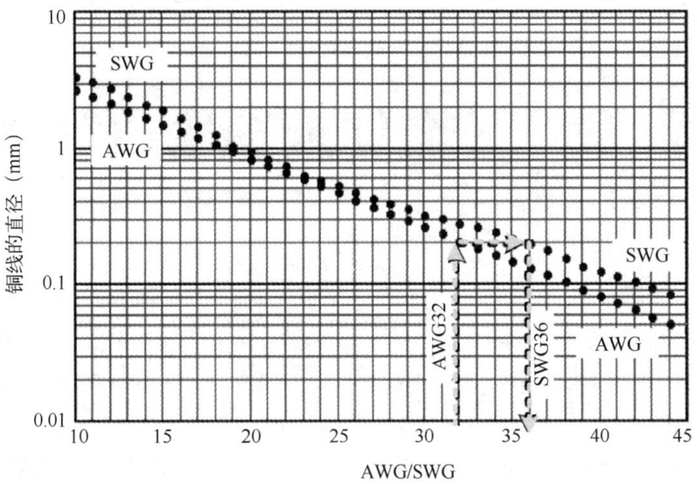

图 10.6　SWG 与 AWG 的比较图

第 11 章　正激变换器磁设计基础

引言

在开始本章之前，请参阅第 7 章，了解磁学概念，也请阅读第 6 章关于正激变换器的介绍。在第 12 章中我们也会给出一个更详细的、循序渐进的例子。除非另有说明，我们使用的是 MKS（SI）单位。

对于正激变换器，实际上需要考虑两个基本磁性元件。首先正激变换器变压器是真正的变压器，它不像反激变换器变压器，实际是一个多绕组电感器。其次，需要考虑输出扼流圈，其主要作用是存储能量，并且可以按照与任何电感器相同的设计方法处理。此外，二次侧不是高电压，所以像第 10 章中提到的反激变换器的所有关于快速动作电流限制等问题，在这里并不是真正的问题。另外，正如第 6 章所讨论的，正激变换器的变压器磁芯不能识别与负载电流相关的大电流，所以它的设计复杂性主要与邻近效应有关，这是我们将在本章中介绍的。在第 12 章中，我们还将进一步讨论邻近效应。

变压器与扼流圈（电感器）的比较

与任何存储能量的磁性元件一样，正激变换器的输出扼流圈通常工作在连续导电模式（CCM），因此通常设该电感器的电流纹波率 r 约为 0.4。然而，正激变换器变压器总是以不连续导电模式（DCM）工作。在正激变换器中，低压输入下占空比 D 通常被设置在 0.3～0.35（在通用输入应用中一般采用输入电压倍增器，正如第 5 章中所述），这样设置部分归因于需要支持一定的保持时间。在导通期间电压相关方程中的外加电压是 V_{IN}（整流且可能是电压倍增后的交流输入）。

由正激变换器输入-输出关系式（这里 $n=N_P/N_S$）

$$V_O = D \times V_{INR} = D \times \frac{V_{IN}}{n}$$

得关系式

$$V_O\ (=\text{常数})\ \propto D \times V_{IN}$$

我们看到，$D\times V_{IN}$ 是一个常数。也就是说，我们可以在低输入电压情况下让输入电压乘以低压对应的占空比，或者在高输入电压情况下让输入电压乘以高压对应的占空比，会得到相同的结果。

同样，因为 $D=T_{ON}/T=T_{ON}\times f$，这基本上意味着在任意输入电压下，变压器的一次侧伏秒数是常数，与输入电压无关。因此，我们期望，与反激不同，变压器的峰值（磁化）电流相对于输入电压是恒定的。所以，如果我们确保变压器中的 B 场在高输入电压时是 1500G，则在低输入电压时也会是 1500G。我们不需要担心在反激变换器中出现的变压器饱和的问题，特别是在电源启动或电源关机期间。

我们再确认下峰值场的特性。电压相关方程为

$$B_{AC}=\frac{V_{AVG}\times\Delta t}{2\times N\times A_e}$$

在这个方程中 V_{AVG} 就是 V_{IN}，在 DCM 最恶劣的情况下（变换器刚进入 DCM），我们可以设定 $B_{PK}=2\times B_{AC}$。化简后，前面的方程变成

$$B_{PK}=\frac{V_{IN}\times D}{N\times A_e\times f}$$

因为不管输入是什么，分子是常数，其他都是固定的，所以 B_{PK} 也是固定的。

就输入独立性而言，因为尽管变压器是工作在 DCM 下，但它的占空比是基于 CCM 设定的。也就是说，占空比不是由变压器决定的，而是由输出扼流圈决定的，而输出扼流圈通常是在 CCM 下工作。对于正激变换器变压器，我们实际上可以使用 V_{INMIN} 或 V_{INMAX} 来求解电压相关方程。因此，以下两个方程（对于任一输入电压）是等价的，并且当求解时将得到相同数量的（一次侧）匝数：

$$B_{AC}=\frac{B_{PK}}{2}=\frac{V_{INMIN}D_{MAX}}{2\times NA_e f}$$

$$B_{AC}=\frac{B_{PK}}{2}=\frac{V_{INMAX}D_{MIN}}{2\times NA_e f}$$

在这些方程中，我们可以将 B_{PK} 设为 B_{SAT}（通常为 3000G）作为最坏的情况，但通常我们取更小的值（大约一半），以减少磁芯损耗（稍后讨论）。注意，由于磁芯损耗由 ΔI（或 ΔB）决定，正激变换器变压器磁芯损耗不受网压约束。峰值电流也有相同情况（因为 I 和 B 在铁氧体中几乎是成比例的）。当然，这里假定采用简化的 CCM 占空比方程。

可把占空比方程写成如下形式，即

$$D=\frac{V_O}{V_{INR}}$$

式中，V_{INR} 是正激变换器输入电压折算到二次侧的电压，等于 V_{IN}/n。因此，把电压相关方程用在输出扼流圈上，可得

$$B_{AC}=\frac{V_{ON}D}{2\times NA_e f}=\frac{(V_{INR}-V_O)\times D}{2\times NA_e f}$$

或等效为（用关断时间代替导通时间）

$$B_{AC}=\frac{V_{OFF}\times(1-D)}{2\times NA_e f}=\frac{V_O\times(1-D)}{2\times NA_e f}$$

由这个方程可知，因为 V_O 是常数，若 D 减小（输入电压增大），则 B_{AC}（或 ΔI）增大。对所有拓扑，若 V_{IN} 增大，D 应减小，反之亦然。因此，高压输入下，正激变换器的输出扼流圈磁芯损耗（还有峰值电流）较大。这与正激变换器变压器情况不同，但与我们在任何 Buck 级变换器所期望的情况相同。

因此，应在高压输入情况下进行输出扼流圈的设计，就如设计 Buck 变换器的电感器一样。正激变换器变压器（磁通、匝数等）的基本设计可以在高压或低压输入下进行。

但是我们应该使用的占空比到底是多少呢？这不是取决于保持时间吗？答案如下。

在反激变换器中，低输入电压下磁芯可能饱和，因此变压器的设计要考虑低输入情况。而在正激变换器中，我们实际上也需要在最小输入下进行变压器的部分设计，但其原因跟反激的原因完全不同，在这里我们需要仔细计算最小输入下的匝数比。因为我们必须确保在最低预期直流输入（比如 250V）时，变换器不会达到最大占空比限制（D_{MAX} 理论上是 50%，但在大多数实际控制器 IC 中接近 45%）。然后，计算出的匝数比决定了额定占空比，并且间接地决定了变压器及其峰值场的伏秒数。

匝数比计算（最小输入电压下）

我们回顾之前的方程$\left(V_O = D \times V_{INR} = D\dfrac{V_{IN}}{n}\right)$，并将其应用到最小输入情况：

$$D_{MAX} = \frac{nV_O}{V_{INMIN}} \quad 因此 n = \frac{V_{INMIN}D_{MAX}}{V_O}$$

例如，如果我们有一个 12V 的输出，我们需要这样设置（忽略输出二极管下降）：

$$n = \frac{V_{INMIN}D_{MAX}}{V_O} = \frac{250 \times 0.45}{12} = 9.4$$

因此，例如，在 AC 220V 整流输入（DC 311V）时，占空比将是

$$D = \frac{nV_O}{V_{IN}} = \frac{9.4 \times 12}{311} = 0.363$$

这是变换器的额定占空比 D。当把这个 D 代入电压相关方程中，我们可以精确地估计 B_{PK}。如果不这样处理，我们将无法得知 D 的具体值，除非只有一个粗略的设计目标。

这也概括了为什么最小输入电压在正激变换器变压器设计中也如此重要，就像反激变换器一样，但是它们的原因完全不同。

注意，在前面的所有方程中，我们一直在使用“理想方程”。为了精确地重新计算，基于估计的效率η，我们需要简单地进行以下转换（如第 2 章中所讨论的，参见图 2.13）：

$$V_{IN} \to \eta V_{IN}$$

这将使我们对额定占空比 D 有更好的估计，但也将更准确地保证不会在比预期更高的输入电压下达到 D_{MAX}（这很容易导致保持时间的要求得不到满足）。

观测总结

请参阅第 6 章，因为以下几乎概括和总结了该章的一些内容。分析图 11.1，我们看到：

（1）二次侧相当于输入电压为 V_{INR} 的 Buck 变换器。电感器电流的中心值相当于 Buck 变换器的负载电流。

（2）在一次侧，正激变换器“认为”（几乎完全如此）它自身只是输出电压 V_{OR} 和负载电流 I_{OR} 的 Buck 变换器。我们沿用第 6 章中介绍的反激变换器的研究分析方法，在反激变换器中，没有帮助将隔离变换器映射到非隔离等效电路的部件是漏感；而在正激变换器的情况下，则是磁化电感。

（3）区别在于，磁化电流 I_{MG} 叠加到二次侧反射到一次侧的电流上。两者形成了一次（开关管）电流。正如图 11.1 所示，二次电流为 $I_{SEC}=n \times (I_{PRI}-I_{MAG})$。注意，$I_{MAG}$ 与发生在隔离边界的功率传输无关。

（4）I_{MG} 可以通过三次绕组（T）续流为 I_T，与之关联的变压器励磁能量在关断期间回馈到大容量输入电容。这显然是一个循环电流，并且它的部分能量损失在三次侧二极管和三次绕组电阻上。

（5）开关管导通，变压器一次电压是 V_{IN}。当开关管关断，三次绕组在一次绕组感应等值反向电压（在与一次绕组匝数相同的情况下）。这样，开关管漏极峰值电压是 $2 \times V_{IN}$（可以参考第 6 章）。这个电压持续到磁芯去磁完毕，I_T 降到 0。

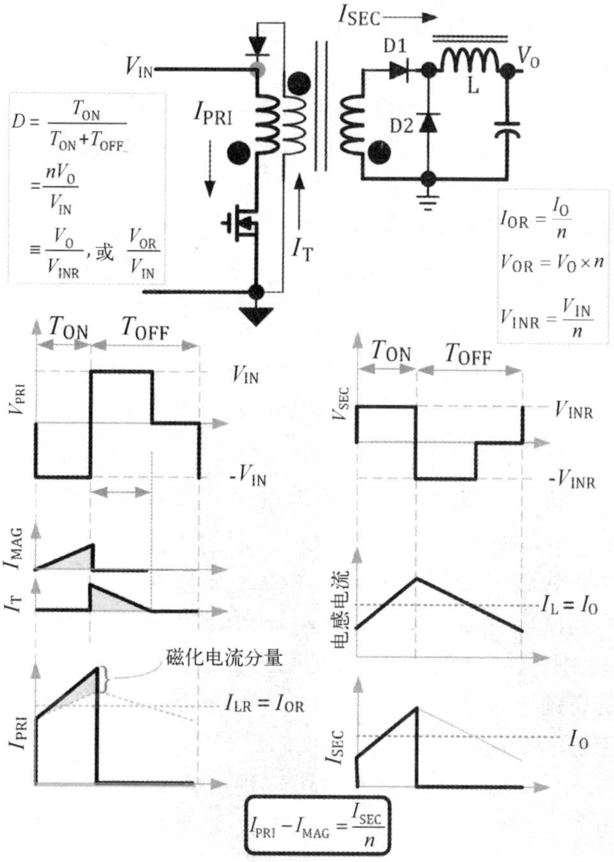

图 11.1　正激变换器电流

（6）磁化电流斜坡由变压器一次电感、外加输入电压等决定，但是电流斜坡“叠加的”波形部分是从二次侧反射来的，所以该波形部分完全由负载电流与输出扼流圈决定。

（7）输出扼流圈应这样（对任意 Buck 变换器也是如此）选取：在 V_{INMAX} 时 r 约为 0.4。注意，若外加到正激变换器降压（Buck）输出级的有效输入是 V_{INR}，则可以采用所有标准 Buck 变换器方程，包括电感器的选择标准。换句话说，我们可以将正激变换器想象成在二次侧的 Buck 变换器，输入直流电压等于 $V_{INR}=V_{IN}/n$（由变压器作用产生）。

（8）除了电气隔离，主要区别是，DC-DC 的 Buck 变换器原则上有 100%占空比，但是正激变换器要能够复位（除输出电感器之外）。励磁电流的上升斜坡与下降斜坡斜率相同（V_{IN}/L_{PRI}）。所以最恶劣的情况是，占空比为 50%时处于励磁电流的临界导通状态（连续导电模式与不连续导电模式的界限）。若占空比超过 50%，则励磁电流每周期都有净增量。因为反馈环只与输出扼流圈连接，所以无法检测和纠正变压器磁化电流的增长。一次侧限流也不会有任何帮助，因为它是根据最大负载电流设置的，而磁化电流分量只是它的一个较小（且可变）的分量。因此，此时单端正激变换器变压器的连续导电模式不能够维持。唯一的方法是给磁化电流足够的时间，使它回零，以保证每个周期变压器都能复位。磁化电流和三次绕组电流的斜率相等且相反，这意味着需要限制任何单端正激变换器最大占空比小于 50%（或者甚至设置不对称双开关正激变换器，见第 6 章图 6.3），这点与 Buck 变换器不同。

（9）在有源钳位的作用下，正激变换器变压器可以（实际上是）处于连续导电模式中。这将在第 16 章中讨论。

（10）前面反复说明过，对于正激变换器而言，只有励磁电流影响变压器磁芯。实际上，只有通过绕组的温升才可以“发现”实际一次与二次电流的存在。虽然磁芯非常冷，绕组却可能很热。

（11）一个重要的区别是，输出扼流圈虽然也流过很大的电流，但变压器一次与二次绕组有斩波电流波形，所以由于高频谐波分量，变压器高频损耗（交流电阻）可以很大。因正激变换器适用于大功率设计，减少绕组的铜损是非常重要的。这就涉及邻近效应。

邻近效应

我们在第 10 章中讨论的集肤深度在这里仍然适用，但是我们必须更进一步。集肤深度只是针对单根导线的情况，没有考虑到附近绕组（邻近绕组以及周围的绕组）产生的场可能严重影响电流的分配。所以，并非如想象的那样高频电流全部流过导线表层的环形区域。我们不能简单地说只要满足导线的直径（或铜箔的厚度）等于集肤深度的 2 倍就能解决问题。事实上，由于这种邻近效应，对厚度和直径的要求大大减少，否则实际上存在废铜（对于高频傅里叶分量），这反过来意味着交流电阻已经上升。交流电阻的增加实际上意味着，在高频下铜的电阻率更高，它几乎就像一种新材料。我们将在本章和第 12 章中看到，即使采取了最好的措施，我们最终也只能得到有效的交流电阻比值（包括所有谐波）约为 2，所以几乎就像铜变成了一种电阻率为 2 倍的材料。与直流估计相比，我们的损失也翻了一番。这就是最好的绕线方法所能达到的效果，但实际情况可能会变得更差。

再谈集肤深度

独立导体的电流密度在导体内部按 e^{-1} 规律下降。忽略正弦时变，它在空间的分布形式是

$$J = J_O e^{-x/\delta}$$

如图 11.2 的上部分所示，设表面电流密度 J_O 为 1，集肤深度 δ 为 1。我们可以简单地通过观察，也可以通过简单的数学方法证实，根据指数函数的性质，整个指数曲线下的面积等于矩形阴影部分的面积。这就可用恒定（均匀）的电流密度代替整个指数电流分布。该恒定电流密度等于表面电流密度，但是被限制在导线表面下的 δ 距离里。这就是集肤深度的定义。

在此引入交流电阻的概念。若直流流过如图 11.2 下部分所示的圆形导体，则它会在整个横截面积均匀地散布，如 4^2。但当时变（正弦）电流流过时，却被限制在图示表面的环形区域（用前面的指数到矩形的化简）。集肤深度在此假设是 1。所以，交流电流通过导体的有效面积小于直流电流通过导体的有效面积。因为电阻与面积成反比，故交流电阻与直流电阻的关系为

$$F_R \equiv \frac{R_{AC}}{R_{DC}} = \frac{4^2}{4^2 - 2^2} = 1.3$$

通过此式引入 F_R。显然，F_R 最低可以达到 1，但又可随着直径增加变得非常大。

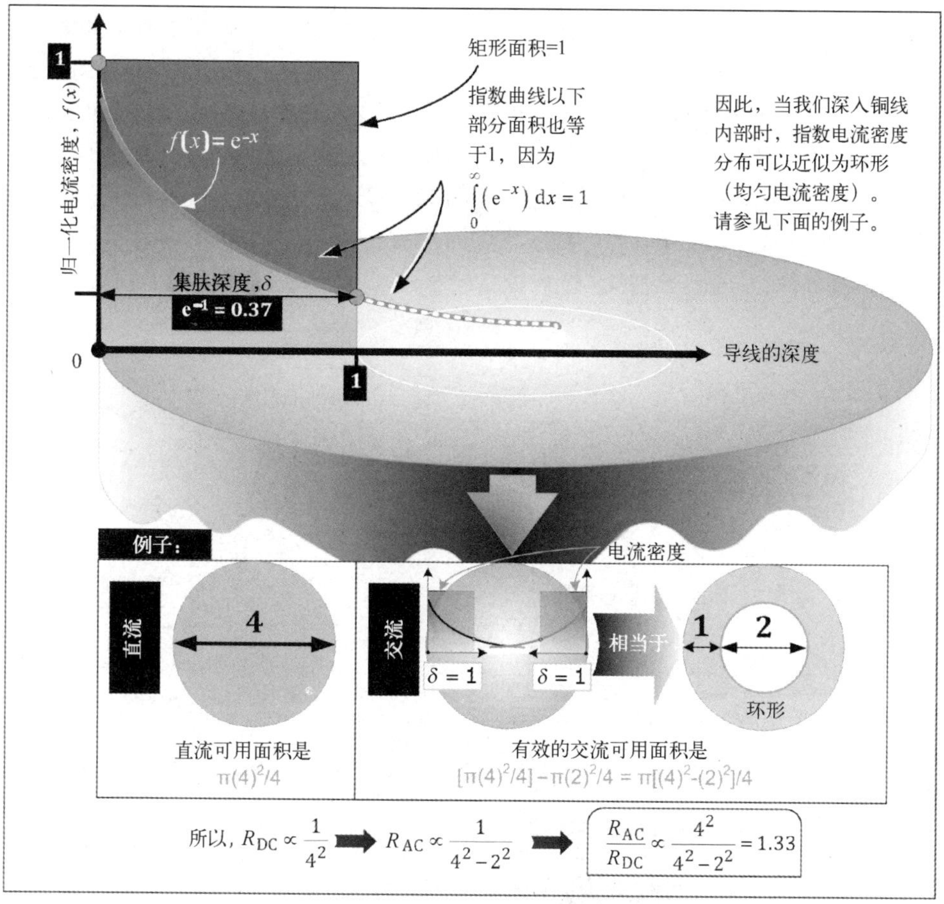

图 11.2　了解电流密度和集肤深度

注： 对于大的线径，环形区域基本上是圆的周长，所以用大线径仍然可以得到电流可用面积的增加，换句话说，$R_{AC} \propto 1/d$，另外有 $R_{DC} \propto 1/d^2$。所以，$F_R=R_{AC}/R_{DC}$ 得到 $d^2/d=d$。铜箔的宽度通常是固定的，所以唯一的选择就是增加箔的厚度（t）。但增加箔的厚度不会影响到 R_{AC}，因为这样做并不能使电流流过的有效区域增大，然而，$R_{DC} \propto 1/t$，所以我们可以得到 $F_R=R_{AC}/R_{DC} \propto t$。随着厚度或直径的增加，$F_R$ 在两种情况下都上升（导线和铜箔），但事实上，对于导线的情况，R_{AC} 肯定下降。所以降低 F_R 不一定是目标，我们需要降低 R_{AC}。这将在第 12 章详细讨论。在这里记住减小铜带交流电阻的唯一办法就是增加铜箔的宽度，这就意味着磁芯体积会相应增大。另外一个办法是，寻求特殊的 EER 磁芯，如 EER35，在二次侧用铜带绕组时获取大的输出电流，而采用该方法不应比增加磁芯体积的成本更高。

若将载流相同的导体紧挨放置，它们互相影响，甚至影响到如图 11.2 所示的环形面积，就会导致 F_R 急剧上升。

Dowell 方程

Dowell 成功地把复杂的三维磁场问题处理为易处理的、精确的一维计算。首先要定义 Dowell 方程用到的分段概念。由图 11.3 可见，磁动势（mmf，也就是安匝数）根据不同绕组结构而改变，可以通过合理的绕组结构减少局部磁场，从而减少涡流损耗，并且可以通过降低（局部）场的 mmf 峰值来做到这一点。所以，分裂绕组总有助于减少涡流损耗。原则上，增加一次侧、二次侧交错会更有效，但附加的成本与复杂性也可能会由此而增加。故大多数实用的 AC-DC、中等功率设计经常使用如图 11.3 所示的一个分裂一次绕组（各分裂部分串联）与一个三明治式的二次绕组。因此，分段定义为最大磁动势与零磁动势间的所有层组成的一个集合。显然，我们希望尽可能增加分段的数量，从而减少每个分段的层数。

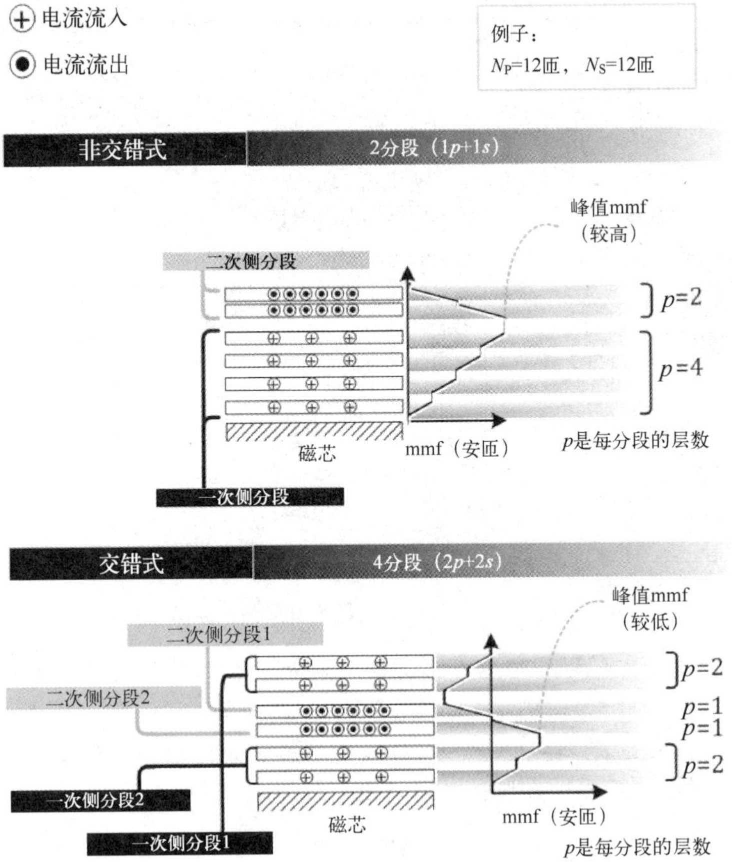

图 11.3　两绕组的磁动势和分段

注： 在图 11.3 中，采用分裂绕组已把峰值磁动势与磁场减小了一半。因此，峰值漏感磁场能量与漏感值都减少到原值的 1/4。

按照 Dowell 方程，整数层（p 是整数）分段的 F_R 是

$$F_R(p,X)=A(X)+\frac{p^2-1}{3}B(X)$$

式中，p 是该分段的层数；X 是 h/δ（穿透率）；h 是等效铜箔的厚度，且

$$A(X)=X\frac{e^{2X}-e^{-2X}+2\sin(2X)}{e^{2X}+e^{-2X}-2\cos(2X)}$$

$$B(X)=2X\frac{e^{X}-e^{-X}-2\sin(X)}{e^{X}+e^{-X}+2\cos(X)}$$

对半整数层（p 是半整数），有

$$F_R(p,X)=\left(1-\frac{0.5}{p}\right)\times[F_R(p-0.5,X)]+\frac{C(X)}{4p}+\frac{(p-0.5)\times B(X)}{2}$$

且

$$C(X)=X\frac{e^{X}-e^{-X}+2\sin(X)}{e^{X}+e^{-X}-2\cos(X)}$$

图 11.4 绘制出了这个关系（以两种不同的形式绘制）。上述方程当然可用于铜箔，通过等效铜箔的转换，它们也可以用于层里的圆导线（假定连续的绕组之间没有空隙）。对于导线，我们稍后将更详细地描述等效箔变换。

给定分段的Dowell曲线（正弦波）
等效作图法（在两条曲线上显示相同点）

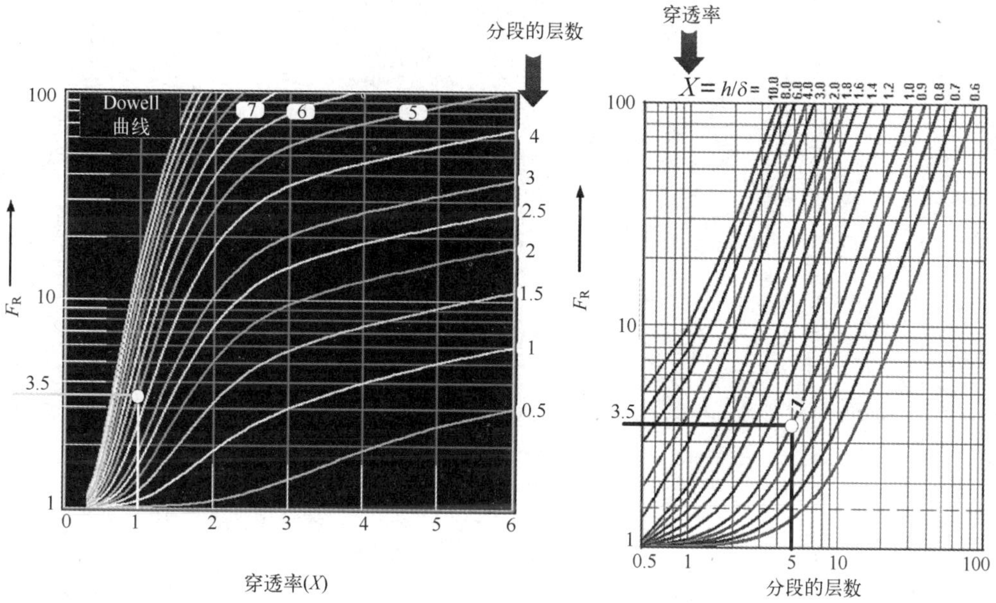

图 11.4　Dowell 曲线的交互表示

注意，在相关文献里相同曲线的水平轴是 X，但此处已在该轴上使用层数 p，故 X 作为曲线参量。这样就可以为更多的层绘制出曲线，当采用绞线/利兹线时可以方便地使用这些曲线。

这些曲线根据由频率决定的δ 绘制，显然只能用于正弦波。然而实际开关电流波形通常是单向（单极）的矩形波，故必须用傅里叶分析把波形分解成谐波（每次谐波幅值$|c_n|$），求出每次谐波的交流电阻，并求出复合波形的有效 F_R（F_{R_eff}）值。直流电流波形作为零次谐波（c_0），可得有效绕组电阻为

$$R_{AC\_eff}\times I_{RMS}^2=R_{DC}\times\sum_{n=0}^{40}|c_n|^2F_{Rn}$$

I_{RMS} 是电流波形的有效值（$\approx I_{SW}\times D^{1/2}$），化简得

$$F_{R\_eff}\equiv\frac{R_{AC\_eff}}{R_{DC}}=\frac{\sum_{n=0}^{40}|c_n|^2F_{Rn}}{I_{RMS}^2}$$

或

$$R_{AC\_eff} = F_{R\_eff} \times R_{DC}$$

式中，F_{Rn} 为第 n 次谐波的 F_R。根据定义，F_{R0}=1。我们通常假定谐波数只加到 40 次。

最小的 F_{AC_eff} 可以通过改变 h（或等效的 X）进行优化得到。不过我们知道对于铜箔，R_{DC} 在这个过程中会按 $1/h$ 变化。故需要找到当 X 是 h/δ_1 时，F_R/X 的最小值，也就是和基频（开关频率）联系起来。用 MathCAD 文件绘制这个函数，如图 11.5 所示，我们看到，对于每个层数 p，得到 X 的最优值。我们已经将上升时间与下降时间均设置为开关周期的 0.5%，占空比假设为 50%。

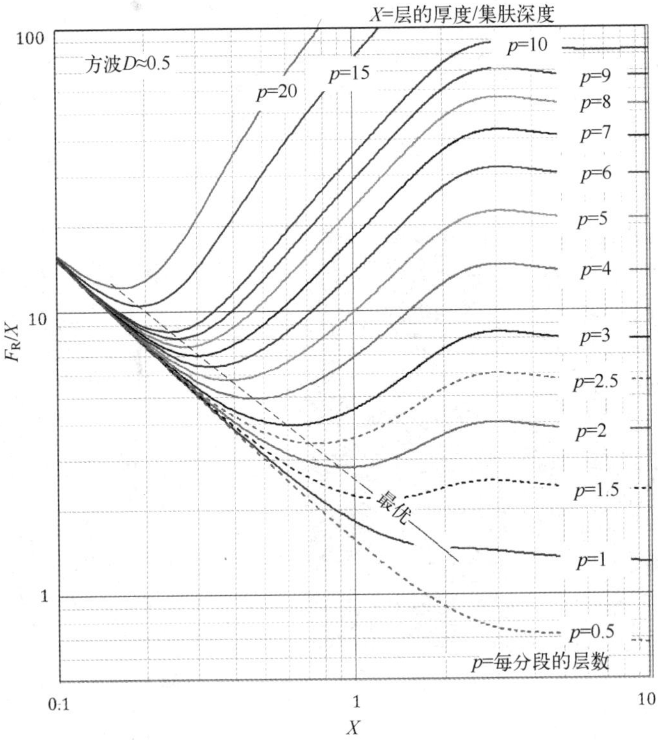

图 11.5　方波下交流电阻与层厚的关系

在图 11.6 与图 11.7 中，我们整理了由此产生的最佳铜箔厚度 X/δ 值。有两种设计曲线（不同的缩放级别以及线性和对数尺度）用于单根导体（小 p）层或绞线/利兹线（大 p）层。图 11.8 给出了通过优化 X/δ 而取得的最佳 F_R，当然迭代法也可以算得 F_R 的有效值。可见，超过 5~6 层，F_R 就不怎么减小了。即使是绞线/利兹线，我们也不能将 F_R 降低到低于 2 左右。这是考虑邻近效应的最佳结果。

在图 11.6 中，注意对于一个层，我们可以将集肤深度增加到之前建议的 2 倍。因此，相邻层的邻近性要求随着分段中层数的增加，将 X 减小到比 2δ 小得多的值。

注： Bruce Carsten 的观点是，最优铜箔厚度可认为与 $D^{1/2}$（D 是占空比；我们这里假设 D=0.5）成正比。他还推荐，对于双极性电流波形（也就是桥拓扑），应当将单极的铜箔厚度减半。然而按照作者的看法，不要期望这能把 F_R 降得比如图 11.8 所示的更低。

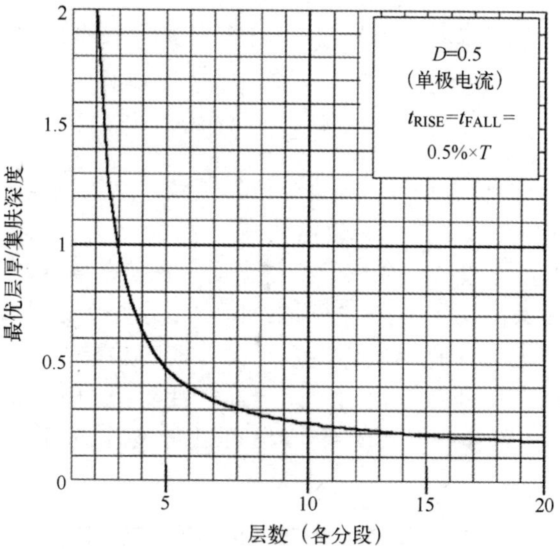

图 11.6　方波下的最优层厚度（一种观点）

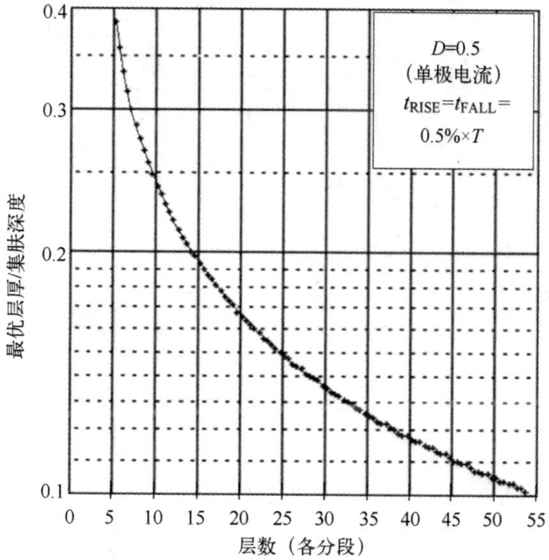

图 11.7　方波下的最优层厚度（另一种观点）

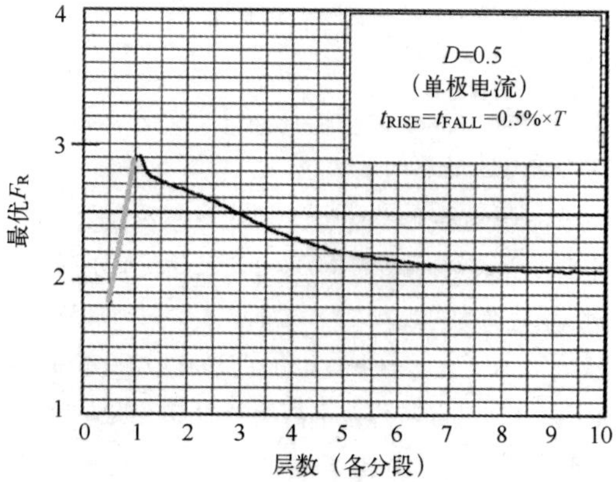

图 11.8　对应于最优厚度的最小 F_R

从图 11.6 和图 11.7 可以看出，$X=h/\delta$ 似乎与层数成反比。对数值结果进行曲线拟合得到

$$h=\delta\times\left(\frac{2}{p^{1.2}}+0.095\right)$$

式中，δ 为开关频率对应的集肤深度；p 为分段的层数。这大致就相当于说，X 与 p 成反比。所以如果我们增加各分段的层数，就需要减小 X。

如果确实如此，就意味着整个分段的整体厚度（也就是 $p\times h$）实质上会趋于常数（对于较大的 p），与层数无关。图 11.9 更精确地绘制出了这个关系。我们看到，生成的结果确实在计算程序的精度范围内有所变化，但正如预期的那样，它开始向右变平。这条曲线对我们有很大的帮助，特别是当我们开始一个基于绞线/利兹线的设计时，我们可以很清楚地知道一次绕组部分的厚度。我们也可以再次检查可用的窗口区域（详见第 12 章）。

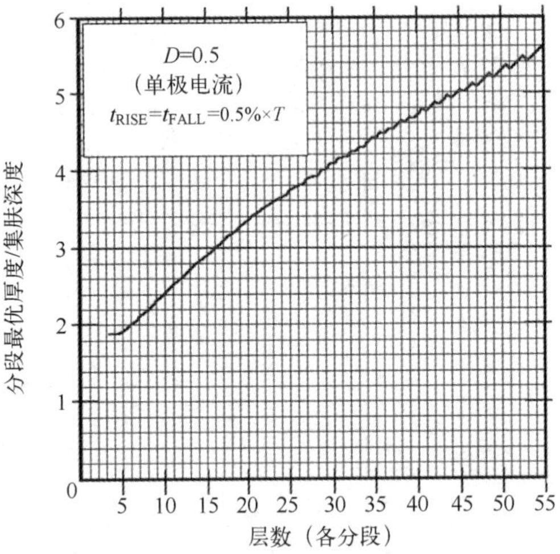

图 11.9　整个分段的最优厚度（不是层厚）

例 11.1　我们的一次侧有 6 层，并分裂成两个分段。求开关频率 100kHz 下的最优铜箔厚度 δ。

60℃温升下，应用集肤深度公式求得 100kHz 时，δ=0.24mm。用上述方程，对于每个分段 3 层，可得

$$h=0.24\times\left(\frac{2}{3^{1.2}}+0.095\right)=0.15\text{ mm}$$

注意，我们看到 $h\times p$=0.15mm×3=0.45mm。这几乎等于 2×0.24mm=2δ。这就是所需的整个分段的厚度。可以看出，邻近效应的影响是明显的。如果不考虑这个影响，我们会把各层厚度设计为 2δ，那么整个一次侧分段的厚度就为 6δ。现在我们只需要三分之一大小的厚度即可。

这也意味着我们只需要更小的铜横截面积，即可满足任何要求的电流密度目标。所有这些都表明，如果我们使用这种特殊的精细厚度（X），就可以减少铜的浪费，但这里我们只是假设了所选的 X 对于任何负载都是有效的（在本例中我们甚至没有声明负载是多大）。所以，我们仍然不知道，在相应的电流密度目标下我们是否有足够的铜横截面积来满足所需的负载电流，即使假设所有铜的面积是 100% 被利用。第 12 章中讨论的细分方法可以更好地解决这个问题，我们从某个特定的铜区域开始，把它细分成越来越细的线条，看看什么时候得到最低的 F_R。

记住这个观点，从图 11.8 可见，在此最优厚度下，整个一次侧的有效 F_R 约为 2.5。所以，若已知直流电阻，就可以计算出交流电阻，然后根据负载电流可以估计一次绕组损耗。可把同样的过程用于二次侧，从而求得变压器的总铜损。原则上，至少目前的方法适用。

下面将介绍如何应用这些结果，并在铜箔绕组的应用基础上过渡到导线绕组，就像 Dowell 最初所做的那样。

等效铜箔转换

为了使用 Dowell 方程与前面的结果，想象圆导线被同样面积的等效方导线代替。因此，若从前面曲线或方程找到了一个理想的 h，可得等效线径为

$$d \Leftarrow \frac{2}{\sqrt{\pi}} \times h$$

因此，我们只需将之前得到的 h 乘以因子 1.13，就可以得到 d。第 10 章图 10.3 同样如此。

所以在例 11.1 中，我们得到等效线径为 0.17mm，或者说是 AWG 33。当然，我们知道这可以给我们带来最小的损耗，但考虑到变换器的输出功率和效率（如前面所建议的），我们仍然不知道这是否足够好。我们以后再来讨论这个话题。

从图 11.8 可见，3 层的最优 F_R 是 2.5。为什么不用绞线？图 11.10 给出了转换规则。例如，16 股绞线可认为是 4×4 的单导线堆积结构，于是得 4 个有效层。把它们合并，对于 3 个初始层，我们现在得到 p=4×3=12 层的分段（这是 Dowell 的等效铜箔转换；这些不是绕组的实际层数）。从图 11.8 可见，如果我们设计每个分段 12 层，F_R 大概减小为 2，相应等效铜箔厚度为

$$h = \delta \times \left(\frac{2}{p^{1.2}} + 0.095 \right) = 0.24 \times \left(\frac{2}{12^{1.2}} + 0.095 \right) = 0.047 \text{ mm}$$

相当于最佳线径是 0.047×1.13=0.053mm，那么每股线可以选用 AWG 43 的导线

当谈到绞线或利兹线，如果每一束线有 n 股，我们应该用等效方形股线替代这些圆股线，然后把它们堆叠在一个正方形里。最终我们得到了 $n^{1/2}$ 层，见图 11.10。注意，线圈匝数并没有真正改变。事实上，实际的匝数与 Dowell 的分析完全没有直接关系。

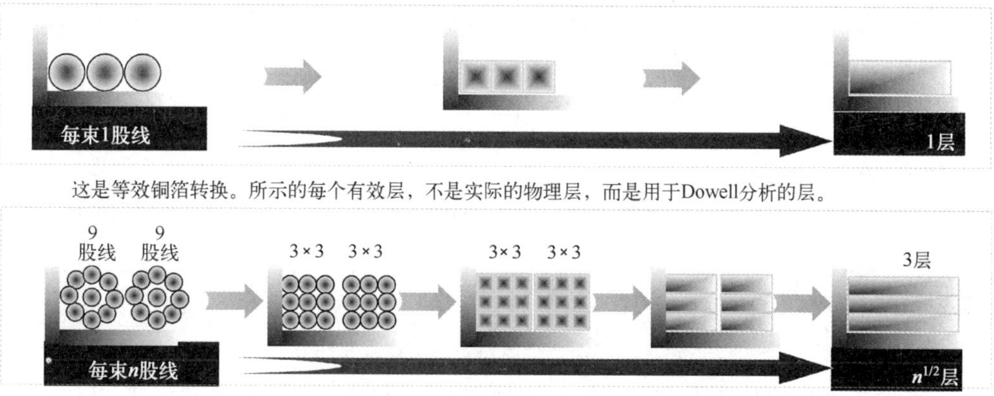

图 11.10　用等效铜箔代替绞线以使用 Dowell 曲线

在第 12 章中，基于我们目前所了解的，我们将使用细分方法来进行全面的分析和计算。

几个对正激变换器磁芯快速选择有用的方程

变压器的输出功率能力与磁芯的有效面积 A_e 和可用窗口面积有关。前者决定匝数（使用电压相关方程），后者决定可以容纳铜的量。因此希望 $P_o \propto A_e \times A_w$，$A_w$ 是可用窗口面积，乘积 $A_e \times A_w$ 称为磁芯的面积乘积（AP），这一点在第 12 章也有详细讨论。

现在让我们巩固这些概念。我们知道整个“可用”窗口面积不是完全填满铜，导线绝缘、骨架、胶带层等占据了一定空间。另外，无论圆导线有多么接近，总是在绕组间有空间浪费。因此，一般在文献中，使用窗口利用率 K_u 表示实际有多少 A_w 会被铜占用，然而在此之外，也只有一部分区域会被一次绕组所占据。更进一步，这也与拓扑有关（所有的正激变换器的派生拓扑）。最常用的磁芯选取方程为

$$\mathrm{AP} = \frac{11.1 \times P_{\mathrm{IN}}^{1.32}}{K \times \Delta B \times f} \quad \mathrm{cm}^4$$

式中，$K=K_t \times K_u \times K_p$（$K_u$ 是窗口利用系数 $A_w'/A_w \approx 0.4$，K_p 是一次面积系数 A_p/A_w'，K_t 是拓扑系数）；ΔB 是以特斯拉为单位的磁感应强度摆幅（单极电流的不连续导电模式下，它等于 B_{PK} 且对于铁氧体设置为 0.15～0.2T）；f 的单位是 Hz；系数 K 的值见表 11.1。

读者可以参考第 10 章的转换表。经验上，对于磁芯 AP=1cm^2，以及由铜损造成 30℃温升的情况下，最大电流密度是 400～450A/cm^2（约 450cmil/A）。

因此 30℃温升下电流密度为

$$J = 420 \times \mathrm{AP}^{-0.24} \quad \mathrm{A/cm^2}$$

上式用作计算前述 AP 关系式，但若磁芯损耗几乎等于铜损（通常不一定会这样），且温升不希望超过 30℃，则需要为铜损分配 15℃温升。在那种情况下，电流密度应当降为约 300A/cm^2（约 650cmil/A）。

$$J = 297 \times \mathrm{AP}^{-0.24} \quad \mathrm{A/cm^2}$$

注意到

$$\mathrm{AP} \propto \frac{1}{J}$$

所以面积乘积应该相应地增加。

由于 V_e 随 l^3 改变，而表面积只随 l^2 改变，较小的磁芯有相对较大的散热表面积，所以大磁芯的热阻 R_{th} 比小磁芯的大。IEC 合格安全变压器的经验关系（对于大约 40℃的温升）可表述为

$$R_{\mathrm{TH}} = \frac{53}{V_e^{0.54}} \quad ^\circ\mathrm{C/W}$$

V_e 与 AP 的经验关系是

$$V_e = 5.7 \times \mathrm{AP}^{0.68}$$

V_e 的单位是 cm^3。

所以得到如下关系式：

$$R_{\mathrm{TH}} = \frac{20.7}{\mathrm{AP}^{0.367}} \quad ^\circ\mathrm{C/W}$$

把 AP 关系式代入上式求得参数 V_e，以帮助快速地进行磁芯的第一次选择，即

$$V_e = \frac{29.3 \times P_{\mathrm{IN}}^{0.9}}{(K \times \Delta B \times f)^{0.68}} \quad \mathrm{cm}^3$$

表 11.1　用面积乘积方程选择不同拓扑的系数 *K*

	K	K_t	K_u	K_p
正激变换器	0.141	0.71	0.4	0.5
全桥/半桥	0.165	1.0	0.4	0.41
全波中心抽头	0.141	1.41	0.40	0.25

例 11.2　200W 正激变换器的磁芯怎么选择？已知开关频率为 100kHz，希望效率为 80%。

$$V_e = \frac{29.3\times(200/0.8)^{0.9}}{(0.141\times0.15\times10^5)^{0.68}} = 23.1\ \text{cm}^3$$

由表 11.2 可见，我们可以选用 EE42/21/20（两半 EE42/21/20 合成 EE42/42/20）。当然，尺寸小一点的（EE42/42/15）也可以考虑（如考虑多少二次侧输出）。

请记住，因为 ETD 磁芯的中心支柱是圆形的，它的每匝绕组的平均长度小于 E 型磁芯的。这就减小了给定匝数下的电阻。关于常用磁芯尺寸的信息也见第 12 章的表 12.1。

表 11.2　常用磁芯尺寸及其主要参数

磁芯	V_e(cm^3)	A_e(cm^3)	l_e(mm)	$2\times D$*
EE 13/7/4	0.384	0.13	29.6	9
EE 16/8/5	0.753	0.201	37.6	11.4
EE 20/10/6	1.5	0.335	44.9	14
EE 25/13/7	3.02	0.525	57.5	17.4
EE 30/15/7	4	0.6	67	19.4
EE 32/16/9	6.18	0.83	74	22.4
EE 42/21/15	17.6	1.82	97	29.6
EE 42/21/20	23.1	2.36	98	29.6
EE 55/28/21	43.7	3.54	123	37
EE 55/28/25	52	4.2	123	37
EE 65/32/27	78.2	5.32	147	44.4
EE 29	5.47	0.76	72	22.0
ETD 34	7.64	0.97	78.6	23.6
ETD 39	11.50	1.25	92.2	28.4
ETD 44	17.80	1.73	103	32.2
ETD 49	24.0	2.11	114	35.4
ETD 54	35.50	2.80	127	40.4
ETD 59	51.50	3.68	139	45.0

*$2\times D$ 是按照图 10.3 使用命名的方法（$2\times D$ 为磁芯支柱的 2 倍）

排线与绞线

当把圆导线紧挨着堆积起来，计算每一层（横向，也就是说 t 方向）里每英寸容纳的匝数与可以堆的层数（也就是说 h 方向）都没有什么意义。由于层间绝缘的关系，一般每层导线的绝缘均一致，因此我们只需知道绝缘导线的直径（在第 10 章中有介绍）。在 t 方向上，一般还要考虑绝缘胶带的需求。

若采用绞线（多条导线绞合在一起或最好编在一起），结果显然不同。表 11.3 列出了几个相应的经过检验的经验结果。例如，若直径是 d 的 4 股导线绞合，那么当并排缠绕（也就是沿着层）时，可以认为绞线的有效“直径”是 $2.45d$。但是在垂直方向，上层绞线滑到下层的空间里，每条绞线的有效直径看起来更像是 $2.31d$。据此可以估计可用窗口面积容纳多少绞线及变压器是否满足。

表 11.3 绞线的堆积：横向与垂直方向（高）

	股/束						
	4	5	6	7	8	9	10
N_t	2.45	2.94	2.98	3.11	3.61	3.89	4.34
N_h	2.31	2.69	2.93	2.93	3.16	3.16	3.36

注：在实验室里，有时只是把几股 AWG 线绞合在一起。因为同一股导线倾向于留在表面，所以这并不能帮助减少邻近/涡流损耗。应把各导线编织起来，让它们轮流在表面和内部出现。因此，最好从具有自动机器的供应商那里订购正确编织的绞线来完成这项工作。在实验室里的另一个选择是用较少的线缠绕成子束，然后将这些子束绞合在一起。

注：对于选定的线径，F_R 随着层数的增加而显著增加。此外，从 Dowell 的观点来看，即使在最后一层上只剩下几匝并把它们缠绕起来，那也可以算作一个完整的层。因此，如果只剩下几匝，最好不要再创建额外的层。我们可以完全忽略这些额外的匝数（也就是说，稍微减小 N_p，但这会产生稍高的磁感应强度摆幅和磁芯损耗）。或者我们可以稍微减小导线的直径（也就是保持匝数不变，但产生较高的直流电阻）。这两种方式通常比增加 F_R 要好。

注：从表 11.3 可以看出，7 股绞线的 N_h 等于 6 股绞线的 N_h。这说明了 7 股绞线是最有效的；也就是说，在给定的空间内它有更多的铜。1 股导线被夹在中间，其他 6 股平均分布在其周围。各股导线可以轮换，但这种基本结构在沿着长度方向上的任意横截点处都保持一致。

磁芯损耗计算

磁芯损耗决定于磁感应强度摆幅 ΔB 与频率 f（还有温度，但此处忽略）。然而按惯例，通常用 B_{AC} 代替 ΔB 来计算磁芯损耗。前面已提出过，B_{AC} 是实际磁感应强度摆幅的一半。但相关文献里，磁芯损耗表达式还有多种单位，可能令设计者感到困惑。因此，各种单位的表达式在此都有出现，包括它们的相互转换。

一般的，

$$\text{磁芯损耗} = \text{constant}_1 \times B^{\text{constant}_2} \times f^{\text{constant}_3} \times V_e$$

或者简化为

$$\text{磁芯损耗} = \text{constant} \times B^{\text{exponent of } B} \times f^{\text{exponent of } f} \times V_e$$

单位体积的损耗可写成

$$P_{\text{CORE}} = \frac{\text{磁芯损耗}}{V_e}$$

表 11.4 指明了所用的三种主要单位系统，表 11.5 列出了常数值。通过磁学方程确定 ΔB 后就可以算得磁芯损耗。

表 11.4　不同磁芯损耗计算方法间的转换

	常数	B 的指数	f 的指数	B	f	V_e	P_{CORE}
系统 A	C_c	C_b	C_f	T	Hz	cm^3	W/cm^3
	$=\dfrac{C\times10^4\times p}{10^3}$	$=p$	$=d$				
系统 B	C	p	d	G	Hz	cm^3	mW/cm^3
	$=\dfrac{C_c\times10^3}{10^4\times C_b}$	$=C_b$	$=C_f$				
系统 C	K_p	n	m	G	Hz	cm^3	W/cm^3
	$=\dfrac{C}{10^3}$	$=p$	$=d$				

表 11.5　常用磁芯的典型磁芯损耗相关参数

材料	c	d（f 的指数）	p（B 的指数）	μ	$\approx B_{SAT}$(G)	≈最高频率（Hz）
Powdered Iron 8	4.3E-10	1.13	2.41	35	12500	1E+8
Powdered Iron 18	6.4E-10	1.18	2.27	55	10300	1E+8
Powdered Iron 26	7E-10	1.36	2.03	75	13800	2E+6
Powdered Iron 52	9.1E-10	1.26	2.11	75	14000	1E+7
Kool Mu 60	2.5E-11	1.5	2	60	10000	5E+5
Kool Mu 75	2.5E-11	1.5	2	75	10000	5E+5
Kool Mu 90	2.5E-11	1.5	2	90	10000	5E+5
Kool Mu 125	2.5E-11	1.5	2	125	10000	5E+5
MolyPermalloy 60	7E-12	1.41	2.24	60	6500	5E+6
MolyPermalloy 125	1.8E-11	1.33	2.31	125	7500	3E+6
MolyPermalloy 200	3.2E-12	1.58	2.29	200	7700	1E+6
MolyPermalloy 300	3.7E-12	1.58	2.26	300	7700	4E+5
MolyPermalloy 550	4.3E-12	1.59	2.36	550	7700	2E+5
HighFlux 14	1.1E-10	1.26	2.52	14	15000	1E+7
HighFlux 26	5.4E-11	1.25	2.55	26	15000	6E+6
HighFlux 60	2.6E-11	1.23	2.56	60	15000	3E+6
HighFlux 125	1.1E-11	1.33	2.59	125	15000	1E+6
HighFlux 160	3.7E-12	1.41	2.56	160	15000	8E+5
Ferrite Magnetics F	1.8E-14	1.62	2.57	3000	3000	1.3E+6
Ferrite Magnetics K	2.2E-18	2	3.1	1500	3000	2E+6
Ferrite Magnetics P	2.9E-17	2.06	2.7	2500	3000	1.2E+6
Ferrite Magnetics R	1.1E-16	1.98	2.63	2300	3000	1.5E+6
Ferrite Philips 3C80	6.4E-12	1.3	2.32	2000	3000	1E+6
Ferrite Philips 3C81	6.8E-14	1.6	2.5	2700	3000	1E+6
Ferrite Philips 3C85	2.2E-14	1.8	2.2	2000	3000	1E+6
Ferrite Philips 3F3	1.3E-16	2	2.5	1800	3000	1E+6
Ferrite TDK PC30	2.2E-14	1.7	2.4	2500	3000	1E+6
Ferrite TDK PC40	4.5E-14	1.55	2.5	2300	3000	1E+6
Ferrite FairRite 77	1.7E-12	1.5	2.3	2000	3000	1E+6

注：Ferrites 现改名为 Ferroxcube。铁粉芯（Powdered iron）由 Micrometals 公司生产。HishFluxs 和 KoolMμ是 Magnetics Inc 公司的注册商标。

注意，表 11.5 仅是用于计算磁芯损耗的粗略指南。例如，磁芯损耗系数不是常数而是随温度改变的。查阅销售商手册可获得包括频率与 B_{SAT} 在内的更多精确信息。

注：若设计满足下式，则可得最优结果（包括全部损耗）。

$$\frac{\text{磁芯损耗}}{\text{铜损}}=\frac{2}{B\text{的指数}}$$

但是此式仅为一般参考。例如，在 DC-DC 变换器的大多数自制电感器中，铜损超过总损耗的 90%。对于变压器，则是更接近 50%。铁氧体的 B 指数大约为 2；频率的指数大约为 1.5。

第 12 章　正激与反激变换器：详细设计步骤与对比

引言

本章是前面第 6 章的后续章节。前述章节已经有自上而下的数值案例和相当多的专业知识，但是为了叙述清楚，我们还是会重复前面章节的一些内容。

在反激拓扑中，变压器磁芯的选择是相当直接的。反激变换器的变压器有双重功能：它不但根据一二次侧的匝数比提供升压和降压比，也是能量存储的介质。反激变换器是 Buck-Boost 的派生电路，并且也具有 Buck-Boost 电路的独特特性：输出的全部能量先要存储在磁芯中（作为磁能）。这与一次绕组关断时二次绕组才导通的情况是一致的，反之亦然。我们可以直观地将其想象为绕组不同相。能量不断地存储-释放，然后再存储-释放。因此，磁芯选择准则非常简单：磁芯必须能够存储通过它的每组能量（每个周期），每组能量等于 $P_{IN}/f=\Delta\varepsilon=\varepsilon_{PEAK}/1.8=(L\times I_{PEAK}^2)/3.6$，单位为 J。这里 f 是开关频率，ε 是能量[前面的公式参见 *Switching Power Supplies A to Z*（第二版）的图 5.6]。等效地，我们可以说峰值电流 I_{PEAK} 不应该导致磁芯饱和，尽管这种方法没有让我们直观地理解，如果我们将开关频率加倍，每组能量减少一半，并经过恰当设计，同一磁芯可以处理 2 倍的输入-输出能量。但是，无论何时，我们在开关功率变换器中使用电感或者变压器作为能量存储介质时，这确实总是正确的。

对于正激变换器，至少有两件事是截然不同的。

（1）不是所有的输出能量需要存储在磁能存储介质（磁芯）中。请记住，正激变换器是基于 Buck 拓扑的。我们从 *Switching Power Supplies A to Z*（第二版）的第 208 页中了解到，在 Buck 拓扑中，只有（1−D）倍总能量周期性通过磁芯。所以，对于给定的 P_O 和给定的开关频率，处理同样的能量（假设 D=1−D=0.5）时，Buck 变换器或者正激变换器的磁芯只有 Buck-Boost 或者反激变换器磁芯的一半。

（2）此外，在正激变换器中，能量存储的功能并不在变压器中，存储完全由二次侧扼流圈完成，而不是变压器。所以我们可以问：正激变换器中的变压器到底有什么用？它只提供*变压器功能*——基于匝数比，对应于电流下降时的电压升压，或者对应于电流升高时的电压降压功能。在某种程度上，这只是反激变换器变压器功能的一半。一旦它提供了升压或者降压比，二次侧扼流圈以斩波电压方式提供额外的降压功能，如在任何常规（非隔离）Buck 中一样。这是为什么我们总是认为正激变换器的输出端是从输入端导出的，这应用了两个连续的降压因子，如下：

$$V_O=\underbrace{(D\times V_{IN})}_{\text{Buck}}\times\underbrace{\frac{N_S}{N_P}}_{\text{变压器功能}}$$

正激变换器变压器的功能可以是这样的，就是使用匝数比来产生中间升压而不是降压功能，然后带二次侧扼流圈的 Buck 产生降压功能。这是另一种形式的（整体）Buck-

Boost 变换器，而不是经典的基于电感的 Buck-Boost 变换器了。实际上，这就是我们在 LLC 谐振拓扑中通常要做的（参见第 19 章）。

二次侧扼流圈的选择也是直接的：它的尺寸需满足峰值电流（典型值是超过负载电流的 20%）通过时不会饱和。反激、Buck、Buck-Boost，甚至 Boos 都是这样的准则。这给我们留下基本的问题：怎么得到正激变换器的变压器？它的尺寸决定于什么？它的选择准则是什么？

有两个主要的因素影响正激变换器的变压器选择。首先，我们要明白一次和二次绕组"同时"导通。所以他们是"同相"的。观察到的变压器功能，即流过二次绕组的按简单匝数比变化的电流，实际上是基于法拉第定律和楞次定律的感应电动势（EMF，即电压）的直接结果。

为了阻碍磁通的变化，二次绕组的感应电动势响应一次电流变化产生的磁通变化，并且因为正激变换器中初二次绕组可以同时导通，两个电压（施加电压和感应电压）在绕组中同时产生电流，在磁芯中产生正向和反向磁通，互相抵消。是完全抵消！实际上，正激变换器的变压器的磁芯没有"看到"任何与功率传输相关的磁通。注意，这种磁通消除的"魔术"在反激电路中是不可能的，因为虽然开关管导通期间二次侧中有感应电动势，输出二极管阻碍了感应电动势产生的电流，这样不可能有两个正向和反向的磁通产生。

这带来一个很大的问题：如果正激变换器的变压器的磁芯没有"看到"变压器中能量持续转换产生的磁通，我们还能够通过变压器转换无限的能量吗？答案是不能，因为铜的直流电阻起阻碍作用。这产生了基于磁芯可以得到的窗口面积 W_a 的物理限制。我们不能为了支持任意的功率传递能力而在有限的空间堆积无穷的铜绕组。当然为了保持温度限制，也不能这样；因为，虽然磁芯可能"意识"不到绕组中的实际电流（因为磁通抵消），然而确实产生了 I^2R（欧姆）的损耗。所以最后，因为温度的原因，我们必须保持一定的电流密度。这实际上限制了正激变换器的变压器可以传递的能量。我们直观地预料如果我们将可用窗口面积 W_a 加倍，对于给定的（可接受的）电流密度，我们也能够将电流（和功率传递能力）加倍。换句话说，我们粗略地（直觉地）预料

$$P_O \propto W_a$$

实际情况也是这样的。但是也有另外一个主要因素：变压器首先需要一定的励磁（磁化）电流来完成变压器的功能。所以不仅仅是提供的窗口面积（空间尺寸），磁芯本身、铁氧体尺寸都有一定的关系。表达磁芯特征的参数是中间支柱的面积，或者称为 A_e（在本章中通常也称为 A）。最后我们预料功率和两个因素有关：与空间相关的分量 W_a 和与铁氧体相关的分量 A_e：

$$P_O \propto W_a \times A_e$$

乘积 $W_a \times A_e$ 通常称为 AP 或者磁芯的面积乘积，如图 12.1 所示。

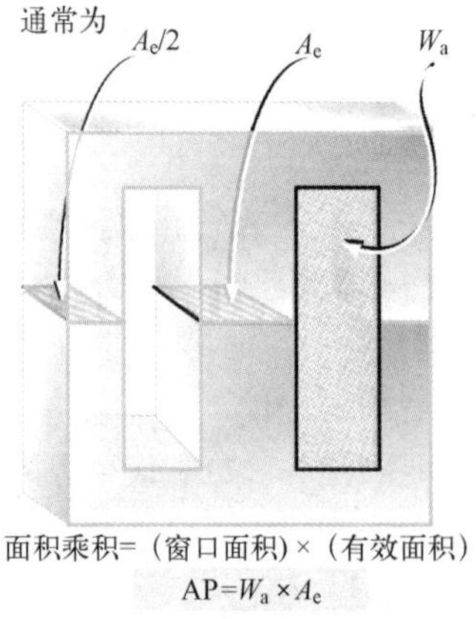

图 12.1　面积乘积的基本定义

如前面指出的，凭直觉我们预料 f 加倍时，功率也加倍。因此，我们预料

$$P_O \propto AP \times f$$

或者更好的是，因为在最坏的情况（变压器之后的损耗）中，变压器负责处理整个输入

功率，所以更直观的写法是

$$P_{IN} \propto AP \times f$$

窗口面积和面积乘积的精细分类（一些新术语）

如图 12.2 和图 12.3 所示，我们实际上可以将窗口面积分为几个窗口（和相关的面积乘积）。为了以后的分析，我们应该尝试区分它们，因为这通常成为文献中主要混淆的来源，无数方程和修正因子（通常称为 K_X）显然被用来以某种方式将方程拟合到经验数据，而不是从第一原理推导出方程，然后看它们与数据的匹配程度。所以我们在这里创建了一些表述符号。

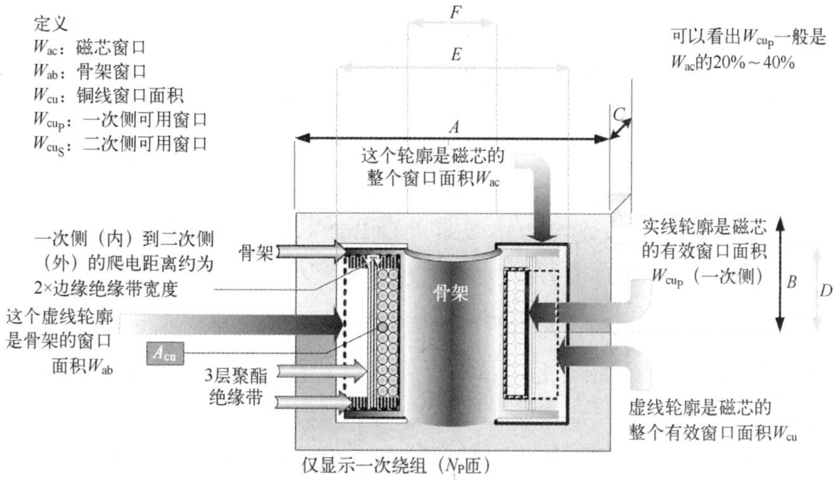

图 12.2　窗口面积和面积乘积的精细分类

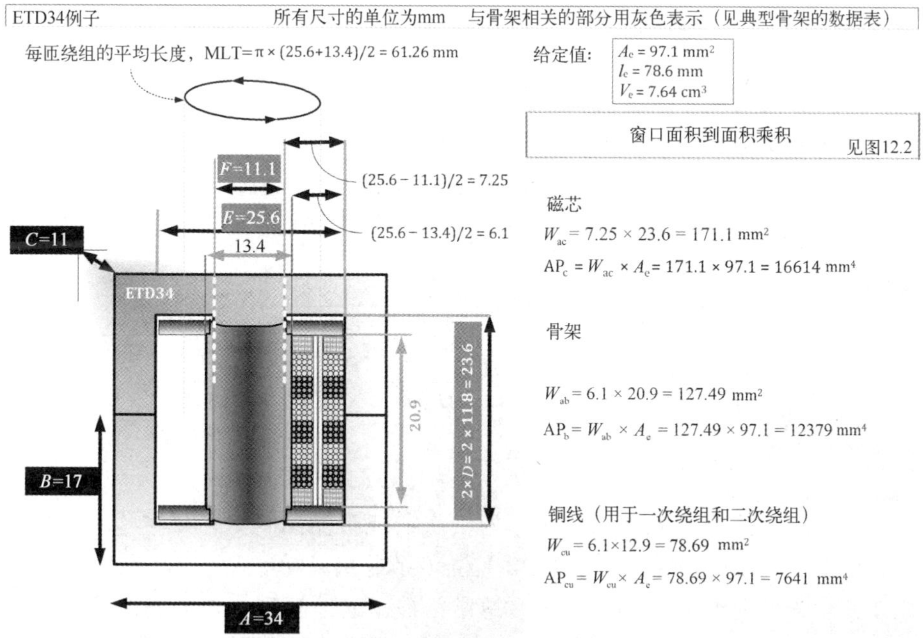

图 12.3　数值举例显示通用尺寸术语和不同窗口面积和面积乘积

W_{ac}：磁心窗口面积，乘以 A_e，可得 AP_c。

W_{ab}：骨架窗口面积，乘以 A_e，可得 AP_b。

W_{cu}：绕组铜线（包括一次绕组和二次绕组）的可用窗口面积，乘以 A_e，可得 AP_{cu}。

注：在用于 AC-DC 的安规认证的变压器中，我们通常需要在一次绕组和二次绕组之间有 8mm 的爬电距离（参见图 12.2 和图 17.1），所以经常使用 4mm 的边缘绝缘带（但是现在有时只需要 2.5～3mm 的宽度）。对于通信电源，只要 AC 1500V 的隔离，所以 2mm 的边缘绝缘带就足够了，并提供 4mm 的爬电距离。骨架、绝缘等显著地降低了铜绕组的可用面积——大约为 0.5×（或一半）芯窗面积 W_{ac}。

W_{cu_p}：一次绕组的可用窗口，乘以 A_e，可得 AP_{cu_p}。例如，对于安规认证的 AC-DC 变压器，这个面积可能只有 $0.25W_{ac}$（一般假设 W_{cu} 被一次和二次绕组平分）。

W_{cu_s}：二次绕组的可用窗口，乘以 A_e，可得 AP_{cu_p}。

功率和面积乘积的关系

我们知道，在几乎所有拓扑中，导通期间的电感电压 V_{ON} 和输入电压 V_{IN} 有关（但是在半桥电路中不是），电压相关方程（法拉第）的原始形式是

$$\Delta B=\frac{V_{IN}\times t_{ON}}{N_P\times A}\quad \text{T}$$

式中，A 为磁芯的有效面积（如同 A_e），单位为 m^2。（记住尝试“伏秒数等于 NAB”。）注意

$$N_P\times A_{cu}=0.785\times W_{cu_P}$$

这是因为圆形导线的横截面积 A_{cu} 只占每一层的实际面积（方形面积 D^2）的 78.5%（即 $\pi^2/4$）（参见图 10.3）。这里 W_{cu_p} 是一次铜绕组的实际可用窗口面积（方形）。我们已经假设可用铜空间 W_{cu} 被一次和二次绕组平分。这是一个有效的假设。

解 N_P，一次绕组的匝数为

$$N_P=\frac{0.785\times W_{cu_P}}{A_{cu}}$$

将上式代入电压相关方程，得到

$$\Delta B=\frac{V_{IN}\times t_{ON}\times A_{cu}}{0.785\times W_{cu_P}\times A_e}\quad \text{T}$$

迭代

$$\begin{aligned}\Delta B&=\frac{V_{IN}\times t_{ON}\times A_{cu}}{0.785\times W_{cu_P}\times A_e}=\frac{V_{IN}\times (I_{IN}/I_{IN})\times (D/f)\times A_{cu}}{0.785\times W_{cu_P}\times A_e}\\&=\frac{P_{IN}\times D\times A_{cu}}{I_{IN}\times 0.785\times W_{cu_P}\times A_e\times f}=\frac{P_{IN}\times D\times A_{cu}}{(I_{SW}\times D)\times 0.785\times W_{cu_P}\times A_e\times f}\\&=\frac{P_{IN}}{(I_{SW}/A_{cu})\times 0.785\times W_{cu_P}\times A_e\times f}=\frac{P_{IN}}{J_{A/m^2}\times 0.785\times AP_{cu_P}\times f}\end{aligned}$$

式中，J_{A/m^2} 为电流密度（A/m^2）；AP_{cu_p} 为一次铜绕组的面积乘积（$AP_{cu_p}=A_e\times W_{cu_p}$）。注意 I_{SW} 是开关管电流的斜坡中心（COR）值（导通期间的平均值）。因此，电流密度本质上是基于此，而不是基于 RMS 电流，这常常被错误地解释。为了方便起见，我们现在转换到 CGS 单位（为避免混淆，将单位写在下标上）。我们可得

$$\Delta B_{\mathrm{G}}=\frac{P_{\mathrm{IN}}}{J_{\mathrm{A/cm^2}}\times 0.785\times AP_{\mathrm{cu_{P\_cm^4}}}\times f_{\mathrm{Hz}}}\times 10^8$$

式中，$\mathrm{AP_{cu_p}}$ 的单位为 cm^2。最后，通过下式将电流密度转换到 cmil/A（参见表 10.1）。

$$J_{\mathrm{cmil/A}}=\frac{197353}{J_{\mathrm{A/cm^2}}}$$

我们得到

$$\Delta B_{\mathrm{G}}=\frac{P_{\mathrm{IN}}\times J_{\mathrm{cmil/A}}}{197353\times 0.785\times f_{\mathrm{Hz}}\times AP_{\mathrm{cu_{P\_cm^4}}}}\times 10^8\quad \mathrm{G}$$

求解一次铜线的面积乘积

$$\mathrm{AP_{cu_{P\_cm^4}}}=\frac{645.49\times P_{\mathrm{IN}}\times J_{\mathrm{cmil/A}}}{f_{\mathrm{Hz}}\times \Delta B_{\mathrm{G}}}\quad \mathrm{cm^4}$$

让我们在这里做一些数值代换。假设电流密度指标是 600cmil/A（基于 COR 值），ΔB 等于 1500G（为了降低磁芯损耗和避免饱和），我们得到以下磁芯的选择准则：

$$\mathrm{AP_{cu_{P\_cm^4}}}=258.2\times\frac{P_{\mathrm{IN}}}{f_{\mathrm{Hz}}}\quad \mathrm{cm^4}\qquad \text{(对于 600 cmil/A，基于COR值)}$$

请记住，到目前为止，这是一个确切的关系。它基于一次绕组可用的窗口面积，和电流密度指标（600cmil/A）一起确定了安匝数，进而确定磁通。

在 *Switching Power Supplies A to Z*（第二版）的 153 页，我们已经得到类似的以下关系：

$$P_{\mathrm{IN}}=\frac{AP_{\mathrm{cm^4}}\times f_{\mathrm{Hz}}}{675.6}$$

等同于

$$\mathrm{AP_{cm^4}}=675.6\times\frac{P_{\mathrm{IN}}}{f_{\mathrm{Hz}}}$$

这也是基于 COR 电流密度 600cmil/A。这和我们刚才得到的方程的真正区别是，*Switching Power Supplies A to Z*（第二版）中的面积乘积使用了整个磁芯的面积。换言之，我们推导出

$$\mathrm{AP_{c_{cm^4}}}=675.6\times\frac{P_{\mathrm{IN}}}{f_{\mathrm{Hz}}}$$

和我们刚才推导出的（基于为一次绕组保留的估计面积）相比，

$$\mathrm{AP_{cu_{P\_cm^4}}}=258.2\times\frac{P_{\mathrm{IN}}}{f_{\mathrm{Hz}}}$$

实际上，我们已经假设 *Switching Power Supplies A to Z*（第二版）中 $\mathrm{AP_{cu_p}}/\mathrm{AP}=258.2/675.6=0.38$[注意：在 *Switching Power Supplies A to Z*（第二版）中，它似乎被设置为 0.3 的原因是，0.3/0.785=0.38！想想看，没有矛盾。电流密度中没有考虑因数 0.785。]但是，在 *Switching Power Supplies A to Z*（第二版）中，和大多数文献一样，利用系数 K 只是一个模糊因子，用于使方程拟合数据。但是，在正在进行的分析中，我们正试图避免所有无法解释的修正因子，所以应该假设我们刚才提出的方程是准确的。

请记住，虽然在大多数类型的实际正激变换器中，1500G 最大磁感应强度摆幅仍然是一个非常合理的假设（以限制磁芯损耗和避免瞬态时饱和），电流密度 600cmil/A（COR 值）需要进一步检查。在我们这样做之前，让我们看看更一般的将面积乘积和功率联系起来（还没有做出假设）的方程式。

$$AP_{cu_{P\_cm^4}} = \frac{645.49 \times P_{IN} \times J_{cmil/A}}{f_{Hz} \times \Delta B_G} \quad cm^4 \quad \text{(Maniktala, 最通用)}$$

用 A/cm^2 表示，变为

$$AP_{cu_{P\_cm^4}} = \frac{645.49 \times P_{IN} \times 197\ 353}{f_{Hz} \times \Delta B_G \times J_{A/cm^2}}$$

或者

$$AP_{cu_{P\_cm^4}} = \frac{12.74 \times P_{IN}}{f_{kHz} \times \Delta B_T \times J_{A/cm^2}} \quad \text{(Maniktala, 最通用)}$$

式中，J_{A/m^2} 是基于 COR 值。

电流密度和基于 *D* 的变换

在前面推导的开始，当我们设定 $I_{IN} = I_{SW} \times D$ 时，实际上电流密度是 COR 电流密度，而不是有效值。这就是我们从方程中消除 *D* 的方法。但是发热不是直接取决于 COR 值，而是取决于它的有效值。所以，实际上从另一个角度看，我们的面积乘积方程实际上通过我们选择的 COR 电流密度值隐式地依赖于 *D*。如果我们知道 *D*，就可以将基于 COR 的电流密度转换为等效的 RMS 电流密度值。

公式数值计算中的 600cmil/A 可以更清楚地写为 600cmil/A_{COR}，其中 A_{COR} 是以安培为单位的 COR 值。我们要问：以电流有效值表示的 600cmil/A 是什么？如前所述，这实际上取决于占空比。假设正激变换器 *D*=0.3，1A 的电流脉冲产生的有效值是 $1A \times \sqrt{D} = 1A \times \sqrt{0.3} = 0.548A$。换言之，600cmil/$A_{COR}$ 意味着 600cmil 分配给 0.548A_{RMS}。也就是，相当于为每个 A_{RMS} 分配 600/0.548=1095cmil。所以，有以下的变换：

$$\frac{600\ cmil}{A_{COR}} \equiv \frac{600}{0.548} = \frac{1095\ cmil}{A_{RMS}}$$

也就是 600cmil/A_{COR} 可以表示为 1095cmil/A_{RMS}，或者

$$\frac{197353}{600} = \frac{330A_{COR}}{cm^2} \quad \text{(根据电流COR值，参见表10.1)}$$

或者

$$\frac{197353}{1095} = \frac{180\ A_{RMS}}{cm^2} \quad \text{(根据RMS值, } D = 0.3\text{)}$$

注意，实际上我们要求 180A/cm^2 的电流密度，这比通常接受的更低（更保守）。但是，让我们在下面进一步讨论这个问题。

优化电流密度

在应用中，要达到的电流密度指标到底是多少？是 600cmil/A_{COR}（即 *D*=0.3 时，180A_{RMS}/cm^2）或者其他？实际上 600cmil/A_{COR} 是有点保守。但是，总的来说，这个议题在业界引起了很大的争论、很多困惑和广泛不同的建议。我们需要解决这个问题。

关于全行业对这个问题不一致意见的很好解释，请参阅德州仪器（Texas Instrument）的工程师提供的 40W 正激变换器的设计。

> 采用参考文献[3]中描述的面积乘积法设计变压器，200kHz 时，这个设计的磁芯损耗是有限的。实际选择的磁芯是用 N87 材料制成的 Siemens-Matsushita EFD 30/15/9，选择磁芯的面积乘积大概是文献[3]中的 2.5 倍。我们选择额外的裕量是为了允许由于多层箔绕组中的邻

近效应而造成的额外损耗，该多层箔绕组是承载二次大电流所必需的。

确切地说，这名工程师参考的文献[3]是 Lloyd H. Dixon's "Power Transformer Design for Switching Power Supplies" Rev. 7/86, SEM-700 Power Supply Design Seminar Manual, Unitrode Corporation, 1990, section M5.

这意味着 Unitrode（现在的德州仪器）有一项关于正激变换器磁芯尺寸的推荐，该推荐比标准差近 250%。另一位 TI 工程师报告称，他实际上试图按照自己公司的设计说明来设计一个实际的变换器。

因此，在这里保持保守似乎是个好主意，因为在商业领域没有人会欣赏或奖励在最后一刻阻碍安规认证和生产的热（或 EMI）问题。

让我们从基础开始：已经陈述并且似乎被广泛接受的是，对于大多数 E 型磁芯的反激（不是正激）变换器变压器，400cmil/A_{RMS}（相当于 197353/400≈500A_{RMS}/cm^2）的电流密度是可接受的。这似乎至少让工程师们做好了评估板。但是，为了获得商业安规认证的 A 类正激变换器变压器（最高 105℃），是否真可以接受最高 55℃的温升（内部热点温度）？

问题是，电流密度 500A_{RMS}/cm^2 对于大多数磁芯制造商使用的低频正弦波可能起作用，但是对于正激变换器，如 Dowell 所述的集肤和邻近效应，比值 F_R（交流电阻除以直流电阻）比单位值 1 要高很多。注意，Dowell 使用高频正弦波形作为变化，但仍然假设为正弦波。许多 Unitrode 的应用说明引用了 Dowell 方程的原始形式（采用正弦波），并且通过适当的高频绕组等技术获得了略大于 1 的"可实现的"F_R 值。但是在现代，当我们采用开关电源的典型方波的高频谐波时，可达到的最佳交流电阻比 F_R 不接近 1，而是大约为 2。也就是说，我们可以认为这是由一种新的金属制成的绕组，它的电阻率是铜的 2 倍。现在，为了到达与常规（低频）铜线绕制的变压器相同的发热和温升可接受值，对于正激变换器的一个比较好的做法是使面积加倍（即，电流密度指标的一半用 A/cm^2 表示）。这意味着，我们实际上以 800cmil/A_{RMS} 作为正激变换器的指标，这在温度上与反激变换器采用 400cmil/A_{RMS} 大致相当。因此，假设 D=0.3 的正激变换器，我们需要到达指标

$$\frac{800\ \text{cmil}}{A_{RMS}} \equiv \frac{800 \times 0.548 = 440\ \text{cmil}}{A_{COR}}$$

或

$$\frac{197353}{800} \approx \frac{250\ A_{RMS}}{\text{cm}^2} \quad \text{(根据RMS值)}$$

或

$$\frac{197353}{440} = \frac{450 A_{COR}}{\text{cm}^2} \quad \text{(根据电流COR值，}D = 0.3\text{)}$$

如果占空比是 D=0.5（在正激变换器中最低输入电压时），因为 $\sqrt{0.5} = 0.707$，我们可以写出电流密度指标为

$$\frac{800\ \text{cmil}}{A_{RMS}} \equiv \frac{800 \times 0.707 = 565\ \text{cmil}}{A_{COR}}$$

或者

$$\frac{197353}{800} \approx \frac{250\ A_{RMS}}{\text{cm}^2} \quad \text{(根据RMS值)}$$

或者

$$\frac{197353}{565}=\frac{350\ \mathrm{A_{COR}}}{\mathrm{cm}^2}\quad (\text{根据电流COR值}, D=0.5)$$

我们看到，对于上述两个占空比，保持恒定的是以下设计目标：正激变换器的变压器电流密度为 250$\mathrm{A_{RMS}/cm^2}$，正好是广泛并且是盲目被接受的电流密度指标的一半。其根本原因是 F_R 最好是 2，而不是 1。

正激变换器的变压器的正确方程为

$$\mathrm{AP}_{\mathrm{cu}_{\mathrm{P\_cm}^4}}=\frac{645.49\times P_{\mathrm{IN}}\times J_{\mathrm{cmil/A_{COR}}}}{f_{\mathrm{Hz}}\times\Delta B_{\mathrm{G}}}\quad \mathrm{cm}^4$$

如果代入我们推荐的电流密度 800cmil/$\mathrm{A_{RMS}}$，即 440cmil/$\mathrm{A_{COR}}$（对于 D=0.3），并假设利用因子 0.25（一次绕组面积和磁芯绕组面积的比值，参见图 12.2），我们得到基本推荐式

$$\mathrm{AP}_{\mathrm{c}_{\mathrm{cm}^4}}=\frac{645.49\times P_{\mathrm{IN}}\times J_{\mathrm{cmil/A_{COR}}}}{f_{\mathrm{Hz}}\times\Delta B_{\mathrm{G}}}=\frac{645.49\times P_{\mathrm{IN}}\times 440}{0.25\times f_{\mathrm{Hz}}\times\Delta B_{\mathrm{G}}}=11\ 360\ 624\times\frac{P_{\mathrm{IN}}}{f_{\mathrm{Hz}}\times\Delta B_{\mathrm{G}}}$$

或者

$$\mathrm{AP}_{\mathrm{c}_{\mathrm{cm}^4}}=113.6\times\frac{P_{\mathrm{IN}}}{f_{\mathrm{Hz}}\times\Delta B_{\mathrm{T}}}\quad (\text{Maniktala, 对于}D=0.3, J=250\ \mathrm{A_{RMS}}/\mathrm{cm}^2, K=0.25)$$

代入典型值ΔB=1500G，我们得到

$$\mathrm{AP}_{\mathrm{c}_{\mathrm{cm}^4}}=\frac{645.49\times P_{\mathrm{IN}}\times 440}{f_{\mathrm{Hz}}\times 1500\times 0.25}=755\times\frac{P_{\mathrm{IN}}}{f_{\mathrm{Hz}}}$$

或者等效为（使用 kHz）

$$\mathrm{AP}_{\mathrm{c}_{\mathrm{cm}^2}}=0.75\times\frac{P_{\mathrm{IN}}}{f_{\mathrm{kHz}}}\quad (\text{Maniktala}, D=0.3, \Delta B=0.15\ \mathrm{T}, J=250\ \mathrm{A_{RMS}}/\mathrm{cm}^2, K=0.25)$$

我们可以看到，这个方程要求的磁芯比在 *Switching Power Supplies A to Z*（第二版）中的数值举例中所推荐的磁芯略大。然而，在 *Switching Power Supplies A to Z*（第二版）中，我们用了一个比较保守的电流密度，还设定了一个更加大的利用（修正）因子。我们已经推导出

$$\mathrm{AP}_{\mathrm{c}_{\mathrm{cm}^4}}=675.6\times\frac{P_{\mathrm{IN}}}{f_{\mathrm{Hz}}}$$

或者等效为

$$\mathrm{AP}_{\mathrm{c}_{\mathrm{cm}^4}}=0.676\times\frac{P_{\mathrm{IN}}}{f_{\mathrm{kHz}}}\quad (\text{Maniktala, 对于}D=0.3, \Delta B=0.15\ \mathrm{T}, J=180\ \mathrm{A_{RMS}}/\mathrm{cm}^2, K=0.38)$$

我们得出结论，现在推导出的新方程：

$$\mathrm{AP}_{\mathrm{c}_{\mathrm{cm}^2}}=0.75\times\frac{P_{\mathrm{IN}}}{f_{\mathrm{kHz}}}\quad (\text{Maniktala, 对于}D=0.3, \Delta B=0.15\ \mathrm{T}, J=250\ \mathrm{A_{RMS}}/\mathrm{cm}^2, K=0.25)$$

比 *Switching Power Supplies A to Z*（第二版）的旧方程稍微更现实（在可用窗口面积方面也更保守）。这个方程要求稍微高一点的面积乘积（对于给定的功率）。

对 *Switching Power Supplies A to Z*（第二版）中的推荐值稍微进行修改，对设计在额定 D=0.3 下工作的经安规认证的 A 类正激变换器变压器更有帮助。

注意，新公式中的基本假设包括最大磁感应强度摆幅 1500G、电流密度 250$\mathrm{A_{RMS}/cm^2}$，以及利用因子（一次绕组面积 $W_{\mathrm{cu_p}}$ 与全磁芯窗口面积 W_{ac} 的比值）0.25。

如果我们有一个具有一定磁芯面积乘积的磁芯，我们也可以反过来得到它的功率传递能力为

$$P_{\mathrm{IN}}=\frac{\mathrm{AP}_{\mathrm{c}_{\mathrm{cm}^4}}\times f_{\mathrm{Hz}}}{754}=1.33\times10^{-3}\times\left(\mathrm{AP}_{\mathrm{c}_{\mathrm{cm}^4}}\times f_{\mathrm{Hz}}\right)$$

$$P_{\mathrm{IN}}=1.33\times\mathrm{AP}_{\mathrm{c}_{\mathrm{cm}^4}}\times f_{\mathrm{kHz}}\quad(\text{Maniktala},\ D=0.3,\ \Delta B=0.15\ \mathrm{T},\ J=250\ \mathrm{A_{RMS}/cm^2},\ K=0.25)$$

例如，f=200kHz，ETD-34 磁芯，磁芯的面积乘积是 1.66cm^4，适用于

$$P_{\mathrm{IN}}=\frac{1.66\times200000}{754}=440\ \mathrm{W}\qquad(\text{基于Maniktala的推荐例子})$$

假设效率为 83%时，这个磁芯适用于 P_{O}=365W 的变换器。

理解了这一点，我们愿意与其他人在相关文献中支持的等式进行比较，看看我们相对于他们的建议优势在哪里。以下是其他“类似”方程的列举。

行业推荐的正激变换器的面积乘积公式

Fairchild Semi 的推荐

例如，参见 Carl Walding 的 *The Forward-Converter Design Leverages Clever Magnetics*：

$$\mathrm{AP}_{\mathrm{mm}^4}=\left(\frac{78.72\times P_{\mathrm{IN}}}{\Delta B\times f_{\mathrm{Hz}}}\right)^{1.31}\times10^4$$

在 Fairchild 的应用手册 AN-4134 里，上式替换为

$$\mathrm{AP}_{\mathrm{mm}^4}=\left(\frac{11.1\times P_{\mathrm{IN}}}{0.141\times\Delta B\times f_{\mathrm{Hz}}}\right)^{1.31}\times10^4$$

但是，这是同一个公式。它似乎对整个磁芯使用了面积乘积。磁感应强度的单位是特斯拉。我们也可以根据 cm^4 重写为

$$\mathrm{AP}_{\mathrm{c}_{\mathrm{cm}^4}}=\left(\frac{78.72\times P_{\mathrm{IN}}}{\Delta B_{\mathrm{T}}\times f_{\mathrm{Hz}}}\right)^{1.31}\qquad(\text{Fairchild})$$

和我们的方程相比：

$$\mathrm{AP}_{\mathrm{c}_{\mathrm{cm}^4}}=\frac{113.6\times P_{\mathrm{IN}}}{f_{\mathrm{Hz}}\times\Delta B_{\mathrm{T}}}\qquad(\text{Maniktala})$$

我们可以简化 Fairchild 方程，并且设定ΔB=0.15T（通常典型的最优磁感应强度摆幅，以避免饱和与保持磁芯损耗较小）。我们得到

$$\mathrm{AP}_{\mathrm{c}_{\mathrm{cm}^4}}=\left(\frac{78.72\times P_{\mathrm{IN}}}{0.15\times f_{\mathrm{kHz}}}\right)^{1.31}$$

$$\mathrm{AP}_{\mathrm{c}_{\mathrm{cm}^4}}=0.43\times\left(\frac{P_{\mathrm{IN}}}{f_{\mathrm{kHz}}}\right)^{1.31}\qquad(\text{Fairchild},\ \Delta B=0.15\ \mathrm{T})$$

可以将上式和我们的方程比较：

$$\mathrm{AP}_{\mathrm{c}_{\mathrm{cm}^4}}=0.75\times\left(\frac{P_{\mathrm{IN}}}{f_{\mathrm{kHz}}}\right)\qquad(\text{Maniktala},\ \Delta B=0.15\ \mathrm{T})$$

例如，对于 440W 输入功率，我们知道 200kHz 时，我们推荐 ETD-34 磁芯，$\mathrm{AP_c}$=1.66cm^4（参见图 12.3），Fairchild 方程推荐了什么？我们得到

$$\mathrm{AP}_{\mathrm{c}_{\mathrm{cm}^4}}=0.43\times\left(\frac{440}{200}\right)^{1.31}=1.21\ \mathrm{cm}^4\qquad(\text{Fairchild 推荐举例})$$

ETD-29 磁芯的面积乘积是 1.02cm^4，所以我们最终还是使用 ETD-34。但是，一般来说，至少对于较低功率和较低频率，Fairchild 方程可以要求高达一半的面积乘积，这意味着更小的磁芯。它似乎更激进（冒险），除非被迫要求使用默认的大型磁芯尺寸，它可能

需要强制风冷或更好（更昂贵）的磁芯材料，以通过低得多的磁芯损耗来补偿较高的铜损耗；或者变压器要么未通过安规认证，要么只通过 B 类安规认证。

对于给定的磁芯面积乘积，我们也可以用 Fairchild 方程解得功率传递能力（使用典型的ΔB=0.15T）：

$$\mathrm{AP}_{\mathrm{c_{cm^4}}} = \left(\frac{78.72 \times P_{\mathrm{IN}}}{0.15 \times f_{\mathrm{kHz}}}\right)^{1.31}$$

$$P_{\mathrm{IN}} = \mathrm{AP}_{\mathrm{c_{cm^4}}}^{0.763} \times \frac{0.15 \times f_{\mathrm{Hz}}}{78.72} = 1.9 \times f_{\mathrm{kHz}} \times \mathrm{AP}_{\mathrm{c_{cm^4}}}^{0.763}$$

$$P_{\mathrm{IN}} = 1.9 \times f_{\mathrm{kHz}} \times \mathrm{AP}_{\mathrm{c_{cm^4}}}^{0.763} \qquad (\text{Fairchild}, \Delta B = 0.15\ \mathrm{T})$$

TI/ Unitrode 的推荐

例如，

$$\mathrm{AP}_{\mathrm{c_{cm^4}}} = \left(\frac{11.1 \times P_{\mathrm{IN}}}{K \times \Delta B_{\mathrm{Tesla}} \times f_{\mathrm{Hz}}}\right)^{1.143}$$

式中，K 是和使用窗口利用及拓扑有关的修正因子。Unitrode 对于单端正激变换器使用修正因子 0.141，对于全桥/半桥电路用 0.165。由此我们得到（对于单端正激变换器，如之前那样假设磁芯的面积乘积）

$$\mathrm{AP}_{\mathrm{c_{cm^4}}} = \left(\frac{11.1 \times P_{\mathrm{IN}}}{0.141 \times \Delta B_{\mathrm{T}} \times f_{\mathrm{Hz}}}\right)^{1.143} = \left(\frac{78.72 \times P_{\mathrm{IN}}}{\Delta B_{\mathrm{T}} \times f_{\mathrm{Hz}}}\right)^{1.143} \qquad (\text{Unitrode})$$

这与 Fairchild 方程几乎相同，只是指数为 1.143，与 Fairchild 方程中的 1.31 的指数相比，导致随着功率的增加（以及随着频率的下降）面积乘积的增大速度慢得多。请注意，这个方程（如 Fairchild 方程）也被认为是基于 450$\mathrm{A_{RMS}/cm^2}$ 的电流密度——远比我们支持的 250 $\mathrm{A_{RMS}/cm^2}$ 更激进（冒险）。但是，在所有 Unitrode 应用程序的注释中，最佳可实现的 F_{R} 被计算为略大于 1，因为它基于正弦波形，而在现实中，最佳情况 F_{R} 实际上更接近 2，正如我们在方程中假定的那样（也参见图 11.8）。这就是为什么，我们的估计似乎过于保守，但更准确和现实。然而，在 TI/Unitrode 的推荐中，通过引入任意的利用因子 K，似乎人为地创建了更适合实际数据的方法。不幸的是，从逻辑上讲，任何这样的利用因子都应该根据所使用的磁芯类型而改变或调整，但是这方面总是被忽视了。

对于给定的磁芯面积乘积，我们也用 Unitrode 方程解得功率传递能力（典型ΔB=1500G）：

$$P_{\mathrm{IN}} = \mathrm{AP}_{\mathrm{c_{cm^4}}}^{0.875} \times \frac{0.15 \times f_{\mathrm{Hz}}}{78.72} = 1.9 \times f_{\mathrm{kHz}} \times \mathrm{AP}_{\mathrm{c_{cm^4}}}^{0.875}$$

$$P_{\mathrm{IN}} = 1.9 \times f_{\mathrm{kHz}} \times \mathrm{AP}_{\mathrm{c_{cm^4}}}^{0.875} \qquad (\text{Unitrode}, \ \Delta B = 0.15\ \mathrm{T})$$

Basso/ On-Semi 的推荐

例如，

$$\mathrm{AP}_{\mathrm{c_{cm^4}}} = \left(\frac{P_{\mathrm{O}}}{K \times \Delta B_{\mathrm{T}} \times f_{\mathrm{Hz}}}\right)^{4/3}$$

推荐正激变换器的 K=0.014。这是另外一个不能解释的利用因子。简化后，可以得到正激变换器的方程：

$$AP_{c_{cm^4}}=\left(\frac{71.43\times P_O}{\Delta B_T\times f_{Hz}}\right)^{1.33}$$

这确实非常接近 Fairchild 方程，尽管这个方程不知不觉地隐式地假定 100%的效率，因为它使用输出功率而不是输入功率，然而，最坏的情况假设是所有损耗在通过变压器之后而不是之前发生（参见图 2.13）。在这种情况下，变压器必须输出全部输入功率，而不是较低的输出功率。为了尝试和纠正这个不幸的假设，我们现在假设 90%的效率，然后我们得到

$$AP_{c_{cm^4}}=\left(\frac{71.43\times 0.9\times P_{IN}}{\Delta B_T\times f_{Hz}}\right)^{1.33}=\left(\frac{64.3\times P_{IN}}{\Delta B_{Tesla}\times f_{Hz}}\right)^{1.33}\quad \text{(On-Semi 方程的修正)}$$

注意，On-Semi 说这是基于窗口利用因子为 0.4 和电流密度为 $420A/cm^2$。我们假设 90%的效率可以得到前面的方程。

利用原始的、未修正的 On-Semi 方程也可以写出如下基于（磁芯）面积乘积的功率传递能力：

$$AP_{c_{cm^4}}=\left(\frac{71.43\times P_O}{\Delta B_T\times f_{Hz}}\right)^{1.33}\Rightarrow\left(AP_{c_{cm^4}}\right)^{1/1.33}=\left(\frac{71.43\times P_O}{\Delta B_T\times f_{Hz}}\right)$$

$$P_O=\frac{\Delta B_T\times f_{Hz}}{71.43}\times AP_{c_{cm^4}}^{0.752}$$

对于 1500G 磁感应强度摆幅

$$P_O=AP_{c_{cm^4}}^{0.752}\times\frac{0.15\times f_{Hz}}{71.43}=2.1\times f_{kHz}\times AP_{c_{cm^4}}^{0.752}$$

$$P_{IN}=2.1\times AP_{c_{cm^4}}^{0.752}\times f_{kHz}\quad \text{(On-Semi, }\Delta B=0.15\text{ T, 100\% 效率)}$$

ST Micro 的推荐

例如，

$$AP_{c_{cm^4}}=\left(\frac{67.2\times P_{IN}}{\Delta B_T\times f_{Hz}}\right)^{1.31}\quad \text{(ST Micro)}$$

$$P_{IN}=AP_{c_{cm^4}}^{0.763}\times\frac{0.15\times f_{Hz}}{67.2}=2.23\times f_{kHz}\times AP_{c_{cm^4}}^{0.763}$$

$$P_{IN}=2.23\times f_{kHz}\times AP_{c_{cm^4}}^{0.763}\quad \text{(ST Micro, 对于}\Delta B=0.15\text{ T)}$$

Keith Billing 和 Pressman 的推荐和解释

例如，参见 Abraham Pressman、Keith Billings 与 Taylor Morey 的 *Switching Power Supply Design*（第三版），以及 Keith Billings 的 *Switchmode Power Supply Handbook*。

实际上，基于基本原理，Billing 首先以和我们相同的方式导出必要的方程，但随后突然偏离并且用任意的修正因子 K 得到和 TI/Unitrode 先前提出的完全相同的方程。

这引出了我们在几乎所有的行业推荐的方程中看到的奇怪指数的起源。它们是从哪里来的？几乎所有的方程显然是基于 Colonel Wm. T. McLyman 的 *Transformer and Inductor Design Handbook* 书中的一个陈旧的经验方程。奇怪指数的起因来自一个完全经验性的陈述，即最佳电流密度不是我们假设的常数，而是面积乘积的函数。悖论是每个人（包括 Billings）继续将电流密度指标声明为常数：$420A/cm^2$ 或 $450A/cm^2$。但是奇怪指数的包含意味着不同。因为，正如 Billings 自己在推导过程中间接解释的那样，他的推导和我们的相似，除了 Billings 插入了 McLyman 的方程：

$$J_{\mathrm{A/m^2}} = 450 \times 10^4 \times \mathrm{AP}^{-0.125}$$

这样看来电流密度指标突然变成面积乘积的函数，和以前声明电流密度指标是固定值相矛盾。

然而，继续按 Billings 的方法进行推导（忽略修正因子等，这里只用 X 替换它们）。

$$\mathrm{AP} = \frac{X \times P_{\mathrm{IN}}}{\mathrm{AP}^{-0.125} \times \Delta B \times f}$$

$$\mathrm{AP}^{1-0.125} = \mathrm{AP}^{0.875} = \frac{X \times P_{\mathrm{IN}}}{\Delta B \times f}$$

$$\mathrm{AP}^{0.875/0.875} = \mathrm{AP} = \left(\frac{X \times P_{\mathrm{IN}}}{\Delta B \times f}\right)^{1/0.875} = \left(\frac{X \times P_{\mathrm{IN}}}{\Delta B \times f}\right)^{1.143}$$

$$\mathrm{AP} = \left(\frac{X \times P_{\mathrm{IN}}}{\Delta B \times f}\right)^{1.143}$$

这就是 1.143 的奇怪指数（或其他非常接近的指数）在几乎所有方程中是如何出现的基本逻辑，尤其是早期的 TI/Unitrode 注释。显然，这个指数的存在隐含地假定了电流密度是可变的，但这不是通常所说的。这也许解释了修正因子的出现。这只是为了更好地与实验数据吻合。但是，如上所述，修正因子在逻辑上需要随着变压器磁芯的使用以及它们的构造而改变。例如，我们可能使用边缘绝缘带来符合安规要求，这是过去被忽略的，等等。此外，我们意识到，许多以前的设计方程似乎都是基于 Dowell 方程，而 Dowell 方程是基于正弦波推导出来的。因此，一开始就严重低估了交流电阻和变压器损耗。但是，这两个错误不会产生一个正确的结果。

大多数流行的方程在低功率下似乎比我们推荐的更具冒险性，但可能会起作用。请记住，由于较小的变压器具有较大的暴露表面积/体积的比率，所以散热更好（较小的热阻），因此，在给较小的磁芯设置较大（更具冒险性）的电流密度时，可能没有注意到不准确性，直到在设计大磁芯时才发现这个问题。在大磁芯情况下，温升比预期的要高得多。因此，从经验上讲，现在决定根据给定的功率需求来调整磁芯尺寸，只是为了获得更大的表面积以允许其冷却，当然还有更大的窗口面积以允许改善电流密度。这很可能是 McLyman 的电流密度与面积乘积方程中的−0.125 项是如何出现的，这反过来又导致了我们看到的奇怪指数，如 1.14、1.31 等。

不管这些方程都来自哪里，我们当然可以把它们全部画出来加以比较，看看我们对这些方程导出的历史顺序，以及随后使用修正因子进行“方程调整”的猜测是否合理。

绘制正激变换器的行业推荐方程

对于典型的 1500G 磁感应强度摆幅，我们绘制了以下推荐方程：

$$P_{\mathrm{IN}} = 1.33 \times f_{\mathrm{kHz}} \times \mathrm{AP}_{\mathrm{c_{cm^4}}} \quad \text{(Maniktala)}$$

$$P_{\mathrm{IN}} = 1.9 \times f_{\mathrm{kHz}} \times \mathrm{AP}_{\mathrm{c_{cm^4}}}^{0.763} \quad \text{(Fairchild)}$$

$$P_{\mathrm{IN}} = 1.9 \times f_{\mathrm{kHz}} \times \mathrm{AP}_{\mathrm{c_{cm^4}}}^{0.875} \quad \text{(Unitrode)}$$

$$P_{\mathrm{IN}} = 2.1 \times f_{\mathrm{kHz}} \times \mathrm{AP}_{\mathrm{c_{cm^4}}}^{0.752} \quad \text{(On-Semi)}$$

$$P_{\mathrm{IN}} = 2.23 \times f_{\mathrm{kHz}} \times \mathrm{AP}_{\mathrm{c_{cm^4}}}^{0.763} \quad \text{(ST Micro)}$$

从这些我们看到，实际上频率加倍将使功率加倍（因此我们真的不需要绘制出

300kHz、400kHz 等的曲线——如何导出不同频率的结果是明显的）。

通过图 12.4、图 12.5，我们可以看到在较低输出功率时我们的推荐比较保守，但是在较高功率级别时与其他推荐的一致。我们的推荐值一贯基于恒定的电流密度指标 $250A_{RMS}/cm^2$。其他推荐使用了可变的电流密度指标，虽然在文献中从未明确定义。他们可能不会关注小磁芯的更具冒险性的磁芯尺寸推荐方程，因为基于经验，较小的磁芯具有较高的表面积与体积的比率，从而改善了实验中的热阻。这个现象允许我们提高小磁芯的电流密度，比如高达 $350\sim400A_{RMS}/cm^2$。但是很显然，对于较大的磁芯，我们需要将电流密度降到 $250A_{RMS}/cm^2$，因为在较高功率级别，其他的推荐方程和我们的一致，而且我们的推荐方程是基于固定的 $250A_{RMS}/cm^2$。

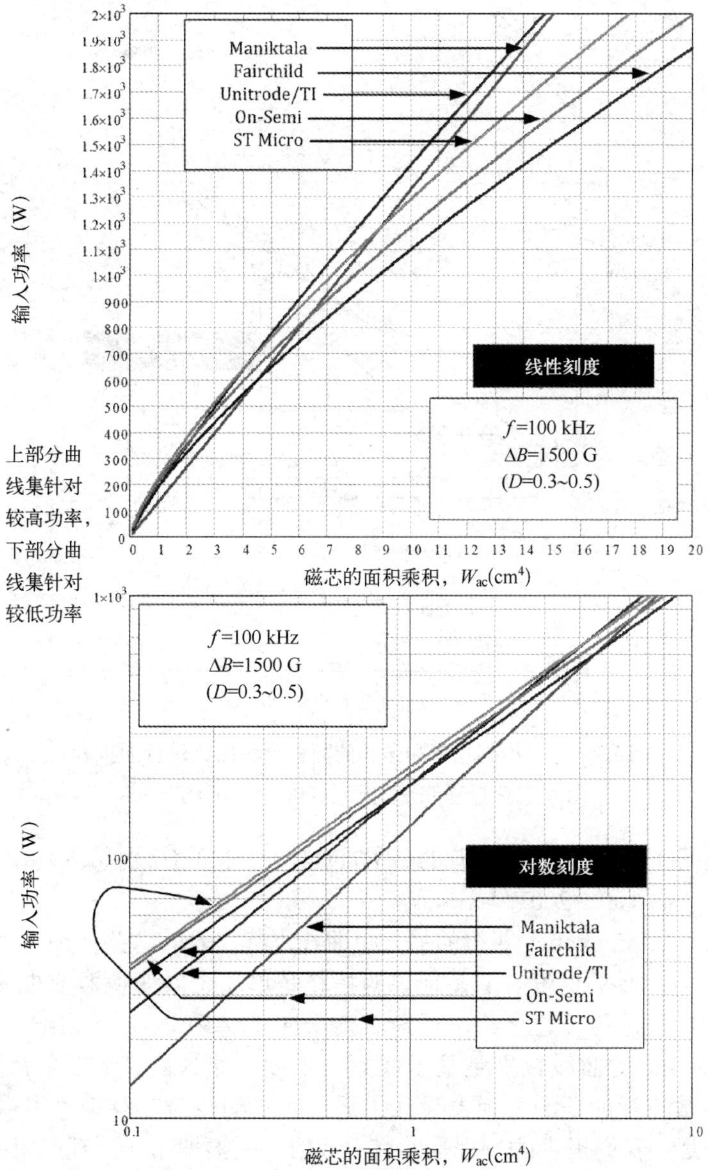

图 12.4 通过绘制功率和磁芯的面积乘积图来比较行业推荐，假设磁感应强度摆幅 1500G（100kHz）

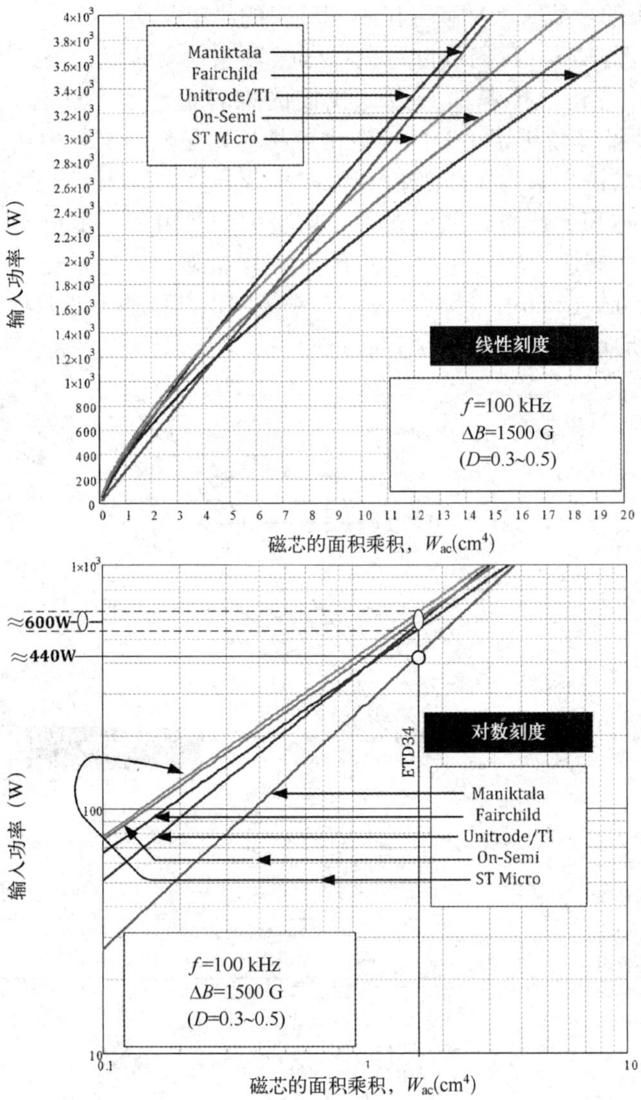

图 12.5　通过绘制功率和磁芯的面积乘积图比较行业推荐，假设磁感应强度摆幅 1500G（200kHz）

我们可以从图 12.5 确认我们推荐的是 ETD34，在 200kHz 时输入功率为 440W，而其他的一般允许比它高 100～200W。

我们还可以与从 Magnetics 获得的另一组曲线进行比较。这些如图 12.6 所示，显然是最具冒险性的。他们似乎也没有清楚地说明拓扑是单端正激变换器或推挽（其中由于对称激励，一些工程师声称，它会给出正好 2 倍于图 12.4 和图 12.5 曲线所示的功率）。请记住，Magnetics Inc.的曲线似乎是基于低频正弦波（作为测试磁芯的激励）。然而，即使在今天，大多数流行的正激变换器设计手册中，它们也被广泛地“引用”。

我们的结论是，我们提供的方程是前后一致的，是根据第一原理产生的，不太可能因为发热问题导致产品被召回。

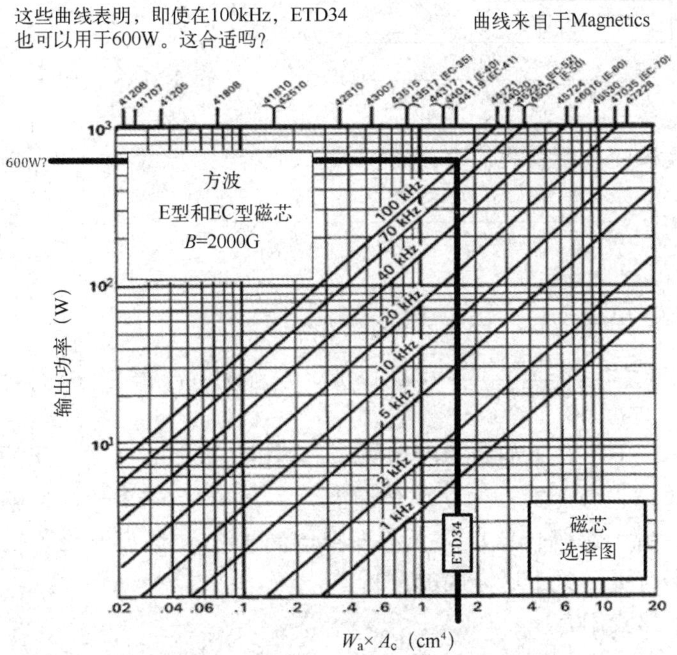

图 12.6　Magnetics Inc.的推荐

对称变换器的面积乘积

我们得到正激变换器的通用方程

$$\Delta B_{\mathrm{G}}=\frac{P_{\mathrm{IN}}}{(J_{\mathrm{A/cm^2}})\times 0.785\times \mathrm{AP}_{\mathrm{cu}_{\mathrm{P\_cm^4}}}\times f_{\mathrm{Hz}}}\times 10^8$$

以下类似的等式来自班加罗尔 CEDT 的 Umanand 博士。这与我们的方法类似，但是它不使用 COR 电流密度来掩盖对 D 的依赖性，而是使用 RMS 电流密度并显式地给出 $\sqrt{D}$。

$$A_P=\frac{\sqrt{D_{\max}}P_{\mathrm{O}}(1+1/\eta)}{K_{\mathrm{w}}JB_{\mathrm{m}}f_{\mathrm{s}}}$$

文中还给出了半桥、全桥和推挽变换器的表达式。注意，它也包含了效率 η，但是我们在这里设置它等于 1（并且简单地将 P_{O} 更改为 P_{IN}）。这是为了保持简单。此外，根据我们正在使用的术语和单位来构造方程，我们可以如下面所示重写应用方程。注意，对于圆导线，我们继续使用 0.785 的校正因子，以便明确地指明电流密度是通过铜导线的电流的密度——对于箔绕组，我们可以将这个校正因子去掉，但是为了简单起见，我们在讨论中也将忽略这个事实。注意，现在电流密度明确地用 RMS 电流表示，而不是 COR 电流值。我们有

$$\Delta B_{\mathrm{G}}=\frac{P_{\mathrm{IN}}\sqrt{D_{\mathrm{MAX}}}}{(J_{\mathrm{A/cm^2}})\times 0.785\times \mathrm{AP}_{\mathrm{cu}_{\mathrm{P\_cm^4}}}\times f_{\mathrm{Hz}}}\times 10^8 \quad \text{(正激，RMS 电流密度)}$$

对于 D=0.5，我们得到

$$\Delta B_{\mathrm{G}}=\frac{P_{\mathrm{IN}}\times 0.707}{(J_{\mathrm{A/cm^2}})\times 0.785\times \mathrm{AP}_{\mathrm{cu}_{\mathrm{P\_cm^4}}}\times f_{\mathrm{Hz}}}\times 10^8 \quad \text{(正激，RMS 电流密度)}$$

简化为

$$\Delta B_{\mathrm{G}}=\frac{0.90\times P_{\mathrm{IN}}}{(J_{\mathrm{A/cm^2}})\times \mathrm{AP}_{\mathrm{cu_{P\_cm^4}}}\times f_{\mathrm{Hz}}}\times 10^8 \quad \text{(正激, RMS 电流密度)}$$

对于半桥和全桥变换器，我们有

$$\Delta B_{\mathrm{G}}=\frac{P_{\mathrm{IN}}(1+\sqrt{2})}{4\times(J_{\mathrm{A/cm^2}})\times 0.785\times \mathrm{AP}_{\mathrm{cu_{P\_cm^4}}}\times f_{\mathrm{Hz}}}\times 10^8$$

$$=\frac{0.6\times P_{\mathrm{IN}}}{(J_{\mathrm{A/cm^2}})\times 0.785\times \mathrm{AP}_{\mathrm{cu_{P\_cm^4}}}\times f_{\mathrm{Hz}}}\times 10^8$$

$$=\frac{0.764\times P_{\mathrm{IN}}}{(J_{\mathrm{A/cm^2}})\times \mathrm{AP}_{\mathrm{cu_{P\_cm^4}}}\times f_{\mathrm{Hz}}}\times 10^8 \quad \text{(半桥或全桥, RMS 电流密度)}$$

我们看到，实际上，对于相同的面积乘积、磁感应强度摆幅等，半桥和推挽变换器的功率传递能力比单端正激变换器的功率传递能力大 0.9/0.764=1.18，也就是说，除非我们增加磁感应强度摆幅，否则仅比单端正激变换器高 18%，假设在磁芯损耗方面这是可以接受的。接下来会有更多关于这方面的分析。

对于推挽变换器我们有

$$\Delta B_{\mathrm{G}}=\frac{P_{\mathrm{IN}}}{\sqrt{2}\times(J_{\mathrm{A/cm^2}})\times 0.785\times \mathrm{AP}_{\mathrm{cu_{P\_cm^4}}}\times f_{\mathrm{Hz}}}\times 10^8$$

$$=\frac{0.71\times P_{\mathrm{IN}}}{(J_{\mathrm{A/cm^2}})\times 0.785\times \mathrm{AP}_{\mathrm{cu_{P\_cm^4}}}\times f_{\mathrm{Hz}}}\times 10^8$$

$$=\frac{0.90\times P_{\mathrm{IN}}}{(J_{\mathrm{A/cm^2}})\times \mathrm{AP}_{\mathrm{cu_{P\_cm^4}}}\times f_{\mathrm{Hz}}}\times 10^8 \quad \text{(推挽, RMS 电流密度)}$$

这和 D=0.5 时的正激变换器一样！这需要一些解释。

历史上，单端正激变换器的磁感应强度摆幅严格限制在 1500G，因为铁氧体磁芯在 3000G 时会饱和。因此，为了避免在输入电网电压和负载瞬变时出现饱和，保留了 1500G 的裕量。对于推挽、半桥和全桥变换器，由于磁芯的励磁是对称的（大约 0G），总磁感应强度摆幅可以增加到 3000G（±1500G），而我们依然有相同的 1500G 安全裕量。所以乍看起来，在大多数情况下，我们可以将功率传递能力加倍。也许仍然有可行，但只能在低开关频率（约 20kHz）下进行。

今天，在较高的开关频率时，磁感应强度摆幅保持在 1500G 以使磁芯损耗降到 100mW/cm^3（例如，对于 200kHz 的 3F3 材料）。限流电路等的响应足够快，以减少对在瞬态情况下达到 B_{SAT} 的担忧。因此，实际上，一个好的设计（从热效应考虑）甚至可以只将ΔB 设置为 1000G 或 1200G。换言之，即使在对称励磁变换器中，我们也很可能继续将ΔB 保持在 1500G 以下。在这种情况下，前面的讨论和方程（源自第一原理）告诉我们，在从单端正激变换器转变到对称变换器时，在减小磁性元件的尺寸方面几乎没有什么益处。是的，这样做可以极大地帮助寻找磁性元件，以确保高功率下的高效率，等等。但是，通常的经验法则，即对于给定的磁芯，我们可以通过使用，比方说，半桥代替正激来获得 2 倍的功率传递能力，是非常值得怀疑的——特别是从热效应的观点来看。

安全变压器功率传输能力的更准确估算

到目前为止，所有的推荐方程都是基于某个窗口利用因子的假设。图 12.4 和图 12.5 所示的曲线都是基于这样的基本假设。至少我们已经很清楚地假设一次绕组占据 1/4 的总磁芯窗口面积（即 K=0.25）。大多数其他方法通常提供相当模糊的利用因子，只是为了符合经验数据，但是通常不能提供物理解释。

我们还认为，对于较小的变压器，我们可以用较高的电流密度为指标。请记住，如果磁芯的（暴露）面积和它的体积成正比，那么即使假设对流系数 h 相对于面积是常数（它不是完美的），我们也会期望热阻（假定与表面积成反比）与体积（磁芯的尺寸）成反比。因此，我们期望 R_{th} 按 $1/V_e$ 变化，但是这不会发生。对于较大的磁芯，并基于以下众所周知的经验公式，实际热阻比预期的要差得多。参见图 12.7，了解“一厢情愿的情况”是如何被现实调和的。因此，公认的经验方程为

$$R_{th}=\frac{53}{V_e^{0.54}}\quad ^\circ C/W$$

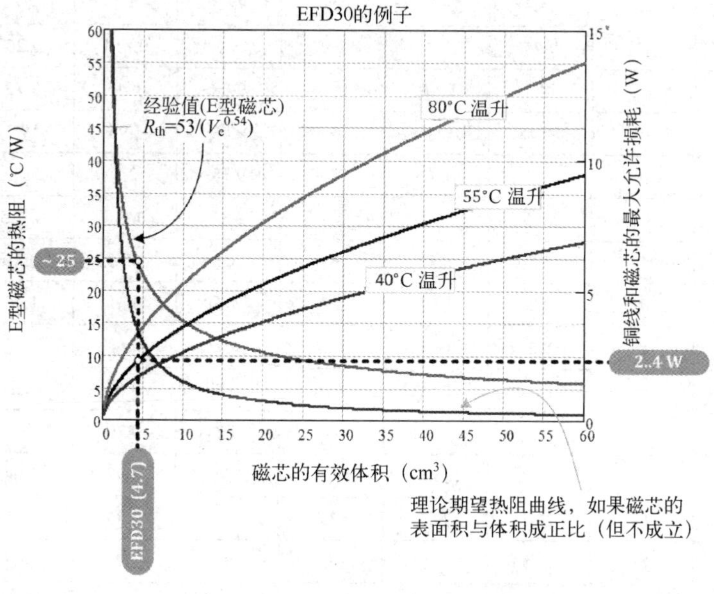

图 12.7 E 型磁芯的热阻和最大允许损耗（绕组和磁芯）

但是，我们也要记住在较小的磁芯中，因为边缘绝缘带是固定值（骨架厚度也是固定值），并且不随磁芯窗口面积成比例减小，窗口利用率会越来越小。因此，我们甚至可能难以维持相同的固定电流密度。一旦我们减去两边的边缘绝缘带宽度，可能没有足够的绕组宽度可用。

为了更准确地判断插入方程的实际利用率是多少（而不是目前我们使用的默认值 0.25），我们需要实际计算物理尺寸，并假设骨架厚度。我们从表 12.1 列出的一些通用的磁芯尺寸开始，然后利用这些尺寸得出表 12.2 到表 12.5 中的详细结果。这些表格由电子表格编制，用于以下情况：没有边缘绝缘带，2mm 的边缘绝缘带（通信电源），4mm 的边缘绝缘带（无 PFC 的 AC-DC 变换器），6.3mm 的边缘绝缘带（具有 Boost PFC 前端电

路的 AC-DC 变换器）。正如我们所看到的，某些磁芯尺寸会导致“NA”（不适用），因为在从可用的骨架厚度中减去边缘绝缘带之后，我们几乎得不到任何绕组的空间，或者更糟的是，我们具有负的空间。我们可以看到到处都是利用因子 K_{cu_p}。甚至我们对 K=0.25 的假设显然是一个广泛的假设，特别是对于小磁芯来说并不真正有效。根据这些表中的数据，我们可以进行更详细、更精确的计算，我们将在后面进行。

表 12.1　用基本特征选择通用磁芯

磁芯的基本参数（见图 12.2）									
A(mm)	B(mm)	C(mm)	D(mm)	E(mm)	F(mm)	l_e(cm)	A_e(cm^2)	V_e(cm^3)	磁芯
20.00	10	5	6.3	12.8	5.2	4.28	0.312	1.34	EE20/10/5
25.00	10	6	6.4	18.8	6.35	4.9	0.395	1.93	EE25/10/6
35.00	18	10	12.5	24.5	10	8.07	1	8.07	EE35/18/10
42.00	21	15	14.8	29.5	12.2	9.7	1.78	17.3	EE42/21/15
42.00	21	20	14.8	29.5	12.2	9.7	2.33	22.7	EE42/21/20
55.00	28	20	18.5	37.5	17.2	12.3	4.2	52	EE55/28/20
28.00	14	11	9.75	21.75	9.9	6.4	0.814	5.26	ER28/14/11
35.00	20.7	11.3	14.7	25.6	11.3	9.08	1.07	9.72	ER35/21/11
42.00	22	16	15.45	.30.05	15.5	9.88	1.94	19.2	ER42/22/16
54.00	18	18	11.1	40.65	17.9	9.18	2.5	23	ER54/18/18
12.00	6	3.5	4.55	9	5.4	2.85	0.114	0.325	EFD12/6/3.5
15.00	8	5	5.5	11	5.3	3.4	0.15	0.51	EFD15/8/5
20.00	10	7	7.7	15.4	8.9	4.7	0.31	1.46	EFD20/10/7
25.00	13	9	9.3	18.7	11.4	5.7	0.58	3.3	EFD25/13/9
30.00	15	9	11.2	22.4	14.6	6.8	0.69	4.7	EFD30/15/9
29.00	16	10	11	22	9.8	7.2	0.76	5.47	ETD29/16/10
34.00	17	11	11.8	25.6	11.1	7.86	0.97	7.64	ETD34/17/11
39.00	20	13	14.2	29.3	12.8	9.22	1.25	11.5	ETD39/20/13
44.00	22	15	16.1	32.5	15.2	10.3	1.73	17.8	ETD44/22/15
49.00	25	16	17.7	36.1	16.7	11.4	2.11	24	ETD49/25/16
54.00	28	19	20.2	41.2	18.9	12.7	2.8	35.5	ETD54/28/19
59.00	31	22	22.5	44.7	21.65	13.9	3.68	51.5	ETD59/31/22
74.00	29.5	NA	20.35	57.5	29.5	12.8	7.9	101	PM74/59
87.00	35	NA	24	67	31.7	14.6	9.1	133	PM87/70
114.00	46.5	NA	31.5	88	43	20	17.2	344	PM114/93
35.00	17.3	9.5	12.3	22.75	9.5	7.74	0.843	6.53	EC35
41.00	19.5	11.6	13.9	27.05	11.6	8.93	1.21	10.8	EC41
52.00	24.2	13.4	15.9	33	13.4	10.5	1.8	18.8	EC52
70.00	34.5	16.4	22.75	44.5	16.4	14.4	2.79	40.1	EC70

表 12.2　通用磁芯及无边缘绝缘带时的面积乘积、窗口面积和利用因子

每一侧边缘绝缘带的宽度为 0mm。

默认值：A 方向的骨架厚度为 1.15mm，D 方向的骨架厚度为 1.35mm，铜绕组外侧距离铁氧体的最小气隙为 0.35mm。参见图 12.2。

W_{ac} (cm^2)	W_{ab} (cm^2)	Width (mm)	Height (mm)	AP_b (cm^4)	AP_c (cm^4)	Width_tape (mm)	W_{cu} (cm^2)	AP_{cu_p} (cm^4)	K_{cu_p}	MLT (cm)	磁芯
0.48	0.23	9.90	2.30	0.07	0.15	9.90	0.23	0.04	0.24	4.02	EE20/10/5
0.80	0.48	10.10	4.73	0.19	0.31	10.10	0.48	0.09	0.30	5.42	EE25/10/6
1.81	1.28	22.30	5.75	1.28	1.81	22.30	1.28	0.64	0.35	7.36	EE35/18/10
2.56	1.92	26.90	7.15	3.42	4.56	26.90	1.92	1.71	0.38	9.36	EE42/21/15
2.56	1.92	26.90	7.15	4.48	5.97	26.90	1.92	2.24	0.38	10.36	EE42/21/20
3.76	2.97	34.30	8.65	12.46	15.77	34.30	2.97	6.23	0.40	11.96	EE55/28/20
1.16	0.74	16.80	4.43	0.61	0.94	16.80	0.94	0.30	0.32	5.33	ER28/14/11
2.10	1.51	26.70	5.65	1.61	2.25	26.70	1.51	0.81	0.36	6.16	ER35/21/11
2.25	1.63	28.20	5.78	3.16	4.36	28.20	1.63	1.58	0.36	7.52	ER42/22/16
2.53	1.93	19.50	9.88	4.81	6.31	19.50	1.93	2.41	0.38	9.56	ER54/18/18
0.16	0.02	6.40	0.30	0.00	0.02	6.40	0.02	0.00	0.06	2.68	EFD12/6/3.5
0.31	0.11	8.30	1.35	0.02	0.05	8.30	0.11	0.01	0.18	3.23	EFD15/8/5
0.50	0.22	12.70	1.75	0.07	0.16	12.70	0.22	0.03	0.22	4.24	EFD20/10/7
0.68	0.34	15.90	2.15	0.20	0.39	15.90	0.34	0.10	0.25	5.22	EFD25/13/9
0.87	0.47	19.70	2.40	0.33	0.60	19.70	0.47	0.16	0.27	5.89	EFD30/15/9
1.34	0.89	19.30	4.60	0.67	1.02	19.30	0.89	0.34	0.33	5.36	ETD29/16/10
1.71	1.20	20.90	5.75	1.17	1.66	20.90	1.20	0.58	0.35	6.13	ETD34/17/11
2.34	1.73	25.70	6.75	2.17	2.93	25.70	1.73	1.08	0.37	6.97	ETD39/20/13
2.79	2.11	29.50	7.15	3.65	4.82	29.50	2.11	1.82	0.38	7.85	ETD44/22/15
3.43	2.68	32.70	8.20	5.66	7.25	32.70	2.68	2.83	0.39	8.66	ETD49/25/16
4.50	3.64	37.70	9.65	10.19	12.61	37.70	3.64	5.09	0.40	9.80	ETD54/28/19
5.19	4.24	42.30	10.03	15.61	19.09	42.30	4.24	7.80	0.41	10.78	ETD59/31/22
5.70	4.75	38.00	12.50	37.53	45.01	38.00	4.75	18.76	0.42	14.03	PM74/59
8.47	7.32	45.30	16.15	66.58	77.10	45.30	7.32	33.29	0.43	15.87	PM87/70
14.18	12.66	60.30	21.00	217.80	243.81	60.30	12.66	108.90	0.45	20.94	PM114/93
1.63	1.12	21.90	5.13	0.95	1.37	21.90	1.12	0.47	0.34	5.43	EC35
2.15	1.56	25.10	6.23	1.89	2.60	25.10	1.56	0.95	0.36	6.43	EC41
3.12	2.42	29.10	8.30	4.35	5.61	29.10	2.42	2.17	0.39	7.65	EC52
6.39	5.37	42.80	12.55	14.99	17.84	42.80	5.37	7.49	0.42	9.93	EC70

注：W_{ac} 是磁芯的窗口面积；W_{ab} 是骨架的窗口面积；Width 是没有边缘绝缘带时骨架中每层的宽度；Height 是铜绕组的可用高度；AP_b 是骨架的面积乘积；AP_c 是磁芯的面积乘积；Width_tape 是有边缘绝缘带时铜层的实际可用宽度；W_{cu} 是带边缘绝缘带和考虑骨架的（一次和二次）铜绕组的净窗口可用面积；AP_{cu_p} 只是一次绕组的可用面积乘积，假设是总面积乘积的一半；K_{cu_p} 是一次绕组的实际利用因子（AP_{cu_p} 与 AP_c 的比值），MLT 是考虑骨架厚度和最小气隙后的每匝绕组的平均长度。

一次绕组匝数

这是另一个混淆的来源。大多数数据手册，特别是来自磁芯供应商的数据手册，要求

根据图 12.8 所示的方波方程确定一次绕组匝数。许多工程师以此为基础，但没有意识到它使用的是电压的有效值，而不是输入的直流电压。此外，从图中的推导可以看出，它假定了 50%的占空比，因此，我们不建议使用它。正确的关系必须包括占空比，正如我们在磁芯选择过程中得出的结论。

表 12.3　通用磁芯及具有 2mm 边缘绝缘带时的面积乘积、窗口面积和利用因子

每一侧边缘绝缘带的宽度为 2mm。
默认值：*A* 方向的骨架厚度为 1.15mm，*D* 方向的骨架厚度为 1.35mm，铜绕组外侧距离铁氧体的最小气隙为 0.35mm。参见图 12.2。

W_{ac} (cm^2)	W_{ab} (cm^2)	Width (mm)	Height (mm)	AP_b (cm^4)	AP_c (cm^4)	Width_tape (mm)	W_{cu} (cm^2)	AP_{cu_p} (cm^4)	K_{cu_p}	MLT (cm)	磁芯
0.48	0.23	9.90	2.30	0.07	0.15	5.90	0.14	0.02	0.14	4.02	EE20/10/5
0.80	0.48	10.10	4.73	0.19	0.31	6.10	0.29	0.06	0.18	5.42	EE25/10/6
1.81	1.28	22.30	5.75	1.28	1.81	18.30	1.05	0.53	0.29	7.36	EE35/18/10
2.56	1.92	26.90	7.15	3.42	4.56	22.90	1.64	1.46	0.32	9.36	EE42/21/15
2.56	1.92	26.90	7.15	4.48	5.97	22.90	1.64	1.91	0.32	10.36	EE42/21/20
3.76	2.97	34.30	8.65	12.46	15.77	30.30	2.62	5.50	0.35	11.96	EE55/28/20
1.16	0.74	16.80	4.43	0.61	0.94	12.80	0.57	0.23	0.25	5.33	ER28/14/11
2.10	1.51	26.70	5.65	1.61	2.25	22.70	1.28	0.69	0.31	6.16	ER35/21/11
2.25	1.63	28.20	5.78	3.16	4.36	24.20	1.40	1.36	0.31	7.52	ER42/22/16
2.53	1.93	19.50	9.88	4.81	6.31	15.50	1.53	1.91	0.30	9.56	ER54/18/18
0.16	0.02	6.40	0.30	0.00	0.02	2.40	0.01	0.00	0.02	2.68	EFD12/6/3.5
0.31	0.11	8.30	1.35	0.02	0.05	4.30	0.06	0.00	0.09	3.23	EFD15/8/5
0.50	0.22	12.70	1.75	0.07	0.16	8.70	0.15	0.02	0.15	4.24	EFD20/10/7
0.68	0.34	15.90	2.15	0.20	0.39	11.90	0.26	0.07	0.19	5.22	EFD25/13/9
0.87	0.47	19.70	2.40	0.33	0.60	15.70	0.38	0.13	0.22	5.89	EFD30/15/9
1.34	0.89	19.30	4.60	0.67	1.02	15.30	0.70	0.23	0.26	5.36	ETD29/16/10
1.71	1.20	20.90	5.75	1.17	1.66	16.90	0.97	0.47	0.28	6.13	ETD34/17/11
2.34	1.73	25.70	6.75	2.17	2.93	21.70	1.46	0.92	0.31	6.97	ETD39/20/13
2.79	2.11	29.50	7.15	3.65	4.82	25.50	1.82	1.58	0.33	7.85	ETD44/22/15
3.43	2.68	32.70	8.20	5.66	7.25	28.70	2.35	2.48	0.34	8.66	ETD49/25/16
4.50	3.64	37.70	9.65	10.19	12.61	33.70	3.25	4.55	0.36	9.80	ETD54/28/19
5.19	4.24	42.30	10.03	15.61	19.09	38.30	3.84	7.06	0.37	10.78	ETD59/31/22
5.70	4.75	38.00	12.50	37.53	45.01	34.00	4.25	16.79	0.37	14.03	PM74/59
8.47	7.32	45.30	16.15	66.58	77.10	41.30	6.67	30.35	0.39	15.87	PM87/70
14.18	12.66	60.30	21.00	217.80	243.81	56.30	11.82	101.68	0.42	20.94	PM114/93
1.63	1.12	21.90	5.13	0.95	1.37	17.90	0.92	0.39	0.28	5.43	EC35
2.15	1.56	25.10	6.23	1.89	2.60	21.10	1.31	0.79	0.31	6.43	EC41
3.12	2.42	29.10	8.30	4.35	5.61	25.10	2.08	1.87	0.33	7.65	EC52
6.39	5.37	42.80	12.55	14.99	17.84	38.80	4.87	6.79	0.38	9.93	EC70

注：W_{ac} 是磁芯的窗口面积；W_{ab} 是骨架的窗口面积；Width 是没有边缘绝缘带时骨架中每层的宽度；Height 是铜绕组的可用高度；AP_b 是骨架的面积乘积；AP_c 是磁芯的面积乘积；Width_tape 是有边缘绝缘带时铜层的实际可用宽度；W_{cu} 是带边缘绝缘带和考虑骨架的（一次和二次）铜绕组的净窗口可用面积；AP_{cu_p} 只是一次绕组的可用面积乘积，假设是总面积乘积的一半；K_{cu_p} 是一次绕组的实际利用因子（AP_{cu_p} 与 AP_c 的比值），MLT 是考虑骨架厚度和最小气隙后的每匝绕组的平均长度。

其他的工程师（例如 Fairchild 的 AN-4134）建议使用这个方程：

$$N_{P\_MIN} = \frac{V_{INMIN} \times D_{MAX}}{A_e \times f \times \Delta B} \times 10^6$$

这里我们需要更正一些错误的表达。因为正激变换器的占空比是基于紧随变压器级的 Buck 单元，其包含 V_{INR}（反射输入电压）的有效直流输入和 V_O 的输出，所以我们有（对于 Buck）

$$D = \frac{V_O}{V_{INR}} = \frac{n \times V_O}{V_{IN}}$$

表 12.4　通用磁芯及具有 4mm 边缘绝缘带时的面积乘积、窗口面积和利用因子

每一侧边缘绝缘带的宽度为 4mm。

默认值：*A* 方向的骨架厚度为 1.15mm，*D* 方向的骨架厚度为 1.35mm，铜绕组外侧距离铁氧体的最小气隙为 0.35mm。参见图 12.2。

W_{ac} (cm^2)	W_{ab} (cm^2)	Width (mm)	Height (mm)	AP_b (cm^4)	AP_c (cm^4)	Width_tape (mm)	W_{cu} (cm^2)	AP_{cu_p} (cm^4)	K_{cu_p}	MLT (cm)	磁芯
0.48	0.23	9.90	2.30	0.07	0.15	1.90	NA	NA	0.05	4.02	EE20/10/5
0.80	0.48	10.10	4.73	0.19	0.31	2.10	NA	NA	NA	5.42	EE25/10/6
1.81	1.28	22.30	5.75	1.28	1.81	14.30	0.82	0.41	0.23	7.36	EE35/18/10
2.56	1.92	26.90	7.15	3.42	4.56	18.90	1.35	1.20	0.26	9.36	EE42/21/15
2.56	1.92	26.90	7.15	4.48	5.97	18.90	1.35	1.57	0.26	10.36	EE42/21/20
3.76	2.97	34.30	8.65	12.46	15.77	26.30	2.27	4.78	0.30	11.96	EE55/28/20
1.16	0.74	16.80	4.43	0.61	0.94	8.80	0.39	0.16	0.17	5.33	ER28/14/11
2.10	1.51	26.70	5.65	1.61	2.25	18.70	1.06	0.57	0.25	6.16	ER35/21/11
2.25	1.63	28.20	5.78	3.16	4.36	20.20	1.17	1.13	0.26	7.52	ER42/22/16
2.53	1.93	19.50	9.88	4.81	6.31	11.50	1.14	1.42	0.22	9.56	ER54/18/18
0.16	0.02	6.40	0.30	0.00	0.02	NA	NA	NA	NA	2.68	EFD12/6/3.5
0.31	0.11	8.30	1.35	0.02	0.05	0.30	NA	NA	NA	3.23	EFD15/8/5
0.50	0.22	12.70	1.75	0.07	NA	NA	NA	NA	NA	4.24	EFD20/10/7
0.68	0.34	15.90	2.15	0.20	0.39	7.90	0.17	0.05	0.13	5.22	EFD25/13/9
0.87	0.47	19.70	2.40	0.33	0.60	11.70	0.28	0.10	0.16	5.89	EFD30/15/9
1.34	0.89	19.30	4.60	0.67	1.02	11.30	0.52	0.20	0.19	5.36	ETD29/16/10
1.71	1.20	20.90	5.75	1.17	1.66	12.90	0.74	0.36	0.22	6.13	ETD34/17/11
2.34	1.73	25.70	6.75	2.17	2.93	17.70	1.19	0.75	0.25	6.97	ETD39/20/13
2.79	2.11	29.50	7.15	3.65	4.82	21.50	1.54	1.33	0.28	7.85	ETD44/22/15
3.43	2.68	32.70	8.20	5.66	7.25	24.70	2.03	2.14	0.29	8.66	ETD49/25/16
4.50	3.64	37.70	9.65	10.19	12.61	29.70	2.87	4.01	0.32	9.80	ETD54/28/19
5.19	4.24	42.30	10.03	15.61	19.09	34.30	3.44	6.33	0.33	10.78	ETD59/31/22
5.70	4.75	38.00	12.50	37.53	45.01	30.00	3.75	14.81	0.33	14.03	PM74/59
8.47	7.32	45.30	16.15	66.58	77.10	37.30	6.02	27.41	0.36	15.87	PM87/70
14.18	12.66	60.30	21.00	217.80	243.81	52.30	10.98	94.45	0.39	20.94	PM114/93
1.63	1.12	21.90	5.13	0.95	1.37	13.90	0.71	0.30	0.22	5.43	EC35
2.15	1.56	25.10	6.23	1.89	2.60	17.10	1.06	0.64	0.25	6.43	EC41
3.12	2.42	29.10	8.30	4.35	5.61	21.10	1.75	1.58	0.28	7.65	EC52
6.39	5.37	42.80	12.55	14.99	17.84	34.80	4.37	6.09	0.34	9.93	EC70

注：W_{ac} 是磁芯的窗口面积；W_{ab} 是骨架的窗口面积；Width 是没有边缘绝缘带时骨架中每层的宽度；Height 是铜绕组的可用高度；AP_b 是骨架的面积乘积；AP_c 是磁芯的面积乘积；Width_tape 是有边缘绝缘带时铜层的实际可用宽度；W_{cu} 是带边缘绝缘带和考虑骨架的（一次和二次）铜绕组的净窗口可用面积；AP_{cu_p} 只是一次绕组的可用面积乘积，假设是总面积乘积的一半；K_{cu_p} 是一次绕组的实际利用因子（AP_{cu_p} 与 AP_c 的比值），MLT 是考虑骨架厚度和最小气隙后的每匝绕组的平均长度。

其中$n = N_P / N_S$，一次绕组的伏秒数为

$$伏秒数 = V_{IN} \times \frac{D}{f}$$

所以在最小输入时我们有

$$伏秒数_{MIN} = V_{INMIN} \times \frac{1}{f} \times \frac{N_P \times V_O}{V_{INMIN}}$$

表 12.5　通用磁芯及具有 6.3mm 边缘绝缘带时的面积乘积、窗口面积和利用因子

每一侧边缘绝缘带的宽度为 6.3mm。
默认值：*A* 方向的骨架厚度为 1.15mm，*D* 方向的骨架厚度为 1.35mm，铜绕组外侧距离铁氧体的最小气隙为 0.35mm。参见图 12.2。

W_{ac} (cm^2)	W_{ab} (cm^2)	Width (mm)	Height (mm)	AP_b (cm^4)	AP_c (cm^4)	Width_ tape (mm)	W_{cu} (cm^2)	AP_{cu_p} (cm^4)	K_{cu_p}	MLT (cm)	磁芯
0.48	0.23	9.90	2.30	0.07	0.15	NA	NA	NA	NA	4.02	EE20/10/5
0.80	0.48	10.10	4.73	0.19	0.31	NA	NA	NA	NA	5.42	EE25/10/6
1.81	1.28	22.30	5.75	1.28	1.81	9.70	0.56	0.28	0.15	7.36	EE35/18/10
2.56	1.92	26.90	7.15	3.42	4.56	14.30	1.02	0.91	0.20	9.36	EE42/21/15
2.56	1.92	26.90	7.15	4.48	5.97	14.30	1.02	1.19	0.20	10.36	EE42/21/20
3.76	2.97	34.30	8.65	12.46	15.77	21.70	1.88	3.94	0.25	11.96	EE55/28/20
1.16	0.74	16.80	4.43	0.61	0.94	4.20	0.19	0.08	0.08	5.33	ER28/14/11
2.10	1.51	26.70	5.65	1.61	2.25	14.10	0.80	0.43	0.19	6.16	ER35/21/11
2.25	1.63	28.20	5.78	3.16	4.36	15.60	0.90	0.87	0.20	7.52	ER42/22/16
2.53	1.93	19.50	9.88	4.81	6.31	6.90	0.68	0.85	0.13	9.56	ER54/18/18
0.16	0.02	6.40	0.30	0.00	0.02	NA	NA	NA	NA	2.68	EFD12/6/3.5
0.31	0.11	8.30	1.35	0.02	0.05	NA	NA	NA	NA	3.23	EFD15/8/5
0.50	0.22	12.70	1.75	0.07	0.16	0.10	NA	NA	NA	4.24	EFD20/10/7
0.68	0.34	15.90	2.15	0.20	0.39	3.30	0.07	0.02	0.05	5.22	EFD25/13/9
0.87	0.47	19.70	2.40	0.33	0.60	7.10	0.17	0.06	0.10	5.89	EFD30/15/9
1.34	0.89	19.30	4.60	0.67	1.02	6.70	0.31	0.12	0.11	5.36	ETD29/16/10
1.71	1.20	20.90	5.75	1.17	1.66	8.30	0.48	0.23	0.14	6.13	ETD34/17/11
2.34	1.73	25.70	6.75	2.17	2.93	13.10	0.88	0.55	0.19	6.97	ETD39/20/13
2.79	2.11	29.50	7.15	3.65	4.82	16.90	1.21	1.05	0.22	7.85	ETD44/22/15
3.43	2.68	32.70	8.20	5.66	7.25	20.10	1.65	1.74	0.24	8.66	ETD49/25/16
4.50	3.64	37.70	9.65	10.19	12.61	25.10	2.42	3.39	0.27	9.80	ETD54/28/19
5.19	4.24	42.30	10.03	15.61	19.09	29.70	2.98	5.48	0.29	10.78	ETD59/31/22
5.70	4.75	38.00	12.50	37.53	45.01	25.40	3.18	12.54	0.28	14.03	PM74/59
8.47	7.32	45.30	16.15	66.58	77.10	32.70	5.28	24.03	0.31	15.87	PM87/70
14.18	12.66	60.30	21.00	217.80	243.81	47.70	10.02	86.15	0.35	20.94	PM114/93
1.63	1.12	21.90	5.13	0.95	1.37	9.30	0.48	0.20	0.15	5.43	EC35
2.15	1.56	25.10	6.23	1.89	2.60	12.50	0.78	0.47	0.18	6.43	EC41
3.12	2.42	29.10	8.30	4.35	5.61	16.50	1.37	1.23	0.22	7.65	EC52
6.39	5.37	42.80	12.55	14.99	17.84	30.20	3.79	5.29	0.30	9.93	EC70

注：W_{ac} 是磁芯的窗口面积；W_{ab} 是骨架的窗口面积；Width 是没有边缘绝缘带时骨架中每层的宽度；Height 是铜绕组的可用高度；AP_b 是骨架的面积乘积；AP_c 是磁芯的面积乘积；Width_tape 是有边缘绝缘带时铜层的实际可用宽度；W_{cu} 是带边缘绝缘带和考虑骨架的（一次和二次）铜绕组的净窗口可用面积；AP_{cu_p} 只是一次绕组的可用面积乘积，假设是总面积乘积的一半；K_{cu_p} 是一次绕组的实际利用因子（AP_{cu_p} 与 AP_c 的比值），MLT 是考虑骨架厚度和最小气隙后的每匝绕组的平均长度。

我们可以看到输入电压被删除了。所以，实际上变压器在较高输入电压时的伏秒数和低输入电压时的一样！电流摆幅和磁感应强度摆幅都是这样。实际上，如果我们用下面的公式，我们可以选择任意的输入电压（最小、最大或者额定值）并得到（同样的）一次绕组匝数。

$$N_P = \frac{V_{IN} \times D}{A_e \times f \times \Delta B} \times 10^6$$

在电感上施加的电压有效值：

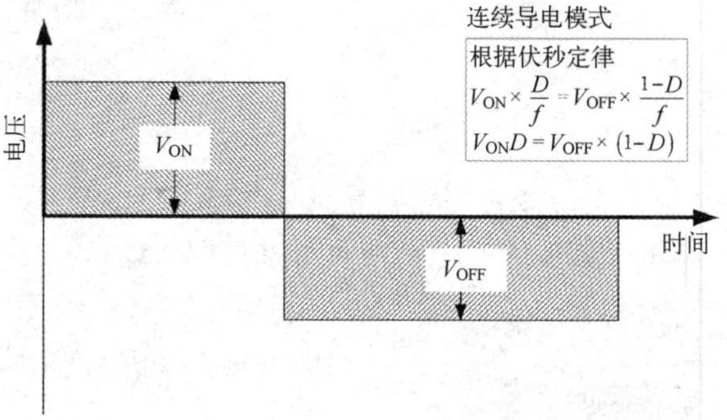

这个波形的有效值是V_{RMS}，其中

$$V_{RMS}^2 = V_{ON}^2 D + V_{OFF}^2 (1-D)$$

替代V_{OFF}

$$V_{RMS}^2 = V_{ON}^2 D + \left(\frac{V_{ON}D}{1-D}\right)^2 (1-D)$$

$$= V_{ON}^2 D + \left(\frac{V_{ON}^2 D^2}{1-D}\right)$$

$$= \frac{V_{ON}^2 D(1-D) + V_{ON}^2 D^2}{1-D}$$

$$= \frac{V_{ON}^2 D - V_{ON}^2 D^2 + V_{ON}^2 D^2}{1-D}$$

因此

$$V_{RMS} = V_{ON}\sqrt{\frac{D}{1-D}}$$

或等效为　　　　用于下面

$$V_{RMS} = V_{OFF}\sqrt{\frac{1-D}{D}}$$

感应电动势方程（忽略符号）为

$$V = N\frac{d\Phi}{dt} = NA\frac{dB}{dt} = L\frac{dI}{dt}$$

因此，如果在Δt（导通期间等于D/f）期间施加一个平均电压V_{AVG}（正好是导通期间的斜坡中心值），可得$\Delta B = \frac{V_{AVG}\Delta t}{NA}$（适用于电源的关系式）。注意，磁性元件供应商通常使用对称激励来评估他们的磁芯，该激励指的是B_{AC}，是零中心点上的单向摆幅。我们可以通过平移摆幅到斜坡中心值上将这与电源联系起来（参见图7.2）。因此，一般可得$B_{AC} = \Delta B/2$。

我们也可以写出一般式：

$$B_{AC} = \frac{V_{AVG}\Delta t}{2 \times NA} \quad \text{有效}$$

这也可以在导通期间或关断期间表示为

$$B_{AC} = \frac{V_{ON}D}{2 \times NAf} \text{或} B_{AC} = \frac{V_{OFF}(1-D)}{2 \times NAf} \quad \text{有效}$$

但是，仅当我们施加一个精确方波激励（D=0.5），可得

$$B_{AC} = \frac{V_{ON}}{4 \times NAf} \text{或} B_{AC} = \frac{V_{OFF}}{4 \times NAf} \quad \text{条件有效}$$

同样的，当我们施加一个正弦波激励时，分母的因子为4.44，但分子上的电压为施加正弦波的有效值。注意，即使是精确方波（D=0.5），有效值是

$$V_{RMS} = V_{ON} \times \sqrt{\frac{D}{1-D}} = V_{ON} \times \sqrt{\frac{0.5}{1-0.5}} = V_{ON}$$

同理，可得

$$V_{RMS} = V_{OFF} \times \sqrt{\frac{1-D}{D}} = V_{ON} \times \sqrt{\frac{1-0.5}{0.5}} = V_{OFF}$$

因此，只有完美的方波激励（D=0.5），可得

对于方波　$B_{AC} = \frac{V_{RMS}}{4 \times NAf}$　←通常看到的形式（很少用于电源！）

对于正弦波：$B_{AC} = \frac{V_{RMS}}{4.44 \times NAf}$

（B_{AC}是总摆幅的一半，f是开关/正弦波的频率）

上面的A实际是A_e（磁芯的有效面积）

图 12.8　用于求解一次绕组匝数的不同方程

出于完全不同的理由，我们可能依然需要使用V_{INMIN}。我们需要确定匝数比是在最小输入电压时的匝数比，占空比没有超出控制 IC 的最大占空比极限。参见下面的设计实例。

正确的方程是法拉第定律的基本形式（伏秒数=NAB）：

$$V_{IN} \times \frac{D}{f_{Hz}} = N_P \times A_{e_{m^2}} \times \Delta B_T$$

$$N_P = \frac{V_{IN} \times D}{f_{Hz} \times A_{e_{m^2}} \times \Delta B_T} = \frac{V_{IN} \times D \times 10^4}{f_{Hz} \times A_{e_{cm^2}} \times \Delta B_T}$$

我们将在数值举例中用到这个式子。

设计实例：反激变换器与正激变换器的替代设计方法

在通信电源应用中，例如以太网（PoE）电源，输入电压为 36～57V，我们需要设计一个 200kHz、12V@11A（132W）的正激变换器（控制器最大占空比限制在 44%，如典型的单端类开关 IC）。选择变压器磁芯，计算一次绕组匝数和二次绕组匝数。选择二次侧的扼流圈。如果同样的应用和同样的控制 IC 用在反激变换器中，磁芯尺寸是多少？匝数是多少？

正激变换器的详细设计步骤

1．磁芯选择

假设效率接近 85%。因此，对于输出是 132W，输入是 132/0.85=155.3W。我们的指标是最大磁感应强度摆幅为 0.15T，COR（斜坡中心值）电流密度是 500A/cm^2（略大于我们通常推荐的 450A/cm^2）。所以

$$AP_{cu_{P\_cm^4}} = \frac{12.74 \times P_{IN}}{f_{kHz} \times \Delta B_T \times J_{A/cm^2}} = \frac{12.74 \times 155.3}{200 \times 0.15 \times 500} = 0.132\ \text{cm}^4$$

这是根据一次绕组得到的所需面积乘积。我们期望用 2mm 的边缘绝缘带。所以参考表 12.3，我们看到 EFD30/15/9 的 AP_{cu_p} 是 0.13cm^4，几乎和我们这里选择的一样（0.132cm^4），它是我们要选择的磁芯。

2．一次绕组匝数

我们假设匝数比是固定的，这样在最小输入电压时占空比是 0.44。因此

$$N_P = \frac{V_{IN} \times D \times 10^4}{f_{Hz} \times A_{e_{cm^2}} \times \Delta B_T} = \frac{36 \times 0.44 \times 10^4}{200000 \times 0.69 \times 0.15} = 7.65\ \text{匝}$$

3．磁化电感和峰值磁化电流

什么是磁化电感？没有气隙、由铁氧体软磁材料 3F3 制造的 EFD30，根据数据手册 A_L 的值是 1900nH/匝^2。所以如果我们用一次侧 8 匝，我们可以得到电感 1900nH×8^2=121μH。

注意，在文献中有另一种计算方法：

$$L = \frac{\mu\mu_0 N^2 \times A_e}{z \times l_e} \qquad (\text{MKS单位})$$

式中，l_e 是有效长度；A_e 是磁芯的有效面积，如第 7 章定义。将我们的值代入，得到一次电感：

$$L = \frac{2000 \times (4\pi \times 10^{-7}) \times 8^2 \times 0.69 \times 10^{-4}}{1 \times 6.8 \times 10^{-2}} = 1.63 \times 10^{-4} \qquad (\text{MKS单位})$$

这是 163μH。

这两个结果的差异是因为制造商提供的 A_L 更加实际：它包含了很小的默认气隙，因为当将两半磁芯夹住时，不可能消除所有的气隙。所以，理论上如果是零气隙[即气隙因子 z 为 1，参见 *Switching Power Supplies A to Z*（第二版）]，我们得到 163μH。实际上，因为微小的残留气隙，峰值磁化电流将比期望值高，测量的电感减小到 121μH。

因此，实际的峰值磁化电流分量将比期望值高点（如前解释的，虽然在任意的输入电压时期望值一样）：

$$I_{\mathrm{MAG}}=\frac{V_{\mathrm{IN}}\times D/f}{L}=\frac{36\times 0.44/200000}{121\times 10^{-6}}=0.655\ \mathrm{A}$$

4．匝数比

用以下的方程得到匝数比：

$$D=\frac{V_{\mathrm{O}}}{V_{\mathrm{INR}}}=\frac{n\times V_{\mathrm{O}}}{V_{\mathrm{IN}}}$$

$$n=\frac{D\times V_{\mathrm{IN}}}{V_{\mathrm{O}}}=\frac{0.44\times 36}{12}=1.32$$

5．额定电压

最大反射输入电压为（参见附录中的电压应力表）

$$V_{\mathrm{INRMAX}}=\frac{V_{\mathrm{INMAX}}}{n}=\frac{57}{1.32}=43.2\ \mathrm{V}$$

输出二极管的最小额定电压为

$$V_{\mathrm{D1}}=V_{\mathrm{INRMAX}}+V_{\mathrm{O}}=43.2+12=55.2\ \mathrm{V}$$

续流二极管的最小额定电压为

$$V_{\mathrm{D2}}=V_{\mathrm{INRMAX}}=43.2\ \mathrm{V}$$

如果两个二极管在一个封装中，我们可以使用 60V 的肖特基二极管，稍微调整匝数比以提高裕量。

如果是单开关正激变换器，最大的漏-源电压是输入电压的 2 倍，例如 2×57V。所以我们要找 150V 的场效应管。如果是双开关正激变换器（不对称半桥），最大的漏-源电压只有 57V。

6．二次绕组匝数

二次绕组匝数是

$$N_{\mathrm{S}}=\frac{N_{\mathrm{P}}}{n}=\frac{8}{1.32}=6.06\approx 6\ \text{匝}$$

7．采样电阻

输出电流峰值约为 1.2×11A=13.2A。这实际发生在高输入电压时，并且电感设计为峰值比平均值高出 20%（r=0.4）。在开关管上，我们还需要加上 0.655A 的峰值磁化电流。所以采样电阻要设定为适用于正常工作电流：13.2A/n+0.655A=(13.2A/1.333)+0.655=10.6A。我们可以设定限流值约为 12A。因此，例如，如果控制器 IC 的采样阈值是 200mV，我们需要的采样电阻为 V/I=0.2/12=0.017Ω。流过采样电阻的电流有效值约为$(11\mathrm{A}/n)\times\sqrt{D}=(11\mathrm{A}/1.333)\times\sqrt{0.5}=5.8\mathrm{A}$。因此，采样电阻的发热约为$5.8^2\times 0.017=0.57\mathrm{W}$。为了保证足够的降额使用，我们可以用两个 33mΩ/0.5W 的电阻并联。

8．最小占空比

我们接下来会需要这个值：

$$D_{\mathrm{MIN}}=\frac{V_{\mathrm{O}}}{V_{\mathrm{INRMAX}}}=\frac{n\times V_{\mathrm{O}}}{V_{\mathrm{INMAX}}}=\frac{(8/6)\times 12}{57}=0.28$$

9．扼流圈的电感量与额定值

我们必须在最高输入电压时设计扼流圈，因为在任何常规 Buck 中，最高输入电压时产生最高峰值电流。此时，我们希望总摆幅ΔI 等于平均值（11A）的 40%，这是 I_O 中心值的±20%。

我们需要从上述步骤中计算出的最大输入电压时的占空比。因此，设定电流纹波率为 0.4，使用标准的 Buck 方程：

$$L_{\mu H}=\frac{V_O}{I_O\times r\times f_{Hz}}\times(1-D)\times10^6=\frac{12}{11\times0.4\times200000}\times(1-0.28)\times10^6=9.82$$

所以我们选择电感量 10μH，它的最小饱和额定电流是 12A。

10．变压器的总损耗估算

从表 12.3 中我们看到，在具有 2mm 边缘绝缘带的 EFD30 中，可用于绕制（一次侧和二次侧）铜绕组的总面积为 0.38cm²。假设没用 Litz 线（没有丝覆盖等），并且忽略导线滑入相邻导线之间的空间，最简单的假设是物理空间的 78.5%（即 π/4）被铜占据。因此，在我们的例子中，铜占据的实际面积是 0.38×0.785＝0.2983cm²。

一次绕组占据窗口面积的一半，所以一次铜绕组的窗口面积是 0.2983/2=0.15cm²。一次绕组 N_P=8 匝。假设这 8 匝是并列排列，没有浪费空间，每匝的横截面积是 0.15/8=0.01875cm²。在表 12.3 中也给出了每匝绕组的平均长度，对于 EFD30 是 5.89cm。全部一次绕组的长度是 N_P×MLT=8×5.89=47.12cm。利用铜的电阻率（1nΩ·m），我们得到

$$R=\rho\times\frac{l}{A}=17.2\times10^{-9}\Omega\cdot\text{m}\times\frac{47.12\times10^{-2}\,\text{m}}{0.01875\times10^{-4}\,\text{m}^2}=4.32\text{ m}\Omega$$

在前面采样电阻的计算中，开关管/一次电流的有效值是 5.8A。所以一次侧损耗是

$$P_{cu_P}=2\times5.8\text{ A}^2\times4.32\text{ m}\Omega=0.29\text{ W}$$

在这里，我们也将损耗加倍，因为我们假设交流电阻充其量是直流电阻的 2 倍。

变压器中电流密度一致，我们可以假设损耗平均分配在一次绕组和二次绕组，所以变压器的总损耗最后估算为 0.29×2，也就是约 0.6W。这个假设是 F_R=2，如果 F_R 接近 3，损耗约为 1W。进一步，如果铜耗等于磁芯损耗，我们的变压器总损耗为 2W。从图 12.7，我们看到 EFD30 变压器的热阻为 25℃/W。所以我们估计温升为 2W×25=50℃。这样就接近了 A 类变压器的极限（允许温升 55℃）。

11．磁芯损耗和总估计损耗

假设我们使用 3F3 的铁氧体软磁芯材料，磁芯损耗方程为（参见表 12.6 和表 12.7）

$$\text{磁芯损耗}=C\times B^p\times f^d\times V_e\qquad(\text{使用系统B})$$

其中，对于 3F3，我们有（最高 300kHz）：

$$C=1.3\times10^{-16},\qquad p=2.5,\qquad d=2$$

这里，B 是磁感应强度摆幅的一半，因为制造商用对称正弦波做励磁测试，B 指的是变化的幅度（以 0 为中心）。我们得到现在例子（EFD30）的磁芯损耗：

$$\text{磁芯损耗}=1.3\times10^{-16}\times750^{2.5}\times200000^2\times4.7=376.5\text{ mW}\qquad(\text{使用系统B})$$

这里用了表 12.6 中的磁芯损耗系数。我们也可以从图 12.9 中推导出来。我们的设计点对应于（总磁感应强度摆幅的一半）75mT（750G），并且对应于 100kW/m³，数值上和 100mW/cm³ 一样。所以就如行业中经常出现的，我们的磁芯损耗指标是 100mW/cm³（虽然有些宣称高达 200mW/cm³ 也是可以的）。基本上，我们的最大开关频率很大程度上取决于磁芯损耗。

表 12.6　用于描述磁芯损耗的不同系统（及其转换）

常数×$B^{(B\text{的指数})}$×$f^{(f\text{的指数})}$（每单位体积的磁芯损耗）							
	常数	B的指数	f的指数	B	f	V_e	单位
系统 A	C_c	C_b	C_f	T	Hz	cm^3	W/cm^3
	$=\dfrac{C\times10^4\times p}{10^3}$	$=p$	$=d$				
系统 B	C	p	d	G	Hz	cm^3	mW/cm^3
	$=\dfrac{C_c\times10^3}{10^{4\times C_b}}$	$=C_b$	$=C_f$				
系统 C	K_p	n	m	G	Hz	cm^3	W/cm^3
	$=\dfrac{C}{10^3}$	$=p$	$=d$				

表 12.7　通用材料的典型磁芯损耗系数（系统 B）

材料（制造商）	等级	C	$P(B^p)$	$d(f^d)$	μ	$\approx B_{SAT}$(G)	$\approx f_{MAX}$(MHz)
铁粉芯（Micrometals）	8	4.3E-10	2.41	1.13	35	12500	100
	18	6.4E-10	2.27	1.18	55	10300	10
	26	7E-10	2.03	1.36	75	13800	0.5
	52	9.1E-10	2.11	1.26	75	14000	1
铁氧体（Magnetics,Inc.）	F	1.8E-14	2.57	1.62	3000	3000	1.3
	K	2.2E-18	3.1	2	1500	3000	2
	P	2.9E-17	2.7	2.06	2500	3000	1.2
	R	1.1E-16	2.63	1.98	2300	3000	1.5
铁氧体（Ferroxcube）	3C81	6.8E-14	2.5	1.6	2700	3600	0.2
	3F3	1.3E-16	2.5	2	2000	3700	0.5
	3F4	1.4E-14	2.7	1.5	900	3500	2
铁氧体（TDK）	PC40	4.5E-14	2.5	1.55	2300	3900	1
	PC50	1.2E-17	3.1	1.9	1400	3800	2
铁氧体（Fair-Rite）	77	1.7E-12	2.3	1.5	2000	3700	1

我们看到，可能达到 0.6～1W 的铜损和 0.4W 的磁芯损耗。它们并不相等，事实上，在大多数现代变换器中，铜损和磁芯损耗相等的假设并不一定正确。正如在第 11 章中提到的，据报道，一个更优化的设计点（磁芯损耗和铜损加在一起最小）实际上是由下式定义的

$$\frac{\text{Core loss}}{\text{Copper loss}}=\frac{2}{\text{exponent of }B}\equiv\frac{2}{p}\Rightarrow\frac{2}{2.5}=0.8\quad(\text{对于3F3})$$

12．铜尺寸和变压器绕组

表 12.3 所示可用于一次绕组的宽度是 15.7mm（具有边缘绝缘带为 2mm 的 EFD30）。200kHz 时，集肤深度（为能更好地调节铜的电阻率，假定温度为 80℃）是

$$\delta_{mm}=\frac{66.1[1+0.0042(T-20)]}{\sqrt{f_{Hz}}}=\frac{66.1[1+0.0042(80-20)]}{\sqrt{200000}}=0.185\text{ mm}$$

当处理圆导线时，我们发现仅仅降低 F_R 并不一定与最低 F_R 相关，因为 F_R 是一个比率，这个逻辑在图 12.10 中解释了，并且得到了图 12.11 中的分裂策略。

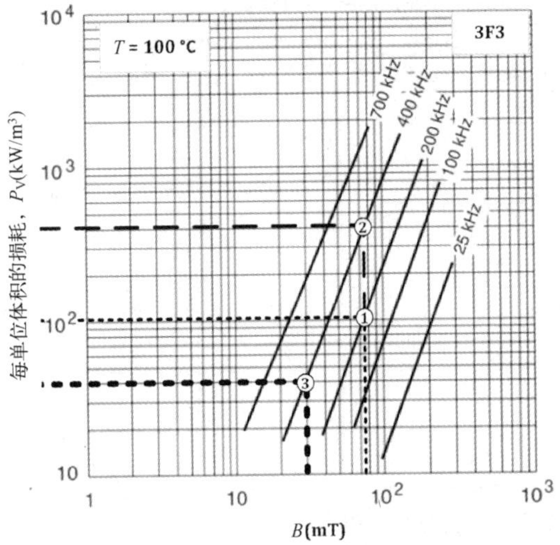

在曲线上选择3个点：前两个具有相同的B，后两个具有相同的f。

点1：75mT，200kHz，100kW/m³
点2：75mT，400kHz，400kW/m³
点3：30mT，400kHz，40kW/m³

坐标上读取的值

$P_{v1}=100, P_{v2}=400, P_{v3}=40$

$f_1=200, f_2=400, f_3=400$

$B_1=75, B_2=75, B_3=30$

公式/计算值

$$\exp\_f=\frac{\ln(P_{v1}/P_{v2})}{\ln(f_1/f_2)}=\frac{\ln(100/400)}{\ln(200/400)}=2$$

$$\exp\_B=\frac{\ln(P_{v2}/P_{v3})}{\ln(B_2/B_3)}=\frac{\ln(400/40)}{\ln(75/30)}=2.5$$

利用系统B（参见附带的文字）（cm³，mW/cm³，Hz，G），并记住kW/m³在数值上等于W/cm³，可得常数项C为

$$(\mathrm{kW/m^3})=(\text{常数}\times B^{\exp\_B}\times f^{\exp\_f})$$

$$C=\text{常数}=\frac{\mathrm{kW/m^3}}{B^{\exp\_B}\times f^{\exp\_f}}=\frac{100}{750^{2.5}\times(200000)^2}=1.6\times10^{-16}$$

上式基于上面曲线的数据，
更精确的值为（系统B）：
$C=1.3\times10^{-16}$，B的指数为 2.5，f的指数为 2。

参见*Switching Power Supplies A-Z*（第二版）的第106、107页

图 12.9　用制造商的磁芯损耗曲线估算磁芯损耗系数，例如 3F3

交流的有效面积（灰色区域）

所有情况下都具有相同的δ(=1)，只有直径不同，

仅考虑集肤效应的估算（忽略邻近效应）：

为简单化，在所有估算中，忽略因子0.886，它出现在由圆导线直径转换为等效的箔厚度时，

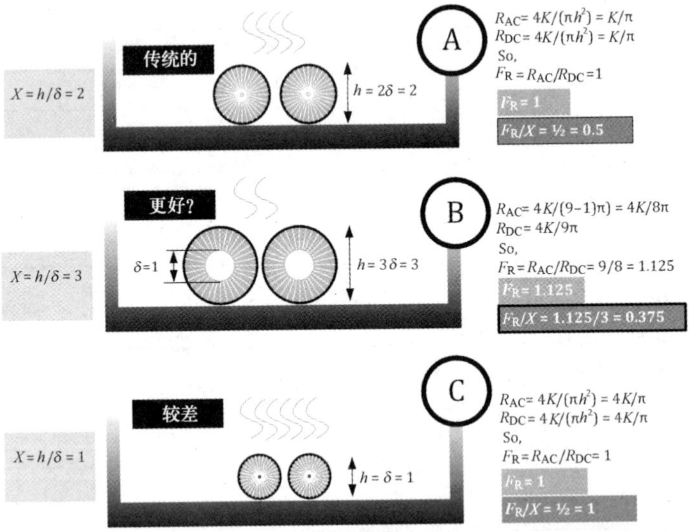

发热相对于上面的A类较低（交流的面积更大，所以R_{AC}较低）。但是F_R比A类的高（具有误导性）。然而，F_R/X是比较低的（没有误导性）。

发热相对于A类较高（交流的面积较小，所以R_{AC}较高）。但是F_R与A类的相同（具有误导性）。然而，F_R/X是A类的2倍（没有误导性）。

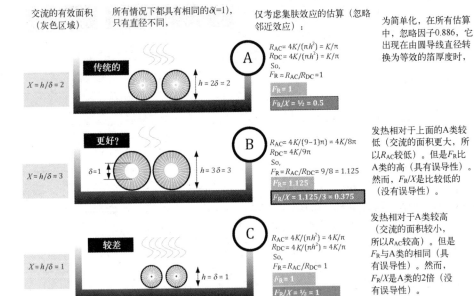

结论：F_R是交流与直流电阻的比值，不能反映实际电路的电阻及其损耗。对于圆导线绕组的情况，F_R看起来不一定和铜的发热有很强的相关性（在图2.15中讨论过大电流铜箔绕组）。F_R/X看起来更能反映发热。因此，乍看之下，我们需要找到最低的F_R/X，而不是最低的F_R。但是，如果是在上图的情况B（标注为“更好”）中，增加直径最终导致层数的增加，然后考虑到邻近效应，根据Dowell方程，总损耗将增加，而不是减少——因为现在的层数增加了，这样，就算每层的损耗减少了，但总的损耗是增加的。所以，对于正激变换器的变压器设计，最重要的事情是试图“首先减小实际的铜层数”，这是这一章用到的分裂方法的基础：层数保持不变，然后基于最小的F_R优化线径，而不一定要根据最小的F_R/X。

图 12.10　F_R/X，而不仅仅是 F_R，与最小损耗有很强的相关性，
但是最好的方法是保持层数不变并且分裂股数以得到较小的交流电阻，参见图 12.11

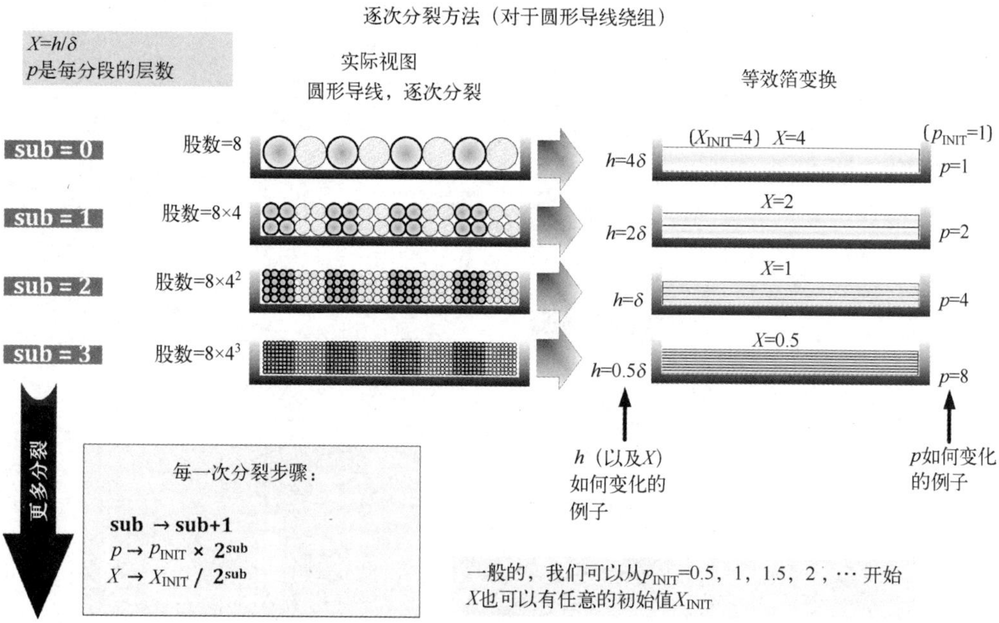

图 12.11　圆导线的分裂策略

分裂策略在 *Switching Power Supplies A to Z*（第二版）中（第 3 章）中有进一步的解释。如我们在 *Switching Power Supplies A to Z*（第二版）中看到的，从 X（$X=h/\delta$）大于 4 开始不是一个好主意；那样我们不得不多次分裂，永远不能真正达到足够低的 F_R 值。当我们这么做的时候，我们最终会得到不可行的或不存在的线规。

首先，让我们假设一个简单的绕组布置，一个一次绕组接着一个二次绕组。让我们称之为 P-S 安排，一个一次侧分段后紧跟着一个二次侧分段。

13．P-S 绕组布置

让我们从一次单股绕组开始，调整它的直径，直至可以用 8 匝绕组铺满一层。每分段 p 的层数等于 1。直径为宽度/N_P=15.7mm/8T=1.963mm。注意，使用 Dowell 的等效箔变换，直径将转换为等效的箔厚度为 h=0.886×1.963=1.739mm（因为 $\sqrt{\pi/4}=0.886$，参见图 10.3 和图 11.10）。就穿透率 X 而言，就是 $X=h/\delta$=1.739mm/0.185mm=9.4。但是，这作为进入分裂过程的初始值来说太高了。

因此，让我们从直径为一半的两股并列的圆导线开始，即，宽度/(2×N_P)=1.963/2=0.98mm，但是仍然布置在一层中。所以每分段 p 的层数仍然等于 1。我们说 p_{INIT} 是 1。类似地，X 起始值（X_{INIT}）是

$$X_{INIT}=\frac{0.886\times \text{Dia}}{\delta}=\frac{0.886\times 0.98}{0.185}=4.7$$

从图 12.12（下半部分，即 p_{INIT}=1）可以看出，对于 X_{INIT} =4.7，我们需要进行 6 次分裂来使 F_R 降至 2。每次分裂将每股导线分成 4 股导线，每股导线的直径为分裂前的一半。

注： 在图 12.13 中为了方便起见，我们还提供了 p_{INIT} 等于 1.5 和 2 的曲线图。这些曲线只是以对分裂策略有用的方式修正的 Dowell 曲线，当然，其中添加了直流偏置（Dowell 没有包括直流偏置），并且还总共用了 40 次傅里叶谐波（Dowell 在他的分析中只是使用了高频正弦波，如前所述），如图 12.14 所示。

假设在任何给定层上，绕组是逐个放置的，导线之间没有间隙

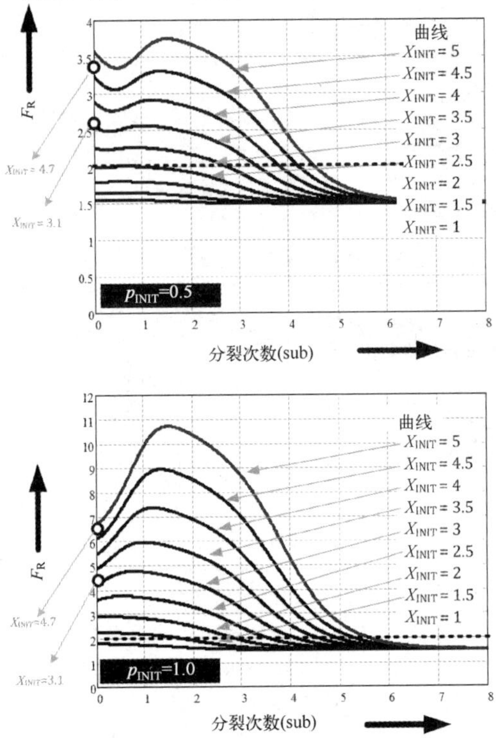

图 12.12　分裂策略设计曲线，p_{INIT}=0.5 和 1（也见图 12.16）

假设在任何给定层上，绕组是逐个放置的，导线之间没有间隙

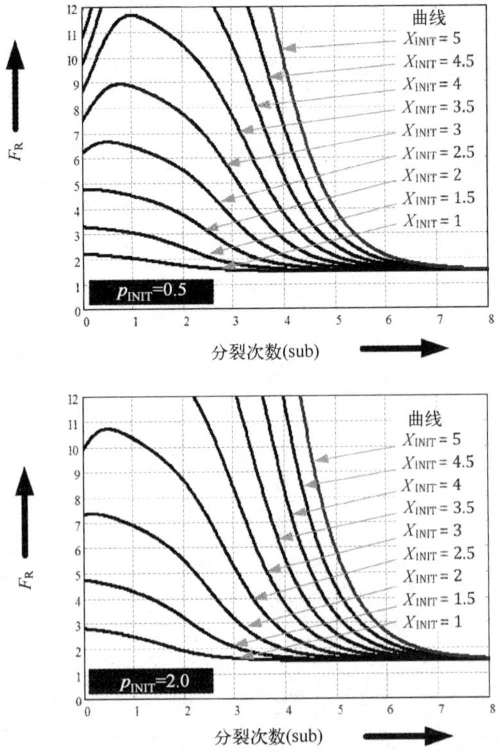

图 12.13　分裂策略设计曲线，p_{INIT}=1.5 和 2（也见图 12.16）

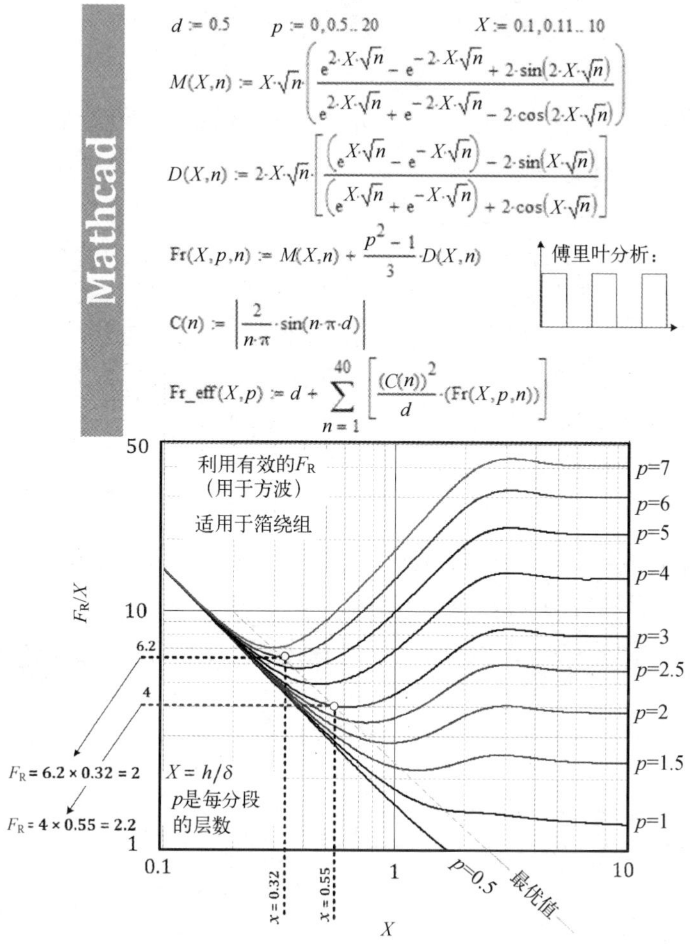

图 12.14　用于方波的 Dowell 修正曲线和绘制用于箔设计的 F_R/X 与 X 曲线

通过 6 次分裂后，我们得到的线径为 $d/(2)^{\mathrm{sub}}=0.98/2^6=0.015\mathrm{mm}$。以 mil 为单位，就是

$$\frac{\mathrm{mm}}{0.0254} \Rightarrow \frac{0.015}{0.0254} = 0.591\ \mathrm{mil}$$

最接近的 AWG 是

$$20\times\lg\left(\frac{1000}{\mathrm{mils}\times\pi}\right) = 20\times\lg\left(\frac{1000}{0.591\times\pi}\right) = 54$$

但是，这是一个不切实际的细 AWG（如果存在!）。通常可用的最小线规是 AWG 52，用于多股绞绕的电磁线的最细实用值是 AWG 42～AWG 44。

所以我们以并列的 3 股导线开始（在一层中，所以 $p_{\mathrm{INIT}}=1$），起始直径是 1.963/3= 0.645mm。X 的起始值是

$$X_{\mathrm{INIT}} = \frac{0.886\times\mathrm{Dia}_{\mathrm{INIT}}}{\delta} = \frac{0.886\times0.645}{0.185} = 3.1$$

p_{INIT} 依然是 1。从图 12.12 的下半部，我们看到 $X_{\mathrm{INIT}}=3.1$，我们需要 3 次分裂以使 F_R 降到接近 3。所以我们得到直径为 $0.645/2^3 = 0.081\mathrm{mm}$。

$$\frac{\mathrm{mm}}{0.0254} \Rightarrow \frac{0.081}{0.0254} = 3.19\ \mathrm{mil}$$

最接近的 AWG 是

$$20\times\lg\left(\frac{1000}{\text{mil}\times\pi}\right)=20\times\lg\left(\frac{1000}{3.19\times\pi}\right)=40$$

这是可以接受的，虽然 F_R 大约是 3，不是 2。

在每一次分裂中，每一股变成 4 股，所以分裂后的股数是 $4^{\text{sub}}=4^3=64$。因此，一种可能的实现方式是使用 64 股 AWG 40 绞绕成电磁线。此外，根据我们开始的假设，需要 3 束这样的电磁线并列平铺（全部在同一个物理层上）以得到 8 匝一次绕组。

对于二次绕组，如图 12.15 所示。我们确实看到优化 F_R/X 对于铜箔是个好主意，因为不像圆导线，如果我们增加铜箔的厚度，每分段的层数保持固定。为了优化 F_R/X，我们可以参考图 12.14 的下半部分。我们看到在这个例子中，每分段有 6 层（匝）时，对于 X=0.32 有最优的 F_R/X=6.2（对应 F_R=6.2×0.32=2）。因此，我们需要厚度为 $h=X\times\delta$=0.32×0.185mm=0.059mm 的铜箔。

以 mil 为单位，有

$$\frac{\text{mm}}{0.0254}\Rightarrow\frac{0.059}{0.0254}=2.3\text{ mil}$$

这是建议的最优箔厚度。通常，1mil、1.4mil、3mil、5mil、8mil、10mil、16mil 和 22mil 是最通用的箔厚度，但其他的厚度也可以定做。

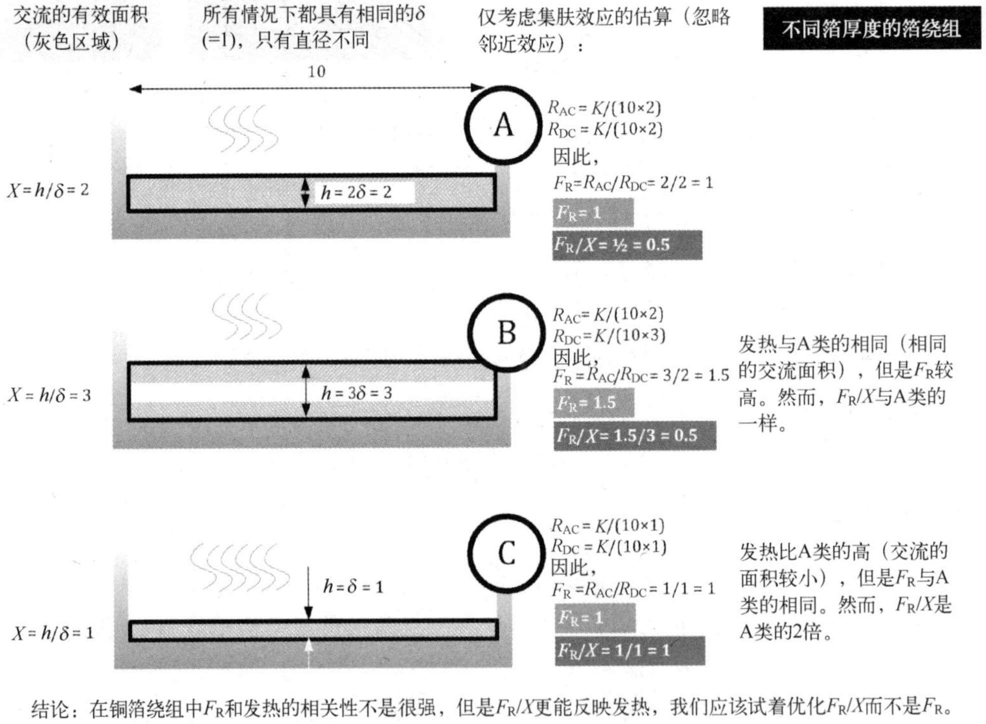

图 12.15　铜箔绕组的分裂策略

铜箔的宽度可以达到 15.7mm（参见表 12.3 中 EFD30 的“Width_tape”）。因此，铜的总截面积是 0.059mm×15.7mm=0.9263mm^2，二次电流是 11A（COR 值），对于 D=0.5，电流有效值为 $11\times\sqrt{0.5}$=7.8A。如果电流流过的横截面积是 0.9263mm^2，电流密度将是 7.8/0.0093=838A/cm^2。当最小占空比为 0.28 时，我们将得到有效值的最大值 $11\text{A}\times\sqrt{1-D_{\text{MIN}}}=11\times\sqrt{0.72}=9.33\text{A}$。最坏情况的有效值电流密度是 9.33/0.0093=1000A/cm^2。

这远大于我们的 250A/cm^2 有效值电流密度指标，所以损耗显著增加。

到目前为止，我们忽略了交错的可能性。一次侧有 8 匝，我们希望将这 8 匝布置在一个物理层上。相反，我们将二次绕组分裂为两个串联部分。我们也可以考虑将二次绕组分裂为两个并联的部分，但是在这种情况下，由于并联部分的轻微不平衡，将会产生严重的电磁干扰，这是一种变压器内部深处的“接地回路”现象，除非我们用两个独立的输出二极管来“或”并联绕组。而且，在并联绕组中，每个分段的层数不会减少；事实上，二次绕组分段的数量只会加倍。

所以我们现在尝试把单层一次绕组夹在串联的分裂二次绕组中间构成三明治的结构，如下所述。

14．S-P-S 绕组布置

让我们从一次侧单股绕组开始，并且调整它的直径以至于可以用 8 匝填满 1 层。此时，每分段 p 的层数是 1/2，不是 1，因为每一半的一次绕组分别被分配给两边的一半的分裂二次绕组。直径等于宽度/ N_P=15.7mm/8T=1.963mm。注意，使用 Dowell 的等效箔变换时，这个直径将等效为 h=0.886×1.963=1.739mm 的箔厚度（因为$\sqrt{\pi/4}=0.886$）。对于穿透率 X，有 $X=h/\delta$=1.739mm/0.185mm=9.4，但是这个值作为分裂的起始值会显得太大。

因此，让我们从两股并列的圆导线开始，其直径为原来的一半，即宽度/(2×N_P)=1.963/2=0.98mm，但仍布置在一层中。所以每分段 p 的层数仍然等于 1/2，我们说 p_{INIT} 等于 1/2。类似的，X 起始值（X_{INIT}）是

$$X_{INIT}=\frac{0.886\times \text{Dia}}{\delta}=\frac{0.886\times 0.98}{0.185}=4.7$$

让我们现在从这个值开始。由图 12.12（上半部分，p_{INIT}=1/2）我们看到需要 3 次分裂以使 F_R 小于 3。那也可以，但是我们也要看看以下的情况。

假设我们从 3 股并列的圆导线开始（在一层中，所以 p_{INIT}=1/2）。起始直径是 1.963/3=0.645mm。X 起始值是

$$X_{INIT}=\frac{0.886\times \text{Dia}_{INIT}}{\delta}=\frac{0.886\times 0.645}{0.185}=3.1$$

p_{INIT} 依然等于 1/2。从图 12.12（上半部分），我们看到当 X_{INIT} 等于 3.1 时，我们不需要任何分裂就可以使 F_R 下降到接近 3。实际上我们已经从 F_R=2.5 开始，所以不需要进一步分裂。

以 mil 为单位，每股直径是

$$\frac{\text{mm}}{0.0254}\Rightarrow\frac{0.645}{0.0254}=25.4\ \text{mil}$$

最接近的 AWG（对于每股的直径）是

$$20\times\lg\left(\frac{1000}{\text{mil}\times\pi}\right)=20\times\lg\left(\frac{1000}{25.4\times\pi}\right)=22$$

所以一次侧由 3 个 AWG 22 的并列股构成。

让我们检查是否可以接受这个结论。总之，我们将用 8×3=24 股并排成一层。因此，它将占据 0.645×24=15.5mm。我们从表 12.3 中得知，我们有 15.7mm 的可用宽度，所以这是可以接受的。

注：对于二次侧，我们避免使用铜箔绕组（因为成本）。我们可以用和一次侧一样的处理过程。但是记住，如果使用圆导线而不是铜箔，二次侧 p_{INIT} 不再等于 3。

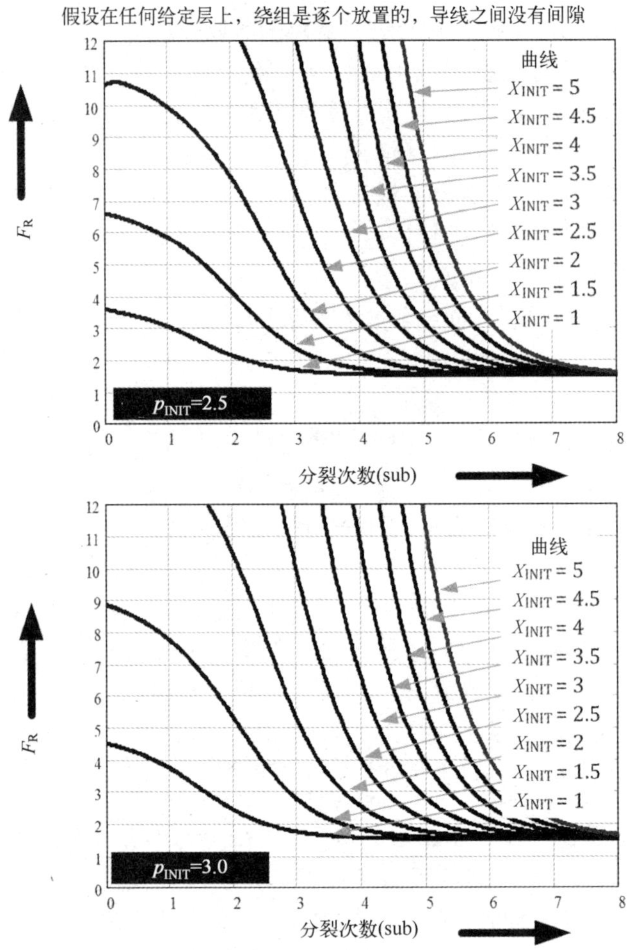

图 12.16　分裂策略设计曲线，p_{INIT}=2.5 和 3

让我们回过头来分析三明治布置结构中一次绕组的两边分别有 3 匝铜箔二次绕组的情况。如图 12.14 所示，沿着 p=3 的曲线，我们看到对于 X=0.55，有一个最优的 F_R/X=4（对应于 F_R=4×0.55=2.2），所以我们需要铜箔的厚度为 $h = X×\delta$=0.55×0.185mm=0.102mm。

以 mil 为单位，这个厚度是

$$\frac{\text{mm}}{0.0254} \Rightarrow \frac{0.102}{0.0254} = 4.0 \text{ mil}$$

我们需要 4mil 或者 5mil 厚的铜箔。

铜箔的宽度可以达到 15.7mm（参见表 12.3 中 EFD30 的“Width_tape”）。铜的表面积是 0.102mm×15.7mm=1.6mm^2。我们的二次电流是 11A（COR 值），对于 D=0.5，有效值是 $11\times\sqrt{0.5}=7.8\text{A}$。当电流流过横截面积为 1.6mm^2 的铜时，有效值电流密度为 7.8/0.016=487A/cm^2。至少这在行业指标 500A/cm^2 以内。基于 F_R=2，损耗比我们预期的高。我们的起始指标是 500A_{COR}/cm^2。

请记住，在箔绕组中，如图 12.15 所示，即使增加铜箔厚度，因为集肤效应和邻近效应限制了通过高频电流的有效横截面积，因此如果我们将铜箔厚度增加到超过一定值，铜箔绕组的有效面积仍保持固定，所以交流电阻不会增加。实际上，由于过多的铜暴露于更高的邻近效应（更高的 X），我们可能最终使情况恶化。那么我们如何提高箔的电流密度呢？唯一的可能性是选择具有长轮廓的磁芯。为此，我们还应该特别考虑 EER/ER 和 EERL/ERL 磁芯。

15．输入电容器的选择

在 AC-DC 的应用中，这是一个包括保持时间、功率因数校正等的广泛课题。这里我们只考虑通信电源中的 DC-DC 变换器。因此，主要的（占主导的）选择标准是电流有效值。出于成本原因，我们首先选择大容量电容器，最好是铝电解电容器。D=0.5 时，Buck 的输入电流有效值是 $I_O/2$[参见 *Switching Power Supplies A to Z*（第二版）的 712 页]。在正激变换器中，这个电流通过匝数比反射到一次侧成为 $I_O/2n$，即 $I_{OR}/2$。所以，忽略很小的磁化（励磁）电流，电容器需要承担的额定电流有效值为 $I_O/2n$=11A/(2×1.33)=4.1A。我们试着选用 Nichicon 的 UVY1J102MHD。这是一个 105℃、1000h、1000μF、63V 的电容器，额定电流有效值是 0.93A。在高频下，我们可以应用典型的倍频器 $\sqrt{2}=1.414$（Nichicon 实际上允许达到 1.5），所以它的额定高频电流有效值保守估计是 $0.93\times\sqrt{2}=1.32\text{A}$。如果我们用三个这种电容器并联，我们可以得到 1.32×3=4A，这是我们需要的。在最高环境温度 45℃时，由于附近的器件发热（热元件、外壳等），我们可以附加最坏情况 10℃的温升，所以我们估计电容器的表面温度是 55℃。我们知道，每低于上述温度（这里是 105℃）10℃，电容器的寿命可以加倍（假设没有超过室温时数据手册的纹波电流额定值）。所以使用寿命为 $1000\text{h}\times2^{(105-55)/10}=1000\text{h}\times2^5=320\text{kh}$，也就是一天工作 24h，可以工作 3.7 年。如果我们希望使用寿命更长，我们需要选择 105℃时使用寿命为 2000h 的电容器。

每个电容器的等效串联电阻（ESR）可以由它的损耗角的正切值 $\tan\delta$=0.1（这里 δ 不是集肤深度，而是制造商提供的 120Hz 时的损耗角）确定。关系是

$$\tan\delta=\frac{\text{ESR}}{X_C}=\text{ESR}\times2\times\pi\times f\times C$$

解得

$$\tan\delta=\frac{\text{ESR}}{X_C}=\text{ESR}\times2\times\pi\times f\times C$$

$$\text{ESR}=\frac{\tan\delta}{2\times\pi\times f\times C}=\frac{0.1}{2\times\pi\times120\times1000}\times10^6=0.133\,\Omega$$

注意，这是 120Hz 时的等效串联电阻。在高频时我们可以假设铝电解电容器的等效串联电阻减小为低频时的 1/2（这是倍频器 $\sqrt{2}$ 的来源）。另外，我们用三个电容器并联。所以高频等效串联电阻是 133mΩ/6=22mΩ。

因此，我们的总电容量为 3000μF，等效串联电阻为 22mΩ。这是可以接受的，但是考虑到空间问题，我们希望通过并联几个陶瓷电容器来减小电容器的总体积。接下来解释这个并联技术。

16．输入端并联陶瓷和电解电容器

在图 12.17 中，我们看到有两个因素决定总等效串联电阻：一个是电容量，一个是等效串联电阻。对于电解电容，和第二个因素相比，第一个因素通常可以忽略。反射负载电流 I_{OR} = 8.2A（I_{OR} 是正激电路的电流，I_O 是 Buck 是电流）被分摊到三个电容器，每个承受的负载电流为 8.2A/3=2.73A。每个电容器的高频等效串联电阻是 22mΩ×3=66mΩ。因为每个电容器的电流峰-峰值为 $I_{OR}(1+r/2)/3$（如图 12.18 所示，但是三个电容器并联分担 I_{OR}），我们可以得到[8.2A×(1+(0.4/2))/3]×ESR=216.5mV 的峰-峰值纹波。实际上每个理想

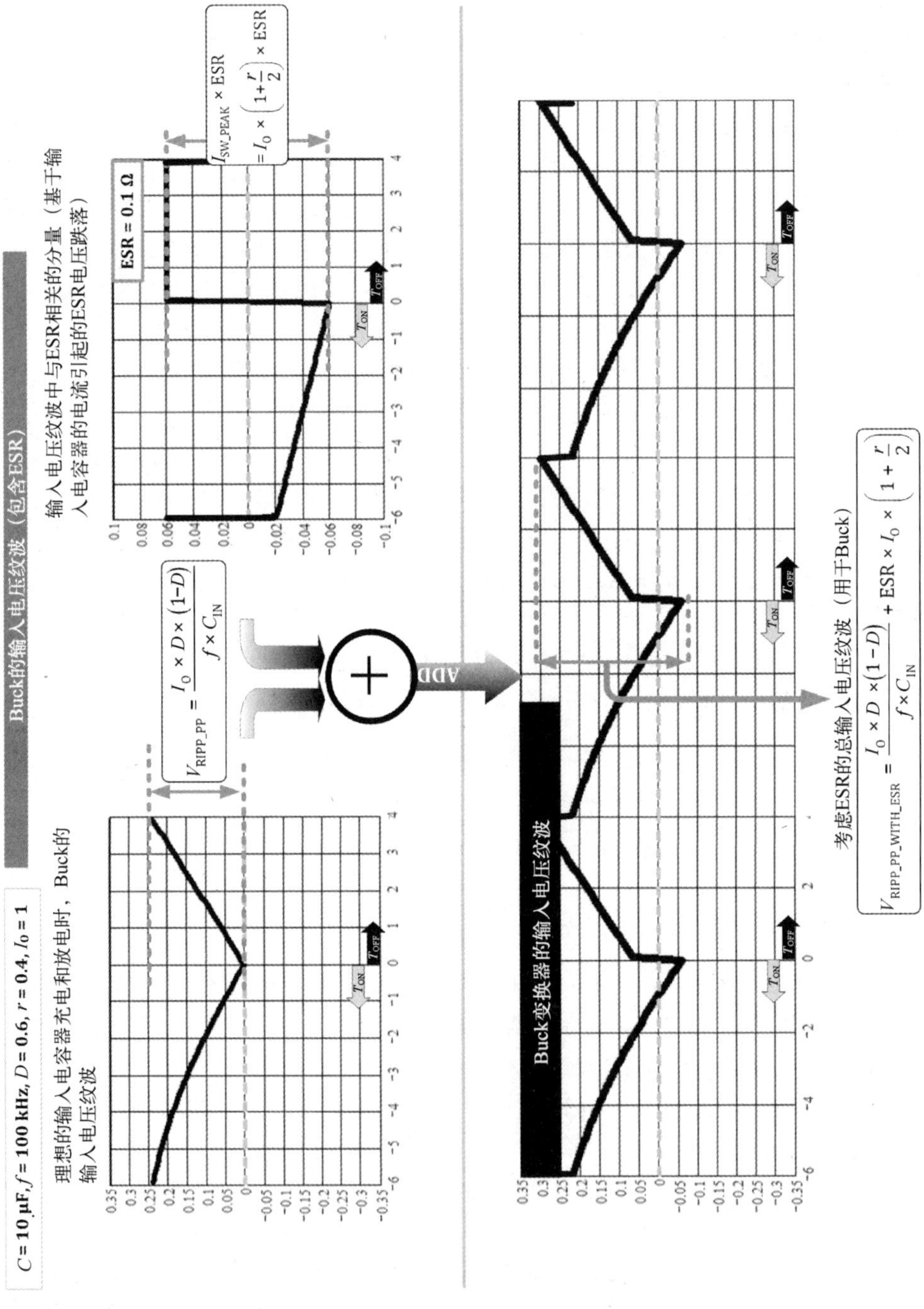

图12.17 Buck的输入电容器的波形

电容器产生的纹波很小，而且电压并联，所以彼此没有电流通过（理想情况下）。当我们用几个陶瓷电容器并联以取代一个或几个铝电解电容器，我们要做的首要事情是保证它们产生的纹波小于 216.5mV。如果它们产生的纹波比 216.5mV 大，输入电流将倾向于在剩余的铝电解电容器中通过更大的电流。这使它们中通过的电流超过电流有效值。但是如果并联后产生更小的纹波，陶瓷电容中将通过越来越大的电流，我们甚至可以减小剩余的铝电解电容器的尺寸。所以，对于陶瓷电容器的并联，让我们设纹波为 150mV。

假设我们有三个陶瓷电容器并联，因为每个电容的等效串联电阻约为 20mΩ，他们的等效串联电阻是 20mΩ/3=7mΩ。这对纹波影响很小，这种情况下对纹波影响最大的是它们的总电容量没有铝电解电容器的大。

我们使用图 12.17 中用于陶瓷电容器的基于电容的方程。我们试图去掉三个铝电解电容器中的两个。更换的陶瓷电容器至少得分担（分流）2×8.2A/3=5.47A 的负载电流。设置峰-峰值纹波指标是 150mV，我们得到

$$150\ \text{mV} = \frac{I_{\text{OR}} \times D \times (1-D)}{f \times C_{\text{IN}}} = \frac{5.47\ \text{A} \times 0.5 \times (1-0.5)}{200000 \times C_{\text{IN}}}$$

解得电容量为

$$C_{\text{IN}} = \frac{5.47 \times 0.5 \times (1-0.5)}{200000 \times 150 \times 10^{-3}} = 4.6 \times 10^{-5}\ \text{F}$$

这是 46μF（总电容量）。为了减少等效串联电阻（即远低于 33mΩ，不管它们怎么被代替：这里是两个 66mΩ 并联），我们必须尝试用两三个陶瓷电容器并联。此外，我们知道陶瓷电容器在任何应用中的实际值可能仅为其数据表中印刷值的 60%，我们应该将指标定为选择印刷值所获得的计算值的几乎 2 倍。

因此，最终可能的解决方案是：一个 1000μF、63V 的铝电解电容器并联两个 47μF、100V 的陶瓷电容器。（这两个并联的 47μF 陶瓷电容器实际将提供至少 46μF 的电容量。）

17．输出电容器的选择

输出是简单的 Buck 级。这里我们尝试选择陶瓷电容器。如图 12.18 所示，我们需要满足三个主要准则。

（1）最大峰-峰值纹波需小于输出电压的 1%（即 ±0.5%），即 $V_{\text{O\_RIPPLE\_MAX}}$=12V/100=0.12V。

（2）负载突然增加时最大可接受的电压跌落：ΔV_{DROOP}=0.5V。

（3）负载突然减小时最大可接受的电压过冲：$\Delta V_{\text{OVERSHOOT}}$=0.5V。

基于准则 1 到 3，我们可以求解最小输出电容。对于准则 1，可得

$$C_{\text{O\_MIN\_1}} = \frac{r \times I_{\text{O}}}{8 \times f \times V_{\text{O\_RIPPLE\_MAX}}} = \frac{0.4 \times 11}{8 \times 200 \times 10^3 \times 0.12} = 2.3\ \times 10^{-5}\ \text{F}$$

这是 23μF。现在基于准则 2，可得

$$C_{\text{O\_MIN\_2}} = \frac{3 \times (I_{\text{O}}/2)}{\Delta V_{\text{DROOP}} \times f} = \frac{3 \times (11/2)}{0.5 \times 10^6} = 3.3 \times 10^{-5}$$

这是 33μF。现在基于准则 3，可得

$$C_{\text{O\_MIN\_3}} = \frac{L \times I_{\text{O}}^2}{2 \times V_{\text{O}} \times \Delta V_{\text{OVERSHOOT}}} = \frac{10 \times 10^{-6} \times 11^2}{2 \times 12 \times 0.5} = 1.00 \times 10^{-4}$$

这是 100μF。我们需要考虑公差等情况，因此，我们选择 120μF/16V 的输出陶瓷电容器。这将满足所有的准则。它可能有一个较大的等效串联电阻，所以我们可能希望用几个电容器并联。

最大ESR：基于最大输出电压纹波

忽略ESR和ESL（等效串联电感），仅考虑电容量时，最大允许输出电压纹波决定了最小输出电容量。

$$C_O = \frac{r \times I_O}{8 \times f \times V_{RIPPLE}}$$ ［参见*Switching Power Supplies A to Z*（第二版）的图13.5］

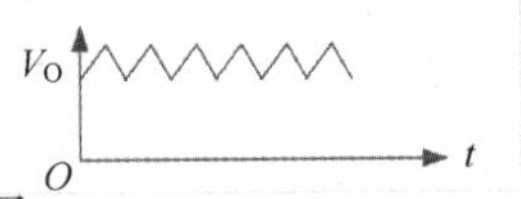

$$C_O \geqslant \frac{r \times I_O}{8 \times f \times V_{RIPPLE\_MAX}}$$

包含ESR，但是假设电容量足够大并且忽略ESL时，最大允许输出电压纹波决定了最大的ESR。

$$V_{RIPPLE} = ESR \times I_O \times r$$

$$ESR \leqslant \frac{V_{RIPPLE\_MAX}}{I_O \times r}$$

最小电容量：基于最大输出电压跌落

一般的，一个好的闭环控制环路，需要大约3个开关周期来做出响应并开始调整输出以满足负载瞬变的要求。在这3个开关周期左右的时间内，我们不希望输出电容器的电压跌落量超过一定值ΔV_{DROOP}。因此，根据$I = C\mathrm{d}V/\mathrm{d}t$，可得

$$I = C\frac{\Delta V}{\Delta t} \Rightarrow C \geqslant \frac{I \times \Delta t}{\Delta V} = \frac{I \times 3T}{\Delta V_{DROOP}} = \frac{I \times 3}{\Delta V_{DROOP} \times f}$$

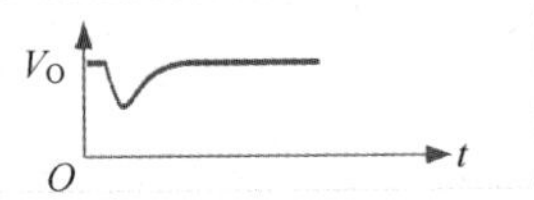

其中，电压跌落实际与额外的负载需求相关，因为正常的负载需求是满足每个周期没有任何跌落。所以这里的电流实际是负载的增加量。

$$C_O \geqslant \frac{3 \times \Delta I_O}{\Delta V_{DROOP} \times f}$$

最小电容量：基于最大输出电压过冲

这是另一个准则。这是突然释放负载的情况，也就是从最大负载I_O变为零，电感储存的能量将全部灌入输出电容器。如果我们不希望过冲太高（也就是限制输出电压达到某个值V_X）：

$$\frac{1}{2} \times C\left(V_X^2 - V_O^2\right) = \frac{1}{2} \times L\left(I_O^2\right) \Rightarrow C \geqslant \frac{L\left(I_O^2\right)}{(V_X + V_O) \times (V_X - V_O)} \approx \frac{L\left(I_O^2\right)}{(2V_O) \times (\Delta V_{OVERSHOOT})}$$

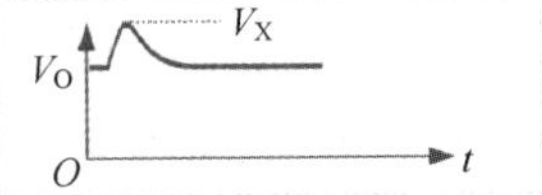

$$C_O \geqslant \frac{L\left(I_O^2\right)}{(2V_O) \times (\Delta V_{OVERSHOOT})}$$

（其中，我们使用了近似值$V_X + V_O \approx 2 \times V_O$，而且，$V_X - V_O = \Delta V_{OVERSHOOT}$）

图 12.18　Buck（和正激）变换器的输出电容器的选择准则

我们应该再次检查所选电容器的等效串联电阻是否足够小。等效串联电阻应该小于

$$ESR_{Co\_MAX} = \frac{V_{O\_RIPPLE\_MAX}}{I_O \times r} = \frac{0.12}{11 \times 0.4} = 0.027\ \Omega \qquad (\text{即}27\ \text{m}\Omega)$$

大多数的小陶瓷电容器无疑可以满足这一点，但是我们倾向于选择两个 56μF/16V 或者 68μF/16V 的陶瓷电容并联，以减小等效串联电阻。

注意，如图 12.19 所示，等效串联电阻和电容量对输出电压纹波的影响是不同的。所以，例如，如果基于等效串联电阻的纹波是 120mV，基于电容量的纹波是 120mV，总纹波仍然约为 120mV，而不是 240mV。这和输入不同。

反激变换器的详细设计步骤

这里的要求和前面介绍的正激变换器的要求一样。这个设计过程的介绍将让我们洞察到，反激变换器和正激变换器相比较，特别是在这些高功率级别上的设计方法和器件选择方面，有什么异同。

1．选择 V_{OR}

再一次假设效率为 85%。因此，当输出功率为 132W 时，输入功率是 132/0.85=155.3W。由于流入输出电容器的脉冲电流和漏电感损耗，反激变换器在这个功率级别的效率较低。

我们需要设定反射输出电压（从一次侧看有效输出电压）。这也基于低输入电压时的最大占空比极限。我们有（参见附录中的 Buck-Boost 的直流传输函数）

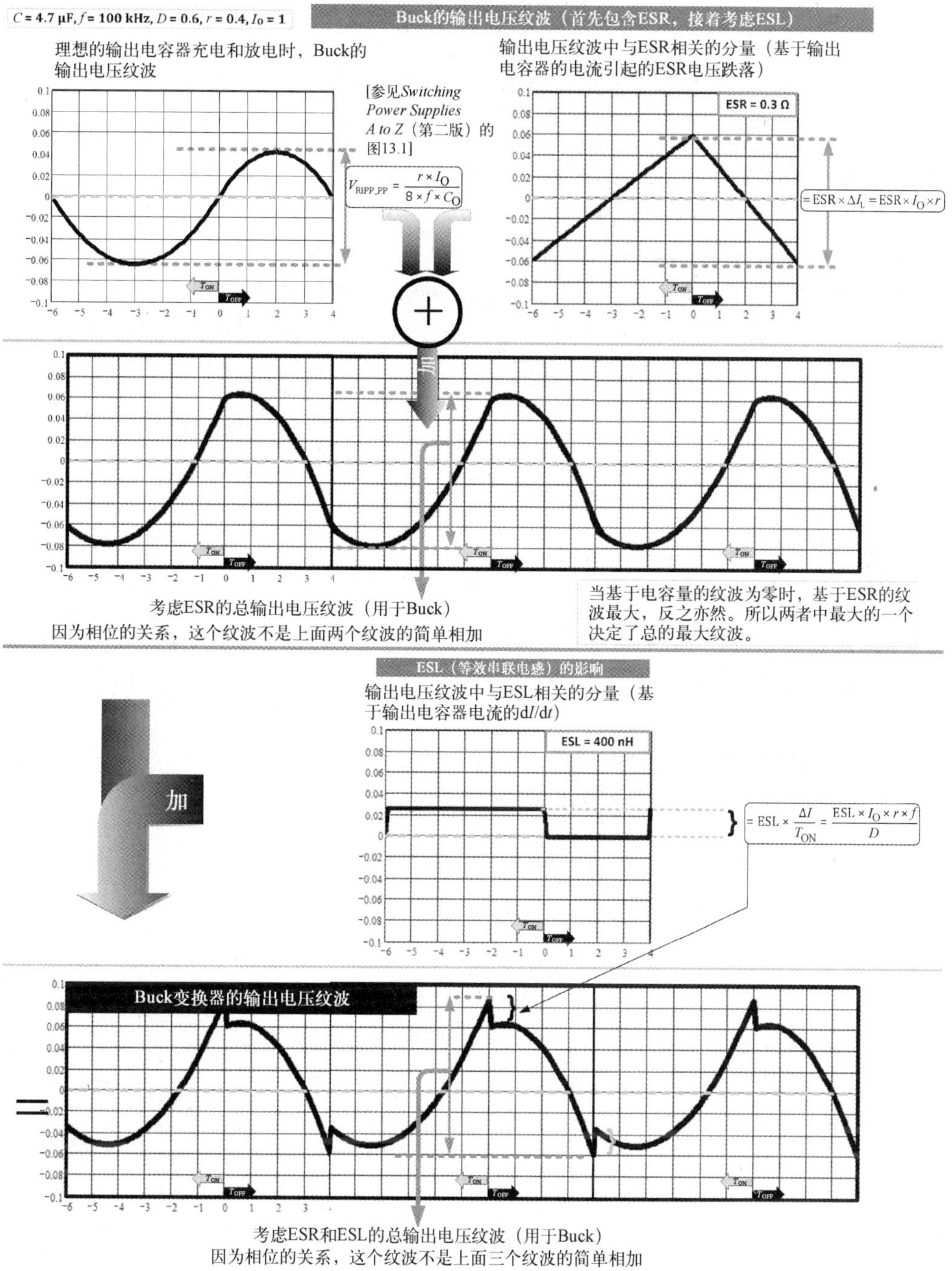
C = 4.7 μF, f = 100 kHz, D = 0.6, r = 0.4, I_O = 1
Buck的输出电压纹波（首先包含ESR，接着考虑ESL）
理想的输出电容器充电和放电时，Buck的输出电压纹波
[参见Switching Power Supplies A to Z（第二版）的图13.1]
V_RIPP_PP = r × I_O / 8 × f × C_O
输出电压纹波中与ESR相关的分量（基于输出电容器的电流引起的ESR电压跌落）
ESR = 0.3 Ω
= ESR × ΔI_L = ESR × I_O × r
加
考虑ESR的总输出电压纹波（用于Buck）
因为相位的关系，这个纹波不是上面两个纹波的简单相加
当基于电容量的纹波为零时，基于ESR的纹波最大，反之亦然。所以两者中最大的一个决定了总的最大纹波。
ESL（等效串联电感）的影响
输出电压纹波中与ESL相关的分量（基于输出电容器电流的dI/dt）
ESL = 400 nH
= ESL × ΔI / T_ON = ESL × I_O × r × f / D
加
Buck变换器的输出电压纹波
=
考虑ESR和ESL的总输出电压纹波（用于Buck）
因为相位的关系，这个纹波不是上面三个纹波的简单相加

图 12.19 Buck 的输出电容器的波形

$$V_{OR} = V_{INMIN} \times \frac{\eta_{VINMIN} \times D_{MAX}}{1 - D_{MAX}} = 36 \times \frac{0.85 \times 0.44}{1 - 0.44} = 24.04\ \text{V}$$

2．匝数比

因此，匝数比是

$$n = \frac{V_{OR}}{V_O} = \frac{24.04}{12} = 2$$

3．磁芯的选择

$$V_{e_{cm^3}}=\frac{31.4\times P_{IN}\times\mu}{z\times f_{MHz}\times B_{SAT_G}^2}\left[r\times\left(\frac{2}{r}+1\right)^2\right]=\frac{31.4\times155.3\times2000}{10\times0.2\times3000^2}\left[0.4\times\left(\frac{2}{0.4}+1\right)^2\right]=7.8$$

这里我们使用了 *Switching Power Supplies A to Z*（第二版）中（255 页）的方程。我们已经设定相对磁导率为 2000，最大饱和磁感应强度为 3000G（0.3T），气隙因子 z 为 10，电流纹波率为 0.4。我们需要的磁芯体积为 $7.8cm^3$。参见表 12.1，我们看到我们为正激变换器选择的 EFD30 的体积是 $4.7cm^3$。这里我们需要将近 2 倍的体积。从表 12.1 中，我们看到最接近的选择是 ETD34，其体积为 $7.64cm^3$，有效面积为 $0.97cm^2$。

4．一次绕组匝数

如 *Switching Power Supplies A to Z*（第二版）中（236 页）。

$$N_P=\left(1+\frac{2}{r}\right)\times\frac{V_{INMIN}\times D_{MAX}}{2\times B_{SAT_T}\times A_{e_{m^2}}\times f_{Hz}}$$

$$=\left(1+\frac{2}{0.4}\right)\times\frac{36\times0.44}{2\times0.3\times0.97\times10^{-4}\times200000}=8.2\approx8\text{ 匝}$$

5．二测绕组匝数

$$N_S=\frac{N_P}{n}=\frac{8}{2}=4\text{ 匝}$$

注意和正激变换器的 1.33 相比，匝数比为 8/4=2。因为反射输入电压较低，这有助于选择二次较低电压等级的元件。

6．一次电感量

根据附录，从 *Switching Power Supplies A to Z*（第二版）中（139 页）得到

$$L_{P\_\mu H}=\frac{V_{OR}}{I_{OR}\times r\times f_{Hz}}\times(1-D_{MAX})^2$$

$$=\frac{24.04}{(11/2)\times0.4\times200000}\times(1-0.44)^2=1.714\times10^{-5}$$

所以我们需要的一次电感量为 17.14μH。

7．齐纳钳位二极管

为了得到更高的效率，齐纳钳位电压必须大于反射输出电压的 1.4 倍，所以推荐的最小钳位电压是 $1.4\times V_{OR}=1.4\times24.04=33.7V$，但是请看下面的最终选择（即 58V）。

8．电压额定值

这个钳位需要的最低场效应管额定电压为 57V+33.7V=90.7V。但是，如果我们选择一个 100V 的场效应管，裕量就很小。所以我们实际选择的是 150V 的场效应管，并且也可以使用 58V 的齐纳钳位。这样漏-源电压是 57V+58V=115V。这样得到一个很好的降额裕量为 115V/150V=0.77（也就是有 23%的裕量）。

我们假设漏感量是一次电感量的 1%，L_{lk}=171nH。在低输入电压时的一次峰值电流是

$$I_{PK\_PRI}=\frac{I_{OR}}{1-D_{MAX}}\times\left(1+\frac{r}{2}\right)$$

$$=\frac{11/2}{1-0.44}\times\left(1+\frac{0.4}{2}\right)=11.8$$

齐纳钳位的损耗是

$$P_Z=\frac{1}{2}\times L_{lk}\times I_{PK}^2\times f\times\frac{V_Z}{V_Z-V_{OR}}$$

$$=\frac{1}{2}\times171\times10^{-9}\times11.8^2\times200000\times\frac{58}{58-24}=4.1\text{ W}$$

实际上，如果我们做实验测试，我们可能会发现实际续流进入钳位管的峰值电流较小。因为变压器中的寄生电容，特别是在多层一次绕组的情况下，钳位电流是预期峰值电流的 0.7～0.9 的某个值。如果是这样，齐纳钳位的损耗甚至可以达到上面计算值的 0.7^2=0.5（一半）。

反射输入电压是

$$V_{INRMAX} = \frac{V_{INMAX}}{n} = \frac{57}{2} = 28.5\text{ V}$$

因此，最小输出二极管电压是

$$V_{D1} = V_{INRMAX} + V_O = 28.5 + 12 = 40.5\text{ V}$$

电流很大，所以单个二极管不够，我们需要并联二极管，很像低导通电阻 R_{DS} 的场效应管同步整流。

9．输入电容器的选择

Buck 的输入电容器的电流有效值公式为

$$I_{IN\_RMS} = I_O\sqrt{D\left(1 - D + \frac{r^2}{12}\right)}$$

所以对于 D=0.5 和小的 r，我们有

$$I_{IN\_RMS} \approx \frac{I_O}{2}$$

对于正激变换器，我们只是用 I_{OR}=I_O/n 替换 I_O。类似的，对于 Buck-Boost 有

$$I_{IN\_RMS} = \frac{I_O}{1-D}\sqrt{D\left(1 - D + \frac{r^2}{12}\right)}$$

所以对于 D=0.5 和小的 r，我们有

$$I_{IN\_RMS} \approx I_O$$

对于反激变换器，我们只是用 I_{OR}=I_O/n 替换 I_O。

我们看到，对于占空比接近 50%，和正激相比，反激的输入电容电流有效值加倍。从另一个角度看就是反激的 xW 等效于正激的 2xW。所以，我们可以重复我们在正激电路中所做的计算，但是现在要把它设想为 12V@22A 的变换器。所有我们计算的输入电容要加倍。我们同样可以用陶瓷电容器替代一些铝电解电容器。我们认为可能的解决方案是用两个 1000μF/63V 的铝电解电容器和四个 33μF/100V 的陶瓷电容器并联。

10．输出电容器的选择

在反激和 Buck-Boost 中，也会有一个脉冲电流流入输出电容器。并不像 Buck 和正激变换器，这个电流被电感“平滑”了。因此，选择输出电容器的主要准则只是基于需要能够吸收这种高电流有效值，而不会过热。输出电压纹波的进一步减小是因为放在输出电容后面的输出二极管后的 LC 滤波器。这个滤波器带走了输出二极管电流的整个过冲。

如果有必要，通常可以用一个小型后置 LC 滤波器来进一步降低输出电压纹波，该滤波器放置在输出二极管之后的初始输出电容器之后，初始输出电容器实际上承担了输出二极管电流的整个冲击。

这个计算实际上非常类似于输入电容器的计算。Buck-Boost 的输出电容器的电流有效值公式是

$$I_{O\_RMS} = I_O\sqrt{\frac{D + r^2/12}{1-D}}$$

所以对于 D=0.5，小的 r，我们有

$$I_{O\_RMS} \approx I_O$$

我们需要额定电流有效值为 11A 的总电容器！我们从这里的匝数比中没有得到任何帮助，就像在输入电容具有脉动电流的情况下。查看目录，因为我们只需要低于 25V 的电容器，而不是使用大容量的传统铝电解电容器，Chemicon 的 APXC160AR-A820MH70G 是不错的选择。它是 82μF/16V 导电聚合物铝固态电解电容器，额定有效值是 2.83A_{RMS}（在高频时），它的等效串联电阻极低为 25mΩ。我们需要 4 个这种电容器并联以得到 2.83×3=11.32A_{RMS} 额定值。

11．铜绕组

在 200kHz 时，集肤深度是（为了使设定的铜电阻率更准确，假设温度是 80℃）

$$\delta_{mm} = \frac{66.1[1+0.0042(T-20)]}{\sqrt{f_{Hz}}} = \frac{66.1[1+0.0042(80-20)]}{\sqrt{200000}} = 0.185\ \text{mm}$$

我们选择直径是 2δ 的圆导线，所以我们选择横截面积为 0.185×2=0.37mm。以 mil 为单位，每股导线的直径为

$$\frac{\text{mm}}{0.0254} \Rightarrow \frac{0.37}{0.0254} = 14.6\ \text{mil}$$

最接近的 AWG（作为每股导线的直径）号是

$$20\times\lg\left(\frac{1000}{\text{mil}\times\pi}\right) = 20\times\lg\left(\frac{1000}{14.6\times\pi}\right) = 27$$

我们选择 AWG 27，它的横截面积是

$$\text{Area}_{AWG} = \frac{\pi\times D^2}{4} = \frac{\pi\times 0.37^2}{4} = 0.11\ \text{mm}^2$$

在电流密度指标为 250A_{RMS}/cm^2 的导线上，可以通过 250×0.11/100=0.275A_{RMS} 的电流。但是，在低输入电压时，COR 电流是 $I_{OR}/(1-D_{MAX})$ = 11A/[2×(1−0.44)]=9.82A。它的电流有效值是 $9.82\text{A}\times\sqrt{D} = 9.82\text{A}\times\sqrt{0.44} = 6.5\text{A}_{RMS}$，所以一次侧需要的股数是 9.82/0.275=36 股。如果我们加倍电流密度到 500A_{RMS}/cm^2，我们得到所需股数为 18 股。如图 12.10 解释的，采用圆导线时，如果直径比 2δ 高，尽管 F_R 恶化，交流电阻也会改善。因此，如果需要的话，从而获得更好的结构，我们实际上可以明智地采用较厚的线规（较少的股数），以充分地填满每一层。

在二次侧，我们用同样的线规。在 D=0.44 时,二次电流的有效值是 $I_O/\sqrt{(1-D)} = 11\text{A}/\sqrt{(1-0.44)} = 14.7\text{A}_{RMS}$。所以如果我们的电流密度指标是 250$A_{RMS}/cm^2$，我们知道 AWG 27 的通流能力是 0.275A_{RMS}。在这种情况下，所需股数是 14.7/0.275=53 股。如果电流密度加倍，那二次股数是 26 股。

注意，我们还没有触及反激变换器的邻近效应这个主题，因为大多数人认为通过闭式方程来处理是一个极其困难的问题。所以我们依然关注电流密度指标。下面将对此进行讨论。

请记住，分裂和三明治绕组在这里也有帮助，但主要是减少漏电感和减少齐纳钳位损耗。否则，我们关于漏电感只占一次电感的 1%的基本假设就不成立。

反激变换器的行业电流密度指标

在 *Switching Power Supplies A to Z*（第二版）中，我们建议 400cmil/A 作为反激变换

器的推荐电流密度。参见 *Switching Power Supplies A to Z*（第二版）中 145 页中的诺谟图和解释，这基于斜坡中心（COR）值。为了更清楚地说明这一点，根据我们当前的术语，我们更喜欢将其写成 400cmil/A_{COR}。

假设 D=0.5，我们有 $\sqrt{D}=0.707$，所以变换为

$$\frac{400\ \text{cmil}}{A_{COR}} \equiv \frac{600}{0.707} = \frac{565\ \text{cmil}}{A_{RMS}}$$

或者

$$\frac{197353}{400} = \frac{493\ A_{COR}}{\text{cm}^2} \quad (\text{COR值})$$

或者

$$\frac{197353}{565} = \frac{350\ A_{RMS}}{\text{cm}^2} \quad (\text{RMS值})$$

换言之，我们推荐值在 250A_{RMS}/cm^2（保守的）～500A_{RMS}/cm^2（过于激进）。但是很大程度上也取决于磁芯损耗，我们应该记住在典型的反激电路中，磁感应强度摆幅通常固定在 3000G 左右，而不是像在正激变换器中那样固定在 1500G 左右。所以磁芯损耗是正激变换器变压器的损耗的 4 倍（因为对于铁氧体，在磁芯损耗公式里有 B^2）。但是，我们也使用 2 倍于正激变换器磁芯尺寸的反激变换器磁芯，所以最好要注意它的冷却。但是同时，其他部分也要按比例扩展。比如，我们首先计算每单位体积的磁芯损耗，然后乘以体积得到总的磁芯损耗。所以如果体积加倍，对于同样的磁感应强度摆幅，磁芯损耗加倍，等等。这种描述很含糊。我们确实很大程度需要依赖行业（和我们自己的）经验。在该作者的例子中，它是 400cmil/A_{COR}，只是为了获得 A 类变压器认证（几乎如此）。因此，最坏的情况可能是以 350A_{RMS}/cm^2 为指标。较低的密度更好（比如 250A_{RMS}/cm^2）。但是其他人怎么说呢？

- Fairchild 的 AN-4140 允许 500A_{RMS}/cm^2，建议最多 600A_{RMS}/cm^2。
- Texas Instruments 的手册里允许 600A_{RMS}/cm^2。
- International Rectifier 手册里建议 200～500cmil/A_{RMS}，变换为 400～1000A_{RMS}/cm^2。
- Monolithic Power 的 AN017 允许 500A_{RMS}/cm^2。
- Fairchild 的 AN-9737 建议 265A_{RMS}/cm^2，很接近我们的保守值 250A_{RMS}/cm^2。
- On-Semi 在 AN1320-D 手册里允许 500A_{RMS}/cm^2。
- Power Intergrations 建议 200～500cmil/A，但是在计算中经常使用 COR 值而不必指出，并且使用的典型值是 500A_{COR}/cm^2。这是 19737/500=400cmil/A_{COR}，和 *Switching Power Supplies A to Z*（第二版）中的建议一样，来自第 333 页，是 350A_{RMS}/cm^2。也见图 10.4。

请记住，在为评估板电源和满足安规要求的商业电源产品制作一个小的、有吸引力的变压器有很大的区别。

正激变换器和反激变换器储能需求的对比

不考虑效率因素，最基本的问题是，从反激到正激，我们最终需要更多或者更少的磁体积？

对于反激变换器，它的变压器体积是正激变换器的 2 倍。但是正激变换器有一个附加的磁性元件，它的储能元件也就是它的二次扼流圈。通常我们选择现成的电感。但是，

我们会问：如果我们使用带气隙的铁氧体做扼流圈，它的体积和反激变换器变压器的比较会如何？记住在反激变换器变压器也是储能元件。

答案在 *Switching Power Supplies A to Z*（第二版）的 225 页，其中显示了，在相同的能量、电流纹波率等条件下，一个 Buck 的体积是 Buck-Boost 的体积的（1–D）倍。因此，对于占空比约为 0.5，Buck 扼流圈的体积是 Buck-Boost 的一半。

我们知道正激变换器变压器的尺寸是反激变换器变压器的一半，但是我们需要一个二次扼流圈，扼流圈的尺寸是反激变换器变压器的一半。得、失的总和实际上为 0。正激和反激变换器需要的磁性元件的总体积几乎是相同的。在正激变换器中，热量被分到两个元件，并且它们的总暴露面积比相同体积的单个元件的大。这是在大功率时正激比较受欢迎的原因之一。但反激还受到齐纳钳位损耗和高 RMS 输出电容电流的影响。

第 13 章　PCB 与热管理

第 1 部分　PCB 与布局

引言

当谈到开关稳压器时，只是关注基本布线、连接、相关机械尺寸和生产问题是不够的。电源设计师和 CAD 人员需要意识到，布局是开关电源变换器设计好坏的重要因素。

印制电路板（Printed Circuit Board，PCB）设计的整个领域非常广泛，包括若干测试、机械和生产问题，以及应用的兼容性和监管问题。本章中讨论的大多数问题都围绕着确保基本功能展开。幸运的是，作为饱受困惑的开关电源设计师将高兴地知道，一般来说，所有涉及的电气方面是相关的，并指向相同的一般方向。因此，一个理想的布局，即帮助 IC 正常工作的布局，也会减少电磁辐射，反之亦然。然而，对于这种有益的趋势，有一些例外，特别是在不假思索地覆铜的实践中，这一点也将被提及。

走线分析

我们首先必须学会识别任意拓扑中难以设计的点或者它的关键走线部分。下面的规则很简单，适用于所有的拓扑。

在交叉（开关管开通或关断）过渡期间，某段走线上的电流会突然降为 0，而其他某段走线上的电流必须同时突然上升。这些就是开关电源 PCB 布局的关键走线。这些关键走线必须事先确定。

在图 13.1 中，我们分析了 Buck 的走线。我们省略了大部分的控制走线，如反馈、自举和使能，因为任何主电路的电流几乎不会流过这些走线，从电流和功率流的角度来看，这些走线并不是关键的。但是由图 1.21 可知，从噪声的角度考虑，反馈走线的布线（稍后要讲）也是很重要的。

图 13.1 中粗体的走线显示了功率的流动，先显示了开关管导通期间电流通过的走线，然后是开关管关断期间电流通过的走线，最后在最下面的电路图中，显示了前面两个电路图的差异。*差异走线*是指在交叉（开和关转换）期间电流必须突然导通或断开的走线。

但是所有走线都有非零电感，所以电流通过它们时，有一定的电流存储 $LI^2/2$。当开关命令走线中的电流停止时，存储的能量不能马上消失，所以就出现了电压尖峰（用灰色三角形显示）。类似地，当我们强迫电感中电流突变，同一走线在相反的方向也会产生电压尖峰。尖峰幅度可能很高，以标准方程 $v=L\mathrm{d}i/\mathrm{d}t$ 表示，这意味着就算 L 很小，如果 $\mathrm{d}i/\mathrm{d}t$ 很大，尖峰也会很高。$\mathrm{d}i/\mathrm{d}t$ 依赖于 FET/BJT 开关管的开关速度。

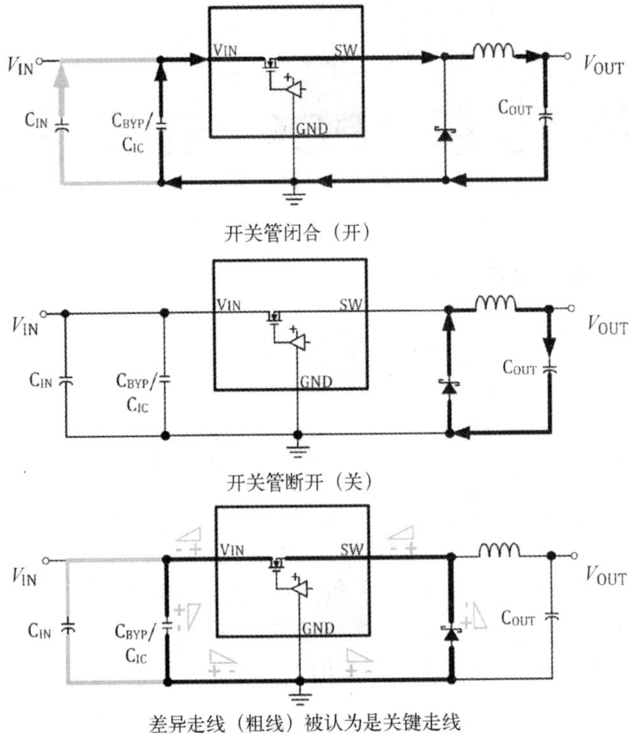

图 13.1　Buck 变换器的走线分析，用以识别关键走线

这些尖峰问题不但产生 EMI 和输出纹波，也很容易从连接管脚进入 IC 的控制部分，使 IC“误动作”。注意，IC 的噪声抑制能力（或等效噪声敏感性）在数据手册里没有说明。然而，好的 IC 对噪声尖峰有一定的耐受力。但是，一般来说，如果我们不减少关键走线的电感，则会影响开关 IC（多于影响控制器 IC）的行为。这可能会引起使用开关 IC 的客户不断抱怨，而不是使他们满意地重复订购。这通常只是布局的问题。

我们确实注意到，集成了 BJT 开关管的 IC 总是比集成了 FET 开关管的 IC 切换得更慢。因此，使用低速器件的客户对产品的抱怨较少也就不足为奇了。事实上，这些可能不是“产品投诉”，而是不良 PCB 布局。

我们需要搞清楚图 13.1 中更多的细节问题。C_{IC} 是一个旁路电容器，专门用来平滑输入电源的电压（最终进入 IC 的控制部分）。如果 C_{IC} 很接近 IC，它提供了开关电流波形的大部分高频分量（主要是开、关瞬间的尖峰电流）。C_{IN} 是输入大电容器，提供了大部分剩余电流波形，它不断地被远处的直流电源充电，在这种情况下它也相当于直流电源。

我们可以看到，减少走线长度，从而减少关键走线的电感的方法，是让它们的相关元器件靠近 IC。这将自动缩短相应的走线长度，还可以减小高频电流环并自动减小 EMI。所以，比如，图 13.1 中 C_{IC} 的位置是至关重要的，它要尽可能地靠近 IC。在这种情况下，C_{IN} 大概是在 1in 或者 2in 之外，它不是很关键，在电路图中用粗灰色线表示。如果去掉专用 IC 的解耦电容 C_{IC}（如果我们用一个基于 BJT 的 Buck 开关 IC 时，当然前提是有 C_{IN}），那么 C_{IN} 要很靠近 IC，和 IC 的距离超过 1in 会产生问题。类似地，对于集成了 FET 的开关 IC，已知甚至两个串联中间过孔（解耦电容器的每一引脚各一个）都会造成不稳定的性能。如果去耦电容器和 IC 不在电路板的同一面上，而在电路板的另一面，就会发生这种不稳定的情况。如图 13.2 所示，我们给出了放置 IC 去耦电容器的最佳方法。

如图 13.3 所示，我们为所有三种拓扑做了同样的分析，得到表 13.1，表中总结了三种拓扑的关键元器件。

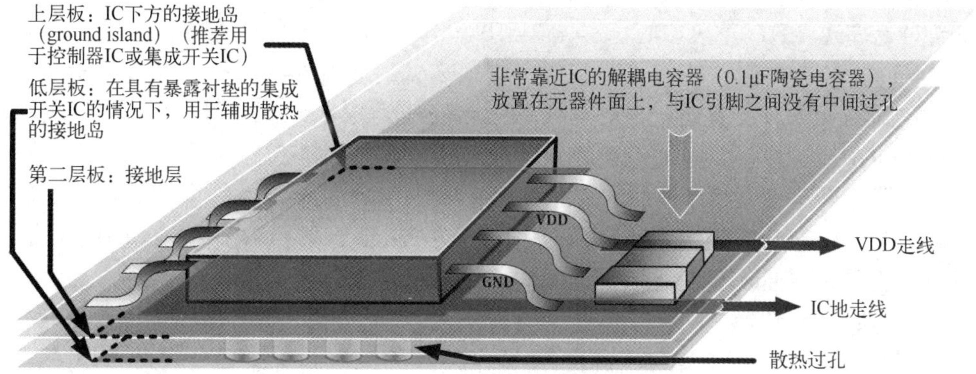

图 13.2　推荐的正确解耦

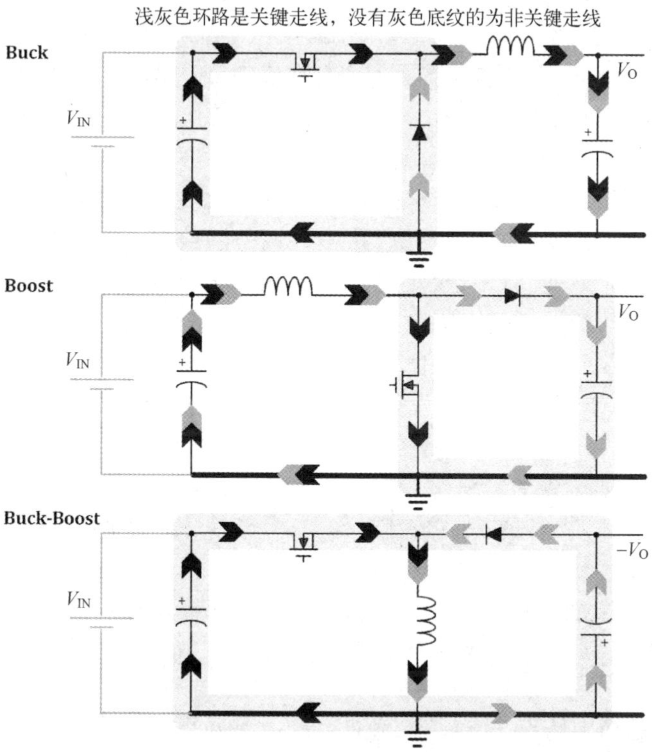

基本PCB设计策略

任何一条只有导通箭头或只有关断箭头，并在开与关过渡期间具有非常高的d*i*/d*t*的走线，被称为关键走线。它们要尽量短（首选），并尽可能宽。

(1) 在所有三种拓扑中，电感都具有两种类型的箭头，因为电感的固有特性保证通过它的电流都是连续的。因此，在这三种拓扑里，电感在PCB上的引线被认为不是关键走线。

(2) 在这三种拓扑里，开关管和二极管的走线都是关键的，因为在任何开和关过渡期间，所有电流都停止通过这两个器件中的一个，并改从其他器件流通，在这两个器件的引出走线上产生很高的d*i*/d*t*。

(3) 输入电容器的走线只在Buck和Buck-Boost中是关键的，而在Boost和Buck-Boost中，输出电容器的走线是关键的。

图 13.3　三种拓扑的走线分析

表 13.1　集成开关器和控制器的 PCB 布局中的关键元器件

	C_{IN}（输入大容量电容器）	C_{IC}（旁路电容器）	C_{OUT}（输出电容器）	电感器	二极管
Buck	关键	关键	非关键	非关键	关键
Buck-Boost	关键	关键	关键	非关键	关键
Boost	非关键	关键	关键	非关键	关键

注意事项

（1）经验法则是，每 1in 的走线长度的电感大约为 20nH。

（2）对于高速 FET 开关，瞬态时间是 10～30ns；而对于低速双极型开关，瞬态时间是 75～100ns。对于可比较的布局和负载，这意味着高速器件的电压尖峰是低速器件的 2 倍（因为较高的 d*i*/d*t*）。因此，在高速开关中布局成为决定性的因素。1in 的走线，开关时，在 30ns 的瞬态时间内，1A 的瞬态电流理论上会产生 0.7V 的电压。对于 3A/2in 的走线，感应电压可以达到 4V！然而，这些尖峰实际上可能看不到，因为它们很容易被寄生参数吸收，但是这些开关噪声中的一部分肯定会进入 IC（这是误操作的根本原因）。

（3）一旦布局不佳，即使通过辅助手段，这些问题都不能轻易地得到纠正。所以重要的是，从正确的布局开始。

（4）对于 Buck 拓扑，输出电容电流是平滑的（因为串联电感）。在 Boost 拓扑中，情况相反：比如输入电容电流平滑而输出电容电流脉动。在 Buck-Boost 或者反激电路中，输入和输出电流都是脉动的。

（5）在一些不太糟糕的 Buck 变换器布局中，通过一个跨接在续流二极管上的小串联电阻-电容（RC）缓冲电路可以成功补救布局。这包括了一个电阻值为 10～100Ω 的电阻（低寄生电感）和一个电容值为 470pF～2.2nF 的 SMD 陶瓷电容器。更大的电容将导致缓冲电路中的电阻产生更高的损耗（$=C\times V^2\times f$）。然而，注意，这个 RC 缓冲电路实际上需要很靠近，并跨接在 IC 的开关（SW）引脚和地线（GND）引脚之间，具有很短的引线和走线。

有时，因为在示意图上没有办法区分，RC 缓冲电路被认为是跨接在二极管两端，并作为二极管的一种处理方法。然而，这种 RC 缓冲电路的目的实际是吸收走线电感的电压尖峰，因此，它的位置必须是旁路掉它的输出端的关键走线或交流走线。它必须横跨在产生问题的（布局相当糟糕的）走线两端。特别的，当续流二极管是肖特基二极管（不是普通的超快恢复二极管）时，几乎不存在反向恢复或正向恢复问题，所以我们使用的 RC 缓冲电路，不是用于减缓二极管的特性，而是用于抑制不良的走线产生的问题。因此，如果根据从图 13.1 和图 13.3 中得到的经验进行布局，则 RC 缓冲电路通常是不必要的——当然，除非控制器/开关 IC 本身对噪声非常敏感。在这种情况下，我们应该改变芯片供应商，而不是增加（损耗）缓冲电路。

（6）关键元器件的走线必须是短的、相当宽的，并且没有任何过孔。过孔的电感是

$$L=\frac{h}{5}\left(1+\ln\frac{4h}{d}\right)\ \text{nH}$$

式中，h 是过孔的高度（也就是电路板的厚度），d 是直径，两者都是以 mm 为单位。

为了方便和走线或者导线长度产生的电感比较，以 cm 为单位，就是

$$L=2h\left(1+\ln\frac{4h}{d}\right)\ \text{nH}$$

式中，h 是过孔的高度，d 是直径，两者都是以 cm 为单位。

这种电感并不是微不足道，尤其是当我们面对现代开关的高 d*i*/d*t* 时。因此，如果由于任何原因必须在关键走线中使用过孔，那么多个过孔并行将比单个过孔产生更好的结果。直径越大越好。我们当然应该避免在芯片解耦通路上使用过孔。

（7）长度为 l，直径为 d 的导体的电感的第一个近似值是

$$L = 2l \times \left(\ln \frac{4l}{d} - 0.75 + \frac{d}{2l} \right) \text{ nH}$$

式中，l 和 d 的单位为 cm。注意 PCB 走线的方程和下式所示的导线的方程差不多。

$$L = 2l \times \left(\ln \frac{2l}{w} + 0.5 + 0.2235 \frac{w}{l} \right) \text{ nH}$$

其中，w 是走线宽度，l 是走线长度，单位都是 cm。对于 PCB 走线，电感 L 几乎不依赖于铜层的厚度（即，对于 1oz 或 2oz 的板来说是一样的，这个在后面将解释）。注意，前面的方程式实际上是针对铜扁带（独立式）的。在实际情况中，返回路径（PCB 走线）可以在另一层布线，直接在前向走线下面通过（自动的，如果前向走线下面没有接地层阻断）。在这种情况下，由于前向和返回走线产生的场相互抵消，电感可能显著降低。所以前面的方程在某种意义上代表了最坏的情况。

从前面的方程中我们也可以了解另一个情况。注意，在所有的情况下，l 都出现在对数项之外，所以长度加倍将导致电感增加倍。但是 w 或 d 在对数内，所以我们意识到要将电感减半，我们必须把宽度增加好几倍（多达 10 倍）。这与构成走线的几条平行薄带的互感效应有关。参见图 13.4，它是根据这些方程绘制的图。我们看到，对于直径为 1mm 的过孔，厚度为 1.6mm 的 PCB 将导致大约 1nH 或者 2nH 的过孔电感，如果我们减少过孔的直径，过孔电感将增加。如果我们并列几个过孔，电感将显著减少。

结论，尽可能地扩大走线宽度可能不是个好主意。电感没有减少很多，而且如果两端有脉动电压（例如，如果它是开关节点），它也会成为很好的电场天线。所以从某个角度来说，我们必须拒绝大面积覆铜，除非是地。注意在 Buck 中，二极管的阴极是拓扑的开关节点。我们知道，二极管的阴极与芯片、导热板和焊盘热连接，为了散热，我们很想提高开关节点的覆铜面积。但我们意识到，我们需要特别审慎地对待这一特定方面。

铜走线尺寸

例如，商用 PCB 通常是 1oz（盎司）或 2oz 的。这是指沉积在覆铜层压板上的铜的质量，单位为 oz/in^2。1 盎司的 PCB 相当于 1.4mil 铜箔厚度（或者 35μm）。类似地，2oz 的 PCB 相当于 2.8mil 铜箔厚度（或者 70μm）。

在目前废弃的军事标准 MIL-STD-275E（参见图 13.5）中，铜与 PCB 走线的温升之间存在复杂的曲线。这些曲线也适用于最新的标准，如 IPC-2221 和 IPC-2222。工程师们经常试图建立复杂的曲线拟合方程来匹配这些曲线。但事实是，早期的曲线可以很容易地用如下简单的线性规则来近似。

- 外层走线所需的横截面积是近似的。
- 每安培电流 $37mil^2$ 产生 10℃温升（最为推荐的）。
- 每安培电流 $25mil^2$ 产生 20℃温升。
- 每安培电流 $18mil^2$ 产生 30℃温升。

MIL 曲线是用于电路板最外层暴露于空气的走线。稍后可以观察到，对于电路板内层，我们只需将计算出的外层走线的宽度乘以因子 2.6，即可获得所需的宽度。

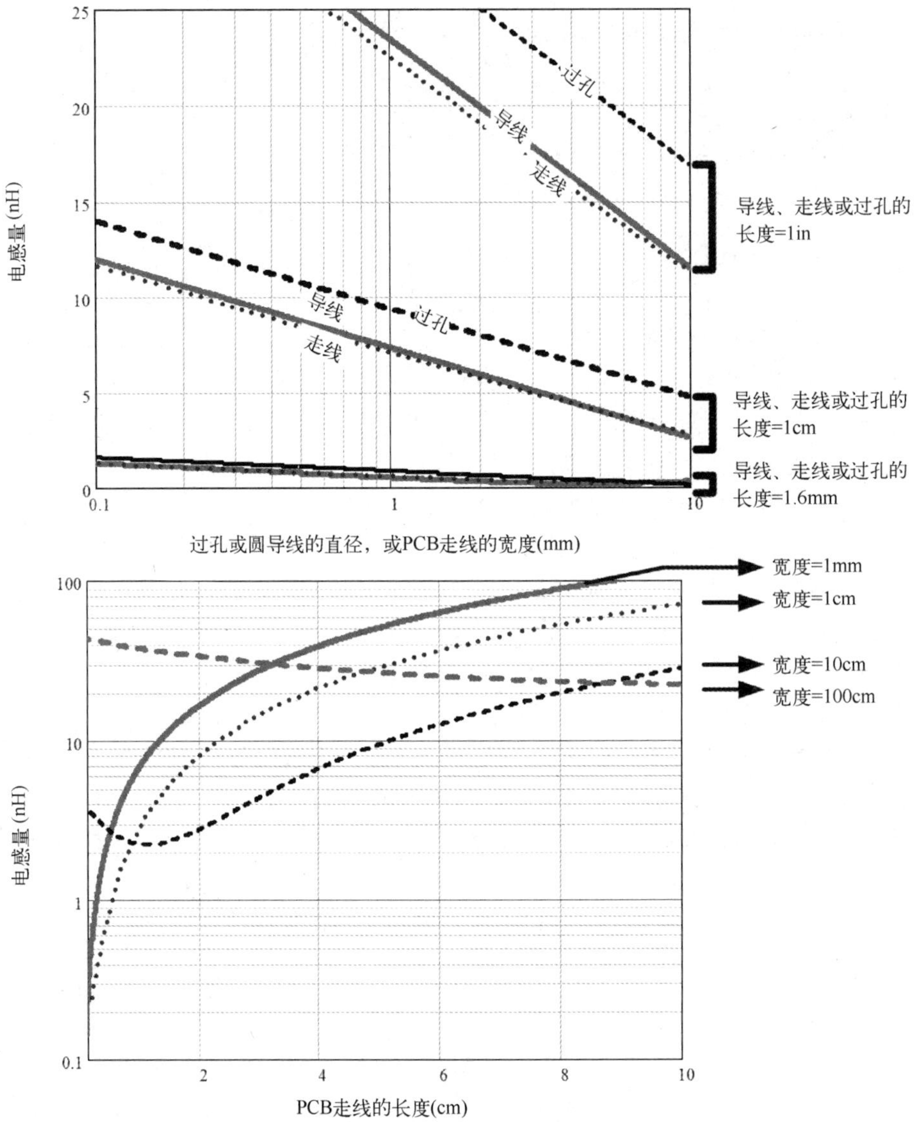

图 13.4　走线、过孔和导线的电感

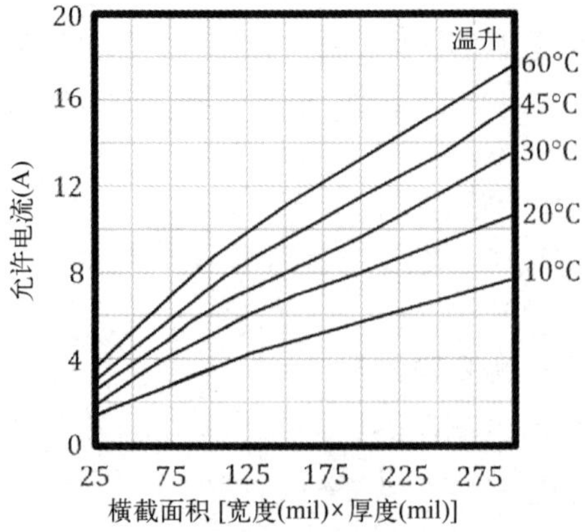

图 13.5　用于 PCB 走线温升的 MIL-STD-275E 曲线

计算横截面积中的走线的宽度时记住，1oz 的铜厚度是 1.4mil，并且 2oz 的铜厚度是 2.8mil。

所以前面的规律可以表述如下。

对于 1oz 铜:

- 每安培电流 26mil 产生 10℃温升。
- 每安培电流 18mil 产生 20℃温升。
- 每安培电流 13mil 产生 30℃温升。

对于 2oz 铜

- 每安培电流 13mil 产生 10℃温升。
- 每安培电流 9mil 产生 20℃温升。
- 每安培电流 6.5mil 产生 30℃温升。

正确地确定走线的大小非常重要，因为这样也能够显著地改进整体损耗、效率和温升。

我们看到走线的电流处理能力是和允许温升有关的。虽然军标（MIL 或者 MIL-STD）建议 PCB 走线最高温升为 10℃，商业设计的 PCB 走线最高温升经常是这个的 2 倍或者 3 倍。

布置反馈走线

唯一关键的信号走线是反馈走线。如果它连接的引脚是高阻抗节点，则很容易拾取噪声。具有固定输出电压选项（如 5V 和 3.3V）的 IC 不需要外部分压器，因为分压器位于 IC 的内部。对于这样的器件，反馈走线不会到达高阻抗输入引脚，并且相对不受噪声拾取的影响。对于可调电压部分，必须更加注意走线的布置。我们应该尽量保持反馈走线尽量短，以最小化噪声的拾取，但是它当然应该远离噪声源（例如，开关管、二极管，甚至电感器）。而输入去耦电容器和续流二极管又不能随意放置，也即不能为了保证反馈走线不受干扰而随意让其他元器件避让它。如果需要的话，我们可以使用一个过孔将走线引到接地层，并通过接地层布置反馈走线。这使反馈走线周围没有噪声。

布置电流采样走线

这特别应用在 AC-DC 变换器中，尤其是电流模式控制，如很通用的 UC384x 控制器。将电流采样走线与栅极走线平行布置是一个常见的陷阱，因为两者都是离开控制器 IC，并直接连接到 FET。然而，如果一条没噪声的走线与一条充满噪声的走线平行，即使只有几毫米的距离，它也会拾取到巨大的抖动。一种解决办法是使用保护带，特别是在更便宜的单面 PCB 中，即将地走线布在两者之间，如图 13.6 所示。当然，在这种情况下不使用反馈走线，因为光耦合器直接连接到低阻抗 COMP 引脚（PWM 比较器的输入）。因此，反馈走线在这里不是问题。

接地层

对于双层（双面）板，普遍的做法是在其中一层几乎铺满铜来作为地。在四层板中，专门用一层作为地。有些人通常认为这是解决大多数问题的好办法。正如我们所看到的，每个信号都有返回线，并且随着谐波越高，返回线更要直接布置在信号路径之下，从而引起磁场相互抵消和电感降低，如图 13.7 所示。这还有助于热管理，因为它把一些热量耦合到另一面。接地层还可以电容性连接到其上方的噪声走线（接地层和含有噪声的走线之间存在分布电容），从而降低总体噪声和 EMI。

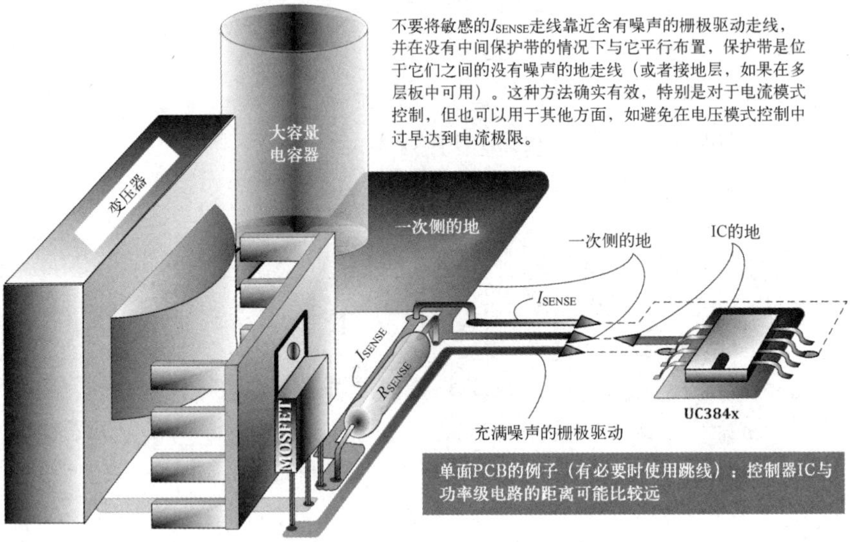
不要将敏感的I_{SENSE}走线靠近含有噪声的栅极驱动走线，并在没有中间保护带的情况下与它平行布置，保护带是位于它们之间的没有噪声的地走线（或者接地层，如果在多层板中可用）。这种方法确实有效，特别是对于电流模式控制，但也可以用于其他方面，如避免在电压模式控制中过早达到电流极限。
大容量
电容器
变压器
一次侧的地
一次侧的地
IC的地
I_{SENSE}
I_{SENSE}
R_{SENSE}
MOSFET
UC384x
充满噪声的栅极驱动
单面PCB的例子（有必要时使用跳线）：控制器IC与功率级电路的距离可能比较远

图 13.6　在 AC-DC 变换器中布置采样走线

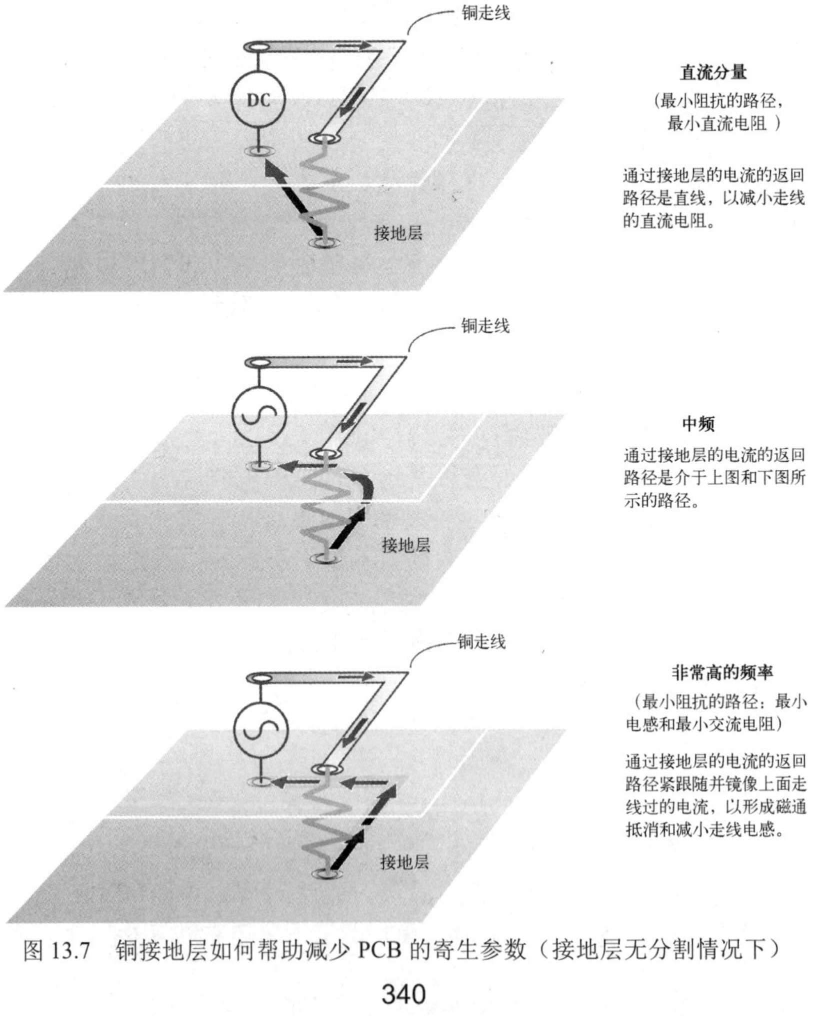
铜走线
DC
接地层
直流分量
（最小阻抗的路径，最小直流电阻）
通过接地层的电流的返回路径是直线，以减小走线的直流电阻。
铜走线
接地层
中频
通过接地层的电流的返回路径是介于上图和下图所示的路径。
铜走线
接地层
非常高的频率
（最小阻抗的路径：最小电感和最小交流电阻）
通过接地层的电流的返回路径紧跟随并镜像上面走线过的电流，以形成磁通抵消和减小走线电感。

图 13.7　铜接地层如何帮助减少 PCB 的寄生参数（接地层无分割情况下）

然而，如果噪声走线对接地层的电容耦合太多，那么接地层也可能最终将噪声辐射出去。如果我们给接地层必要的自由度，它就可以成为一个非常好的天线。因此，作者倾向于避免将（四层及更多层板中的）内部铜层用作正输入电源端（V_{IN} 或 V_{CC}），这被认为是相当常见的做法。原因是，输入电源端通常也是由其他开关电源供电，除了它本身成为一个良好的电场辐射器外，还会向接地层注入噪声。作者建议，只用较厚的走线作为输入电源端，只保留一个接地层。我们也可以考虑多个接地层，前提是它们由短距离间隔的多个过孔连接在一起，以避免意外的接地回路。

如图 13.7 所示，在低频（低频谐波）下，在接地层的返回电流试图从电阻最小的走线返回，比如两点间一条穿过接地层的直线。但是对于高频噪声，接地层中的电流试图镜像正向走线，这样可以同时去掉互感、最小化回路面积、降低总电感。这也是最小阻抗的走线。所以，如果为了建立热岛，或者布置其他走线，而将接地层按照奇怪的方式划分，接地层中的电流流通模式会变得“不自然”。我们必须学会让电流自然地流通，这总会给我们带来帮助。不假思索地分割接地层，我们可能会得到与缝隙天线非常相似的效果。

我们一般还注意到，接地层应补充其他建议。它的作用不一定能代替关键元器件的正确放置。

有时我们会忘记，在某些情况下，电路板的寄生参数对我们也是有帮助的，例如防止不同电路之间出现不必要的交互——这是为什么我们将解耦放在第一位的原因。所以设计师在决定电路板的配置和布局之前，应该仔细权衡每件事情。

在多层板中，我们应该尽量将接地层放在与元器件面最靠近的内层。这样做，接地层到元器件面的距离会很短（假设整块板的厚度是标准的 1.6mm），连接这两个层的过孔的长度要小得多，一般来说耦合更好。因此，噪声得到更好的抑制，电流采样部分工作得更好，EMI 更好，而且布局对不良特性的包容性更好。如果工程师太忙或不想和 CAD 工程师一起讨论，那么这就是解决问题的方法，不用担心费用。如果成本已经包含在设计中，由于变换器只是被放置在一个现有的多层板上，接地层的放置会非常容易。

一些制造问题

1oz 双面板通过化学镀铜工艺阶段（在使用阻焊层之前），以形成过孔[也称为电镀通孔（PTH）]，因此它最终可看成接近 1.4oz 的铜板。所以，最好在开始布局之前与印制电路板制造商核对一下，这将有助于确定特定载流能力和温升条件下，实际需要的铜走线宽度。还要注意的是，即使是一块单面板也要经过一个热风焊锡整平阶段（在阻焊层之后），在该阶段，薄锡（或过去是锡铅）层被沉积在未屏蔽（无阻焊层）的铜平面上。这确实增加了这些走线的有效厚度，但没有铜镀层那么有效，因为锡铅的电阻率是铜的 10 倍。

我们越来越习惯于用标准的绿板（FR-4），以致我们可能会忘记有更便宜的替代品。在开关电源中，以美分计价，并且 PCB 可能要花费几美元，我们不能忘记，更便宜的材料可以将 PCB 的总成本降低为原来的近 1/4。然而，并非所有的板层压材料都是一样的，设计师可能需要努力通过仔细布局来克服它们的限制性。

作者曾经使用的一种策略是，将尽可能多的控制元器件移到由 FR-4 制成的一级至二级双面 SMC/SMD（或 PTH）子板的一面，同时将所有不能由拾放机器操作的较大元器件放置到单面 CEM-1 板上。对公司来说，不仅在元器件成本，而且在生产和测试成本上，这被认为是一个主要的成本节省方法。

但首先，我们需要对什么是 FR-4 和 CEM-1 进行介绍。FR 代表耐火或阻燃。顺便说一句，这与易燃性问题不完全相同，易燃性是安全机构关注的关键问题。FR-4 和更便宜的 CEM 层压板（复合环氧材料）通常都具有安全机构的最高可燃性等级（94V-0，或仅相当于 V-0）。

- CEM-1 由纤维素纸芯和编织玻璃布表面，结合环氧树脂黏合剂构成。可以通过它的白色到奶油色（不透明）颜色来识别。它具有良好的机械强度，很好打孔钻洞。它非常便宜，不适用于 PTH（过孔）。它对单面板很有用。
- CEM-2 几乎和 CEM-1 一样。
- CEM-3 与 CEM-1 类似，只是芯部由非编织玻璃制成。CEM-3 几乎可以与 FR-4 互换。它的颜色是自然浅棕色（不透明）。PTH 可以用这种材料。例如，在日本，CEM-3 占有很大的市场份额。
- CEM-4 与 CEM-3 几乎相同，特别是从电气角度来看。
- FR-2 是一种纸基层压板，用酚醛树脂黏合剂。具有很高的防潮性和阻燃性。
- FR-3 是一种纸基层压板，用环氧树脂黏合剂。具有很高的抗弯强度和阻燃性。
- FR-4 是一种编织玻璃布，用环氧树脂黏合剂。除阻燃外，与 CEM-3 相同。

一些一般性评论：

（1）FR-4 得到应用是因为其固有的稳定性。即使在不利的环境条件下，其特性也会长期保持不变。然而，即使在 FR-4 中，也有不同的等级和规格，具有耐化学性和多层设计中使用的特殊版本。对于更高温度也有不同的等级。不能超过的额定值是 PCB 层压板的 T_g（玻璃化转变温度）。

（2）将 FR-4 与表面贴装元器件一起使用的一个重要原因是，几乎所有此类元器件的制造商都花费大量精力将元器件的 CTE（热膨胀系数）或 TCE 与标准 FR-4 板的相匹配。如果热膨胀不匹配，元器件在长时间的热循环下可能会开始开裂，而且焊点也会产生疲劳并开始出问题。

（3）对于专门用于通孔直插式元器件的电路板，我们可以考虑使用 CEM-1 或 CEM-3 来降低成本。但请注意，每当我们使用通孔直插式元器件时，该板都会经过波峰焊接过程。我们应该避免将表面贴装元器件浸入热焊料中。如果表面贴装元器件位于板的下面，在波峰焊接过程中会发生表面贴装元器件浸入热焊料的情况。一般来说，如果表面贴装元器件必须与通孔直插式元器件放在同一块板上，出于各种原因，我们应尽量将其限制在元器件面（功率元器件放置的一面）。

（4）如果控制电路使用双面板，我们要尽量避免把表面贴装元器件放在板的两面。因为如果元器件仅位于一面，它们就被拾放机器放在板的顶部，并通过回流焊接。因此，它们在重力（和焊膏）的帮助下保持原位。但是，如果两面都有表面贴装元器件，我们必须确保一面的元器件不会脱落，这就需要黏合剂。所有这些都增加了成本。

（5）使用单面板作为电源部件可能会引起一个问题，即在振动测试中，单面板的铜走线很容易脱落。双面板提供了更强的承受能力，特别是当重型元器件的引脚穿过电镀通孔时，在这里，焊料渗透到 PTH 中，形成非常牢固的结合。因此，对于单面电路板，我们至少应该在较重元器件（如变压器）的引脚周围覆上较大的铜平面。也可以用室温硫化硅树脂（RTV）或热熔胶将元器件粘到电路板上。

（6）单面板需要跳线。大多数情况需要手工插入，这可能会增加成本，具体成本取决于生产所处的地理区域。跳线的电感比走线高，所以我们必须研究该布局，看看在给定的开、关转换过程中电流在哪些走线上改变方向。这些走线被认为是关键的，这些走线不应该部分或全部用跳线来代替。

（7）PCB 材料的转变温度 T_g 也是很重要的。我们不想使用低温的板材料，而必须采用昂贵的更好的冷却系统。标准 FR-4 的 T_g 大约为 130℃。CEM 板的额定温度可能比 FR-4 的低 20～30℃，具体取决于制造商。

（8）PCB 层压板最重要的额定值是它的相对漏电起痕指数（CTI）。我们必须确定 CTI 是由哪些制造商提供的，因为它在离线电源中要承受一定的爬电。有关 CTI 的更多详细信息，请参阅第 17 章。

PCB 制造商和 Gerber 文件

我们必须了解，如果想降低成本，PCB 应该与制造商的能力相匹配。例如，每个制造商都有首选的钻头尺寸。我们应该事先知道这个信息。

我们也常常不知道需要向制造商提供什么信息。通常情况下，制造商不咨询我们，只使用默认值。因此，另一个制造商的板子的特性可能非常不同，仅仅是因为该制造商的默认值不同。这会浪费我们一段时间来弄清楚为什么新的板子不再正常工作。为避免这种情况发生，我们需要明确注明所有对我们重要的信息。

Gerber 文件格式是行业标准格式，用来生成电路板成像所需的图文件。现在常用的 Gerber 文件形式是扩展的 Gerber 或者 RS274X，在特别文件中嵌入了孔径数据。孔径数据中有焊盘尺寸、走线宽度等。这些数据组成了 D-code 列表。

当前的 Gerber 文件格式规范是 2013 年 6 月的第 I3 版。可从 Ucamco 下载页面免费下载。

当文件未保存为 RS274X 时，必须包含一个带有值的文本文件，因为这些值必须由 CAM 操作员手工输入。这减慢了流程，增加了人为错误的余地，以及生产周期和成本。

以下是一个给 PCB 制造商的要求样本：

> 请制造 200 块 6 层板。我们需要 1oz 的铜箔厚度，0.062in 厚的 FR-4 材料，绿色阻焊层，白色文字标记。
>
> 文件名：FLYBACK_70_REVA.ZIP。包括：
>
> FLYBACK_70_REVA.CMP 层 1　（元器件面）
> FLYBACK_70_REVA.gnd 层 2　（接地层）
> FLYBACK_70_REVA.IN1 层 3　（内部信号）
> FLYBACK_70_REVA.IN2 层 4　（内部信号）
> FLYBACK_70_REVA.VCC 层 5　（电源层）
> FLYBACK_70_REVA.SLD 层 6　（焊锡面）
> FLYBACK_70_REVA.CSM　（元器件面阻焊）
> FLYBACK_70_REVA.SSM　（焊锡面阻焊）
> FLYBACK_70_REVA.TSK　（元器件面文字印刷/命名）

FLYBACK_70_REVA.BSK （焊锡面文字印刷）
FLYBACK_70_REVA.DRL （钻孔文件）
FLYBACK_70_REVA.TOL （钻具说明）
FLYBACK_70_REVA.APT （孔径信息）
FLYBACK_70_REVA.DWG （画或印刷）

第 2 部分　热管理

引言

自然对流源自简单的原理："热空气上升"。因此，例如，安装在金属板上的功率半导体暴露在自然气流中，并将热量从功率器件传递到周围环境。我们也直观地知道，使用较大的金属板有助于这一过程，这会降低温度。我们可能也知道，超过一定的范围时，非常大的板子没有多大帮助。我们也可能意识到，更高的功耗实际上有助于冷却过程，这不意味着我们会提高功耗以得到这所谓的优势。这仅仅意味着在高功耗条件下每瓦的温升较低。因此，很明显，自然对流起到了有效的作用，但是为了理解它是如何完成任务的，我们需要处理对流的方程。

热管理不是一门黑技术。规则其实很简单。我们注意到一个主要的问题，并不是缺乏可用的规则（不管是经验的还是其他的），而是规则被构造成许多不同的形式，工程师只是不知道如何比较和选择这些规则。我们的目的不是声明哪个规则是最准确的，而是展示每个规则的不同形式。此外，如果所有的方程都转换成相同的表达式，它们就可以进行简单的比较。然后我们将看到，这些明显不同的方程在各自的温度预测中有多么接近。最终，我们可以选择保守的估计，或者更实际的估计。

热测量和效率估计

热管理的一个问题是测量。测量温升并建立它和功耗的关系是工程师最难进行的实验研究之一。需注意的问题如下：

（1）应该测量哪里的温度。散热器制造商经常提供他们使用的程序，但不幸的是，对于实际的变换器测量来说，这些程序通常是不切实际的，例如，在散热器上钻一个小孔，直到可以插入热电偶以与导热板（译者注：tab，与漏极连接的 FET 散热底板）接触。有人认为，判断三端 FET 结温的最佳点是中心引脚刚伸出塑料封装的位置，但这种方法得到的测量值略低于其他方法。有一点很清楚：给我们提供最高测量值的位置可能是最精确的。有人说，用于安装晶体管的导热板是最佳测量点，热电偶应该位于安装孔的正下方，并最靠近塑料体的点。然而，作者个人倾向于稍微松开安装螺钉，将热电偶插入导热板下方，注入大量的导热膏以填充空气空间，然后再次拧紧螺钉。注意，在前面的方法中，热电偶需要粘在元器件上。有导热黏合剂，但有些需要几个小时才能固化。一种快速的方法是使用超级胶水（氰基丙烯酸酯），这是一些主要电源供应商内部允许的方法。这被认为是可以接受的，前提是热电偶被紧紧地压在导热板上 1min 左右，使胶水变硬。水分（少量的水）加速了这种胶水的固化过程。或者我们可以使用一种正式的加速喷雾器。

注： 热电偶可以是（1）T 型：铜-康铜制成，工作范围为−270～600℃，电压变化为 25mV，在 25℃时提供 40.6μV/℃。或者是（2）J 型：铁-康铜制成，工作范围为−270～1000℃，电压变化为 60mV，在 25℃时提供 51.7μV/℃。端部通常点焊在一起，为了快速焊接，也常用锡焊。焊剂应该是 60% 的铅和 40% 的锡。因为这样的焊剂比 40% 的铅和 60%的锡的焊剂有较高的熔点温度。

（2）可变环境条件。在一个我们不知道的典型空间里，空气的小运动（气流）不断发生，就像有人走过或者头顶上的空调突然开始工作。因此，测量结果很少能在要求的几个准确度范围内重现。可以建造一个封闭的盒子，但里面会形成局部的热气囊。为了保持室内的平均环境温度，我们需要一些空气流动。如果使用风扇，空气流动可能会太多。我们要创造自然对流，而不是强迫空气对流。

（3）什么是功耗？即使我们得到了温度，我们如何把它和功耗联系起来？例如，FET 有一个与温度有关的 R_{DS}，其功耗也是如此。所以我们最后得出了一个循环论证。我们想知道某个功耗点的温度，但功耗本身取决于温度。最终迭代会得出一个稳定的解，但是对我们来说，很难用数学来描述。我们可以做的一件事，是用同一个封装中的二极管替换 FET，给二极管通直流电，并用万用表监测二极管上的电压。我们应该缓慢增加电流（并等一会！），这样我们可以得到和 FET 开、关过程相同的温度。因此，我们可以正确地知道功耗，并获得相应的温度读数。在获得散热器的特性之后，我们可以再次放入 FET，并尝试根据测量的功耗来验证我们的设计估计。

（4）测量通态损耗。例如，我们通过实验来测量 FET（或二极管）的正向压降。这是在实际的开关应用中，因此我们试图验证我们对通态损耗的估计，并可能创建一个用于优化的模型。万用表在这里显然不起作用。所以我们用示波器来“观察”FET 的正向电压。我们惊讶地发现，它看起来太高，或太低，甚至变为负值。我们通过将探头连接到示波器前面板上的测试信号，并使用随附探头套件中提供的绝缘小螺丝刀调整探头上的微调器，确保探头得到良好补偿。现在我们的测试信号看起来很好，很方正，但是当我们再次观察 FET 时，仍然会得到荒谬的结果。这里的问题是，我们已经把示波器的垂直刻度调整到几毫伏/格，因为我们试图将较小的正向压降放大。所以当 FET 关断时，电压很高，并且超出了显示屏刻度。因此，我们试图测量的信号的不可见部分实际上会过度驱动示波器的内部放大器，而当 FET 在下一个周期再次导通时，示波器就不能准确地再现信号（在某个未限定的恢复时间内）。解决方法是，将电压钳位到 5～10V 的较低水平，如图 13.8 所示。我们需要事先描述二极管的 *V-I* 特性，因为我们现在要读取 FET 的正向压降加上二极管压降。应仔细选择采用快速小信号 PN 结二极管。*R* 也需要调整，通常为 1～2kΩ，以正确偏置二极管。直流电压可能还需要进一步调整，以保持信号限制在屏幕上。

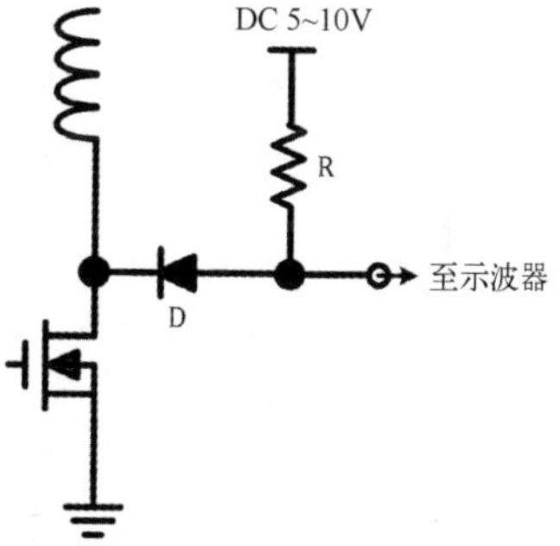

图 13.8　测量正向压降

（5）测量开关损耗。在开关过程中，我们看一下电压波形和电流波形之间的重叠区。我们必须记住，有源电流探头响应速度不是那么快，通常有一定延迟。因此，开关损耗测量可能是错误的。无源探头（内部只有一个线圈）在这种测量中可能工作得更好。此外，即使是用于电压测量的示波器探头也有几纳秒的延迟，而且这可能因探头而异，特别是当它们的长度不同时。我们应该检查这些传播延迟，并相应地修正我们的读数。在某些示波器上，我们也可以在屏幕上应用此修正。具有通用接口总线（GPIB）输出的示波器，可用于将数据放入 Excel 电子表格中，在该电子表格中，我们可以应用必要的偏移量 Δt 和 Δv，然后自动进行通常的 *V-I* 交叉计算。

自然对流方程

如果我们知道散热器（可能是紧贴在表面贴装元器件上的铜）的温度和功耗，我们可以通过下式估算结点温度：

$$R_{\text{th\_JA}} = R_{\text{th\_JH}} + R_{\text{th\_HA}}$$

其中，R_{th} 为热阻（℃/W）；J 表示结点；H 表示散热器；A 表示环境。如果 P 是以 W 为单位的功耗，那么

$$T_J = P \times (R_{\text{th\_JH}} + R_{\text{th\_HA}})$$

注意，$R_{\text{th\_JH}}$ 可以进一步分成：

$$R_{\text{th\_JH}} = R_{\text{th\_JC}} + R_{\text{th\_CH}}$$

其中，C 表示容器。我们可以完全控制的参数只有 $R_{\text{th\_HA}}$，所以这一章的重点是理解这一关键环节。在以后的介绍中，R_{th} 只代表 $R_{\text{th\_HA}}$。

有大量的方程或经验公式可供使用。尽管它们实际上只属于两个或三个体系，而且它们也非常接近，但这并不是一目了然。造成混淆的一个来源是，即使两面都暴露在自然对流中，这些方程中使用的面积通常是指板（其中一面）的面积。但有些方程是预先认识到这一点的，并使用 2 倍的数值（总暴露面积）。这实际上几乎完全改变了方程的表述，因此它们变得很难比较。还有一些方程中的面积使用 in^2 为单位，然而有些使用 m^2（或其他单位）。问题是，由于涉及指数，即使是单位的微小变化也会使方程无法由其根形式识别出来。

本章中，A 指板的一面的面积，板的两面都用于散热。总暴露面积用 $\underline{A}$ 表示（即 $\underline{A}=2A$）。

以往的定义

我们举一个最简单的例子，一块由很好的导热材料制成的方形板，功耗为 PW。一段时间后，我们会发现板稳定在一个比环境温度高 ΔT 的特定温度上。

我们希望温升与功耗成比例，比例常数是单位为℃/W 的热阻 R_{th}：

$$R_{\text{th}} = \frac{\Delta T}{P}$$

类似地，我们希望热阻的变化与面积成反比：

$$R_{\text{th}} \propto \frac{1}{A}$$

上式中比例常数的倒数是 h，单位为 W/(℃×单位面积)，它有多种称谓，如对流系数或传热系数。

$$R_{th} = \frac{1}{h\underline{A}} = \frac{1}{2hA}$$

最后，我们得到基本方程组：

$$P = h \times \underline{A} \times \Delta T = 2 \times h \times A \times \Delta T = \frac{\Delta T}{R_{th}}$$

显然，

$$R_{th} = \frac{温升}{功率}$$

$$h = \frac{功率}{总暴露面积 \times 温升}$$

并且

$$h\underline{A} = \frac{1}{R_{th}}$$

我们一直使用预期这个词的原因是，从历史上讲，这些关系被认为是正确的，并且有人认为 R_{th} 和 h 是比例常数。但后来人们意识到事实并非如此。然而，为了（强制）一致性，以前的经典方程仍然保留，但改变的是 h 或 R_{th} 不再被看作常数。现在允许它们依赖于面积和功耗等，其目的是间接地将观测到的偏离预期结果的因素考虑在内。

有效方程

作为第一个近似值，h 通常（在海平面上）被表示为

$$h = 0.006\ \mathrm{W/(in^2 \cdot ℃)}$$

如果面积以米制表示，就变为

$$h = 0.006 \times (39.37)^2 = 9.3\ \mathrm{W/(m^2 \cdot ℃)}$$

（因为 39.37in=1m）。

现在我们知道，在现实中，h 可能与前面假定的预设值相差四分之一。因此，在文献中，我们可以找到 h 的下列广义经验方程，这成为我们的标准方程 1:

$$h = 0.00221 \times \left(\frac{\Delta T}{L}\right)^{0.25} \quad \mathrm{W/(in^2 \cdot ℃)} \quad (标准方程1)$$

式中，L 为沿着自然对流方向（纵向）的长度。在这个简单的方形板的例子里，$L = A^{0.5}$，所以我们可以这样写：

$$h = 0.00221 \times \Delta T^{0.25} \times A^{-0.125} \quad \mathrm{W/(in^2 \cdot ℃)} \quad (标准方程 1)$$

还要注意，前面的方程使用 A，它实际上是暴露在冷却中的面积的一半。因此，根据冷却过程中涉及的实际面积，我们可以将上式等效重写为

$$h = 0.00221 \times \Delta T^{0.25} \times \left(\frac{\underline{A}}{2}\right)^{-0.125} \quad \mathrm{W/(in^2 \cdot ℃)}$$

$$h = 0.00241 \times \Delta T^{0.25} \times \underline{A}^{-0.125} \quad \mathrm{W/(in^2 \cdot ℃)}$$

这些都是 h 的同一方程的有效和已公开的表达式。

注：前面的方程体现了 h 非常依赖于板的暴露面积以及其相对于环境的温差。这种依赖性（即 $A^{-0.125}$）意味着大板的单位面积冷却效率（即 h）比小板的差。虽然这让人吃惊，但我们注意到板的整体和总冷却效率是 $h \times A$，这取决于 $A^{+0.875}$。因此，正如我们预料的那样，热阻为 $1/A^{+0.875}$，大板的热阻显然比小板的要低。将其与经典方程中理想的 $1/A$ 变化进行比较，这才是最初预期的热阻。

在文献中，我们经常发现以下标准方程（面积单位为 in^2），称为标准方程 2：

$$R_{th} = 80 \times P^{-0.15} \times A^{-0.70} \qquad \text{(标准方程 2)}$$

其中，A 的单位是 in^2。我们注意到第一个方程用 h 表达，第二个方程用 R_{th} 表达。如何比较它们呢？

我们现在将对这些方程进行一些处理，使它们变为具有可以比较的表达式。

方程的处理

我们已经提供了相关的表格，但让我们做一些处理以熟悉这个过程：

（1）我们可以用功耗代替温升来重写标准方程 1：

$$h = 0.00221 \times \left[\frac{P}{h \times A \times 2}\right]^{0.25} \times A^{-0.125}$$

所以有

$$h = 0.00654 \times P^{0.2} \times A^{-0.3} \quad \mathrm{W/(in^2 \cdot ℃)}$$

（2）或者我们也可以用总暴露面积来表达：

$$h = 0.008 \times P^{0.2} \times \underline{A}^{-0.3} \quad \mathrm{W/(in^2 \cdot ℃)}$$

（3）我们现在也可以尝试用 MKS（SI）单位来表达这个方程，看它是什么样的。转换不明显，因此我们进行如下操作：构建一块虚拟的板，大小为 39.37in×39.37in，或者 1m×1m。显然，这块板的热阻以℃/W 为单位，因此与用于测量面积的单位无关，无论使用的单位制如何变化，它都保持不变。这意味着 $1/(h\times\underline{A})$ 独立于单位，$h\times\underline{A}$ 也独立于单位。因此，如果在 MKS 单位中，我们首先假设 h 的类似表达式：

$$h = C \times \Delta T^{0.25} \times A^{-0.125} \quad \mathrm{W/(m^2 \cdot ℃)}$$

同样，

$$h \times A = C \times \Delta T^{0.25} \times A_{m^2}^{-0.125} \times A_{m^2} = 0.00221 \times \Delta T^{0.25} \times A_{in^2}^{-0.125} \times A_{in^2}$$

$$C \times A_{m^2}^{0.875} = 0.00221 \times A_{in^2}^{0.875}$$

$$C = (39.37^2)^{0.875} \times 0.00221 = 1.37$$

所以，最后在 MKS 单位中，

$$h = 1.37 \times \Delta T^{0.25} \times A^{-0.125} \quad \mathrm{W/(m^2 \cdot ℃)}$$

（4）用总暴露面积时：

$$h = 1.49 \times \Delta T^{0.25} \times \underline{A}^{-0.125} \quad \mathrm{W/(m^2 \cdot ℃)}$$

（5）我们也可以像之前那样用 P 代替温度，将 h 表达为

$$h = 1.12 \times P^{0.2} \times A^{-0.3} \quad \mathrm{W/(m^2 \cdot ℃)}$$

（6）用总暴露面积时：

$$h = 1.38 \times P^{0.2} \times \underline{A}^{-0.3} \quad \mathrm{W/(m^2 \cdot ℃)}$$

（7）我们也可以用热阻代替 h，重写标准方程 1。

我们得到以下几种不同表达式：

$$R_{th} = \frac{1}{2hA} = 76.5 \times P^{-0.20} \times A^{-0.70} \qquad \text{(面积单位为 in}^2\text{)}$$

（8）或者以总暴露面积表达：

$$R_{th} = \frac{1}{h\underline{A}} = 124.3 \times P^{-0.20} \times \underline{A}^{-0.70} \qquad \text{(面积单位为 in}^2\text{)}$$

（9）用 MKS 单位：

$$R_{th} = \frac{1}{2hA} = 0.45 \times P^{-0.20} \times A^{-0.70} \quad （面积单位为\,m^2）$$

（10）或者以总暴露面积表达：

$$R_{th} = \frac{1}{h\underline{A}} = 0.72 \times P^{-0.20} \times \underline{A}^{-0.70} \quad （面积单位为\,m^2）$$

两个标准方程的比较

我们的标准方程 2 是

$$h = 80 \times P^{-0.15} \times A^{-0.70} \quad （面积单位为\,in^2）$$

从我们对标准方程 1 的处理结果可得

$$R_{th} = \frac{1}{2hA} = 76.5 \times P^{-0.20} \times A^{-0.70} \quad （面积单位为\,in^2）$$

因此，我们看到这两个方程，一个最初是用 h 表达的，另一个是用 R_{th} 表达的，如果用我们已经处理过的类似的表达式，它们根本没有什么不同。现在这是一个同类比较。

热力学理论里的 *h*

不需要太深入的热力学理论，我们可以由理论推导出一个快速检验方程。我们有无量纲的努塞尔数（Nusselt Number）Nu，它是对流换热和传导换热的比值。我们还有无量纲的格拉斯霍夫数（Grashof Number）Gr，它是浮力流与黏滞流的比值。在自然对流（层流）下，我们得到以下用 MKS 单位表达的方程：

$$\mathrm{Nu} = 3.5 + 0.5 \times \mathrm{Gr}^{1/4}$$

其中

$$\mathrm{Gr} = \frac{g \times [1/(T_{AMB} + 273)] \times \Delta T \times L^3}{\nu^2}$$

式中，g=9.8（重力加速度，单位为 m/s^2），ν=15.9×10^{-6}（运动黏度，单位为 m^2/s）。当环境温度为 T_{AMB}=40℃时，上式可以简化为

$$\mathrm{Nu} = 3.5 + 52.7 \times \Delta T^{0.25} \times L^{0.75}$$

冷却系数由下式定义：

$$h = \frac{\mathrm{Nu} \times K_{AIR}}{L}$$

其中，K_{AIR} 是空气导热系数[0.026W/(m·℃)]。于是我们可以得到第三个标准方程：

$$h = 0.091 + 1.371 \times \left(\frac{\Delta T}{L}\right)^{0.25} \quad \mathrm{W/(m^2 \cdot ℃)} \quad （标准方程3）$$

或者

$$h = 0.091 + 1.371 \times \Delta T^{0.25} \times A^{-0.125} \quad \mathrm{W/(m^2 \cdot ℃)} \quad （标准方程3）$$

与之前给出的经验方程相比，我们发现这个方程与标准方程 1 的可比表达式 3 [$h = 0.00241 \times \Delta T^{0.25} \times A^{-0.125}$ W/(in^2·℃)]非常相似。

可惜的是，尽管由于方程中的常数项，使这种表达式可能更精确，但正是因为这个原因，更难将它处理成以前的方程所被处理成的表达式。所以，我们不会在这里尝试去处理它。我们将把前面的方程处理成类似的表达式，然后在最后进行比较。实际上，从本

节开始，我们忽略了标准方程 3，因为它几乎与标准方程 1 相同。

使用标准方程的表格

在表 13.2 中，我们给出了将关于 h 的方程转化为所有其他表达式的完整过程。每次有 4 种情况：

情况 1：方程中的面积是暴露面积的一半（单位为 in^2）。

情况 2：方程中的面积是总的暴露面积（单位为 in^2）。

情况 3：方程中的面积是暴露面积的一半（单位为 m^2）。

情况 4：方程中的面积是总的暴露面积（单位为 m^2）。

在同一张表中，我们给出了由标准方程 1 得到的数值（灰色字体）。在同一张表的底部，我们展示了如何从 R_{th} 的方程（例如从我们的标准方程 2）生成所有表达式。我们可以一步从 R_{th} 方程跨越到 h 的相同表达式，也就是表格顶部的表达式，然后我们可以像之前那样从上往下依次进行变换，得到所有的其他表达式。

表 13.2　自然对流方程比较的转换表

$h=\alpha\times\dfrac{\Delta T^{\beta}}{\text{Area}^{\gamma}}$			
情况 1 in，半面积	$\alpha_1\equiv\alpha=?$ 0.00221	$\beta_1\equiv\beta=?$ 0.25	$\gamma_1\equiv\gamma=?$ 0.125
情况 2 in，总面积	$\alpha_2=\alpha\times 2^{\gamma}$ 0.00241	$\beta_2=\beta$ 0.25	$\gamma_2=\gamma$ 0.125
情况 3 m，半面积	$\alpha_3=\alpha\times 39.37^{2-2\gamma}$ 1.37	$\beta_3=\beta$	$\gamma_3=\gamma$ 0.125
情况 4 m，总面积	$\alpha_4=\alpha\times 39.37^{2-2\gamma}\times 2^{\gamma}$ 1.49	$\beta_4=\beta$	$\gamma_4=\gamma$ 0.125
$h=x\times\dfrac{P^{y}}{\text{Area}^{z}}$			
情况 1 in，半面积	$x_1=\left(\dfrac{\alpha_1}{2^{\beta}}\right)^{1/(\beta+1)}$ 0.00653	$y_1=\dfrac{\beta}{\beta+1}$ 0.20	$z_1=\dfrac{\beta+\gamma}{\beta+1}$ 0.30
情况 2 in，总面积	$x_2=(\alpha_2)^{1/(\beta+1)}$ 0.00805	$y_2=\dfrac{\beta}{\beta+1}$ 0.20	$z_2=\dfrac{\beta+\gamma}{\beta+1}$ 0.30
情况 3 m，半面积	$x_3=\left(\dfrac{\alpha_3}{2^{\beta}}\right)^{1/(\beta+1)}$ 1.12	$y_3=\dfrac{\beta}{\beta+1}$ 0.20	$z_3=\dfrac{\beta+\gamma}{\beta+1}$ 0.30
情况 4 m，总面积	$x_4=(\alpha_4)^{1/(\beta+1)}$ 1.38	$y_4=\dfrac{\beta}{\beta+1}$ 0.20	$z_4=\dfrac{\beta+\gamma}{\beta+1}$ 0.30
$R_{th}=\dfrac{C\alpha}{\Delta T^{C\beta}\times\text{Area}^{C\gamma}}$			
情况 1 in，半面积	$C\alpha_1=\dfrac{1}{2\times\alpha_1}$ 226.2	$C\beta_1=\beta$ 0.25	$C\gamma_1=1-\gamma$ 0.875

续表

情况 2 in，总面积	$C\alpha_2 = \frac{1}{\alpha_2}$ 415	$C\beta_2 = \beta$ 0.25	$C\gamma_2 = 1-\gamma$ 0.875
情况 3 m，半面积	$C\alpha_3 = \frac{1}{2\times\alpha_3}$ 0.365	$C\beta_3 = \beta$ 0.25	$C\gamma_3 = 1-\gamma$ 0.875
情况 4 m，总面积	$C\alpha_4 = \frac{1}{\alpha_4}$ 0.67	$C\beta_4 = \beta$ 0.25	$C\gamma_4 = 1-\gamma$ 0.875
$R_{th} = \frac{Cx}{P^{Cy}\times \text{Area}^{Cz}}$			
情况 1 in，半面积	$Cx_1 = \frac{1}{2\times x_1}$ 76.5	$Cy_1 = y_1$ 0.20	$Cz_1 = 1-z_1$ 0.70
情况 2 in，总面积	$Cx_2 = \frac{1}{x_2}$ 124.2	$Cy_2 = y_2$ 0.20	$Cz_2 = 1-z_2$ 0.70
情况 3 m，半面积	$Cx_3 = \frac{1}{2\times x_3}$ 0.45	$Cy_3 = y_3$ 0.20	$Cz_3 = 1-z_3$ 0.70
情况 4 m，总面积	$Cx_4 = \frac{1}{x_4}$ 0.72	$Cy_4 = y_4$ 0.20	$Cz_4 = 1-z_4$ 0.70
直接变换 ⇓⇓⇓ （仅情况 1 和 3）	$Cx = \frac{1}{2}\times\left(\frac{2^{\beta}}{\alpha}\right)^{1/(\beta+1)}$	$Cy = \frac{\beta}{\beta+1}$	$Cz = 1-\frac{\beta+\gamma}{\beta+1}$
直接变换 ⇑⇑⇑ （仅情况 1 和 3）	$\alpha = \frac{1}{2}\times\frac{1}{Cx^{1/(1-Cy)}}$	$\beta = \frac{Cy}{1-Cy}$	$\gamma = 1-\frac{Cz}{1-Cy}$

在表 13.3 中，我们比较了两个标准方程的每种表达式的数值结果。当然，我们在相关文献中看到过许多这样的（或非常接近的）情况，尽管我们可能没有意识到它们都是相同的方程。

表 13.3　两种自然对流标准方程的数值比较

$h = \alpha\times\frac{\Delta T^{\beta}}{\text{Area}^{\gamma}} \equiv \alpha\times\frac{\Delta T^{\beta}}{L^{2\gamma}}$				
	标准方程	α	β	γ
情况 1 in，半面积	1 2	0.00221 0.00288	0.25 0.18	0.125 0.18
情况 2 in，总面积	1 2	0.0024 0.0033	0.25 0.18	0.125 0.18
情况 3 m，半面积	1 2	1.37 1.22	0.25 0.18	0.125 0.18

续表

情况 4 m，总面积	1	1.49	0.25	0.125
	2	1.38	0.18	0.18
$h = x \cdot \frac{P_y}{\text{Area}^z} \equiv x \cdot \frac{P_y}{L^{2z}}$				
	标准方程	x	y	z
情况 1 in，半面积	1	0.0065	0.20	0.30
	2	0.0063	0.15	0.30
情况 2 in，总面积	1	0.0081	0.20	0.30
	2	0.0077	0.15	0.30
情况 3 m，半面积	1	1.12	0.20	0.30
	2	1.07	0.15	0.30
情况 4 m，总面积	1	1.38	0.20	0.30
	2	1.32	0.15	0.30
$R_{\text{th}} = \frac{C\alpha}{\Delta T^{C\beta} \times \text{Area}^{C\gamma}}$				
	标准方程	$C\alpha$	$C\beta$	$C\gamma$
情况 1 in，半面积	1	226.2	0.25	0.875
	2	173.4	0.18	0.82
情况 2 in，总面积	1	414.9	0.25	0.875
	2	306.8	0.18	0.82
情况 3 m，半面积	1	0.37	0.25	0.875
	2	0.41	0.18	0.82
情况 4 m，总面积	1	0.67	0.25	0.875
	2	0.72	0.18	0.82
$R_{\text{th}} = \frac{Cx}{P^{Cy} \times \text{Area}^{Cz}}$				
	标准方程	Cx	Cy	Cz
情况 1 in，半面积	1	76.5	0.20	0.70
	2	80	0.15	0.70
情况 2 in，总面积	1	124.3	0.20	0.70
	2	130.0	0.15	0.70
情况 3 m，半面积	1	0.45	0.20	0.70
	2	0.47	0.15	0.70
情况 4 m，总面积	1	0.73	0.20	0.70
	2	0.76	0.15	0.70

我们可以提供一个简单的方程来估算 PCB 上的铜面积。这不是一块板，而是 PCB 上的一块覆铜，并且只有一面暴露在冷却环境中。这与使用板的一面的面积不同，板的两面都暴露在冷却环境中。在这里，我们使用的方程，它有两面都暴露在冷却环境中。因此，我们在这里称为“Area”，而不是像之前那样用 A 或 $\underline{A}$ 表示。但是，我们也可以使用标准方程 1 来获得以下适用方程（见表 13.2 的倒数第 5 行）

$$R_{\text{th}} = \frac{124.2}{P^{0.20} \times \text{Area}^{0.70}} \quad ^\circ\text{C/W} \qquad (\text{面积单位为in}^2)$$

求解面积可得

$$\text{Area} = \left(\frac{124.2}{P^{0.20} \times R_{\text{th}}}\right)^{1/0.70}$$
$$= 981 \times R_{\text{th}}^{-1.43} \times P^{-0.29} \qquad (\text{面积单位为}\,\text{in}^2)$$

例 13.1　SMT 元器件的功耗为 0.45W，我们希望将 PCB 的温度限制在最高 100℃，以避免过于接近电路板的玻璃化转变（标准 FR-4 的玻璃化转变温度约为 120℃）。如果最恶劣的环境温度是 55℃，那么我们要算出适用于这个元器件的铜量。

所需的 R_{th} 为

$$R_{\text{th}} = \frac{℃}{W} = \frac{100-55}{0.45} = 100℃/\text{W}$$

所以由我们的方程（基于标准方程 1）可以得到

$$\text{Area} = 981 \times 100^{-1.43} \times 0.45^{-0.29} = 1.707\ \text{in}^2$$

所以我们需要的方形铜面积的边长为 $1.707^{0.5}$=1.3in。

在图 13.9 中，我们还绘制了标准设计方程 1 和 2。我们看到，标准方程 2 总是比标准方程 1 更保守；也就是说，它需要稍大的面积，因此在大多数情况下可能更安全。虽然没有进行比较，但标准方程 3 几乎与标准方程 1 一致，尽管它预测的温度略低（不太保守）。

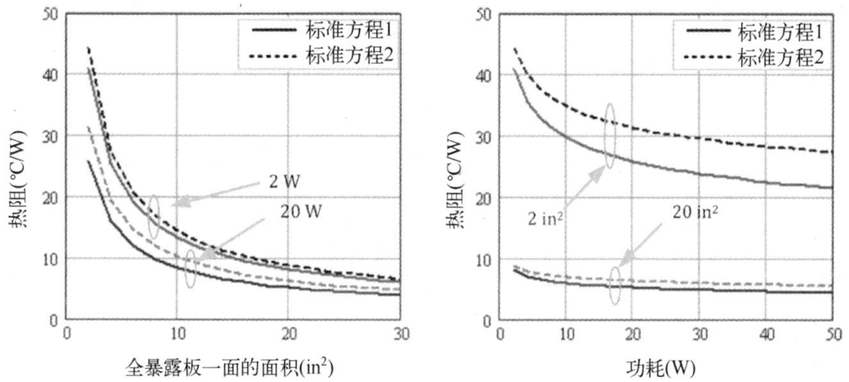

图 13.9　两个自然对流标准设计方程的比较

PCB 散热

如前所述，商业用 PCB 通常为 1oz 或 2oz。这是指铜箔基板上沉积的铜的质量，单位为 oz/ft^2。1oz 实际上相当于 1.4mil 铜厚度（或 35μm）。同理，2oz 就是它的 2 倍（即 70μm）。

过大面积的覆铜对散热没有更多帮助，特别是对于较薄的铜。方形覆铜的长度（每边）为 1in 时，达到收益递减点。通过一些改进，收益递减点可以增大到 3in 左右，特别是 2oz 和更厚覆铜的板，但超过这一点时，就需要外部散热器了。热阻实际达到的值（从电源设备的外壳到环境）约为 30℃/W。

这并不是说热量只从覆铜的一面消散。SMT 应用中常用的层压板（板材料）是环氧玻璃 FR-4，它是一种相当好的导热材料，所以一些热量从设备一侧传到另一侧再传到空气。因此，在另一侧铺一个铜层（这不需要电位相同的节点，它可以是接地层）也有帮助，但与仅在一侧铺一个铜层相比，热阻只降低 10%～20%。如果使用散热过孔将热量传导到另一侧，热阻降低得更多，降低 50%～70%。这种分流或绕过板材料的方法，让热量到达有更多空气的另一侧，有利于散热（见图 13.2）。

地或导热板可以是一大块覆铜，因为它不包含噪声，不会辐射。它可以将热量从元器件中带走，以帮助对流。如果使用双面板，可以用紧邻 IC 接地的几个过孔来将这块覆铜连接到 PCB 的另一面的接地层。这些过孔不仅有助于正确地实现电气接地，而且还可作为热分路器。因此，它们被称为散热过孔。建议将它们设计得较小（0.3～0.33mm 的筒直径），以便在电镀过程中孔被填满。在回流焊接过程中，过大的孔会导致灯芯效应。在一个区域内的几个这样的散热过孔的间距（中心之间的距离）通常为 1～1.2mm，并且可以在导热板正下方设置一个散热过孔网。

然而，将用于元器件散热的覆铜面积设计得过大是一种常见的错误，会引起过大的电磁干扰。开关节点是最大的罪魁祸首。我们应该仔细考虑这里真正需要的覆铜面积。在某些拓扑中，续流二极管的阴极（通常是它的导热板或衬底）需要连接到开关节点（例如 Buck）。在提供所需的覆铜面积之前，我们应该仔细估计元器件的功耗。例如，我们知道一个典型的肖特基二极管的正向压降为 0.5V。对于 Buck，如果负载电流为 5A，占空比为 0.4，则功耗只有 5×0.5×(1−0.4)=1.5W。对于 Boost 和 Buck-Boost，二极管的平均电流是固定的：它等于负载电流。

高空自然对流

在海平面上，超过 70%的热量是通过自然对流传递的，其余的是通过辐射传递的。在非常高的海拔（超过 70000ft），这个比率反转，而且由辐射传递的热量可能是总热量的 70%～90%，即使辐射传递没有改变。因此，大约 10000ft 时，冷却的总效率通常会下降到 80%，20000ft 时仅为 60%，30000ft 时为 50%。

我们知道自然对流系数是 $P^{1/2}$，其中 P 是空气压力，通过一个很好的曲线拟合得到如下有用的关系式：

$$\frac{R_{\text{th\_feet}}}{R_{\text{th\_sea-level}}}=[(-30\times10^{-6}\times\text{feet})+1]^{-0.5}$$

所以，我们发现在 10000ft 处，表 13.2 和表 13.3 中所有的 R_{th} 需要增加 19.5%。

强迫风冷

风扇的空气流量额定值为一定的 ft^3/min（cfm）。然而，实际的冷却取决于散热器所受的每分钟直线英尺数（lfm）。为确定 lfm 中的速度，需要两个参数：（1）在 cfm 中风扇排出的空气量；（2）冷却空气通过的横截面积（m^2）。所以 lfm=cfm/面积。但因为回压，最后我们应该将计算出的 lfm 降低 60%～80%。

在海平面，下式给出了所需的空气流量的粗略估计：

$$\text{cfm}=\frac{1825}{\Delta T}\times P_{\text{kW}}$$

式中，ΔT 是入口与出口之间的温度差，一般被设置为 10～15℃。

请注意，例如，如果入口温度（即内部环境温度）为 55℃，则在进行初始计算时，我们需要加上该差值 ΔT 作为电源内部的实际局部环境温度。然而，我们最终将通过在所有元器件上安装热电偶来进行实际的温度测量。因此，我们肯定会看到，在设计阶段将较热的元器件靠近入口的优势。

线速度通常用米每秒来表示：1m/s 等于 196.85 的 lfm。大致地认为 1m/s 是 200lfm。

一些经验结果如下：在 30W 功耗下，10cm×10cm 的无黑化板有如下的 R_{th}：在自然冷却时为 3.9℃/W，1m/s 时为 3.2℃/W，2m/s 时为 2.4℃/W，5m/s 时为 1.2℃/W。假如气流平行于散热器翅片，速度高于 0.5m/s，热阻几乎与功耗无关。这是因为，即使在静止的空气中，热板自身也会产生足够的空气运动来促进热传递。还要注意的是，在自然对流的情况下，板的黑化有一定的影响，但强迫对流的曲线对这方面的依赖很小。黑化可以改善辐射，但在海平面上，辐射传热只是整体传热的一小部分。一般来说，在典型的强迫风冷设计中，黑色阳极氧化散热器是一种浪费，应该用未加涂层的铝来代替。

在稳态下，2mm 厚的铜几乎相当于 3mm 厚的铝。铜的唯一优势是它具有更好的导热性，因此在使用非常大的面积时，它可以用来避免热收缩效应。

热阻与气流的关系曲线大致呈指数衰减，因此从静止空气到 200lfm 的热阻改善与从 200lfm 到 1000lfm 的热阻改善相同。风速超过 1000lfm（约 5m/s）时，不会带来显著的改善。

在强迫对流下，海平面上的努塞尔数是

$$\mathrm{Nu_F} = 0.664 \times \mathrm{Re}^{1/2} \times \mathrm{Pr}^{1/3} \quad (\text{层流})$$

$$\mathrm{Nu_F} = 0.037 \times \mathrm{Re}^{4/5} \times \mathrm{Pr}^{1/3} \quad (\text{紊流})$$

注意，我们认为一般的自然对流是层流。但在高功耗下，热空气往往上升得太快，以至于变成了紊流。这对于减小热阻（增加 h）非常有用。对于强迫风冷，通常将金属板翅片的边沿切割成若干段，并将它们交替向里和外弯曲。这样做的目的实际上是在散热器附近产生紊流，从而降低其热阻。然而，我们从随后的正式分析和方程中注意到，紊流仅在高 lfm 和/或大板的条件下提供更好的冷却（高 h），否则层流将提供更好的冷却。

我们已经定义了普朗特数（Prandtl Number）Pr，它是动量扩散与热扩散的比值。在海平面上，我们可以取其值为 0.7。Re 是无量纲雷诺兹数（Reynolds Number），它是动量流与黏滞流的比值。如果板的长度分别是 L_1 和 L_2（即 $L_1 \times L_2 = A$），且 L_1 沿气流方向，那么 Re 为

$$\mathrm{Re} = \frac{\mathrm{lfm}_{\text{sea-level}} \times L_{1\_\text{meters}}}{196.85 \times \nu}$$

其中我们已经知道 $\nu = 15.9 \times 10^{-6}$（运动黏度，单位为 m^2/s），所以我们得到强迫对流时的 h 为

$$h_F = \frac{\mathrm{Nu_F} \times K_{\mathrm{AIR}}}{L_{1-\text{meters}}} \quad \mathrm{W/(m^2 \cdot ℃)}$$

其中，K_{AIR} 是空气导热系数（0.026W/m·℃）。把所有数据放一起，我们得到

$$h_{\mathrm{FORCED}} = 0.086 \times \mathrm{lfm}^{0.8} \times L^{-0.2} \quad (\text{紊流}, L\ \text{单位为m, 海平面})$$

$$h_{\mathrm{FORCED}} = 0.273 \times \mathrm{lfm}^{0.5} \times L^{-0.5} \quad (\text{层流}, L\ \text{单位为m, 海平面})$$

这里假设板的两个尺寸 L_1 和 L_2 相等，记作 L。在更高海拔的地方，我们需要通过以下因素增加在海平面计算的 cfm，以保持相同的有效冷却。这是因为单位时间内风扇吹出的气体的体积是恒定的，而质量不是恒定的，在高海拔地区，空气密度要低得多。因此，cfm 必须与压力成反比增加。

$$\frac{\text{cfm(feet)}}{\text{cfm(sea level)}}=\frac{1}{(-30\times10^{-6}\times\text{feet})+1}$$

例如，在 10000ft 时，要把在海平面上计算出的 cfm 增加 43%，以保证相同的 h_{FORCED}。

辐射传热

由于辐射在自然中的电磁特性，它与空气无关，即使在真空中也能发生。在高海拔地区，辐射传热可以成为整体传热的重要组成部分。计算 h 的方程为

$$h_{\text{RAD}}=\frac{\varepsilon\times(5.67\times10^{-8})\times[(T_{\text{HS}}+273)^4-(T_{\text{AMB}}+273)^4]}{T_{\text{HS}}-T_{\text{AMB}}}\quad \text{W}/(\text{m}^2\cdot{}^\circ\text{C})$$

注意，在高海拔地区，强迫风冷条件下，cfm 下降，所以入口与出口的温差 ΔT 略有增加。因此，T_{AMB} 上升并影响 h_{RAD}。所以看起来辐射在更高的海拔也受到了影响。幸运的是，这实际上在一定程度上改善了这种情况，在典型应用中，每升高 10000ft 大约改善 2%。

表面辐射率是 ε，当表面被理想黑化时 ε 取 1，但对于抛光的金属表面应取 0.1。如果表面被阳极氧化，我们可以取 0.9。

其他问题

（1）典型的电源规格要求能满足在 10000ft（3000m）的海拔高度下使用。通常环境温度不会放宽到满足 6000ft 左右的条件，在 6000ft 以上可以允许降低环境温度限制上限，每升高 1000ft 大约降低 1℃。

（2）一个典型行业经验法则（用于在海平面上测试电源以满足一定海拔高度要求的法则）是，在最高指定工作环境温度限制的上限基础上，海拔每升高 1000ft，增加 1℃。因此，如果电源是为满足在海平面时温度为 55℃而设计的，我们应该在 65℃下进行测试。但是，这是不够的。在海平面上的任何温度降额裕度不一定有帮助。关键的限制因素不是结温，而是安装元器件的 PCB 上的温度。PCB 上的温度通常不能超过大约 100～110℃，否则会退化。

（3）我们可以将本章中计算出的所有 h 按下式相加：

$$h_{\text{total}}=h_{\text{RAD}}+\left(h_{\text{FORCE}}^3+h_{\text{NATURAL}}^3\right)^{1/3}$$

挤压式散热器在强迫风冷的情况下肯定非常有用，因为这样冷却的效率取决于它们的表面积。但实验数据的相关性表明，它们在自然对流条件下的冷却能力，是其所占空间体积（如果忽略其翅片结构的具体细节，就是指包络体）的函数。这是因为从一个翅片散发的热很大程度上是被相邻的翅片重新吸收的，所以对于它们实际外形上的差异来说，造成的冷却效率的差距很小。从已知的曲线中得出的典型值如下：体积为 0.1in^3 时，热阻约为 30～50℃/W；0.5in^3 时，约为 15～20℃/W；1in^3 时，约为 10℃/W；5in^3 时，约为 5℃/W；100in^3 时，约为 0.5～1℃/W。上述数据适用于安装在散热器上的一个元器件。大致上，如果两个元器件共用散热器，并且安装在稍微分开的地方，热阻将进一步改善 20%。

（4）若共用磁芯（如 E 型磁芯、ETD 型磁芯、EFD 型磁芯），热阻在自然对流下可近似为

$$R_{\text{th}}\cong53\times V_{\text{e}}^{-0.54}$$

式中，V_e 的单位为 cm^3。一些基于实际经验检测的典型热阻见表 13.4，也可见图 12.7。

表 13.4　磁芯的典型热阻

磁芯尺寸	热阻（℃/W）
EC35/17/10	17.4
EC41/19/12	15.5
EE42/42/15	10.4
EE42/42/20	10.0
EE30/30/7	23.4
EE25/25/7	30.0
EE20/20/5	35.4
EE42/54/20	8.3
EE55/55/21	6.7
EE55/55/25	6.2
UU15/22/6	33.3
UU20/32/7	24.2
UU25/40/13	15.7
UU30/50/16	10.2

当将此方程用于挤压式散热器时，体积应该取其占用的所有空间（即忽略其翅片结构的细节）。

（5）对于挤压式散热器，如果翅片彼此太近，则其中一个翅片发散的热量很容易被相邻的翅片吸收，所以总的辐射率并没有我们想象的那么高。

如果翅片靠得太近，还会阻碍空气流动。因此，对于自然对流，最适合的翅片间隔是 0.25in 左右；200lfm 时，是 0.15in 左右；500lfm 时，是 0.1in 左右。这要求散热器长达 3in。对于长达 6in 的散热器，翅片间隔可以增加 0.05in 左右。

（6）这里简要介绍风扇。滚珠轴承风扇较贵，当温度（可参考轴承系统）较高时，它们的寿命相对较长。但随着时间的推移，噪声会越来越大。如果风扇开始产生噪声的时刻被定义为它的使用寿命的终点，那么滚珠轴承风扇的寿命将比滑动轴承风扇的寿命更短。滑动轴承风扇更便宜、更安静，并且容易处理安装位置（角）。如果温度不是很高的话，它们的寿命就和滚珠轴承风扇一样好。滑动轴承风扇可以承受多次冲击（不影响噪声或寿命）。

第 14 章　闭环系统：反馈与稳定

基本术语

在功率变换器中，我们通常将稳态比值，即输出电压与输入电压的比值，作为（整个）变换器的直流传递函数。一般来说，任何给定的电路模块或元器件的传递函数也是其输出与输入的比值。在某些情况下，这一比值甚至不是一个具有明确物理意义的量。例如，一个采样电阻的传递函数（输出除以输入），等于采样的电压值除以电流值；一个 PWM 模块的传递函数（输出除以输入），等于其输出的占空比除以误差运放输出电压。此例中占空比是一个无量纲的量，因此传递函数可以有单位，也可以是无量纲的。通常来说，由于一个传递函数可以是一个复数（例如用虚部表示相位角），增益一词通常指的是传递函数的模。只有当传递函数是一个实数时，增益和传递函数是同义的。

在图 14.1 中，我们定义了环路稳定性领域中常用的术语，而不仅仅是与功率变换器相关的术语。注意开环增益是$|GH|$，也就是 G（即一般为被控对象，或功率变换器中的功率级的传递函数）和 H（反馈环节，或补偿器的传递函数）的乘积的模。我们通常先得到 G，再设计 H，以使 GH 成为一个稳定系统。

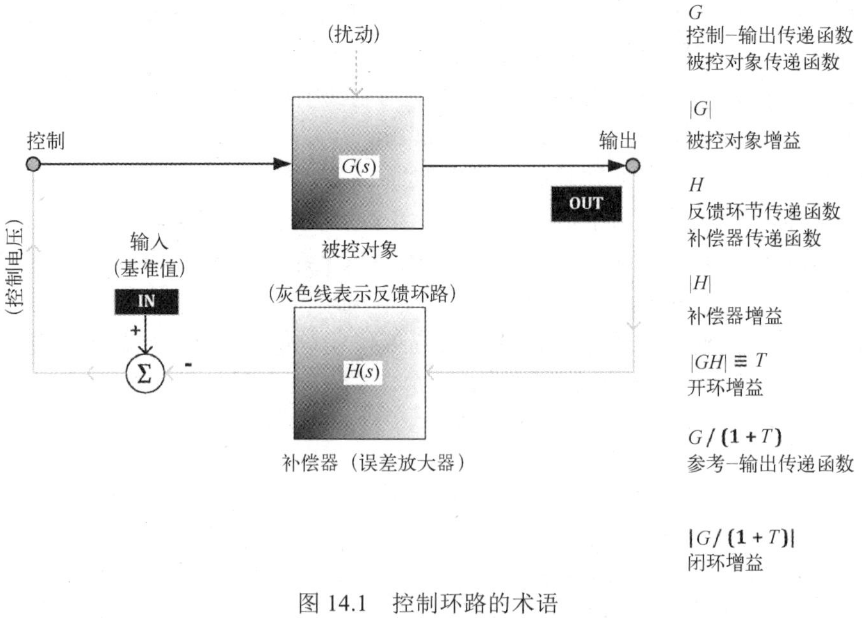

图 14.1　控制环路的术语

一般而言，任何网络的传递函数都可以被描述为两个多项式之比：

$$G(s)=\frac{V(s)}{U(s)}=k\frac{a_0+a_1s+a_2s^2+a_3s^3+\cdots}{b_0+b_1s+b_2s^2+b_3s^3+\cdots}$$

式中，$s=\mathrm{j}\omega$，$\omega=2\pi f$，$\mathrm{j}=\sqrt{(-1)}$。上式是在 s 平面，即复频域上的表达式。G（或者此例中的 H）可以被因式分解为

$$G(s)=K\frac{(s-z_0)(s-z_1)(s-z_2)\cdots}{(s-p_0)(s-p_1)(s-p_2)\cdots}$$

式中，位于复频率 $s = z_1, z_2, z_3, \cdots$的点称为零点（使传递函数分子为 0 的点），位于复频率 $s = p_1, p_2, p_3, \cdots$的点称为极点（使传递函数分母为 0 的点）。

在设计开关电源时，常常把传递函数写成下列形式：

$$G(s)=K\frac{(s+z_0)(s+z_1)(s+z_2)\cdots}{(s+p_0)(s+p_1)(s+p_2)\cdots}$$

因此，那些“具有良好特性”的极点和零点位于复频域的左半平面（LHP），即位于 $s = -z_1, -z_2, -z_3, -p_1, -p_2, -p_3, \cdots$，等等。理论上，也可以有右半平面（RHP）极点和零点，它们与正常极点和零点有非常不同的行为，因此会引起几乎难以控制的不稳定性。这样的极点和零点通常会出现在 Boost 或 Buck-Boost 及其派生的拓扑中（如反激变换器）。

注：有时会将传递函数（即输出与输入的比值）的模，称为增益，但有时也会将 20lg（输出/输入）称为增益（单位为 dB）。尽管实践中一般很容易得知使用了哪种定义，但必须强调这两者是不同的。

对于一个简单的 RC 低通滤波器，在高频段，频率每增大为原来的 10 倍，增益就降低为原来的 1/10。根据定义，这是一个单（或简单）极点增益。注意，根据分贝的定义，10∶1 的电压比即为 20dB[由 20lg(10)=20 得到]。因此，我们可以说，在较高频段，单极点的增益以–20dB/10 倍频的斜率下降。具有这种斜率的电路称为一阶滤波器（在这个例子中是低通滤波器，因为其衰减高频分量）。由于这个斜率（在对数坐标系中）是常数，所以每二倍频一次，信号也会衰减为 1/2。或者每四倍频一次，衰减为 1/4，以此类推。而 2∶1 的比率是 6dB，倍频程是频率的倍增（或减半）。因此，我们也可以说低通一阶滤波器的增益（在高频下）以每倍频程-6dB 的速率衰减。类似地，当滤波器含有两个电抗元件（即一个电感和一个电容）时，我们会发现斜率为-40dB/10 倍频（即-12dB/倍频程）。这通常被称为“-2”斜率或双极点。

在左半平面（LHP）极点处，增益和相位都随着频率的提高而下降。在左半平面（LHP）零点处，增益和相位都随着频率的提高而提高。对于单极点，相位角偏移为-90°；而对于单零点，相位角偏移为+90°。

在表 14.1 和表 14.2 中，我们以便于记忆的方式，给出了便捷的查找表，将系数（即比率）与它们各自的分贝相关联，反之亦然。需要注意的是，两个要相乘的数值，放到对数域中处理会容易很多，只需要将它们对应的分贝值相加。

表 14.1　系数转分贝

系数	20 × lg (系数)
× 1	0dB
× 1.5	3.5dB
× 2	6dB
× 3 (2 × 1.5)	9.5dB (6 + 3.5)
× 4 (2 × 2)	12dB (6 + 6)
× 5 (10 / 2)	14dB (20 – 6)
× 6 (3 × 2)	15.5dB (9.5 + 6)
× 7	17dB
× 8 (4 × 2)	18dB (12 + 6)
× 9 (3 × 3)	19dB (9.5 + 9.5)
× 10 (2 ×5)	20dB (6 + 14)

表 14.2　分贝转系数

dB（分贝）	系数	更容易记（系数）
1	1.122	
2 (= 12 − 10)	1.265 (= $4/\sqrt{10}$)	
3	1.414 (= $\sqrt{2}$)	$\sqrt{2}$
4 [= (20 − 12) / 2]	1.581 [= $(10/4)^{1/2}$]	
5 (= 10 / 2)	1.778 [(= $\sqrt{10}$)$^{1/2}$]	
6	2	2
7	2.24 (= $\sqrt{5}$)	
8 (= 20 − 12)	2.5 (= 10 / 4)	2.5
9 (= 6 + 3)	2.828 (= $\sqrt{8}$)(= 2 × $\sqrt{2}$)	$\sqrt{8}$
10 (= 20 / 2)	3.17 (= $\sqrt{10}$)	$\sqrt{10}$
11 (= 8 + 3)	3.536 (= 2.5 × $\sqrt{2}$)	
12 (= 6 × 2)	4 (= 2^2)	4
13 (= 10 + 3)	4.472 (= $\sqrt{10}\times\sqrt{2}=\sqrt{20}$)	
14 (= 7 × 2)	5 (= $\sqrt{5^2}$)	5
15 (= 12 + 3)	5.657 (= 4 × $\sqrt{2}$)	
16 (= 8 × 2)	6.25 (= 2.5^2)	
…	…	…
20 (= 10 + 10)	10	10

如果任意扰动（谐波频率）连续流过 G 和 H 环节（被控对象与补偿器）后（具有 GH 的合成增益），以完全相同的幅值和相位（0°或 360°相位）返回到同一输入点，则会发生环路不稳定。这是闭环增益 $G/(1+GH)$公式的结果，因为如果 GH 等于−1，意味着分母趋近于无穷大，系统就不稳定了。因此，开环增益是评估环路性能的关键要素。在一般控制理论中，闭环增益术语实际上是输出与基准电压的比值（见图 14.1）。基准被认为是控制环路的输入，而不是功率变换器的输入。将变换器的直流输出端连接到直流输入端的传输函数称为线传递函数（或输入-输出传递函数，或音频敏感度）。它是两个级联模块的乘积，即由拓扑的基本直流传递函数（V_O/V_{IN}）和通常表示为如下 LC 滤波器的功率级传递函数组成

$$\frac{1/LC}{s^2+s(1/RC)+1/LC}$$

注意，对于 Buck，这个传递函数的推导过程很容易，因为 LC 环节实际上是一个独立的电路模块，我们可以将两个级联模块的传递函数相乘，从而得到整个网络的传递函数。但对于 Boost 或 Buck-Boost，真的没有一个明确和独立的后置 LC 模块。不过，通过正则模型可以发现，如果用等效电感 $L/(1-D)^2$ 替代上述 LC 传递函数中的 L，我们也可以将 Boost 和 Buck-Boost 的 LC 看作一个独立的级联模块，即这两种拓扑的后置 LC 滤波器有如下传递函数：

$$\frac{1/\underline{L}C}{s^2+s(1/RC)+1/\underline{L}C}\qquad 其中\underline{L}=\frac{L}{(1-D)^2}$$

注意，前面提到的 360°相位限额，因为误差放大器总是会增加 180°相移，所以我们必须从这个限额上减去 180°，这是因为反馈信号几乎总是接在误差放大器的反相端，从而使增益下降到单位值以下以实现全范围的校正。因此，环路稳定性准则要求开环传递函数 *GH* 的相移在穿越频率（实际上没有其他频率是相关的）处不应等于 180°（或-180°）。因为如果发生这种情况，那么，这个相移加上误差放大器本身产生的 180°相移，就等于 360°，这将导致干扰的增强，最终导致系统的不稳定。

DC-DC 变换器控制环路术语如图 14.2 所示。

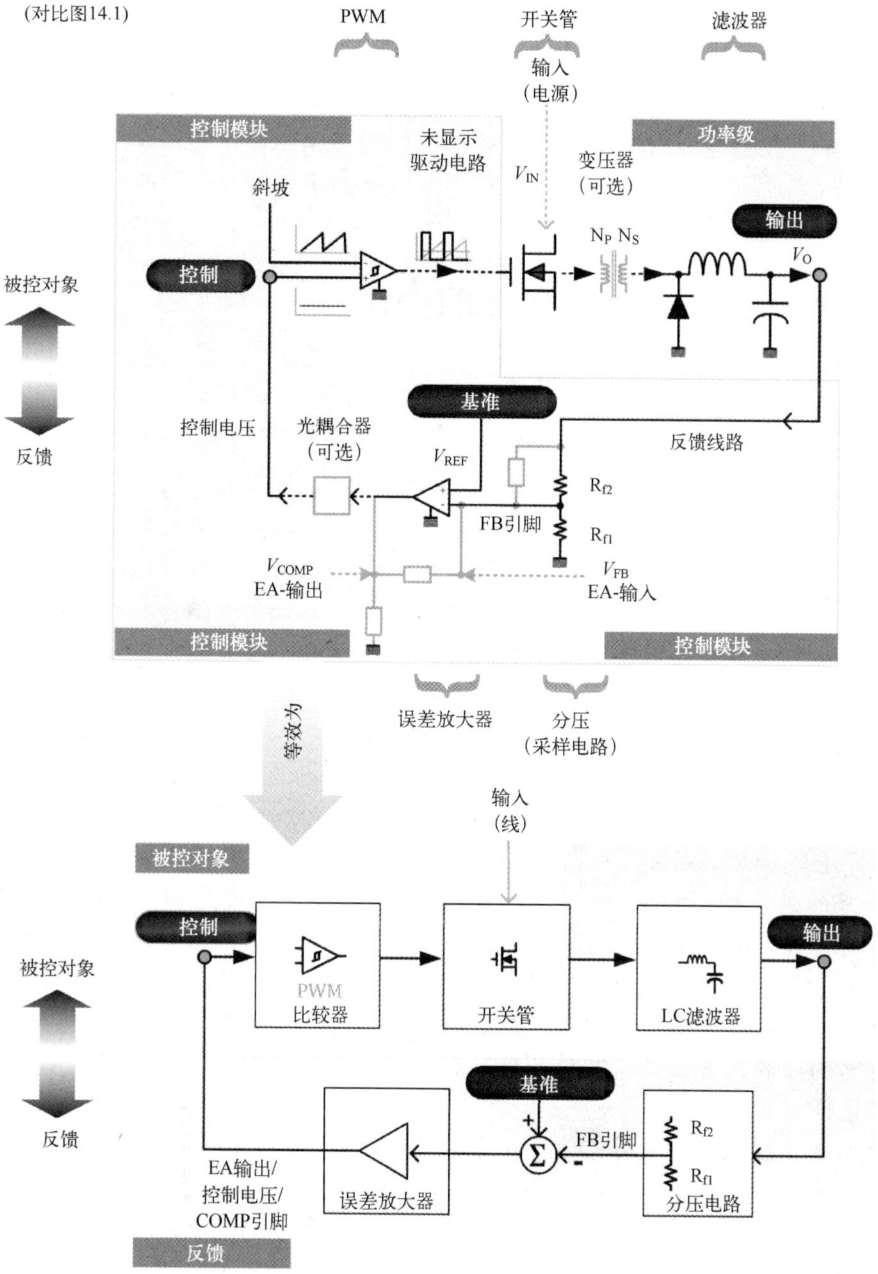

图 14.2　DC-DC 变换器控制环路术语

穿越频率被定义为当开环增益为单位增益（0dB）时对应的频率。在电压模式控制（VMC）（即将固定时钟导出的电压斜坡与误差放大器输出的信号输入到 PWM 进行比较）中，开环增益的穿越频率设置为 $f_{SW}/10$；而在电流模式控制（CMC）（即将电感电流导出的电压斜坡与误差放大器输出的信号输入到 PWM 进行比较）中，开环增益的穿越频率较高，设置为 $f_{SW}/6$。然而，为避免次谐波（半频）不稳定峰值的潜在高品质因数 Q 出现在 $f_{SW}/2$ 处（在此 CMC 会发生振荡），我们可能要降低 CMC 的穿越频率，和/或采用斜率补偿，和/或增大电感量，这些措施将在后文进一步讨论。

一般地，我们也需要确保一定的安全裕量。这可以用穿越频率处，传递函数相位小于 180°的差值来表示，这个相位差值称为相位裕量。但我们也可以用幅值裕量来表示安全裕量，这个裕量被定义为传递函数的相移达到 180°时低于 0dB 的增益值。因为相位裕量考虑了典型的公差、随时间和温度的漂移，并在输入电源和负载变化期间的输出过冲或下冲与调节时间（即在任何干扰之后，输出返回稳态条件的时间）之间采取了很好的折中，所以通常认为相位裕量最好达到 45°左右。

第 1 部分　电流模式控制器的稳定

背景

对于电压模式控制，设置电流纹波率 r=0.4，如本书所推荐的，通常经得起推敲。但在峰值电流模式控制方面，该推荐值可能还不够。因为，如果我们用电流模式控制，占空比超过 50%，并且处于连续导电模式（CCM），那么，当降低电感时，可能会产生一种奇怪的振荡。这种振荡在开关管触发信号上表现为一个大脉冲和一个小脉冲交替出现的模式。这也是一种稳定状态，只是这种模式在每两个开关周期重复一次，而不是一个开关周期。处于这种状态的系统在稳态时可能看起来正常，甚至没有表现出明显更高的输出电压纹波。但是，这种系统的 Bode（增益-相位）图（见图 14.3）将呈现出一个难以理解的图，而且，当负载突变时，系统的响应时间很长，并产生严重的过冲和下冲。这就是所谓的次谐波不稳定性、交替周期不稳定性、半频不稳定性或倍周期不稳定性，等等，它们的意思都是一样的。对于这类不稳定现象，常见的解决方法是使用斜率补偿。不幸的是，正如我们所推断的，斜率补偿量和电感值是相互关联的。因此，例如，设计不好的斜率补偿电路可能要求我们使用更高的电感（比由条件 r=0.4 计算出的电感要高）。这显然是我们需要在斜率补偿电路中解决的问题。另一方面，我们可能希望通过增加 r，以减小磁芯的尺寸，而不考虑在相关功率器件上可能产生的影响。这也是可以理解的，因为这正是我们最初追求越来越高开关频率的原因，但是可能会导致次谐波不稳定性。

设计师必须注意的是，还有其他可能导致这种次谐波不稳定性的因素。在图 14.4 中，我们展示了另一种可能导致次谐波不稳定性的因素。巧合的是，这通常也与 CMC 有关，但其解决方法完全不同（增加消隐时间，降低电感量）。对于这种情况，斜率补偿不起作用。

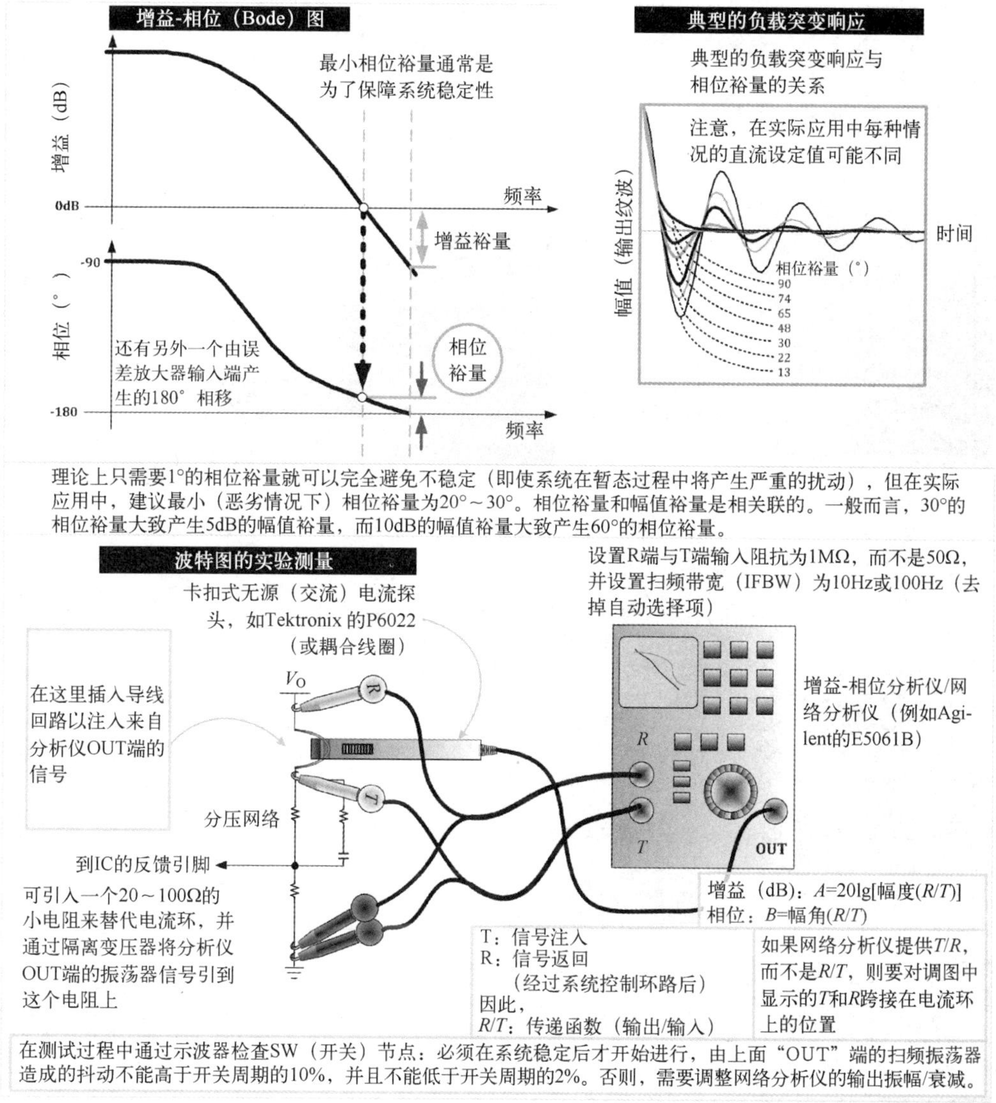

图 14.3　波特图的建立

通常的环路补偿方式对次谐波不稳定性是几乎毫无作用的，这是因为次谐波不稳定性本身就不是由于零极点的不正确配置产生的。这种不稳定甚至无法体现在小信号模型当中，且广泛发生在所有类型的采用峰值电流控制的变换器中。了解这种现象背后的方程，有助于我们在开关电源设计中选择最小的电感（尽管对于系统尺寸和成本的总体影响而言，它未必是最优的电感）。

一个明确的解决方案是引入斜率补偿，大多数工程师都熟悉这个技术名词。我们将看到，电感需要保持高于一定量（迄今尚未明确），并且这个电感值是输入电压最低时得到的最高值。因此，对于任何拓扑，我们应该在 V_{INMIN} 处设计斜率补偿电路。

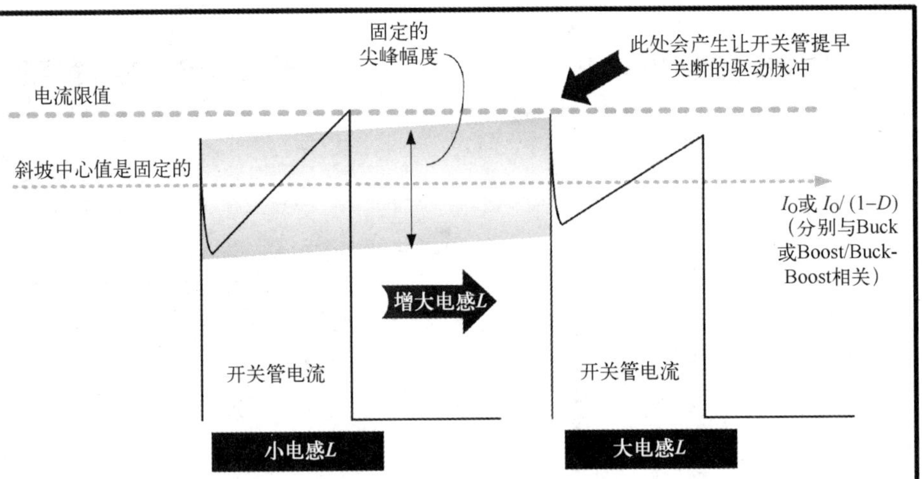

最需要注意的是前沿尖峰。这一尖峰可能会导致抖动，更恶劣的是，过早地关断开关管，从而导致不能传递全功率。如果我们增大电感，可能会诱导提前关断现象的发生，特别是在电流模式控制下，因为电感L增大时，无意中抬高了基值（尖峰叠加在这个基值上）。这种提前关断发生时，由于在这一（提前关断）周期内传递的能量比需要的少，在下一个周期里变换器会尝试传递更多的能量，进而导致更高的占空比。在这一过程中可能获得意想不到的帮助，因为经过前一个脉冲的提前关断，电感电流有一个更长的时间来下降，因此基值（前沿尖峰在它上面叠加）降低了，可能足够帮助它提前避开下一个周期的脉冲限值。最终的效果就是产生宽窄交替的开关脉冲信号，正如次谐波不稳定时表现出的现象。这种现象很让人惊讶，因为我们总认为大电感有利于避免次谐波不稳定性，但在这里却加强了这种不稳定现象。另外，对于电流模式控制和电压模式控制，前沿尖峰还会造成电流限制保护电路不可靠响应。我们无法根据一个尖峰来设定有效的电流限制，特别是因为我们将发现这个尖峰在不同的电路（这种电路具有不可控和/或无法描述的寄生参数）中具有不同的值。我们当然可以在电流模式控制中设置一个大的消隐时间，和/或为电流限制保护电路设计一个延迟检测逻辑。但这些方法会使系统冒着对实际异常负载反应不够快的危险，特别是在电感开始饱和的时候。因此，应当避免出现这样的尖峰。此外，我们不应该仅仅因为直觉而采用过大的电感，但降低电流纹波率r是不合理的。因此，r=0.4通常是最优的。

图 14.4　过大电感值导致类似次谐波不稳定性

熟悉峰值电流模式控制器 UC3842/3844 系列的设计师都知道，这种峰值电流模式控制 IC 没有内置的斜率补偿。这就像自行车没有轮胎一样。对于 UC3844，我们可以理解它不需要斜率补偿功能，因为只有当占空比 D 大于 50%时才会出现次谐波不稳定性，并且 UC3844 用于单端正激变换器时，其最大 D 值被限制在略低于 50%（尽管设计师被警告，现在已经发现当占空比大于 45%及以上时可能出现次谐波不稳定性，有些人说在某些情况下甚至在 30%及以上时也会产生次谐波不稳定性）。但是 UC3842 是否需要斜率补偿功能呢？我们都记得在时钟引脚和电流采样引脚之间放置了一个 47pF 电容（有时只有 10pF 或 22pF，有时是 100pF，都是通过反复试验得到的）。这实际上是在电流采样信号上混合了一些时钟斜坡。在这个过程中，我们实际上是在电流模式控制中引入了一点电压模式控制。此时进入 PWM 比较器的斜坡是由电流采样信号和固定斜坡组合而成的。事实上，这种方法也是正式的斜率补偿采用的方法。然而，除了把这种补偿斜坡看作叠加到电流采样上的斜坡，还可以等效地把它看作在保持采样电流斜坡不变的情况下，与误差放大器的输出相加的反向斜坡（见图 14.5）。PWM 比较器的输出结果只依赖于输入端的电压差，相对电压才是最重要的。因此，就比较器而言，这两种方法是等价的。

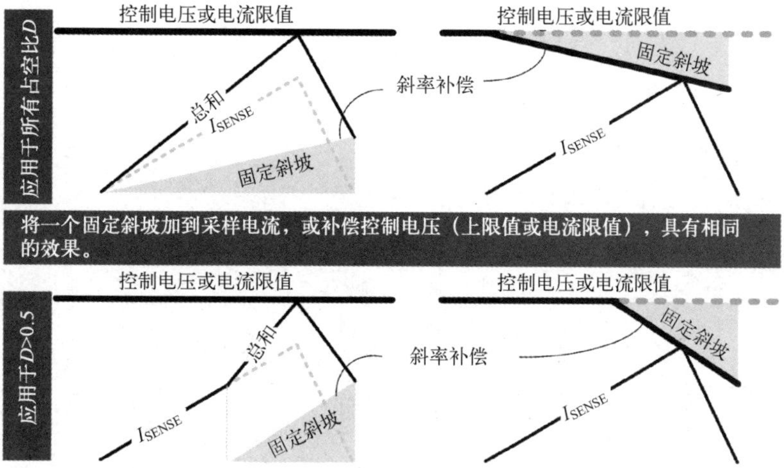

图 14.5　将一个固定斜坡加到采样电流上等效于补偿控制电压
（可以在整个周期或仅在占空比超过 50%时采用这种方法）

注：时钟引脚和电流采样引脚之间的小电容（约 22pF）对于 UC3844 和正激变换器同样有效。这仅仅是因为在轻载条件下，电流采样信号只有几毫伏，信噪比可能很差，所以会产生很多抖动。通过提供一个小的固定斜坡，在非常轻的负载下模拟全电压模式控制，从而得到干净的驱动脉冲，但这不是次谐波不稳定性的情况，它只是噪声和抖动。

还需要注意的是，在 UC3842（以及一些较老的控制器和开关）上采用斜率补偿将影响电流限制，因此我们必须稍微降低采样电阻或降低可用功率。但是在最近开发的控制器中，电流限制电路与 PWM 比较器部分保持独立，因此尽管应用了斜率补偿，它仍然保持平坦且不受影响。否则，整个变换器的设计可能会变得棘手：每当我们调整斜率补偿时，都需要仔细检查是否能够提供最大功率（而不会达到新的有效电流限制）。

由于次谐波不稳定性只发生在占空比超过 50%的时候，一些控制器被设计为仅在占空比达到 50%以上时加入斜率补偿，以防止斜率补偿的引入影响到电流限制，见图 14.5 的下半部分。所应用的斜率补偿最终可以用每秒等效安培表示（即使在内部它可能是一个电压斜坡，用每秒伏特表示），如图 14.6 所示。

同时应当指出，随着开关频率的增加，典型的 50～150ns 消隐时间要求和对 PCB 布局的过度敏感可能会使电流模式控制失去很多光泽，而对峰值电流模式控制下的次谐波振荡的抑制也是如此。所以，电压模式控制器确实重新受到了欢迎，特别是使用了输入电压前馈等技术。

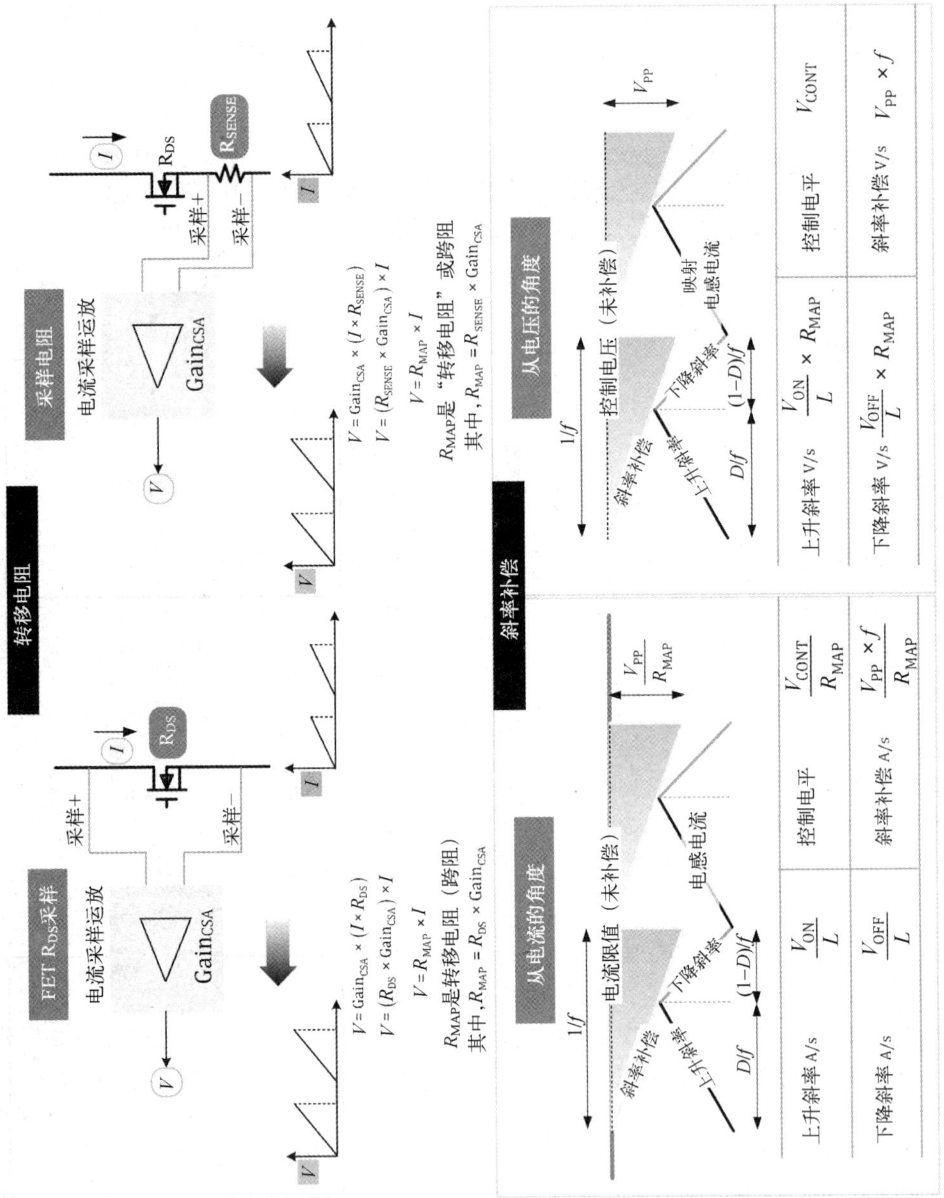

图14.6 转移电阻，表示斜率补偿的不同方法和电流采样方法

电压模式控制的输入电压前馈（源于 CMC）

在前馈中，电压模式控制内部斜坡的上升斜率与输入电压成正比。因此，这种技术复制了电流模式控制的一些优点，即它对输入电压的变化反应非常快（脉冲式变化），如图 14.7 所示。顺便说一下，在这个图中，还显示了 PWM 环节的传递函数（增益）是 $1/V_{RAMP}$。

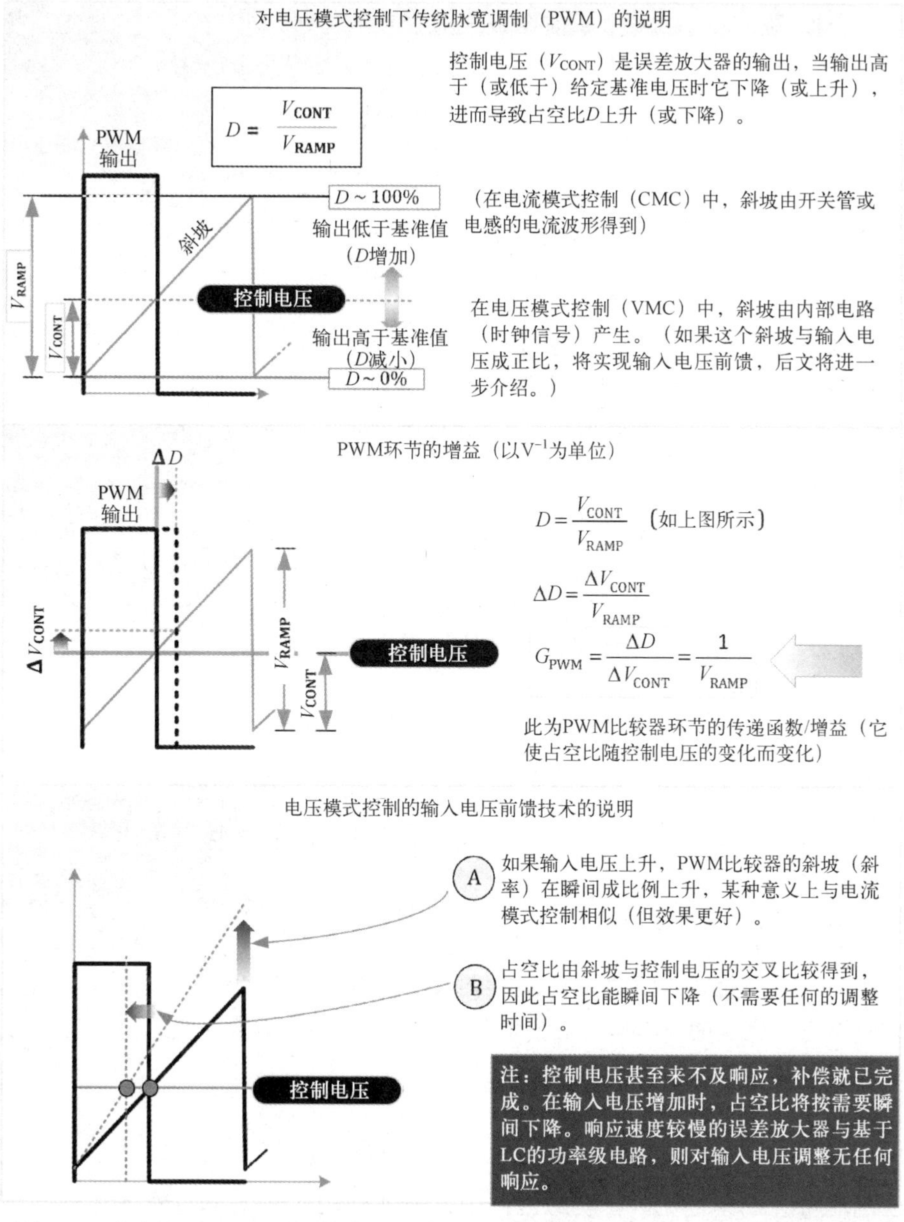

图 14.7　占空比、PWM 环节增益以及采用输入电压前馈技术的电压模式控制的说明

这种技术需要采样输入电压，如果输入电压增加，比较器锯齿波的斜率就会增加。在最简单的应用中，将输入电压加倍会导致锯齿波的斜率加倍，从而使占空比立即减半，如图 14.7 所示。在 Buck 中，控制直流传递函数方程为 $D=V_O/V_{IN}$。因此，如果输入电压

加倍，我们知道占空比最终会减半。在这种技术中，不需要等待控制电压缓慢降低一半以降低占空比（保持斜坡不变），而是改变斜坡，将先前斜坡的斜率加倍，从而几乎在瞬间达到了相同的效果（即占空比减半）。

结果表明，这种由自动输入比例斜坡校正控制的占空比校正正是 Buck 所需的，因为其占空比 D 等于 V_O/V_{IN}。更重要的是，这种校正实际上是瞬时的，不需要等待误差放大器检测输出上的误差（补偿器的 RC 网络具有固有延迟），并通过改变控制电压作出响应。从效果上而言，通过输入电压前馈，绕过了所有主要延迟环节，因此使系统对输入电压扰动的反应尽可能地快。这几乎等于完全抑制了输入电压的干扰。

在电流模式控制中，PWM 斜坡基本上是开关管电流或电感电流的适当放大。输入前馈思想的最初灵感来自于电流模式控制——在电流模式控制中，电感电流产生的 PWM 斜坡会随着输入电压的升高而自动增大。这部分解释了为什么电流模式控制比传统电压模式控制对输入干扰的响应要“快”得多，以及它常被吹捧的优点之一。然而，电流模式控制中的“内建”自动输入前馈并不像它所期望的那样完美。因为在 Buck 拓扑中，电感电流上升的斜率等于$(V_{IN}-V_O)/L$。所以如果将输入电压加倍，电感电流的斜率不会加倍。因此，不会像应用于电压模式控制的输入前馈那样，最终自动将占空比减半。换言之，带有比例输入前馈技术的电压模式控制，虽然受到电流模式控制的启发，但比电流模式控制具有更强的抗输入电压扰动能力（对于 Buck 而言）。

需要的斜率补偿量

图 14.8 中，在峰值电流模式控制器上施加一个小干扰。我们可以看到这扰乱了正常的脉冲模式，但至少（像我们希望的那样）扰动会减弱。如果它减弱，就不会产生持续的振荡，但是如果扰动在每一个周期都增加，就会产生持续的振荡。另一方面，我们也希望扰动在相当短的时间内消退。

可以确信的是，当斜率补偿量被限制在下述值时，扰动不会增大。

$$S \geqslant \frac{S_2-S_1}{2} \equiv \frac{1}{2}\text{(该值在上升斜率和下降斜率各不相同)}$$

在相关文献中，更常使用 S_n 表示 S_1，使用 S_f 表示 S_2，以及使用 S_e 表示 S。

有以下几种可能性：

（1）如果

$$S=S_2$$

那么扰动在发生的当前周期内就会被抑制。当然，为了做到这一点，需要显著增加斜率补偿或电感值（更低的 r 值）。这会造成过抑制，从而严重影响电流模式控制的快速抑制输入电压扰动能力。

（2）如果

$$S=\frac{S_2-S_1}{2} \quad \text{或} \quad S_2=2S+S_1$$

那么扰动将会持续存在。在实际应用中，上式给出了电感量的最小值以及/或斜率补偿的最小值。因为低于这一边界值后（更小的电感值以及/或者更小的斜率补偿），扰动将会持续放大而不是得到抑制。

（3）在旧的教科书中常说避免次谐波不稳定性的条件是

$$S=\frac{S_2}{2} \quad \text{或} \quad S_2=2S$$

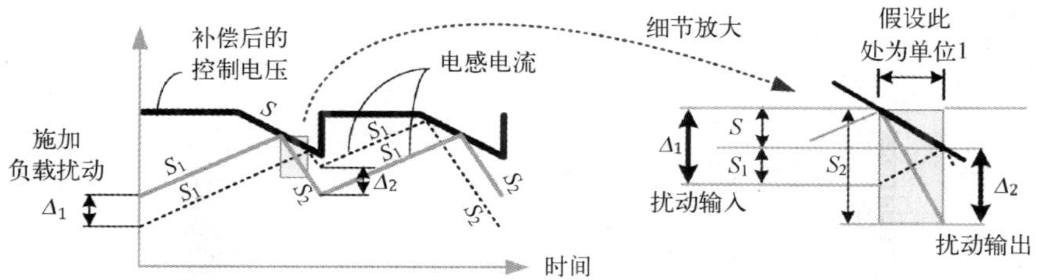

通过几何计算：

$\Delta_1 = S_1 + S$；$\Delta_2 = S_2 - S$

如果希望 $\Delta_2 \leqslant \Delta_1$

$S_2 - S \leqslant S_1 + S$

$S \geqslant \dfrac{S_2 - S_1}{2}$

即

所有斜率：S_1、S_2和S以幅值表示

上述斜率补偿应用于D>0.5时。但下面的结果和结论也适用于D>0时的斜率补偿，只是在D>0.5时才会发生不稳定（对于电流模式控制，运行于连续导电模式）。

	对于给定的斜率补偿	响应
斜率补偿≥ $\frac{1}{2}$(下降斜率−上升斜率)	需要的最小电感L_1(最小值)。	欠阻尼情况。扰动可以持续很多个周期。提高斜率补偿和/或电感L。
由于上升斜率最小值可为0，最恶劣情况为 斜率补偿≥ $\frac{1}{2}$(下降斜率)	需要的最小电感L_2(中等值)。	阻尼情况。扰动持续几个周期（周期数不可预测）。
如果希望Δ_2等于0（扰动在其发生的同一周期内被抑制），那么由于$\Delta_2 = S_2 - S$，需要设定$S=S_2$。此时最简单的条件为 斜率补偿 ≥下降斜率	需要的最小电感L_3(最大值)。	过阻尼情况。扰动在当前周期内被抑制。需要最高的斜率补偿与/或电感。

注：$L_1 < L_2 < L_3$（建议采用设计值L_2）

可选方法（Q）

所有拓扑的Q值（半开关频率处极点的品质因数）定义为

$$Q = \frac{1}{\pi\left[m_c D' - 0.5\right]}$$　其中，$m_c = 1 + \dfrac{S_e}{S_n}$；$D' = 1 - D$

在相关文献中：
(a) 斜率补偿S通常称为S_e
(b) 上升斜率S_1通常称为S_n
(c) 下降斜率S_2通常称为S_f

可以将斜率补偿简化为

$S \times L = \dfrac{V_{ON}}{1-D} \times \left(\dfrac{1}{\pi Q} + D - 0.5\right)$，$V_{ON}$是$T_{ON}$期间电感两端电压。稳态时，$V_{ON}/(1-D) = V_{OFF}/D$。可以在各种拓扑中使用这个方程来计算$V_{ON}$和$D$，可得

$$S \times L = V_{IN} \times \left(\frac{1}{\pi Q} + D - 0.5\right) \quad \text{(Buck)}$$

$$S \times L = V_O \times \left(\frac{1}{\pi Q} + D - 0.5\right) \quad \text{(Boost)}$$

$$S \times L = \left(V_{IN} + V_O\right) \times \left(\frac{1}{\pi Q} + D - 0.5\right) \quad \text{(Buck-Boost)}$$

如果L的单位为μH，S的单位为A/μH，且推荐$Q \leqslant 2$，可得

$$L_{\mu H} \geqslant V_{IN} \times \frac{(D - 0.34)}{\text{Slope\_comp}_{A/\mu s}} \quad \text{(Buck)}$$

$$L_{\mu H} \geqslant V_O \times \frac{(D - 0.34)}{\text{Slope\_comp}_{A/\mu s}} \quad \text{(Boost)}$$

$$L_{\mu H} \geqslant \left(V_{IN} + V_O\right) \times \frac{(D - 0.34)}{\text{Slope\_comp}_{A/\mu s}} \quad \text{(Buck-Boost)}$$

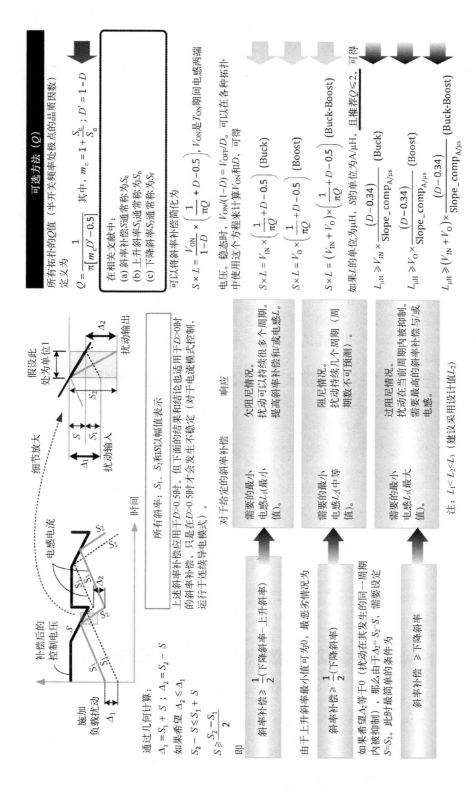

图14.8　需求的斜率补偿量：传统实现方法与现代实现方法

对于固定斜率补偿，这意味着我们需要的下降斜率 S_2 比前一种情况（扰动持续存在）需要的更小（电感更大）。这将确保扰动得到相当迅速的抑制：不是瞬间的，但时间也不会太长。这通常是一个很好的折中方案。

前文提及，工作于连续导电模式（CCM），采用峰值电流模式控制的所有拓扑，理论上只有当占空比超过 50%的时候，才会发生次谐波不稳定性。现在可以进一步说明，即使在 40%～45%的占空比范围内，也会出现次谐波不稳定。但是，这种不稳定可能仅仅是由于瞬间偏移（扰动）进入 D>50%区域而引起的。关键问题是：如果控制 IC 将占空比牢牢地固定在小于 50%的范围内（如 UC3844），避免瞬间偏移进入 D>50%区域，这种扰动真的还会发生吗？

是的，即使在 UC3844（占空比最大为 50%的控制 IC）中，通常也会在时钟和采样电流引脚之间放置一个非常小的电容器（这是在 UC384×系列中，如在 UC3842 中，注入斜率补偿的常用方式）。然而，对于 UC3844，在非常轻的负载下，电流采样信号非常小，并且噪声会叠加到它上面，从而使开关波形造成很大的抖动。因此，注入一个小的时钟斜坡将真正有助于消除噪声，并得到一个稳定的开关模式。如前所述，这与次谐波不稳定性无关。

撇开次谐波不稳定性的长期谜团，峰值电流模式控制还有另一个问题。输出电压很大程度上或部分地（取决于拓扑）由电感的平均电流决定。如果平均值因输入电压的小幅度降低而降低，则可能会造成问题，如图 14.9 所示。一种直接的解决方案是完全避开峰值电流模式控制，而选择平均电流模式控制。另一种方法是，即使占空比远低于 50%，也要采用斜率补偿。

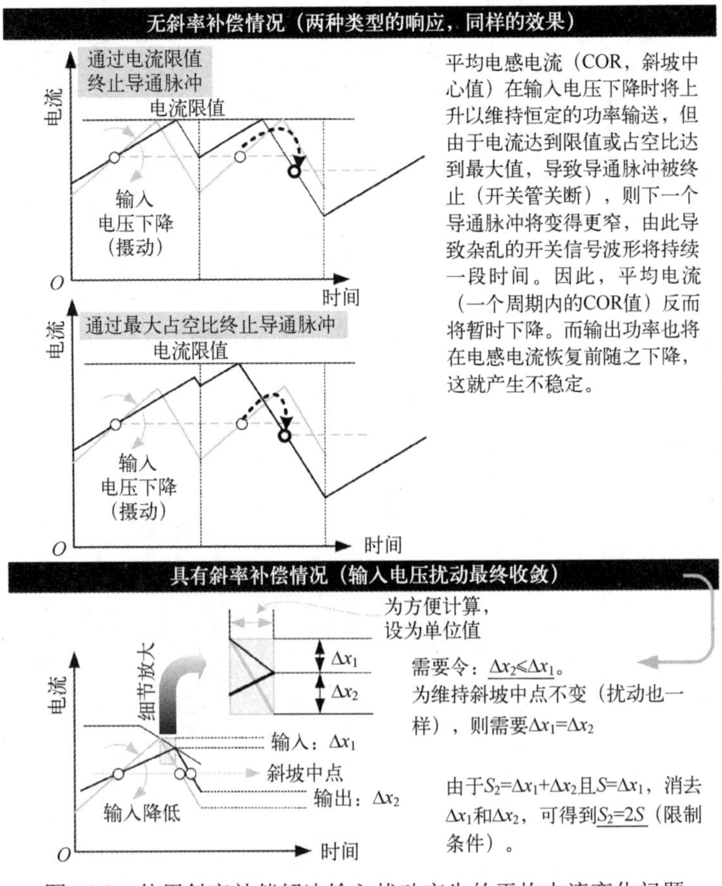

图 14.9　使用斜率补偿解决输入扰动产生的平均电流变化问题

回顾图 14.8 可以发现，在干扰情况下，斜率保持不变，这意味着输入和输出电压保持不变。但可以证明，对于如图 14.9 所示的输入电压干扰（在这种干扰中，斜率也可能改变），将应用类似的逻辑。为了避免这种特殊类型的扰动随时间增加，我们还需要应用斜率补偿：其数学条件恰好与前面的条件之一相同：

$$S=\frac{S_2}{2}\quad \text{或}\quad S_2=2S$$

我们注意到在输入扰动的分析里没有考虑上升斜率。应该强调，这种类型的暂时性不稳定可以在任意大小的占空比下发生（不只限于超过 50%）。通常，这个问题被许多工程师忽略了。我们很少通过实验来测试输入暂态响应，而大多数工程师所关注的是负载暂态响应及相关问题。但最好是记住这个问题。换句话说，斜率补偿在任意占空比下都是有益的。然而，只有当控制器 IC 允许占空比超过 50%时，采用斜率补偿可能是不可避免的。

避免次谐波不稳定性的一般规则

早期的小信号模型并没有揭示次谐波不稳定性。然而，如果我们对 Bode 图进行实验测量，并用适当的带宽放大一半开关频率左右的区域，我们将看到增益图在正好一半的开关频率处出现尖峰，而这个增益图本应继续平滑下降并越过穿越频率的。这个尖峰值是次谐波不稳定性的物理表现。通过理论分析对次谐波不稳定性进行了建模，并用品质因数 Q 来表征它。在实际的实验测量中，如果 Q 设定得比较低，比如 0.5 左右，那么半频峰值根本就不可见。如果 Q 非常高，则该峰值可以高到足以与 0dB（单位增益）线（Bode 图的 x 轴）相交，此后 Bode 图几乎立即变为非常不正常的图。这是因为，虽然这是一种准稳定状态，但系统已经进入了不希望出现的交替循环模式，控制环路也不再起到预期的作用。如果我们不加以干预，那么变换器将永远无法恢复稳定状态（比如功率循环）。我们注意到，$Q\approx 0.5$ 会导致电感值过高，但 $Q\approx 2$ 正好符合作者进行的几次实验测量。Q=2 需要一个相当小的最小电感，并且系统很稳定。

我们说“把 Q 设为 2”是什么意思？所需关系如下，适用于所有拓扑：

$$Q=\frac{1}{\pi[(1-S/S_1)\times(1-D)-0.5]}$$

上式中所有的斜率只是它们各自的幅值。现在我们解 L，得到下列每个拓扑对应的有用方程：

$$L_{\mu H}=\frac{1/(\pi Q)+D-0.5}{\text{SlopeComp}(A/\mu s)}\times V_{IN}\qquad (\text{Buck，设}Q\approx 2)$$

$$L_{\mu H}=\frac{1/(\pi Q)+D-0.5}{\text{SlopeComp}(A/\mu s)}\times V_{O}\qquad (\text{Boost，设}Q\approx 2)$$

$$L_{\mu H}=\frac{1/(\pi Q)+D-0.5}{\text{SlopeComp}(A/\mu s)}\times (V_{IN}+V_{O})\qquad (\text{Buck-Boost，设}Q\approx 2)$$

在图 14.10 中，我们给出了避免不稳定所需的最小电感量。当设定 Q=2 时，斜率补偿量为 0.25A/μs。考虑到电感量与斜率补偿量呈反比例关系，可以计算一般情况下所需要的电感量。请注意，应用这些曲线时，我们应该在占空比 D>50%的区域和连续导电模式中使用。如果斜率补偿影响电流限制，我们必须确保峰值功率仍然能够传输。这一点在 Buck 拓扑下特别明显，因为它是唯一一种峰值电流随输入电压增加（D 减小）而增加的

拓扑。Buck 的峰值电流方程为

$$I_{PK} = I_O \times \left[1 + \frac{r}{2}\right]$$

其中（见附录），

$$r = \frac{V_O + V_D}{I_O \times L_{\mu H} \times f}(1-D) \times 10^6$$

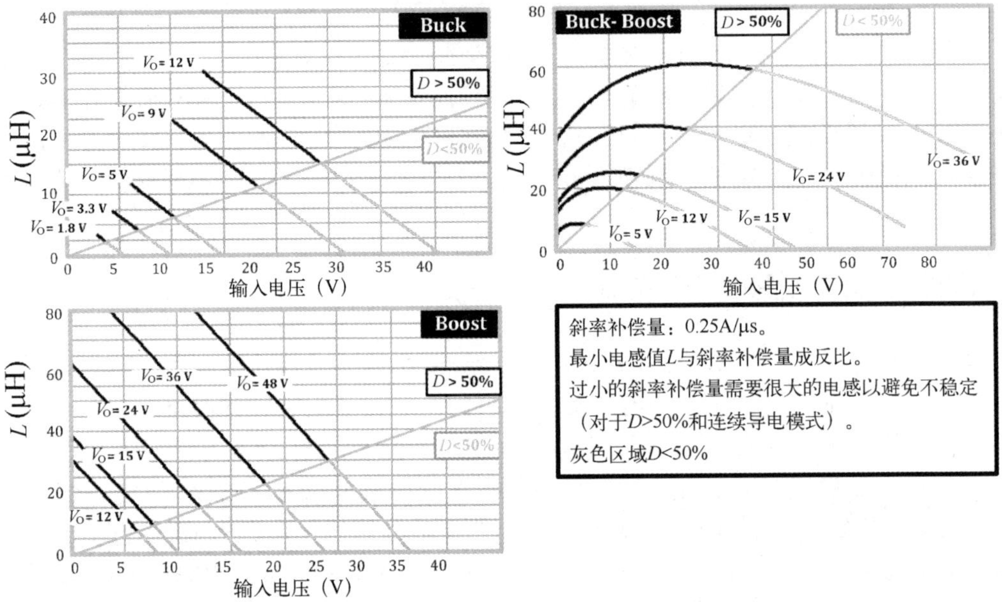

图 14.10　避免次谐波不稳定性所需要的最小电感

因此，峰值电流的变化率取决于电压、负载电流、电感等。必须确保计算出的峰值电流不超过实际的电流限值（包括斜率补偿），否则拓扑的功率输送能力将无法达到预期的设计目标。我们必须在输入电压等于 V_{INMAX} 时进行测试。但同时也应当注意，不需要斜率补偿时，电感是在输入电压等于 V_{INMIN} 时设计的。因此，一般的设计原则是：

（1）计算使变换器保持在连续导电模式下的最小电感值。

（2）计算满足（输入电压等于 V_{INMAX} 时）峰值功率传输要求的最小电感值。

（3）计算避免次谐波不稳定性的最小电感值。

取三个最小电感中的最大值。注意，只有当 D>50%时，才需要考虑最后一个条件。我们可能需要反复几次计算才能得到最终的、最理想的结果。

第 2 部分　回溯：电压模式、电流模式到滞环

引言

开关稳压器已经被应用很多年了，但直到今天这些开关稳压器仍然具有很大的设计难度。1976 年，美国硅通用公司（Silicon General）推出了第一个单片（集成电路）开关，即 SG1524 脉冲宽度集成电路。不久之后，这款芯片得到了改进，成为了大量运用在工业

当中的 SG3524。随后不久，它就可以从多家芯片供应商那里买到。基于离散设计的开关控制器已经越来越流行，特别是在军事应用中。事实上，一些足智多谋的工程师甚至在史上最畅销的其中一款芯片[555 定时器（有时被称为 IC 计时器），1971 年由 Signetics（后来的飞利浦，之后是 NXP）推出]的外围添加了相关电路，研制出了“开关式电源”。然而，SG1524 是第一款将所有必需的控制功能都集成于一块芯片或模块上的集成电路。随着当时人们对开关电源的兴趣迅速增长，早在 1977 年，由已故的 Abraham Pressman 撰写的关于开关电源的第一本书就在这种场合推出了。所有这些因素激发了人们对一个远远超出大多数人预期的领域的兴趣，并开创了我们今天所熟知的开关电源转换的世界。

今天众所周知的另一项技术，也出现在 20 世纪 80 年代，它通过检测功率开关管或电感的峰值电流，并在这个电流达到某个设定值的时候关断开关管，这种技术就是电流模式控制（CMC）。请记住，这在当时不是全新的。事实上它早在几年前就被提出了。参见 L. E. Gallaher 等人提出的美国专利，专利号 3350628，日期为 1967 年；以及 Thomas A.Froeschle 提出的美国专利，专利号 4456872，日期为 1984 年。然而，很少有人意识到它的重要性，直到 Unitrode 公司（现 Texas Instruments）将其运用到世界上第一款 CMC 芯片 UC1846，以及后续的 UC1843 后，对这种技术的关注才得到爆发性的增长。

1983 年，Unitrode 公司的 Brian Holland 在 Powercon 10 会议上介绍了 UC1846，发布了编号为 U-93 的文档。以下段落引用了这篇文档：

> 对于开关电源变换器，电流模式控制的固有优点是，它正好解决了困扰那些应用 PWM 技术的电源设计工程师的所有问题。电流模式控制具有自动前馈、自动对称校正、固有限流、环路补偿简单、负载响应快、并联工作能力强等特点。本文介绍了第一种专门为开关电源拓扑设计的控制集成电路，定义了它的工作原理，并举例说明了它的用途和优点。

但是仅在几年之后，CMC 的缺点开始逐步显现，人们对这种技术的期望有所降低。Bob Mammano 在 1994 年 Unitrode 的著名设计说明 DN-62 中简要总结了这一日益增长的认识：

> 没有任何一种拓扑能够适应所有的应用。此外，电压模式控制——如果随着现代电路和制造工艺的发展而更新——为当今高性能电源的设计师提供了很多帮助，是电源设计师关注的一个可行的竞争者。

这篇文档同时写道：

> 有理由预计，随着 UCC3570（一种新的电压模式控制器，在我们告诉世界电流模式控制是一种如此优越的方法近 10 年后才引入）的推出，将会产生一些混乱。

注：Bob Mammano 被称为“PWM 控制 IC 之父”，因为他研发出第一块电压模式控制 IC，即 SG1524。后来，他在 Unitrode 公司的功率 IC 部门担任技术人员，这个部门是他与另外两位来自 Silicon General 的人员共同创建的。

被控对象传递函数

被控对象的传递函数，通常被称为控制-输出传递函数，因为它实际上是输出电压除以控制电压，控制电压是误差放大器的输出。它是三个相连（独立）增益模块的乘积：

首先是 PWM 比较器，然后是功率变换环节，最后是 LC 滤波器。如前所述，只有在 Buck 中，才有一个实际的 LC 后置滤波器，但通过正则模型，如果我们使用等效电感 $\underline{L}=L/(1-D)^2$，等效 LC 后置滤波器（单个独立模块）也可以用于非 Buck 拓扑。

需要注意的一点是，在非 Buck 拓扑中，等效电感 $\underline{L}$ 随输入电压而变化（对于给定输出），因为输入电压降低时占空比 D 增大，导致更高的等效电感，从而使环路响应更为迟缓。一般来说，大电感和电容在经过一次输入电压或负载瞬态变化后，需要更多的开关周期才能达到新的稳态能级。等效电感 $\underline{L}$ 越大，这种迟滞更长，对 VMC 的影响更大。当使用 CMC 时，这种等效电感不是被控对象传递函数的一部分，而在 VMC 中却是。

下面通过几个图来总结采用 VMC 和 CMC 时的被控对象传递函数。

图 14.11

这是采用经典 VMC 的 Buck。在经典的 VMC 中，因为应用于 PWM 比较器的锯齿波的幅值 V_{RAMP} 一般是一个固定值，所以直流增益（低频增益）作为 V_{IN} 的函数，随着 V_{IN} 的变化而变化。这会导致控制环路响应特性的变化依赖于输入。此外，输入电压瞬态扰动的抑制能力并不理想。原因是输入电压的瞬态变化并不会直接引起 PWM 比较器对占空比的调整，所以占空比会维持一段时间不变。但输入电压的任何变化都需要稳态占空比相应变化（根据变换器的稳态直流传递函数方程：$D=V_O/V_{IN}$）。因此，若占空比不能及时调整，输出电压必然会产生过冲或下冲。系统必须等待误差放大器检测到输出误差，并将该信息作为施加控制电压的变化传送到 PWM 比较器。这最终也会修正占空比，并使输出达到新的稳定值，但在此之前，输出会围绕设定值来回摆动（振铃）。然而，如果在输入电压变化时，可以直接和瞬时地相应改变斜坡电压（锯齿波的幅值），就不需要等待这个信息通过控制电压终端返回。这样，输入扰动的抑制几乎是瞬时的，而且直流增益不会随输入电压而改变。

为了实现上述目标，那么下列关系必须得到满足：

$$V_{RAMP} \propto V_{IN} \quad 所以\frac{V_{IN}}{V_{RAMP}} = 恒定值$$

这称为输入前馈，见图 14.7。我们发现 CMC 自然地具有相似的特性，这是其长期以来被认为具有优越性的原因之一。单纯的 VMC 是有局限性的，尤其在抑制输入扰动这一方面。但是，具有输入前馈的 VMC（应用在 Buck 中）实际上比“自然”的 CMC 具有更好的输入扰动抑制能力。

图 14.12

这是使用 VMC 的 Boost 电路。注意，考虑到电路的复杂性，输入前馈在这里并不实用。我们需要根据直流增益 $G(s)$，以某种方式将 V_{RAMP} 设置为与 $V_{IN}\times(1-D)^2$ 成比例。还要注意右半平面（RHP）零点的影响；它也出现在 Buck-Boost 拓扑当中，且会出现在任何占空比情况下，无论是 VMC 还是 CMC 方式中。在“表现良好”（左半平面）的零点中，增益在零点位置增大（或改变）时，其相位相应上升。而对于 RHP 零点，即使增益增大，相位也会下降，这使得补偿或处理这个特定零点非常困难。

Buck [被控对象增益，$G(s)$，采用VMC]

$$G(s)=\frac{V_{IN}}{V_{RAMP}}\times\frac{\left(\frac{s}{\omega_{ESR}}+1\right)}{\left(\frac{s}{\omega_0}\right)^2+\frac{1}{Q}\left(\frac{s}{\omega_0}\right)+1}\approx\frac{V_{IN}}{V_{RAMP}}\times\frac{\left(\frac{s}{\omega_{ESR}}+1\right)}{\left(\frac{s}{\omega_0}\right)^2+1}$$

LC双极点：当品质因数[$Q=R\sqrt{C/L}$]较大时，增益图将存在严重的尖峰。这一尖峰也伴随着180° 的突然相移，从而导致完全不稳定和/或大量振铃。

ESR（等效串联电阻）零点：应用2型补偿器时，这一零点可以用于部分抵消LC双极点。但是电容的ESR具有较宽的公差/分散性，并会随着频率和时间（寿命）而变化。应用3型补偿器，这一零点大致上可以抵消一个极点。在应用如多层陶瓷电容等低ESR电容时，这个零点将位于很高的频率处，可以被忽略。

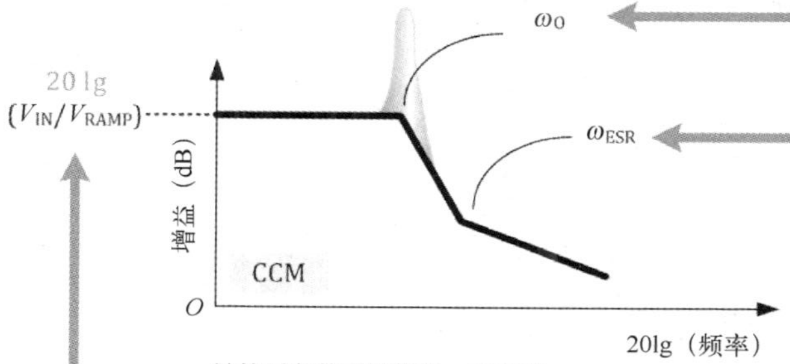

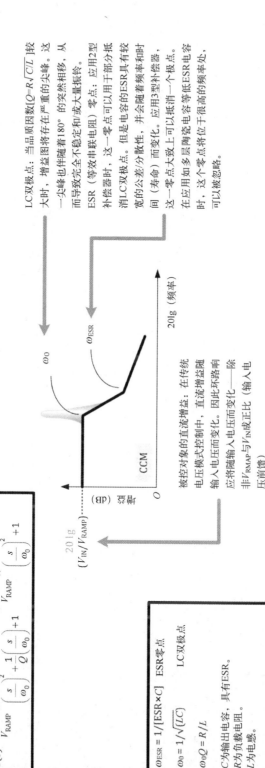

被控对象的直流增益：在传统电压模式控制中，直流增益随输入电压而变化。因此环路响应将随输入电压而变化——除非V_{RMAP}与V_{IN}成正比（输入电压前馈）

$\omega_{ESR}=1/[ESR\times C]$　ESR零点

$\omega_0=1/\sqrt{(LC)}$　LC双极点

$\omega_0 Q=R/L$

C为输出电容，具有ESR。
R为负载电阻。
L为电感。

图14.11　采用VMC的Buck被控对象传递函数

Boost [被控对象增益，$G(s)$，采用VMC]

$$G(s)=\frac{V_{IN}}{V_{RAMP}\times(1-D)^2}\times\frac{\left(\frac{s}{\omega_{ESR}}+1\right)\times\left(1-\frac{s}{\omega_{RHP}}\right)}{\left(\frac{s}{\omega_0}\right)^2+\frac{s}{\omega_0 Q}+1}\approx\frac{V_{IN}}{V_{RAMP}\times(1-D)^2}\times\frac{\left(\frac{s}{\omega_{ESR}}+1\right)\times\left(1-\frac{s}{\omega_{RHP}}\right)}{\left(\frac{s}{\omega_0}\right)^2+1}$$

此处突出显示了与图14.11中Buck不同的部分。

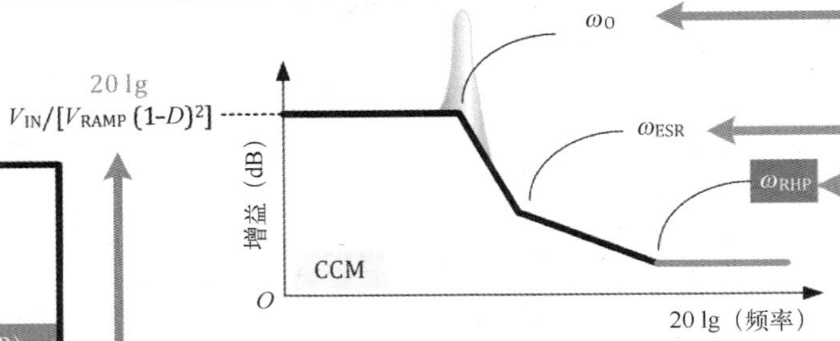

$\omega_{ESR}=1/(ESR\times C)$	ESR零点
$\omega_0=1/\sqrt{(\underline{L}C)}$	LC双极点
$\omega_0 Q=R/\underline{L}$	LC极点的尖峰
$\omega_{RHP}=R/\underline{L}$	右半平面（RHP）零点

C为输出电容，具有ESR。
R为负载电阻。

$\underline{L}$为（电感的）电感量除以$(1-D)^2$（$L_{EQUIVALENT}$为正则模型中的电感量）。

被控对象的直流增益：在传统电压模式控制中，直流增益随输入电压而变化。因此环路响应将随输入电压而变化——除非V_{RMAP}与V_{IN}成正比（输入电压前馈）。

右半平面零点：该零点伴随着90°的相角下移。需要被抵消或移到极高频位置，以使它变成无关项。很难抵消该零点；可能需要大幅度降低开环增益（带宽）的穿越频率以避开它。

LC双极点：当品质因数[$Q=R\sqrt{C/L}$]较大时，增益图将存在严重的尖峰。这一尖峰也伴随着180°的突然相移，从而导致完全不稳定和/或大量振铃。

ESR（等效串联电阻）零点：应用2型补偿器时，这一零点可以用于部分抵消LC双极点。但是电容的ESR具有较宽的公差/分散性，并会随着频率和时间（寿命）而变化。应用3型补偿器，这一零点大致上可以抵消一个极点。在应用如多层陶瓷电容等低ESR电容时，这个零点将位于很高的频率处，可以被忽略。

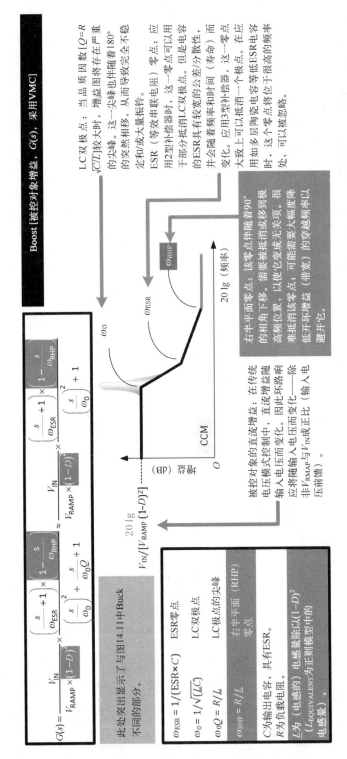

图14.12　采用VMC的Boost被控对象传递函数

Boost 和 Buck-Boost 的 RHP 零点表征了在输出端没有一个实际的 LC 后置滤波器。因此，尽管我们使用正则建模技术创建了一个等效的后置 LC 滤波器，但实际上在拓扑的实际 L 和 C 之间连接着一个开关管/二极管，这也是最终产生 RHP 零点的原因。RHP 零点通常被直观地解释为：如果我们突然增大负载，输出电压就会降低；这会导致变换器增大其占空比，以努力恢复输出电压；不幸的是，对于 Boost 和 Buck-Boost 拓扑而言，能量仅在开关管关断期间传递给负载；因此，占空比的增大反而使关断时间缩短了，使得电感储能传递给负载的时间缩短；输出电压在几个周期内进一步下降，而不是像我们希望的那样上升。这是 RHP 零点的实际影响。最终，电感电流在几个连续的开关周期内上升到新的水平，以满足增加的能量需求，从而使这种奇怪的反向作用得到了纠正。当然，前提是完全不稳定还没有发生！如前所述，RHP 零点可以出现在任何占空比条件下。注意，当 D 接近 1 时（即在较低的输入电压下），RHP 零点的位置移到较低的频率处。如果 L 增大，RHP 零点的位置也会移到较低的频率处。这就是为什么在 Boost 和 Buck-Boost 拓扑中不喜欢用更大的电感的原因之一。这也可能是一些工程师认为，DCM（不连续导电模式）中不存在 RHP 零点的原因；也有人认为，这仅仅是因为 DCM 所需要的电感量要低得多。

处理 RHP 零点的一般方法是直接将其“推到”一个更高的，不足以对控制环路有明显影响的频率位置。等价的，也可以减小开环增益的带宽以使控制环路可以“忽略”RHP 零点。换句话说，穿越频率必须比 RHP 零点频率低得多。从结果上来说，系统的带宽和环路响应性能受到 RHP 零点的影响。

图 14.13

这是一个应用 VMC 的 Buck-Boost。对于 Buck-Boost，输入电压前馈在这里不是一个实际的目标。这种拓扑也存在 RHP 零点，即使 RHP 零点的位置相较于 Boost 拓扑的有点不同。

图 14.14

这是应用 CMC 的 Buck。从这个例子中我们看到 CMC 与 VMC 的区别。直流增益不是输入电压的函数（至少在近似上不是）。这是因为 PWM 的斜坡是从电流斜坡导出的，而电流斜坡的摆幅ΔI 是开关管导通期间电感的两端电压的函数，也就是说，它取决于电感电压（$V_{IN} - V_O \approx V_{IN}$）。所以实际上，存在一种近似的输入前馈——其效果不如在 VMC 中被引入的输入前馈技术。然而，CMC 确实具有良好的抑制输入扰动能力，这也是这种技术广受欢迎的主要原因之一。但是，直流增益是负载 R 的函数，这会导致环路的特性随负载电阻而变化。但图中有一个有趣的特性，极点的位置也随负载而变化。因此，带宽不随负载（和输入）而变化。这实际上与在 VMC 中采用了输入前馈的情况相同。

可以发现 CMC 在负载电阻和输出电容的谐振频率处有单极点。相比之下，VMC 在电感与输出电容的谐振频率处有双（两个单）极点。这本身并不是一个真正的问题，因为它最终的意思是，我们需要补偿器中的两个零点来抵消 VMC 中的双极点，而只需要一个零点来抵消 CMC 中的单极点。因此，CMC 的补偿器比 VMC 的补偿器简单。一般地，这意味着我们可以在 CMC 中使用 2 型补偿器（通常是基于简单的跨导误差放大器，见图 14.15），而在 VMC 中通常需要更复杂的 3 型补偿器（见图 14.16 和 14.17）。除此之外，还有什么区别？不同之处在于，在 VMC 中，尽管消除了双极点，但在补偿点频率附近的区域可能存在很大的残余相移（更确切地说，是这一点的超前和滞后的相位大摆幅）。这会导致条件稳定性问题，特别是在非线性（大）输入和负载干扰下。因此，总体而言，CMC 的响应在某种意义上比 VMC 的更具可预测性和适应性。

Buck-Boost [被控对象增益，$G(s)$，采用VMC]

$$G(s)=\frac{V_{IN}}{V_{RAMP}\times(1-D)^2}\times\frac{\left(\frac{s}{\omega_{ESR}}+1\right)\times\left(1-\frac{s}{\omega_{RHP}}\right)}{\left(\frac{s}{\omega_0}\right)^2+\frac{s}{\omega_0 Q}+1}\approx\frac{V_{IN}}{V_{RAMP}\times(1-D)^2}\times\frac{\left(\frac{s}{\omega_{ESR}}+1\right)\times\left(1-\frac{s}{\omega_{RHP}}\right)}{\left(\frac{s}{\omega_0}\right)^2+1}$$

此处突出显示了与图14.12中Boost不同的部分。

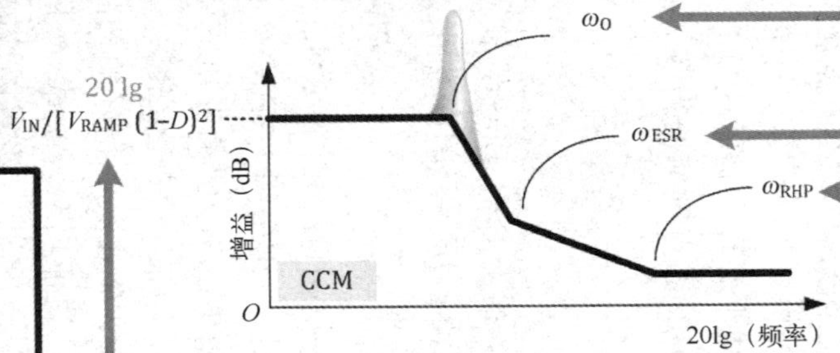

$\omega_{ESR}=1/(ESR\times C)$　ESR零点

$\omega_0=1/\sqrt{(LC)}$　LC双极点

$\omega_0 Q=R/L$　LC极点的尖峰

$\omega_{RHP}=R/(D\times L)$　右半平面（RHP）零点

C为输出电容，具有ESR。
R为负载电阻。
L为（电感的）电感量除以$(1-D)^2$（$L_{EQUIVALENT}$为正则模型中的电感量）。

LC双极点：当品质因数[$Q=R\sqrt{C/L}$]较大时，增益图将存在严重的尖峰。这一尖峰也伴随着180°的突然相移，从而导致完全不稳定和/或大量振铃。

ESR（等效串联电阻）零点：应用2型补偿器时，这一零点可以用于部分抵消LC双极点。但是电容的ESR具有较宽的公差/分散性，并会随着频率和时间（寿命）而变化。应用3型补偿器，这一零点大致上可以抵消一个极点。在应用如多层陶瓷电容等低ESR电容时，这个零点将位于很高的频率处，可以被忽略。

被控对象的直流增益：在传统电压模式控制中，直流增益随输入电压而变化。因此环路响应将随输入电压而变化——除非V_{RMAP}与V_{IN}成正比（输入电压前馈）

右半平面零点：该零点伴随着90°的相角下移。需要被抵消或移到极高频位置，以使它变成无关项。很难抵消该零点；可能需要大幅度降低开环增益（带宽）的穿越频率以避开它。

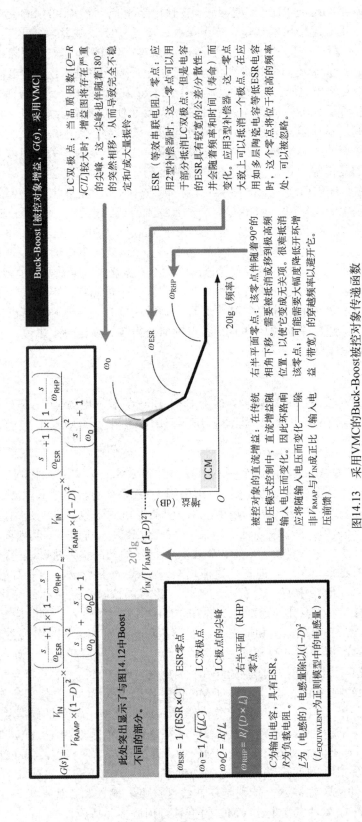

图14.13　采用VMC的Buck-Boost被控对象传递函数

Buck [被控对象增益，$G(s)$，采用CMC]

$$G(s)=\frac{R}{R_{\mathrm{MAP}}}\times\frac{\left(\dfrac{s}{\omega_{\mathrm{ESR}}}+1\right)}{\left(\dfrac{s}{\omega_0}+1\right)}$$

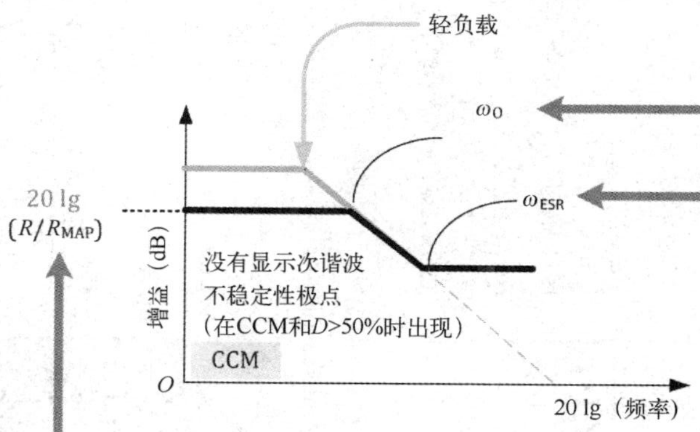

负载极点：单极点，没有峰值。它的位置与R成反比，所以与负载电流成正比。当R改变时，它是按照穿越频率（带宽）不变的方向变化。

ESR（等效串联电阻）零点：如果应用1型补偿器，可以用这个零点来抵消负载极点。但是电容的ESR具有较宽的公差/分散性，并会随着频率和时间（寿命）而变化。应用2型补偿器，这一零点大致上可以抵消一个极点。在应用如多层陶瓷电容等低ESR电容时，这个零点将位于很高的频率处，可以被忽略。

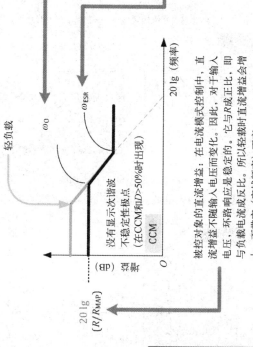

被控对象的直流增益：在电流模式控制中，直流增益不随输入电压而变化。因此，对于输入电压，环路响应是稳定的。它与R成正比，即与负载电流成反比。所以轻载时直流增益会增大，而带宽（穿越频率）不变。

$\omega_{\mathrm{ESR}}=1/[\mathrm{ESR}\times C]$　　ESR零点

$\omega_0=1/(RC)$　　负载极点

C为输出电容，具有ESR。
R为负载电阻。
R_{MAP}为跨阻——PWM斜坡电压除以相应的采样电流。

图14.14　采用CMC的Buck被控对象传递函数

以上几乎概括了 CMC 与 VMC 的所有关键区别。接下来还有最后一个问题需要讨论。请注意，到目前为止，所有的讨论都是建立在 CCM 的基础上，主要是为了简单起见。在任何情况下，不连续导电模式（DCM）只有在负载非常轻时才出现，而且，在许多现代同步拓扑中，我们可以通过选择让拓扑继续保持在 CCM 中，直到零负载[如在强制连续导电模式（FCCM）中]。

图 14.18

这是采用 CMC 的 Boost。同样也存在难以处理的 RHP 零点。

图 14.19

这是采用 CMC 的 Buck-Boost 拓扑。同样也存在难以处理的 RHP 零点。

可实现的误差放大器的传递函数

（这里仅分析交流信号。因此忽略直流偏置V_{REF}——它只是固定的直流偏置电平）

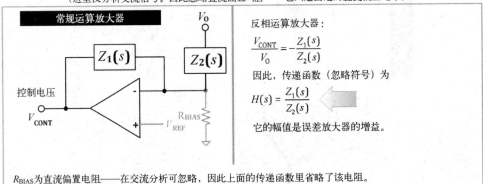

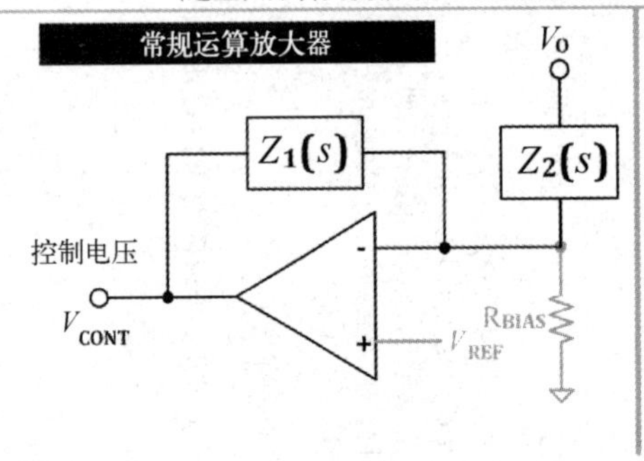

反相运算放大器：

$$\frac{V_{CONT}}{V_O}=-\frac{Z_1(s)}{Z_2(s)}$$

因此，传递函数（忽略符号）为

$$H(s)=\frac{Z_1(s)}{Z_2(s)}$$

它的幅值是误差放大器的增益。

R_{BIAS}为直流偏置电阻——在交流分析可忽略，因此上面的传递函数里省略了该电阻。

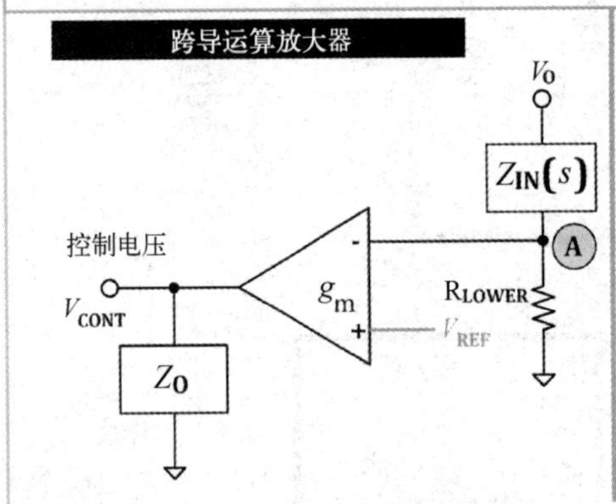

A点电压：

$$V_A=\frac{R_{LOWER}}{R_{LOWER}+Z_{IN}(s)}\times V_O$$

由跨导的定义，g_m

$$g_m=\frac{输出电流}{输入电压}=\frac{\dfrac{V_{CONT}}{Z_O(s)}}{V_A}\quad（忽略符号）$$

传递函数（忽略符号）的简化形式为

$$\frac{V_{CONT}}{V_O}=\frac{R_{LOWER}}{R_{LOWER}+Z_{IN}(s)}\times g_m\times Z_O(s)$$

通常情况下，$Z_{IN}(s)$仅为纯电阻

下拉电阻R_{LOWER}不仅仅是一个直流偏置电阻——该电阻确实影响输入的交流信号并通过跨导g_m影响输出电流，从而影响输出电压V_{CONT}。因此上面的传递函数包含了R_{LOWER}。

一些结论：

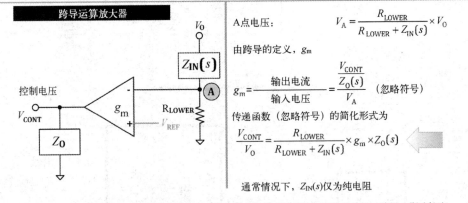

（A）在使用跨导运算放大器时，反馈电阻的比例是唯一重要的参数。例如，可以选择1kΩ/4kΩ或10kΩ/40kΩ的电阻组合。这样组合的电阻具有相同的增益（衰减），且增益-相位不会改变。

（B）在使用常规运算放大器时，上拉电阻会影响增益-相位。如果改变上拉电阻，将会得到完全不同的结果。因此只保证比率值不变并不能保证增益-相位不变。

（C）在可调调整器中，如果要改变输出电压，那么最好只改变下拉反馈电阻，保持上拉电阻不变。这样，只有直流偏置改变，而反馈电路的增益-相位（交流）特性不变。

图 14.15　两种主要的误差放大器

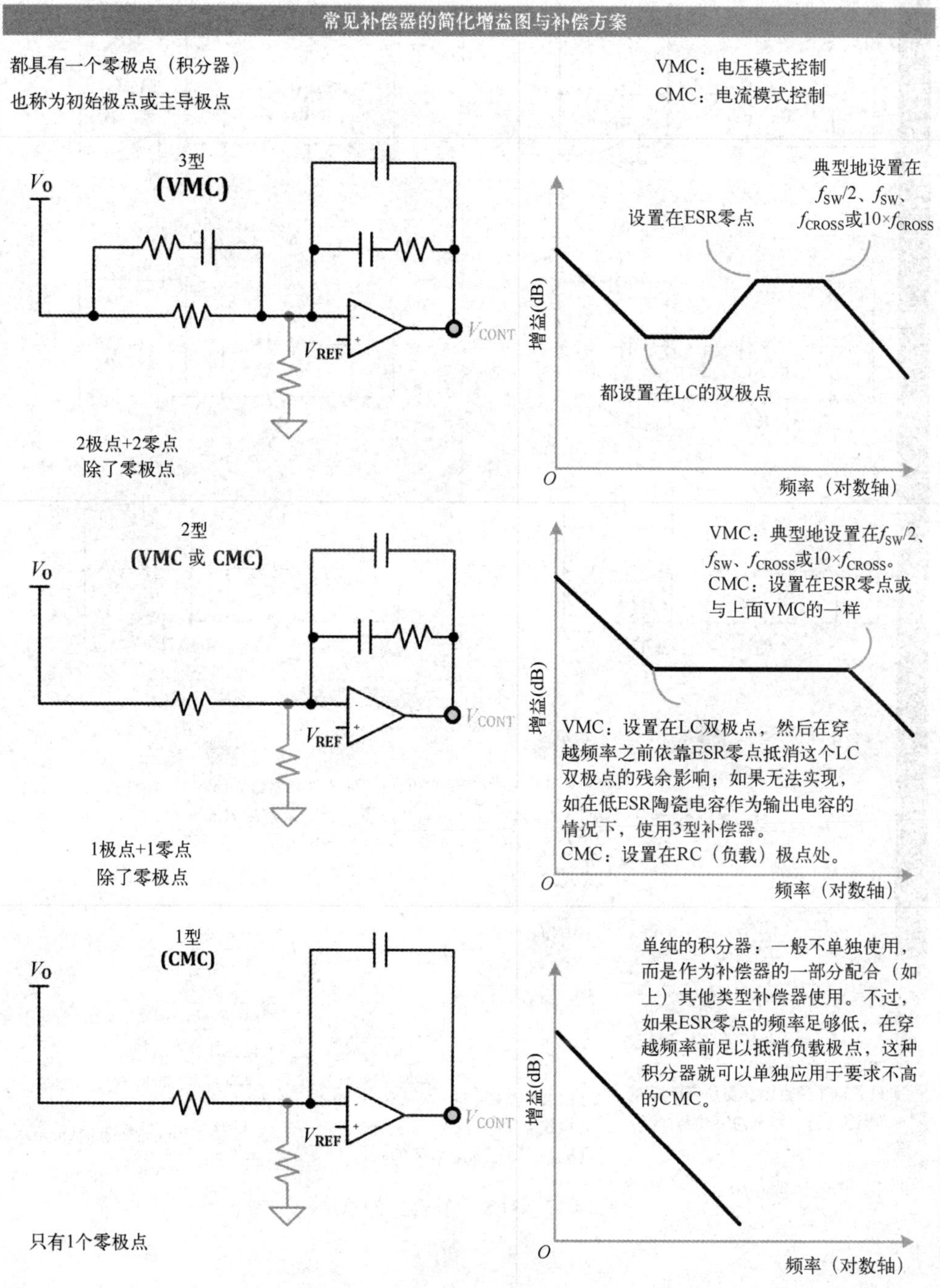

图 14.16　补偿方案的类型

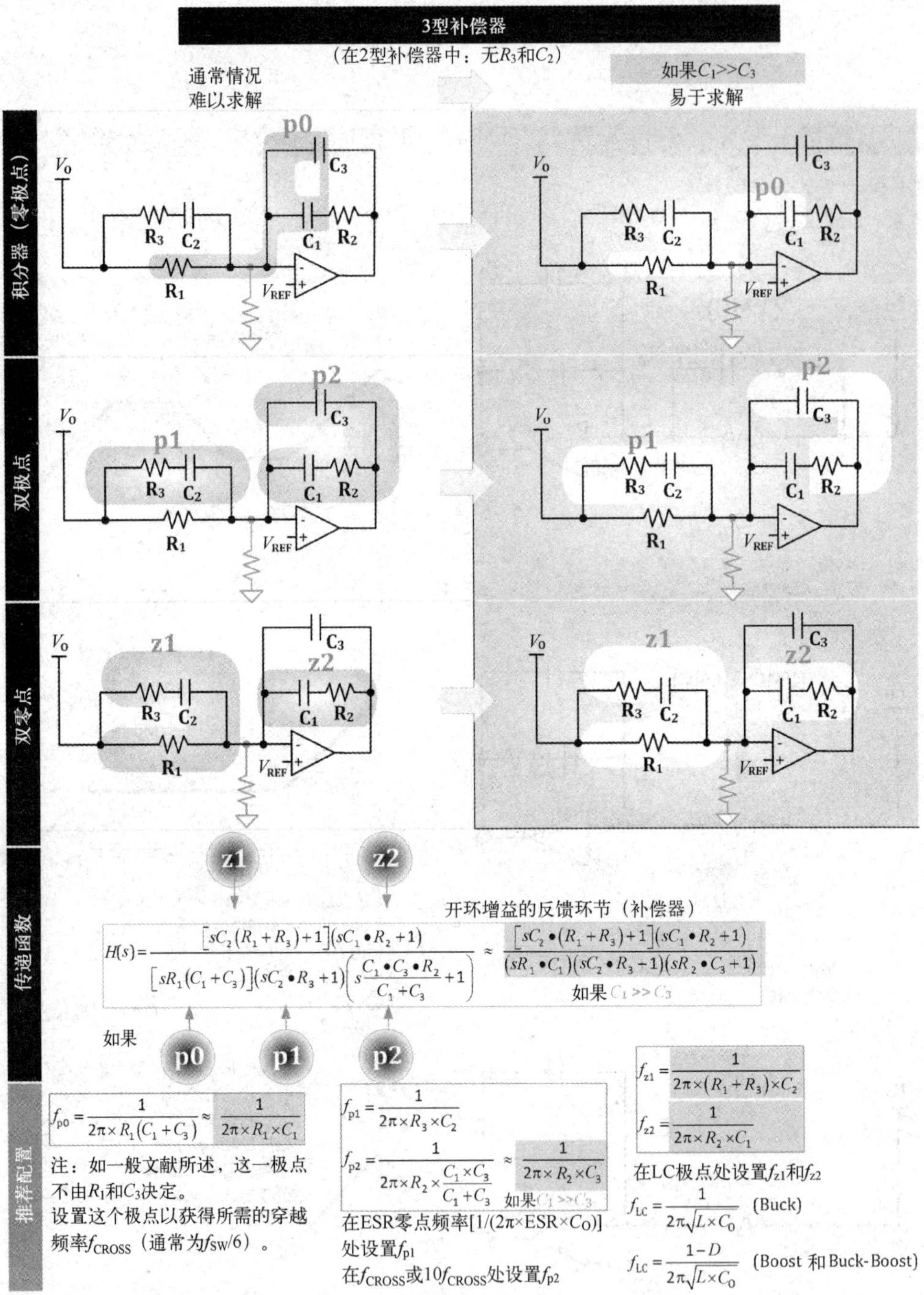

图 14.17　对 3 型补偿器的总结

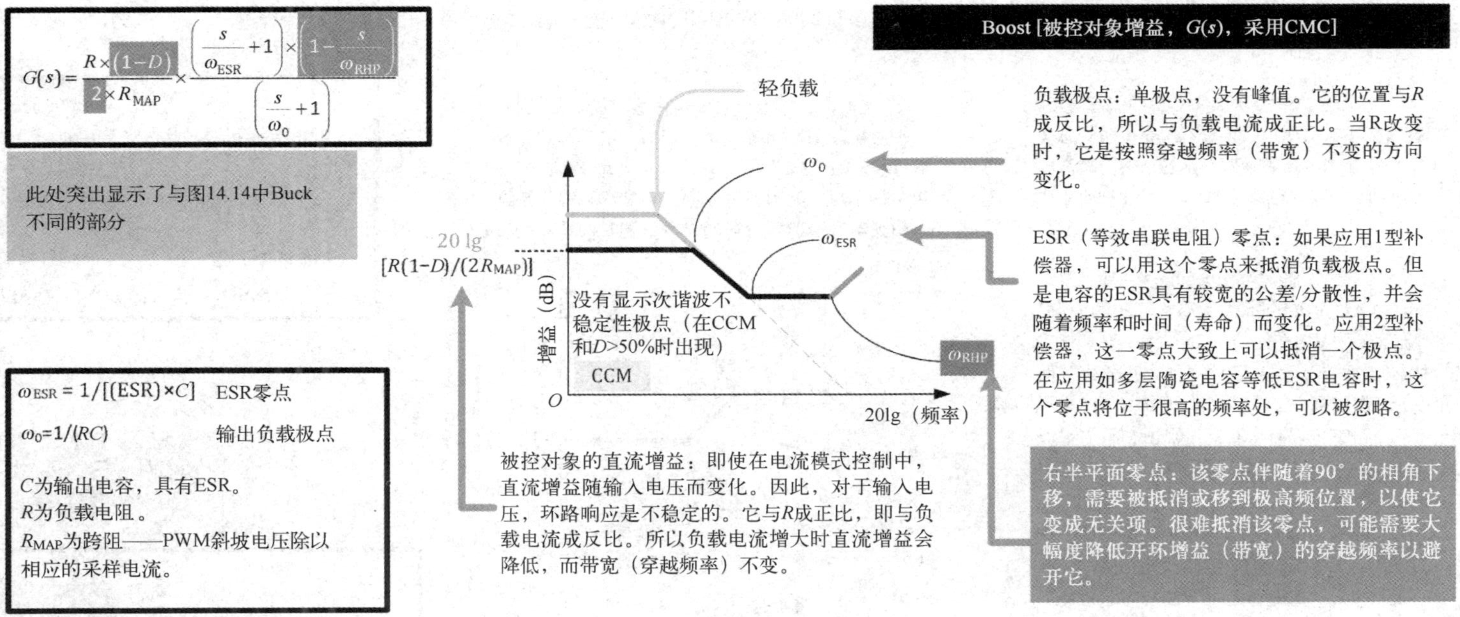

图14.18　采用CMC的Boost被控对象传递函数

$$G(s)=\frac{R\times(1-D)}{(1+D)\times R_{\mathrm{MAP}}}\times\frac{\left(\dfrac{s}{\omega_{\mathrm{ESR}}}+1\right)\times\left(1-\dfrac{s}{\omega_{\mathrm{RHP}}}\right)}{\left(\dfrac{s}{\omega_0}+1\right)}$$

此处突出显示了与图14.18中Boost不同的部分

$\omega_{\mathrm{ESR}}=1/[(\mathrm{ESR})\times C]$　　ESR零点

$\omega_0=1/(RC)$　　输出负载极点

C为输出电容，具有ESR。

R为负载电阻。

R_{MAP}为跨阻——PWM斜坡电压除以相应的采样电流。

Buck-Boost [被控对象增益G(s)，采用CMC]

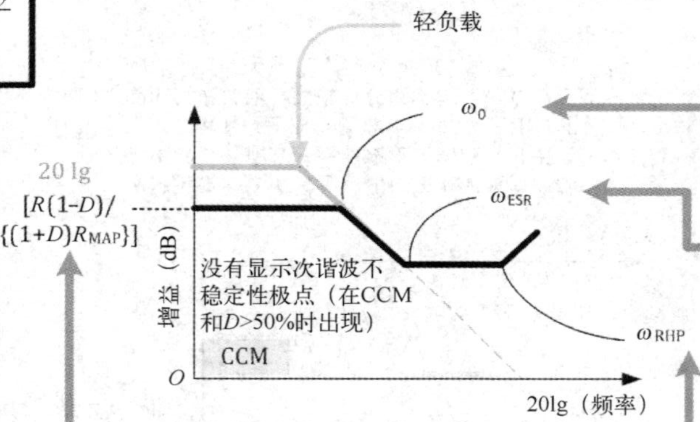

负载极点：单极点，没有峰值。它的位置与R成反比，所以与负载电流成正比。当R改变时，它是按照穿越频率（带宽）不变的方向变化。

ESR（等效串联电阻）零点：如果应用1型补偿器，可以用这个零点来抵消负载极点。但是电容的ESR具有较宽的公差/分散性，并会随着频率和时间（寿命）而变化。应用2型补偿器，这一零点大致上可以抵消一个极点。在应用如多层陶瓷电容等低ESR电容时，这个零点将位于很高的频率处，可以被忽略。

被控对象的直流增益：即使在电流模式控制中，直流增益随输入电压而变化。因此，对于输入电压，环路响应是不稳定的。它与R成正比，即与负载电流成反比。所以负载电流增大时直流增益会降低，而带宽（穿越频率）不变。

右半平面零点：该零点伴随着90°的相角下移，需要被抵消或移到极高频位置，以使它变成无关项。很难抵消该零点，可能需要大幅度降低开环增益（带宽）的穿越频率以避开它。

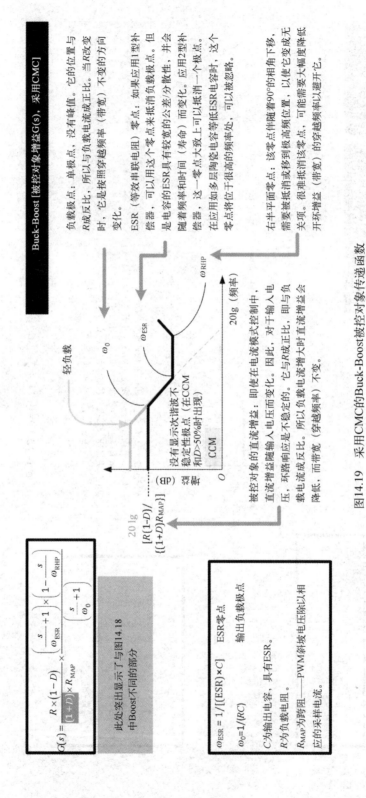

图14.19　采用CMC的Buck-Boost被控对象传递函数

CMC 与 VMC 对比的结论

详细考察 CMC 与 VMC 后可以发现，这两种方法都是为了实现环路稳定。相比较而言，CMC 的补偿器设计比 VMC 更简单，但 CMC 需要额外引入斜率补偿等。通常情况下，这两种控制方法是互有所长的。

由于我们通常需要用一个较小的采样电流来产生应用于 PWM 比较器的电压斜坡，因此 CMC 对 PCB 具有高度敏感性。开关管在开通时，常常会产生大量噪声，因此我们通常在开关管开通后引入至少 50～200ns 的消隐时间以避免这些噪声触发比较器。这也间接地限制了最小导通时间不能低于 50～200ns，并且使相应的最小占空比在高电压到非常低电压的降压变换比下，特别是高开关频率下遭到破坏。相比之下，VMC 具有更强的鲁棒性和抗噪声能力。

正如 Bob Mammano 在 DN-62 中预测的那样，现在似乎倾向于采用输入电压前馈技术的 VMC；但最近另一种趋势是采用滞环控制，下面将讨论这种控制技术。

滞环控制：能量的按需传输

在图 14.7 中，给出了 PWM 比较器工作的基本方法，即通过它的输入端的两个电压交叉产生导通-关断脉冲：一个是稳定电平（即控制电压），另一个是锯齿波电压（斜坡上升和下降）。我们可能会问，为什么不直接将基准电压作为 PWM 输入端的平滑电平（用来代替误差电压），并使用基于电感电流的锯齿波（如 CMC）？如图 14.20 和图 14.21 所示。注意，如后图 14.21 所示，这不再是真正的“PWM 比较器”，至少不是一个传统意义上的 PWM 比较器。现在，它是一个“滞环比较器”，如果斜坡电压超过基准电压一定量 Δv（ΔHYS/2）时，关断开关管；并在斜坡下降到略低于基准电压的某个阈值（$-\Delta v$）时，重新开通开关管。因此，它通常被称为 Bang-Bang 稳压器。如果出现输入电压或负载瞬变，它可以通过连续关断几个周期或完全导通来作出反应。因此，它的瞬态响应非常好——从效果上来说这种方法是按需传输能量的。

Bang-Bang 稳压器的早期形式已经存在几十年，这种稳压器是基于可控硅整流器（SCR）或双极晶体管，但没有电感。这项古老的技术已经在现代开关电源变换中得到了彻底的改进，并具有巨大的优势，这一点可以在实验中得到证实。这种技术的环路响应的带宽接近开关频率，不需要设计反馈或补偿器，也不需要处理极点和零点。但是，滞环控制器的数学模型仍然非常复杂，现在仍然需要不断研究。然而，这并没有阻止设计师们试图利用滞环控制的所有商业优点。最大的优点之一是，不需要时钟和误差放大器，也不需要任何补偿电路，静态电流（I_Q，零负载，但开关管仍导通和关断）可以非常低（通常小于 100μA）。这使得滞环变换器特别适合现代电池充电的应用。在手机和平板电脑的世界里，滞环控制已经开始引领潮流。

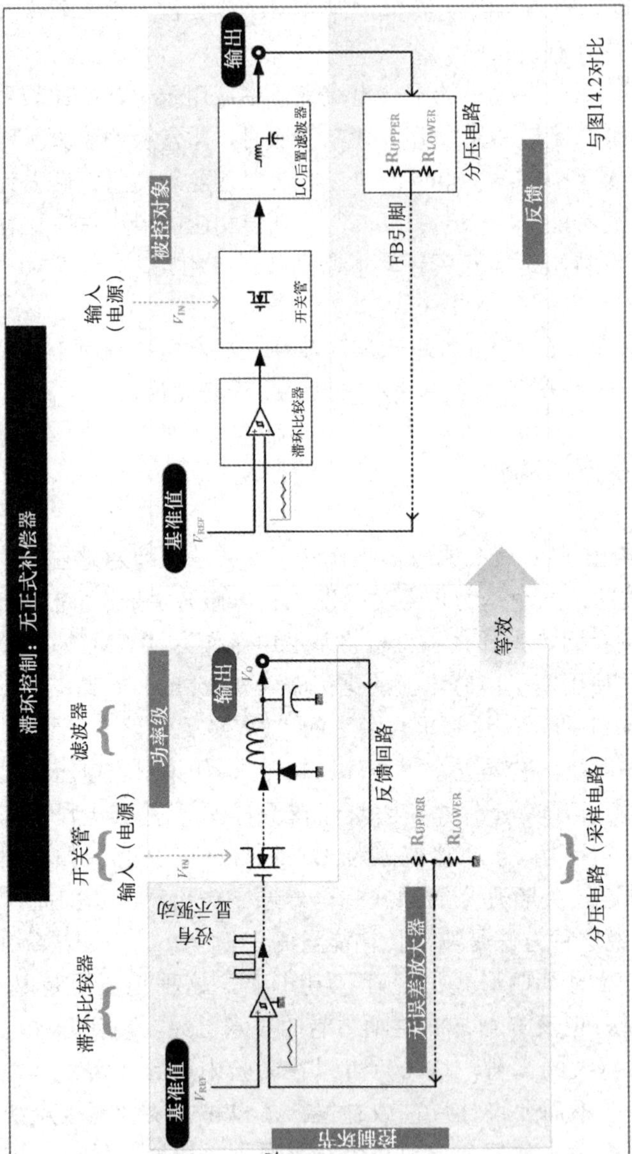

图14.20　滞环控制的功能模块

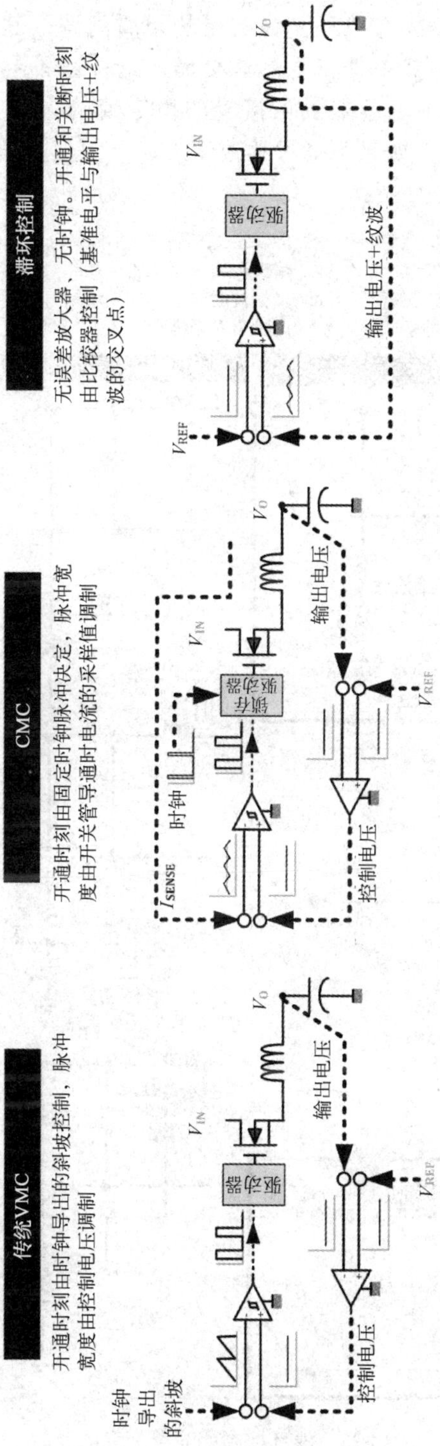

图14.21　实现滞环控制所需要的基本变化

滞环控制确实有其局限性。因为没有正式的时钟，所以很难保证频率恒定。也可能有很多不稳定的脉冲，通常伴随着不可接受的音频噪声（尖锐的声音），以及不可预测的电磁干扰。避免脉冲不稳定的方法是，确保输入到滞环比较器的斜坡波形是实际电感电流的精确采样值。这导致了一个先有鸡还是先有蛋的矛盾问题，其中由比较器产生的占空比正是系统在给定的输入和负载条件下自然需要的。这样就不会出现伴随着可听见的低频谐波的混乱脉冲。将开关频率调整到可接受的恒定值的方法是，对称改变比较器的上、下限值，如图 4.22 所示。如果不能对称改变上、下限值，就会产生直流偏移，导致输出电压漂移或偏离基准值。

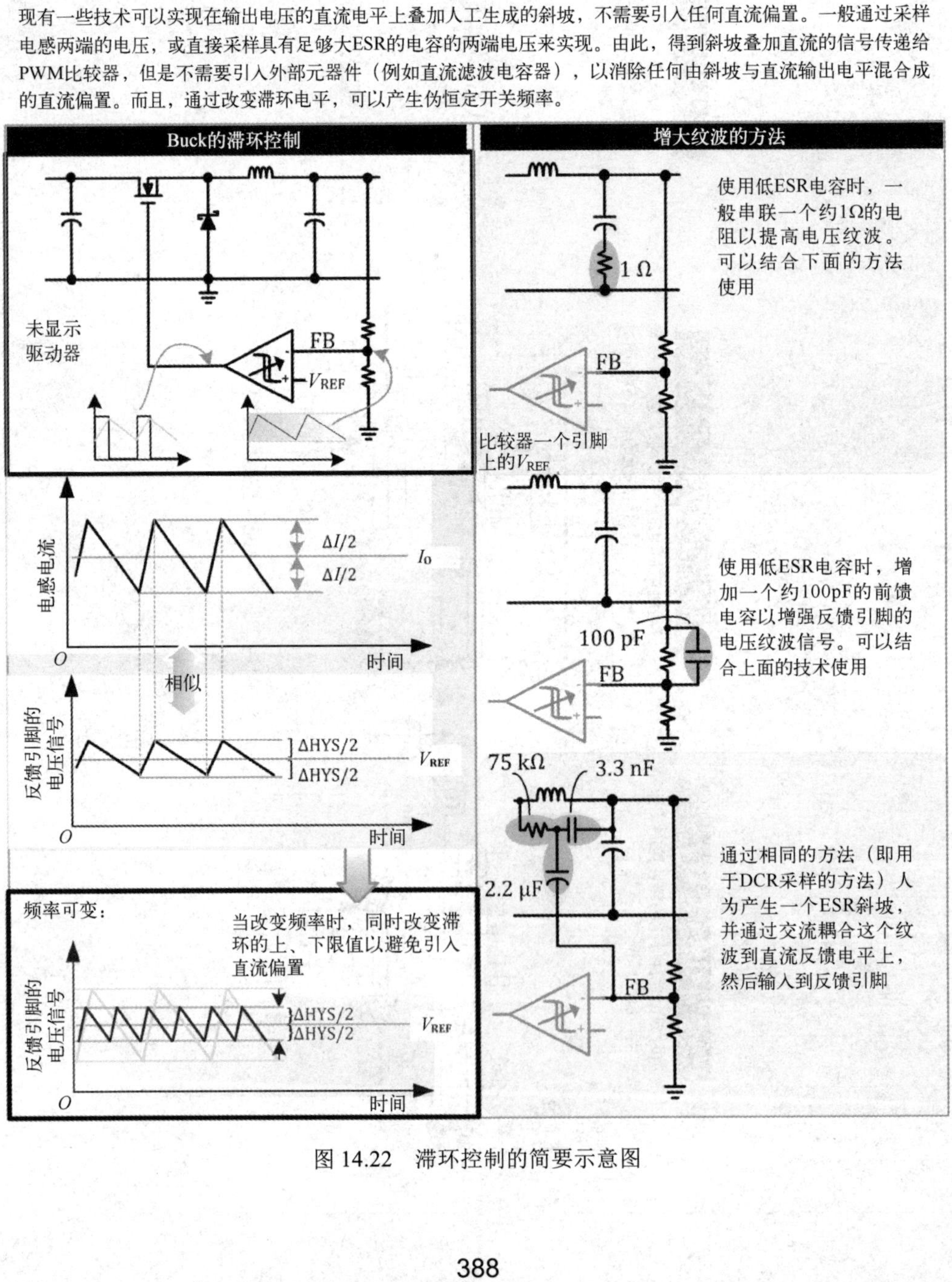

图 14.22 滞环控制的简要示意图

另一种使滞环控制的开关频率保持在相对稳定值的方法是，使用定导通时间控制器（Constant ON-time Controller，COT）。对于 Buck，可得

$$D=\frac{T_{ON}}{T}=T_{ON}\times f=\frac{V_O}{V_{IN}}$$

因此，

$$f=\frac{V_O}{V_{IN}\times T_{ON}}$$

换句话说，如果固定滞环变换器的导通时间，并且使其导通时间与输入成反比，将得到一个恒定的开关频率 f，这就是应用 COT 的 Buck 变换器的基本原理。注意 COT 变换器有一个预定的导通时间，因此不再需要比较器上限值。但出于同样的原因，此时会产生一些直流偏移（影响负载调节）。

在大比率降压应用中（例如 48V 降压至 3.3V），传统的变换器会受到最小（实际）脉冲宽度的限制，特别是在 CMC 的情况下（由于前面讨论过的消隐时间问题）。但是在应用 COT 的 Buck 中，通过固定最小的导通时间，实际上不仅降低了频率，还能使降压变换过程更加平滑，在输入和负载瞬变期间，没有出现像传统控制方法那样产生的过冲。

以类似的方式可以证明，当应用于 Boost 时，恒定的关断时间将得到恒定的频率。再次回顾产生 RHP 零点的直观原因：在负载突然增大时，输出电压瞬时下降，因此占空比增大。但在这个过程中，开关管的关断时间缩短了。由于在 Boost（和 Buck-Boost）中，能量仅在关断时间内传递到负载端，因此关断时间越短，留给新能量需求的时间就越短，这会暂时导致输出电压在恢复正常之前进一步下降。因此，我们直觉地意识到，在这种情况下，固定一个最小的关断时间将有所帮助。事实上是这样的：当 Boost 工作于恒定关断时间模式时，RHP 零点不存在。通过设置 $T_{OFF}\propto V_{IN}$，也能获得恒定的开关频率。

表 14.3 对电流模式、电压模式和滞环控制的对比总结

	电流模式控制	电压模式控制	滞环控制
对输入电压扰动的抑制（输入暂态响应）	好（固有的特性）	非常好（使用输入前馈时）	优秀（固有的特性）
对负载扰动的抑制（负载暂态响应）	好（固定带宽）	好	优秀（固有的特性）
恒定频率	优秀	优秀	差，需要随参数变化而改变滞环的上、下限值，或采用定导通时间（Buck），或采用定关断时间（Boost）
可预测 EMI	优秀	优秀	尚可（采用 COT 技术时）
音频噪声抑制	优秀	优秀	尚可（采用 COT 技术时）
极低电压的降压变换（Buck）	差	好	优秀（采用 COT 技术时）
对 PCB 布线的敏感性	差	优秀	采用人工斜坡产生技术时好，否则差
环路响应的良好稳定性（公差和长期漂移）	优秀	好	恰当的
补偿器的设计难度	好	差	优秀
I_Q（静态电流）	好	差	优秀
使用输出陶瓷电容时环路稳定性	优秀（使用 3 型补偿器时）	非常好	在采用谐波增强技术时好，否则差

对于 Buck-Boost，在不牺牲滞环控制器主要优点（简单和低 I_Q）的情况下，实现恒定频率的关系太复杂，不容易实现。因此本书不准备讨论应用 COT 的 Buck-Boost。

以上给出了滞环控制优点和缺点的简要总结。在表 14.3 中，进一步汇总了所有三种控制方式的优点和缺点。

第 3 部分　设计例子：VMC 与 CMC 非隔离变换器，以及基于 TL431+光耦的隔离反激变换器

VMC 与 CMC 设计例子，应用 2 型和 3 型误差放大器或跨导放大器

第一个例子如图 14.23 所示，从使用 3 型放大器的 VMC 开始。我们要设计一个 Buck 变换器，开关频率为 300kHz，在 5A（60W）负载下实现 48V 降压到 12V；其 PWM 斜坡是 1.5V；输出电容是 100μF 铝电解电容，其 ESR 为 100mΩ；采用如图 14.23 所示的补偿。

60W、48V变12V电压模式控制Buck变换器，V_{RAMP}=1.5V，开关频率=300kHz

L = 15 μH, C_O = 100 μF, ESR = 100 mΩ

假设$C_1 >> C_3$

积分器由R_1和C_1构成

$$f_{p0}=\frac{1}{2\pi\times R_1(C_1+C_3)}\approx\frac{1}{2\pi\times R_1\times C_1}$$

$$f_{z1}=\frac{1}{2\pi\times(R_1+R_3)\times C_2}$$

$$f_{p1}=\frac{1}{2\pi\times R_3\times C_2}$$

$$f_{z2}=\frac{1}{2\pi\times R_2\times C_1}$$

$$f_{p2}=\frac{1}{2\pi\times R_2\times\dfrac{C_1\times C_3}{C_1+C_3}}\approx\frac{1}{2\pi\times R_2\times C_3}$$

只有C_1、R_2和C_3由f_{p0}决定

R_2与f_{p0}成正比

C_1和C_3与f_{p0}成反比

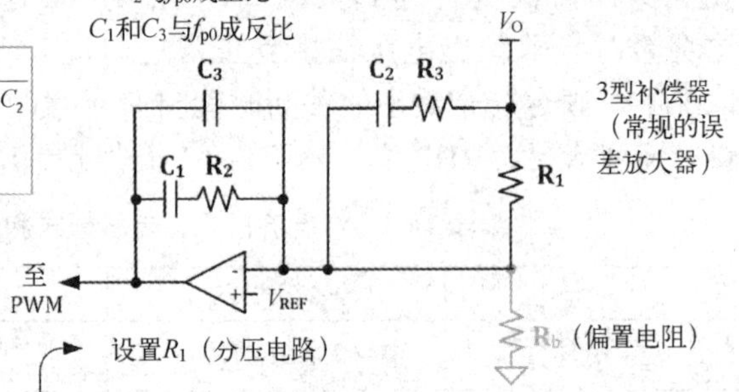

积分器环节的穿越频率期望值

$$f_{p0}=\frac{f_{CROSS}}{(\text{被控对象的直流增益})}$$

$$=\left(\frac{V_{RAMP}}{V_{IN}}\right)\times f_{CROSS}\quad\text{(Buck, VMC)}$$ 见图 14.11

$$=\left(\frac{1.5}{48}\right)\times 50\text{k}=1.56\ \text{kHz}$$

$$f_{LC}=\frac{1}{2\pi\sqrt{LC_O}}=\frac{1}{2\pi\sqrt{15\mu\times 100\mu}}=4.11\ \text{kHz}$$

$$f_{ESR}=\frac{1}{2\pi\times\text{ESR}\times C_O}=\frac{1}{2\pi\times 100\text{m}\times 100\mu}=15.9\ \text{kHz}$$

零-极点配置策略：

（a）在 f_{LC}处配置两个零点；

（b）在 f_{ESR}处配置一个极点；

（c）在 $f=f_{SW}/2$ = 150kHz处配置一个极点。

f_{p0} = 1.56 kHz
f_{z1} = 4.11 kHz
f_{z2} = 4.11 kHz
f_{p1} = 15.9 kHz
f_{p2} = 150 kHz

设置R_1（分压电路）

$$R_1\leftarrow 10\ \text{k}\Omega$$

$$R_2=R_1\times\frac{f_{p0}}{f_{z2}}=10\text{k}\times\frac{1.56\text{k}}{4.11\text{k}}=3.8\ \text{k}\Omega$$

$$R_3=\frac{R_1\times f_{z1}}{f_{p1}-f_{z1}}=\frac{10\text{k}\times 4.11\text{k}}{15.9\text{k}-4.11\text{k}}=3.49\ \text{k}\Omega$$

$$C_1=\frac{1}{2\pi\times f_{p0}\times R_1}=\frac{1}{2\pi\times 1.56\text{k}\times 10\text{k}}=10.2\ \text{nF}$$

$$C_2=\frac{1}{2\pi\times R_1}\times\left(\frac{1}{f_{z1}}-\frac{1}{f_{p1}}\right)=\frac{1}{2\pi\times 10\text{k}}\times\left(\frac{1}{4.11\text{k}}-\frac{1}{15.9\text{k}}\right)=2.87\ \text{nF}$$

$$C_3=\frac{1}{2\pi\times(R_2\times f_{p2}-R_1\times f_{p0})}=\frac{1}{2\pi\times(3.8\text{k}\times 150\text{k}-10\text{k}\times 1.56\text{k})}=287\ \text{pF}$$

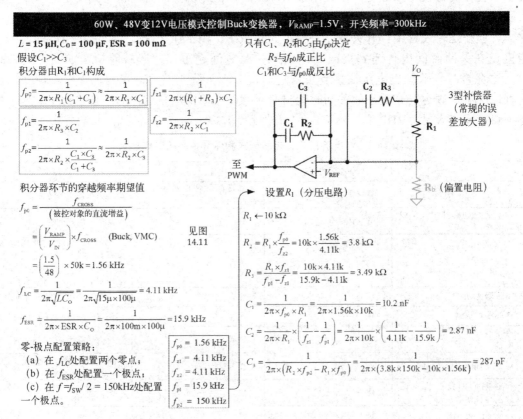

图 14.23　60W Buck，应用 3 型误差放大器的 VMC

尤其要记住，Buck 拓扑的被控对象的直流增益为 V_{IN}/V_{RAMP}，如图 14.11 所示。对于其他拓扑，我们可以直接使用图 14.11 之后的图中的直流增益。

例如，在本例中，被控对象的直流增益（单位为 dB）为

$$a = 20\lg\left(\frac{V_{IN}}{V_{RAMP}}\right) = 20\lg\left(\frac{48}{1.5}\right) = 30.1\text{ dB} \qquad \text{(被控对象的直流增益，应用VMC的Buck)}$$

我们想将穿越频率设为开关频率的 1/6，因此

$$f_{CROSS} = \frac{f}{6} = \frac{300k}{6} = 50\text{ kHz}$$

电感则基于电流纹波率 $r = 0.4$ 选型，即

$$L = \frac{V_O}{I_O \times r \times f} \times (1-D) = \frac{12}{5 \times 0.4 \times 300000} \times \left(1 - \frac{12}{48}\right) = 1.5 \times 10^{-5}$$

本例中选择了 15μH。LC 环节的双极点位置为（单位为 Hz）

$$f_{LC} = \frac{1}{2\pi\sqrt{LC}} = \frac{1}{2\pi\sqrt{15\mu \times 100\mu}} = 4.11 \times 10^3$$

ESR 零点位置为（单位为 Hz）

$$f_{ESR} = \frac{1}{2\pi \times ESR \times C} = \frac{1}{2\pi \times 100\text{ m} \times 100\mu} = 1.59 \times 10^4$$

为了计算积分器所需要的穿越频率（f_{p0}），可利用下述关系式：

$$f_{p0} = \frac{f_{CROSS}}{\text{被控对象的直流增益}}$$

无论是采用 CMC 还是 VMC，上述方程实际上适用于所有拓扑——仅基于一种简单的零-极点配置方法：创建斜率为−1（在对数坐标系上）的开环增益曲线。在图 14.24 中，展示了如何通过图形方式而不是使用前面的简单方程来找到 f_{p0}。只是通过在对数坐标系上画图来获得相同的结果，却似乎要做很多工作。但这是非常有启发性的，有助于我们把情况形象化，而不仅仅是在方程上反复推算。本书强烈鼓励读者完成图中的步骤。使用图 14.24 可以帮助我们训练出一种利用补偿策略的直观技能，有时，也有助于我们了解哪些补偿方法或策略不可行，或只是不正确。

注：单位为 dB 的数值 X 可以表示为 $10^{X/20}$ 的数量。

图 14.25 展示了采用 CMC 实现的相似例子。由于不存在 LC 双极点，而只存在 LC 单极点，可以采用 2 型补偿器。这里采用了常规误差放大器。同时也应该参考图 14.16 与图 14.17，以帮助理解极点与零点。注意到我们已经通过将 3 型补偿器的分压上拉电阻上并联的 RC 电路去掉，得到 2 型补偿器。除了被控对象传递函数不同以外，所有其他公式和图 14.23 都是一致的。在图 14.26 中，给出了所有三种基本拓扑被控对象传递函数和直流增益的 CMC 方程，都有精确表达式和近似表达式（更方便使用）。

在图 14.27 中，我们使用跨导运放对 Buck 进行补偿，如图 14.15 所示。

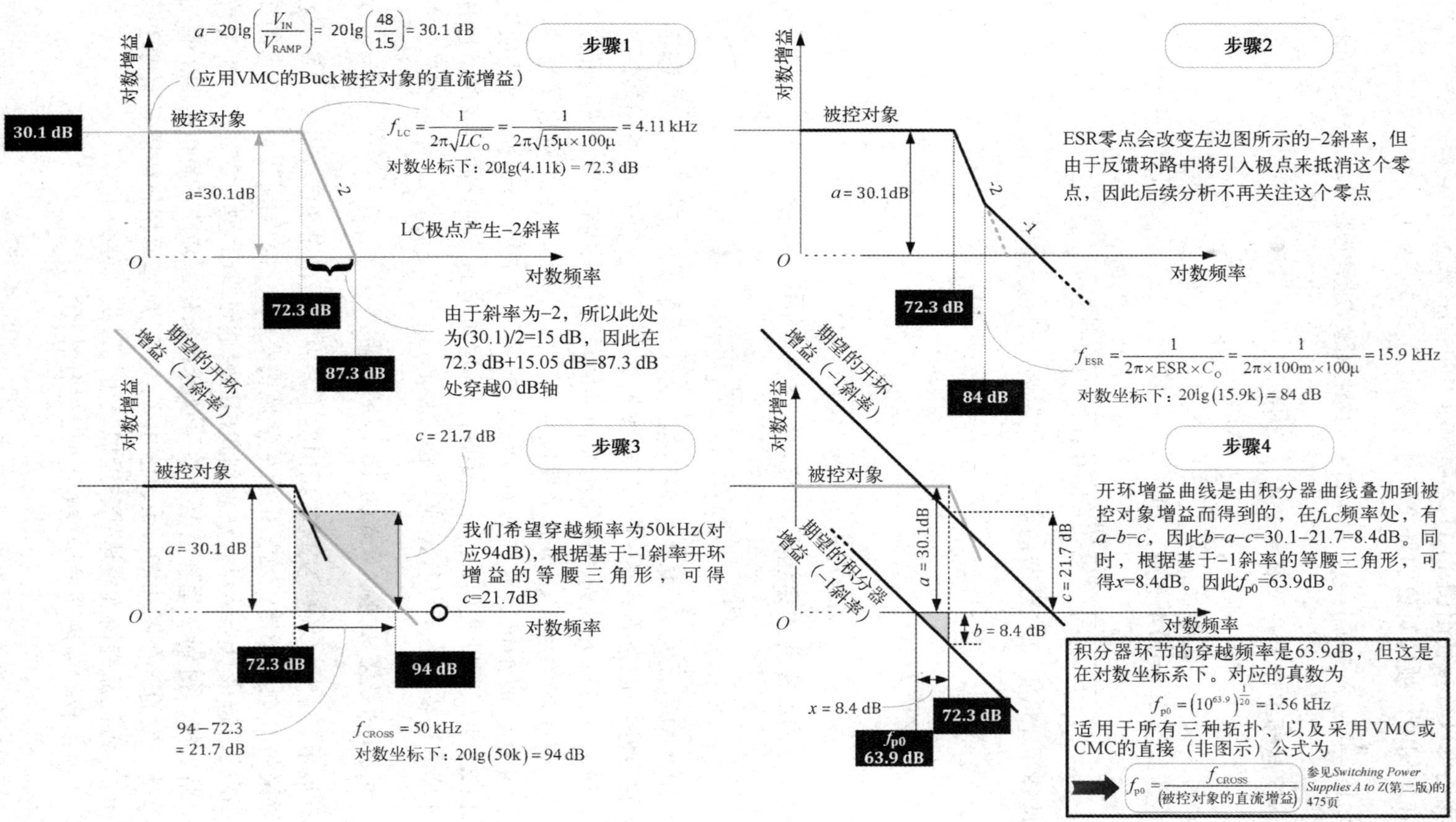

图14. 24　通过图示法设计图14.23中的补偿器的穿越频率

60W、48V变12V电流模式控制Buck变换器，V_{RAMP}=1.0V，开关频率=300kHz

负载电阻为V_O/I_O=12V/5A=2.4Ω。与采样（用于Buck）上的最大电流值相对应的开关管电流的峰值大约是1.3×I_O=1.3×5A=6.5A。在本例中，这一电流在采样电阻上产生0.2V的压降。采样电阻的取值为V/I = 0.2V/6.5A = 0.031Ω。随后接入一个增益为5倍的电流采样放大器，所以比较器输入端的电压摆幅为1V。因此R_{MAP}=V/I=(0.2V×5)/6.5A=0.154Ω。一般的，R_{MAP}=电流采样放大器的增益×R_{SENSE}（参见*Switching Power Supplies A to Z*(第二版)的497页）。

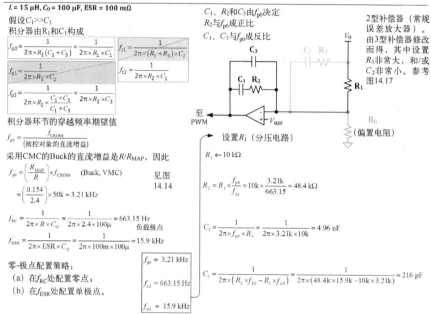

L = 15 μH, C_O = 100 μF, ESR = 100 mΩ

假设C_1>>C_3

积分器由R_1和C_1构成

$$f_{p0}=\frac{1}{2\pi\times R_1(C_1+C_3)}\approx\frac{1}{2\pi\times R_1\times C_1}$$

$$f_{p1}=\frac{1}{2\pi\times R_3\times C_2}$$

$$f_{p2}=\frac{1}{2\pi\times R_2\times\frac{C_1\times C_3}{C_1+C_3}}\approx\frac{1}{2\pi\times R_2\times C_3}$$

$$f_{z1}=\frac{1}{2\pi\times(R_1+R_3)\times C_2}$$

$$f_{z2}=\frac{1}{2\pi\times R_2\times C_1}$$

C_1、R_2和C_3由f_{p0}决定

R_2与f_{p0}成正比

C_1、C_3与f_{p0}成反比

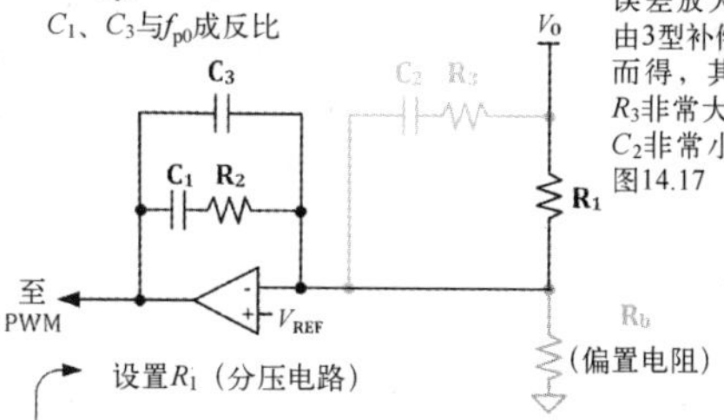

2型补偿器（常规误差放大器）。由3型补偿器修改而得，其中设置R_3非常大，和/或C_2非常小。参考图14.17

积分器环节的穿越频率期望值

$$f_{p0}=\frac{f_{CROSS}}{(被控对象的直流增益)}$$

采用CMC的Buck的直流增益是R/R_{MAP}，因此

$$f_{p0}=\left(\frac{R_{MAP}}{R}\right)\times f_{CROSS}\quad(\text{Buck, VMC})$$

见图14.14

$$=\left(\frac{0.154}{2.4}\right)\times 50k=3.21\ kHz$$

$$f_{RC}=\frac{1}{2\pi\times R\times C_O}=\frac{1}{2\pi\times 2.4\times 100\mu}=663.15\ Hz$$

负载极点

$$f_{ESR}=\frac{1}{2\pi\times ESR\times C_O}=\frac{1}{2\pi\times 100m\times 100\mu}=15.9\ kHz$$

零-极点配置策略：

（a）在f_{RC}处配置零点；

（b）在f_{ESR}处配置单极点。

f_{p0} = 3.21 kHz
f_{z2} = 663.15 Hz
f_{p2} = 15.9 kHz

设置R_1（分压电路）

$$R_1\leftarrow 10\ k\Omega$$

$$R_2=R_1\times\frac{f_{p0}}{f_{z2}}=10k\times\frac{3.21k}{663.15}=48.4\ k\Omega$$

$$C_1=\frac{1}{2\pi\times f_{p0}\times R_1}=\frac{1}{2\pi\times 3.21k\times 10k}=4.96\ nF$$

$$C_3=\frac{1}{2\pi\times(R_2\times f_{p2}-R_1\times f_{p0})}=\frac{1}{2\pi\times(48.4k\times 15.9k-10k\times 3.21k)}=216\ pF$$

图 14.25　60W Buck，应用 CMC 和 2 型误差放大器

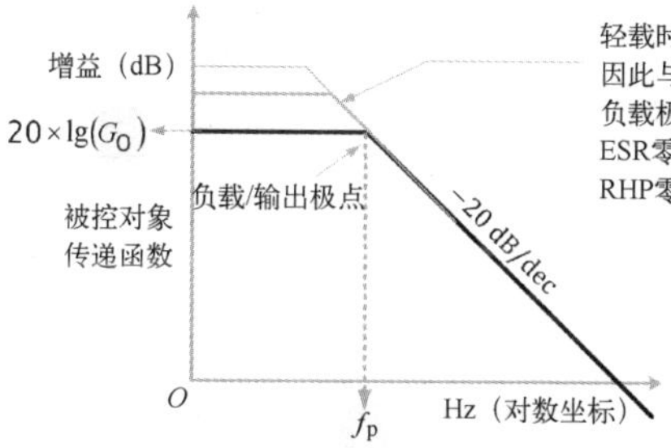

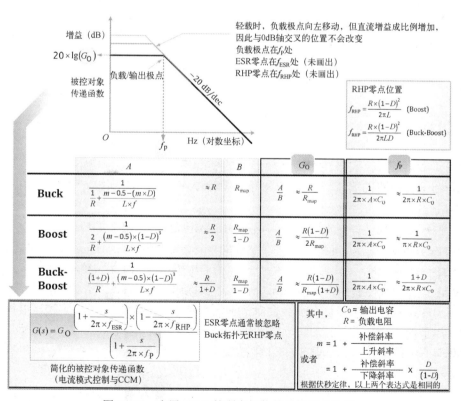

轻载时，负载极点向左移动，但直流增益成比例增加，因此与0dB轴交叉的位置不会改变

负载极点在f_p处

ESR零点在f_{ESR}处（未画出）

RHP零点在f_{RHP}处（未画出）

RHP零点位置

$$f_{RHP}=\frac{R\times(1-D)^2}{2\pi L}\quad(\text{Boost})$$

$$f_{RHP}=\frac{R\times(1-D)^2}{2\pi LD}\quad(\text{Buck-Boost})$$

	A		B	G_O		f_P	
Buck	$\frac{1}{\frac{1}{R}+\frac{m-0.5-(m\times D)}{L\times f}}$	$\approx R$	R_{map}	$\frac{A}{B}$	$\approx\frac{R}{R_{map}}$	$\frac{1}{2\pi\times A\times C_O}$	$\approx\frac{1}{2\pi\times R\times C_O}$
Boost	$\frac{1}{\frac{2}{R}+\frac{(m-0.5)\times(1-D)^3}{L\times f}}$	$\approx\frac{R}{2}$	$\frac{R_{map}}{1-D}$	$\frac{A}{B}$	$\approx\frac{R(1-D)}{2R_{map}}$	$\frac{1}{2\pi\times A\times C_O}$	$\approx\frac{1}{\pi\times R\times C_O}$
Buck-Boost	$\frac{1}{\frac{(1+D)}{R}+\frac{(m-0.5)\times(1-D)^3}{L\times f}}$	$\approx\frac{R}{1+D}$	$\frac{R_{map}}{1-D}$	$\frac{A}{B}$	$\approx\frac{R(1-D)}{R_{map}(1+D)}$	$\frac{1}{2\pi\times A\times C_O}$	$\approx\frac{1+D}{2\pi\times R\times C_O}$

$$G(s)=G_O\frac{\left(1+\frac{s}{2\pi\times f_{ESR}}\right)\times\left(1-\frac{s}{2\pi\times f_{RHP}}\right)}{\left(1+\frac{s}{2\pi\times f_P}\right)}$$

ESR零点通常被忽略

Buck拓扑无RHP零点

简化的被控对象传递函数

（电流模式控制与CCM）

其中，C_O = 输出电容

R = 负载电阻

$$m=1+\frac{补偿斜率}{上升斜率}$$

或者

$$=1+\frac{补偿斜率}{下降斜率}\times\frac{D}{(1-D)}$$

根据伏秒定律，以上两个表达式是相同的

图 14.26　应用 CMC 的所有拓扑的负载极点位置

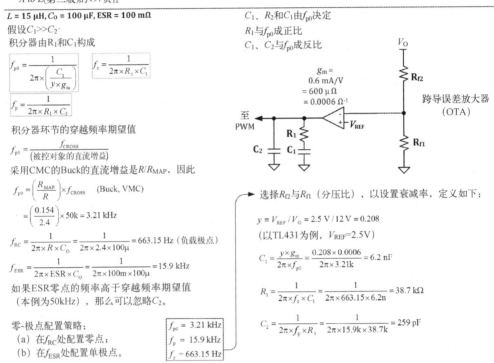

60W、48V变12V电流模式控制Buck变换器，V_{RAMP}=1.0V，开关频率300kHz（OTA）

负载电阻为V_O/I_O=12V/5A=2.4Ω。与采样（用于Buck）上的最大电流值相对应的开关管电流的峰值大约是$1.3\times I_O=1.3\times5A=6.5A$。在本例中，这一电流在采样电阻上产生0.2V的压降。采样电阻的取值为$V/I=0.2V/6.5A=0.031\Omega$。随后接入一个增益为5倍的电流采样放大器，所以比较器输入端的电压摆幅为1V。因此$R_{MAP}=V/I=(0.2V\times5)/6.5A=0.154\Omega$。一般的，$R_{MAP}$=电流采样放大器的增益×$R_{SENSE}$[参见*Switching Power Supplies A to Z*(第二版)的497页]。

L = 15 μH, C_O = 100 μF, ESR = 100 mΩ

假设$C_1>>C_2$，

积分器由R_1和C_1构成

$$f_{p0}=\frac{1}{2\pi\times\left(\frac{C_1}{y\times g_m}\right)}\qquad f_z=\frac{1}{2\pi\times R_1\times C_1}$$

$$f_p=\frac{1}{2\pi\times R_1\times C_2}$$

积分器环节的穿越频率期望值

$$f_{p0}=\frac{f_{CROSS}}{(被控对象的直流增益)}$$

采用CMC的Buck的直流增益是R/R_{MAP}，因此

$$f_{p0}=\left(\frac{R_{MAP}}{R}\right)\times f_{CROSS}\quad(\text{Buck, VMC})$$

$$=\left(\frac{0.154}{2.4}\right)\times50\text{k}=3.21\text{ kHz}$$

$$f_{RC}=\frac{1}{2\pi\times R\times C_O}=\frac{1}{2\pi\times2.4\times100\mu}=663.15\text{ Hz（负载极点）}$$

$$f_{ESR}=\frac{1}{2\pi\times \text{ESR}\times C_O}=\frac{1}{2\pi\times100\text{m}\times100\mu}=15.9\text{ kHz}$$

如果ESR零点的频率高于穿越频率期望值（本例为50kHz），那么可以忽略C_2。

零-极点配置策略：

（a）在f_{RC}处配置零点；

（b）在f_{ESR}处配置单极点。

f_{p0} = 3.21 kHz
f_p = 15.9 kHz
f_z = 663.15 Hz

C_1、R_2和C_1由f_{p0}决定

R_1与f_{p0}成正比

C_1、C_2与f_{p0}成反比

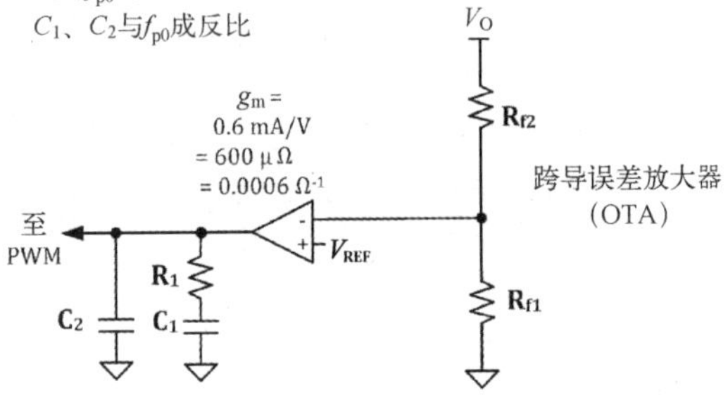

选择R_{f2}与R_{f1}（分压比），以设置衰减率，定义如下：

$$y\equiv V_{REF}/V_O=2.5\text{ V}/12\text{ V}=0.208$$

（以TL431为例，V_{REF}=2.5V）

$$C_1=\frac{y\times g_m}{2\pi\times f_{p0}}=\frac{0.208\times0.0006}{2\pi\times3.21\text{k}}=6.2\text{ nF}$$

$$R_1=\frac{1}{2\pi\times f_z\times C_1}=\frac{1}{2\pi\times663.15\times6.2\text{n}}=38.7\text{ k}\Omega$$

$$C_2=\frac{1}{2\pi\times f_p\times R_1}=\frac{1}{2\pi\times15.9\text{k}\times38.7\text{k}}=259\text{ pF}$$

图 14.27　应用 CMC 和跨导误差放大器的 60W Buck

应用 TL431 和光耦的设计例子

在图 14.28 中，我们将注意力转向经典的 TL431 和光耦组合电路的问题。似乎还没有文献介绍这种电路的简单、直接、公开的设计程序。这里特别推荐 Basso 的著作，其中提到如下内容。

> 例如，TL431 是一种复杂的器件，它在补偿环路中的设计过程常常被忽略，特别是在配合使用光耦的情况下。在这本书中，用了整整 70 页的篇幅来描述 TL431，详细介绍了这种流行元器件的内部结构。这本书介绍了应用于隔离与非隔离变换器的三种补偿类型（1 型、2 型和 3 型），这些补偿电路由内建基准电压的三端运放构成。

在本节中，我们试图将这个明显复杂的问题简化为仅 1 页（尽管文字密密麻麻）的设计指南，以节约工程师的设计时间。

Ridley 博士的文章给出了基于 TL431 的低、中、高频的电路。

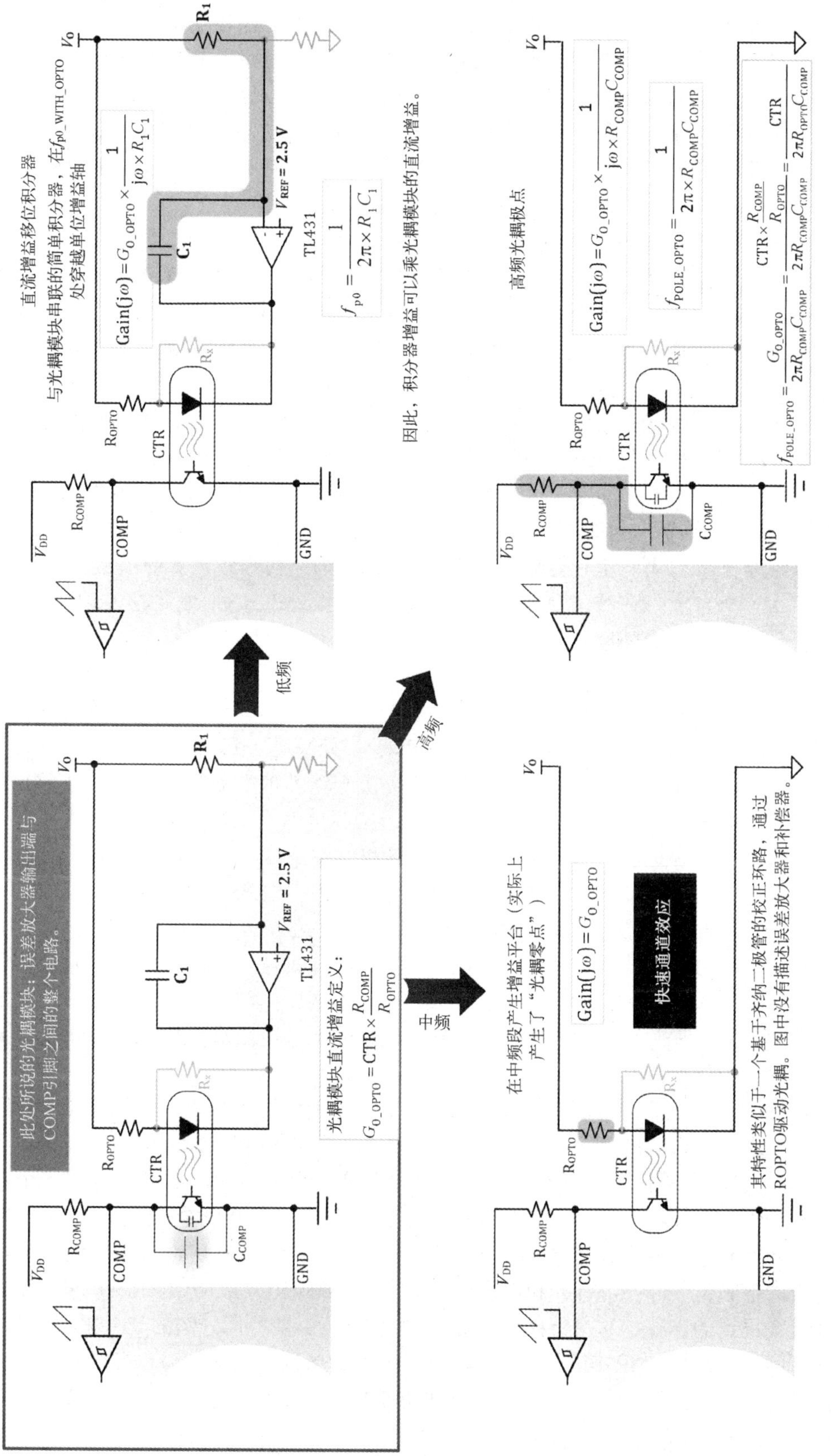
此处所说的光耦模块：误差放大器输出端与COMP引脚之间的整个电路。
光耦模块直流增益定义：
$G_{0_OPTO}=CTR\times\frac{R_{COMP}}{R_{OPTO}}$
低频
中频
高频
直流增益移位积分器
与光耦模块串联的简单积分器，在$f_{p0_WITH_OPTO}$处穿越单位增益轴
$Gain(j\omega)=G_{0_OPTO}\times\frac{1}{j\omega\times R_1C_1}$
$f_{p0}=\frac{1}{2\pi\times R_1C_1}$
因此，积分器增益可以乘光耦模块的直流增益。
在中频段产生增益平台（实际上产生了"光耦零点"）
$Gain(j\omega)=G_{0_OPTO}$
快速通道效应
其特性类似于一个基于齐纳二极管的校正环路，通过ROPTO驱动光耦。图中没有描述误差放大器和补偿器。
高频光耦极点
$Gain(j\omega)=G_{0_OPTO}\times\frac{1}{j\omega\times R_{COMP}C_{COMP}}$
$f_{POLE_OPTO}=\frac{1}{2\pi\times R_{COMP}C_{COMP}}$
$f_{POLE_OPTO}=\frac{\frac{G_{0_OPTO}}{2\pi R_{COMP}C_{COMP}}}{}=\frac{CTR\times\frac{R_{COMP}}{R_{OPTO}}}{2\pi R_{COMP}C_{COMP}}=\frac{CTR}{2\pi R_{OPTO}C_{COMP}}$
V_O
R_1
C_1
$V_{REF}=2.5$ V
TL431
R_X
R_{OPTO}
CTR
V_{DD}
R_{COMP}
C_{COMP}
COMP
GND

图14.28　TL431与光耦组合电路的低、中、高频增益

注意，一般情况下，一个包含 R_1 和 C_1 的积分器，具有一个位于原点的极点（称为零极点），并且它的增益连续地以-1 斜率下降，在 $1/(2\pi R_1 C_1)$处穿越单位增益轴（0dB）。在本例中，R_1 是分压电路的上拉电阻，而 C_1 则是放大器反馈回路上的电容。然而，在使用 TL431 和光耦组合电路时，将会出现一个新的零点，且其位置和出现的原因都不明显。这个零点被称为光耦零点。从它的位置方程可以发现，这个零点并不是由任何 RC 谐振造成的，而是由以下事实造成的：当增加扰动的频率时，中频段增益不会低于一个固定值 $G_{O\_OPTO} = CTR \times R_{COMP} / R_{OPTO}$。这一点使 TL431 表现出某种完全短路的特点，尽其所能通过光耦拉入尽可能多的电流，但并不完全设法将输出信号（干扰）降至 0。充其量是到达 G_{O_OPTO}，然后保持在这个平台上。这就类似于正向放大器增益不会低于 1（0dB）一样，这就是为什么我们总是喜欢将反馈信号注入误差放大器的反向输入端。完全减少环路周围的干扰的方法是（1）完全断开环路，比如设置 CTR=0；（2）将 R_{OPTO} 增加到无穷大（光耦的 LED 开始没有电流流过）；或（3）将 R_{COMP} 设置为 0，这样，不论通过光耦的晶体管的电流有多少，COMP 端都保持稳定。增益图中的这个平台实际上引入了一个零点，但这仅仅是因为它将增益曲线的斜率从本例中的-1 改变为 0（根据定义，任何平台的斜率都为 0）。结果是斜率的变化是-1，因为那是在进入平台之前的斜率。因此它看起来像一个单零点。但实际上，这个零点不是由 R_1 与 C_1 的谐振产生的：这一“谐振”只在原点产生一个极点，使得增益曲线在 $f_{p0_NO_OPTO} = 1/(2\pi R_1 C_1)$处穿越 0dB 轴。由于增益不能低于 G_{O_OPTO} 的值，就在它即将越过 G_{O_OPTO} 的地方出现了一个零点，如图 14.29 所示。

由于这是一个新出现的零点，它会导致一个增益平台，因此很难使开环增益曲线以预期斜率（即-1 斜率）在相当低的频率（比如 50kHz）处穿越 0dB 轴。产生这个零点的原因是图 14.28 描述的快速通道响应。这个平台实际上与误差放大器电路无关，TL431 只是完全传导通过 R_{OPTO} 的信号。我们可以尝试通过一些简单的策略来关闭这个快速通道，从而避免引入这个光耦零点，如图 14.30 所示。一旦我们做到这一点，即使是使用 TL431 和光耦组合的电路，我们也可以很容易地使用常规的 2 型和 3 型补偿设计程序，因为 TL431 实际上只是一个开集运算放大器。这种电路有个很好的迹象是其分压电路的下拉电阻并没有明显影响波特图。然而，也有应用说明将 TL431 看成是一个跨导运算放大器。它确实能将电压转换成电流，但所有的误差放大器都能实现这个功能。如果它真的是如图 14.15 所示的跨导运算放大器，就必须考虑分压电路的下拉电阻对波特图的影响（参见图 14.27 中的衰减率 y）。

另一种方法是用一个新的极点来抵消光耦零点。我们称这个极点为光耦极点。原因是它必须是一个真正的低频极点。我们无法从常规的 2 型和 3 型补偿方案中轻易地得到这种极点，因为补偿网络中的每一个元器件都同时影响极点和零点，所以在这样一个紧密交织的补偿网络中，要想得到其他更高频率的极点和零点的同时得到这样一个低频极点，几乎是不可能的。所以我们要找一个新的独立极点。这个极点是由连接到光耦晶体管的集电极的电阻值（即 R_{COMP}）和电容值（即 C_{COMP}）产生的。在图 14.31 中，举例给出了配置这个极点的步骤。这个特殊的设计示例是针对 3 型补偿方案的，并采用 VMC。这些步骤与图 14.23 中 VMC Buck 的计算相似，唯一的区别是直流增益以及光耦零点与光耦极点的抵消。如果采用图 14.30 的快速通道抑制技术，计算方法甚至可以更加接近图 14.23 所描述的方法。

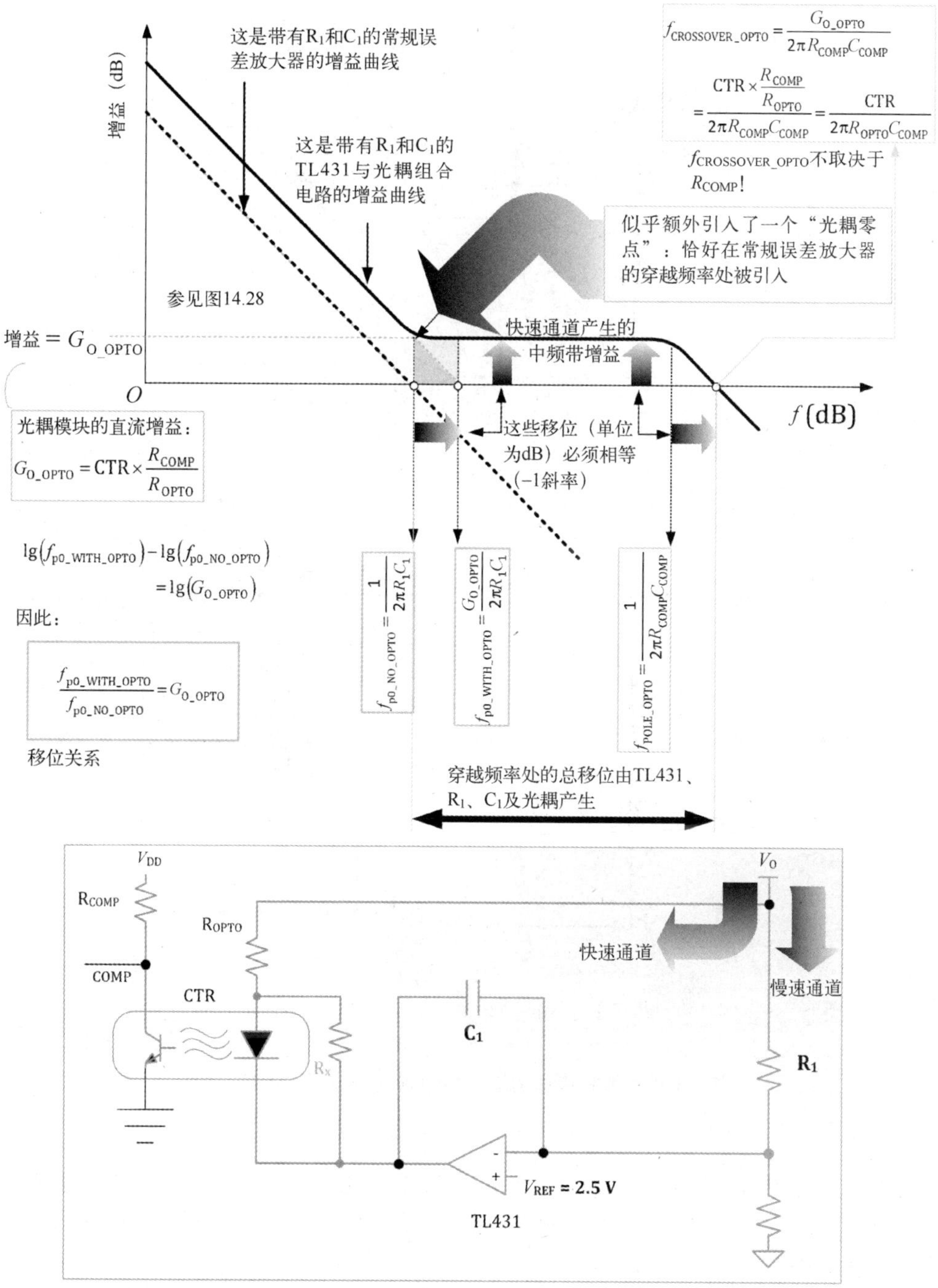

图 14.29　TL431 与光耦组合电路的低、中、高频增益（图示化说明）

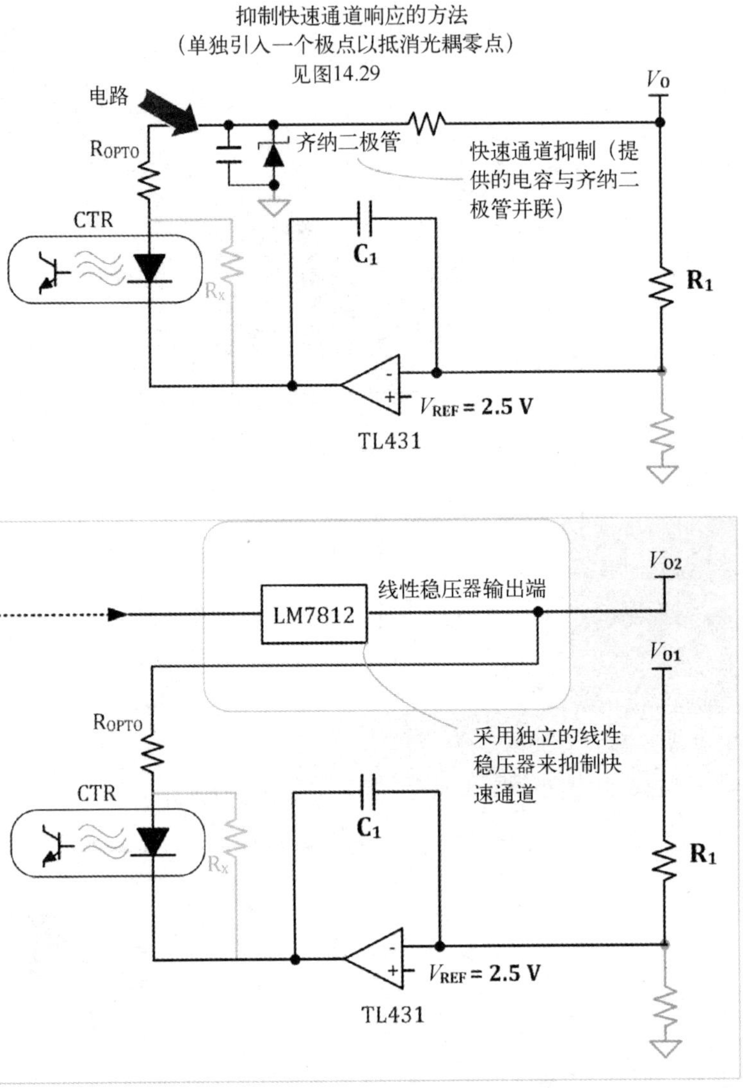

图 14.30　抑制快速通道（和中频段增益平台）的方法

为了更好地理解补偿器设计方法，在图 14.32 中通过图示的方法描述 14.31 的一些部分。在图 14.33 和图 14.34 中，给出最终设计方法，其中采用基于 TL431 的 2 型补偿器，并假设实现 CMC。

40W、48V变5V电压模式控制反激变换器，V_{RAMP}=1.0V，开关频率为200kHz

L_{PRI} = 70 μH, N_P = 15, N_S = 3, C_O = 300 μF, ESR = 25 mΩ

假设选择PC817B，取2～5mA静态工作点（例如R_{COMP}=1kΩ且V_{DD}=5V）。设计开环增益的穿越频率为10kHz，并假设CTR低至100%（考虑温度因素）。

对于光耦二极管的5V供电电压，同样需要配置5mA静态工作电流。由于CTR为1，因此需要从V_O减去2V，以使最恶劣情况下TL431与光耦能够正常工作。可以配置 R_{OPTO}= (5V−2V)/5 mA =0.6kΩ。因此，最终的取值为

CTR = 1, R_{COMP}=1 kΩ, R_{OPTO}=0.6 kΩ

由光耦与TL431电路导致的直流增益移位为

$$G_{O\_OPTO} = \mathrm{CTR}\times\frac{R_{COMP}}{R_{OPTO}} = 1\times\frac{1k}{0.6k} = 1.67$$

用dB表示 ⇒ $20\lg(1.67) = 4.45$ dB

这将使积分器曲线移位4.45dB。

其他计算：

$$n = \frac{N_P}{N_S} = \frac{15}{3} = 5$$

$$D = \frac{V_{OR}}{V_{OR}+V_{IN}} = \frac{nV_O}{nV_O+V_{IN}} = \frac{5\times5}{(5\times5)+48} = 0.34$$

Buck-Boost的RHP零点位置 = $\dfrac{R\times(1-D)^2}{2\pi LD}$

$$\text{反激变换器的RHP零点位置} = \frac{R_{LOAD}\times(1-D)^2}{2\pi L_{SEC}D} = \frac{R_{LOAD}\times(1-D)^2\times n^2}{2\pi L_{PRI}D} = \frac{\frac{5\text{ V}}{8\text{ A}}\times(1-0.34)^2\times5^2}{2\pi\times(70\,\mu)\times0.34} = 45.5\text{ kHz}$$

需要保证这个频率远高于期望穿越频率。因此，需要取穿越频率为10kHz（5kHz更好）。

Buck-Boost被控对象直流增益= $\dfrac{V_{IN}}{V_{RAMP}\times(1-D)^2}$　见图14.13

$$\text{因此，反激变换器被控对象直流增益} = \frac{V_{INR}}{V_{RAMP}\times(1-D)^2} = \frac{V_{IN}/n}{V_{RAMP}\times(1-D)^2} = \frac{48/5}{1\times(1-0.34)^2} = 22.04$$

在对数下表示为 $20\times\lg(22.04) = 26.9$ dB

积分器的期望穿越频率为

$$f_{p0} = \frac{f_{CROSS}}{(\text{直流增益})} = \frac{10k}{22.04} = 453.72\text{ Hz}$$

以dB为单位时，期望穿越频率为20×lg(453.72)=53.14dB，但这个值是由实际积分器增益叠加了光耦电路的直流增益（前面已计算出为4.45dB）得到的，因此积分器的实际穿越频率为53.14−4.45=48.69dB。

转换回真值时，实际频率为 $\left(10^{48.69}\right)^{\frac{1}{20}} = 271.8$ Hz

$$f_{LC} = \frac{1}{2\pi\sqrt{L_{SEC}C_O}} = \frac{n}{2\pi\sqrt{L_{PRI}C_O}} = \frac{5}{2\pi\sqrt{70\mu\times300\mu}} = 5.5\text{ kHz}$$

$$f_{ESR} = \frac{1}{2\pi\times\mathrm{ESR}\times C_O} = \frac{1}{2\pi\times25\text{m}\times300\mu} = 21.2\text{ kHz}$$

零极点配置策略：

(a) 将双零点配置在f_{LC}；

(b) 使用光耦极点抵消光耦零点；

(c) 将一个极点配置在f_{ESR}；

(d) 将另一个极点配置在f_{SW}/2=100kHz。

设

f_{p0} = 0.272 kHz
f_{z1} = 5.5 kHz
f_{z2} = 5.5 kHz
f_{p1} = 21.2 kHz
f_{p2} = 100 kHz
f_{POLE_OPTO} = 0.272 kHz

如果存在快速通道，则光耦零点在f_{p0}处出现

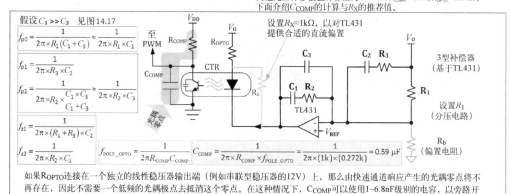

$R_1 \leftarrow 10$ kΩ

$$R_2 = R_1\times\frac{f_{p0}}{f_{z2}} = 10k\times\frac{0.272k}{5.5k} = 495$$

$$R_3 = \frac{R_1\times f_{z1}}{f_{p1}-f_{z1}} = \frac{10k\times5.5k}{21.2k-5.5k} = 3.5\text{ kΩ}$$

$$C_1 = \frac{1}{2\pi\times f_{p0}\times R_1} = \frac{1}{2\pi\times0.272k\times10k} = 58.5\text{ nF}$$

$$C_2 = \frac{1}{2\pi\times R_1}\times\left(\frac{1}{f_{z1}}-\frac{1}{f_{p1}}\right) = \frac{1}{2\pi\times10k}\times\left(\frac{1}{5.5k}-\frac{1}{21.2k}\right) = 2.14\text{ nF}$$

$$C_3 = \frac{1}{2\pi\times(R_2\times f_{p2}-R_1\times f_{p0})} = \frac{1}{2\pi\times(495\times100k-10k\times0.272k)} = 3.4\text{ nF}$$

其他元器件参数已计算出为 CTR = 1, R_{COMP} = 1 kΩ, R_{OPTO} = 0.6 kΩ。下面介绍C_{COMP}的计算与R_X的推荐值。

假设 $C_1 >> C_3$　见图14.17

$$f_{p0} = \frac{1}{2\pi\times R_1(C_1+C_3)} \approx \frac{1}{2\pi\times R_1\times C_1}$$

$$f_{p1} = \frac{1}{2\pi\times R_3\times C_2}$$

$$f_{p2} = \frac{1}{2\pi\times R_2\times\frac{C_1\times C_3}{C_1+C_3}} \approx \frac{1}{2\pi\times R_2\times C_3}$$

$$f_{z1} = \frac{1}{2\pi\times(R_1+R_3)\times C_2}$$

$$f_{z2} = \frac{1}{2\pi\times R_2\times C_1}$$

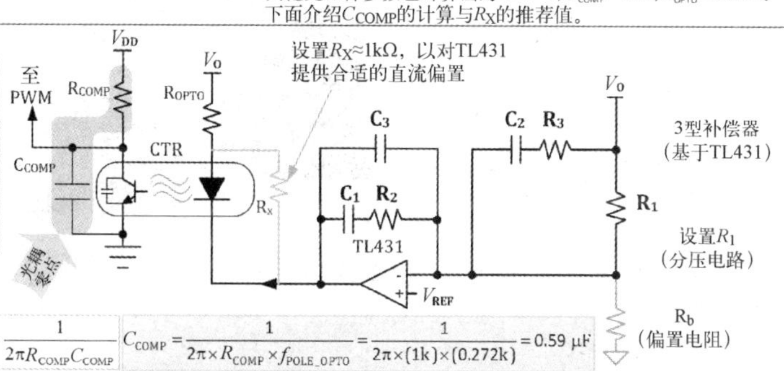

$$f_{POLE\_OPTO} = \frac{1}{2\pi R_{COMP}C_{COMP}}$$

$$C_{COMP} = \frac{1}{2\pi\times R_{COMP}\times f_{POLE\_OPTO}} = \frac{1}{2\pi\times(1k)\times(0.272k)} = 0.59\ \mu\text{F}$$

如果R_{OPTO}连接在一个独立的线性稳压器输出端（例如串联型稳压器的12V）上，那么由快速通道响应产生的光耦零点将不再存在，因此不需要一个低频的光耦极点去抵消这个零点。在这种情况下，C_{COMP}可以使用1~6.8nF级别的电容，以旁路开关纹波分量。

图 14.31　应用 VMC 和 3 型补偿器的 40W 反激变换器设计例子

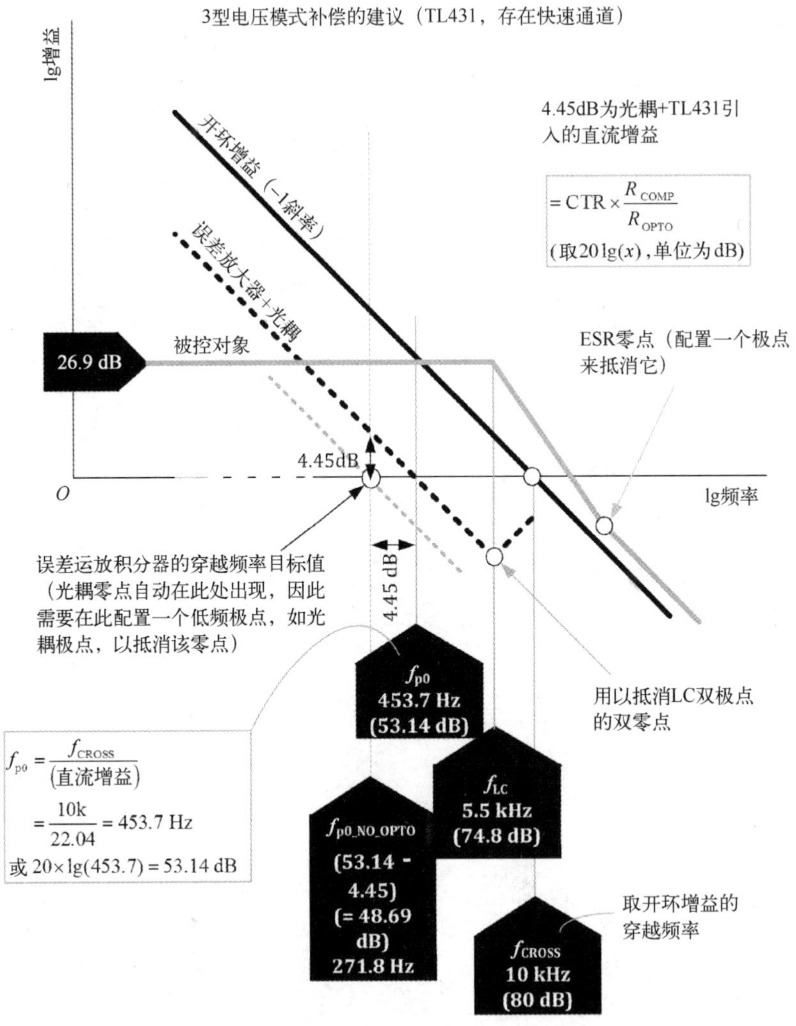

图 14.32　使用 TL431 与光耦的 3 型补偿器（VMC）的图示分析

40W、48V变5V电流模式控制反激变换器，V_{RAMP}=1.0V，开关频率为200kHz（第1部分）

L_{PRI} = 70 μH, N_P = 15, N_S = 3, C_O = 300 μF, ESR = 25 mΩ

假设选择PC817B，取2～5mA静态工作点（例如R_{COMP}=1kΩ且V_{DD}=5V）。设计开环增益的穿越频率为10kHz，并假设CTR低至100%（考虑温度因素）。

对于光耦二极管的5V供电电压，同样需要配置5mA静态工作电流。由于CTR为1，因此需要从V_O减去2V，以使最恶劣情况下TL431与光耦能够正常工作。可以配置R_{OPTO}=(5V−2V)/5mA=0.6kΩ。因此，最终的取值为

CTR = 1, R_{COMP} = 1kΩ, R_{OPTO} = 0.6 kΩ

由光耦与TL431电路导致的直流增益移位为

$$G_{O\_OPTO} = \text{CTR} \times \frac{R_{COMP}}{R_{OPTO}} = 1 \times \frac{1k}{0.6k} = 1.67$$

用dB表示：$20\lg(1.67) = 4.45$ dB

这将使积分器曲线移位4.45dB。

其他计算：

$$n = \frac{N_P}{N_S} = \frac{15}{3} = 5$$

$$D = \frac{V_{OR}}{V_{OR}+V_{IN}} = \frac{nV_O}{nV_O+V_{IN}} = \frac{5\times5}{(5\times5)+48} = 0.34$$

Buck-Boost的RHP零点位置= $\dfrac{R\times(1-D)^2}{2\pi LD}$

因此，反激变换器的RHP零点位置= $\dfrac{R_{LOAD}\times(1-D)^2}{2\pi L_{SEC}D}$

$$= \frac{R_{LOAD}\times(1-D)^2\times n^2}{2\pi L_{PRI}D}$$

$$= \frac{\frac{5V}{8A}\times(1-0.34)^2\times5^2}{2\pi\times(70\mu)\times0.34} = 45.5 \text{ kHz}$$

需要保证这个频率远高于期望穿越频率。因此，需要取穿越频率为10kHz（5kHz更好）。

一次电流斜坡中点峰值为$I_{OR}/(1-D)$。在此值上叠加20%的纹波，以及10%的裕量，并且在采样电阻上产生0.2V的电压摆幅。因此

$$V_{SENSE} = R_{SENSE}\times1.3\times\frac{I_O}{n(1-D)}$$

所以有

$$R_{SENSE} = \frac{V_{SENSE}\times n(1-D)}{1.3\times I_O} = \frac{0.2\times5\times(1-0.34)}{1.3\times8} = 0.063$$

因此电流模式跨阻R_{MAP}可以由下式求出。

$$R_{MAP} = R_{SENSE}\times(\text{CSA增益}) = 0.063\times5 = 0.317$$

然而，这个跨阻只是将PWM的电压和开关管电流关联起来。至此，我们得到用V/I表示的跨阻，其中I为一次电流。而实际上我们更希望将PWM的电压与二次（负载）电流关联起来。考虑到一次、二次绕组匝数比为n，因此反激变换器跨阻实际是

$$R_{MAP} = R_{SENSE}\times(\text{CSA增益})/n = 0.317/5 = 0.063$$

Buck-Boost被控对象直流增益= $\dfrac{R}{R_{MAP}}\times\dfrac{1-D}{1+D}$（电流模式）见图14.19

反激变换器被控对象直流增益= $\dfrac{R_{LOAD}}{R_{MAP}}\times\dfrac{1-D}{1+D}$

$$= \frac{5V/8A}{0.063}\times\frac{1-0.34}{1+0.34} = 4.9$$

在对数下表示为20×lg(4.9)=13.8dB

积分器期望穿越频率为

$$f_{p0} = \frac{f_{CROSS}}{(\text{直流增益})} = \frac{10k}{4.9} = 2\text{ kHz}$$

以dB为单位时，期望穿越频率为20×lg(2k)=66dB

但这个值是由实际积分器增益叠加了光耦电路的直流增益（前面已计算出为4.45dB）得到的，因此积分器的实际穿越频率为66dB−4.45dB=61.55dB。转换回真值时，实际频率为

$$\left(10^{61.55}\right)^{\frac{1}{20}} = 1.2\text{ kHz}$$

设置 $f_{p0\_NO\_OPTO} = 1.2$ kHz

$$f_{RC} = \frac{1}{2\pi\times R\times C_O} = \frac{1}{2\pi\times\frac{5V}{8A}\times300\mu} = 848.8\text{ Hz}$$

$$f_{ESR} = \frac{1}{2\pi\times\text{ESR}\times C_O} = \frac{1}{2\pi\times25m\times300\mu} = 21.2\text{ kHz}$$

零极点配置策略：

（a）在f_{RC}处配置零点

（b）在f_{ESR}处配置极点

设

f_{p0} = 1.2 kHz

f_{z1} = 848.8 Hz

f_{p2} = 21.2 kHz

如果存在快速通道，则光耦零点在f_{p0}处出现。

$R_1 \leftarrow 10$ kΩ

$$R_2 = R_1\times\frac{f_{p0}}{f_{z2}} = 10k\times\frac{1.2k}{848.8} = 14.1\text{ k}\Omega$$

$$C_1 = \frac{1}{2\pi\times f_{p0}\times R_1} = \frac{1}{2\pi\times1.2k\times10k} = 13.26\text{ nF}$$

$$C_3 = \frac{1}{2\pi\times(R_2\times f_{p2} - R_1\times f_{p0})}$$

$$= \frac{1}{2\pi\times(14.1k\times21.2k - 10k\times1.2k)} = 555\text{ pF}$$

其他元器件参数已计算出：

CTR = 1, R_{COMP} = 1 kΩ, R_{OPTO} = 0.6 kΩ.

在图14.34第2部分介绍C_{COMP}值的计算与R_X值的推荐值。

图14.33　应用CMC和2型补偿器的40W反激变换器设计例子（第1部分）

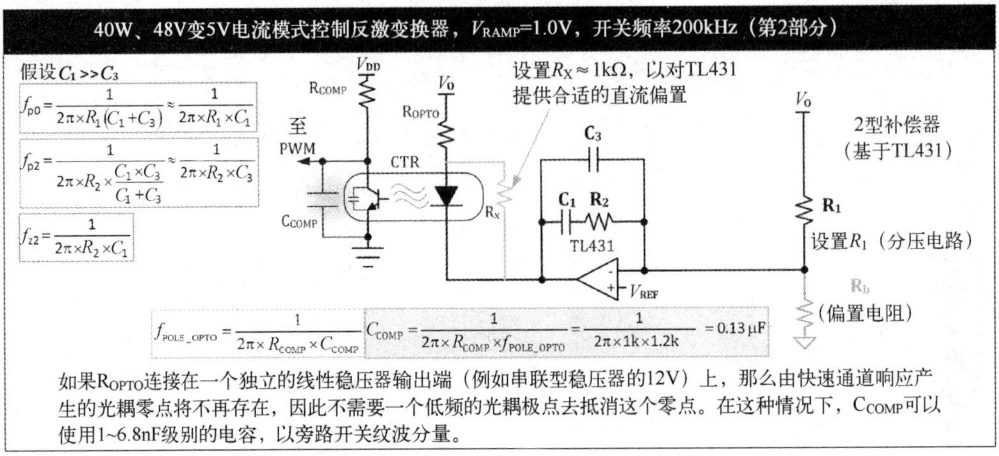
40W、48V变5V电流模式控制反激变换器，V_{RAMP}=1.0V，开关频率200kHz（第2部分）
假设$C_1 >> C_3$
$f_{p0}=\frac{1}{2\pi\times R_1(C_1+C_3)}\approx\frac{1}{2\pi\times R_1\times C_1}$
$f_{p2}=\frac{1}{2\pi\times R_2\times\frac{C_1\times C_3}{C_1+C_3}}\approx\frac{1}{2\pi\times R_2\times C_3}$
$f_{z2}=\frac{1}{2\pi\times R_2\times C_1}$
V_{DD}
R_{COMP}
V_O
R_{OPTO}
至
PWM
CTR
C_{COMP}
设置$R_X\approx 1k\Omega$，以对TL431
提供合适的直流偏置
R_x
C_3
C_1 R_2
TL431
V_{REF}
V_O
2型补偿器
（基于TL431）
R_1
设置R_1（分压电路）
R_b
（偏置电阻）
$f_{POLE_OPTO}=\frac{1}{2\pi\times R_{COMP}\times C_{COMP}}$
$C_{COMP}=\frac{1}{2\pi\times R_{COMP}\times f_{POLE_OPTO}}=\frac{1}{2\pi\times 1k\times 1.2k}=0.13\mu F$
如果R_{OPTO}连接在一个独立的线性稳压器输出端（例如串联型稳压器的12V）上，那么由快速通道响应产生的光耦零点将不再存在，因此不需要一个低频的光耦极点去抵消这个零点。在这种情况下，C_{COMP}可以使用1~6.8nF级别的电容，以旁路开关纹波分量。

图 14.34　应用 CMC 和 3 型补偿器的 40W 反激变换器设计例子（第 2 部分）

第 15 章　实际 EMI 滤波器的设计

CISPR 22 标准

我们通常采用的 IT（信息技术）设备的适用标准是 CISPR 22，现在称为 EN 550022（EN 表示欧洲标准）。表 15.1 给出了传导发射限值。OEM 规范通常要求我们满足更严格的 Class B 限值。在这张表中，表格作者还提供了一个特别的附加值，即 dBμV 也被表示为 mV，希望让那些不习惯对数计算的读者觉得更方便些。根据定义，dB=20lg（电压比）。因此，dBμV 与 1μV 的对数相对应。所以通过下式得到相应的 mV：

$$(\mathrm{mV}) = (10^{(\mathrm{dB\mu V})/20}) \times 10^{-3}$$

美国相应的 EMI 要求（FCC 的第 15 部分）没有规定平均值限值，只有准峰值限值，尽管它接受 CISPR 22 的认证。对于 CISPR 22（Class B），我们可以在 150～500kHz 范围内使用以下方程式。

- 平均值限值（大约）是

$$(\mathrm{dB\mu V_{AVG}}) = -20 \times \lg(f_{\mathrm{MHz}}) + 40$$

- 准峰值限值 CISPR 曲线（传导发射）（大约）是

$$(\mathrm{dB\mu V_{QP}}) = -20 \times \lg(f_{\mathrm{MHz}}) + 50$$

可以看到，对于 Class B，准峰值（QP）限值总是比平均值限值高 10dB。

LISN

首先注意，在本章中，“CM”和“cm”都表示共模噪声，“DM”和“dm”都表示差模噪声。我们测量通过线路阻抗稳定网络（Line Impedance Stabilizing Network，LISN）的 EMI 传导发射。LISN 为噪声发生器提供以下负载阻抗（在没有任何输入滤波器的情况下）。

- CM 的负载阻抗是 25Ω；
- DM 的负载阻抗是 100Ω。

我们打开 LISN 前面板上的电源开关后，就可以测量以下的噪声电压（下标 L 代表火线，N 代表零线）：

$$V_{\mathrm{L}} = 25 \times I_{\mathrm{cm}} + 50 \times I_{\mathrm{dm}}$$
$$V_{\mathrm{N}} = 25 \times I_{\mathrm{cm}} - 50 \times I_{\mathrm{dm}}$$

由于采用交流电网供电时，两条交流线在电源输入端基本上是对称的，所以我们通常只能看到上面两个信号的细微差别。可以用特殊的 LISN（如拉普拉斯仪器），它可以提供单独的 DM 和 CM 分量来帮助排查，找出噪声源。

表 15.1 传导发射限值

CLASS A（工业）								
	FCC 的第 15 部分				CISPR 22			
频率（MHz）	准峰值		平均值		准峰值		平均值	
	dBμV	mV	dBμV	mV	dBμV	mV	dBμV	mV
0.15～0.45	NA	NA	NA	NA	79	9.0	66	2.0
0.45～0.5	60	1.0	NA	NA	79	9.0	66	2.0
0.5～1.705	60	1.0	NA	NA	73	4.5	60	1.0
1.705～30	69.5	3.0	NA	NA	73	4.5	60	1.0
CLASS B（民用）								
	FCC 的第 15 部分				CISPR 22			
频率（MHz）	准峰值		平均值		准峰值		平均值	
	dBμV	mV	dBμV	mV	dBμV	mV	dBμV	mV
0.15～0.45	NA	NA	NA	NA	66～56.9	2.0～0.7	56～46.9*	0.63～0.22*
0.45～0.5	48	0.25	NA	NA	56.9～56	0.7～0.63	46.9～46*	0.22～0.2
0.5～5	48	0.25	NA	NA	56	0.63	46	0.2
5～30	48	0.25	NA	NA	60	1.0	50	0.32

*这是标准 dBμV 与 lg *f* 曲线图上的一条直线。

NA 表示不适用。

傅里叶级数

以角度（2π）表示时间周期的函数 $f(x)$可以写为

$$f(x)=\frac{1}{2}a_0+\sum_{n=1}^{\infty}(a_n\cos nx+b_n\sin nx)$$

$$a_n=\frac{1}{\pi}\int_0^{2\pi}[f(x)\cos nx]\mathrm{d}x$$

$$b_n=\frac{1}{\pi}\int_0^{2\pi}[f(x)\sin nx]\mathrm{d}x$$

或写为

$$f(x)=\frac{1}{2}a_0+\sum_{n=1}^{\infty}c_n\cos(nx-\phi_n)$$

$$c_n^2=a_n^2+b_n^2$$

$$\tan\phi_n=\frac{b_n}{a_n}$$

这里的周期表示为 2π，但在电源中，我们感兴趣的周期是以时间为单位的，即 $T=1/f$，而不是角度。通过下面的等价法可以将角度 θ 转化成时间 t。

$$\frac{\theta}{2\pi}\to\frac{t}{T}$$

或

$$\theta\to 2\pi\times\frac{t}{T}$$

傅里叶展开式的第一项（$\frac{1}{2}a_0$）并不重要，甚至可以用不同的方式表达，但它只是波形（纯直流电）的算术平均值。无论从测量的 EMI 频谱或 EMI 抑制方法的角度来看，c_n

的符号也同样不重要。

梯形波

对于上升时间和下降时间不为 0 的矩形波，c_n 可以表示为（上升时间和下降时间相等的情况下）

$$c_n = A\times\frac{2\times(t_{\mathrm{ON}})}{T}\times\left[\frac{\sin\left\{\frac{n\times\pi\times t_{\mathrm{R}}}{T}\right\}}{\frac{n\times\pi\times t_{\mathrm{R}}}{T}}\right]\times\left[\frac{\sin\left\{\frac{n\times\pi\times(t_{\mathrm{ON}})}{T}\right\}}{\frac{n\times\pi\times(t_{\mathrm{ON}})}{T}}\right]$$

式中，$t_{\mathrm{RISE}}=t_{\mathrm{FALL}}=t_{\mathrm{R}}$；$A$ 是幅值（实际上是峰–峰值）。这里忽略了本质上没有影响的符号。

对数坐标图的 c_n 斜线上有两个“转折点”。第一个是在

$$\frac{n\times\pi\times t_{\mathrm{ON}}}{T}=1$$

也就是

$$n_1=\frac{T}{\pi\times t_{\mathrm{ON}}}$$

因为 n=谐波频率/基波频率，也就是 $n=f\times T$，得到相应的转折频率是

$$f_{\mathrm{BREAK\_1}}=\frac{1}{\pi\times t_{\mathrm{ON}}}=\frac{0.32}{t_{\mathrm{ON}}}$$

第二个转折点是

$$n_2=\frac{T}{\pi\times t_{\mathrm{R}}}$$

对应的转折频率是

$$f_{\mathrm{BREAK\_2}}=\frac{0.32}{t_{\mathrm{R}}}$$

我们期望在第二个转折点后，曲线以每十倍频程 40dB（即 40dB/dec，40dB/10 倍频）的速率下降，如图 15.1 所示。注意 n 为整数才有物理意义。因此，第一个转折点在图上可能表现不出来。但我们明显发现，这个斜线几乎以每十倍频程 20dB 的速率从最低频率开始下降。

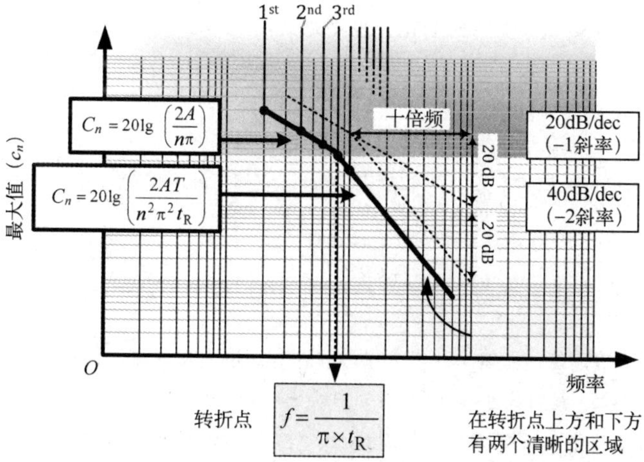

图 15.1　幅值为 A 且 $t_{\mathrm{R}}=t_{\mathrm{F}}$ 的矩形波谐波幅值包络线

在第一个转折点频率之前，谐波的包络线实际上是平坦的。因此，应该计算出第一个转折点，并截断该点频率之前的包络线。我们可以用下面的方程来计算 c_n。注意，在这些方程中，c_n 不再是傅里叶展开的实际系数，而是代表包络（因为从 EMI 滤波器设计的角度来看，这才是最重要的）。

$$c_n = 20\lg\left(\frac{2A}{n\pi}\right)$$

$$c_n = 20\lg\left(\frac{2A}{n^2\pi^2 t_R f_{SW}}\right)$$

这两个方程中的第一个在第一和第二转折点之间的频率范围内有效，第二个方程对于所有高于第二转折点的频率都有效。注意，这里的开关频率是 $f_{SW}=1/T$。

实际差模滤波器的设计

差模噪声是由高频开关电流流过输入大电容的等效电阻（ESR）时所产生的压降造成的。

电容 ESR 上的压降为

$$v = \mathrm{ESR} \times I_{SW} \quad \mathrm{V}$$

如果没有滤波器，则 LISN 接收到的开关噪声电流（差模电流）为

$$I_{LISN} = \frac{v}{100} = \frac{\mathrm{ESR} \times I_{SW}}{100} \quad \mathrm{A}$$

LISN 对差模噪声的匹配阻抗是 100Ω。然而，LISN 里有两个有效串联的 50Ω 电阻，对于 EMI 分析仪，差模电压是通过测量其中一个电阻上的电压获得的，所以测试出的噪声是

$$V_{LISN\_DM\_NOFILTER} = I_{LISN} \times 50 = \frac{\mathrm{ESR} \times I_{SW}}{2} \quad \mathrm{V}$$

在这里假设 C_{BULK} 很大，而且没有寄生电感 ESL，而它的 ESR 远小于 100Ω。

例 15.1 对于输入为 AC 265V，变压器匝数比为 20，输出为 5V@15A 的反激变换器，用 LISN 测量出的 DM 噪声谱是多少？我们使用的是铝电解电容器，其数据表显示其电容量为 270μF，在测试频率 120Hz 下的损耗因数（损耗角正切）$\tan\delta=0.15$，在 100kHz 时为 1.5。

首先计算 120Hz 测试频率下的 ESR。根据定义

$$\mathrm{ESR}_{120} = \frac{\tan\delta}{2\pi f \times C} = \frac{0.15 \times 10^6}{2 \times 3.142 \times 120 \times 270} = 0.74\,\Omega$$

在高频下，纹波电流允许按 1.5 倍的频率倍增系数增加。因此，由于加热（$I^2 \times \mathrm{ESR}$）必须相同，这意味着高频的 ESR 必须是低频 ESR 的 $1/(1.5)^2$ 倍，因此可得

$$\mathrm{ESR} = \frac{1}{1.5^2} \times 0.74 = 0.33\,\Omega$$

$$V_{LISN\_DM\_NOFILTER} = \frac{\mathrm{ESR} \times I_{SW}}{2} = 0.17 \times \frac{n_S}{n_P} \times I_O = 0.13\,\mathrm{V}$$

这是测试信号的幅值，即傅里叶级数中的 A。用 dBμV 表示时，它的值是 $20\times\lg(0.13/10^{-6})=$ 102dBμV。这样一来，我们就可以在图 15.2 中绘出相应的频谱。

我们还展示了频谱与 CISPR 22 的 Class B 准峰值限值（灰线）的关系。我们展示的例子中，开关频率刚好低于 CISPR 22 限值的起始频率，这里假设开关频率为 100kHz。为了简单

起见，假设在这些低频情况下共模噪声不是主要噪声，实际上我们需要为共模噪声留点裕量（见下面的“实际共模滤波器的设计”内容）。我们也没有明确考虑到任何其他要求的裕量。但是，当我们将峰值（总是高于准峰值）与准峰值限值进行比较，这就自动为我们提供了一些自然的裕量。

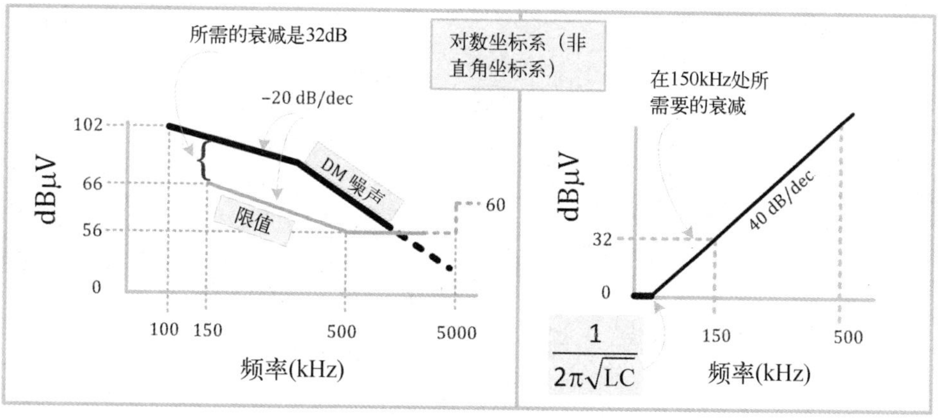

图 15.2　差模滤波器的设计实例

在频率 f（kHz）处的包络线的等式为

$$\mathrm{dB\mu V}(f) = -\mathrm{slope}\{[\lg(f) - \lg(100)]\} + 102$$

因为曲线下降的速率是 20dB/dec，所以在 150kHz 处我们得到

$$\mathrm{dB\mu V}(f) = -20[\lg(150) - \lg(100)] + 102 = 98\ \mathrm{dB}$$

得到 98−66=32dB，差模噪声比限值 66dB 高出 32dB。所以，至少需要将噪声衰减 32dB。因此，我们需要选择一个低通 LC 滤波器，使它在 150kHz 时可以提供这种衰减。由此我们可以计算出它的转折频率。LC 低通滤波器的衰减特性是在大于转折频率[也就是 $1/2\pi(LC)^{0.5}$]后，以 40dB/dec 的速率衰减。从图 15.2 可以看出，它需要满足的方程为

$$32 = \mathrm{slope} \times [\lg(f) - \lg(f_{\mathrm{BREAK}})] = 40 \times [\lg(150) - \lg(f_{\mathrm{BREAK}})]$$

解得转折频率为

$$\lg(f) = \lg(150) - \frac{32}{40} = 1.38$$

$$f = 10^{1.38} = 24\ \mathrm{kHz}$$

因此，我们所需要滤波器的 LC 乘积为

$$LC = \left(\frac{1}{2\pi \times 24000}\right)^2 = 4.4 \times 10^{-11}\ \mathrm{s}^2$$

所以，如果 X 电容（火线-零线之间的电容）C=0.22μF，那么相应的 L=200μH。

由于与上升和下降时间（切换时间）相关的转折点没有出现在图中，这是否意味着开通和关断 FET 的速度无关紧要？是的，从差模噪声的观点来看，这并不重要。然而，我们忽略了一些寄生参数，主要是电容的 ESL 和走线电感。不同于 ESR，这些寄生参数会产生与频率相关的峰值电压，所以最好是不要让 FET 开通或关断时的切换时间太短。

实际共模滤波器的设计

我们假设 FET 的散热片与机壳相连，并且在 FET 和（接地）机壳之间的寄生电容 C_p 的一端施加梯形波（代表漏极波形）。这导致共模噪声电流 I_{cm} 流过地线。我们假设寄生

电容和/或 X 电容导致注入电流在 L 和 N 两线平均分配（这是共模噪声的定义）。所以，每条线上有 $I_{cm}/2$ 的电流流过。

我们已经知道了梯形波的傅里叶分量，所以我们可以单独处理它们，并确定由每个谐波引起的注入电流。以正激变换器为例，漏-源电压波形的峰-峰值（V_{max} 或 A）是电源线电压（V_{IN}）的 2 倍。因此有

$$c_n = A\times\frac{2\times(t_{ON})}{T}\times\left[\frac{\sin\left\{\frac{n\times\pi\times t_R}{T}\right\}}{\frac{n\times\pi\times t_R}{T}}\right]\times\left[\frac{\sin\left\{\frac{n\times\pi\times(t_{ON})}{T}\right\}}{\frac{n\times\pi\times(t_{ON})}{T}}\right]$$

因为当 x 很小时，$\sin(x)/x\approx1$，所以有

$$c_n\approx 2A\times\left[\frac{\sin\left\{\frac{n\times\pi\times(t_{ON})}{T}\right\}}{n\times\pi}\right]$$

因此，假定占空比是 50%，基波（1 次谐波）的幅值是

$$c_1\approx\frac{2A}{\pi}=\frac{4\times V_{IN}}{\pi}\ \text{V}$$

我们发现，对于共模噪声，从噪声包络以及所需衰减的角度来看，真正起作用的只是基波电流。由此产生的电流是

$$I_{cm}=\frac{V_{DS}}{25-\mathrm{j}\dfrac{T}{2\pi\times C_p}}$$

因为 LISN 对 I_{cm} 的电阻是 25Ω，由于只有 $I_{cm}/2$ 的电流流过 LISN 的 50Ω 电阻，所以测得的电压 V_{cm} 为

$$V_{cm}=\frac{I_{cm}}{2}\times50=I_{cm}\times25\ \text{V}$$

简化得

$$V_{cm}=\frac{4\times V_{IN}}{\pi-\dfrac{\mathrm{j}}{50\times C_p\times f_{SW}}}\ \text{V}$$

$$|V_{cm}|=\frac{200\times V_{IN}\times C_p\times f_{SW}}{\sqrt{(50\pi\times C_p\times f_{SW})^2+1}}\ \text{V}$$

用 dBμV 表示是

$$V_{LISN\_DM\_NOFILTER}=20\lg\left(\frac{|V_{cm}|}{10^{-6}}\right)=120+20\lg(|V_{cm}|)\ \text{dB}\mu\text{V}$$

所以，例如，V_{IN}=100V（A=200V），C_p=200pF，f_{SW}=100kHz，我们得到 V_{cm}=0.4V 或者是 112dBμV（对于一次谐波，即基波）。参考差模滤波器的设计方法，我们可以计算共模滤波器的 LC，并由此计算出 L_{cm}，以及 Y 电容（线与地之间的电容）。

通过更详细的计算，我们可以对共模噪声进行以下关键分析：

- 在转折频率 $f=1/(\pi t_{RISE})$之前，包络线是平坦的并固定在 $100V_{max}C_p f_{SW}$。在转折频率之后，该包络线以 20dB/dec 的速率下降。
- 平坦的部分与上升或下降时间无关，这与普遍的认识相反。所以，包络线确实改变了，但在低频段不会改变。从 EMI 的观点分析，平坦部分的结束点就是设计滤波器的起点。因此，任何后续的转折下降都不会影响滤波器的设计。

既然共模噪声包络线的平坦部分同上升时间和下降时间没有关系，这是否意味着开通和关断 FET 的速度无关紧要？是的，没有。但是要注意差模滤波器的设计小节中的最后一段话。

在第 17 章中，我们提供了为什么我们可以使用的 Y 电容量受到 IEC 安全法规限制的原因。对于共模级滤波器，因为 C 必须足够小，L 必须大很多。对于差模滤波器，通常使用几个 X 电容并联（每个电容的容值一般不超过 0.22μF，这个是由制造限制决定的）。所以在差模级上的 L 可以取很小的值。对于中低功率离线变换器，通常的做法是不使用实际扼流圈进行差模滤波。相反，我们通常只是使用一个（有时两个）标准共模扼流圈，其中两个绕组之间的漏感提供了少量必要的差模滤波器电感量。假设 L_{cm} 是共模扼流线圈每个绕组的电感，L_k 是共模扼流线圈每个绕组的漏感，那么共模级的 LC 滤波器等效电感是 L_{cm}，差模级的 LC 滤波器等效电感是 $2 \times L_k$。如果火线-零线之间的电容是 C_x，那么差模级的有效 LC 滤波器电容为 C_x。如果我们有两个 Y 电容（每个都连接在火线和地或零线和地之间），并且每个电容的容值是 C_y，那么共模级的有效 LC 滤波器电容是 $2 \times C_y$。这样，我们可以将上面的理论计算与实际滤波器联系起来。

我们必须注意，在低频段（150～500kHz）影响滤波器设计的一些关键因素。

- 在 500kHz 以下，频率越低，允许传导发射的限值线逐渐升高。
- 随着频率的降低，LISN 的敏感度随之降低，这使得允许的噪声增加。LISN 阻抗从 500kHz 时的 500Ω 左右降低到非常低频率时的 5Ω 左右，下降的速率大约是 10dB/dec。
- 然而，我们注意到在很低频率的时候，EMI 滤波器的作用很有限，因为它通常是一种低通滤波器。通常，它的衰减速率是 40dB/dec。

假定在最低频时，通过恰当设计，已满足兼容性。如果开关频率低于 150kHz，这意味着在 150kHz（Class B）有大约 2mV（66dBV）的噪声发射。现在我们从相反的方向，也就是从低频到高频重新考量。这样我们可以发现：

（1）LISN 的灵敏度（以约 10dB/dec 的速率）增大，所以我们会得到越来越高的噪声读数。

（2）但是 EMI 滤波器开始变得越来越有效，噪声以 40dB/dec 的速率衰减。

（3）这个可以抵消增加的 LISN 灵敏度，因此我们测量的噪声实际上以 40−10=30dB/dec 的速率衰减。

（4）但是限值线要求以 20dB/dec 的速率降低噪声水平。

因此，测量到的噪声水平持续下降到限值线以下，下降速率增加了 30−20=10dB/dec 的裕量。这就是为什么我们首先尝试在最低频率下实现兼容性，因为从那时起，我们通常会在更高频率下实现自动兼容性（除非存在寄生共振、接地不足和/或辐射问题导致的 EMI 尖峰）。

第 16 章　反激和正激变换器的复位技术

首先，我们需要了解的是，反激变换器和正激变换器从电路的角度和外观来看，复位技术可能看起来很相似，但是它们背后的机理是完全不同的，解释如下。

第 1 部分　反激变换器变压器（漏感）的复位

本节将介绍反激变换器中常用的齐纳钳位和 RCD 钳位。

齐纳（Zener）钳位

如图 16.1 所示，反激变换器中，磁化电流（它的相关能量）在关断期间通过二次绕组传递到输出端。一次侧的能量中唯一与二次侧无关的部分是漏感能量，它没有释放的回路。但是，在关断 FET 之前，漏感有很大的能量。我们知道，如果不提供另一条路径让电感电流流通，就无法中断电感的电流，否则将产生巨大的感应电压尖峰。因此，反激变换器中用到的最简单的技术，就是齐纳钳位。

传递到钳位中的能量是什么？它不仅仅是与漏感有关的能量，正如有些文献中所说的。换句话说，下面这个方程并不成立（f 为开关频率）：

$$P_{\text{CLAMP}} = \frac{1}{2} \times L_{\text{LK}} \times I_{\text{PRI\_PK}}^2 \times f \qquad \text{不成立!}$$

原因是直到漏感复位（即达到零电流），才会迫使电流进入齐纳钳位（流经我们设计的另一条通路）。然而不幸的是，漏感 L_{LK} 与磁化电感 L_{MAG}（即一次电感 L_{PRI}）是串联的，因此输入源的部分能量在流经 L_{MAG} 时被消耗了，这部分能量是进入齐纳钳位的一个附加项。计算时，钳位电路中的能量耗散分成两部分：

$$P_{\text{CLAMP}} = \frac{1}{2} \times L_{\text{LK}} \times I_{\text{PRI\_PK}}^2 \times f + \frac{1}{2} \times L_{\text{LK}} \times I_{\text{PRI\_PK}}^2 \times f \times \frac{V_{\text{OR}}}{V_{\text{Z}} - V_{\text{OR}}}$$

式中，V_{Z} 为齐纳钳位电压；V_{OR} 为反射输出电压（$V_{\text{OR}}=nV_{\text{O}}$，其中 n 为匝数比 $N_{\text{P}}/N_{\text{S}}$）。简化可得

$$P_{\text{CLAMP}} = \frac{1}{2} \times L_{\text{LK}} \times I_{\text{PRI\_PK}}^2 \times f \times \frac{V_{\text{Z}}}{V_{\text{Z}} - V_{\text{OR}}}$$

可以写成更一般的形式（对于钳位）：

$$P_{\text{CLAMP}} = \frac{1}{2} \times L_{\text{LK}} \times I_{\text{PRI\_PK}}^2 \times f \times \frac{V_{\text{CLAMP}}}{V_{\text{CLAMP}} - V_{\text{OR}}}$$

无论如何，这都是在消耗能量，这对效率来说并不好。

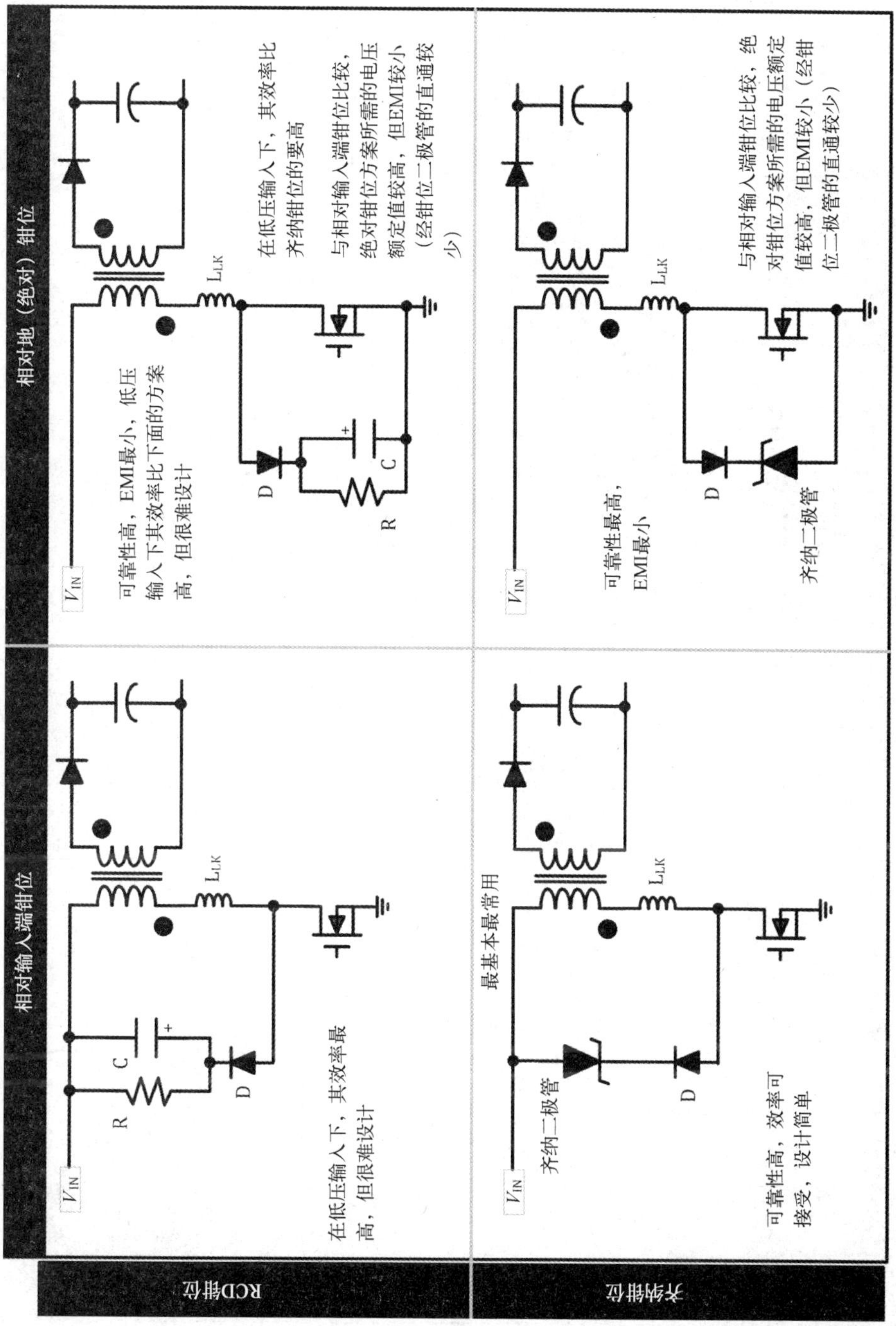

相对输入端钳位
相对地（绝对）钳位
RCD钳位
齐纳钳位
V_{IN}
R
C
D
L_{LK}
在低压输入下，其效率最高，但很难设计
可靠性高，EMI最小，低压输入下其效率比下面的方案高，但很难设计
在低压输入下，其效率比齐纳钳位的要高
与相对输入端钳位比较，绝对钳位方案所需的电压额定值较高，但EMI较小（经钳位二极管的直通较少）
最基本最常用
齐纳二极管
可靠性高，效率可接受，设计简单
可靠性最高，EMI最小
与相对输入端钳位比较，绝对钳位方案所需的电压额定值较高，但EMI较小（经钳位二极管的直通较少）

图16.1　RCD钳位与齐纳钳位的类型

RCD 钳位

如图 16.2 所示，工程师们经常使用 RCD 钳位，而不是齐纳钳位，认为它在一定程度上（神奇地）可以提高效率。但事实却是，如果输入电压保持几乎不变，RCD 钳位与齐纳钳位相比，在损耗上没有什么差别。我们不能愚弄物理学！

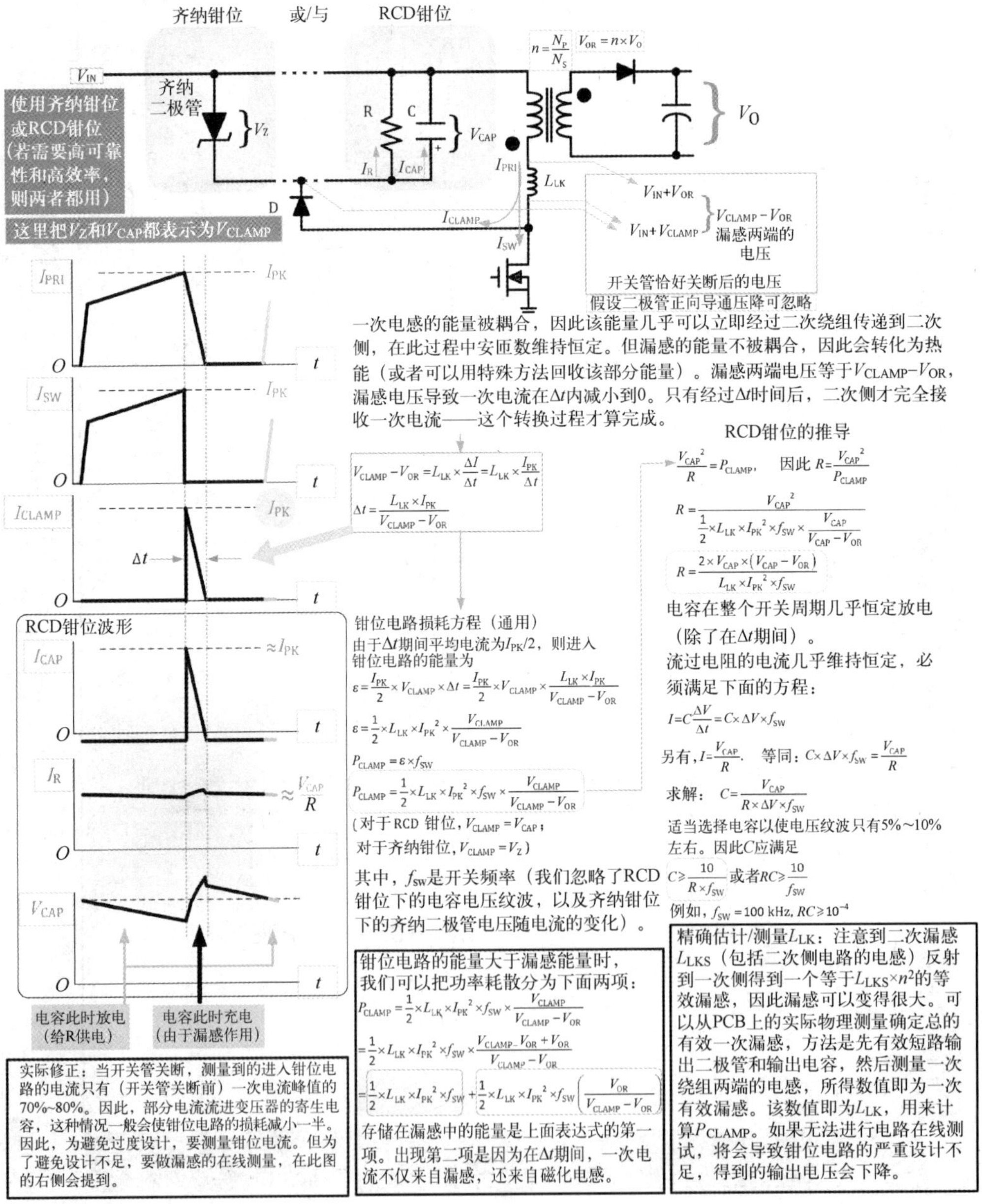

图 16.2 RCD 钳位和齐纳钳位的分析（反激变换器）

在设计 RCD 钳位时，通过适当选择 RCD 中的 R 值，实际上（必须）保证了电容器的充电值正好达到齐纳钳位相同的值。因为任何钳位的最终目的都是为了保护半导体，即本例中的 FET。因此，在一定的 V_{DS} 绝对最大值和一定的设计降额目标下，不管是用齐纳钳位还是 RCD 钳位，都是将钳位电压设置为完全相同的电压值，以保护开关管。因此，损耗也是相同的。

钳位不应设计得恰好低于所需要求，因为由前面的钳位方程（同样适用于 RCD 钳位，通过用 V_{CLAMP} 代替 V_Z）可知，分母上有一项为 V_Z-V_{OR}（或 $V_{CLAMP}-V_{OR}$），如果减小 V_{CLAMP}，使其更接近 V_{OR}，那么损耗会大幅增加。因此，我们通常需要将 V_Z（或 V_{CLAMP}）设置得尽可能高。因为在多输出反激变换器中，钳位设置过高会对电磁干扰和交叉调节产生不利影响。

RCD 钳位的优点主要体现在宽输入变换器。因为在典型的反激变换器中，峰值开关电流在 V_{INMAX} 处是最低的，我们将在 V_{INMAX} 处选择齐纳钳位的 V_Z，或者将 RCD 钳位中的 V_{CLAMP} 设置为 FET 的安全电压额定值。然而，当我们降低输入时，齐纳钳位仍然钳位在同一水平，所以 V_Z-V_{OR} 不会改变（记住 V_{OR} 也是通过调节器控制恒定的）。然而，由于峰值电流较高，RCD 钳位中的电容 C 在低输入电压时就会充电至更高值。换句话说，低输入电压时的钳位值 V_{CLAMP_LO}，比高输入电压时的钳位值 V_{CLAMP_HI}（与 V_Z 相同，以保护高输入电压时的半导体器件）要高。因此，由于低输入电压时钳位值更高，RCD 钳位时 $V_{CLAMP}-V_{OR}$ 不再固定不变，而是增大的，不像齐纳钳位。由前面的功耗方程可知，这样可以降低钳位损耗，但这不是与高输入电压时的钳位损耗相比，而是与相同情况下的齐纳钳位相比。这就意味着，在通用输入 AC-DC 变换器中，RCD 钳位能减少 20%的损耗，整个低输入电压时（最坏情况下）整体效率提高 2%～3%。更详细的计算，参见 *Switching Power Supplies A to Z*（第二版）中第 306 页。

无损缓冲电路

如图 16.3 所示，我们要做两件事：（1）试着利用漏感中的能量，比如给控制器 IC 供电（需要一个齐纳二极管，以防止能量过剩而不断累积，图中没有显示）；（2）尝试将能量储存在电感器中，在关断期间反馈回输入端。一种方法是尝试将两者结合起来，如图所示。这可能是在 2005 年 7 月 28 日由 Fairchild Semiconductor 的 In-Hwan Oh 撰写的文章 *Lossless Snubber Circuit in Flyback Converter and Its Utilization for a Low Operating Voltage* 中首次报道。

所有这些实现都需要大量的实验优化，而且在相关文献中似乎没有直接的方程式可用。事实上，对于简单的基于电感的缓冲电路，Motorola 和 On-Semi 的 *Switchmode Handbook* 中写道：

> 无损缓冲电路是一种缓冲器，其捕获的能量最终反馈回电源电路。无损缓冲电路的设计目的是从开关交流电压节点的转换中吸收固定数量的能量。这种能量储存在电容中，电容的大小决定了缓冲电路能吸收多少能量。……。无损缓冲电路的设计因变换器拓扑和每个期望的变换而不同。每个电路可能需要进行一些适当的调整。无损缓冲电路设计中的重要因素有如下三个。（1）缓冲电路必须具有初始条件，以允许其在期望的转换和期望的电压下工作。无损缓冲电路应在期望的转换之前清空储能。缓冲电路被复位，使其电压下降到某个值，这个值将是缓冲电路工作的起始点。因此，如果缓冲电路被复位至等于输入电压，那么它将作为一个无损钳位，将消除输入电压以上的任何尖峰。（2）当无损缓冲电路“复位”时，能量

应该返回到输入电容或输出功率通路。……。将能量返回到输入电容，允许电源在下一个周期中再次使用该能量。在升压模式电源中，将能量返回地面不会将能量回收再利用，而是充当开关管的分流电流路径。有时也会使用附加的变压器绕组。（3）复位电流波形应使用串联电感来限制频带，以防止产生额外的电磁干扰。2～3 匝螺旋 PCB 电感就足以大幅减小流出无损缓冲电路电流的 d*i*/d*t*。

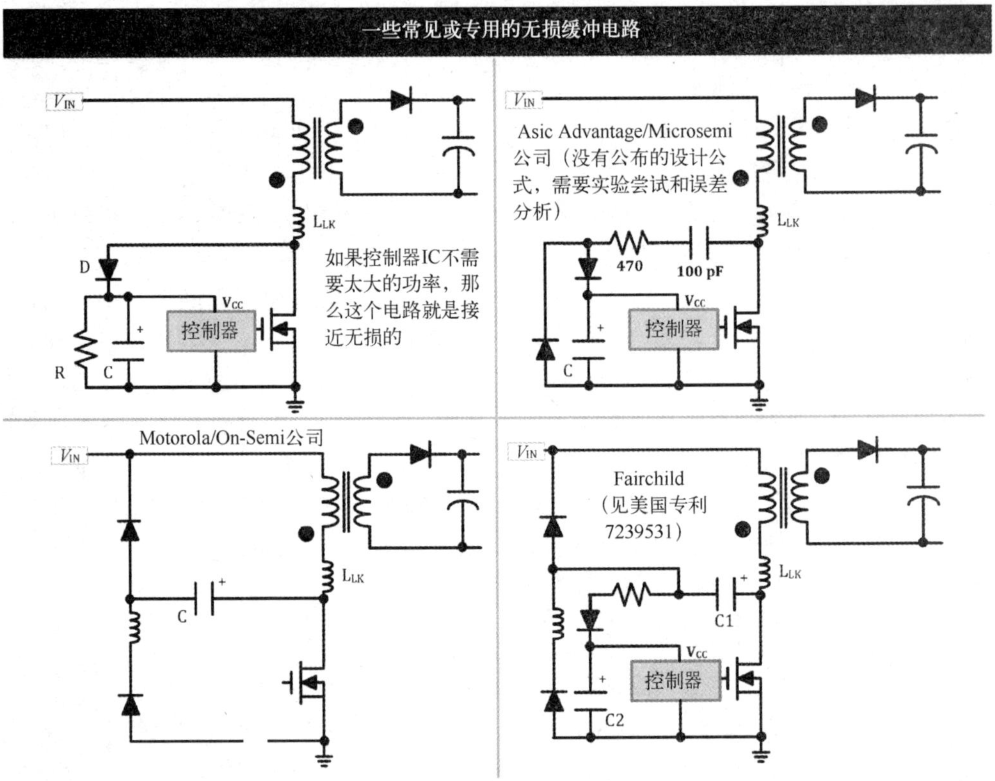

图 16.3 （反激变换器的）无损缓冲电路

请记住，这里也没有提供方程！所以我们也会绕过这个方法。

第 2 部分　正激变换器变压器（磁化电感）的复位

引言

在任何变压器的磁化电感中，每一个周期都会有一个稳定的电流（和储存的能量）积累，就像在任何电感中一样。在反激变换器中，正是这种能量被输送到二次侧。但是在反激变换器中，能量的传输仅发生在一次侧关断而二次侧导通时。我们记得，在一个（单绕组）电感中，不能强迫通过它的绕组的电流突然中断，否则会产生巨大的感应电压尖峰而破坏半导体器件。类似的，多绕组结构（即变压器）中，必须保持磁芯上的所有绕组的净安匝数（正比于同一个磁芯中的净磁通）和不变。净安匝数不允许突然中断，否则，将再次类似地损坏半导体器件。但是，我们当然可以关断一个绕组，让另一个绕组（立即）接收被关断绕组的安匝数——前提是以下条件成立：（1）绕组极性（考虑到连接的二极管）允许电流在另一个绕组中实际流动；（2）两个绕组完全耦合，即它们的磁通共享同一个磁芯的“空间”。反激变换器中，由于极性允许，一次侧的净安匝数在开关管关断时消失，并立即被二次绕组接收——因此条件 1 满足。另外，由于 $N_P \times I_P$ 必定等于 $N_S \times I_S$（不允许净安匝数变化），可得 $I_S = I_P \times n$，其中 n 为匝数比 N_P/N_S。这是反激式变压器的特性。注意，在这个过程中，磁化能量被转移到隔离边界的另一边。反激变换器中，唯一不在同一磁芯上共享空间的电感就是漏感。其磁通主要经过空气，而非磁芯。因此，漏感不满足条件 2。这个电感与二次侧无关，因此必须让漏感电流续流，然后要么在钳位中将能量消耗，要么用无损缓冲电路来复位，如前所述。如果不将其复位（也就是使磁芯恢复到周期开始时的状态），那么磁芯和钳位电路中的能量会累积，某些元件迟早会被损坏。

在正激变换器中，由于磁化电感（绕组的极性）和漏感（主要由于条件 2）的原因，条件 1 还是不满足。好消息是，无论如何考虑磁化能量，并找到一些解决方法，也同样适用于漏感，因为它们实际上是串联的，这种情况下，它们都与二次绕组无关。可以把它们看作是同一个问题的一部分，事实上是同一个问题。

磁化能量比漏感能量大得多。因为，通常情况下，漏感只有变压器磁化电感的 1%。我们可以尝试在正激变换器中使用 RCD 钳位或齐纳钳位，但很明显，对效率的影响将是不可接受的。传统的处理方法是使用第三个能量回收绕组。这种薄的复位绕组（或称第三绕组、三次绕组）与一次绕组紧密耦合（通常缠绕在一起，即“绞合”），以使一次绕组与能量回收绕组之间的漏感最小，因此，每当开关管关断，能量回收绕组可以接收一次绕组放弃的所有安匝数。二极管的方向和绕组的极性使得绕组的导电方式与（非常紧密耦合的）反激变换器绕组的一样。由于这种新绕组一般通过二极管连接到输入电容器，因此，关断期间，它正好给一次绕组施加 V_{IN}，但正如预期的那样，这个电压与在导通期间施加在同一绕组的电压 V_{IN} 的方向相反。因此，一次电流的磁化电流分量在导通期间以斜率 V_{IN}/L_{MAG} 上升，关断期间正好以斜率 $-V_{IN}/L_{MAG}$ 下降。为了确保磁化电流能够下降至 0（由此可以复位），必须分配足够的时间。假设导通时间是周期（T）的 60%，关断时间只有 40%，那么导通期间将有较大的增幅 ΔI，关断期间有较小的减幅 ΔI，所以一个周期结束时电流有一个净增量。磁芯不能复位，每个周期都有增量，直至破坏发生。因此，必须至少分配周期的 50%作为 T_{OFF}，以确保复位。这种时间对称仅仅是因为之前提到的斜率相等。正是由于这个原因，所有用于单端正激变换器的控制器 IC 的占空比都被限制在 50%以内（为了留有裕量，实际设置占空比为 0.47±0.03，即 0.44～0.5）。因此，在设计时，占空比的最大限值取 0.44。特别是，我们必须保证在最小输入电压时仍可以调节输出电压，而且占空比不会达到最大限值。否则输出电压将开始下降。在正激变换器和反激变换器中，由于通常无法控制变换器的最大占空比，因此需要非常小心地调整匝数比。匝数比始终由控制器的占空比限值和所考虑的最低输入电压确定。

这个 50%的占空比限制有利于消除电流模式控制（连续导电模式）中的次谐波不稳定性，因此即使在反激变换器的控制器（使用电流模式控制）中也是有用的。

复位绕组

带有复位绕组的单端正激变换器中，控制器的占空比限值可以设为 0.75T（其中 T 为周期，即 $1/f$)，仍能确保变压器复位。如何做到的？通过改变一次绕组与复位绕组的匝数比。注意，我们不能改变导通或关断期间一次绕组上的电压，因此不能改变磁化电流的上升或下降斜率。但我们可以改变匝数，如图 16.4 所示。这是一个更加通用的例子。但为了容易理解，我们可以考虑一个具体的例子，将复位绕组（能量回收绕组）的匝数减半。这使得电流在非常短的时间内下降到 0，事实上，比 $0.25T$ 少得多。发生过程如下：由于能量回收绕组的匝数减半，开关转换过程安匝数必须保持不变，因此绕组中的初始电流（FET 关断时）加倍，所以下降开始值高得多。我们最开始认为这会使得电流回到 0 的时间更长，但恰恰相反。因为当复位绕组匝数减半时，与此绕组相关的电感值降为其值的四分之一——因为 L 正比于 N^2，所以现在的下降斜率是原来的 4 倍。因此，即使峰值电流加倍，由于更大的下降斜率，电流回到 0 的时间小于 $0.25T$，变压器仍然能够复位。这种关系帮助我们用控制器的最大占空比（并不是其他方法）来正确设置匝数比 n_{RESET}。

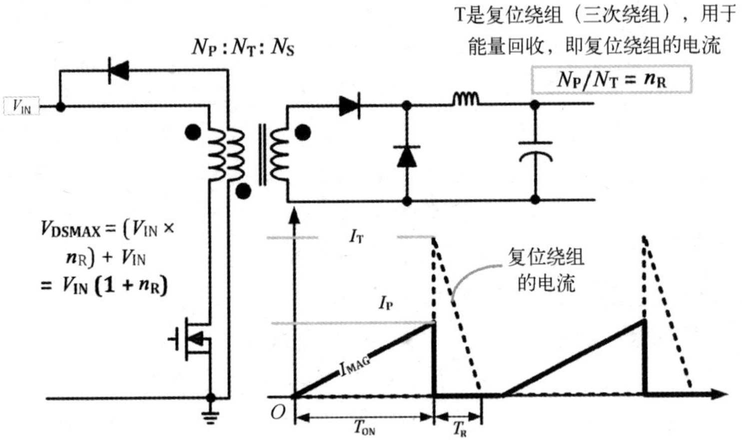

$$n_R = \frac{N_P}{N_T}$$

$N_P I_P = N_T I_T$（根据安匝平衡定律）

因此，$I_T = n_R I_P$

斜坡上升段 $= \dfrac{I_P}{T_{ON}} = \dfrac{V_{IN}}{L_P}$，因此 $T_{ON} = \dfrac{I_P L_P}{V_{IN}}$

斜坡下降段 $= \dfrac{I_T}{T_R} = \dfrac{n_R I_P}{T_R} = \dfrac{V_{IN}}{L_T} = \dfrac{V_{IN}}{L_P} \times \dfrac{N_P^2}{N_T^2} = \dfrac{V_{IN}}{L_P} \times n_R^2$，因此 $T_R = \dfrac{I_P L_P}{V_{IN} n_R}$

因为 $\dfrac{L_P}{N_P^2} = \dfrac{L_T}{N_T^2}$（电感值与匝数平方成比例）

匝数比为

$$\frac{T_{ON}}{T_R} = \frac{\dfrac{I_P L_P}{V_{IN}}}{\dfrac{I_P L_P}{V_{IN} n_R}} = n_R$$

极限下，$T_R = T_{OFF}$ 且 $D = D_{LIMIT}$，所以，

$$\frac{T_{ON}}{T_{OFF} + T_{ON}} = \frac{n_R}{n_R + 1}，因此，\boxed{D_{LIMIT} = \frac{1}{1 + (N_T/N_P)}}$$

或者简单地说，根据绕组上的伏秒定律：

$V_{IN} \times T_{ON} = V_{IN} \times (N_P/N_T) \times T_{OFF}$

因此 $T_{ON}/T_{OFF} = N_P/N_T = n_R$

或者 $\boxed{D_{LIMIT} = n_R/(1+n_R)}$

根据一次绕组与复位绕组的匝数比，仔细设定最大占空比限值，或根据固定的最大占空比设定匝数比。

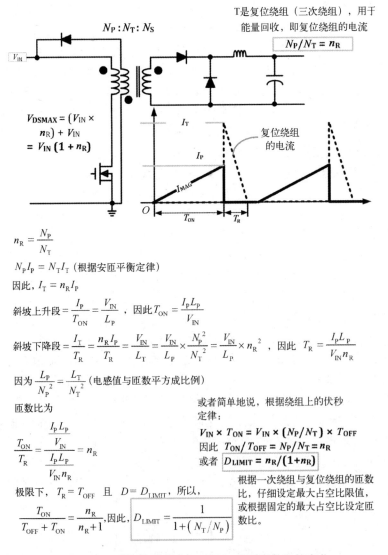

图 16.4　正激变换器复位（三次）绕组匝数比的变化

$$\frac{T_{ON}}{T_R}=n_R,\quad n_R=\frac{N_P}{N_T}$$

式中，T_R 为复位时间（应小于 T_{OFF}，否则累积效应将发生）。对应于 $T_R=T_{OFF}$，控制器的最大占空比必须为

$$D_{LIMIT}=\frac{n_R}{n_R+1}$$

FET 上的压降为

$$V_{DSMAX}=V_{INMAX}\times(n_R+1)$$

因此，对于 $D_{LIMIT}=0.5$，$n_R=1$。如果要得到更大的占空比，通过以下方程可得 n_R:

$$n_R=\frac{D_{LIMIT}}{1-D_{LIMIT}}$$

将 $D=0.67$ 代入，可得

$$n_R=\frac{D_{LIMIT}}{1-D_{LIMIT}}=\frac{0.67}{1-0.67}=2$$

换句话说，复位绕组匝数是一次绕组匝数的一半。

关断期间，复位绕组电压为 V_{TER}，等于 V_{IN}。该电压按每匝上的电压反射到一次绕组，可得 $V_{PRI}/N_P=V_{TER}/N_T$，其中 $V_{TER}=V_{IN}$，解得 $V_{PRI}=V_{IN}\times n_R$。该电压按每匝电压值反射到二次绕组，可得 $V_{PRI}/N_P=V_{SEC}/N_S$，解得 $V_{SEC}=V_{PRI}/n = V_{IN}\times n_R/n$，其中 $n=N_P/N_S$。关断期间，该电压等于反射二次电压加上其阳极电压（等于 V_O）。

因此，我们可以得出结论：

（1）FET 两端最大电压为 $V_{PRI}+V_{IN}=V_{IN}\times n_R+V_{IN}=V_{IN}\times(n_R+1)$，输入电压最高时检验该值。

（2）输出二极管的最高电压为 $V_{IN}\times(n_R/ n)+V_O$，输入电压最高时检验该值。

因此，如果复位绕组的匝数从初始值（等于 N_P）开始减小，n_R 将增大，FET 上的最大电压将增大。由前面的方程可知，输出二极管上的电压应力也增大。如果所有的应力都增大，我们为什么还要为这种不同的复位绕组匝数比而烦恼呢？原因是，匝数比一般由最大占空比决定，我们现在也可以改变匝数比。匝数比一般在最小输入电压时出现，因为这与控制回路的最大占空比 D_{MAX} 有关。因此可得

$$设D_{MAX}=D_{LIMIT}\Rightarrow\frac{V_{OR}}{V_{INMIN}}=\frac{V_O\times n}{V_{INMIN}}=\frac{n_R}{n_R+1}$$

式中，$n=N_P/N_S$，解得

$$n=\frac{n_R V_{INMIN}}{V_O(n_R+1)}$$

例如，输出为 5V，输入为 20～30V（额定值为 25V）的例子。如果 n_R 设为 1（就像传统的单端正激变换器），（理论上的）最大占空比为 50%。如果想让接下来的 Buck 级在 50%的最大占空比下工作，并且期望的输出是 5V，我们必须让 V_{INMINR}（最小输入时的反射输入电压）为 10V。可得占空比为 5V/10V=0.5。由此，如果最小输入电压为 20V，那么匝数比应为 V_{INMIN}/V_{INMINR}=20/10=2。前面的方程也给出了：

$$n = \frac{n_R V_{INMIN}}{V_O(n_R+1)} = \frac{1\times 20}{5\times(1+1)} = 2$$

但是，如果 n_R 从 1 变为 2（复位绕组匝数减半），那么

$$n = \frac{n_R V_{INMIN}}{V_O(n_R+1)} = \frac{2\times 20}{5\times(2+1)} = 2.67$$

因此一次-二次绕组匝数比 n 也增大！

由于 n_R 的这一变化，FET 两端电压也增大，

$$V_{DSMAX} = V_{INMAX}\times(n_R+1) = 30\times(2+1) = 90\ \text{V}$$

如果复位绕组的匝数比为 1，结果只能是

$$V_{DSMAX} = V_{INMAX}\times(n_{RESET}+1) = 30\times(1+1) = 60\ \text{V}$$

此时二极管的电压怎样呢？它等于 $V_{IN}\times(n_R/n)+V_O$。本例中，n_R 增大，但 n 也增大。哪一个占主导地位？此时 $n_R/n=2/2.67=0.74$。如果 n_R 为 1，那么二极管电压应力为 $\frac{V_{IN}}{n}+V_O$，$n=2$，即 $(0.5\times V_{IN})+V_O$，现为 $(0.74\times V_{IN})+V_O$。因此二极管电压应力也上升。表 16.1 总结了一般复位绕组的方程。

注意，从二次侧的角度来看，不对称半桥（双管）正激变换器与带有 1∶1（n_R=1）复位绕组的单端正激变换器相同。在一次侧，电压仍被钳位等于输入端（V_{IN}）。

表 16.1　带任意匝数比复位绕组的正激变换器的设计表

任意匝数比的复位（能量回收）绕组的设计表	
匝数比 N_P/N_S	n
匝数比 N_P/N_T	n_R
复位时间	T_R
复位时间 T_R	$\frac{T_{ON}}{n_R}$
占空比	$D=\frac{nV_O}{V_{IN}}$
控制器的最大占空比限值 D_{LIMIT}，以确保磁芯能量没有逐周期递增	$\frac{n_R}{n_R+1}$
推荐的匝数比 n	$n=\frac{n_R V_{INMIN}}{V_O(n_R+1)}$
FET 电压应力	$V_{DSMAX}=V_{INMAX}\times(n_R+1)$
输出二极管电压应力	$V_{DMAX}=V_{INMAX}\times\left(\frac{n_R}{n}\right)+V_O$

有源钳位复位

在开始讨论有源钳位之前，我们需要更好地理解同步拓扑。

（1）由于电感中的电流允许改变方向，同步变换器总是处于强迫连续导电模式

(FCCM)。电感电流的平均值（电流斜坡的中心值）等于负载电流。因此，如果负载电流为 0，变换器持续来回传递电流，给输出电容充电，然后将其放电回输入电容，依此类推。这是不断循环的能量。

（2）实际上，Boost 与 Buck-Boost 没有太大的区别，如图 16.5 所示。不同之处是，一个在低压侧使用电容器，另一个在高压侧使用电容器。这就导致了它们的直流传递函数之间存在差异：

$$V_{\text{O\_Boost}} = V_{\text{IN}} \times \frac{1}{1-D_{\text{Boost}}}$$

$$V_{\text{O\_Buck-Boost}} = V_{\text{IN}} \times \frac{D_{\text{Buck-Boost}}}{1-D_{\text{Buck-Boost}}}$$

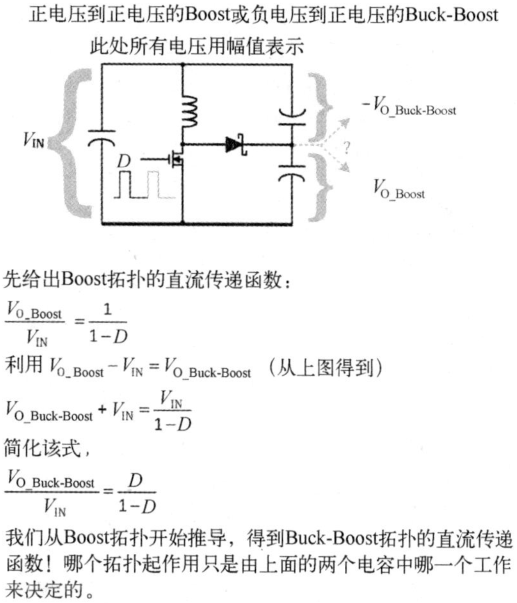

图 16.5 Boost 与 Buck-Boost 非常相似

现在看图 16.6，我们看到高压侧有源钳位只是一个寄生的同步 Buck-Boost。由图 16.7 可知，低压侧有源钳位就是寄生的同步 Boost。在这两种情况下，它们都不参与变换器的调节，而是在由（主变换级）V_{O} 和 V_{IN} 确定的占空比下进行的从属动作。所以钳位电容器上的电压会有很大的变化，很明显，我们将得到以下钳位电容器的稳定电压：

$$V_{\text{CLAMP\_LO}} = V_{\text{IN}} \times \frac{1}{1-D}$$

$$V_{\text{CLAMP\_HI}} = V_{\text{IN}} \times \frac{D}{1-D}$$

高压侧有源钳位的详细计算和波形如图 16.8 所示。表 16.2 给出了设计表（推导过程冗长但显而易见）。请注意这里的术语：

- LAC 表示低压侧有源钳位。
- HAC 表示高压侧有源钳位。
- ERW 表示能量回收绕组。

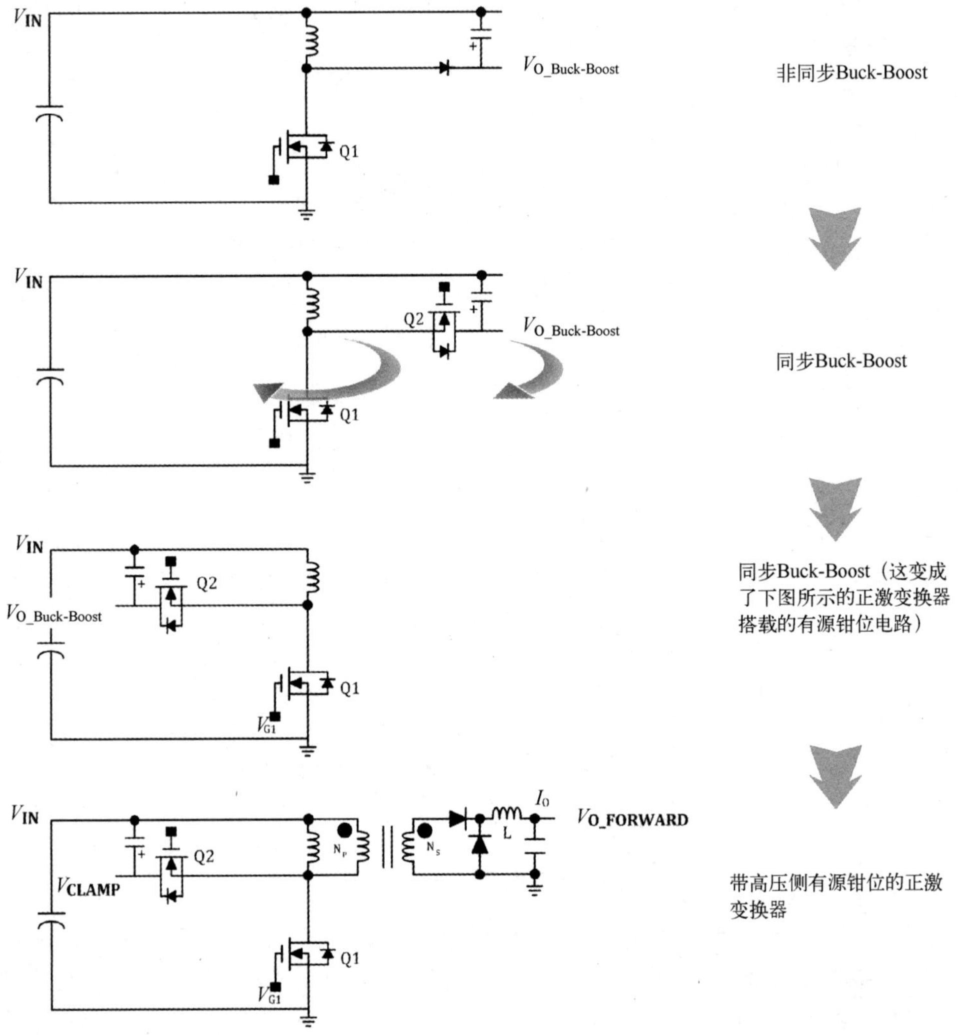

钳位电容的电压是同步Buck-Boost的输出电压。
所以，对于任意CCM下工作的Buck-Boost：

$$V_{CLAMP} = V_{IN} \times \frac{D}{1-D}$$

总结：高压侧有源钳位有效，该钳位电路是一个同步Buck-Boost，在几乎为零的平均负载电流下工作（因为没有负载连接在钳位电容上，而该钳位电容恰好是嵌入式/隐藏Buck-Boost的输出电容）。因此，能量不断地在钳位电容器和输入母线之间来回循环。注意，这个嵌入式Buck-Boost级（有源钳位电路）的输出没有被调节到任何设定值，而是通过改变正激变换器的占空比$D=V_O/V_{IN}$保持输出V_O恒定。因此钳位电压将随D变化，但像其他任何的Buck-Boost一样，最高输出（钳位电容）电压将决定控制器的最大占空比限制值。

图 16.6　高压侧有源钳位是一个寄生（从）同步 Buck-Boost

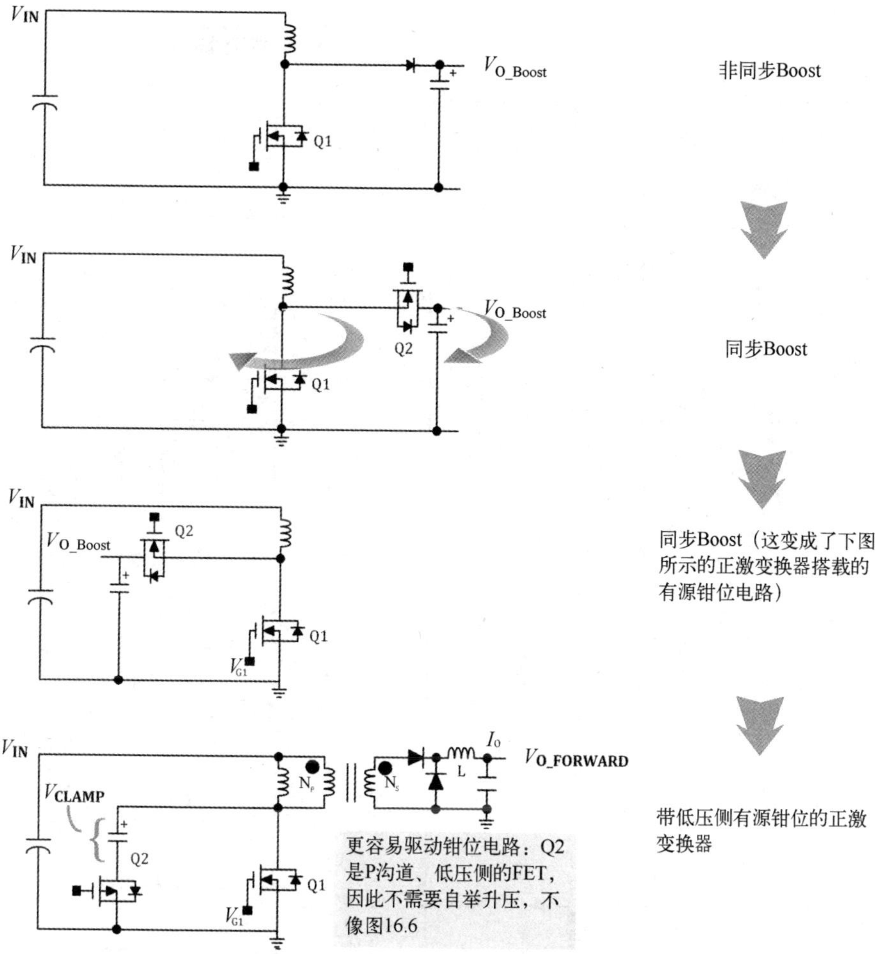

钳位电容电压是同步Boost的输出电压。

所以，对于任意CCM下工作的 Boost：　$V_{CLAMP} = V_{IN} \times \frac{1}{1-D}$

总结：低压侧有源钳位电路实际上是一个同步Boost电路，在几乎为零的平均负载电流下工作（因为没有负载连接在钳位电容上，而该钳位电容恰好是嵌入式/隐藏Boost的输出电容）。因此，能量不断地在钳位电容和输入母线之间来回循环。注意，这个嵌入式Boost级（有源钳位电路）的输出没有被调节到任何设定值，而是通过改变正激变换器的占空比D=V_O/V_{IN}保持输出V_O恒定。因此钳位电压将随D变化，但像其他任何的Boost一样，最高输出（钳位电容）电压将决定控制器的最大占空比限制值。

图 16.7　低压侧有源钳位是一个寄生（从）同步 Boost

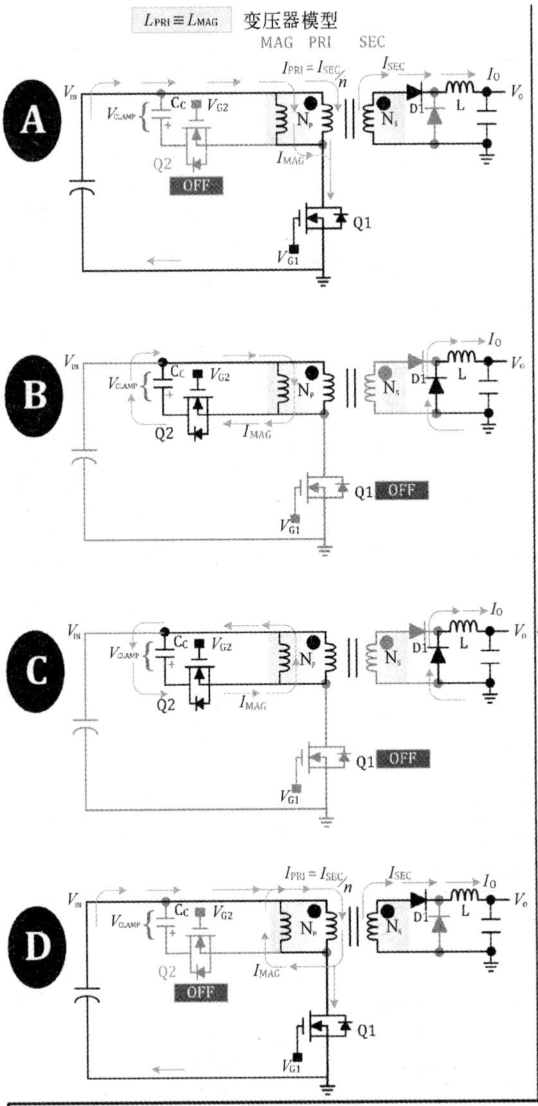

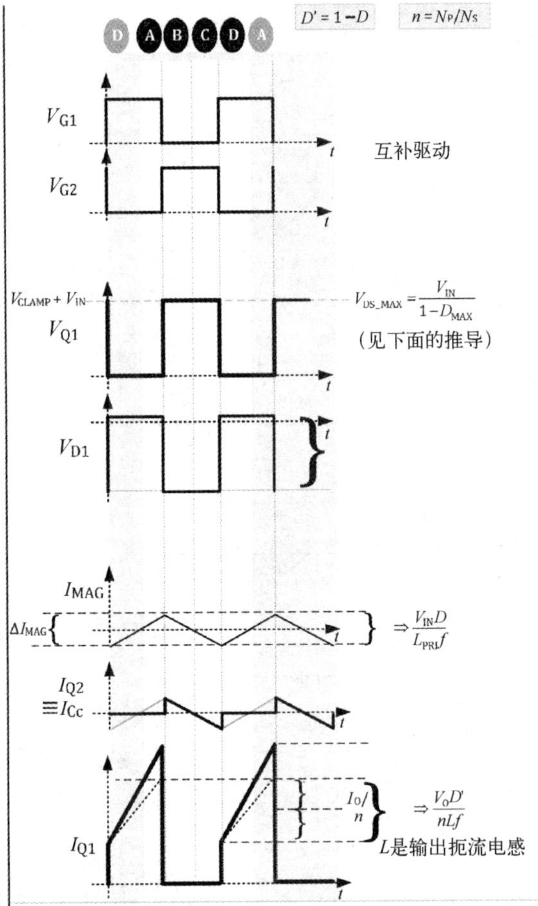

有源钳位正激变换器

A）可以实现占空比D>50%，而不像带1:1复位绕组的标准正激变换器那样（为满足磁化电感复位所需要的时间只能限定占空比小于50%）。

B）当D<0.5时，电压应力更小［等于$V_{IN}/(1-D)$］。而传统正激变换器电压应力达到$2V_{IN}$。

C）电路更复杂，而且需要更精确的最大占空比限值。

出于所有实际目的，在一次侧，我们有一个输入为V_{IN}，输出为V_{CLAMP}（且纯负载电流为零）的同步Buck-Boost变换器。它的电感是磁化电感MAG。开关管的占空比与最高电压可以和其他Buck-Boost一样确定。

在Buck-Boost中：$\Rightarrow V_O = V_{IN} \times \dfrac{D}{1-D}$

所以对于作为钳位电路的Buck-Boost：$\Rightarrow V_{CLAMP} = V_{IN} \times \dfrac{D}{1-D}$ 钳位电容的电压

Buck-Boost的最大V_{DS}：$\Rightarrow V_{DS_MAX} = V_O + V_{IN} = V_{IN}\dfrac{D}{1-D} + V_{IN} = \dfrac{V_{IN}}{1-D}$

作为钳位电路Buck-Boost的最大V_{DS}：$\Rightarrow V_{DS_MAX} = \dfrac{V_{IN}}{1-D}$

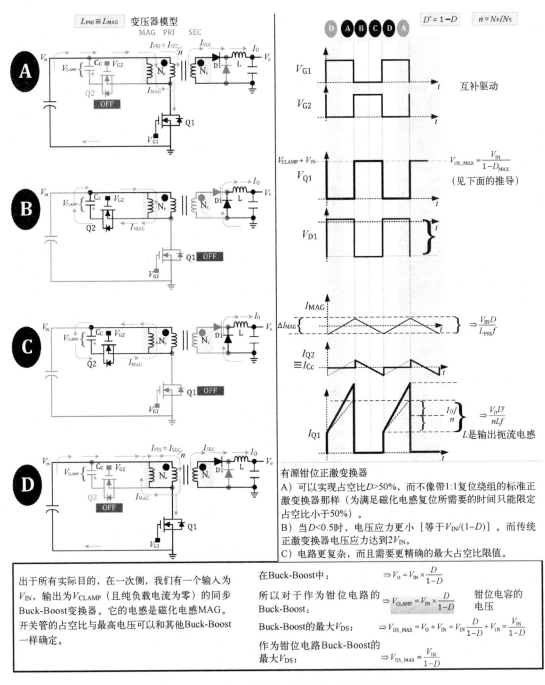

图 16.8 高压侧有源钳位的电流和电压详细波形

表 16.2　有源钳位设计表（与传统复位绕组情况比较）

<table>
<tr><th>低压侧钳位</th><th>高压侧钳位</th><th>复位（能量回收）绕组 1∶1</th></tr>
<tr><td colspan="3">$D=\frac{V_O}{V_{IN}}\times n$　（其中，$n=N_P/N_S$）
$V_{IN}=V_OnD$</td></tr>
<tr><td>$V_{CLAMP\_LO}=V_{IN}\times\frac{1}{1-D}$
$=\frac{V_OnD}{1-D}$
$=\frac{V_{IN}^2}{V_{IN}-nV_O}$
（钳位电容的电压平均值，加上典型的 10%纹波分量）</td><td>$V_{CLAMP\_HI}=V_{IN}\times\frac{D}{1-D}$
$=\frac{V_OnD^2}{1-D}$
$=\frac{nV_OV_{IN}}{V_{IN}-nV_O}$
（钳位电容的电压平均值，加上典型的 10%纹波分量）</td><td>不适用</td></tr>
<tr><td>$V_{DS}=V_{CLAMP\_LO}$
$V_{DS}=\frac{V_OnD}{1-D}\equiv\frac{V_{IN}}{1-D}$
$V_{DS}=\frac{V_{IN}}{1-nV_O/V_{IN}}=\frac{V_{IN}^2}{V_{IN}-nV_O}$
（FET 漏-源电压，与有源钳位电路 FET 的最小电压额定值相同）</td><td>$V_{DS}=V_{CLAMP\_HI}+V_{IN}$
$=\frac{V_OnD}{D(1-D)}+\frac{V_On}{D}$
$V_{DS}=\frac{V_OnD}{1-D}\equiv\frac{V_{IN}}{1-D}$
$V_{DS}=\frac{V_{IN}}{1-nV_O/V_{IN}}=\frac{V_{IN}^2}{V_{IN}-nV_O}$
（FET 漏-源电压，与有源钳位电路 FET 的最小电压额定值相同）</td><td>$V_{DS}=2V_{IN}$
$V_{DS}=2V_OnD$
（FET 漏-源电压）</td></tr>
<tr><td colspan="2">$V_{DS}=\frac{V_{IN}}{1-D}$
$V_{DS}=\frac{V_OnD}{1-D}$
$V_{DS}=\frac{V_{IN}^2}{V_{IN}-nV_O}$
（FET 漏-源电压）</td><td>$V_{DS}=2V_{IN}$
$V_{DS}=2V_OnD$</td></tr>
<tr><td>$V_{RESET}=V_{CLAMP\_LO}-V_{IN}$
（关断时一次电压）</td><td>$V_{RESET}=V_{CLAMP\_HI}$
（关断时一次电压）</td><td>$V_{RESET}=V_{IN}$
（关断时一次电压）</td></tr>
<tr><td colspan="2">$V_{RESET}=\frac{V_OV_{IN}n}{V_{IN}-nV_O}$
（关断时一次电压）</td><td>$V_{RESET}=V_{IN}$
（关断时一次电压）</td></tr>
<tr><td>$V_D=\frac{V_{RESET}}{n}+V_O$
$=\frac{V_O}{1-D}$
（二极管额定值：根据最高 V_{IN} 确定）</td><td>$V_D=\frac{V_{RESET}}{n}+V_O$
$=\frac{V_O}{1-D}\times(D^2-D+1)$
（二极管额定值：根据最高 V_{IN} 确定）</td><td rowspan="2">$V_D=\frac{V_{RESET}}{n}+V_O$
$=V_O(1+D)$
$=\frac{V_{IN}+nV_O}{n}$
（二极管额定值：根据最高 V_{IN} 确定）</td></tr>
<tr><td colspan="2">$V_D=\frac{V_O(2V_{IN}-nV_O)}{V_{IN}-nV_O}$
（二极管额定值：根据最高 V_{IN} 确定）</td></tr>
</table>

分析与结论（图 16.9 ~ 图 16.11）

注意，对于给定的匝数比 n，有源钳位（高压侧或低压侧，HAC 或 LAC）的曲线与能量回收绕组（ERW，1∶1）情况在 D=0.5 处（此时，占空比适用于有源钳位或能量回收绕组）相交。由于控制器的占空比限值为 50%，所以 ERW 曲线不适用于较低的输入。

文献中通常认为有源钳位的优点是它“允许”占空比达到 50%以上。确实如此，但由图 16.9 可知，这样做是没有意义的。当 $D>0.5$ 时，FET 的电压应力上升很快，就像图 16.10 中二极管的电压应力。原因很明显：如果在一次绕组加 V_{IN} 以得到更大的 T_{ON}，那么关断期间一次电压（即复位电压）必定增大，如图 16.11 所示。这是因为对于变压器的任何绕组，都必须满足伏秒定律（稳态时）。再一次强调，这并没有脱离物理学。

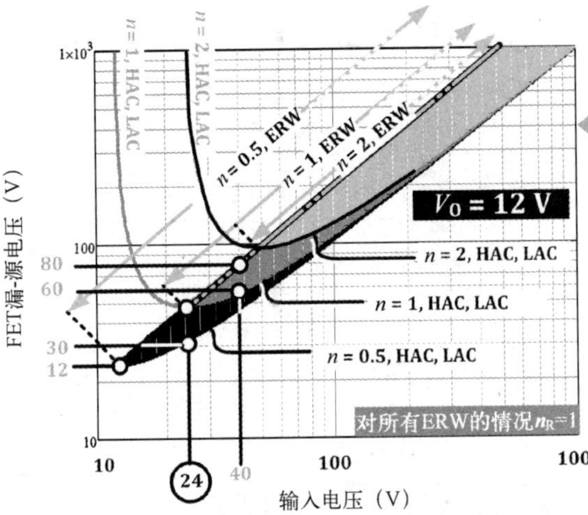

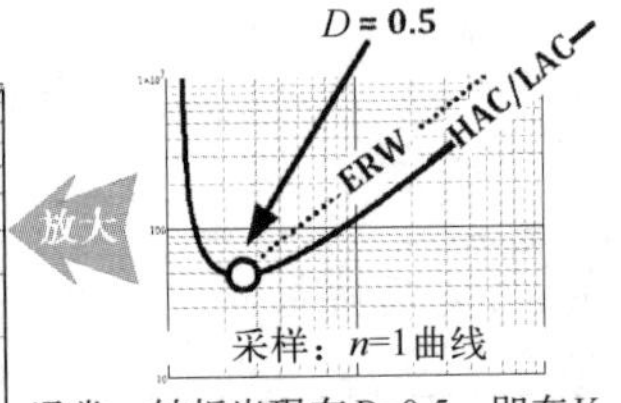

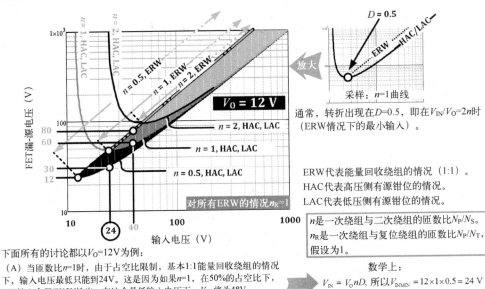

通常，转折出现在D=0.5，即在$V_{IN}/V_O=2n$时（ERW情况下的最小输入）。

ERW代表能量回收绕组的情况（1:1）。
HAC代表高压侧有源钳位的情况。
LAC代表低压侧有源钳位的情况。

n是一次绕组与二次绕组的匝数比N_P/N_S。
n_R是一次绕组与复位绕组的匝数比N_P/N_T，假设为1。

下面所有的讨论都以V_O=12V为例：

数学上：

（A）当匝数比n=1时，由于占空比限制，基本1:1能量回收绕组的情况下，输入电压最低只能到24V。这是因为如果n=1，在50%的占空比下，24V输入会得到12V输出。在这个最低输入电压下，V_{DS}将为48V（=2×24V）。

$$V_{IN}=V_O nD,\ 所以V_{INMIN}=12\times1\times0.5=24\ \text{V}$$

（B）而对于匝数比相同（n=1）的有源钳位情况，输入电压可以更低，但FET的电压会急剧上升。根据上面曲线所示，输入电压降到10V，V_{DS}将达到无穷大。为了避免出现这个V_{DS}电压急剧上升区域，需要限定有效最大占空比。

（C）但对于大于24V的输入，在n=1的有源钳位情况下，FET电压曲线比起能量回收绕组的情况会往下凹。例如在V_{IN}=40V时，V_{DS}大约达到60V（右边计算值为57V），而采用能量回收绕组时却是80V。

$$V_{DS}=\frac{V_{IN}^2}{V_{IN}-nV_O}=\frac{40^2}{40-1\times12}=57.14\ \text{V}$$

（D）我们可以进一步降低FET的电压，可以降低到大约30V（甚至在24V的输入下都可以），方法是减少匝数比到n=0.5（变压器的电压变比增大，使得Buck的占空比减小）。

$$V_{DS}=\frac{V_{IN}^2}{V_{IN}-nV_O}=\frac{24^2}{24-2\times12}=32\ \text{V}$$

（E）通过减小匝数比到n=0.5，我们还可以让输入减小到12V（开关占空比可同时减小到小于50%）。在D=0.5以上，V_{DS}会增大。

$$V_{IN}=V_O nD,\ 所以V_{INMIN}=12\times2\times0.5=12\ \text{V}$$

关于有源钳位的总结：

（1）尽管有源钳位确实允许大于0.5的占空比，但FET的电压应力在D>0.5时会显著增加。所以我们无论如何都不希望电路在该区域工作。但有源钳位的目的不为别的，只是为了达到50%以上的占空比，这只会增加V_{DS}。

（2）使用有源钳位，占空比小于0.5时，电压应力最有优势。

（3）把占空比降低到0.5以下，也就是说通过减小匝数比（不是增加），可以有效地降低FET的电压应力。但如果控制器IC的最大占空比限值仍是50%或者更高，我们需要选用V_{DS}额定电压更高的FET以应对瞬态情况。即使在D较低的情况下，开关电流RMS的波形尖峰更高。所以损耗会增加。

这是一个系统级的权衡。没有一个最佳点或最佳匝数比。总的来说，尽管人们普遍认为，减小（不是增加）匝数比，降低（不是提高）占空比，将至少有助于降低FET的电压应力。

图 16.9 有源钳位与能量回收绕组两种情况比较下的主 FET 漏-源电压

（表 16.2 中也给出了基于这些图形与方程的分析与计算）

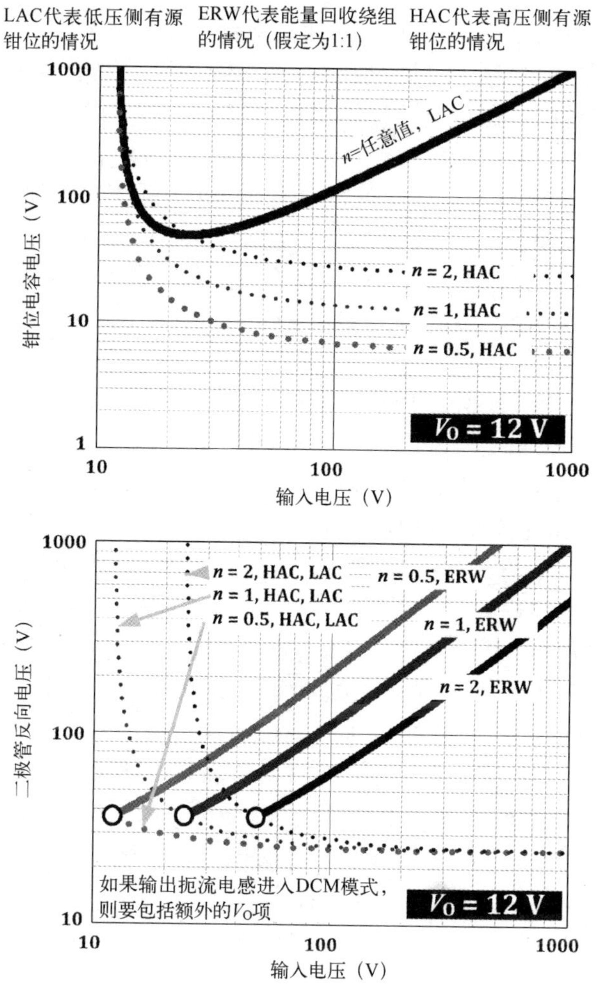

图 16.10　钳位电压与二极管电压应力比较

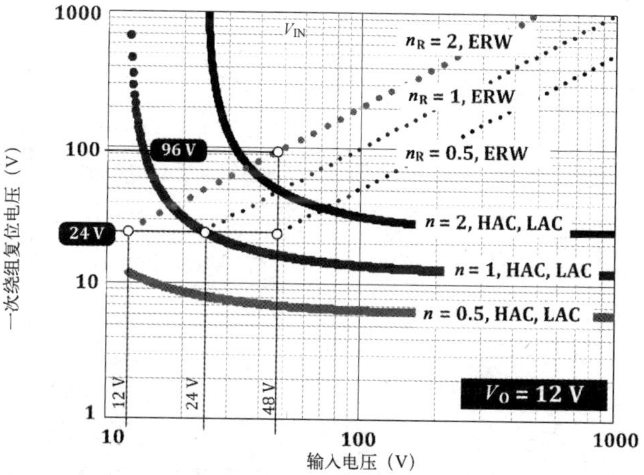

例子：对于ERW，$n_R=N_P/N_T=0.5$，在48V输入下，在一段时间（取决于D和n）内，N_P上的电压为V_{ON}=48V。在关断期间，N_T电压钳位至输入电压48V，但$N_T=2N_P$，因此在T_{OFF}的一段时间内，N_T反射到N_P的电压为48/2=24V。把伏秒定律用于N_T，可以得到占空比限值应为0.33。类似的，对于n_R=2，输入48V的情况，N_T在T_{OFF}的一段时间内反射到一次电压为48/0.5=96V，此时占空比限值D_{LIMIT}应为0.667，同样见图16.4。

图 16.11　复位电压比较

因此，即使有源钳位允许 $D > 0.5$，但不应该超越 0.5。事实上一般建议将占空比锁定在 50%（或更小），就像带有 1∶1 能量回收绕组的传统正激变换器那样。

那么如何获得好处呢？假设匝数比仍相同，由图 16.9 可知，占空比小于 50%时（输入电压高于其交叉点，并且对应于阴影区域），ERW 曲线与 HAC/LAC 曲线分开，因此有源钳位有助于降低电压应力。这是因为钳位电压不是由我们或正激变换器本身决定的，而是由 Boost 或 Buck-Boost（有源钳位）的输出电压决定的，其占空比从属于主占空比（由正激变换器的 Buck 级决定）。恰好“输出电压”（钳位电容电压）小于 V_{IN}（寄生 Buck-Boost，即高压侧有源钳位的情况下）或 $2V_{IN}$（寄生 Boost，即低压侧有源钳位的情况下）。

因此，当 $D<0.5$ 时，与能量回收绕组相比，有源钳位降低了（FET 与二极管的）电压应力。不利的一面是，由于有源钳位中电流持续来回流动，就像在负载几乎为 0 的任何同步拓扑的情况下一样，比起能量回收绕组，有源钳位的循环电流大得多。

图 16.9 与图 16.10 也告诉我们，对于给定的输入和输出电压，以及小于 50%的占空比，如果减小匝数比（而不是像文献中有时所说的那样增大匝数比），电压应力会进一步降低。其物理原因很容易理解。由于匝数比 n 减小，使得反射输入电压 V_{INR} 提高。因此占空比 $D=V_O/V_{INR}$ 将减小。因为此时主 FET 的 T_{ON} 变小，输入电压 V_{IN} 施加在一次绕组上的时间更短。然后，根据伏秒定律，关断期间一次绕组上的电压（复位电压 V_{RESET}）更小。这就是被反射到输出二极管的电压 $V_{RESET}/n+V_O$，它有降低的趋势。不过，如果 n 的减小速度快于 V_{RESET} 的下降速度，二极管的电压应力就会上升！但由图 16.10 可知，这种情况不会发生。因此，可以得出结论，从二极管和 FET 电压应力的角度来看，减小匝数比是有利的。不利的一面是，由于占空比较小，在高于轻负载的情况下，Buck 级将进入不连续导电模式（DCM），因此我们可能需要增加输出扼流圈的电感量。此外，当我们降低输入电压时，可能更容易触及控制器 IC 的 D_{MIN} 限值，特别是在较轻的负载情况下。

高压侧或低压侧有源钳位哪种更优

注意，从图 16.10 的上半部分，我们可以看到低压侧有源钳位的电压应力更高。在图 16.10 与图 16.11 中，比较了所有情况下的二极管电压应力与复位电压。低压侧有源钳位与高压侧有源钳位比较时表现出的高电压应力，类似于低压侧的 RCD 钳位、齐纳钳位与它们的高压侧版本进行比较时得出的结论，见图 16.1。因此，高压侧钳位的电压应力较低。除此之外，正激变换器的变压器绕组和二极管的电压应力都是相同的，与高压侧或低压侧钳位没有关系。

此处有个问题，特别是在高压应用场合，即低压侧钳位的位置最适合使用 P 沟道 FET。但同时电压应力也是最高的。很难找到额定电压高于 400V 的 P 沟道 FET。

高压侧钳位适用于 N 沟道 FET，但需要栅极驱动变压器来将电压转换至源极（其栅极参考电平）。另一方面，低压侧钳位用 P 沟道 FET，可以直接从控制器 IC 的一个简单的电容耦合电路来驱动。它变换信号产生负脉冲来驱动 P 沟道 FET 导通。

必须记住电压的极性。为了使 P 沟道 FET 导通，当主 FET 栅极电压较低时控制器 IC 应提供较低的电平。而要驱动 N 沟道 FET，则需要在主 FET 的栅极电压较低时产生高脉冲。用于处理栅极引脚信号的简单缓冲电路或反向电路不能很好地工作，因为在主 FET 关断后，要导通任何有源钳位 FET 之前需要一定的死区时间；类似的，要在主 FET 导通之前一点关断有源钳位 FET。因此，一个简单的来自主 FET 驱动引脚的互补信号不足以驱动高压侧钳位的 N 沟道 FET：必定要有死区时间。因此，通常在控制器 IC 上提供一个专用引脚。同时它还具有反向（但类似于栅极死区）信号来驱动低压侧有源钳位的 P 沟道 FET。对于高压侧有源钳位，*不要使用浮动驱动* IC！它通常都会有几百纳秒的延时，这会影响死区时间的控制，从而引起主 FET 与有源钳位 FET 直通，使其中一个或两个 FET 损坏（如果一个 FET 损坏，另一个也会很快损坏！）。

第 17 章 可靠性、测试及安全问题

引言

电源工程师在设计电源时会设定一些性能目标，并在性能和成本之间进行权衡。这些性能目标之一是可靠性。正如我们将看到的，如果存在过多的电源产品返修，说明为了节省几美分而采用一个糟糕的设计是不值得的。这就是为什么一定要进行可靠性试验（DRT）的原因。本章将简要介绍电源行业中常用的测试和认证术语；还将讨论安全问题，并展示它们如何受到看似无害的设计选择的影响。

可靠性定义

可靠性是指设备在规定的环境和时间内执行其指定功能的能力。换句话说，可靠性是一定时间与环境条件下的品质。

指数分布是描述可靠性最常用的分布之一。假设可靠性随时间呈指数衰减：

$$R(t) = R(0)\times \mathrm{e}^{-\lambda t}$$

式中，$R(0)$为 t=0 时的可靠性，且假设此时为最大值[即 $R(0)=1$]。时间常数是指仍在工作的单元数值是初始数值的 1/e，即还剩下 36.8%。这个时间常数被称为平均故障间隔时间（Mean Time Between Failure，MTBF）。1/MTBF 为失效率。失效率可以表示为每工作 1000 设备·小时的失效百分比（通常记作 λ），也可以表示为每百万设备·小时的总失效数（以百万分之几或 ppm 表示），或者是每十亿设备·小时的失效数（表示为时间失效或 FIT）。表 17.1 给出了各自的定义及其相互关系。

表 17.1 失效的定义及其转换（POH 表示开机小时）

MTBF（h）	失效率（每 POH）（h^{-1}）	λ（%/1000h）	ppm（每百万 POH 的失效数）	FIT（每十亿 POH 的失效数）
10^9	10^{-9}	10^{-4}	10^{-3}	1
10^8	10^{-8}	10^{-3}	10^{-2}	10
10^7	10^{-7}	10^{-2}	10^{-1}	10^2
10^6	10^{-6}	10^{-1}	1	10^3
10^5	10^{-5}	1	10	10^4
10^4 ⇐1/x	10^{-4} ×10^5⇒	10 ×10⇒	10^2 ×10^3⇒	10^5
10^3	10^{-3}	10^2	10^3	10^6

注： 1000 设备·小时可以是 1000 个设备工作 1h，也可以是 1 个设备工作 1000h，统计学上来讲两者是等价的。对于电源，我们更倾向于用开机小时（Power-On-Hours，POH）来表示。这是几个电源一起工作的累计工作小时数。请注意，本章中的 h 表示小时。

注：MTBF 与 MTTF（Mean Time To Failure，平均失效前时间）几乎相同，两者几乎可以等价使用。然而，从技术上讲，MTBF 应该用于可修复设备，而 MTTF 应该用于不可修复设备。然而，MTBF 通常用于这两种情况。

由于一年有 8760h，一个典型的电源 MTBF 为 250000h，相当于 30 年左右。理论上我们可以让一个电源工作 30 年，但它实际上不会（或者说不能）。原因是大约 3～5 年后，电源就会开始出现耗损失效。罪魁祸首是铝电解电容（或者风扇）。因此，250000h 的 MTBF 并不表示电源工作 30 年才会出现失效。如有 100 个单元在现场测试，累积 30 个开机年数需要 0.3 年的工作时间，亦即 0.3 年时就会出现第一次失效（平均来说）。这就是 MTBF 的意思。另请参见表 17.1，以查找重要线索。

MTBF 的定义仅适用于不存在寿命或耗损问题的领域。事实上，在失效率为常数的基础上，功能单元数量是按指数衰减的。因此，如果从 1000 个单元开始，第一年就有 10%失效，即剩下 900 个单元。第二年也是 10%失效，那么剩下 810 个单元。再下一年又是 10%，即 81 个单元失效，那么剩下 729 个单元，以此类推。这一直持续到耗损开始发生，然后失效率急剧上升。然而，如果我们绘制耗损前的值——1000、900、810、729 等等——我们会得到一条指数曲线。该曲线的时间常数即为 MTBF。

在上面的例子中，我们将 8760h 内的失效率取为 10%；也就是说，1000h 内的百分比为 10/8.76=1.142。由表 17.1 可知，这就是λ的定义。为了得到每 POH 的失效率，还需将其除以 10^5。由此可得后者为 1.142×10^{-5}。由同一张表可知，要得到 MTBF，我们必须取这个值的倒数。因此，MTBF 为 $10^5/0.001142\approx9\times10^7$ h。

类似地，一个典型的电源 MTBF 为 30 年（250000h）表示失效率为 1/250000= 4×10^6。为了得到λ，我们必须将其乘以 10^5（见表 17.1），因此我们得到每 1000h 为 0.4%。

卡方分布

如前所述，为了验证 MTBF，我们可以给一个被测单元通电，等待 30 年左右，以确认 MTBF 为 250000h。但问题是（1）测试时间内不能出现任何的耗损失效；（2）产品发布前应验证 MTBF，而非 30 年以后；（3）我们如何知道那个特别的电源确实是代表性的样本，是“典型的”？我们希望增加被测单元的数量，以便涵盖更多的生产批次，以观察变化/差异/公差的影响，并增加 POH 而不是工作年数。由于在这一点上，分析显然变成了统计数据，典型的电源规格可能要求“在环境温度为 55℃，置信度为 60%时，MTBF 为 250000h。”这就意味着我们应该能够以 60%的信心断言 MTBF 确实高于 250000h。这样做的方法是χ^2（卡方）分布（Chi-square Distribution）及其表。参见美国军方手册 Mil-Hdbk 781A。工程师无需知道具体的统计学理论，只需理解如何用它来计算 MTBF。计算公式如下：

由定义可知，失效率为

$$\mathrm{FR}=\frac{\chi^2(\alpha,2f+2)}{2\times\mathrm{POH}}$$

或者

$$\mathrm{MTBF}=\frac{2\times\mathrm{POH}}{\chi^2(\alpha,2f+2)}\quad \mathrm{h}$$

式中，α 为显著性水平（或可接受的错误风险），与置信水平的关系为

$$\mathrm{CL} = 100 \times (1 - \alpha)\%$$

式中，f 为失效数。

虽然工程师可以查阅一本关于统计的书来得到 χ^2 表，但我们已经在表 17.2 中提供了直接用于估计电源可靠性的最常用结果。常用的置信水平为 60%与 90%。另外，测试通常不会超过零次或一次失效，因为它会涉及更多的电源。下面做一些计算举例。

表 17.2　卡方查找表

失效序号	在 60% CL 下的 χ^2	在 90% CL 下的 χ^2
0	1.833	4.605
1	4.045	7.779
2	6.211	10.645
3	8.351	13.362
4	10.473	15.987
5	12.584	18.549

例 17.1　在 90%置信水平（规定温度：通常为 55℃）下，证明 250000hMTBF 需要多少 POH？

在以下时间内工作时失效为 0:

$$\mathrm{POH}_0 = \frac{\chi^2 \times \mathrm{MTBF}}{2} = \frac{4.605 \times 250000}{2} = 575625\ \mathrm{h}$$

在以下时间内工作时仅有一次失效:

$$\mathrm{POH}_1 = \frac{\chi^2 \times \mathrm{MTBF}}{2} = \frac{7.779 \times 250000}{2} = 972375\ \mathrm{h}$$

在这些通电时间结束后，我们可以预期第二次失效发生。

例 17.2　一个为期 4 周的测试，需要多少个被测单元来验证在 60%的置信水平下，MTBF 为 250000h，只有一次失效？

对于一次失效，需要

$$\mathrm{POH}_1 = \frac{\chi^2 \times \mathrm{MTBF}}{2} = \frac{4.045 \times 250000}{2} = 505625\ \mathrm{h}$$

4 周即为 672h，由此需要

$$\frac{505625}{672} = 752\text{个}$$

注意，这些被测单元必须在最大负载或 80%最大负载（如规定），以及最高环境温度 55℃时（或根据具体要求）下同时工作。特别是，有些在客户处工作，有些在电源厂家处工作。

另一种形式无需卡方查找表。这表示，证明得到的 MTBF 为

$$\mathrm{MTBF} = \frac{1}{1 - (1 - \mathrm{CL})^{\mathrm{POH}}}$$

式中，CL 为置信水平；POH 为第一次失效出现前的开机小时数（即零失效）。

责任失效

在进行可靠性验证测试时，有些失效可能会被忽略。例如，如果失效显然是用户操作不当造成的，则可能不会被视为未来现场失效的潜在原因，因此与可靠性估计无关。这

些都是非责任失效。而责任失效指的是不加以纠正的话，将会在测试现场发生的失效。“失效”可能只是意味着电源不符合其规定的规格。机械损伤等是非责任失效。注意，责任失效可能是由于生产过程中的工作质量问题造成的，如果是这样，则必须通过工艺改进和/或培训加以纠正，以确保在测试现场不会失效。如果供应商提供了足够的证据证明已经了解了特定的失效模式并实施了修复，那么它才会变为非责任失效（并且在正在进行的可靠性验证测试中被排除）。注意，这可能还需改变设计。最后，这一纠正行为必须得到有关各方同意。

以下是对这些失效分类总结：

1. 责任失效

- 性能和有效性下降到可接受范围之外的任何失效；
- 可能导致系统严重损坏的任何失效，如妨碍任务完成；
- 需要维修的任何失效。

2. 非责任失效

- 不会降低系统整体性能与有效性至可接受范围之外的任何失效；
- 已纠正并证明已修复的任何失效；
- 磨合试验或进货检验期间发生的任何失效。

保修费用

大多数工程师都很惊讶地发现，回收一个产品，修理它，然后重新安装它要花多少钱。事实上，这是几年前作者所在的一家德国工厂提出的有奖问答问题。正确答案是 180 马克左右（当时大约为 120 美元）。但有趣的是，数百名员工几乎没有猜到答案。

工程师还应该知道 10 倍法则：如果在板级检测到失效，需要花费 1 美元来修复；那么如果在系统级发现了失效，将要花费 10 美元；如果它投入现场使用，然后发生失效，则需要花费 100 美元进行修复，以此类推。

我们应该知道，与保修相关的数据如何作为 MTBF 的一个函数。下面是一个计算示例。

例 17.3　如果有 1000 个单元，其 MTBF 为 250000h，预计有多少个单元在 5 年后发生失效？

假设发生失效的单元即刻被具有相同可靠性的单元替换。那么 5 年后（43800h）的失效单元数为

$$\text{失效单元数}=\frac{1000\text{单元}\times 43800\text{h}/\text{单元}}{250000\text{h}/\text{失效}}=175.2$$

如果修复一个投入现场使用的单元预计需要 100 美元，那就需要花费 17520 美元。因此，每个单元花费 17.52 美元。

这种计算通常是以年失效率（AFR）来进行的，给出的结果几乎相同。从 N 个电源开始，在一定的 MTBF 下，我们知道样品大小缩小为

$$N(t)=N\times \mathrm{e}^{-t/\text{MTBF}}$$

所以 1 年后（即 t =8760h）剩下

$$N\times \mathrm{e}^{-8760/\text{MTBF}}\ \text{单元}$$

因此，每年出现失效的单元数为

$$年失效率 = 1 - e^{-8760/MTBF}$$

5 年后的花费估算为

$$费用/单元 = (年失效率)\times(产品使用年限)\times(单位维修费)$$

因此，如果 MTBF 为 250000h，一个失效单元的召回、维修、返回费用为 100 美元，5 年后可得

$$年失效率 = 1 - e^{-8760/250000} = 0.034$$

因此

$$费用/单元 = 0.034 \times 5 \times \$100 = \$17$$

这会大幅提升售价。当然，除非保修期大幅缩短（90 天？）！

可靠性计算

直到最近，美国军事手册 Mil-Hdbk 217F 通常是根据简单的元件计数或元件应力分析来计算可靠性。

这一特殊的标准在今天可能不被普遍使用，但在作者看来，基本的理念仍然应该被注意。事实上，许多其他可靠性预测方法也采用了这一理念，其中许多方法仍在频繁使用。在所有这些预测方法中，设备的失效率被视为所有单个元件的失效率之和。每个元件都有一个指定的基本失效率。然后将其乘以与环境 π_E、应用 π_A、品质 π_Q、次应力（如电压应力 π_V 等）等相关的许多系数（称为 π 系数）进行调整。Mil-Hdbk 中的 π 系数是基于几年来收集的统计数据，因此它们并不总是反映元件技术的最新改进。因此，通过元件应力分析得到的电源 MTBF 通常仅为 100000h，而通过元件计数分析得到的电源 MTBF 约为 150000～200000h（在良好接地条件下）。但这两个数据都没有达到可靠性（和现场）验证测试所显示的水平（例如离线电源通常为 400000h）。因此，在过去的十年左右，大多数公司都建立了非官方的和内部的乘法因子（约为 4），用它来乘 Mil-Hdbk 217F 元件应力分析得出的 MTBF 预测值。

虽然现在很少使用 Mil-Hdbk 217F，但必须要进行应力分析，包括对电源内部每个元件进行测试和分析。必须记录电压等级、电流和温度，这项分析也有助于找出设计中的薄弱环节。需要注意的是，Mil-Hdbk 217F 中的计算分析部分看起来就像“数字游戏”。一些著名的业内人士甚至有自己的“忌讳”：如果删除了保护模块的几个元件，虽然数据分析说这样是改进了，因为可能失效的元件更少了，但可靠性将下降。然而，人们始终认为，元件计数分析仅在最初的投标阶段进行，因为手头没有样机，尚未进行正式的元件应力分析。但必须承认的是，即使是应力分析，也可能无法解释大多数异常操作条件，即分析过程中保护模块会动作，来保护电源。因此，在设计电源时，工程判断始终是最重要的，尤其是在加强可靠性时。

如前所述，还有其他的可靠性计算方法，有些公司（如西门子）甚至有自己的内部测试方法。但是，在思路上都与 Mil-Hdbk 217F 的很像，尽管最终的数值非常不同，主要是因为它们的 π 系数在数值上是不同的。

经过验证的可靠性仍然是最好的方法，尽管大量的器件需要测试。但我们也必须意识到，即使是这样的测试，通常只是在稳定工作条件下进行。因此，一个好的设计工程师会进行多次实验测试，以确认异常情况下的可靠性。

电源的测试与认证

电源在成为成熟产品之前需要通过几次测试。除了明显的功能检查、热扫描和热电偶测量（以及安全性和 EMI 合规性测试）之外，其他一些测试通常分为以下几类：

HAST/HALT、HASS 和 ESS 测试

HAST/HALT、HASS 和 ESS 分别代表高加速应力/寿命测试、高加速应力筛选和环境应力筛选。HALT 测试在产品开发阶段执行。其目的是给一些样品施加应力，从而确定破坏产生之前产品的极限。施加的热浸泡、热循环、振动和其他应力有时会超过产品的规定工作范围。因此，HALT 给我们一个关于设计裕量的定量概念。

通常情况下，HALT 将在接连的设计迭代中执行几次，以衡量改进情况。另一方面，HASS 测试是在后续的生产周期中进行，用来测试正常工艺变化对产品可靠性的影响。但我们注意到，为了避免生产周期内造成过早老化，为 HASS 测试设定的应力限值被充分降低到 HAST 测试给出的最大值以下。在 HASS 测试中，我们在产品正常工作的情况下同时施加所有选定的应力，并持续不断监测。

在 ESS 测试中，对每个输出单元施加各种应力。其目的是在生产过程中剔除早期寿命失效，而不是等到现场使用时才发现失效。可以施加各种形式的应力。最常用的是热浸泡（烧穿）、热循环和振动。有时也使用冲击和输入电压裕量，但湿度也可能增加（例如，增加到 85%）。

电源/模块测试的一些具体示例如下。

（1）老化。通常商用电源的老化设置其实非常简单。一个小房间里，几个电源带电阻负载通电几个小时。阻性负载上产生的热量使房间温度上升。通常当温度达到 55℃以上时，一个恒温器操作一个排气扇，这就构成了简略的环境温度控制。每个输出都接有一个发光二极管，用来定期检查是否有失效单元。一些简单的热循环形式和测试也可以操作，如定时器控制电源开/关。

（2）过应力测试（以 4 个单元为例）。所有这一切的目的是确定是否需要采取有效措施来提高可靠性。例如，如果仅需提高某个电阻的功率就可以大幅改进应力裕量，这就是值得的。这一测试本质上是探索性的，在设计阶段就会进行。

- 热。一个单元在热室中，并且在最高额定温度和标称线电压条件下满负载工作。热保护（如安装）将被停用。每工作 30min，温度上升 10℃，直到失效发生。进行失效分析与修复。测试重复进行（共两次），在第二次工作期间，监测可疑薄弱环节上的温度。
- 线电压。一个单元在热室中，并且在最高额定温度和最高线电压条件下满负载工作。线电压 AC 10V 递增，直到失效发生。进行失效分析和修复。重复测试（两次），在第二次工作期间，监测可疑薄弱环节上的电压和电流。
- 负载应力。一个单元在热室中，并且在最高额定温度和最大负载条件下满负荷、标称线电压工作。然后，每隔 30min，以最大负载的 10%为步进增加负载（每个输出同时进行），直到失效发生。进行失效分析与修复。重复测试（共两次），在第二次工作期间，监测可疑薄弱环节的电压和电流。再次重复测试，但一次只有一个输出接有负载（“角点条件”）。注意，出于本试验的目的，任何输出端的电流限制保护都要停用。

（3）热 ESS 测试（以 4 个单元为例）。在这里，以 20℃/min 的速率在-30～85℃的 10 个循环中正常工作。提供了热曲线图。通常情况下，每个循环有 3 个停留点，每个停留点持续 15min。其中一个是在最高温度下，然后将单元直接降到最低温度，在此温度下保持 15min；随后将单元调回室温，在此温度下停留 15min，接着开始下一个热循环。试验箱的温度调节速率可在 20～60℃/min 之间变化。试验结束后，应进行随机振动试验，以便在试验过程中因任何损坏而激发失效。

（4）振动测试（以 4 个单元为例）。在系统通电的情况下进行试验，并将其固定在正常配置的振动台上。频带设置为 5～500Hz。在 x 轴方向上，每个系统工作 3g、4g、5g、6g（RMS）10min，工作 7g（RMS）5min，然后检查系统完整性。在 y 轴与 z 轴方向重复该测试。记录启动和最大工作试验水平的控制加速计和响应加速计的曲线图。

安全问题

在这里，我们将主要关注“间隙”和“爬电”问题，因为它们与我们的设计和拓扑结构有关。一些基本定义如下：

间隙距离。这是两个导电部件（或是导电部件与设备的边界面）之间测得的最短空间距离。间隙距离有助于防止由空气电离引起的电极之间的介质击穿。介质击穿水平受环境相对湿度、温度和污染度的影响。

爬电距离。这是两个导电部件（或是导电部件与设备的边界面）之间沿绝缘体表面测量的最短路径。设置足够的爬电距离是为了防止漏电起痕。这一过程就是在绝缘材料表面上产生局部退化的部分导电路径。漏电起痕的程度取决于两个主要因素。一个是绝缘材料的相对漏电起痕指数（CTI）（用伏特表示），另一个是环境污染程度。

如需了解这些值如何计算，请参见图 17.1。注意，IEC 60950-1 第 2.2 版是普遍遵循的国际推荐标准（最初为 IEC 950），它给出了与污染程度、CTI 和电压相关的间隙距离与爬电距离的数据表。以下为需要记住并仔细检查的要点：

两点之间的峰值电压会影响所需的间隙，因此必须对其进行测量。爬电距离仅与工作电压有关，而工作电压基本上就是点和点之间的电压有效值。

在全球范围内，针对信息技术（IT）设备的输入电源，一个流行的经验法则是，一次回路与二次回路之间允许的爬电距离为 8mm，一次侧与地之间允许的爬电距离为 4mm。在此过程中，间隙会自动处理。因此，4mm 的边缘绝缘带在安全变压器中一直使用，因为这会在一次绕组和二次绕组之间产生 8mm 的爬电。如果使用上述间距，电源通过相关安全测试的概率很高（超过 90%）。然而，对于功率因数校正（其高压 DC 端约为 400V），这一规则可能不适用，我们必须非常小心。我们应该按照本章后面说明的方式计算所需间距（和边缘绝缘带宽度）。

三重绝缘线。这是一种新兴的选择，如果成本允许，可以在变压器中使用。其优点是边缘绝缘带。但是这种导线必须符合 IEC 60950-1 的附录 U。

应仔细检查光电耦合器（特别是表面贴装封装）是否符合强制性分离要求。按照 IEC 要求，对于光电耦合器，可以通过测量工作电压来确定爬电距离，但如果测量的电压低于电源电压，那么应使用后者。如果光电耦合器的工作电压大于 50V（RMS），则绝缘最小距离需要 0.4mm，但也要参考相关资料。

对薄片材料的绝缘距离没有要求。一般在变压器的隔离边界处用三层聚酯薄膜（即聚酯）胶带，为了减少泄漏，如果成本允许，厚度甚至可以达到 0.5mil。但一般常见的是三层 1mil 或 2mil 聚酯。

制造商通常会在 PCB 上引入槽，用来提高一次和二次回路之间的爬电距离。这取决于 PCB 材料的 CTI。但是需要注意，槽的宽度必须大于 1mm（见图 17.1）。

最常用的 PCB 材料和聚酯绝缘体的 CTI 为 200～400V。因此，它们属于材料组III。除非我们知道得更清楚，否则我们应根据这一假设计算爬电距离。

对于污染程度，商业电源中最常用的假设是*污染程度* 2。这对应于一个典型的办公环境，在这种环境中，冷凝只会产生暂时的导电性。*污染程度* 1 表示干燥的、非导电性污染。*污染程度* 3 对应于典型的重工业环境。*污染程度* 4 对应于雨或雪造成的持续导电性。

在测试中，给每个元件施加 10N 的力，并保持所需的间距。这就是为什么我们更喜欢将元件平放在 PCB 上的原因之一，尤其是那些靠近 PCB 边缘（靠近机箱）和那些靠近隔离边界的元件。

例如，如果一个焊点（任何地方）松开，也需要保持强制分离。这可能会导致一个双引线元件旋转，从而可能桥接一次侧和二次侧。因此，PCB 上通常使用室温硫化硅橡胶（RTV）或热熔胶（这也有助于典型振动测试的清理，尤其是在使用单面 PCB 时）。

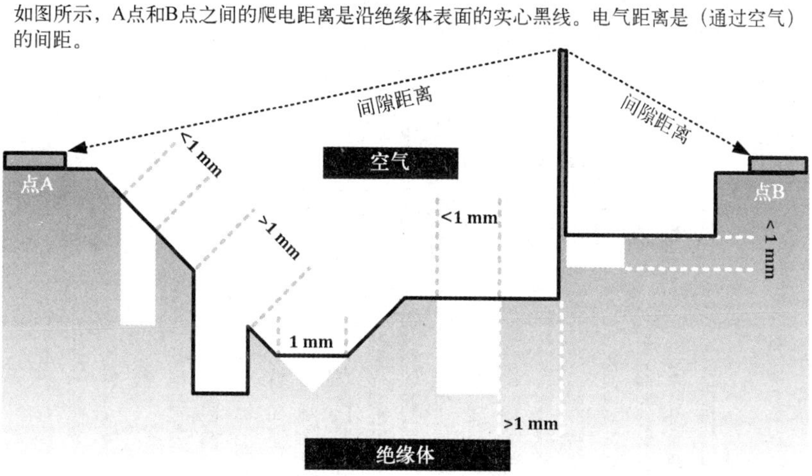

图 17.1　间隙距离与爬电距离如何测量

工作电压的计算

讨论拓扑对正确计算工作电压的影响很有必要。例如，这是计算边缘绝缘带时所必需的。我们将重点讨论单端正激变换器的情况，它带有前级 PFC，HVDC 约为 400V。这种情况很特殊，因为 4mm/8mm 法则并不适用，实际计算时需要更多。比起将其放到实验室测试后发现变压器需要完全重新设计而言，更重要的是我们要确切地知道电压有效值到底是多少。

我们到底需要测量什么？变压器是隔离的，那么变压器的电压有效值到底指什么？要回答这一问题，我们必须按照图 17.2 所示追溯。我们可以看到，由于*保护地*（PE）与中性点（N）在供电入口连接，二次侧的地为系统地，因此 HVDC（即母线电压）的形状如图所示。注意，当 L 的电压低于 N 的电压时，交流波形上的黑色部分出现。这段时间内，HVDC 也会相对于系统接地下降。波形的灰色部分，L 的电压高于 N 的电压。因此 HVDC 是平坦的。除了低频波动，变压器的两侧还有高频开关波形。

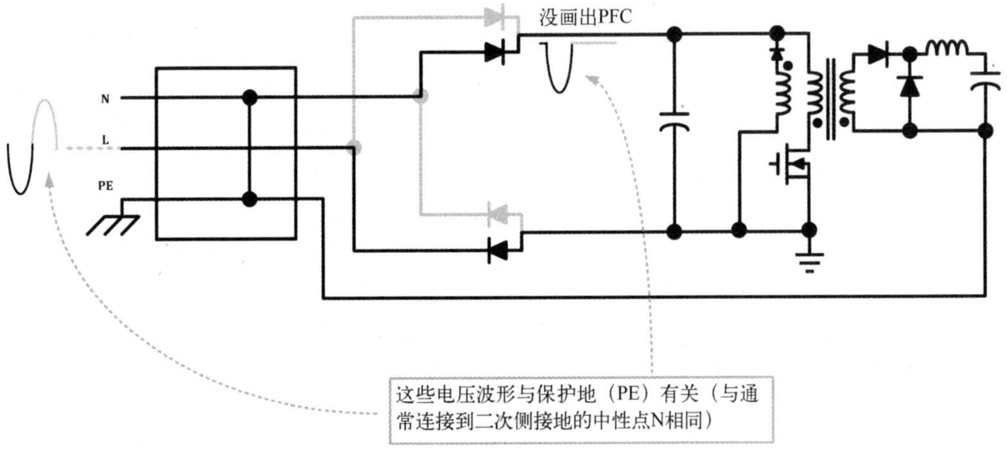

图 17.2 相对于二次侧接地的母线电压波形

每个绕组都有两个终端引脚。因此，在计算或测量工作电压时，哪种一次侧-二次侧组合给出了最坏的情况？最坏情况下的有效值实际出现在开关管漏极（圆点标记端）和二次侧的未标记圆点端。这是因为未标记圆点端的相位相反。因此，当漏极电压上升时，二次侧的未标记圆点端的电压下降，两者之间的差值达到最大。图 17.3 给出了电压波形。

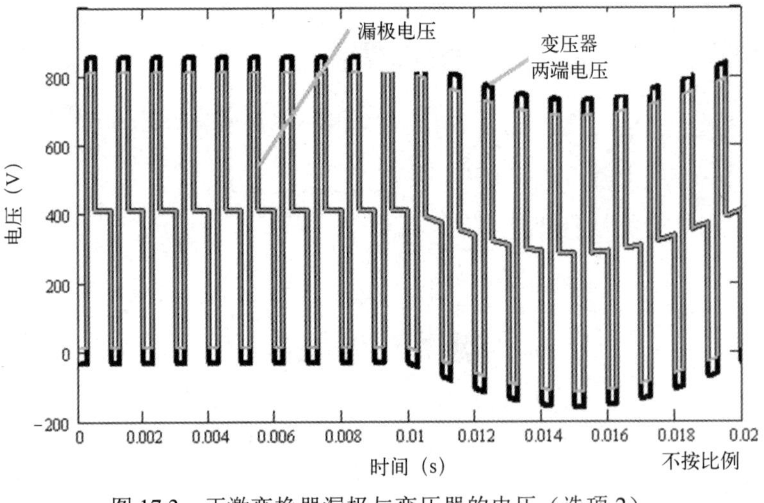

图 17.3 正激变换器漏极与变压器的电压（选项 2）

如果有多个输出呢？为了计算变压器的最高电压有效值，我们需要考虑与最高输出电压（幅度）相对应的绕组。

我们可以提供一个 MathCAD 文件来进行图 17.4 中的计算。为简单起见，我们避免了对向量进行求和（这实际上是避免 MathCAD 产生收敛问题的最好方式），而是选择简单的积分。但是，由于需要在两个非常不同的频率上进行积分，对于某些输出电压，MathCAD 文件不会给出期望的结果。在这种情况下，我们可能需要将设定的 PWM 频率降低到 1kHz，才能使程序运行。但是一旦这样做了，我们总是得到正确的结果，因为电压并不是真正依赖于开关频率。实际上，作者已经将这个程序与一个更详细的文件进行了比较（一个包含向量求和的文件，它还使用了 PWM 的精确开关频率），并且从简单的文件中得到的结果也同样精确。注意，我们可以输入如图 17.5 所示的 4 个示意图选项。每个示意图旁边方框中显示的电压值是 MathCAD 文件运行的结果。我们看到，如果我们想要一个正的输出电压，选项 4 中的变压器电压最低，因此需要的边缘绝缘带可能是最窄的。表 17.3 显示了作为工作电压函数的强制性爬电距离。我们还提供了一个在同一图内插值计算爬电的例子。因此，对于 450V 有效值的估计工作电压，我们需要宽度为 4.6mm 的边缘绝缘带。请注意，最坏的情况发生在 AC 90V 下，而不是 AC 270V 下（当有 PFC 时）!

选项为1

输入1 如果是常规正激变换器（输出二极管为共阴极配置），并且输出为 $+V_O$（返回端连接到PE）

输入2 如果是常规正激变换器（输出二极管为共阴极配置），并且输出为 $-V_O$（返回端连接到PE）

输入3 如果是反向的正激变换器（输出二极管为共阳极配置），并且输出为 $-V_O$（返回端连接到PE）

输入4 如果是反向的正激变换器（输出二极管为共阳极配置），并且输出为 $+V_O$（返回端连接到PE）

$k=10^3 \quad m=10^{-3} \quad u=10^{-6} \quad t=0, 1\cdot u .. 20\cdot m$

键入输入电压 $V_{ac}=90\,\text{V} \quad V_{dc}=385\,\text{V} \quad V_o=12\,\text{V}$

匝数比 $n=\dfrac{44}{5} \quad D=\dfrac{n\cdot V_o}{V_{dc}} \quad D=0.274$

开关频率

（输入 $2k$ 以免不收敛）$f=2.k \quad \omega=2\cdot\pi\cdot f \quad T=\dfrac{1}{f}$

市电频率 $fl=50 \quad \omega l=2\cdot\pi\cdot fl \quad Tl=\dfrac{1}{fl}$

构造波形：

$V_{rect}(t) = V_{ac}\cdot\sqrt{2}\cdot|\sin(\omega l\cdot t)|$

$V_{pwm1}(t)=$ 如果 $[\mathrm{mod}(t, T) < D\cdot T,\ V_{dc}, 0]$

$V_{pwm2}(t)=$ 如果 $[\mathrm{mod}(t, T) < (T - D\cdot T),\ V_{dc}, 0]$

$V_{pwm}(t) = V_{pwm1}(t) + V_{pwm2}(t)$

$V_{sec1}(t)=$ 如果 $\left[\mathrm{mod}(t, T) < D\cdot T, \dfrac{V_{dc}}{n}, 0\right]$

$V_{sec2}(t)=$ 如果 $\left[(1-D)\cdot T < \mathrm{mod}(t, T) < T, \dfrac{-V_{dc}}{n}, 0\right]$

$V_{sec}(t) = V_{sec1}(t) + V_{sec2}(t)$

根据测量参考引入所需电压差

$vt = $ | $V_{sec}(t)$，如果选项为1
| $V_{sec}(t) + V_o$，如果选项为2
| O，如果选项为3
| $(-V_o)$，如果选项为4
| "Error"，其他

$V_{across}(t) = $ | $[V_{pwm}(t) - V_{rect}(t) + v(t)]$，如果 $t > \dfrac{Tl}{2} < t < Tl$
| $V_{pwm}(t) + v(t)$ 其他

最坏情况下的最大电压有效值

$$V_{working} = \left(\frac{\int_0^{Tl} V_{across}(t)^2 dt}{Tl}\right)^{\frac{1}{2}}$$

$V_{working} = 471.016$

图 17.4　单端正激变换器变压器的工作电压

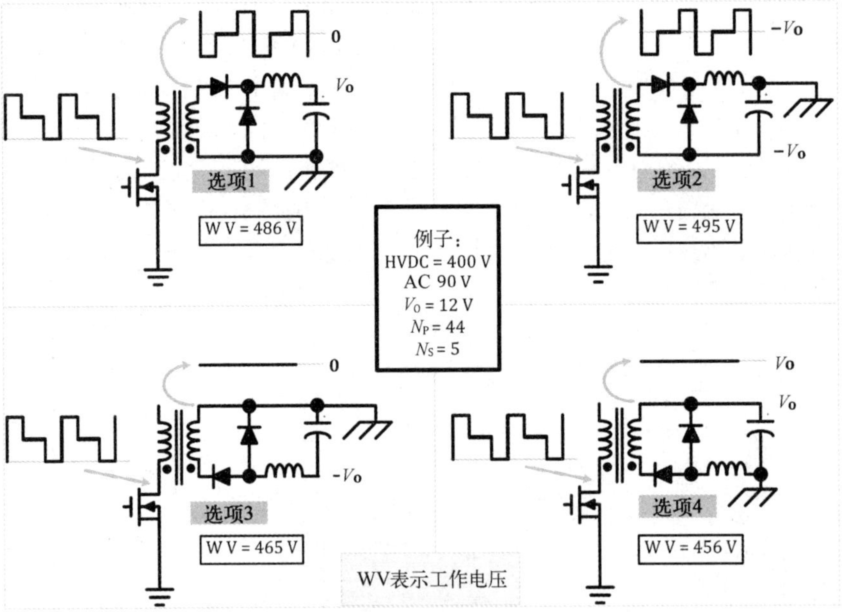

图 17.5　用于单端正激变换器的 MathCAD 文件中引用的不同选项

表 17.3　符合 xx950 安全标准的爬电距离（单位 mm）

工作电压（RMS 或 DC）	污染程度 2		
	材料组别		
	I CTI>600V	II 600V>CTI≥400V	III 400V>CTI≥100V
≤50	0.6	0.9	1.2
100	0.7	1.0	1.4
125	0.8	1.1	1.5
150	0.8	1.1	1.6
200	1.0	1.4	2.0
250	1.3	1.8	2.5
300	1.6	2.2	3.2
400	2.0	2.8	4.0
600	3.2	4.5	6.3
800	4.0	5.6	8.0
1000	5.0	7.1	10.0

允许线性插值（舍入到下一个更高的 0.1mm 增量），例如 450V 需要：

$$\frac{450-400}{600-400}\times(6.3-4)+4=4.6\text{mm}$$

这是基本绝缘（即一次侧至安全接地的爬电距离，以及边缘绝缘带的宽度）。要加强绝缘，需要使距离加倍（即一次侧至二次侧的爬电距离）。

电容器寿命的估算

随着 500V 电解电容器的出现，没有其他电容器具有这种流行电容器的 *CV*（电容乘其额定电压）能力。出于成本的原因，它在商用离线电源中必不可少。人们并不想用它，但通常却不能没有它。即使在现代 DC-DC 变换器中，“全陶瓷”解决方案仍是当今的流行做法，但在发现意外严重的输入电压过冲（输入电源硬环境下）及随之而来的不稳定和振铃时，常用的建议是将高 ESR 电容，如铝电解电容，与陶瓷输入电容并联，以消除输入共振（降低 Q 因子）。参见作者写的 *Switching Power Supplies A to Z*（第二版）的第 17 章。

在大多数商用电源中，铝电解电容决定了产品的最终使用寿命。因此更好地理解这一关键（并且几乎无法避免的）元件是非常重要的。用这一电容进行设计，最重要的是估算其寿命。

在典型的铝电解电容器数据表中，我们必须了解的第一个参数是损耗因数（DF），或 $\tan\delta$。它与等效串联电阻（ESR）的关系为

$$\text{ESR} = \frac{\tan\delta}{2\pi f \times C}$$

因此，DF 是电阻与电抗 $1/2\pi C$ 的比值。注意，此处的 ESR 必须为频率 f（通常设为 120Hz）时的 ESR。显然，低 DF 意味着小 ESR。

“寿命终止”的定义是什么？通常，当电容值比初始值变化大于±20%和/或 $\tan\delta$已超过其*初始*值的 200%时，称为发生这种情况。考虑到电容的*初始*值有一定的标准公差带（通常±20%），我们需要再加上 20%来说明这一点。例如，根据保持时间的要求计算的理论电容值为 100μF，那么电容的初始值应该大于标称 156μF[检查：156/(0.8×0.8)=100]。这确实是一个比最坏情况更严重的估计。然而，*一些可靠的商用电源制造商考虑到老化和初始公差，确实在理论计算值的基础上增加了* 40%。

在使用寿命结束时，ESR 到底会有多糟糕？由于 DF 允许翻倍，因此 ESR 的变化为

$$\text{ESR} \propto \frac{\tan\delta}{C} \Rightarrow \frac{200\%}{80\%} = 250\%$$

较大的 ESR 在反馈回路中起到有益的作用，但是我们还是应该用波特图来确认相位裕量。我们可以手动选择（用实际测量的）容值较小、ESR 较高的电容来模仿寿命终止特性。

还需注意，随着 ESR 增大，电容发热也会增大，温升进一步加剧，直至寿命终结。然而高品质电容生产商，例如 Chemicon Group 已经在其产品的寿命预测中清楚地说明了这一点，因此我们通常无需担心。

另外一个重要的参数是额定纹波电流。它通常表示为 120Hz，105℃时的电流有效值，单位为安培。这基本上就意味着，如果环境温度为额定最大值 105℃，那么规定有效值的低频电流波形可以通过，通过这种做法可以得到规定的寿命期限。在这样的条件下，寿命通常为 2000～10000h。是的，低等级的 85℃电容也可使用，但因其在高室温环境下很难达到寿命要求，因此很少使用。

数据表还提供了某些温度乘积。例如 Chemicon 的 LXF 系列，数字代表：

（1）65℃的温度乘积为 2.23。

（2）85℃的温度乘积为 1.73。

（3）105℃的温度乘积为 1。

这是很容易理解的，如果我们意识到，这种（长寿命）电容器通常设计为表面到内核

（电容器内部深处）的温差为 5℃和环境到表面的温差约为 5℃。因此，电容器内部的温度略高于表面。但是电解液的温度决定了它蒸发的速度和电容器的寿命。错误估计此温度几摄氏度可能意味着产品寿命将减少数千小时。

既然发热与温升正比于 I_{RMS}^2，那么 85℃时

$$\frac{T_{\text{CORE}}-105}{T_{\text{CORE}}-85}=\frac{I_{105}^2}{I_{85}^2}=\frac{1}{1.73^2}=\frac{1}{3}$$

解得 T_{CORE} 为

$$T_{\text{CORE}}=115℃$$

用该值可得 65℃时乘积为

$$\frac{115-105}{115-65}=\frac{10}{50}=\frac{I_{105}^2}{I_{65}^2}$$

因此，乘积为 $5^{0.5}$=2.236，与规定值相同。由厂家的纹波电流乘积（对应于温度）可以很容易推导出该系列电容器的设计内核温度。然后由经验关系可以找出电容器设计时的最重要参数——表面至内核的温差（或者更常记作罐至内核）。

10℃温升中，约有 5℃来自于环境至表面的温差，另外 5℃来自表面至内核的温差，分别记作 $\Delta T_{\text{case\_amb}}$ 和 $\Delta T_{\text{case\_core}}$。

注意，这些是厂家用于特定系列的电容器的设计值。它们并不是在应用中的实际测量或估算值。然而，如果电容器中通过额定纹波电流（在规定的 105℃），实际中确实产生这些设计差异，无论实际室温是多少。

例 17.4 典型的 85℃额定电容器的温度乘积：85℃时为 1，70℃时为 1.3。那么设计内核温度为多少？

$$\frac{T_{\text{CORE}}-85}{T_{\text{CORE}}-70}=\frac{I_{85}^2}{I_{70}^2}=\frac{1}{1.3^2}$$

解得 T_{CORE} 为

$$T_{\text{CORE}}=85+15\times\left(\frac{1}{1.3^2-1}\right)=107°\text{C}$$

因此，在这个例子中 $\Delta T_{\text{case\_amb}} \approx \Delta T_{\text{case\_core}} \approx 11℃$。

可以看到 85℃时电容器的允许温差更高。这是一个优势，但优势并没有看起来那么大。问题是数据表中给出的温度乘积并没有实际应用，因其乘积总量增大了电流，使得内核温度回到最大值。但我们知道，如果内核温度处于最大值，寿命最多 2000～10000h。但我们想要更长的寿命。

典型的电源设计要求是在室温 40℃、最大负载（或 80%最大负载）下工作 5 年或 44000h。注意，电源一般在最高 55℃条件下测试，但对于寿命预测，通常规定降低温度。但是，我们怎样才能用一个 2000h 的电容器来实现这个目标呢？我们使用 Arrhenius 理论推导而来的加倍定律：

$$L=L_{\text{O}}\times 2^{\frac{\Delta T}{10}}$$

这有效地说明了电容器（内核）的温度每下降 10℃，寿命就会翻倍。L_{O} 是在 105℃下通过规定的最大纹波电流时的保证寿命（2000～10000h），即当内核温度为 115℃时，如上所计算。

提示：对于半导体，有相似的经验法则——温度每上升 10℃，失效率加倍。寿命与失

效率实际上是两个独立的问题。寿命是“浴缸型”曲线末端的疲劳效应，而失效率是在早期损坏率和疲劳程度之间衡量的。

注：标准的 44000h 寿命相当于 5 年内每天运行 24h。现实中永远不会这样工作。由于这会增加电源的成本，最好与客户商量。某个著名的 PC 市场竞争对手对其大多数产品，通常规定寿命仅为 15000h。这相当于 5 年内每天工作 8h，这是一个更现实的目标，更便宜的 85℃电容器也能用于电源中的某些关键位置。但我们只会使用电容制造商的非常好品质的电容器。请不要使用便宜的替代品！

例 17.5 如果我们在环境温度为 55℃时，将额定纹波电流通过 2000h 的电容器（不使用温度倍增），预期寿命是多少（首次通过估计）？

额定电流下预计内核温度为 55℃+ΔT_{core_amb}。因此，可获得的温度“优势”（最大额定温度下测得）为（105℃+ΔT_{core_amb}）减去（55℃+ΔT_{core_amb}），即 50℃。由于温度最高时电容器寿命为 2000h，在较低的室温下，寿命为

$$2000\times2\times2\times2\times2\times2=64000\ \text{h}$$

注意，在上述分析中ΔT_{core_amb}最终被抵消了。因此，简单的寿命方程式可以表示为

$$L=L_O\times2^{\frac{T_{core\_rated}-T_{core\_application}}{10}}=L_O\times2^{\frac{T_{rated}-T_{amb}}{10}}$$

本例中，ΔT_{core_rated}为 115℃；T_{rated}为最高额定室温 105℃；T_{amb}为应用中的实际室温。$\Delta T_{core_application}$为应用中的内核温度，本例中为 65℃。但是需注意，电容制造商用其他的设定ΔT_{core_amb}也可得同样的寿命预期。正如我们看到的，ΔT_{core_amb}被抵消了，但这是因为本例中我们遵循制造商的建议，并且仅在电容器中通过最大额定电流。

实际应用中无法很好地了解电容器的应用环境（电容器附近）温度。周围的元件也可能使电容器温度升高。因此，一个常见且保守的行业惯例是切开电容器的外壳，并在与金属外壳接触的套管下插入热电偶。这样做，小的空气气流不会影响结果。然后把这种情况下的温度作为有效环境温度，除非我们确切地知道。假设表面温度测得为 70℃，那么电容器寿命估算为

$$L=L_O\times2^{\frac{T_{rated}-T_{application}}{10}}=2000\times2^{\frac{105-70}{10}}=22600\ \text{h}$$

然而，我们必须清楚温升的源头是什么。如果不是附近元件的发热，那么ΔT_{case_core}比我们想得高得多。与发热纯粹来自外部的情况相比，寿命并不相同，因为不会产生有害的内部温差（从表面至内核）。因此仅测量表面温度是不够的，还要测量通过电容器的纹波电流，至少确保没有超过电容器的最大纹波电流（等效于不超过设计的表面至内核的温差）。相关重点总结如下。

电容制造商建议不能通过超过最大纹波电流额定值的电流。该纹波电流额定值是在最坏情况下（如 105℃）规定的额定值。但即使是在较低的温度下，也不应超过这一额定电流。不得使用温度乘积来支持该额定值。只有这样，表面至内核的温差才在元件的设计规范范围内。也只有这样，才可以对寿命应用简单的倍增规则，因为制造商提供的寿命预测曲线与内核的温升有关。

如果测得的纹波电流在额定值范围内，那么我们才能将表面温度测量作为应用倍增规则的依据，即使热量来自相邻的热源。同样，这是因为表面与内核之间的温差在设计预期范围内。

然而，Chemicon 过去允许的纹波电流高于额定值，但给出的寿命计算方法略有不同。这

相当于一个特殊的加倍规则，我们将在下面用一个实际例子来描述。

例 17.6 使用 Chemicon 的 2200μF/10V 电容器，其参数规格为：在 105℃和 100kHz 条件下，最大额定电流为 1.69A 时为 8000h。应用中测量的表面温度为 84℃，测得的纹波电流为 2.2A。那么预期寿命为多少？

Chemicon 给出的寿命计算为

$$L = L_O \times 2^{\frac{105-84}{10}} \times \overbrace{2^{\frac{5-\Delta T}{5}}} \text{ h}$$

其中

$$\Delta T = 5 \times \left(\frac{2.2}{1.69}\right)^2 = 8.473℃$$

因此，

$$L = L_O \times 2^{\frac{105-84}{10}} \times \overbrace{2^{-0.695}} = 21000 \text{ h}$$

让我们了解一下这里涉及的各项因子。上面的 ΔT 计算基本上说明了我们已经知道的

$$\frac{\Delta T}{\Delta T_{\text{case\_core}}} = \left(\frac{I_{\text{application}}}{I_{\text{rated}}}\right)^2$$

由制造商的数据表可知，该系列电容器设计的表面至内核的温差为 5℃，该温差由通过的额定电流 1.69A 产生。因此该 ΔT 可以用来计算通过 2.2A 电流时的温差。由此得到的温升高达 8.473℃，而非设计的 5℃。

寿命计算中的指数项（$5-\Delta T$）使得温度超过了设计值 5℃。将其记作 ΔT_{excess}，因此寿命的计算方程为

$$L = L_O \times 2^{\frac{T_{\text{rated}}-T_{\text{case}}}{10}} \times \overbrace{2^{\frac{-\Delta T_{\text{excess}}}{5}}} \text{ h}$$

第一项正的指数使得寿命增加约 L_O，第二项起到相反的作用。同时还可以看到，表面至内核的温差超过设计值，比起正常的温差（即保持在额定电流范围内造成的温差）是有害的。Chemicon 模拟了这一过渡温升，每上升 5℃（而非 10℃）寿命减半。

注：只有纹波电流小于额定值时，该方程才能用于寿命预测。此处 ΔT_{excess} 不能为负值。

注：电容厂商无法保证强迫空气冷却下的产品寿命。如果可以的话，设计人员应测量无强迫空气冷却下的电容寿命，或增加一定的安全裕量。

与其将表面温度作为电容器的环境温度，这更像是一种最坏情况下的计算，我们可以尝试实际测量其局部环境温度。假设全体的环境温度为 $T_{\text{amb\_ext}}$。电容器附近的局部环境温度为 T_{amb}。按以下程序来计算周围元件辐射的温度：

（1）将电路板上的电容器取下，但仍连接在电路中。这种情形下测得其表面温度 $T_{\text{case\_1}}$。此时

$$T_{\text{case\_1}} = T_{\text{amb\_ext}} + T_{\text{self-heating}}$$

（2）同时将几乎完全相同的电容器放置在原来电容的位置，但有一个引脚“失踪”，因此实际并没有连接至电路。测量其表面温度 $T_{\text{case\_2}}$。此时

$$T_{\text{case\_2}} = T_{\text{amb\_ext}} + T_{\text{ext\_heating}} \equiv T_{\text{amb}}$$

（3）因此，在测量了周围空气中的环境温度 $T_{\text{amb\_ext}}$ 后，我们知道了温度累积所需的所有成分。

（4）还需注意，以下方程适用于计算 $\Delta T_{\text{core\_case}}$ 与 $\Delta T_{\text{case\_amb}}$ 的比值（之前设其约为 1）

$$\frac{\Delta T_{\text{core\_case}}}{\Delta T_{\text{case\_amb}}} = 0.0231 \times \text{Case Dia}_{\text{mm}} + 0.845$$

这一曲线拟合方程由作者根据 Chemicon 提供的数据推导而来。电容器外径在 10～76mm 范围内，准确度在 6%以内。在 D=40mm 以上，使用该公式的误差小于 1%。

警告：仅测量温度是不够的，仅测量纹波电流也一样。测量纹波电流至少用来确认该元件的纹波电流低于额定值，这当然是可取的，但设计师需注意，不要在一些假定的对流系数 h（更多关于 h 的信息，参见第 13 章）的基础上单独使用纹波电流来估算发热，因为这样会忽略来自周围元件的热量，从而高估元件预期寿命。

提示：当测量通过电容器的纹波电流时，通常的步骤是抬起较低的端子（接地的端子），并插入一圈导线，以便插入电流探针。但在不影响电容器读数的情况下，我们很难做到这一点。这可能成为一种侵入性测量。另一种方法是插入一个小的无感和校准采样电阻（采用锰铜或康铜丝制成），并测量其两端电压。然而，我们不应依赖于感应电压的直接有效值读数，因为噪声有可能影响结果。我们应在示波器上记录波形，然后根据顶点进行计算，如图 2.14 所示。此外，当测量流过并联电容器（例如，接在输出端的电容器）的电流有效值时，仅抬起其中一个电容器的导线进行电流测量不是一个好主意，因为电流会重新分配流入其余的电容。我们应该切断一个共同的回路，然后插入电流探头或采样电阻。

最后，除了 120Hz 之外，供应商还可能直接提供 100kHz 的纹波电流额定值。如果没有，供应商必定会提供频率乘数。典型的频率乘数是在 100kHz 时为 1.43。这就意味着，如果 120Hz 下允许流过 1A 纹波电流，那么在 100kHz 时，允许流过 1.43A。这一设计产生的热量与在 120Hz 时电流产生的热量相同。因此，这也相当于说，100kHz 时的 ESR 与 120Hz 时的 ESR 通过下面的等式相关联。

$$\left(\frac{I_{100\,\text{kHz}}}{I_{120\,\text{Hz}}}\right)^2 = \frac{\text{ESR}_{120\,\text{Hz}}}{\text{ESR}_{100\,\text{kHz}}} = (1.43)^2 = 2.045$$

因此，高频 ESR 约为低频 ESR 的一半。显然，由于这一过程中表面至内核的温差并不受影响，那么频率乘数可以使用。在第 5 章，可以看到当电流波形同时有低频和高频分量时，频率乘数就有用了。

总 Y 电容的安全限制

在离线电源中，Y 电容器一般接在线电压与安全地（即 PE 或保护地）之间。目的是用来通过高频共模噪声。但这并不仅仅旁路噪声，同时也传导一些低频线电流。这就是线对线电容器（X 电容器）的用途；区别在于 Y 电容器将电流传输到保护地（机箱）中。如果由于某些原因接地并不好，用户可能在接触底盘（或外壳）时触电。因此，国际安全机构将设备引入地面的总电流有效值限制在最大值 0.25mA、0.5mA、0.75mA 或 3.5mA（取决于设备的类型及其安装类别——外壳、接地与内部隔离方案）。不知何故，即使是允许流过 0.75mA 或 3.5mA 的情况下，0.5mA 似乎已成为行业的默认设计值。重要的是，要知道一个人接触到的接地漏电流到底有多大，因为这会极大地影响线路滤波器的大小和成本，特别是扼流圈。

此处的讨论保持在理论水平上，我们可以很容易地计算出，在 AC 250V/50Hz 时，得到 79μA/nF。对于 0.5mA，最大允许电容为 6.4nF，或对于 3.5mA，最大允许电容为 44.6nF。离线电源的典型配置为 4 个 Y 电容器，每个为 1nF、1.2nF 或 1.5nF，或是仅用 2 个 Y 电容器，每个 2.2nF。注意，可能会有其他的寄生电容或/和滤波电容存在，在计算总接地漏电流时也需考虑这些电容，从而正确选择线路滤波器的 Y 电容器。但是，我们必须记住，如果为了改进 EMI 性能（抑制共模噪声），将 Y 电容器接在整流输入端与地（或是输出端与地）之间，那么这些电容器中没有接地漏电流通过。然而，我们可能需要在这些位置上串联两个 Y 电容器，以符合国际安全标准和地区偏差。

安全与便宜的齐纳二极管

图 17.6 给出了控制芯片驱动 EEF（离线应用场合）时的一些注意事项。

（1）R_1 为栅极下拉电阻，它不仅是必不可少的，而且它的阻值应足够小。原因是在高压条件下，突然（硬）施加输入功率，当 FET 的漏极电压突然上升时，它通过漏极到栅极（米勒）电容注入脉冲。这遵循简单的方程 $I=C\mathrm{d}V/\mathrm{d}t$。这一脉冲电流对悬浮的栅极进行充电，因此有可能使 FET 误导通。由于控制芯片不能在这段时期内完全启动，因此这一情况会进一步加剧。大多数控制芯片（如 3842/3844 系列）在 IC 引脚上的参考电压建立起来之前，实际上有一个三态输出。因此，IC 在这段时间内不能有效地提供下拉。在实际测试中，R_1 必须减小至 4.7～10kΩ，以确保在所有条件下（在离线电源中）安全地使用输入电源。

当安全机构进行异常测试时，可以使电源中的任何一个元件短路或断开。这通常会导致失效，但如果电源是“失效安全”的，那也没关系。这意味着在任何时候都不应在可触摸到的输出端子上出现危险电压。这里的问题是，当 FET 失效时，它几乎总是会引起一个大的瞬时的故障电流浪涌，首先从漏极流向源极。但是金属氧化物采样电阻器 R_s 总是在不久之后（甚至在保险丝熔断之前）断开。然而，电感器中的储能还没有消耗掉，需要一条续流路径。因此，它“敲开了”FET 的栅极。这一巨大的涌流电流最终通过栅极，沿着一条路径穿过 IC（损坏它），然后进入光耦。在实际测试中，有时光耦的封装会裂开，从而有可能突破“神圣”的一次侧到二次侧的边界。对于安全机构来说这当然是不可接受的。但是，如果将 18V 的齐纳二极管放在如图 17.6 所示的位置，齐纳几乎总是在短路情况下发生作用。因此，它将 FET 的失效电流从 IC 导走（直至熔断器熔断）。这有助于通过安全测试，但在样机制作过程中也是非常宝贵的，因为尽管 FET 可以快速更换，但对微型控制 IC 进行几次拆焊会破坏 PCB 上细小的铜走线，很快使电路板无法使用。放置齐纳二极管之后，IC（或与其引脚连接的任何元件）一般不会损坏。

（2）出于相同的原因，一些高端设计会将一个瞬态电压抑制二极管（TVS）与 R_s 并联。TVS 本质上就是具有更高峰值能量的齐纳二极管，保证在短路情况下起作用。

R_2 通常不需要，也不使用。但几年前，有人怀疑齐纳二极管的小体电容与通向栅极（包括内部的连接线）的 PCB 走线的电感和栅极电容构成了一种谐振的 C-L-C 型电路，从而导致振荡和“莫名其妙”的失效。为了安全起见，谨慎的设计者在齐纳二极管和栅极之间增加了一个 10Ω 的电阻，目的是降低谐振电路的 Q 值，从而抑制任何振荡。我们当然应该使齐纳二极管尽可能接近 FET，以避免引入更多的寄生电感。

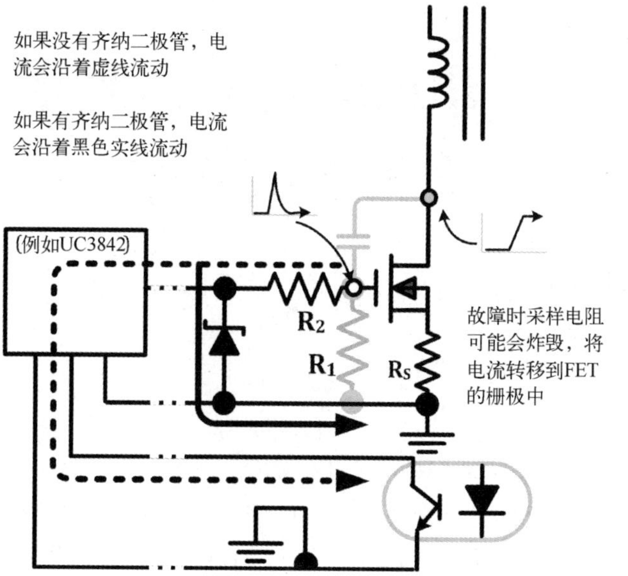
如果没有齐纳二极管，电流会沿着虚线流动
如果有齐纳二极管，电流会沿着黑色实线流动
(例如UC3842)
R2
R1
Rs
故障时采样电阻可能会炸毁，将电流转移到FET的栅极中

图 17.6　驱动 FET 时的注意事项

第 18 章　可用的功率：揭秘 Buck 变换器的效率

第 1 部分　损耗分解与分析

引言

为了系统地理解 Buck 变换器效率这一主题，我们第一步要编写几乎每一个重要损耗的详细 MathCAD 模型。我们有意地忽略较小的损耗，即那些我们所知道的几乎不会影响整体效率的损耗。例如，我们知道 Buck 变换器的输出电容器中的 RMS 电流非常小，我们忽略了这一特定的损耗分量。我们也忽略了磁芯损耗，因为频率高达 1MHz 时，Buck 变换器中的磁芯损耗通常相对较小。我们也做了一些“方便”的假设，因为我们不想犯只见树木不见森林的错误。因此，例如，我们将开通和关断转换的过渡（交叉）时间设置为相等。我们忽略了由寄生电容的充放电造成的较小损耗，例如 FET 和电感器上的寄生电容。我们还假设在死区时间内，每个 FET 上的肖特基二极管压降为 0.6V。而实际上，体二极管可能是导通的（如果没有肖特基二极管，或者它没有被正确地放在 PCB 上，以非常低的电感走线直接与 FET 连接）。在我们的计算和图表中使用并说明的 R_{DS} 不是标称数据表值，或者一些被任意缩放的温度补偿值，而是存在的实际值。然而，我们已经将控制器损耗包括在内，因为它会极大地影响非常轻负载时的效率。我们忽略了脉冲跳跃模式，因为它非常依赖于实现，难以建模，并且也不是普遍适用的。但我们已经考虑了在轻负载下，以强制连续导电（即全同步）模式（称为 FCCM），或二极管模拟模式（称为 DCM，非连续导电模式）使用变换器。

请注意，我们所有熟悉的变换器设计方程通常都包含参数 r，即电流纹波率，通常定义为 $\Delta I/I_{COR}$，其中 ΔI 是整个电流摆幅（不是文献中有时使用的摆幅的一半），I_{COR} 是电流斜坡中心值，对于 Buck 变换器来说就是负载电流 I_O。我们知道当 $r=2$ 时，变换器工作于临界导电模式。我们可能没有意识到这一点，实际上，即使 $r>2$，我们所有常用的 CCM（连续导电模式）方程都适用，前提是变换器工作于 FCCM 模式。因此，在 FCCM/CCM 情况下，所有常用的 CCM 方程都扩展应用于非常轻的负载（$r>2$）。但是，在二极管模拟模式下，到达 $r=2$ 的边界后变换器进入 DCM 模式。对于 DCM 模式，我们必须使用第 4 章中提供的正确 DCM 方程式。通过这种方式，我们最终可以描述在负载或输入电压变化时不同工作模式的变换器特性。

但我们也可以从效率为 100%的“理想变换器”开始，逐步“加入”每一种损耗。通过这种方式，我们可以研究每种损耗如何影响效率曲线的“形状”。这反过来又使我们准确地了解如何在不同的负载或输入条件下提高效率曲线。

在本章的最后一部分，将对我们所使用的效率文件进行一个相当显著的验证。大多数评估板使用足够低的 ESR 和 DCR，因此这些几乎不会影响效率。关键损耗只是开关（交叉）损耗和与开关管相关的导通损耗。如果这样，我们展示了在仅知道典型的数据表效率图上的三个点，即两个在相同的负载（但不同的输入条件）下，以及两个在同一输入条件（但不同的负载）下，就可以预测任何其他输入或负载条件下的效率。我们发现，这种方法甚至可以用于 LM2592（使用双极晶体管开关）这样的老设备上。我们在估算另一输入和负载条件下的效率时，得到了几乎完全匹配的结果。很明显，这个简单的发现可以让匆忙（但希望不是懒惰）的应用工程师的工作变得非常轻松。因此，三个数据点，一个 MathCAD 文件以及所有重要的内容都是已知的！实际上从这三点我们甚至可以算出三个未知数：R_{DS_TOP}、R_{DS_BOT} 和 t_{CROSS}（顶部和底部 FET 的 R_{DS}，以及开关时间）。在本书中，我们第一次为此目的提供了闭式方程。

每次仅分析一种损耗：了解每种损耗

这里提供的基本例子是一个 5V 转 1.8V 的变换器，它的最大负载 I_{OMAX} 等于 10A。我们从没有损耗开始分析。在图 18.1 中，我们仅介绍开关损耗。我们首先通过改变开关时间 t_{CROSS} 来改变开关损耗。我们还改变频率、输入电压、负载和 r_{SET}。这是在最大负载和输入条件下设置的 r。当然，如果我们改变应用条件，例如缓慢降低输入电压或减小负载，r 将从设定点开始变化。但是，我们有兴趣了解，在最大输入和负载的设计切入点，将 r 设置为 0.5，与 r 设置为 0.2，在效率曲线上将产生何种差异。所设置的设计值即这里的 r_{SET}。

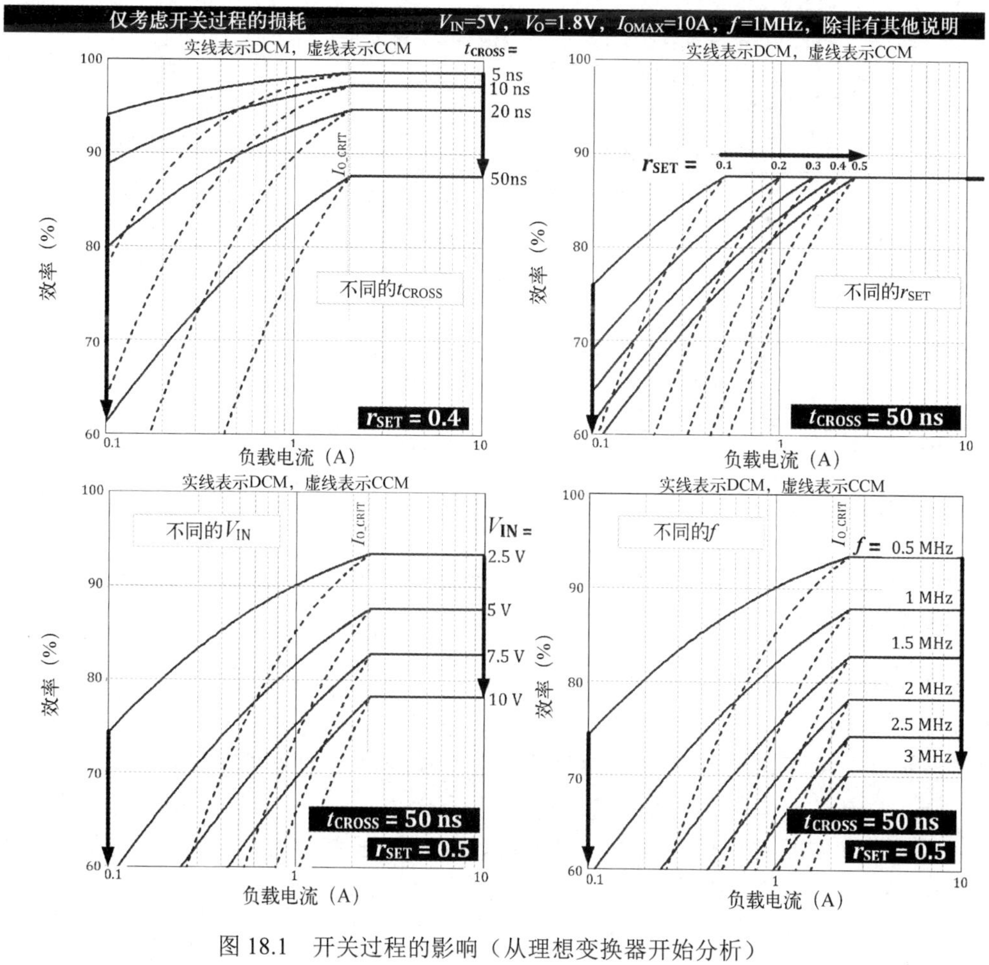

图 18.1　开关过程的影响（从理想变换器开始分析）

请注意，效率曲线通常以两种方式绘制：（1）效率与负载电流的关系曲线（对于各种恒定输入电压）；（2）效率与输入电压的关系曲线（对于各种恒定负载）。在大多数曲线中，我们使用第一种类型的绘制方法。稍后我们将看到第二种类型。我们还使用负载电流（x 轴）的对数刻度，以便在轻负载时更好地了解情况，因此曲线可能看起来不同。但我们很快就会看到，它们实际上具有与标准数据表效率曲线相同的基本形状。

开关损耗

从图 18.1 可以看出，当负载电流变化时这些损耗都保持不变，直到 r 超过 2 时这些曲线才突然下降。因此，低于临界导电点时，开关损耗会严重影响效率，对 FCCM/CCM 的影响比对 DCM 的更大。这种认识使我们能够显著减少轻载时效率的突然下降。但重要的是，我们不要在增大电感以减小 r 的过程中，增大了 DCR。否则，轻载时开关损耗的改善，将被更高的 DCR 导致的增加的损耗所抵消。表 18.1 总结了我们的观察结果，并提供了减少开关损耗的详细建议。

表 18.1　开关时间的影响和提高效率的建议

开关时间概述（每次改变一种参数）		
参数	效果	建议和影响
增大 t_{CROSS}	效率将如预期般下降，但从 I_{OMAX} 到临界负载 I_{O_CRIT} 之间的下降程度是相等的。在电流小于 I_{O_CRIT} 时，它将对效率产生越来越大的影响，但对于 FCCM 的影响比对 DCM 的影响更大	如果可能，减小 t_{CROSS}，这将提高所有负载的效率
提高 V_{IN}	效率将如预期般下降，但从 I_{OMAX} 到临界负载 I_{O_CRIT} 之间的下降程度是相等的。在电流小于 I_{O_CRIT} 时，它将对效率产生越来越大的影响，但对于 FCCM 的影响比对 DCM 的影响更大	如果可能，降低 V_{IN}，这将提高所有负载的效率
提高 f	效率将如预期般下降，但从 I_{OMAX} 到临界负载 I_{O_CRIT} 之间的下降程度是相等的。在电流小于 I_{O_CRIT} 时，它将对效率产生越来越大的影响，但对于 FCCM 的影响比对 DCM 的影响更大	如果可能，降低 f，这将提高所有负载的效率
增大 r_{SET}（r_{SET} 是最大负载、最高输入时设置的 r）	改变 r_{SET}（不同的电感，但在改变 r_{SET} 时保持足够小的 DCR）不会影响 I_{OMAX} 到 I_{O_CRIT} 之间的效率。 但是，由于一般来说效率在电流小于 I_{O_CRIT} 时仅因为开关损耗而下降，更大的 r_{SET} 值会对轻负载的效率产生越来越大的不良影响（对于 DCM 和 FCCM）。因此，减小 r_{SET} 值将在轻负载时显著降低开关损耗的影响，即使是在相同的开关时间下。 为了减小 r_{SET}，我们需要更大的电感。只要这不伴随着 DCR 的增大，那么从 DCR 效率曲线中我们看到减小 r_{SET} 不会影响最大负载时的效率，但是从 DCR 与 r_{SET} 的关系图中也可以看到，这将使轻载效率得到显著改善。 因此，由开关损耗和 DCR 损耗图可以看出，在不增大 DCR 的情况下降低 r_{SET} 将使轻载效率得到显著改善	如果可能，减小 r_{SET}，这将提高所有负载的效率

死区损耗

电路损耗实际上是开关损耗和通态损耗的总和。它们与频率成比例，但也取决于死区时间本身，以及死区时间内每个 FET 的压降（假设 0.6V）。在图 18.2 中，我们绘制了仅考虑死区损耗时的效率与负载电流的关系曲线。研究结果和改进建议见表 18.2。注意，它们与开关损耗的情况非常相似，除了一个显著的例外：死区损耗与输入电压无关。这将是一种尝试在实验室里评估的方法，即轻载时的低效率是否是由开关损耗或死区损耗（或控制器 IC 和驱动器的损耗）造成的。

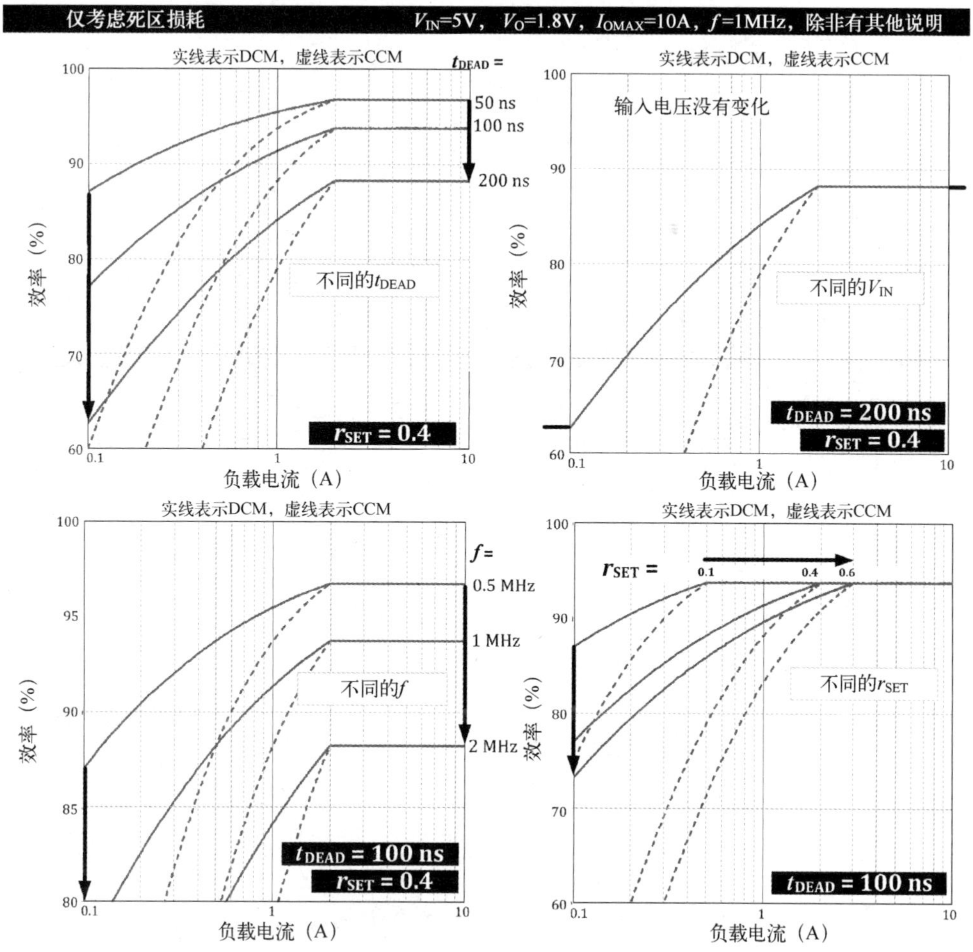

图 18.2　死区时间的影响（从理想变换器开始）

表 18.2　仅死区时间的影响和提高效率的建议

死区时间概述（每次改变一种参数）		
参数	效果	建议和影响
增大 t_{DEAD}	效率将如预期般下降，但从 I_{OMAX} 到临界负载 I_{O_CRIT} 之间的下降程度是相等的。在电流小于 I_{O_CRIT} 时，它将对效率产生越来越大的影响，但对于 FCCM 的影响比对 DCM 的影响更大	如果可能，减小 t_{DEAD}，这将提高所有负载的效率
提高 V_{IN}	效率不依赖于 V_{IN}，因为在死区期间 FET 的压降（V_{DEAD}）是固定的（我们假设曲线的默认值为 0.6V）。只有改变电压降才会影响效率	如果可能，降低 V_{IN}，这将提高所有负载的效率
提高 f	效率将如预期般下降，但从 I_{OMAX} 到临界负载 I_{O_CRIT} 之间的下降程度是相等的。在电流小于 I_{O_CRIT} 时，它将对效率产生越来越大的影响，但对于 FCCM 的影响比对 DCM 的影响更大	如果可能，降低 f，这将提高所有负载的效率
增大 r_{SET}（r_{SET} 是最大负载、最高输入时设置的 r）	改变 r_{SET}（不同的电感，但在改变 r_{SET} 时保持足够小的 DCR）不会影响 I_{OMAX} 到 I_{O_CRIT} 之间的效率。 但是，由于一般来说效率在电流小于 I_{O_CRIT} 时仅因为开关损耗而下降，更大的 r_{SET} 值会对轻负载的效率产生越来越大的不良影响（对于 DCM 和 FCCM）。因此，减小 r_{SET} 值将在轻负载时显著降低死区损耗的影响，即使是在相同的死区时间下。 为了减小 r_{SET}，我们需要更大的电感。只要这不伴随着 DCR 的增大，那么从 DCR 效率曲线中我们看到减小 r_{SET} 不会影响最大负载时的效率，但是从 DCR 与 r_{SET} 的关系图中也可以看到，这将使轻载效率得到显著改善。 因此，由死区损耗和 DCR 损耗图可以看出，在不增大 DCR 的情况下降低 r_{SET} 将使轻载效率得到显著改善	如果可能，减小 r_{SET}，这将提高所有负载的效率

输入电容器 ESR 的损耗

在图 18.3 中，我们绘制了这些变化的曲线，并在表 18.3 中给出了结论。注意，对于所有通态损耗，寄生电阻的改变（在这种情况下为 ESR_IN）会对重载时的效率产生最大影响。在这种情况下，改变 V_{IN} 具有 U 形转向效应：它在 $V_{IN}=2V_O$ 时“最高”，对应于 D=0.5 时的最大 RMS 电流。我们知道这对于 Buck 输入电容器是正确的。（对于 Boost，输入电容器 RMS 电流非常小，因此我们通常可以忽略它。对于 Buck-Boost，输入电容器 RMS 电流在 0～1 的所有占空比下都会显著稳定地增大。）

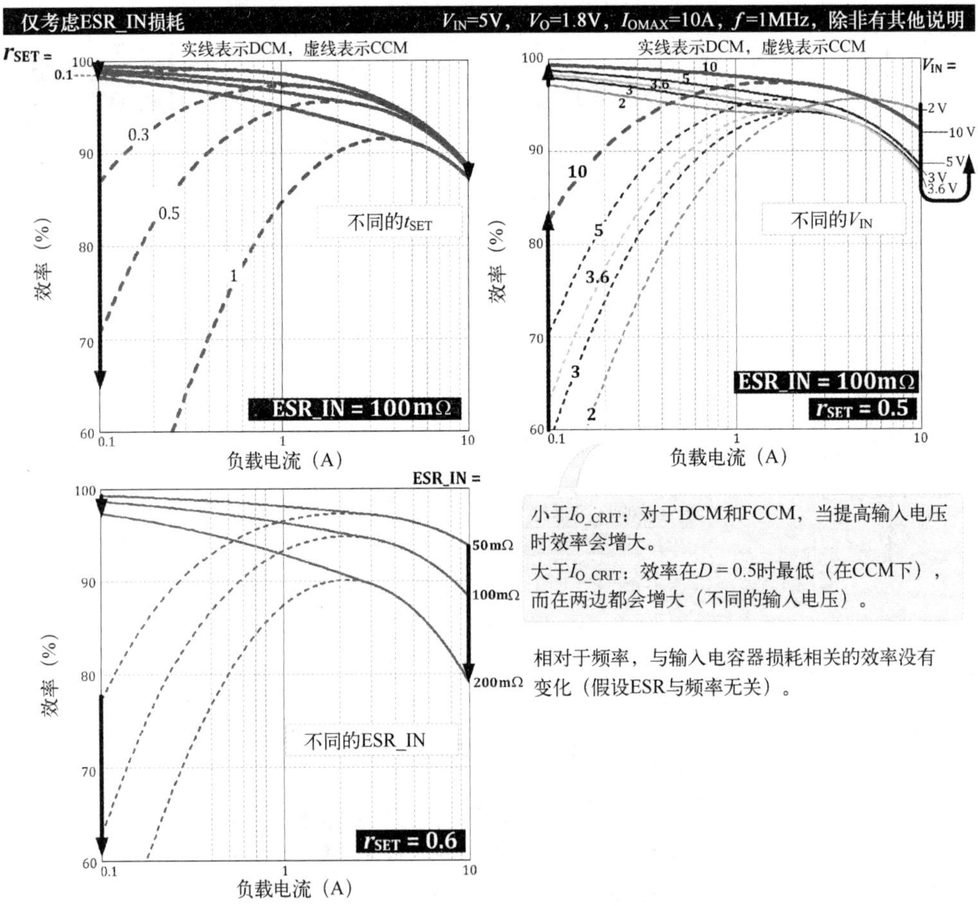

图 18.3　ESR_IN 的影响（从理想变换器开始）

表 18.3　ESR_IN 的影响及提高效率的建议

输入电容器 ESR 概述（每次改变一种参数）		
参数	效果	建议和影响
增大 ESR_IN	效率将如预期般下降，但在最大负载时下降最多。对于 DCM，轻载时效率几乎没有影响。对于 FCCM，轻载时效率的不良影响越来越大，但在 I_{O_CRIT} 的区域，ESR_IN 的影响最小	减小 ESR_IN 以提高任何模式下的重载时的效率和 FCCM 下轻载时的效率
提高 V_{IN}	在 DCM 下，轻负载时，效率受 V_{IN} 影响。在轻载的 FCCM 下，提高输入电压可提高效率（降低输入电流）。在 CCM 下，最大负载时，效率实际上取决于占空比。当输入电压是输出电压的 2 倍（D = 0.5）时，由于 ESR_IN 对效率产生的影响最大，在输入范围的任一侧的影响减小	当输入电压高于 $2V_D$ 时，提高 V_{IN} 以提高 FCCM 下轻载时的效率，并提高 CCM 下最大负载时的效率
提高 f	效率不变	无影响

续表

输入电容器 ESR 概述（每次改变一种参数）		
参数	效果	建议和影响
增大 r_{SET}（r_{SET} 是最大负载、最高输入时设置的 r）	增大 r_{SET}（不同的电感，但在改变 r_{SET} 时保持足够小的 DCR）几乎不会影响 CCM 下的最大负载效率，也几乎不会影响 DCM 下的轻载效率；但在 CCM/FCCM 下，会导致轻载时效率的显著降低，并且在较小程度上会导致 I_{O_CRIT} 区域的一些效率的损失	如果可能，减小 r_{SET}，以提高 CCM/FCCM 下中等负载和轻载时的效率

请注意，更改 r_{SET} 不会显著影响最大负载时的效率，也不会影响 DCM 下轻负载时的效率，但在中间的电流范围内，会产生一些影响。由于这是纯通态损耗项，因此不像预期的那样受频率影响。

通态损耗（R_{DS} 和 DCR）

在图 18.4 中，我们发现 DCR 和 R_{DS} 变化情况下通态损耗方面的表现与 ESR_IN 的相似。需要注意的一个关键点是，如果我们将 R_{DS_BOT} 设置为 0，那么当我们增加输入时，效率会提高。这是可以理解的，因为随着输入增加，占空比会减小，所以电感电流消耗在耗散元件（顶部 FET）中的时间更少。类似地，如果我们只让底部 FET 中存在 R_{DS}（R_{DS_TOP} 为 0），那么当我们增加输入时，效率会随着耗散元件（底部 FET）花费更多的时间而下降。实际上，当存在两个 R_{DS} 项时，与 V_{IN} 相关的整体效率会发生什么变化取决于顶部 FET 或底部 FET 中哪个 R_{DS} 更大。

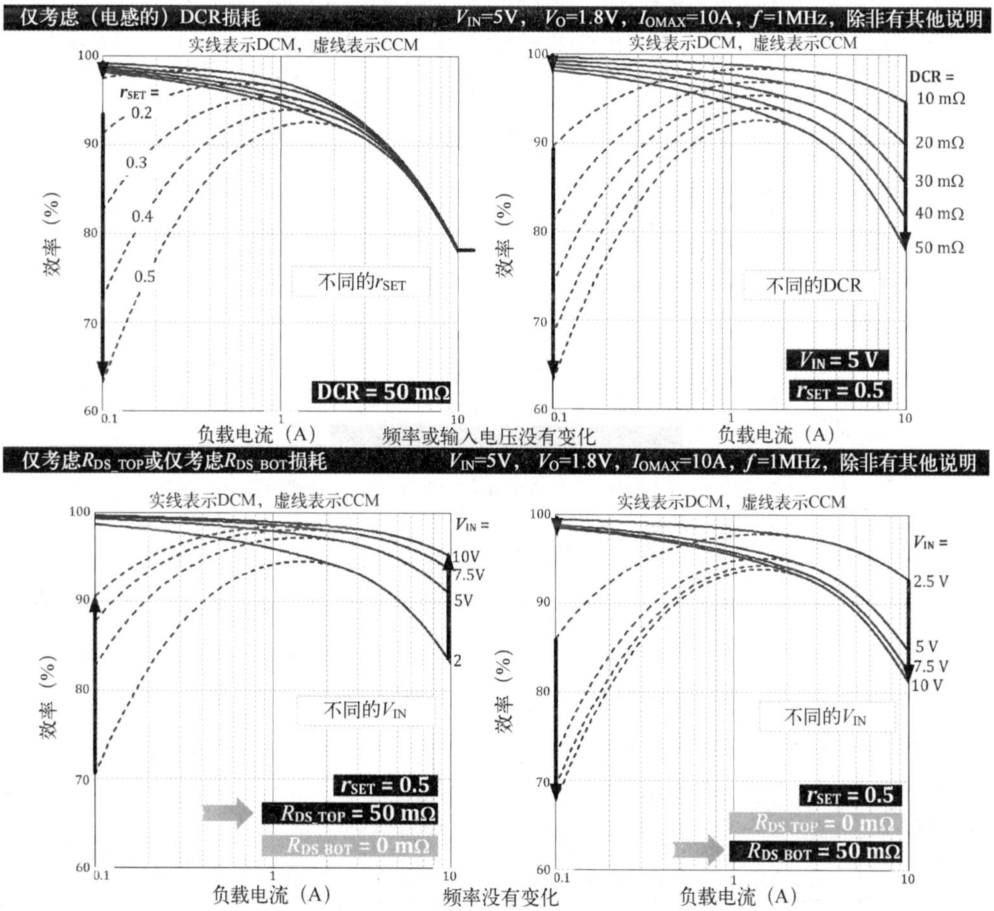

图 18.4　R_{DS_TOP}、R_{DS_BOT} 和 DCR 的影响（从理想变换器开始）

但这里还有一个重要的教训。如果我们有一个 $D<0.5$（例如 5V 变换成 1.8V）的系统，并且我们想在顶部和底部 FET 位置之间（在固定的成本情况下）适当地分配 R_{DS}，我们最好将较小的 R_{DS} 分配给底部 FET，因为电流在较底部的 FET 中花费更多的时间。但是，对于 $D>0.5$（例如 5V 变换成 3.3V）的情况，将较小的 R_{DS} 分配给顶部 FET，可以优化我们的系统。实际上，一般来说，可以使两个 R_{DS} 的比例与每个 FET 的导通时间成反比，这样损耗将得到很好的分布（并且总体上最小）。为完整起见，我们在表 18.4～表 18.6 中总结了 R_{DS} 项和 DCR 的趋势。在图 18.5 中，我们也比较了这些通态损耗项的相对影响。

表 18.4　DCR 的影响及提高效率的建议

电感器 DCR 概述（每次改变一种参数）		
增大 DCR	效率将如预期般下降，但在最大负载时下降最多。对于 DCM，轻载时效率几乎没有影响。对于 FCCM，轻载时效率的不良影响越来越大，但在 I_{O_CRIT} 的区域，DCR 的影响最小	减小 DCR 以提高任何模式下重载时的效率和 FCCM 下轻载时的效率
提高 V_{IN}	效率不决定于 V_{IN}	无影响
提高 f	效率不变	无影响
增大 r_{SET}（r_{SET} 是最大负载、最高输入时设置的 r）	增大 r_{SET}（不同的电感，但在改变 r_{SET} 时保持足够小的 DCR）几乎不会影响 CCM 下的最大负载效率，也几乎不会影响 DCM 下的轻载效率；但在 CCM/FCCM 下，会导致轻载时效率的显著降低，并且在较小程度上会导致 I_{O_CRIT} 区域的一些效率的损失	如果可能，减小 r_{SET}，以提高 CCM/FCCM 下中等负载和轻载时的效率

表 18.5　R_{DS_TOP} 的影响及提高效率的建议

上部 MOSFET R_{DS}（R_{DS_TOP}）概述（每次改变一种参数）		
增大 R_{DS_TOP}	效率将如预期般下降，但在最大负载时下降最多。对于 DCM，轻载时效率几乎没有影响。对于 FCCM，轻载时效率的不良影响越来越大，但在 I_{O_CRIT} 的区域，DCR 的影响最小	减小 R_{DS_TOP} 以提高任何模式下重载时的效率和 FCCM 下轻载时的效率
提高 V_{IN}	在 FCCM/CCM 下，在最大负载（CCM）和轻负载下效率得到改善	提高 V_{IN} 以提高 FCCM 下轻负载时的效率，并提高 CCM 下最大负载时的效率
提高 f	效率不变	无影响
增大 r_{SET}（r_{SET} 是最大负载、最高输入时设置的 r）	增大 r_{SET}（不同的电感，但在改变 r_{SET} 时保持足够小的 DCR）几乎不会影响 CCM 下的最大负载效率，也几乎不会影响 DCM 下的轻载效率；但在 CCM/FCCM 下，会导致轻载时效率的显著降低，并且在较小程度上会导致 I_{O_CRIT} 区域的一些效率损失	如果可能，减小 r_{SET}，以提高 CCM/FCCM 下中等负载和轻载时的效率

表 18.6　R_{DS_BOT} 的影响及提高效率的建议

底部 MOSFET R_{DS}（R_{DS_BOT}）概述（每次改变一种参数）		
增大 R_{DS_BOT}	效率将如预期般下降，但在最大负载时下降最多。对于 DCM，轻载时效率几乎没有影响。对于 FCCM，轻载时效率的不良影响越来越大，但在 I_{O_CRIT} 的区域，DCR 的影响最小	减小 R_{DS_BOT} 以提高任何模式下重载时的效率和 FCCM 下轻载时的效率
提高 V_{IN}	在 FCCM/CCM 下，在最大负载（CCM）和轻负载下效率得到改善	提高 V_{IN} 以提高 FCCM 下轻负载时的效率，并提高 CCM 下最大负载时的效率
提高 f	效率不变	无影响
增大 r_{SET}（r_{SET} 是最大负载、最高输入时设置的 r）	增大 r_{SET}（不同的电感，但在改变 r_{SET} 时保持足够小的 DCR）几乎不会影响 CCM 下的最大负载效率，也几乎不会影响 DCM 下的轻载效率；但在 CCM/FCCM 下，会导致轻载时效率的显著降低，并且在较小程度上会导致 I_{O_CRIT} 区域的一些效率损失	如果可能，减小 r_{SET}，以提高 CCM/FCCM 下中等负载和轻载时的效率

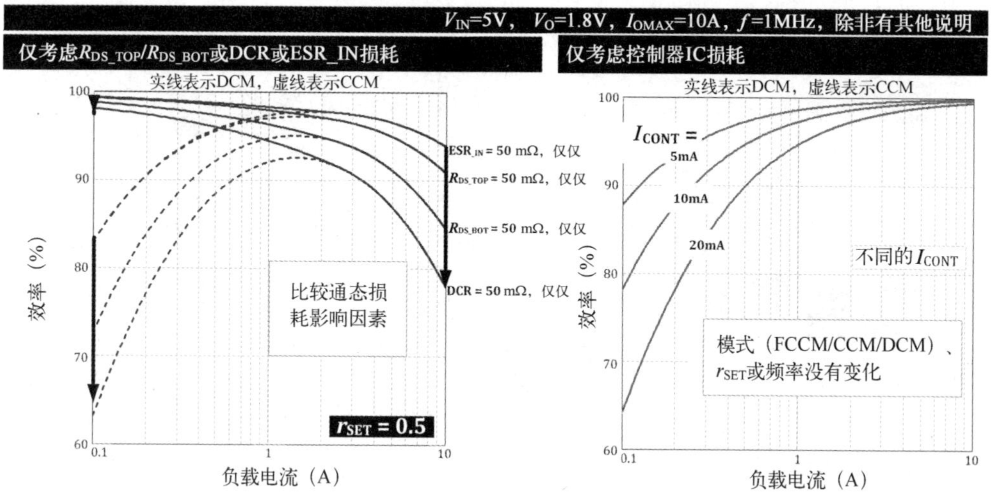

图 18.5　比较通态损耗影响因素和 IC（控制器）电流对效率的影响

控制器 IC 的损耗

我们假设控制器 IC 吸收固定电流 I_{CONT}，与输入电压无关。我们看到，正如预期的那样，这对轻载有逐渐增加的显著影响。我们已经看到，除非电路工作于 CCM/FCCM，否则低于 r=2 边界时，并非所有通态损耗项都会导致效率降低。如果芯片启用 DCM，低于 r=2 边界时，效率下降只会由于开关损耗而发生。并且这是从 r=2 边界开始发生的。但是，如果我们将所有开关损耗降至最低，对于非常轻的负载，效率仍然会出现一个驼峰——这是由于 I_{CONT} 损耗造成的。由此产生的驼峰与 r_{SET}（或者恰好在 r=2 边界的位置）完全无关。当我们接下来累积损耗时，这将变得更加清晰。

累积损耗：逐个添加各种损耗

在图 18.6 中，我们现在逐一累计损耗项，显示每一步对效率的影响。因此，我们实际上构建了效率洋葱图（反向剥离）。我们还绘制了相同的没有对数标度的曲线，以显示已提出的效率曲线的常见形状。我们了解到，在最大负载区域，效率下降主要是由于通态损耗，而在较轻负载时，效率下降更多是由于开关损耗，这种情况在 r=2 边界以下更加明显。然而，通过降低 r_{SET}，从通常的“最佳值 r=0.4”降到 0.2 或甚至 0.1，但不增加 DCR 损耗，将导致最高效率的显著增加，这仅仅是因为与开关损耗相关的驼峰移动到越来越低的负载电流处，并且这只允许通态损耗上升曲线（对于 r=2 边界右侧的电流）在达到 r=2 与效率下降之前自然地不断上升。

这项工作持续到图 18.7，从中我们将学习如何查看效率曲线，并立即确定损耗主要是与通态损耗有关（曲线在最大负载处下垂）或与开关损耗有关（曲线在中到轻负载时下垂）。在一个特殊情况下，我们看到一个不断上升的效率曲线，直到 I_{OMAX}，实际上这表明 r_{SET} 值过大。解决方案是增加电感（减小 r_{SET}），但不显著增加 DCR。这将为效率带来巨大好处。

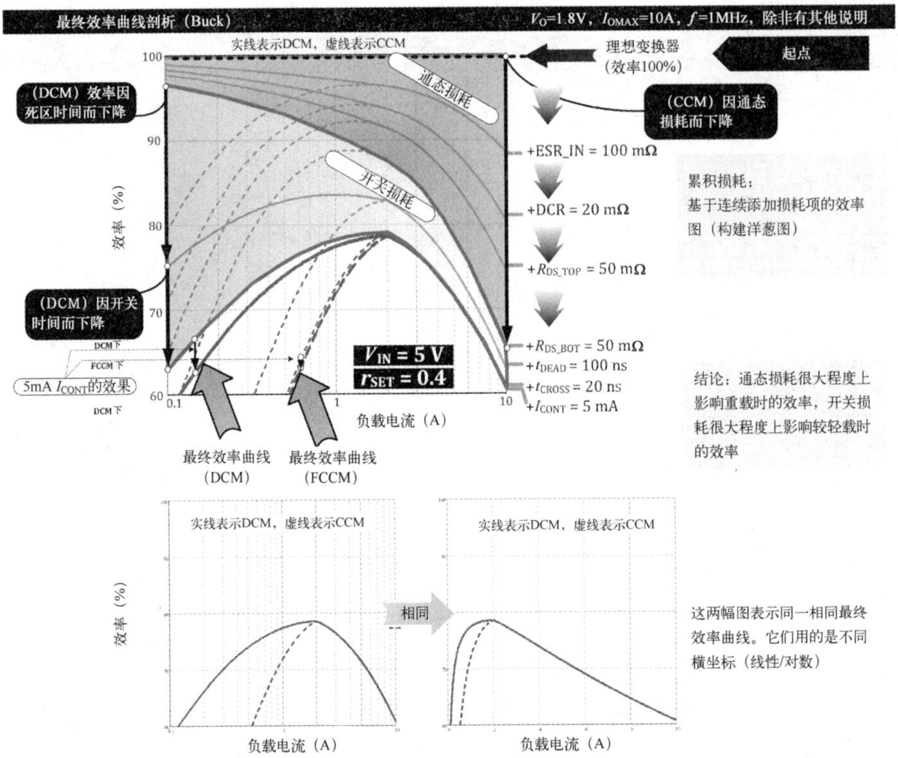

图 18.6 效率曲线剖析：连续加入每一损耗项

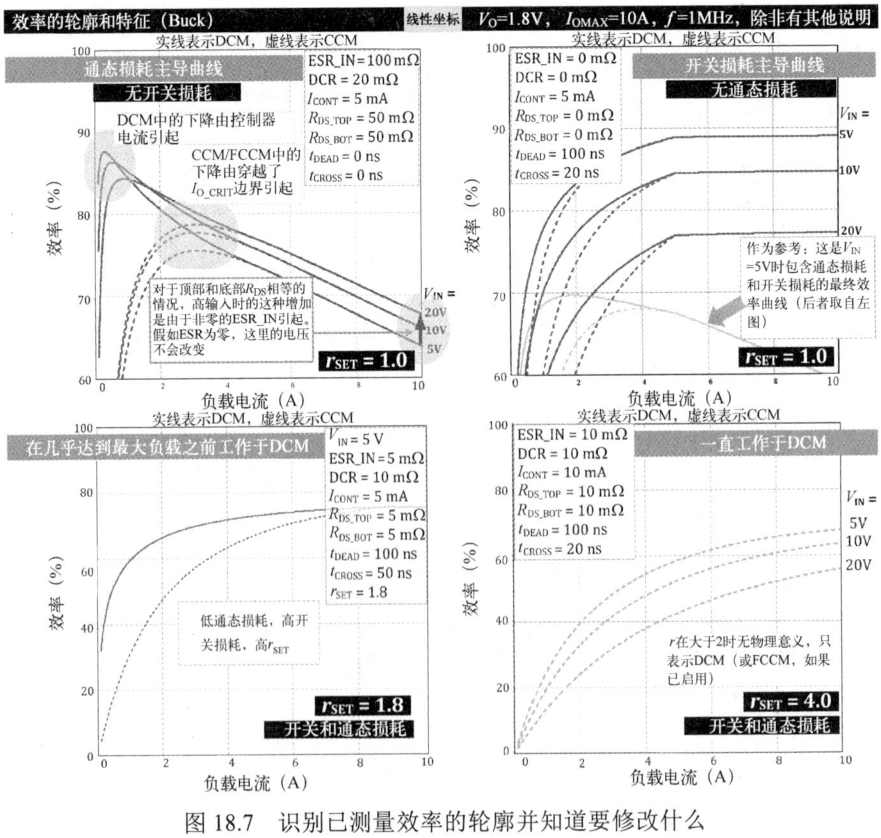

图 18.7 识别已测量效率的轮廓并知道要修改什么

在图 18.8 中，我们采用剥“洋葱”方式，表示通过各种操作和策略直接影响此曲线，以提高整体效率。我们展示了当改变 r_{SET} 或频率等时会发生什么。

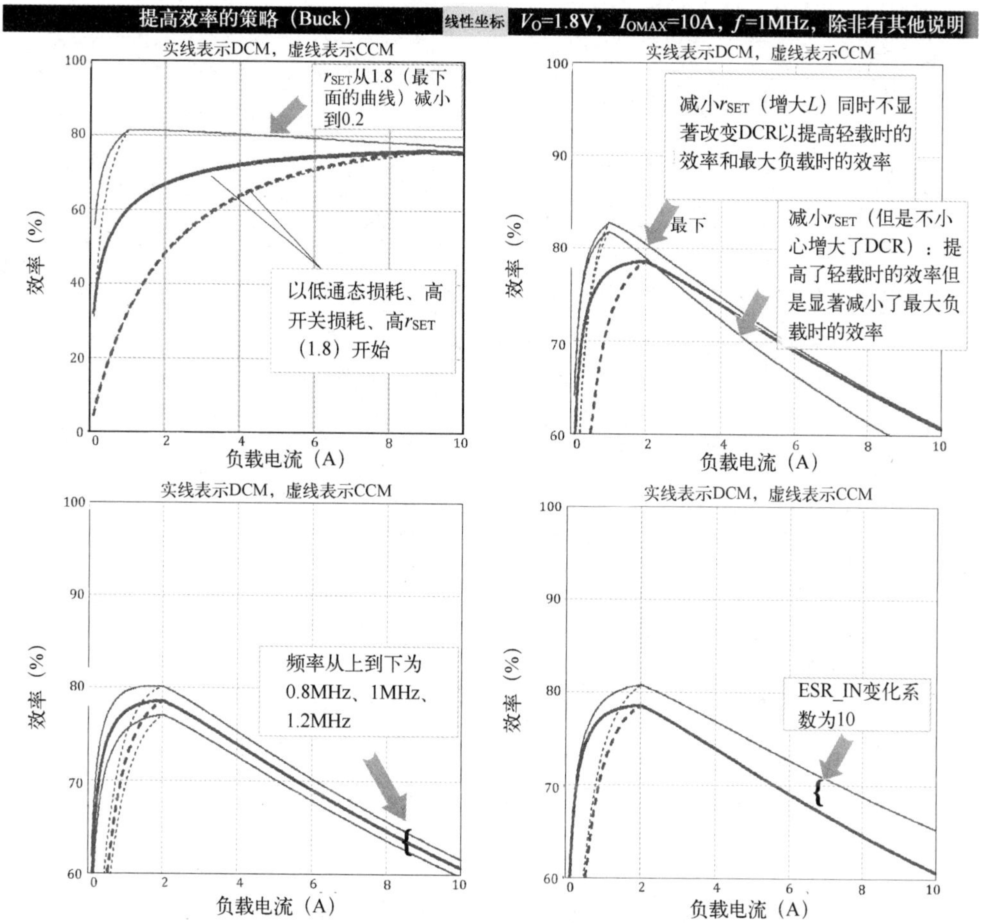

图 18.8　在不需要大量重新设计的情况下提高效率的建议

潜在的 Buck 电子表格

在图 18.9 中，提供了电子表格中用于上述效率曲线的所有方程。这些包含了从第 4 章中提取的相关 DCM 方程。

Buck的效率计算（完整Buck模型）

CCM/FCCM效率

$$D=\frac{V_O}{V_{IN}};\ D'=1-D$$

$$L=\frac{V_O}{I_{OMAX}\times r_{SET}\times f}(1-D)$$（通过在最大负载和最高输入时设置r等于r_{SET}来确定L）

$$r=\frac{V_O}{I_O\times L\times f}(1-D)$$（r随负载和D的实际变化）

通态损耗（在CCM/FCCM中）

$$I_{RMS\_TOP}=I_O\sqrt{D\left(1+\frac{r^2}{12}\right)}$$（顶部FET的电流有效值）

$$I_{RMS\_BOT}=I_O\sqrt{D'\left(1+\frac{r^2}{12}\right)}$$（底部FET的电流有效值）

$$I_{RMS\_IND}=I_O\sqrt{\left(1+\frac{r^2}{12}\right)}$$（电感器的电流有效值）

$$I_{RMS\_CIN}=I_O\sqrt{D\left(1-D+\frac{r^2}{12}\right)}$$（输入电容器的电流有效值）

$$P_{TOP}=I_{RMS\_TOP}{}^2\times R_{DS\_TOP};\ P_{BOT}=I_{RMS\_BOT}{}^2\times R_{DS\_BOT}$$

$$P_{IND}=I_{RMS\_IND}{}^2\times \mathrm{DCR};\ P_{CIN}=I_{RMS\_CIN}{}^2\times \mathrm{ESR}_{IN}$$

开关（交叉）损耗：

$$P_{SW}=\frac{V_{IN}I_O}{2}\times\left(1+\frac{r}{2}\right)\times(f\times t_{CROSS})+\frac{V_{IN}I_O}{2}\times\left|1-\frac{r}{2}\right|\times(f\times t_{CROSS})$$

（对于FCCM，允许r大于2，所以我们需要以上的量级标志。）

假设两个FET都并联肖特基，故V_{DEAD}=0.6V，典型值为

$$P_{DEAD}=\frac{V_{DEAD}I_O}{2}\times\left(1+\frac{r}{2}\right)\times(f\times t_{DEAD})+\frac{V_{DEAD}I_O}{2}\times\left|1-\frac{r}{2}\right|\times(f\times t_{DEAD})$$

t_{DEAD} 是死区时间（假设开通和关断过程都是一样的）

控制器IC的损耗：假设输入电流恒定为I_{CONT}

$$P_{CONT}=V_{IN}\times I_{CONT}$$

FCCM/CCM中的总损耗：

$$P_{CCM}=P_{TOP}+P_{BOT}+P_{IND}+P_{CIN}+P_{SW}+P_{DEAD}+P_{CONT}$$

CCM中的效率：

$$\eta_{CCM}=\frac{V_O I_O}{V_O I_O+P_{CCM}}$$

当系统进入DCM时的效率

$$D_{DCM}=\left(\frac{2\times I_O\times L\times f\times V_O}{(V_{IN}-V_O)\times V_{IN}}\right)$$

$$I_{PK\_DCM}=\frac{(V_{IN}-V_O)\times D_{DCM}}{L\times f}$$（电流峰值）

$$I_{RMS\_TOP\_DCM}=I_{PK\_DCM}\times\sqrt{\frac{D_{DCM}}{3}}$$（顶部FET的电流有效值）

$$D'_{DCM}=\frac{2\times I_O}{I_{PK\_DCM}}-D_{DCM}$$（“二极管”占空比）

$$I_{RMS\_BOT\_DCM}=I_{PK\_DCM}\times\sqrt{\frac{D'_{DCM}}{3}}$$

$$I_{RMS\_IND\_DCM}=I_{PK\_DCM}\sqrt{\left(\frac{D_{DCM}}{3}+\frac{D'_{DCM}}{3}\right)}$$（电感器的电流有效值）

$$I_{AVG\_TOP\_DCM}=\frac{I_{PK\_DCM}}{2}\times D_{DCM}$$（顶部FET的电流平均值）

$$I_{RMS\_CIN\_DCM}=\sqrt{I_{RMS\_TOP\_DCM}{}^2-I_{AVG\_TOP\_DCM}{}^2}$$（输入电容器的电流有效值）

$$P_{TOP\_DCM}=I_{RMS\_TOP\_DCM}{}^2\times R_{DS\_TOP}$$

$$P_{BOT\_DCM}=I_{RMS\_BOT\_DCM}{}^2\times R_{DS\_BOT}$$

$$P_{IND\_DCM}=I_{RMS\_IND\_DCM}{}^2\times \mathrm{DCR}$$

$$P_{CIN\_DCM}=I_{RMS\_CIN\_DCM}{}^2\times \mathrm{ESR}_{IN}$$

开关（交叉）损耗：

$$P_{SW\_DCM}=\frac{V_{IN}I_{PK\_DCM}}{2}\times(f\times t_{CROSS})$$

死区损耗：

假设两个FET都并联肖特基，故V_{DEAD}=0.6V，典型值为

$$P_{DEAD\_DCM}=V_{DEAD}\times I_{PK\_DCM}\times(f\times t_{DEAD})$$

控制器IC的损耗：假设输入电流恒定为I_{CONT}

$$P_{CONT}=V_{IN}\times I_{CONT}$$

DCM中的总损耗：

$$P_{DCM}=P_{TOP\_DCM}+P_{BOT\_DCM}+P_{IND\_DCM}+P_{CIN\_DCM}+P_{SW\_DCM}+P_{DEAD\_DCM}+P_{CONT}$$

DCM中的效率：

$$\eta_{DCM}=\frac{V_O I_O}{V_O I_O+P_{DCM}}$$

图 18.9 用于“完整 Buck 模型”电子表格的 CCM/FCCM 和 DCM 方程

第 2 部分 预测效率和逆向工程技巧

在图 18.10 中，我们给出了用于预测效率的方程的推导。在图 18.11 中，我们将这些方程应用于公布的 LM2592 曲线。我们展示了如何通过 3 个点（1、2 和 3），不仅可以预测标记为“4”的第 4 点，而且可以准确地计算开关时间和 R_{DS}（或 BJT 的压降）。

事实上，我们可以走得更远。在计算出通态损耗和开关损耗后，不考虑其他损耗，我们可以使用图 18.9 所示的 Buck 效率电子表格，实际地重新生成 LM2592 的所有曲线，如图 18.12 所示。

如何从已知的效率曲线估计FET的R_{DS}（或BJTS和二极管的压降）和开关时间

见图18.11中的数值例子

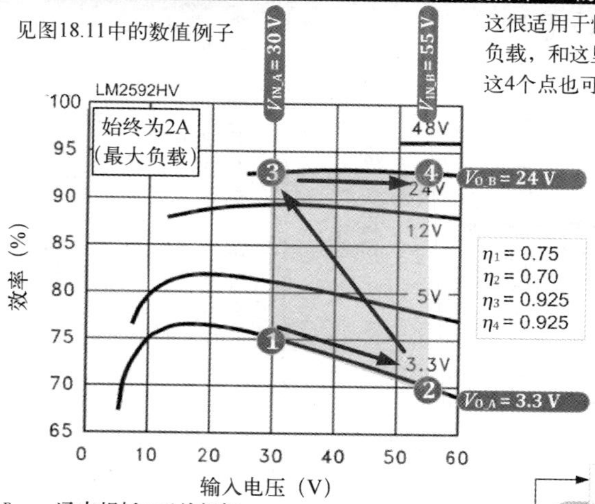

这很适用于恒定输出电压效率与输入电压的关系曲线，所有曲线都是在恒定负载下（通常是最大负载，和这里的假设一样）。如果这些点出现在两个不同的输出电压和两个不同的输入电压中，这4个点也可以从一组效率与最大负载的关系曲线中提取出来。

步骤：选择左侧所示的4个点，其中两个点在V_{OA}曲线上，两个点在V_{OB}曲线上，垂直堆叠，使得点3与点1对应于相同的输入电压（V_{IN_A}），点4与点2对应于相同的输入电压（V_{IN_B}）。

我们实际上只需要3个点，例如1、2和3，以得到3个方程来求解3个未知数：V_{SW}（在最大负载时上部FET的压降——因为绘制的所有曲线都对应一个固定电流）、V_D（或在最大负载时底部FET的压降），以及开关时间t_{CROSS}。

P_{LOSS} = 通态损耗+开关损耗

故，一般

$$P_{LOSS\_1}=I_OV_{SW}D_1+I_OV_DD_1'+(t_{CROSS}f)\times I_OV_{IN\_A}$$
$$P_{LOSS\_2}=I_OV_{SW}D_2+I_OV_DD_2'+(t_{CROSS}f)\times I_OV_{IN\_B}$$
$$P_{LOSS\_3}=I_OV_{SW}D_3+I_OV_DD_3'+(t_{CROSS}f)\times I_OV_{IN\_A}$$
$$P_{LOSS\_4}=I_OV_{SW}D_4+I_OV_DD_4'+(t_{CROSS}f)\times I_OV_{IN\_B}$$

定义P_{LOSS}/I_O为每单位负载电流的损耗，称为p_{LOSS}，故

$$p_{LOSS\_1}=V_{SW}D_1+V_DD_1'+(t_{CROSS}f)\times V_{IN\_A}$$
$$p_{LOSS\_2}=V_{SW}D_2+V_DD_2'+(t_{CROSS}f)\times V_{IN\_B}$$
$$p_{LOSS\_3}=V_{SW}D_3+V_DD_3'+(t_{CROSS}f)\times V_{IN\_A}$$
$$p_{LOSS\_4}=V_{SW}D_4+V_DD_4'+(t_{CROSS}f)\times V_{IN\_B}$$

同时令 $D_1=\frac{V_{O\_A}}{V_{IN\_A}},\ D_2=\frac{V_{O\_A}}{V_{IN\_B}},\ D_3=\frac{V_{O\_B}}{V_{IN\_A}},\ D_4=\frac{V_{O\_B}}{V_{IN\_B}}$

我们得到（利用$D'=1-D$），并求解如下3个方程（点1、2、3）

$$p_{LOSS\_1}=V_{SW}\frac{V_{O\_A}}{V_{IN\_A}}+V_D\left(1-\frac{V_{O\_A}}{V_{IN\_A}}\right)+(t_{CROSS}f)\times V_{IN\_A}$$

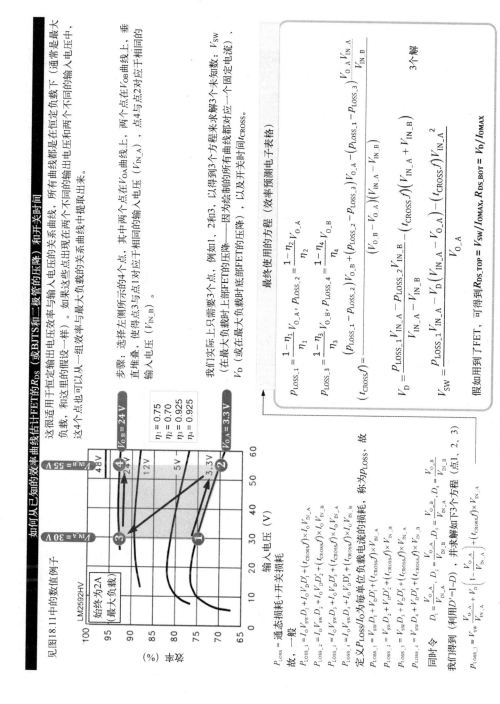

最终使用的方程（效率预测电子表格）

$$p_{LOSS\_1}=\frac{1-\eta_1}{\eta_1}V_{O\_A},\ p_{LOSS\_2}=\frac{1-\eta_2}{\eta_2}V_{O\_A}$$

$$p_{LOSS\_3}=\frac{1-\eta_3}{\eta_3}V_{O\_B},\ p_{LOSS\_4}=\frac{1-\eta_4}{\eta_4}V_{O\_B}$$

$$(t_{CROSS}f)=\frac{(p_{LOSS\_1}-p_{LOSS\_2})V_{O\_B}+(p_{LOSS\_2}-p_{LOSS\_3})V_{O\_A}-(p_{LOSS\_1}-p_{LOSS\_3})\frac{V_{O\_A}V_{IN\_A}}{V_{IN\_B}}}{(V_{O\_B}-V_{O\_A})(V_{IN\_A}-V_{IN\_B})}$$

$$V_D=\frac{p_{LOSS\_1}V_{IN\_A}-p_{LOSS\_2}V_{IN\_B}}{V_{IN\_A}-V_{IN\_B}}-(t_{CROSS}f)(V_{IN\_A}+V_{IN\_B})$$

3个解

$$V_{SW}=\frac{p_{LOSS\_1}V_{IN\_A}-V_D(V_{IN\_A}-V_{O\_A})-(t_{CROSS}f)V_{IN\_A}^2}{V_{O\_A}}$$

假如用到了FET，可得到$R_{DS_TOP}=V_{SW}/I_{OMAX}$，$R_{DS\_BOT}=V_D/I_{OMAX}$

图18.10　求解效率预测电子表格的方程

LM2592的计算　　　　**基于MathCAD的效率预测工作表**

$Io := 2$　所有选择的点都对应这一负载电流（通常是最大负载）

$VinA := 30$　　$VinB := 55$　　选择两个输入电压

$VoA := 3.3$　　$VoB := 24$　　选择两个输出电压

输入数据（3个点1、2和3）

测量效率（点1、2、3和4）

$\eta1 := 0.75$　　$\eta2 := 0.7$　　$\eta3 := 0.925$　　$\eta4 := 0.925$

$$ploss1 := \frac{(1-\eta1)}{\eta1}\cdot VoA \qquad ploss2 := \frac{(1-\eta2)}{\eta2}\cdot VoA \qquad ploss3 := \frac{(1-\eta3)}{\eta3}\cdot VoB \qquad ploss4 := \frac{(1-\eta4)}{\eta4}\cdot VoB$$

（作为效率函数的每单位负载电流的损耗方程）

$$k := \frac{1}{(VoB - VoA)\cdot(VinA - VinB)}\cdot\left[(ploss1 - ploss2)\cdot VoB + (ploss2 - ploss3)\cdot VoA - (ploss1 - ploss3)\cdot\frac{VinA}{VinB}\cdot VoA\right]$$

$$Vd := \frac{ploss1\cdot VinA - ploss2\cdot VinB}{VinA - VinB} - k\cdot(VinA + VinB)$$

选自图18.10的方程（用简单的MathCAD符号表示）

$$Vsw := \frac{ploss1\cdot VinA - Vd\cdot(VinA - VoA) - k\cdot VinA^2}{VoA}$$

$V_{SW} = 1.74\,V$　电压　开关管压降

$V_D = 0.514\,V$　电压　二极管压降

答案

开关时间　$f := 150\times10^3$　$t_{CROSS} := \frac{k}{f}$　$t_{CROSS} = 1.002\times10^{-7}$

点4的预测效率的例子

$$D4 := \frac{VoB}{VinB} \qquad Ploss4\_calc := Io\cdot[Vsw\cdot D4 + Vd\cdot(1 - D4) + k\cdot VinB]$$

$$\eta4\_calc := \frac{VoB\cdot Io}{VoB\cdot Io + Ploss4\_calc}$$

$\eta4\_calc = 0.928$　　$\eta4 = 0.925$

计算与测量对比

任一点的效率都能被非常准确地预测——根据3个初始点！

最终结果 LM2592例子

二极管压降　$Vd = 0.514$

开关管压降　$Vsw = 1.74$

开关时间　$tcross = 1.002\times10^{-7}$

前面全部已计算的压降，开关时间现在也知道了

在同步版本的情况下

$Rds\_top := \frac{Vsw}{Io}$　　$Rds\_top = 0.87$　ohms

$Rds\_bot := \frac{Vd}{Io}$　　$Rds\_bot = 0.257$　ohms

假如使用FET而不是BJT，可以使用这一方法

图 18.11　LM2592 上的效率预测电子表格

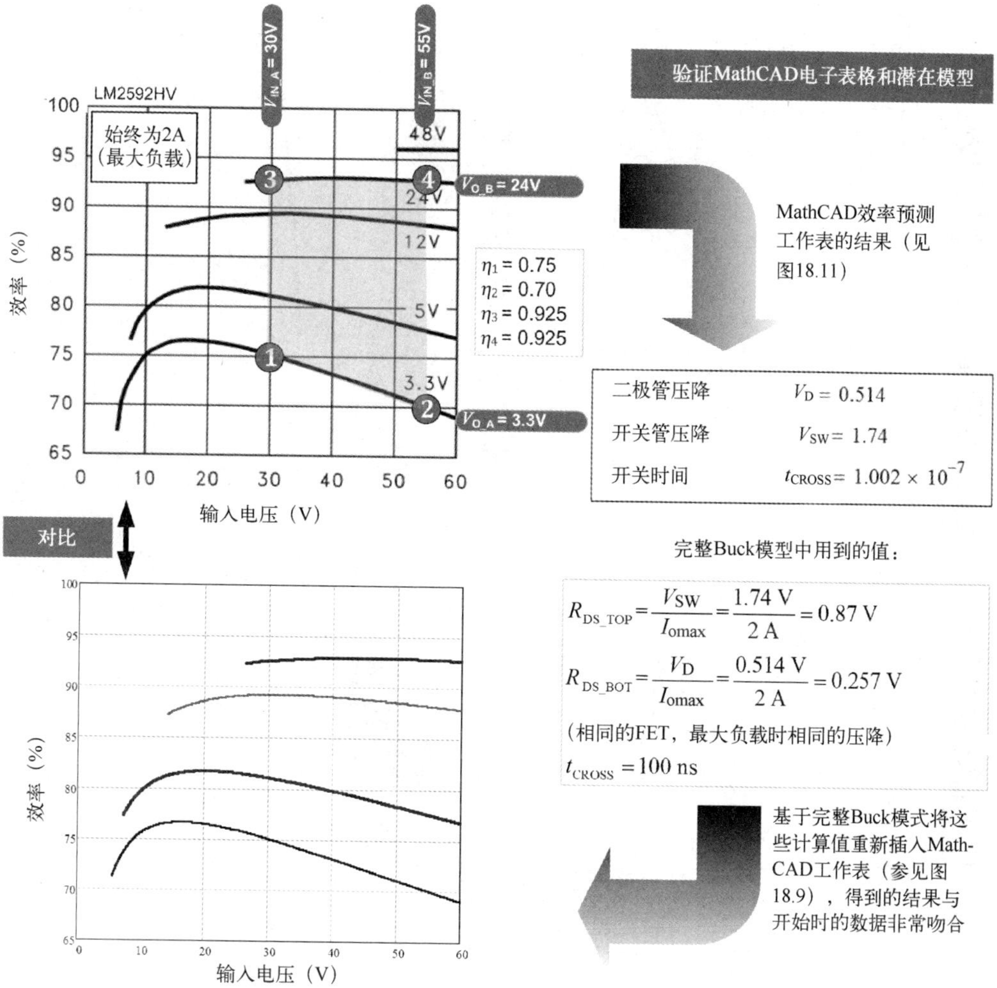

图 18.12　通过生成与我们开始时相同的测量曲线来验证这两个 Buck 电子表格

最后，我们看到绘制的 LM2592 曲线的 x 轴是输入电压，而不是负载电流。因此，我们必须提醒读者注意这些差异，不要得出错误的结论。现在比较图 18.13 与图 18.14，如果我们用这两种不同的方法绘制效率曲线，注意开关损耗和通态损耗占主导地位的区域是如何互换的。

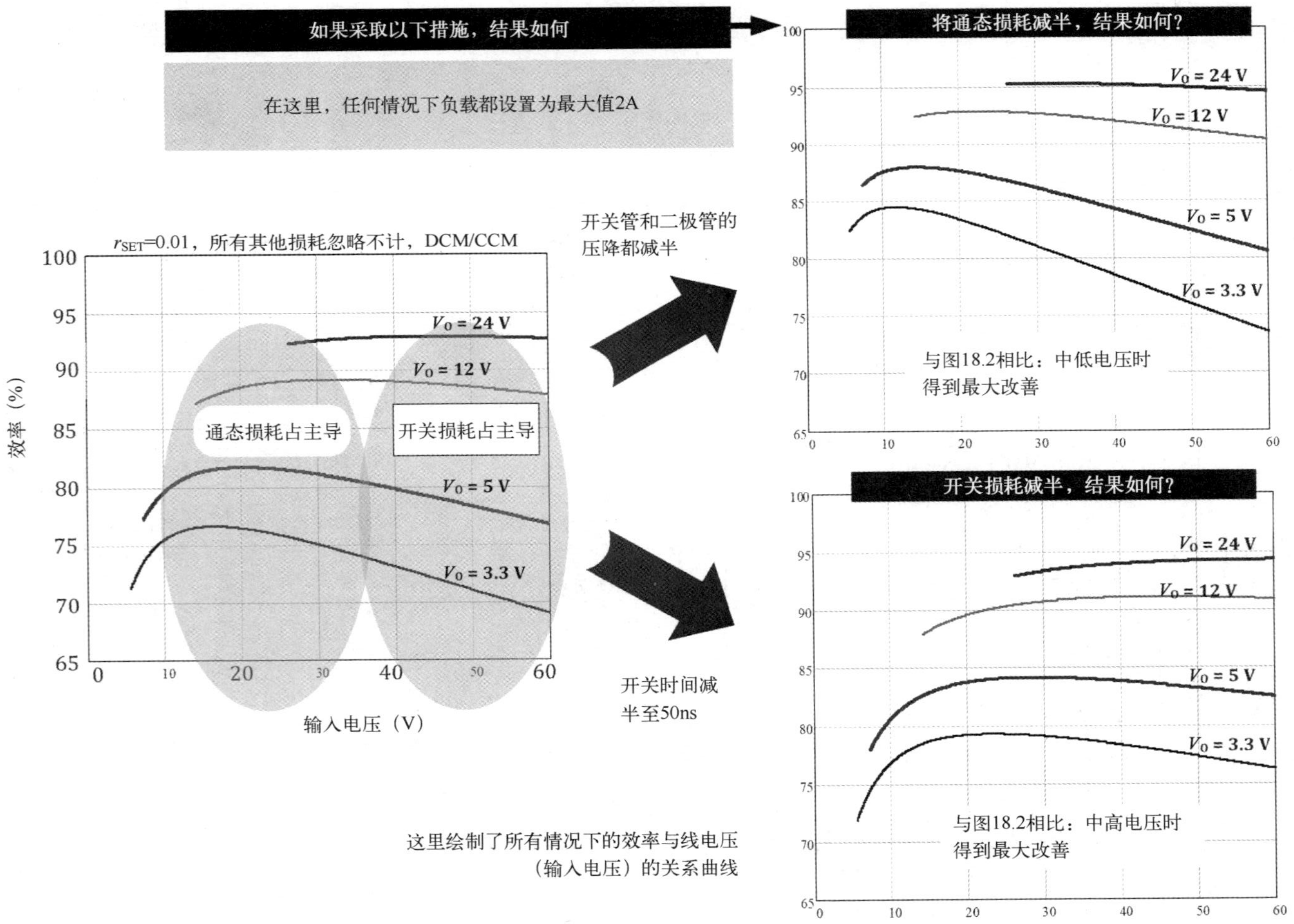

图18.13　了解效率与输入电压的关系曲线和优化方向

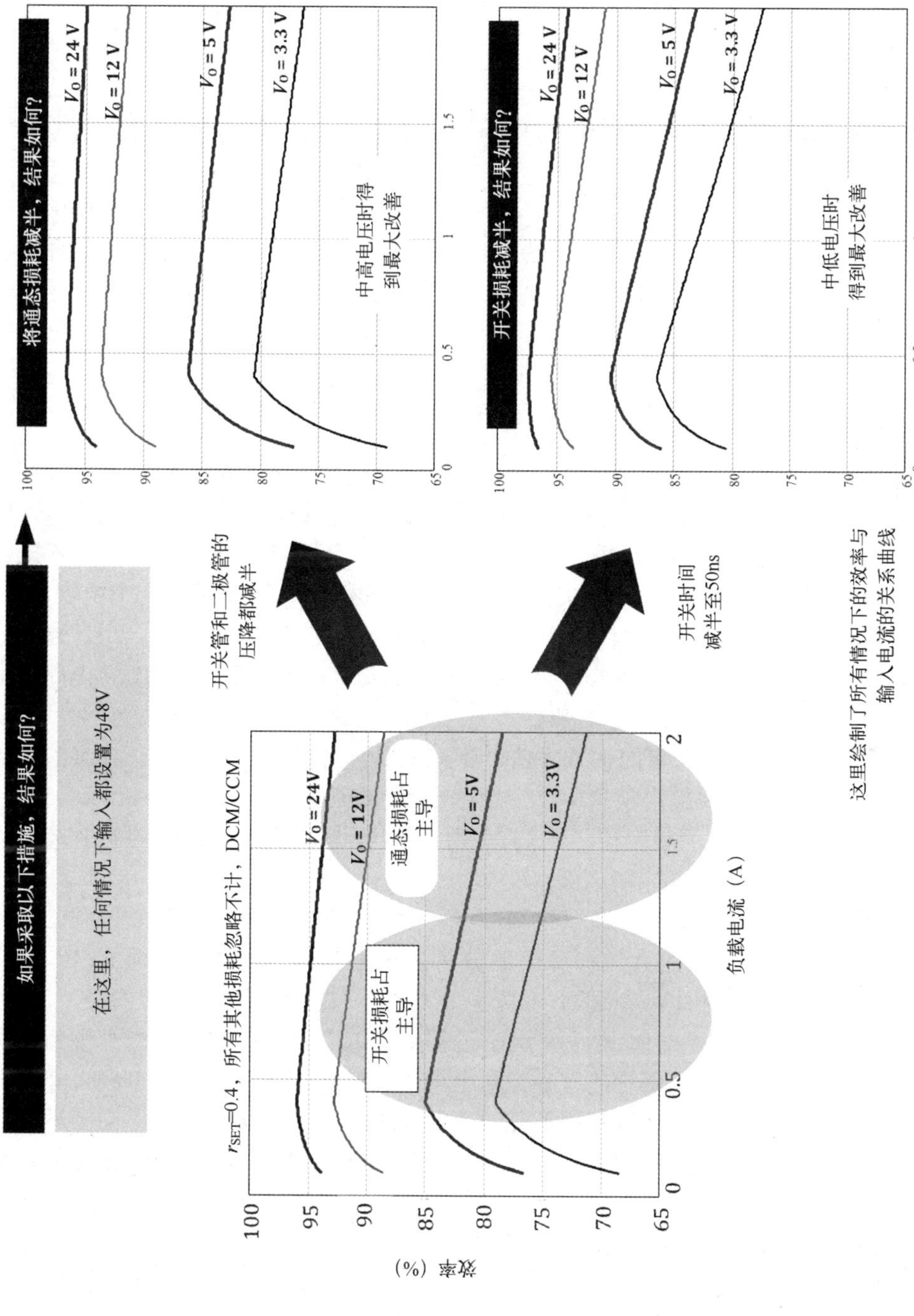

图18.14　了解效率与负载电流的关系曲线和优化方向

第 19 章　软开关与 LLC 变换器设计

第 1 部分　从传统 PWM 功率变换到谐振拓扑过渡概述

读者需要注意的是，本章提到的是由作者发现的一种创造 LLC 变换器的独特设计方法。与现有的 LLC 变换器相比，它能提供非常宽范围的输入电压。这种独特的方法还可以精确地确定工作频率的最小值和最大值。它可能受到各种知识产权和/或商业秘密保护。

引言

在传统的方波开关功率变换发展的早期，据说流经电感器的电流不允许被突然切断。这种害怕促使了谐振拓扑的产生。但是因为各种原因，尤其是非常宽的，几乎不受控制的开关频率和由此产生的 EMI 传播，谐振拓扑并没有成为主流，直到现在仍然不是。但最近由于“LLC 拓扑”，对谐振拓扑的兴趣突然复苏。这种 2 个电感与 1 个电容（“L-L-C”）的独特组合使开关频率范围相对较窄，更容易设计标准 EMI 滤波器，而且通过仔细的设计可以实现零电压开关（软开关），从而在很宽的负载范围内改进 EMI 和提高效率。但是整体目的与分析仍然被认为是复杂的，甚至几乎是神秘的，了解相对较少。大多数成功的 LLC 设计仍然基于古老的试错方法。不同的是，现在它可能发生在真实的实验室环境中，但也可能发生在虚拟实验室中，使用基于 SPICE 的仿真器，如 PSpice、LTSpice 和 Simplis。这种试错方法明显阻碍了它们在现代设计开发和基于流程图的商业产品环境中的应用。

为了克服对谐振的潜在恐惧，在以下篇幅中，重点首先放在对谐振与软开关的指导原则的理解。只有在得到基本的直觉和深度的分析之后，我们才可以开始建立 LLC 变换器，步骤为：逐个组装组件，在每个阶段分析性能，提供必要的简化数学，并通过 MathCAD 与 Simplis 验证每一步骤。在这个过程中，以下篇幅中涉及的一个独特方法也许是第一次被提出。它从我们所称的 LLC 基本电路开始。这实际上是一个经过充分分析的谐振基本电路，从中我们可以进行电路拓展，创造几乎任何想要的 LLC 变换器——通过功率和频率缩放技术，这种技术我们有时会忘记，或者没有意识到，但事实上几乎每天在传统的“方波”开关功率变换中都在直观地使用。[缩放是一种众所周知的技术，如作者的 *Switching Power Supplies A to Z*（第二版）中第 512～523 页所述]。最后，通过生成一个基于 MathCAD 的通用查找图，可以很清楚地告诉我们如何在功率变换能力上进行权衡以获得更大的输入范围，从而解决了将 LLC 拓扑用于宽输入电压应用的一些担忧——实际上并不是通过过度设计整个 LLC 变换器（功率级），仅仅需要设计 LLC 谐振组成单元就可以实现这一目的。

最终，给出了一个完整的自上而下的 25W PoE 供电设备（PD）的设计。到目前为止，还未真正见到 LLC 拓扑出现在 PoE 应用中，也许是因为在 PoE 中，通常需要 32～52V（实际规定为 36～57V）的宽低压输入工作范围。目前大多数 LLC 设计用在高压区，在传统 PFC 前端的 AC-DC 应用中，用作良好调节的 HVDC（高压直流）输出端，因此输入电压波动非常小。但只要学习了下面的技术，就没必要限制输入波动。

软开关与硬开关

为了解决这些问题，我们需要重新审视一下，最初对中断方波开关功率变换的电感电流的忧虑。这种担忧也有一定的真实性，因为储存在电感器中的能量为$(1/2)LI^2$，与某个时刻通过电感器的电流有关。由于能量守恒定律，能量不能在瞬间消失，我们不能简单地将开关管（或 FET）与电感器串联，并通过关断开关管来中断电感电流。这种做法会瞬间产生很高的电压尖峰（感应电压），从而损坏开关管。但是人们很快发现了一个办法：我们可以故意为电感电流提供另外一条“续流”路径——一旦开关管关断，电感电流保持流通顺畅（没有任何断续）。这种逻辑思路导致了传统开关功率变换中续流二极管的出现。这种二极管为电感电流提供有效路径，比起试图限制电流使其无法流通（当然随后它就反击!）是更聪明的选择。到目前为止，续流二极管是任何传统功率变换器的开关管（FET）实现每秒数十万次的反复可靠开通和关断的原因。但是这种将电感器驱动至临界边缘的方式也需付出代价。在最后时刻转移电流，此处我们的意思是最后一刻，确实会带来不良后果。因为每当我们试图中断电感电流时，比如说把与电感器串联的 FET 的栅极电位拉到地电位（或者拉到它的源极，如果适用的话），并不能像我们希望的那样，瞬间降低 FET 中的电流。仔细分析后，我们发现 FET 的漏-源电压需要完全转换，才能使续流二极管正向偏置，从而开始从 FET 中吸收一些电流。但在此之前，不能因为害怕感应电压效应，而以某种方式迫使 FET 放弃电流。换句话说，在一个短暂的时间内 FET 漏-源间有一个大幅的电压波动。虽然该电压波动的平均值是峰-峰值电压的一半，但它是在完整的预先存在的电感电流继续通过 FET 的情况下出现的。此时，FET 电流还没有减小，因为二极管仍处于开始准备吸收电流的“设置”过程中。这种情况直到整个电压波动完成，二极管正向偏置才会发生。从几何角度上，我们可以看到 FET 的电压和电流的“重叠”，如图 19.1 所示，这就形成了 FET 的“交叉”（开关）损耗。从数学上来说，开关过渡期间 FET 上有一个非零项 VI。当然，这个开关损耗分量还有其他一些细微的影响因素，例如 FET 寄生电容的强制放电（能量消耗），以及引起开关（过渡）时间增加、导致更多的 VI 交叉能量被浪费的漏栅极米勒效应，等等。因此，当开关频率越来越高，输入源（以损耗的形式）所做的无用功会导致整体效率下降几个百分点。正是由于这些原因，开关过渡这一微小但极其重要的时间段引起了人们的广泛关注，激起了对谐振拓扑研究的新兴趣，在这方面带来了新希望。

在开关状态转换（FET 电流电压交叉）的几纳秒内，降低开关损耗是提高功率变换效率的关键。但我们也希望通过更软的“谐振变换”来降低 EMI，因为我们知道，传统的“硬变换”是传统变换器中主要的 EMI 来源。我们几乎凭直觉预期，通过使用谐振拓扑，电压将通过自谐振作用柔和地降低，因此 V-I“重叠”可能减小，或几乎变为 0，如图 19.1 所示。如果是这样，也有助于降低 EMI。

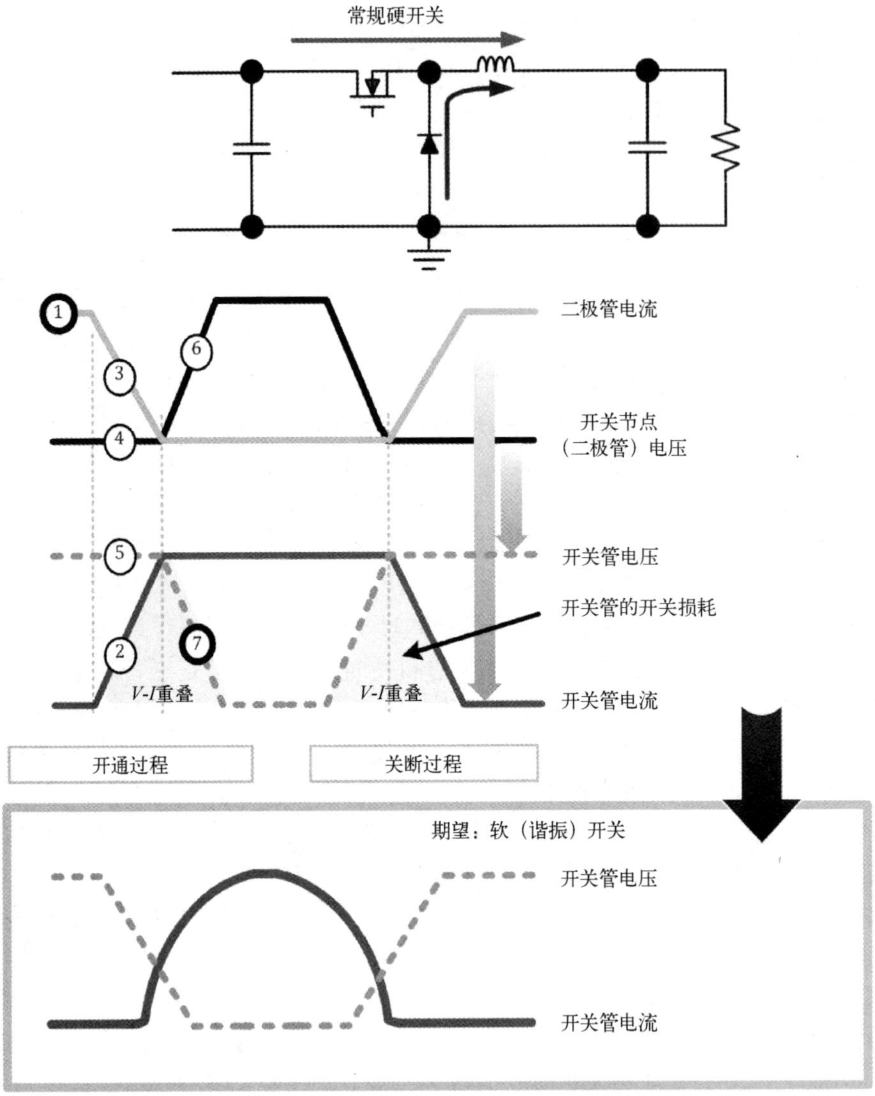

图 19.1　硬开关与软（谐振）开关对比

注： 另一种适用于低功耗场合的方法是采用不连续导电模式（DCM），因为我们可以在每次开通 FET 前确保电流为 0。我们可以使用众所周知的振铃扼流圈变换器（RCC）原理来实现这一点，该原理基本上是感应电感器/变压器的振铃电压，以检测没有剩余电流（即磁芯复位）的时刻，并在此时开通 FET。在临界导电模式（BCM）中，这是一种变频 PWM。它实际上广泛用于 20 世纪 80 年代的普遍存在的电视电源的反激控制器 IC——TDA4601 中，它最初来自 Philips，现在 Infineon 仍在使用。现代的 iPhone 充电器用的是 ST 微电子的 L6565，虽然与 TDA4601 用的是相同的振铃扼流圈原理，但为了与时俱进，它更喜欢称自己为 QR（准谐振）、ZVS（零电压开关）拓扑的 SMPS 控制器芯片。但是，在 FET 关断过程仍有开关损耗。

然而请记住，图 19.1 中对谐振软开关的直观描述只是一个“愿望”。说起来容易做起来难。深入研究发现，谐振拓扑并非在所有方面都相似或完全相同。例如，并不是所有的拓扑都“自然而然地”有软开关。Bob Mammano 说（引自他在 1988/89 年 Unitrode 电源供应设计研讨会系列专题 6，所作题为“谐振模式变换器拓扑”的报告）：“虽然它基本上很简单，但这一原理可以广泛应用，创造出一系列令人困惑的可能电路和工作模式。”

事实上，并不是所有的谐振拓扑和工作模式都必须减少开关损耗、降低应力、提高效率，甚至减少 EMI。正如我们所看到的那样，有些甚至并不是合适的控制策略。最后一个方面是非常重要的，但在虚拟实验室里往往被忽视。谐振功率变换的整个主题对于（1）理解和（2）有效地实现是一个极其复杂的问题。

但我们至少足够完全理解传统功率变换了吗？我们可能意识到我们需要在这方面做得更好，因为在传统的功率变换中包含了一些对成功分析和实现谐振拓扑的关键提示。我们可能错过了一些迹象。例如，在传统的变换器中，一个潜在的令人困惑的问题是，为什么续流二极管中没有任何电压与电流重叠交叉？如图 19.1 所示，二极管上确实没有明显的 *V-I* 重叠，这是我们在效率计算中通常假设二极管的开关损耗几乎为 0 的原因。这仍然是一个有效的假设，即使在同步拓扑中——用另一个 FET 替代（或并联到）续流二极管。因此考虑如下难题：现在有一个几乎完全相同的 FET 图腾电路（如同步 Buck 电路中），但我们仍然忽略了底部 FET 的开关损耗，却没有忽略顶部 FET 的损耗。怎么会这样？顶部 FET 与底部 FET 位置有什么不同？为什么看起来大自然更喜欢顶部 FET 而不是底部 FET？

更令人惊讶的是，如果我们深入研究，我们就会发现一种特定的工作模式，仅在周期的一部分时间内，即使是同步 Buck 的顶部（控制）FET 几乎没有开关损耗，而全部转移至底部（同步）FET！这种角色互换是怎样发生的？一旦我们了解了这一切，就了解了在设计好的谐振拓扑时需要采取的直观方向。

两个关键问题（指导原则）

这些形成了设计合适的谐振拓扑的指导原则。对于任何提出的电路，我们需要问的最基本的问题如下。

问题 1。它确实能减少开关损耗吗？如果是，它工作在什么区域（或是工作模式）？我们需要知道这种软开关的临界输入电压和临界负载，从而确保至少在最大负载下也能大幅降低开关损耗（轻载时也一样）。最后我们希望这样做了之后，不会产生非常宽的开关频率变化范围。因为即使有了软开关，但开关频率变化范围非常宽，那么无论从经济性、体积大小以及 EMI 滤波来看都不好。我们不能通过简单地将成本与功耗从一个电路模块转嫁至另一个电路模块（本例中的 EMI 级）来获取收益。

问题 2。最简单、看起来最明显，实际上也是最难回答的问题：如何“调整”（谐振变换器）输出电压？需要脉宽调制（PWM）或其他？有没有一种简单的方法来实现对干扰的明确、几乎是“下意识的”（快速）响应，类似于我们在传统功率变换中所做的？我们记得，在传统变换器中，无论出于何种原因，对于输出电压降至设定参考电压之下的反应，几乎是盲目地增大占空比。同样的，如果输出上升就减小占空比。这是基本的 PWM 实现的核心。幸运的是，我们也知道，对于所有的传统拓扑来说，输入下降或负载增大都能引起输出下降，因此需要增大占空比（脉宽）来纠正。虽然快速反应使环路稳定性区域变得复杂（过矫正与欠矫正之间的复杂关系），但好消息是对于输入扰动与负载波动，我们至少有一个简单、快速与明确的响应，这是保证实现校正的永远正确的“方向”。毕竟，如果增大占空比，却导致输出下降得更厉害（有点像 Boost 与 Buck-Boost 变换器的右半平面零点问题），这是没有任何意义的。例如，我们不能要求一个复杂的控制方案这样做：如果输入降至设定值的 80%，就增大占空比，随之又减小占空比（以精确调整输出）。这种算法不可能实际实现。但不幸的是，在谐振拓扑中，我们正好遇到这种奇怪的情况。因此，如果不定义一个非常明确的工作范围（与元件选择相关的允许与期望的输入变化与负载变化），我们将最终进入一个这样的工作区域，即我们希望通过控制系统响应来调整输出，但实际上输出转向相反的方向。这将成为另一个非常棘手的谐振拓扑中的一部分问题，我们将在下面的篇幅中解决。

我们已经列出了将要解决的两个关键问题或指导准则。但是在我们这样做之前，首先需要更多地了解传统变换器，特别是了解开关损耗不平衡的原因，如同步 Buck 变换器中一个 FET 有损耗，而另一个没有。这会把我们带到谐振拓扑发展的下一阶段。

注意，最终的总任务分为 4 个基本步骤：

（1）理解现代（方波）同步拓扑中有助于产生软开关效应的特性及物理条件，将其应用于谐振电路中。

（2）理解谐振元件，将其搭建成谐振电路，首先用正弦交流电源驱动，由此确定特定的 LC 网络（“腔电路”）“工作”在所有所需的场合，尤其与之前提出的指导原则相关的方面。

（3）用“方波开关”晶体管代替交流电源（腔电路的激励），就像在传统功率变换中一样，以降低与开关管功耗相关的通态损耗，并从腔电路及其响应的角度看方波开关如何近似正弦交流电源。

（4）增加输出二极管与输出滤波电容来产生整流直流端，了解其对上述电路的影响。

我们希望用这种方式可以根据前面所述的“指导原则”建立一个可用的谐振变换器。

同步 Buck 变换器的开关损耗及经验

在图 19.1 中，我们首先考虑开通过程（图的左侧）。在此之前全部电感电流流过二极管（①）。这显然是正向偏置。然后开关管开始开通，试图引导电感电流经过（②）。与之相对应的是二极管电流开始减小（③）。然而重要的一点是，虽然开关管电流仍是变化的，但还不是全部的电感电流，二极管还需继续导通剩余电流，即任何时刻的电感电流与开关电流有差别。然而为了导通一些电流，二极管必须保持充分正向偏置。因此，在流过 FET 的电流从 0 变化至最大值期间，二极管两端电压没有变化（④），或表示为 FET 两端电压没有变化（⑤），而二极管的电流从最大值降低至 0（交叉重叠）。最终，只有当整个电感电流全部转移至开关管，二极管才会释放电压。开关节点释放之后，其电压上升至非常接近输入电压（⑥）。因此，根据基尔霍夫电压定律，开关管两端电压下降（⑦）。

因此，可以看到在开通期间，开关管两端电压在电流波形完成变换之前不会改变。由此可以得到非常显著的开关管（FET）*V-I* 交叉重叠。这就是“硬开关”的定义。

如果对于开关管关断期间作相同的分析（图 19.1 的右半边），可以看到，为使开关管电流开始减小，即使是减小一点点，二极管也必须首先（以电压形式）“定位”来吸收任何通过它的路径（由开关管放弃）的电流。因此，开关节点的电压必须先降到接近 0（稍低于地），以便使二极管正向偏置。这也意味着开关管两端的电压必须首先完全转换，然后才允许开关管电流稍微降低。

由此可以看到在关断期间，流过开关管的电流不变，直到电压完成变换。由此得到非常显著的开关管（FET）*V-I* 交叉重叠。

但是，无论是开通还是关断期间，二极管上都没有任何 *V-I* 交叉重叠。因此我们通常假设传统拓扑中二极管上的开关损耗可以忽略不计——在两次转换期间，开关管（FET）都会发生硬开关。

注：Boost 拓扑中，尽管二极管两端没有可以测量的 *V-I* 交叉重叠项，但令人惊讶的是，二极管也能引起 FET 严重的额外开关损耗，而非其本身。例如，FET 直通也会引起损耗（续流二极管的反向恢复特性较差，同步 Boost 变换器的同步 FET 体二极管也“较差”）。换句话说，技术上来讲二极管永远无法“看到”自身的 *V-I* 重叠损耗，但它肯定会引起开关管（FET）的损耗，甚至可能是外部无形的损耗。这种特殊情况，往往是由于想要实现零电流开关（ZCS）引起的，而不是本章中我们将重点关注的 ZVS（零电压开关）。一种简单的方法，特别是低功耗的应用场合，是使变换器工作于 DCM，因为如果升压二极管不再载流，它也就没有反向恢复的问题（当开关管开通前它已经恢复）。

然而再仔细看一下图 19.2 中的同步 Buck，当电感电流瞬间为负（小于 0，即从上而下流过底部 FET）时到底发生了什么。假设电流为负期间，底部 FET 关断，那么高位 FET 被迫导通。这就使得我们必须密切注意在死区时间内，即一个 FET 关断后另一个 FET 导通前的微小间隔内发生了什么。大多数工程师都清楚，死区时间的主要作用是避免上下 FET 在同一时刻导通的可能性，这种可能性会因为交叉导通/直通引起大量损耗，也可能损坏 FET。但死区也能提供另外一种微妙的好处，如图 19.2 所示。

由图 19.2 可以看出如果电流暂时为负，在关断底部 FET 的时刻，电感实际上与 FET 漏-源寄生电容产生谐振，引起开关节点电压上升，最终导致电流通过顶部 FET 的体二极管回到输入端。请记住，为了使体二极管导通，它必须正向偏置。因此开关节点的电压必须有波动。当顶部 FET 导通，电压确实在零点附近波动（正向偏置体二极管压降）。这是 ZVS 的定义。可以看到顶部 FET 实现“软开关”。虽然这种效应只在开关周期的部分时间内出现，但在谐振功率变换中，这种效应也可以在两个（或更多）FET 上发生。

注：试想一下，如果 Buck 电感平均电流完全降为 0 以下（可能电感电流波形的一小部分为正），可以根据“输出”（现在实际就是输入）“画出”电流波形，并将其送至“输入”（现在真正的输出）。如果波形的任何部分都小于 0，那么实际上就是一个完美的（传统）Boost 拓扑，而不再是 Buck 拓扑。我们也知道，Boost 中底部 FET 为“控制 FET”，顶部 FET 为同步 FET。因此我们直观地看到 Boost 中只有底部（控制）FET 有开关损耗。并且不出意料，这一反向 Buck（实际就是 Boost）所有的开关损耗在整个开关周期内转移至底部 FET。顶部 FET 没有任何开关损耗。所以，“角色转换”是有意义的。当电感电流为负时（同步 Buck），转换期间同步（底部）FET 会产生开关损耗，而非顶部（控制）FET。只有当开关变换发生在电流为正的部分才会在控制（顶部）FET 产生开关损耗，正如以前的假设一样。

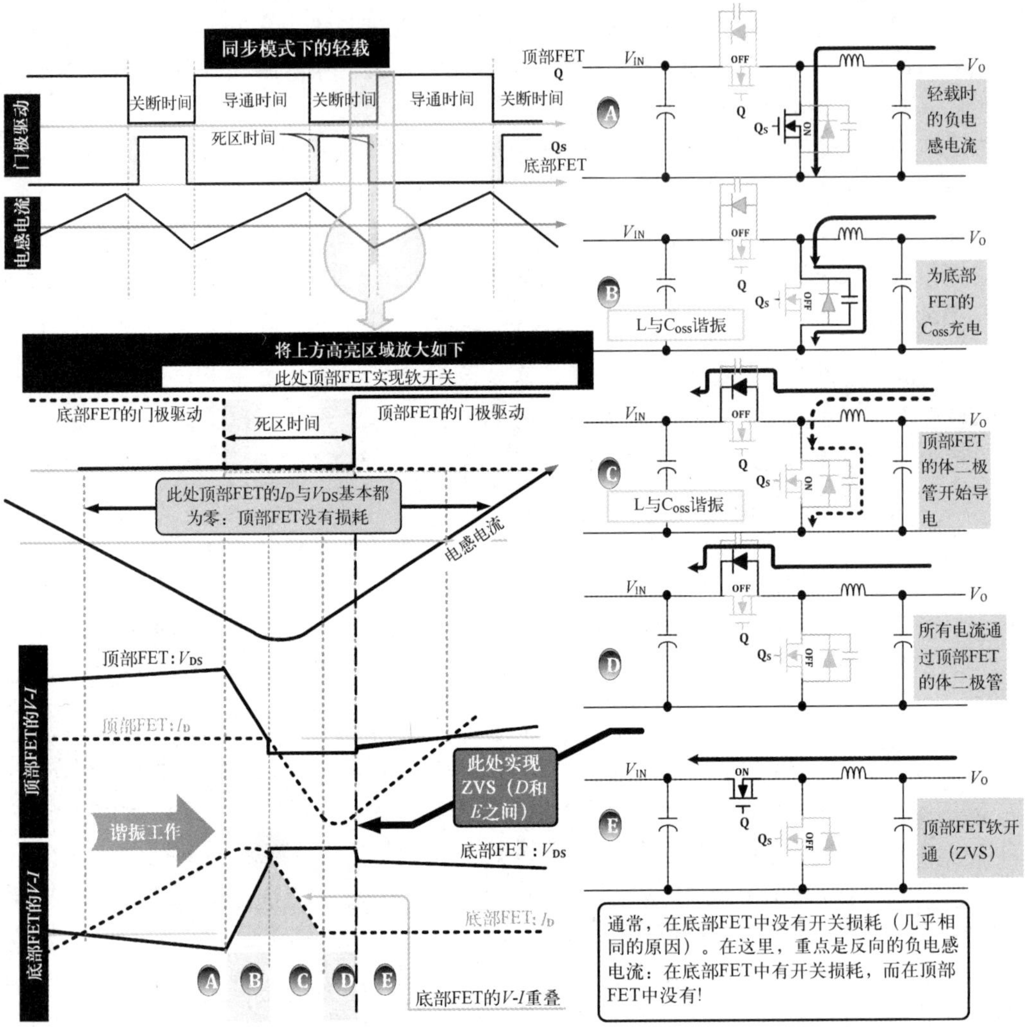

图 19.2　同步 Buck 在某些情况或工作模式下自然实现 ZVS

我们知道在之前的死区时间（开关转换前）内无论哪个 FET 的体二极管（或在外部放置反向并联二极管）有电流流过都可以实现 ZVS。所以转换期间的电感电流方向是识别（或区别）哪个 FET 实现软开关和硬开关的关键。请记住，组成“正的”或“负的”电流完全取决于我们定义的“输入”和“输出”，以及“正常”能量流动的方向。

请注意，在上述任何一种情况下，我们当然需要电流经过电感来想办法实现 ZVS。当然还需留下一段小的（但不是太小的）间隔时间来产生感应电压。我们还需要足够的电感来迫使寄生漏-源电容产生一个完整的电压摆幅。非常类似的情况，在谐振拓扑中，无论是简单的还是复杂的 LC 网络被切换，我们都了解到，为了能够实现 ZVS，腔电路需要对输入源呈现“感性”。这是实现 ZVS 的基本条件。

总结一下，实现 ZVS 的两个最基本的前提是：

（1）电流需要来回“振荡”——这在谐振拓扑中自然发生，但在半桥、全桥和推挽拓扑中也能强制发生。所有这些拓扑都是 ZVS 的合适候补，但须符合下述条件。

（2）腔电路（网络）的阻抗必须对输入电压源表现出感性，因为这最终才能强迫电流通过（用感应电压），并且在此过程中 FET 上产生零电压开关——尽管如上所述，也必须产生足够的电感（相对于所需的死区和寄生 FET 输出电容）来迫使节点电压按时变化（死区结束之前，这样它就可以在 FET 开通前降低 FET 的电压）。

注： 即使在全桥等"合格 ZVS"的传统拓扑中，也可以强制实现第 2 个要求并产生"准谐振（QR）ZVS"。这些拓扑都是基于带变压器的正激变换器拓扑。因此，我们必须增加一个小小的一次电感（通常用变压器的漏感）。

用元件搭建基本谐振电路

正如传统的开关功率变换，我们尝试在谐振拓扑中使用无功元件（电感和电容）。因为理想情况下，它们只会储存能量，而不会消耗能量。无论是有功还是无功能量，一般都需要通过以寄生的或负载形式的电阻来消耗能量。但是此外，L 与 C 根据互补的相位角将能量来回传递。我们可以根据这一有用的条件将能量从输入端（源）传递至输出端（负载），如果可能的话，还可以在这个过程创建 DC 调节，这是任何一种功率变换器的基本要求。

这是实现"无损"（高效）功率变换方法的一般方向。谐振拓扑与传统开关拓扑的主要区别是与所使用的 L 与 C 的实际值有关。传统功率变换中的输入与输出端使用相对"较大的"电容，因此自然 LC 频率相对于开关频率来说非常大。我们只是不再"看到"谐振效应，因为在开通和关断前不会等那么长时间。但如果大幅减小 L 与 C，即使在传统功率变换中就可以看到谐振效果。请记住，虽然有谐振，但并不能代表它们被接受或有用。它们最终的有效性是基于先前描述的两个"指导原则"来判断的。

注： 通过减小 L 与 C 来修改传统拓扑通常不是产生谐振的最好方法，除了"ZVS 移相调制全桥"，其可以被形容为"交叉变换器"，从字面上来看结合了传统功率变换与谐振效应（虽然谐振仅发生在变换死区期间）。它保持了传统 PWM 变换器时钟频率为常数的特性，但在死区期间使用谐振（在所有的 FET）产生软开关。它也有四个 FET，通常还有一个额外的电感器。

为了创建合适的谐振电路，要先从简单的电感和电容开始，但它们并不相互连接。为了验证其"真实"，首先应当给参数取值。设 L = 100mH，C = 10μF。这些取值看起来相当大，但结果是，开关频率也会很低，这对我们的讨论很有帮助，至少在刚开始的时候。为了便于讨论及更清楚快捷地模拟电路等，为了方便起见，所有的东西都被调整到一个较低的开关频率。

将分离的元件 L 和 C 连接到同一个 30V（幅值，或峰-峰值电压的一半）、频率 300Hz 的交流电源，并查看通过每一个元件的电流。用 Simplis 仿真器来运行，结果如图 19.3 所示。

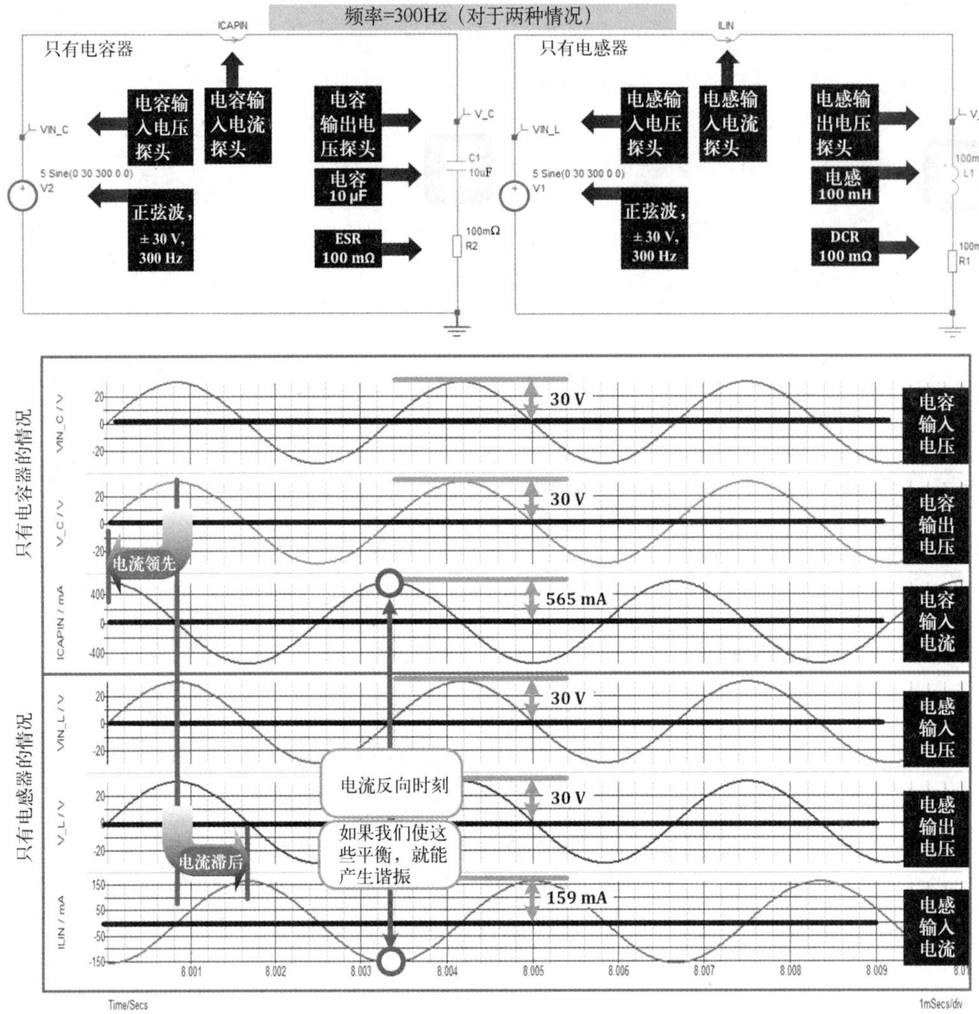

图 19.3　同一 30V/300Hz 交流电源下 100mH 电感器与 10μF 电容器的响应

正如预期的那样，两个元件的输入和输出电压是相同的，都是 30V。电流不同，对应的电流幅值为

$$Z_C=\frac{1}{2\times\pi\times f\times C}=\frac{1}{2\times\pi\times300\times10^{-5}}=53.05\,\Omega \quad 因此 I_C=\frac{V}{Z_C}=\frac{30}{53.05}=0.565\text{ A}$$

$$Z_L=2\times\pi\times f\times L=2\times\pi\times300\times0.1=188.5\,\Omega \quad 因此 I_L=\frac{V}{Z_L}=\frac{30}{188.5}=0.159\text{ A}$$

这正是通过如图 19.3 所示的模拟所得到的结果。但通过该图，我们可以看到另外一种我们希望可以利用的可能性：峰值电感电流有点滞后于（正好是四分之一周期）电感电压（本例中与输入电压相同）。这就是为什么我们通常说电感电流滞后于电压 90°。从传统开关功率变换也能确认，当在电感器两端施加电压时，电流缓慢上升。所以电流确实滞后于电压，尽管不幸的是，我们不能像传统的功率变换那样，真正地想象或定义非正弦波形的“滞后”是什么。现在，再次由图 19.3 可以看到电容电压峰值滞后电流峰值正好 90°。换句话说，电容和电感电流相位正好相差 180°。它们是互补的，因为 180°仅仅是符号或方向的变化（相对于对方）。请注意，我们已经隐含地选择并假设流入元件（L 或 C）的电流为“正”，而流出的电流为“负”。因此，180°的相对相移仅仅意味

着，当 159mA 的电流流出电感器，同一时刻 565mA 的电流流入电容器。图 19.3 可以证明这一点。

之前的逻辑引出以下的思考过程：能不能在同一时刻，流出电感器的 XmA 电流，正好流入电容器？是的，改变频率可以实现这一点——因为某一种情况下（电感器）阻抗随频率增大，而另一种情况下（电容器）阻抗随频率减小。当然，我们可以让这两个值在某个“交点”处收敛，在这个交点上，它们的阻抗大小相等（虽然符号相反），如图 19.4 所示。这一交叉点为所选择的 L 和 C 形成了一个“自然（或谐振）频率”。唯一的问题是：频率是多少？这一点上电感器的阻抗为 $2\pi fL$，等于电容器的阻抗 $1/(2\pi fC)$。令两者相等，解得著名的谐振频率方程：$f_{\mathrm{RES}}=1/(2\pi\sqrt{LC})$。根据以上观察可以更清楚地描述谐振。

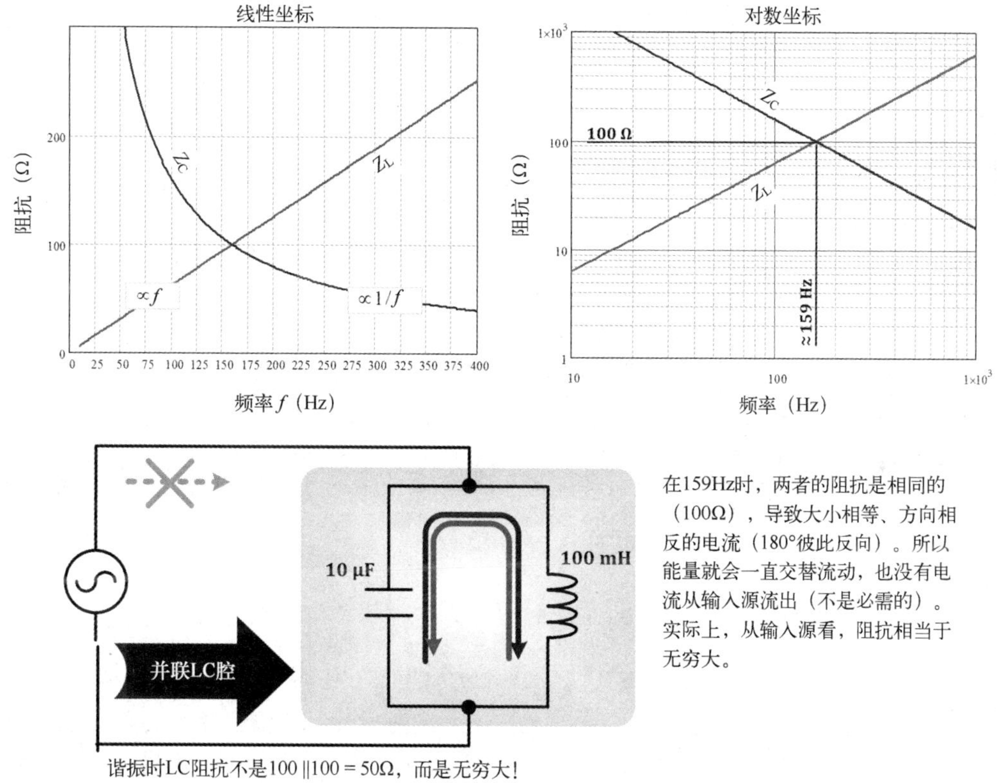

图 19.4　并联谐振腔电路在谐振（自然）频率下的能量储存能力解释

将两个元件（L 与 C）并联连接，并将能量注入这个“腔”，通过调整交流电源来改变两个元件的自然频率。由此从理论上讲，能量一旦注入这个腔，就可以在 L 与 C 之间永远来回传递。它能自我平衡，如图 19.4 所示。图 19.5 对这一现象解释得更详细。

请注意，一旦 LC“腔”被激励并运行，即使完全撤去交流电源，振荡也将无限期地继续下去（理想情况）。如果交流电源继续与腔电路连接，它实际并无任何区别（除非交流电源用其他频率驱动腔电路，而非自然频率）。在谐振（自然）频率下，假设 LC 电路已经达到交流电源的电压等级，交流电源无需为腔补充能量（假设没有寄生串联电阻）。换言之，即使交流电源接在电路中也不会提供电流——因为它不需要。由一般的电路定义可知，如果输入源的电流为 0，那么由源看进去的（与电源连接的 LC 腔的）阻抗为无穷大（就像电路开路，虽然只有特定频率时才成立）。

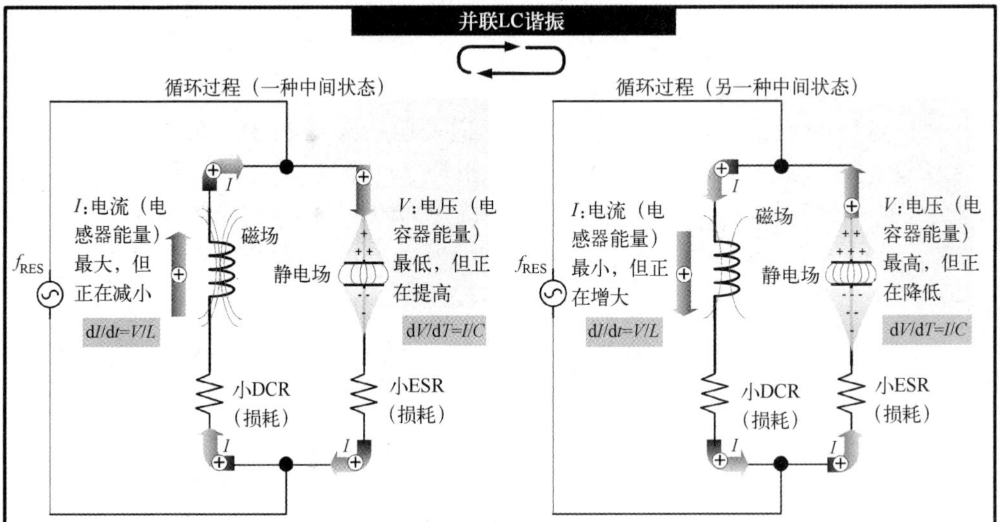

通过物理上并联L和C，两个元件在任何时刻都必须有相同大小的电压。根据定义，在谐振时，两者的阻抗也相同。因此，它们的电流虽然大小相等，但有90°–(–90°)=180°的相位差，即两个元件中任何一个元件瞬间流出的电流，几乎完全流入另一个元件（任何差异都是由于非理想性造成的）。因此，在谐振期间，能量（电流）在电感器和电容器之间来回摆动，如上图所示。当电流达到峰值时（即电感能量最大），其上升率（即电压，也就是电容器的储能）非常小。当电压达到峰值时（即电容能量最大），其上升率（即电流，也就是电感器的储能）非常小。这会导致大量存储的能量来回交换。在谐振时，并联L和C之间会产生反向电流，但它们最终几乎会互相抵消，因此电压源本身看不到这些大电流。从源向内看，只能看到无穷大的阻抗。

如果不是因为实际中的寄生电阻，如ESR和DCR，这种交换可以一直持续下去。因此，在交换过程中，会不断地消耗少量的能量，这些能量会从电压源中吸收，以补偿损失并保持稳定状态（前提是存在电压源，否则LC振荡将以指数速度衰减到零）。但作为并联电路，L和C两端的电压等于电压源的电压，只有相对较小的电流（来自电压源）通过L和C组合。由于这个小的输入电流只用于补偿小的纯电阻损耗，所以谐振时的输入电流与输入电压相位一致。对于输入电压源，并联LCR网络在谐振频率下表现为一个纯电阻（阻值非常大，产生非常小的输入电流）。

由于从电压源流出的电流非常小，我们可以说并联LC电路在谐振时提供了非常高的纯阻抗。
例如，与L串联的小（大）电阻可被视为与理想L并联的大（小）电阻，虽然这种转换（等效并联电阻）与频率有关。类似的，与C串联的小（大）电阻可以被视为与理想C并联的大（小）电阻，虽然这种转换（等效并联电阻）也与频率有关。

图 19.5　并联 LC 电路储能的详细解析

刚才构建了第一个谐振电路：一个纯 LC 并联电路（没有寄生电阻）。这是第一个组件。我们直觉地发现这种纯 LC 并联腔电路在其谐振频率 f_{RES} 下阻抗无限大。如前所述，结果为 $f_{RES}=1/(2\pi\sqrt{LC})$。

有趣的是，在谐振时，腔电路的总阻抗并不是并联电阻的一半。这是因为并联元件中电压与电流的相位角互补，使得纯阻抗在谐振频率下变得无穷大。

在现实中，任何与 C 和 L 串联的小电阻（如 ESR 和 DCR）会导致振荡指数衰减。这种情况下为了“补充”腔，交流电源需要提供少量的电流，即使是在谐振时也是如此。这意味着虽然阻抗仍然很大，但不再是“无穷大”，即使在谐振频率下也不是。

我们模拟了（几乎空载的）并联 LC 电路——30V 交流电源、自然频率 159.155Hz、选定元件（10μF 和 100mH）。结果如图 19.6 所示。与图 19.3 相比，电路中仍然存在未匹配的和独立的组成部分。如果电路无任何负载，Simplis 模拟器会“抱怨”无限大的数值。

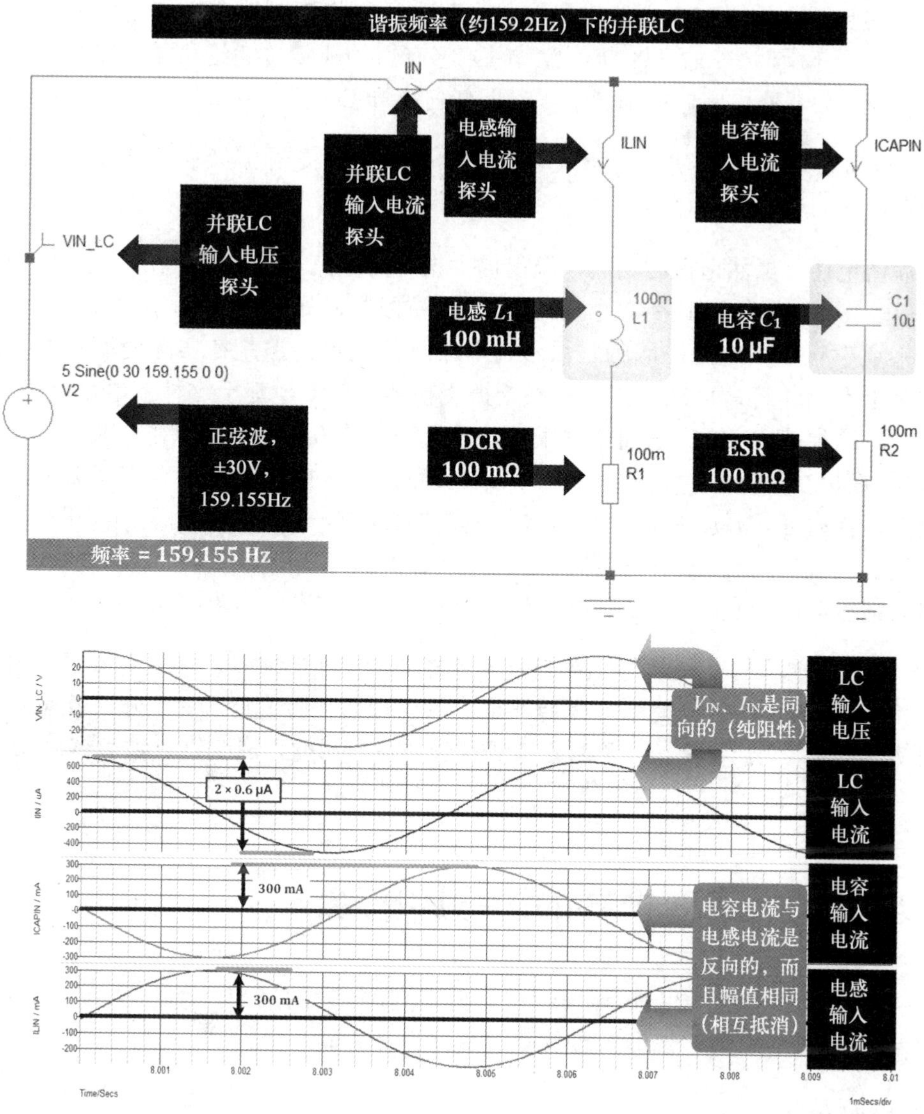

图 19.6　谐振时（几乎空载）的并联 LC，显示出 L 与 C 中的循环大电流

无论有没有寄生参数，频率小于或大于谐振频率时，并联 LC 阻抗都会减小。频率非常低的情况下可以假设电感短路，因此交流电源也短路（零阻抗），而高频时电容短路（高频旁路），所以交流电源再一次短路，几乎为零阻抗。

可以总结为，在 LC 并联电路的谐振频率左边，LC 网络呈现“感性”（电流滞后电压，但并不一定是完全的 90°）。而在谐振频率的右边，电路呈现“容性”（电压滞后电流，但并不一定是完全的 90°）。由于前面的章节中我们了解到谐振网络对于电源应该呈现“感性”，才能产生 ZVS，所以我们知道，要使并联 LC 电路有用，就只能工作于谐振频率的左边。

任何与 L 和 C 串联的小电阻（典型的寄生参数，如 ESR 和 DCR），都可以转换，或建模为一个与已并联的（纯）LC 并联的等效大电阻。在这种腔电路基础上的任何谐振变换器，其负载也与已并联的 LC 并联。如果交流电源突然断开，所有电阻的影响都会最终导致储能的衰减。如果交流电源仍然接于电路中，它将不断地向系统提供电流和能量，以保持系统“充满”——提供的形式为（1）将有用的能量传递给负载；（2）在串联的寄生元件（或等效并联电阻）中消耗能量。即任何离开 LC 腔的能量。

注：前面提到的“串-并联等效变换”表明并联电阻是交流频率的函数。对于任何给定的频率，我们都要重新计算。

最后请记住，虽然谐振时交流电源仅提供很小的电流，但这电流在并联 LC 中来回振荡后可以变得非常大。它仅受单个 L 和 C 的阻抗限制，如图 19.6 所示。交流电源可能永远不“知道”这些大电流，因为它只传递非常小的电流，但是在实际变换器中，循环电流的通路上有晶体管，可能会损坏并联谐振变换器（PRC，基于这种腔电路模块）。这是局限之一。这种基本 PRC 的另一局限是，没有明显的方法来调整输出！负载与输入电源并联，所以其电压与输入端完全相同。如果负载与输入电压无法调整，那么又有什么用呢？当然，我们可以添加其他的 L 与 C 来尝试实现这一点，但我们更倾向于另一种更有前途的谐振变换器，它在以往的谐振变换器中非常流行：SRC（串联谐振变换器）。它是基于串联谐振 LC 单元的，将在后文中讨论。

注：事实证明真实的世界与几乎到处都存在的“寄生”有关。特别是如果没有寄生电阻的话，“真实的世界”会发生奇怪的事情。事实证明，仿真时加一个小寄生电阻是非常好的想法，如图 19.6 所示。为了避免出现神秘的仿真问题，我们也应该尝试对 L 的电感电流或 C 的电容电压设置初始条件。

第 2 部分　构建变换器的谐振腔电路

在完成了从“完成了思维”到更好地理解谐振行为的最初过渡之后，下面开始加入 LC 组件进行试验。最终理解实际变换器的最佳设计方向。

串联谐振腔电路

这构成了几种商用谐振变换器的基础。让我们来熟悉一下它的优缺点。

在图 19.7 中，我们模拟了谐振时的串联谐振腔，几乎完全空载（即寄生电阻非常小）。可以看到谐振时会产生非常大的电流，大小仅受寄生电阻限制。由于电流非常大，根据 $V = IZ$ 可得 L 与 C 两端电压也非常高。然而，这些高电压相位不同，从输入源看进去几乎完全抵消，只剩下满足基尔霍夫电压定律的 30V（交流幅值）。因此，在交流源处检测不到这个高电压，但是能检测到大电流，因为这个大电流流经交流源。

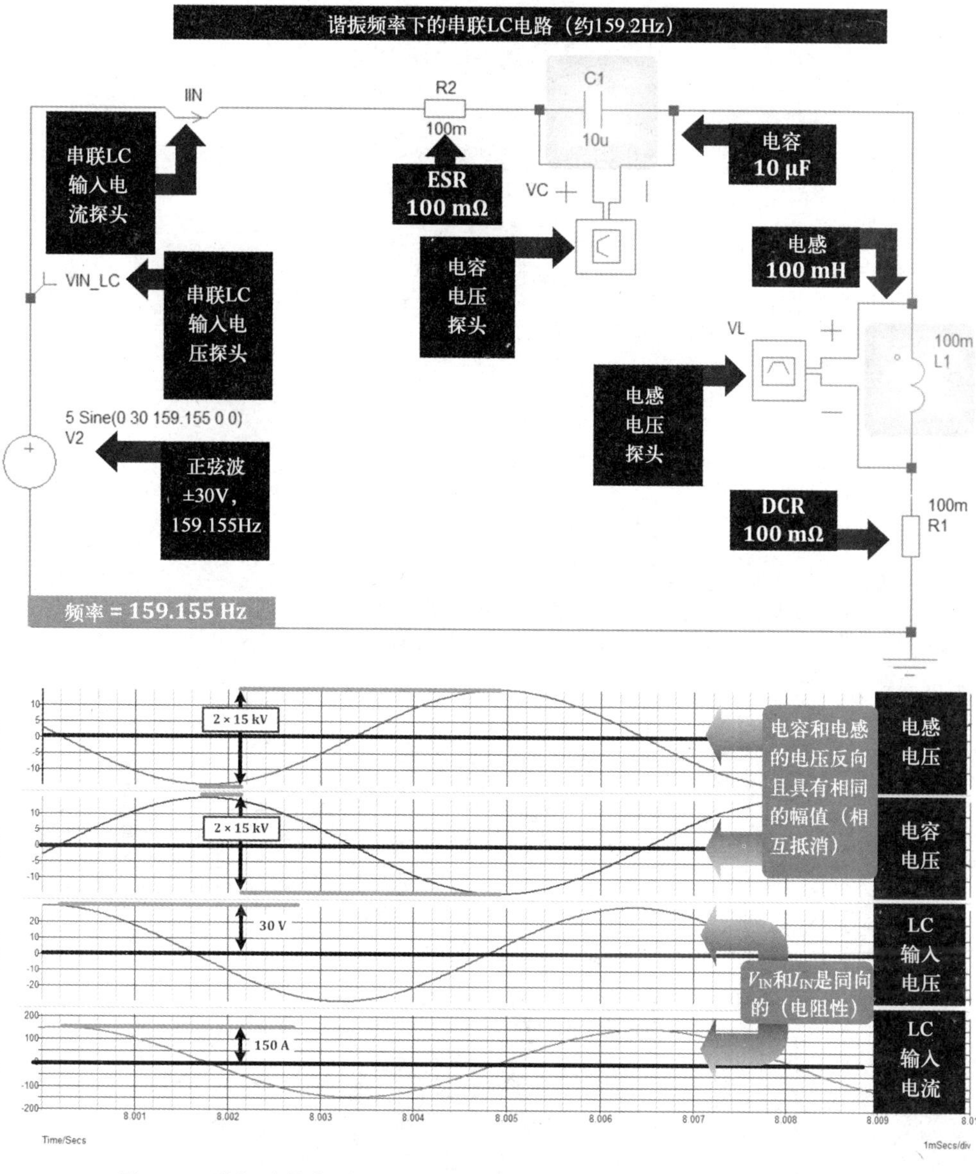

图 19.7　谐振时的串联 LC（几乎空载），显示出 L 与 C 两端的高电压

在一个基于串联 LC 原理的实际变换器中，我们通常会将负载与 L 并联。现在可以使用“并联-串联等效（频率相关）变换”，将并联负载电阻视为与 L 和 C 串联，就像寄生电阻（ESR 和 DCR）。事实上我们可以将负载与 L 和 C 串联，如图 19.8 所示。无论哪种方式，负载有助于大幅降低串联 LC[在任何串联谐振电路（SRC），即串联谐振变换器中]的高电压与大电流，这被称为阻尼。它使串联 LC 腔成为一个可能实用的电路，只要我们不试着让它工作在没有负载与 L 并联的情况下——因为在这种情况下阻尼会消失，串联 LC 谐振时产生的高峰值很容易使其损坏。这是（基于这种腔电路的）SRC 的一个限制。

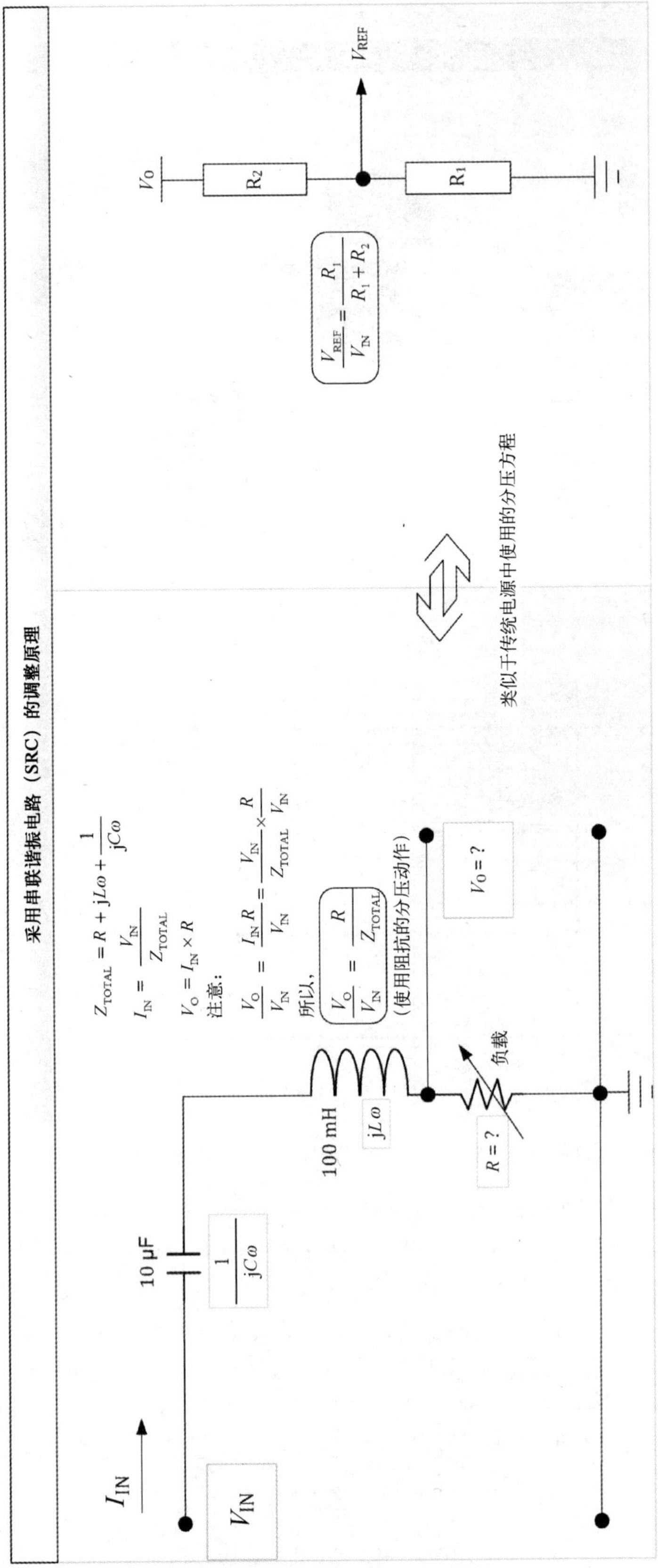

图19.8　利用串联谐振电路原理产生可调电压

PRC 电路不能轻易地实现可调输出，那么我们能不能使用 SRC 来提供一个可调整的输出呢？如图 19.8 所示，实际上我们使用了基本分压原理来产生一个（总是）低于输入的输出电压，这种分压原理传统上用于设置典型的 PWM 稳压器的输出电压。现在我们要适当地改变 LC 阻抗以产生我们想要的任何输出。换句话说，串联谐振电路（一般来说，有许多类型的谐振电路）中，需要通过改变“开关”（驱动）频率来调节输出，就像传统变换器中改变脉冲宽度来产生调节一样。

串联 LC 变换器能够确保实现 ZVS 吗？为此，我们需要腔电路对于交流电源显示为感性，如上文所述。我们可以直观地看到，在低频下，串联 LC 的电感会表现为一根与电容器串联的导线，所以交流电源只能在低频时看到电容。在非常高的频率下，电容器会对交流信号表现出短路特性，所以此时腔呈现感性。由此得出结论，在实际 SRC 中，为了实现 ZVS 必须工作于谐振频率的右边。

还有著名的“最后但并非最不重要”类型的问题：如果输出下降，频率需要提高还是降低？为了解决这一问题，在图 19.9 中，我们绘制了串联 LC 的增益（我们所说的增益在不同的地方被当作“变换率”，但它其实就是输出除以输入）。可以看到在谐振峰值右边的 ZVS 有效区，我们需要随着负载的增加而降低频率（为了使增益变大）。相反，轻载时必须显著增加频率来调节。对于 $R = 1000\ \Omega$，我们已经遇到了大麻烦：理论上，只要调整至设定条件（接近空载），那么 SRC 开关频率几乎无穷大。我们也知道负载非常轻时，串联谐振的电压和电流非常大，不但会损坏 SRC 开关，还会使得轻载时效率非常低。这些都是串联 LC 及其实际电路 SRC 的主要局限性。

为构建 LLC 变换器引入 LLC 腔

此处我们要做的是在串联 LC 腔增加一个相对大的与负载并联的电感器，如图 19.10 所示。现在有了两个电感器、一个电容器，我们称为 LLC（两个电感器、一个电容器）。

以前，LLC 并不是一个没人知道的拓扑。但是直到几年前工程师为了降低开关损耗，再次从谐振拓扑努力寻找时，它的全部意义才真正清楚。

注：然而，自相矛盾的是，人们对 LLC 变换器的设计仍然知之甚少，即使 LLC 变换器的原理是频率越高时有助于提高效率（最后一个绊脚石总是开关损耗），然而大多数商用 LLC 变换器的工作范围仍然仅仅是 80～200kHz。随着对技术的了解，技术肯定会有所改进。然而，1MHz LLC 设计原型已有报道（参见 *Optimal Design Methodology for LLC Resonant Converter*, by Bing Lu, Wenduo Liu, Yan Liang, Fred C. Lee, Jacobus D. van Wyk, at Center for Power Electronics Systems Virginia Polytechnic Institute and State University, Blacksburg, VA 24061, USA）。

我们必须清楚地了解如何正确与最优地设计 LLC 变换器——根据物理原理与深入理解，而非仅仅依靠实验室的纠错试验或虚拟实验室的仿真。这是相当复杂的。即使 Bob Mammano 也承认：这可能会变得“令人困惑”。我们希望能够在倒数本章揭开 LLC 变换器背后的一些神秘面纱，如果不能全部揭开的话。

$C = 10\mu F$、$L = 100mH$的SRC

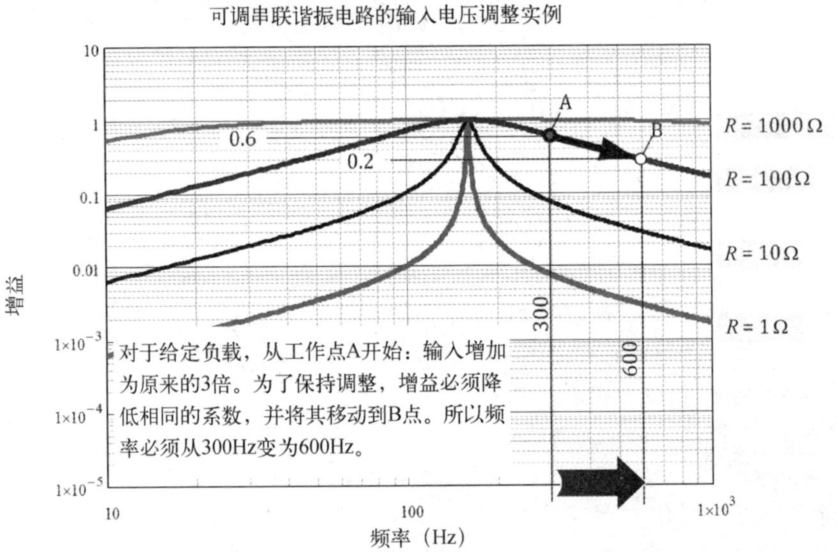

（A）在轻载下，输入电压调整将导致频率的大幅波动（参见图中$R = 1000\ \Omega$曲线）。

（B）也可以在谐振频率左侧实现输入电压调整，但电路会呈现容性（参见相位图），将导致ZVS无法实现。

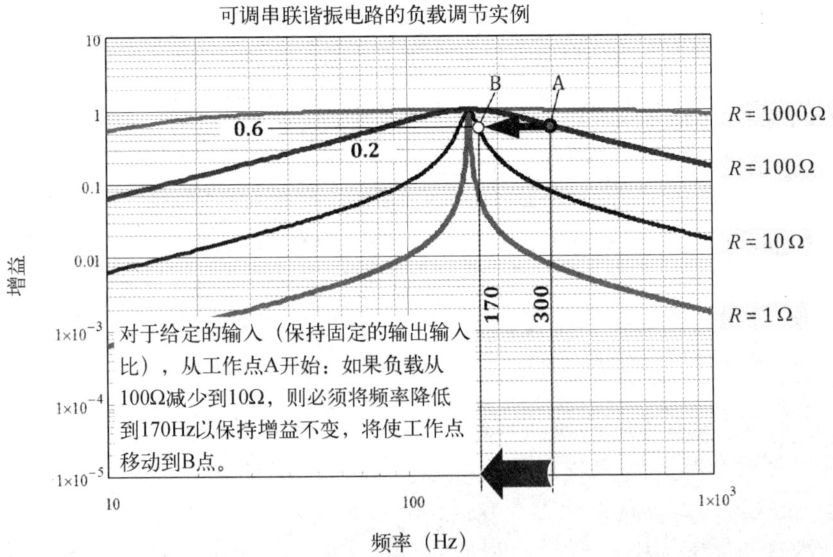

（C）设计中较大的降频转换率将会导致负载调整时频率大幅变化。

如果在谐振峰值的右侧工作，在以上两种情况下，当输出趋于上升，需要增加频率；当输出下降，需要降低频率。

图 19.9　串联谐振 LC 腔，显示了增益（变换率），以及如何在实际串联谐振变换器（SRC）中进行输入电压与负载调整

我们预计有两处谐振，因为有一个电容器 C，它可以与两个电感器产生“谐振”。注意，两个电感器不能相互“谐振”，因为我们需要互补的相位角来谐振。我们必须了解增加的 L 如何改进串联 LC 电路，以及如何克服之前讨论的 SRC 局限性。

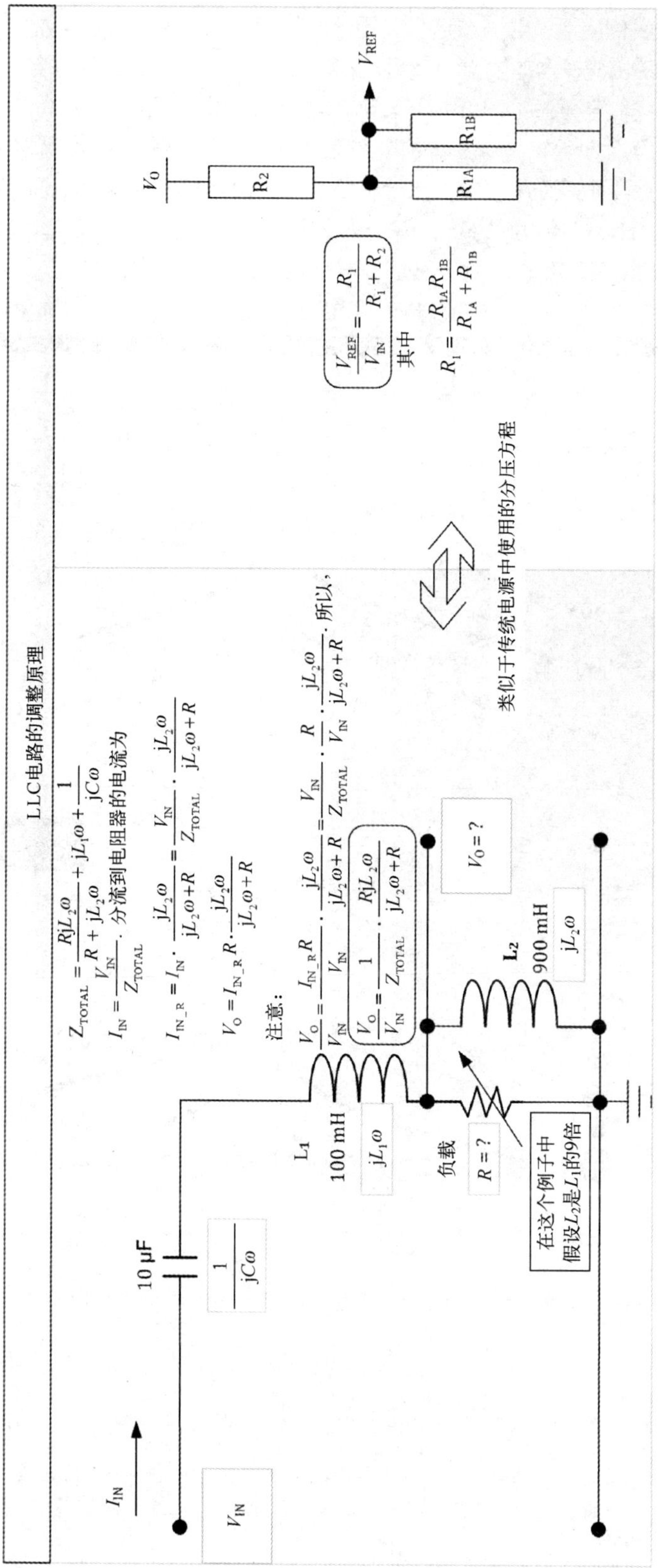
LLC电路的调整原理
$Z_{TOTAL}=\frac{RjL_2\omega}{R+jL_2\omega}+jL_1\omega+\frac{1}{jC\omega}$
$I_{IN}=\frac{V_{IN}}{Z_{TOTAL}}$，分流到电阻器的电流为
$I_{IN_R}=I_{IN}\cdot\frac{jL_2\omega}{jL_2\omega+R}=\frac{V_{IN}}{Z_{TOTAL}}\cdot\frac{jL_2\omega}{jL_2\omega+R}$
$V_O=I_{IN_R}R\cdot\frac{jL_2\omega}{jL_2\omega+R}$
注意：
$\frac{V_O}{V_{IN}}=\frac{I_{IN_R}R}{V_{IN}}\cdot\frac{jL_2\omega}{jL_2\omega+R}=\frac{V_{IN}}{Z_{TOTAL}}\cdot\frac{R}{V_{IN}}\cdot\frac{jL_2\omega}{jL_2\omega+R}$，所以，
$\frac{V_O}{V_{IN}}=\frac{1}{Z_{TOTAL}}\cdot\frac{RjL_2\omega}{jL_2\omega+R}$
类似于传统电源中使用的分压方程
$\frac{V_{REF}}{V_{IN}}=\frac{R_1}{R_1+R_2}$
其中
$R_1=\frac{R_{1A}R_{1B}}{R_{1A}+R_{1B}}$
V_O
R_2
V_{REF}
R_{1A}
R_{1B}
I_{IN}
V_{IN}
10 μF
$\frac{1}{jC\omega}$
L_1
100 mH
$jL_1\omega$
负载
R = ?
在这个例子中
假设L_2是L_1的9倍
L_2
900 mH
$jL_2\omega$
V_O = ?

图19.10　利用LLC谐振电路原理产生可调电压

在图 19.10 中，我们展示了如何在这里应用分压原理，与三电阻分压情况类似，原理上可以用来设置任何传统 PWM 变换器的输出。然后，在图 19.11 中，用 MathCAD 绘制了图 19.10 中介绍的方程。但是，在我们充分讨论图 19.11（增益）之前，首先分析图 19.10 中基本方程得出的相位关系，由此可以确定在哪个工作区域电路呈现“感性”，从而有利于实现 ZVS。我们必须承认分析再也不能靠直觉，而必须用数学方法绘出波形，如图 19.12 所示。注意，对于串联 LC 电路，选择 L_1 为 100mH，C 仍为 10μF。新引入的电感为 L_2，用了一个看起来很随意的取值 900mH（与 L_1 相比，是其的 9 倍）。事实上，这个系数在这里几乎是最佳的。如果该系数越大，那么频率变化越大，如果系数非常小（几乎与 L_1 相同），电流会非常大，效率更低。

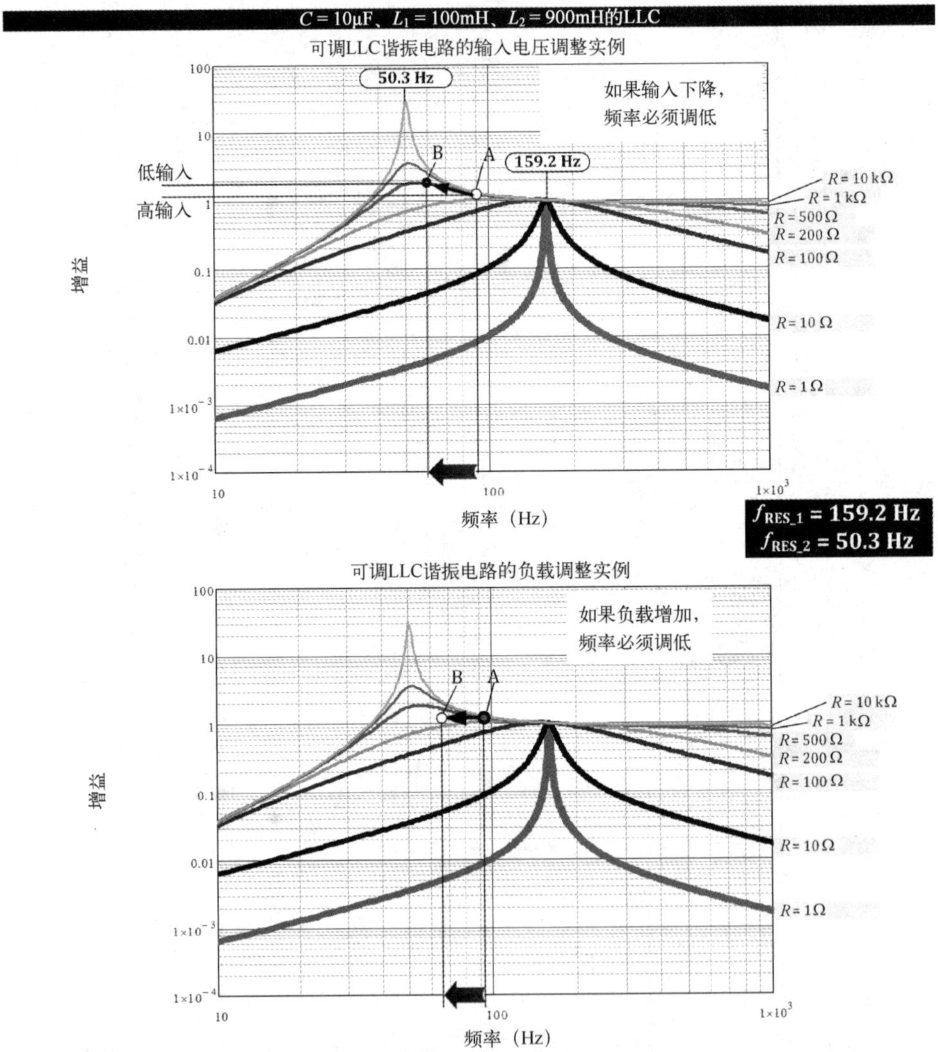

增加负载或减少输入，都会导致输出下降，那么调整环路将试图通过增加增益（输出/输入）来纠正这种情况。（A）如果系统在所有负载下都在两个固定谐振频率之间工作，我们可以设计逻辑，使控制环路在输出下降时总是降低开关频率。（B）我们也可以在所有负载下完全限制在右边谐振峰值的右侧工作。但这有着传统串联谐振电路的所有缺点（例如，轻载时，频率大幅、不可控地波动）。（C）我们也可以将电路完全限制在左边谐振峰值的左侧工作，并设计逻辑，使控制环路在输出下降时总是增加开关频率。这将在调整方面起作用，但却无法满足ZVS。（D）如果我们允许越过任意一个谐振峰值工作，我们将很难设计出简单的控制算法，因为增益在峰值的任意一侧都会变化。

图 19.11　不同负载时 LLC 谐振电路的增益（变换率）

下一节我们先分析图 19.12 再分析图 19.11，针对实际 LLC 开关变换器进行设计。注意，目前我们仅讨论正弦波形（交流电源）时 LLC 腔电路的特性。之后通过几个步骤来搭建实际的开关变换器。

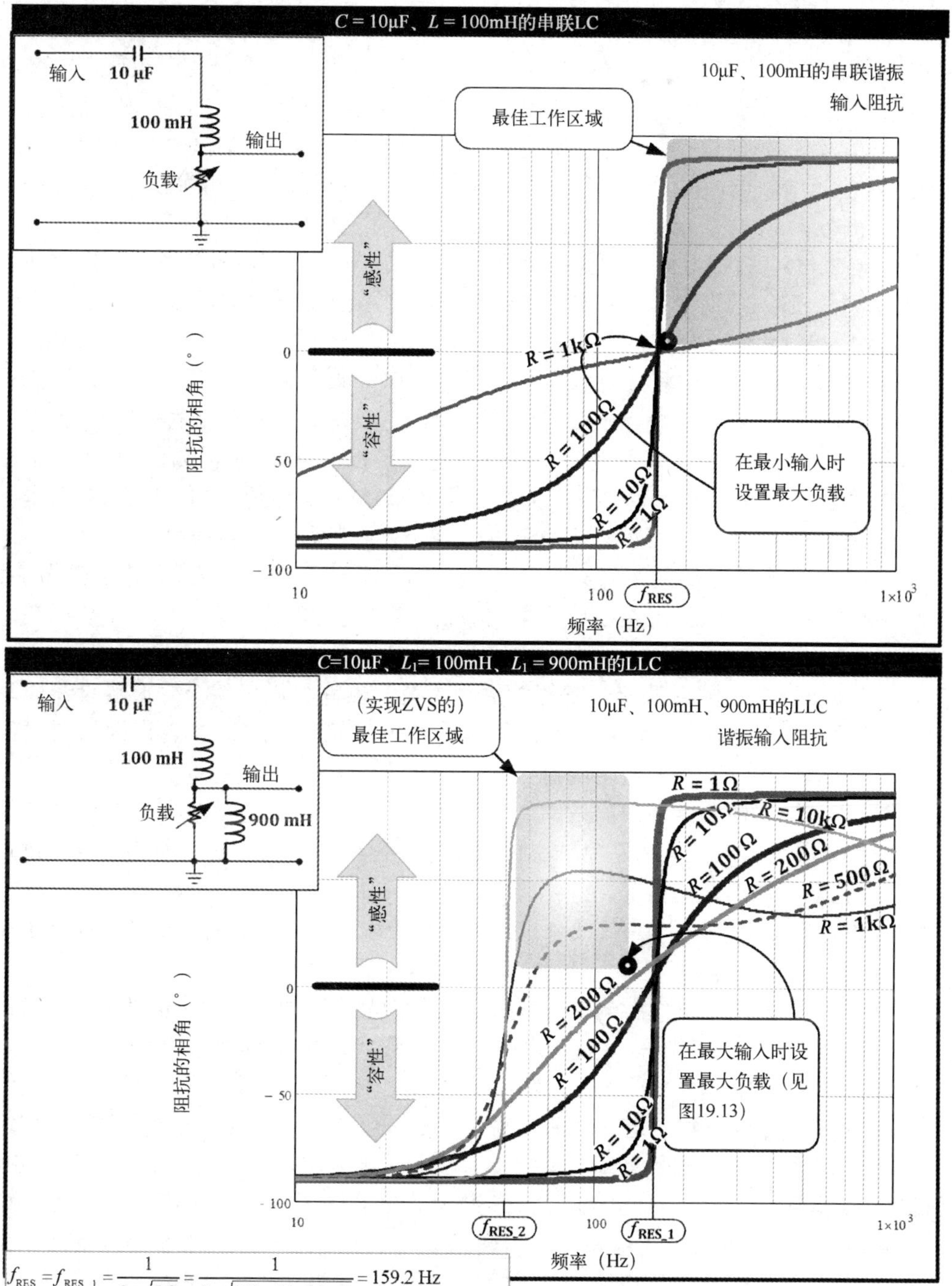

$$f_{RES} = f_{RES\_1} = \frac{1}{2\pi\sqrt{LC}} = \frac{1}{2\pi\sqrt{100\ \text{mH} \times 10\ \mu\text{F}}} = 159.2\ \text{Hz}$$

$$f_{RES\_2} = \frac{1}{2\pi\sqrt{(L_1 + L_2)C}} = \frac{1}{2\pi\sqrt{(100+900)\ \text{mH} \times 10\ \mu\text{F}}} = 50.3\ \text{Hz}$$

图 19.12　与串联 LC 相比，不同负载时 LLC 谐振电路的相角

分析 LLC 腔电路的增益与相位关系

由图 19.12 可知，对于串联谐振 LC，任何负载时，必须位于谐振峰值（约 159Hz）的右边以使相位大于 0°（“感性”，即电流滞后电压）。这就意味着只能在频率高于 159Hz（有可能在非常高频）时实现 ZVS。在 LLC 腔中，我们得到一个产生于较低谐振峰值的“低频相位升压”，而谐振峰值又与 L_2 相关，这使得即使在较低频率下，实现 ZVS 的负载电阻范围也很宽。事实上，在进行完整的数学运算时会得到两个谐振峰值，一个由 C 与 L_1 组成（对应于串联谐振），另一个由 C 与（$L_1 + L_2$）组成。由此可得谐振频率 f_{RES_1} 与 f_{RES_2}，如图 19.12 下方所示。对于给定的数值，第二个频率更接近 50Hz。因此，对于从开路到 $R = 200\Omega$（目前看来）的所有负载，可以在 50～159Hz 的范围内工作，并实现 ZVS。对于更大负载（即 $R < 200\Omega$）的情况，那就必须工作于 159Hz 以上，否则无法实现 ZVS，因为相位角为负（“容性”）。

至于我们是否能在一定负载范围内降低频率，你可能会说：“那又怎样”？这似乎并不是很重要！事实上我们一般都希望工作在高频，主要是为了确保重载时满足 ZVS。那么 LLC 的优点是什么？LLC 腔的第二个谐振点的优点如图 19.11（增益图）所示。在这个图中，我们绘制了增益，我们通常称之为变换率（即 LLC 级的输出电压除以输入电压，其中输出电压为交流情况下电感器两端的电压）与频率（对于不同负载）的关系。

对于负载非常大的情况（例如 $R = 1$），变换率总是小于 1。这就像是串联谐振 LC，比值是下降的。如果 LLC 电路工作于此种情况，这是可行的。但是有一个主要问题：对于很轻的负载（如 1kΩ 或 5kΩ，见图 19.11），增益甚至无法小于 1，除非频率无限大，这将导致无法在全负荷范围内调整。有可能更糟的是，也许我们把整个变换器设计成降压型，但轻载时控制环路会朝“错误的方向”移动——最后“上升”（也许因为曲线的形状，特别是斜率，从谐振点一边转向另一边时，其符号发生了翻转）。也许我们可以“预加载”变换器（极大地牺牲轻载的效率），从而使腔电路不会工作于非常轻载的情况。事实上，SRC 经常需要这样做来避免频率巨大变化，但如果对工作区域和控制策略设置不恰当，LLC 也会遭遇相同的情况。

因此，在实际情况下，不应该使 LLC 工作于谐振频率右边的高频区（在此例子中为 159Hz）。

记住，无论输入电压与输出电压关系如何，系统设计为“升压”还是“降压”是由最初的设计决定的。因为最终，我们会用一个合适匝数比的变压器来修正这个问题。例如，可以设计 LLC 为 1∶1.1 的比例（输出比输入高 10%），然后用一个一次-二次绕组匝数比为 2∶1 的变压器将输出电压降低到输入电压的一半左右。这与传统反激拓扑相似。例如，在一个典型的通用输入离线（AC-DC）反激式电源中，我们创建了一个大约 100V 的“隐形”中间一次可调电压。对于所有实际用途来说，从一次侧可以“看到”输出端，它调节（并设置占空比）以将该电平保持在 100V。但之后，通过变压器插入一个 20∶1 的变压比，从 100V 的中间抽头产生 5V。同样，在以变压器为基础的谐振拓扑中，我们也可以从匝数比中获得额外的设计自由度，我们可以自主选择是否要将一次侧作为升压或降压级。由此推论，因为无论如何总会使用到变压器（也用来创建 LLC 的磁性元件），所以隔离是 LLC 变换器的自然优点（无论是否喜欢，或是否需要）。

我们决定不在图 19.12 中的 159Hz 右边工作。那如果工作于第二个谐振点（小一点的频率）左边，即小于 50Hz 会怎样？不幸的是，由图 19.12 的相位图可知，该区域内相位小于 0°，因此网络对输入源是电容性的，这样无法实现 ZVS。换句话说，最后我们只剩下 50～159Hz 的区域来应对整个输入电压和负载的变化。根据先前讨论的指导原则与增益曲线的形状，我们没有其他实际可行和明确的选择。但仍有一个问题：这个（可用的）区域（完全）满足所有的需求吗？需要更深入地探究吗？

让我们再看一下图 19.11，看看如何实施输入电压和负载调整。可以看到，根据负载的不同，可以实现升压或降压（即变换率大于或小于 1）。事实上，大多数曲线都有一个升压比。仔细看一下这一重要区域，如图 19.13 所示，并意识到 R = 200Ω 的曲线，基于其正（感性）相位，以前被认为是“ZVS 能力”的，因此是可接受的，但由于完全不同的原因，却无法实现 ZVS 了。这与之前提到的两个指导原则之一有关：我们是否有一种“简单的方法来实现对干扰的明确、几乎是‘下意识的’（快速）响应，类似于我们在常规功率转换中所做的”？对于 200Ω 曲线，我们无法满足输入电压调整的要求。由图 19.13 可知，频率从 f_{RES_1} 降为 f_{RES_2}（159Hz→50Hz）时 200Ω 曲线向下倾斜。这与附近其他的曲线是相反的。在所有其他情况下，根据图 19.11，我们显然已经设计了这样的变换器，如果输入下降，我们降低频率（下意识的方式），以纠正这一点。但是对于 200Ω 的情况（如图 19.13 中的特写），频率降低会引起变换率降得更低，从而输出崩溃。结论：这不是校正的“正确方向”，这与邻近趋势和/或控制策略相称。

因此，小于 200Ω 的负载电阻肯定被视为“过载”（根据选择的 LLC 腔电路值）。这种情况下，输出会折返。即使相位似乎是正确的，但超载部分无法支撑。

增益的这种“下降”与刚好变为负值的相位（低于 0°，即电容性）几乎相称，如图 19.13 所示。绘制这些特殊的曲线时，MathCAD 表格设置为“测试增益与相位条件的关系”，如果相位为负就“显示虚线”。一般有把握得出这样的结论：每当增益开始“下降”时，相位同时下降到 0°线以下（变为负值，因此具有电容性）。因此，出于两个原因，而非一个原因，系统不会在图 19.13 中曲线的虚线区域工作。如果系统进入该区域，它不会损坏，但效率会突然恶化（没有 ZVS），而且，任何试图进行输出校正的尝试都很可能导致输出折返。因此我们排除了 200Ω——由图 19.13 可以看出，在进入低频区前（从 f_{RES_1} 开始）已经变为“虚线”。

我们还得出结论，根据我们在本例中选择的腔电路值，相应 LLC 变换器的最大可用负载为 300Ω。但是为了留有一定的设计裕量，设最大可用负载稍小一点，仍为 300Ω，而非 250Ω。换句话说，任何小于 300Ω 的电阻值都可以认为是过载。

- 在非常轻的负载下，频率将移近 159Hz，而不是更多（当然不同于 SRC，它试图进入无限高频率以在轻负载下进行调整）。
- 在非常重的负载下，频率将移近 50Hz。

根据 f_{RES_1} 和 f_{RES_2} 的方程，可以很容易地知道，大幅增大 L_2 会使 f_{RES_2} 向更低的频率移动。虽然这可能在某种程度上有所帮助，但很明显，使 L_2 远大于 L_1 会带来一定问题。其中一个问题是，从最小负载到最大负载，从低输入电压到高输入电压变化时，频率变化范围将变得更大。

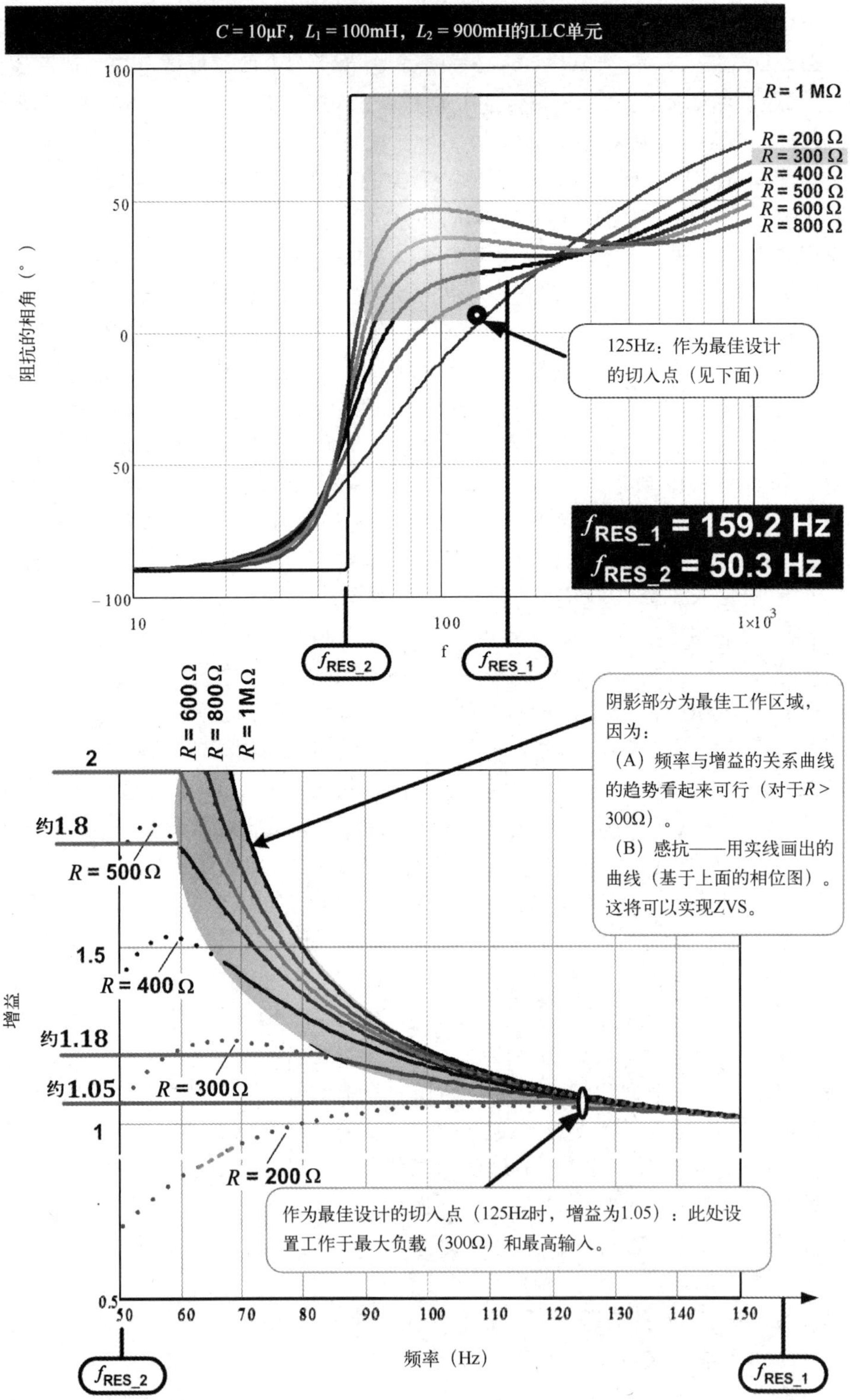

图 19.13　两个谐振频率之间可用区域内 LLC 腔电路不同负载时的相位以及对应的增益（变换率）

我们已经确定，设计的增益应大于 1，这样才能覆盖从 250Ω（最大负载）到更高阻值（直至空载）的满负载范围。特别是，为了确保 ZVS，我们将在最大负载、高输入电压下设计 LLC 变换器，以使其工作于图 19.12 所示的 LLC 相位图中阴影区域右下角的环点。在那个特殊的设计切入点（图 19.13 中用圆圈更清楚准确地显示），频率应更接近高谐振峰值的频率（此处约为 125Hz），对应的增益（变换率）约为 1.05。

最大负载和高输入电压下的增益目标 1.05 实际上是 LLC 变换器设计时的通用推荐切入点，否则增益曲线“下落”，校正环路将其导向“错误的方向”（折返），如前所述。如果我们把它设置得更接近于 1，比如说 1.02，我们的设计切入点将更靠近高频谐振峰值。但这太接近临界了。

完整的最佳工作区域如图 19.13 中增益曲线（阴影）所示。这一区域是增益曲线中相位角为正（感性）的部分。如前所述，我们已经用 MathCAD 画出了增益与相位的关系曲线，如果不能接受，曲线就变成虚线。这并不意味着系统一定要工作在这个最佳区域，或者我们以某种方式限制它。该运动轨迹完全由调整环路决定，因其与输入电压或负载变化相关。当然，我们选定的设计切入点必须位于该阴影区域内（在圆形或椭圆形处），从而在最大负载和高输入电压时实现 ZVS，如果离开阴影区域可能会无法实现 ZVS。例如，设最大负载为 300Ω，离开 ZVS 区域之前的增益约为 1.18，如图 19.13 所示。这似乎等同于允许输入减小 18%（但实际仅为 12%）。无论哪种方式，我们都可以生成降额曲线，以显示我们如何权衡最大负载与输入电压工作范围，并将其与总体预期效率的代价进行权衡，当然前提是该范围可以达到或根据我们的指导标准是可接受的。

由于担心低输入电压时会失去效率，可能是 LLC 变换器仍主要用于输入电压相对稳定（而且舒适）的场合的一个原因，例如 LLC 变换器以前置 PFC 的输出高压直流作为输入电源。可以看到，如果真的需要宽范围输入，必须过度设计变换器（的 LLC 腔）（300Ω 的最大负载，在我们的例子中只会得到 12%的输入电压变化系数，后面会更详细地解释）。在 AC-DC 设计中，保持时间也是一个主要问题，在这种设计中，LLC 变换器级通常接在传统 PFC 级之后。

LLC 腔中的两个谐振

相关文献中，LLC 变换器通常有两个谐振峰值：一个是 C 与 L_1 的串联谐振，另一个是 C 与 L_1 和 L_2 的“并联”谐振。所以它有许多名称：f_r、f_s、f_p、f_m、f_o、f_∞等。它可能会变得令人困惑，这就是为什么我们更喜欢称它们为 f_{RES_1} 和 f_{RES_2}，根据它们在我们讨论中实际出现的简单顺序。确实，f_{RES_1} 对应 C 与 L_1 的谐振，而较低频率 f_{RES_2} 来自 C 与 L_1 和 L_2 的谐振。但这是串联还是并联 LC 谐振？

我们不应被以下事实所迷惑：第一（较高）频率的变换率（增益）小于 1，这是典型的串联 LC 电路，而第二（较低）频率的增益大于 1（这对于并联谐振电路、无线电应用调谐电路等来说是正确的）。要真正找出峰值对应的是串联谐振还是并联谐振，我们需要绘制出输入阻抗图（由源看进去），如图 19.14 所示。

有趣的是，从短路至空载，交流输入阻抗在两个串联谐振峰值之间移动，因为并联 LC 谐振时的阻抗非常高，而不是如图 19.14 所示的非常低。

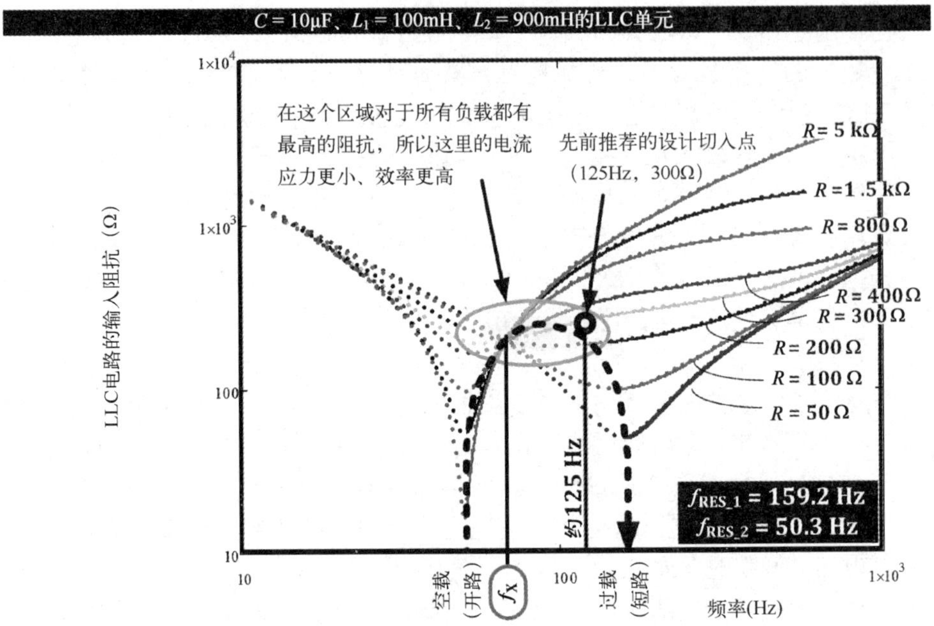

在上面的倒U形虚线右侧，对于任何负载，我们都有一个感性相位角（有助于实现ZVS）。这些区域由阻抗实线表示。虚线表示容性相位角（禁止工作区域）。因此，我们应选择开关频率使得系统至少在最大负载下，只在这个倒U形的右边工作。

注意：这些曲线只告诉我们给定负载和频率的输入阻抗，所以我们可以检查这个网络是否呈现感性（为实现ZVS）。当我们改变负载时，它们不能提供频率响应，不能帮助我们选择设计切入点。

图 19.14　绘制 LLC 腔电路的输入阻抗

影响效率的因素之一是开关损耗，通过 ZVS 已减至最小。但是这一优势很容易因高循环电流引起的过高通态损耗而丧失。造成这种循环电流的因素之一确实是 L_2，这就是为什么 L_2 通常至少为 L_1 的 5 倍（通常小于 10 倍，稍后将进一步解释）。特别是当插入一个带输出二极管的变压器时，可以看到 L_2 显著影响 LLC 腔的电流分布。因此，在实际的 LLC 变换器中，建议保持 L_2 为 L_1 的 4 ~ 11 倍。此处先设定为 9 倍。然而，作者还设计了高效无线充电垫，其中漏感（L_1）是磁化电感（L_2）的 2 倍。所以很明显，上述比值未必要限制在大于 4，甚至可以设为 0.5 或更小。这也给出了一个非常紧凑的工作频率范围，足以媲美传统 PWM 变换器。

注意，在并联 LC 中，循环电流在 L 与 C 之间来回振荡，因此输入源没有大电流。但在串联谐振中，电流通过输入源，与网络的输入阻抗成反比。如果输入阻抗高，那么循环电流较小（效率更高）。在图 19.14 中，可以看到几乎对任意负载都有一个高阻抗的阴影区域。相关文献推荐系统应尽量保持在此处工作。但注意我们之前的选择，$R = 250\Omega$（或 $R = 300\Omega$），位于环形区域中平坦的部分。换句话说，我们之前的设计选择，即使从低通态损耗的角度来看也是很好的，无需再做更多的优化。

仅供参考，我们在相关文献中提到，图 19.14 中标记为“f_X”的交点为某种 LLC 变换器的“设计目标”，因为它提供高阻抗。其方程为 $f_X = 1/\{2\pi\sqrt{C\times[L_1+(L_2/2)]}\}$。然而，我们更倾向于通过描述与高输入电压、最大负载相对应的某个负载电阻来概括我们的方法，该电阻（1）给出了明确的校正方向，（2）使网络对电源呈现轻微的感性（为了实现

ZVS）。对高输入阻抗的需求是自动得到满足的，如图 19.14 所示。

第 3 部分　通过变比来推导策略

在这一部分，我们将对 LLC 基本电路进行拓展。为了方便讨论、模拟与演示，我们从随机选取 L_1、L_2 和 C 的任意值开始，然后看看我们可以用选择的 LLC 腔电路做些什么。实际上，这一方法是不平衡的：在实际的设计方案中，首先从设计目标开始，然后选择 LLC 电路的 L 与 C 的值。因此，流程图需颠倒过来。我们将很快以一种非常独特的方式做到这一点。

我们还为 L 和 C 选择了不切实际的较大的值，因此最终得到了看似较低且不可用的频率。但这也不是问题——如果能够理解用于电抗元件的缩放概念。更深入地思考，我们意识到，在传统的开关功率变换中，我们总是本能地这么做。如果频率加倍，电感与电容应减半。如果功率加倍，电感减半，电容加倍。同样的规则也适用于谐振变换器，因为这些缩放特性并不特定针对某种开关拓扑或方法：它们与电抗元件的储能能力密切相关。*Switching Power Supplies A to Z*（第二版）中第 1 页也有直观的类比（地铁终点站的类比），这将有助于更好地理解这方面知识。

因此，有了缩放的知识，可以从任意低频 LLC 腔电路（我们已经非常了解）出发，并将它适用于任意所需的频率与功率。我们将很快证明这个看似微不足道的过程。但需注意，在这个过程中，LLC 腔电路由 10μF、100mH 和 900mH 构成，作为“LLC 基本电路”——我们将从中产生一般的 LLC 设计程序，并最终创建出实用的 LLC 变换器。

下面由数据例子来证明缩放规则。选取 $L_1 = 100\text{mH}$，$L_2 = 900\text{mH}$，$C = 10\mu\text{F}$，分别可得 159Hz 和 50Hz 两个谐振峰值。在此基础上，可以确定变换器的最大负载为 250Ω（最好为 300Ω，以留有一定裕量）。我们还在最大负载与高输入电压时，设置增益的初始设计目标 = 1.05。现在，将电感量与电容量降低为原来的 1/1000，即 $L_1 = 100\mu\text{H}$，$C = 10\text{nF}$，$L_2 = 900\mu\text{H}$，分别可得 159kHz 和 50kHz 两个谐振峰值。工作区域被限制在这一新区域。只需一个简单的步骤就可以变换得到实际高频 LLC 应用电路。

那么功率呢？我们确定最大负载为 250～300Ω。现在，似乎奇怪的是，在 LLC 电路中，电阻的具体值并不取决于特定的输入电压（以及由此产生的额定功率）——它适用于任何输入电压（以及由于该选择而产生的额定功率）。原因是我们只关心某个特定的最佳（且缓慢）上升的增益曲线形状，原因如前所述。这个形状因数来自于相关谐振的品质因数（Q）的定义。Q 与 L 和 C 及负载电阻 R 的比值相关，确实与输入电压或功率无关。

此处的 Q 到底是什么？最基本的问题是谐振峰值有两个。在相关文献中，我们发现 Q 通常用更高频（“上面的”）谐振频率来表示，即

$$Q_{\text{RES\_1}} = \frac{\sqrt{L_1/C}}{R}$$

然而，由于在实际中，当改变变换率（增益）时，电路将沿着低频谐振峰值线工作（参见图 19.11 的上半部分），我们觉得根据较低频率（“下面的”）谐振峰值来确定 Q 值在物理上更直观。当然，一旦 L_1 与 L_2 的比值已知且保持不变，那么一个谐振峰值的 Q 可以“映射”到另一个峰值的 Q。它确实与我们的选择没有关系。它们是完全相互联系和关联的。

因此，我们确定最大负载曲线存在一个最佳 Q 值。对于 250Ω（此处将其视为最大负载）：

$$Q_{\text{RES\_2}}=\frac{\sqrt{(L_1+L_2)/C}}{R}=\frac{\sqrt{(100\,\text{mH}+900\,\text{mH})/10\,\mu\text{F}}}{250\,\Omega}=1.265$$

对于 300Ω（首选最大负载设置值）：

$$Q_{\text{RES\_2}}=\frac{\sqrt{(L_1+L_2)/C}}{R}=\frac{\sqrt{(100\,\text{mH}+900\,\text{mH})/10\,\mu\text{F}}}{300\,\Omega}=1.054$$

换句话说，最终（首选）设计推荐（适用于任意功率等级、任意频率）是在最大负载和高输入电压下，通常将 Q 值定为 1.054（最坏情况下为 1.265）。此处仍假设 L_2/L_1 约为 9（它可以在 7～11）。因此，通常情况下，我们根据以下等式确定最小（一次）负载电阻（最大负载）：

$$R_{\text{MIN\_WORSTCASE}}=\frac{\sqrt{(L_1+L_2)/C}}{1.265}$$

但最好是采用

$$R_{\text{MIN\_TYP}}=\frac{\sqrt{(L_1+L_2)/C}}{1.054}$$

要知道，当我们为高频工作缩放元件时，我们是通过将 L 与 C 除以相同的系数来实现的。但这也意味着 L/C 的比值保持不变，因此品质因数也不变，并导致了与我们想保留的最佳负载相同。换句话说，300Ω（选定的）最大负载电阻适用于任意输入电压与开关频率。变换器的最终功率等级与 LLC 级的输入电压有关，该 LLC 级的输出端并联 300Ω 的负载。

总结：300Ω 作为 LLC 腔合适的负载取值，根据 L/C 比值“上升至最大值”。L 与 C 是我们为“LLC 基本电路”选择的（初始）值。是的，我们可以用不同的 L 和 C 组合得到一个同样可行的基本电路，这能告诉我们最大负载电阻的最佳取值。事实上，我们有很多其他的选择 L、C 和相应的 R（作为腔的最佳最大负载）的可能性。但指导性设计原则已经提炼出来，现将其总结如下：

（1）设 L_2 约为 L_1 的 9 倍，可得频率约为 $1:\sqrt{1+9}=1:3.16$（实际仅为 1∶2.5，因为是在这个区域内工作，而不是在极端情况下）。我们还记得，频率区域的某些区域可能会导致折返或不能实现 ZVS，因此被我们的初始设计目标排除在外。

（2）增益（初始变换率）的设计目标设为 1.05（轻微的升压），这是在最大负载与最大输入的条件下设置的。我们知道这能保证大部分工作区域实现 ZVS（尽管确切的边界将在后面更详细地讨论）。

（3）为了得到实际所需的输出电压，我们使用适当匝数比的变压器，将 LLC 变换器的一次侧（虚拟）输出从 $1.05\times V_{\text{INMAX}}$ 降低（或提升）至 V_{OUT}。这与传统反激变换器使用的方法正好相同，我们将一次（虚拟）输出电压（我们称之为 V_{OR}）设置为反射输出电压，然后使用变压器创建所需的升压或降压比——从 V_{OR} 到 $V_{\text{O}}=V_{\text{OR}}/n$，其中 n 是匝数比 $N_{\text{P}}/N_{\text{S}}$。*Switching Power Supplies A to Z*（第二版）中第 129 页和第 130 页对此进行了详细讨论。另请参阅本书的图 6.6。

（4）最大负载必须确保 Q（基于低频谐振峰值）为 1.054，或更小（对于 250Ω 的峰值而不是 300Ω 的最大值，它可能瞬间为 1.265）。我们定义 Q 的方式是，当 Q 值越来越小，而不是越来越大时，我们在 $f_{\text{RES\_2}}$（较低峰值）处得到更多的“峰值”。小的 Q 对应更大的 R，即更小的输出功率。因此随着负载减小（R 增大），可得越来越高的变换率（增益），并且我们可以利用增益曲线的自然峰值来扩大输入工作范围。但如果谐振电路过载，或者并没有形成“正确波形”曲线，那么 LLC 变换器输入不能变化太大，除非大幅降低负载（从而增加 R、降低 Q，形成更多的“峰值”）。稍后将对此进行更详细的讨论。

关于术语的说明：下面我们将 LLC 变换器的中间（虚拟）一次输出电压称为 V_{OR}，完全类似于反激变换器的设计，原因也大致相同。请注意，到目前为止，我们仍然只处理纯交流电压，因此 V_{OR} 并不是直流电压，而是代表 L_2（更大的电感，见图 19.10）两端交流电压峰值（并不是峰-峰值）。LLC 腔的增益为 V_{OR} 除以整个腔电路的输入交流电压峰值，该电路由两个电感与一个串联电容组成（L_2 与 R 并联）。

设计验证步骤 1：“AC-AC 变换器”

此处的“AC”并不是指 50Hz 工频交流电。我们只是将一个高频正弦交流电源连接到 LLC 腔（让其在两个自然谐振区工作）的输入端并检测其响应。对于负载，我们最初只是在（较大的）电感上放置一个电阻。我们将从最基本的（原始）形式开始，分几个步骤构建一个合适的变换器。

我们的设计目标：假设将幅值为 52V（其峰-峰值为 104V）（交流）的正弦波变换为幅值 12V 的（交流）正弦波输出，其峰值交流功率为 60W（即交流输入最大值时），设效率为 95%。频率不低于 100kHz，以免使用更大的电抗元件。需要多大的电感和电容？最高开关频率是多少？变压器的匝数比是多少？最终频率是多少？

我们由之前介绍过的“LLC 基本电路”开始，按照比例将其变换为所需的功率等级与开关频率。

由“基本电路”可得最低频率约为 50.3Hz[根据 $1/\left(2\pi\sqrt{(L_1+L_2)C}\right)$]。现在要将其提升至 100kHz。

频率缩放系数 f_{SCALE} 为 100kHz/50Hz = 2000。由以下变换来实现所需工作频率：

$$L_1:\ 100\,\text{mH} \rightarrow L_1/f_{SCALE} = 100\,\text{mH}/2000 = 50\,\mu\text{H}$$
$$L_2:\ 900\,\text{mH} \rightarrow L_2/f_{SCALE} = 900\,\text{mH}/2000 = 450\,\mu\text{H}$$
$$C:\ \ 10\,\mu\text{F} \rightarrow C/f_{SCALE} = 10\,\mu\text{F}/2000 = 5\,\text{nF}$$

现在将 LLC 基本电路按比例变换为所需的功率。我们知道，通过在 LLC 基本电路的输出端并联 300Ω 负载，使其在曲线的“形状”方面运行良好。前面说过，电阻的这一取值对任意输入电压和任意频率都有效，这似乎很奇怪。但确实如此，原因是最大负载时为增益曲线建立合适的 Q 值。这能使系统“运行良好”：校正方向很明确（即负载增大或输入电压下降时总是降低频率），并且在大部分输入电压-负载运行区域都能实现 ZVS。我们也知道，这会使 LLC 谐振腔产生约 1.05 的变换率（增益），对于本例中所需的相同输入电压，它的有效（一次）正弦输出电压（幅值）为 V_{OR} = 52V × 1.05 = 54.6V（峰-峰值是该值的 2 倍）。如果 300Ω 接于该虚拟（预变压器）输出端（V_{OR}），交流输出的峰值功率为 V_{OR}^2/R = 54.6²/300 = 9.94W。根据负载，这是我们的特定（按现在的频率缩放）LLC 基本电路可接受的峰值交流功率水平。但这么大的功率是不够的！

此处我们需要 60W/0.95 = 63.2W（设效率为 95%）。功率缩放系数为 63.2/9.94 = 6.36。因此，负载电阻需由 300Ω 减小为 300Ω×9.94W/63.2W＝300/6.36＝47.2Ω。这就得到了所需的功率缩放（因为增益、输入电压和输出电压仍然相同，分别为 1.05、52V 和 54.6V）。

但是，如果我们只是盲目地在电感上并联一个较低的负载电阻，那么即使我们很幸运能够使变换器正常工作，也会使 Q 上升至远高于 1.054，导致增益峰值曲线会崩塌，无法实现 ZVS，也不会获得明确的校正方向。解决方法是恢复 Q 值，尽管这里需要较低的负载电阻值，我们可以通过改变 L/C 的比率来实现，如下所示。

我们已经了解到，我们需要更大的功率，用功率缩放系数 P_{SCALE} = 63.2W/9.94W = 6.35 表示。从常规功率变换中我们还知道，对于更高的功率，我们需要按比例减小电感、按比例增大电容。这会改变 Q，但不会影响谐振频率，因为它是与 L 与 C 的乘积有关，而非 Q 相关的 L/C 比率。因此，LLC 腔的最终取值为

$$L_1:\ 50\,\mu\text{H} \rightarrow L_1/P_{\text{SCALE}} = 50\,\mu\text{H}/6.35 = 7.874\,\mu\text{H}$$
$$L_2:\ 450\,\mu\text{H} \rightarrow L_2/P_{\text{SCALE}} = 450\,\mu\text{H}/6.35 = 70.87\,\mu\text{H}$$
$$C:\ \ 5\,\text{nF} \ \rightarrow C \times P_{\text{SCALE}} = 5\,\text{nF} \times 6.35 = 31.75\,\text{nF}$$

为了验证我们的缩放原理，首先用这些元件值绘出结果——用之前相同的 MathCAD 表格来绘制 LLC 基本电路的特性。由此得到图 19.15。这看起来完全符合我们的预期。47.2Ω 增益曲线与之前从 LLC 基本电路得到的 300Ω 曲线具有相同的基本形状（与明显相同的 Q）。我们看到从高频峰值（本例中，峰值稍高于 300kHz）向低频峰值（即 100kHz）移动时，有相同的缓慢上升的趋势。我们仍可明确地校正输出电压，但有一个明显的输入变化系数约为 1.18。请注意，如果想要更高的输入变化范围，实际上，必须为高于最大负载的腔进行过度设计，然后降低电源等级。我们将在后面讨论这个问题。在我们当前的设计实例中，还确认了在 47.2Ω 时绘制的增益曲线在指定的工作区域有一个正的相位角（感性），因此可以在此实现 ZVS。

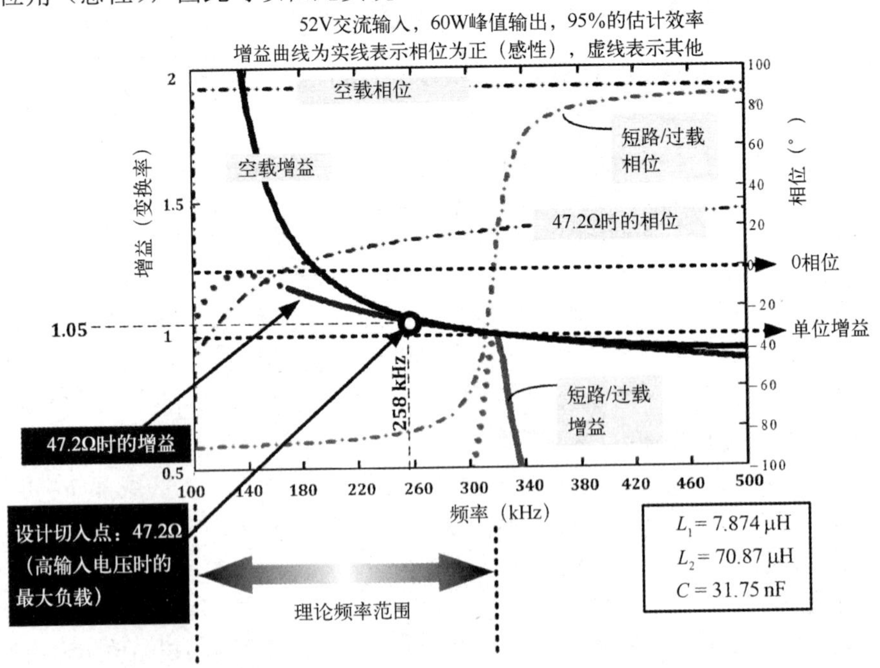

图 19.15　绘制 60W（峰值交流电源）AC-AC 设计实例的 MathCAD 结果

我们初始的 LLC 基本电路（100mH、900mH、10μF）如果用于目前的设计实例（输入电压峰-峰值 104V），只能产生 9.94W 交流功率峰值，并且开关频率范围为 50～159Hz。通过运用合适的频率缩放和功率缩放，可得合适的 60W 最大交流功率，开关频

率为 100～300kHz。

如前所述，设计切入点如图 19.15 所示。但我们如何才能真正得到这一点，也就是说，达到这一点，并保持在那里？通过匝数比！例如，如果我们想要输出为 12V 峰-峰值正弦波，可以使用降压变压器，降压匝数比为 $V_{OR}/V_O = n$ = 54.6V/12V = 4.55，然后使用高增益误差放大器，其带有由分压器设置的基准电压，来调整为 12V（本例中为交流幅值，而非直流电平）。与传统 PWM 调整的根本区别在于，如果输出开始下降（如负载增大或输入降低），误差放大器的输出使得频率降低（而非脉宽改变）。知道了工作区域内的增益曲线形状，就知道了这将自动产生输入电压和负载调整。

注意，在设计切入点，我们将根据 MathCAD 绘图得到大约 258kHz 的频率，因为这与最初假设的增益 1.05 相对应，计算出的最大负载电阻为 47.2Ω（Q 为 1.054，我们没有改变该值）。换句话说，只要小心地保持变压器匝数比不变，就能达到正确的（推荐）设计切入点。但如果匝数比没有设置正确就会产生异常行为。当然 LLC 变换器就会非常“混乱”。必须准确设置匝数比！

因此，47.2Ω 为 LLC 腔电路的一次负载。12V 交流输出端（经过变压器）负载应为多少？很简单，该电阻应按匝数比的平方缩放：可得 $47.2/4.55^2$ = 2.3Ω。检查一下所需的最大交流功率：$12V^2/2.3\Omega$ = 63W。这就是初始目标。

变压器的元件从一边反射至另一边的方法，参见 *Switching Power Supplies A to Z*（第二版）中第 130 页，也可参见本书图 6.7。

仿真一下该电路，看看实际响应，如图 19.16 所示。使用 7.87μH、70.87μH、31.75nF 的 LLC 腔，并工作于 258kHz（100kHz 的较低峰值的 2.58 倍），如 MathCAD 文件（见图 19.15）所示，它的 V_{OR}（此处为最大交流电压幅值）是 54.6V，这表明确实有 54.6/52 = 1.05 的增益。这就验证了我们的缩放原理，以及我们的 MathCAD 文件及其方程。

降低最大功率以增加输入范围

由图 19.15 可以看到，如果我们降低输入电压，并且需要更高的变换率，我们只能得到大约 1.18 的增益，两件不利的事情几乎同时发生：（1）曲线变为虚线，因为 MathCAD 文件将增益与相位联立起来，所以这条虚线意味着这些增益值的相位变为负值（容性）；（2）曲线下降，这意味着随着输入下降而提高频率只会使情况变得更糟。换言之，在最大负载（和最高输入电压）下，无法获得超过 1.18 的预期增益。

注： 这就是为什么 LLC 变换器应用中，将传统 PFC 前端变换器相对稳定的输出作为 LLC 级输入端的原因。此外，LLC 级的输出通常仅用于驱动高压 LED，在这种情况下，实际上没有保持时间的要求，不像数字电路，输入端一旦下降即可复位。换言之，LLC 拓扑有个广泛认同的缺点是它不能很好地处理输入变化，使得它在如上所述的 LED 背光照明中的作用相当有限。但实际上，LLC 拓扑处理输入变化几乎和反激变换器一样好，当然比传统单端正激变换器（带能量回收绕组）好得多。请记住，后一个变换器被其输入变化严重限制，因为其占空比被限制在 50%。结果要用于通用输入情况，需要一个电压倍增器，如图 5.6 所示。但是对于 LLC 变换器，不需要倍增器。实际上，2013 年 6 月 4 日，作者在内部报道了一个 20W 非同步 12V 输出的通用输入 LLC 变换器，在 DC 120～400V 整个输入范围内效率为 88%～90%。它仅用到了小型的 EFD-25 变压器。磁芯在 LLC 拓扑中很小。

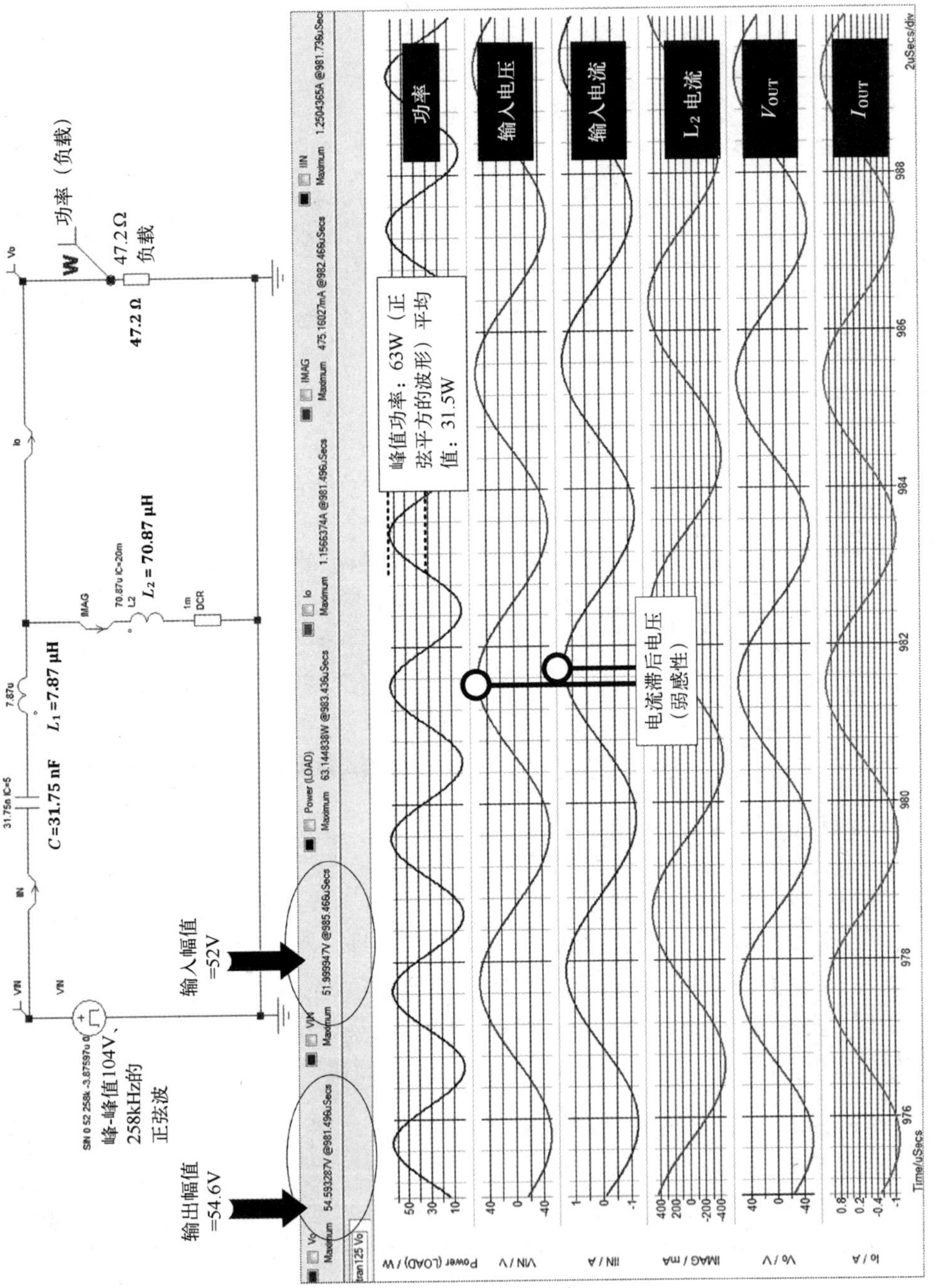

图19.16　52V至12V AC-AC设计实例（60W峰值交流功率，30W平均功率）的仿真

仔细查看 MathCAD 文件，这一数值实际是更精确的 1.1785。这是否意味着我们可以用这一准确的系数来改变输入？是否可以这样 52V/1.1785＝44.12V？当然不能！请记住最初（开始）增益为 1.05（我们需要根据选定的固定匝数比保持最小增益）。因此实际上，对于计算增益 1.1785，只能下降的系数是 1.1785/1.05 = 1.122。这仅仅是在最大负载时计算的允许输入变化的 12%！本例中，最大负载时数值上仅能下降到 52V/1.122＝46.4V，不能下降更多了。

我们需要多大的变换率，比如说，才能使输入电压降到 36V？即(52V×1.05)/36V=1.517。为了降至 32V，变换率应为(52×1.05)/32=1.71，依此类推。根据预设的匝数比，在每一种情况中，V_{OR} 应降至 54.6V，才能获得所需的输出电压。

那么，如果想要工作低于 36V 或低于 32V，MathCAD 文件预测了什么？我们可以手动降低负载（在 MathCAD 文件中），直到正好达到所需增益。数值结果如图 19.17 所示。

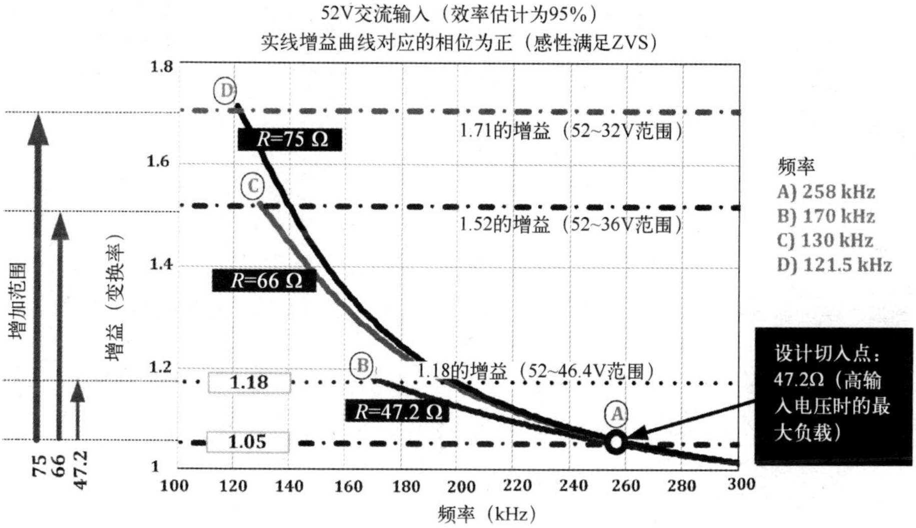

对于47.2Ω（假设效率为95%）

$$\text{实际输出功率} = \frac{(52\text{V}\times1.05)^2}{47.2\,\Omega}\times0.95 = 60\text{ W}$$

$$\text{对于}66\Omega:\ \frac{(54.6)^2}{66\,\Omega}\times0.95 = 42.9\text{ W}$$

$$\text{对于}75\Omega:\ \frac{V_{OR}^{\ 2}}{R} = \frac{(54.6)^2}{75\,\Omega}\times0.95 = 37.8\text{ W}$$

$L_1 = 7.874\ \mu\text{H}$
$L_2 = 70.87\ \mu\text{H}$
$C = 31.75\text{ nF}$

因此，仅从52V到52/1.122 = 46.4V支持60W。
为了下降到36V，我们需将最大功率降低至43W。
为了下降到32V，我们需将最大功率降低至38W。
注意：这些都是交流电，这里的电压是指正弦幅值（半峰-峰值），功率是峰值功率（平均功率是这个峰值的一半）。

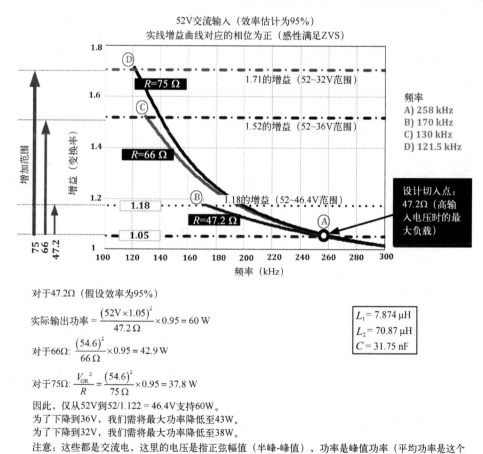

图 19.17　如何减小负载以获得更高的输入工作范围

记住，目前为止我们所讨论的数值都是来自于正在进行的 AC-AC 设计实例。但由于我们的设计原则（曲线形状等）对于任何设计（AC-AC，或 DC-DC）都一样，所以现在也可以根据这一方面来总结设计步骤，如图 19.18 所示。这些曲线可用于所有 LLC 变换器（假设基于 LLC 基本电路，且保持 L_2/L_1 比值为 9）。

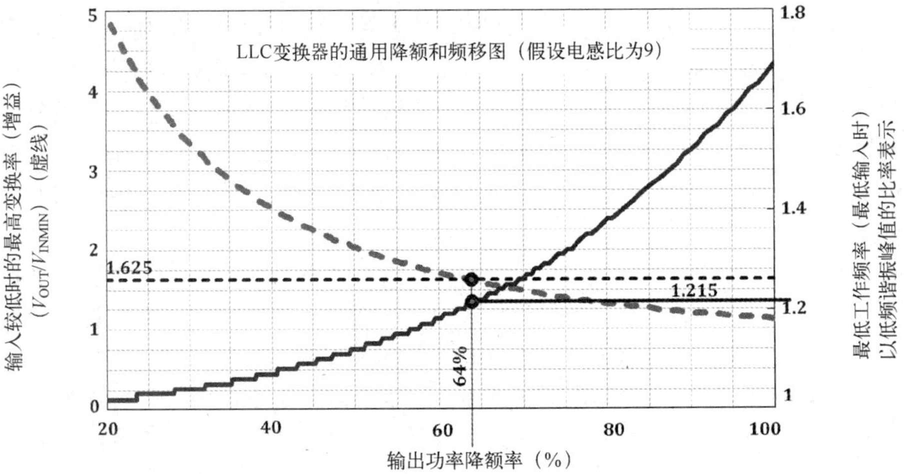

示例：从DC 52V最大输入开始，如果我们想降低到DC 32V最低输入，则所需（附加）的变换率为52/32 = 1.625。从上面可以看到，最低输入时的频率是较低谐振频率的1.215倍（如果后者为100kHz，则在DC 32V时将获得121.5kHz）。此外，我们从上方看到功率需要降低64%。因此，如果我们期望的最大功率为38W，则我们需要设计LLC腔，以便在最高输入时能够提供38/0.64 = 60W的功率，以及输入降低至32V时能够提供38W的功率。如果我们计算得出的负载电阻在最高输入时为47.2Ω，则需要在最低输入时使其为47.2Ω/ 0.64 = 74Ω。这与图19.17中的数值非常吻合。

图 19.18　LLC 变换器实现宽输入范围的降额曲线

设计验证步骤 2：带二极管和变压器的 AC-DC 变换器（仍无输出电容器）

在图 19.19 中，采用图 19.16 中的电路，并增加两个二极管和 1∶1 变压器。我们想对输出进行整流（但尚未滤波），并将图 19.16 中的 47.2Ω 负载电阻作为图 19.18 的 LLC 腔负载，采用完全相同的数值，并通过相同的响应（增益/功率）得到证明。如果确实如此，事实上 LLC 电路无法“看到”二极管或变压器（正是我们想要的）。

请注意，仿真中用到了两个二极管，一个是理想的，另一个“真实的”，目的是显示换相尖峰（图 19.19 中画圆圈部分）。这会引起功率损耗，因为 V_{OR}（电感器两端电压）略低于我们的期望值，即 54.6V——等于输入电压幅值 52V 乘以目标增益 1.05。但在相同的电路中，如果是两个理想二极管，几乎正好得到 54.6V，证明非理想二极管造成轻微的功率损耗。注意，功率最大值仍是略高于 60W，如图 19.19 所示，该变换器的平均功率仍是略高于 30W，如图 19.16 所示。

注：Simplis 中建立的“理想二极管”模型并不是完全“理想”：它包括随电流迅速增大的正向压降，并设为 10mA 电流对应约 600mV 的压降。即使是几 μA，二极管压降也高于 350mV。

这证明了变压器与二极管对于 LLC 腔电路来说几乎是无关的，但我们已经成功地产生了峰值非常接近 54V 的整流（但未滤波）直流输出（这只是 V_{OR}，L_2 上的电压，现在由二极管整流）。

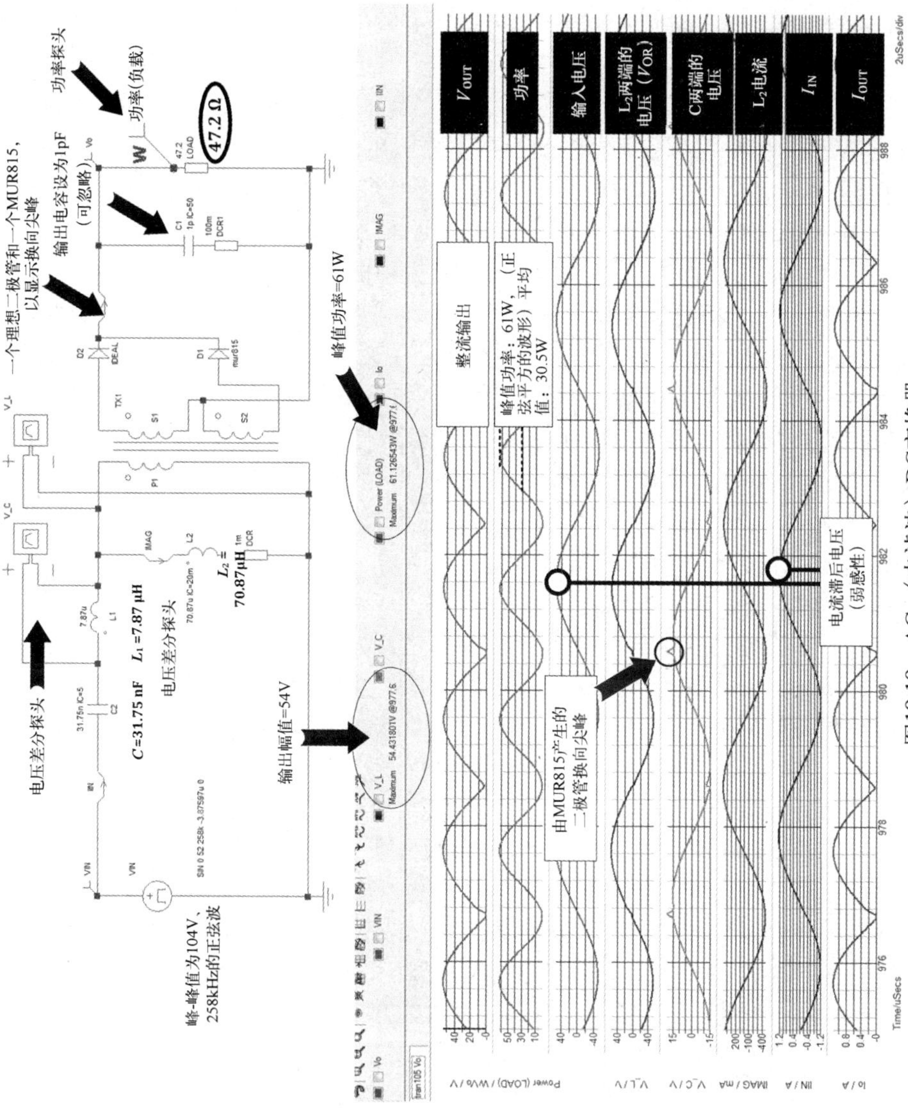

图19.19　AC-（未滤波）DC变换器

设计验证步骤 3：带二极管和变压器的 DC-DC 变换器（也带输出电容器）

在图 19.20 中，有一个潜在实用的 DC-DC 变换器级。为什么是潜在的？输出现在经过整流和滤波，因此是平滑的直流电压。本例中，输入为斩波方波。在实际变换器中，通过开关连接到稳定直流端的晶体管，实际上就是在 LLC 腔电路的输入端注入高频斩波方波。这就是为什么这种设计是可接受的，而且，事实上，离成为一个成熟实用的 DC-DC 变换器（基于 LLC 拓扑）只有一步之遥。这是下一步要做的。记住，为了减少损耗，通常更愿意导通和关断 FET。因此，在实际应用中，永远不会对半桥及其 LLC 腔施加正弦电压激励，而是施加方波电压。然而，正如我们很快就会看到的，方波电压的第一次谐波，自然是正弦波，最终会驱动正弦波电流进入负载。因此，能量传递过程最终仍是基于谐振正弦波形，而非传统 PWM 功率变换中的方波。

让我们回顾一下：我们想要在设计切入点获得 1.05 的增益，根据这一事实，开关频率仍为 258kHz。我们保留了之前缩放（频率和功率）的 LLC 基本电路，对于这个电路，我们开始设计的峰值功率为 60W，但最初使用正弦波输入源（平均输出功率约为 30W）。在图 19.20 中，可以看到输入/输出电压电平及负载电阻的显著变化。然而，我们声称这个示意图适用于所有的使用目的，从 LLC 腔电路的角度来看，其负载和产生的响应与图 19.16 和图 19.19 非常相似。我们将在下面的步骤中仔细解释这一说法。因为一旦理解了这一点，就能根据设计需求设计出 LLC 变换器，而不是朝着相反方向探索给定 LLC 单元的性能与能力。

（1）图 19.20 中的输入电压从峰-峰值 104V 的正弦波变为峰-峰值为 81.68V 的方波。原因在 *Switching Power Supplies A to Z*（第二版）中第 18 章作更详细的解释。但是图 19.21 显示了傅里叶展开后的一次谐波（基波）比产生它的方波大 4/π。因此，我们尝试解决腔电路的方波激励的情况，通过“思考”（仅）根据该方波的第一次（正弦）谐波。这就是相关文献中介绍的 FHA（一次谐波近似）。这是一个相当有效的处理方波的方法，因为如果谐振腔的损耗或负载并不大，它会倾向于拒绝其他频率和谐波。了解了这一点，如果我们应用了一个峰-峰值为 104V 的方波，其一次谐波将远远超过我们设计的峰-峰值为 104V 的正弦波幅值的目标，因为根据一次谐波近似，应用的峰-峰值 104V 方波的“等效”正弦波应该是 104V × 4/π = 132.4V。因此，我们用反比系数来计算方波的峰-峰值：104V × π/4 = 81.68V。这就是为什么在图 19.20 所示的仿真中，方波输入（对应于建议的等效 DC-DC 变换器的直流端）设置为 81.68V。

（2）在图 19.20 中，负载电阻从 47.2Ω 变为 58.23Ω。相关文献中给出的原因是，当电阻接在滤波电容器和二极管之后时，腔电路的等效交流负载为

$$R_{\text{EFFECTIVE}}=\frac{8}{\pi^2}\times n^2\times R_{\text{OUT}}$$

式中，“n”为到目前为止我们讨论中设置为单位的匝数比（$N_{\text{P}}/N_{\text{S}}$）；$R_{\text{OUT}}$ 为我们已简称的 R（这个电阻作为负载接在输出端）；系数 $8/\pi^2 = 0.811$。想要使 $R_{\text{EFFECTIVE}}$ =47.2Ω（腔能“看到”的负载），根据 1∶1 的变压器匝数比，接在整流与滤波直流端的负载电阻为 $R_{\text{EFFECTIVE}}/0.811 = 47.2\Omega/0.811 = 58.23\Omega$。这就是图 19.20 中使用的值。

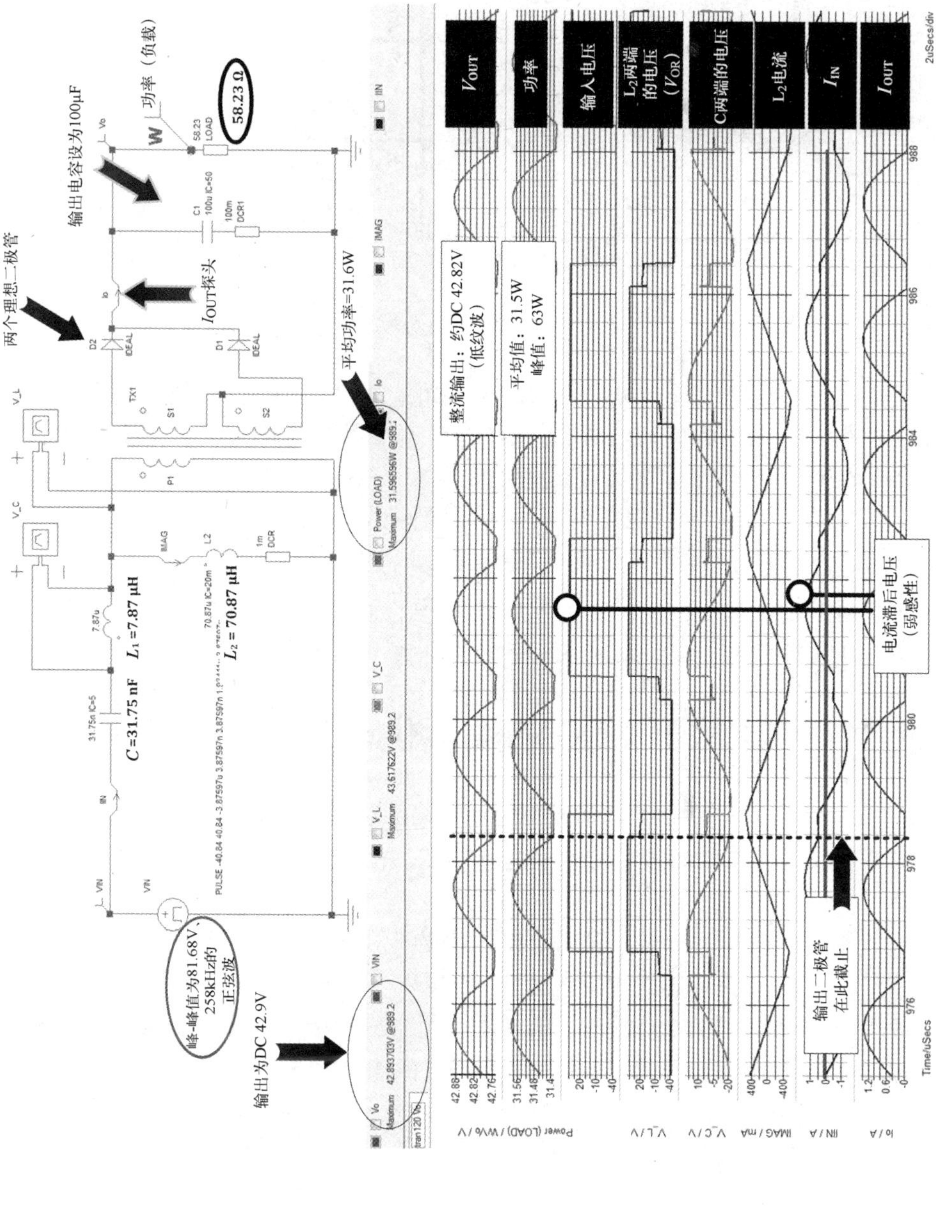

图19.20　潜在的30W实用LLC DC-DC变换器：DC 81.68～42.9V

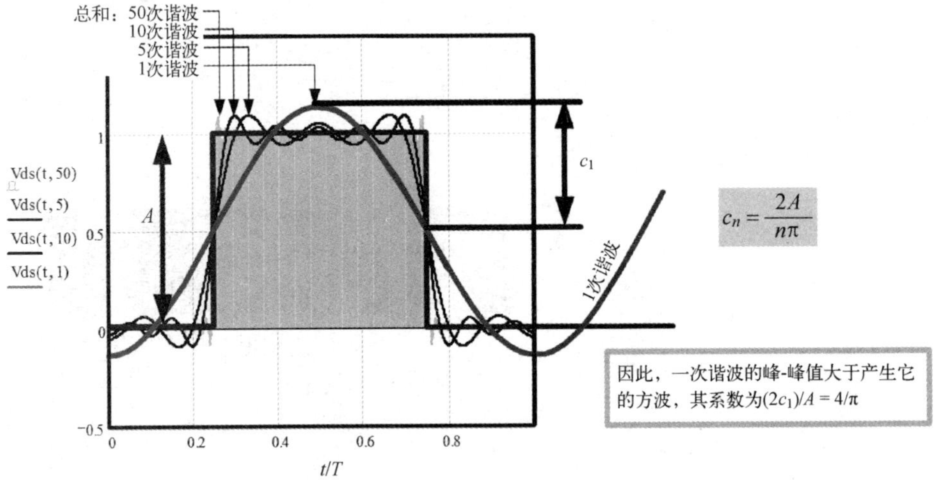

图 19.21　一次谐波（峰-峰值）比产生它的方波大 4/π

（3）最后，我们测得的直流输出为 42.9V。如果 LLC 腔的负载是“正确”的，可得稳定地 31.5W 输出，因为我们初始时想从 AC-AC 变换器得到 63W（因此平均功率正好是峰值 AC 功率 63W 的一半，即 31.5W）。由此

$$V = \sqrt{P_{\mathrm{OUT}} \times R_{\mathrm{OUT}}} = \sqrt{31.5 \times 58.23} = 42.8\ \mathrm{V}$$

这与仿真结果的 42.9V 吻合，同时也证明了我们的假设与步骤程序。

我们可以得出结论，我们已经充分理解和学会了如何设计 LLC 变换器。现在将这一过程反过来，从设计需求开始，然后从头开始设计整个变换器。

第 4 部分　设计基于 LLC 的实际供电装置

设计一个 12V 输出（25.5W）的变换器作为供电设备（PD）的 DC-DC 级。在 PoE 应用中，通常需要非常宽范围输入的 DC-DC 变换器。注意，我们现在谈论的是直流输入与输出，而非 AC-AC 变换器。

（1）降低额定值和所需功率。我们知道，如果不降低输出功率额定值，那么在最大负载的设定下，输入将只能从其最大输入值下降 12%。假设此处的最大值为 52V，那么仅能得到 52V/1.12 = 46V。然而，在 PoE 应用中，至少应使电压下降至 36V。事实上，此处我们的目标是 32V，下降比率为 52/32 = 1.625。由图 19.18 可知，仅当降低最大功率至 64%时，这一校正能力才能实现。换句话说，为了实现 25.5W 输出功率，需要预先设计变换器以在最大功率 25.5W/0.64 = 40W 时获得最大负载。在低压情况下（32V），根据选定的腔电路元件的性能以提供预期功率（25.5W）成为我们需要实现的设计目标。注意，该 40W 设计目标仅用于确定 LLC 腔最合适的 Q，以实现宽输入工作。由于适当的电流和功率限制，实际上我们不会使 LLC 变换器工作在 40W 的输出等级。因此，无需为此调整其功率元件的大小。因此，我们在此给 40W 的设计目标（仅用于实现宽输入范围）提供一个新名称：峰值虚拟功率，以区别于通常的变换器最大功率或峰值交流功率。

（2）频率选择。我们知道，采用比例为 1∶9 的电感器（L_1 和 L_2），我们将得到两个谐振峰值的频率比例为 1∶3.16（按电感器比例为 1∶10 计算）。这意味着高频谐振峰值的频率将

始终为低频谐振峰值的 3.16 倍。假设由于 EMI 原因，需要保持 LLC 工作于 140kHz 以下，这时最低频率需要设为 140kHz/3.16 = 44kHz。相应的，最高频率设置为 140kHz。

（3）（LLC 基本电路的）频率缩放。由基本组件模块开始，选用 L_1 = 100mH、L_2 = 900mH、C = 10μF，由此可以得到低频谐振峰值为 50Hz。因此，为了得到我们当前的应用，我们需要应用 44kHz/50Hz = 880 的频率缩放系数。所有的 L 与 C 按照相同的系数缩放。可得

$$L_1:\ 100\,\text{mH} \rightarrow L_1/f_{\text{SCALE}} = 100\,\text{mH}/880 = 113.6\,\mu\text{H}$$
$$L_2:\ 900\,\text{mH} \rightarrow L_2/f_{\text{SCALE}} = 900\,\text{mH}/880 = 1022.7\,\mu\text{H}$$
$$C:\ \ 10\,\mu\text{F} \rightarrow C/f_{\text{SCALE}} = 10\,\mu\text{F}/880 = 11.36\,\text{nF}$$

（4）输入电压。在最终版本的 LLC 开关变换器中，最高输入（直流电压为 52V）时，我们将在 LLC 腔电路的输入端注入峰-峰值为 52V 的方波。注意，我们必须继续按照幅值来计算，就像我们之前做的那样。因此，相应的方波幅值（峰-峰值的一半）实际为 DC 26V。此外，根据一次谐波近似（FHA），这实际上是幅值为 26V × 4/π = 33.1V（峰-峰值为 66.2V）的正弦波。注意，从幅值为 26V 的方波到其等效正弦波形（根据 FHA），我们将电压乘以系数 33.1/26＝1.273，即 4/π。我们可以记住这一点，这总是正确的：我们必须增加方波（本例中是直流输入端）27.3%，从而得到等效峰-峰值正弦波（一次谐波），将其除以 2 得到正弦波形的幅值；或者将直流电压乘以系数 1.273/2 = 0.636，直接从 V_{IN} 的直流电压得到等效正弦波的幅值。

（5）功率缩放。在当前的输入电平（正弦波输入的幅值为 33.1V）下，使用推荐的 300Ω 最大负载电阻（根据之前 LLC 基本电路的分析），LLC 基本电路仅适用于峰值功率 $(33.1\text{V} \times 1.05)^2/300\Omega = 4.026\text{W}$。括号中的 33.1V × 1.05 实际上就是 V_{OR}（即 V_{IN}×增益）。如前所述，只要 Q 保持不变（即对于相同的负载电阻，L 与 C 也相同），输入就是任意的（这决定了 LLC 腔的功率容量）。此处 Q 在频率缩放之后也没有变化，因为在频率缩放中 L 与 C 改变了相同的倍数，保持 L/C 比率不变——因此，对于相同的 Q = 1.054，无论输入电压是多少，R 保持不变。

本例中，需要的虚拟峰值功率为 40W（稳定的直流值），但是在等效 AC-AC 变换器中，由于输出功率为正弦平方（$\sin^2$）曲线（见图 19.19），如果想要平均功率为 40W，则计划的虚拟峰值交流功率必须正好是这个值的 2 倍，即 80W。这就是 LLC 腔电路的功率目标。换句话说，LLC 基本电路即使经过频率缩放，也仅能达到 4.026W 的峰值交流功率，但实际上我们需要相当于 AC-AC 级的 80W 功率。因此，所需的功率缩放系数为 80W/4.026W = 19.87。将该系数用于频率缩放取值中，可得

$$L_1:\ 113.6\,\mu\text{H} \rightarrow L_1/P_{\text{SCALE}} = 113.6\,\mu\text{H}/19.87 = 5.72\,\mu\text{H}$$
$$L_2:\ 450\,\mu\text{H} \rightarrow L_1 \times 9 = 5.72\,\mu\text{H} \times 9 = 51.47\,\mu\text{H}$$
$$C:\ \ 11.36\,\text{nF} \rightarrow C \times P_{\text{SCALE}} = 11.36\,\text{nF} \times 19.87 \approx 225.8\,\text{nF}$$

注意，我们始终保持 L_2 为 L_1 的 9 倍，并且为最终的 L 与 C 使用了 MathCAD 数据表，以便比简单的乘法（乘以有舍入误差的数字）看起来更准确。

（6）V_{OR}。根据我们的定义，这是等效 AC-AC 变换器（带有 Q = 1.054 时的推荐负载）中电感器两端正弦电压的幅值（峰值）。实际上，它就是等效 AC-AC 变换器的输出电压。现在，如果已经正确进行了缩放和加负载，那么期望在最大负载时获得 1.05 的增益（当 LC 电路工作于推荐的切入点频率时，我们将在下面进行介绍）。因此 V_{OR}=33.1V × 1.05 = 34.755V。如果仔细设计稳压器，即使输入开始下降（在指定的范围内）或者负载

降为 0，那么它也能有效调整并且保持 V_{OR} 不变。

（7）高输入电压最大负载时的频率。在最近的设计实例中，我们以 258kHz 的开关频率实现了增益为 1.05 的设计目标，而最低频率为 100kHz。258kHz 这一取值由 MathCAD 图仔细检查后决定。因此该频率与低频谐振峰值的比值为 258kHz/100kHz = 2.58。实际上，只要设置了正确的 Q 等数值，这一比值在所有情况下都能保持不变。本 PoE 设计实例中的低频峰值为 44kHz，所以实现最佳设计切入点（高输入电压最大负载下）的所需开关频率为 44kHz × 2.58 = 113kHz。这一频率将用于 Simplis 仿真器来测试高输入电压最大负载时（设计切入点）电路的响应。

（8）R_{EFF}（与之前用到的 $R_{EFFECTIVE}$ 相同）。如上所述，增益目标通常为 1.05。因此此处 V_{OR} 为 34.755。对于 80W 的虚拟峰值交流功率，与 LLC 级较大的 L 并联的有效电阻为

$$R_{EFF} \equiv \frac{V_{OR}^2}{P_{PK}} = \frac{34.755^2}{80} = 15.1\,\Omega$$

这将提供理想的 40W 稳定虚拟峰值功率，由此整个输入范围 DC 32～52V 的最大输出功率为 25.5W。如新设计的 LLC 腔电路所示，对应于最大负载，该 R_{EFF} 就是所需的“负载”。这一 R 值预计能产生最佳“形状”的增益曲线。根据设计目标 Q = 1.054，从 Q 的方程中也能解出 R_{EFF}。注意，15.1Ω 电阻（本例中）代替了我们之前用于初始 LLC 基本电路（Q 也为 1.054，电路设计中也一样）的 300Ω 电阻。

（9）R_{LOAD}。我们已经了解到，在整流二极管之后放置一个大的滤波电容器，从输出电容器上并联的实际电阻转换为一次谐波正弦波谐振 LLC 腔的有效负载时，必须考虑 0.811 的系数。假设变压器匝数比为 1∶1，如果想要 LLC 腔的负载电阻为 15.1Ω，必须增大（整流和滤波）输出端的负载电阻：R_{EFF}/0.811 = 15.1Ω/0.811 = 18.62Ω。记住 0.811 是由 $8/\pi^2 = 0.811$ 得来的。

为了从这个电阻中获得 40W，输出电压（直流端）必须为

$$V_{O\_INTERMEDIATE} = \sqrt{P_{OUT} \times R_{OUT}} = \sqrt{40\text{ W} \times 18.62\,\Omega} = 27.3\text{ V}$$

（10）匝数比。注意，目前为止变压器匝数比仍为 1∶1。实际上电压需降为 DC 12V，因此，所需匝数比为 27.3V/12.7V = 2.15。倒数 N_S/N_P 为 Simplis 仿真中的“匝数比”，其实际数值为 0.465。此处包含 0.7V 二极管压降，因为即使是 Simplis 中的理想二极管，即使电流是 10 约 50mA，也存在典型的二极管正向压降。

注意，此处的匝数比指的是一次绕组与两个相同二次绕组之一的比值。带有中心抽头的变压器，一个一次绕组对应一个二次绕组，等效匝数比实际为一半。

（11）实际最大负载电阻。如果输出为 12V，若要得到 40W，所需负载电阻为

$$R_{LOAD} = \frac{V_{OUT}^2}{P_{OUT}} = \frac{12^2}{40} = 3.6\,\Omega$$

这是针对 40W（直流稳定虚拟）的功率。

（12）降额最大负载电阻。为了实现低输入电压（DC 32V），必须根据图 19.18 降低功率 64%，电阻也相同。因此在 32V 仿真电路中，需将电阻改为 3.6/0.64 = 5.625Ω。

（13）低输入电压时的频率。为了实现低输入电压（功率降额），需要通过降低频率来提高增益。由图 19.18 的降额曲线可知，频率比低频谐振频率峰值高 1.215 倍。因此在 32V 仿真电路中，频率应固定为 44kHz × 1.215 = 53.46kHz。

现在有了完整的解决方案，它能用于输入为 32～52V PoE 的约 25W LLC 变换器。让

我们马上看看仿真中是如何进行的（最终会有一个有效的反馈环路来纠正我们的预测）。记住在 PoE 中，25.5W 是供电装置（PD）输入能够提供的最大功率，而并不是输出功率。因此，我们不必考虑低于上述隐含假设的 100%变换器效率。但是在一般的应用中，我们需要通过简单地除以效率来增加期望的输出功率。

第 5 部分　通过仿真验证 PD 的理论设计

在高输入电压和低输入电压时进行仿真，以检验变换器的特性。由之前的设计步骤得到主要的设计参数：

（1）在所有情况下，LLC 腔为

$$L_1 = 5.72\ \mu\text{H} \qquad L_2 = 51.47\ \mu\text{H} \qquad C = 225.8\ \text{nF}$$

（2）匝数比（每个二次半绕组相对于一次绕组）：0.465

（3）设计切入点：平均输出 40W（113kHz 时）

（4）低输入电压时的频率：计算得 53.46kHz（需提高至 59.1kHz）

（5）40W 工作时输出负载电阻：3.6Ω

（6）低输入电压（32V）时输出负载电阻：5.625Ω

（7）高输入电压时输入直流电压：52V

（8）低输入电压时输入直流电压：32V

（9）低输入电压时等效交流正弦输入电压：峰-峰值 40.744V

仿真运行 1（52V，方波输入，见图 19.22）

这是在预测频率 113kHz 下运行，可以看到自然地产生了我们所设计的结果：12V 输出、功率 40W。

仿真运行 2（32V，正弦波输入，见图 19.23）

这是在预测频率 53.46kHz 下运行，等效交流输入峰-峰值为 40.744V，而非 DC 32V（由一次谐波近似而得）。可以看到自然产生的结果几乎就是我们所设计的：12V 输出和 25W 输出。任何轻微的输出校正可以由调整环路（不是我们仿真的内容）快速通过调整频率来实现。

仿真运行 3（32V，方波输入，见图 19.24）

这是在预测频率 53.46kHz 下运行，但是输出电压与功率大幅增加。但我们“假装”有反馈环路，并手动使频率越来越高以降低增益。最终在 59.1kHz 处再次实现非常接近于预期的 12V 和 25W。注意，与仿真运行 2 相比，出现的小小预测故障很明显是由于一次谐波近似（FHA）出现的某些问题。一旦将交流（正弦波）电源调回合适的幅值，又可以得到与仿真运行 2 很吻合的结果。

结论

基本的直观推理、缩放策略、设计切入方法的指引、MathCAD 图和仿真结果完美配合表明设计步骤是得到验证且有效的。

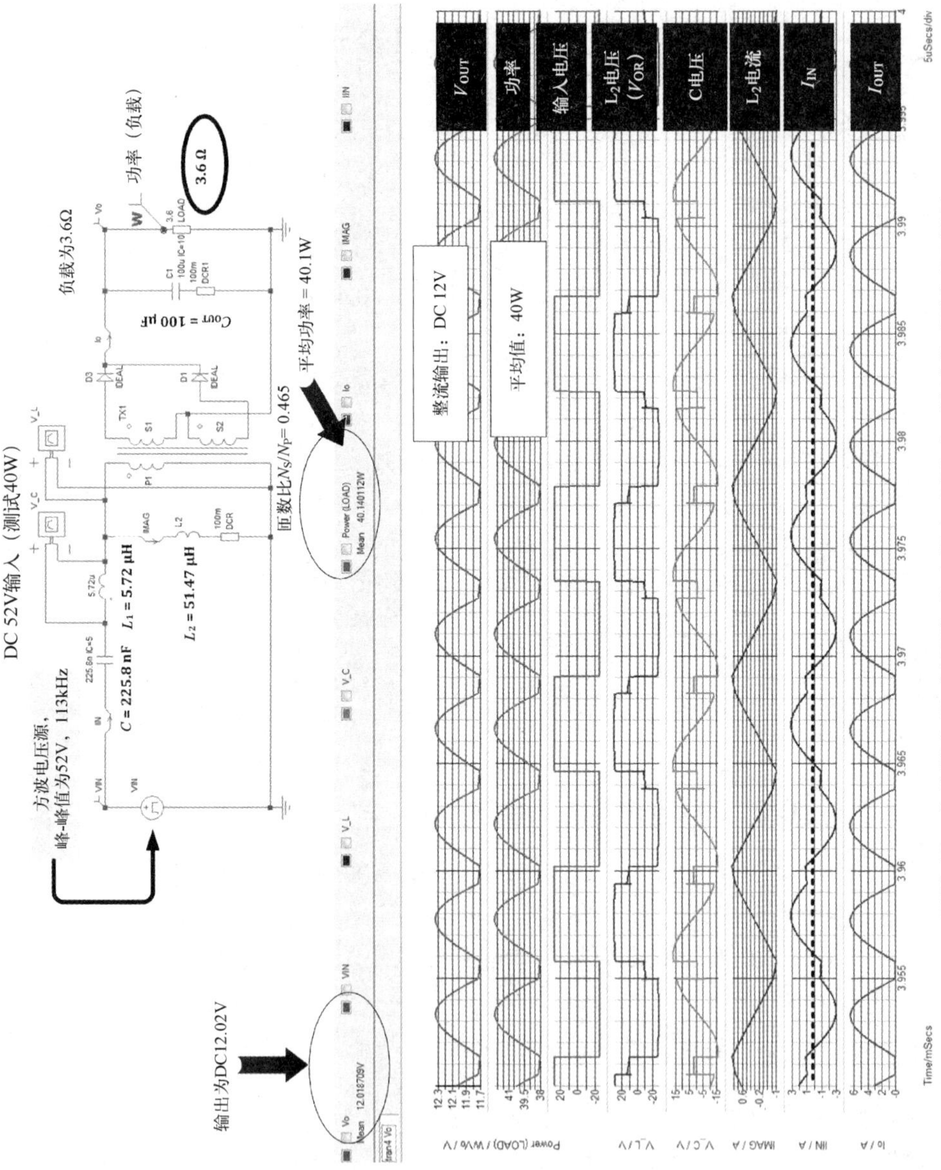

图19.22　在峰值负载（40W）和高输入电压下，通过仿真验证PD设计

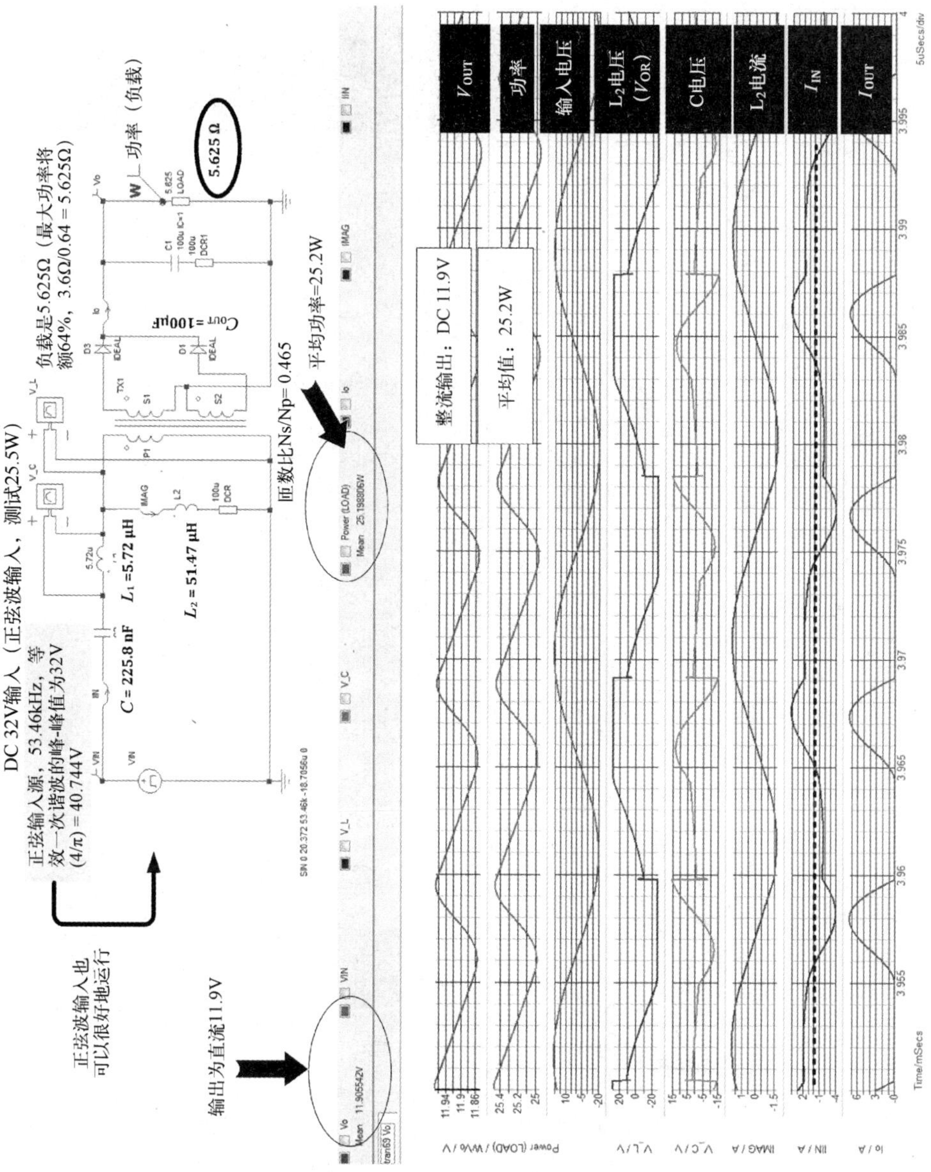

图19.23　在最大负载（25W）和低输入电压正弦波下，通过仿真验证PD设计

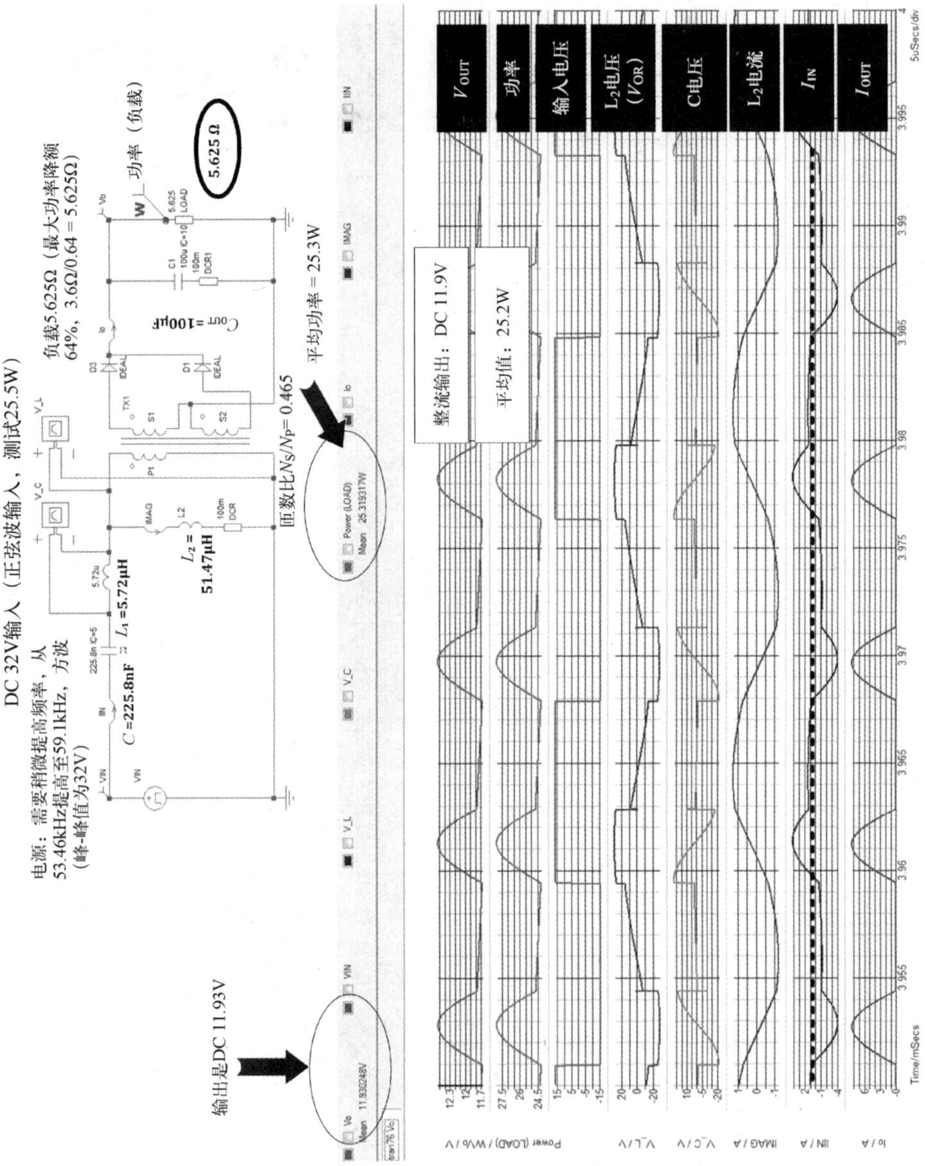

图19.24 最大负载（25W）和低输入电压方波下，通过仿真验证PD设计

第 6 部分　电感比率（利与弊）

为什么要选择高比率的 L_2/L_1？答案在对电流波形更深入的理解中。从这个角度仔细观察图 19.25，首先看到的是，在所有电流中，I_O 是二极管输出的整流但未滤波的电流，具有最“规则”的形状。换句话说，看着 I_O，我们可以感觉到有用的能量（能传递给负载）正在以一种良好的、谐振模式的方式在变压器上传输。这就解释了为什么，例如，尽管图 19.22 中的波形看似失真，但最终结果几乎完全符合我们的假设，即使我们的初始估计仅基于正弦波输入，也没有二极管或输出滤波电容器（只是一个纯“AC-AC 变换器”）。注意，工作频率是在计算基础上设置的，随后发现即使仿真电路中没有“调整环路”，但我们预期的 12V 输出、负载功率 40W 仍然实现。从原理图的波形看起来并不像“谐振”，但这么好的结果是怎么得到的？答案隐藏在 I_O 的形状中。它非常接近整流正弦波。这部分电路仅“看到”由正弦波电源激励的 LLC 腔。不幸的是，电路的另一部分并不那么直观。正如我们将要看到的，一次侧波形是由两部分组成的。

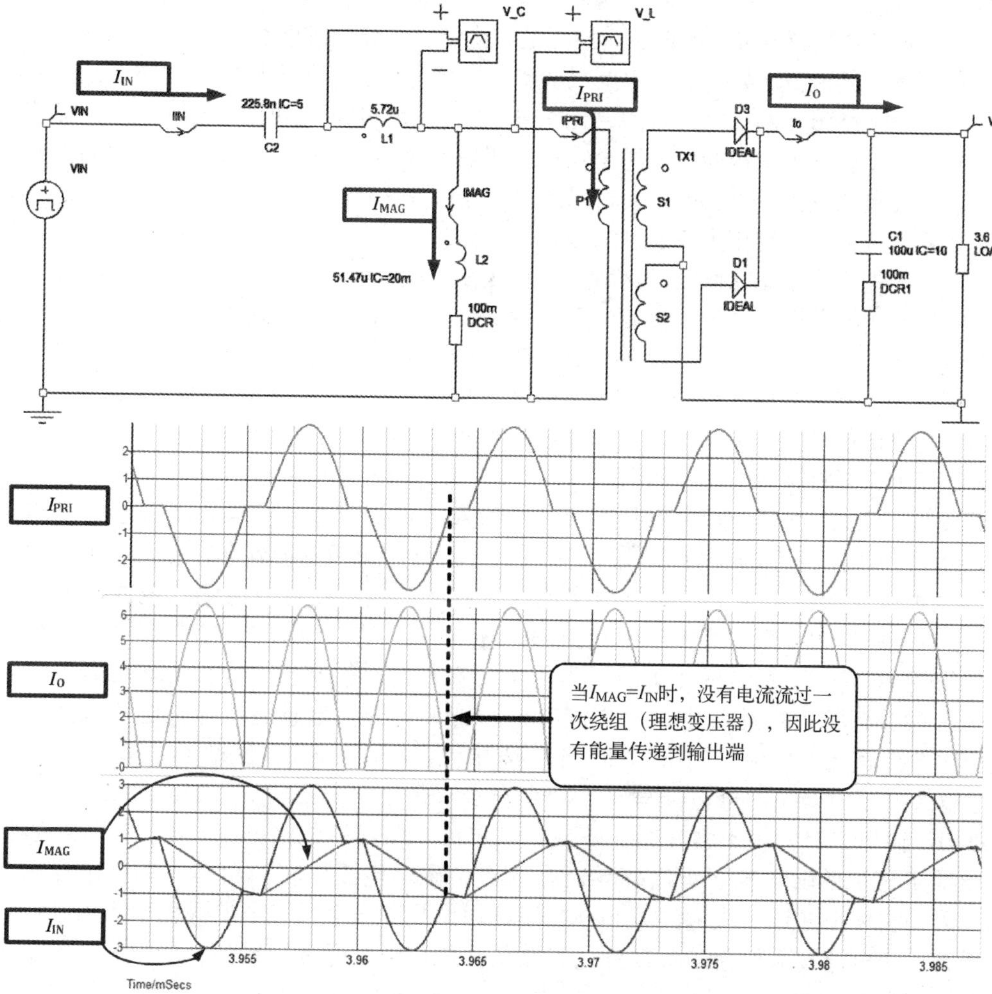

图 19.25　理解 LLC 级电流波形

可以肯定的是：LLC 腔的能量以正激变换器的形式传递至负载，而不像反激变换器那样先储存在磁芯中，然后再输出。在所有的仿真示意图中观察绕组的极性，这不是反激工作的方式。我们也知道，在正激变换器中，由于（大部分）能量并没有储存在磁芯中，所以使用的磁芯比反激的小，实际上最大的限制是绕组的有效窗口面积。如果能将所需的匝数与铜厚度（以降低温度）封装在磁芯的可用窗口区域，那么磁芯就可以工作了，几乎与功率等级无关。因为这个原因，即使是选择 LLC 变压器，我们也可使用与正激变换器相同的简单的磁芯选择步骤。作者可以在 *Switching Power Supplies A to Z*（第二版）第 4 章中找到这一类步骤，也可参见本书第 11 章和第 12 章。

LLC 变换器与正激变换器还有另一个共同点，但这并不是那么有用：磁化（磁芯励磁）电流问题。是的，对于给定的磁芯，可以根据 B 场（这取决于磁芯的材料）允许的变化、施加的伏秒（Et）、磁芯有效面积（A）来确定一次绕组的匝数。常用的方程为

$$\Delta B = \frac{100 \times Et}{N \times A}$$

注意，这与实际电感无关。因此如果对于给定的磁芯，保持绕组匝数 N 不变，但是通过改变气隙而改变电感量，最终可得更高的峰值电流，但令人惊奇的是，磁芯的磁感应强度保持不变！因此磁芯也不会突然饱和，这就是设置匝数的目的。实际上，可以选择的磁化电感有好几个，但不会选择非常小的电感。原因是，由定义（和绕组极性），正激变换器的磁化电感与输出无关，其能量无处可去，因此只能消耗那些能量。一种可以接受的方法是采用能量回收（“三次”）绕组，例如将回收的磁化能量返回到输入电源。在谐振变换器中，即使以与正激变换器几乎相同方法将能量传递至输出，我们也并不需要能量回收绕组，因为正如我们所知道的：在谐振变换器中，能量会自然地来回振荡——因此可以轻易地回收。但是这个过程不是非常有效：由于磁化电流通过二极管（或体二极管）时一些能量可能被消耗，所以，一些“循环”能量永远无法回收。这就是为什么在正激变换器中想要保持磁化电感非常高，因为它能按比例减小相关的磁化电流。记住，能量与 $L \times I^2$ 有关，因此 I 减小 x %比 L 增大 x%对能量减小的影响更大。因此，通过保持高的磁化电感，总的相关循环（和部分浪费的）能量显著减小。相同的概念也同样适用于谐振变换器。正激变换器中，开关电流是反射输出电流与磁化电流的总和：因此，有一部分与有用能量（流向负载）相关，另一部分与循环能量相关，我们希望将循环能量最小化。

回到图 19.25，可以看到，从输入电源输入的电流“I_{IN}”，其中一部分等于磁化电流。因此 $I_{IN} = I_{MAG} + I_{PRI}$。为什么 I_{MAG} 直线上升？这与正激变换器非常相似，但这里一般都有谐振电压波形。事实上，即使用交流（正弦波）电源代替方波输入电源，磁化电流（大部分）仍是直线上升。原因是 L_2 上的电压几乎是方波，如图 19.22 所示。这是怎么产生的？很简单，因为 L_2（磁化电感）上的电压在任何时候都被大输出滤波电容器通过其中一个二极管钳位。由此产生的“方波”电压施加到磁化电感上，导致电流直线上升。在某个时刻，该上升电流（I_{MAG}）将等于输入电流（$I_{MAG} = I_{IN}$），因此 I_{PRI} 变为 0。注意，I_{PRI} 为输入电流中谐振部分，仅与输出功率要求有关。它负责将 I_O 传递到二次侧。一旦 I_{PRI} 为 0，输出二极管将不再导通。随后输入电流“跟随”磁化电流一小段时间，直到在电源驱动下施加的输入电压再次翻转。在该点，磁化电流以相同斜率（幅度）开始直线下降，因为它现在通过二次侧的另一个二极管钳位到同一个已充电的输出电容器。

所有这些电流波形如何随负载变化？在图 19.26 中，通过一系列负载电阻，将多个仿真运行结果叠加起来。由于输出电压在非常宽的负载变化范围内几乎是稳定的（这是运行在设计切入点的优点之一，如图 19.11 和图 19.13 所示），因此 I_{MAG} 的形状几乎不变，

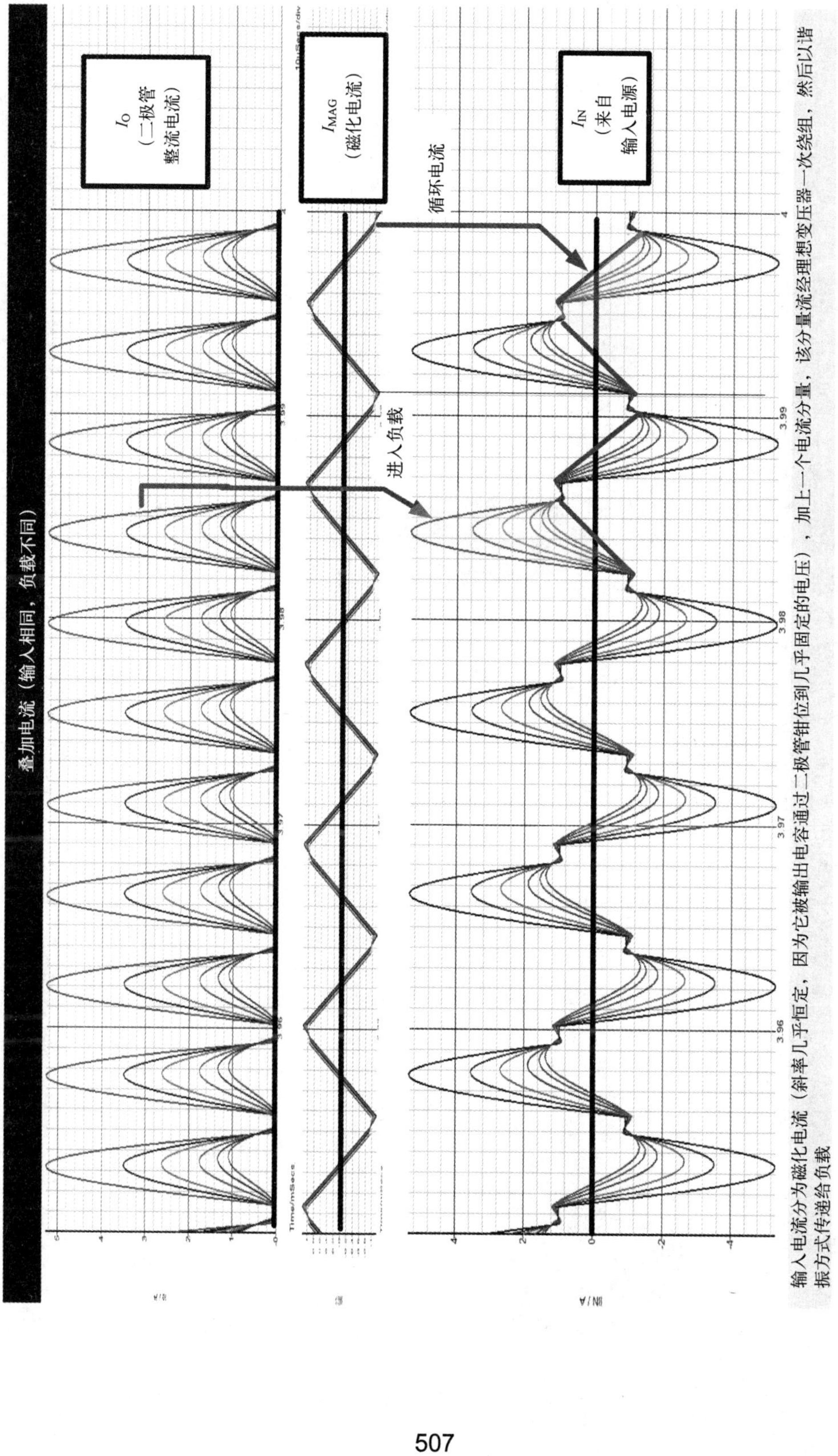

图19.26　负载变化时LLC级的电流波形

正如我们在图 19.26 中看到的那样。我们也可以看出，输入电流有两个突出显示的部分：一部分是近乎恒定的磁化电流分量（上升和下降）；另一部分是真正参与谐振功率传递过程——这一部分随负载变化很大。

我们知道，在典型的谐振模式变压器中，磁化电感与 LLC 腔电路中的 L_2 起相同作用。因此，通过保持较高的 L_2/L_1 比率，从而可以保持循环磁化电流很低，并实现更高的效率。如果我们把 L_2/L_1 的比率设得太高，频率扩展将远远超过我们通过保持 L_2 为 $9L_1$ 而得到的大约 1∶3 的变化范围。并且，在两个谐振峰值之间的增益曲线（斜坡）可能会下凹，从而违反了最初的“指导标准”——即需要一个明确的校正方向。

第 7 部分　半桥 LLC 变换器及已解决实例

很明显，我们之前在某些地方使用的正弦波激励对于解释谐振的基本原理是必要的，但实际上，为了使通态损耗最小，必须让开关管在完全导通和完全截止两种状态之间开通和关断。所以，只有之前讨论的“方波”输入才真正适用于实际、最简单的方法，因此也是最流行的方法之一，是用半桥（或是“H 桥”），因为当上桥臂 FET 导通（下桥臂 FET 关断）时，它会在一个方向上激励腔电路；当下桥臂 FET 导通（上桥臂 FET 关断）时，它会以相反的方向激励腔电路。这类似于孩子荡秋千时，两个父母站在秋千的各一边，当秋千接近时，每个人都轻轻地推，然后秋千开始移动。这就是软开关的模拟，因为如果推秋千与秋千“不同步”，秋千还在接近时被推，秋千里的孩子就有充分的理由抱怨（不要在家里这样做）。

因此，对称激励及软开关使得 H 桥在一般情况下甚至在传统功率变换中都很流行。通过降低常用的耦合（隔直）电容，就可以得到谐振模式特性。在 LLC 变换器中，由于变压器显然是整体的一部分，可获得自由隔离（无论是否需要），但是也可以将电感 L_1 和 L_2 集成到变压器中。因为到目前为止，所有的（用到“变压器”的）仿真最终使用的都是理想变压器，它其实并不是感性的，只是根据匝数比执行升压或降压操作。实际上，真正的变压器有磁化电感，可以扮演 L_2 的角色。此外，如图 19.27 所示，如果将一次绕组和二次绕组并排绕制（使用分体式线轴），而不是像在传统变压器中那样相互重叠绕制，则我们将在一次绕组和二次绕组产生足够的漏感，它能在 LLC 腔中起到 L_1 的作用。当然，一次侧的任何漏感都会被二次侧“看到”，反之亦然，因为漏感根据匝数比的平方反射到另一边。这部分内容在 *Switching Power Supplies A to Z*（第二版）中第 4 章的相关内容“how secondary-side PCB traces can cause a huge primary-side zener-clamp dissipation term in the Flyback”中有详细解释。也可参见本书第 10 章。

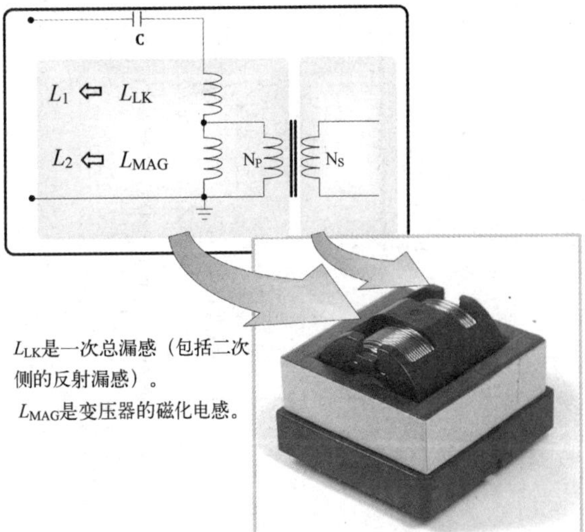
C
L_1 ⇦ L_{LK}
L_2 ⇦ L_{MAG}
N_P
N_S
L_{LK}是一次总漏感（包括二次侧的反射漏感）。
L_{MAG}是变压器的磁化电感。

图 19.27　典型 LLC 变压器的结构

最后，我们将一个半桥电路连接到之前 PoE 示例中使用的方波 LLC 谐振电路（见图 19.22）中，结果如图 19.28 所示。注意，我们仍得到 40W 和 12V 输出。

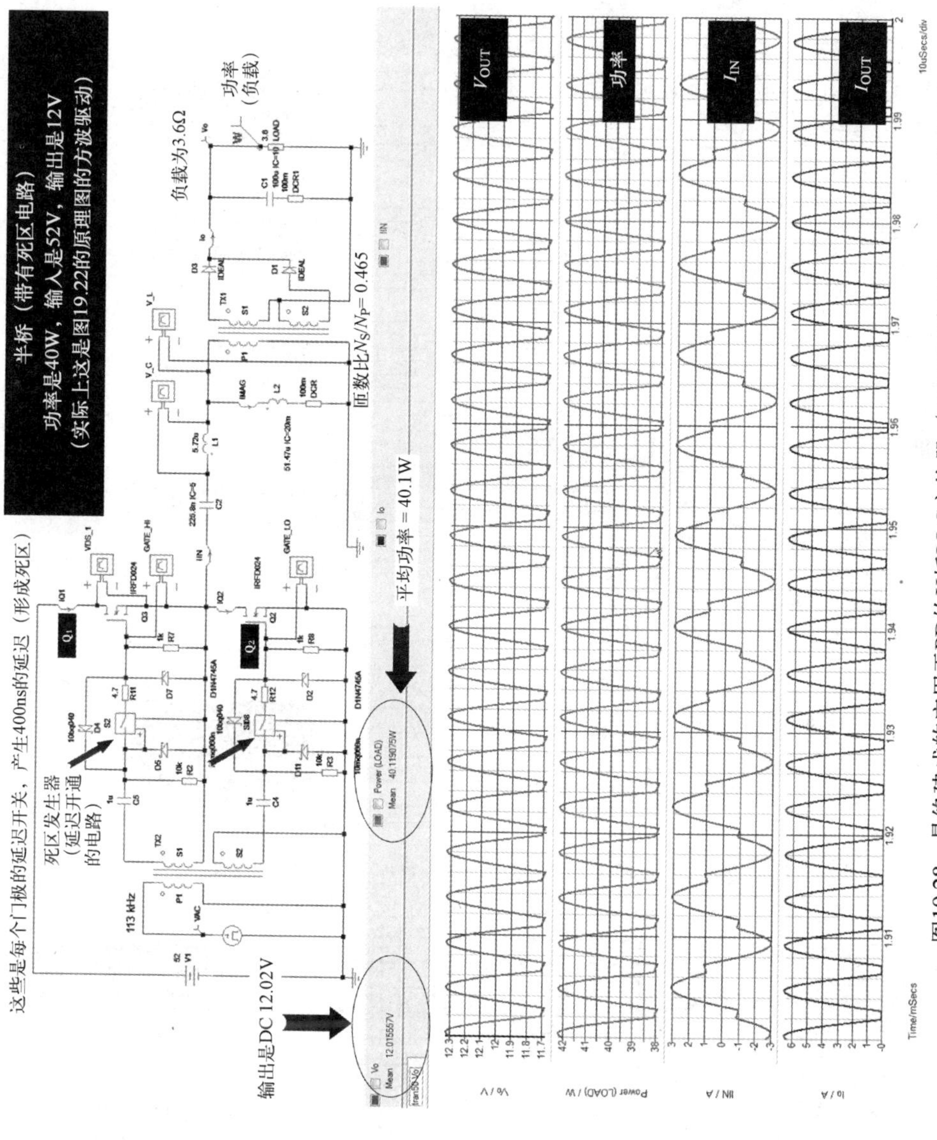

图19.28　最终建成的应用于PD的H桥LLC变换器（DC 52V时40W，DC 32V时25W）

到此为止，根据最初的设计需求，我们完成了 PD 应用下的 LLC 变换器的完整开发。

在图 19.29 中，我们展示了输入电流在两个 FET 中的分配。在图 19.30 中，展示了零电压开关（ZVS）如何发生，这与前面讨论过的，在负电感电流偏移下，上桥臂 FET 在同步 Buck 中实现软开关的方式非常相似。

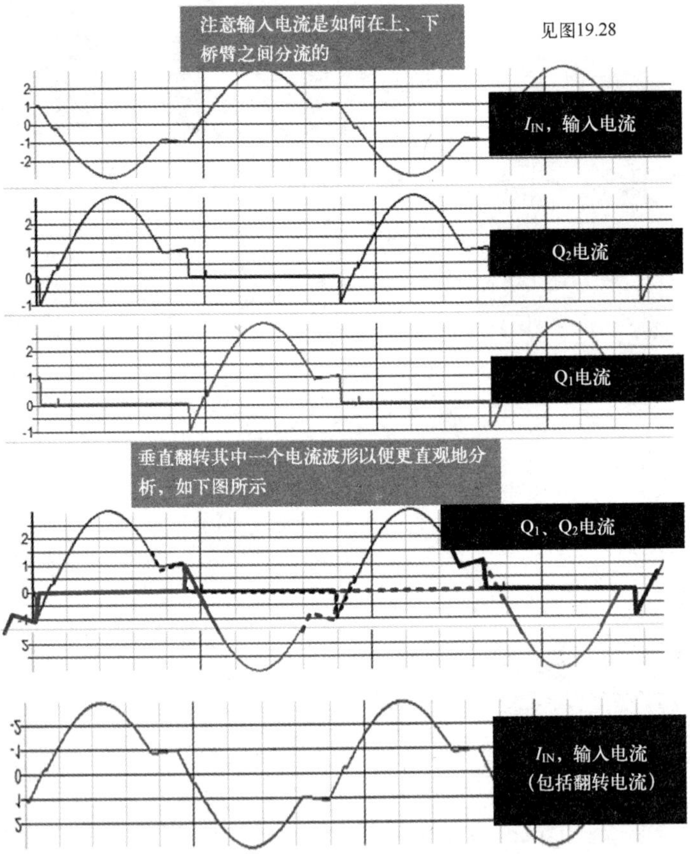

图 19.29　两个 FET 中的电流如何“叠加”产生输入电流波形

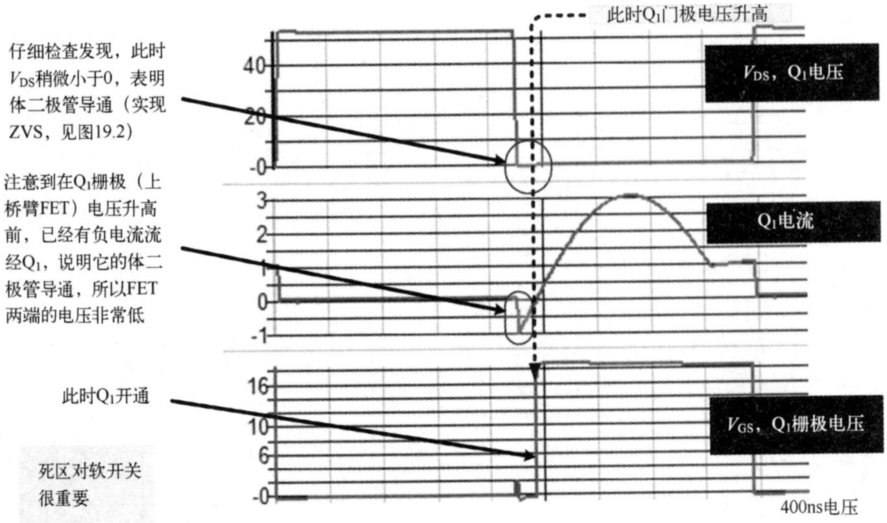

图 19.30　LLC 变换器中的零电压开关

效率估算

效率的快速估算如下：相关文献引用了以下方程，例如，*Optimal Design Methodology for LLC Resonant Converter*, by Bing Lu, Wenduo Liu, Yan Liang, Fred C. Lee, Jacobus D. van Wyk, Center for Power Electronics Systems, Virginia Polytechnic Institute and State University：

$$I_{RMS\_IN}=\frac{1}{8}\times\frac{V_O}{n\times R_{LOAD}}\sqrt{\frac{2\times n^4\times R_{LOAD}^2}{L_2^2\times f^2}+8\pi^2}$$

代入 PD 设计值，52V 满功率（40W）工作时：

$$I_{RMS\_IN}=\frac{1}{8}\times\frac{12}{2.15\times3.6}\sqrt{\frac{2\times2.15^4\times3.6^2}{51.47\mu^2\times113k^2}+8\pi^2}=1.89\text{ A}$$

Simplis 仿真的结果为 1.96A，与通过方程计算的结果误差在 5%之内。

如果都选用 RDS 为 100mΩ 的 FET，那么组合 FET 的损耗为

$$P_{FET}=(I_{RMS\_IN})^2\times R_{DS}=(1.89)^2\times0.1=0.36\text{ W}$$

假设二极管压降为 0.6V，平均电流为 40W/12V = 3.33A，其损耗为 3.33A × 0.6 = 2W。因此，总损耗（假设忽略变压器损耗，忽略小的开关损耗）为 2.36W，第一次效率估算为 40/42.36 = 94.4%。

最大频率分布为 1∶3.16 的 LLC 选择的求解实例

我们需要一个可输出 12V、20W 的通用输入 AC-DC LLC 变换器。（使用 100mH、900mH、10μF、300Ω 的 LLC 基本电路）。

（1）DC 400V 输入，开关时会在腔电路产生方波激励，幅值（峰-峰值的一半）为 DC 200V。对应的交流幅值更高：4/π × 200V = 254.6V（交流）（幅值，而非峰-峰值）。

请注意之前讲过的快捷方式：直流电压乘以 0.636 可得正弦幅值。检验：400V × 0.636 = 254.4V。非常接近。

（2）在适当的 Q（负载）下，增益为 1.05 倍。因此 V_{OR} 为 254.6V × 1.05 = 267.33V（等效正弦波的峰值）。与“300Ω”的最佳电阻并联时（之前从我们的基本电路构建研究中确定），可获得 $267.33^2/300$ = 238.22W 的峰值交流功率。注意：这是在等效交流变换器的正弦平方功率波形曲线的最大值处测得的功率。这并不是直流功率！

（3）在整个输入范围内需要 20W 平均直流输出功率。假设最坏情况下效率为 85%，我们应该设计最大直流功率为 20W/0.85 = 23.53W。2 倍之后即可得等效 AC-AC 变换器的 47W 峰值交流功率（正弦平方波形的最大值）。

（4）但是由图 19.18 可知，我们需要降额以使电路能适用于低输入电压，因此必须计划将 LLC 腔电路的功率容量提高为原来的 5 倍，即 47W × 5 = 235W（最高输入电压时，再次在最大值处测量）。

（5）因此功率缩放系数 P_{SCALE} 为 235W/238.22W = 0.99。很接近单位值。

（6）假设出于 EMI 的原因，设最大工作频率为 140kHz。

（7）频率选择。我们知道，使用比率为 1∶9 的电感器 L_1 和 L_2，将得到按照 1∶$\sqrt{10}$，即 1∶3.16 分离的两个谐振峰值之间的频率分布。这意味着高频谐振峰值总是低频谐振峰

值的 3.16 倍。假如由于 EMI 的原因，LLC 需要在最大值 140kHz 以下工作，则最低频率应设为 140kHz/3.16 = 44kHz。如果这样做，对应的最高频率将不会超过 140kHz。

（8）（LLC 基本电路的）频率缩放。从我们最初描述的基本构建模块开始，选择 L_1 = 100mH、L_2 = 900mH、C = 10μF，由此可得 50Hz 的低频谐振峰值。因此，为了得到当前的应用，需要应用 44kHz/50Hz = 880 的频率缩放系数。L 与 C 相应地缩放。可得

$$L_1: 100\,\text{mH} \to L_1/f_{\text{SCALE}} = 100\,\text{mH}/880 = 113.6\,\mu\text{H}$$
$$L_2: 900\,\text{mH} \to L_2/f_{\text{SCALE}} = 900\,\text{mH}/880 = 1022.7\,\mu\text{H}$$
$$C:\ 10\,\mu\text{F} \to C/f_{\text{SCALE}} = 10\,\mu\text{F}/880 = 11.36\,\text{nF}$$

（9）将功率缩放系数应用于频率缩放值，可得

$$L_1: 113.6\,\mu\text{H} \to L_1/P_{\text{SCALE}} = 113.6\,\mu\text{H}/0.99 = 115\,\mu\text{H}$$
$$L_2: 1.023\,\text{mH} \to L_2 \times 9 = 115\,\mu\text{H} \times 9 = 1.035\,\text{mH}$$
$$C:\ 11.36\,\text{nF} \to C \times P_{\text{SCALE}} = 11.36\,\text{nF} \times 0.99 = 11.5\,\text{nF}$$

（10）前面经过频率缩放、功率缩放的 LLC 基本电路，在高输入电压时可得到 235W 的峰值交流功率。为了达到这个功率，负载电阻应为 $V_{\text{OR}}^2 / P = 267.33^2/235 = 304.1\Omega$。

（11）如果我们使用具有整流直流输出的 1∶1 变压器，与输出电容器并联的负载电阻可在 LC 腔电路输出端产生 304.1Ω 的有效负载，因此实际负载需增大为 304.1Ω 的 $\pi^2/8$ 倍，得到 375.2Ω。

注意之前提到的快捷方法：从直流输出电阻至对应的 LC 负载，应将负载电阻乘 0.811。检验：375.2Ω × 0.811 = 304.3Ω。非常接近。

（12）根据我们的定义，峰值交流功率是在正弦平方波形的顶部计算出来的。因此，平均（直流）功率实际为该功率的一半：235W/2 = 117.5W。假设带有 1∶1 变压器的整流直流输出，这一“中间整流直流电压”必定为

$$V_{\text{O\_INTERMEDIATE}} = \sqrt{P_{\text{OUT}} \times \text{R}_{\text{OUT}}} = \sqrt{117.5\,\text{W} \times 375.2\,\Omega} = 210\,\text{V}$$

注意，要得到这一中间值有快捷方法。它非常简单

$$V_{\text{O\_INTERMEDIATE}} = \frac{V_{\text{INMAX}}}{2} \times \text{gain} = \frac{400\,\text{V}}{2} \times 1.05 = 210\,\text{V}$$

（13）匝数比。我们想要通过降压匝数比从中间直流电压得到实际的输出直流电压。很简单

$$\frac{N_{\text{S}}}{N_{\text{P}}} \equiv \frac{1}{n} = \frac{V_{\text{O}}}{V_{\text{O\_INTERMEDIATE}}} = \frac{12.7}{210} = 0.06 \qquad n = 16.535$$

（包括输出二极管的 0.7V）。因此，如果一次绕组约为 33 匝，那么二次绕组（带中心抽头）需要 2 + 2 匝。注意，如果使用 Simplis 或 PSpice 仿真，软件的匝数比应为 N_S/N_P。我们需要设其为 0.06。

最终选择

我们可以使用 115μH 的漏感。一次电感必须为 1.035mH，电容必须为 11.5 nF。匝数比为 16.54（在仿真中，我们需要这个值的倒数，即 0.06）。选择磁芯与绕组匝数时可以采用标准正激变换器的设计准则。

最低的期望频率为 44kHz，最高频率分布为 1∶3.16。设计切入点的频率为 2.58 乘最低频率，即 44kHz × 2.58 = 113kHz（设计切入点处仿真器的测试频率）。

备选 LLC 基本电路

有时，我们想要通过降低 L_2/L_1 的比率使频率变化范围变窄。这会产生更大的循环电流，但频率分布会更窄，而且变压器更容易绕制（采用分体式线轴）。通过下述基本电路（电感比率为 1∶3）可得最坏情况 1∶2 频率变化范围：

（1）漏感为 300mH

（2）一次电感为 900mH

（3）电容为 10μF

（4）负载电阻 $R = 270\Omega$

如前所述，我们希望 LLC 基本电路的最大负载加上最高输入电压工作点固定在增益为 1.05 的曲线上（当然是根据匝数比，用调整环路迫使它实现）。即使在最大负载条件下，当我们降低输入时，该 LLC 基本电路也能在比之前的基本电路更高的增益时实现软开关（增益从 1.05 到 1.25 变化，相比之下，前一个 LLC 基本电路最高为 1.18）。然而，本例中的工作频率是 79Hz，仅为较低谐振频率的 1.72 倍，因为较低谐振频率为 46Hz。注意，对于之前 1∶9 电感比率的 LLC 基本电路，该设计切入点是 129Hz，约为 50.3Hz 的较低谐振频率的 2.58 倍。此外，在之前的基本电路中，较高谐振频率是 $\sqrt{1+9} = 3.16$ 倍的较低谐振频率，即 3.16 × 50.3Hz = 159Hz。采用新的 LLC 基本电路，较高谐振频率为 $\sqrt{1+3} = 2$ 倍的较低谐振频率，即 2 × 46Hz = 92Hz。有了这种新的基本电路，我们可以再次设计适用于全球输入电压的 20W AC-DC 级变换器，如下面的例子所示。

注： 新基本电路的关键是将 270Ω 设定为首选（最佳）最大负载。为什么是这一值？根据 Q 为 1.054 的计算，实际可得的推荐 R 为 328Ω（对于选定的 L 与 C）。或者，如果想要选择一条最大负载时增益也为 1.18 的曲线，可得 R 为 240Ω。但这两个数值都没能达到我们的目的。我们希望能够提供与图 19.18 相同的增益降额曲线，以便于使用。在此基础上，采用 MathCAD 文件，270Ω 为这一基本电路的最优选择，完全模仿了先前基本电路的 300Ω 曲线。现在，图 19.18 的增益校正曲线仍适用于新的基本电路，尽管图的右轴显然不适用，由于频率变化范围已经被 L 与 C 的选择“压扁”了。但是，仍然可以获得所需的功率降额。

最大频率分布为 1∶2 的 LLC 选择的求解实例

我们需要一个可输出 12V、20W 的通用输入 AC-DC LLC 变换器（使用 300mH、900mH、10μF、270Ω 的 LLC 基本电路）。使用先前实例的快捷方法。

（1）直流电压乘 0.636 得到正弦波形幅值：400V × 0.636 ≈ 254.6V。

（2）在正确的 Q（负载）下，增益为 1.05 倍。因此 V_{OR} 为 254.6V × 1.05 = 267.33V（等效正弦波的峰值）。与 270Ω 的最佳电阻并联时（从我们的 LLC 基本电路构建研究中确定），可得 $267.33^2/270 = 264.7$W 的峰值交流功率。

（3）在整个输入范围内需要 20W 平均直流输出功率。假设最坏情况下效率为 85%，计划的功率应为 20W/0.85 = 23.53W。2 倍之后即为 47W，这是等效 AC-AC 变换器的峰值交流功率。但是由图 19.18 可知，我们需要降额以使电路能适用于低输入电压，因此必须计划将 LLC 腔电路的功率容量提高到原来的 5 倍，即 235W 峰值交流功率（最高输入电压时）。

（4）因此功率缩放系数 P_{SCALE} 为 235W/264.7 = 0.89。

（5）假设最高工作频率为 170kHz。

（6）频率选择。我们知道，使用比率为 1∶3 的电感器 L_1 和 L_2，将得到按照 1∶$\sqrt{4}$，即 1∶2 分裂的两个谐振峰值之间的频率分布。这意味着高频谐振峰值总是低频谐振峰值的 2 倍。假设想要保持 LLC 在最大值 170kHz 以下工作。这种情况下，最低频率必须设为 170kHz/2 = 85kHz。这样做的话，对应的最高频率不会超过 170kHz。

（7）（LLC 基本电路的）频率缩放。从我们最初描述的基本构建模块开始，选择 L_1 = 300mH、L_2 = 900mH、C = 10μF，由此可得 46Hz 的低频谐振峰值。因此，为了得到当前的应用，需要应用 85kHz/46Hz = 1848 的频率缩放系数。L 与 C 相应地缩放。可得

$$L_1: 300\ \text{mH} \to L_1/f_{SCALE} = 300\ \text{mH}/1848 = 162\ \mu\text{H}$$
$$L_2: 900\ \text{mH} \to L_2/f_{SCALE} = 900\ \text{mH}/1848 = 487\ \mu\text{H}$$
$$C: \ 10\ \mu\text{F} \ \to C/f_{SCALE} = 10\ \mu\text{F}/1848 = 5.4\ \text{nF}$$

（8）将功率缩放系数应用于频率缩放值，可得

$$L_1: 162\ \mu\text{H} \to L_1/P_{SCALE} = 162\ \mu\text{H}/0.89 = 182\ \mu\text{H}$$
$$L_2: 487\ \mu\text{H} \to L_2 \times 9 = 182\ \mu\text{H} \times 3 = 546\ \mu\text{H}$$
$$C: \ 5.4\ \text{nF} \ \to C \times P_{SCALE} = 5.4\ \text{nF} \times 0.89 = 6.1\ \text{nF}$$

（9）经过频率缩放、功率缩放的 LLC 基本电路，在高输入电压时可得到 235W 的峰值交流功率。为了达到这个功率，负载电阻应为 $V_{OR}^2 / P = 267.33^2/235 = 304.1\Omega$。

（10）如果我们使用具有整流直流输出的 1∶1 变压器，与输出电容器并联的负载电阻可在 LC 腔电路输出端产生 304.1Ω 的有效负载，因此实际负载需增大为 304.1Ω 的 $\pi^2/8$ 倍，得到 375.2Ω。

注意之前提到的快捷方法：从直流输出电阻至对应的 LC 负载，应将负载电阻乘 0.811。检验：375.2Ω × 0.811 = 304.3Ω。非常接近。

（11）峰值交流功率是在正弦平方波形的顶部计算出来的。因此，平均（直流）功率是 235W/2 = 117.5W。假设带有 1∶1 变压器的整流直流输出，这一“中间整流直流电压”必定为

$$V_{O\_INTERMEDIATE} = \sqrt{P_{OUT} \times R_{OUT}} = \sqrt{117.5\ \text{W} \times 375.2\ \Omega} = 210\ \text{V}$$

注意，要得到这一中间值有快捷方法。它非常简单

$$V_{O\_INTERMEDIATE} = \frac{V_{INMAX}}{2} \times \text{gain} = \frac{400\ \text{V}}{2} \times 1.05 = 210\ \text{V}$$

（12）匝数比。我们想要通过降压匝数比从中间直流电压得到实际的输出直流电压。很简单

$$\frac{N_S}{N_P} \equiv \frac{1}{n} = \frac{V_O}{V_{O\_INTERMEDIATE}} = \frac{12.7}{210} = 0.06 \qquad n = 16.535$$

（包括输出二极管的 0.7V）。因此，如果一次绕组约为 33 匝，那么二次绕组（带中心抽头）需要 2+2 匝。注意，如果使用 Simplis 或 PSpice 仿真，软件的匝数比应为 N_S/N_P。我们需要设其为 0.06。

最终选择

我们可以使用 182μH 的漏感。一次电感必须为 546μH，电容必须为 6.1nF。匝数比为 16.54（在仿真中，我们需要这个值的倒数，即 0.06）。

选择磁芯与绕组匝数时可以采用标准正激变换器的设计原则。

最低的期望频率为 85kHz，最高频率分布为 1∶2。设计切入点的频率为 1.72 乘最低频率，即 85kHz × 1.72 = 146kHz（设计切入点处仿真器的测试频率）。

一次谐波近似及其他细微之处存在的问题

对之前的结果进行仿真时，很明显它们是正确的，因为当使用交流电源时，输出交流电或输出整流直流电（建议使用适当的负载电阻）的结果如预期那样。宽输入范围也是可以的。然而，当我们切换为“等效”方波，低输入电压时，输出最大 20W 功率有点问题。在仿真中，匝数比的倒数应由 0.06 改为 0.07，才能恢复正常工作。

另外必须记住，我们计算的“谐振频率”是基于理想 LC 电路（无负载）。实际中，当给 LC 腔加载时，谐振频率变得更低。因此，在前面的例子中，要得到所需的增益校正，可能需要测试它在低输入电压、略低于 85kHz 时的响应。控制 IC 也一样，必须允许其在比“理想”谐振峰值稍低的频率下也能够工作。

第 20 章　实用电路设计技巧

引言

我们常常在脑海中回想我们曾经见过的或设计过的一个实用的精简电路。可惜我们在要使用它时往往想不起来。作者将介绍一些他在工作中研究过的、看到过的或者设计过的有趣的电路，并配以适当的注释。它们中的大多数都是久经考验的电路，而不是设计构想，甚至可能已经被大量产业化。但读者要确信，这里介绍的电路没有专利保护，可放心使用。

两个 3844 芯片的同步

通常认为两个 3842 芯片可以同步，而两个 3844 芯片不可以同步，因为后者包含了一个倍频器。3844 芯片应用于正激变换器时，由于正激变换器的占空比不允许超过 50%，所以芯片只是每隔一个时钟周期就跳过一个周期，以得到（略小于）50%的有效 D_{MAX}。因此，如果我们同步两个 3844 芯片的时钟，但却无法保证它们是同相同步还是异相同步，因为时钟不知道芯片内部跳过了哪一个脉冲，我们也无法从这个便宜的 8 脚芯片的引脚中获取相关信息。图 20.1 中的想法是作者提出的，它以一种非常简单的方法解决此问题（假定在连续导电模式下）——它利用了只有当“主”芯片的频率稍高于“从”芯片的频率时才能同步的规则。所以，在 3844 芯片的输出接一个相位检测器，当发现输出不同相位时，就会中断同步。通过一个 21.5kΩ 的电阻，给“从”芯片产生时钟信号的电容施加一个额外的充电电流，以实现中断同步。最后，经过几个不同步的周期后，输出会重新同相位（完全是偶然的），此时，关断上面的晶体管，就会立即允许再次同步。然后，输出就会重新锁定同相位。对第 5 章讨论的 PFC-PWM 同步方案而言，如果两个 PWM 的启动顺序由 PFC 前置稳压器决定，那么需要使用同相同步。但是如果电路没有 PFC，应使用异相同步来减少输入电容的纹波电流。通过对这个电路进行很简单的改动可以使两个 3844 芯片实现异相同步。

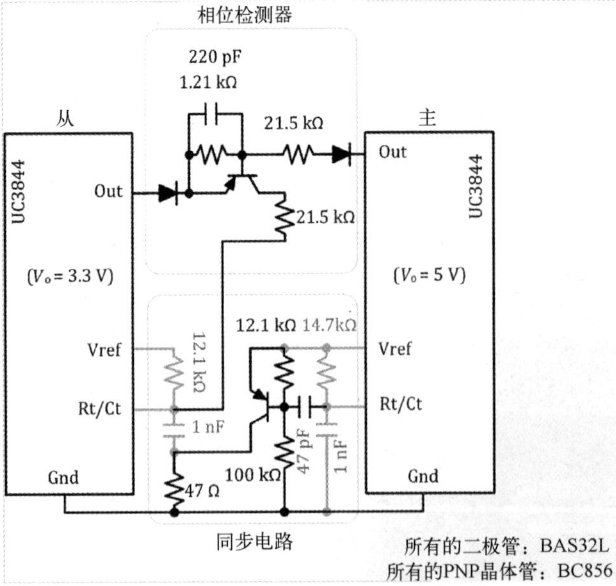

图 20.1　两个 xx3844 控制器的同步

一种自振荡低成本备用/辅助电源

由于各种原因，大多数实际的电源都有内部独立的低功耗辅助电源。例如，我们几乎总是需要对每路输出设置电流限制，特别是为了满足安全规则——尤其是那些限制我们可以从指定为“SELV”（安全超低电压）的输出中获得的最大能量。我们还需要输出过压/欠压保护（OVP/UVP）、输入欠压锁定（UVLO）等。大多数情况下，根据客户的技术条件要求，过流保护（OCP）需要在过载消除后自动恢复。相反，如果有过电压，通常会要求电源闭锁，这就要求在恢复输出电压之前，主输入必须能供电。在 OCP 中，通常会检测每路输出，然后通过故障光耦（即除了主调节光耦之外的光耦）将 OR-ed 信息传递到一次侧。因此，只要任何一路输出发生过流，所有输出电压都将跌落。如果在 OCP 下允许采用打嗝模式（Hiccup Mode，即间断工作模式），那么可能不需要任何辅助电源，因为电源可以重新启动和继续工作。但是，如果不允许打嗝模式，则需要各种动作能够继续，如在过载期间监测电流，维持开关动作，甚至在主输出断电时维持所有故障逻辑电路继续工作。因此，当主输出掉电时，给二次侧和一次侧逻辑电路的供电不允许失效。为此，需要备用/辅助电源，在异常情况下给这些电路供电。但为什么要让它自振荡呢？因为它有很多优点，这样的电源不仅成本低，而且在过载条件下可以（自然地）改变自身频率，从而具有内在的自我保护能力。但由于自振荡电源的开通和关断速度慢，其效率往往较低。因此，图 20.2 中的电路有几个波形整形齐纳二极管，使栅极驱动波形边沿更陡。它既可以给一次侧和二次侧的逻辑电路供电，也可以给 PWM 控制器 IC 供电。另外，它还可以给电源外部提供一个 5V 备用电源。我们应该记住，对于任何从电源内部引到机壳外的导线，如果用户能够接触到它，都应符合安规要求。然而，如果它是从 LDO（低压差稳压器，如 7805）部分引出来的，因 LDO 被认为是固有的保护，不需要任何单独的限流电路。

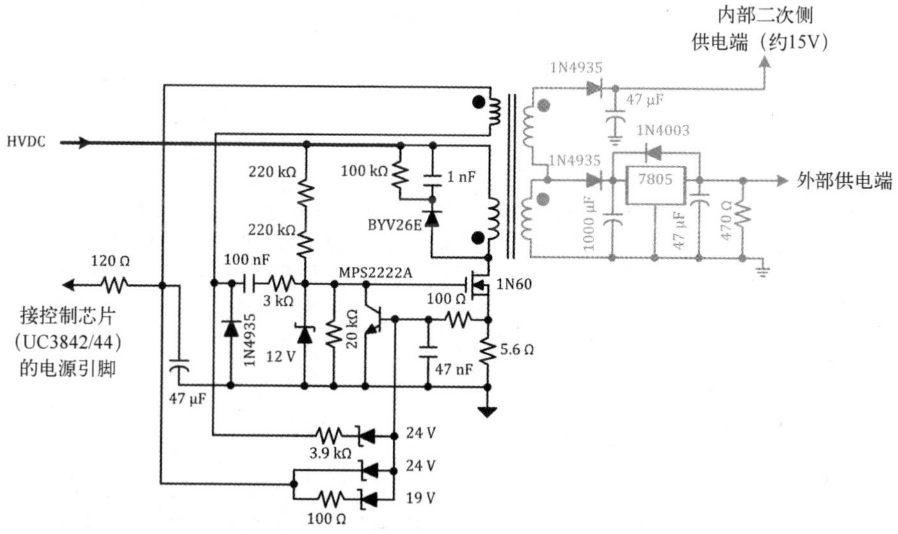

图 20.2　输入为 AC 90～270V 的自振荡辅助电源

具有电池充电功能的电源适配器

在图 20.3 中，我们在左上角看到了所需的充电特性。特性曲线依次是 CV（恒压）区、CP（恒功率）区、CC（恒流）区。实际上，在恒功率区有 $V \propto 1/I$，它恰好是一条直方双曲线（不是直线），但是在有限区域内，近似等于直线。这个电路是作者设计的，它的工作原理是：如果随着电流增加，反馈电路会误认为电压已经上升，从而会降低输出电压。因此，最终得到的乘积 VI 是相当恒定的。此电路最大的特点是，当我们增加电流时，首先调节基准（LM431）工作（CV 部分灰色电路），然后电流较大时，CP 部分自动接替工作，最后在更高电流下，CC 部分进行控制。一旦读者理解了这个原理，实际上可以通过调整运算放大器的增益来去除 CC 部分的除法器。

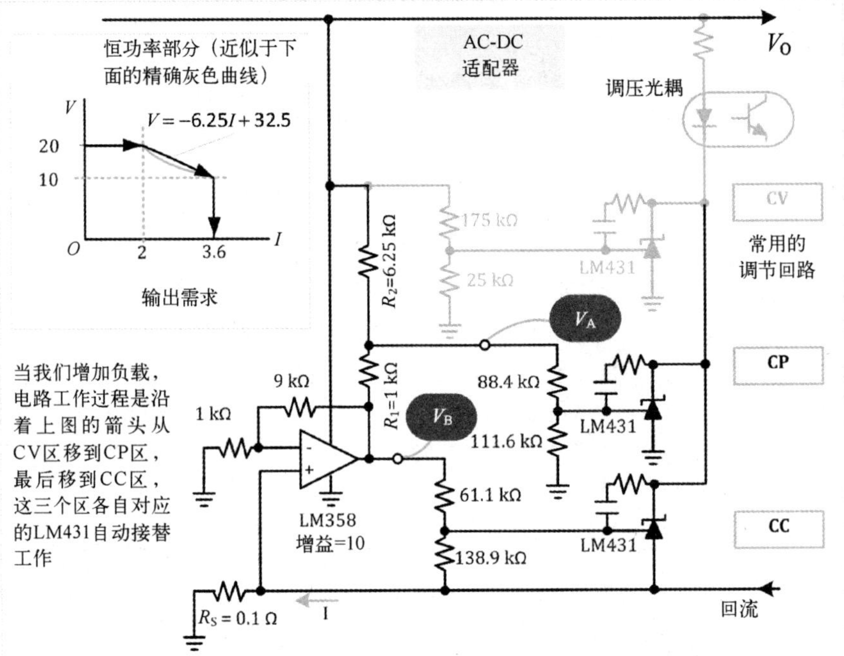

在CC区域，我们调整到V_B。

$$V_B = I \bullet R_S \bullet \text{Gain}\ (\text{电压与电流成正比})$$

输出电流为3.6A，采样电阻0.1Ω，增益为10的情况下，可得CC：$V_B = 3.6\ \text{V}$。

在CP区域，我们调整到V_A。通过R_1和R_2构成分压器，这个阶段把CC阶段和CV阶段混合起来。因此，通过选择正确的电阻，我们可以得到正确的斜率，也就得到了接近CP的特性（见上图）。方程为

$$V_o = -\text{Gain} \bullet R_S \bullet \left(\frac{R_2}{R_1}\right) \bullet I + \left(1 + \frac{R_2}{R_1}\right) \times V_A$$

与一般方程比较 $V_o = (\text{Slope} \times I) + \text{Constant}$

$$R_2/R_1 = \frac{\text{Slope}}{\text{Gain} \times R_S} \qquad V_A = \frac{\text{Constant}}{1 + R_2/R_1}$$

所以，$V_A = \dfrac{V_o \bullet R_1}{R_1 + R_2} + \dfrac{V_B \bullet R_2}{R_1 + R_2}$　CP：$V_A = 4.48\ \text{V}$ ➡ 一旦已知R_2、R_1、V_A和V_B，可以通过CC和CP分压器将上图所示的LM431基准引脚设置为2.5V。

图 20.3　具有 CV/CC/CP 功能的电源适配器控制电路

整流桥的并联

当通过输入整流桥的电流增加时，是否需要特殊封装的整流器来降低损耗呢？在图 20.4 中，展示了如何将两个较低成本封装的整流桥成功地并联在一起。通常认为同一封装内的两个二极管非常匹配，因此可以很好地均分电流。这是大功率电源中常用的技术。

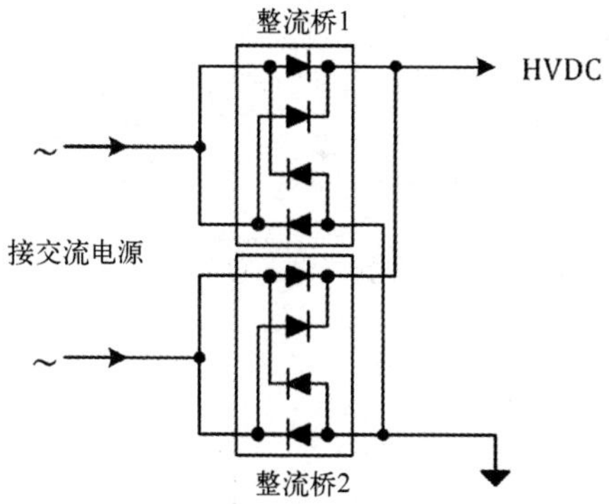

图 20.4　输入整流桥的并联

自备式浪涌保护电路

图 20.5 所示的基本浪涌保护电路在具有 PFC 级的电路中是较常见的。通过两个大功率线绕电阻器给大容量电容器充电，然后被可控硅整流器（SCR）旁路。在这个位置驱动 SCR 的问题是，如果驱动电压是由辅助电源提供的，那么我们需要以 SCR 阴极为参考进行电平转换。但是，由于 SCR 是电流驱动型器件，其驱动电流较大，因此在电平转换电路中造成较大功耗，会使效率降低。如果在 PFC 扼流圈上再加一个几匝的绕组来获取驱动电压，我们可能会遇到另外的问题，因为 PFC 的占空比会从低到高变化。因此，单向绕组可能无法在整个 PFC 占空比变化范围内工作。所以这里设计一个泵升充电电路和倍压电路来完成这项工作。它可以在 AC 90～270V 的范围内很好地工作。这个设计被广泛应用。

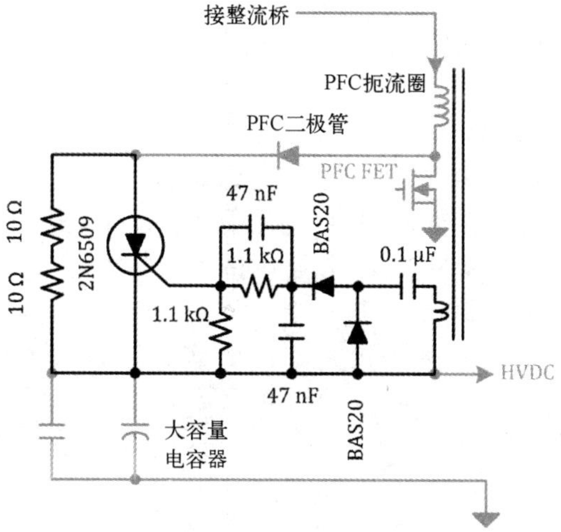

图 20.5　浪涌保护电路

低成本的电源良好指示电路

接在输出端的一个简单的三端器件，可以提供电源运行良好的指示。这是 Mitsumi 公司的一个独家产品。PT 系列的不同型号（如从 PST591 到 PST595）适用于不同的需求，如图 20.6 所示。

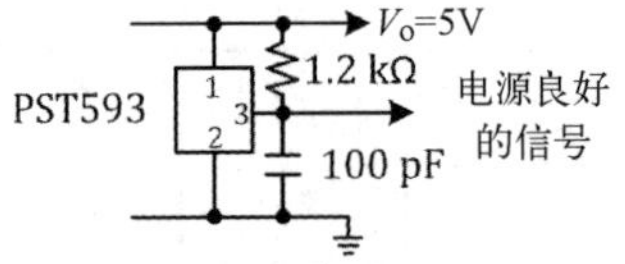

图 20.6　简单的电源良好指示电路

一种过流保护电路

在图 20.7 中，我们在正激变换器输出扼流圈上放置了匝数相同但线径较细的线圈。因此，两个绕组是磁平衡的，它们之间本应该没有电压差。但实际上是存在电压差的，因为主绕组的直流电阻（DCR）会产生由负载电流决定的电压差。这个电压差由运算放大器检测，并通过调整 R_X，我们可以设置电流限制。这个限制值是相当不精细的，因为铜电阻每 10℃增加 4%。然而，这种电路依然被广泛使用。

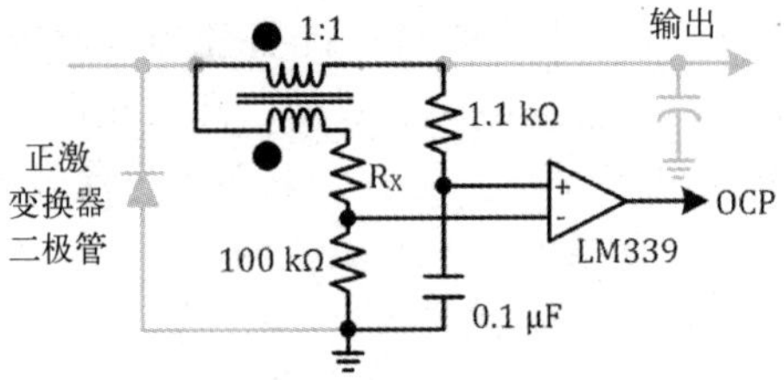

图 20.7　正激变换器的过流保护

另一种过流保护电路

在图 20.8 中，R 可以是反激变换器的二次侧 LC 滤波器的直流电阻 DCR，或者可以是实际的采样电阻，或者甚至只是一段锰镍铜合金（或者是铜镍合金）导线。这个电阻 R 已被广泛使用在各种电路中。使用像 1N4148 这样的二极管上的压降（约 0.6V）作为参考电压，与采样电阻器上的压降进行对比。与二极管串联的电阻器的取值，应使二极管在伏安特性上接近“拐点”。调整分压器 R_1/R_2 以设置电流限制值。注意，为了避免共模噪声或干扰问题，大多数经验丰富的反激变换器设计者都尽量不在回流线（地）上放置任何采样电阻。他们更多会把采样电阻放在正输出母线上。

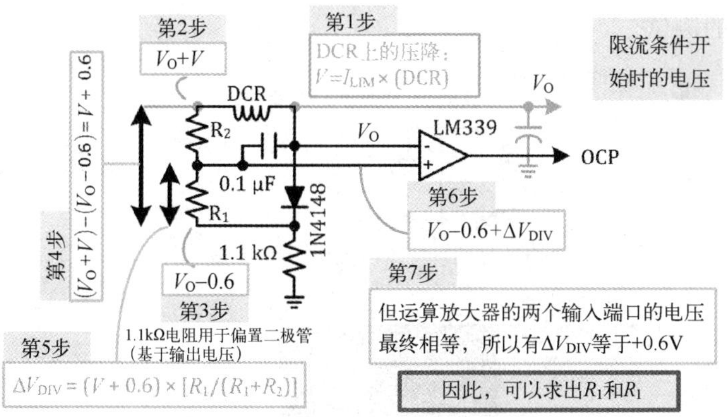

图 20.8　反激变换器的低成本过流保护电路

给 384x 系列芯片增加过温保护电路

常用的 3842/3844 系列控制器没有内置的过温保护（OTP）。如图 20.9 所示，在典型的离线变换器应用中，没有用到一次侧控制器 IC 的误差放大器，因为误差放大器功能是在二次侧由 LM431 实现的。因此，反馈信号通常接到引脚 1 而不是引脚 2，所以引脚 2 是悬空的。幸运的是，3842/3844 误差放大器的输出是集电极开路类型，因此除了调整功能之外，还可以实现 OTP 功能。用导热胶把负温度系数（NTC）热敏电阻固定连接到开关 FET 的塑料封装上，以便在输出过载和短路时得到最有效的保护。这种电路也被广泛使用。

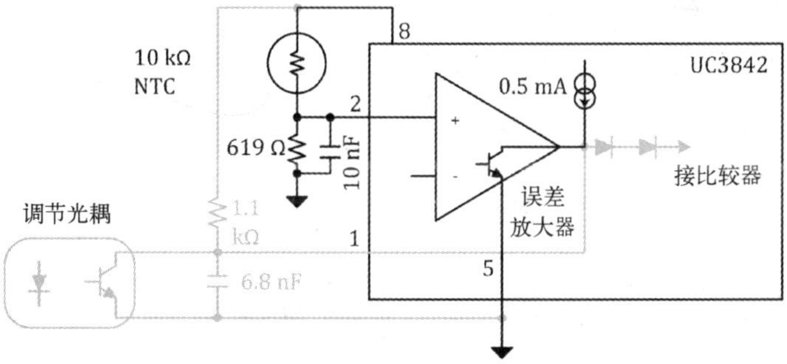

图 20.9　给 384x 系列芯片增设的低成本过温保护电路

PFC 的开通缓冲电路

在图 20.10 中，提供了一种常用的 PFC 开通缓冲电路，使用 4 个附加的二极管、2 个环形扼流圈和 1 个大容量的电解电容器。它通过限制开关管开通时 PFC 的二极管反向恢复短路电流来实现。当开关管关断时，存储在上述大电解电容器中的能量被回馈到大容量电容器中，所以能量没有被浪费。作者进一步修改了原来的（专利）电路，理由是由于两个扼流圈上的电压几乎完全相等（这可以通过分析或测量证实），所以完全可以将它们绕在同一个磁芯上。因此，在电路图中，我们可以省略用灰色填充显示的两个二极管，但是我们应该确保绕组上同名端的对应关系与图一致。我们还可以将电容值减半到大约 1500μF。结果是这种非专利电路的工作情况良好，成本也低得多，但也需要对这个电路进行更深入的测试。

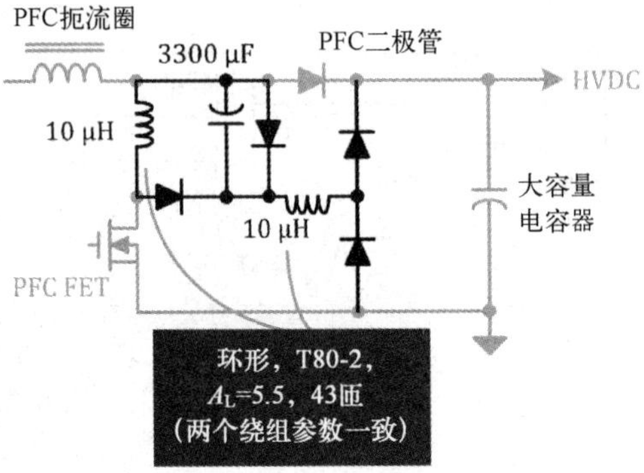

图 20.10　PFC 级的开通缓冲电路

一种独特的主动式浪涌保护电路

这个电路曾用于小批量通用输入 300W 的通信电源中。由于空间非常有限（需安装在一个 3U 机架内），所以常用的浪涌保护电路的两个大功率 10W 电阻难以安装。下面的电路借助一个 FET 对浪涌进行控制（参见图 20.11）。但是这个 FET 不是在线性区域工作的，也不需要安装在散热片上。只有在输入交流电压波形过零点时才允许 FET 导通。因此，浪涌电流随着电压的升高而上升，而不是一启动就承受任意电平的瞬时电压。所以浪涌电流得到较好控制，峰值约 42A（不受 ESR 等寄生参数影响）。所规定的浪涌电流峰值不能超过 45A（冷启动或热启动）。

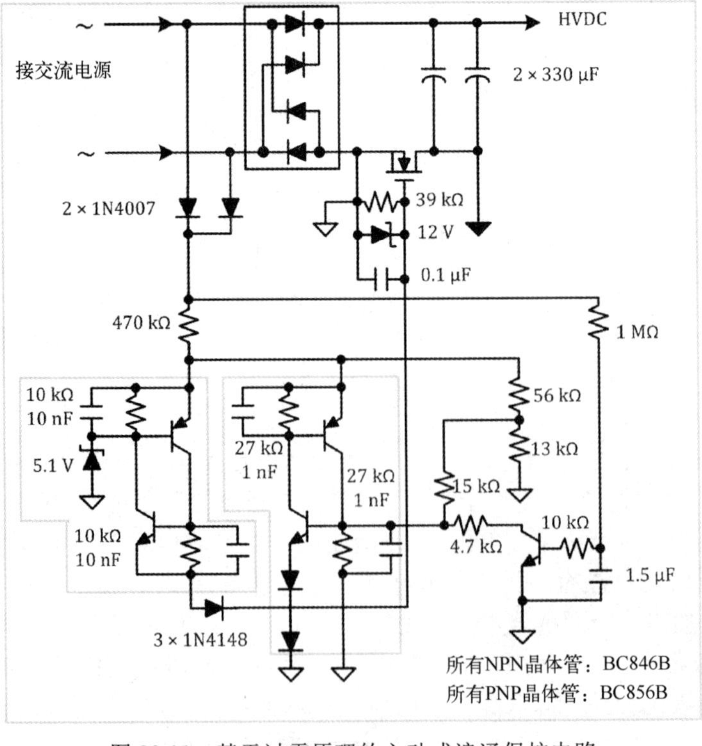

图 20.11　基于过零原理的主动式浪涌保护电路

384x 控制器的浮地驱动技术

在图 20.12 中，提供了一种 384x 控制器的输出浮地的方法。它常用在具有 12V/5V 输入和 3.3V 输出的外部 DC-DC 变换器中。注意，对于这样的拓扑，斜率补偿也是必需的，否则不能工作。在一个使用 384x 的电路上，通常在时钟引脚（即 R_T/C_T）和电流检测 Isense 引脚之间接一个电容（大约为 33～100pF）。

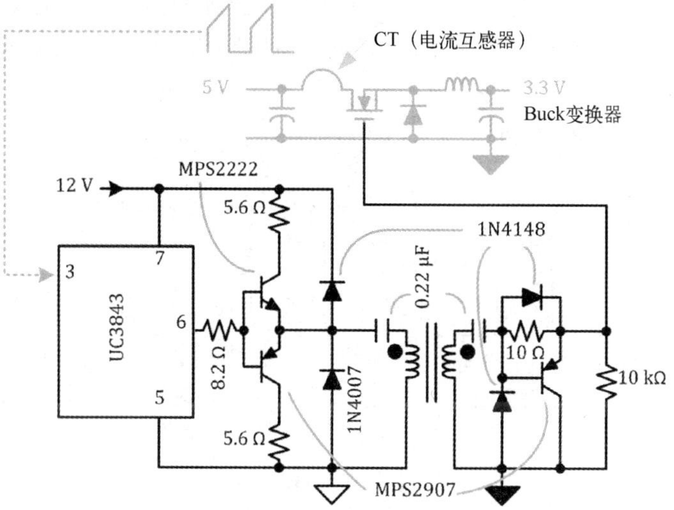

图 20.12　384x 控制器输出的浮地驱动电路

浮地式 Buck 拓扑

如图 20.13 所示的是匝数比为 1∶1 的最简单情况。图中 IC 浮地，IC 地引脚接于辅助电源的输出馈线上。辅助电路的电压恰好稳定在主输出电压的一半。这减小了 IC 上的电压应力，因为在稳定的工作条件下，IC 的 SW 引脚承受的电压小于 V_{IN}。IC 输入引脚上的电压只有 V_{IN}-V_{AUX}。其工作原理如下：在开关管导通期间，主绕组两端的电压为 V_{IN}-V_O。当开关管关断时，主绕组两端的电压为 V_O-V_{AUX}。但是后者必须等于辅助绕组的电压，而辅助绕组电压被钳位到 V_{AUX}。因此，建立等式得到 $V_{AUX}=V_O/2$。不破坏能量平衡的条件下，该辅助电路可以传递大约 1/10 的负载电流。这个电路是作者设计的，并获得美国专利。

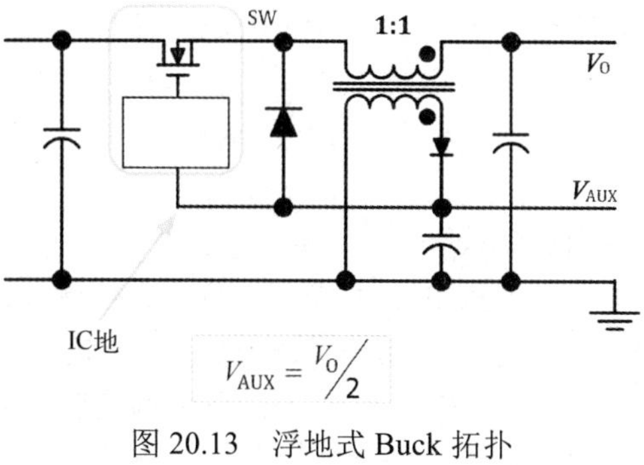

图 20.13　浮地式 Buck 拓扑

对称 Boost 拓扑

在图 20.14 中，提供了一个真正的 AC-DC 拓扑，正如作者所设想的。它不需要输入整流级，输出仍然是直流电平。注意，由于二极管位于（升压的）输出端，所以对效率的影响小于它们位于输入端（如位于输入整流级）时对效率的影响（因为二极管压降与输出电压的比率，比它与输入端电压的比率小）。两个 FET 在正负半周交替工作。反馈由差分放大器完成，输入交流电压必须在整流后提供直流电源给控制器。此电路在极性相反的情况下仍然能正常地工作，不需针对输入端极性的意外反极性造成的损害设置预防措施。

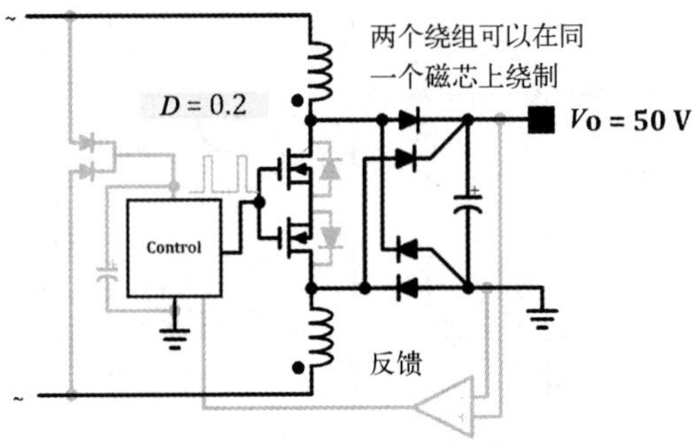

图 20.14　对称 Boost 拓扑

从变换器

考虑不连续导电模式下 Buck-Boost 输出的方程为

$$V_O = \frac{D^2 \bullet V_{IN}^2 \bullet 10^6}{2 \bullet I_O \bullet L \bullet f} \quad \text{V}$$

式中，电感 L 的单位是 μH，频率 f 的单位是 Hz。

输入-输出电压比例关系为

$$V_O \propto D^2 \bullet V_{IN}^2$$

但是 Buck 变换器在连续导电模式下的占空比是

$$D \propto \frac{1}{V_{IN}}$$

因此，如果我们使用在连续导电模式下 Buck 的占空比来驱动工作在不连续导电模式下的 Buck-Boost，那么如下式所示可以抵消 V_{IN}：

$$V_O \propto \frac{1}{V_{IN}^2} \bullet V_{IN}^2 = \text{常数}$$

实现该功能的电路如图 20.15 所示。

当占空比固定时，工作在不连续导电模式下的变换器的输出电压取决于它的电感值。因此，可以通过仔细选择电感，以“调谐”从变换器使其输出所需的电压（在其预期最大负载电流下）。在有效范围内，此技术提供了完全可调的辅助输出电压，而只工作于连续导电模式的组合电路通常达不到这种效果。

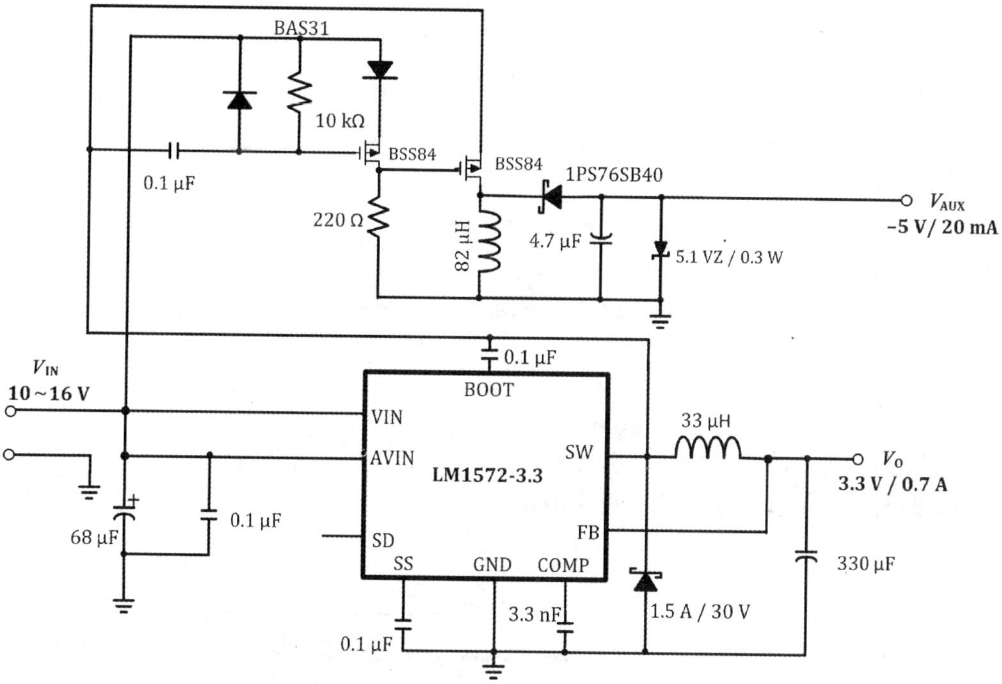

图 20.15　CCM 主 Buck 与 DCM 从 Buck-Boost 组合电路

请注意，当从变换器在设计（最大）的负载下工作时，其输出稳压二极管几乎完全不会导通。因此，其效率与任何普通开关电源变换器一样高。然而，如果从变换器上的负载减小，那么稳压二极管会加入工作，从而自动分流达到电流的平衡，其作用就像一个普通的分流稳压器。因此，在处理单级或多级 CCM 时，负载调整被认为是理所当然的，在这里不是“自动”的。负载调整是由稳压二极管“强制”完成的，幸运的是，如果电感选择适当，则只需在低于最大负载时进行。

我们还需要在输入电压变化时进行调整，当输入电压增加时，反馈环会减小 Buck 电路的占空比以保持输出电压不变。占空比减小的幅度正好可以使不连续导电模式的 Buck-Boost 电路调整输出到所需的电压值。

此电路图可以更进一步简化。这是作者为了证明某个报价申请（RFQ）的一个原则而仓促设计的，但后来获得了美国专利。

带可调辅助输出的 Boost 前置稳压器

图 20.16 是一个基于典型的 Buck IC LM1572 的电路。LM1572 的输入范围是 8.5～16V，输出值设定为 5V。如图 20.16 所示，一旦启动过程完成，它可以在输入电压降低至几伏的情况下工作，同时保持输出为 5V。此时电路就变成一个升压或降压变换器。Boost 前置稳压器不是未知的，但在这里我们看到前置稳压器不需要独立的 PWM 控制器，这就使该方案更具吸引力。它本质上是一个以 Buck 级为主的双开关的主/从式 Boost-buck 级联系统。

但是这里的电路是基于一个巧妙的输入-输出传递函数而设计的。对于 Boost，有

$$D = \frac{V_{O\_Boost} - V_{IN\_Boost}}{V_{O\_Boost}}$$

式中，V_{IN_Boost}是这一级电路的输入电压。Boost 的输出构成了 Buck 的输入，所以

$$V_{O\_Buck} = D \times V_{IN\_Buck}$$

即

$$V_{O\_Buck} = D \times V_{O\_Boost}$$

将 D 消除，得到

$$\frac{V_{O\_Buck}}{V_{O\_Boost}} = \frac{V_{O\_Boost} - V_{IN\_Boost}}{V_{O\_Boost}}$$

即

$$V_{O\_Buck} = V_{O\_Boost} - V_{IN\_Boost}$$

我们看到 R_{AUX} 的捆绑输出是自动调整的。尽管它不是以地为参考点，但它可以为独立电路（如发光二极管显示装置）提供能量。

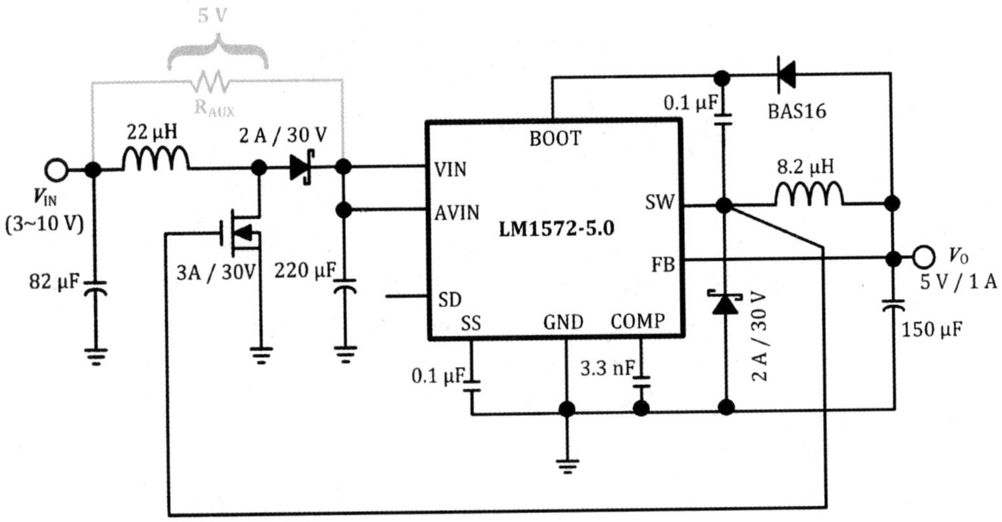

图 20.16　具有自动调整中间输出的 Boost 前置稳压器

附录　设计表和辅助工具，以及元件常见问题解答

设计表和辅助工具

表 A.1　功率关系

效率，η	$\frac{P_O}{P_{IN}}$		
	与 P_{IN} 相关	与 P_O 相关	与 P_{LOSS} 相关
输入功率，P_{IN}	P_{IN}	$P_O\times\frac{1}{\eta}$	$\frac{P_{LOSS}}{(1-\eta)}$
输出功率，P_O	$P_{IN}\times\eta$	P_O	$\frac{P_{LOSS}\times\eta}{(1-\eta)}$
功率损耗，P_{LOSS}	$P_{IN}\times(1-\eta)$	$P_O\times\left(\frac{1}{\eta}-1\right)$	P_{LOSS}

表 A.2　非隔离型拓扑的设计表

假设工作于 CCM	Buck	Boost	Buck-Boost
导通期间电感器两端的电压，V_{ON}	$\approx V_{IN}-V_O$	$\approx V_{IN}$	$\approx V_{IN}$
关断期间电感器两端的电压，V_{OFF}	$\approx V_O$	$\approx V_O-V_{IN}$	$\approx V_O$
占空比，D	$=\frac{V_{OFF}}{V_{ON}+V_{OFF}}$	$=\frac{V_{OFF}}{V_{ON}+V_{OFF}}$	$=\frac{V_{OFF}}{V_{ON}+V_{OFF}}$
占空比，D	$=\frac{V_O/\eta}{V_{IN}}$	$=\frac{V_O/\eta-V_{IN}}{V_O/\eta}$	$=\frac{V_O/\eta}{V_{IN}+V_O/\eta}$
占空比，D	$=\frac{V_O}{\eta V_{IN}}$	$=\frac{V_O-\eta V_{IN}}{V_O}$	$=\frac{V_O}{\eta V_{IN}+V_O}$
占空比，D	$\approx\frac{V_O}{V_{IN}}$	$\approx\frac{V_O-V_{IN}}{V_O}$	$\approx\frac{V_O}{V_{IN}+V_O}$
占空比，D	$\approx\frac{V_O+V_D}{V_{IN}-V_{SW}+V_D}$	$\approx\frac{V_O-V_{IN}+V_D}{V_O-V_{SW}+V_D}$	$\approx\frac{V_O+V_D}{V_{IN}+V_O+V_D-V_{SW}}$
理想占空比，D_{IDEAL}	$=\frac{V_O}{V_{IN}}$	$=\frac{V_O-V_{IN}}{V_O}$	$=\frac{V_O}{V_{IN}+V_O}$
直流传递函数，V_O/V_{IN}	$=D_{IDEAL}$	$=\frac{1}{1-D_{IDEAL}}$	$=\frac{D_{IDEAL}}{1-D_{IDEAL}}$
直流传递函数，V_O/V_{IN}	$\approx D$	$\approx\frac{1}{1-D}$	$\approx\frac{D}{1-D}$
直流传递函数，V_O/V_{IN}	$=\eta D$	$=\frac{\eta}{1-D}$	$=\frac{\eta D}{1-D}$
输出电压，V_O	$\approx V_{IN}D-V_{SW}D-V_D(1-D)$	$\approx\frac{V_{IN}-V_{SW}D-V_D(1-D)}{1-D}$	$\approx\frac{V_{IN}D-V_{SW}D-V_D(1-D)}{1-D}$
	注：V_{SW} 是开关管的正向压降，V_D 是二极管（或同步场效应晶体管）的正向压降		

续表

假设工作于 CCM	Buck	Boost	Buck-Boost
输出电压，V_O	$\approx V_{IN}D$	$\approx \frac{V_{IN}}{1-D}$	$\approx \frac{V_{IN}D}{1-D}$
输入电压@ D = 50%，V_{IN_50}	$\approx (2V_O)+V_{SW}+V_D \approx 2V_O$	$\approx \frac{1}{2}\times[V_O+V_{SW}+V_D] \approx \frac{V_O}{2}$	$\approx V_O+V_{SW}+V_D \approx V_O$
电流斜坡中心值，I_{COR}（与平均电感电流 I_L 相同）	$=I_O$	$=\frac{I_O}{1-D}$	$=\frac{I_O}{1-D}$
电感器的峰-峰值电流，ΔI_L	$=2\times I_{AC}=r\times I_L$	$=2\times I_{AC}=r\times I_L$	$=2\times I_{AC}=r\times I_L$
电流波纹率，r	$=\frac{\Delta I_L}{I_L}=\frac{2\times I_{AC}}{I_{DC}}$		
电流波纹率，r	$\approx \frac{V_O+V_D}{I_O\times L\times f}\times(1-D)\times10^6$	$\approx \frac{V_O-V_{SW}+V_D}{I_O\times L\times f}\times D(1-D)^2\times10^6$	$\approx \frac{V_O+V_D}{I_O\times L\times f}\times(1-D)^2\times10^6$
	注：f 的单位是 Hz		
开关管、二极管及电感器的峰值电流，I_{PEAK}	$=I_{COR}\times\left[1+\frac{r}{2}\right]$	$=I_{COR}\times\left[1+\frac{r}{2}\right]$	$=I_{COR}\times\left[1+\frac{r}{2}\right]$
开关管、二极管及电感器的峰值电流，I_{PEAK}	$=I_O\times\left[1+\frac{r}{2}\right]$	$=\frac{I_O}{1-D}\times\left[1+\frac{r}{2}\right]$	$=\frac{I_O}{1-D}\times\left[1+\frac{r}{2}\right]$
电感器谷（槽）电流，I_{TROUGH}	$=I_{COR}\times\left[1-\frac{r}{2}\right]$	$=I_{COR}\times\left[1-\frac{r}{2}\right]$	$=I_{COR}\times\left[1-\frac{r}{2}\right]$
电感器谷（槽）电流，I_{TROUGH}	$=I_O\times\left[1-\frac{r}{2}\right]$	$=\frac{I_O}{1-D}\times\left[1-\frac{r}{2}\right]$	$=\frac{I_O}{1-D}\times\left[1-\frac{r}{2}\right]$
电感，L（μH）	$\approx \frac{V_O+V_D}{I_O\times r\times f}\times(1-D)\times10^6$	$\approx \frac{V_O-V_{SW}+V_D}{I_O\times r\times f}\times D(1-D)^2\times10^6$	$\approx \frac{V_O+V_D}{I_O\times r\times f}\times(1-D)^2\times10^6$
	注：f 的单位是 Hz		
输出电容器的峰-峰值电流	$=I_O\times r$	$=\frac{I_O}{1-D}\times\left[1+\frac{r}{2}\right]$	$=\frac{I_O}{1-D}\times\left[1+\frac{r}{2}\right]$
输出电压纹波（p-p）分量（与 ESR 相关）	$=I_O\times r\times ESR_{C_O}$	$=\frac{I_O}{1-D}\times\left[1+\frac{r}{2}\right]\times ESR_{C_O}$	$=\frac{I_O}{1-D}\times\left[1+\frac{r}{2}\right]\times ESR_{C_O}$
输出电压纹波（p-p）分量（与电容相关）	$=\frac{I_O\times r}{8\times f\times C_O}$	$=\frac{I_O\times(1-D)}{f\times C_O}$	$=\frac{I_O\times(1-D)}{f\times C_O}$
输出电容器的有效值电流	$=I_O\times\frac{r}{\sqrt{12}}$	$=I_O\times\sqrt{\frac{D+\frac{r^2}{12}}{1-D}}$	$=I_O\times\sqrt{\frac{D+\frac{r^2}{12}}{1-D}}$
输出电容器的有效值电流	≈ 0	$\approx I_O$	$\approx I_O$
输入电容器的峰-峰值电流	$=I_O\left[1+\frac{r}{2}\right]$	$=\frac{I_O}{1-D}\times r$	$=\frac{I_O}{1-D}\times\left[1+\frac{r}{2}\right]$
输入电压纹波（p-p）分量（与 ESR 相关）	$=I_O\left[1+\frac{r}{2}\right]\times ESR_{C_{IN}}$	$=\frac{I_O}{1-D}\times r\times ESR_{C_{IN}}$	$=\frac{I_O}{1-D}\times\left[1+\frac{r}{2}\right]\times ESR_{C_{IN}}$
输入电压纹波（p-p）分量（与电容相关）	$=\frac{I_O\times D(1-D)}{f\times C_{IN}}$	$=\frac{I_O\times r}{8\times f\times C_{IN}\times(1-D)}$	$=\frac{I_O\times D}{f\times C_{IN}}$
输入电容器的有效值电流	$=I_O\sqrt{D\left[1-D+\frac{r^2}{12}\right]}$	$=\frac{I_O}{1-D}\times\frac{r}{\sqrt{12}}$	$=\frac{I_O}{1-D}\sqrt{D\left[1-D+\frac{r^2}{12}\right]}$

续表

假设工作于 CCM	Buck	Boost	Buck-Boost
输入电容器的有效值电流	$\approx \frac{I_O}{2}$	≈ 0	$\approx I_O$
电感器的有效值电流	$=I_O \times \sqrt{1+\frac{r^2}{12}}$	$=\frac{I_O}{1-D} \times \sqrt{1+\frac{r^2}{12}}$	$=\frac{I_O}{1-D} \times \sqrt{1+\frac{r^2}{12}}$
开关管的有效值电流	$=I_O \times \sqrt{D \times \left[1+\frac{r^2}{12}\right]}$	$=\frac{I_O}{1-D} \times \sqrt{D \times \left[1+\frac{r^2}{12}\right]}$	$=\frac{I_O}{1-D} \times \sqrt{D \times \left[1+\frac{r^2}{12}\right]}$
二极管（或同步场效应管）的有效值电流	$=I_O \times \sqrt{(1-D) \times \left[1+\frac{r^2}{12}\right]}$	$=I_O \times \sqrt{\frac{\left[1+\frac{r^2}{12}\right]}{(1-D)}}$	$=I_O \times \sqrt{\frac{\left[1+\frac{r^2}{12}\right]}{(1-D)}}$
二极管（或同步场效应管）的平均电流	$=I_O(1-D)$	$=I_O$	$=I_O$
开关管的平均电流	$=I_O \times D$	$=I_O \times \frac{D}{1-D}$	$=I_O \times \frac{D}{1-D}$
电感器的平均电流，I_L	$=I_O$	$=\frac{I_O}{1-D}$	$=\frac{I_O}{1-D}$
平均输入电流，I_{IN}	$=I_O \times D$	$=\frac{I_O}{1-D}$	$=I_O \times \frac{D}{1-D}$
磁芯的峰值能量处理能力，ε（μJ）	$=\frac{1}{2} \times L \times I_{PEAK}{}^2=\frac{\Delta\varepsilon}{8} \times \left[r \times \left(\frac{2}{r}+1\right)^2\right]$		
磁芯的峰值能量处理能力，ε（μJ）	$=\frac{I_O \times V\mu s}{8} \times \left[r \times \left(\frac{2}{r}+1\right)^2\right]$	$=\frac{I_O \times V\mu s}{8 \times (1-D)} \times \left[r \times \left(\frac{2}{r}+1\right)^2\right]$	$=\frac{I_O \times V\mu s}{8 \times (1-D)} \times \left[r \times \left(\frac{2}{r}+1\right)^2\right]$
注：见图 2.23、图 2.24 和图 2.25 中的应力曲线			

表 A.3　隔离型拓扑的设计表

假设工作于 CCM	单端正激变换器（类似于 Buck）	反激变换器（类似于 Buck-Boost）
变压器匝数比，n	$=\frac{N_P}{N_S}$	
反射输出电压，V_{OR}	$\approx n \times V_O$	
	$\approx n \times (V_O+V_D)$	
	$=n \times V_O/\eta$	
反射输入电压，V_{INR}	$\approx \frac{V_{IN}}{n}$	
	$\approx \frac{V_{IN}-V_{SW}}{n}$	
	$=\frac{\eta V_{IN}}{n}$	
反射输出电流，I_{OR}	$=\frac{I_O}{n}$	
反射输入电流，I_{INR}	$=n \times I_{IN}$	

续表

假设工作于 CCM	单端正激变换器（类似于 Buck）	反激变换器（类似于 Buck-Boost）
占空比	$=\frac{V_O}{V_{INR}}$	$=\frac{V_O}{V_{INR}+V_O}$
	$=\frac{V_{OR}}{V_{IN}}$	$=\frac{V_{OR}}{V_{IN}+V_{OR}}$
	$=\frac{V_O}{\eta/n \times V_{IN}}$	$=\frac{V_O}{(\eta/n \times V_{IN})+V_O}$
	$=\frac{V_O \times n/\eta}{V_{IN}}$	$=\frac{V_O \times n/\eta}{V_{IN}+\left(V_O \times n/\eta\right)}$
理想占空比，D_{IDEAL}	$=\frac{nV_O}{V_{IN}}$	$=\frac{nV_O}{V_{IN}+nV_O}$
直流传递函数，V_O/V_{IN}	$=D_{IDEAL}/n$	$=\frac{D_{IDEAL}/n}{1-D_{IDEAL}}$
	$=D \times \eta/n \approx \frac{D}{n}$	$=\frac{D \times \eta/n}{1-D} \approx \frac{1}{n} \times \frac{D}{1-D}$
	注：$\eta = P_O/P_{IN}$ 是变换器的效率，D 是实际/测量的占空比，n 是匝数比	
电感，L（μH）	$\approx \frac{V_O}{I_O \times r \times f} \times (1-D) \times 10^6$	$\approx \frac{V_{OR}}{I_{OR} \times r \times f} \times (1-D)^2 \times 10^6$
		$\approx \frac{n^2 \times V_O}{I_O \times r \times f} \times (1-D)^2 \times 10^6$
	注：这是指正激变换器的输出扼流圈的电感和反激变换器变压器一次电感。 f 是以 Hz 为单位的开关频率，r 是电流纹波率；见下文。 通常选择 L 使得 $r = 0.4$（即电感器电流的摆幅是其平均值或斜坡中心值 I_L 的±20%）；另外，在正激变换器的最高输入电压和反激变换器的最低输入电压时将 r 设置为这个值，同时检查这两个拓扑的最大占空比是否不超过控制器在最小输入电压时的限制值（相应地调整 V_{OR} 和匝数比）	
电感器的平均电流，I_L（斜坡中心值，I_{COR}）	$I_L = I_O$	一次侧： $I_{COR\_PRI} = \frac{I_{OR}}{1-D} \equiv \frac{I_O/n}{1-D}$
		二次侧： $I_{COR\_SEC} = \frac{I_O}{1-D}$
	注：见上一行和图 A.1	
变压器的电流纹波率，r	$=\frac{\Delta I_{COR\_PRI}}{I_{COR\_PRI}} = \frac{\Delta I_{COR\_SEC}}{I_{COR\_SEC}}$	
	$\approx \frac{V_O}{I_O \times L_{SEC} \times f} \times (1-D) \times 10^6$	$\approx \frac{V_O}{I_O \times L_{SEC} \times f} \times (1-D)^2 \times 10^6$
	$\approx \frac{V_{OR}}{I_{OR} \times L_{PRI} \times f} \times (1-D) \times 10^6$	$\approx \frac{V_{OR}}{I_{OR} \times L_{PRI} \times f} \times (1-D) \times 10^6$
	注：$L_{SEC} = L_{PRI}/n^2$	
一次峰值电流，（I_{PRI_PK}）	$\approx I_{OR}\left[1+\frac{r}{2}\right]$	$\approx \frac{I_{OR}}{1-D} \times \left[1+\frac{r}{2}\right]$
	注：忽略变压器的磁化电流	

续表

假设工作于 CCM	单端正激变换器（类似于 Buck）	反激变换器（类似于 Buck-Boost）
输入电容器的峰-峰值电流	$\approx I_{OR}\left[1+\frac{r}{2}\right]$	$\approx \frac{I_{OR}}{1-D}\times\left[1+\frac{r}{2}\right]$
	注：忽略变压器的磁化电流	
输出电容器的峰-峰值电流	$=I_O\times r$	$=\frac{I_O}{1-D}\times\left[1+\frac{r}{2}\right]$
输入电压纹波（峰-峰）分量（与 ESR 有关）	$\approx I_{OR}\left[1+\frac{r}{2}\right]\times ESR_{C_{IN}}$	$=\frac{I_{OR}}{1-D}\times\left[1+\frac{r}{2}\right]\times ESR_{C_{IN}}$
	注：忽略变压器是磁化电流	
输出电压纹波（峰-峰）分量（与 ESR 有关）	$=I_O\times r\times ESR_{C_O}$	$=\frac{I_O}{1-D}\times\left[1+\frac{r}{2}\right]\times ESR_{C_O}$
输入电压纹波（峰-峰）分量（电容相关）	$\approx\frac{I_{OR}\times D(1-D)}{f\times C_{IN}}$	$=\frac{I_{OR}\times D}{f\times C_{IN}}$
	注：忽略变压器的磁化电流	
输出电压纹波（峰-峰）元件（电容相关）	$=\frac{I_O\times r}{8\times f\times C_O}$	$=\frac{I_O\times(1-D)}{f\times C_O}$
输入电容器的有效值电流	$\approx I_{OR}\sqrt{D\left[1-D+\frac{r^2}{12}\right]}\approx\frac{I_{OR}}{2}$	$=\frac{I_{OR}}{1-D}\sqrt{D\left[1-D+\frac{r^2}{12}\right]}$
	注：忽略变压器的磁化电流	
输出电容器的有效值电流	$=I_O\times\frac{r}{\sqrt{12}}\approx 0$	$=I_O\times\sqrt{\frac{D+\frac{r^2}{12}}{1-D}}$
电感器/变压器和绕组中的有效值电流	一次绕组： $\approx I_{OR}\times\sqrt{D\times\left[1+\frac{r^2}{12}\right]}$	一次绕组： $=\frac{I_{OR}}{1-D}\times\sqrt{D\times\left[1+\frac{r^2}{12}\right]}$
	注：忽略变压器的磁化电流	
电感器/变压器和绕组中的有效值电流	二次绕组： $=I_O\times\sqrt{D\times\left[1+\frac{r^2}{12}\right]}$ 输出扼流圈： $=I_O\times\sqrt{1+\frac{r^2}{12}}$	二次绕组： $=I_O\times\sqrt{\frac{\left[1+\frac{r^2}{12}\right]}{1-D}}$
开关管的有效值电流	$\approx I_{OR}\times\sqrt{D\times\left[1+\frac{r^2}{12}\right]}$	$=\frac{I_{OR}}{1-D}\times\sqrt{D\times\left[1+\frac{r^2}{12}\right]}$
	注：忽略变压器的磁化电流	
二极管的有效值电流（或同步场效应管）	输出二极管（接变压器）： $=I_O\times\sqrt{D\times\left[1+\frac{r^2}{12}\right]}$ 续流二极管（接地）： $=I_O\times\sqrt{(1-D)\times\left[1+\frac{r^2}{12}\right]}$	$=I_O\times\sqrt{\frac{\left[1+\frac{r^2}{12}\right]}{(1-D)}}$
开关管的平均电流	$\approx I_{OR}\times D$	$=I_{OR}\times\frac{D}{1-D}$
	注：忽略变压器的磁化电流	

续表

假设工作于 CCM	单端正激变换器（类似于 Buck）	反激变换器（类似于 Buck-Boost）
二极管的平均电流	输出二极管（接变压器）： $=I_O \times D$ 续流二极管（接地）： $=I_O \times (1-D)$	$=I_O$
平均输入电流，I_{IN}	与开关管的平均电流相同	
	$=I_{OR} \times D$	$=I_{OR} \times \dfrac{D}{1-D}$
磁芯的峰值能量处理能力，ε（μJ）	$=\dfrac{I_O \times V_{\mu s}}{8} \times \left[r \times \left(\dfrac{2}{r}+1\right)^2\right]$	$=\dfrac{I_{OR} \times V_{\mu s}}{8 \times (1-D)} \times \left[r \times \left(\dfrac{2}{r}+1\right)^2\right]$
	注：此峰值能量是正激变换器的输出扼流圈和反激变换器的变压器的值。对于反激变换器，使用一次绕组两端的 $V_{\mu s}$，即 $V_{IN} \times D/f \times 10^6$，或 $V_{OR} \times (1-D)/f \times 10^6$。对于正激变换器，使用扼流圈两端的 $V_{\mu s}$	

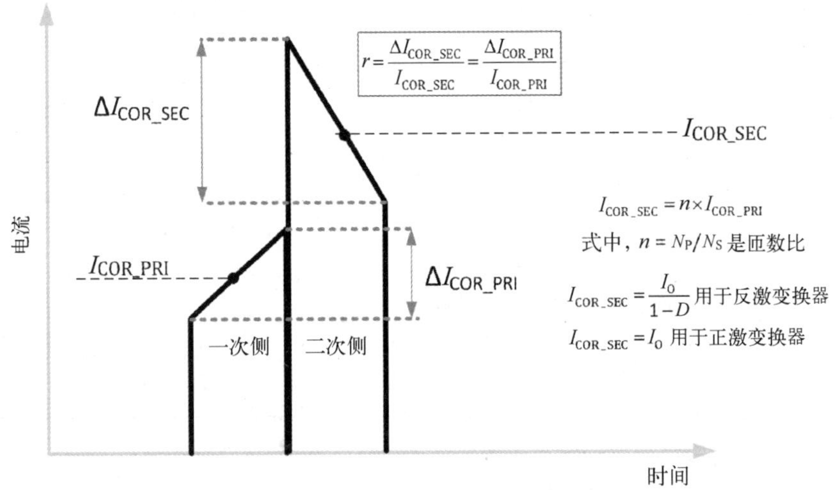

图 A.1 （反激或正激变换器的）变压器的连接电流和电流纹波率

表 A.4 各种拓扑的电压应力设计表

	$n=N_P/N_S$ $V_{INR}=V_{IN}/n$ $V_{OR}=nV_O$	开关管	续流二极管	输出二极管	耦合/钳位电容	理想传递函数
Buck	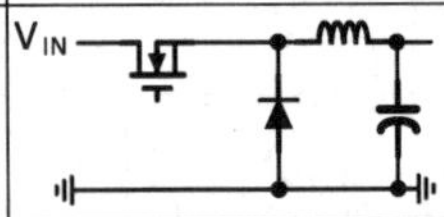	V_{INMAX}	V_{INMAX}		NA	$\dfrac{V_O}{V_{IN}}=D$
Boost	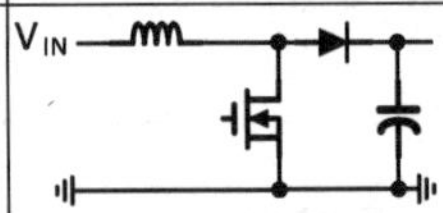	V_O	V_O		NA	$\dfrac{V_O}{V_{IN}}=\dfrac{1}{1-D}$
Buck-Boost	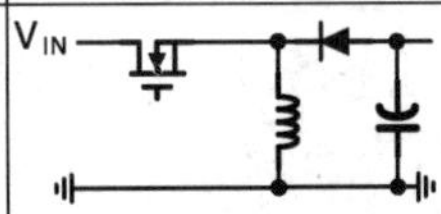	$V_{INMAX}+V_O$	$V_{INMAX}+V_O$		NA	$\dfrac{V_O}{V_{IN}}=\dfrac{D}{1-D}$
反激	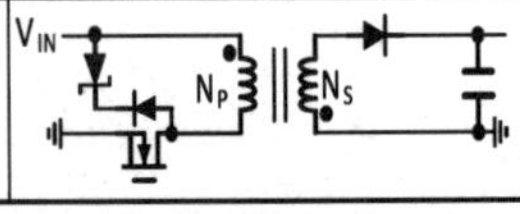	$V_{INMAX}+V_Z$	$V_{INRMAX}+V_O$		NA	$\dfrac{V_O}{V_{INR}}=\dfrac{D}{1-D}$

续表

	$n=N_P/N_S$ $V_{INR}=V_{IN}/n$ $V_{OR}=nV_O$	开关管	续流二极管	输出二极管	耦合/钳位电容	理想传递函数
正激	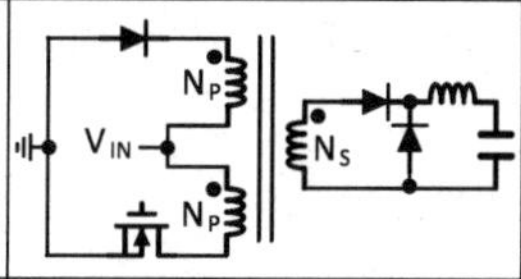	$2\times V_{INMAX}$	V_{INRMAX}	$V_{INRMAX}+V_O$	NA	$\frac{V_O}{V_{INR}}=D$
两开关正激	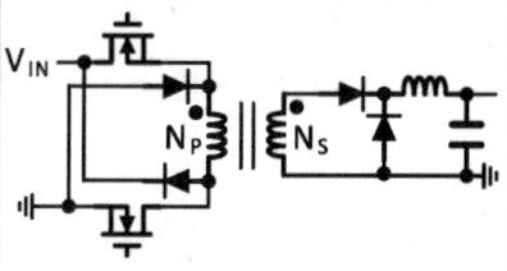	V_{INRMAX}	V_{INRMAX}	$V_{INRMAX}+V_O$	NA	$\frac{V_O}{V_{INR}}=D$
有源钳位	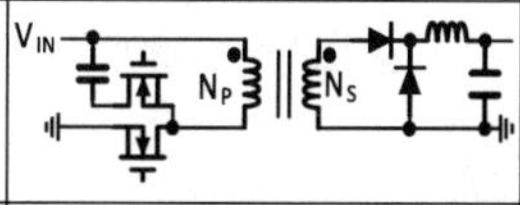	$\frac{V_{INMAX}}{1-D_{MAX}}$	V_{INRMAX}	$V_{INRMAX}\times\frac{D_{MAX}}{1-D_{MAX}}+V_O$	$\frac{V_{IN}D_{MAX}}{1-D_{MAX}}$	$\frac{V_O}{V_{INR}}=D$
半桥	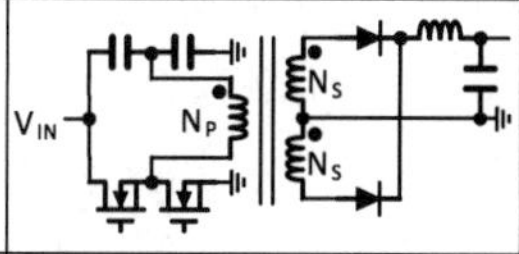	V_{INMAX}	V_{INRMAX}	V_{INRMAX}	NA	$\frac{V_O}{V_{INR}}=D$
全桥	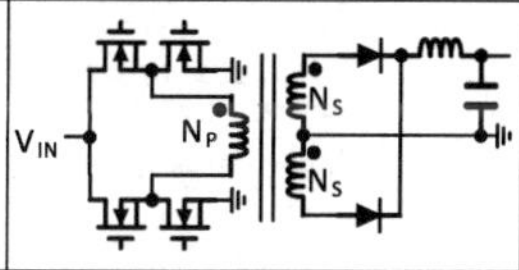	V_{INMAX}	$2\times V_{INRMAX}$	$2\times V_{INRMAX}$	NA	$\frac{V_O}{V_{INR}}=2D$
推挽	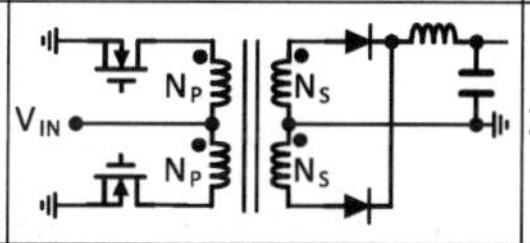	$2\times V_{INRMAX}$	$2\times V_{INRMAX}$	$2\times V_{INRMAX}$	NA	$\frac{V_O}{V_{INR}}=2D$
Cuk	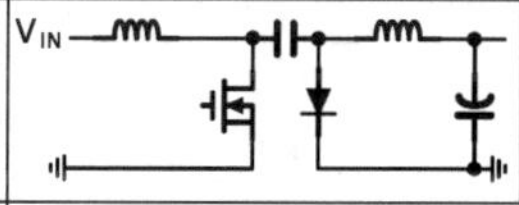	$V_{INMAX}+V_O$	$V_{INMAX}+V_O$		$V_{INMAX}+V_O$	$\frac{V_O}{V_{IN}}=\frac{D}{1-D}$
Sepic	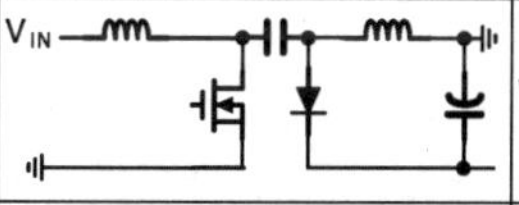	$V_{INMAX}+V_O$	$V_{INMAX}+V_O$		V_{INMAX}	$\frac{V_O}{V_{IN}}=\frac{D}{1-D}$
Zeta	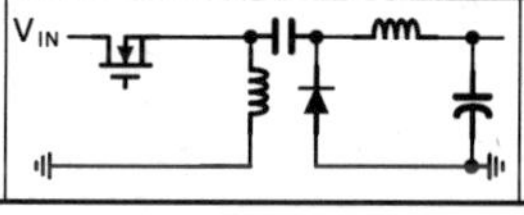	$V_{INMAX}+V_O$	$V_{INMAX}+V_O$		V_O	$\frac{V_O}{V_{IN}}=\frac{D}{1-D}$

元件常见问题解答

（1）为什么不推荐将钽（Ta）电容器用于低阻抗应用？

答： 钽具有类似于金属薄膜电容器的自愈效果，但它们需要在电容器内的故障部位缓慢积聚热量。低阻抗电路可能允许过多的电流流过电阻率减小的区域，从而加速内部加热，并将微小的材料缺陷转变为灾难性的部件失效。因此，钽电容器在可以安全通过的浪涌电流方面具有固有的局限性。这通常需要我们将施加的电压限制在额定电压的50%，特别是如果电容器是被用作前端（输入）电容器的时候。我们还应该知道，制造商通常会有更强大的，浪涌电流测试过的特殊系列的钽电容器，我们应该更喜欢将这些元件用作前端电容器。请注意，在 Boost 拓扑中，输出电容器在通电时也会产生大浪涌电流。

（2）钽电容器与铝电解电容器的优缺点是什么？

答：① 铝电解电容器具有氧化膜可恢复的优点，因此如果存在内部缺陷，可以避免灾难性的故障。因此，铝电解电容器会发生开路故障，而钽电容器因其固体电解质，不容易自愈，可能会出现高泄漏甚至短路故障。

② 温度和频率特性是有利的，因为钽的泄漏性通常也比铝好得多。

③ 像钽这样的固体电容器几乎具有“半永久性”寿命（无磨损），并且随着时间的推移失效率不断降低。由于电解液的蒸发，必须考虑铝的寿命问题。它们的失效率在 70℃以上时也可能急剧上升。

④ 铝电解电容器可承受的纹波电流通常远远超过钽电容器。铝电解电容器还具有更高的反向电阻（能够承受瞬时反向电压）。它们通常也能承受 1.2 倍额定电压 1s 左右（但需要与供应商核实）。

（3）我买了一个 1μF 的电容器，它在我的电路中实际呈现的电容量是多少？

答：数据表中规定的电容量通常是在 1V（RMS）、1kHz 的外加电压和 25℃的条件下测量得到的。在实际电路中，我们可以看到以下最坏情况的扩展（在 100kHz 之后，同时考虑交流和直流电压的可能性）：

① 对于 C0G/NP0。考虑初始公差（±5%），TCC（±0.15%），电压稳定性（0%），频率稳定性（0%），老化（0%）。结合起来，得到 C = 1μF（+5.16%，−5.14%）。[检查：1.05 × 1.0015=1.0516，即高 5.16%，以及 0.95×(1 − 0.0015)=0.9486，即 1 − 0.9486=0.0514，或减少 5.14%。]

② 对于 X7R。考虑初始公差（±10%），TCC（+2，−10%），电压稳定性（+15，−10%），频率稳定性（+5，−15%），老化（−3%）。结合起来，得到 C = 1μF（+35%，−40%）。

③ 对于 Z5U。考虑初始公差（±20%），TCC（+ 2，−54%），电压稳定性（+22，−56%），频率稳定性（+5，−15%），老化（−25%）。结合起来，得到 C=1μF（+57%，−90%）。

注意，一般来说，C0G/NP0 电容器的公差读数可能已包括其温度漂移。

（4）我需要 470pF。我应该用标有“470”的电容器吗？

答：根据标准电子工业联盟（EIA）规范，对于陶瓷、薄膜和钽电容器，有效数字仅为前两位数字，而第三位数字是 0 的数量（电容量的单位是 pF）。因此，470 代表 47pF，而不是 470pF。标有 471 的电容器为 470pF。注意，在相同的系统中，4R7 为 4.7pF。对于铝电解电容器，适用同样的规则，但电容量的单位通常直接用 μF。

（5）如何认识电容器外壳上标明的额定电压？

答：有一种 1 位数的代码系统，我们有 A（10V）、B（16V）、C（25V）、D（50V）、E（100V）、G（200V）。还有一种 2 位数的代码，其中我们有 0G（4V）、0J（6.3V）、1A（10V）、1C（16V）、1E（25V）、1V（35V）、1H（50V）、1J（63V）、2A（100V）、2D（200V）、2E（250V）、2V（350V）、2G（400V）、2W（450V）。但是，例如，高压盘式电容器可以简单地标记为 1kV（即 1000V）。

（6）如何区分极化电容器的极性？

答：在塑料封装的钽（或矩形/固态电解 SMD 聚合物）电容器上，有实线带的一端是正极端子（阳极），而不是阴极。在共形敷膜钽电容器上，线尖（突出部分）是阳极。在径向引线型铝电解电容器（通孔和 SMD 的湿电解质类型或现代铝聚合物形式）上，实线带（或套管的阴影部分）是负极端子（阴极）。有时可能沿着电容器的侧面有一个箭头，上面没有任何东西，或者有一个“-”符号指示阴极。可能有一个带“+”号的箭头，那是阳极，不是阴极。在通孔型电解电容器中，较长的引线通常是阳极。在印制电路板上，通常使用方形通孔焊盘作为正极引线，使用圆形焊盘作为负极。在 SMT 径向电解电容器中，基板的尖边是正极端子。请记住，在二极管上，有实线带的一端是阴极（负极端子），就像 SMD 铝电容器一样，而与钽电容器不同。

（7）什么是聚合物电容器？

答：这种电容器种类繁多。一般来说，它们是以导电聚合物为基础的，其导电性比传统湿铝技术中的电解质高 1000～10000 倍，并且比传统钽技术中使用的 MNO_2 高 100～1000 倍。这种导电性导致 ESR 低得多。这些电容器也被称为“干式”（固态电解质），因此它们不会磨损。

聚噻吩（PT）是聚合的噻吩，一种硫杂环。当通过掺杂添加或去除电子时，它们可以变得具有导电性。在过去的三十年里，对聚噻吩的研究已经更加深入。这些材料最显著的特性，即导电性，是由于电子沿聚合物主链的离域而产生的，因此称为“合成金属”。

从历史上看，传统铝电容器在容积效率（每单位体积的电容）方面的第一个“竞争对手”来自斯普拉格电气公司（Sprague Electric Company），该公司在 1960 年获得了制造钽电容器的首个商业可行工艺的专利。但因世界范围内的供应问题和燃烧趋势，钽备受争议（此后通过在 Ta-polymer 版本中使用聚合物代替 MnO_2 来抑制，例如来自 Sanyo/Panasonic 的 POSCAP 和来自 Kemet 的 KO-cap，因此也显著改善了 ESR）。后来，Sanyo/Panasonic 的 OS-CON 于 1983 年被开发出来。就电导率而言，它仅比传统的铝电解质好 100 倍，因为它最初含有电解质 TCNQ（四氰基喹啉二甲烷）。然而，与湿铝电解电容器急剧上升的 ESR 相比，它在 0℃以下提供了非常稳定的 ESR，因此被认为是有利的。它也提供非常高的寿命，因为它是固态的（不会漏气）。今天的 OS-CON 还采用了导电聚合物技术，这已经模糊了它与现代铝聚合物电容器的界限。

在现代应用中，电容器的选择通常不是针对电容量，而是针对低 ESR、低热、有效去耦、低电压纹波和高有效值能力，仅粗略地基于容积效率来比较电容器不再公平。因此，例如，在典型的反激式电源中，为了能够处理高输出有效值电流，我们可以使用 1000μF 的湿铝电容器，但是反过来也可以使用 56μF 的聚合物电容器，这显然要小得多。在保持（AC-DC 变换器）时间的情况下，原则上，我们要找的是一定的电容量，因此不能使用聚合物电容器，除非最终的选择受到有效值的限制。但不幸的是，到目前为止，这还不可能被考虑，因为聚合物电容器可使用的最高电压仅为 25V。它们基本上被限制在 28V 以下，但在 2008 年，使用了替代聚合工艺，Kemet 公司宣布 T521 系列可以处理 35 V 的电压。

目前，电源输入/输出电容器选择的是 Kemet 的 AO-cap（铝有机聚合物电容器）或 Panasonic 的同等 SP（特种聚合物）电容器。它具有极低的 ESR、长寿命、高纹波电流能力、相对于温度和外加电压应力稳定的 ESR 和电容量，以及宽工作温度范围。如上所述，电压是有限定范围的。

（8）SMD 标准的尺寸是多少？

答：我们所说的“805”实际上长为 80mil、宽为 50mil；单位为 mm 时，约为 2mm 和 1.25mm（因为 1mm 约为 40mil）。在表 A.5 中，我们以 mm 表示常见尺寸。请注意，我们通常使用“英制”尺寸，而也有等效的“公制”尺寸。所以“805”封装也是“2012”公制尺寸。因此，在表 A.5 中，我们列出了公制尺寸。

表 A.5　SMD 的标准尺寸

英制尺寸	长度（mm）	宽度（mm）	公制尺寸
01005	≈0.4	≈0.2	0402
0201	≈0.6	≈0.3	0603
0402	40/40=1.00	20/40=0.5	1005
0603	1.6	0.8	1608
0805	2.00	1.25	2012
1206	3.20	1.60	3216
1210	3.20	2.50	3225
1806	4.50	1.60	4516
1808	4.50	2.00	4520
1812	4.50	3.20	4532
1825	4.50	6.40	4564
2010	5.00	2.50	5025
2020	5.70	5.00	5750
2225	5.60	6.35	5664
2412	6.0	3.20	6432
2512	6.35	3.20	6432

钽/聚合物电容器尺寸：EIA 代码（和供应商尺寸代码：长度×宽度，可能具有不同的高度）。

- 尺寸 2012 (Kemet R; AVX R): 2mm × 1.3mm
- 尺寸 3216 (Kemet I, S, A; AVX K, S, A): 3.2mm × 1.6mm
- 尺寸 3528 (Kemet T, B; AVX T, B): 3.5mm × 2.8mm
- 尺寸 6032 (Kemet U, C; AVX W, C): 6.0mm × 3.2mm
- 尺寸 7260 (Kemet E; AVX V): 7.3mm × 6.0mm × 3.8mm
- 尺寸 7343 (Kemet V, D, X; AVX Y, D, E): 7.3mm × 4.3mm

（9）气隙如何影响 A_L（nH/turn^2）公差？

答：供应商定义的初始磁导率 μ_i 仅适用于磁封闭物体，例如环型磁芯。由于许多原因，例如称重的精确度或用于检查成分的 X 射线荧光分析的分辨率，涉及环形磁芯的初始磁导率只能缩小到±20%的公差范围。

以 mm（毫米）为单位的尺寸是近似值。精确值应通过由 mil（密耳）转换来计算。例如，2225 实际上是 220mil × 250mil，0402 是 40mil × 20mil。

由于 μ_i 仅用于闭合环型磁芯，因此非环型（切割）磁芯的有效磁导率 μ_e 是抛光质量、机械公差、接触表面数量、磁芯定位、待匹配表面上的污垢等各种因素的函数。假设“没有气隙”的磁芯也具有磁导率 μ_e，其小于 μ_i。理论上，对于具有 $\mu_i \approx 2000$ 的材料，μ_e/μ_i约为96%是可能的。实际上这个值只有75%。对于高磁导率材料（$\mu_i \approx 10000$），（残余）气隙为1～2μm的镜面，通过计算可获得65%的最高比率。请注意，“无气隙”的切割磁芯应始终视为至少有 1mm 的气隙（默认值）。如果我们有意地引入气隙，那么随着气隙变大，初始磁导率对μ_e的影响越来越小。例如，如果气隙为20μm，则上述两类材料的μ_e的差异可能只有20%左右。如果气隙大于100μm，则μ_e几乎相同。显然，在有意引入气隙的磁芯中，表面纹理的影响很小。但对于气隙非常小的大型磁芯，公差可能比计算的更差，因为磨床圆盘宽度和磁芯宽度（边缘效应）之间的关系也起作用。综上所述，A_L值的公差一般表示如下：

$$\frac{\Delta A_L}{A_L}=\frac{\Delta\mu_i}{\mu_i}+\frac{\Delta l_g}{l_g}+\frac{\Delta\{X\}}{\{X\}}$$

式中，l_g是气隙；$\{X\}$代表之前指出的所有几何影响。然而，这些影响难以准确掌握和量化。通常，供应商（如 Epcos）提供的气隙公差如下：

① $l_g \leqslant$ 0.1mm，Δl_g = 0.01mm，即$\Delta l_g/l_g$从10%开始；

② 0.1mm < $l_g \leqslant$ 0.5mm，Δl_g = 0.02mm，即$\Delta l_g/l_g$高达20%；

③ l_g > 0.5mm，Δl_g = 0.05mm，即$\Delta l_g/l_g$不到10%。

因此，在处理小气隙时，我们应该非常谨慎，因为电感的公差可能很大。

（10）规定A_L与规定气隙相比的利弊是什么？

答：设计者有以下选择：

① 规定气隙公差。

② 规定A_L公差。

③ 在配对半磁芯的对称/非对称磨削之间进行选择。

基本问题是，是用A_L值，还是用气隙尺寸来规定铁氧体。这两者是相关的。如果气隙增加，则A_L减小。在电源应用中，如储能扼流圈和反激变换器，其目的是在气隙中储存能量，因此需要相当精确地规定气隙（基本上是我们储存能量的地方）。在这里A_L值本身并不重要。然而，由于各种其他原因，我们可能确实需要一个允许（或推荐的）的电感量范围。例如，如果电感量太低，而且电源工作的功率正在接近最大值，可能会达到峰值电流限制，因此可能无法提供所需的功率。如果电感量太低，也会在减少负载时更早进入不连续导电模式，并最终可能导致不希望的早期脉冲跳跃。在具有斜坡补偿的电流模式变换器中，电感量太低也可能造成问题。因此，可能需要指定最小的A_L。过大的电感量（A_L）可能导致非最佳设计，并引起一些奇怪的问题，例如交替周期脉冲（其表现为传统的次谐波不稳定性，但不是）。因此，还可能需要指定最大的A_L。但是，我们应该始终努力使我们的设计本身，相对不容许A_L的变化。但我们也注意到，由于实际工作值可能不接近数据表中规定的A_L值（通常为10kHz，0.25mT和23℃±3℃），因此开关电源应用的磁学设计变得更加复杂。相比之下，典型的电力变压器电路工作在更高的频率，磁感应强度约为300mT，温度高达120℃。因此，材料数据表与我们的实际应用之间的相关性可能不是那么微不足道。由前述（如第 10 章的“A_L与μ的一般关系”）可知，A_L和气隙是相关的。通过计算可以证明，给定A_L值的气隙只能在一定范围内波动，并且这种波动的跨度可能是最坏情况的估计。如果A_L值非常低，并且气隙和A_L的可接受公差范围足够宽，可以想象，可以同时保证A_L值和气隙。但从制造商的角度来看，他们认为规定A_L或气隙公差更安全、更精确。实际上，规定气隙很简单，因为只涉及几何公差

（尽管存在较大的磁芯模具问题）。A_L 值的规格更复杂，因为存在特定的测试条件，如规定的线圈、规定的温度和规定的配合压力（但是，只有明显低于 $10N/m^2$ 的压力或不切实际的高压才能造成测量误差），所有这些都可能与设计者在其应用中使用的条件非常不同。因此，最终用户的 A_L 值需要相互关联，并有效地转换为等效的制造商规定的 A_L 值。对此，应该向磁性材料制造商寻求帮助。历史上，早期的 P 和 RM 磁芯仅规定有一个气隙，并且还成对提供，以保持严格的公差限制。在 20 世纪 70 年代后期，E 型磁芯发生了变化，它们仅成套销售（并规定气隙）。这个想法是为了让客户在不同的应用中选择不同的气隙。如今，制造商已开始仅规定 A_L 公差，同时保持成套销售。现在，对于大多数应用来说，从同一供应商中选择对称磁芯（即相同的一半磁芯）就足够了，以便 A_L 值具有相同的公差。如果我们随机选择不对称的半磁芯，那么由于两部分的 μ_i 值可能不同，因此可能出现统计双重分布（如重叠的不平衡/不对称分布）。如果由于某种原因需要不对称的一半磁芯，可以联系制造商提供一种不对称的封装形式，并提供适当的封装代码，以确保不对称的一半来自同一烧结批次。那么最终的 A_L 公差将如预期的那样，并且不会出现质量问题。最终，建议在制造商的帮助下创建一个用户测试设置，以与标准测试参数关联，在关键应用中，对相关参数进行 100%测试。

（11）我们用 LCR 仪表测量 L 时，选用串联模式，还是并联模式？

答： 理论上，我们可以将电感器建模成一个理想电感器与电阻串联或并联。这里，与电容一样，串联和并联模式值之间的等效性仅在转换频率下有效，因为转换中使用的品质因数与频率有关。然而，与电容一样，无论测量技术如何，Q 因数都是相同的，即

$$Q_P = Q_S$$

如果电感量很大，则并联模式更合适，因为在给定频率下的电抗很大，并且所指示的电感量更接近有效的电导量。而且，并联电阻比串联电阻更为显著。相反，对于低电感量，串联模式是首选。对于中间值，需要更精确地比较电抗与电阻，以确定使用哪种等效电路模式。上面给出的规则显然也取决于测试频率。因此，如果测试频率为 1kHz，经验法则是低于 1mH 时，我们应该使用串联模式，而高于 1H 时我们应该使用并联模式。在这些值之间，我们可以使用制造商的建议和/或我们对预期电阻的判断。注意，Q 在较低频率下固有地较低。如果有分布电容，会降低有效电感量，更重要的是，会增加有效电感量的频率依赖性。大量的匝数会增加等效串联电阻，并降低 Q 值，串联模式测量和并行模式测量的明显差异将是显而易见的（尤其是较低频率下的 Q 甚至更低）。

反侵权盗版声明

举报电话：（010）88254396；（010）88258888

传　　真：（010）88254397

E-mail：dbqq@phei.com.cn

通信地址：北京市海淀区万寿路 173 信箱

　　　　　电子工业出版社总编办公室

邮　　编：100036